微波技术与天线

（第 3 版）

周希朗　编著

东 南 大 学 出 版 社
·南京·

内容提要

本书讲述“微波技术与天线”有关的基本规律、基本分析与计算方法以及基本工作原理。本书力求内容精练，物理概念清晰，文字易懂，便于自学。

全书共分 8 章：绪论、规则传输系统中导波的基础知识、传输线理论、微波规则传输系统、微波谐振腔、微波网络基础、微波无源元件以及天线。本书每章均精选了大量的例题和习题，其中例题和习题涵盖核心内容，选题广泛，难易适中。

本书可供工科信息工程、电子科学与技术等专业的本科生以及专科生用作教材，也可供高等学校相关专业的学生和有关科技人员用作参考书。

图书在版编目(CIP)数据

微波技术与天线/周希朗编著. —3 版. —南京：东南大学出版社，2015.9（2023.7 重印）
ISBN 978-7-5641-5992-4

Ⅰ.①微…　Ⅱ.①周…　Ⅲ.①微波技术②微波天线
Ⅳ.①TN015②TN822

中国版本图书馆 CIP 数据核字(2015)第 2011018 号

微波技术与天线(第 3 版)

编　　著	周希朗
责任编辑	李　玉
责任印制	张文礼
封面设计	顾晓阳
出版发行	东南大学出版社
出 版 人	江建中
社　　址	南京市四牌楼 2 号(邮编 210096)
经　　销	全国各地新华书店
印　　刷	苏州市古得堡数码印刷有限公司
开　　本	787×1092　1/16
印　　张	35.75　　字　数　820 千字
版　　次	2015 年 9 月第 3 版
印　　次	2023 年 7 月第 3 次印刷
印　　数	3 601—4 100册
书　　号	ISBN 978-7-5641-5992-4
定　　价	69.80 元

(凡因印装质量问题，请与我社营销部联系。电话：025-83791830)

第3版前言

本书第2版于2009年8月作为“普通高等教育‘十一五’国家级规划教材”出版以来，已被多所高等学校用作相关课程的教材或教学参考书，为广大读者所接受并受到好评。

为了适应现代微波技术与天线的新发展和新应用，编者应东南大学出版社的邀约，在保持“微波技术与天线”(第2版)内容编排风格以及特点基本不变的情况下，对该书进行了较大篇幅的修改、增加或删减。修改、增加或删减的主要内容如下：

(1) 增加了原书(本书第2版)“绪论”中有关“现代微波技术与天线的新发展和新应用”的部分内容；将原书第3章第3.1节的内容，通过进一步扩充后作为本书第3版的第2章；在改写和增加了原书第2章中部分内容的基础上，删除了“传输线上的瞬态现象”一节内容，作为本书第3版的第3章；增加了原书第3章中的部分内容并删除了“平板介质波导”方面的内容，作为本书第3版的第4章；改写、增加或删减了原书第4章中的部分内容，作为本书第3版的第5章；大量增加了原书第5章的内容并删除了“基于散射参量的微波信号流图”一节内容，作为本书第3版的第6章；大量增加了原书第6章中的内容，作为本书第3版的第7章；大量增加、改写了原书第7章中的内容，作为本书第3版的第8章。

(2) 增加了反映现代微波技术与天线新发展和新应用方面的内容，主要充实在第6章、第7章和第8章的内容中。

(3) 增加了反映现代微波技术与天线中所涉及的部分例题和习题，并重新改写和增加了各章的习题。

(4) 对一般“微波技术与天线”教材(包括国内外经典教材)中未曾给予推导或证明的主要公式、定理，本书第3版尽可能进行详细的论证或推导，以强调“微波技术与天线”课程与前修课程“电磁场与波”间的紧密联系以及理论分析在本课程中的必要性和重要性，为读者尽快适应微波技术与天线领域的研究工作而奠定坚实的基础。

本书的参考教学时数为68，若教学时数为63或54时，则可根据需要删减各章加注“*”号章节中的部分内容，而第7章和第8章则可根据需要或少学时等情况删去部分或全部删去。删除部分内容后，基本上不会影响本书其他内容的连贯性。

值得指出，编者在本书第3版完稿后，根据出版社对本书第3版篇幅不宜过大的要求，对全书内容做了进一步的梳理和删减，删除或改写了原书中的部分章节内容，这样势必对本书第 3 版的系统性带来一定影响，为此编者表示深深的歉意。

在本书的编写和修改过程中，编者所在学校、院系的有关现任或曾任领导张焰副院长、徐国治主任、陈建平主任、周玲玲副系主任、马伟敏副系主任和作者的(任课)老师顾瑞龙教授、沈民谊教授以及同事李征帆教授、黎滨洪教授、金荣洪教授、肖高标教授、袁斌教授、彭宏利教授、沈海根高工、唐旻副教授以及吴林晟副教授等曾给予多方面的鼓励、教导、支持与帮助，东南大学出版社的李玉老师也为本书的再版提供无私的帮助和认真细致的编辑工作。本书稿承蒙东华大学陈光教授、单志勇副教授以及朱明达博士等仔细审阅，并提出了许多宝贵的修改意见。多位博、硕士研究生以及本科生(姓名恕不一一列出)曾对本书部分章节的书稿进行了认真的校对。对上述在本书的出版和再版工作中曾给予鼓励、支持和帮助的老师、同事和同学们，编者一并表示衷心的感谢。

虽经编者努力而为，但书中难免存在不足、疏漏甚至错误，诚恳欢迎和盼望使用本书的老师以及读者提出批评与指正。

编者

2015 年 3 月

第 2 版前言

“微波技术与天线”是信息工程以及电子科学与技术等专业一门重要的专业基础课程，在一些新兴学科中同样是一门重要的专业课程。

本书是为高等学校工科电子信息类专业本科生编写的教学用书，并于 2006 年经教育部批准为普通高等教育“十一五”国家级规划教材。

本书是在作者参加编写的同名“九五”规划教材中有关“微波技术”内容的基础上，经进一步加工、补充编写而成。本书的编写宗旨是，根据实际需要，较全面、系统地介绍与“微波技术与天线”有关的基本理论、基本概念、基本分析方法和基本工作原理。本书对理论分析的阐述，力求准确明了；对数学公式的推导，力求简捷易懂；对结果的讨论，力求概念明确。

本书的主要内容为：第 1 章绪论，简述微波的特点、应用以及天线的功能与分类；第 2 章传输线理论，介绍微波传输线的基本传输特性及其分析、计算方法；第 3 章规则传输系统，主要讲述各种金属波导（包括同轴线）以及常见集成传输系统的基本分析方法、传输特性以及基本计算、设计方法；第 4 章微波谐振腔，讲述传输线谐振器的基本特性和金属谐振腔以及集成谐振腔的基本工作原理以及分析方法；第 5 章微波网络基础，主要介绍微波传输系统和元件等效为网络的基本理论，重点介绍各种网络参量的基本特性以及信号流图的应用；第 6 章微波无源元件，介绍常用微波互易元件的基本特性、分析方法和基本工作原理以及微波铁氧体的基本特性和铁氧体器件的基本工作原理；第 7 章天线，则介绍电磁波辐射的理论基础和一些常用线天线和面天线的基本分析方法、基本工作原理和基本特性。

本书借鉴国内外优秀教材的成功之处，并结合作者多年从事“微波技术与天线”教学实践的经验组织内容，具有以下特点：

① 在内容安排上，注意基本内容和重点内容的阐述，注重数学公式的推演或证明，加强新内容和新技术的介绍，便于读者熟悉微波技术与天线内容的同时，也同样增强采用“场”或“场”与“路”结合的基本规律分析和解决问题的能力。

② 在注重介绍微波技术与天线的基本概念、基本理论和基本分析方法的基础上，也同样重视对微波技术与天线中难点问题或一般教材中讲述较少的内容的介绍，便于读者扩大知识面，提高运用所学的理论解决综合性问题的能力。

③ 适时地加强微波技术与天线同工程实际的有机结合,激发读者运用微波技术与天线的基本理论解决工程实际问题的兴趣以及培养读者的工程意识。

④ 各章均精选了大量颇具特色的例题和习题,便于不同层次的读者根据需要挑选或选做合适的例题和习题。

本书的读者需具有线性代数、复变函数以及数理方程与特殊函数等有关的数学基础。

本书的参考教学时数为 72,若教学时数为 63 或 54 时,则可根据需要删减各章加注“*”号章节中的部分内容,而第 7 章则可根据需要或少学时等情况删去一部分或全部删去。删除部分内容后,基本上不会影响本书其他内容的连贯性。

在本书的编写过程中,上海交通大学教务处、电子信息与电气工程学院以及电子工程系的有关领导张焰副院长、陈建平主任和周玲玲副系主任以及射频与微波技术研究中心的有关领导和同事李征帆教授、尹文言教授、肖高标副教授、袁斌副教授、沈海根高工等曾给予多方面的鼓励与支持,东南大学出版社的李玉老师也为本书的出版提供无私的帮助并付出辛勤劳动。本书稿承蒙东华大学陈光教授仔细审阅,并提出了许多宝贵的修改意见。博、硕士研究生吴林晟、朱明达、张猛、郭强、闫亚东、李巍以及本科生郭佳等同学对本书部分章节的插图或书稿进行了认真的绘制或校对。对上述在本书的出版工作中曾给予鼓励、支持和帮助的同志们,编者一并表示衷心的感谢。

由于编者水平有限,书中难免存在疏漏与错误,欢迎读者提出批评和指正。

编者

2008. 10

目　　录

第 1 章　绪论

1.1　微波波段的划分及其特点 …… (1)

1.1.1　微波波段的划分 …… (1)

1.1.2　微波的特点 …… (2)

1.2　微波的应用与现代微波技术的发展 …… (4)

1.2.1　微波的应用 …… (4)

1.2.2　现代微波技术的发展 …… (6)

1.3　天线的分类与现代天线技术的发展 …… (7)

1.3.1　天线的功能及其分类 …… (7)

1.3.2　现代天线技术的发展 …… (8)

1.4　微波技术与天线的应用实例 …… (10)

1.5　微波技术与天线课程的基本内容 …… (11)

第 2 章　规则传输系统中导波的基础知识

2.1　电磁场理论的基本方程与互易定理 …… (12)

2.1.1　电磁场理论的基本方程 …… (12)

2.1.2　互易定理 …… (19)

2.2　柱形传输系统中导波的电磁场 …… (20)

2.2.1　纵向场法 …… (20)

*2.2.2　电磁矢量位法 …… (25)

2.3　导波的分类及其传输特性 …… (27)

2.3.1　导波的分类与传输参量 …… (27)

*2.3.2　导波的电磁场与传输特性 …… (28)

习题 …… (40)

第 3 章　传输线理论

3.1　传输线的分布参数及其等效电路 …… (41)

3.2　一般形式的传输线方程及其解 …… (44)

3.2.1　一般形式的传输线方程 …… (44)

3.2.2　均匀传输线方程的解 …… (46)

3.2.3 传输线的等效电路参数和工作特性参量 …………………………… (49)
3.3 均匀传输线的阻抗和反射特性 …………………………… (53)
3.3.1 输入阻抗 …………………………… (53)
3.3.2 反射系数 …………………………… (54)
3.3.3 输入阻抗与反射系数间的关系 …………………………… (55)
3.3.4 无耗传输线上导波的多重反射 …………………………… (56)
3.4 均匀无耗传输线终端接不同负载时的工作状态 …………………………… (57)
3.4.1 行波工作状态 …………………………… (57)
3.4.2 纯驻波工作状态 …………………………… (59)
3.4.3 行驻波工作状态 …………………………… (61)
3.5 均匀无耗传输线的传输功率与回波损耗 …………………………… (67)
3.5.1 传输功率 …………………………… (67)
*3.5.2 回波损耗和插入损耗 …………………………… (68)
*3.6 均匀有耗传输线的特性 …………………………… (69)
3.6.1 线上电压、电流和传输功率 …………………………… (69)
3.6.2 特性阻抗和传播常数的实验确定 …………………………… (70)
3.6.3 有耗传输线的基本特性 …………………………… (70)
3.7 圆图 …………………………… (74)
3.7.1 阻抗圆图 …………………………… (75)
3.7.2 导纳圆图 …………………………… (77)
3.8 传输线的阻抗匹配 …………………………… (79)
3.8.1 阻抗匹配的概念 …………………………… (79)
3.8.2 λ/4 阻抗变换器 …………………………… (80)
3.8.3 支节调配器 …………………………… (83)
*3.9 均匀传输线与四端网络的等效 …………………………… (89)
习题 …………………………… (90)
第 4 章 微波规则传输系统
4.1 金属波导 …………………………… (97)
4.1.1 平行板波导 …………………………… (97)
4.1.2 矩形波导 …………………………… (102)
4.1.3 圆形波导 …………………………… (119)
4.1.4 同轴线 …………………………… (131)
*4.1.5 脊形波导 …………………………… (137)
*4.1.6 径向波导简介 …………………………… (140)
4.1.7 金属波导的激励与耦合 …………………………… (142)
4.2 集成传输系统 …………………………… (144)
4.2.1 TEM 模和准 TEM 模传输线 …………………………… (145)
4.2.2 非 TEM 模传输线 …………………………… (167)

*4.2.3　开放式介质波导 …… (170)
*4.2.4　半开放式介质波导 …… (181)
习题 …… (182)
第5章　微波谐振腔
5.1　传输线谐振器和金属谐振腔的基本特性 …… (188)
5.1.1　传输线谐振器的基本特性与等效电路参数 …… (188)
5.1.2　金属谐振腔的基本特性及其基本参量 …… (191)
5.2　金属谐振腔 …… (196)
5.2.1　矩形谐振腔 …… (196)
5.2.2　圆柱形谐振腔 …… (203)
5.2.3　同轴形谐振腔 …… (213)
5.2.4　应用实例——波长计 …… (217)
*5.2.5　金属谐振腔的微扰 …… (218)
*5.3　集成谐振腔 …… (222)
5.3.1　微带谐振腔 …… (222)
5.3.2　介质谐振腔简介 …… (224)
*5.4　谐振腔的等效电路、耦合与激励 …… (227)
5.4.1　孤立谐振腔的等效电路 …… (227)
5.4.2　谐振腔的激励与耦合 …… (229)
习题 …… (232)
第6章　微波网络基础
6.1　等效原理 …… (238)
6.1.1　规则色散传输系统等效为均匀传输线 …… (238)
6.1.2　阻抗、电压和电流的归一化 …… (242)
6.1.3　不均匀性区域等效为网络 …… (242)
6.2　阻抗、导纳和转移矩阵 …… (245)
6.2.1　阻抗和导纳矩阵 …… (245)
6.2.2　转移矩阵 …… (252)
6.3　散射矩阵 …… (257)
6.3.1　散射参量的定义 …… (257)
6.3.2　[S]同[z]，[y]及[a]（或[Z]，[Y]及[A]）间的转换关系 …… (261)
6.3.3　散射矩阵的性质 …… (264)
6.3.4　参考面移动对网络散射参量的影响 …… (267)
6.3.5　散射参量的测量 …… (268)
*6.4　传输矩阵 …… (269)
6.5　基本电路单元的网络参量 …… (271)
6.6　二端口网络的工作特性参量 …… (275)
6.6.1　电压传输系数 …… (275)

6.6.2 相移 …… (276)
6.6.3 插入衰减和功率(工作)衰减 …… (277)
6.6.4 输入驻波系数 …… (279)
*6.6.5 功率增益 …… (279)
*6.7 多端口网络的基本特性 …… (281)
6.7.1 二端口网络 …… (281)
6.7.2 三端口网络 …… (284)
6.7.3 四端口网络 …… (286)
*6.8 广义散射参量 …… (289)
6.8.1 广义散射参量的定义 …… (289)
6.8.2 广义散射矩阵与一般散射矩阵间的关系 …… (292)
习题 …… (293)
第 7 章 微波无源元件
7.1 终端和连接元件 …… (299)
7.1.1 终端元件 …… (299)
7.1.2 连接元件 …… (302)
7.2 衰减和相移元件 …… (304)
7.2.1 衰减元件(衰减器) …… (304)
7.2.2 相移元件(移相器) …… (305)
7.3 模式变换元件(模式转换(接头)) …… (306)
*7.3.1 模式激励的基本理论 …… (307)
7.3.2 模式转换接头 …… (318)
7.4 阻抗匹配和变换元件 …… (321)
7.4.1 用不均匀性实现的元件 …… (321)
*7.4.2 阻抗调配元件 …… (325)
*7.5 滤波元件(滤波器) …… (338)
7.5.1 微波滤波器的基本参数与综合设计程序 …… (338)
7.5.2 低通原型滤波器 …… (341)
7.5.3 频率变换 …… (346)
7.5.4 阻抗和导纳倒置变换器 …… (352)
7.5.5 滤波器电路的微波实现 …… (354)
7.6 分路元件(功率分配(合成)器) …… (362)
7.6.1 E-T 接头 …… (362)
7.6.2 H-T 接头 …… (363)
7.6.3 微带两路功率分配器 …… (364)
7.7 耦合元件(定向耦合器) …… (367)
7.7.1 波导双 T 和魔 T …… (367)
*7.7.2 定向耦合器 …… (373)

*7.8　非互易元件(铁氧体器件) …… (390)
7.8.1　相对张量磁导率和铁磁谐振 …… (391)
7.8.2　法拉第旋转效应 …… (396)
7.8.3　几种常用的铁氧体器件 …… (397)
习题 …… (402)
第8章　天线
8.1　电磁波辐射的基本理论 …… (410)
8.1.1　电磁波辐射的基础知识 …… (410)
8.1.2　基本辐射单元的辐射 …… (415)
8.1.3　天线的基本参数 …… (432)
8.1.4　对称振子天线 …… (440)
8.1.5　天线阵 …… (453)
*8.1.6　接收天线的理论基础 …… (470)
*8.2　线天线 …… (481)
8.2.1　直立振子天线及其变型结构 …… (482)
8.2.2　水平对称振子天线 …… (486)
8.2.3　螺旋天线 …… (489)
8.2.4　引向天线 …… (491)
8.2.5　非频变天线 …… (497)
*8.3　面天线 …… (503)
*8.3.1　平面口径的辐射 …… (503)
8.3.2　喇叭天线 …… (511)
8.3.3　旋转抛物面天线 …… (518)
8.3.4　双反射面天线 …… (524)
8.3.5　隙缝天线 …… (528)
8.3.6　微带天线 …… (530)
8.3.7　渐变槽线天线简介 …… (538)
习题 …… (539)
附录
A 标准矩形波导参数和型号对照 …… (546)
B 同轴线参数表 …… (548)
C 微带线的不连续性、等效电路、等效参量的经验公式及其应用范围 …… (550)
D 各种电路单元的网络参量 …… (552)
E 阻抗圆图 …… (553)
参考文献 …… (555)

第1章 绪论

自从英国科学家麦克斯韦(James Clerk Maxwell)于1864年根据法拉第(Faraday)等前人的研究成果提出电磁场完整方程组以来,电磁场和射频/微波技术(包括天线技术)走过了持续发展的漫长路程。近几十年来,雷达、通信(包括卫星通信)、导航、遥感遥测、射电天文等的迅速发展,特别是移动通信、计算机、网络技术、射频识别(RFID)、全球定位系统(GPS)、超宽带(UWB)无线通信、电磁兼容、智能天线、左手材料、电子对抗以及高功率微波能武器等的飞速发展和崛起,向射频/微波技术提出了许多崭新的研究课题,使射频/微波技术成为现代高科技中方兴未艾的热点研究领域。

在当今信息的世界,射频/微波波谱已成为一种非常宝贵的资源,射频/微波技术(包括天线技术)的重要性不言而喻。因此,了解、熟悉或掌握与射频/微波技术和天线有关的内容很有必要。

下面先介绍微波波段的划分及其特点,然后简单阐述微波的应用与现代微波技术的发展以及天线的功能及其分类与现代天线技术的发展,最后引出一个微波技术与天线的应用实例以及简述本书的基本内容。

1.1 微波波段的划分及其特点

1.1.1 微波波段的划分

微波同普通的无线电波(超长波、长波、中波、短波、超短波)、可见光和不可见光、X射线、γ射线一样,本质上都是随时间和空间变化呈波动状态的电磁波。微波是电磁波谱中介于普通无线电波与红外线之间的波段,属于无线电波中波长最短(频率最高)的波段。通常指频率为300 MHz(波长为1 m)至3 000 GHz(波长为0.1 mm)范围内的电磁波,并将其划分为分米波、厘米波、毫米波和亚毫米波四个分波段。在通信和雷达工程中,常将这四个分波段划分得更细,且使用拉丁字母来代表各个“细分波段”的记号,如用“C”代表5 cm波段,用“X”代表3 cm波段等。表1.1给出了微波在电磁波谱中的位置,表1.2则提供了常用波段的划分情况。

表 1.1 电磁波谱

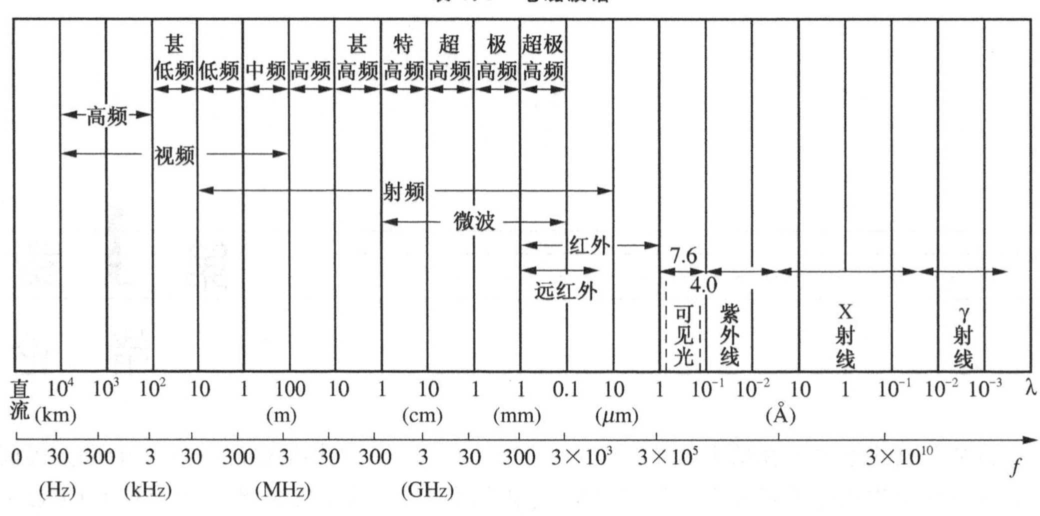

表 1.2 常用微波波段的划分

波段符号	频率(GHz)	波段符号	频率(GHz)
UHF	0.3～1.12	Ka	26.5～40.0
L	1.12～1.7	Q	33.0～50.0
LS	1.7～2.6	U	40.0～60.0
S	2.6～3.95	M	50.0～75.0
C	3.95～5.85	E	60.0～90.0
XC	5.85～8.2	F	90.0～140.0
X	8.2～12.4	G	140.0～220.0
Ku	12.4～18.0	R	220.0～325.0
K	18.0～26.5		

微波的主要特点是其波长可同普通电路或元件的尺寸相比拟，即为分米、厘米、毫米量级，其他波段的波都不具有这个特点。普通无线电波的波长大于或远大于电路或元件的尺寸，电路或元件内部的波的传播过程可忽略不计，故可用路的方法进行研究。而光波、X 射线、γ 射线的波长则远小于电路或元件的尺寸，甚至可与分子或原子的尺寸相比拟，因此难以用电磁的或普通电子学的方法去研究它们。这就是人们对微波产生极大兴趣，并将其从普通无线电波波段划分出来进行单独研究的原因。

1.1.2 微波的特点

(1) 似光性

由于微波的波长很短，其波长范围与地球上的一般物体的尺寸相比处于同一数量级或更小，当微波照射到波长远小于物体(如飞机、舰船、导弹、建筑物等)上时，将产生强烈的反射，这一点同光波很相似。即微波能像光线一样传播，且遵循波动的基本规律，如多普勒(Doppler)效应、惠更斯(Huygen)原理等。雷达等系统就基于这一特性对飞机、舰船或车辆等目标进行精确定位、跟踪、管制以及导引等。

(2) 四种基本效应

① 渡越时间效应

所谓渡越时间，是指真空管里的电子从阴极渡越到阳极或晶体管里的载流子渡越基区的时间，这个时间十分短暂，一般为10^{-9} s，与频率为几 MHz 的振荡周期相比可忽略不计。在微波波段，电子的渡越时间可等于甚至大于微波的振荡周期，低频的真空管或晶体管根本无法在微波频率上工作。因此微波波段要采用原理和结构上全新的器件，在这些器件中则有效地利用电子的渡越时间效应。

② 辐射效应

当一根导线的长度与加在其上的高频电流的波长相比拟时，它将显著地向空间辐射能量，如同一根天线一样。这种辐射效应也称为天线效应。

③ 趋肤效应

众所周知，交流电有趋肤效应，电流流动趋向于导体表面的薄层。趋肤效应在较低频段并不显著，但在微波波段却影响很大，趋肤深度几乎趋于零(如在 5 GHz 时铜的趋肤深度约为 1‰mm)，导线呈现的电阻很大。这就是采用金属波导且将其内壁表面镀银或镀金的原因。

④ 热效应

有耗物质中的分子受到微波辐射后会相互摩擦而引起物质的温度升高，这就是微波的热效应。因此，水、含水或含脂肪的物质对微波有吸收作用，利用物质吸收微波所产生的热效应可对其进行加热。因为各种物质对微波的吸收能力不同，所以微波对各种物质的加热具有选择性。

(3) 雨、雪等对微波会产生吸收和反射

雨、雪、云、雾对微波都有程度不同的吸收和反射。利用这一特点，可用厘米波或毫米波雷达来观测雨、雪、云、雾的存在和流动。气象雷达就是利用这一特性来预报邻近地区的天气变化情况。

(4) 微波可穿透电离层

我们知道，地球被一层厚厚的大气所包围，由于受太阳的辐射，距离地球表面(60～400)km 范围内的高空大气被电离，形成一个电离层。一般频率较低的无线电波不能穿透电离层，它们将被电离层反射回来。由于微波的频率很高，它能穿透电离层而不被电离层所反射。于是人们利用这个特点，使卫星通信成为现实。

(5) 微波的信息容量大

在微波波段中包含着 10 000 个长、中、短和超短波波段。这表明在一个不太宽的相对频带中可传送较多的信息量，因而微波容纳的信息量很大。基于这一特点，模拟特别是数字微波通信得到了巨大的发展。

(6) 微波的散射特性

当微波入射到物体上时，会在除入射方向以外的方向上出现散射，散射是入射波和该物体相互作用的结果,所以散射波携带了大量的物体的信息。基于微波的散射特性,人们可通过提取不同物体的散射特性信息,对物体进行识别。微波遥感和微波成像就基于这一特性。

1.2 微波的应用与现代微波技术的发展

1.2.1 微波的应用

射频/微波技术是在第二次世界大战期间由于军用雷达的需要而发展起来的,目前已应用于广播电视、雷达、通信、导航、电子对抗、空间技术、射频识别(RFID)、全球定位系统(GPS)、超宽带(UWB)无线通信、电磁兼容、遥测遥感、智能天线、左手材料、原子能研究、可控热核反应、射电天文、化学、生物学、医学、工业、农业以至日常生活等各个领域。下面仅简单介绍几种主要应用。

(1) 广播电视

目前,广播电视所采用的频率大都在微波波段以下。但由于电台、电视台增多,无线电波段日益拥挤,电台、电视台之间的相互干扰变得严重。解决这一问题的唯一办法是向微波波段发展。正如前所述,微波的频带要比长、中、短与超短波的频带之和还要宽 10 000 倍,因此利用和开发微波波段很有前景。一些发达国家已在利用频率为 12 GHz 甚至更高频率的微波作为卫星电视包括移动卫星电视的频率。

(2) 通信

我们知道,要想增加通信波道的带宽,就必须采用较高的载频。根据目前的技术水平,一条通信线路(即一套发射机、接收机和传输系统)一般只有不超过百分之几的相对带宽。这样,为了把许多路电话、电报等同时在一条线路上传送,就必须使信道的中心频率比所要传递信息的总带宽高几十乃至上百倍。因此,为了有足够的信息容量,现代通信系统几乎无例外地工作在微波波段。微波通信方式主要有中继通信、卫星通信、无线通信(包括移动通信)、射频识别、有线传输通信(包括电力载波通信)和散射通信等。

① 中继通信

由于微波既不能像长波那样沿地球弯曲表面传播到很远,也不能像短波那样借助电离层折射返回地面,而是在视距内沿直线传播并能穿过电离层到达外层空间。因地球表面的弯曲,故从架设于一定高度的天线发射出的微波信号不能沿地球表面传播到很远的地方。所以,在相距很远的发射台和接收台之间需设立若干中继站(接力站),站与站之间的距离不超过视距(40～60)km,各站安装上微波收发设备和定向天线,沿途各电台连续收信、放大、发信,使微波信号像接力棒一样一站一站地传递到目的地。中继通信一般采用厘米波,但目前也已利用毫米波来进行中继通信,这样可进一步解决通信波道拥挤的问题。

② 卫星通信

如上所述,微波天线架设得越高,通信距离就越远。显然,若将中继站或发射台及其天线放到人造地球卫星上,那么这样的中继站或发射站的作用距离就可大大增加。这就是目前在国际、国内通信和电视转播或广播中占有重要地位的卫星中继通信或卫星电视广播。目前，广泛使用的在赤道上空距地球表面约 36 000 km 的同步轨道上的中继卫星，从地球站发送信号至卫星，然后经卫星转发至接收目的地。这种通信方式具有覆盖面积大（三颗这样的卫星就可覆盖全球大部分面积（除南、北极外）），传输距离远，可进行多址和移动通信业务等优点。因此，将卫星中继通信与地面上移动通信网相结合，又为全球个人通信网（PCN）的实现提供了可能。

③ 无线通信（包括移动通信）和网络技术

随着移动通信业务的不断扩展，移动通信的工作频段已从最初的第二代数字移动通信的 GSM900（890～960 MHz）频段逐渐扩展到其他三个 GSM 频段（824～894 MHz、1 710～1 880 MHz、1 850～1 990 MHz）、DCS（1 710～1 880 MHz）、PCS（1 850～1 990 MHz）、UMTS（1920～2170 MHz）频段、GPS 系统（1 600 MHz）等，以至近些年进一步扩展到第三代（3G）、第四代（4G）乃至第五代（5G）数字移动通信的 WLAN（2 400～2 484 MHz、5 150～5 825 MHz）、Wimax（2 500～2 690 MHz）以及 UWB（3.1～10.6 GHz）系统等的频段。由于无线通信网络存在的带宽需求和移动网络带宽不足的矛盾，用户地域分布和对应用需求不平衡的矛盾以及不同技术优势和不足共存的矛盾，因此决定了发展无线通信和网络技术需要综合运用，综合布局，达成无线通信网络的整体优势和综合能力。除传统的移动通信外，全球的宽带无线接入领域近期研究和应用十分活跃，热点不断出现。这包括宽带固定无线接入技术、WLAN 技术、Wimax 技术、UWB 技术以及 WiFi 技术等。有关智能天线与 MIMO 技术方面的应用，详见第 1.3 节内容。

④ 射频识别

射频识别技术是一种新兴的无线通信技术的拓展，其发展十分迅猛，孕育了一个庞大的射频/微波应用市场。目前，射频识别在安全防护（如门禁保安、汽车防盗等）、商品生产销售（如生产线自动化、仓储管理、产品防伪等）、交通运输（如交通卡、高速公路不停车收费系统等）以及管理与数据统计（如畜牧管理、运动计时等）等领域都得到了广泛应用。

还应指出，利用微波和光之间的相互关系，将微波和光纤结合起来，同样实现了新一代的通信系统。这种通信系统的出现同样对目前的通信系统产生了更深刻的影响。

总之，射频/微波技术在通信领域的应用，目前仍处于开拓状态，其应用还不十分广泛。但随着射频/微波通信技术的成熟，未来市场需求巨大，前景十分广阔。

（3）雷达

雷达（Radar，即无线检测和测距）是微波技术最广泛应用的领域之一。雷达的工作频率一般在（3～100）GHz 范围内，根据作用的不同可分为警戒雷达、炮瞄雷达、空中管制雷达、导航雷达、测速雷达、汽车避撞雷达、成像雷达以及辐射计（即无源雷达）等，利用功能各不相同雷达可实现对被测目标的测距、测向、测速、成像以及目标的识别等。早期的雷达，只被用来侦察敌情，搜索敌机或战舰。随着空间技术发展的需要，现代的雷达不仅能够确定快速飞行体的坐标，而且能够跟踪卫星，侦察洲际导弹、宇宙火箭以及航天飞机等。频率越高，雷达的设备和天线越轻巧，因而越适合于移动装置。目前对工作频率高、小型化雷达的研究十分活跃，这些小型雷达可安装在人造卫星或宇宙飞船上，其优点是：侦察面积大、鉴别能力高、提供侦测结果快等。

(4) 微波加热

尽管第二次世界大战结束后就有人提出利用微波对材料进行加热的设想,但直到20世纪70年代初才打开微波加热的局面。首先从加工食品方面取得成功,尔后微波炉的出现又大大推动了微波加热的应用范围。与普通加热相比,微波加热具有加热均匀、速度快、透热深度大、热效率高以及可进行选择性加热和容易实现自动控制等优点。微波加热正日益广泛地应用于食品、化学、木材加工、橡胶、塑料、造纸、制药、印刷等工业中。在农业方面,可用微波烘干谷物、灭虫、处理蚕卵、除草等。

(5) 微波生物医学

微波在生物医学方面的应用已呈现出具有广泛的应用潜力。由于人体70%以上是水,水分子受到电磁波辐射后相互摩擦,引起机体升温,这是微波对生物体的热效应;人体的器官和组织都存在微弱的电磁场,它们是稳定和有序的。当人体的器官受到外界低微波场的辐射时,将影响到体内器官的工作,这是微波对生物体的非热效应。医学上,利用微波的热效应和非热效应,对人体作局部的微波照射,可以提高局部组织的新陈代谢,并诱导产生一系列的物理化学变化而达到镇痛治疗、抗炎脱敏、促进生长等作用,从而可治疗一些疾病。目前,微波理疗已相当普及地用于治疗肌肉劳损、各种炎症等疾病。微波针灸是我国独创的一种治疗方法,其良好的疗效引起了国内外的重视。同时,人们已利用微波来治疗肿瘤。由于肿瘤与正常组织的损耗角正切不同,因此肿瘤与正常组织得到微波场的选择性加热,当控制肿瘤部位的温度处于(43～47℃)范围内时,癌细胞即可被杀伤,来达到治疗的目的。此外,利用微波还可诊断一些疾病,据文献报道,可用微波诊断肺水肿、肺气肿;可用微波网络分析仪测定心脏血容量的变化;可用微波系统监视病员的呼吸;可用微波热像法诊断肿瘤以及可用微波核磁共振、顺磁共振诊断肿瘤或其他疾病等。

应指出,微波的热效应作用于人体后,对人体的伤害尚未来得及自我修复之前再次受到辐射时,其伤害程度就会发生累积,从而会成为永久性病态,也可能会危及生命。因此,大功率的微波辐射对人体是有害的,应采取适当的措施来加以防护或避免长时间处于高剂量的微波辐射或无线通信网络以及其他无线设备的环境中。

(6) 微波遥感

近些年来,微波遥感已在国内外各部门得到越来越广泛的应用,应用较多的是农林、地理和地质等方面。如农作物的估产、病虫害的监视、土地利用、土壤与水利资源的调查、矿藏的探测以及海洋污染的监测等。因此,微波遥感已成为人类探测地球资源等的一种新的手段。

1.2.2 现代微波技术的发展

现代微波/毫米波技术的发展日新月异,要用有限的篇幅涵盖其发展现状并非易事,当然也无必要。下面仅就目前最为活跃的热点作简单概述。

自从20世纪60年代以来,以微带线为代表的微波与毫米波混合集成技术以其结构紧凑、体积小、重量轻、造价低以及便于同有源器件相连等优点而得到迅速发展,而各种新型集成介质传输线(如共面波导、悬置微带线、槽线以及鳍线等)、各种介质波导(如镜像线、H波导、无辐射介质波导(NRD波导)以及G波导等)以及各种结构的谐振器/谐振腔的使用大大推动了微波与毫米波混合集成电路(MIC)的发展。与此同时，随着微波与毫米波集成电路加工工艺的进一步成熟，将大量有源器件和无源元件/组件或模块集成于一块集成电路的微波与毫米波单片集成电路(MMIC)，不仅进一步减小系统体积，降低加工成本，而且提高了系统的功能和可靠性，从而使微波与毫米波集成技术的应用范围不断扩大，拓展到当今众多的军用和民用的高科技领域。

近年来，低温共烧陶瓷(LTCC)工艺、微电子机械系统(MEMS)技术以及液晶聚合物(LCP)工艺被认为是微波与毫米波电路集成能力的关键技术。其中，MEMS技术采用半导体工艺而具有精度优势，设计的电路元件或组件其工作频率可高达200 GHz以上，但成本相对较高；LTCC工艺具有尺寸小、可靠性高以及成本适中等优点，已受到广泛关注；LCP工艺则由于具有近乎恒定的低介电常数(低于110 GHz频段)、损耗小、低成本以及热稳定系数高、吸湿率低等优势，是一种十分新颖以及具有应用前景的微波与毫米波高集成度电路的加工工艺，同样受到人们的格外关注。同时，近些年来基片集成波导(SIW)在微波与毫米波集成电路中的应用同样受到人们的重视。基片集成波导完全集成于介质基片中，它具有与矩形(金属)波导相似的传输特性且可利用传统的PCB加工技术来实现SIW及其电路、系统，因其设计成本和生产成本比较低廉，从而很适合于微波与毫米波集成系统的应用。此外，随着微波与毫米波无源集成电路中，由于电子带隙(EBG)、缺陷地结构(DGS)、频率选择表面(FSS)、人工电磁材料(左手材料，如SRR，CSRR)等新型电路结构以及高温超导技术(HTS)的不断提出和应用，也大大推进了微波与毫米波集成电路的迅猛发展。

综上所述，随着计算机、互联网技术、航空航天技术、现代无线通信系统、雷达以及电子战等领域的飞速发展，近些年来人们一直在研究体积小、重量轻、便于批量生产、性能优良以及价格合理的微波新型导波系统和小型化、微小型化的微波/毫米波乃至亚毫米波波段的混合、单片集成电路。因此，随着新技术、新工艺和新材料的不断涌现，现代的射频/微波技术正向着更高的应用频率、更小型化和微小型化以及更广泛的应用领域迅速发展，以满足人们不断更新的需求。

1.3 天线的分类与现代天线技术的发展

1.3.1 天线的功能及其分类

凡通过辐射和接收电磁波来完成其功能的无线电设备如通信、广播、雷达和导航等，都备有天线。在这些设备中，天线作为电磁波的“出口”与“入口”，能够朝所需要的方向辐射电磁波或只接收来自某些方向的电磁波。以如图1.1所示的无线通信系统为例，经过发射机所产生的已调制的高频电流能量(或导波能量)经馈线传输到发射天线，通过天线将其转换为同频率的电磁波能量，并向某些方向辐射出去。电磁波到达

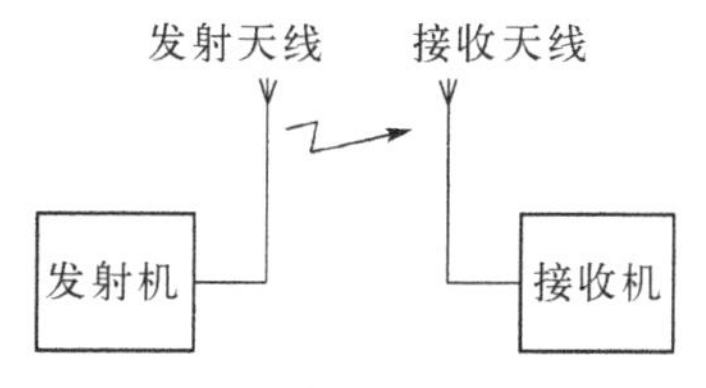

图1.1 无线通信系统示意图

接收天线后被天线所接收,将电磁波能量又转换回调制的高频电流能量,并经馈线输送至接收机的输入端。因此,天线是任何无线电技术设备中用以辐射或接收电磁波的必不可少的重要组成部分之一。天线的选择与设计是否合理,往往对整个无线电系统执行其功能的质量有很大的影响。

随着无线电技术特别是现代移动通信技术的飞速发展,对天线提出了许多更高、更新的要求,天线的功能也不断有了新的突破。除了完成高频能量转换外,天线系统还能对传递的信息进行一定的加工和处理,例如单脉冲天线、自适应天线、多波束天线以及智能天线等。

天线的种类繁多。按用途的不同,可将天线分为通信天线、广播电视天线、雷达天线等;按工作波长的不同,可将天线分为长波天线、中波天线、短波天线、超短波天线、微波天线以及毫米波天线等;按极化特性的不同,可将天线分为线极化天线、圆极化天线、椭圆极化天线以及双、多极化天线等;按频带宽窄的不同,可将天线分为窄带天线、宽带天线以及非频变天线等;按工作原理不同,可将天线分为线天线和面天线。当然,天线还有一些其他的分类方法。

研究天线的问题,就是研究天线所产生的空间电磁场分布以及由其分布所决定的天线的特性。求解天线问题的实质,就是求解满足特定边界条件的麦克斯韦方程组的解。严格求解天线问题是非常复杂和困难的,因此,对具体天线问题往往将条件理想化,采取近似处理的方法来获得所需的结果。目前,随着计算机仿真软件的不断涌现,人们往往依靠电磁仿真软件进行辅助分析、设计,从而可以更准确地处理天线问题。

1.3.2　现代天线技术的发展

如同现代微波/毫米波技术的发展一样,近些年来现代天线与天线技术也获得了突飞猛进的发展。下面也仅就目前最为活跃的研究热点作简单概述。

微带天线的概念首先在 1953 年由德思坎普斯(G. A. Deschamps)提出,但在随后的近 20 年的时间里,人们对此只有一些零星的研究。直到 1972 年,由于微带线的介质基片性能的提高和微波集成技术的发展以及更好的理论模型的建立,再加上空间技术对低剖面天线的迫切需求,穆松(R. E. Munson)和豪威尔(J. Q. Howell)等研究者制成了第一批实用微带天线,国际上才对微带天线开展了广泛的研究和应用。到 20 世纪 80 年代中期,微带天线取得了突破性的进展,无论在理论以及应用的深度和广度上都获得了更进一步的发展。如今,这一天线技术已日趋成熟,并已被广泛地应用于 100 MHz～100 GHz 各种各样的无线设备特别是航天航空以及地面便携式设备、系统中,如卫星通讯、雷达、电子对抗、空间科学、生物医学领域以及各种移动通信系统等领域。

与常规的微波线、面天线相比,传统的微带天线具有明显的优点,例如体积小、重量轻、多频段、多极化、高增益、低旁瓣以及可与载体共形等,但也存在一些局限性,例如相对带宽较窄、效率低、高性能阵列需要复杂的馈电结构,极化纯度难以实现,来自馈源和结合处的附加辐射,介质基片对性能影响大,较低的功率容量以及采用高介电常数基片会导致交叉极化等。微带天线的局限性影响了其广泛应用,针对这些局限性,人们已经开发了各种技术予以克服。近些年来,人们将电子带隙(EBG)、缺陷地结构(DGS)、频率选择表面(FSS)、人工电磁材料(如CSRR)、分形技术以及可重构技术等结构或技术应用于微带天线及其阵列的设计中,从而大大改善、提高了微带天线及其阵列的性能。其中,EBG结构等可有效减小因高介电常数厚基板带来的表面波效应,以改善天线的效率和方向图的前后比,也可提高天线的工作带宽;分形技术利用结构的相似性,可实现天线的多频段和宽频带性能;通过改变可重构天线的结构可使天线的频率、方向图、极化方式等多种天线参数中的一种或几种实现重构,从而可通过切换天线的不同状态使天线及其阵列具有多种工作模式。特别是近些年来MEMS技术的应用,使得可重构天线的设计有了质的飞跃。同时,利用SIW,LTCC以及LCP技术等实现的小型化或片上天线,一方面可继承传统天线的优点,同时可克服传统天线的缺点,能够将平面天线及其阵列和微波与毫米波电路集成于同一块介质基片上。此外,自从20世纪70年代以来,人们就开始将各种数值分析方法如矩量法(MoM)、有限元法(FEM)、模式匹配法、时域有限差分法(FDTD)等广泛应用于包括微带天线在内的各种天线特别是小型化天线特性的研究中,积累了大量的理论分析和计算机仿真的经验,并将各种智能算法如神经网络、遗传算法以及粒子群算法等应用于天线及其阵列的方向图的综合/优化等中,也更进一步提高了天线及其阵列的性能。

正如所知,作为未来个人通信主要手段的移动通信技术引起了人们极大关注,而如何消除同信道干扰(CCI)、多址干扰(MAI)与多径衰落的影响等正成为人们在提高移动通信系统性能时必须考虑的主要因素。智能天线利用数字信号处理技术产生空间定向波束,使天线主波束对准用户信号的波达方向(DOA),旁瓣或零陷对准干扰信号的方向,从而达到充分、高效利用移动用户信号并删除或抑制干扰信号的目的。尽管早在20世纪60年代,自适应天线就开始应用于诸如目标跟踪、抗信号阻塞等军用领域中,但由于价格等因素一直未能普及到民用通信领域。近年来,现代数字信号处理技术发展迅猛,数字信号处理芯片处理能力不断提高,芯片价格也已大幅度地降低。同时,利用数字技术在基带形成天线波束以代替模拟电路形成天线波束的方法,有效地提高了天线系统的可靠性与灵活性,智能天线技术因此开始在移动通信中得到应用。智能天线能识别信号的DOA,从而实现在相同频率、时间和码组上用户量的扩展。不同于传统的时分多址(TDMA)、频分多址(FDMA)或码分多址(CDMA)方式,智能天线引入了第四维多址方式——SDMA方式。在相同时隙、相同频率或相同地址码情况下,用户仍可根据信号不同的空间传播路径而区分。采用智能天线技术可提高移动通信系统的容量及服务质量,W-CDMA系统就采用自适应天线阵列技术来增加系统容量,而我国具有自主知识产权的TD-SCDMA系统也是应用智能天线技术的典型范例。TD-SCDMA系统采用TDD(时分双工)方式,使上、下射频信道完全对称,可同时解决诸如天线上、下行波束赋形、抗多径干扰和抗多址干扰等问题。该系统具有精确定位功能,可实现软切换,减少信道资源的浪费。

同时,随着日益增长的语音业务、数据业务和宽带互联网业务的需求,对无线通信系统在传输速率、系统业务容量以及性能等方面提出了更高的要求。如何用较少的频率资源来传输更多的信息以及抑制无线电干扰的技术来满足未来移动通信的需求,成为了当今通信领域的研究热点。作为下一代移动通信关键技术之一的多输入多输出(MIMO)技术,受到了越来越广泛的关注。研究表明,采用MIMO技术在室内传播环境下的频谱效率可达到20～40 bit/s/Hz,而使用传统无线通信技术在移动蜂窝中的频谱效率仅为1～5 bit/s/Hz,

在点到点固定的射频无线通信系统中也只有 10～12 bit/s/Hz。MIMO 技术作为提高数据传输速率的重要手段得到人们越来越多的关注，已经被认为是新一代无线传输系统的关键技术之一。MIMO 技术是第四代移动通信技术(4G)所采用的两项关键技术之一，且已在 WiFi 及 Wimax 系统中使用，同时第三代移动通信技术(3G)的双载波 HSPA 网络中也同样采用了 MIMO 技术。近年来，可重构天线在采用 MIMO 技术的系统中应用的潜在价值，也已受到人们越来越多的重视。

综上所述，将数字信号处理与多天线(单元)特别是小型化多天线相结合，构成了目前微波天线领域中的研究热点之一，使得天线这一已经完整而系统地建立了一整套理论和工艺技术的成熟领域又焕发出勃勃生机，它为微波/毫米波技术与小型化天线在更多的科学与技术领域包括人们日常生活中指明了广阔而光明的应用前景。

1.4　微波技术与天线的应用实例

作为微波技术与天线的一个应用实例，图 1.2 示出了一个实际卫星通信系统。在此系统中，卫星上部分采用多波束天线同时与地球上的几个地面站进行通信。卫星天线从地面站 1 接收工作频率 $f_1=6$ GHz 的信号，此信号被放大并下变频至工作频率 $f_2=4$ GHz 的信号，然后再通过卫星天线发送至地面站 2，从而实现地面站 1 和地面站 2 之间的通信。信号频率的变换(即变频)是通过微波固态器件——混频器来实现，混频器将图中端口 M_1 处的中心频率为 f_1 的信号转换成端口 M_2 处的中心频率 $f_2=f_1-f_L$ 的信号，其中 f_L 为卫星系

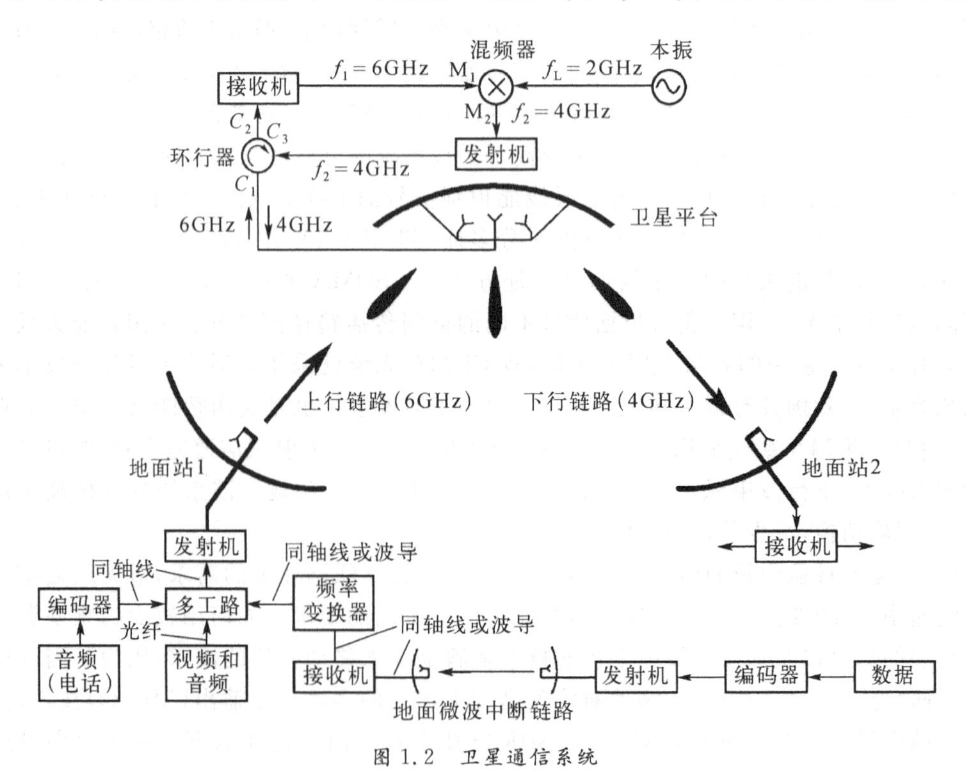

图 1.2　卫星通信系统

统中本振的工作频率(此时 $f_L = 2$ GHz)。在此系统中，上行链路和下行链路的信号采用不同的工作频率，这样可避免上、下行链路间的相互干扰。与卫星天线相连的环行器可使卫星的收发共用一副天线(即同时用作发射机和接收机的天线)，此环行器将端口 C_1 进入的信号全传输到端口 C_2 的接收机，并同时将端口 C_3 的信号全传输到与卫星天线相连的端口 C_1。尽管图中示出的系统中一个天线波束被用来作为接收而另一个波束被用来发射，事实上，这两个波束可同时被用来接收和发射。

在地面站 1 中，各种传输系统(包括同轴线，金属波导或光纤等)同多个终端相连，在这些传输系统上携带的信息包括电话线上的音频信号、电视机等中的视频信号和音频信号以及计算机网络中的数据等，其众多的终端之一或全部的信息可被连接到地面上的微波中继链路中。

1.5 微波技术与天线课程的基本内容

微波技术与天线是无线电技术的一个重要的组成部分。本课程是引导读者从熟悉的电路问题和初步的电磁场理论基础，转入到较为生疏的微波技术与天线工程问题，其主要任务是介绍基础和/或现代微波技术与天线的基本理论、分析方法和相关技术。

本书共分 8 章。第 1 章主要介绍微波的特点、应用和现代微波技术的发展以及天线的功能、分类和现代天线技术的发展；第 2 章在简单介绍重要的电磁场量所满足的基本方程、相关的定理的基础上，阐述规则传输系统中导波电磁场的基本理论、导波的基本传输特性以及正规模式的基本特性；第 3 章从“路”的观点出发讨论微波传输线的基本特性及其分析、计算方法；第 4、5 章介绍各种常用金属波导、集成传输系统以及谐振腔的基本分析、计算方法和基本特性；第 6 章阐述“化场为路”的微波网络的基本理论和分析方法；第 7 章叙述一些典型和/或现代微波元器件的结构、原理和基本特性；第 8 章则介绍电磁波辐射的理论基础以及典型和/或现代线天线和面天线的工作原理、基本分析方法及其基本特性。

第 2 章

规则传输系统中导波的基础知识

通过电磁场理论中有关平面电磁波内容的学习，我们已经熟悉了平面波在无限大媒质中传播以及在多层半无限大媒质的平面交界面上反射和透射的基本特性。事实上，电磁波除了在无界空间或半无限空间中传播以外，还可以在平行双导体传输线（简称平行双导线）、同轴线以及空心金属波导等中传输，这种电磁波称为导行电磁波，简称为导行波或导波。能够传输导波的装置称为传输系统或导波系统。传输系统横截面的形状、尺寸以及填充媒质的电参数和分布状态都不随系统的轴线（纵轴）方向变化的无限长平直传输系统叫做规则传输系统（或称为规则导波系统）。

本章首先简述电磁场的基本方程以及互易定理；然后介绍柱形传输系统中导波电磁场的基本理论；最后阐述规则传输系统中导波的基本传输特性以及正规模式的基本特性。

2.1 电磁场理论的基本方程与互易定理

众所周知，电磁场理论中的基本方程不仅是“电磁场与波”课程而且是“微波技术与天线”课程的重要理论基础，因此有必要首先简单介绍这些基本方程。尽管电磁场理论中有很多相关定理，但只有互易定理在本书的网络理论、导波的激励与耦合以及电磁波的辐射等理论分析中要经常用到，所以这里仅引出互易定理。

2.1.1 电磁场理论的基本方程

1. 麦克斯韦方程组与本构关系

由电磁场理论可知，只有称为电型源的电荷和电流能够产生电磁场，电磁场和电磁波的场源只有电型源。因为自然界中并不存在任何磁荷，因而也并不存在磁流。但在电磁场理论中，为了求解某些问题特别是天线问题的方便，人为地引入称为磁型源的磁荷和磁流的概念往往十分有用。因此，有必要同时引出电型源和磁型源产生的电磁场。

若空间中的电磁场由电型源产生，则满足以下瞬时、微分形式、非限定性的麦克斯韦方程组：

$$\nabla \times \boldsymbol{E}_{\mathrm{e}}(\boldsymbol{r},t) = -\frac{\partial \boldsymbol{B}_{\mathrm{e}}(\boldsymbol{r},t)}{\partial t} \tag{2.1a}$$

$$\nabla \times \boldsymbol{H}_{\mathrm{e}}(\boldsymbol{r},t) = \boldsymbol{J}(\boldsymbol{r}',t) + \frac{\partial \boldsymbol{D}_{\mathrm{e}}(\boldsymbol{r},t)}{\partial t} \tag{2.1b}$$

$$\nabla \cdot \boldsymbol{B}_{\mathrm{e}}(\boldsymbol{r},t) = 0 \tag{2.1c}$$

$$\nabla \cdot \boldsymbol{D}_{\mathrm{e}}(\boldsymbol{r},t) = \rho(\boldsymbol{r}',t) \tag{2.1d}$$

式中，瞬时场量 $\boldsymbol{E}_{\mathrm{e}}(\boldsymbol{r},t)$，$\boldsymbol{D}_{\mathrm{e}}(\boldsymbol{r},t)$，$\boldsymbol{H}_{\mathrm{e}}(\boldsymbol{r},t)$ 以及 $\boldsymbol{B}_{\mathrm{e}}(\boldsymbol{r},t)$ 均为时变的电型源（电流、电荷）$\boldsymbol{J}(\boldsymbol{r}',t)$ 和 $\rho(\boldsymbol{r}',t)$ 产生的电磁场，它们均为空间坐标和时间的函数，而 $\boldsymbol{r}$ 和 $\boldsymbol{r}'$ 则分别代表场点和源点的矢径。

类似地，若空间中的电磁场由磁型源产生，则满足以下瞬时、微分形式、非限定性的麦克斯韦方程组：

$$\nabla \times \boldsymbol{E}_{\mathrm{M}}(\boldsymbol{r},t) = -\boldsymbol{J}_{\mathrm{M}}(\boldsymbol{r}',t) - \frac{\partial \boldsymbol{B}_{\mathrm{M}}(\boldsymbol{r},t)}{\partial t} \tag{2.2a}$$

$$\nabla \times \boldsymbol{H}_{\mathrm{M}}(\boldsymbol{r},t) = \frac{\partial \boldsymbol{D}_{\mathrm{M}}(\boldsymbol{r},t)}{\partial t} \tag{2.2b}$$

$$\nabla \cdot \boldsymbol{B}_{\mathrm{M}}(\boldsymbol{r},t) = \rho_{\mathrm{M}}(\boldsymbol{r}',t) \tag{2.2c}$$

$$\nabla \cdot \boldsymbol{D}_{\mathrm{M}}(\boldsymbol{r},t) = 0 \tag{2.2d}$$

式中，瞬时场量 $\boldsymbol{E}_{\mathrm{M}}(\boldsymbol{r},t)$，$\boldsymbol{D}_{\mathrm{M}}(\boldsymbol{r},t)$，$\boldsymbol{H}_{\mathrm{M}}(\boldsymbol{r},t)$ 以及 $\boldsymbol{B}_{\mathrm{M}}(\boldsymbol{r},t)$ 均为时变的磁型源（磁流、磁荷）$\boldsymbol{J}_{\mathrm{M}}(\boldsymbol{r}',t)$ 和 $\rho_{\mathrm{M}}(\boldsymbol{r}',t)$ 产生的电磁场，它们也均为空间坐标和时间的函数。

一般地，若线性、静止媒质填充的空间中存在时变的电型源和磁型源，则空间中的时变（电磁）场等于两种源产生的时变电磁场的叠加，从而有以下的瞬时、微分形式、非限定性的麦克斯韦方程组：

$$\nabla \times \boldsymbol{E}(\boldsymbol{r},t) = -\boldsymbol{J}_{\mathrm{M}}(\boldsymbol{r}',t) - \frac{\partial \boldsymbol{B}(\boldsymbol{r},t)}{\partial t} \tag{2.3a}$$

$$\nabla \times \boldsymbol{H}(\boldsymbol{r},t) = \boldsymbol{J}(\boldsymbol{r}',t) + \frac{\partial \boldsymbol{D}(\boldsymbol{r},t)}{\partial t} \tag{2.3b}$$

$$\nabla \cdot \boldsymbol{B}(\boldsymbol{r},t) = \rho_{\mathrm{M}}(\boldsymbol{r}',t) \tag{2.3c}$$

$$\nabla \cdot \boldsymbol{D}(\boldsymbol{r},t) = \rho(\boldsymbol{r}',t) \tag{2.3d}$$

式中，瞬时场量 $\boldsymbol{E}(\boldsymbol{r},t)$，$\boldsymbol{D}(\boldsymbol{r},t)$，$\boldsymbol{H}(\boldsymbol{r},t)$ 以及 $\boldsymbol{B}(\boldsymbol{r},t)$ 均为时变的电型源 $\boldsymbol{J}(\boldsymbol{r}',t)$ 和 $\rho(\boldsymbol{r}',t)$ 以及磁型源 $\boldsymbol{J}_{\mathrm{M}}(\boldsymbol{r}',t)$ 和 $\rho_{\mathrm{M}}(\boldsymbol{r}',t)$ 产生的场的叠加。为书写方便，本书以后的内容中一般均略去变量“$(\boldsymbol{r},t)$”和“$(\boldsymbol{r}',t)$”。

若空间中电型源和磁型源产生的电磁场为时谐电磁场，则电型源、磁型源产生的时谐（电 磁）场则分别满足以下复数、微分形式、非限定性的麦克斯韦方程组：

$$\nabla \times \dot{\boldsymbol{E}}_{\mathrm{e}}(\boldsymbol{r}) = -\mathrm{j}\omega \dot{\boldsymbol{B}}_{\mathrm{e}}(\boldsymbol{r}) \tag{2.4a}$$

$$\nabla \times \dot{\boldsymbol{H}}_{\mathrm{e}}(\boldsymbol{r}) = \dot{\boldsymbol{J}}(\boldsymbol{r}') + \mathrm{j}\omega \dot{\boldsymbol{D}}_{\mathrm{e}}(\boldsymbol{r}) \tag{2.4b}$$

$$\nabla \cdot \dot{\boldsymbol{B}}_{\mathrm{e}}(\boldsymbol{r}) = 0 \tag{2.4c}$$

$$\nabla \cdot \dot{\boldsymbol{D}}_{\mathrm{e}}(\boldsymbol{r}) = \dot{\rho}(\boldsymbol{r}') \tag{2.4d}$$

以及

$$\nabla \times \dot{\boldsymbol{E}}_{\mathrm{M}}(\boldsymbol{r}) = -\dot{\boldsymbol{J}}_{\mathrm{M}}(\boldsymbol{r}') - \mathrm{j}\omega \dot{\boldsymbol{B}}_{\mathrm{M}}(\boldsymbol{r}) \tag{2.5a}$$

$$\nabla \times \dot{\boldsymbol{H}}_{\mathrm{M}}(\boldsymbol{r}) = \mathrm{j}\omega \dot{\boldsymbol{D}}_{\mathrm{M}}(\boldsymbol{r}) \tag{2.5b}$$

$$\nabla \cdot \dot{\boldsymbol{B}}_{\mathrm{M}}(\boldsymbol{r}) = \dot{\rho}_{\mathrm{M}}(\boldsymbol{r}') \tag{2.5c}$$

$$\nabla \cdot \dot{\boldsymbol{D}}_{\mathrm{M}}(\boldsymbol{r}) = 0 \tag{2.5d}$$

一般地,若线性、静止媒质填充的空间中存在时谐电磁场,则电型源和磁型源共同产生的复电场与复磁场应满足以下复数、微分形式、非限定性的麦克斯韦方程组:

$$\nabla \times \dot{\boldsymbol{E}}(\boldsymbol{r}) = -\dot{\boldsymbol{J}}_{\mathrm{M}}(\boldsymbol{r}') - \mathrm{j}\omega \dot{\boldsymbol{B}}(\boldsymbol{r}) \tag{2.6a}$$

$$\nabla \times \dot{\boldsymbol{H}}(\boldsymbol{r}) = \dot{\boldsymbol{J}}(\boldsymbol{r}') + \mathrm{j}\omega \dot{\boldsymbol{D}}(\boldsymbol{r}) \tag{2.6b}$$

$$\nabla \cdot \dot{\boldsymbol{B}}(\boldsymbol{r}) = \dot{\rho}_{\mathrm{M}}(\boldsymbol{r}') \tag{2.6c}$$

$$\nabla \cdot \dot{\boldsymbol{D}}(\boldsymbol{r}) = \dot{\rho}(\boldsymbol{r}') \tag{2.6d}$$

式中,$\dot{\boldsymbol{J}}(\boldsymbol{r}')$,$\dot{\rho}(\boldsymbol{r}')$,$\dot{\boldsymbol{J}}_{\mathrm{M}}(\boldsymbol{r}')$以及$\dot{\rho}_{\mathrm{M}}(\boldsymbol{r}')$分别为电流、电荷、磁流以及磁荷(体)密度的复矢量或复数;$\dot{\boldsymbol{E}}(\boldsymbol{r})$,$\dot{\boldsymbol{D}}(\boldsymbol{r})$,$\dot{\boldsymbol{H}}(\boldsymbol{r})$以及$\dot{\boldsymbol{B}}(\boldsymbol{r})$分别为由电流、电荷、磁流以及磁荷共同产生的复电场强度、复电通量密度(电位移矢量)、复磁场强度以及复磁通量密度(磁感应强度)。应指出,为书写方便,本书以后的内容中一般均略去复矢量和复数符号上的"·"以及变量"($\boldsymbol{r}$)"和"($\boldsymbol{r}'$)"。在不引起混淆的情况下,一般将复电场强度、复电通量密度(电位移矢量)、复磁场强度以及复磁通量密度(磁感应强度)简称为电场强度、电通量密度、磁场强度以及磁通量密度或统称为复电场(或更简称为电场)、复磁场(或更简称为磁场)。

若场域中填充理想的简单媒质,则本构关系为

$$\boldsymbol{D} = \varepsilon \boldsymbol{E}, \qquad \boldsymbol{B} = \mu \boldsymbol{H} \tag{2.7}$$

式中,ε 和 μ 分别称为简单媒质的介电常数和磁导率。于是,复数、微分形式、限定性的麦克斯韦方程组变为

$$\nabla \times \boldsymbol{E} = -\boldsymbol{J}_{\mathrm{M}} - \mathrm{j}\omega\mu \boldsymbol{H} \tag{2.8a}$$

$$\nabla \times \boldsymbol{H} = \boldsymbol{J} + \mathrm{j}\omega\varepsilon \boldsymbol{E} \tag{2.8b}$$

$$\nabla \cdot \boldsymbol{H} = \frac{\rho_M}{\mu} \tag{2.8c}$$

$$\nabla \cdot \boldsymbol{E} = \frac{\rho}{\varepsilon} \tag{2.8d}$$

正如所知，在电磁场的作用下，媒质内部自由电荷的运动导致媒质呈现极化、磁化状态。由于极化和磁化的作用，电通量密度和磁通量密度可分别表示为

$$\boldsymbol{D} = \varepsilon_0 \boldsymbol{E} + \boldsymbol{p}_e, \qquad \boldsymbol{B} = \mu_0 \boldsymbol{H} + \mu_0 \boldsymbol{p}_M \tag{2.9a}$$

或

$$\boldsymbol{D} = \varepsilon_0 \boldsymbol{E} + \boldsymbol{P}_e, \qquad \boldsymbol{B} = \mu_0 \boldsymbol{H} + \mu_0 \boldsymbol{P}_M \tag{2.9b}$$

式中，$\boldsymbol{p}_e$ 和 $\boldsymbol{p}_M$ 分别称为电偶极矩和磁偶极矩，而 $\boldsymbol{P}_e$ 和 $\boldsymbol{P}_M$ 则分别称为极化强度(即单位体积内电偶极矩的矢量和)和磁化强度(即单位体积内磁偶极矩的矢量和)。对简单媒质，$\boldsymbol{p}_e$(或 $\boldsymbol{P}_e$)与 $\boldsymbol{E}$ 以及 $\boldsymbol{p}_M$(或 $\boldsymbol{P}_M$)与 $\boldsymbol{H}$ 的振幅之间均满足正比关系，从而有

$$\boldsymbol{p}_e = \varepsilon_0 \chi_e \boldsymbol{E}, \qquad \boldsymbol{p}_M = \chi_M \boldsymbol{H}$$

因此，电磁场量之间满足以下简单的关系：

$$\boldsymbol{D} = \varepsilon_0 (1 + \chi_e) \boldsymbol{E} = \varepsilon_0 \varepsilon_r \boldsymbol{E} \tag{2.10a}$$

$$\boldsymbol{B} = \mu_0 (1 + \chi_M) \boldsymbol{H} = \mu_0 \mu_r \boldsymbol{H} \tag{2.10b}$$

式中，χ_e 和 χ_M 分别称为电介质的极化率和磁介质的磁化率，而 ε_r 和 μ_r 则分别称为媒质的相对介电常数和相对磁导率。

显然，将由电型源和磁型源对应的麦克斯韦方程组进行比较可见，若将电型源的量(电源量)与磁型源的量(磁源量)互换，即将式(2.5)中任一方程的 $\boldsymbol{H}_M$，$\boldsymbol{E}_M$，$\boldsymbol{J}_M$，μ 及 ε 分别用 $\boldsymbol{E}_e$，$-\boldsymbol{H}_e$，$\boldsymbol{J}$，ε 及 μ 代替，则得方程组(2.4)，反之亦然。这说明电与磁之间存在对偶性，即电型源产生的场与磁型源产生的场在形式上对偶，这就是电磁对偶性原理。

在时谐电磁场的情况下，将式(2.9a)代入复数、微分形式的麦克斯韦方程组中的两个旋度方程，有

$$\nabla \times \boldsymbol{E} = -\mathrm{j}\omega\mu_0 \boldsymbol{H} - \mathrm{j}\omega\mu_0 \boldsymbol{p}_M - \boldsymbol{J}_M \tag{2.11a}$$

$$\nabla \times \boldsymbol{H} = \mathrm{j}\omega\varepsilon_0 \boldsymbol{E} + \mathrm{j}\omega \boldsymbol{p}_e + \boldsymbol{J} \tag{2.11b}$$

显然，$\boldsymbol{J}_M$ 在上述方程中与 $\mathrm{j}\omega\mu_0 \boldsymbol{p}_M$ 有相同的作用，而 $\boldsymbol{J}$ 则与 $\mathrm{j}\omega \boldsymbol{p}_e$ 有相同的作用。因此，可采用以下形式定义与 $\boldsymbol{p}_e$ 和 $\boldsymbol{p}_M$ 对应的等效(体)电流密度 $\boldsymbol{J}_e$ 和等效(体)磁流密度 $\boldsymbol{J}_{Me}$：

$$\boldsymbol{J}_e = \mathrm{j}\omega \boldsymbol{p}_e \tag{2.12a}$$

$$\boldsymbol{J}_{Me} = \mathrm{j}\omega\mu_0 \boldsymbol{p}_M \tag{2.12b}$$

这样，利用上述等效关系，即可计算由等效电流和等效磁流所产生的电磁场。

2. 复电场和复磁场满足的矢量亥姆霍兹方程

对式(2.8a)两边取旋度，并将式(2.8b)代入、整理，则得

$$\nabla \times \nabla \times \boldsymbol{E} - k^2 \boldsymbol{E} = -\mathrm{j}\omega\mu \boldsymbol{J} - \nabla \times \boldsymbol{J}_\mathrm{M} \tag{2.13}$$

式中,$k=\omega\sqrt{\mu\varepsilon}=\omega/v$,为媒质中电磁波的波数,而 v 为电磁波的速度。再对式(2.8b)两边取旋度,并将式(2.8a)代入、整理,可得

$$\nabla \times \nabla \times \boldsymbol{H} - k^2 \boldsymbol{H} = -\mathrm{j}\omega\varepsilon \boldsymbol{J}_\mathrm{M} + \nabla \times \boldsymbol{J} \tag{2.14}$$

式(2.13)和式(2.14)分别称为复矢量 $\boldsymbol{E}$ 和 $\boldsymbol{H}$ 满足的非齐次矢量亥姆霍兹方程。特别地,对无源区域,$\boldsymbol{J}=\boldsymbol{J}_\mathrm{M}=0$,则以上两方程简化为齐次矢量亥姆霍兹方程,即

$$\nabla \times \nabla \times \boldsymbol{E} - k^2 \boldsymbol{E} = 0 \tag{2.15a}$$

$$\nabla \times \nabla \times \boldsymbol{H} - k^2 \boldsymbol{H} = 0 \tag{2.15b}$$

利用矢量恒等式:$\nabla\times\nabla\times\boldsymbol{A}=\nabla(\nabla\cdot\boldsymbol{A})-\nabla^2\boldsymbol{A}$,则复矢量 $\boldsymbol{E}$ 和 $\boldsymbol{H}$ 满足的非齐次和齐次矢量亥姆霍兹方程分别变为

$$\nabla^2 \boldsymbol{E} + k^2 \boldsymbol{E} = \mathrm{j}\omega\mu \boldsymbol{J} + \nabla \times \boldsymbol{J}_\mathrm{M} + \frac{\nabla \rho}{\varepsilon} \tag{2.16a}$$

$$\nabla^2 \boldsymbol{H} + k^2 \boldsymbol{H} = \mathrm{j}\omega\varepsilon \boldsymbol{J}_\mathrm{M} - \nabla \times \boldsymbol{J} + \frac{\nabla \rho_\mathrm{M}}{\mu} \tag{2.16b}$$

以及

$$\nabla^2 \boldsymbol{E} + k^2 \boldsymbol{E} = 0 \tag{2.17a}$$

$$\nabla^2 \boldsymbol{H} + k^2 \boldsymbol{H} = 0 \tag{2.17b}$$

3. 位函数及其方程

从方程(2.16a)和(2.16b)可见,复矢量 $\boldsymbol{E}$ 和 $\boldsymbol{H}$ 与场源间的关系较为复杂,因此通常不直接求解这两个方程,而是引入位函数间接地求解 $\boldsymbol{E}$ 和 $\boldsymbol{H}$。引入位函数的目的,是使有源矢量亥姆霍兹方程(或波动方程)的求解变成较简单的位函数方程的求解。尽管人们在电磁场理论中引入了很多电磁位函数,但其中矢量磁位和标量电位以及矢量电位和标量磁位最为常用,下面就仅介绍这四种位函数以及它们所满足的方程。

1) 矢量磁位和标量电位

由式(2.4)可知,若场域中只存在电荷源和电流源,则由$\nabla\cdot\boldsymbol{B}_\mathrm{e}=0$ 以及$\nabla\cdot(\nabla\times\boldsymbol{A})=0$,可知

$$\boldsymbol{B}_\mathrm{e} = \nabla \times \boldsymbol{A} \tag{2.18}$$

式中,$\boldsymbol{A}$ 称为矢量磁位(或磁矢位)。对简单媒质,则有

$$\boldsymbol{H}_\mathrm{e} = \frac{1}{\mu}(\nabla \times \boldsymbol{A}) \tag{2.19}$$

将式(2.18)代入式(2.4a),可得

$$\nabla \times \boldsymbol{E}_\mathrm{e} = -\mathrm{j}\omega \nabla \times \boldsymbol{A} \quad 或 \quad \nabla \times (\boldsymbol{E}_\mathrm{e} + \mathrm{j}\omega \boldsymbol{A}) = 0 \tag{2.20}$$

因此可用一个标量电位 ϕ 的梯度代替上式括号中的复矢量，从而有

$$\boldsymbol{E}_{\mathrm{e}} = -\nabla\phi - \mathrm{j}\omega\boldsymbol{A} \tag{2.21}$$

分别将式(2.19)和式(2.21)代入式(2.4b)以及式(2.21)代入式(2.4d)，并考虑简单媒质的本构关系，可得

$$\nabla\times\nabla\times\boldsymbol{A} = \mu\boldsymbol{J} + \omega\mu\varepsilon(\omega\boldsymbol{A} - \mathrm{j}\nabla\phi) \tag{2.22}$$

$$\mathrm{j}\omega\nabla\cdot\boldsymbol{A} + \nabla^2\phi = -\frac{\rho}{\varepsilon} \tag{2.23}$$

对式(2.22)利用矢量恒等式，则得

$$\nabla^2\boldsymbol{A} - \nabla\nabla\cdot\boldsymbol{A} = -\mu\boldsymbol{J} - \omega\mu\varepsilon(\omega\boldsymbol{A} - \mathrm{j}\nabla\phi) \tag{2.24}$$

再根据亥姆霍兹定理，选取 $\boldsymbol{A}$ 的散度满足洛伦兹(Lorentz)规范，其条件为

$$\nabla\cdot\boldsymbol{A} = -\mathrm{j}\omega\mu\varepsilon\phi \tag{2.25}$$

则方程(2.24)和(2.23)分别简化为

$$\nabla^2\boldsymbol{A} + k^2\boldsymbol{A} = -\mu\boldsymbol{J} \tag{2.26}$$

$$\nabla^2\phi + k^2\phi = -\frac{\rho}{\varepsilon} \tag{2.27}$$

这样，一旦根据电型源(即电流源(其中包括电荷源，因两者间满足电流连续性方程))以及边界条件求出 $\boldsymbol{A}$ 和 ϕ，则可按以下两式确定 $\boldsymbol{H}_{\mathrm{e}}$ 和 $\boldsymbol{E}_{\mathrm{e}}$：

$$\boldsymbol{H}_{\mathrm{e}} = \frac{1}{\mu}(\nabla\times\boldsymbol{A}) \tag{2.28}$$

$$\boldsymbol{E}_{\mathrm{e}} = -\mathrm{j}\omega\left(\boldsymbol{A} + \frac{\nabla\nabla\cdot\boldsymbol{A}}{k^2}\right) \tag{2.29}$$

类似地，若选取 $\boldsymbol{A}$ 的散度满足库仑(Coulomb)规范，其条件为

$$\nabla\cdot\boldsymbol{A} = 0 \tag{2.30}$$

则由方程(2.24)和(2.23)可知，$\boldsymbol{A}$ 和 ϕ 分别满足以下方程：

$$\nabla^2\boldsymbol{A} + k^2\boldsymbol{A} = -\mu\boldsymbol{J} + \mathrm{j}\omega\mu\varepsilon\nabla\phi \tag{2.31}$$

$$\nabla^2\phi = -\frac{\rho}{\varepsilon} \tag{2.32}$$

可见，在库仑规范中，$\boldsymbol{A}$ 和 ϕ 满足的两个方程是不可分离的，它们构成相互关联的方程组。但对无源区域，采用库仑规范可使问题的求解得到简化。

2) 矢量电位和标量磁位

由式(2.5d)可知，若场域中只存在磁型源，则根据 $\nabla\cdot\boldsymbol{D}_{\mathrm{M}}=0$，可引入一个矢量电位(或电矢位)$\boldsymbol{A}_{\mathrm{M}}$，而 $\boldsymbol{A}_{\mathrm{M}}$ 与 $\boldsymbol{D}_{\mathrm{M}}$ 间满足下式：

$$\boldsymbol{D}_{\mathrm{M}}=-\nabla\times\boldsymbol{A}_{\mathrm{M}} \tag{2.33}$$

对简单媒质,则有

$$\boldsymbol{E}_{\mathrm{M}}=-\frac{1}{\varepsilon}(\nabla\times\boldsymbol{A}_{\mathrm{M}}) \tag{2.34}$$

将式(2.33)代入式(2.5b),得

$$\nabla\times(\boldsymbol{H}_{\mathrm{M}}+\mathrm{j}\omega\boldsymbol{A}_{\mathrm{M}})=0$$

令 $\boldsymbol{H}_{\mathrm{M}}+\mathrm{j}\omega\boldsymbol{A}_{\mathrm{M}}=-\nabla\phi_{\mathrm{M}}$,其中 ϕ_{M} 为标量磁位(或磁标位)。仿照前面类似的方法,可导出 $\boldsymbol{A}_{\mathrm{M}}$ 和 ϕ_{M} 满足的方程分别为

$$\nabla^2\boldsymbol{A}_{\mathrm{M}}+k^2\boldsymbol{A}_{\mathrm{M}}=-\varepsilon\boldsymbol{J}_{\mathrm{M}} \tag{2.35}$$

$$\nabla^2\phi_{\mathrm{M}}+k^2\phi_{\mathrm{M}}=-\frac{\rho_{\mathrm{M}}}{\mu} \tag{2.36}$$

式中,$\boldsymbol{A}_{\mathrm{M}}$ 与 ϕ_{M} 满足洛伦兹规范条件,即

$$\nabla\cdot\boldsymbol{A}_{\mathrm{M}}=-\mathrm{j}\omega\mu\varepsilon\phi_{\mathrm{M}} \tag{2.37}$$

这样,一旦根据磁型源以及边界条件求出 $\boldsymbol{A}_{\mathrm{M}}$ 和 ϕ_{M},则可按以下两式确定 $\boldsymbol{E}_{\mathrm{M}}$ 和 $\boldsymbol{H}_{\mathrm{M}}$:

$$\boldsymbol{E}_{\mathrm{M}}=-\frac{1}{\varepsilon}(\nabla\times\boldsymbol{A}_{\mathrm{M}}) \tag{2.38}$$

$$\boldsymbol{H}_{\mathrm{M}}=-\mathrm{j}\omega\left(\boldsymbol{A}_{\mathrm{M}}+\frac{\nabla\nabla\cdot\boldsymbol{A}_{\mathrm{M}}}{k^2}\right) \tag{2.39}$$

综合式(2.28)、(2.29)、(2.38)和式(2.39),由电型源和磁型源共同产生的电磁场可用矢量磁位 $\boldsymbol{A}$ 和矢量电位 $\boldsymbol{A}_{\mathrm{M}}$ 可分别表示为

$$\boldsymbol{E}=-\frac{\mathrm{j}\omega}{k^2}(\nabla\times\nabla\times\boldsymbol{A}-\mu\boldsymbol{J})-\frac{1}{\varepsilon}(\nabla\times\boldsymbol{A}_{\mathrm{M}}) \tag{2.40a}$$

$$\boldsymbol{H}=-\frac{\mathrm{j}\omega}{k^2}(\nabla\times\nabla\times\boldsymbol{A}_{\mathrm{M}}-\varepsilon\boldsymbol{J}_{\mathrm{M}})+\frac{1}{\mu}(\nabla\times\boldsymbol{A}) \tag{2.40b}$$

式中,$\boldsymbol{E}=\boldsymbol{E}_{\mathrm{e}}+\boldsymbol{E}_{\mathrm{M}}$,$\boldsymbol{H}=\boldsymbol{H}_{\mathrm{e}}+\boldsymbol{H}_{\mathrm{M}}$。特别地,对无源区域,只要令上式中的 $\boldsymbol{J}=\boldsymbol{J}_{\mathrm{M}}=0$ 即可。此外,上式也可写成以下形式:

$$\boldsymbol{E}=-\mathrm{j}\omega\boldsymbol{A}-\mathrm{j}\frac{\nabla\nabla\cdot\boldsymbol{A}}{\omega\mu\varepsilon}-\frac{\nabla\times\boldsymbol{A}_{\mathrm{M}}}{\varepsilon} \tag{2.41a}$$

$$\boldsymbol{H}=-\mathrm{j}\omega\boldsymbol{A}_{\mathrm{M}}-\mathrm{j}\frac{\nabla\nabla\cdot\boldsymbol{A}_{\mathrm{M}}}{\omega\mu\varepsilon}+\frac{\nabla\times\boldsymbol{A}}{\mu} \tag{2.41b}$$

应指出,计算电磁场的另一种较为普遍的方法是引入赫兹电矢量位和赫兹磁矢量位,此时电场 $\boldsymbol{E}$ 和磁场 $\boldsymbol{H}$、标量电位 ϕ 和矢量磁位 $\boldsymbol{A}$ 都可通过一些简单的微分算符与赫兹矢量位联系起来。这样,只要求得赫兹矢量位满足的亥姆霍兹方程(或波动方程)的解,其他电磁场量都可由赫兹矢量位导出,从而使电磁场边值问题的求解得到简化。有关赫兹矢量位,读者

可参考其他文献。

2.1.2　互易定理

互易定理是电磁场理论中重要的定理之一，它反映了两种不同场源之间的响应关系。

设体积为 V 的空间中填充简单媒质，其中存在两种同频率的电流源、磁流源 $\boldsymbol{J}_1,\boldsymbol{J}_{M1}$ 和 $\boldsymbol{J}_2,\boldsymbol{J}_{M2}$，它们所产生的电磁场分别为 $\boldsymbol{E}_1,\boldsymbol{H}_1$ 和 $\boldsymbol{E}_2,\boldsymbol{H}_2$。根据矢量恒等式：$\nabla\cdot(\boldsymbol{A}\times\boldsymbol{B})=\boldsymbol{B}\cdot(\nabla\times\boldsymbol{A})-\boldsymbol{A}\cdot(\nabla\times\boldsymbol{B})$，有

$$\nabla\cdot(\boldsymbol{E}_1\times\boldsymbol{H}_2)=\boldsymbol{H}_2\cdot(\nabla\times\boldsymbol{E}_1)-\boldsymbol{E}_1\cdot(\nabla\times\boldsymbol{H}_2) \tag{2.42}$$

将复数形式的麦克斯韦方程组中的两个旋度方程(2.8a)和(2.8b)代入上式，得

$$\begin{aligned}\nabla\cdot(\boldsymbol{E}_1\times\boldsymbol{H}_2)&=\boldsymbol{H}_2\cdot(-\boldsymbol{J}_{M1}-j\omega\mu\boldsymbol{H}_1)-\boldsymbol{E}_1\cdot(\boldsymbol{J}_2+j\omega\varepsilon\boldsymbol{E}_2)\\&=-[j\omega(\varepsilon\boldsymbol{E}_1\cdot\boldsymbol{E}_2+\mu\boldsymbol{H}_1\cdot\boldsymbol{H}_2)+\boldsymbol{E}_1\cdot\boldsymbol{J}_2+\boldsymbol{H}_2\cdot\boldsymbol{J}_{M1}]\end{aligned} \tag{2.43}$$

同理，将上式中的下标“1”,“2”对调，有

$$\nabla\cdot(\boldsymbol{E}_2\times\boldsymbol{H}_1)=-[j\omega(\varepsilon\boldsymbol{E}_1\cdot\boldsymbol{E}_2+\mu\boldsymbol{H}_1\cdot\boldsymbol{H}_2)+\boldsymbol{E}_2\cdot\boldsymbol{J}_1+\boldsymbol{H}_1\cdot\boldsymbol{J}_{M2}] \tag{2.44}$$

将式(2.43)两端分别减去式(2.44)的对应两端，可得

$$\nabla\cdot(\boldsymbol{E}_1\times\boldsymbol{H}_2-\boldsymbol{E}_2\times\boldsymbol{H}_1)=\boldsymbol{E}_2\cdot\boldsymbol{J}_1+\boldsymbol{H}_1\cdot\boldsymbol{J}_{M2}-\boldsymbol{E}_1\cdot\boldsymbol{J}_2-\boldsymbol{H}_2\cdot\boldsymbol{J}_{M1} \tag{2.45}$$

这就是洛伦兹互易定理的微分形式。将上式的两端取体积分，并对左端应用散度定理，可得

$$\oint_S[(\boldsymbol{E}_1\times\boldsymbol{H}_2)-(\boldsymbol{E}_2\times\boldsymbol{H}_1)]\cdot d\boldsymbol{S}=\int_V(\boldsymbol{E}_2\cdot\boldsymbol{J}_1+\boldsymbol{H}_1\cdot\boldsymbol{J}_{M2}-\boldsymbol{E}_1\cdot\boldsymbol{J}_2-\boldsymbol{H}_2\cdot\boldsymbol{J}_{M1})dV \tag{2.46}$$

式中，S 为包围空间域 V(体积为 V 的空间域，简称空间域 V)的封闭面。上式是洛伦兹互易定理的积分形式，也是互易定理的一般形式。

若电流源 $\boldsymbol{J}_1,\boldsymbol{J}_2$ 和磁流源 $\boldsymbol{J}_{M1},\boldsymbol{J}_{M2}$ 均在空间域 V 外，空间域 V 内无源，显然式(2.46)右端为零，因此有

$$\oint_S[(\boldsymbol{E}_1\times\boldsymbol{H}_2)-(\boldsymbol{E}_2\times\boldsymbol{H}_1)]\cdot d\boldsymbol{S}=0 \tag{2.47}$$

这是洛伦兹互易定理的简化形式。

若空间域分为体积分别为 V_1 和 V_2 的两个区域，其中体积 V_2 内包围体积 V_1，且两者间的交界面为封闭面 S(即包围体积 V_1 的闭曲面)，而体积 V_2 的外部边界为无限大的封闭面 S_∞。假设场源分布在体积 V_1 内，体积 V_2 中无源，则

$$\oint_{S+S_\infty}[(\boldsymbol{E}_1\times\boldsymbol{H}_2)-(\boldsymbol{E}_2\times\boldsymbol{H}_1)]\cdot d\boldsymbol{S}=0 \tag{2.48}$$

式中，S,S_∞ 分别为包围体积 V_2 的内、外封闭面。由于源分布在有限区域中，在封闭面 S_∞ 上的电磁场是沿球坐标系的径向(R 向)传播的平面波，即在封闭面 S_∞ 上的电磁场之间满足关

系式:$\boldsymbol{H}=(\boldsymbol{a}_R\times\boldsymbol{E})/\eta$。因此,式(2.48)中对封闭面 S_∞ 的被积函数为

$$\begin{aligned}[(\boldsymbol{E}_1\times\boldsymbol{H}_2)-(\boldsymbol{E}_2\times\boldsymbol{H}_1)]\cdot\boldsymbol{a}_R&=(\boldsymbol{a}_R\times\boldsymbol{E}_1)\cdot\boldsymbol{H}_2-(\boldsymbol{a}_R\times\boldsymbol{E}_2)\cdot\boldsymbol{H}_1\\&=\boldsymbol{H}_1\cdot\boldsymbol{H}_2/\eta-\boldsymbol{H}_2\cdot\boldsymbol{H}_1/\eta=0\end{aligned}$$

从而有

$$\oint_S[(\boldsymbol{E}_1\times\boldsymbol{H}_2)-(\boldsymbol{E}_2\times\boldsymbol{H}_1)]\cdot\mathrm{d}\boldsymbol{S}=0 \tag{2.49}$$

这样,若将式(2.46)用于有源区域(体积 V_1),则根据式(2.49),有

$$\int_{V_1}(\boldsymbol{E}_2\cdot\boldsymbol{J}_1+\boldsymbol{H}_1\cdot\boldsymbol{J}_{\mathrm{M2}}-\boldsymbol{E}_1\cdot\boldsymbol{J}_2-\boldsymbol{H}_2\cdot\boldsymbol{J}_{\mathrm{M1}})\mathrm{d}V=0 \tag{2.50a}$$

或将上式进一步写成以下形式:

$$\int_{V_1}(\boldsymbol{E}_1\cdot\boldsymbol{J}_2-\boldsymbol{H}_1\cdot\boldsymbol{J}_{\mathrm{M2}})\mathrm{d}V=\int_{V_1}(\boldsymbol{E}_2\cdot\boldsymbol{J}_1-\boldsymbol{H}_2\cdot\boldsymbol{J}_{\mathrm{M1}})\mathrm{d}V \tag{2.50b}$$

上式即为有源区域的互易定理。

类似地,若假设电流源 $\boldsymbol{J}_1$ 位于有限空间域(体积 V_1)中($\boldsymbol{J}_{\mathrm{M1}}=0$),而电流源 $\boldsymbol{J}_2$ 位于有限空间域(体积 V_2)中($\boldsymbol{J}_{\mathrm{M2}}=0$),则由于电流源 $\boldsymbol{J}_1$ 和 $\boldsymbol{J}_2$ 在封闭面 S_∞ 上产生的电磁场趋于零,即式(2.46)左端的面积分等于零,从而可得

$$\int_{V_1}\boldsymbol{E}_2\cdot\boldsymbol{J}_1\mathrm{d}V=\int_{V_2}\boldsymbol{E}_1\cdot\boldsymbol{J}_2\mathrm{d}V \tag{2.51}$$

这是十分有用的卡森(J. R. Carson)形式的互易定理,它反映了两电流源与其电场之间满足的互易关系。基于式(2.51),可导出电路理论中二端口网络的互易定理。

2.2 柱形传输系统中导波的电磁场

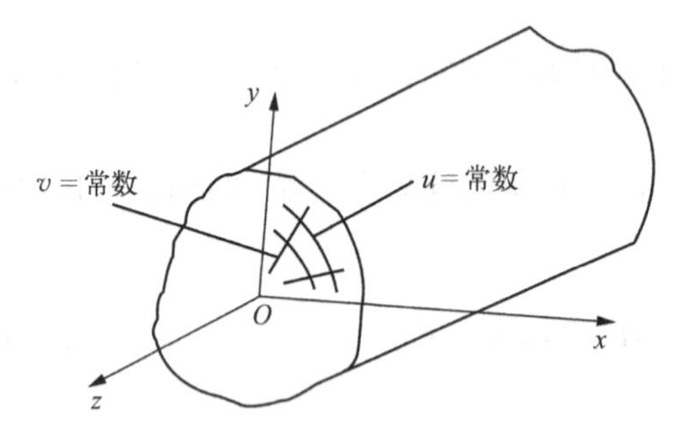

图 2.1　规则柱形传输系统及其坐标系

为了得到规则传输系统中电磁场的普遍关系式,常采用如图 2.1 所示的正交柱坐标系。在这种坐标系中有一个坐标是笛卡尔(Cartersian)坐标(直角坐标),定为 z,z 轴与规则传输系统的轴线相重合;u,v 是规则传输系统横截面上的曲线坐标。显然,直角坐标系和圆柱坐标系是正交柱坐标系的特例。分析正交柱坐标系下规则传输系统的常用方法主要有纵向场法、电磁矢量位法以及赫兹矢量位法等,这里只介绍纵向场法和电磁矢量位法。

2.2.1 纵向场法

所谓纵向场法,就是根据规则传输系统的边界形状和尺寸沿其轴向不变的特点,从(复)

电场 $\boldsymbol{E}$ 和(复)磁场 $\boldsymbol{H}$ 所满足的矢量亥姆霍兹方程中,采用分离变量法分离出只含电场纵向分量和磁场纵向分量的标量亥姆霍兹方程,利用边界条件求出电场和磁场的纵向分量。然后,再利用纵向场分量求出电磁场的各个横向分量。

为简单起见,假设规则传输系统内填充的媒质是简单媒质,传输系统内无源,且传输系统内的场为时谐场,则在正交柱坐标系中,规则传输系统内的复矢量 $\boldsymbol{E}(u,v,z)$ 和 $\boldsymbol{H}(u,v,z)$ 应满足以下微分、复数形式、限定性的麦克斯韦方程组:

$$\nabla \times \boldsymbol{E}(u,v,z) = -\mathrm{j}\omega\mu \boldsymbol{H}(u,v,z) \tag{2.52a}$$

$$\nabla \times \boldsymbol{H}(u,v,z) = \mathrm{j}\omega\varepsilon \boldsymbol{E}(u,v,z) \tag{2.52b}$$

$$\nabla \cdot \boldsymbol{H}(u,v,z) = 0 \tag{2.52c}$$

$$\nabla \cdot \boldsymbol{E}(u,v,z) = 0 \tag{2.52d}$$

由此可导出 $\boldsymbol{E}(u,v,z)$ 和 $\boldsymbol{H}(u,v,z)$ 满足的两个齐次矢量亥姆霍兹方程(2.17),即

$$\nabla^2 \boldsymbol{E}(u,v,z) + k^2 \boldsymbol{E}(u,v,z) = 0 \tag{2.53a}$$

$$\nabla^2 \boldsymbol{H}(u,v,z) + k^2 \boldsymbol{H}(u,v,z) = 0 \tag{2.53b}$$

式中,$k=\omega\sqrt{\mu\varepsilon}=\omega/v=2\pi/\lambda$,为媒质中电磁波的波数;$\omega$ 和 λ 分别为媒质中电磁波的角频率和波长;v 为媒质中的光速,而∇^2 称为拉普拉斯算子。

为了采用纵向场法进行分析,将正交柱坐标系中的电场和磁场分解为横向分量和纵向分量,即

$$\boldsymbol{E} = \boldsymbol{E}_{\mathrm{t}} + E_z \mathbf{a}_z, \qquad \boldsymbol{H} = \boldsymbol{H}_{\mathrm{t}} + H_z \mathbf{a}_z \tag{2.54}$$

式中,下标"t"代表横向,并将 $\boldsymbol{E}(u,v,z)$ 和 $\boldsymbol{H}(u,v,z)$ 等已分别简记为 $\boldsymbol{E}$ 和 $\boldsymbol{H}$ 等。同时,令

$$\nabla = \nabla_{\mathrm{t}} + \mathbf{a}_z \frac{\partial}{\partial z} \tag{2.55}$$

将式(2.54)和上式分别代入式(2.52),展开并令横向和纵向分量分别相等,可得

$$\nabla_{\mathrm{t}} \times \boldsymbol{E}_{\mathrm{t}} = -\mathrm{j}\omega\mu H_z \mathbf{a}_z \tag{2.56a}$$

$$\nabla_{\mathrm{t}} \times E_z \mathbf{a}_z + \mathbf{a}_z \times \frac{\partial \boldsymbol{E}_{\mathrm{t}}}{\partial z} = -\mathrm{j}\omega\mu \boldsymbol{H}_{\mathrm{t}} \tag{2.56b}$$

$$\nabla_{\mathrm{t}} \times \boldsymbol{H}_{\mathrm{t}} = \mathrm{j}\omega\varepsilon E_z \mathbf{a}_z \tag{2.56c}$$

$$\nabla_{\mathrm{t}} \times H_z \mathbf{a}_z + \mathbf{a}_z \times \frac{\partial \boldsymbol{H}_{\mathrm{t}}}{\partial z} = \mathrm{j}\omega\varepsilon \boldsymbol{E}_{\mathrm{t}} \tag{2.56d}$$

$$\nabla_{\mathrm{t}} \cdot \boldsymbol{H}_{\mathrm{t}} = -\frac{\partial H_z}{\partial z} \tag{2.56e}$$

$$\nabla_{\mathrm{t}} \cdot \boldsymbol{E}_{\mathrm{t}} = -\frac{\partial E_z}{\partial z} \tag{2.56f}$$

于是,将式(2.56b)两边作 $\mathbf{a}_z\times\dfrac{\partial}{\partial z}$运算,而将式(2.56d)两边同乘以 $-\mathrm{j}\omega\mu$,并将所得的两式对应相加(消去 $\boldsymbol{H}_\mathrm{t}$),化简可得

$$\mathrm{j}\omega\mu(\nabla_\mathrm{t}\times H_z\mathbf{a}_z)+\omega^2\mu\varepsilon\boldsymbol{E}_\mathrm{t}=-\mathbf{a}_z\times\frac{\partial}{\partial z}(\mathbf{a}_z\times\nabla_\mathrm{t}E_z)+\mathbf{a}_z\times\mathbf{a}_z\times\frac{\partial^2\boldsymbol{E}_\mathrm{t}}{\partial t^2}$$

再在上式右端利用"back-cab"规则:$\boldsymbol{A}\times\boldsymbol{B}\times\boldsymbol{C}=\boldsymbol{B}(\boldsymbol{A}\cdot\boldsymbol{C})-\boldsymbol{C}(\boldsymbol{A}\cdot\boldsymbol{B})$,可得

$$\left(k^2+\frac{\partial^2}{\partial z^2}\right)\boldsymbol{E}_\mathrm{t}=\frac{\partial}{\partial z}\nabla_\mathrm{t}E_z+\mathrm{j}\omega\mu\mathbf{a}_z\times\nabla_\mathrm{t}H_z \tag{2.57a}$$

类似地,对式(2.56d)两边作 $\mathbf{a}_z\times\dfrac{\partial}{\partial z}$运算,而将式(2.56b)两边同乘以 $\mathrm{j}\omega\varepsilon$,并在所得的两式中消去 $\boldsymbol{E}_\mathrm{t}$,可得

$$\left(k^2+\frac{\partial^2}{\partial z^2}\right)\boldsymbol{H}_\mathrm{t}=\frac{\partial}{\partial z}\nabla_\mathrm{t}H_z-\mathrm{j}\omega\varepsilon\mathbf{a}_z\times\nabla_\mathrm{t}E_z \tag{2.57b}$$

由式(2.57)可知,正交柱坐标系中的横向电场和横向磁场可由纵向电场分量和纵向磁场分量确定。

对式(2.56a)两边作∇_t 的矢积运算,利用矢量恒等式:$\nabla_\mathrm{t}\times\nabla_\mathrm{t}\times\boldsymbol{A}=\nabla_\mathrm{t}(\nabla_\mathrm{t}\cdot\boldsymbol{A})-\nabla_\mathrm{t}^2\boldsymbol{A}$,并将式(2.56d)代入,整理可得

$$\nabla_\mathrm{t}(\nabla_\mathrm{t}\cdot\boldsymbol{E}_\mathrm{t})-\nabla_\mathrm{t}^2\boldsymbol{E}_\mathrm{t}=\omega^2\mu\varepsilon\boldsymbol{E}_\mathrm{t}+\mathrm{j}\omega\mu\mathbf{a}_z\times\frac{\partial\boldsymbol{H}_\mathrm{t}}{\partial z} \tag{2.58}$$

可证明上式右端的第二项为

$$\mathrm{j}\omega\mu\mathbf{a}_z\times\frac{\partial\boldsymbol{H}_\mathrm{t}}{\partial z}=\frac{\partial^2\boldsymbol{E}_\mathrm{t}}{\partial z^2}-\frac{\partial}{\partial z}(\nabla_\mathrm{t}E_z) \tag{2.59}$$

于是,将式(2.59)与式(2.56f)代入式(2.58),可得

$$\left(\nabla_\mathrm{t}^2+\frac{\partial^2}{\partial z^2}\right)\boldsymbol{E}_\mathrm{t}+k^2\boldsymbol{E}_\mathrm{t}=\nabla^2\boldsymbol{E}_\mathrm{t}+k^2\boldsymbol{E}_\mathrm{t}=0 \tag{2.60a}$$

同理可得

$$\left(\nabla_\mathrm{t}^2+\frac{\partial^2}{\partial z^2}\right)\boldsymbol{H}_\mathrm{t}+k^2\boldsymbol{H}_\mathrm{t}=\nabla^2\boldsymbol{H}_\mathrm{t}+k^2\boldsymbol{H}_\mathrm{t}=0 \tag{2.60b}$$

式中,∇_t^2 称为横向拉普拉斯算子,且$\nabla^2=\nabla_\mathrm{t}^2+\nabla_z^2=\nabla_\mathrm{t}^2+\dfrac{\partial^2}{\partial z^2}$。

由此可见,在正交柱坐标系中,电场的横向分量以及磁场的横向分量分别满足标量、矢量亥姆霍兹方程。一般说来,式(2.60a)和(2.60b)中的任一个矢量亥姆霍兹方程不能再分解为两个标量亥姆霍兹方程,只有在直角坐标系下才能实现这种分解。

最后,对式(2.57b)两边作∇_t 的矢积运算,并将式(2.56c)代入,同时考虑到单位矢量 $\mathbf{a}_z$ 是常矢量,整理可得

$$\nabla_t^2 E_z + \left(k^2 + \frac{\partial^2}{\partial z^2}\right) E_z = \nabla^2 E_z + k^2 E_z = 0 \tag{2.61}$$

同理可得

$$\nabla_t^2 H_z + \left(k^2 + \frac{\partial^2}{\partial z^2}\right) H_z = \nabla^2 H_z + k^2 H_z = 0 \tag{2.62}$$

这表明，在正交柱坐标系中，因坐标 z 对应的度量因子 $h_3=1$，而曲线坐标 u,v 所对应的度量因子 h_1,h_2 与坐标 z 无关，即

$$\frac{\partial}{\partial z}\left(\frac{h_1}{h_2}\right) = \frac{\partial}{\partial z}\left(\frac{h_2}{h_1}\right) = \frac{\partial}{\partial z}(h_1 h_2) = 0 \tag{2.63}$$

因此，在正交柱坐标系中，电场的纵向分量以及磁场的纵向分量一定满足标量亥姆霍兹方程(2.61)和(2.62)。反之，对一般的正交曲线坐标系，电场以及磁场的某一分量不一定满足标量亥姆霍兹方程。

这样，在求解柱形传输系统中导波的电磁场时，通常先从 E_z 和 H_z 满足的标量亥姆霍兹方程(2.61)和(2.62)以及特定边界条件所构成的定解问题中求出 E_z 和 H_z，然后再由 E_z 和 H_z 根据式(2.57)求出横向场分量 $\boldsymbol{E}_t$ 和 $\boldsymbol{H}_t$。

将方程(2.61)分离变量，令

$$E_z(u,v,z) = E_z(u,v)Z(z) = E_z(T)Z(z) \tag{2.64}$$

式中，$E_z(T)$代表 $E_z(u,v,z)$的横向分布函数。将式(2.64)代入方程(2.61)并整理，可得

$$\frac{1}{Z(z)}\frac{\mathrm{d}^2 Z(z)}{\mathrm{d}z^2} = -\frac{1}{E_z(T)}(\nabla_t^2 + k^2)E_z(T) \tag{2.65}$$

上式左端是 z 的函数，与 u,v 无关；右端是 u,v 的函数，与 z 无关，显然只有左、右两端都等于某一常数该式才能成立。令此常数为 γ^2，则得

$$\nabla_t^2 E_z(T) + (k^2 + \gamma^2)E_z(T) = 0 \tag{2.66a}$$

$$\frac{\mathrm{d}^2 Z(z)}{\mathrm{d}z^2} - \gamma^2 Z(z) = 0 \tag{2.66b}$$

以相同的步骤，可得与 $H_z(u,v,z)$对应的 $H_z(T)$和 $Z(z)$满足的两个方程分别为

$$\nabla_t^2 H_z(T) + (k^2 + \gamma^2)H_z(T) = 0 \tag{2.67a}$$

$$\frac{\mathrm{d}^2 Z(z)}{\mathrm{d}z^2} - \gamma^2 Z(z) = 0 \tag{2.67b}$$

若在(2.66a)和(2.67a)两方程中，令 $k_c^2 = k^2 + \gamma^2$，通常称此方程为导波系统的传播常数方程。于是，有

$$\nabla_t^2 \psi + k_c^2 \psi = 0 \tag{2.68}$$

式中，ψ 代表 $E_z(T)$或 $H_z(T)$。将(2.68)中的∇_t^2 在图 2.1 所示的正交柱坐标系中展开，即得

$$\frac{1}{h_1h_2}\left[\frac{\partial}{\partial u}\left(\frac{h_2}{h_1}\frac{\partial\psi}{\partial u}\right)+\frac{\partial}{\partial v}\left(\frac{h_1}{h_2}\frac{\partial\psi}{\partial v}\right)\right]+k_c^2\psi=0 \tag{2.69}$$

方程(2.66b)和(2.67b)是同一方程,此方程决定了导波的电磁场沿传输系统轴向分布的特性,其通解为

$$Z(z)=A^{+}e^{-\gamma z}+A^{-}e^{\gamma z} \tag{2.70a}$$

式中,$A^{+}e^{-\gamma z}$ 和 $A^{-}e^{\gamma z}$ 分别代表沿传输系统正 z 方向传输的入射波和负 z 方向传输的反射波;A^{+} 和 A^{-} 为待定常数。因规则传输系统为无限长,没有反射波,故 $A^{-}=0$。于是,有

$$Z(z)=A^{+}e^{-\gamma z} \tag{2.70b}$$

上式表明,导波的电场和磁场沿 z 向按指数规律变化,变化的特点取决于 γ。当 γ 为实数时,场的振幅沿 z 按指数规律变化,相位沿 z 不变;当 γ 为虚数时,场的振幅沿 z 不变化,而相位沿 z 变化;当 γ 为复数时,场的振幅和相位沿 z 均发生变化。因此,当 γ 为实数时,导波处于截止状态;γ 为复数和虚数时,导波则处于传输状态。所以,γ 称为导波的传播常数。传播常数为复数时,可表示为 $\gamma=\alpha+j\beta$。其中,α 为衰减常数,而 β 为相移(相位)常数。

特别地,若传输系统无耗,则 $\gamma=j\beta$,此时可直接将 $Z(z)$ 取为 $e^{-j\beta z}$,$e^{-j\beta z}$ 代表导波沿 z 向的行波因子。这样,无耗传输系统中沿 z 轴方向传输的导波的(复)电磁场可进一步根据式(2.54)写为以下形式:

$$\boldsymbol{E}(u,v,z)=[\boldsymbol{E}_t(u,v)+E_z(u,v)\mathbf{a}_z]e^{-j\beta z}=[\boldsymbol{E}_t(T)+E_z(T)\mathbf{a}_z]e^{-j\beta z} \tag{2.71}$$

$$\boldsymbol{H}(u,v,z)=[\boldsymbol{H}_t(u,v)+H_z(u,v)\mathbf{a}_z]e^{-j\beta z}=[\boldsymbol{H}_t(T)+H_z(T)\mathbf{a}_z]e^{-j\beta z} \tag{2.72}$$

式中,$\boldsymbol{E}_t(u,v)$ 和 $\boldsymbol{H}_t(u,v)$ 代表 $\boldsymbol{E}_t(u,v,z)$ 和 $\boldsymbol{H}_t(u,v,z)$ 的横向矢量分布函数,$E_z(u,v)$ 和 $H_z(u,v)$ 则代表 $E_z(u,v,z)$ 和 $H_z(u,v,z)$ 的横向分布函数。

至此,根据具体传输系统的边界条件,就可从方程(2.69)求出 $E_z(u,v)$,将它与式(2.70)代入式(2.64),即可得到规则传输系统中导波的纵向电场分量 $E_z(u,v,z)$,再乘以时间因子 $e^{j\omega t}$ 取实部,即可得到瞬时场量 $E_z(u,v,z,t)$。同样也可得到 $H_z(u,v,z,t)$。对方程(2.69)的具体求解,将在第 4 章中结合具体传输系统进行讨论。

对于电场 $\boldsymbol{E}$ 和磁场 $\boldsymbol{H}$ 的横向分量,不必再去求解方程(2.60)。当然,电磁场的某个横向分量所满足的方程一般是较为复杂的二阶偏微分方程,往往求解困难。事实上,根据式(2.57)很容易得到导波的横向场分量的表达式。此时,令 $\frac{\partial}{\partial z}=-\gamma$,$\frac{\partial^2}{\partial z^2}=\gamma^2$,可得

$$\boldsymbol{E}_t=\frac{1}{k_c^2}[-\gamma\nabla_t E_z+j\omega\mu\mathbf{a}_z\times(\nabla_t H_z)] \tag{2.73}$$

$$\boldsymbol{H}_t=-\frac{1}{k_c^2}[\gamma\nabla_t H_z+j\omega\varepsilon\mathbf{a}_z\times(\nabla_t E_z)] \tag{2.74}$$

这样,将以上两式在正交柱坐标系中展开,即得导波系统中导波电磁场的四个横向分量,即

$$\left.\begin{aligned}
E_u &= -\frac{1}{k_c^2}\left(\frac{j\omega\mu}{h_2}\frac{\partial H_z}{\partial v}+\frac{\gamma}{h_1}\frac{\partial E_z}{\partial u}\right), \quad & E_v &= \frac{1}{k_c^2}\left(\frac{j\omega\mu}{h_1}\frac{\partial H_z}{\partial u}-\frac{\gamma}{h_2}\frac{\partial E_z}{\partial v}\right)\\
H_u &= \frac{1}{k_c^2}\left(\frac{j\omega\varepsilon}{h_2}\frac{\partial E_z}{\partial v}-\frac{\gamma}{h_1}\frac{\partial H_z}{\partial u}\right), \quad & H_v &= -\frac{1}{k_c^2}\left(\frac{j\omega\varepsilon}{h_1}\frac{\partial E_z}{\partial u}+\frac{\gamma}{h_2}\frac{\partial H_z}{\partial v}\right)
\end{aligned}\right\} \tag{2.75}$$

式中，$E_u\boldsymbol{a}_u+E_v\boldsymbol{a}_v=\boldsymbol{E}_t$，$H_u\boldsymbol{a}_u+H_v\boldsymbol{a}_v=\boldsymbol{H}_t$。特别地，对直角坐标系中的无耗导波系统，式(2.75)可简化为

$$\left.\begin{aligned}
E_x &= -\frac{1}{k_c^2}\left(j\omega\mu\frac{\partial H_z}{\partial y}+j\beta\frac{\partial E_z}{\partial x}\right), \quad & E_y &= \frac{1}{k_c^2}\left(j\omega\mu\frac{\partial H_z}{\partial x}-j\beta\frac{\partial E_z}{\partial y}\right)\\
H_x &= \frac{1}{k_c^2}\left(j\omega\varepsilon\frac{\partial E_z}{\partial y}-j\beta\frac{\partial H_z}{\partial x}\right), \quad & H_y &= -\frac{1}{k_c^2}\left(j\omega\varepsilon\frac{\partial E_z}{\partial x}+j\beta\frac{\partial H_z}{\partial y}\right)
\end{aligned}\right\} \tag{2.76}$$

由此可见，柱形传输系统中导波电磁场的各个横向分量可完全由两个纵向分量 E_z，H_z 来表示。即一旦求出某传输模式的 E_z 和 H_z，则其他横向场量 $\boldsymbol{E}_t$ 和 $\boldsymbol{H}_t$ 即可求得。

* 2.2.2　电磁矢量位法

尽管在求解柱形传输系统的电磁场时，前述的纵向场法最为常用，但在实际应用中，人们也经常采用其他方法进行求解。下面简单介绍利用式(2.41)提供的公式，简单引出采用电磁矢量位法导出的柱形传输系统中电磁场的主要表达式。

若在柱形传输系统中的无源区域内，$\mathbf{A}_M=0$，并令 $\mathbf{A}=\psi\mathbf{a}_z$，则由式(2.41)，可得

$$\boldsymbol{E} = -j\omega(\psi\mathbf{a}_z) - j\frac{\nabla\nabla\cdot(\psi\mathbf{a}_z)}{\omega\mu\varepsilon} \tag{2.77}$$

$$\boldsymbol{H} = \frac{\nabla\times(\psi\mathbf{a}_z)}{\mu} \tag{2.78}$$

因在正交柱坐标系中，有

$$\nabla\nabla\cdot(\psi\mathbf{a}_z) = \nabla\left(\frac{\partial\psi}{\partial z}\right) = \frac{1}{h_1}\frac{\partial^2\psi}{\partial u\partial z}\boldsymbol{a}_u + \frac{1}{h_2}\frac{\partial^2\psi}{\partial v\partial z}\boldsymbol{a}_v + \frac{\partial^2\psi}{\partial z^2}\mathbf{a}_z$$

$$\nabla\times(\psi\mathbf{a}_z) = \frac{1}{h_1h_2}\left(h_1\frac{\partial\psi}{\partial v}\boldsymbol{a}_u - h_2\frac{\partial\psi}{\partial u}\boldsymbol{a}_v\right)$$

于是，将以上两式分别代入式(2.77)和式(2.78)，可得

$$\boldsymbol{E} = -j\omega(\psi\mathbf{a}_z) - j\frac{1}{\omega\mu\varepsilon}\left(\frac{1}{h_1}\frac{\partial^2\psi}{\partial u\partial z}\boldsymbol{a}_u + \frac{1}{h_2}\frac{\partial^2\psi}{\partial v\partial z}\boldsymbol{a}_v + \frac{\partial^2\psi}{\partial z^2}\mathbf{a}_z\right) = E_u\boldsymbol{a}_u + E_v\boldsymbol{a}_v + E_z\mathbf{a}_z \tag{2.79}$$

$$\boldsymbol{H} = \frac{1}{\mu}\left[\frac{1}{h_1h_2}\left(h_1\frac{\partial\psi}{\partial v}\boldsymbol{a}_u - h_2\frac{\partial\psi}{\partial u}\boldsymbol{a}_v\right)\right] \tag{2.80}$$

应指出，上式是关于 z 轴的横磁波(即 TM 波，见下节内容)的电磁场量表达式。标量函数 ψ 满足以下标量亥姆霍兹方程：

$$\nabla^2 \psi + k^2 \psi = 0 \tag{2.81}$$

特别地,在直角坐标系中,令式(2.79)和式(2.80)中的 $u=x, v=y$ 以及 $h_1=h_2=1$,可得

$$\left.\begin{aligned} E_x &= -\frac{j\omega}{k^2}\frac{\partial^2 \psi}{\partial x \partial z}, \quad E_y = -\frac{j\omega}{k^2}\frac{\partial^2 \psi}{\partial y \partial z}, \quad E_z = -\frac{j\omega}{k^2}\left(\frac{\partial^2}{\partial z^2}+k^2\right)\psi \\ H_x &= \frac{1}{\mu}\frac{\partial \psi}{\partial y}, \quad H_y = -\frac{1}{\mu}\frac{\partial \psi}{\partial x}, \quad H_z = 0 \end{aligned}\right\} \tag{2.82}$$

同理,在圆柱坐标系中,令式(2.79)和式(2.80)中的 $u=r, v=\varphi$ 以及 $h_1=1, h_2=r$,可得

$$\boldsymbol{E} = -\frac{j\omega}{k^2}\left(\frac{\partial^2 \psi}{\partial r \partial z}\boldsymbol{a}_r + \frac{1}{r}\frac{\partial^2 \psi}{\partial \varphi \partial z}\boldsymbol{a}_\varphi\right) - \frac{j\omega}{k^2}\left(\frac{\partial^2}{\partial z^2}+k^2\right)\psi \mathbf{a}_z = E_r \boldsymbol{a}_r + E_\varphi \boldsymbol{a}_\varphi + E_z \mathbf{a}_z \tag{2.83}$$

$$\boldsymbol{H} = \frac{1}{\mu}\left[\frac{1}{r}\left(\frac{\partial \psi}{\partial \varphi}\boldsymbol{a}_r - r\frac{\partial \psi}{\partial r}\boldsymbol{a}_\varphi\right)\right] \tag{2.84}$$

这表明,只要根据式(2.81)和具体传输系统的边界条件求出标量函数 ψ,则可按式(2.79)和式(2.80)(具体地,式(2.82)或式(2.83)、(2.84))导出具体传输系统中 TM 波的复电场和复磁场。

类似地,若在柱形传输系统中的无源区域内,$\mathbf{A}=0$,并令 $\mathbf{A}_\mathrm{M}=\Psi\mathbf{a}_z$,则由式(2.41),可得

$$\boldsymbol{E} = -\frac{\nabla \times (\Psi \mathbf{a}_z)}{\varepsilon} \tag{2.85}$$

$$\boldsymbol{H} = -j\omega(\Psi \mathbf{a}_z) - j\frac{\nabla\nabla \cdot (\Psi \mathbf{a}_z)}{\omega\mu\varepsilon} \tag{2.86}$$

将以上两式在正交柱坐标系中展开,可得

$$\boldsymbol{E} = -\frac{1}{\varepsilon}\left[\frac{1}{h_1 h_2}\left(h_1\frac{\partial \Psi}{\partial v}\boldsymbol{a}_u - h_2\frac{\partial \Psi}{\partial u}\boldsymbol{a}_v\right)\right] \tag{2.87}$$

$$\boldsymbol{H} = -j\omega(\Psi \mathbf{a}_z) - j\frac{1}{\omega\mu\varepsilon}\left(\frac{1}{h_1}\frac{\partial^2 \Psi}{\partial u \partial z}\boldsymbol{a}_u + \frac{1}{h_2}\frac{\partial^2 \Psi}{\partial v \partial z}\boldsymbol{a}_v + \frac{\partial^2 \Psi}{\partial z^2}\mathbf{a}_z\right) = E_u \boldsymbol{a}_u + E_v \boldsymbol{a}_v + E_z \mathbf{a}_z \tag{2.88}$$

上式是关于 z 轴的横电波(即 TE 波,见下节内容)的电磁场量表达式。类似于标量函数 ψ,标量函数 Ψ 同样满足标量亥姆霍兹方程(2.81),即

$$\nabla^2 \Psi + k^2 \Psi = 0 \tag{2.89}$$

特别地,在直角坐标系中,由式(2.87)和式(2.88)可得

$$\left.\begin{aligned} E_x &= -\frac{1}{\varepsilon}\frac{\partial \Psi}{\partial y}, \quad E_y = \frac{1}{\varepsilon}\frac{\partial \Psi}{\partial z}, \quad E_z = 0 \\ H_x &= -\frac{j\omega}{k^2}\frac{\partial^2 \Psi}{\partial x \partial z}, \quad H_y = -\frac{j\omega}{k^2}\frac{\partial^2 \Psi}{\partial y \partial z}, \quad H_z = -\frac{j\omega}{k^2}\left(\frac{\partial^2}{\partial^2 z}+k^2\right)\Psi \end{aligned}\right\} \tag{2.90}$$

同理,在圆柱坐标系中,则由式(2.87)和式(2.88)可得

$$\boldsymbol{E} = \frac{1}{\varepsilon}\left[\frac{1}{r}\left(\frac{\partial \Psi}{\partial \varphi}\boldsymbol{a}_r - r\frac{\partial \Psi}{\partial r}\boldsymbol{a}_\varphi\right)\right] \tag{2.91}$$

$$\boldsymbol{H} = -\frac{\mathrm{j}\omega}{k^2}\left(\frac{\partial^2 \Psi}{\partial r \partial z}\boldsymbol{a}_r + \frac{1}{r}\frac{\partial^2 \Psi}{\partial \varphi \partial z}\boldsymbol{a}_\varphi\right) - \frac{\mathrm{j}\omega}{k^2}\left(\frac{\partial^2}{\partial z^2} + k^2\right)\Psi \mathbf{a}_z = E_r\boldsymbol{a}_r + E_\varphi \boldsymbol{a}_\varphi + E_z \mathbf{a}_z \tag{2.92}$$

这样，类似地，只要根据式(2.89)和具体传输系统的边界条件求出标量函数 Ψ，则可按式(2.87)和式(2.88)(具体地，式(2.90)或式(2.91)、(2.92))导出具体传输系统中 TE 波的复电场和复磁场。

应指出，在实际应用中，除了需分析直角坐标系和圆柱坐标系中的柱形导波系统以外，往往还需求解圆球坐标系中导波系统的电磁场。例如在分析圆锥形金属波导中的导波的电磁场分布时，就要在圆球坐标系中进行分析。对圆球坐标系，因其坐标方向上的单位矢量均为变矢量，无法简单地从矢量磁位和矢量电位满足的矢量亥姆霍兹方程中分离出标量亥姆霍兹方程，故必须作特殊处理。有关这方面的内容，感兴趣的读者可进一步阅读其他文献。

本书主要采用纵向场法分析柱形传输中导波的电磁场。

2.3　导波的分类及其传输特性

2.3.1　导波的分类与传输参量

1. 导波的分类

传输系统中的模式(简称为模)又称为波型(简称为波)，它是指能够在传输系统中单独存在的电磁场结构或分布。通常按模式有无纵向场分量进行分类，可分为两大类。

① 无纵向场分量。即 $E_z = H_z = 0$。因只有横向电磁场分量，故称为横电磁模(TEM 模、TEM 波)。这类模式的电磁力线处于传输系统的横截面内，且只能存在于多导体构成的传输系统中。

② 有纵向场分量。这类模式可细分为三类：(a) $E_z \neq 0, H_z = 0$，这类模式称为横磁模或横磁波，简记为 TM 模或 TM 波。因为只有电场才有纵向分量，故又称为电模或电波，简记为 E 模或 E 波。该类模式的磁力线是在传输系统横截面内的闭合曲线，而电力线则为空间曲线；(b) $E_z = 0, H_z \neq 0$，这类模式称为横电模或横电波，简记为 TE 模或 TE 波。因为只有磁场才有纵向分量，故又称磁模或磁波，简记为 H 模或 H 波。该类模式的电力线是传输系统横截面内的曲线；(c) $E_z \neq 0, H_z \neq 0$，这类模式称为混合模或混合波，可看成 TE 模和 TM 模的线性叠加。电磁模(简记为 EH 模)和磁电模(简记为 HE 模)以及纵截面磁模(简记为 LSM 模)和纵截面电模(简记为 LSE 模)等都是混合模。应指出，TE 模和 TM 模可单独存在于由光滑导体壁面构成的柱形波导中，而混合模则存在于开放式传输系统和非规则传输系统中。

下面先介绍 TEM 模、TE 模和 TM 模的传输特性，然后简单阐述混合模的特性。

2. TEM 模、TE 模和 TM 模的基本传输参量

类似于平面波传输参量的定义，可定义传输系统中 TEM 模、TE 模和 TM 模的相速、波

导波长和波阻抗。

1) 相速

沿 z 向传输的导行波的相速定义为,导波的等相位面向前移动的速度。相速可由相位恒定条件求出,记为 v_p。即

$$v_p = \left.\frac{dz}{dt}\right|_{\omega t - \beta z = 常数} = \frac{\omega}{\beta} \qquad (m/s) \tag{2.93}$$

2) 波导波长

传输系统中导行波的波导波长定义为,导波在一周期的时间内沿系统传输的距离,记为 λ_g。即

$$\lambda_g = v_p T = \frac{v_p}{f} \qquad (m) \tag{2.94}$$

3) 波阻抗

传输系统中导行波的波阻抗定义为,某个模式的横向电场与横向磁场之比,记为 Z。即

$$Z = \pm \frac{E_t}{H_t} \qquad (\Omega) \tag{2.95}$$

其符号以 $\boldsymbol{E}_t \times \boldsymbol{H}_t$ 与 $\mathbf{a}_z$ 同方向取正,反方向取负。一般假设导波沿 $+z$ 向传输,则 Z 取正值。

*2.3.2 导波的电磁场与传输特性

1. TEM 模的特性

1) TEM 模的场的特点

由式(2.75)可知,当 $E_z = H_z = 0$ 时,TEM 模有非零解的条件是 $k_c = 0$。若传输系统无耗,则传播常数为

$$\gamma = j\beta = jk = j\omega\sqrt{\mu\varepsilon} \tag{2.96}$$

由传输系统中电磁场横向分量满足的偏微分方程(2.60),可知

$$\nabla_t^2 \boldsymbol{E}_t(T) = \nabla_t^2 \boldsymbol{E}(T) = \nabla_t^2 \boldsymbol{E}_t(u,v) = 0 \tag{2.97a}$$

$$\nabla_t^2 \boldsymbol{H}_t(T) = \nabla_t^2 \boldsymbol{H}(T) = \nabla_t^2 \boldsymbol{H}_t(u,v) = 0 \tag{2.97b}$$

这说明,TEM 模的电场和磁场均满足二维拉普拉斯方程。由于二维静电场和恒定电流产生的磁场也满足同样的方程,因此 TEM 模的电磁场在传输系统横截面上的分布与边界条件相同的二维静态场完全一致。但应注意,所谓"一致"仅是指场在横截面上的分布而言,场与变量 t 和 z 的关系两者不同,TEM 模对 t 和 z 的依赖关系为 $e^{j(\omega t - \beta z)}$,而静态场则与 t 和 z 无关。

应指出,由 TEM 模的场在系统横截面的分布与静态场相同这一特点,可判断具体的传输系统能否传输 TEM 模。例如空心金属波导,因其横截面内无法建立起静态场(导体表面上存在异性电荷时不可能是静态),所以空心金属波导中不存在 TEM 模。而同轴线则可建

立起静态场，故可存在 TEM 模。由此可知，TEM 模只能存在于多导体构成的传输系统中。

众所周知，在静(态)电场情况下，横向电场 $\boldsymbol{E}_{\mathrm{t}}(T)$ 与电位 $\phi(T)$ 满足以下关系式：

$$\boldsymbol{E}_{\mathrm{t}}(T) = -\nabla_{\mathrm{t}}\phi(T) \tag{2.98}$$

而 $\phi(T)$ 则满足拉普拉斯方程，即

$$\nabla_{\mathrm{t}}^{2}\phi(T) = 0 \tag{2.99}$$

于是，传输 TEM 模的双导体传输线间的电压可表示为

$$U_{12} = \phi_1 - \phi_2 = \int_1^2 \boldsymbol{E}_{\mathrm{t}}(T)\cdot \mathrm{d}\boldsymbol{l} \tag{2.100}$$

式中，ϕ_1 和 ϕ_2 为导体 1 和导体 2 上的电位。同时，在静(态)磁场情况下，导体上的电流可沿导体横截面上作一围绕导体的横向闭曲线 l 积分得到，即

$$I = \oint_l \boldsymbol{H}_{\tau}(T)\cdot \mathrm{d}\boldsymbol{l} \tag{2.101}$$

因此，TEM 模的(复)电磁场可表示为

$$\boldsymbol{E}_{\mathrm{t}}(T,z) = \boldsymbol{E}(T,z) = \boldsymbol{E}_{\mathrm{t}}(T)\mathrm{e}^{-\mathrm{j}kz} = -\nabla_{\mathrm{t}}\phi(T)\mathrm{e}^{-\mathrm{j}kz} \tag{2.102}$$

$$\boldsymbol{H}_{\mathrm{t}}(T,z) = \boldsymbol{H}(T,z) = \boldsymbol{H}_{\mathrm{t}}(T)\mathrm{e}^{-\mathrm{j}kz} = \frac{k}{\omega\mu}\mathbf{a}_z \times \boldsymbol{E}_{\mathrm{t}}(T)\mathrm{e}^{-\mathrm{j}kz} = \frac{1}{Z_{\mathrm{TEM}}}[\mathbf{a}_z \times \boldsymbol{E}_{\mathrm{t}}(T)]\mathrm{e}^{-\mathrm{j}kz} \tag{2.103}$$

例如，TEM 模传输线在 z=常数时的横截面如图2.2所示，其电场从一个导体(导体 A)到另一个导体(导体 B)沿任意路径的线积分应等于该路径两端点间的(复)等效电压。选取如图 2.2 所示的从 1→2 积分路径，可得

$$U(z) = \int_1^2 \boldsymbol{E}_{\mathrm{t}}(T)\mathrm{e}^{-\mathrm{j}kz}\cdot \mathrm{d}\boldsymbol{l} = U_0\mathrm{e}^{-\mathrm{j}kz} \tag{2.104}$$

式中 $U_0 = \int_1^2 \boldsymbol{E}_{\mathrm{t}}(T)\cdot \mathrm{d}\boldsymbol{l}$，为导体 A 与导体 B 间的电压(振幅)，它与积分路径无关。

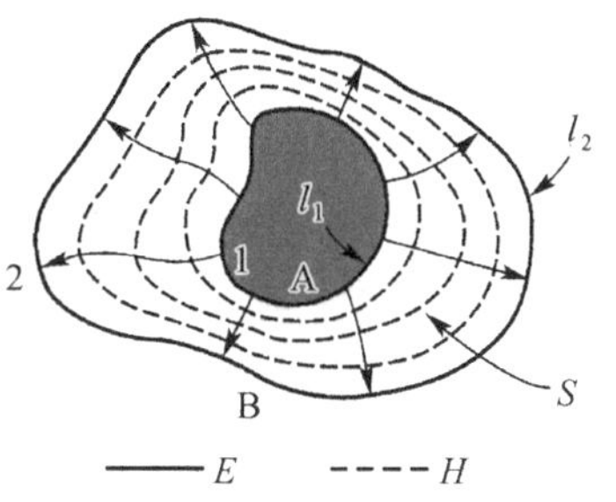

图 2.2　TEM 模传输线横截面内的电磁力线分布图

同理，可导出任一导体表面上的等效(复)电流，即在横截面上作一围绕导线 A 表面的横向闭曲线 l，则有

$$I(z) = \oint_l \boldsymbol{H}_{\tau}(T)\mathrm{e}^{-\mathrm{j}kz}\cdot \mathrm{d}\boldsymbol{l} = I_0\mathrm{e}^{-\mathrm{j}kz} \tag{2.105}$$

式中，$I_0 = \oint_l \boldsymbol{H}_{\tau}(T)\cdot \mathrm{d}\boldsymbol{l}$ 为导线 A 上的电流(振幅)，而 $\boldsymbol{H}_{\tau}(T)$ 为横截面上围绕导线 A 表面附近的切向磁场。

2) 传输特性

由式(2.93)～(2.95)可知，对无耗传输的 TEM 模，因 $\beta = k$，$v_{\mathrm{p}} = v$，故有

$$v_{\mathrm{p}} = \frac{\omega}{k} = \frac{1}{\sqrt{\mu\varepsilon}} = v \tag{2.106}$$

$$\lambda_{\mathrm{g}} = \frac{v}{f} = \lambda \tag{2.107}$$

以及

$$Z_{\mathrm{TEM}} = \frac{E}{H} = \frac{\omega\mu}{k} = \sqrt{\frac{\mu}{\varepsilon}} = \eta \tag{2.108}$$

特别地,若传输系统以空气作为填充媒质,则 $Z_{\mathrm{TEM}} = \eta_0 = \sqrt{\mu_0/\varepsilon_0} = 120\pi \approx 377\ \Omega$。

由此可见,无耗传输的 TEM 模的相速、波导波长和波阻抗与充满理想媒质的无界空间中平面波的速度、波长和本征阻抗完全相同。这不难理解,因为这种无耗的传输系统中导波的传播常数与无界空间中无耗传输的平面波的传播常数相同。由于无耗传输的 TEM 模的相速与频率无关,即 ω 与 β 呈线性关系。这种特性称为传输系统的无色散性,因此无耗传输的 TEM 模称为非色散模。

此外,无耗的 TEM 模传输线还有一个重要的特性参量——特性阻抗,记为 Z_{c}(对有耗的 TEM 模传输线,则改记为 Z_0),特性阻抗被定义为传输线上的行波电压与行波电流之比。于是,由式(2.104)和式(2.105)的比值可得

$$Z_{\mathrm{c}} = \frac{U(z)}{I(z)} = \frac{U_0}{I_0} = \frac{\int_1^2 \boldsymbol{E}_{\mathrm{t}}(T) \cdot \mathrm{d}\boldsymbol{l}}{\oint_l \boldsymbol{H}_{\tau}(T) \cdot \mathrm{d}\boldsymbol{l}} \tag{2.109}$$

特性阻抗是 TEM 模传输线本身固有的特性,它取决于传输线的结构、尺寸以及周围填充的媒质。有关 TEM 模传输线的特性阻抗的深入讨论,详见第3章的内容。

2. TM 模和 TE 模的电磁场与传输特性

1) 场分量和波阻抗

(1) TM 模

对 TM 模,因 $H_z = 0$,于是(2.73)和(2.74)两式变为

$$\boldsymbol{E}_{\mathrm{t}} = \frac{-\gamma}{k_{\mathrm{c}}^2} \nabla_{\mathrm{t}} E_z \tag{2.110a}$$

$$\boldsymbol{H}_{\mathrm{t}} = -\frac{\mathrm{j}\omega\varepsilon}{k_{\mathrm{c}}^2} \mathbf{a}_z \times \nabla_{\mathrm{t}} E_z \tag{2.110b}$$

其完整表达式为

$$\boldsymbol{E}(T,z) = \boldsymbol{E}_{\mathrm{t}}(T,z) + E_z(T,z)\mathbf{a}_z = \left[-\frac{\gamma}{k_{\mathrm{c}}^2} \nabla_{\mathrm{t}} E_z(T) + E_z(T)\mathbf{a}_z\right]\mathrm{e}^{-\gamma z} \tag{2.111a}$$

$$\boldsymbol{H}(T,z) = \boldsymbol{H}_{\mathrm{t}}(T,z) = -\frac{\mathrm{j}\omega\varepsilon}{k_{\mathrm{c}}^2} \mathbf{a}_z \times \nabla_{\mathrm{t}} E_z(T)\mathrm{e}^{-\gamma z} \tag{2.111b}$$

根据波阻抗的定义,对无耗传输的 TM 模,$\gamma = \mathrm{j}\beta$。于是,其波阻抗为

$$Z_{\mathrm{TM}}=\frac{E_{\mathrm{t}}}{H_{\mathrm{t}}}=\frac{\gamma}{\mathrm{j}\omega\varepsilon}=\frac{\beta}{k}Z_{\mathrm{TEM}} \tag{2.112}$$

(2) TE 模

对 TE 模，因 $E_z=0$，于是(2.73)和(2.74)两式变为

$$\boldsymbol{E}_{\mathrm{t}}=\frac{\mathrm{j}\omega\mu}{k_{\mathrm{c}}^2}\mathbf{a}_z\times\nabla_{\mathrm{t}}H_z \tag{2.113a}$$

$$\boldsymbol{H}_{\mathrm{t}}=\frac{-\gamma}{k_{\mathrm{c}}^2}\nabla_{\mathrm{t}}H_z \tag{2.113b}$$

其完整表达式为

$$\boldsymbol{E}(T,z)=\boldsymbol{E}_{\mathrm{t}}(T,z)=\frac{\mathrm{j}\omega\mu}{k_{\mathrm{c}}^2}\mathbf{a}_z\times\nabla_{\mathrm{t}}H_z(T,z) \tag{2.114a}$$

$$\boldsymbol{H}(T,z)=\boldsymbol{H}_{\mathrm{t}}(T,z)+H_z(T,z)\mathbf{a}_z=\left[-\frac{\gamma}{k_{\mathrm{c}}^2}\nabla_{\mathrm{t}}H_z(T)+H_z(T)\mathbf{a}_z\right]\mathrm{e}^{-\gamma z} \tag{2.114b}$$

对无耗传输的 TE 模，其波阻抗为

$$Z_{\mathrm{TE}}=\frac{\mathrm{j}\omega\mu}{\gamma}=\frac{k}{\beta}Z_{\mathrm{TEM}} \tag{2.115}$$

2) 传输特性

(1) 传输条件

从前面讨论可知，空心金属波导中不能传输 TEM 模，但这种传输系统则能传输 TE 模和 TM 模。由式(2.75)可知，此时 $k_{\mathrm{c}}\neq 0$，同时 $k_{\mathrm{c}}^2>0$。因此，要使这两种波型能够在此传输系统中传输，尚需满足一定的条件。下面讨论这种传输系统中导波传输或截止的条件。

对 TM 和 TE 两种模式，由 $k_{\mathrm{c}}^2=k^2+\gamma^2$，得

$$\gamma=\sqrt{k_{\mathrm{c}}^2-k^2} \tag{2.116}$$

这样，由 k_{c}^2 与 k^2 的不同关系，对每一个给定的 TM 或 TE 模，当频率由低到高变化时，其 γ 值都会出现以下三种情况：

① 当 $k^2>k_{\mathrm{c}}^2$ 时，有

$$\gamma=\mathrm{j}\beta=\mathrm{j}\sqrt{k^2-k_{\mathrm{c}}^2} \tag{2.117}$$

式中，β 为实数。此时，瞬时电磁场可表示为

$$\boldsymbol{E}(u,v,z,t)=\mathrm{Re}[\boldsymbol{E}(u,v)\mathrm{e}^{\mathrm{j}(\omega t-\beta z)}]$$

$$\boldsymbol{H}(u,v,z,t)=\mathrm{Re}[\boldsymbol{H}(u,v)\mathrm{e}^{\mathrm{j}(\omega t-\beta z)}]$$

显然，导波的电磁场沿 z 方向只有相位变化，无幅值的衰减。这就是导波的传输状态，对应的模式是传输模式。因 $\beta<k$，于是 $v_{\mathrm{p}}>c/\sqrt{\mu_{\mathrm{r}}\varepsilon_{\mathrm{r}}}$，即其相速大于系统填充媒质中的光速，因此传输系统中传输的导波是快波。

② 当 $k^2=k_c^2$ 时,$\gamma=0$,于是

$$\omega_c=\frac{k_c}{\sqrt{\mu\varepsilon}},\qquad f_c=\frac{k_c}{2\pi\sqrt{\mu\varepsilon}} \tag{2.118}$$

式中,ω_c,f_c 分别称为截止角频率和截止频率,相应的截止波长 λ_c 为

$$\lambda_c=\frac{v}{f_c}=\frac{2\pi}{k_c} \tag{2.119}$$

显然,当频率降低到截止频率或波长增大到截止波长时,导波的传输过程就截止。

③ 当 $k^2<k_c^2$ 时,有

$$\gamma=\sqrt{k_c^2-k^2}=\alpha \tag{2.120}$$

式中,γ 为实数。此时,瞬时电磁场可表示为

$$\boldsymbol{E}(u,v,z,t)=\mathrm{Re}[\boldsymbol{E}(u,v)\mathrm{e}^{-\alpha z}\mathrm{e}^{\mathrm{j}\omega t}]$$

$$\boldsymbol{H}(u,v,z,t)=\mathrm{Re}[\boldsymbol{H}(u,v)\mathrm{e}^{-\alpha z}\mathrm{e}^{\mathrm{j}\omega t}]$$

显然,导波的振幅沿 z 方向按指数规律衰减,相位沿 z 方向无变化,电磁场随时间作简谐振动,但电磁场能量并不沿 z 方向传播。这就是传输系统的截止状态,此时对应 $f<f_c$ 或 $\lambda>\lambda_c$。这样,对沿 z 方向传输的截止状态的 TM 模,由式(2.112)可知

$$Z_{\mathrm{TM}}=-\mathrm{j}\eta\sqrt{\left(\frac{\lambda}{\lambda_c}\right)^2-1} \tag{2.121}$$

而对呈截止状态的 TE 模,由式(2.115)可知

$$Z_{\mathrm{TE}}=\mathrm{j}\frac{\eta}{\sqrt{(\lambda/\lambda_c)^2-1}} \tag{2.122}$$

归纳上述三种情况可知:只有当导波的工作频率 f 大于某模式的截止频率 f_c 或工作波长 λ 小于某模式的截止波长 λ_c 时,导波才能在空心金属波导中传输。这说明这种传输系统具有高通滤波器的特性。

应指出,对 E_z 和 H_z 均不为零的混合模式,此时导波的电磁场量应为 TM 模和 TE 模的电磁场量的线性叠加,且 $k_c^2<0$。由于 $\beta=\sqrt{k^2-k_c^2}>k$,于是 $v_p<c/\sqrt{\mu_r\varepsilon_r}$,其相速小于系统填充媒质中的光速,因此传输系统中传输的导波是慢波。由此可知,由光滑导体壁面构成的空心金属波导管中传播是快波,而各种具有不同介质交界面的介质波导中则传播慢波。

(2) 导波的相速和波导波长

① 相速

根据式(2.93),因 $\beta=\sqrt{k^2-k_c^2}$,而 $k=2\pi/\lambda$,$k_c=2\pi/\lambda_c$,于是有

$$v_p=\frac{\omega}{\beta}=\frac{v}{\sqrt{1-(\lambda/\lambda_c)^2}} \tag{2.123}$$

图 2.3 示出了以空气为填充媒质的传输系统中导波的相速 v_p 随频率 f 的变化曲线。

② 波导波长

根据式(2.94),波导波长为

$$\lambda_g = \frac{v_p}{f} = \frac{\lambda}{\sqrt{1-(\lambda/\lambda_c)^2}} \tag{2.124}$$

而 β 与 λ_g 的关系为

$$\beta = \frac{2\pi}{\lambda_g} \tag{2.125}$$

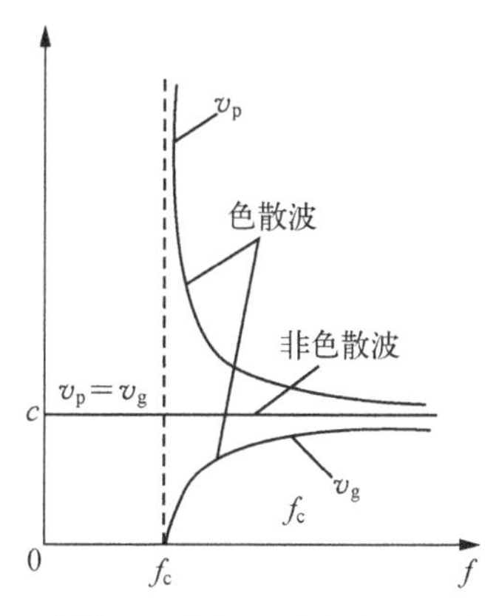

图 2.3　相速 v_p、群速 v_g 随频率 f 的变化曲线

(3) 导波的群速

前面讨论的导波的相速只是对导波的幅度、相位和频率均未受到调制时单频的等幅简谐波(单一频率的行波)而言,这种单频简谐波并不携带任何信号。为了传输信号,则必须对导波的参量(幅度、相位或频率)进行调制,而被调制的导波不再是单频而是一个包含多频率成分的波。所谓群速,是指一群具有非常接近的角频率 ω 和相移常数 β 的波,在传输过程中表现出来的共同速度。这个速度代表能量的传播速度,用 v_g 表示。下面以调幅波为例,导出群速的表达式。

为简单起见,考虑由两个频率和相位相差甚微的等幅波叠加而成的调制波。设

$$E_1 = E_m e^{j[(\omega_0+\Delta\omega)t-(\beta_0+\Delta\beta)z]} \tag{2.126a}$$

$$E_2 = E_m e^{j[(\omega_0-\Delta\omega)t-(\beta_0-\Delta\beta)z]} \tag{2.126b}$$

式中,$\omega_0=(\omega_1+\omega_2)/2$,$\Delta\omega=(\omega_2-\omega_1)/2$;$\beta_0=(\beta_1+\beta_2)/2$,$\Delta\beta=(\beta_2-\beta_1)/2$,其中,$\omega_1$,$\omega_2$ 分别为信号工作频带上、下边频对应的角频率,而 β_1,β_2 则为角频率为 ω_1,ω_2 的导波对应的相移常数。一般地,$\Delta\omega \ll \omega_0$,$\Delta\beta \ll \beta_0$。于是,合成波的电场为

$$\begin{aligned} E = E_1 + E_2 &= E_m e^{j(\omega_0 t-\beta_0 z)}\left[e^{j(\Delta\omega t-\Delta\beta z)} + e^{-j(\Delta\omega t-\Delta\beta z)}\right] \\ &= 2E_m \cos(\Delta\omega t - \Delta\beta z) e^{j(\omega_0 t-\beta_0 z)} \end{aligned} \tag{2.127}$$

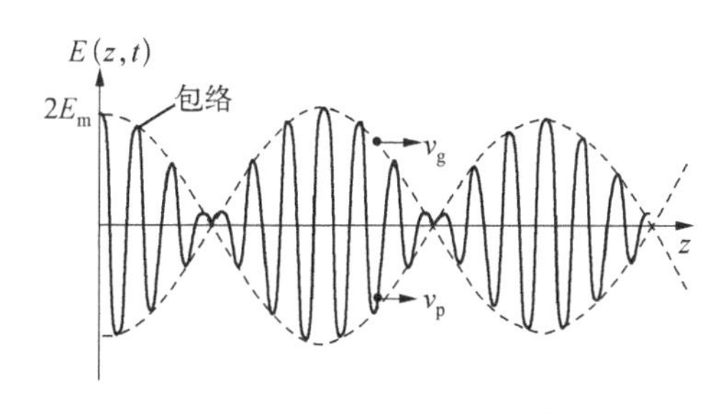

图 2.4　调幅波的变化规律

可见合成波为一调幅波,其振幅函数代表一个变化缓慢的波,它叠加在高频载波上形成合成波的幅度包络线(或称合成波的波包)。合成波的变化规律如图 2.4 所示。

调幅波的信号是由波包在传播方向上的运动来传递的,因此波包的传播速度就代表了信号的传递速度。波包的传播速度很容易由相位恒定条件求出,即

$$\Delta\omega t - \Delta\beta z = 常数 \tag{2.128}$$

将上式对 t 求导可得群速的表达式为

$$v_g = \frac{dz}{dt} = \frac{\Delta\omega}{\Delta\beta} \tag{2.129}$$

由于群速定义为频率和相位相差甚微的一群波所表现出的共同速度,因此只有在 $\Delta\omega\to 0$,$\Delta\beta\to 0$的极限情况下才是严格的。于是,对窄带信号,群速的严格表示式为

$$v_g = \lim_{\Delta\omega\to 0}\frac{\Delta\omega}{\Delta\beta} = \frac{d\omega}{d\beta} = \frac{1}{\dfrac{d\beta}{d\omega}} \approx \frac{1}{\left.\dfrac{d\beta}{d\omega}\right|_{\omega_0}} \tag{2.130}$$

由于 $\beta^2=\omega^2\mu\varepsilon-k_c^2$,因此 TM 模和 TE 模的群速为

$$v_g = v\sqrt{1-\left(\frac{\lambda}{\lambda_c}\right)^2} = v\sqrt{1-\left(\frac{f_c}{f}\right)^2} \tag{2.131}$$

图 2.3 中同样示出了以空气为填充介质的传输系统中导波的群速 v_g 随频率 f 的变化曲线。

从 TM 模和 TE 模的相速、群速的表达式可看出以下两点:

(a) $v_p>v$,$v_g<v$,且 $v_p v_g=v^2$;

(b) v_p,v_g 均为频率的函数,波速随频率变化,因此 TM 模和 TE 模为色散波。对 TEM 模,因其 $\lambda_c\to\infty$,故有 $v_p=v_g=v$,即波速与频率无关,这再次说明无耗传输的 TEM 模为非色散波。

3. 混合模的电磁场与特点

在具有空气—介质分界面的一类传输系统中,单独的 TE 或 TM 模一般不能满足其边界条件。如前所述,此时导波系统中存在的场必须是 TM 模的场与 TE 模的场的线性组合,从而构成一些新的模式——混合模,这些模式既有纵向电场也有纵向磁场。一般地,若场的纵向分量以磁场为主,场的横向分布类似于 TE 模,则称这种模式为磁电模或磁电波,记为 HE 模或 HE 波;反之,若场的纵向分量以电场为主,场的横向分布类似于 TM 模,则称这种模式为电磁模或电磁波,记为 EH 模或 EH 波。此外,若沿导波的传播方向(纵向)剖面上仅存在磁场的混合模则称为纵截面磁模,记为 LSM 模;若沿导波的传播方向(纵向)剖面上仅存在电场的混合模则称为纵截面电模,记为 LSE 模。下面仅以 HE 模和 EH 模为例介绍混合模的特点。

HE 模和 EH 模的横向电场可由式(2.110a)和(2.114a)叠加得到,即

$$\boldsymbol{E}_t(T,z) = \boldsymbol{E}_t(T)e^{-\gamma z} = \frac{1}{k_c^2}[-\gamma\nabla_t E_z(T) + j\omega\mu\mathbf{a}_z\times\nabla_t H_z(T)]e^{-\gamma z} \tag{2.132a}$$

同样,由式(2.110b)和(2.114b)叠加,可得横向磁场,即

$$\boldsymbol{H}_t(T,z) = \boldsymbol{H}_t(T)e^{-\gamma z} = \frac{1}{k_c^2}[-\gamma\nabla_t H_z(T) - j\omega\mu\mathbf{a}_z\times\nabla_t E_z(T)]e^{-\gamma z} \tag{2.132b}$$

于是,HE 模和 EH 模的电磁场的完整表达式为

$$\boldsymbol{E}(T,z) = [\boldsymbol{E}_t(T) + E_z(T)\mathbf{a}_z]e^{-\gamma z} = \left\{\frac{1}{k_c^2}[-\gamma\nabla_t E_z(T) + j\omega\mu\mathbf{a}_z\times\nabla_t H_z(T)] + E_z(T)\mathbf{a}_z\right\}e^{-\gamma z} \tag{2.133a}$$

$$\boldsymbol{H}(T,z)=[\boldsymbol{H}_t(T)+H_z(T)\mathbf{a}_z]\mathrm{e}^{-\gamma z}=\left\{\frac{1}{k_c^2}[-\gamma\boldsymbol{\nabla}_t H_z(T)-\mathrm{j}\omega\varepsilon\mathbf{a}_z\times\boldsymbol{\nabla}_t E_z(T)]+H_z(T)\mathbf{a}_z\right\}\mathrm{e}^{-\gamma z} \tag{2.133b}$$

由式(2.132)中 HE 模和 EH 模的横向场分量表达式,可证明:(a)横向电场和横向磁场并非相互垂直;(b)横向电场与横向磁场大小的比值是位置的函数,即 $E_t/H_t\neq$常数,故对 HE 模和 EH 模而言没有波阻抗的概念。由此可见,HE 模或 EH 模的横向场与 TE 模或 TM 模的场存在明显的差异。

4. 导波的传输功率、能量和衰减

1) 导波的传输功率

导波的平均传输功率(或简称传输功率)属于有功功率,它等于复功率的实部。在规则传输系统中,当不考虑损耗时,导波沿正 z 方向传输的行波功率就是 z 方向的平均功率流密度沿横截面的积分,即

$$\begin{aligned}P&=\int_S\boldsymbol{S}_{av}\cdot\mathrm{d}\boldsymbol{S}=\frac{1}{2}\mathrm{Re}\left[\int_S(\boldsymbol{E}\times\boldsymbol{H}^*)\cdot\mathrm{d}\boldsymbol{S}\right]=\frac{1}{2}\mathrm{Re}\left[\int_S(\boldsymbol{E}_t\times\boldsymbol{H}_t^*)\cdot\mathbf{a}_z\mathrm{d}S\right]\\&=\frac{1}{2Z}\int_S|\boldsymbol{E}_t|^2\mathrm{d}S=\frac{Z}{2}\int_S|\boldsymbol{H}_t|^2\mathrm{d}S\end{aligned} \tag{2.134}$$

式中 $\boldsymbol{H}_t^*$ 为 $\boldsymbol{H}_t$ 的共轭复矢量,而 Z 为对应传输系统中传输模式的波阻抗。上式是导波传输功率的一般表达式,对 TEM,TM 和 TE 模式均适用。

2) 导波的能量

传输系统中单位长度内导波的平均电场储能和平均磁场储能(或简称电场和磁场储能)表示为

$$(W_{eu})_{av}=\int_V(w_e)_{av}\mathrm{d}V=\frac{\varepsilon}{4}\int_S\boldsymbol{E}\cdot\boldsymbol{E}^*\mathrm{d}S \tag{2.135a}$$

$$(W_{mu})_{av}=\int_V(w_m)_{av}\mathrm{d}V=\frac{\mu}{4}\int_S\boldsymbol{H}\cdot\boldsymbol{H}^*\mathrm{d}S \tag{2.135b}$$

式中,$(w_e)_{av}$,$(w_m)_{av}$分别为(平均)电场和磁场能量密度。将 TEM 模、TM 模和 TE 模的电场和磁场表达式中代入(2.135),即可求得相应传输系统单位长度内的电场储能和磁场储能。在无耗传输系统中,导波的电场储能和磁场储能彼此相等,即

$$(W_e)_{av}=(W_m)_{av} \tag{2.136}$$

此外,类似于平面波能速的定义,导波的能速同样可定义为

$$v_e=\frac{S_{av}}{w_{av}} \tag{2.137}$$

式中,w_{av}为传输模式的能量密度。同样可证明:对 TEM 模,$v_e=v_p$;对 TM 模和 TE 模,$v_e=v_g$。

3) 导波的衰减

前面的分析是假设传输系统没有损耗,即没有导体损耗($\sigma_c=\infty$),也没有介质损耗(μ,ε均为实数),所以导波在传输过程中幅度没有衰减。此时,$\alpha=0$,$\gamma=\mathrm{j}\beta$,这是理想的情况。事

实上,导体的电导率不可能是无穷大,导体总存在欧姆损耗(σ_c 为有限值);介质对导波也总会有一定的损耗($\sigma \neq 0$ 以及 μ, ε 为复数),从而引起导波的衰减。此外,当 $\lambda > \lambda_c$ 时,传播常数 γ 为实数,波的场沿 z 向无相位变化,而幅度则按指数规律衰减,传输系统不能传输能量。然而,这种衰减不是由于能量损失引起,而是由于不满足传输条件引起,故称为截止衰减。截止衰减与由于导体和介质损耗引起的衰减性质不同,这里分别讨论由导体和介质损耗引起的衰减。

计算导波衰减的一种常用方法是根据损耗功率来计算。当传输系统有损耗时,沿 $+z$ 方向传输的导波的振幅随 z 按 $e^{-\alpha z}$ 的规律变化,传输功率则按 $e^{-2\alpha z}$ 的规律变化。设在 $z=0$ 处的(平均)传输功率为 P_0,则在 z 处的传输功率 P 为

$$P = P_0 e^{-2\alpha z} \tag{2.138}$$

将上式对 z 求偏导,得

$$\frac{\partial P}{\partial z} = -2\alpha P \tag{2.139}$$

因为传输功率沿 z 的减小率(变化率的负值)等于传输系统单位长度上的(平均)损耗功率 P_l,所以

$$P_l = -\frac{\partial P}{\partial z} = 2\alpha P \tag{2.140}$$

于是,可得

$$\alpha = \frac{P_l}{2P} \qquad (\mathrm{Np/m}) \tag{2.141}$$

上式表明,导波的衰减常数可通过计算损耗功率和传输功率求得。下面分别讨论导体衰减和介质衰减。

(1) 导体衰减 α_c

假定介质无耗,此时导波的衰减仅由导体损耗引起。当导体有耗时,电导率 σ_c(仍记为 σ)为有限值,导体表面电场切向分量不再为零,磁场法向分量也不再为零,此时导波将进入导体内部。为了导出传输系统单位长度导体损耗功率 P_l 的计算公式,设传输系统内壁表面上的微元面积为 $dS = dl dz$,dl 和 dz 分别为沿传输系统横截面的周界 l 和沿 z 轴方向的微元长度,则在该微元面积上损耗功率为

$$dP_l = \frac{R_s}{2} |\boldsymbol{H}_\tau|^2 dl dz \tag{2.142}$$

于是,单位长度的损耗功率为

$$P_l = \frac{R_s}{2} \oint_l |\boldsymbol{H}_\tau|^2 dl \tag{2.143}$$

式中,$|\boldsymbol{H}_\tau|$ 为传输系统内壁表面附近磁场切向分量的幅值;R_s 是内壁表面上的表面电阻,它可表示为

$$R_s = \sqrt{\frac{\omega\mu}{2\sigma}} = \frac{1}{\sigma\delta} = \sqrt{\frac{\pi f \mu}{\sigma}} \tag{2.144}$$

而 δ 为趋肤深度。

将(2.134)和(2.143)两式代入式(2.141)，可得导体衰减的表示式为

$$\alpha_c = \frac{R_s \oint_l |\boldsymbol{H}_\tau|^2 \mathrm{d}l}{2Z\int_S |\boldsymbol{H}_t|^2 \mathrm{d}S} \quad (\mathrm{Np/m}) \tag{2.145}$$

值得指出，上式中的 $\boldsymbol{H}_\tau$ 和 $\boldsymbol{H}_t$ 均应为导体有耗情况下传输系统中的真实磁场，严格求解它们必须重新求解有耗边界下的麦克斯韦方程，显然这样做是十分困难和麻烦的。因此，通常采用近似计算，即对传输系统的内壁由良导体构成的情况而言，用理想情况下导波的场来代替其真实场，这样计算出的 α_c 虽是近似的，但尚能满足实际应用的精度要求。

还应指出，实际传输系统的导体衰减还与导波进入导体的表面光洁度有关，当表面不平度超过趋肤深度时将使表面电流流程增加，从而使导体衰减比理论计算值要高。因此，对不同波段的传输系统，通常要求不同的表面光洁度，以保证不平度小于趋肤深度。此外，传输系统内壁表面氧化、油污等也会使导体衰减增大。

(2) 介质衰减 α_d

假设导体是理想的，导波的衰减仅由传输系统中填充媒质的功率损耗引起。根据电磁场理论可知，由传输系统中填充媒质引起的功率损耗应包括两部分：一部分是由非理想媒质的电导率 $\sigma\neq 0$ 引起，另一部分则是由介质极化阻尼引起。此时，等效复介电常数 ε_{ed} 可表示为

$$\varepsilon_{ed} = \varepsilon_d - \mathrm{j}\frac{\sigma}{\omega} = \varepsilon_d'\left(1 - \mathrm{j}\frac{\sigma + \omega\varepsilon_d''}{\omega\varepsilon_d'}\right) = \varepsilon(1 - \mathrm{j}\tan\delta) \tag{2.146}$$

式中 $\tan\delta = (\sigma + \omega\varepsilon_d'')/(\omega\varepsilon_d') = (\sigma + \sigma_d)/(\omega\varepsilon)$，为媒质的损耗角正切的一般表达式，而 $\varepsilon(=\varepsilon_d')$ 即为导波系统中填充媒质的介电常数。由于在微波波段以上的较高频段，$\omega\varepsilon_d''$ 比 σ 大得多，此时 $\tan\delta$ 则可近似表示为

$$\tan\delta \approx \frac{\sigma_d}{\omega\varepsilon_d'} = \frac{\varepsilon_d''}{\varepsilon} \tag{2.147}$$

式中 $\sigma_d = \omega\varepsilon_d''$，为导波系统填充媒质的等效电导率。当然，当频率不很高时，则 $\tan\delta$ 仍应按 $\tan\delta_c(=\sigma/(\omega\varepsilon))$ 近似计算。

根据传播常数方程：$\gamma^2 = k_c^2 - k^2$，有

$$\gamma = \alpha_d + \mathrm{j}\beta = \sqrt{k_c^2 - \omega^2\mu\varepsilon(1 - \mathrm{j}\tan\delta)} = \mathrm{j}\omega\sqrt{\mu\varepsilon}\sqrt{1 - \left(\frac{\lambda}{\lambda_c}\right)^2}\sqrt{1 - \frac{\mathrm{j}\tan\delta}{1 - (\lambda/\lambda_c)^2}}$$

当损耗较小，即 $\tan\delta \ll 1$，且工作频率远高于截止频率时，将上式中最后一个因子用二项式级数展开，并取前两项作为近似，则有

$$\gamma \approx \mathrm{j}\omega\sqrt{\mu\varepsilon}\sqrt{1 - \left(\frac{\lambda}{\lambda_c}\right)^2}\left\{1 - \mathrm{j}\frac{\tan\delta}{2[1 - (\lambda/\lambda_c)^2]}\right\} \tag{2.148}$$

再将上式的实、虚部分开，得

$$\alpha_{\mathrm{d}} = \frac{\pi \tan\delta}{\lambda\sqrt{1-(\lambda/\lambda_{\mathrm{c}})^2}} = \frac{k^2\tan\delta}{2\beta} \qquad (\mathrm{Np/m}) \tag{2.149a}$$

$$\beta = \omega\sqrt{\mu\varepsilon}\sqrt{1-\left(\frac{\lambda}{\lambda_{\mathrm{c}}}\right)^2} \qquad (\mathrm{rad/m}) \tag{2.149b}$$

应指出,当介质损耗不大时,也可采用式(2.141)导出与上式相同的结果。

于是,传输系统中总的衰减常数 α 可写为

$$\alpha = \alpha_{\mathrm{c}} + \alpha_{\mathrm{d}} \tag{2.150}$$

式中,α_{c} 和 α_{d} 分别用式(2.145)和(2.149a)计算。

5. 模式的正交性和完备性

如前所述,在规则的柱形传输系统(如金属波导,简称规则波导)中,与每一个截止波数 k_{c} 相对应都有一组电磁场量 E_z,H_z 和 $\boldsymbol{E}_{\mathrm{t}}$,$\boldsymbol{H}_{\mathrm{t}}$ 存在。这样一组电磁场量就代表某一个波型或模式,而满足规则波导边界条件的TM和TE模式有无穷多个,每一个模式均可看成是规则波导的基本模式,它们可单独或同时存在于规则波导中。这些规则波导中的基本模式又称为正规模式或正规波型。正规模式具有一些重要的基本特性,其中对称性、正交性和完备性则最为重要。下面对它们作简单介绍。

1) 正规模式的对称性

正规模式的电场和磁场对规则波导的纵向坐标(z)具有对称性或反对称性,具体地,横向电场 $\boldsymbol{E}_{\mathrm{t}}$ 与纵向磁场分量 H_z 是坐标 z 的对称函数,而横向磁场 $\boldsymbol{H}_{\mathrm{t}}$ 与纵向电场分量 E_z 是坐标 z 的反对称函数,即

$$\left.\begin{aligned} \boldsymbol{E}_{\mathrm{t}2}(z) = \boldsymbol{E}_{\mathrm{t}1}(-z), \qquad E_{z2}(z) = -E_{z1}(-z) \\ \boldsymbol{H}_{\mathrm{t}2}(z) = -\boldsymbol{H}_{\mathrm{t}1}(-z), \qquad H_{z2}(z) = H_{z1}(-z) \end{aligned}\right\} \tag{2.151}$$

式中,下标"1"代表沿正 z 方向传输的导波对应的场量,而下标"2"则代表沿负 z 方向传输的导波对应的场量。利用微分、复数形式麦克斯韦方程组中的两个旋度方程容易证明上式。应指出,以上给出的对称性仅是正规模式的对称性中的其中一种情况,其他情况不再介绍。正规模式的对称性在以后有关章节(如第6.1节、第7.3节)的内容中要经常用到。

2) 正规模式的正交性

正规模式的正交性是指正规模式能够在波导中单独存在,互不耦合。规则波导中正规模式(TM和TE模式)的正交性具有以下几种形式。

(1) TM(或TE)模式的第 i 个模式和第 j 个模式的纵向场量 E_{zi},E_{zj} 或 H_{zi},H_{zj} 相互正交。换言之,$E_{zi}E_{zj}$ 或 $H_{zi}H_{zj}$ 沿波导横截面的积分等于零。即

$$\left.\begin{aligned} \int_S (E_{zi}E_{zj})\mathrm{d}S = 0 \\ \int_S (H_{zi}H_{zj})\mathrm{d}S = 0 \end{aligned}\right\} \quad (i \neq j) \tag{2.152}$$

(2) TM(或TE)模式的第 i 个模式和第 j 个模式的横向电磁场量 $\boldsymbol{E}_{\mathrm{t}i}$,$\boldsymbol{E}_{\mathrm{t}j}$ 或 $\boldsymbol{H}_{\mathrm{t}i}$,$\boldsymbol{H}_{\mathrm{t}j}$ 相互正交。换言之,$\boldsymbol{E}_{\mathrm{t}i}\cdot\boldsymbol{E}_{\mathrm{t}j}$ 或 $\boldsymbol{H}_{\mathrm{t}i}\cdot\boldsymbol{H}_{\mathrm{t}j}$ 沿波导横截面的面积分等于零。即

$$\left.\begin{aligned}\int_S(\boldsymbol{E}_{ti}\cdot\boldsymbol{E}_{tj})\,\mathrm{d}S=0\\ \int_S(\boldsymbol{H}_{ti}\cdot\boldsymbol{H}_{tj})\,\mathrm{d}S=0\end{aligned}\right\}\quad(i\neq j)\tag{2.153}$$

(3) TM(或 TE)模式的第 i 个模式和第 j 个模式的传输功率相互正交。换言之,$(\boldsymbol{E}_{ti}\times\boldsymbol{H}_{tj})\cdot\mathbf{a}_z$ 沿波导横截面的面积分等于零。即

$$\int_S(\boldsymbol{E}_{ti}\times\boldsymbol{H}_{tj})\cdot\mathbf{a}_z\,\mathrm{d}S=0\qquad(i\neq j)\tag{2.154}$$

上述前两个正交性公式(式(2.152)和式(2.153)),可借助电磁场理论中的二维标量格林恒等式加以证明。二维标量格林第一恒等式具有以下形式:

$$\int_S(\nabla_t U\cdot\nabla_t V+U\,\nabla_t^2 V)\,\mathrm{d}S=\oint_l U\frac{\partial V}{\partial n}\mathrm{d}l\tag{2.155}$$

式中,U,V 为任意两个二阶可微的标量函数,而 n 为闭曲线 l 上任意点处外法向单矢方向上的坐标(量)。将上式中 U,V 相互交换后的表达式再与上式对应相减,即得以下的二维标量格林第二恒等式:

$$\int_S(U\,\nabla_t^2 V-V\,\nabla_t^2 U)\,\mathrm{d}S=\oint_l\left(U\frac{\partial V}{\partial n}-V\frac{\partial U}{\partial n}\right)\mathrm{d}l\tag{2.156}$$

这样,在式(2.156)中,令 $U=E_{zi}$,$V=E_{zj}$,有

$$\int_S(E_{zi}\,\nabla_t^2 E_{zj}-E_{zj}\,\nabla_t^2 E_{zi})\,\mathrm{d}S=\oint_l\left(E_{zi}\frac{\partial E_{zj}}{\partial n}-E_{zj}\frac{\partial E_{zi}}{\partial n}\right)\mathrm{d}l\tag{2.157}$$

因为在包围金属波导横截面的周界(波导内壁表面上的闭曲线)l 上任意点处,$E_z=0$,因此上式等号右端为零。于是,在上式中再利用式(2.61)可得

$$(k_{ci}^2-k_{cj}^2)\int_S E_{zi}E_{zj}\,\mathrm{d}S=0$$

显然,若 $k_{ci}^2\neq k_{cj}^2$,则有

$$\int_S E_{zi}E_{zj}\,\mathrm{d}S=0\tag{2.158}$$

由此证明了式(2.152)中的上式。若 $k_{ci}^2=k_{cj}^2$,这种具有相同 k_c 的不同正规模式称为简并模式(详见第 4 章第 4.2 节等内容),可证明简并模式同样满足上述正交性,在此不作证明。类似地,容易证明式(2.152)中的下式。

在式(2.153)左端的被积函数中利用式(2.57a)(或式(2.57b)),仍令 $U=E_{zi}$,$V=E_{zj}$(或 $U=H_{zi}$,$V=H_{zj}$),并进一步根据式(2.155)即可证明式(2.153)。而式(2.154)的证明只需利用关系:$(\boldsymbol{E}_{ti}\times\boldsymbol{H}_{tj})\cdot\mathbf{a}_z=\boldsymbol{E}_{ti}\cdot(\boldsymbol{H}_{tj}\times\mathbf{a}_z)=\boldsymbol{E}_{ti}\cdot\boldsymbol{E}_{tj}/Z_{wj}$ 以及式(2.152),其中 Z_{wj} 为规则波导中第 j 个正规模式的波阻抗。

正规模式的正交性并不限于理想导体构成的空心波导中的 TM 或 TE 模式。对规则波导中的任意模式,则有以下更一般性的正交性公式。

(4) 不管是理想导体(或良导体)波导壁还是非理想导体的阻抗壁,均有

$$\int_S (\boldsymbol{E}_i \times \boldsymbol{H}_j - \boldsymbol{E}_j \times \boldsymbol{H}_i) \cdot \mathbf{a}_z \mathrm{d}S = 0 \qquad (i \neq j) \tag{2.159}$$

(5) 功率正交性

$$\int_S (\boldsymbol{E}_i \times \boldsymbol{H}_j^* - \boldsymbol{E}_j^* \times \boldsymbol{H}_i) \cdot \mathbf{a}_z \mathrm{d}S = 0 \qquad (i \neq j) \tag{2.160}$$

式(2.159)不难利用洛伦兹互易定理证明，而式(2.160)则可根据麦克斯韦方程组中的两个旋度方程并结合互易定理的推导思路加以证明。作为习题，读者自行证明式(2.160)。

应指出，正规模式的正交性对填充无耗和有耗媒质的规则波导均适用，但并不适用于非互易媒质(如铁氧体等)填充的规则波导；功率正交性只适用于无耗媒质(包括无耗非互易媒质)填充的规则波导，对有耗媒质填充的情况并不适用。同时，功率正交性具有明确的物理意义，它表明不同正规模式之间无能量的相互耦合和转换，波导系统的传输功率应等于各个正规模式的传输功率之和。正规模式的功率正交性在分析波导的激励、耦合以及能量传输等问题中十分有用。

3) 正规模式的完备性

当规则波导中出现不均匀性区域时，波导中除了传输模式以外，在不均匀性区域附近及其内部均存在高次模式(正规的高次 TM 或 TE 模式，又称为消逝模式)。规则波导中的正规模式(传输模式和消逝模式)的波函数构成一个完备的正交(函数)系。所谓正规模式的完备性就是指波导中任意的电磁场都可用所有正规模式的叠加来表示。于是，有

$$\left.\begin{aligned} \boldsymbol{E}_\mathrm{t} &= \sum_{i=1}^{N} a_i \boldsymbol{E}_{\mathrm{t}i} \\ \boldsymbol{H}_\mathrm{t} &= \sum_{i=1}^{N} b_i \boldsymbol{H}_{\mathrm{t}i} \end{aligned}\right\} \tag{2.161}$$

式中，a_i，b_i 可用正规模式的正交性公式确定。事实上，波导中的正规模式满足亥姆霍兹方程和边界条件，其电磁场量均为具有完备性和正交性的本征(或称固有)函数，而本征函数的正交性和完备性在工程数学涉及的理论中已被相关定理所证明。因此，正规模式的模式函数构成完备的正交(函数)系。

习　题

2-1　证明式(2.59)。

2-2　证明：在传输 TM 和 TE 模式的空心金属波导中，$\boldsymbol{E} \cdot \boldsymbol{H} = 0$。

2-3　证明：在无耗媒质填充的金属波导中，传输状态下的 TM 模式与 TE 模式的电场储能和磁场储能满足式(2.136)；非传输(即截止)状态下的 TM 模式与 TE 模式的电场储能和磁场储能不相等，且对 TM 模式，$(W_\mathrm{e})_\mathrm{av} > (W_\mathrm{m})_\mathrm{av}$，而对 TE 模式，则 $(W_\mathrm{m})_\mathrm{av} > (W_\mathrm{e})_\mathrm{av}$。

2-4　利用式(2.141)导出导波系统中的介质衰减公式(2.149a)。

2-5　证明正规模式的正交性公式(2.153)。

2-6　证明规则波导壁为理想导体情况下的一般性功率正交性公式(2.160)。

第 3 章 传输线理论

一般说来，本书中提到的传输线是指，以横电磁模（即 TEM 模）传输导行电磁波的传输系统，尽管传输线也可传输高次模式——TM 模和 TE 模。传输线在微波技术与天线工程中的应用十分广泛，因此传输线理论是微波技术与天线工程中很重要的理论基础。

分析传输线的严格分析方法是“场”的方法，即根据麦克斯韦方程和边界条件构成的边值问题解出所要求的电磁场。但由于“场”的方法涉及包含三个空间变量和一个时间变量的求解，因此较为复杂。较简单的分析传输线的方法是“路”的方法，因为“路”的方法仅涉及一个空间变量和一个时间变量的问题的求解。因此，下面主要介绍采用“路”的方法对传输线进行分析。

本章首先以平行双导线为例，根据电磁场的基本方程导出用电压、电流表示的传输线的基本方程以及在假定电压、电流时谐变化的情况下求其稳态解；然后讨论均匀无耗和有耗传输线的传输特性、传输功率以及均匀无耗传输线实现阻抗匹配的方法；最后简单介绍均匀无耗传输线与四端网络间的等效。

3.1 传输线的分布参数及其等效电路

常见的传输线如图 3.1 所示。其中，图 3.1(a)为导线直径均为 $2a$，间距为 D 的平行双导线；图 3.1(b)为内、外导体半径分别为 a，b 的同轴线；图 3.1(c)为宽度为 W，间距为 b 的平行板传输线（简称为平行导体板）；图 3.1(d)为导带宽度为 W，两平行接地板间距为 b 的带状线。假设这些传输线结构周围或内部填充的媒质均为简单的电介质，即电参数为 μ_0，$\varepsilon_0\varepsilon_r$，$\sigma$，且 σ 很小（介质损耗很小）。由图 3.1 可见，这几种传输线均具有双导体，这是所有支持 TEM 模的传输线所必需的基本条件。

一般地，传输线可划分为“长线”和“短线”。所谓“长线”是指传输线的几何长度和线上传输的导波的波长相比拟或更长，一般认为几何长度为波长的 1/10 以上为“长线”；反之，若传输线的几何长度与导波的波长相比短得多，则称为“短线”。如 50 Hz 的市电输电线的几何长度为 10 km 时，对波长为 6 000 km 的市电而言，可视为“短线”；而 1 m 长的传输线，对频率为 3 GHz（波长为 10 cm）的导波而言，则为“长线”。“短线”对应于低频传输线，它在低频电路中只起连接导线的作用。因频率较低，分布参数所引起的效应可忽略不计，因此可认

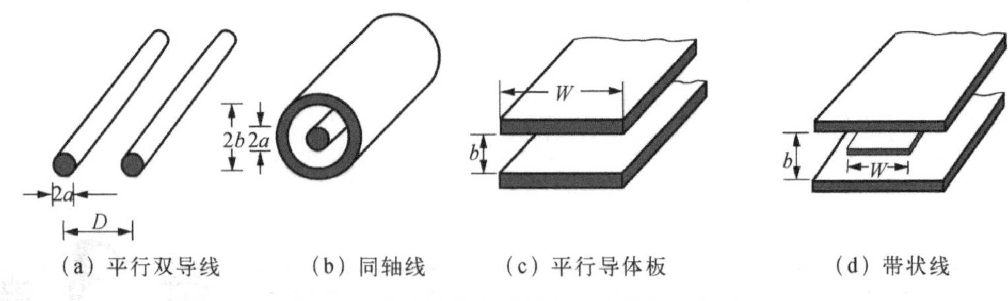

(a) 平行双导线　(b) 同轴线　(c) 平行导体板　(d) 带状线

图 3.1　常见传输线的横截面的结构示意图

为沿线的电压或电流只与时间有关,其幅度和相位均与空间距离无关。"长线"对应于微波传输系统,此时,传输线上的电压、电流不仅是时间的函数,同时也是距离的函数。

为了导出采用瞬时电压和瞬时电流表示的传输线方程,下面以如图 3.1(a)所示的平行双导线为例进行讨论,并假设所讨论的均匀平行双导线满足以下条件:

① 导线的截面以及两导线间的间距比线上传输的导波的波长小得多,即只考虑 TEM 模传输,高次模式不存在;

② 两导线均为理想导体,导线间填充的介质为理想介质,即不考虑损耗;

③ 线上导波的工作频率不很高,即不考虑导波的辐射。

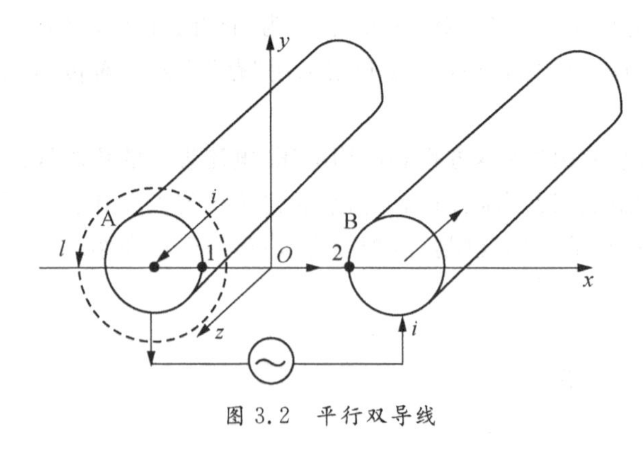

图 3.2　平行双导线

这样,对如图 3.2 所示端接波源的均匀无耗平行双导线,选取直角坐标系,且平行双导线的轴向坐标为 z。于是,平行双导线上传输的 TEM 模的电场满足拉普拉斯方程(2.98a),而电场在 z= 常数的平面内从一个导体 A 到另一个导体 B 沿任意路径的线积分应等于该路径两端点间的瞬时电压。不失一般性,选取如图3.2所示的从 1→2 直线路径,可得

$$u = u_{12} = \int_1^2 \boldsymbol{E} \cdot \mathrm{d}\boldsymbol{l} = \int_1^2 E_x \mathrm{d}x$$

式中,E_x 是 x,y,z 以及 t 的函数。将上式对 z 求偏导,有

$$\frac{\partial u}{\partial z} = \int_1^2 \frac{\partial E_x}{\partial z} \mathrm{d}x \tag{3.1}$$

又由麦克斯韦第一旋度方程(2.1a),并注意到 $E_z=0$,$B_z=0$,可得

$$\frac{\partial E_x}{\partial z} = -\frac{\partial B_y}{\partial t} \tag{3.2}$$

于是,式(3.1)可写为

$$\frac{\partial u}{\partial z} = \int_1^2 \left(-\frac{\partial B_y}{\partial t}\right) \mathrm{d}x = -\frac{\partial}{\partial t}\int_1^2 B_y \mathrm{d}x = -\frac{\partial \Phi}{\partial t} \tag{3.3}$$

式中，$\int_1^2 B_y \mathrm{d}x$ 代表沿 z 向单位长度上穿过路径 1→2 的磁通量。这样，若用 L 表示单位长度的分布电感，则有 $\Phi = Li$。因此，式(3.3)可改写为

$$\frac{\partial u}{\partial z} = -\frac{\partial}{\partial t}Li = -L\frac{\partial i}{\partial t} \tag{3.4}$$

同理，可利用安培环路定律导出另一传输线方程。因为在 xOy 平面上，作一围绕导线 A 的横向闭曲线 l，则有

$$\oint_l \boldsymbol{H} \cdot \mathrm{d}\boldsymbol{l} = \oint_l (H_x \mathrm{d}x + H_y \mathrm{d}y) = i + \int_S \frac{\partial \boldsymbol{D}}{\partial t} \cdot \mathrm{d}\boldsymbol{S} \tag{3.5}$$

因为 $E_z = 0$，$\frac{\partial D_z}{\partial t} = 0$，因此上式中的电流只有传导电流存在，即电流满足安培环路定律。

将式(3.5)两边对 z 取偏微分，有

$$\frac{\partial i}{\partial z} = \frac{\partial}{\partial z}\oint_l (H_x \mathrm{d}x + H_y \mathrm{d}y) = \oint_l \left(\frac{\partial H_x}{\partial z}\mathrm{d}x + \frac{\partial H_y}{\partial z}\mathrm{d}y\right) \tag{3.6}$$

又由麦克斯韦第二旋度方程(2.1b)，并注意到 $\boldsymbol{J} = 0$ 以及 $H_y = 0$，$D_z = 0$，可得

$$\frac{\partial H_y}{\partial z} = -\frac{\partial D_x}{\partial t}, \qquad \frac{\partial H_x}{\partial z} = \frac{\partial D_y}{\partial t}$$

于是，式(3.6)变为

$$\frac{\partial i}{\partial z} = \oint_l \left(\frac{\partial D_y}{\partial t}\mathrm{d}x - \frac{\partial D_x}{\partial t}\mathrm{d}y\right) = -\frac{\partial}{\partial t}\oint_l (D_x \mathrm{d}y - D_y \mathrm{d}x) \tag{3.7}$$

上式中等号右端的闭曲线积分代表在 z 向单位长度上从导线 A 出发到导线 B 的 $\boldsymbol{D}$ 的通量，它等于单位长度的电荷 q。又因 $q = Cu$，其中 C 为导线上单位长度的分布电容，所以

$$\frac{\partial i}{\partial z} = -\frac{\partial}{\partial t}(Cu) = -C\frac{\partial u}{\partial t} \tag{3.8}$$

显然，均匀无耗平行双导线周围的电磁场方程可用导线上瞬时电压和瞬时电流表示。因此，无论是利用电磁场方程还是利用瞬时电压和瞬时电流满足的方程(3.4)和(3.8)研究均匀无耗平行双导线的传输特性，本质上是一致的。同时，根据上述推导过程可知，瞬时电压和瞬时电流满足的方程(3.4)和(3.8)适用于任意截面的均匀无耗双导体传输线。

一般地，若均匀传输线的周围填充的是电导率为 σ 的导电媒质，则在上述方程的推导过程中还应考虑 $\sigma \neq 0$ 引起的传导电流密度 $\boldsymbol{J}(\boldsymbol{J} = \sigma\boldsymbol{E})$，此时瞬时电压和瞬时电流满足的方程中应同时考虑 $C\frac{\partial i}{\partial t}$ 和 Gu 的作用，其中 G 为传输线上单位长度的分布电导。同时，若导线本身有损耗，则应考虑传输线上单位长度的分布电阻的作用。因此，当高频信号通过传输线时将产生如下的分布参数效应：因电流流过导线时引起导线发热，故导线本身具有分布电阻效应；因导线流过电流时其周围存在高频磁场，故导线上存在分布电感效应；因导线间有电压，导线间便有电场，故导线间存在分布电容效应；若导线周围介质非理想绝缘，存在漏电流，则

导线间有并联电导存在,这就是分布电导效应。所以,当平行双导线的工作频率较高时,其分布参数 R、L、G 和 C 不容忽略不计,这时传输线不能仅当做连接线看待,它将形成分布参数电路,必须采用分布参数电路理论进行分析。此时,与方程(3.4)和(3.8)相对应的方程即为一般形式的传输线方程。

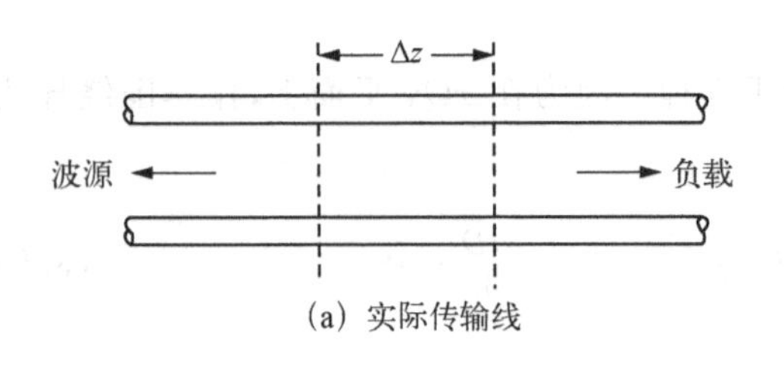

(a) 实际传输线

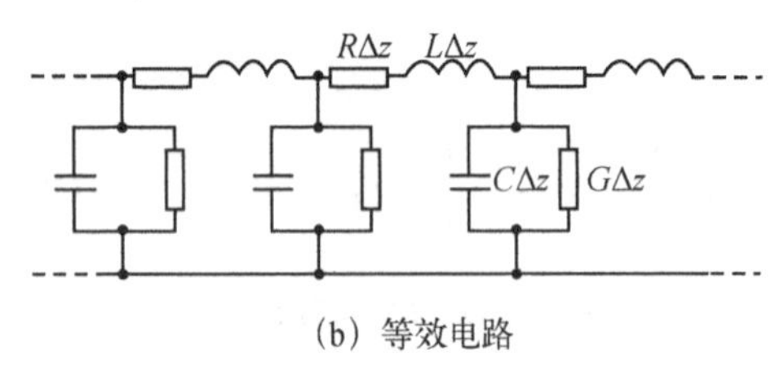

(b) 等效电路

图 3.3 平行双导线的等效电路

如前所述,若传输线的分布参数沿线均匀分布,不随位置变化,则称这种传输线为均匀传输线。反之,若传输线的分布参数沿线非均匀分布,则称为非均匀传输线。下面只讨论均匀传输线,且一般简称为传输线。

由于平行双导线的参数沿线均匀分布,因此可任取一个线元 Δz 进行讨论,如图 3.3(a)所示。将平行双导线的线元 Δz 用集中参数电路表示,并将它等效成一个 Γ 型网络,即得到如图 3.3(b)所示的等效电路。其中 R,L,G 和 C 分别为传输线单位长度的电阻、电感、电导和电容,它们的数值与传输线的形状、尺寸、导线的材料以及传输线周围填充的媒质有关。

3.2 一般形式的传输线方程及其解

3.2.1 一般形式的传输线方程

一般形式的传输线方程是表征传输线上电压、电流本身以及它们之间相互关系的方程,该方程最初是在研究电报线上瞬时电压、瞬时电流的变化规律时导出的,因此习惯上又称为"电报方程"。从一般形式的传输线方程出发,求解满足边界条件的瞬时电压和瞬时电流的波动方程或复电压和复电流满足的方程即可导出传输线上的瞬时电压和瞬时电流或复电压和复电流,从而即可分析传输线上导波的传输特性。

图 3.4 示出了一平行双导线传输系统。其中,传输线的始端接射频/微波信号源(简称信源或波源),终端接负载,传输线的轴向坐标为 z,坐标原点处于传输线的始端,来自波源的波沿正 z 方向传输。设波源的瞬时电动势为 e_g,内阻抗为 Z_g,负载阻抗为 Z_l;传输线上距始端为 z 处的瞬时电压、瞬时电流分别为 $u(z,t)$、$i(z,t)$;在 $z+\Delta z$ 处的瞬时电压、瞬时电流分别为 $u(z+\Delta z,t)$,$i(z+\Delta z,t)$。于是,参考图 3.4(b)中 Δz 段的等效电路,沿回路 ABCD 应用基尔霍夫电压定律,可得

$$u(z,t)-R\Delta z i(z,t)-L\Delta z\frac{\partial i(z,t)}{\partial t}-u(z+\Delta z,t)=0 \tag{3.9a}$$

同样,对图 3.4(b)中的节点 A 利用基尔霍夫电流定律,得

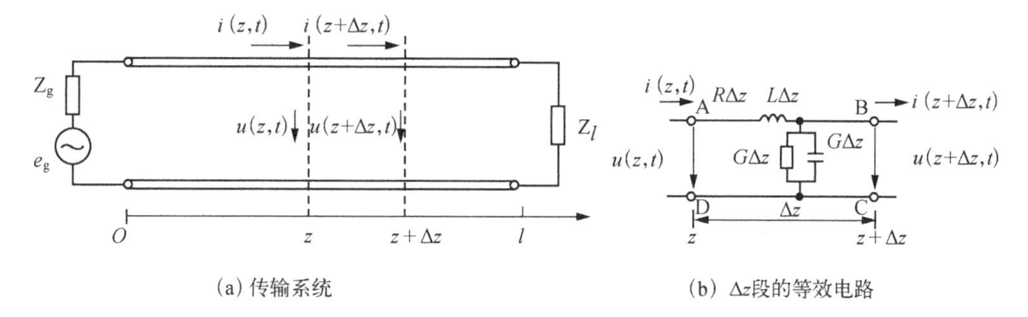

(a) 传输系统　　(b) Δz段的等效电路

图 3.4　均匀平行双导线传输系统

$$i(z,t)-G\Delta z u(z+\Delta z,t)-C\Delta z\frac{\partial u(z+\Delta z,t)}{\partial t}-i(z+\Delta z,t)=0 \tag{3.9b}$$

令上两式中的 $\Delta z \to 0$，即得

$$\frac{\partial u(z,t)}{\partial z}=-Ri(z,t)-L\frac{\partial i(z,t)}{\partial t} \tag{3.9c}$$

$$\frac{\partial i(z,t)}{\partial z}=-Gu(z,t)-C\frac{\partial u(z,t)}{\partial t} \tag{3.9d}$$

这就是一般形式的传输线方程。

对无耗传输线，此时 $R=0$，$G=0$，上式简化为

$$\frac{\partial u(z,t)}{\partial z}=-L\frac{\partial i(z,t)}{\partial t} \tag{3.10a}$$

$$\frac{\partial i(z,t)}{\partial z}=-C\frac{\partial u(z,t)}{\partial t} \tag{3.10b}$$

这正是式(3.4)和(3.8)给出的无耗传输线的方程。再将式(3.10a)两端关于 z 取偏微分并将式(3.10b)代入，以及将式(3.10b)两端关于 z 取偏微分并将式(3.10a)代入，整理可得

$$\frac{\partial^2 u(z,t)}{\partial z^2}=LC\frac{\partial^2 u(z,t)}{\partial t^2} \tag{3.11a}$$

$$\frac{\partial^2 i(z,t)}{\partial z^2}=LC\frac{\partial^2 i(z,t)}{\partial t^2} \tag{3.11b}$$

这是无耗传输线上瞬时电压和瞬时电流所满足的一组齐次波动方程，求解这组方程即可得到沿线电压波和电流波的传播特性。

方程(3.11a)和(3.11b)的解具有达朗贝尔(D'alembert)解的形式，即

$$u(z,t)=u^{+}\left(t-\frac{z}{v_{\mathrm{p}}}\right)+u^{-}\left(t+\frac{z}{v_{\mathrm{p}}}\right) \tag{3.12a}$$

$$i(z,t)=i^{+}\left(t-\frac{z}{v_{\mathrm{p}}}\right)+i^{-}\left(t+\frac{z}{v_{\mathrm{p}}}\right) \tag{3.12b}$$

式中,u^+,u^-,i^+,i^-的函数形式由波源决定,可以是指数函数以及三角函数等,v_p是传输线上导波的相速,利用式(3.11a)和式(3.12a)或式(3.11b)和式(3.12b),可证明:$v_p^2LC=1$,即$v_p=1/\sqrt{LC}$。式(3.12)是分析传输线瞬态现象的基本公式。但限于篇幅,本书不讨论传输线的瞬态现象。

事实上,传输线上的电压和电流一般作时谐变化。此时,若采用复数形式表示会给传输线的分析带来方便。为此,令

$$\left.\begin{aligned}u(z,t) &= \mathrm{Re}[\dot{U}(z)\mathrm{e}^{\mathrm{j}\omega t}] \xlongequal{\text{简记为}} \mathrm{Re}[U(z)\mathrm{e}^{\mathrm{j}\omega t}] \\ i(z,t) &= \mathrm{Re}[\dot{I}(z)\mathrm{e}^{\mathrm{j}\omega t}] \xlongequal{\text{简记为}} \mathrm{Re}[I(z)\mathrm{e}^{\mathrm{j}\omega t}]\end{aligned}\right\} \tag{3.13}$$

式中,$U(z)$,$I(z)$分别是传输线上z处的复电压和复电流(或简称为电压和电流),它们仅是坐标z的函数。这样,将(3.9c)和(3.9d)两式中的瞬时电压和瞬时电流转换为复电压和复电流,得

$$\frac{\mathrm{d}U(z)}{\mathrm{d}z} = -ZI(z) \tag{3.14a}$$

$$\frac{\mathrm{d}I(z)}{\mathrm{d}z} = -YU(z) \tag{3.14b}$$

式中,$Z=R+\mathrm{j}\omega L$,为传输线单位长度的串联阻抗;$Y=G+\mathrm{j}\omega C$,为传输线单位长度的并联导纳。

3.2.2 均匀传输线方程的解

将式(3.14a)两端关于z微分并将式(3.14b)代入,得

$$\frac{\mathrm{d}^2U(z)}{\mathrm{d}z^2} - ZYU(z) = 0 \tag{3.15a}$$

同理可得

$$\frac{\mathrm{d}^2I(z)}{\mathrm{d}z^2} - ZYI(z) = 0 \tag{3.15b}$$

令$\gamma^2=ZY=(R+\mathrm{j}\omega L)(G+\mathrm{j}\omega C)$,则以上两式可写为

$$\frac{\mathrm{d}^2U(z)}{\mathrm{d}z^2} - \gamma^2U(z) = 0 \tag{3.16a}$$

$$\frac{\mathrm{d}^2I(z)}{\mathrm{d}z^2} - \gamma^2I(z) = 0 \tag{3.16b}$$

式(3.16)是二阶齐次常微分方程,其中(3.16a)的通解为

$$U(z) = U^+\mathrm{e}^{-\gamma z} + U^-\mathrm{e}^{\gamma z} = U^+(z) + U^-(z) \tag{3.17a}$$

将上式代入式(3.14a),得

$$I(z)=\frac{1}{Z_0}(U^+e^{-\gamma z}-U^-e^{\gamma z})=I^+(z)+I^-(z) \tag{3.17b}$$

在式(3.17)中,U^+,U^-为由边界条件确定的常数,而

$$Z_0=\frac{1}{Y_0}=\sqrt{\frac{Z}{Y}}=\sqrt{\frac{R+\mathrm{j}\omega L}{G+\mathrm{j}\omega C}} \tag{3.18}$$

$$\gamma=\sqrt{ZY}=[(R+\mathrm{j}\omega L)(G+\mathrm{j}\omega C)]^{1/2}=\alpha+\mathrm{j}\beta \tag{3.19}$$

因 Z_0 有阻抗的量纲,故称为传输线的特性阻抗,而 Y_0 称为传输线的特性导纳。γ 为传播常数,通常是一个复数,其实部 α 为衰减常数,单位为 Np/m;虚部 β 为相移常数,单位为 rad/m。

设式(3.17)中的 $U^+=|U^+|e^{j\varphi_+}$,$U^-=|U^-|e^{j\varphi_-}$,$Z_0=|Z_0|e^{j\varphi_0}$,并将(3.17)中的两式代入式(3.13),即得传输线上电压、电流瞬时值的表达式为

$$\left.\begin{aligned}u(z,t)&=|U^+|e^{-\alpha z}\cos(\omega t-\beta z+\varphi_+)+|U^-|e^{\alpha z}\cos(\omega t+\beta z+\varphi_-)\\&=u^+(z,t)+u^-(z,t)\\i(z,t)&=\frac{1}{|Z_0|}[|U^+|e^{-\alpha z}\cos(\omega t-\beta z+\psi_+)-|U^-|e^{\alpha z}\cos(\omega t+\beta z+\psi_-)]\\&=i^+(z,t)+i^-(z,t)\end{aligned}\right\} \tag{3.20}$$

式中,$\psi_+=\varphi_++\varphi_0$,$\psi_-=\varphi_-+\varphi_0$。由上式可见,传输线上的电压、电流以波的形式传播,其上任一点 z 处的电压、电流均包含两部分:第一项代表由波源向负载方向传播的行波,称为入射波,它的振幅沿 z 方向按指数规律减小,且相位连续滞后;第二项代表由负载向波源方向传播的行波,称为反射波,它的振幅沿 $-z$ 方向按指数规律减小,相位也连续滞后。因此,传输线上任一点的电压、电流波通常都是由入射波和反射波的电压、电流叠加而成。

图 3.5 示出了典型的由时谐电压源馈电的传输线系统。由图可知,传输线的边界条件通常有以下三种:① 已知始端电压 U_i 和电流 I_i;② 已知终端电压 U_l 和电流 I_l;③ 已知波源(复)电动势 E_g、内阻抗 Z_g 以及负载阻抗 Z_l。对边界条件①,将条件:$U(z)|_{z=0}=U_i$,$I(z)|_{z=0}=I_i$ 代入式(3.17),可得

$$U^+=\frac{1}{2}(U_i+I_iZ_0),\qquad U^-=\frac{1}{2}(U_i-I_iZ_0) \tag{3.21}$$

再将上式代入式(3.17),即得

$$U(z)=U_i\cosh\gamma z-I_iZ_0\sinh\gamma z \tag{3.22a}$$

$$I(z)=I_i\cosh\gamma z-\frac{U_i}{Z_0}\sinh\gamma z \tag{3.22b}$$

事实上,对大多数传输线问题,往往已知终端电压 U_l 和电流 I_l。由于传输线的终端电压、电流关系由负载阻抗确定,因此第二种边界条件最为常见。此时,将 $z=l$ 代入式(3.17),有

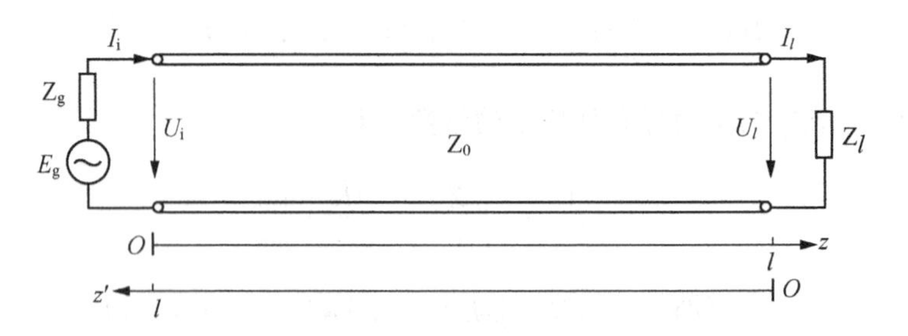

图 3.5 典型的传输线系统

$$U_l = U^+ e^{-\gamma l} + U^- e^{\gamma l}, \qquad I_l = \frac{1}{Z_0}(U^+ e^{-\gamma l} - U^- e^{\gamma l}) \tag{3.23}$$

由此可解出 U^+,U^-,再将它们代入式(3.17),并注意到 $U_l/I_l=Z_l$,可得

$$U(z) = \frac{I_l}{2}[(Z_l + Z_0)e^{\gamma(l-z)} + (Z_l - Z_0)e^{-\gamma(l-z)}] \tag{3.24a}$$

$$I(z) = \frac{I_l}{2Z_0}[(Z_l + Z_0)e^{\gamma(l-z)} - (Z_l - Z_0)e^{-\gamma(l-z)}] \tag{3.24b}$$

为方便起见,令 $z'=l-z$,则 z' 就是从负载端指向波源端的坐标变量,如图 3.5 所示。这样,将式(3.24)变为以 z' 为坐标变量的表达式,有

$$U(z') = \frac{I_l}{2}[(Z_l + Z_0)e^{\gamma z'} + (Z_l - Z_0)e^{-\gamma z'}] = U'^+ e^{\gamma z'} + U'^- e^{-\gamma z'} = U'^+(z') + U'^-(z') \tag{3.25a}$$

$$I(z') = \frac{1}{Z_0}[U'^+ e^{\gamma z'} - U'^- e^{-\gamma z'}] = I'^+(z') + I'^-(z') \tag{3.25b}$$

或

$$U(z') = U_l \cosh\gamma z' + I_l Z_0 \sinh\gamma z' \tag{3.26a}$$

$$I(z') = I_l \cosh\gamma z' + \frac{U_l}{Z_0}\sinh\gamma z' \tag{3.26b}$$

式中,$U_l=U'^+ + U'^-$,$I_l=(U'^+ - U'^-)/Z_0$。

若传输线无耗,即 $\gamma=j\beta$,此时并将 Z_0 改记为 Z_c,则式(3.26)变为

$$U(z') = U_l \cos\beta z' + jI_l Z_c \sin\beta z' \tag{3.27a}$$

$$I(z') = I_l \cos\beta z' + j\frac{U_l}{Z_c}\sin\beta z' \tag{3.27b}$$

由于大多数传输线问题采用如图 3.5 所示的坐标分析较为方便,因此式(3.27)在以后的内容中将经常用到。

类似地,利用传输线系统的第三种边界条件,可得线上任一点 z' 处的复电压和复电流分别为

$$U(z') = \frac{E_g Z_0}{Z_g + Z_0} \frac{e^{-\gamma l}\left(e^{\gamma z'} + \dfrac{Z_l - Z_0}{Z_l + Z_0} e^{-\gamma z'}\right)}{\left(1 - \dfrac{Z_g - Z_0}{Z_g + Z_0} \dfrac{Z_l - Z_0}{Z_l + Z_0} e^{-2\gamma l}\right)} \tag{3.28a}$$

$$I(z') = \frac{E_g}{Z_g + Z_0} \frac{e^{-\gamma l}\left(e^{\gamma z'} - \dfrac{Z_l - Z_0}{Z_l + Z_0} e^{-\gamma z'}\right)}{\left(1 - \dfrac{Z_g - Z_0}{Z_g + Z_0} \dfrac{Z_l - Z_0}{Z_l + Z_0} e^{-2\gamma l}\right)} \tag{3.28b}$$

特别地，若波源的内阻抗等于特性阻抗，$Z_g = Z_0$，则上式简化为

$$U(z') = \frac{E_g}{2} e^{-\gamma l} \left(e^{\gamma z'} + \frac{Z_l - Z_0}{Z_l + Z_0} e^{-\gamma z'}\right) \tag{3.29a}$$

$$I(z') = \frac{E_g}{2Z_0} e^{-\gamma l} \left(e^{\gamma z'} - \frac{Z_l - Z_0}{Z_l + Z_0} e^{-\gamma z'}\right) \tag{3.29b}$$

对无耗传输线，只要在上述公式中令 $\gamma = j\beta$，并用 Z_c 代替 Z_0，即得均匀无耗线上任一点 z' 处的复电压和复电流的表达式。

3.2.3　传输线的等效电路参数和工作特性参量

1. 等效电路参数

假设均匀双导体传输线的横截面如图 3.6 所示，其中两导体间的横向复电场和复磁场分别为 $\boldsymbol{E}_t$ 和 $\boldsymbol{H}_t$。令传输线上仅传输沿 z 向的行波，则传输线上的行波(复)电压为 $U(z) = U_0 e^{-\gamma z}$，行波(复)电流为 $I(z) = I_0 e^{-\gamma z}$。其中，U_0 为两导体间的电压(振幅)，I_0 为一个导体上的电流(振幅)，而 $\gamma = \alpha + j\beta$ 为导波的传播常数。

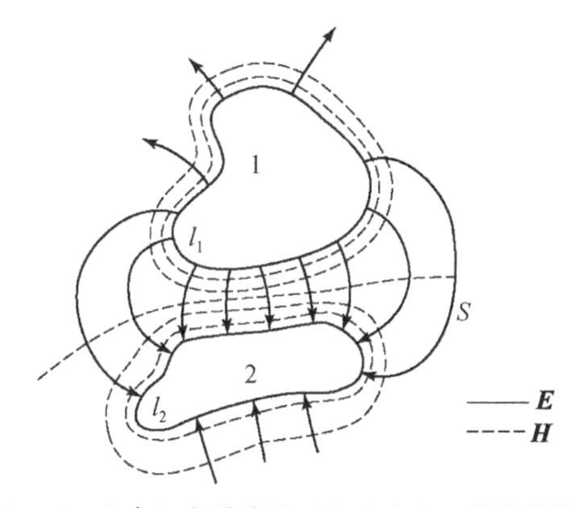

图 3.6　具有任意横截面形状的均匀双导体传输线

由式(2.135b)可知，传输线单位长度的(平均)磁场储能为

$$(W_{mu})_{av} = \frac{\mu}{4} \int_S \boldsymbol{H}_t \cdot \boldsymbol{H}_t^* \, dS$$

式中，S 为横向电场和磁场所处的横截面的面积。又根据电路理论可知，$(W_{mu})_{av} = LI_0^2/4$。于是，传输线单位长度的电感为

$$L = \frac{\mu}{I_0^2} \int_S \boldsymbol{H}_t \cdot \boldsymbol{H}_t^* \, dS \qquad (\text{H/m}) \tag{3.30}$$

类似地，传输线单位长度的(平均)电场储能可由式(2.135a)计算，即

$$(W_{eu})_{av} = \frac{\varepsilon}{4} \int_S \boldsymbol{E}_t \cdot \boldsymbol{E}_t^* \, dS$$

而$(W_{eu})_{av}=CU_0^2/4$,于是,传输线单位长度的电容为

$$C=\frac{\varepsilon}{U_0^2}\int_S \boldsymbol{E}_t\cdot\boldsymbol{E}_t^*\,dS \qquad (F/m) \tag{3.31}$$

又由式(2.143)可知,传输线(导体)的有限电导率引起的单位长度的(平均)损耗功率为

$$P_l=\frac{R_s}{2}\oint_l \boldsymbol{H}_\tau\cdot\boldsymbol{H}_\tau^*\,dl$$

式中,$\boldsymbol{H}_\tau$ 是导体表面附近的切向磁场,$l=l_1+l_2$,而 $R_s=1/(\sigma\delta)$ 为传输线(导体)表面电阻。又由于 $P_l=RI_0^2/2$,于是传输线单位长度的电阻为

$$R=\frac{R_s}{I_0^2}\oint_l \boldsymbol{H}_\tau\cdot\boldsymbol{H}_\tau^*\,dl \qquad (\Omega/m) \tag{3.32}$$

此外,传输线周围填充有耗电介质引起的单位长度的(平均)损耗功率可表示为

$$P_d=\frac{\omega\varepsilon''}{2}\int_S \boldsymbol{E}_t\cdot\boldsymbol{E}_t^*\,dS$$

式中,ε''为 ε_{ed}($\varepsilon_{ed}=\varepsilon'(1-j\tan\delta)=\varepsilon'-j\varepsilon''$)的虚部。又由于 $P_d=GU_0^2/2$,因此传输线单位长度的电导为

$$G=\frac{\omega\varepsilon''}{U_0^2}\int_S \boldsymbol{E}_t\cdot\boldsymbol{E}_t^*\,dS \qquad (S/m) \tag{3.33}$$

据此,可按上述各式求得传输线的等效电路参数。表 3.1 列出了图 3.1 中所示的三种常见传输线的等效电路参数(分布参数)。

表 3.1 三种传输线的分布参数

分布参数	平行双导线	同轴线	平行导体板
$R(\Omega/m)$	$\frac{R_s}{\pi a}$	$\frac{R_s}{2\pi}\left(\frac{1}{a}+\frac{1}{b}\right)$	$\frac{2R_s}{W}$
$L(H/m)$	$\frac{\mu}{\pi}\ln\left[\left(\frac{D}{2a}\right)+\sqrt{\left(\frac{D}{2a}\right)^2-1}\right]$	$\frac{\mu}{2\pi}\ln\left(\frac{b}{a}\right)$	$\frac{\mu b}{W}$
$G(S/m)$	$\frac{\pi\sigma}{\ln\left[\frac{D}{2a}+\sqrt{\left(\frac{D}{2a}\right)^2-1}\right]}$	$\frac{2\pi\sigma}{\ln\left(\frac{b}{a}\right)}$	$\frac{\sigma W}{b}$
$C(F/m)$	$\frac{\pi\varepsilon}{\ln\left[\frac{D}{2a}+\sqrt{\left(\frac{D}{2a}\right)^2-1}\right]}$	$\frac{2\pi\varepsilon}{\ln\left(\frac{b}{a}\right)}$	$\frac{\varepsilon W}{b}$

注:$R_s=\sqrt{\pi f\mu_c/\sigma_c}$,$\mu_c$,$\sigma_c$ 为导体的磁导率和电导率;ε,μ,σ 为导体周围空间填充媒质的介电常数、磁导率以及电导率。

2. 特性阻抗

正如第 2 章所述,TEM 模传输线的特性阻抗等于入射波电压与入射波电流之比,或反

射波电压与反射波电流之比的负值。于是，由式(3.17)可知

$$Z_0 = \frac{U^+(z)}{I^+(z)} = -\frac{U^-(z)}{I^-(z)} \qquad (\Omega) \tag{3.34}$$

这表明，若传输线延伸到无穷远处，则传输线上任一点处入射波的复电压与复电流之比一定等于一个常数，此常数就是该传输线的特性阻抗。显然，由式(3.18)可知，对直流情况，则 $Z_0(\omega=0)=\sqrt{R/G}$；对 $\omega\to\infty$ 情况，则 $Z_0(\omega\to\infty)=\sqrt{L/C}$。

对于无耗传输线，$R=0$，$G=0$，则特性阻抗 Z_c 为

$$Z_c = \sqrt{\frac{Z}{Y}} = \sqrt{\frac{L}{C}} \tag{3.35}$$

可见 Z_c 为实数值。在微波波段，一般有 $R\ll\omega L$，$G\ll\omega C$，即传输线损耗很小，此时根号因子均取二项式级数展开式的前两项作为近似，有

$$Z_0 = \sqrt{\frac{R+\mathrm{j}\omega L}{G+\mathrm{j}\omega C}} \approx \sqrt{\frac{L}{C}}\left[1+\frac{\mathrm{j}}{2\omega}\left(\frac{G}{C}-\frac{R}{L}\right)\right] \approx \sqrt{\frac{L}{C}} = Z_c \tag{3.36}$$

由式(3.34)可知，当 Z_0 为实数时，电压入射波和电流入射波相位相同，而电压反射波和电流反射波的相位相反。

对如图3.1(a)所示的平行双导线，利用表3.1的结果，不难得到直径为 $2a$、间距为 D 的无耗平行双导线的特性阻抗表达式为

$$Z_c = \frac{120}{\sqrt{\varepsilon_r}}\ln\left[\frac{D}{2a}+\sqrt{\left(\frac{D}{2a}\right)^2-1}\right] \qquad (\Omega) \tag{3.37}$$

实用中，常采用特性阻抗为300 Ω，400 Ω和600 Ω的平行双导线。

对如图3.1(b)所示的同轴线，利用表3.1的结果，可得内、外导体半径分别为 a 和 b 的无耗同轴线的特性阻抗的表达式为

$$Z_c = \frac{60}{\sqrt{\varepsilon_r}}\ln\left(\frac{b}{a}\right) \qquad (\Omega) \tag{3.38}$$

实际应用中，常采用特性阻抗为50 Ω和75 Ω的同轴线。例如，对内、外直径分别为 $2a=0.9144$ mm，$2b=3.0226$ mm 的铜制同轴线，若内、外导体之间填充相对介电常数为2.1的无耗聚四氟乙烯，则其单位长度的分布电容、单位长度的分布电感分别为 $C=97.71$ pF/m，$L=239.12$ nH/m，其特性阻抗 $Z_c=49.50$ Ω。此外，取铜的电导率为 $\sigma=5.8\times10^7$ S/m，若聚四氟乙烯的损耗角正切为 1.5×10^{-4}，且同轴线的工作频率为1 GHz，则有耗同轴线的特性阻抗 $Z_0=49.50-\mathrm{j}0.058$ Ω，其值很接近于无耗同轴线的特性阻抗值。

对如图3.1(c)所示的宽为 W，两板间距为 b 的无耗平行导体板(传输线)，利用表3.1的结果，可得其特性阻抗的表达式为

$$Z_c = \frac{120\pi b}{W\sqrt{\varepsilon_r}} \qquad (\Omega) \tag{3.39}$$

3. 传播常数

对无耗传输线,$R=G=0$,由式(3.19)可得

$$\gamma=\mathrm{j}\omega\sqrt{LC} \qquad 或 \qquad \alpha=0, \qquad \beta=\omega\sqrt{LC} \tag{3.40}$$

对有耗传输线,将传播常数 $\gamma=\alpha+\mathrm{j}\beta=\sqrt{(R+\mathrm{j}\omega L)(G+\mathrm{j}\omega C)}$ 取平方,并令实、虚部分别相等,即得

$$\alpha=\sqrt{\frac{1}{2}\left[(RG-\omega^2LC)+\sqrt{(R^2+\omega^2L^2)(G^2+\omega^2C^2)}\right]}$$

$$\beta=\sqrt{\frac{1}{2}\left[(\omega^2LC-RG)+\sqrt{(R^2+\omega^2L^2)(G^2+\omega^2C^2)}\right]}$$

在射频/微波波段,$R\ll\omega L$,$G\ll\omega C$,则

$$\gamma\approx\mathrm{j}\omega\sqrt{LC}\left(1-\mathrm{j}\frac{R}{2\omega L}\right)\left(1-\mathrm{j}\frac{G}{2\omega C}\right)\approx\frac{1}{2}(RY_\mathrm{c}+GZ_\mathrm{c})+\mathrm{j}\omega\sqrt{LC} \tag{3.41}$$

式中,根号因子同样取二项式级数展开式的前两项作为近似。于是,可得低损耗传输线的相移常数和衰减常数分别为

$$\beta\approx\omega\sqrt{LC} \qquad (\mathrm{rad/m}) \tag{3.42}$$

$$\alpha\approx\frac{1}{2}RY_\mathrm{c}+\frac{1}{2}GZ_\mathrm{c} \qquad (\mathrm{Np/m}) \tag{3.43}$$

4. 相速与波长

1) 相速

按照导波相速的定义式(2.93)可知,传输线上导波的相速 v_p 可表示为

$$v_\mathrm{p}=\frac{\omega}{\beta} \qquad (\mathrm{m/s}) \tag{3.44}$$

2) 波长

根据导波的波导波长的定义式(2.94)可知,传输线上传输的导波(TEM 波)的波长 λ 可表示为

$$\lambda=\frac{2\pi}{\beta}=\frac{v_\mathrm{p}}{f}=\frac{\mathrm{c}}{f\sqrt{\varepsilon_\mathrm{r}}}=\frac{\lambda_0}{\sqrt{\varepsilon_\mathrm{r}}} \qquad (\mathrm{m}) \tag{3.45}$$

式中,假设传输线周围填充的媒质是理想的简单电介质,而 $\lambda_0=\mathrm{c}/f$,为真空中的波长,又称为工作波长。

由式(3.44)可见,对无耗传输线,因 β 为 ω 的线性函数,故其相速 v_p 与工作频率无关,为一常数,此时传输线上传输的导波为非色射波。这意味着传输线输入端输入一个对时间作任意变化的信号,此信号在传输过程中不会产生波形畸变。事实上,传输线总存在一定的损耗,此时相位(移)常数不再是 ω 的线性函数,它将使 v_p 与频率有关。因此,色散总是存在的,传输过程中波形失真也是不可避免的。所以,普通的有耗传输线与有耗媒质一样是色

散的。

对有耗传输线,因为

$$\frac{1}{v_{\mathrm{p}}^{2}}=\frac{\beta^{2}}{\omega^{2}}=\frac{1}{2}\left(LC-\frac{RG}{\omega^{2}}\right)+\frac{1}{2}\sqrt{\left(LC+\frac{RG}{\omega^{2}}\right)^{2}+\left(\frac{RC}{\omega}-\frac{LG}{\omega}\right)^{2}} \tag{3.46}$$

又考虑到$(RC/\omega-LG/\omega)^{2}>0$,因此

$$\frac{1}{v_{\mathrm{p}}^{2}}>\frac{1}{2}\left[\left(LC-\frac{RG}{\omega^{2}}\right)+\left(LC+\frac{RG}{\omega^{2}}\right)\right]=LC$$

从而可得

$$v_{\mathrm{p}}<\frac{1}{\sqrt{LC}} \tag{3.47}$$

这表明,有耗传输线上传输导波的相速小于 L 和 C 相同的无耗传输线上导波的相速,所以有耗传输线上传输的信号会引起失真。但由式(3.46)可知,若有耗传输线特别是低损耗传输线的分布参数满足下式:

$$RC=GL \qquad 或 \qquad \frac{L}{R}=\frac{C}{G} \tag{3.48}$$

则传输线的 v_{p} 与频率无关,同时特性参量 α 以及 Z_0 也与频率无关。这种传输线即称为非失真线(或无畸变线),而式(3.48)则称为非失真(无畸变)条件。例如,一般的架空线或同轴电缆的分布参数满足关系:$L/R<C/G$,为了实现无畸变条件并减小衰减,通常采用增加集中电感法(在架空线上每隔一定距离串联称为浦品(pump)线圈的电感)和分布电感法(在同轴电缆周围均匀地绕上一层磁导率较高的金属环带),以增大 L 而使式(3.48)成立。

在射频/微波技术中,为了分析方便,通常可将传输线看成是无耗的,因此均匀无耗传输线理论最为常用。

3.3 均匀传输线的阻抗和反射特性

为了分析传输线在不同终端负载条件下的阻抗和反射特性,必须引出两个重要的物理量——输入阻抗和反射系数。

3.3.1 输入阻抗

传输线上任一点 z 处复电压与复电流的比值定义为该点处的输入阻抗,记为 $Z_{\mathrm{in}}(z)$,即

$$Z_{\mathrm{in}}(z)=\frac{U(z)}{I(z)} \qquad (\Omega) \tag{3.49}$$

在上式中用 z'代替 z,并将式(3.26)代入,则得有耗传输线的输入阻抗为

$$Z_{\mathrm{in}}(z')=Z_0\frac{Z_l+Z_0\tanh\gamma z'}{Z_0+Z_l\tanh\gamma z'} \tag{3.50}$$

对无耗传输线,因 $\gamma=\mathrm{j}\beta$,而 $\tanh\gamma z'=\mathrm{j}\tan\beta z'$,则输入阻抗为

$$Z_{\mathrm{in}}(z')=Z_{\mathrm{c}}\frac{Z_l+\mathrm{j}Z_{\mathrm{c}}\tan\beta z'}{Z_{\mathrm{c}}+\mathrm{j}Z_l\tan\beta z'} \tag{3.51}$$

当然,上式也可将式(3.27)代入式(3.49)得到。

这表明,无耗传输线上观察点 z'处的输入阻抗与观察点的位置、传输线的特性阻抗、负载阻抗和工作频率有关,且一般为复数。

3.3.2 反射系数

传输线上任一点 z 处的反射系数定义为,该点处的反射波电压(或电流)和入射波电压(或电流)的比值,记为 $\Gamma_U(z)$(或 $\Gamma_I(z)$),则

$$\Gamma_U(z)=\frac{U^-(z)}{U^+(z)} \tag{3.52}$$

或

$$\Gamma_I(z)=\frac{I^-(z)}{I^+(z)} \tag{3.53}$$

式中,$\Gamma_U(z)$称为电压反射系数,$\Gamma_I(z)$称为电流反射系数。将式(3.17b)中对应的 $I^-(z)$和 $I^+(z)$代入式(3.53),可得 $\Gamma_I(z)$与 $\Gamma_U(z)$之间的关系为

$$\Gamma_I(z)=-\Gamma_U(z) \tag{3.54}$$

这说明电流反射系数与电压反射系数在数值上相等,相位相差180°。在实际应用中,由于电压便于测量,故常采用电压反射系数,并简称为反射系数,同时简记为 $\Gamma(z)$。

对无耗传输线,由式(3.52)可得线上 z'处反射系数的表达式为

$$\Gamma(z')=\frac{U'^-\mathrm{e}^{-\mathrm{j}\beta z'}}{U'^+\mathrm{e}^{\mathrm{j}\beta z'}}=\Gamma(0)\mathrm{e}^{-\mathrm{j}2\beta z'}=|\Gamma_l|\,\mathrm{e}^{\mathrm{j}(\varphi_l-2\beta z')} \tag{3.55}$$

式中

$$\Gamma(0)=|\Gamma_l|\,\mathrm{e}^{\mathrm{j}\varphi_l}$$

而 $\Gamma_l=\Gamma(0)$是负载端的反射系数,φ_l 是其幅角,它是负载端反射波电压 U'^- 与入射波电压 U'^+之间的相位差。

可见,反射系数是一个复数量。对于无耗传输线,$\Gamma(z')$沿线大小不变,相位按 $\mathrm{e}^{-2\mathrm{j}\beta z'}$周期变化,周期为 $\lambda/2$。由于部分入射波被负载吸收,其余被负载反射,因此$|\Gamma_l|\leqslant 1$。

类似于式(3.55),对有耗传输线,有

$$\Gamma(z')=\frac{U'^-\mathrm{e}^{-\gamma z'}}{U'^+\mathrm{e}^{\gamma z'}}=\Gamma(0)\mathrm{e}^{-2\gamma z'}=|\Gamma_l|\,\mathrm{e}^{-2\alpha z'}\mathrm{e}^{\mathrm{j}(\varphi_l-2\beta z')} \tag{3.56}$$

这表明,随着传输线上点 z'远离负载,反射系数的幅值将按因子 $\mathrm{e}^{-2\alpha z'}$减小,而其相位则按

$-2\beta z'$ 改变。此时，反射系数的幅相分布曲线犹如一根螺旋线，如图 3.7(a)所示。但对于无耗传输线，由于反射系数的幅值不随线上位置 z' 改变，因此反射系数在图中的对应点将随位置 z' 的增加在圆半径等于反射系数模值的圆周上顺时针移动，其反射系数的幅相分布曲线如图 3.7(b)所示。显然，由图 3.7(b)可见，当无耗传输线上观察点距离负载每出现半个波长时，因 $-2\beta z' = -2\beta(m\lambda/2) = -2m\pi\ (m=1,2,\cdots)$，故在图中形成一个完整的反射系数圆。

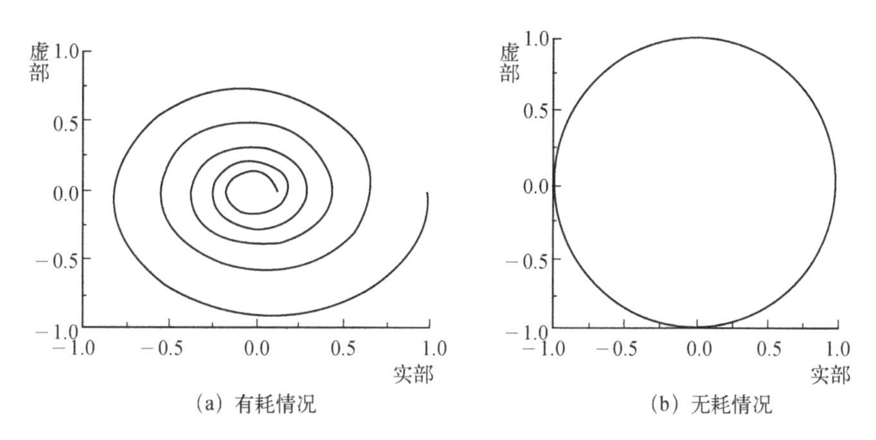

图 3.7　有、无耗传输线的反射系数的幅相分布曲线

3.3.3　输入阻抗与反射系数间的关系

对有耗传输线，根据式(3.17)和(3.55)，有

$$\left.\begin{aligned} U(z') &= U'^{+}(z') + U'^{-}(z') = U'^{+}e^{\gamma z'}(1+\Gamma_l e^{-2\gamma z'}) = U'^{+}(z')[1+\Gamma(z')] \\ I(z') &= I'^{+}(z') + I'^{-}(z') = \frac{U'^{+}}{Z_0}e^{\gamma z'}(1-\Gamma_l e^{-2\gamma z'}) = I'^{+}(z')[1-\Gamma(z')] \end{aligned}\right\} \tag{3.57}$$

于是有

$$Z_{\text{in}}(z') = \frac{U(z')}{I(z')} = Z_0\,\frac{1+\Gamma(z')}{1-\Gamma(z')} \xlongequal{\text{简记为}} Z_0\,\frac{1+\Gamma}{1-\Gamma} \tag{3.58a}$$

特别地，对无耗传输线，则有

$$Z_{\text{in}}(z') = Z_c\,\frac{1+\Gamma}{1-\Gamma} \tag{3.58b}$$

式(3.58)表明，传输线上任一点 z' 处的输入阻抗与该点处的反射系数有一一对应关系。只要知道两者中的一个，就可应用式(3.58)求出另一个。

将 $z'=0$ 代入式(3.58a)，则得负载阻抗与终端反射系数之间的关系为

$$Z_l = Z_0\,\frac{1+\Gamma_l}{1-\Gamma_l} \qquad \text{或} \qquad \Gamma_l = \frac{Z_l - Z_0}{Z_l + Z_0} \tag{3.59}$$

显然,当 $Z_l=Z_0$ 时,$\Gamma_l=0$,负载端无反射,此时的负载称为匹配负载。此外,当 $Z_l=0$,即终端短路时,$\Gamma_l=-1$,负载端发生全反射;当 $Z_l=\infty$,即终端开路时,$\Gamma_l=1$,负载端也发生全反射。而一般地,当 $Z_l\neq Z_0$ 时,从负载端产生一个向波源方向传输的反射波,负载端发生部分反射。当部分反射波到达波源时,若波源阻抗与特性阻抗不相等,则它将再次被反射。此过程将无限延续下去,波在传输线两端之间来回反射形成多重反射。但由于波沿线长 $z'=l$ 的传输线上传输一次,反射波的振幅就减小 $e^{-\alpha l}$ 倍。因此,线上电压、电流的波形主要是由入射波和前几次反射波叠加得到,特别是当衰减常数较大的情况下。对无耗传输线,根据式(3.58b)可作类似分析。

事实上,在射频/微波技术中,为了分析方便,通常均可将传输线看成是无耗的,因此均匀无耗传输线理论最为常用。

3.3.4　无耗传输线上导波的多重反射

对如图 3.8(a)所示的无耗传输线系统,由式(3.28a)可知线上任一点处的(复)电压为

$$\begin{aligned}U(z')&=\frac{E_gZ_c}{Z_g+Z_c}e^{-j\beta z}(1+\Gamma_l e^{-j2\beta z'})(1-\Gamma_l\Gamma_g e^{-j2\beta l})^{-1}\\&=\frac{E_gZ_c}{Z_g+Z_c}e^{-j\beta z}(1+\Gamma_l e^{-j2\beta z'})(1+\Gamma_l\Gamma_g e^{-j2\beta l}+\Gamma_l^2\Gamma_g^2 e^{-j4\beta l}+\cdots)\\&=\frac{E_gZ_c}{Z_g+Z_c}[e^{-j\beta z}+\Gamma_l e^{-j2\beta l}e^{-j\beta z'}+\Gamma_g\Gamma_l e^{-j2\beta l}e^{-j\beta z}+\Gamma_g\Gamma_l^2 e^{-j4\beta l}e^{-j\beta z'}+\cdots]\\&=U_1^++U_1^-+U_2^++U_2^-+\cdots\end{aligned}\tag{3.60}$$

式中,$\Gamma_g=(Z_g-Z_c)/(Z_g+Z_c)$,$\Gamma_l=(Z_l-Z_c)/(Z_l+Z_c)$,分别为波源(端)和负载(端)的反射系数;

$$U_1^+=\frac{E_gZ_c}{Z_g+Z_c}e^{-j\beta z}=U_m e^{-j\beta z},\qquad U_2^+=\Gamma_g(\Gamma_l U_m e^{-j2\beta l})e^{-j\beta z},\qquad\cdots$$

$$U_1^-=\Gamma_l(U_m e^{-j2\beta l})e^{-j\beta z'},\qquad U_2^-=\Gamma_l(\Gamma_g\Gamma_l U_m e^{-j4\beta l})e^{-j\beta z'},\qquad\cdots$$

而 $U_m=E_gZ_c/(Z_g+Z_c)=U_i|_{Z_{in}=Z_c}$,为从波源入射到传输线始端的初始电压波电压的复振幅,它可以直接从传输线始端的等效电路(图 3.8(b))求得;U_1^+ 代表沿 $+z$ 方向行进的初始波(入射波),在该波到达负载 Z_l 之前,终端所接的负载可看成是传输线的特性阻抗 Z_c,即将传输线视为无限长。

当传输线上 z 处的初始电压波(入射波)U_1^+ 到达位于 $z=l$ 处的负载 Z_l 时,由于 $Z_l\neq Z_c$ 的失配而使该波被反射,产生沿 $-z$ 方向行进、复振幅为 $\Gamma_l(U_m e^{-j\beta l})$ 的反射波 U_1^-,当 U_1^- 返回到位于 $z=0$ 处的波源端时,由于 $Z_g\neq Z_c$ 的失配而使它再次被反射,形成了第二个沿 $+z$ 方向行进、复振幅为 $\Gamma_g(\Gamma_l U_m e^{-j\beta l})$ 的入射波 U_2^+。上述反射过程将无限延续下去,波在传输线两端之间来回反射,从而形成传输线上电压为 $U(z')$ 的行驻波。图 3.8(a)形象地描绘了上述物理过程。

显然，当 $Z_l=Z_c$ 时，$\Gamma_l=0$，则传输线上只有 U_1^+ 存在，当它行进到匹配负载时，无反射波存在；当 $Z_l\neq Z_c$，但 $Z_g=Z_c$ 时，$\Gamma_l\neq 0$，$\Gamma_g=0$，此时传输线上 U_1^+ 和 U_1^- 均存在，但 U_2^+，U_2^- 以及所有较高次的反射波都消失。一般地，当均匀传输线有耗时，由于此时 $\gamma=\alpha+\mathrm{j}\beta$，因此，当波沿整个传输线传播一次时，反射波的振幅就减小 $\mathrm{e}^{-\alpha l}$ 倍。

根据式(3.60)容易导出 U^+ 与 U_m 间的关系，即

$$\begin{aligned}
U^+ &= U_1^+ + U_2^+ + U_3^+ + \cdots \\
&= U_m \mathrm{e}^{-\mathrm{j}\beta z}\big|_{z=0} + U_m \Gamma_g \Gamma_l \mathrm{e}^{-\mathrm{j}2\beta l}\mathrm{e}^{-\mathrm{j}\beta z}\big|_{z=0} + U_m \Gamma_g^2 \Gamma_l^2 \mathrm{e}^{-\mathrm{j}4\beta l}\mathrm{e}^{-\mathrm{j}\beta z}\big|_{z=0} + \cdots \\
&= U_m (1 + \Gamma_g \Gamma_l \mathrm{e}^{-\mathrm{j}2\beta l} + \Gamma_g^2 \Gamma_l^2 \mathrm{e}^{-\mathrm{j}4\beta l} + \cdots) \\
&= \frac{U_m}{1-\Gamma_g \Gamma_l \mathrm{e}^{-\mathrm{j}2\beta l}}, \qquad |\Gamma_g| < 1, |\Gamma_l| < 1
\end{aligned} \tag{3.61}$$

显然，当 $\Gamma_l=0$ 或 $\Gamma_g=0$ 时，$U^+=U_m=U_i$，U_i 为传输线始端的复电压，而 $U'^+=U^+\mathrm{e}^{-\mathrm{j}\beta l}$。

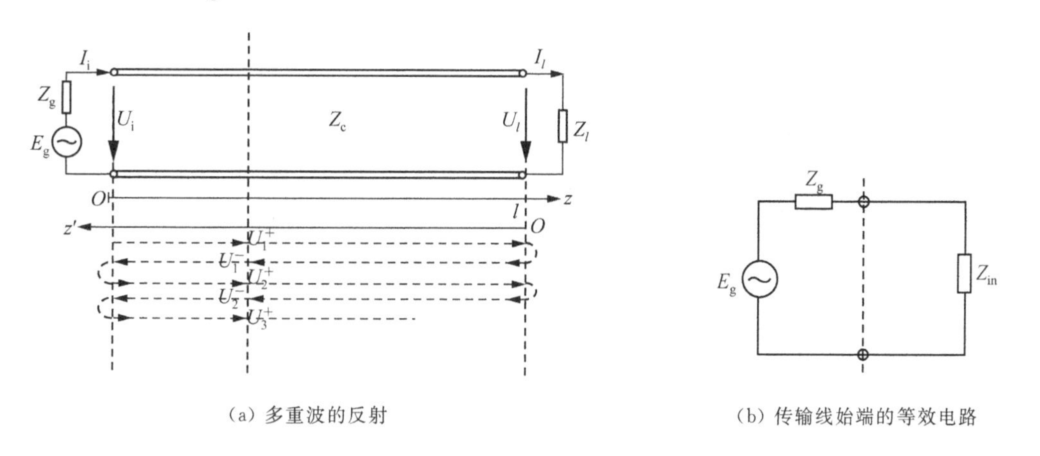

(a) 多重波的反射　(b) 传输线始端的等效电路

图 3.8　无耗传输线上导波的多重反射

3.4　均匀无耗传输线终端接不同负载时的工作状态

对于均匀无耗传输线，当终端接不同负载时可将其工作状态分为三种：(a) 行波工作状态($\Gamma(z')=0$)；(b) 纯驻波工作状态($|\Gamma(z')|=1$)；(c) 行驻波工作状态($0<|\Gamma(z')|<1$)。下面分别讨论这三种工作状态下无耗传输线上电压、电流的分布及其阻抗特性。

3.4.1　行波工作状态

行波工作状态又称为无反射工作状态。由(3.59)和(3.55)两式知，当无耗传输线的负载阻抗等于传输线的特性阻抗或传输线为半无限长，即 $Z_l=Z_c$ 时，$\Gamma(z')=0$，线上只有电压入射波和电流入射波，传输线工作于行波状态，此时的负载称为匹配负载。

将 $\Gamma(z')=0$ 代入式(3.57)，可得行波工作状态下无耗传输线上的行波电压、电流的复数表达式为

$$\left.\begin{aligned} U(z') &= U'^{+}(z') = U'^{+}e^{j\beta z'} \\ I(z') &= I'^{+}(z') = \frac{U'^{+}}{Z_c}e^{j\beta z'} \end{aligned}\right\} \tag{3.62}$$

其瞬时表达式为

$$\left.\begin{aligned} u(z',t) &= |U'^{+}|\cos(\omega t + \beta z' + \varphi_{+}') \\ i(z',t) &= \frac{|U'^{+}|}{Z_c}\cos(\omega t + \beta z' + \varphi_{+}') \end{aligned}\right\} \tag{3.63}$$

这表明,电压波、电流波各为向负 z'方向传播的等幅行波,且电压波和电流波处处同相。显然,此时在无耗线上各点若用交流电压表和交流电流表测量电压和电流的有效值,则电压表和电流表的读数应为定值。

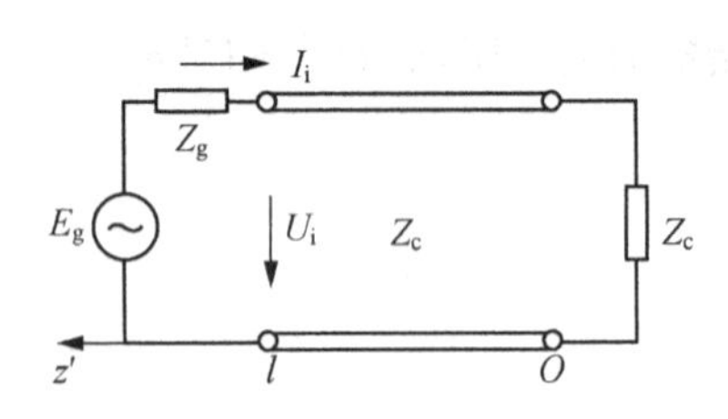

图 3.9 行波状态下的传输线系统

由如图 3.9 所示的传输线系统,容易导出行波状态下传输线的输入阻抗为

$$Z_{in}(z') = \frac{U(z')}{I(z')} = Z_c \tag{3.64}$$

即载行波的无耗传输线的输入阻抗等于传输线本身的特性阻抗。

根据图 3.9,由全电路欧姆定律,有

$$E_g = Z_g I_i + U_i \tag{3.65}$$

令式(3.62)中的 $z'=l$ 并代入上式,即得

$$U'^{+} = \frac{Z_c E_g}{Z_c + Z_g}e^{-j\beta l} = U^{+}\ e^{-j\beta l} \tag{3.66}$$

这样,式(3.62)变为

$$U(z') = \frac{Z_c E_g}{Z_c + Z_g}e^{-j\beta(l-z')} \tag{3.67a}$$

$$I(z') = \frac{E_g}{Z_c + Z_g}e^{-j\beta(l-z')} \tag{3.67b}$$

于是,传输线上任一点 z'处的(平均)传输功率为

$$P = \mathrm{Re}\left[\frac{1}{2}U(z')I^{*}(z')\right] = \frac{|E_g|^2}{2}\mathrm{Re}\left[\frac{Z_c}{|Z_c + Z_g|^2}\right] = \frac{|E_g|^2}{8\mathrm{Re}(Z_g)}\ \frac{4\mathrm{Re}(Z_c)\mathrm{Re}(Z_g)}{|Z_c + Z_g|^2} \tag{3.68}$$

式中,第一个因子代表波源的固有功率,即波源提供给负载的最大功率;第二个因子表示加到传输线上的功率的减小率。当波源与传输线间满足共轭匹配条件,即 $Z_g^{*} = Z_{in} = Z_c$ 时,第二个因子也等于1,波源的固有功率将全部输送到传输线上。事实上,因传输线无耗,故 Z_c 为正实数,于是,Z_g 也应为正实数,且与 Z_c 相等。由此可见,无耗传输线上各点处传输的功率相等,且等于常数。

3.4.2 纯驻波工作状态

纯驻波工作状态又称为全反射工作状态。由(3.59)和(3.55)两式可知,当传输线终端短路时,$Z_l=0$,$\Gamma_l=-1$,$|\Gamma(z')|=1$;当传输线终端开路时,$Z_l=\infty$,$\Gamma_l=1$,$|\Gamma(z')|=1$;当终端接电抗性负载时,$Z_l=\pm jX_l$,$|\Gamma(z')|=1$。在上述三种情况下,传输线终端的入射波均被全部反射,沿线入射波与反射波叠加形成纯驻波分布。下面主要讨论终端短路的情况。

1. 终端短路

无耗传输线的终端短路时,$Z_l=0$,$\Gamma_l=-1$,$\Gamma(z')=-e^{-j2\beta z'}$。于是,式(3.57)变为

$$\left.\begin{aligned} U(z') &= U'^{+}(e^{j\beta z'}-e^{-j\beta z'}) = 2jU'^{+}\sin\beta z' \\ I(z') &= \frac{U'^{+}}{Z_c}(e^{j\beta z'}+e^{-j\beta z'}) = 2\frac{U'^{+}}{Z_c}\cos\beta z' \end{aligned}\right\} \tag{3.69}$$

将上式写成瞬时表达式为

$$\left.\begin{aligned} u(z',t) &= 2|U'^{+}|\sin\beta z'\cos\left(\omega t+\varphi_{+}'+\frac{\pi}{2}\right) \\ i(z',t) &= 2\frac{|U'^{+}|}{Z_c}\cos\beta z'\cos(\omega t+\varphi_{+}') \end{aligned}\right\} \tag{3.70}$$

显然,沿线各点电压、电流均随时间作余弦变化,相位相差 $\pi/2$;沿线各点电压、电流的振幅分别按正弦和余弦分布,在 $z'=n\pi/\beta=n\lambda/2(n=0,1,2,\cdots)$ 处电压振幅值为零,电流振幅达极大值,且等于 $2|U'^{+}|/Z_c$,此时称这些位置为电压波节点(电流波腹点)。在 $z'=(2n+1)\lambda/4(n=0,1,2,\cdots)$ 处,电压振幅达极大值,且等于 $2|U'^{+}|$,电流振幅值为零,称这些位置为电压波腹点(电流波节点)。图 3.10(a)示出了电压、电流的振幅分布图。由此可见,电压、电流的时间、空间相位各相差 $\pi/2$,这表明在波所携带的电磁能量中,当电场能量达到极大值时磁场能量为零,当电场能量为零时磁场能量达到极大值,即波所携带的电磁能量相互转换,形成电磁振荡而不携带能量沿线传播。

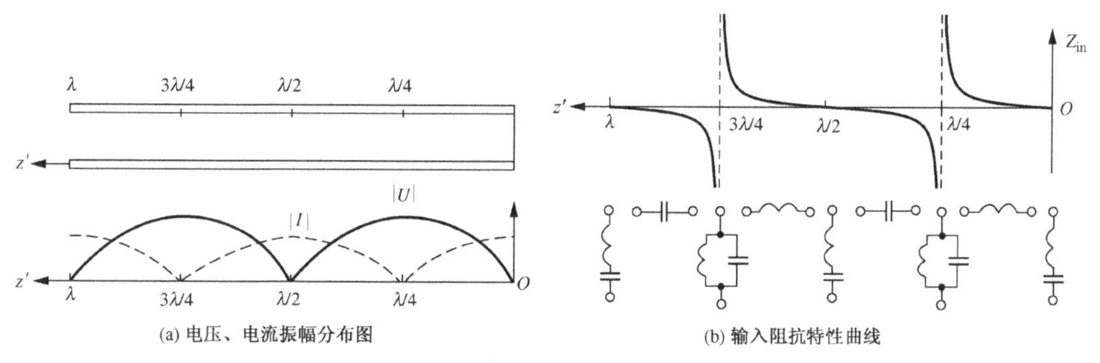

图 3.10　无耗短路传输线的驻波特性

由式(3.51)(或式(3.49)和式(3.69))可得无耗短路传输线的输入阻抗为

$$Z_{in}(z') = jZ_c\tan\beta z' \tag{3.71}$$

输入阻抗沿线分布如图3.10(b)所示。由图可见,无耗短路线的输入阻抗为一纯电抗,电抗随频率和长度而变化。在 $z'=n\lambda/2(n=0,1,2,\cdots)$ 处,$Z_{in}(z')=0$,相当于串联谐振;在 $z'=(2n+1)\lambda/4(n=0,1,2,\cdots)$ 处,$|Z_{in}(z')|\to\infty$,相当于并联谐振;当 $0<z'<\lambda/4$ 时,$Z_{in}(z')=jX$,相当于一个纯电感;当 $\lambda/4<z'<\lambda/2$ 时,$Z_{in}(z')=-jX$,相当于一个纯电容。此外,从图中还可看出,从短路终端算起,每隔 $\lambda/4$ 长度,阻抗的性质就改变一次,此特性称为传输线的"$\lambda/4$ 阻抗变换性";每隔 $\lambda/2$ 长度,阻抗将重复一次,此特性称为传输线的"$\lambda/2$ 阻抗重复性"。在射频/微波技术中,利用无耗短路线的这两个特性可设计出不同用途的元件。

2. 终端开路

无耗传输线终端开路时,$Z_l=\infty$,$\Gamma_l=1$,$\Gamma(z')=e^{-j2\beta z'}$。于是,式(3.57)变为

$$\left.\begin{aligned}U(z')&=2U'^{+}\cos\beta z'\\I(z')&=2j\frac{U'^{+}}{Z_c}\sin\beta z'\end{aligned}\right\}\tag{3.72}$$

则传输线上观察点 z' 处的输入阻抗为

$$Z_{in}(z')=-jZ_c\cot\beta z'\tag{3.73}$$

开路传输线上电压、电流振幅分布规律和输入阻抗特性不必另作分析,只要将短路传输线去掉终端的 $\lambda/4$ 长度即可得到。这是因为传输线具有 $\lambda/4$ 阻抗变换性,距短路终端 $\lambda/4$ 处的(等效)输入阻抗为∞,这正是开路传输线的情况。因此,只要将图3.10的坐标原点 O 向波源方向移动 $\lambda/4$ 至 O' 点,就可得到如图3.11所示的开路传输线上电压、电流振幅分布图和输入阻抗特性曲线。

对传输线终端接电抗性负载的情况,也可类似分析。这里不再赘述。

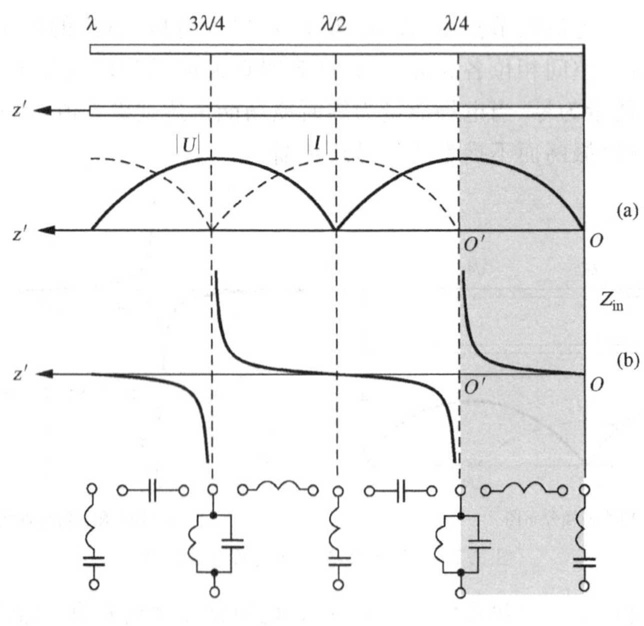

(a) 电压、电流振幅分布图　　　　(b) 阻抗特性曲线

图3.11　无耗开路传输线的驻波特性

3.4.3　行驻波工作状态

行驻波工作状态又称为部分反射工作状态。当传输线终端接任意复阻抗 $Z_l=R_l\pm \mathrm{j}X_l$ 时,其终端反射系数为

$$\Gamma_l=\frac{Z_l-Z_c}{Z_l+Z_c}=\frac{(R_l-Z_c)\pm \mathrm{j}X_l}{(R_l+Z_c)\pm \mathrm{j}X_l}=\frac{R_l^2-Z_c^2+X_l^2}{(R_l+Z_c)^2+X_l^2}\pm \mathrm{j}\frac{2X_lZ_c}{(R_l+Z_c)^2+X_l^2}=|\Gamma_l|\mathrm{e}^{\pm \mathrm{j}\varphi_l} \tag{3.74}$$

式中

$$|\Gamma_l|=\sqrt{\frac{(R_l-Z_c)^2+X_l^2}{(R_l+Z_c)^2+X_l^2}} \tag{3.75a}$$

$$\varphi_l=\arctan\left(\frac{2X_lZ_c}{R_l^2+X_l^2-Z_c^2}\right) \tag{3.75b}$$

由式(3.75a)可知,$|\Gamma_l|<1$,这表明导波在负载端产生部分反射,此时传输线工作于行驻波工作状态。传输线上电压、电流的表达式为

$$\left.\begin{aligned}U(z')&=U'^{+}\mathrm{e}^{\mathrm{j}\beta z'}+U'^{+}\Gamma_l\mathrm{e}^{-\mathrm{j}\beta z'}\\ I(z')&=\frac{U'^{+}}{Z_c}\mathrm{e}^{\mathrm{j}\beta z'}-\frac{U'^{+}}{Z_c}\Gamma_l\mathrm{e}^{-\mathrm{j}\beta z'}\end{aligned}\right\} \tag{3.76}$$

于是,电压、电流的模值分别为

$$\left.\begin{aligned}|U(z')|&=|U'^{+}|\left[1+|\Gamma_l|^2+2|\Gamma_l|\cos(2\beta z'-\varphi_l)\right]^{1/2}\\ |I(z')|&=\frac{|U'^{+}|}{Z_c}\left[1+|\Gamma_l|^2-2|\Gamma_l|\cos(2\beta z'-\varphi_l)\right]^{1/2}\end{aligned}\right\} \tag{3.77}$$

为了利用上式作出行驻波工作状态下传输线上电压、电流的振幅分布和输入阻抗特性,还需要知道电压波腹、波节(或电流波节、波腹)点的位置以及电压、电流在波腹和波节点处的大小。

1. 波腹和波节处电压、电流的大小

当式(3.77)中 $\cos(2\beta z'-\varphi_l)=1$ 时,将出现电压波腹点、电流波节点;当 $\cos(2\beta z'-\varphi_l)=-1$时,出现电压波节点、电流波腹点。由式(3.77)可得电压(振幅)极大值、极小值和电流(振幅)极大值、极小值分别为

$$|U|_{\max}=|U'^{+}|(1+|\Gamma_l|),\qquad |U|_{\min}=|U'^{+}|(1-|\Gamma_l|) \tag{3.78a}$$

$$|I|_{\max}=\frac{|U'^{+}|}{Z_c}(1+|\Gamma_l|),\qquad |I|_{\min}=\frac{|U'^{+}|}{Z_c}(1-|\Gamma_l|) \tag{3.78b}$$

由此可见,当终端负载为复阻抗时,传输线上电压、电流的极大值将小于入射波振幅的2倍,极小值也不为零。这与纯驻波工作状态不同。

2. 电压波腹点和波节点的位置

当 $2\beta z'-\varphi_l=2n\pi\ (n=0,1,2,\cdots)$时,电压振幅达极大值,电流振幅达极小值,由此可得

电压波腹点、电流波节点的位置为

$$z'_{\max}=\frac{2n\pi+\varphi_l}{2\beta}=\frac{\lambda\varphi_l}{4\pi}+n\frac{\lambda}{2}\qquad(n=0,1,2,\cdots)\tag{3.79}$$

距终端出现的第一个电压波腹点的位置为

$$z'_{\max1}=\frac{\lambda}{4\pi}\varphi_l\tag{3.80}$$

当 $2\beta z'-\varphi_l=(2n\pm1)\pi(n=0,1,2,\cdots)$时,电压振幅达极小值,电流振幅达极大值,由此可得电压波节点、电流波腹点的位置为

$$z'_{\min}=\frac{(2n\pm1)\pi+\varphi_l}{2\beta}=\frac{\lambda\varphi_l}{4\pi}+(2n\pm1)\frac{\lambda}{4}\qquad(n=0,1,2\cdots)\tag{3.81}$$

式中,"-"对应终端接容性负载,而"+"对应终端接感性负载。显然,距终端出现的第一个电压波节点的位置为

$$z'_{\min1}=\frac{\lambda\varphi_l}{4\pi}\pm\frac{\lambda}{4}=z'_{\max1}\pm\frac{\lambda}{4}\tag{3.82}$$

由以上各式可见,电压和电流的波腹、波节点位置取决于 φ_l,即取决于负载阻抗的性质。下面分别讨论终端接四种不同负载阻抗时电压、电流振幅的分布情况。

1) $Z_l=R_l<Z_c$(终端接小电阻)

由(3.74)和(3.80)两式可知,此时 $\varphi_l=\pi$,$z'_{\max1}=\lambda/4$,而 $z'_{\min1}=0$。这表明,当终端接小于特性阻抗的纯电阻性负载时,终端处为电压波节点、电流波腹点。此时电压、电流振幅分布如图 3.12(a)所示。

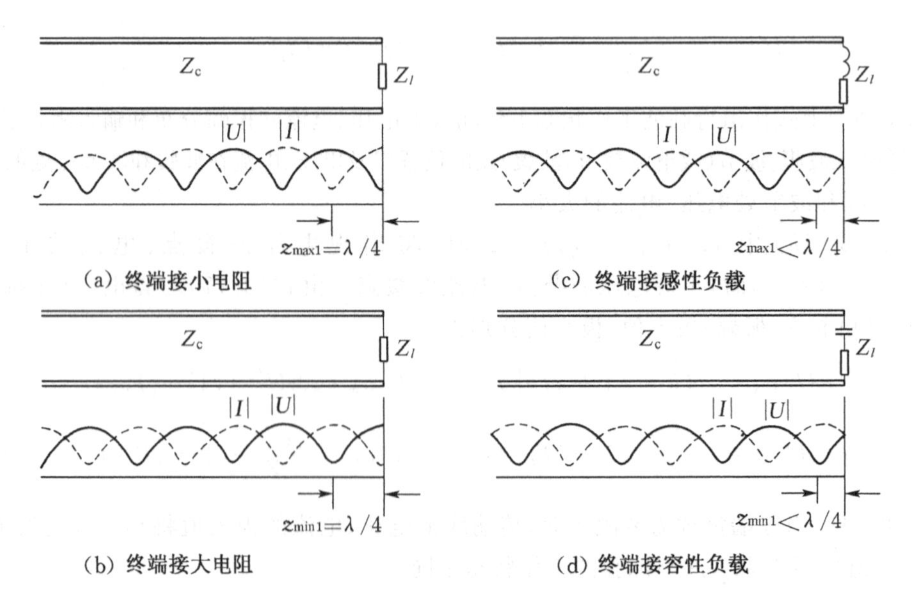

图 3.12 终端接一般负载时沿线电压、电流振幅的分布图

2) $Z_l=R_l>Z_c$(终端接大电阻)

由(3.74)和(3.80)两式可知,此时 $\varphi_l=0$,$z'_{\max1}=0$,而 $z'_{\min1}=\lambda/4$。这表明,当终端接大于特性阻抗的纯电阻性负载时,终端处为电压波腹点、电流波节点。此时电压、电流振幅分布如图3.12(b)所示。

3) $Z_l=R_l+jX_l$(终端接感性负载)

由(3.74)和(3.80)两式可知,此时 $0<\varphi_l<\pi$,$0<z'_{\max1}<\lambda/4$。这表明,当终端接感性负载时,离开终端第一个出现的是电压波腹点、电流波节点。此时电压、电流振幅分布如图3.12(c)所示。

4) $Z_l=R_l-jX_l$(终端接容性负载)

由(3.74)和(3.80)两式可知,此时 $\pi<\varphi_l<2\pi$,$\lambda/4<z'_{\max1}<\lambda/2$。这表明,当终端接容性负载时,离开终端第一个出现的是电压波节点、电流波腹点。此时电压、电流振幅分布如图3.12(d)所示。

3. 驻波系数

为了描述传输线上驻波的大小,引出一个新的参量——电压驻波系数(或称电压驻波比(VSWR))。电压驻波系数定义为传输线上波腹点电压与波节点电压之比,记为 ρ,即

$$\rho=\frac{|U|_{\max}}{|U|_{\min}} \tag{3.83}$$

将式(3.78a)中的两式代入上式,得

$$\rho=\frac{1+|\Gamma_l|}{1-|\Gamma_l|} \quad 或 \quad |\Gamma_l|=\frac{\rho-1}{\rho+1} \tag{3.84}$$

由此可见,当 $Z_l=Z_c$ 时,$|\Gamma_l|=0$,$\rho=1$,线上载行波;当 $Z_l=0$,∞ 或 $\pm jX_l$ 时,$|\Gamma_l|=1$,$\rho=\infty$,线上载纯驻波;当 $Z_l=R_l\pm jX_l$ 时,$|\Gamma_l|<1$,$1<\rho<\infty$,线上载行驻波。

工程上,有时也采用电压行波系数来描述传输线的工作状态。电压行波系数定义为,波节点电压与波腹点电压之比,记为 K,其表达式为

$$K=\frac{|U|_{\min}}{|U|_{\max}} \tag{3.85}$$

显然,它是电压驻波系数的倒数,即

$$K=\frac{1}{\rho} \tag{3.86}$$

由上式可知,K 的变化范围在0和1之间。$K=1$,表明传输线处于行波工作状态;$K=0$,表明传输线处于纯驻波工作状态;$0<K<1$,则表明传输线处于行驻波工作状态。

由(3.84)和(3.86)两式,有

$$K=\frac{1-|\Gamma_l|}{1+|\Gamma_l|} \quad 或 \quad |\Gamma_l|=\frac{1-K}{1+K} \tag{3.87}$$

显然,当传输线上的电压驻波系数 ρ 或电压行波系数 K 已知时,利用式(3.86)和式(3.87)可求得终端反射系数模值 $|\Gamma_l|$。反之,当 $|\Gamma_l|$ 已知时,也可利用式(3.86)或式(3.87)求得 ρ

值或 K 值。

4. 阻抗特性

当终端接任意复阻抗时,无耗传输线上任一点处的输入阻抗可按式(3.51)计算,即

$$Z_{in}(z') = Z_c \frac{Z_l + jZ_c \tan \beta z'}{Z_c + jZ_l \tan \beta z'} = R + jX \tag{3.88}$$

将 $Z_l = R_l \pm jX_l$ 代入,并将实、虚部分开,得

$$\left.\begin{aligned} R &= Z_c^2 R_l \frac{\sec^2 \beta z'}{(Z_c \mp X_l \tan \beta z')^2 + (R_l \tan \beta z')^2} \\ X &= Z_c \frac{\pm (Z_c \mp X_l \tan \beta z')(X_l \pm Z_c \tan \beta z') - R_l^2 \tan \beta z'}{(Z_c \mp X_l \tan \beta z')^2 + (R_l \tan \beta z')^2} \end{aligned}\right\} \tag{3.89}$$

根据上式,可作出终端接任意复阻抗时沿线的阻抗分布曲线。终端接感性复阻抗时沿线 R 和 X 的分布情况如图 3.13 所示。由图可看出,沿线阻抗分布具有以下特点:传输线上输入阻抗作周期性变化,变化周期为 $\lambda/2$(即"$\lambda/2$ 阻抗重复性");每隔 $\lambda/4$ 阻抗性质变换一次(即"$\lambda/4$ 阻抗变换性");在波腹、波节点处,阻抗呈纯阻性($X=0$)。

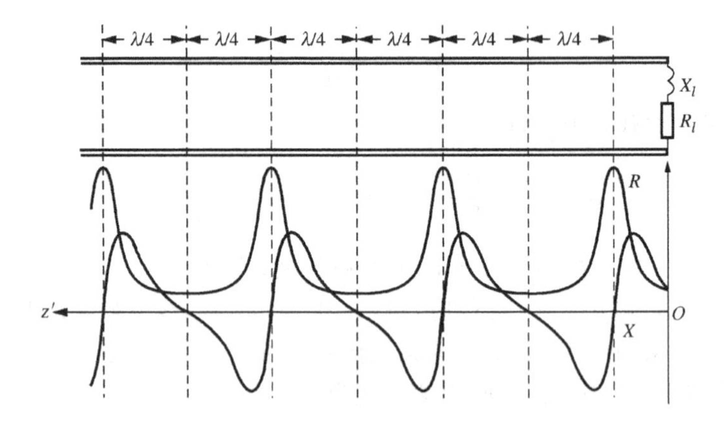

图 3.13　终端接感性复阻抗时沿线阻抗的分布曲线

在电压波腹点处,阻抗出现极大值(相当于并联谐振),其值为

$$Z_{max} = R_{max} = \frac{|U|_{max}}{|I|_{min}} = Z_c \frac{1 + |\Gamma_l|}{1 - |\Gamma_l|} = Z_c \rho \tag{3.90}$$

在电压波节点处,阻抗出现极小值(相当于串联谐振),其值为

$$Z_{min} = R_{min} = \frac{|U|_{min}}{|I|_{max}} = Z_c \frac{1 - |\Gamma_l|}{1 + |\Gamma_l|} = Z_c K = \frac{Z_c}{\rho} \tag{3.91}$$

5. 波长与负载阻抗的实验确定

如前所述,当无耗传输线的终端所接负载不匹配时,传输线上将出现驻波。利用传输线(如同轴线)的驻波测量线可测量并绘制出终端短路传输线上电压驻波分布图形,如图 3.14 中的虚线所示。假设在距离负载端的位置 z_1' 处出现一个电压波节点,那么,在传输线上从位置 z_1' 处继续朝波源方向移动时,在距离负载端的位置 z_2' 处又会出现一个电压波节点。

换言之，在 z_1' 和 z_2' 之间出现两个相邻的电压波节点，因而

$$2\beta z_1' - \varphi_l = (2m+1)\pi, \qquad 2\beta z_2' - \varphi_l = [2(m+1)+1]\pi \tag{3.92}$$

其中，m 取正整数。于是，可得

$$z_2' - z_1' = \frac{\lambda}{2} \qquad 或 \qquad \lambda = 2(z_2' - z_1') \tag{3.93}$$

类似地，传输线上两相邻电压波腹点 z_1' 和 z_2' 之间的间隔也是 $\lambda/2$，而两相邻电压波腹点和电压波节点间的间隔则为 $\lambda/4$。利用传输线上电压驻波分布的这一特点，可方便地测得传输线上导波的波长。事实上，选取驻波测量点 z_1' 和 z_2' 的位置一般处于电压波节点而不是电压波腹点，这是因为电压波节点处的驻波曲线变化得更为陡峭，从而可保证更高的测量精度。

传输线终端所接的负载阻抗可通过测量其输入端的驻波系数来确定，测量所需的参量是驻波系数和线上距离负载的电压波节点(或电压波腹点，但一般采用电压波节点)的位置。为了便于测量，在与负载所接的传输线上连接驻波测量线，由于驻波测量线中微波晶体二极管检波器的输出正比于驻波测量线中的传输功率，而二极管检波器的输出信号应为小信号，因此通过驻波测量线中电压波腹点和电压波节点处检波器输出测量值的开方即可得到电压驻波系数 $\rho(=\sqrt{U_{\max}/U_{\min}}$，其中 $U_{\max}$，$U_{\min}$ 分别为驻波测量系统的指示器对应于电压波腹点和波节点的读数)。又考虑到驻波测量线中的耦合探针不可能沿测量线延伸至负载处，因此，驻波测量线中距离负载的第一个驻波节点的位置应按以下方法确定：首先，将驻波测量线终端接短路器，在驻波测量线上确定任一个波节点的位置(对应驻波测量线上的刻度)；然后，除去短路器并用负载取代，此时驻波测量线中电压波节点的位置应向波源方向偏移一段距离，如图 3.14 中的实线所示，同样确定该波节点在驻波测量线上的刻度。由于电压波节点每隔 $\lambda/2$ 重复一次，而终端短路的驻波测量线中任一个电压驻波节点的位置向波源方向偏离的距离就等于第一个电压节点距离负载的位置，从而可确定 $l_{\min 1}$。

由于电压波节点处的反射波电压与入射波电压的相位相反，因此第一个电压波节点处反射系数满足关系：$\Gamma_{\min 1} = -|\Gamma_l|$。于是，由式(3.58)，有

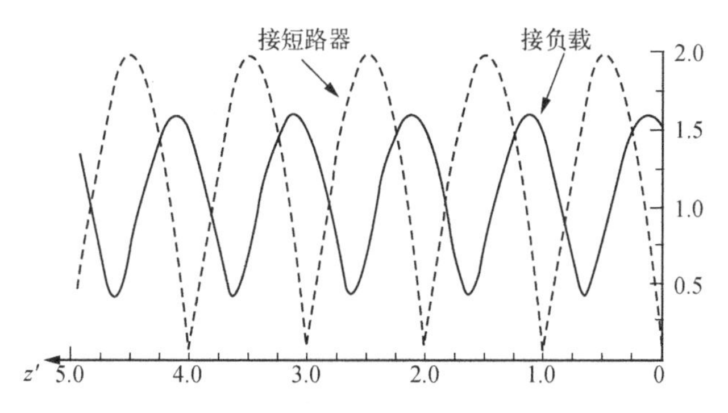

图 3.14 端接短路器和负载时驻波测量线上的电压驻波图形

$$\Gamma_{\min 1} = -|\Gamma_l| = \frac{Z_{\min 1} - Z_c}{Z_{\min 1} + Z_c} \tag{3.94}$$

由于驻波测量线中第一个电压波节点距负载的距离为 $l_{\min 1}$，于是由传输线的输入阻抗公式(3.51)，有

$$Z_{\min 1} = \frac{Z_c}{\rho} = Z_c \frac{Z_l + jZ_c \tan \beta l_{\min 1}}{Z_c + jZ_l \tan \beta l_{\min 1}}$$

从而可得负载阻抗的表达式为

$$Z_l = Z_c \frac{1 - j\rho \tan \beta l_{\min 1}}{\rho - j\tan \beta l_{\min 1}} \tag{3.95}$$

这样，利用测量的方法确定驻波系数和第一个电压波节点的位置后，即可根据式(3.95)确定负载阻抗。

例 3.1 一总长度为 $l=10$ m，特性阻抗为 50 Ω 的无耗传输线构成一传输线系统，如图 3.15(a)所示。系统的始端接一工作频率为 26 MHz 波源，其复电压 $U_g = 100e^{j0^\circ}$ 以及内阻抗 $Z_g = R_g = 50$ Ω，而终端接 $Z_l = (100 + j50)$ Ω 的负载阻抗，且已知传输线上导波的相速 $v_p = 200$ m/μs。求：① 传输线输入端的电压反射系数；② 传输线始端的复电压；③ 传输线终端的复电压。

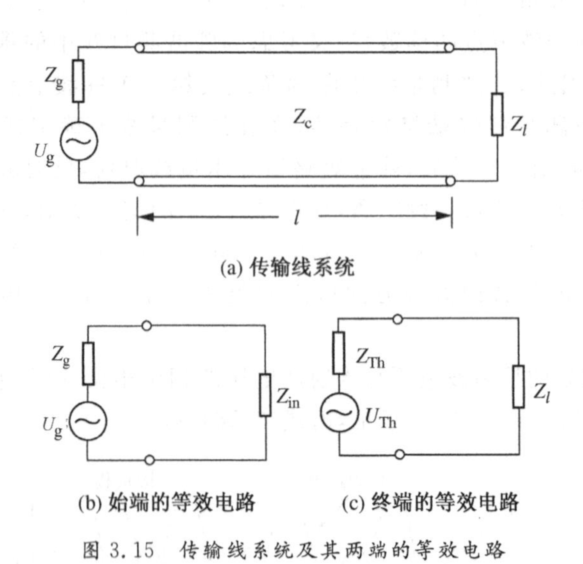

图 3.15 传输线系统及其两端的等效电路

解：① 因传输线上导波的相移常数为

$$\beta = \frac{\omega}{v_p} = \frac{2\pi \times 26 \times 10^6}{200 \times 10^6} = 0.817 \qquad (\text{rad/m})$$

故由式(3.51)可得传输线的输入阻抗为

$$\begin{aligned} Z_{in} &= Z_c \frac{Z_l + jZ_c \tan \beta l}{Z_c + jZ_l \tan \beta l} = 50 \frac{100 + j50 + j50\tan(8.17)}{50 + j(100 + j50)\tan(8.17)} \\ &= 19.55e^{j0.185} = 19.21 + j3.60 \qquad (\Omega) \end{aligned}$$

于是,传输线输入端的反射系数为

$$\Gamma_{\text{in}}=\frac{Z_{\text{in}}-Z_{\text{c}}}{Z_{\text{in}}+Z_{\text{c}}}=\frac{19.21+\text{j}3.60-50}{19.21+\text{j}3.60+50}=0.45\text{e}^{\text{j}2.973}$$

② 为求解传输线始端的复电压,画出如图 3.15(b)所示的等效电路。于是,对传输线的始端,有

$$U_{\text{in}}=\frac{Z_{\text{in}}}{Z_{\text{in}}+Z_{\text{g}}}U_{\text{g}}=\frac{100\times19.55\text{e}^{\text{j}0.185}}{19.21+\text{j}3.60+50}=28.18\text{e}^{\text{j}0.133}=28.18\text{e}^{\text{j}7.62^\circ}\quad(\text{V})$$

③ 法Ⅰ:为求解传输线终端的复电压,画出如图 3.15(c)所示的戴维宁(Thevenin)等效电路。由于

$$Z_{\text{Th}}=Z_{\text{c}}\frac{Z_{\text{g}}+\text{j}Z_{\text{c}}\tan\beta l}{Z_{\text{c}}+\text{j}Z_{\text{g}}\tan\beta l}=Z_{\text{c}}$$

$$U_{\text{Th}}=(U'^{+}+U'^{-})\big|_{z=l}=2U'^{+}=|U_{\text{Th}}|\text{e}^{-\text{j}\beta l}=100\text{e}^{-\text{j}8.168}\quad(\text{V})$$

式中,$U'^{+}=U^{+}\text{e}^{-\text{j}\beta l}$,$U'^{-}=\Gamma_{l0}U'^{+}=U'^{+}$,而

$$U^{+}=\left.\frac{U_{\text{g}}(Z_{\text{in}}+Z_{\text{c}})}{2(Z_{\text{in}}+Z_{\text{g}})}\right|_{Z_{\text{g}}=Z_{\text{c}}}=50\text{e}^{\text{j}0^\circ}\quad(\text{V})$$

于是,传输线终端的复电压为

$$U_{l}=\frac{Z_{l}}{Z_{\text{Th}}+Z_{l}}U_{\text{Th}}=\frac{(100+\text{j}50)\times100\text{e}^{-\text{j}8.17}}{50+100+\text{j}50}=70.71\text{e}^{-\text{j}99.96^\circ}\quad(\text{V})$$

法Ⅱ:因为传输线上任一点 z 处的复电压为

$$U(z)=U^{+}\text{e}^{-\text{j}\beta z}+U^{-}\text{e}^{\text{j}\beta z}=U^{+}(\text{e}^{-\text{j}\beta z}+\Gamma_{\text{in}}\text{e}^{\text{j}\beta z})$$

于是,有

$$U_{l}=U(z)\big|_{z=10\text{m}}=50(\text{e}^{-\text{j}8.17}+0.45\text{e}^{\text{j}2.973}\text{e}^{\text{j}8.17})=70.80\text{e}^{-\text{j}99.96^\circ}\quad(\text{V})$$

3.5　均匀无耗传输线的传输功率与回波损耗

3.5.1　传输功率

对无耗传输线,通过线上任意观察点 z' 处的(平均)传输功率可表示为

$$P(z')=\frac{1}{2}\text{Re}[U(z')I^{*}(z')]\tag{3.96}$$

因其上任一点的(复)电压、电流分别为

$$\left.\begin{aligned} U(z') &= U'^{+}e^{j\beta z'}\left[1+|\Gamma_l|e^{-j(2\beta z'-\varphi_l)}\right] \\ I(z') &= \frac{U'^{+}}{Z_c}e^{j\beta z'}\left[1-|\Gamma_l|e^{-j(2\beta z'-\varphi_l)}\right] \end{aligned}\right\} \tag{3.97}$$

代入式(3.96),可得传输功率为

$$\begin{aligned} P(z') &= \frac{1}{2}U'^{+}\frac{U'^{+*}}{Z_c}(1-|\Gamma_l|^2) = \frac{|U'^{+}|^2}{2Z_c} - \frac{|U'^{-}|^2}{2Z_c} = P^{+}(z') - P^{-}(z') \\ &= P^{+}(z')(1-|\Gamma(z')|^2) \end{aligned} \tag{3.98}$$

式中,$P^{+}(z')$为入射功率,$P^{-}(z')$为反射功率。于是,有

$$\frac{P^{-}(z')}{P^{+}(z')} = |\Gamma(z')|^2 = |\Gamma_l|^2, \qquad \frac{P(z')}{P^{+}(z')} = 1-|\Gamma(z')|^2 \tag{3.99}$$

式(3.98)表明,通过无耗传输线任意观察点的传输功率都相等,且等于观察点处的入射功率与反射功率之差。因此,可取线上任一点的电压和电流的幅值来计算传输功率。为简单起见,若取电压波腹点处的电压、电流进行计算,则得

$$P(z') = \frac{1}{2}|U|_{\max}|I|_{\min} = \frac{1}{2}\frac{|U|_{\max}^2}{Z_c}K \tag{3.100a}$$

若取电压波节点,则得

$$P(z') = \frac{1}{2}|U|_{\min}|I|_{\max} = \frac{1}{2}|I|_{\max}^2 K Z_c \tag{3.100b}$$

由此可见,当传输线的耐压一定或所载的电流一定时,行波系数越大,传输功率就越高。

在不发生电压击穿的条件下,传输线允许的最大功率被称为传输线的功率容量(极限功率)。设U_{br}为击穿电压,根据式(3.100a),功率容量可写为

$$P_{br} = \frac{1}{2}\frac{U_{br}^2}{Z_c}K \tag{3.101}$$

*3.5.2 回波损耗和插入损耗

在工程上,通常定义一个与反射系数有关的参量——回波损耗。回波损耗定义为,传输线输入端的反射功率与入射功率之比的(负)分贝数,记为RL。即

$$RL = -10\lg\frac{P^{-}}{P^{+}} = -20\lg|\Gamma_{in}| \qquad (\text{dB}) \tag{3.102}$$

显然,若$\Gamma_{in}=0$,则$RL=\infty$ dB;若$|\Gamma_{in}|=1$,则$RL=0$ dB。

此外,通常还定义另一个与反射系数有关的参量——插入损耗。插入损耗定义为,传输线输入端的传输功率与入射功率之比的(负)分贝数,记为IL。即

$$IL = -10\lg\frac{P}{P^{+}} = -10\lg(1-|\Gamma_{in}|^2) \qquad (\text{dB}) \tag{3.103}$$

回波损耗和插入损耗的定义对二端口的射频/微波元器件或电路同样适用。

*3.6 均匀有耗传输线的特性

3.6.1 线上电压、电流和传输功率

由式(3.28)可知，对波源和终端均匹配的有耗传输线，$Z_l=Z_0$，$\Gamma_l=0$ 以及 $\Gamma_g=0$，则线上任一点 z' 处的复电压和复电流分别为

$$\left.\begin{aligned} U(z') &= \frac{E_g}{2}e^{-\gamma(l-z')} = \frac{E_g}{2}e^{-\gamma z} \\ I(z') &= \frac{E_g}{2Z_0}e^{-\gamma(l-z')} = \frac{E_g}{2Z_0}e^{-\gamma z} \end{aligned}\right\} \tag{3.104}$$

对终端开路的有耗传输线，$I_l=0$，线上任一点 z' 处的复电压和复电流分别为

$$\left.\begin{aligned} U(z') &= U_l\cosh\gamma z' \\ I(z') &= \frac{U_l}{Z_0}\sinh\gamma z' \end{aligned}\right\} \tag{3.105}$$

同理，对终端短路的有耗传输线，$U_l=0$，线上任一点 z' 处的复电压和复电流分别为

$$\left.\begin{aligned} U(z') &= I_l Z_0\sinh\gamma z' \\ I(z') &= I_l\cosh\gamma z' \end{aligned}\right\} \tag{3.106}$$

图 3.16 示出了终端开路的有耗传输线上电压和电流的幅度分布图。应指出，对高损耗传输线，$R\gg\omega L$，$G\gg\omega C$，线上反射波的振幅很弱，因此传输线上的合成波的幅度分布将与入射波十分相似。

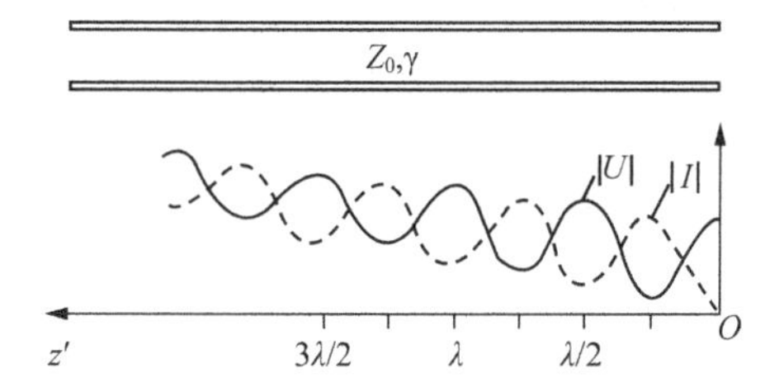

图 3.16　终端开路的有耗传输线上电压和电流幅度分布图

对有耗传输线，此时传播常数 $\gamma=\alpha+j\beta$，根据式(3.25)即可写出有耗传输线上任意观察点 z' 处的电压、电流表达式分别为

$$U(z') = U'^{+}\left[e^{(\alpha+j\beta)z'} + |\Gamma_l|e^{j\varphi_l}e^{-(\alpha+j\beta)z'}\right] \tag{3.107a}$$

$$I(z') = \frac{U'^{+}}{Z_0}\left[e^{(\alpha+j\beta)z'} - |\Gamma_l|e^{j\varphi_l}e^{-(\alpha+j\beta)z'}\right] \tag{3.107b}$$

若设 Z_0 仍为实数，将上式代入式(3.96)，可得

$$P(z') = \frac{|U'^{+}|^2}{2Z_0}\left(e^{2\alpha z'} - |\Gamma_l|^2 e^{-2\alpha z'}\right) \tag{3.108}$$

显然，为使波源输出的功率尽可能多地被负载吸收，应选用损耗尽可能小的传输线，且使传

输线工作在行波状态。

3.6.2 特性阻抗和传播常数的实验确定

对长为 l 的有耗传输线,若其终端开路或短路,由式(3.50)可知其输入阻抗分别为

$$(Z_{in})_{o0} = Z_{o0} = Z_0 \coth\gamma l \tag{3.109}$$

$$(Z_{in})_{s0} = Z_{s0} = Z_0 \tanh\gamma l \tag{3.110}$$

式中,下标"o"和"s"分别代表开路与短路。于是,若终端短路有耗传输线的长度 $l=n\lambda/2$, $n=1,2,\cdots$,则 $Z_{s0}=Z_0\tanh\alpha l$;终端短路有耗传输线的长度 $l=(2m+1)\lambda/4, m=0,1,2,\cdots$, 则 $Z_{S0}=Z_0/\tanh\alpha l$。反之,若终端开路的有耗传输线的长度 $l=(2m+1)\lambda/4, m=0,1,2,\cdots$, 则 $Z_{o0}=Z_0\tanh\alpha l$;终端开路有耗传输线的长度 $l=n\lambda/2, n=0,1,2,\cdots$,则 $Z_{s0}=Z_0/\tanh\alpha l$。因此,一旦能够测得终端开路或终端短路情况下有耗传输线的输入阻抗 Z_{o0} 和 Z_{s0},则可在有耗传输线的特性阻抗 Z_0 已知的情况下,根据上述任何一种情况提供的关系确定有耗传输线的衰减常数 α。

同时,由式(3.109)和式(3.110)可得

$$Z_0 = \sqrt{Z_{o0}Z_{s0}} \tag{3.111}$$

以及

$$\gamma = \frac{1}{l}\operatorname{artanh}\sqrt{\frac{Z_{s0}}{Z_{o0}}} \tag{3.112}$$

这样,可根据测得的终端开路和短路情况下有耗传输线的输入阻抗 Z_{o0} 和 Z_{s0},确定有耗传输线的特性阻抗 Z_0 和传播常数 γ。显然,上述公式的表达形式对无耗传输线同样适用。

3.6.3 有耗传输线的基本特性

如前所述,假设均匀传输线单位长度的分布电阻、分布电感、分布电导、分布电容分别为 R, L, G, C,其对应的传播常数和特性阻抗分别为 $\gamma(=\alpha+\mathrm{j}\beta)$, $Z_0(=R_0+\mathrm{j}X_0)$;负载阻抗及其对应的负载反射系数分别为 $Z_l(=R_l+\mathrm{j}X_l)$, $\Gamma_l(=|\Gamma_l|\mathrm{e}^{\mathrm{j}\varphi_l})$,并假设传输线输入端的入射功率和负载的吸收功率(对无源负载)分别为 P_i 和 P_l,则均匀有耗传输线的主要特点可归纳为:① $R_0 \geqslant |X_0|$;② $\alpha R_0 \pm \beta|X_0| \geqslant 0$ 以及 $\beta R_0 \pm \alpha|X_0| \geqslant 0$;③ 甚至对无源负载,$|\Gamma_l|^2$ 也可大于 1;④ 用于无耗传输线的功率关系:$P_i - P_r = P_l$(P_r 为反射波功率)不适用于有耗传输线。但对无源负载,总有 $P_i \geqslant P_l$(不管 $|\Gamma_l|^2$ 值如何)。下面对第④个特点作简单分析,读者可自行证明其他特点。

事实上,若 Z_0 不为实数,将式(3.107)代入式(3.96)则得有耗传输线上任一点 z' 处的(平均)传输功率为

$$P(z') = \frac{1}{2}\frac{|U'^{+}|^2}{|Z_0|}\left[R_0(\mathrm{e}^{2\alpha z'} - |\Gamma_l|^2\mathrm{e}^{-2\alpha z'}) - 2X_0|\Gamma_l|\sin(\varphi_l - 2\beta z')\right] \tag{3.113}$$

显然，与无耗传输线的传输功率的表达式不同，有耗传输线的传输功率的表达式中多出包含正弦函数的一项，因此不满足功率关系：$P_i - P_r = P_l$。有耗传输线的传输功率表达中多出的一项具有谐函数的振荡特性，其符号沿传输线上位置的不同而改变。

同时，当负载无源时，不管$|\Gamma_l|$值如何，从物理概念出发可知，传输线的入射功率P_i部分被线上分布的串联电阻和并联电导损耗（即对应损耗功率P_d）而部分则被负载所吸收（即负载吸收功率P_l），因此，根据能量守恒定律可知：$P_i - P_r = P_d \geqslant 0$。当然，这种关系也可借助式(3.113)加以严格证明。

例3.2　图3.17(a)所示为一由若干段无耗传输线组成的系统。已知$E_g = 50e^{j0°}$ V，$Z_c = Z_g = Z_1 = 100\ \Omega$，$Z_{c1} = 150\ \Omega$，$Z_2 = 225\ \Omega$。① 求各段传输线上的驻波系数，并分析各段传输线的工作状态；② 画出各段传输线上的电压、电流振幅分布图并标出极值；③ 求各负载吸收的功率。

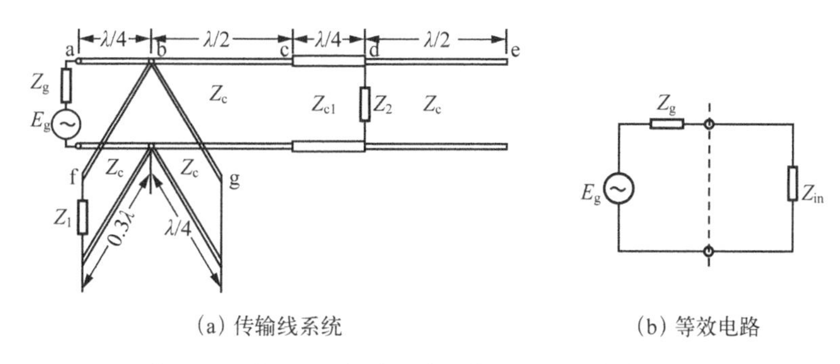

(a) 传输线系统　　(b) 等效电路

图3.17　若干段无耗传输线组成的系统及其等效电路

解：① de段：因终端开路，$\Gamma_l = 1(Z_l = \infty)$，故$\rho = \infty$。该段传输线上的波呈纯驻波分布。

cd段：因$(Z_{in})_d = \infty$，故从传输线上d处左端向右视入的cd段的负载阻抗$(Z_l)_d = Z_2$，从而$\Gamma_d = (225 - 150)/(225 + 150) = 0.2$。于是，$\rho_{cd} = 1.5$。该段传输线上的波呈行驻波分布。又由于$(Z_l)_d > Z_{c1}$，因此d处为电压驻波腹点（电流驻波节点）。

bc段：因$(Z_{in})_c = Z_{c1}^2 / Z_2 = 150^2/225 = 100\ \Omega$，故$\Gamma_c = 0$，$\rho_{bc} = 1$。该段传输线上的导波呈行波分布。

bg段：因$(Z_l)_g = 0$，故$\Gamma_g = -1$，$\rho_{bg} = \infty$。该段传输线上的波呈纯驻波分布。

bf段：因$(Z_l)_f = Z_c$，故$\Gamma_f = 0$，$\rho_{bf} = 1$。该段传输线上的导波呈行波分布。

ab段：因$(Z_{in})_{bc} = Z_c = 100\ \Omega$，$(Z_{in})_{bg} = \infty$，$(Z_{in})_{bf} = Z_c = 100\ \Omega$，故从传输线上b处左端向右视入的输入阻抗（即ab段的负载阻抗）$(Z_{in})_b = 50\ \Omega$。从而$\Gamma_b = -1/3$，$\rho_{ab} = 2$。该段线上的导波呈行驻波分布。又由于$(Z_{in})_b < Z_c$，因此传输线上b处为电压驻波节点（电流驻波腹点）。

② 方法Ⅰ：ab段：因

$$U\left(\frac{\lambda}{4}\right) = U'^{+} e^{j\beta z'} (1 + \Gamma_b e^{-j2\beta z'}) \big|_{z'=\lambda/4} = \frac{4}{3} jU'^{+}$$

$$I\left(\frac{\lambda}{4}\right) = \frac{U'^{+}}{Z_c} e^{j\beta z'} (1 - \Gamma_b e^{-j2\beta z'}) \bigg|_{z'=\lambda/4} = \frac{1}{150} jU'^{+}$$

又因

$$E_g = U\left(\frac{\lambda}{4}\right) + I\left(\frac{\lambda}{4}\right)Z_g = 50 \quad (\mathrm{V})$$

故 $U'^{+} = -\mathrm{j}25$ V。由于在传输线上 b 处，$\Gamma_b = -1/3$，因此

$$|U_{ab}|_{\max} = \left|U\left(\frac{\lambda}{4}\right)\right| = \frac{100}{3} \approx 33.33 \text{ V}, \qquad |U_{ab}|_{\min} = |U(0)| = \frac{50}{3} \approx 16.67 \text{ V}$$

$$|I_{ab}|_{\min} = \frac{1}{6} \approx 0.17 \text{ A}, \qquad |I_{ab}|_{\max} = \frac{1}{3} \approx 0.33 \text{ A}$$

bc 段：$|U|_c = \dfrac{50}{3} \approx 16.67$ V，　$|I|_c = \dfrac{\left(\frac{50}{3}\right)}{Z_c} = \dfrac{1}{6} \approx 0.17$ A

cd 段：因 $\Gamma_d = 0.2$，故

$$|U_{cd}|_{\min} = |U|_c = \frac{50}{3} \approx 16.67 \text{ V}, \qquad |I_{cd}|_{\max} = |I|_c = \frac{1}{6} \approx 0.17 \text{ A}$$

$$|U_{cd}|_{\max} = |U_{cd}|_{\min}\rho_{cd} = 25 \text{ V}, \qquad |I_{cd}|_{\min} = \frac{|U_{cd}|_{\min}}{Z_{c1}} = \frac{\left(\frac{50}{3}\right)}{150} = \frac{1}{9} \approx 0.11 \text{ A}$$

de 段：因 $\Gamma_e = 1$，故

$$|U_{de}|_{\max} = |U|_d = 25 \text{ V}, \qquad |I_{de}|_{\min} = 0 \text{ A}$$

$$|U_{de}|_{\min} = 0 \text{ V}, \qquad |I_{de}|_{\max} = \frac{|U_{de}|_{\max}}{Z_c} = \frac{1}{4} = 0.25 \text{ A}$$

bf 段：因 $\Gamma_f = 0$，故

$$|U_{bf}| = |U|_c = \frac{50}{3} \approx 16.67 \text{ V}, \qquad |I_{bf}| = \frac{|U_{bf}|}{Z_c} = \frac{1}{6} \approx 0.17 \text{ A}$$

bg 段：因 $\Gamma_g = -1$，故

$$|U_{bg}|_{\max} = |U|_b = \frac{50}{3} \approx 16.67 \text{ V}, \qquad |I_{bg}|_{\max} = \frac{|U_{bg}|_{\max}}{Z_c} = \frac{1}{6} \approx 0.17 \text{ A}$$

$$|U_{bg}|_{\min} = 0 \text{ V}, \qquad |I_{bg}|_{\min} = 0 \text{ A}$$

各段传输线上电压、电流振幅分布如图 3.18 所示。

方法Ⅱ：因该传输线系统可等效为如图 3.17(b)所示的电路，其中 $(Z_{in})_a = Z_c^2/(Z_l)_b$，而 $(Z_l)_b = Z_c/2 = 50\ \Omega$，为 ab 段的终端向负载视入的负载阻抗。于是

$$|I_a| = \left|\frac{E_g}{Z_g + (Z_{in})_a}\right| \approx 0.17 \quad (\mathrm{A})$$

$$|U_a| = |I_a|(Z_{in})_a \approx 33.33 \quad (\mathrm{V})$$

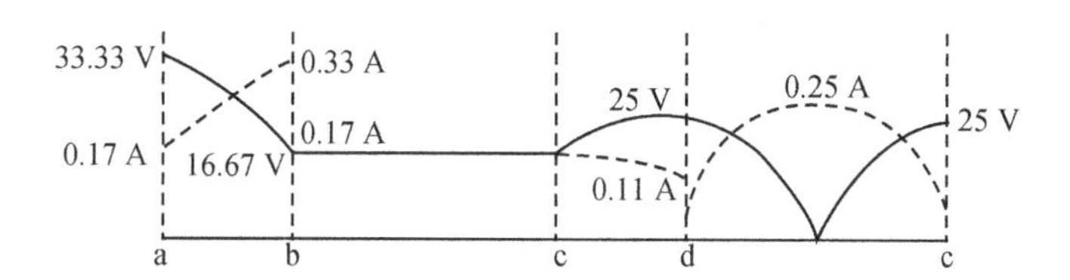

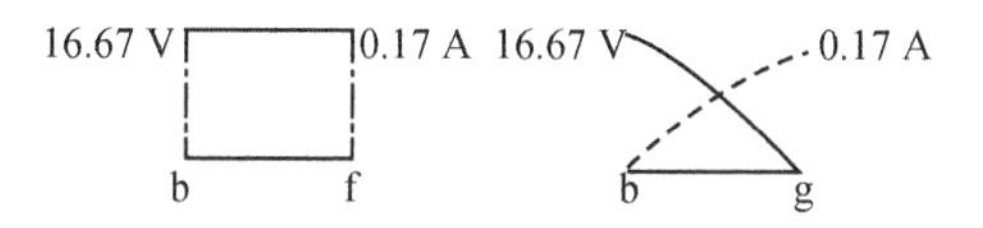

图 3.18　线上各段电压、电流振幅分布图

又因 $|U_a|=|U_{ab}|_{max}$，故

$$|U_{ab}|_{min}=\frac{|U_{ab}|_{max}}{\rho_{ab}}=\frac{33.33}{2}=16.67\ \text{V}=|U_{bc}|=|U_{bg}|_{max}$$

$$|I_{ab}|_{max}=|I_{ab}|_{min}\rho_{ab}=0.17\times 2=0.34\ \text{A}=|I_{bc}|+|I_{bf}|_{max}$$

式中，$|I_{bc}|=|U_{bc}|/Z_c=0.17$ A；$|I_{bf}|=|U_{bf}|/Z_c=0.17$ A。于是

$$|I_{bg}|_{max}=\frac{|U_{bg}|_{max}}{Z_c}=\frac{16.67}{100}\approx 0.17 \qquad (\text{A})$$

又因 $|U_{bc}|=|U_{cd}|_{min}$，$|I_{bc}|=|I_{cd}|_{max}$，故

$$|U_{cd}|_{max}=|U_{cd}|_{min}\rho_{cd}=16.67\times 1.5\approx 25\ \text{V}=|U_{de}|_{max}$$

$$|I_{cd}|_{min}=\frac{|I_{cd}|_{max}}{\rho_{cd}}=\frac{0.17}{1.5}\approx 0.11 \qquad (\text{A})$$

$$|I_{de}|_{max}=\frac{|U_{de}|_{max}}{Z_c}=\frac{25}{100}=0.25 \qquad (\text{A})$$

显然，其结果同方法Ⅰ相同。

③ 计算各负载的吸收功率

方法Ⅰ(利用公式 $P=P^+(1-|\Gamma_l|^2)$ 计算)：

因在传输线的输入端(即线上 a 处)，有

$$|U_a|=|U_{ab}|_{max}=|U'^+_a|(1+|\Gamma_b|)$$

所以

$$|U'^+_a|=\frac{33.33}{1+(1/3)}\approx 25.05 \qquad (\text{V})$$

$$P_a=\frac{|U'^+_a|}{2Z_c}(1-|\Gamma_b|^2)=\frac{25.05^2}{2\times 100}\times\frac{8}{9}\approx 2.78 \qquad (\text{W})$$

而

$$P_{Z_1}=P_{Z_2}=\frac{1}{2}P_a\approx 1.39 \qquad (\text{W})$$

方法Ⅱ(根据负载处的电压计算):

因在传输线的输入端(即传输线上 a 处),有

$$P_{Z_1} = \frac{|U_{Z_1}|^2}{2Z_1} = \frac{|U_{\mathrm{bf}}|^2}{2Z_1} = \frac{16.67^2}{2\times 100} \approx 1.39 \qquad (\mathrm{W})$$

$$P_{Z_2} = \frac{|U_{Z_2}|^2}{2Z_2} = \frac{|U_{\mathrm{cd}}|^2_{\max}}{2Z_1} = \frac{25^2}{2\times 225} \approx 1.39 \qquad (\mathrm{W})$$

方法Ⅲ(根据电压和电流计算):

由于传输线无耗,因此从传输线上 b 处向 bf 和 bc 段输入的功率即为两负载上的吸收功率,故有

$$P_{Z_1} = P_{Z_2} = P_{\mathrm{bf}} = P_{\mathrm{bc}} = \frac{1}{2}|U_{\mathrm{b}}||I_{\mathrm{b}}| = \frac{1}{2}|U_{\mathrm{b}}||I_{\mathrm{bf}}| \approx 1.39 \qquad (\mathrm{W})$$

方法Ⅳ(根据波源的输出功率计算):

因为

$$P_{\mathrm{a}} = \frac{1}{2}|E_{\mathrm{g}}||I_{\mathrm{a}}| - \frac{1}{2}Z_{\mathrm{g}}|I_{\mathrm{a}}|^2 = \frac{1}{2}|U_{\mathrm{a}}||I_{\mathrm{a}}| \approx 2.78 \qquad (\mathrm{W})$$

因此

$$P_{Z_1} = P_{Z_2} = \frac{1}{2}P_{\mathrm{a}} \approx 1.39 \qquad (\mathrm{W})$$

方法Ⅴ(根据电压波腹点处的传输功率计算):

因为传输线无耗,通过传输线上任一点处的传输功率均相等,因此可利用传输线上任一点处的电压(振幅值)和电流(振幅值)计算传输功率。取电压波腹点计算,有

$$P = \frac{1}{2}|U|_{\max}|I|_{\min} = \frac{1}{2}|U_{\mathrm{ab}}|_{\max}|I_{\mathrm{ab}}|_{\min} = \frac{1}{2}\times 33.33\times 0.167 \approx 2.78 \qquad (\mathrm{W})$$

所以,$P_{Z_1}=P_{Z_2}=P_{\mathrm{a}}/2\approx 1.39$ W。

3.7　圆图

在射频/微波技术与天线工程中常遇到阻抗的计算问题,利用前面导出的有关公式可以计算传输线的输入阻抗,但过程繁琐,不便计算。本节要讨论的图解法(即圆图)是一种简便的阻抗等参量的计算方法。利用圆图来计算传输线问题,不但物理概念清晰、直观,而且计算方便。尽管利用圆图计算其精度不够高,但却能满足一般工程上的精度要求。

圆图有阻抗圆图和导纳圆图两种,还有极坐标和直角坐标之分。工程中广泛应用的是极坐标阻抗圆图,又称为史密斯(Smith)圆图。本节仅讨论适用于无耗传输线的极坐标圆图的构成及其使用方法。

3.7.1　阻抗圆图

阻抗圆图由等反射系数圆族、等归一化电阻圆族和等归一化电抗圆族构成。

1. 等反射系数圆族

在无耗传输线上，电压反射系数 $\Gamma(z')$ 一般为复数，可用复平面上点的坐标表示。传输线上观察点 z' 处的电压反射系数可表示为

$$\Gamma=\Gamma(z')=\Gamma_l \mathrm{e}^{-\mathrm{j}2\beta z'}=|\Gamma_l|\mathrm{e}^{\mathrm{j}(\varphi_l-2\beta z')}=|\Gamma_l|\mathrm{e}^{\mathrm{j}\theta}=\Gamma_\mathrm{u}+\mathrm{j}\Gamma_\mathrm{v} \tag{3.114a}$$

或

$$\Gamma_\mathrm{u}^2+\Gamma_\mathrm{v}^2=|\Gamma|^2 \tag{3.114b}$$

可见这是一个圆的方程，圆心在坐标原点，半径为反射系数的模值 $|\Gamma|=|\Gamma_l|$。当传输线的终端接不同负载阻抗 Z_l 时，反射系数的模值 $|\Gamma_l|$ 也不同，因而就有不同的 $|\Gamma|$ 圆。因 $0\leqslant|\Gamma|\leqslant 1$，故复平面上 $|\Gamma|$ 为常数的等值线是一族以原点为圆心的同心圆，最小圆的半径是零，此点称为匹配点，它落在复平面的坐标原点 O 上；最大圆的半径是1，它代表全反射系数的轨迹，如图3.19所示。由(3.84)和(3.87)两式可知，驻波系数 ρ、行波系数 K 与 $|\Gamma|$ 有一一对应关系，因此等 $|\Gamma|$ 圆又代表等 ρ 圆或等 K 圆。

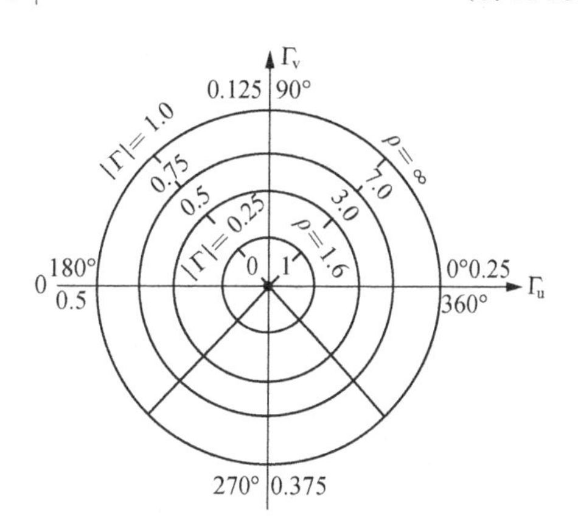

图3.19　等反射系数圆

电压反射系数 Γ 的幅角 θ 为常数的等值线是一族从坐标原点出发，终止于单位圆的射线。通常将 θ 值标在单位圆外，并规定单位圆与正实轴的交点(即开路点)为 $\theta=0°$。从该点逆时针方向旋转一周，θ 从0°增加到360°。由于反射系数幅角的变化与传输线上两点间的电长度 $\Delta z'/\lambda$ 有关，因此通常可用电长度来表示幅角，并将其值标在单位圆外侧的一个同心圆上。显然，等 $|\Gamma|$ 圆的半个圆周相当于 0.25λ，整个圆周相当于 0.5λ。因传输线上两点间的距离与旋转的电长度相对应，故电长度的起始点可任意选取，通常将 $\theta=180°$(即短路点)处作为电刻度的零点。

2. 归一化阻抗圆族

根据式(3.58b)，定义无耗传输线上任意一点 z' 处的归一化阻抗为

$$z=\frac{Z}{Z_\mathrm{c}}=\frac{1+\Gamma}{1-\Gamma} \tag{3.115}$$

将式(3.114a)代入上式，得

$$z=\frac{1+(\Gamma_\mathrm{u}+\mathrm{j}\Gamma_\mathrm{v})}{1-(\Gamma_\mathrm{u}+\mathrm{j}\Gamma_\mathrm{v})}=\frac{1-(\Gamma_\mathrm{u}^2+\Gamma_\mathrm{v}^2)}{(1-\Gamma_\mathrm{u})^2+\Gamma_\mathrm{v}^2}+\mathrm{j}\frac{2\Gamma_\mathrm{v}}{(1-\Gamma_\mathrm{u})^2+\Gamma_\mathrm{v}^2}=r+\mathrm{j}x$$

式中

$$r=\frac{1-(\Gamma_{\mathrm{u}}^2+\Gamma_{\mathrm{v}}^2)}{(1-\Gamma_{\mathrm{u}})^2+\Gamma_{\mathrm{v}}^2},\qquad x=\frac{2\Gamma_{\mathrm{v}}}{(1-\Gamma_{\mathrm{u}})^2+\Gamma_{\mathrm{v}}^2}\tag{3.116}$$

r 是归一化电阻，因 $\Gamma_{\mathrm{u}}^2+\Gamma_{\mathrm{v}}^2=|\Gamma|^2\leqslant1$，故 $r\geqslant0$；x 是归一化电抗，因 Γ_{v} 可取正值或负值，故 x 也可取正值或负值。将式(3.116)中的两式分别整理，可得

$$\left(\Gamma_{\mathrm{u}}-\frac{r}{1+r}\right)^2+\Gamma_{\mathrm{v}}^2=\left(\frac{1}{1+r}\right)^2\tag{3.117a}$$

$$(\Gamma_{\mathrm{u}}-1)^2+\left(\Gamma_{\mathrm{v}}-\frac{1}{x}\right)^2=\left(\frac{1}{x}\right)^2\tag{3.117b}$$

这两个方程都是圆的方程。当归一化电阻 r 取不同常数时，式(3.117a)在复平面上表示一族圆，即归一化电阻圆，圆心为 $(r/(1+r),0)$，半径为 $r/(1+r)$。因 $0\leqslant r<\infty$，故可绘出无穷多个归一化电阻圆，它们的圆心都在实轴 Γ_{u} 上，且圆心的横坐标 $r/(1+r)$ 与半径 $1/(1+r)$ 之和恒等于 1，因此归一化电阻圆是一组公共切点为(1,0)的内切圆族，如图 3.20 所示。

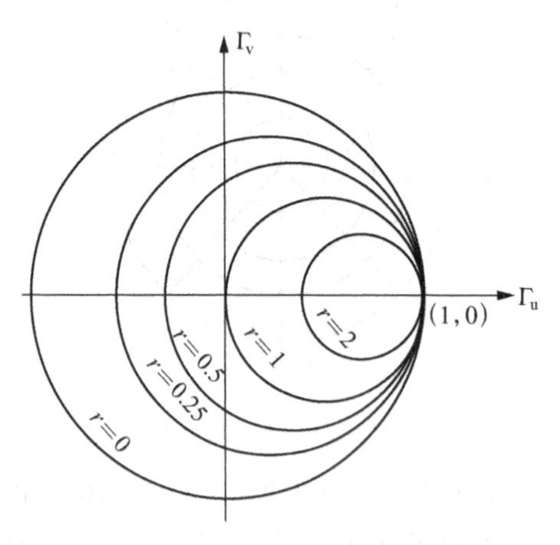

图 3.20　等归一化电阻圆

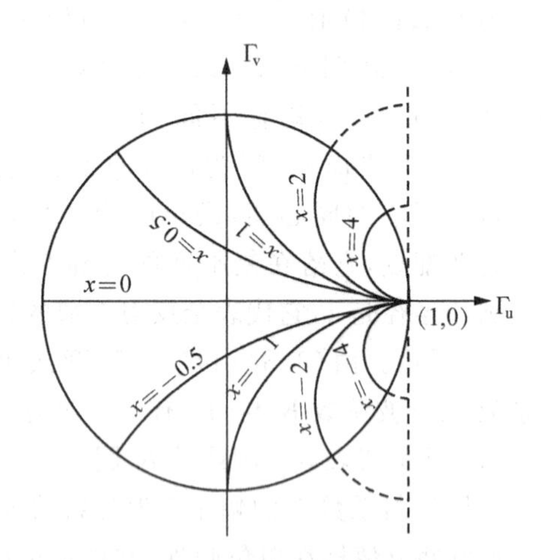

图 3.21　等归一化电抗圆族

当归一化电抗 x 取不同常数时，式(3.117b)在复平面上表示一族圆，即圆心为 $(1,1/x)$，半径为 $1/|x|$ 的归一化电抗圆。其中一组是正归一化电抗圆族，它们的圆心落在 $\Gamma_{\mathrm{u}}=1$ 的与上半虚轴平行的直线上，半径随 x 的增大而缩小，它们是一组公共切点为(1,0)的内切圆；另一组是负归一化电抗圆族，它们的圆心落在 $\Gamma_{\mathrm{u}}=1$ 的与下半虚轴平行的直线上，这也是一组公共切点为(1,0)的内切圆。上述两组内切圆又以(1,0)为公共切点的外切圆，如图 3.21 所示。由于 $|\Gamma|\leqslant1$，因此图中的归一化电抗圆族在单位圆以外的部分并未画出。

3. 史密斯圆图

将上述等反射系数圆、等归一化电阻圆和等归一化电抗圆重叠在一起，就构成了一个完整的阻抗圆图，此图最早由史密斯完成，故又称史密斯圆图，如图 3.22 所示。

根据上述对阻抗圆图构成的分析，可得到以下结论：

(1) 圆图的中心点对应于 $\Gamma=0$，$x=0$，$r=1$(即 $Z_l=Z_{\mathrm{c}}$)，$\rho=1$，是匹配点；实轴上的所有点(两端点除外)表示纯归一化电阻，这是因为当 $x=0$ 时，等 x 圆的半径为∞，等 x 圆退化

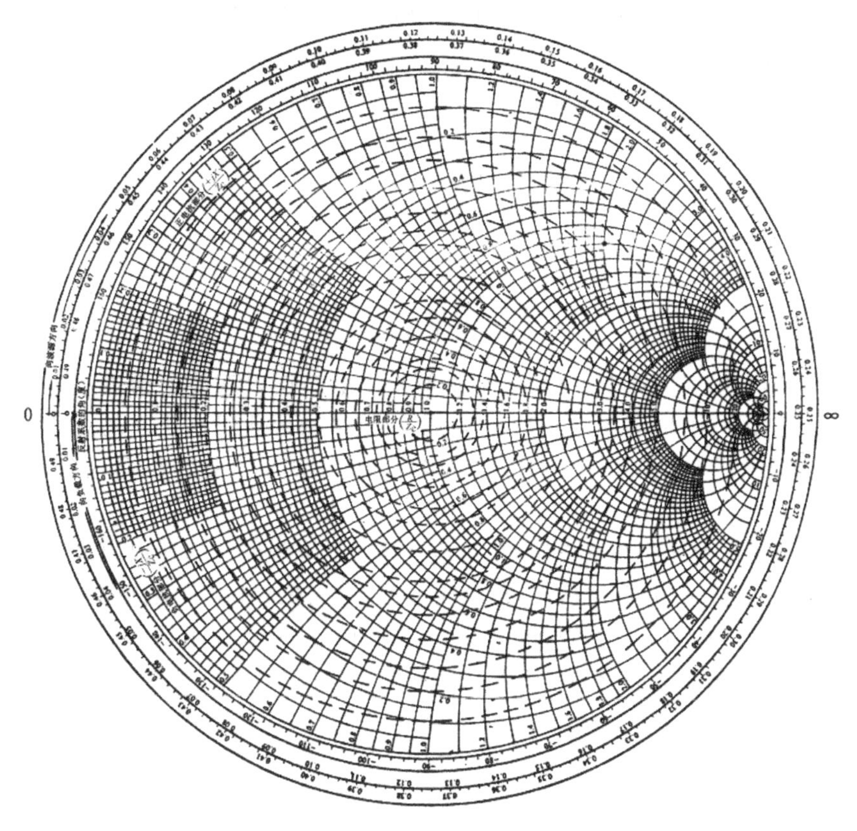

图 3.22　阻抗圆图

成实轴；实轴左端点对应 $\Gamma=-1, z=0$，故该点是短路点；实轴右端点对应 $\Gamma=1, z=\infty$，故该点是开路点。

（2）圆图的单位圆对应于 $\Gamma=1, r=0, z=\mathrm{j}x$，故该圆是纯归一化电抗圆。实轴以上半圆的等 x 圆曲线对应 $x>0$，故上半圆中各点代表各种不同数值的感性复阻抗的归一化值；实轴以下半圆的等 x 圆曲线对应 $x<0$，故下半圆中各点代表各种不同数值的容性复阻抗的归一化值。

（3）圆图的右半实轴上的点对应于传输线上电压的同相位点，故是电压波腹点（电流波节点），r 的值即为电压驻波系数 ρ 的值；左半实轴上的点对应于传输线上电流的同相位点，故为电流波腹点（电压波节点），r 的值即为行波系数 K 的值。

使用圆图时，还应注意：圆图最外圈上标有电刻度，圈外刻度按顺时针方向增加，用箭头示出“向波源方向”；圈内刻度按逆时针方向增加，用箭头示出“向负载方向”。这是因为已规定 $z'=0$ 为传输线的负载端，z' 的正向是从负载指向波源。随 z' 的增加（相应于传输线上的点向波源方向移动），反射系数的幅角随之减小，在圆图上应顺时针方向旋转；反之，反射系数的幅角随 z' 的减小而增加，在圆图上应逆时针方向旋转。

3.7.2　导纳圆图

在实际应用中，除根据传输线上某点的阻抗求另外一点处的阻抗外，有时还需根据传输线上某点的导纳求另外一点处的导纳。例如传输线上并联元件或并联分支线的问题,用导纳计算要比用阻抗计算方便。用于导纳计算的圆图称为导纳圆图。

因导纳 Y 是阻抗 Z 的倒数,故由式(3.115)可得传输线上任一点处的归一化导纳为

$$y = g + \mathrm{j}b = \frac{Y}{Y_c} = \frac{1-\Gamma}{1+\Gamma} \tag{3.118}$$

由式(3.54),上式可写为

$$y = \frac{1+\Gamma_I}{1-\Gamma_I} \tag{3.119}$$

此式同式(3.115)在形式上完全一样,只是将原来的电压反射系数 Γ 换成了电流反射系数 Γ_I。因此,导纳圆图与阻抗圆图的图形完全相同,只是图中曲线所代表的意义不同。换言之,在将阻抗圆图作为导纳圆图使用时,应将阻抗圆图中的 r,x 和 Γ 相应地换为 g,b 和 Γ_I,而标度值不变。

在将阻抗圆图作为导纳圆图使用时,还应注意:因为 $\Gamma_I = -\Gamma$,所以原来阻抗圆图实轴上的电压波腹(电流波节)点和电压波节(电流波腹)点的位置,在导纳圆图实轴上应分别是电压波节(电流波腹)点和电压波腹(电流波节)点的位置;原来在阻抗圆图上的开路点和短路点的位置,在导纳圆图上应分别是短路点和开路点的位置;原来在阻抗圆图上的电刻度的起算点在实轴的左端点,在导纳圆图上应在实轴的右端点。两种圆图的匹配点都是坐标原点。

此外,将式(3.115)和式(3.118)相比较,当 $z'=l$ 时可发现

$$z(l) = y\left(l \pm \frac{\lambda}{4}\right) \tag{3.120}$$

可见,传输线上任意点 $z'=l$ 处的归一化输入阻抗与相隔 $\lambda/4$ 位置处的归一化输入导纳是相等的,因此在一张圆图上可以直接作归一化阻抗和归一化导纳之间的互换。即为求出某点处的归一化导纳,可先在阻抗圆图上找到与该点的归一化阻抗相对应的点,然后沿等反射系数圆将此点旋转180°(相当于 z' 变化了 $\lambda/4$),就得到归一化导纳对应点的值。同理,可根据某点处归一化导纳的值确定归一化阻抗的值。

例 3.3 在特性阻抗 $Z_c=50\ \Omega$ 的无耗传输线上测得 $\rho=5$,第一个电压波节点出现在距终端负载的 $l_{\min1}=1$ cm 处,且信号源的波长 $\lambda=10$ cm。求归一化负载阻抗 z_l。

解法Ⅰ(用阻抗圆图求解,见图 3.23(a)):

① 在图 3.23(a)的右半实轴上找到 $\rho=5$ 的点 a,以 O 为圆心,$\overline{Oa}$为半径交于左半实轴上的 b 点,b 点即为电压波节点对应的位置。

② 由 b 点出发沿 $\rho=5$ 的圆逆时针(向负载方向)旋转 $l_{\min1}/\lambda=0.1$ 电长度至 c 点,读得 z_l 为

$$z_l = 0.3 - \mathrm{j}0.68$$

解法Ⅱ(用导纳圆图求解,见图 3.23(b))

① 对导纳圆图而言,图 3.23(b)的右半实轴为电压波节点,于是沿 $\rho=5$ 的圆从 a′点向

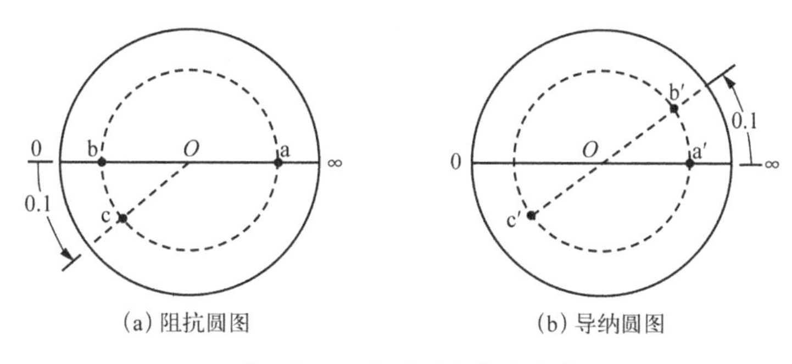

(a) 阻抗圆图　(b) 导纳圆图

图 3.23　阻抗圆图和导纳圆图

负载方向旋转 0.1 电长度至 b′点，读得归一化负载导纳为

$$y_l = 0.57 + \mathrm{j}1.25$$

② 从 b′点沿 $\rho=5$ 的圆旋转180°至 c′点，读得归一化负载阻抗为

$$z_l = 0.3 - \mathrm{j}0.68$$

可见用阻抗圆图和导纳圆图求解所得的结果完全相同。

3.8　传输线的阻抗匹配

3.8.1　阻抗匹配的概念

阻抗匹配是射频/微波技术与天线工程中经常遇到的问题。对如图 3.24(a)所示的无耗传输线系统，设波源的内阻抗 $Z_g = R_g + \mathrm{j}X_g$，传输线的输入阻抗 $Z_{in} = R_{in} + \mathrm{j}X_{in}$，则传输到负载上的功率 P_l 可表示为

$$P_l = \mathrm{Re}\left[\frac{1}{2}U_l I_l^*\right] = \frac{1}{2}\left|E_g\right|^2 \left|\frac{Z_{in}}{Z_{in}+Z_g}\right|^2 \mathrm{Re}\left[\frac{1}{Z_{in}}\right] = \frac{1}{2}\left|E_g\right|^2 \frac{R_{in}}{(R_{in}+R_g)^2 + (X_{in}+X_g)^2} \tag{3.121}$$

可见，波源的内阻抗 Z_g 一定，P_l 随输入阻抗 Z_{in}的改变而改变。当负载阻抗 Z_l 等于传输线的特性阻抗 Z_c 时，$Z_{in} = Z_c$，此时传输线达到负载无反射的传输条件，波源输出的功率全部被负载吸收。于是，由式(3.121)可得

$$P_l\big|_{Z_l=Z_c} = \frac{1}{2}\left|E_g\right|^2 \frac{Z_c}{(Z_c+R_g)^2 + X_g^2} \tag{3.122}$$

而当传输线的特性阻抗 Z_c 等于波源的内阻抗 Z_g 时，此时传输线达到波源无反射的条件，由负载反射引起的反射波到达波源时被波源的内阻所吸收，将不会引起二次反射。

同时，由式(3.121)可知，若改变传输线的输入电抗 X_{in}，使 $X_{in} = -X_g$，则负载的吸收功率为

$$P_l\big|_{X_{in}=-X_g} = \frac{1}{2}|E_g|^2\frac{R_{in}}{(R_{in}+R_g)^2} \tag{3.123}$$

若在上式中改变输入电阻 R_{in}，使 $\frac{\partial P_l}{\partial R_{in}}=0$，则获得最大功率传输条件：$R_{in}=R_g$。这表明，当传输线的输入阻抗 Z_{in} 等于波源内阻抗的复共轭，即 $Z_{in}=Z_g^*$ 时，波源有最大的输出功率，此时有

$$(P_l)_{max} = \frac{|E_g|^2}{8R_g} \tag{3.124}$$

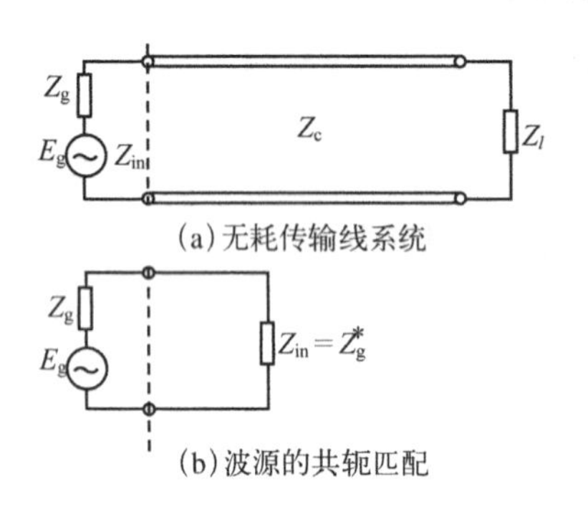

(a) 无耗传输线系统

(b) 波源的共轭匹配

图 3.24 无耗传输线系统和波源的共轭匹配

图 3.24(b)示出了波源的内阻抗 Z_g 与传输线的输入阻抗 Z_{in} 之间实现共轭匹配时的等效电路。

如前所述，一般情况下，满足共轭匹配条件的传输线上存在反射波。但是，当无反射的波源匹配(即 $Z_g=Z_c$)和负载匹配(即 $Z_l=Z_c$)同时成立时，不难证明波源的共轭匹配也必成立。因此，无反射匹配具有更重要的意义。对于无反射匹配，因为波源匹配与负载匹配的条件一致，方法也基本相同，同时实用的波源匹配通常在传输线和波源之间加入衰减器和隔离器(又称单向器，是一种非互易性的铁氧体器件)等简单的方法来实现，因此只需讨论负载的无反射匹配。

负载匹配的实质是设法在传输线与负载之间插入阻抗匹配器，只要此阻抗匹配器和负载引起的反射波等幅反相，则传输线上就没有反射波而处于行波工作状态。从阻抗的角度，负载匹配则指用某种匹配元件使原来不等于传输线特性阻抗的负载阻抗变为特性阻抗，即进行阻抗变换。最基本的匹配器是 λ/4 阻抗变换器和支节调配器。下面分别对它们进行讨论。

3.8.2 λ/4 阻抗变换器

若主传输线(无耗传输线)的特性阻抗为 Z_c，负载阻抗 $Z_l=R_l\neq Z_c$，此时可在主传输线和负载之间接入一段特性阻抗为 Z_{c1}，长度为 λ/4 的无耗传输线，如图 3.25 所示，这样就构成了 λ/4 阻抗变换器。由图可知，AA′处的输入阻抗 Z_{in} 为

$$Z_{in} = \frac{Z_{c1}^2}{R_l} \tag{3.125}$$

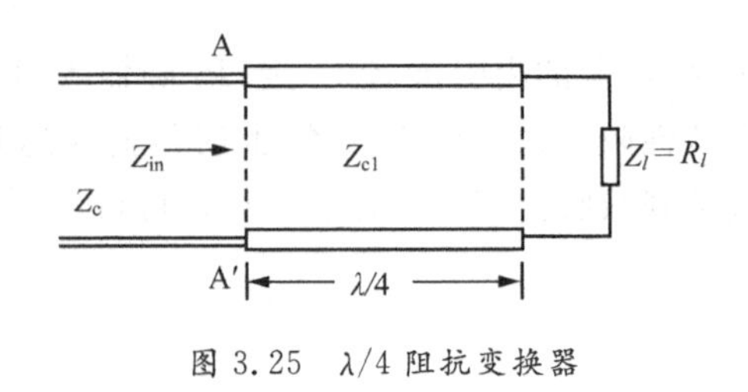

图 3.25 λ/4 阻抗变换器

若使 AA′左边传输线上没有反射波，则应使 $Z_{in}=Z_c$，于是有

$$Z_{c1} = \sqrt{Z_c R_l} \tag{3.126}$$

当负载阻抗 Z_l 不是纯电阻时，则应将 $\lambda/4$ 阻抗变换器接在离负载较近的电压波节点或波腹点处，这是因为从这些位置处朝负载看去的输入阻抗为纯电阻。通常将它接在第一个波节点处。因该处的阻抗 $Z_{\min}=Z_c/\rho$，故 Z_{c1} 应为

$$Z_{c1}=\frac{Z_c}{\sqrt{\rho}} \tag{3.127}$$

式中，第一个电压波节点的位置可用计算的方法、查阻抗圆图的方法或在实际中用实验的方法确定。

当 $\lambda/4$ 阻抗变换器的长度 l 按照某一信号工作频带的中心频率 f_0 对应的波长 λ_0 设计时，长度 $l=\lambda_0/4$，在此中心频率上主传输线呈行波状态，从而获得理想匹配。但对信号工作频带内的任何不等于 f_0 的频率 f，$\lambda\neq\lambda_0$，此时由式(3.51)可得 AA′处的输入阻抗 Z_{in} 为

$$Z_{in}=Z_{c1}\frac{R_l+jZ_{c1}\tan\beta l}{Z_{c1}+jR_l\tan\beta l}=Z_{c1}\frac{R_l+jZ_{c1}\tan[\pi f/(2f_0)]}{Z_{c1}+jR_l\tan[\pi f/(2f_0)]} \tag{3.128}$$

式中，$\beta l=\theta=(2\pi/\lambda)(\lambda_0/4)=\pi f/(2f_0)$。于是，AA′处的输入反射系数 Γ_{in} 的模为

$$\begin{aligned}|\Gamma_{in}|&=\left|\frac{Z_{in}-Z_c}{Z_{in}+Z_c}\right|=\frac{|R_l/Z_c-1|}{\sqrt{(R_l/Z_c+1)^2+4(R_l/Z_c)\tan^2[\pi f/(2f_0)]}}\\&=\left[1+\frac{4Z_cR_l}{(R_l-Z_c)^2}\sec^2\left(\frac{\pi f}{2f_0}\right)\right]^{-1/2}\end{aligned} \tag{3.129}$$

这样，即可按上式画出 $|\Gamma_{in}|$ 的频率特性曲线，如图3.26(a)所示。由图可见：① $\lambda/4$ 阻抗变换器只能在一个频率(即 $f=f_0$)上获得完全匹配，因此其工作带宽很窄；② 若 R_l/Z_c 的值越接近于1，则曲线的变化越平缓，其频率特性就越好。换言之，$|\Gamma_{in}|$ 的取值一定，若 R_l/Z_c 的值越接近于1，则 $\lambda/4$ 阻抗变换器的工作频带就越宽。

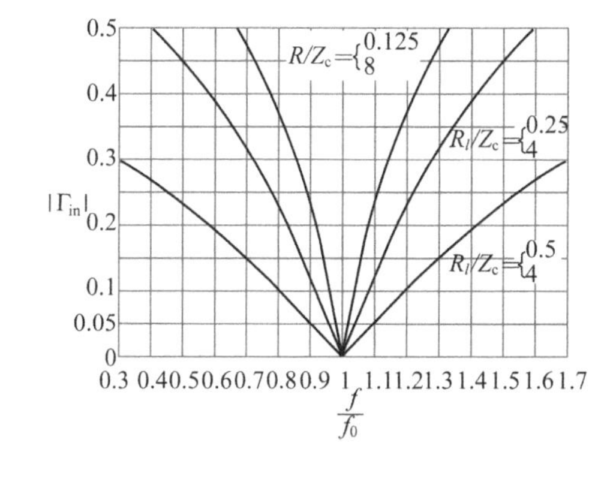

(a) $|\Gamma_{in}|$ 随 f 变化的曲线

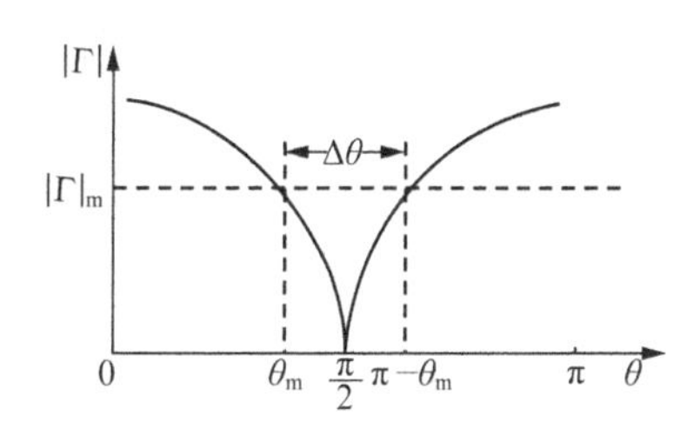

(b) $|\Gamma_{in}|$ 随 θ 变化的曲线($f\approx f_0$)

图3.26 $\lambda/4$ 阻抗变换器的 $|\Gamma_{in}|$ 随 f 和 θ 的变化曲线

若假设传输线上导波的频率(或信号的某一频率) f 近似等于 $\lambda/4$ 阻抗变换器的设计频率(或信号工作频带的中心频率) f_0，则 $l\approx\lambda_0/4$，$\theta\approx\pi/2$。于是，式(3.129)近似为

$$|\Gamma_{\text{in}}| \approx \frac{|R_l - Z_c|}{2\sqrt{Z_c R_l}} \cos\theta \tag{3.130}$$

图 3.26(b)示出了 $\lambda/4$ 阻抗变换器在导波频率 f 近似等于中心频率 f_0 时 $|\Gamma_{\text{in}}|$ 随 θ 的变化曲线。

若假设 $\lambda/4$ 阻抗变换器反射系数的最大幅值为 $|\Gamma|_{\text{m}}$,则可定义其工作带宽对应的 $\Delta\theta$ 为

$$\Delta\theta = 2\left(\frac{\pi}{2} - \theta_{\text{m}}\right)$$

$\Delta\theta$ 的范围为 $\theta_{\text{m1}} \leqslant \Delta\theta \leqslant \pi - \theta_{\text{m1}}$,而 θ_{m1} 对应于图 3.26(b)中的 θ_{m}。其中 θ_{m1} 可根据式(3.129)导出,即

$$\theta_{\text{m1}} = \arccos\left[\frac{|\Gamma|_{\text{m}}}{\sqrt{1-|\Gamma|_{\text{m}}^2}} \frac{2\sqrt{Z_c R_l}}{|R_l - Z_c|}\right] \tag{3.131}$$

再令 $\theta = \theta_{\text{m1}}$ 对应的 $\lambda/4$ 阻抗变换器工作频带的下边频为 f_1,则

$$f_1 = \frac{2\theta_{\text{m1}} f_0}{\pi}$$

于是,由式(3.131)可得 $\lambda/4$ 阻抗变换器的相对带宽 $\Delta f/f_0$ 为

$$\frac{\Delta f}{f_0} = \frac{2(f_0 - f_1)}{f_0} = 2 - \frac{4\theta_{\text{m1}}}{\pi} = 2 - \frac{4}{\pi}\arccos\left[\frac{|\Gamma|_{\text{m}}}{\sqrt{1-|\Gamma|_{\text{m}}^2}} \frac{2\sqrt{Z_c R_l}}{|R_l - Z_c|}\right] \tag{3.132}$$

相对带宽通常用百分数表示。

为了改善 $\lambda/4$ 阻抗变换器的工作频带,可采用补偿式 $\lambda/4$ 阻抗变换器。分析表明,当 $Z_c > R_l$ 时,可在图 3.27(a)中的 A′处串联一长为 $\lambda/4$ 的终端开路传输线来加以补偿;当 $Z_c < R_l$ 时,可在图 3.27(b)中的 AA′处并联(跨接)一长为 $\lambda/4$ 的终端短路传输线来加以补偿。其中,Z_{c1}、Z_{c2} 与 Z_{c3} 均与 Z_c 和 R_l 有关。上述内容涉及的结论或结果,作为习题留给读者自行证明、推导。

此外,为了展宽 $\lambda/4$ 阻抗变换器的工作频带,还可采用多节阻抗变换器或渐变式阻抗变换器,详见第 7 章第 7.4 节中有关"阶梯阻抗变换器"的内容。

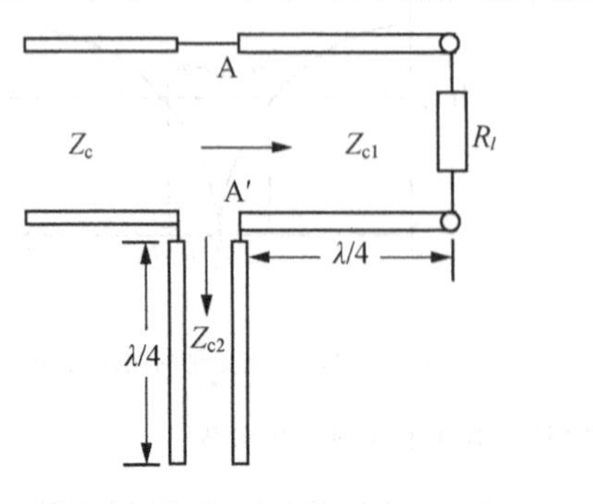

(a)串联终端开路传输线补偿

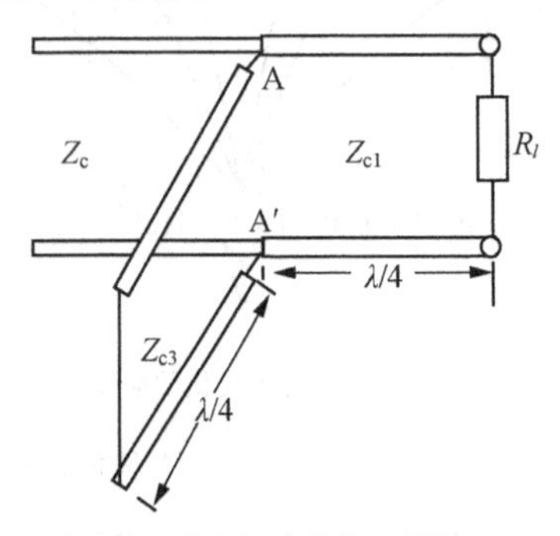

(b)并联终端短路传输线补偿

图 3.27　补偿式 $\lambda/4$ 阻抗变换器

3.8.3 支节调配器

支节匹配器是在主传输线的适当位置并联(或串联)合适的电纳(或电抗)性元件,以产生附加反射来抵消负载所产生的反射而达到匹配的目的。电纳或电抗性元件可采用终端短路传输线或终端开路传输线来实现,实用中以终端短路传输线并联在主传输线上最为常见。常用的有单支节、双支节和三支节调配器。支节调配器除了采用平行双导线实现以外,还可以根据需要采用同轴线以及带状线等结构实现。下面主要讨论采用平行双导线实现的单支节和双支节调配器,并对三支节调配器作简单介绍。

1. 单支节调配器

单支节调配器是在离终端适当位置处并联一可调短路传输线构成,如图 3.28 所示。调节支节接入位置距负载的距离(简称位置)d_1 和支节长度 l_1,使 AA′左边的主传输线达到匹配。

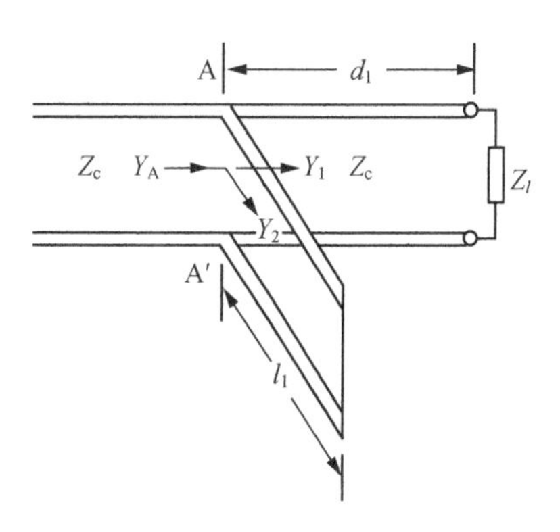

图 3.28　单支节调配器

当 $Z_l \neq Z_c$ 时,传输线与负载不匹配,但总可在靠近负载的主传输线上找到一个位置 AA′,其输入导纳中的电导为 Y_c,即 $Y_1 = Y_c \pm jB_1$。若在该处并联一个大小相等、性质相反的电纳 $Y_2 = \mp jB_1$ 的终端短路的支节线,则可抵消 Y_1 中的电纳,使总的输入导纳 $y_A = Y_1 + Y_2 = Y_c$,即 $Z_A = Z_c$,此时 AA′左边的传输线上没有反射波而实现匹配。并联支节线的位置 d_1 和支节线的长度 l_1 可采用代数方法或圆图确定。

事实上,为了确定支节位置 d_1 和支节长度 l_1,由式(3.51)可知主传输线上 AA′处右端的输入阻抗为

$$Z_1 = Z_c \frac{Z_l + jZ_c \tan \beta d_1}{Z_c + jZ_l \tan \beta d_1} = Z_c \frac{(R_l + jX_l) + jZ_c t}{Z_c + j(R_l + jX_l)t}$$

式中,$Z_l = R_l + jX_l$,$t = \tan \beta d_1$。于是,主传输线上 AA′处右端的输入导纳为

$$Y_1 = \frac{1}{Z_1} = G_1 + jB_1 = \frac{R_l(1+t^2)}{R_l^2 + (X_l + Z_c t)^2} + j\frac{R_l^2 t - (Z_c - X_l t)(X_l + Z_c t)}{Z_c[R_l^2 + (X_l + Z_c t)^2]} \tag{3.133}$$

为获得匹配,令 $G_1 = Y_c = 1/Z_c$,则有

$$Z_c(R_l - Z_c)t^2 - 2X_l Z_c t + (R_l Z_c - R_l^2 - X_l^2) = 0$$

由此解得

$$t = \begin{cases} \dfrac{X_l \pm \sqrt{R_l[(R_l - Z_c)^2 + X_l^2]/Z_c}}{R_l - Z_c}, & R_l \neq Z_c \\ -\dfrac{X_l}{2Z_c}, & R_l = Z_c \end{cases} \tag{3.134}$$

从而由式(3.134)可得 d_1 的表达式为

$$\frac{d_1}{\lambda}=\begin{cases}\dfrac{1}{2\pi}\arctan t, & t\geqslant 0\\ \dfrac{1}{2\pi}(\pi+\arctan t), & t<0\end{cases} \tag{3.135}$$

设 $Y_2=\mathrm{j}B_2$,并令 $B_2=-B_1$,可得终端短路支节线的长度 l_1 为

$$\frac{l_1}{\lambda}=\frac{1}{2\pi}\arctan\left(\frac{Y_c}{B_1}\right) \tag{3.136a}$$

同理,对终端开路支节线,则 l_1 为

$$\frac{l_1}{\lambda}=-\frac{1}{2\pi}\arctan\left(\frac{B_1}{Y_c}\right) \tag{3.136b}$$

这样,根据已知传输线的特性阻抗和负载阻抗,按照上述公式即可确定 d_1/λ 和 l_1/λ。当然,利用圆图确定单支节调配器的 d_1/λ 和 l_1/λ 则更为方便,但精度不是很高。

例 3.4 一特性阻抗 $Z_c=100\ \Omega$ 的无耗传输线终端接 $Z_l=50-\mathrm{j}75\ \Omega$ 的负载,特性阻抗 $Z_c=100\ \Omega$ 的单支节与主传输线并联连接于距负载的 d_1 处,如图 3.28 所示。求获得匹配的支节线的位置 d_1 和支节线的长度 l_1 的最佳结果。

解:因为主传输线的负载阻抗 $Z_l=R_l+\mathrm{j}X_l=50-\mathrm{j}75\ \Omega$,特性阻抗 $Z_c=100\ \Omega$,将它们代入式(3.134),可得

$$t=\frac{X_l\pm\sqrt{R_l[(R_l-Z_c)^2+X_l^2]/Z_c}}{R_l-Z_c}=\frac{-75\pm\sqrt{50[(50-100)^2+(-75)^2]/100}}{50-75}$$

$$=\begin{cases}0.225=t_1\\2.775=t_2\end{cases}$$

于是,由式(3.135)可得 d_1 的两种可能的值分别为

$$d_1=\frac{\lambda}{2\pi}\arctan(t_1)=\frac{\lambda}{2\pi}\arctan(0.225\,2)=0.035\lambda \qquad (\mathrm{m})$$

以及

$$d_1'=\frac{\lambda}{2\pi}\arctan(t_2)=\frac{\lambda}{2\pi}\arctan(2.774\,8)=0.195\lambda \qquad (\mathrm{m})$$

又由于距离负载的 $d_1=0.035\lambda$ 以及 $d'_1=0.195\lambda$ 处(支节线接入处)右端的输入电纳分别为

$$B_1=\frac{R_l^2t_1-(Z_c-X_lt_1)(X_l+Z_ct_1)}{Z_c[R_l^2+(X_l+Z_ct_1)^2]}=0.012\,8 \qquad (\mathrm{S})$$

以及
$$B_1'=\frac{R_l^2t_2-(Z_c-X_lt_2)(X_l+Z_ct_2)}{Z_c[R_l^2+(X_l+Z_ct_2)^2]}=-0.012\,8 \qquad (\mathrm{S})$$

因此,短路支节线的长度 l_1 和 l'_1 可由式(3.136)分别计算得到,即

$$l_1 = \frac{\lambda}{2\pi}\arctan\left(\frac{Y_c}{B_1}\right) = 0.106\lambda \qquad (m)$$

以及
$$l_1' = \frac{\lambda}{2\pi}\left[\pi + \arctan\left(\frac{Y_c}{B_1'}\right)\right] = 0.394\lambda \qquad (m)$$

由此可见，本问题获得匹配的最佳结果应为第一组值(即采用 d_1 和 l_1 进行匹配)，因为短路支节线的长度以及接入位置距负载的距离最短。

2. 双支节调配器

单支节调配器的优点是结构简单，对任意的终端负载都可达到匹配的目的，缺点是当负载发生变化时，需要调整支节线的接入位置。若要固定支节线的位置，可采用双支节调配器进行匹配，如图 3.29 所示。其中两支节的间距 d_2 一般取 $\lambda/8$ 或其整数倍，但不能取为 $\lambda/2$ 或其整数倍，而 z 和 y 分别为归一化阻抗和归一化导纳。

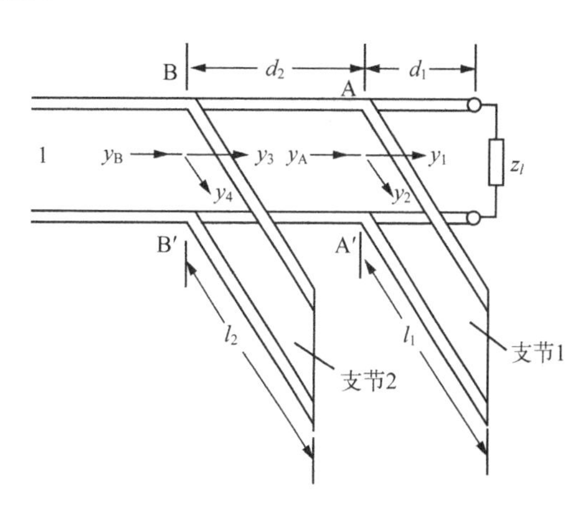

图 3.29　双支节调配器

为使图 3.29 中 BB′左边的传输线上无反射(归一化导纳等于归一化特性导纳，即 $y_B = y_c = 1$)，必须使从 BB′处右端向负载看去的归一化输入导纳 $y_3 = y_c \pm jb_3$。通过调节 l_2 的长度，使 $y_4 = \mp jb_3$，此时 $y_B = y_3 + y_4 = y_c$，BB′左边的传输线处于无反射工作状态。为使 $y_3 = y_c \pm jb_3$，根据已知 d_2 的值合理选取 l_1 的取值(即 y_A 的取值)而获得匹配。据此，可通过传输线的输入导纳公式导出双支节调配器各支节线的长度 l_1, l_2 的表达式以及可获得匹配的条件。

因为归一化负载导纳 $y_l = 1/z_l = g_l + jb_l$，其中 g_l, b_l 分别为归一化负载的电导和电纳，于是，从第一个支节线接入处 AA′右端向负载视入的归一化导纳 y_1 为

$$y_1 = \frac{y_l + j\tan\beta d_1}{1 + jy_l\tan\beta d_1} = g_1 + jb_1 \tag{3.137}$$

式中

$$g_1 = \frac{g_l(1 + \tan^2\beta d_1)}{(1 - b_l\tan\beta d_1)^2 + (g_l\tan\beta d_1)^2} \tag{3.138}$$

$$b_1 = \frac{b_l(1 - \tan^2\beta d_1) + (1 - b_l^2 - g_l^2)\tan\beta d_1}{(1 - b_l\tan\beta d_1)^2 + (g_l\tan\beta d_1)^2} \tag{3.139}$$

而第一个分支线的归一化导纳 y_2 以及从第一个支节线接入处 AA′左端向负载视入的归一化导纳 y_A 分别为

$$y_2 = jb_2 = -j\cot\beta l_1 \tag{3.140}$$

$$y_A = y_1 + y_2 = g_A + jb_A = g_1 + j(b_1 + b_2) \tag{3.141}$$

于是，从第二个支节线接入处 BB′右端向负载视入的归一化导纳 y_3 为

$$y_3 = \frac{y_A + j\tan\beta d_2}{1 + jy_A\tan\beta d_2} = \frac{(y_1 + jb_2) + j\tan\beta d_2}{1 + j(y_1 + jb_2)\tan\beta d_2} = g_3 + jb_3 \tag{3.142}$$

式中

$$g_3 = \frac{g_A(1 + \tan^2\beta d_2)}{(1 - b_A\tan\beta d_2)^2 + (g_A\tan\beta d_2)^2} \tag{3.143}$$

$$b_3 = \frac{b_A(1 - \tan^2\beta d_2) + (1 - b_A^2 - g_A^2)\tan\beta d_2}{(1 - b_A\tan\beta d_2)^2 + (g_A\tan\beta d_2)^2} \tag{3.144}$$

从而,从第二个支节线接入处 BB′左端向负载视入的归一化导纳 y_B 为

$$y_B = y_3 + y_4 = g_B + jb_B = g_3 + j(b_3 + b_4) \tag{3.145}$$

式中

$$y_4 = jb_4 = -j\cot\beta l_2 \tag{3.146}$$

显然,为获得匹配,$g_B=1$,$b_B=0$。

由于 g_3 与 l_1 有关,调节 l_1 可使 $g_3=1$,从而实现匹配。由此可确定 b_2 的值,而由 b_2 可进一步求得第一个支节线的长度 l_1。这样,令式(3.143)中的 $g_3=1$,可得

$$b_2 = \frac{1 - b_1\tan\beta d_2 \pm \sqrt{g_A\sec^2\beta d_2 - (g_A\tan\beta d_2)^2}}{\tan\beta d_2} \tag{3.147}$$

以及

$$l_1 = \frac{1}{\beta}\arctan\left(-\frac{1}{b_2}\right) \tag{3.148}$$

一旦确定了第一个支节线的长度 l_1,则可确定 b_3 的值。调节第二个支节线的长度即可实现匹配。由于第二个支节线提供的电纳 b_4 应恰好抵消 b_3,故

$$b_4 = -b_3 = -\cot\beta l_2$$

或

$$l_2 = \frac{1}{\beta}\arctan\left(\frac{1}{b_3}\right) \tag{3.149}$$

双支节调配器存在着不能获得匹配的区域——匹配盲区,匹配盲区的大小由双支节的间距 d_2 确定。由式(3.140)可知,要实现匹配,则 $b_2=-\cot\beta l_1$ 必为实数。于是,由式(3.147),有

$$g_A\sec^2\beta d_2 - (g_A\tan\beta d_2)^2 \geqslant 0$$

即

$$0 \leqslant g_A \leqslant \csc^2\beta d_2 \tag{3.150}$$

这表明,当传输线的终端接负载使 g_A(即 g_1)满足上式时,则通过调节两个支节线的长度 l_1,

l_2 总可获得负载和主传输线之间的匹配，反之，当 $g_A > \csc^2\beta d_2$ 时，则不可能通过调节两个支节线的长度 l_1，l_2 来获得负载和主传输线之间的匹配。因此，式(3.150)称为双支节调配器的匹配条件。显然，由式(3.150)可知，当 $d_2=\lambda/8+n\lambda/2$，$n=0,1,2,\cdots$时，$g_A>2$ 为匹配盲区；当 $d_2=(2n+1)\lambda/4$ 时，$g_A>1$ 为匹配盲区。

双支节调配器的调配原理同样可用图 3.30 所示的导纳圆图来加以说明。为使图 3.29 中 BB′左边的传输线上无反射(即 $y_B=1$)，必须使从 BB′向负载看去的归一化输入导纳$y_3=1\pm jb_3$，即应使 y_3 落在 $g_3=1$ 的单位圆上。为讨论方便，选取 $y_3=1+jb_3$，则 y_3 应落在 $g_3=1$ 的圆上 d 点，通过调节 l_2 的长度，使 $y_4=-jb_3$，此时 $y_A=y_3+y_4=1$，BB′右边的传输线处于无反射工作状态。为使 y_3 落在单位圆上，就要求 y_A 落在一个辅助圆上。若选取 $d_2=\lambda/8$，则通过调节 l_1 的长度可使 $y_A=y_1+y_2$ 落在图 3.30 中辅助圆上的某 c 点处。同理，若选取 $y_3'=1-jb_3$，则 y_3'和 y_A'应分别落在图 3.30 中的某 d′和 c′点处。

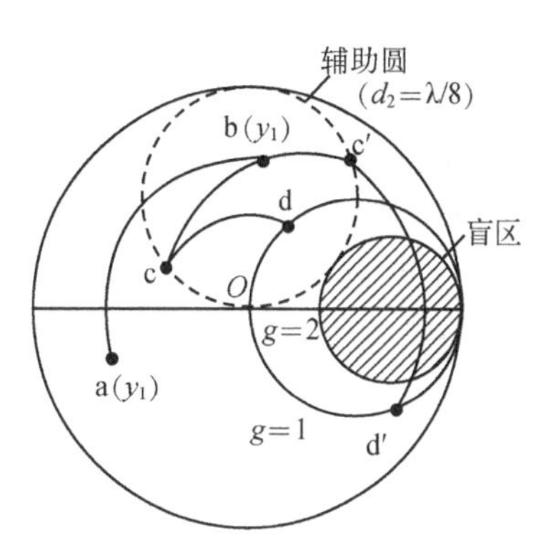

图 3.30　双支节调配原理

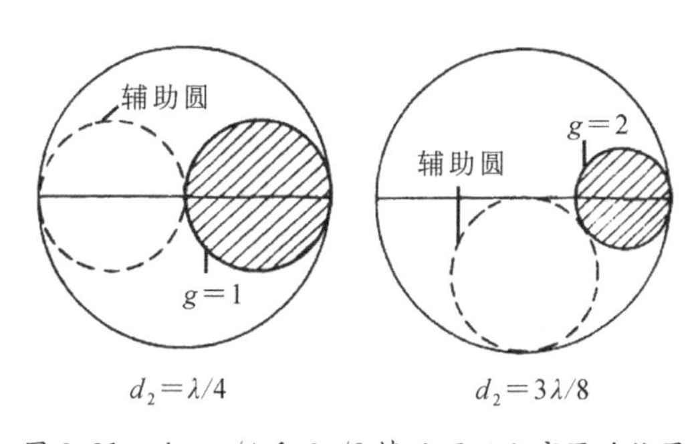

图 3.31　$d_2=\lambda/4$ 和 $3\lambda/8$ 情况下匹配盲区的位置

由图 3.30 可见，由于 $g=2$ 的等电导圆与辅助圆相切，因此当 y_1 落在 $g>2$ 的圆内时，调节 l_1 的长度不能使 y_A 落在辅助圆上，而不可能获得匹配，所以 $g=2$ 的圆内(图中的阴影区域)是匹配盲区。同理可知，当 $d_2=3\lambda/8$ 时，$g=2$ 的圆内区域也是匹配盲区；当 $d_2=\lambda/4$ 时，$g=1$ 的圆内区域是匹配盲区，如图 3.31 所示。

3. 三支节调配器简介

为弥补双支节调配器存在盲区这一缺陷，可以双支节调配器为基础再增加一个支节线构成三支节调配器，如图 3.32 所示。其中，为简单起见，选取支节线 1 与负载并联，而相邻支节间的间距仍取为 $\lambda/8$，$\lambda/4$ 或 $3\lambda/8$。其调配原理同双支节调配器基本相同。

不失一般性，选取 $d_1=d_2=d$。支节线 1 提供的归一化电纳 jb_1 与归一化负载 y_l 的代数和(y_l+jb_1)变为一新的归一化导纳 y_l'，而 y_l'经支节 1 和支节 2 间的间距 d 转换后，即得从 AA′处右端向负载看去的归一化输入导纳 y_1'，如图 3.32 所示。支节线 2 和支节线 3 则构成常规的将 y_l'匹配到主传输线的双支节调配器，显然这个双支节调配器可以对 $g_l'<\csc^2\beta d$ 对应的 y_l'的值进行匹配。因此，支节线 1 的作用是保证 y_l'的归一化电导 g_1'一定小于$\csc^2\beta d$。为获得合适的 jb_1 的值，可通过调节支节 1 的长度 l_1 实现。在传输线上从归一化负

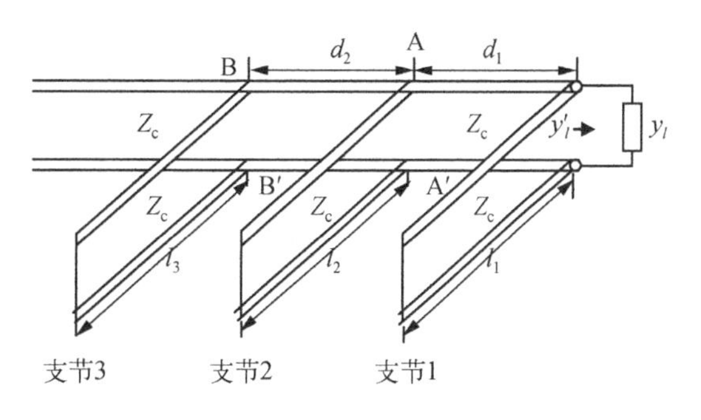

图 3.32　三支节调配器

载导纳 y_l' 向波源方向移动距离 d(在圆图中顺时针旋转电长度 d/λ)获得归一化负载导纳 y_1'，y_1' 在导纳圆图中对应的点必须落在圆 $g_0=\csc^2\beta d$ 外部的某点 p_1，如图 3.33 所示。这样，可将导纳圆图上对应于 $g_0=\csc^2\beta d$ 的圆(y_1' 的匹配盲区)逆时针(向负载方向)旋转电长度 d/λ(弧度 $-2\beta d$)即得归一化负载导纳 y_l 对应的匹配盲区，而支节线 1 的归一化电纳 $\mathrm{j}b_1$ 的取值则应使 y_l' 对应的点被移出旋转后的匹配盲区(圆 $g_0=\csc^2\beta d$)的外部，如图 3.34 所示。显然，正如图中所示，若归一化负载导纳 y_l 落入旋转后的圆 $g_0=\csc^2\beta d$ 的内部，则应使合成的归一化负载导纳 y_l' 沿圆图中的等归一化电导圆 g_l 从点 p_l 移到圆外的点 p_1' 或 p_2' 处。因此，变换到支节线 2 右边的合成归一化负载 y_1' 必须处于旋转后的圆 $g_0=\csc^2\beta d$ 的外部，从而进一步利用支节线 2 和支节线 3 构成的双支节调配器即可实现匹配。

显然，三支节调配器可对任何负载实现匹配。

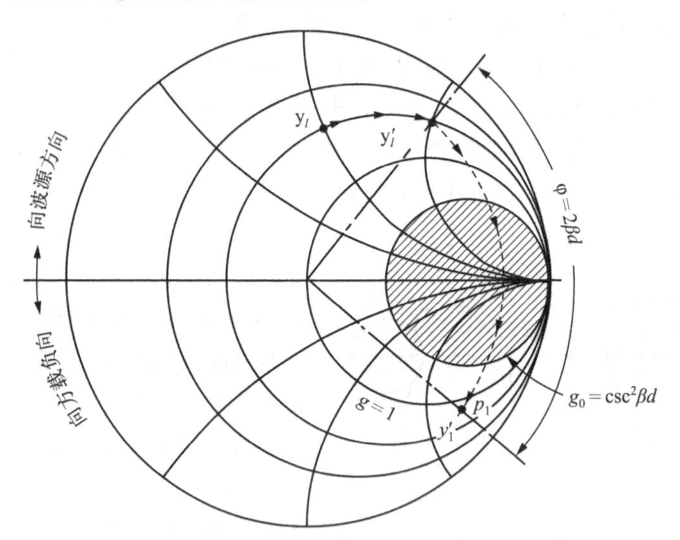

图 3.33 归一化导纳 y_l 转换为归一化导纳 y_1'

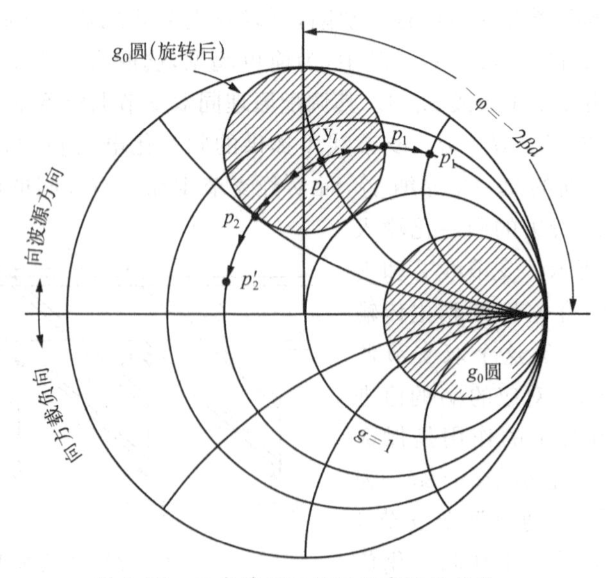

图 3.34 三支节调配器匹配盲区的旋转

*3.9　均匀传输线与四端网络的等效

一段均匀传输线可等效为一个四端(即二端口)(电路)网络，从而可以将传输线理论与(电路)网络理论联系起来。这里先以一段长为 l，特性阻抗为 Z_c 的无耗传输线为例进行讨论。如图 3.35 所示。

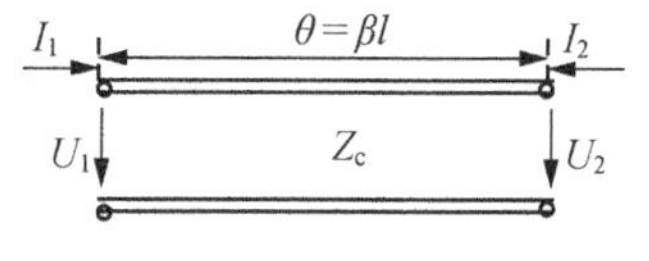

(a) 一段均匀无耗传输线

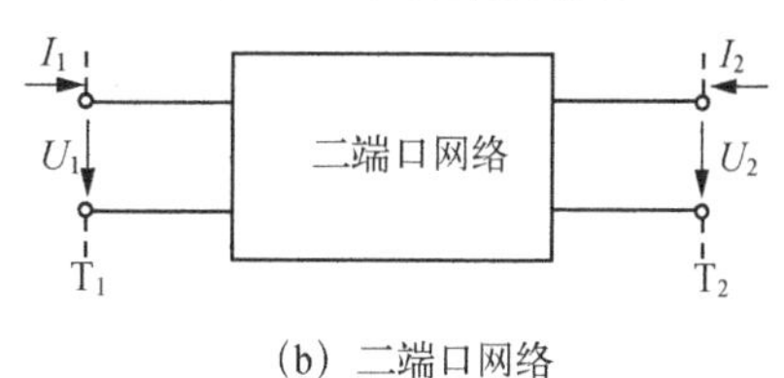

(b) 二端口网络

图 3.35　传输线与二端口网络的等效

由式(3.17)可知，对如图 3.35(a)中传输线的输入端(参考面)T_1($z=0$)处，有

$$\left.\begin{aligned} U(0) &= U_1 = U^+ + U^- \\ I(0) &= I_1 = \frac{1}{Z_c}(U^+ - U^-) \end{aligned}\right\} \tag{3.151}$$

而对如图 3.35(a)中传输线的输出端(参考面)T_2($z=l$)处，则有

$$\left.\begin{aligned} U(l) &= U_2 = U^+ e^{-j\beta l} + U^- e^{j\beta l} \\ I(l) &= -I_2 = \frac{1}{Z_c}(U^+ e^{-j\beta l} - U^- e^{j\beta l}) \end{aligned}\right\} \tag{3.152}$$

图 3.35(a)所示的均匀无耗传输线可用图 3.35(b)所示的等效二端口网络来表示。若用二端口网络 T_1 和 T_2 处的电压表示该处的电流，则

$$\left.\begin{aligned} U_1 &= Z_{11}I_1 + Z_{12}I_2 \\ U_2 &= Z_{21}I_1 + Z_{22}I_2 \end{aligned}\right\} \tag{3.153}$$

或用矩阵表示为

$$\begin{bmatrix} U_1 \\ U_2 \end{bmatrix} = \begin{bmatrix} Z_{11} & Z_{12} \\ Z_{21} & Z_{22} \end{bmatrix} \begin{bmatrix} I_1 \\ I_2 \end{bmatrix} \tag{3.154}$$

式中，系数 Z_{11}，Z_{12}，Z_{21}，Z_{22} 具有阻抗的量纲，称为二端口网络的阻抗参量。根据阻抗参量的定义，由式(3.151)和(3.154)可知

$$Z_{11} = \left.\frac{U_1}{I_1}\right|_{I_2=0} = Z_c \left.\frac{U^+ + U^-}{U^+ - U^-}\right|_{I_2=0} \tag{3.155}$$

将条件：$I_2=0$ 代入式(3.152)，有

$$U^+ = U^- e^{j2\beta l} = U^- e^{j2\theta} \tag{3.156}$$

式中 $\theta=\beta l$，为传输线的电长度。于是，将式(3.156)代入式(3.155)，可得

$$Z_{11} = Z_c \frac{e^{j2\theta}+1}{e^{j2\theta}-1} = -jZ_c\cot\theta \tag{3.157}$$

同理可得

$$Z_{22} = Z_{11} = -jZ_c\cot\theta, \qquad Z_{12} = Z_{21} = -jZ_c\csc\theta \tag{3.158}$$

所以,一段均匀无耗传输线的等效二端口网络的阻抗矩阵为

$$[Z]=\begin{bmatrix}Z_{11} & Z_{12}\\ Z_{21} & Z_{22}\end{bmatrix}=-\mathrm{j}Z_c\begin{bmatrix}\cot\theta & \csc\theta\\ \csc\theta & \cot\theta\end{bmatrix} \tag{3.159}$$

一般地,对一段长为 l,特性阻抗为 Z_0 的均匀有耗传输线,则有

$$[Z]=Z_0\begin{bmatrix}\coth\gamma l & \mathrm{csch}\gamma l\\ \mathrm{csch}\gamma l & \coth\gamma l\end{bmatrix} \tag{3.160}$$

同样,还可导出长为 l(电长度为 θ),特性阻抗为 Z_c 的均匀无耗传输线的等效二端口网络的导纳矩阵[Y]和转移矩阵[A]分别为

$$[Y]=\mathrm{j}Y_c\begin{bmatrix}-\cot\theta & \csc\theta\\ \csc\theta & -\cot\theta\end{bmatrix} \tag{3.161}$$

$$[A]=\begin{bmatrix}\cos\theta & \mathrm{j}Z_c\sin\theta\\ \mathrm{j}\dfrac{\sin\theta}{Z_c} & \cos\theta\end{bmatrix} \tag{3.162}$$

此外,当用(归一化)入射波和(归一化)反射波取代端口参考面处的电压和电流时,则可得到其等效二端口网络的散射矩阵和传输矩阵。详见第 6 章内容。

利用均匀传输线的等效二端口网络的阻抗矩阵、导纳矩阵以及转移矩阵,即可对均匀传输线的特性进行分析。如根据式(3.153)和式(3.158),可导出长为 l,特性阻抗为 Z_c,终端接负载阻抗为 Z_l($Z_l=-U_2/I_2$)的均匀无耗传输线的输入阻抗 Z_{in} 为

$$\begin{aligned}Z_{in}&=\frac{U_1}{I_1}=Z_{11}-\frac{Z_{12}Z_{21}}{Z_{22}+Z_l}\\&=-\mathrm{j}Z_c\cot\theta-\frac{(-\mathrm{j}Z_c\csc\theta)^2}{(-\mathrm{j}Z_c\cot\theta)+Z_l}=Z_c\frac{Z_l+\mathrm{j}Z_c\tan\theta}{Z_c+\mathrm{j}Z_l\tan\theta}\end{aligned} \tag{3.163}$$

这同式(3.51)的结果完全相同。事实上,上式也可根据转移矩阵导出,读者可自行推导。

习　题

3-1　根据图 3.4(b),导出均匀有耗传输线的特性阻抗的表达式(3.18)。

3-2　导出如图 3.1(c)所示的平行导体板传输线的单位长度分布电感、分布电阻、分布电容和分布电导的表达式。其中假设 $W\gg b$。

3-3　一同轴线的内外导体半径分别为 a 和 b,内、外导体间填充媒质的介电常数为 ε_{ed}($\varepsilon_{ed}=\varepsilon'-\mathrm{j}\varepsilon''$),磁导率为 μ,且内、外导体的表面电阻为 R_s。已知内、外导体间的(复)电压为 U_0,其中外导体接地,求同轴线的等效电路参数。

3-4　已知一无耗传输线的特性阻抗为 50 Ω,负载阻抗为(50+j100)Ω,其上传输频率为 5 GHz的导波,传输线总长为 0.5 m。试求其输入阻抗,并求出距终端分别为 0.1 m

和 0.3 m 处的输入阻抗值。

3-5　求如图 3.36 所示各无耗传输线输入端的反射系数及输入阻抗。

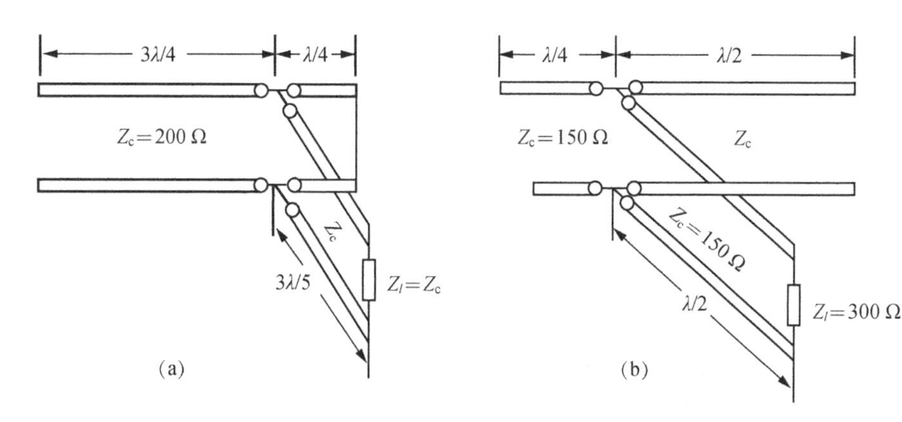

图 3.36　题 3-5 附图

3-6　如图 3.37 所示为一无耗传输线，$Z_c=100\ \Omega$，$Z_l=(150+j50)\Omega$，欲使 A 处无反射，试求 l 和 Z_{c1}。

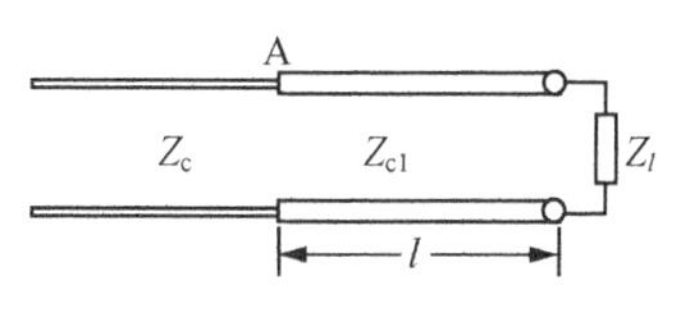

图 3.37　题 3-6 附图

3-7　在一无耗传输线上传输频率为 3 GHz 的导波，已知其特性阻抗 $Z_c=100\ \Omega$，终端接 $Z_l=(75+j100)\Omega$ 的负载。试求：① 传输线上的驻波系数；② 离终端 10 cm 处的反射系数。

3-8　一未知负载 Z_l 接在 $Z_c=50\ \Omega$ 的无耗传输线终端，现测得线上电压极大值为 100 mV，极小值为 20 mV，离负载第一个电压波节的位置为 $z_{min1}=\lambda/3$。试求负载阻抗 Z_l。

3-9　一特性阻抗 $Z_c=100\ \Omega$ 的无耗传输线终端接一未知负载 Z_l，通过实测已知：线上的电压驻波系数为 2.4，相邻驻波节点间的距离为 100 cm，并读得驻波测量线端接负载时其中一个驻波节点的刻度为 275 cm，而当负载换为短路器时驻波节点的位置从波源向终端方向移至刻度为 235 cm 处。试求终端负载阻抗。

3-10　一终端负载为 100 Ω，特性阻抗为 50 Ω 的有耗传输线与 $E_g=100e^{j0^\circ}$ V 的波源匹配连接。若已知传输线的长度为 2.3λ，衰减常数为 0.5 dB/λ，求负载的吸收功率。

3-11　如图 3.38 所示为一匹配装置。设支节线与长为 λ/4 的传输线均无耗，且特性阻抗为 Z_{c1}，无耗主传输线的特性阻抗 $Z_c=400\ \Omega$，导波的工作频率为 200 MHz，$Z_l=(100+j100)\Omega$。试求：① 长为 λ/4 的传输线和支节线的特性阻抗；② 短路支节线的最短长度；③ 若匹配装置放在 A 的位置，情况如何？

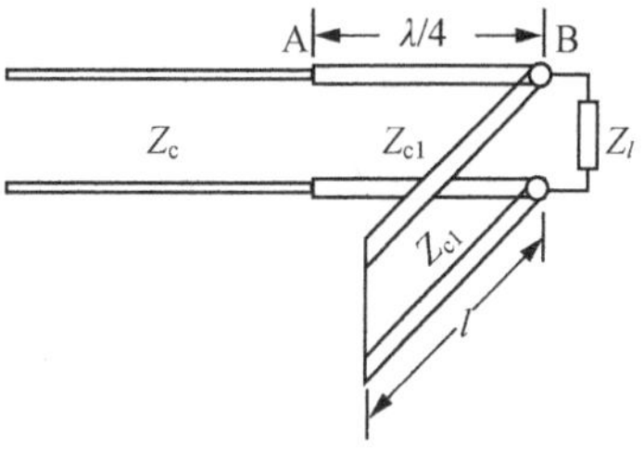

图 3.38　题 3-11 附图

3-12　设无耗传输线的归一化阻抗 $z=|z|e^{j\varphi}$，证明：在反射系数的复平面上，z 的幅角 φ 等于常数满足以下圆的方程：

$$\Gamma_u^2 + (\Gamma_v + \cot\varphi)^2 = \frac{1}{\sin^2\varphi}$$

并在阻抗圆图内画出对应 $\varphi=30°,60°,90°$的圆弧或圆。

3-13 用圆图求如图 3.39 所示电路的输入阻抗 Z_{in}。

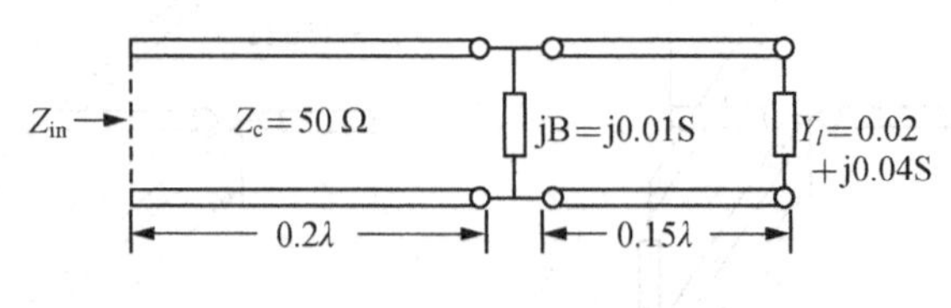

图 3.39 题 3-13 附图

3-14 一无耗传输线终端接负载阻抗 $Z_l=(40-j30)\Omega$,① 欲使线上的电压驻波系数达到最小,求传输线的特性阻抗;② 按①中提供的特性阻抗,求电压驻波系数的极小值以及相应的反射系数;③ 距负载最近的电压波节点的位置。

3-15 一电动势 $E_g=100e^{j0°}$V 的匹配信号源通过一特性阻抗为 50 Ω 的无耗传输线,以相等的功率馈送给两个分别为 $R_{l1}=75\ \Omega$ 和 $R_{l2}=25\ \Omega$ 的并联负载,并用长为 $\lambda/4$ 的无耗传输线(即 $\lambda/4$ 阻抗变换器)来实现与主传输线的匹配,如图 3.40 所示。试求:① $\lambda/4$ 阻抗变换器的特性阻抗 Z_{c1},Z_{c2};② $\lambda/4$ 阻抗变换器的电压驻波系数;③ 负载电阻 R_{l1},R_{l2} 的吸收功率。

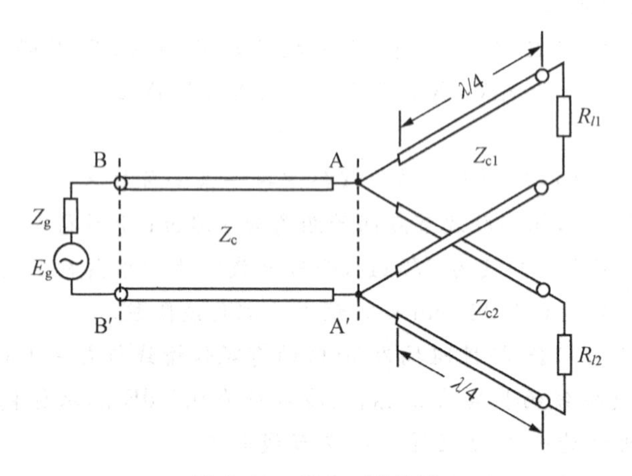

图 3.40 题 3-15 附图

3-16 一无耗传输线的特性阻抗为 500 Ω,如图 3.41 所示。负载阻抗 $Z_l=(200-j250)\Omega$,通过 $\lambda/4$ 变换段及并联短路支节线使传输线输入端实现匹配,已知导波频率 $f=300$ MHz。求 $\lambda/4$ 变换段的特性阻抗 Z_{c1} 及并联短路支节线的最短长度 l_{min}。

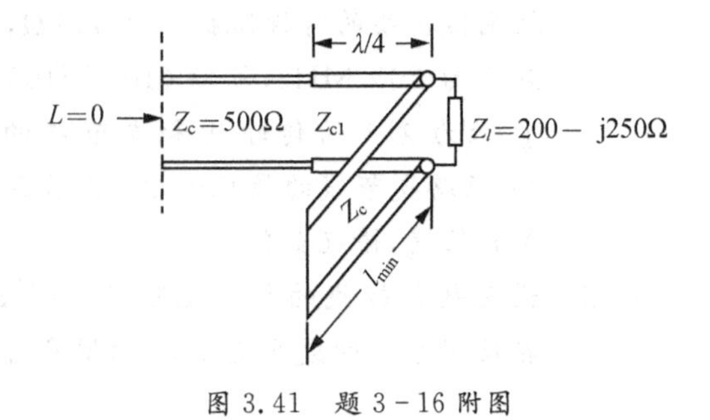

图 3.41 题 3-16 附图

3-17　一无耗传输线的特性阻抗为 125 Ω，负载阻抗 $R_l=45\ \Omega$，导波的工作频率 $f=3\ \text{GHz}$。设计一 $\lambda/4$(单节)阻抗变换器使该传输线与负载匹配，试确定驻波系数 $\rho\leqslant 1.5$ 时该阻抗变换器的相对带宽。

3-18　一根有耗传输线长度 $l=4\ \text{m}$，测得其开路和短路的输入阻抗分别为 $250\text{e}^{\text{j}50^\circ}\ \Omega$ 和 $360\text{e}^{\text{j}20^\circ}\ \Omega$。求：① 该传输线的特性阻抗 Z_0、衰减常数 α 和相位常数 β；② 单位长度的分布电阻 R、电感 L、电容 C 和电导 G。

3-19　一特性阻抗为 50 Ω 的均匀传输线长 $l=100\ \text{m}$，传输线上传播频率 $f=500\ \text{MHz}$ 的导波，且已知传输线的衰减常数 $\alpha=2.0\times10^{-3}\ \text{Np/m}$，相移常数 $\beta=0.02\ \text{rad/m}$，负载阻抗 $Z_l=(150+\text{j}200)\ \Omega$。① 求传输线负载端的反射系数 Γ_l 以及传输线始端($z'=l$)处的输入阻抗和反射系数；② 若已知负载端的电压 $U_l=50\text{e}^{\text{j}0^\circ}\ \text{V}$，求始端电压 U_{i}。

3-20　如图 3.42 所示，已知 $Z_g=Z_{c1}=100\ \Omega$，$Z_{c2}=80\ \Omega$，$E_g=50\text{e}^{\text{j}0^\circ}\ \text{V}$，测得特性阻抗为 Z_{c1}，Z_{c2} 的无耗传输线上的驻波系数分别是 1.2 和 3，B、C 分别是特性阻抗为 Z_{c1}，Z_{c2} 的线段上的电压驻波节点。求 Z_1 和 Z_2 的值及 Z_2 上的吸收功率。

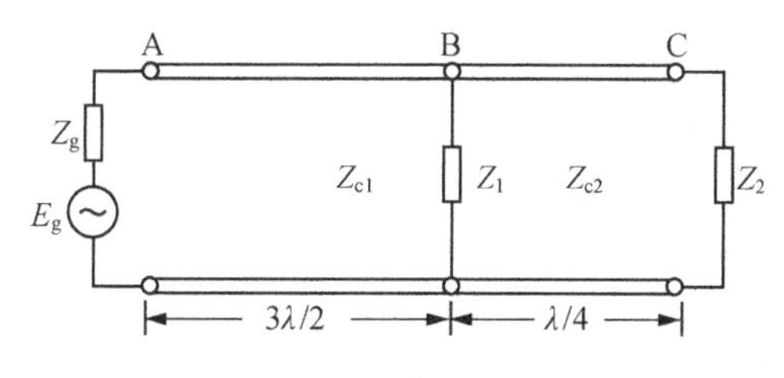

图 3.42　题 3-20 附图

3-21　在特性阻抗 $Z_c=600\ \Omega$ 的无耗传输线上测得 $|U|_{\max}=200\ \text{V}$，$|U|_{\min}=40\ \text{V}$，第一个电压波节点距负载为 0.15λ。问 Z_l 为何值？若用短路支节线进行匹配，求支节接入位置和长度。

3-22　利用圆图再求例 3.4，并将所得的结果同例 3.4 中采用代数法所得的结果进行比较。

3-23　一无耗传输线的特性阻抗为 70 Ω，负载阻抗 $Z_l=(70+\text{j}140)\ \Omega$，导波的波长 $\lambda=20\ \text{cm}$。试设计一单支节调配器使之匹配，计算支节线的接入位置和长度。

3-24　对如图 3.29 所示的双支节调配器，若已知待匹配负载为归一化导纳 $y_l=g_l+\text{j}b_l$，且选取两短路支节的间距 $d_2=\lambda/4$，试导出两短路支节线的归一化电纳的表示式。

3-25　有一无耗传输线，归一化负载导纳 $y_l=1+\text{j}0.5$。欲采用双支节匹配，第一支节离负载距离 $d_1=0.1\lambda$，两支节间距 $d_2=\lambda/8$，求短路支节线的长度 l_1 和 l_2。

3-26　有一无耗传输线系统，波源产生波长为 1 m 的电磁波，波源的电动势 $E_g=100\text{e}^{\text{j}90^\circ}\ \text{V}$，内阻抗 $Z_g=50\ \Omega$，传输线长 $l=50\ \text{cm}$，终端负载阻抗 $Z_l=(50+\text{j}20)\ \Omega$，线的单位长度电感和电容分别为 $L=165\ \text{nH/m}$，$C=87.3\ \text{pF/m}$。求：① 传输线上导波的相速、传输线的特性阻抗和波源的工作频率；② 传输线上距始端 25 cm 处以及终端的电压、电流复数和瞬时表达式；③ 传输线始端和终端的复功率。

3-27　雷达的两部发射机共用一副天线，两部发射机的工作波长分别为 $\lambda_1=4\ \text{m}$，$\lambda_2=3\ \text{m}$，

如图 3.43 所示。若适当选取同轴线的长度 l_1 到 l_6 的尺寸,即可使雷达的每部发射机的发射功率畅通无阻地通过天线发射出去,而不进入另一部发射机。试确定长度 l_1 到 l_6 最短尺寸。

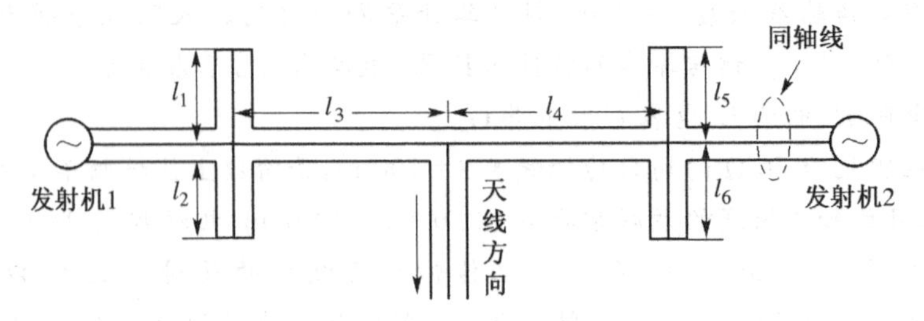

图 3.43 题 3-27 附图

3-28 如图 3.44 所示为一无耗传输线系统,其中 $E_g=200e^{j90^\circ}$ V,$Z_g=100\ \Omega$,$Z_c=75\ \Omega$,$R_1=100\ \Omega$,$R_2=50\ \Omega$,$l_1=\lambda_0/2$,$l_2=l_3=\lambda_0/4$。① 求出各段传输线上的电压反射系数和驻波系数;② 画出各段线上电压振幅和电流振幅分布图;③ 求出信号源的输出功率和两个负载 R_1,R_2 的吸收功率。

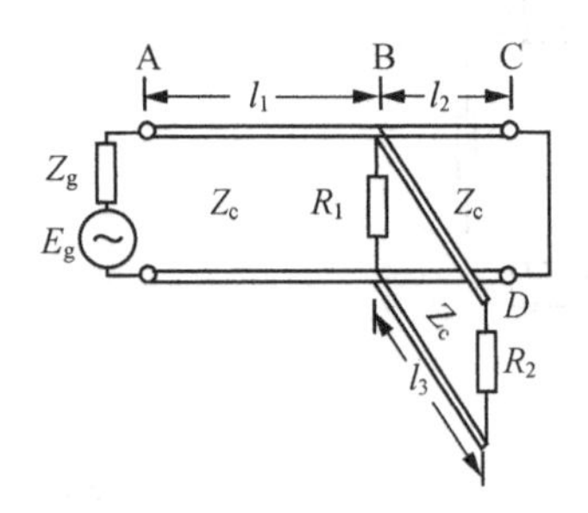

图 3.44 题 3-28 附图

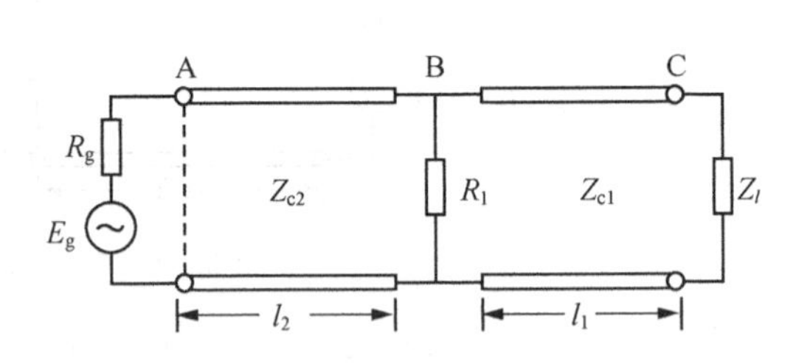

图 3.45 题 3-29 附图

3-29 如图 3.45 所示,为一无耗传输线系统,其中 $E_g=200e^{j0^\circ}$ V,$R_g=Z_{c2}=450\ \Omega$,$Z_{c1}=600\ \Omega$,$Z_l=400\ \Omega$,$R_1=900\ \Omega$,且 $l_1=\lambda/4$,$l_2=\lambda/3$。画出沿线电压、电流和阻抗的振幅分布图,并求出它们的极大值和极小值。

3-30 如图 3.46 所示,已知一特性阻抗 $Z_c=50\ \Omega$ 的无耗传输线与三段特性阻抗分别为 $Z_{c1}=100\ \Omega$,$Z_{c2}=50\ \Omega$,$Z_{c3}=100\ \Omega$,终端接负载分别为 $Z_{l1}=(50+j60)\ \Omega$,$Z_{l2}=(30+j20)\ \Omega$,$Z_{l3}=(50+j60)\Omega$ 的长为 $\lambda/4$ 的无耗传输线连接于 BB′处,测得通过负载 Z_{l1},Z_{l2},Z_{l3} 支路中的电流分别为 $I_1=e^{j0^\circ}$ A,$I_2=2e^{j0^\circ}$ A,$I_3=e^{j0^\circ}$ A,且线的总长 $l=3.0\lambda$,电源的内阻抗 $Z_g=Z_c$。① 求各段线上的电压驻波系数;② 求电源电动势;③ 用两种方法求端面 AA′处的输入功率。

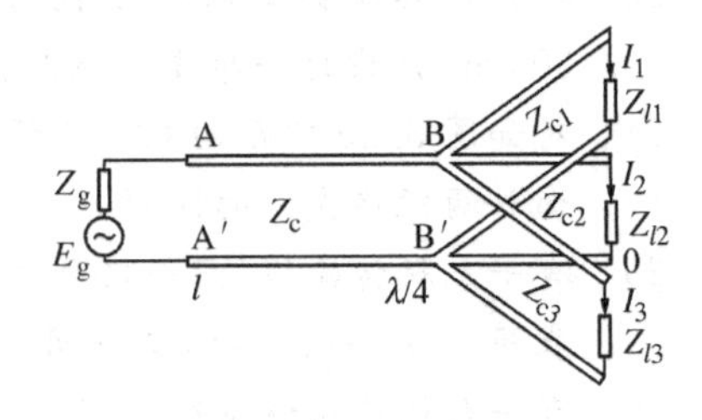

图 3.46 题 3-30 附图

3-31 有一特性阻抗 $Z_c=50\ \Omega$ 的无耗传输线系统,波源产生波长 $\lambda=1$ m 的电磁波,波源

的电动势 $E_c = 100e^{j0°}$ V，内阻抗 $Z_g = R_g = 50\ \Omega$，如图3.47所示。系统中各段传输线的长度为 $l_1 = \lambda/4$，$l_2 = \lambda$，负载阻抗 $Z_l = (R_l + jX_l)\ \Omega$，终端 C 处短路。① 欲使线上的电压驻波系数等于3，试导出 R_l 和 X_l 之间必须满足的关系式；② 若 $R_l = 100\ \Omega$，求 X_l 等于多少？③在②的情况下，求距离负载 Z_l 最近的电压最小点的位置，并求出系统各段传输线上电压和电流的最大值和最小值；④在②的情况下，求负载的吸收功率。

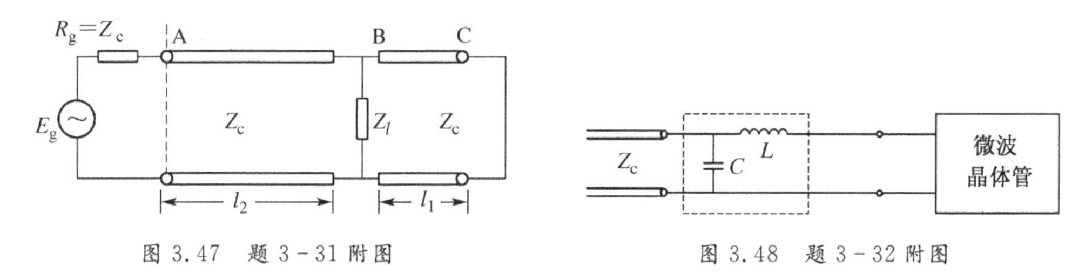

图 3.47　题 3-31 附图　　　　图 3.48　题 3-32 附图

3-32　如图3.48所示，用一无耗集中参数的 Γ 形网络使特性阻抗 $Z_c = 50\ \Omega$ 的无耗传输线与工作频率 $f = 1.0$ GHz 的微波晶体管的输入端实现匹配，并测得晶体管对于特性阻抗为 50 Ω 的传输线的输入反射系数 $\Gamma_r = 0.5e^{-j90°}$。求满足共轭匹配的 L 和 C 的值。

3-33　两副(对称振子)天线 A 和 B 通过一段长为 $\lambda/4$、特性阻抗 Z_c 未知的无耗传输线相连构成一二单元的天线阵列，此天线阵列通过一特性阻抗为 50 Ω 的主传输线激励，如图3.49所示。已知天线 A 的输入阻抗为 $(80 + j35)\ \Omega$，天线 B 的输入阻抗为 $(56 + j28)\ \Omega$，并分别测得天线 A 在馈电点处的电流为 $I_A = 1.5e^{j0°}$ A 和天线 B 在馈电点处的电流为 $I_B = 1.5e^{j90°}$ A。求：① 与两天线相连的长为 $\lambda/4$ 的无耗传输线的特性阻抗；② 与天线 B 串联的电抗。

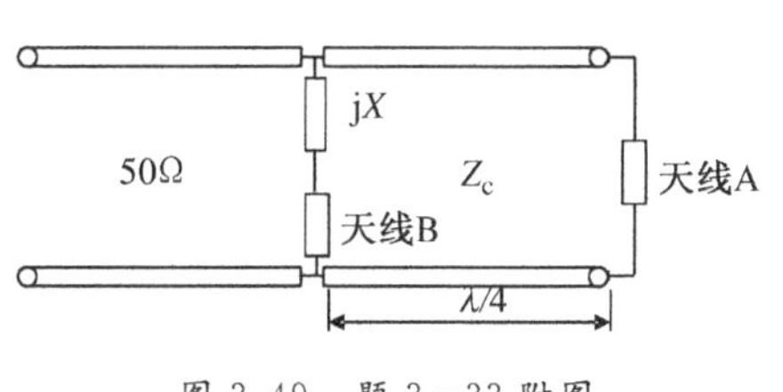

图 3.49　题 3-33 附图

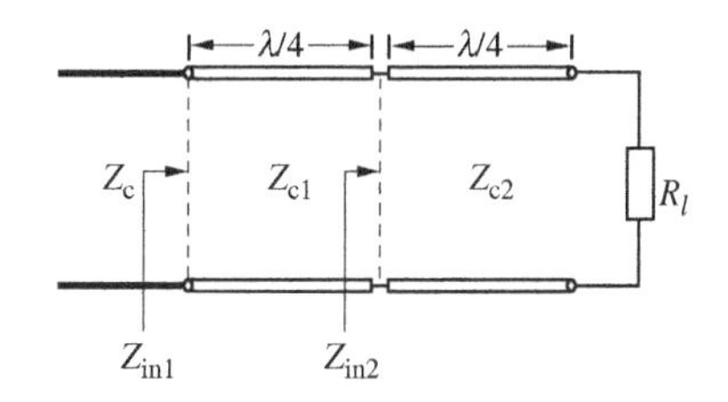

图 3.50　题 3-34 附图

3-34　一双节 $\lambda/4$ 阻抗变换器用于负载 R_l 与特性阻抗为 Z_c 的主传输线之间的匹配，如图3.50所示。假设两节阻抗变换比相等，即 $Z_{in2}/R_l = Z_c/Z_{in1}$，确定 $\lambda/4$ 阻抗变换段的特性阻抗 Z_{c1} 和 Z_{c2}。

3-35　以支节调配器的归一化负载阻抗 $z_l (= r_l \pm jx_l)$ 为已知参量，根据解析公式采用 Matlab 编程，求解单支节调配器的接入位置的电长度和支节的电长度 d_1/λ 和 l_1/λ。并利用例3.4中的已知参数，求 d_1/λ 和 l_1/λ 的最小值。

3-36　证明：为了改善 $\lambda/4$ 阻抗变换器的工作频带，当 $Z_c > R_l$ 时，可在图3.27(a)中的 A′ 处串联一长为 $\lambda/4$ 的终端开路传输线来加以补偿；当 $Z_c < R_l$ 时，可在图3.27(b)中

的 AA′处并联一长为 $\lambda/4$ 的终端短路传输线来加以补偿,并导出 Z_{c1},Z_{c2} 与 Z_c,R_l 间的关系。

3-37　分别画出两支节间距 $d_2=\lambda/16$ 和 $3\lambda/8$ 的双支节调配器的匹配盲区。

3-38　采用代数法导出如图 3.51 所示在无耗传输线的同一位置接入的串、并联组合的双支节调配器的支节长度 l_1 和 l_2 的表达式。其中 z_l,Z_c 和 d_1 为已知。

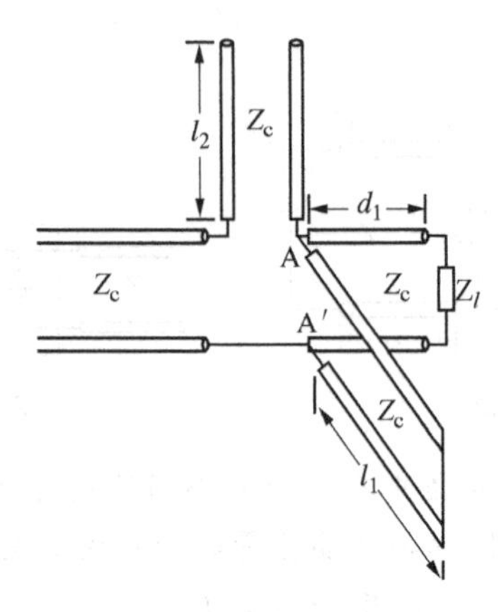

图 3.51　题 3-38 附图

3-39　对如图 3.35(a)所示长为 l,特性阻抗为 Z_c 的无耗传输线,根据定义导出其等效二端口网络的导纳矩阵[Y](式(3.161))。

3-40　对如图 3.35(a)所示长为 l,特性阻抗为 Z_c 的无耗传输线,根据定义导出其等效二端口网络的转移矩阵[A](式(3.162)),并由此导出该传输线输入端的输入阻抗的表达式(3.51)。

第4章 微波规则传输系统

由前两章的内容可知,射频/微波技术中常用的传输系统均是规则传输系统,它们是由单根或多根相互平行的空心或实心的柱形导体或介质组成。微波规则传输系统可分为以下四类:① TEM模传输线:它由两根以上平行导体构成,通常工作在主模—横电磁模(即TEM模),如平行双导线、同轴线以及带状线等。这类传输线也可传输TM模或TE模;② 金属波导:它由单根封闭的柱形导体管构成,其工作模式可分为横磁(TM)模和横电(TE)模两大类。如矩形(金属)波导、圆形(金属)波导等;③ 准TEM模和非TEM模传输线:它们也由两根或两根以上平行导体构成,但却不能工作于纯TEM模。工作主模是准TEM模的传输线有微带线、共面波导等,工作于非TEM模的传输线有槽线和鳍线;④ 表面波传输系统:它由单根介质或敷介质层的导体构成,电磁波沿其表面传输。这类传输系统的工作模式是混合模,即TM模和TE模的叠加,但在有些情况下,也可传输TM模、TE模或TEM模。这类传输系统有矩形介质波导、圆形介质波导以及镜像介质波导等。实际上,除了平行双导线以外。其他传输系统均可看作是从同轴线演变而来。图4.1示出了部分传输系统的演变过程。

本章先介绍各种金属波导中导波的基本理论以及基本特性;然后阐述常见集成传输系统中导波的基本理论和基本特性。

4.1 金属波导

4.1.1 平行板波导

两平行理想导体板的间距为b,宽为W,其中填充电参数分别为μ和ε的简单媒质,如图4.2所示。已知导波沿z轴方向传输。假设$W \gg b$,则边缘场和其内部场沿x轴方向的变化可忽略不计。由于平行板波导具有双导体,因此可传输TEM模,但同样可传输高次模式TM模和TE模。

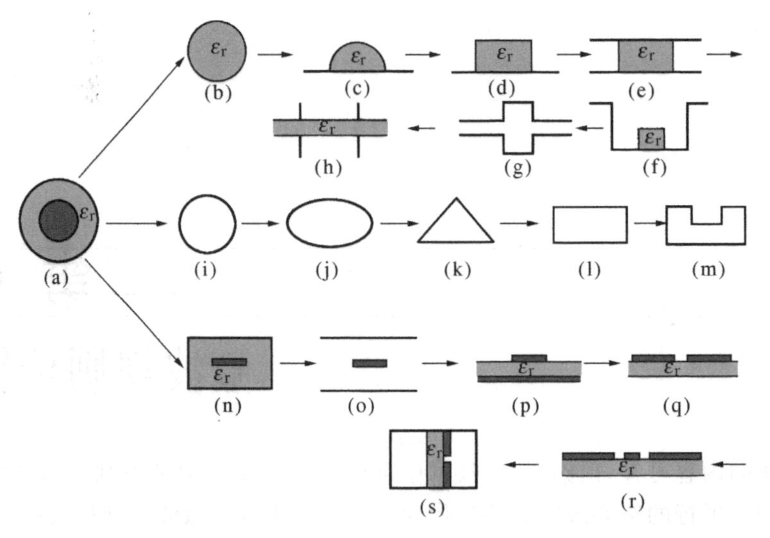

(a) 同轴线;(b) 圆形介质波导;(c) 半圆形镜像介质波导;(d) 矩形镜像介质波导;(e) H 波导;(f) 陷入式镜像介质波导;(g) G 波导;(h) 栅栏波导;(i) 圆形(金属)波导;(j) 椭圆形(金属)波导;(k) 三角形(金属)波导;(l) 矩形(金属)波导;(m) 脊形波导;(n) 同轴带状线;(o) 带状线;(p) 微带线;(q) 槽线;(r) 共面波导;(s) 鳍线

图 4.1　传输系统(横截面)的演变

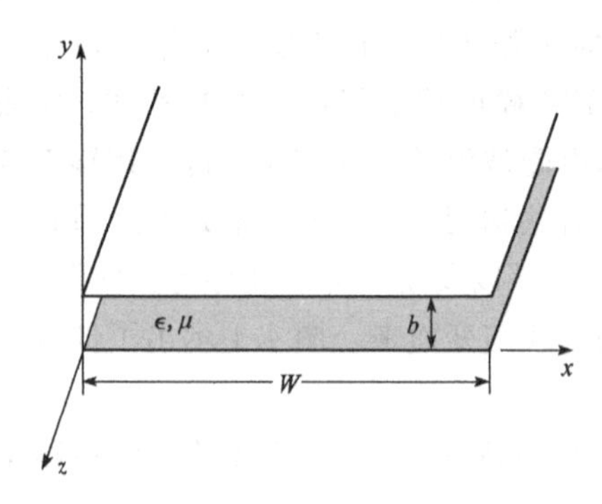

图 4.2　平行板波导的结构示意图

1. TEM 模

1) TEM 模的电磁场与特性参量

正如所知,由于 TEM 模的场在平行板波导横截面上的分布与二维静态场相同,因此只要求解相应的二维静态场的电位方程就可求得其电磁场。假设上导体板的电位为 V_0,下导体板接地,此时平行板波导中的电位 ϕ 满足拉普拉斯方程(2.99)构成的定解问题,即

$$\nabla_t^2 \phi = 0 \tag{4.1}$$

以及边界条件:$\phi|_{y=0}=0, \phi|_{y=b}=V_0$。

由于可忽略边缘效应,因此$\nabla_t^2=\frac{d^2}{dy^2}$。求解方程(4.1)构成的定解问题,可得

$$\phi = \frac{V_0}{b} y \tag{4.2}$$

将上式代入式(2.98),可得

$$\boldsymbol{E}_t(x,y) = -\nabla_t \phi = -\frac{d\phi}{dy}\mathbf{a}_y = -\frac{V_0}{b}\mathbf{a}_y \tag{4.3}$$

于是,由式(2.102)和(2.103)可得 TEM 模的(复)电磁场分别为

$$\boldsymbol{E} = \boldsymbol{E}(x,y,z) = \boldsymbol{E}_t(x,y)e^{-jkz} = -\frac{V_0}{b}e^{-jkz}\mathbf{a}_y \tag{4.4}$$

$$\boldsymbol{H}=\boldsymbol{H}(x,y,z)=\boldsymbol{H}_{\mathrm{t}}(x,y)\mathrm{e}^{-\mathrm{j}kz}=\frac{1}{Z_{\mathrm{TEM}}}(\mathbf{a}_y\times\boldsymbol{E})=\frac{V_0}{\eta b}\mathrm{e}^{-\mathrm{j}kz}\mathbf{a}_x \tag{4.5}$$

这样,TEM 模的(复)行波电压和行波电流可分别由式(2.104)和(2.105)导出,即

$$U=U^{+}(z)=\int_{\mathrm{b}}^{0}\boldsymbol{E}\cdot\mathbf{a}_y\mathrm{d}y=V_0\mathrm{e}^{-\mathrm{j}kz} \tag{4.6}$$

$$I=I^{+}(z)=\int_{0}^{W}\boldsymbol{H}\cdot\mathbf{a}_x\mathrm{d}x=\frac{V_0W}{\eta b}\mathrm{e}^{-\mathrm{j}kz} \tag{4.7}$$

于是,TEM 模的特性阻抗为

$$Z_{\mathrm{c}}=\frac{U}{I}=\eta\frac{b}{W} \tag{4.8}$$

而对填充理想电介质的平行板波导,其 TEM 模的相速为

$$v_{\mathrm{p}}=\frac{\omega}{k}=\frac{\mathrm{c}}{\sqrt{\varepsilon_{\mathrm{r}}}} \tag{4.9}$$

2) TEM 模的传输功率

将式(4.4)和(4.5)代入式(2.134),即得 TEM 模的行波的(平均)传输功率为

$$P=P^{+}(z)=\frac{1}{2}\mathrm{Re}[UI^{*}]=\frac{1}{2}\mathrm{Re}\left[\int_S(\boldsymbol{E}\times\boldsymbol{H}^{*})\cdot\mathbf{a}_z\mathrm{d}S\right]=\frac{1}{2}\mathrm{Re}\left[\int_0^W\int_0^b\frac{V_0^2}{\eta b^2}\mathrm{d}y\mathrm{d}x\right]=\frac{1}{2}\frac{V_0^2W}{\eta b} \tag{4.10}$$

显然,平行板波导工作于 TEM 模时,其传输功率与 V_0 的平方、导体板的宽度 W 成正比,而与两导体板间的高度 b 成反比。

2. 高次模式—TM 模和 TE 模

1) 电磁场分布

(1) TM 模

当平行板波导传输高次模式 TM 模时,$H_z(=H_z(x,y,z))=0$,其纵向(复)电场分量 E_z 可表示为

$$E_z=E_z(x,y,z)=E_z(x,y)\mathrm{e}^{-\mathrm{j}\beta z}=E_z(T)\mathrm{e}^{-\mathrm{j}\beta z} \tag{4.11}$$

式中,$E_z(T)$满足亥姆霍兹方程:

$$(\boldsymbol{\nabla}_{\mathrm{t}}^2+k_{\mathrm{c}}^2)E_z(T)=\left(\frac{\partial^2}{\partial y^2}+k_{\mathrm{c}}^2\right)E_z(T)=\left(\frac{\mathrm{d}^2}{\mathrm{d}y^2}+k_{\mathrm{c}}^2\right)E_z(T)=0 \tag{4.12}$$

而 $k_{\mathrm{c}}=\sqrt{k^2-\beta^2}$,且 $E_z(T)$满足边界条件:$E_z(T)|_{y=0,b}=0$。

由式(4.12)可知,$E_z(T)$的通解为

$$E_z(T)=A\sin k_{\mathrm{c}}y+B\cos k_{\mathrm{c}}y \tag{4.13}$$

利用边界条件:$E_z(T)|_{y=0,b}=0$,可分别得 $B=0$ 和 $k_{\mathrm{c}}b=n\pi, n=0,1,2,\cdots$。这样,式(4.13)变为

$$E_z(T) = A_n \sin \frac{n\pi}{b} y$$

从而有

$$E_z = E_z(T)\mathrm{e}^{-\mathrm{j}\beta z} = A_n \sin \frac{n\pi}{b} y \mathrm{e}^{-\mathrm{j}\beta z} \tag{4.14}$$

式中,A_n 取决于平行板波导中 TM 模场的激励幅度。

最后,将上式代入式(2.76)或(2.110),可得 TM 模的其他横向场分量为

$$\left.\begin{aligned} H_x &= \frac{\mathrm{j}\omega\varepsilon}{k_c^2}\frac{\partial E_z}{\partial y} = \frac{\mathrm{j}\omega\varepsilon}{k_c} A_n \cos \frac{n\pi}{b} y \mathrm{e}^{-\mathrm{j}\beta z} \\ E_y &= -\frac{\mathrm{j}\beta}{k_c^2}\frac{\partial E_z}{\partial y} = -\frac{\mathrm{j}\beta}{k_c} A_n \cos \frac{n\pi}{b} y \mathrm{e}^{-\mathrm{j}\beta z} \\ E_x &= 0, H_y = 0 \end{aligned}\right\} \tag{4.15}$$

式中,$k_c = n\pi/b$,$\beta = \sqrt{k^2 - (n\pi/\mathrm{b})^2}$,$n = 0,1,2,\cdots$。

由式(4.15)可见,对应于每一个 n 的值,就对应不同的场分量表达式,从而对应不同的场分布,即对应不同的模式,记为TM_n 模(或TM_n 波)。通常将 n 称为波指数或模序数。显然,当 $n=0$ 时,TM_0 模即等价于 TEM 模,而最低次TM_n 模式是TM_1 模。

(2) TE 模

当平行板波导传输高次模式 TE 模时,$E_z=0$,其纵向(复)磁场分量 H_z 可表示为

$$H_z = H_z(x,y)\mathrm{e}^{-\mathrm{j}\beta z} = H_z(T)\mathrm{e}^{-\mathrm{j}\beta z} \tag{4.16}$$

式中,$H_z(T)$满足亥姆霍兹方程:

$$(\nabla_t^2 + k_c^2)H_z(T) = \left(\frac{\mathrm{d}^2}{\mathrm{d}y^2} + k_c^2\right)H_z(T) = 0 \tag{4.17}$$

而 $H_z(x,y)$不满足边界条件:$H_z(T)\big|_{y=0,b}=0$,但满足边界条件:$E_x\big|_{y=0,b}=0$。据此,根据横向场分量与纵向场分量间的关系式(2.76)或式(2.113)可知,$E_x \propto \dfrac{\partial H_z}{\partial y}$。于是,$H_z(x,y)$满足边界条件:$\left.\dfrac{\partial H_z(T)}{\partial y}\right|_{y=0,b}=0$。

由式(4.17)可知,$H_z(T)$的通解可表示为

$$H_z(T) = C\sin k_c y + D\cos k_c y \tag{4.18}$$

利用边界条件:$\left.\dfrac{\partial H_z(T)}{\partial y}\right|_{y=0,b}=0$,可分别得 $C=0$ 和 $k_c b = n\pi$,$n=1,2,\cdots$。于是,式(4.18)变为

$$H_z(T) = D_n \cos \frac{n\pi}{b} y$$

从而有

$$H_z = H_z(T)\mathrm{e}^{-\mathrm{j}\beta z} = D_n \cos\frac{n\pi}{b}y\,\mathrm{e}^{-\mathrm{j}\beta z} \tag{4.19}$$

式中,D_n 取决于平行板波导中 TE 模场的激励幅度。

最后,将上式代入式(2.76)或式(2.113),可得 TE 模的其他横向场分量为

$$\left.\begin{aligned} E_x &= -\frac{\mathrm{j}\omega\mu}{k_c^2}\frac{\partial H_z}{\partial y} = \frac{\mathrm{j}\omega\mu}{k_c}D_n \sin\frac{n\pi}{b}y\,\mathrm{e}^{-\mathrm{j}\beta z} \\ H_y &= -\frac{\mathrm{j}\beta}{k_c^2}\frac{\partial H_z}{\partial y} = \frac{\mathrm{j}\beta}{k_c}D_n \sin\frac{n\pi}{b}y\,\mathrm{e}^{-\mathrm{j}\beta z} \\ H_x &= 0, E_y = 0 \end{aligned}\right\} \tag{4.20}$$

式中,$k_c = n\pi/b$,$\beta = \sqrt{k^2-(n\pi/\mathrm{b})^2}$,$n=0,1,2,\cdots$。

由式(4.20)可见,对应于每一个 n 的值,也对应不同的场分布,即对应不同的模式,记为 TE_n 模(或 TE_n 波)。显然,当 $n=1$ 时,对应最低次 TE_n 模式是 TE_1 模。

2) 传输特性参量

(1) 截止频率

由于 TM_n 模和 TE_n 模的截止波长的表达式相同,因此 TM_n 模和 TE_n 模的截止波长 λ_c 与截止频率 f_c 分别为

$$\lambda_c = \frac{2\pi}{k_c} = \frac{2b}{n},\qquad f_c = \frac{v}{\lambda_c} = \frac{n}{2b\sqrt{\mu\varepsilon}} \tag{4.21}$$

通过上式即可求得两类模式的截止波长 λ_c 和截止频率 f_c。由此可见,平行板波导中的最低次模式是 TEM 模,第一个高次模式是 TM_1 模和 TE_1 模,…。

(2) 相速与波导波长

TM_n 模和 TE_n 模的相速 v_p 与波导波长 λ_g 可通过式(2.123)和式(2.124)分别进行计算,即

$$v_p = \frac{\omega}{\beta} = \frac{v}{\sqrt{1-(\lambda/\lambda_c)^2}} \tag{4.22}$$

$$\lambda_g = \frac{2\pi}{\beta} = \frac{\lambda}{\sqrt{1-(\lambda/\lambda_c)^2}} \tag{4.23}$$

3) 传输功率与衰减

TM_n 模和 TE_n 模的(平均)传输功率可按式(2.134)导出,即

$$P_{\mathrm{TM}_n} = \frac{1}{2}\mathrm{Re}\left[\int_0^W\int_0^b E_y H_x^* \,\mathrm{d}y\mathrm{d}x\right] = \frac{\omega\varepsilon\beta}{2k_c^2}|A_n|^2 W\begin{cases}\dfrac{b}{2}, & n>0\\ b, & n=0\end{cases} \tag{4.24}$$

$$P_{\mathrm{TE}_n} = \frac{1}{2}\mathrm{Re}\left[\int_0^W\int_0^b E_x H_y^* \,\mathrm{d}y\mathrm{d}x\right] = \frac{\omega\mu\beta}{2k_c^2}|D_n|^2 Wb \tag{4.25}$$

而 TM_n 模和 TE_n 模的导体衰减则可按式(2.141)或式(2.145)导出,即

$$(\alpha_c)_{TM_n} = \frac{2kR_s}{\beta\eta b} \qquad (n > 0) \tag{4.26}$$

$$(\alpha_c)_{TE_n} = \frac{2k_c^2 R_s}{k\beta\eta b} \tag{4.27}$$

式中,$R_s = \sqrt{\pi f\mu/\sigma}$为平行导体板内壁的表面电阻。此外,平行板波导的介质衰减可按式(2.149a)计算。

例 4.1 导出 TEM 模平行板波导的导体衰减表达式。

解:当平行板波导工作于 TEM 模时,上、下两平行导体板内壁表面的面电流密度分别为

$$\boldsymbol{J}_s|_{y=0} = (\mathbf{a}_y \times \boldsymbol{H})|_{y=0} = -\frac{V_0}{\eta b}\mathrm{e}^{-\mathrm{j}kz}\mathbf{a}_z, \qquad \boldsymbol{J}_s|_{y=b} = (-\mathbf{a}_y \times \boldsymbol{H})|_{y=b} = \frac{V_0}{\eta b}\mathrm{e}^{-\mathrm{j}kz}\mathbf{a}_z$$

于是,平行板波导单位长度上的(平均)损耗功率为

$$P_l = \frac{R_s}{2}\oint_l |\boldsymbol{H}_\tau|^2 \mathrm{d}l = \frac{R_s}{2}\left[\int_0^W |\boldsymbol{J}_s|^2_{y=0}\mathrm{d}x + \int_0^W |\boldsymbol{J}_s|^2_{y=b}\mathrm{d}x\right] = \frac{V_0^2}{(\eta b)^2}R_s W \tag{4.28}$$

这样,将上式和式(4.10)代入式(2.141),即得

$$\alpha_c = \frac{P_l}{2P} = \frac{R_s}{\eta b} \tag{4.29}$$

4) 场结构图

根据电磁场理论可知,为了能够形象和直观地了解电磁场的分布图像(即场结构),通常采用矢量线来形象地描绘电磁场的分布,这些矢量线通常称为通量线或流线。通常用电、磁力线在某点的切线方向表示场的方向,用电磁力线的疏密程度来表示该点处场的强弱。这样,根据平行板波导中各类模式电磁场的分布特点,可分别绘制平行板波导中各类模式的场结构图。图 4.3 分别示出了 TEM 模与TM_1模和TE_1模的电磁力线分布图,据此可画出它们的面电流的分布图。

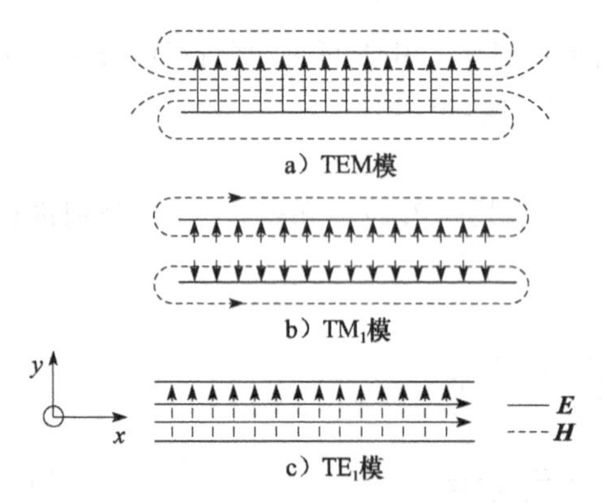

图 4.3 TEM 模与TM_1模和TE_1模的电磁力线分布图

4.1.2 矩形波导

矩形截面的金属波导管(简称矩形波导)是最常用的传输系统之一,其波导内壁的宽边尺寸为 a,窄边尺寸为 b,如图 4.4 所示。这种波导管一般用铜制成,也可用铝或其他金属材料制作。

1. 矩形波导中的模式及其场分布

选取直角坐标系如图 4.4 所示。根据第 2 章第 2.2 节内容的讨论可知,正交柱坐标系中纵向电场分量和纵向磁场分量的横向分布函数应满足二维标量亥姆霍兹方程,即

$$\nabla_t^2\begin{Bmatrix}E_z(T)\\H_z(T)\end{Bmatrix}+k_c^2\begin{Bmatrix}E_z(T)\\H_z(T)\end{Bmatrix}=0 \quad (4.30a)$$

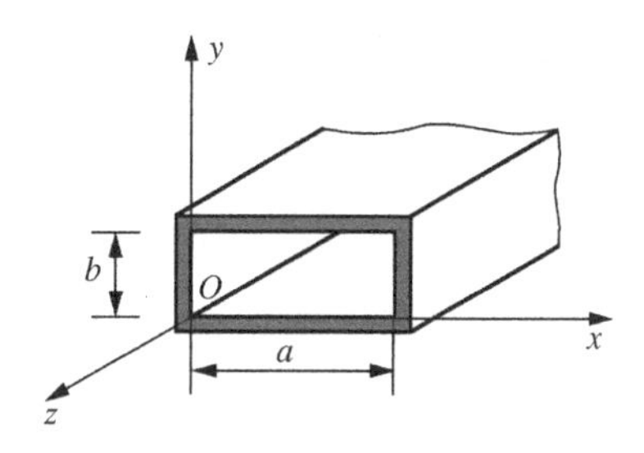

图 4.4　矩形波导与直角坐标系

式中,$E_z(T)=E_z(x,y)$,$H_z(T)=H_z(x,y)$,分别代表纵向电场和纵向磁场在横截面上的二维分布函数。若波导中的导波无耗传输,则 $k_c^2=k^2+\gamma^2=k^2-\beta^2$。在直角坐标系中,因 $\nabla_t^2=\frac{\partial^2}{\partial x^2}+\frac{\partial^2}{\partial y^2}$,故式(4.30a)变为

$$\frac{\partial^2}{\partial x^2}\begin{Bmatrix}E_z(x,y)\\H_z(x,y)\end{Bmatrix}+\frac{\partial^2}{\partial y^2}\begin{Bmatrix}E_z(x,y)\\H_z(x,y)\end{Bmatrix}+k_c^2\begin{Bmatrix}E_z(x,y)\\H_z(x,y)\end{Bmatrix}=0 \quad (4.30b)$$

显然,这是两个同一类型的方程,可以只讨论其中一个纵向场分量的求解。下面讨论 E_z 的求解步骤。

应用分离变量法,令 $E_z(x,y)=X(x)Y(y)$,代入方程(4.30b),可得

$$\frac{X''(x)}{X(x)}+\frac{Y''(y)}{Y(y)}=-k_c^2$$

这个等式左端的第一项和第二项分别是 x 和 y 的函数,而右端的 k_c^2 是一个常数。因此,若要求该式为一恒等式,则左端的第一项和第二项也应分别等于常数。设这两个常数分别为 $-k_x^2$ 和 $-k_y^2$,由此可得以下两个二阶线性齐次的常微分方程:

$$\frac{\mathrm{d}^2X(x)}{\mathrm{d}x^2}+k_x^2X(x)=0 \quad (4.31)$$

$$\frac{\mathrm{d}^2Y(y)}{\mathrm{d}y^2}+k_y^2Y(y)=0 \quad (4.32)$$

而 $k_c^2=k_x^2+k_y^2$。

方程(4.31)和(4.32)的解分别为

$$X(x)=A_1\mathrm{e}^{-\mathrm{j}k_xx}+A_2\mathrm{e}^{\mathrm{j}k_xx} \quad (4.33)$$

$$Y(y)=B_1\mathrm{e}^{-\mathrm{j}k_yy}+B_2\mathrm{e}^{\mathrm{j}k_yy} \quad (4.34)$$

又因为

$$E_z(T,z)=E_z(T)Z(z)=E_z(x,y)Z(z)$$

以及

$$Z(z)=C_1\mathrm{e}^{-\mathrm{j}\beta z}+C_2\mathrm{e}^{\mathrm{j}\beta z} \quad (4.35)$$

所以,可得电场纵向分量 E_z 的表达式为

$$E_z = E_z(x,y,z) = (A_1 e^{-jk_x x} + A_2 e^{jk_x x})(B_1 e^{-jk_y y} + B_2 e^{jk_y y})(C_1 e^{-j\beta z} + C_2 e^{j\beta z}) \tag{4.36}$$

对于磁场的纵向分量 H_z,可通过同样的步骤得到,即

$$H_z = H_z(x,y,z) = (A_3 e^{-jk_x x} + A_4 e^{jk_x x})(B_3 e^{-jk_y y} + B_4 e^{jk_y y})(C_3 e^{-j\beta z} + C_4 e^{j\beta z}) \tag{4.37}$$

式中,A_1,B_1,C_1 等以及 k_x,k_y 均为待定常数,它们由具体的边界条件确定。下面分别对 TM 模和 TE 模进行讨论。

1) TM 模(E 模)

对 TM 模,$H_z=0$,$E_z\neq 0$。此时,E_z 表达式中的待定常数可利用波导管四个内壁表面处的边界条件:$(\boldsymbol{a}_n \times \boldsymbol{E})|_S=0$ 确定,而 S 代表矩形波导的内壁表面。具体地,其边界条件为

$$E_z|_{x=0,a} = 0, \qquad E_z|_{y=0,b} = 0 \tag{4.38}$$

若只考虑沿正 z 方向传输的行波,则纵向电场的表达式应为

$$E_z(x,y,z) = (A_1 e^{-jk_x x} + A_2 e^{jk_x x})(B_1 e^{-jk_y y} + B_2 e^{jk_y y}) C_1 e^{-j\beta z} \tag{4.39}$$

将上式代入式(4.38),可得

$$A_1 = -A_2, \qquad B_1 = -B_2, \qquad k_x = \frac{m\pi}{a}, \qquad k_y = \frac{n\pi}{b} \tag{4.40}$$

其中,$m=1,2,\cdots$,$n=1,2,\cdots$。于是

$$E_z = -4A_2 B_2 C_1 \sin k_x x \sin k_y y\, e^{-j\beta z} = E_0 \sin\frac{m\pi}{a}x \sin\frac{n\pi}{b}y\, e^{-j\beta z} \tag{4.41}$$

式中,$E_0 = -4A_2 B_2 C_1$。

将式(4.41)代入式(2.110),可得相应的横向场分量为

$$\begin{aligned}\boldsymbol{E}_t &= \frac{-j\beta}{k_c^2}\nabla_t E_z = \frac{-j\beta}{k_c^2}\left(\frac{\partial E_z}{\partial x}\mathbf{a}_x + \frac{\partial E_z}{\partial y}\mathbf{a}_y\right) = E_x\mathbf{a}_x + E_y\mathbf{a}_y \\ &= \frac{-j\beta}{k_c^2}E_0\left(\frac{m\pi}{a}\cos\frac{m\pi}{a}x\sin\frac{n\pi}{b}y\,\mathbf{a}_x + \frac{n\pi}{b}\sin\frac{m\pi}{a}x\cos\frac{n\pi}{b}y\,\mathbf{a}_y\right)e^{-j\beta z}\end{aligned} \tag{4.42a}$$

$$\begin{aligned}\boldsymbol{H}_t &= \frac{-j\omega\varepsilon}{k_c^2}\mathbf{a}_z \times \nabla_t E_z = \frac{-j\omega\varepsilon}{k_c^2}\left(-\frac{\partial E_z}{\partial y}\mathbf{a}_x + \frac{\partial E_z}{\partial x}\mathbf{a}_y\right) = H_x\mathbf{a}_x + H_y\mathbf{a}_y \\ &= \frac{j\omega\varepsilon}{k_c^2}E_0\left(\frac{n\pi}{b}\sin\frac{m\pi}{a}x\cos\frac{n\pi}{b}y\,\mathbf{a}_x - \frac{m\pi}{a}\cos\frac{m\pi}{a}x\sin\frac{n\pi}{b}y\,\mathbf{a}_y\right)e^{-j\beta z}\end{aligned} \tag{4.42b}$$

式中

$$k_c = \sqrt{\left(\frac{m\pi}{a}\right)^2 + \left(\frac{n\pi}{b}\right)^2} \tag{4.43}$$

而 E_0 由波导中 TM 模场的激励源确定。

由(4.41)和(4.42)两式可见,TM 模的各场分量沿波导的轴向呈行波状态,在波导横截面的 x,y 方向上呈驻波分布。当 m 和 n 取不同自然数时,每一对 m,n 值即对应不同的模式,记为TM_{mn}模(或TM_{mn}波,E_{mn}模)。显然,有无穷多个 TM 模式存在。但TM_{0n},TM_{m0}和TM_{00}模式不存在,这是因为当 m 或 n 以及 m 和 n 同时为零时,TM 模的全部场分量均等于零。因此,TM 模的最低次模式是TM_{11},而其他可能存在的TM_{mn}模式均为高次模式。TM_{mn}的第一个下标"m"表示场量沿 x 轴变化的半波数;第二个下标"n"则表示场量沿 y 轴变化的半波数。

2) TE 模(H 模)

对 TE 模,$H_z\neq 0,E_z=0$,若只考虑沿正 z 方向传播的行波,则纵向磁场分量 H_z 为

$$H_z = (A_3\mathrm{e}^{-\mathrm{j}k_x x}+A_4\mathrm{e}^{\mathrm{j}k_x x})(B_3\mathrm{e}^{-\mathrm{j}k_y y}+B_4\mathrm{e}^{\mathrm{j}k_y y})C_3\mathrm{e}^{-\mathrm{j}\beta z} \tag{4.44}$$

由于 H_z 在波导的四个内壁表面上不为零(H_z 为磁场切向分量),因此无法直接利用四个壁面上 H_z 的边界条件来确定式(4.44)中的待定常数。为此,须根据式(2.113)导出场的横向分量,再利用横向场分量的边界条件来确定待定常数。由式(2.113b)可得

$$H_x=-\mathrm{j}\frac{\beta}{k_c^2}\frac{\partial H_z}{\partial x}=\frac{\beta k_x}{k_c^2}(-A_3\mathrm{e}^{-\mathrm{j}k_x x}+A_4\mathrm{e}^{\mathrm{j}k_x x})(B_3\mathrm{e}^{-\mathrm{j}k_y y}+B_4\mathrm{e}^{\mathrm{j}k_y y})C_3\mathrm{e}^{-\mathrm{j}\beta z}$$

$$H_y=-\mathrm{j}\frac{\beta}{k_c^2}\frac{\partial H_z}{\partial y}=\frac{\beta k_y}{k_c^2}(A_3\mathrm{e}^{-\mathrm{j}k_x x}+A_4\mathrm{e}^{\mathrm{j}k_x x})(-B_3\mathrm{e}^{-\mathrm{j}k_y y}+B_4\mathrm{e}^{\mathrm{j}k_y y})C_3\mathrm{e}^{-\mathrm{j}\beta z}$$

将以上两式代入边界条件:$(\boldsymbol{a}_n\cdot\boldsymbol{H})|_S=0$,即$H_x|_{x=0,a}=0$,$H_y|_{y=0,b}=0$,可得

$$A_3=A_4,\qquad B_3=B_4,\qquad k_x=\frac{m\pi}{a},\qquad k_y=\frac{n\pi}{b} \tag{4.45}$$

式中,$m=0,1,2,\cdots,n=0,1,2,\cdots$。于是,式(4.44)变为

$$H_z=4A_3B_3C_3\cos k_x x\cos k_y y\,\mathrm{e}^{-\mathrm{j}\beta z}=H_0\cos\frac{m\pi}{a}x\cos\frac{n\pi}{b}y\,\mathrm{e}^{-\mathrm{j}\beta z} \tag{4.46}$$

式中,$H_0=4A_3B_3C_3$,由波导中 TE 模场的激励源确定。

将式(4.46)代入式(2.113),可得

$$\begin{aligned}\boldsymbol{E}_\mathrm{t}&=\frac{\mathrm{j}\omega\mu}{k_c^2}\mathbf{a}_z\times\nabla_\mathrm{t}H_z=\frac{\mathrm{j}\omega\mu}{k_c^2}\left(-\frac{\partial H_z}{\partial y}\mathbf{a}_x+\frac{\partial H_z}{\partial x}\mathbf{a}_y\right)=E_x\mathbf{a}_x+E_y\mathbf{a}_y\\&=\frac{\mathrm{j}\omega\mu}{k_c^2}H_0\left(\frac{n\pi}{b}\cos\frac{m\pi}{a}x\sin\frac{n\pi}{b}y\mathbf{a}_x-\frac{m\pi}{a}\sin\frac{m\pi}{a}x\cos\frac{n\pi}{b}y\mathbf{a}_y\right)\mathrm{e}^{-\mathrm{j}\beta z}\end{aligned} \tag{4.47a}$$

$$\begin{aligned}\boldsymbol{H}_\mathrm{t}&=\frac{-\mathrm{j}\beta}{k_c^2}\nabla_\mathrm{t}H_z=-\frac{\mathrm{j}\beta}{k_c^2}\left(\frac{\partial H_z}{\partial x}\mathbf{a}_x+\frac{\partial H_z}{\partial y}\mathbf{a}_y\right)=H_x\mathbf{a}_x+H_y\mathbf{a}_y\\&=\frac{\mathrm{j}\beta}{k_c^2}H_0\left(\frac{m\pi}{a}\sin\frac{m\pi}{a}x\cos\frac{n\pi}{b}y\mathbf{a}_x+\frac{n\pi}{b}\cos\frac{m\pi}{a}x\sin\frac{n\pi}{b}y\mathbf{a}_y\right)\mathrm{e}^{-\mathrm{j}\beta z}\end{aligned} \tag{4.47b}$$

从(4.46)和(4.47)两式可见,TE 模的各场分量沿波导的轴向也呈行波状态,在波导横

截面的 x,y 方向同样呈驻波分布。将不同的 m,n 值代入(4.46)和(4.47)两式即得到 TE 模的一组场分量表达式,即每一对 m,n 值对应着一种模式,记为TE_{mn}模(或TE_{mn}波,H_{mn}模)。显然,TE 模也有无穷多个。由于 m 和 n 同时取为零时,TE 模的全部分量都等于零。因此,TE_{mn}下标中的 m 和 n 不能同时为零,但与 TM 模不同,TE 模可以存在TE_{m0}和TE_{0n}模。由此可知,TE 模中的最低次模式为TE_{10}(因一般地,$a>2b$),而其余模式均为高次模式。此外,m 和 n 的意义与 TM 模的相同。

2. 传输特性

从上面的讨论可知,矩形波导中可传输TE_{mn}模和TM_{mn}模,这些模式沿波导的横截面为驻波分布,沿轴向为行波状态,且一般说来,波指数 m,n 不同,就有不同的场分布,从而具有不同的传输特性。下面讨论它们的传输特性。

1) 截止波长和截止频率

截止波长是表征波导中传输模式特性的一个重要的参量。矩形波导中TM_{mn}模和TE_{mn}模的截止波长具有相同的形式,即

$$\lambda_c = \frac{2\pi}{k_c} = \frac{2}{\sqrt{(m/a)^2 + (n/b)^2}} \tag{4.48}$$

可见,截止波长不仅与模式有关,而且与波导尺寸有关。

波导的截止特性也可用截止频率来描述,矩形波导的TM_{mn}模和TE_{mn}模的截止频率为

$$f_c = \frac{v}{\lambda_c} = \frac{v}{2}\sqrt{\left(\frac{m}{a}\right)^2 + \left(\frac{n}{b}\right)^2} = \frac{1}{2\sqrt{\mu\varepsilon}}\sqrt{\left(\frac{m}{a}\right)^2 + \left(\frac{n}{b}\right)^2} \tag{4.49}$$

显然,f_c 不仅与波导的尺寸和模式有关,而且与波导中填充媒质的电参数 μ 和 ε 有关。

根据导波在波导中的传输条件可知,当电磁波的波长或频率满足关系式 $\lambda<\lambda_c$(或 $f>f_c$)时,导波才可在矩形波导中传输。因此一般说来,不同的模式有不同的传输条件。但当 m 和 n 不为零时,TE_{mn}模和TM_{mn}模具有相同的截止波长(或截止频率),这种截止波长相同但模式不同的现象称为模式简并现象,对应的模式称为简并模式。在矩形波导中,因为分别与TE_{0n}和TE_{m0}模式相对应的TM_{0n}和TM_{m0}模不存在,所以TE_{0n}和TE_{m0}模是非简并模式,其余的TE_{mn}模和TM_{mn}模均存在简并模式。由于简并模式具有相同的传播常数,当波导中出现不均匀性或金属壁的电阻率较大时,相互之间易发生能量交换,从而造成能量损耗和相互干扰。因此,一般情况下应避免简并模式出现,但在个别场合简并模式也可得到利用。

从式(4.48)可见,当波导尺寸 a,b 一定时,波指数 m,n 越大,截止波长越短。当 $a>2b$ 时,在矩形波导所能存在的全部模式中,TE_{10}模的截止波长最长,称为最低次模式(或主模),其他模式则称为高次模式。当把矩形波导作为传输系统时,通常都采用主模作为工作模式,即单模传输,而高次模式应被抑制掉。

为了对矩形波导中各模式的截止波长有一个数量上的概念,图 4.5 示出了 BJ-32 波导($a\times b=(72.14\times 34.04)\,\mathrm{mm}^2$,详见附录 A)中各模式截止波长的分布。图中的阴影部分为截止区,在此范围内沿波导不能传播任何模式的导波,即所有的模式均处于截止状态。根据传输条件 $\lambda<\lambda_c$,从图中不难看出,当工作波长 $\lambda=10$ cm 时,这种波导中只能传输TE_{10}模;当

$\lambda=5$ cm 时，波导中可传输TE_{10}，TE_{20}，TE_{01}，TE_{11}和TM_{11}五种模式；当工作波长进一步减小时，波导中可传输更多的模式。由此可见，当波导的尺寸一定时，工作波长越短则波导中可能传输的模式就越多。因此，若要实现TE_{10}模的单模传输，则必须选择合适的工作波长，这里应取 $\lambda=10$ cm。反之，当工作波长给定时，要实现TE_{10}模的单模传输，则必须选择合适型号的波导。如当工作波长为 3 cm 时，要实现TE_{10}模的单模传输，则应选取 BJ－100 的矩形波导（$a\times b=(22.86\times10.16)\text{mm}^2$）。

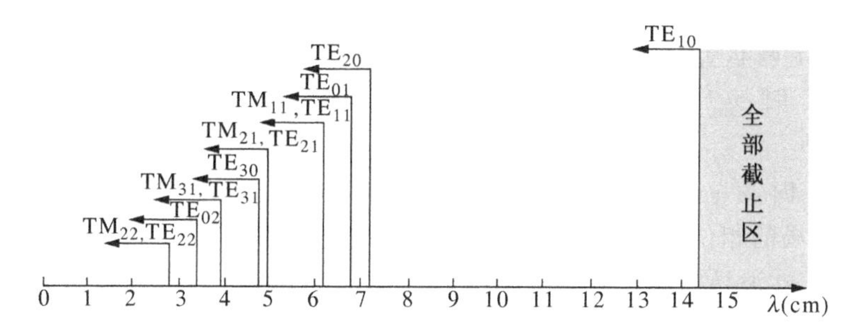

图 4.5　BJ－32 波导中几种低次模式的截止波长的分布图

2）相速与群速

根据式(2.123)可知，相速 v_p 为

$$v_p=\frac{v}{\sqrt{1-(\lambda/\lambda_c)^2}} \tag{4.50}$$

可见，相速与波导尺寸、模式以及频率有关。由于在一定尺寸的波导中传输某一模式的导波时，其相速与频率有关，所以矩形波导中传播的导波是色散波。根据式(2.131)可知，群速 v_g 为

$$v_g=v\sqrt{1-\left(\frac{\lambda}{\lambda_c}\right)^2} \tag{4.51}$$

3）波导波长

根据式(2.124)可知，波导波长 λ_g 为

$$\lambda_g=\frac{\lambda}{\sqrt{1-(\lambda/\lambda_c)^2}} \tag{4.52}$$

当矩形波导中填充相对介电常数为 ε_r 的无耗介质时，上式变为

$$\lambda_g=\frac{\lambda_0}{\sqrt{\varepsilon_r-(\lambda_0/\lambda_c)^2}} \tag{4.53}$$

4）波阻抗

由(2.112)和(2.115)两式可得 TM 模和 TE 模的波阻抗分别为

$$Z_{TM}=\frac{\beta}{\omega\varepsilon}=\sqrt{\frac{\mu}{\varepsilon}}\sqrt{1-\left(\frac{\lambda}{\lambda_c}\right)^2}=Z_{TEM}\frac{\lambda}{\lambda_g}=\eta\frac{\lambda}{\lambda_g} \tag{4.54}$$

$$Z_{TE}=\frac{\omega\mu}{\beta}=\frac{\sqrt{\mu/\varepsilon}}{\sqrt{1-(\lambda/\lambda_c)^2}}=Z_{TEM}\frac{\lambda_g}{\lambda}=\eta\frac{\lambda_g}{\lambda}\tag{4.55}$$

式中,$Z_{TEM}=\eta=\sqrt{\mu/\varepsilon}$,为 TEM 模的波阻抗。

5) 截止状态

通过前面的分析可知,当 $\lambda>\lambda_c$ 或 $f<f_c$ 时,矩形波导中截止模式的场具有以下特点:

(a) 传播常数 $\gamma=\alpha=\sqrt{k_c^2-k^2}$ 为正实数,电磁场沿 z 方向按 $e^{-\alpha z}$ 作指数衰减,即电磁场沿 z 方向呈交变衰减状态。

(b) 当 $\lambda\to\lambda_c$ 时,$v_p\to\infty$,$v_g\to0$,$\lambda_g\to\infty$;当 $\lambda>\lambda_c$ 时,v_p,v_g,λ_g 均为虚数,从而变得无意义。

(c) 当 $\lambda\to\lambda_c$ 时,$Z_{TE}\to\infty$,$Z_{TM}\to0$;当 $\lambda>\lambda_c$ 时,Z_{TE},Z_{TM}均为虚数,Z_{TE}呈感性,而 Z_{TM}呈容性。电场与磁场的相位相差90°,此时波导中沿 z 方向没有能量传输,只是场沿横向呈驻波分布,这相当于在波导横向发生谐振。因此,矩形波导的截止状态也称为矩形波导的横向谐振状态。

3. 矩形波导的主模—TE_{10}模(H_{10}模)

矩形波导通常工作在TE_{10}模单模传输情况,这是因为TE_{10}模是最低次模式,易于实现单模传输。同时,当工作波长一定时,传输TE_{10}模的波导尺寸最小;若波导尺寸一定,则实现单模传输的频带最宽。下面对TE_{10}模作进一步的讨论。

1) TE_{10}模的传输参量

将TE_{10}模的截止波长 $\lambda_c(=2a)$代入相速 v_p、群速 v_g、波导波长 λ_g 以及波阻抗 Z_{TE}的表达式(4.50)～(4.53)以及式(4.55),即可得到TE_{10}模的传输参量。

2) TE_{10}模的场结构

将 $m=1$,$n=0$ 及 $\lambda_c(=2a)$代入(4.47),可得TE_{10}模的各场分量表达式为

$$\left.\begin{aligned}H_x&=\mathrm{j}\frac{\beta a}{\pi}H_0\sin\frac{\pi}{a}x\,e^{-\mathrm{j}\beta z}\\H_z&=H_0\cos\frac{\pi}{a}x\,e^{-\mathrm{j}\beta z}\\E_y&=-\mathrm{j}\frac{\omega\mu a}{\pi}H_0\sin\frac{\pi}{a}x\,e^{-\mathrm{j}\beta z}\end{aligned}\right\}\tag{4.56}$$

以及其瞬时表达式为

$$\left.\begin{aligned}H_x&=-\frac{\beta a}{\pi}H_0\sin\frac{\pi}{a}x\sin(\omega t-\beta z)\\H_z&=H_0\cos\frac{\pi}{a}x\cos(\omega t-\beta z)\\E_y&=\frac{\omega\mu a}{\pi}H_0\sin\frac{\pi}{a}x\sin(\omega t-\beta z)\end{aligned}\right\}\tag{4.57}$$

根据TE_{10}模的场分量表达式可知,TE_{10}模的电场只有 E_y 分量,磁场只有 H_x 和 H_z 两个分量,并且电磁场沿 y 向没有变化。电场分量 E_y 沿 x 向呈正弦变化,沿波导的宽边有半个波

数的分布，即在 $x=0$ 和 $x=a$ 处 $E_y=0$；在 $x=a/2$ 处 E_y 出现最大值。此外，E_y 沿 z 向按正弦分布。这样，基于矢量线描绘电磁场的作图方法，图 4.6 示出了TE_{10}模的电力线的分布图。

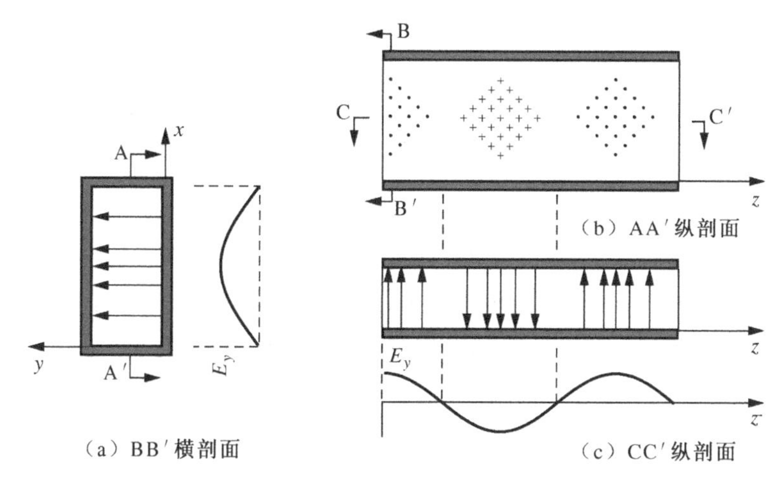

图 4.6　TE_{10}模的电场分布图

TE_{10}模的磁场分量 H_x 沿波导宽边呈正弦变化，也有半波数分布，即在 $x=0$ 和 $x=a$ 处 $H_x=0$，在 $x=a/2$ 处 H_x 出现最大值；H_z 沿波导宽边呈余弦变化，即在 $x=0$ 和 $x=a$ 处 H_z 出现极大值，在 $x=a/2$ 处 $H_z=0$。H_x 沿 z 向按正弦变化，而 H_z 沿 z 向则按余弦变化。根据 H_x 和 H_z 两个分量的变化规律，不难知道它们在 xOy 平面内应形成近似椭圆形状的闭合磁力线分布，如图 4.7 所示。

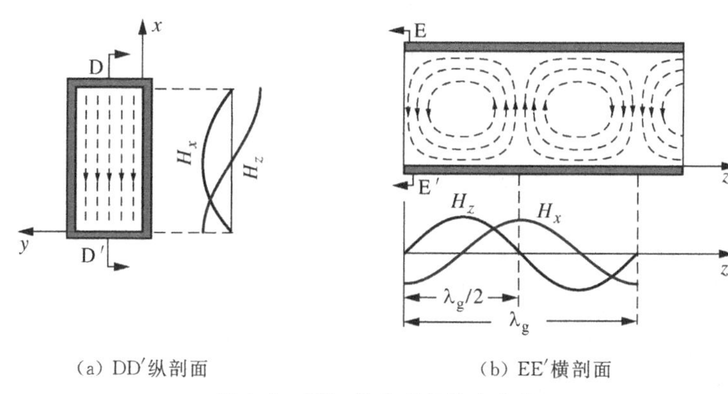

图 4.7　TE_{10}模的磁场的分布图

将上面得到的电场图形和磁场图形重叠在一起，就可得到TE_{10}模的场结构的剖面图，由剖面图不难推出其空间立体图形。图 4.8 示出了TE_{10}模在某一瞬间场结构的透视图。从图中可见，H_x 与 E_y 的极大值在同一截面上出现，根据坡印亭矢量与场量间的关系可知，导波沿波导轴向（z 向）按行波状态变化；H_z 与 E_y 的极大值沿波导轴向相差 $\lambda_g/4$ 的距离（两者相位差

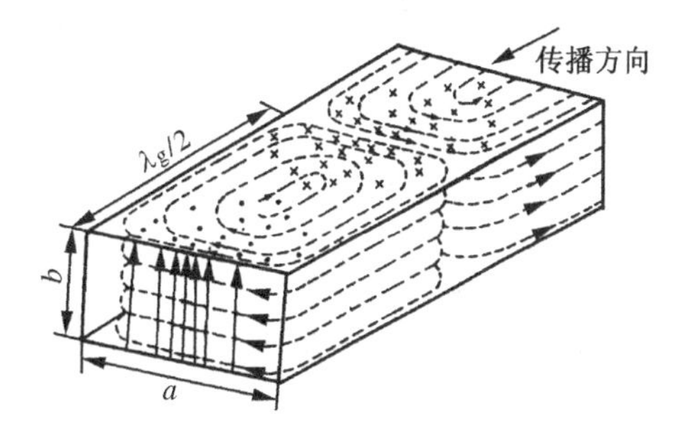

图 4.8　TE_{10}模电磁场结构的透视图

为 90°),这表明导波的场在波导横向呈驻波分布。

应指出,上面作出的TE_{10}模的场结构只是某瞬间的静止图像,若考虑其时变规律,则应为其电磁力线保持形状和相对位置不变,整个沿 z 轴以相速 v_p 运动。

3) TE_{10}模的面流分布

在微波频率上,由于趋肤效应,可认为在波导内壁上感应出的高频电流只在其内壁表面上流动。面电流的分布取决于波导内壁表面附近的磁场分布,即面电流密度 $\boldsymbol{J}_s$ 应满足以下关系:

$$\boldsymbol{J}_s = \boldsymbol{a}_n \times \boldsymbol{H}_\tau \tag{4.58}$$

式中 $\boldsymbol{a}_n$ 为波导内壁表面法线方向的单位矢量,$\boldsymbol{H}_\tau$ 是波导内壁表面处的切向磁场分量。这说明 $\boldsymbol{J}_s$ 的大小等于 $\boldsymbol{H}_\tau$ 的大小,而 $\boldsymbol{J}_s$ 的方向与 $\boldsymbol{H}_\tau$ 互相垂直,由 $\boldsymbol{J}_s$,$\boldsymbol{a}_n$ 和 $\boldsymbol{H}_\tau$ 构成的右手螺旋关系确定。

在 $y=0$ 处波导宽壁的上表面上,$\boldsymbol{a}_n=\mathbf{a}_y$,有

$$\boldsymbol{J}_s\big|_{y=0} = (\mathbf{a}_y \times \boldsymbol{H})\big|_{y=0} = \left(H_0\cos\frac{\pi}{a}x\,\mathbf{a}_x - \mathrm{j}\frac{\beta a}{\pi}H_0\sin\frac{\pi}{a}x\,\mathbf{a}_z\right)\mathrm{e}^{-\mathrm{j}\beta z} \tag{4.59}$$

在 $y=b$ 处波导宽壁的下表面上,$\boldsymbol{a}_n=-\mathbf{a}_y$,有

$$\boldsymbol{J}_s\big|_{y=b} = (-\mathbf{a}_y \times \boldsymbol{H})\big|_{y=b} = -\boldsymbol{J}_s\big|_{y=0} \tag{4.60}$$

在 $x=0$ 处波导窄壁的右表面上,$\boldsymbol{a}_n=\mathbf{a}_x$,有

$$\boldsymbol{J}_s\big|_{x=0} = (\mathbf{a}_x \times \boldsymbol{H})\big|_{x=0} = -H_0\mathrm{e}^{-\mathrm{j}\beta z}\mathbf{a}_y \tag{4.61a}$$

在 $x=a$ 处的波导窄壁的左表面上,$\boldsymbol{a}_n=-\mathbf{a}_x$,有

$$\boldsymbol{J}_s\big|_{x=a} = \boldsymbol{J}_s\big|_{x=0} = -H_0\mathrm{e}^{-\mathrm{j}\beta z}\mathbf{a}_y \tag{4.61b}$$

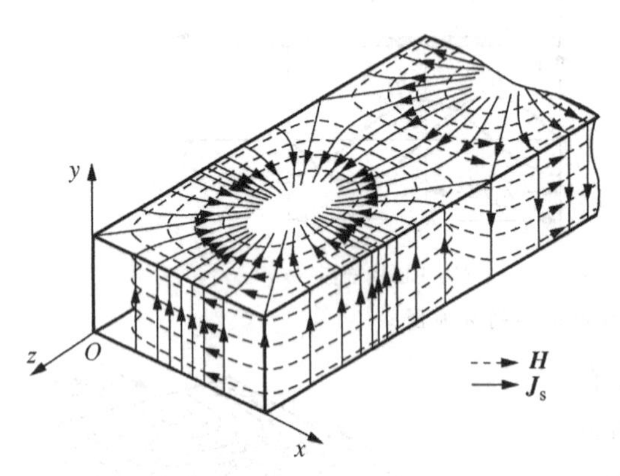

图 4.9　TE_{10}模在矩形波导管内壁上电流分布的立体图

可见,波导上、下宽壁内表面上的面电流由两个分量构成,总的电流是这两部分电流的叠加,而上、下宽壁内表面上的电流大小相等,方向相反;波导左、右窄壁内表面上的电流只有 y 向分量,且在两窄壁上电流的大小相等,方向相同。图 4.9 示出了TE_{10}模的面电流分布的立体图形。

由TE_{10}模的面电流分布可见,当矩形波导工作在TE_{10}模时,波导宽边中心开一纵向槽缝因不破坏电流分布而对场分布不产生影响。如图 4.10 所示微波测量中使用的(矩形)波导驻波测量线就是沿波导宽边中心开一纵向窄缝而制成的测量装置,用它可以测量波导中场的驻波分布图形。同样,在矩形波导窄壁上沿 y 向的窄缝也不会切断电流线,因此这样的窄缝也不会影响传输模式的场分布,且不会造成辐射。相反,当所开的槽缝切断电流线时,因其电流线被切断而影响电

流流通，从而破坏波导中的场分布，并将引起波导中导波的辐射和反射。常用的隙缝天线(详见第 8 章第 8.3 节)就是在矩形波导宽边中心的两侧开一系列纵向窄槽或在窄壁上开一系列交错斜缝制成的。

图 4.10　波导驻波测量线

例 4.2　一矩形波导尺寸 $a\times b=(23\times 10)\mathrm{mm}^2$，填充 $\varepsilon_r=9$ 的理想介质，波导中传输工作频率为 3 GHz 的 TE_{10} 模，求 TE_{10} 模的波导波长 λ_g、相速 v_p 以及波阻抗 $Z_{\mathrm{TE}_{10}}$。

解：因为工作波长 $\lambda_0=c/f=100$ mm，TE_{10} 模的截止波长 $\lambda_c=2a=46$ mm，因此 TE_{10} 模的波导波长 λ_g、相速 v_p 以及波阻抗 $Z_{\mathrm{TE}_{10}}$ 分别为

$$\lambda_g=\frac{\lambda}{\sqrt{1-(\lambda/2a)^2}}=\frac{\lambda_0}{\sqrt{\varepsilon_r-(\lambda_0/2a)^2}}=\frac{100}{\sqrt{9-(100/46)^2}}=48.370\qquad(\mathrm{mm})$$

$$v_p=\frac{v}{\sqrt{1-(\lambda/2a)^2}}=\frac{c}{\sqrt{\varepsilon_r-(\lambda_0/2a)^2}}=\frac{3\times 10^8}{\sqrt{9-(100/46)^2}}=1.451\times 10^8\qquad(\mathrm{m/s})$$

以及

$$Z_{\mathrm{TE}_{10}}=\frac{\eta}{\sqrt{1-(\lambda/2a)^2}}=\frac{\eta_0}{\sqrt{\varepsilon_r-(\lambda_0/2a)^2}}=\frac{377}{\sqrt{9-(100/46)^2}}=182.356\qquad(\Omega)$$

4) TE_{10} 模的等效阻抗

在工程实际中，通常要用到 TE_{10} 模的另一个阻抗——等效阻抗，记为 Z_e，其全称是等效特性阻抗。等效特性阻抗是将单模传输 TE_{10} 模矩形波导等效为均匀传输线而引出的一个等效参量，便于求解不同截面的 TE_{10} 模矩形波导连接时所引起的反射和匹配等问题。由于 TE_{10} 模矩形波导等效为均匀传输线时，等效传输线上的等效电压和等效电流不唯一，TE_{10} 模的等效阻抗也不唯一，因此可根据具体问题适当选取 TE_{10} 模的等效阻抗。

事实上，当矩形波导传输 TE_{10} 模时，若将等效阻抗 Z_e 选取为波阻抗 $Z_{\mathrm{TE}_{10}}$，则用这一等效阻抗来研究同尺寸的 TE_{10} 模波导的反射和匹配等问题，与实际情况是相符的。但当两段宽边尺寸 a 相同而窄边尺寸 b 不同的波导相互连接时，尽管两者的波阻抗相同，则因连接处存在不连续性会对入射波产生反射而不能获得匹配。在这种情况下，就不能用波阻抗作为等效阻抗使用。为了解决上述问题，人们对 TE_{10} 模矩形波导定义了一个等效阻抗。

由电路理论可知，TE_{10} 模矩形波导等效为传输线时的等效阻抗可有以下三种定义，即

① 电压与电流定义：

$$Z_{eUI}=\frac{U}{I}\tag{4.62a}$$

② 电压与功率定义：

$$Z_{eUP} = \frac{U^2}{2P} \tag{4.62b}$$

③ 电流与功率定义：

$$Z_{eIP} = \frac{2P}{I^2} \tag{4.62c}$$

式中，U，I 分别为复电压、复电流的(振)幅值。

对行波状态下矩形波导中的TE_{10}模而言，可定义$|E_y|_{x=a/2}$沿 y 方向从 0 到 b 的线积分为入射波的等效电压，即

$$U^+ = \int_0^b |E_y|_{x=a/2} \mathrm{d}y = bE_{10} \tag{4.63}$$

式中 $E_{10} = \eta(2a/\lambda)H_0$，是 E_y 分量在波导宽边中心处的幅值。定义波导一宽壁上$|H_x|$沿 x 方向从 0 到 a 的线积分为入射波的等效电流，即

$$I^+ = \int_0^a |H_x| \mathrm{d}x = \frac{2aE_{10}}{\pi Z_{TE_{10}}} \tag{4.64}$$

而当矩形波中传输TE_{10}模时，由式(2.134)可知通过波导横截面的入射波(平均)功率为

$$P^+ = \frac{Z_{TE_{10}}}{2}\int_0^a \int_0^b |H_x|^2 \mathrm{d}x\mathrm{d}y = \frac{abE_{10}^2}{4Z_{TE_{10}}} \tag{4.65}$$

将(4.63)、(4.64)和(4.65)三式分别代入(4.62)中的三式，并令 $U^+ = U$，$I^+ = I$ 及 $P^+ = P$，得

$$Z_{eUI} = \frac{\pi}{2}\frac{b}{a}\eta\frac{\lambda_g}{\lambda} = \frac{\pi}{2}\frac{b}{a}Z_{TE_{10}} \tag{4.66a}$$

$$Z_{eUP} = 2\frac{b}{a}\eta\frac{\lambda_g}{\lambda} = 2\frac{b}{a}Z_{TE_{10}} \tag{4.66b}$$

$$Z_{eIP} = \frac{\pi^2}{8}\frac{b}{a}\eta\frac{\lambda_g}{\lambda} = \frac{\pi^2}{8}\frac{b}{a}Z_{TE_{10}} \tag{4.66c}$$

以上三式表明，利用三种定义导出的TE_{10}模的等效阻抗并非相同，其原因在于所定义的电压没有真实的物理意义，位置也是任意选取的，从而使得TE_{10}模的传输功率与所定义的电压、电流没有物理上的内在联系。然而，尽管这三个表达式不同，但仅其系数不同，它们与波导尺寸和波长的关系却相同。为简单起见，通常只取与截面尺寸和波长有关的部分，即取

$$Z_e = \frac{b}{a}\eta\frac{\lambda_g}{\lambda} = \frac{b}{a}Z_{TE_{10}} \tag{4.67}$$

作为TE_{10}模的等效阻抗。当然，实际应用中，TE_{10}模的等效阻抗也常选取为波阻抗 $Z_{TE_{10}}$。

4. 矩形波导的传输功率和导体衰减

1) 传输功率

TE_{mn}模和TM_{mn}模(平均)传输功率可由式(2.134)得到,即

$$P_{TM,TE} = \frac{1}{2Z}\int_S |\boldsymbol{E}_t|^2 dS = \frac{Z}{2}\int_S |\boldsymbol{H}_t|^2 dS$$

式中,对TE_{mn}模,$Z=Z_{TE}$;对 TM 模,$Z=Z_{TM}$。

对TE_{10}模,其传输功率为

$$P_{TE_{10}} = \frac{1}{2Z_{TE_{10}}}\int_0^a\int_0^b |E_y|^2 dy dx = \frac{abE_{10}^2}{4Z_{TE_{10}}} \tag{4.68}$$

这就是式(4.65)。若以波导的击穿电场 E_{br}代替式(4.68)中的 E_{10},即得到波导传输TE_{10}模时的最大传输功率(或称功率容量)P_{br}为

$$P_{br} = \frac{abE_{br}^2}{4Z_{TE_{10}}} = \frac{abE_{br}^2}{4\eta}\sqrt{1-\left(\frac{\lambda}{2a}\right)^2} \tag{4.69}$$

当矩形波导以空气作为填充媒质时,因空气的击穿场强为 30 kV/cm,因此可得

$$P_{br} = 0.6ab\sqrt{1-\left(\frac{\lambda_0}{2a}\right)^2} \quad (\text{MW}) \tag{4.70}$$

式中,a,b 和 λ_0 单位均为 cm。

从式(4.69)可见,对TE_{10}模,波导截面尺寸越大,频率越高,则功率容量就越高;当 $\lambda/\lambda_c > 0.9$ 时,功率容量将急剧下降;当 $\lambda/\lambda_c = 1$ 时,功率容量等于零;当 $\lambda/\lambda_c < 0.5$时,则可能出现高次模式TE_{20}模,如图 4.11 所示。因此,为保证单模传输TE_{10}模,又兼顾到功率容量,应取

$$0.5 < \frac{\lambda}{\lambda_c} < 0.9 \quad 或 \quad a < \lambda < 1.8a \tag{4.71}$$

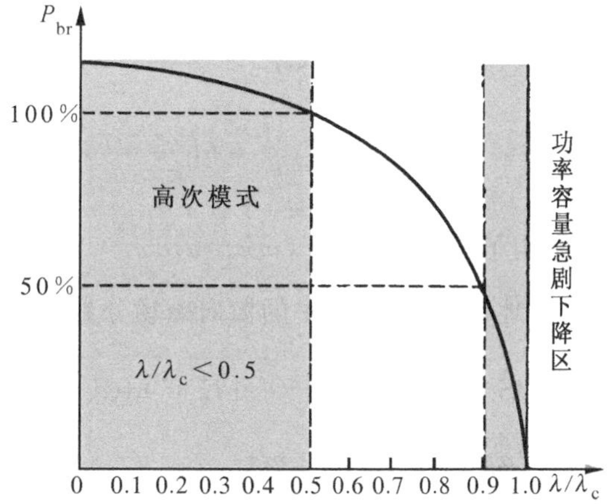

图 4.11　功率容量 P_{br}与 λ/λ_c 的关系曲线

应指出,上述的功率容量的表达式是在行波状态下导出的,当波导终端不匹配而使波导中有反射波存在时,则功率容量应由原来的 P_{br}变为 P'_{br},两者间的关系为

$$P'_{br} = \frac{P_{br}}{\rho} \tag{4.72}$$

式中,ρ 为电场的驻波系数。这表明,负载不匹配时功率容量将下降。

综上所述,要提高矩形波导中导波的功率容量,一方面要尽可能地实现负载与波导的匹配,这在大功率传输时尤为重要;另一方面应设法提高击穿场强 E_{br}。为此,可在波导内保持真空状态或充气,当其中气压高到几个大气压时,击穿场强将比通常情况下的 30 kV/cm 高出许多倍。反之,若波导内空气潮湿则会使击穿场强大为降低。此外,波导内壁表明有尘

埃、毛刺或波导中出现任何不均匀性都会降低功率容量。因此,在实际应用中应有一定的安全系数,一般传输功率不超过计算值的1/3至1/4。

2) 衰减

前面的讨论都假设波导壁是理想导体,其电导率为无穷大(即 $\sigma=\infty$),但实际的波导壁是由良导体制成,其电导率并非无穷大,高频电流在这种良导体壁上流过会产生功率损耗(即热损耗)。当波导中填充介质时,还会引起介质损耗,但一般情况下,波导以空气作为填充介质,其介质损耗很小,可以忽略不计。因此,这里仅讨论波导壁的有限电导率产生损耗而引起的衰减。

将矩形波导中TM_{mn}模和TE_{mn}模磁场的横向分量以及磁场在内壁表面处的切向分量代入式(2.145),即可导出传输TM_{mn}模和TE_{mn}模时的导体衰减的表达式。

对TM_{mn}模式,其横向磁场分量分别为

$$\left.\begin{aligned} H_x &= \frac{\mathrm{j}\omega\varepsilon}{k_c^2}\frac{n\pi}{b}E_0\sin\frac{m\pi}{a}x\cos\frac{n\pi}{b}y\,\mathrm{e}^{-\mathrm{j}\beta z} \\ H_y &= -\frac{\mathrm{j}\omega\varepsilon}{k_c^2}\frac{m\pi}{a}E_0\cos\frac{m\pi}{a}x\sin\frac{n\pi}{b}y\,\mathrm{e}^{-\mathrm{j}\beta z} \end{aligned}\right\} \tag{4.73}$$

将式(4.73)的横向磁场分量代入式(2.145)分子中的积分,可得

$$\begin{aligned} \oint_l |\boldsymbol{H}_\tau|^2\mathrm{d}l &= 2\int_0^a |H_x|^2\Big|_{y=0}\mathrm{d}x + 2\int_0^b |H_y|^2\Big|_{x=0}\mathrm{d}y \\ &= 2\int_0^a \left(\frac{\omega\varepsilon}{k_c^2}\frac{n\pi}{b}E_0\right)^2\sin^2\frac{m\pi}{a}x\,\mathrm{d}x + 2\int_0^b \left(\frac{\omega\varepsilon}{k_c^2}\frac{m\pi}{a}E_0\right)^2\sin^2\frac{n\pi}{b}y\,\mathrm{d}y \\ &= a\left(\frac{\omega\varepsilon}{k_c^2}\frac{n\pi}{b}E_0\right)^2 + b\left(\frac{\omega\varepsilon}{k_c^2}\frac{m\pi}{a}E_0\right)^2 \end{aligned} \tag{4.74}$$

式中,利用了积分:$\int_0^a \sin^2(m\pi x/\mathrm{a})\mathrm{d}x = \int_0^a \cos^2(m\pi x/\mathrm{a})\mathrm{d}x = a/2$,余同。

类似地,将式(4.73)中的横向磁场分量代入式(2.145)分母中的积分,可得

$$\begin{aligned} \int_S |\boldsymbol{H}_t|^2\mathrm{d}S &= \int_0^a\int_0^b (|H_x|^2+|H_y|^2)\mathrm{d}y\mathrm{d}x = \int_0^a\int_0^b \left(\frac{\omega\varepsilon}{k_c^2}\frac{n\pi}{b}E_0\right)^2\sin^2\frac{m\pi}{a}x\cos^2\frac{n\pi}{b}y\,\mathrm{d}y\mathrm{d}x \\ &+ \int_0^a\int_0^b \left(\frac{\omega\varepsilon}{k_c^2}\frac{m\pi}{a}E_0\right)^2\cos^2\frac{m\pi}{a}x\sin^2\frac{n\pi}{b}y\,\mathrm{d}y\mathrm{d}x = \frac{ab}{4}\left[\left(\frac{\omega\varepsilon}{k_c^2}\frac{n\pi}{b}E_0\right)^2 + \left(\frac{\omega\varepsilon}{k_c^2}\frac{m\pi}{a}E_0\right)^2\right] \end{aligned} \tag{4.75}$$

于是,将式(4.74)和式(4.75)代入式(2.145),即得TM_{mn}模的导体衰减为

$$(\alpha_c)_{\mathrm{TM}_{mn}} = \frac{2R_s}{b\eta\sqrt{1-(f_c/f)^2}}\frac{(b/a)^3m^2+n^2}{(b/a)^2m^2+n^2} \quad (\mathrm{Np/m}) \tag{4.76}$$

对TE_{mn}模式,其磁场分量分别为

$$\left.\begin{aligned} H_x &= \frac{\mathrm{j}\beta}{k_c^2}\frac{m\pi}{a}H_0\sin\frac{m\pi}{a}x\cos\frac{n\pi}{b}y\,\mathrm{e}^{-\mathrm{j}\beta z} \\ H_y &= \frac{\mathrm{j}\beta}{k_c^2}\frac{n\pi}{b}H_0\cos\frac{m\pi}{a}x\sin\frac{n\pi}{b}y\,\mathrm{e}^{-\mathrm{j}\beta z} \\ H_z &= H_0\cos\frac{m\pi}{a}x\cos\frac{n\pi}{b}y\,\mathrm{e}^{-\mathrm{j}\beta z} \end{aligned}\right\} \tag{4.77}$$

将式(4.77)中的对应磁场分量代入式(2.145)分子中的积分,可得

$$\oint_l |\boldsymbol{H}_\tau|^2 \mathrm{d}l = 2\int_0^a (|H_x|^2 + |H_z|^2)\Big|_{y=0} \mathrm{d}x + 2\int_0^b (|H_y|^2 + |H_z|^2)\Big|_{x=0} \mathrm{d}y$$

$$= 2\int_0^a \left[\left(\frac{\beta}{k_c^2}\frac{m\pi}{a}H_0\right)^2 \sin^2\frac{m\pi}{a}x + H_0^2\cos^2\frac{m\pi}{a}x\right]\mathrm{d}x +$$

$$2\int_0^b \left[\left(\frac{\beta}{k_c^2}\frac{n\pi}{b}H_0\right)^2 \sin^2\frac{n\pi}{b}y + H_0^2\cos^2\frac{n\pi}{b}y\right]\mathrm{d}y \tag{4.78}$$

$$= a\left[\left(\frac{\beta}{k_c^2}\frac{m\pi}{a}H_0\right)^2 + H_0^2\right] + b\left[\left(\frac{\beta}{k_c^2}\frac{m\pi}{a}H_0\right)^2 + H_0^2\right]$$

类似地,将式(4.77)中的横向磁场分量代入式(2.145)分母中的积分,可得

$$\int_S |\boldsymbol{H}_t|^2 \mathrm{d}S = \int_0^a\int_0^b (|H_x|^2 + |H_y|^2)\mathrm{d}y\mathrm{d}x = \int_0^a\int_0^b \left(\frac{\beta}{k_c^2}\frac{m\pi}{a}H_0\right)^2 \sin^2\frac{m\pi}{a}x\cos^2\frac{n\pi}{b}y\mathrm{d}y\mathrm{d}x$$

$$+\int_0^a\int_0^b \left(\frac{\beta}{k_c^2}\frac{n\pi}{b}H_0\right)^2 \cos^2\frac{m\pi}{a}x\sin^2\frac{n\pi}{b}y\mathrm{d}y\mathrm{d}x = \frac{ab}{4}\left[\left(\frac{\beta}{k_c^2}\frac{m\pi}{a}H_0\right)^2 + \left(\frac{\beta}{k_c^2}\frac{n\pi}{b}H_0\right)^2\right] \tag{4.79}$$

于是,将式(4.78)和式(4.79)代入式(2.145),即得TE_{mn}模的导体衰减为

$$(\alpha_c)_{\mathrm{TE}_{mn}} = \frac{2R_s}{b\eta\sqrt{1-(f_c/f)^2}}\left\{\left(1+\frac{b}{a}\right)\left(\frac{f_c}{f}\right)^2 + \left[1-\left(\frac{f_c}{f}\right)^2\right]\frac{(b/a)[(b/a)m^2+n^2]}{(b/a)^2m^2+n^2}\right\} \quad (\mathrm{Np/m}) \tag{4.80}$$

特别地,对TE_{10}模,有

$$(\alpha_c)_{\mathrm{TE}_{10}} = \frac{R_s}{120\pi b}\frac{1+(2b/a)(\lambda_0/2a)^2}{\sqrt{1-(\lambda_0/2a)^2}} \quad (\mathrm{Np/m}) \tag{4.81}$$

式中,假设矩形波导中填充的是空气。

由此可知,TE_{10}模的衰减最小,且对同一工作频率,b/a 愈大,其导体衰减就越小,但 b 的值受到单模传输条件的限制,一般取 b/a 约为 1/2;当矩形波导的材料(R_s)以及 a 一定时,$(\alpha_c)_{\mathrm{TE}_{10}}$与 b 和 f 有关,当工作频率接近于截止频率时,$(\alpha_c)_{\mathrm{TE}_{10}}$急剧增大,然后$(\alpha_c)_{\mathrm{TE}_{10}}$随工作频率的增加,先逐渐减小而后又逐渐增大,在某频率 $f_{\min}$处$(\alpha_c)_{\mathrm{TE}_{10}}$达最小值。可证明,$f_{\min}$具有以下表达形式:

$$f_{\min} = \left[\frac{6b+3a-\sqrt{(6b+3a)^2-8ab}}{4b}\right]^{-1/2}(f_c)_{\mathrm{TE}_{10}} \tag{4.82}$$

式中,$(f_c)_{\mathrm{TE}_{10}}$为TE_{10}模的截止频率。图 4.12(a)示出了TE_{10}模的导体衰减随频率 f 的变化曲线,而图 4.12(b)则示出了矩形波导中TE_{10},TE_{01},TM_{11}模的衰减常数随 λ/a 的变化曲线。

5. 矩形波导的尺寸选择

选择矩形波导尺寸的原则是:在给定工作频带内保证只传输主模,功率容量应尽可能高,导体衰减应尽可能小。

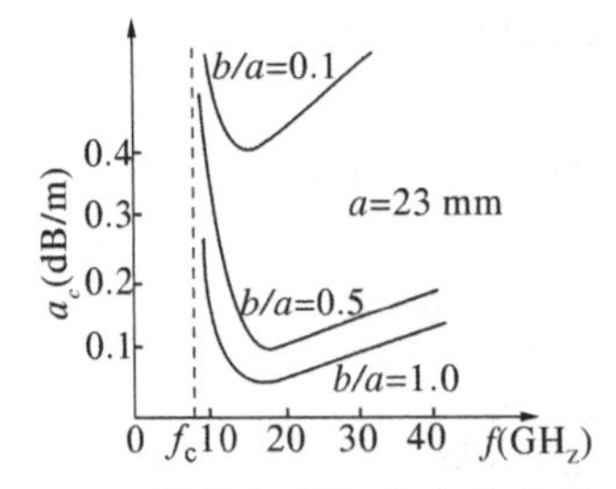

(a) TE_{10}模的衰减随f的变化曲线

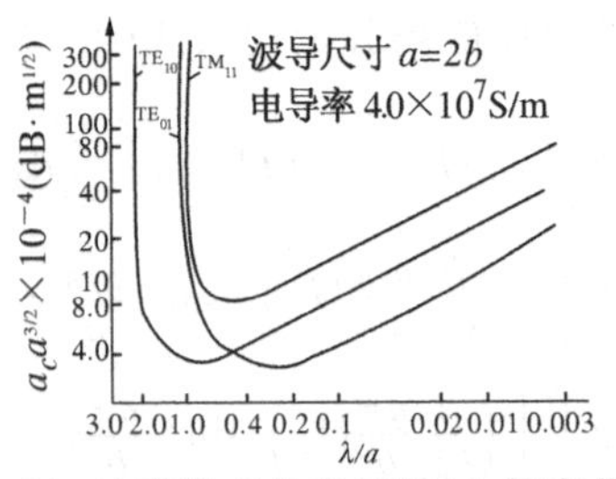

(b) 三种模式的衰减随λ/a的变化曲线

图 4.12　TE_{10}及其TE_{01}，TM_{11}模衰减常数随频率 f 或 λ/a 的变化曲线

如前所述，为保证TE_{10}模处于传输状态，应使

$$\lambda < (\lambda_c)_{TE_{10}} = 2a$$

但为了只传输TE_{10}模，则必须抑制TE_{20}模和TE_{01}模。为此应使

$$\left.\begin{aligned}\lambda &> (\lambda_c)_{TE_{20}} = a \\ \lambda &> (\lambda_c)_{TE_{01}} = 2b\end{aligned}\right\}$$

于是，由上述关系可得TE_{10}模的单模传输条件为

$$\frac{\lambda}{2} < a < \lambda, \qquad 0 < b < \frac{\lambda}{2} \tag{4.83}$$

为了避免出现高次模式，又可获得较大的功率容量，应使

$$a < \lambda < 1.8a$$

因功率容量同尺寸 b 成正比，为了获得较大的功率容量，显然尺寸 b 应选得大些。又考虑抑制高次模式，一般选 $b=a/2$ 或 b 稍小于 $a/2$。

再考虑到导体衰减尽可能小的要求，由式(4.81)可知，应使

$$\frac{\lambda}{2a} \leqslant 0.7, \qquad \frac{b}{a} = 0.5$$

综合上述条件，矩形波导的尺寸应选为

$$a = 0.7\lambda \tag{4.84}$$

$$b = (0.4 \sim 0.5)a \tag{4.85}$$

这样，根据工作波长由式(4.84)即可确定矩形波导的宽边尺寸，然后对照矩形波导的标准系列选用合适型号的波导。我国采用的标准波导见附录A，附录A中并提供了国外的标准。

例 4.3　一空气填充的矩形波导的尺寸为 $a\times b=(4.0\times 2.0)\text{cm}^2$，频率为 5 GHz 的电磁波以$TE_{10}$模传输，已知波导窄壁上面电流密度的幅值为 0.3 mA/m。求：① 波导中任意点处的平均功率密度矢量；② 若波导壁损耗引起的导体衰减常数 $\alpha_c=0.015$ Np/m，求波导中传输功率衰减一半时导波传播的距离。

解：① 因为 $f=5$ GHz，$\lambda_0=c/f=6$ cm，又知TE_{10}模在波导窄壁上的面电流密度的模值

为 $|\boldsymbol{J}_{sy}|=H_0=0.3\ \mathrm{mA/m}$。于是，由 TE_{10} 模场分量的复数表达式(4.56)，可得

$$\boldsymbol{S}_{av}=\mathrm{Re}\left[\frac{1}{2}\boldsymbol{E}\times\boldsymbol{H}^*\right]=\mathrm{Re}\left[\frac{1}{2}(E_y\mathbf{a}_y)\times(H_x\mathbf{a}_x+H_z\mathbf{a}_z)^*\right]=\frac{\beta\omega\mu_0}{2}\left(\frac{a}{\pi}\right)^2H_0^2\sin^2\left(\frac{\pi x}{a}\right)\mathbf{a}_z \tag{4.86}$$

又因为

$$(k_c)_{TE_{10}}=\frac{\pi}{a},\qquad (f_c)_{TE_{10}}=\frac{(k_c)_{TE_{10}}}{2\pi\sqrt{\mu_0\varepsilon_0}}=3.75\ \mathrm{GHz},$$

$$\beta_{TE_{10}}=\frac{2\pi}{\lambda_0}\sqrt{1-\left[\frac{(f_c)_{TE_{10}}}{f}\right]^2}=69.27\qquad \mathrm{rad/m}$$

因此，由式(4.86)可得

$$\boldsymbol{S}_{av}=1.99\times10^{-3}\sin^2(25\pi x)\mathbf{a}_z\qquad (\mathrm{W/m^2})$$

② 因为 $P=P_0\mathrm{e}^{-2\alpha_c z}$，所以

$$z=-\frac{1}{2(\alpha_c)_{TE_{10}}}\ln\left(\frac{P}{P_0}\right)=\frac{1}{2\times0.015}\ln\left(\frac{1}{2}\right)=23.10\qquad (\mathrm{m})$$

6. 矩形波导中高次模式的场结构

实际应用中，为了设计波导元件或组件，除了熟悉金属波导的传输特性外，还必须对金属波导中各高次模式的场结构(即电磁力线分布)有清晰的了解。这里先介绍矩形波导中高次模式场结构图的作图方法，而有关波导元件或组件则在第 7 章中讨论。

矩形波导中高次模式的场结构虽比 TE_{10} 模的复杂，但根据矩形波导中电、磁力线所遵循的规律和模式的特点、导波的传播特性以及已有作 TE_{10} 模场结构的经验，无需导出各模式的场分量表达式，也不难作出矩形波导中各高次模式的场结构图。下面以 TM_{11} 模为例加以说明。

(a) 由“TM”可知，电磁场量中没有 H_z 分量，即只有 E_x，E_y，E_z，H_x 和 H_y 五个分量。

(b) 由“TM_{11}”的第一个下标“1”可知，场分量沿 x 方向变化半个波数；由第二个下标“1”知，场分量沿 y 方向变化也为半个波数。

(c) 由边界条件可知，沿 x 方向，E_y，E_z 和 H_x 的振幅呈半个正弦分布，即这三个场分量在波导宽边中心处取最大值，在两窄壁处为零；H_y 和 E_x 则呈半个余弦分布，即这两个场分量在波导宽边中心处为零，在两窄壁处取最大值。沿 y 方向，H_y，E_x 和 E_z 呈半个正弦分布，即这三个场分量在波导窄边中心处取最大值，在两宽壁处为零；E_y 和 H_x 则呈半个余弦分布，即这两个分量在波导窄边中心处为零，在两宽壁处取最大值。

(d) 因磁场只有 H_x 和 H_y 两个分量，故合成磁力线应在横截面内闭合，且为一椭圆状，边缘密中心疏；因电场有 E_x，E_y 和 E_z 三个分量，故电力线应由波导的四壁发出，至中心变为 z 向，E_z 分量在波导轴线处最强。

(e) 根据电、磁力线的正交性和能流的方向性可知，电、磁力线在波导内部各点均正交，且方向满足坡印亭矢量方向。在 E_z 分量出现最大值处，无磁场分量存在，即 E_z 取得最大值的横截面与横向磁场取得最大值的横截面相距应为 $\lambda_g/4$(在同一观察时刻)。

(f) 场分布沿 z 向具有每隔 $\lambda_g/2$ 反向一次，每隔 λ_g 重复一次的特点。

据此可作出TM_{11}模的场结构如图 4.13 所示。

仿照作TM_{11}模场结构的方法,也可绘出TE_{11}模的场结构,如图 4.14 所示。

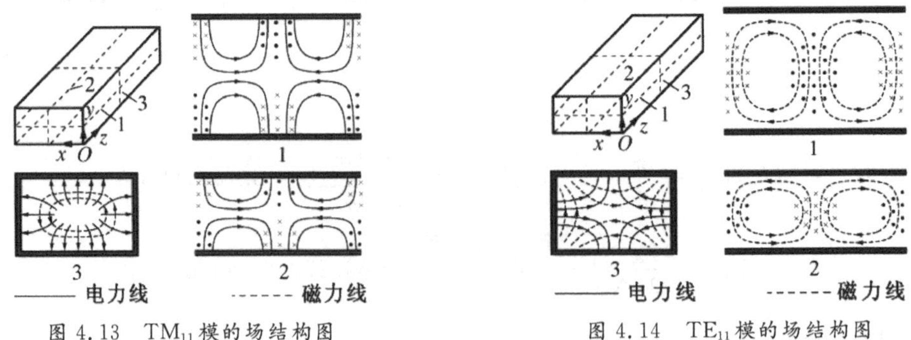

图 4.13 TM_{11}模的场结构图　　图 4.14 TE_{11}模的场结构图

有了TE_{10}模的场结构,不难由它推出TE_{m0}模的场结构。TE_{m0}模的场沿波导宽边变化 m 个半波数,沿窄边无变化。这样,沿波导宽边排列 m 个TE_{10}模的场结构即得到TE_{m0}模的场结构,因此TE_{10}模的场结构是TE_{m0}模的场结构的单元结构。但需注意的是,由于正、余弦函数的变化特性,相邻两个单元结构的电、磁力线方向应相反。图 4.15(a)示出了TE_{20}模在矩形波导横截面上的场分布图。

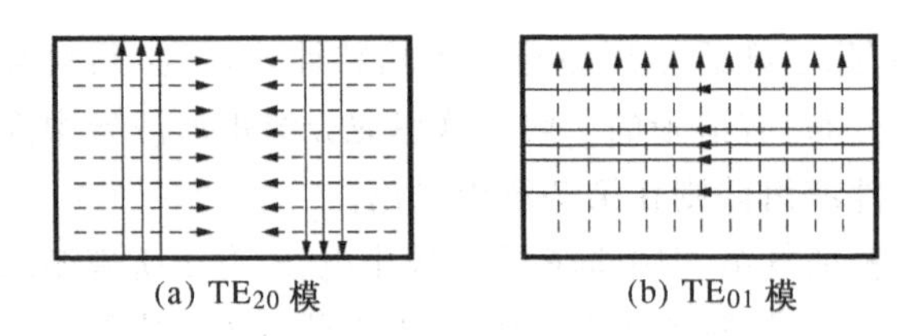

图 4.15 TE_{20}模和TE_{01}模在矩形波导横截面上的场结构图

由于TE_{01}模有 E_x, H_z 和 H_y 三个场分量,与TE_{10}模相比,仅电场和磁场所在平面旋转了 90°,因此TE_{01}模的场结构可由TE_{10}模的场结构以波导轴为轴旋转 90°而得到,如图 4.15(b)所示。这样,将TE_{01}模的场结构作为单元结构,可推出TE_{0n}模的场结构。它可由沿波导窄边排列 n 个TE_{01}模的场结构而构成。

类似地,将TM_{11}和TE_{11}两个模式的场结构作为单元结构,也可推出TM_{mn}模和TE_{mn}模的场结构。TM_{mn}模的场结构可由沿波导宽边排列 m 个,沿窄边排列 n 个TM_{11}模的场结构而组成;TE_{mn}模的场结构可由沿波导宽边排列 m 个,沿窄边排列 n 个TE_{11}模的场结构而组成。图 4.16 中分别给出了TM_{21}模和TE_{21}模的场结构图。

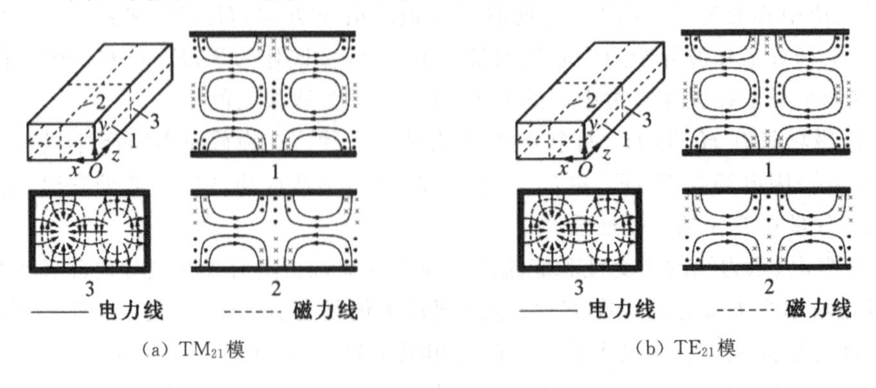

(a) TM_{21}模　　(b) TE_{21}模

图 4.16 TM_{21}模和TE_{21}模的场结构图

仿照TE_{10}模的面电流分布的画法，也可画出一些高次模式的面电流分布图。因 TM 模的磁力线均处于横截面内，故这类模式的面电流的电流线在波导内壁表面上只沿 z 向分布。

4.1.3　圆形波导

圆形金属波导(简称圆波导)是内半径为 R 的圆形金属管，如图 4.17 所示。圆波导也是应用较为广泛的一种金属波导，它可被用在天线的馈线和远距离多路通信系统中，也可用一段圆波导来构成圆柱形谐振腔和一些微波元件。

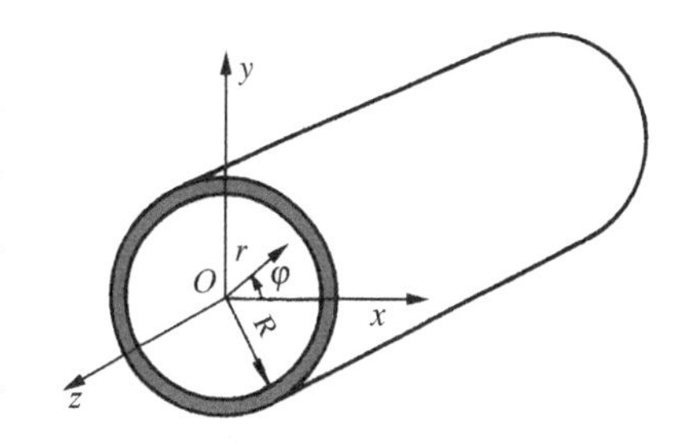

图 4.17　圆波导与圆柱坐标系

这种波导采用圆柱坐标系分析较为方便。其分析方法与矩形波导的分析方法一样，即，先根据圆波导中电磁场纵向分量满足的方程和边界条件确定纵向场分量，再利用纵向场分量导出波导中模式的横向场分量，最后分析圆波导的传输特性。

1. 亥姆霍兹方程在圆柱坐标系中的解

根据式(2.61)和式(2.62)可知，圆波导中纵向场分量的横向分布函数 $E_z(T)$ 和 $H_z(T)$ 应满足标量亥姆霍兹方程(2.69)。在圆柱坐标系中，由于 $\nabla_t^2=\dfrac{\partial^2}{\partial r^2}+\dfrac{1}{r}\dfrac{\partial}{\partial r}+\dfrac{1}{r^2}\dfrac{\partial^2}{\partial\varphi^2}$，因此式(2.69)变为

$$\left(\frac{\partial^2}{\partial r^2}+\frac{1}{r}\frac{\partial}{\partial r}+\frac{1}{r^2}\frac{\partial^2}{\partial\varphi^2}\right)\begin{Bmatrix}E_z(T)\\H_z(T)\end{Bmatrix}+k_c^2\begin{Bmatrix}E_z(T)\\H_z(T)\end{Bmatrix}=0 \tag{4.87}$$

这里先讨论 $E_z(T)$ 的求解。采用分离变量法，令

$$E_z(T)=E_z(r,\varphi)=R(r)\Phi(\varphi)$$

代入式(4.87)，两边同乘以 $r^2/(R\Phi)$，并移项得

$$\frac{r^2}{R}\frac{\mathrm{d}^2R}{\mathrm{d}r^2}+\frac{r}{R}\frac{\mathrm{d}R}{\mathrm{d}r}+k_c^2r^2=-\frac{1}{\Phi}\frac{\mathrm{d}^2\Phi}{\mathrm{d}\varphi^2} \tag{4.88}$$

等式左端仅是 r 的函数，右端仅是 φ 的函数。因在圆波导横截面的任意点上，上式都应得到满足，故只有两端同等于一常数。设此常数为 m^2，则可得到下面两个二阶线性齐次的常微分方程：

$$r^2\frac{\mathrm{d}^2R}{\mathrm{d}r^2}+r\frac{\mathrm{d}R}{\mathrm{d}r}+[(k_cr)^2-m^2]R=0 \tag{4.89}$$

$$\frac{\mathrm{d}^2\Phi}{\mathrm{d}\varphi^2}+m^2\Phi=0 \tag{4.90}$$

方程(4.89)是带参数为 k_c 的贝塞尔方程，其通解为

$$R(r)=A_1\mathrm{J}_m(k_cr)+A_2\mathrm{N}_m(k_cr) \tag{4.91}$$

式中，$\mathrm{J}_m(k_cr)$ 为第一类 m 阶贝塞尔函数，$\mathrm{N}_m(k_cr)$ 为第二类 m 阶贝塞尔函数(诺伊曼

(Neumann)函数)。

方程(4.90)的通解为

$$\Phi(\varphi)=B_1\cos m\varphi+B_2\sin m\varphi \qquad 或 \qquad \Phi(\varphi)=B\cos(m\varphi-\varphi_0) \tag{4.92}$$

式中,$B=\sqrt{B_1^2+B_2^2}$,$\varphi_0=\arctan(B_2/B_1)$,而 φ_0 为场结构的初始角,因此

$$E_z(r,\varphi)=R(r)\Phi(\varphi)=[A_1\mathrm{J}_m(k_c r)+A_2\mathrm{N}_m(k_c r)](B_1\cos m\varphi+B_2\sin m\varphi)$$

由于 E_z 是 z 的函数,$Z(z)$的解的形式仍为$(C_1\mathrm{e}^{-\mathrm{j}\beta z}+C_2\mathrm{e}^{\mathrm{j}\beta z})$,于是上式变为

$$E_z=E_z(r,\varphi,z)=[A_1\mathrm{J}_m(k_c r)+A_2\mathrm{N}_m(k_c r)](B_1\cos m\varphi+B_2\sin m\varphi)(C_1\mathrm{e}^{-\mathrm{j}\beta z}+C_2\mathrm{e}^{\mathrm{j}\beta z}) \tag{4.93}$$

同理可得

$$H_z=H_z(r,\varphi,z)=[A_3\mathrm{J}_m(k_c r)+A_4\mathrm{N}_m(k_c r)](B_3\cos m\varphi+B_4\sin m\varphi)(C_3\mathrm{e}^{-\mathrm{j}\beta z}+C_4\mathrm{e}^{\mathrm{j}\beta z}) \tag{4.94}$$

根据圆波导中场的特点可对以上两式进行简化:(a)由于当 $0\leqslant r<R$ 时,E_z,H_z 应为有限值,但当 $r\to 0$,$\mathrm{N}_m(k_c r)\to-\infty$,因此圆波导中场的径向分布函数不能包含 $\mathrm{N}_m(k_c r)$项,否则场将趋于无穷大。所以,应取 $A_2=0$,$A_4=0$;(b)由于圆波导具有轴对称性,因此初始角 φ_0 可任意选取,即场的极化面是任意的,所以 φ_0 无法确定,也即无法确定 B_1 和 B_2(或 B_3 和 B_4)的比值。但任何极化方向的场都可由偶对称场 $\cos m\varphi$ 和奇对称场 $\sin m\varphi$(即 $\varphi_0=0$ 和 $\varphi_0=\pi/2$)叠加而成,因此可将圆波导中场的周向关系写成偶对称和奇对称两种基本形式,记为$\begin{Bmatrix}\cos m\varphi\\ \sin m\varphi\end{Bmatrix}$;(c)当 r 和 z 一定时,由于坐标 φ 旋转360°(2π 弧度)变为$(2\pi+\varphi)$后,圆波导中电磁场的大小和方向不变,因此 m 必须取零或正整数,即 $m=0,1,2,\cdots$;(d)若只考虑沿正 z 方向传播的行波,则 $C_2=0$,$C_4=0$。综上所述,圆波导中 E_z 和 H_z 的表达式可简化为

$$E_z=E_0\mathrm{J}_m(k_c r)\begin{Bmatrix}\cos m\varphi\\ \sin m\varphi\end{Bmatrix}\mathrm{e}^{-\mathrm{j}\beta z}, \qquad m=0,1,2,\cdots \tag{4.95}$$

$$H_z=H_0\mathrm{J}_m(k_c r)\begin{Bmatrix}\cos m\varphi\\ \sin m\varphi\end{Bmatrix}\mathrm{e}^{-\mathrm{j}\beta z}, \qquad m=0,1,2,\cdots \tag{4.96}$$

式中,$E_0=A_1BC_1$,$H_0=A_3BC_3$,分别为与圆波导中场的激励有关的常数。

2. 圆波导中的模式

同矩形波导一样,圆波导也有两类传输模式,即TM模和TE模。下面分别对它们进行讨论。

1) TM模(E模)

对于TM模,因 $H_z=0$,$E_z\neq0$,将式(4.95)代入式(2.110),可得场的横向分量为

$$\begin{aligned}\boldsymbol{E}_t&=-\frac{\mathrm{j}\beta}{k_c^2}\nabla_t E_z=-\frac{\mathrm{j}\beta}{k_c^2}\left(\frac{\partial E_z}{\partial r}\boldsymbol{a}_r+\frac{1}{r}\frac{\partial E_z}{\partial\varphi}\boldsymbol{a}_\varphi\right)=E_r\boldsymbol{a}_r+E_\varphi\boldsymbol{a}_\varphi\\&=-\frac{\mathrm{j}\beta}{k_c}E_0\mathrm{J}_m'(k_c r)\begin{Bmatrix}\cos m\varphi\\ \sin m\varphi\end{Bmatrix}\mathrm{e}^{-\mathrm{j}\beta z}\boldsymbol{a}_r\pm\frac{\mathrm{j}\beta m}{k_c^2 r}E_0\mathrm{J}_m(k_c r)\begin{Bmatrix}\sin m\varphi\\ \cos m\varphi\end{Bmatrix}\mathrm{e}^{-\mathrm{j}\beta z}\boldsymbol{a}_\varphi\end{aligned} \tag{4.97a}$$

$$\boldsymbol{H}_t = -\frac{j\omega\varepsilon}{k_c^2}\mathbf{a}_z \times \nabla_t E_z = -\frac{j\omega\varepsilon}{k_c^2}\left(-\frac{1}{r}\frac{\partial E_z}{\partial \varphi}\boldsymbol{a}_r + \frac{\partial E_z}{\partial r}\boldsymbol{a}_\varphi\right) = H_r\boldsymbol{a}_r + H_\varphi\boldsymbol{a}_\varphi$$
$$= \mp\frac{j\omega\varepsilon m}{k_c^2 r}E_0 J_m(k_c r)\begin{Bmatrix}\sin m\varphi\\ \cos m\varphi\end{Bmatrix}e^{-j\beta z}\boldsymbol{a}_r - \frac{j\omega\varepsilon}{k_c}E_0 J_m'(k_c r)\begin{Bmatrix}\cos m\varphi\\ \sin m\varphi\end{Bmatrix}e^{-j\beta z}\boldsymbol{a}_\varphi \tag{4.97b}$$

式中，k_c 由边界条件确定。

由于当 $r=R$ 时，$E_z=0$，$E_\varphi=0$，因此有

$$J_m(k_c R) = 0 \tag{4.98}$$

而第一类 m 阶贝塞尔函数 $J_m(k_c R)=0$ 的根有无穷多个，设 ν_{mn} 为第一类 m 阶贝塞尔函数的第 n 个根，则有

$$k_c R = \nu_{mn} \text{ 或 } k_c = \frac{\nu_{mn}}{R} \tag{4.99}$$

式中，$n=1,2,\cdots$。ν_{mn} 的值见表 4.1，如 $\nu_{01}=2.405$，$\nu_{11}=3.832$ 等。

表 4.1　部分 ν_{mn} 的值

m \ n	1	2	3
0	2.405	5.520	8.654
1	3.832	7.016	10.173
2	5.135	8.417	11.620
3	6.379	9.761	12.015

由此可见，对每一个贝塞尔函数的根 ν_{mn}，就有一个固定的 TM 模式存在，也即不同的 m，n 值代表不同的模式，记为 TM_{mn} 模(或 E_{mn} 模)。由于贝塞尔函数的根 ν_{mn} 有无穷多个，所以圆波导中可存在的模式也有无穷多个。这些模式中 m 可以为零，而 n 不能为零，即 TM_{m0} 模不存在，而 TM_{0n} 模则存在。TM_{01} 模是 TM 模中的最低次模式。

由 TM 模的场量表达式可知，场量沿周向和径向都呈驻波分布，且沿周向按三角函数分布，沿径向则按贝塞尔函数或其导数分布。m 除表示贝塞尔函数的阶数外，还表示场量沿周向分布的波数；n 除表示贝塞尔函数或其导数的根的序号外，还表示场量沿径向分布的半波数(或场量出现极大值的个数)。

2) TE 模(H 模)

对于 TE 模，将式(4.96)代入式(2.113)，可得到电磁场的横向分量为

$$\boldsymbol{E}_t = \frac{j\omega\mu}{k_c^2}\mathbf{a}_z \times \nabla_t H_z = \frac{j\omega\mu}{k_c^2}\left(-\frac{1}{r}\frac{\partial H_z}{\partial \varphi}\boldsymbol{a}_r + \frac{\partial H_z}{\partial r}\boldsymbol{a}_\varphi\right) = E_r\boldsymbol{a}_r + E_\varphi\boldsymbol{a}_\varphi$$
$$= \pm\frac{j\omega\mu m}{k_c^2 r}H_0 J_m(k_c r)\begin{Bmatrix}\sin m\varphi\\ \cos m\varphi\end{Bmatrix}e^{-j\beta z}\boldsymbol{a}_r + \frac{j\omega\mu}{k_c}H_0 J_m'(k_c r)\begin{Bmatrix}\cos m\varphi\\ \sin m\varphi\end{Bmatrix}e^{-j\beta z}\boldsymbol{a}_\varphi \tag{4.100a}$$

$$\boldsymbol{H}_{\mathrm{t}} = -\frac{\mathrm{j}\beta}{k_{\mathrm{c}}^{2}}\nabla_{\mathrm{t}}H_{z} = -\frac{\mathrm{j}\beta}{k_{\mathrm{c}}^{2}}\left(\frac{\partial H_{z}}{\partial r}\boldsymbol{a}_{r} + \frac{1}{r}\frac{\partial H_{z}}{\partial \varphi}\boldsymbol{a}_{\varphi}\right) = H_{r}\boldsymbol{a}_{r} + H_{\varphi}\boldsymbol{a}_{\varphi}$$
$$= -\frac{\mathrm{j}\beta}{k_{\mathrm{c}}}H_{0}\mathrm{J}_{m}'(k_{\mathrm{c}}r)\begin{Bmatrix}\cos m\varphi\\ \sin m\varphi\end{Bmatrix}\mathrm{e}^{-\mathrm{j}\beta z}\boldsymbol{a}_{r} \pm \frac{\mathrm{j}\beta m}{k_{\mathrm{c}}^{2}r}H_{0}\mathrm{J}_{m}(k_{\mathrm{c}}r)\begin{Bmatrix}\sin m\varphi\\ \cos m\varphi\end{Bmatrix}\mathrm{e}^{-\mathrm{j}\beta z}\boldsymbol{a}_{\varphi} \tag{4.100b}$$

式中,k_c 也由边界条件确定。

由于当 $r=R$ 时,$E_\varphi=0$,因此由式(4.100a),有

$$\mathrm{J}_m'(k_c R) = 0 \tag{4.101}$$

设 μ_{mn} 为第一类 m 阶贝塞尔函数导数的第 n 个根,则得

$$k_c R = \mu_{mn} \qquad 或 \qquad k_c = \frac{\mu_{mn}}{R} \tag{4.102}$$

式中,$n=1,2,\cdots$。μ_{mn} 的值见表 4.2,如 $\mu_{11}=1.841$,$\mu_{21}=3.054$,$\mu_{01}=3.832$ 等。

表 4.2 部分 μ_{mn} 的值

m \ n	1	2	3
0	3.832	7.016	10.173
1	1.841	5.332	8.536
2	3.054	6.705	9.969
3	4.201	8.015	11.346

由此可见,圆波导中的 TE 模式也有无穷多个,不同的 m,n 值代表不同的模式,记为 TE_{mn} 模(或 H_{mn} 模)。TE_{m0} 模不存在,而 TE_{0n} 模则存在。TE_{11} 模是 TE_{mn} 模中的最低次模式。

3. 传输特性

同矩形波导的情况一样,只要求得圆波导中模式的截止波长,即可得到圆波导中传输模式的传输特性。

由(4.99)和(4.102)两式可分别得到 TM 模和 TE 模的截止波长分别为

$$(\lambda_c)_{\mathrm{TM}_{mn}} = \frac{2\pi R}{\nu_{mn}} \tag{4.103}$$

$$(\lambda_c)_{\mathrm{TE}_{mn}} = \frac{2\pi R}{\mu_{mn}} \tag{4.104}$$

从以上两式可见,截止波长 λ_c 随圆波导的半径 R 和波指数 m,n 的变化而变化。图 4.18 示出了圆波导中几个低次模式的截止波长的分布情况。在所有的模式中,TE_{11} 模的截止波长最长,其截止波长 $(\lambda_c)_{\mathrm{TE}_{11}}=3.41R$。因此,$\mathrm{TE}_{11}$ 模是圆波导中的最低次模式,其次为 TM_{01} 模,其截止波长 $(\lambda_c)_{\mathrm{TM}_{01}}=2.61R$。显然,当工作波长满足 $2.61R<\lambda<3.41R$ 时,圆波导中只传输 TE_{11} 模。当工作波长缩短到小于 $2.61R$ 时,TM_{01} 模也可以传输。工作波长越短,所能传输的模式就越多。所以,圆波导和矩形波导一样也具有高通特性。

圆波导中的模式也有简并现象：一种是TE_{0n}和TM_{1n}模简并，这两种模式的m值不同，场结构不同，但它们的截止波长相同；另一种称为"极化简并"，这是因为场分量沿周向（φ向）的分布存在着$\cos m\varphi$和$\sin m\varphi$两种可能性，这两种分布模式的m,n值及场结构完全一样，只是极化面旋转了90°，故称为极化简并。可见，除TE_{0n}和TM_{0n}模以外的其他模式均存在极化简并现象。

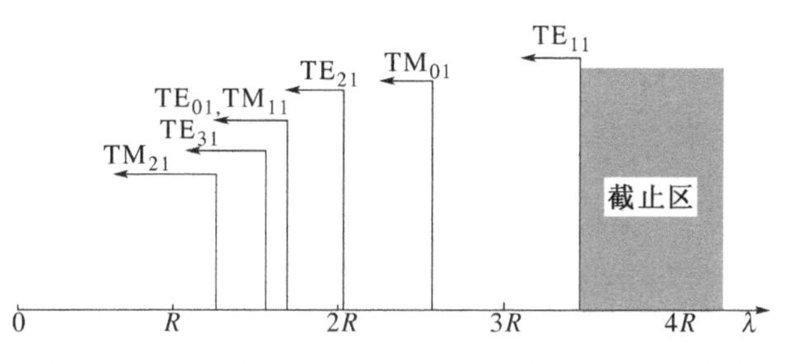

图 4.18　圆波导中几个低次模式的截止波长的分布情况

根据TM_{mn}模和TE_{mn}模的截止波长公式，即可导出与它们相对应的相移常数β、相速v_p、群速v_g、波导波长λ_g和波阻抗Z的表达式，这里不再赘述。

4. 圆波导的传输功率、衰减与尺寸选择

1）传输功率

根据式(2.134)，可导出圆波导中TE_{mn}模和TM_{mn}模沿z向的（平均）传输功率分别为

$$P_{TE_{mn}}=\frac{\pi R^2}{2\delta_m}\left(\frac{\beta}{k_c}\right)^2 H_0^2 Z_{TE_{mn}}\left(1-\frac{m^2}{k_c^2R^2}\right)J_m^2(k_cR) \tag{4.105}$$

$$P_{TM_{mn}}=\frac{\pi R^2}{2\delta_m}\left(\frac{\beta}{k_c}\right)^2 \frac{E_0^2}{Z_{TM_{mn}}}J'^2_m(k_cR) \tag{4.106}$$

式中，$\delta_m=\begin{cases}2, m\neq 0\\1, m=0\end{cases}$。读者可自行证明以上两式。

2）导体衰减

由式(2.145)可分别导出圆波导中TE_{mn}模和TM_{mn}模的导体衰减。具体地，对TM_{mn}模式，因圆波导的横向磁场分量分别为

$$\left.\begin{aligned}H_r&=\mp \mathrm{j}\frac{\omega\varepsilon m}{k_c^2 r}E_0 J_m(k_c r)\begin{Bmatrix}\sin m\varphi\\ \cos m\varphi\end{Bmatrix}e^{-\mathrm{j}\beta z}\\ H_\varphi&=-\mathrm{j}\frac{\omega\varepsilon}{k_c}E_0 J_m'(k_c r)\begin{Bmatrix}\cos m\varphi\\ \sin m\varphi\end{Bmatrix}e^{-\mathrm{j}\beta z}\end{aligned}\right\} \tag{4.107}$$

将式(4.107)中的横向磁场分量代入式(2.145)分子中的积分，可得

$$\begin{aligned}\oint_l |\boldsymbol{H}_\tau|^2 \mathrm{d}l&=\int_0^{2\pi}|H_\varphi|^2|_{r=R}\mathrm{d}l=\int_0^{2\pi}\left(\frac{\omega\varepsilon E_0}{k_c}\right)^2 J'^2_m(k_c r)\begin{Bmatrix}\cos^2 m\varphi\\ \sin^2 m\varphi\end{Bmatrix}\Bigg|_{r=R} R\mathrm{d}\varphi\\ &=\pi\left(\frac{\omega\varepsilon E_0}{k_c}\right)^2 RJ'^2_m(k_cR)\end{aligned} \tag{4.108}$$

式中，利用了积分：$\int_0^{2\pi}\sin^2 m\varphi\mathrm{d}\varphi=\int_0^{2\pi}\cos^2 m\varphi\mathrm{d}\varphi=\pi$。

类似地，将式(4.107)中的横向磁场分量代入式(2.145)分母中的积分，可得

$$\int_S |\boldsymbol{H}_t|^2 \mathrm{d}S = \int_0^{2\pi}\int_0^R (|H_r|^2 + |H_\varphi|^2) r\mathrm{d}r\mathrm{d}\varphi$$
$$= \pi\left(\frac{\omega\varepsilon E_0}{k_c}\right)^2 \int_0^R [\mathrm{J}'^2_m(k_c r) + \frac{m^2}{k_c^2 r^2}\mathrm{J}_m^2(k_c r)] r\mathrm{d}r = \pi\left(\frac{\omega\varepsilon E_0}{k_c}\right)^2 I \tag{4.109}$$

式中

$$I = \int_0^R [\mathrm{J}'^2_m(k_c r) + \frac{m^2}{k_c^2 r^2}\mathrm{J}_m^2(k_c r)] r\mathrm{d}r \tag{4.110}$$

在式(4.110)中,利用贝塞尔函数的以下递推公式:$\mathrm{J}'_m(x) = \mathrm{J}_{m-1}(x) - (m^2/x)\mathrm{J}_m(x)$,$x\mathrm{J}'_m(x) + m\mathrm{J}_m(x) = x\mathrm{J}_{m-1}(x)$以及洛梅尔(Lomel)积分公式

$$\int_0^a [x\mathrm{J}_m^2(kx)]\mathrm{d}x = \frac{a^2}{2}\left[\mathrm{J}'^2_m(ka) + \left(1 - \frac{m^2}{k^2 a^2}\right)\mathrm{J}_m^2(ka)\right] \tag{4.111}$$

可得

$$I = \int_0^R [\mathrm{J}_{m-1}^2(k_c r) - \frac{2m}{k_c r}\mathrm{J}_m(k_c r)\mathrm{J}_{m-1}(k_c r) + \frac{2m^2}{k_c^2 r^2}\mathrm{J}_m^2(k_c r)] r\mathrm{d}r$$
$$= \frac{R^2}{2}\left[J'^2_{m-1}(k_c R) + \mathrm{J}_{m-1}^2(k_c R) - \frac{(m-1)^2}{k_c^2 R^2}\mathrm{J}_{m-1}^2(k_c R)\right] - \frac{m}{k_c^2}\mathrm{J}_m^2(k_c R) \tag{4.112}$$

再根据递推公式:$\mathrm{J}'_m(x) = \frac{1}{2}[\mathrm{J}_{m-1}(x) - \mathrm{J}_{m+1}(x)]$,$\mathrm{J}_{m-1}(x) - \mathrm{J}_{m+1}(x) = (2m/x)\mathrm{J}_m(x)$,有

$$\mathrm{J}'_{m-1}(x) = \frac{m-1}{x}\mathrm{J}_{m-1}(x) - \mathrm{J}_m(x) \tag{4.113}$$

于是,将式(4.113)代入式(4.112),可得

$$I = \frac{R^2}{2}\left[\frac{(m-1)^2}{k_c^2 R^2}\mathrm{J}_{m-1}^2(k_c R) - \frac{2(m-1)}{k_c R}\mathrm{J}_{m-1}(k_c R)\mathrm{J}_m(k_c R)\right.$$
$$\left. + \mathrm{J}_m^2(k_c R) + \mathrm{J}_{m-1}^2(k_c R) - \frac{(m-1)^2}{k_c^2 R^2}\mathrm{J}_{m-1}^2(k_c R)\right] - \frac{m}{k_c^2}\mathrm{J}_m^2(k_c R) \tag{4.114}$$
$$= \frac{R^2}{2}\left[\mathrm{J}'^2_m(k_c R) + \frac{2}{k_c R}\mathrm{J}_m'(k_c R)\mathrm{J}_m(k_c R) + \left(1 - \frac{m^2}{k_c^2 R}\right)\mathrm{J}_m^2(k_c R)\right]$$

又因为对TM_{mn}模,$k_c R = \nu_{mn}$,$\mathrm{J}_m(k_c R) = 0$,因此式(4.114)可简化为

$$I = \frac{R^2}{2}[\mathrm{J}'^2_m(\nu_{mn})] \tag{4.115}$$

这样,将式(4.115)代入式(4.109),再将式(4.109)和式(4.108)代入式(2.145),即得TM_{mn}模的导体衰减为

$$(\alpha_c)_{\mathrm{TM}_{mn}} = \frac{R_s}{R\eta\sqrt{1 - (\lambda/\lambda_c)^2}} = \frac{R_s}{R\eta\sqrt{1 - [\nu_{mn}/(2\pi R)]^2}} \quad (\mathrm{Np/m}) \tag{4.116}$$

同样可证明，TE_{mn}模的导体衰减的表达式为

$$(\alpha_c)_{TE_{mn}} = \frac{R_s}{R\eta\sqrt{1-(\lambda/\lambda_c)^2}}\left[\left(\frac{\lambda}{\lambda_c}\right)^2 + \frac{m^2}{\mu_{mn}^2 - m^2}\right] \quad (\mathrm{Np/m}) \qquad (4.117)$$

上式的证明，作为习题留给读者自行推导。

图 4.19 示出了圆波导中三种不同模式的导体衰减曲线。由图可见，圆波导中TE_{01}模的导体衰减随频率升高而单调下降，而其他两个模式则不具有这个特点。由于TE_{01}模具有这一突出特点，因此TE_{01}模圆波导获得广泛应用。

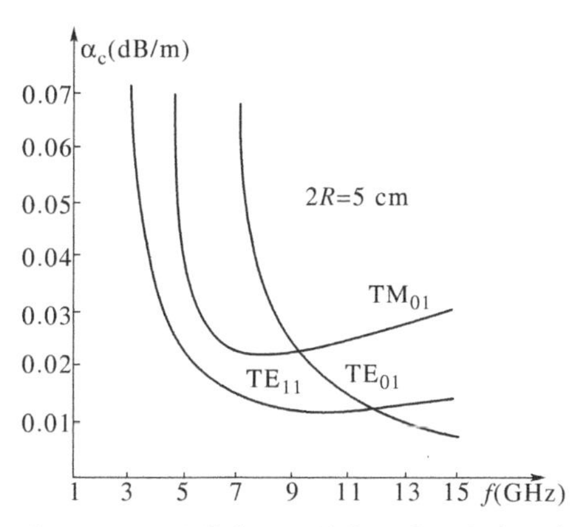

图 4.19　圆波导中三种模式的导体衰减曲线

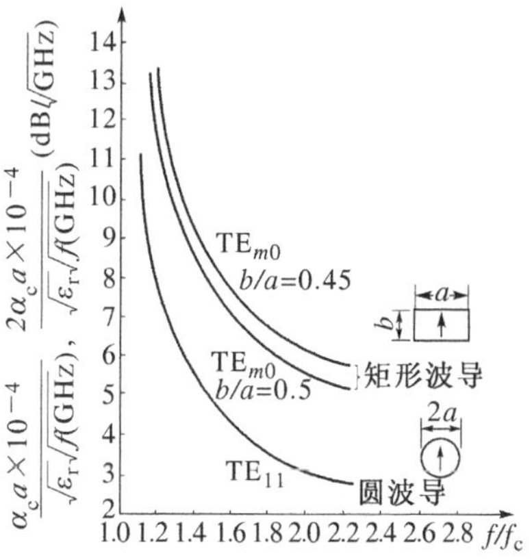

图 4.20　铜制矩形波导与圆波导的导体衰减曲线比较

为了同矩形波导相比较，图 4.20 则示出了铜制矩形波导与圆波导的导体衰减曲线。由图可见，圆波导的导体衰减比矩形波导的要小，这一结论可由式(2.145)看出。若要求导体衰减常数 α_c 小，就应使波导截面的周界尽可能小，而截面面积尽可能大。显然，圆波导就具有这一特点，因此圆波导的导体衰减比矩形波导的要小。

3）尺寸选择

圆波导的尺寸选取较为简单，只要确定半径 R 的值。为了保证只传输TE_{11}模，应使

$$2.61R < \lambda < 3.41R$$

或

$$\frac{\lambda}{3.41} < R < \frac{\lambda}{2.61}$$

若同时考虑传输功率大和导体衰减小的要求，一般选取

$$R = \frac{\lambda}{3} \qquad (4.118)$$

5. 圆波导中的常用模式

与矩形波导不同，圆波导中除应用最低次模式TE_{11}模之外，还应用其他高次模式。圆波导中应用较多的是TE_{11}，TM_{01}，TE_{01}三个模式。利用这三种模式的场结构和面电流分布的特点可构成一些特殊用途的波导元件。下面对上述三种模式分别加以讨论。

1) TE_{11} 模

从前面的讨论可知，TE_{11} 模的截止波长最长，是圆波导中的最低次模式，TM_{01} 模是第一个高次模式。与矩形波导不同，当工作波长满足 $2.61R<\lambda<3.41R$ 时，并非单模传输 TE_{11} 模，这是由 TE_{11} 模极化简并造成的。因此，圆波导不存在单模工作区。

将 $m=1, n=1, \mu_{11}=1.841$ 代入式(4.100)便可得到 TE_{11} 模的各场分量表达式。TE_{11} 模有五个场分量，场结构较为复杂。但利用已有画矩形波导中 TE_{10} 模场结构图的经验和圆波导中导波的传播规律，可画出 TE_{11} 模的场结构图和面电流分布图，如图 4.21 所示。由图可见，TE_{11} 模的场分布同矩形波导中 TE_{10} 模的场分布很相似，因此工程上根据这个原因制成矩形波导到圆波导的变换器(方一圆变换器)。与 TE_{10} 模相比，TE_{11} 模的主要缺点是存在极化简并，从而使圆波导中场的极化方向不稳定。即使在激励圆波导时仅激励 TE_{11} 模两种极化中的一种，但导波在传输过程中可能遇到波导中不均匀性而产生简并模式。当两种不同极化的模式并存时，表现为简并后的 TE_{11} 模的极化面发生旋转，如图 4.22 所示。这种情况一般是不希望的，因此作为传输能量用的大多数实用波导不采用圆波导而采用矩形波导，尽管前者制造更容易些。但实际应用中则可利用 TE_{11} 模存在极化简并的特点，制作一些有特殊作用的微波元器件，如极化衰减器、极化变换器和微波铁氧体环行器等。

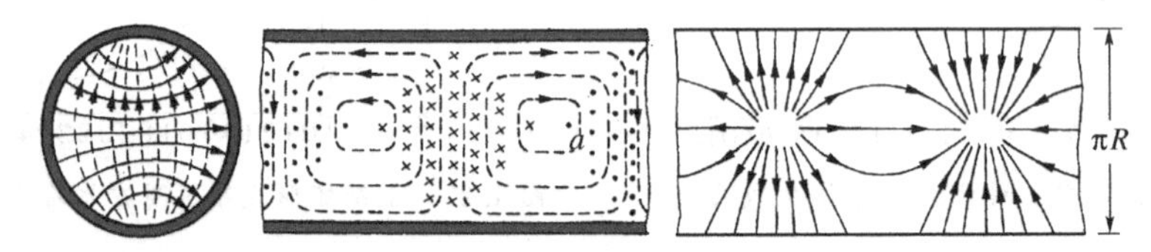

(a) 横截面上的场分布 (b) 纵剖面上的场分布 (c) 面电流分布

图 4.21 圆波导中 TE_{11} 模的场结构图和面电流分布图

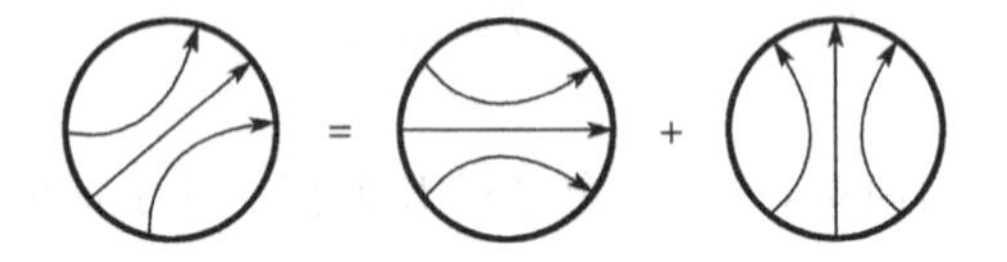

图 4.22 圆波导中 TE_{11} 模极化面的旋转

2) TM_{01} 模

TM_{01} 模是圆波导中最低次横磁模，也是仅次于 TE_{11} 模的低次模式。TM_{01} 模是圆对称模式，故不存在极化简并。

将 $m=0, n=1, \nu_{01}=2.405$ 代入式(4.95)和式(4.97)，可得 TM_{01} 模的各场分量表达式为

$$\left.\begin{aligned} E_z &= E_0 J_0\left(\frac{2.405}{R}r\right)e^{-j\beta z} \\ E_r &= \frac{j\beta R}{2.405}E_0 J_1\left(\frac{2.405}{R}r\right)e^{-j\beta z} \\ H_\varphi &= \frac{j\omega\varepsilon R}{2.405}E_0 J_1\left(\frac{2.405}{R}r\right)e^{-j\beta z} \end{aligned}\right\} \tag{4.119}$$

可见，该模式的磁场只有周向分量，且最大值不是出现在波导内壁处，而是在

$$r = \frac{1.841}{2.405}R \approx 0.77R \tag{4.120}$$

处，电场在波导轴线上最强。此外，电磁场沿周向不变化，场分布具有对称性。TM_{01}模的场分布如图 4.23(a)和(b)所示。因其磁场只有 H_φ 分量，故波导内壁表面上的面电流只有纵向分量，如图 4.23(c)所示。

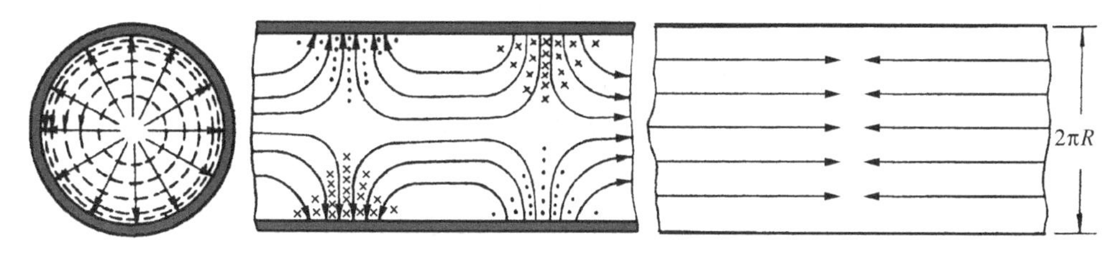

(a) 横截面上的场分布　(b) 纵剖面上的场分布　(c) 面电流分布

图 4.23　圆波导中TM_{01}模的场结构图和面电流分布图

由于TM_{01}模的场结构具有轴对称性，无极化简并，且面电流只有纵向分量，因此常将它用作雷达天线与馈线之间旋转关节中的工作模式。此外，由于TM_{01}模的电场纵向分量 E_z 集中在波导轴线附近，它可有效地和轴向运动的电子流交换能量，因此它又适于作为微波电子管中的谐振腔以及慢波系统中的工作模式。

3) TE_{01}模

TE_{01}模是圆波导中的高次模式，比它低的模式有TE_{11}，TM_{01}和TE_{21}。TE_{01}模是圆对称模式，故没有极化简并，但它与TE_{11}模简并。

将 $m=0$，$n=1$，$\mu_{01}=3.832$ 代入式(4.96)和式(4.100)，可得TE_{01}模的各场分量表达式为

$$\left.\begin{aligned} H_z &= H_0 J_0\left(\frac{3.832}{R}r\right)e^{-j\beta z} \\ H_r &= \frac{j\beta}{3.832}RH_0 J_1\left(\frac{3.832}{R}r\right)e^{-j\beta z} \\ E_\varphi &= -\frac{j\omega\mu}{3.832}RH_0 J_1\left(\frac{3.832}{R}r\right)e^{-j\beta z} \end{aligned}\right\} \tag{4.121}$$

TE_{01}模的场结构如图 4.24(a)和(b)所示。由图可见，电场和磁场沿周向均无变化，具有轴对称性；电场只有周向分量，电力线都是横截面内的同心圆，且在波导中心和管壁附近为零，在距轴心为 $0.48R$ 处最强；磁场只有径向和轴向分量，且在波导管壁附近只有轴向分量 H_z，故波导内壁表面上只有周向电流，即

$$\boldsymbol{J}_s = (\boldsymbol{a}_n \times \boldsymbol{H})\big|_{r=R} = H_0 J_0(3.832)e^{-j\beta z}\boldsymbol{a}_\varphi \tag{4.122}$$

其面电流分布如图 4.24(c)所示。

由于TE_{01}模是高次模式，若此模式能在圆波导中传输，则其他几个低次模式及其简并模式TM_{11}也能传输。因此，当圆波导中存在不均匀性时，TE_{01}模会变换为其他模式，这不仅

(a) 横截面上的场分布

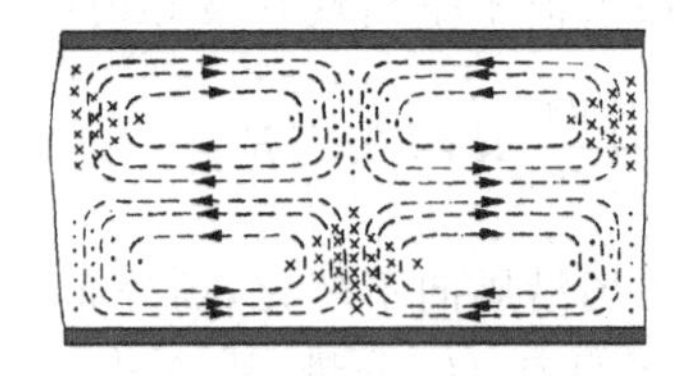

(b) 纵剖面上的场分布

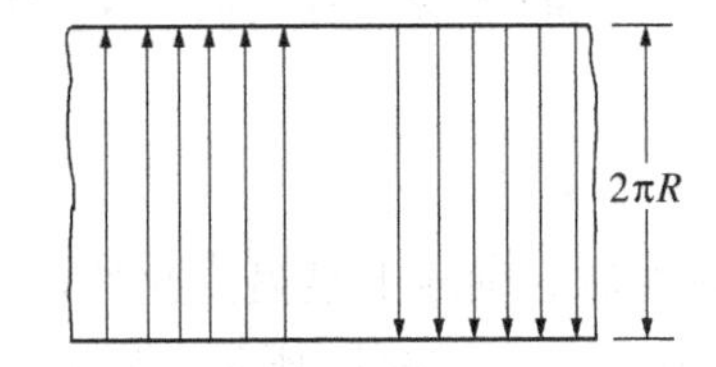

(c) 面电流分布

图 4.24　圆波导中TE_{01}模的场结构图和面电流分布图

使波导的衰减增加,而且会使传输信号失真。为避免上述问题出现,必须设法滤除杂波(即除工作模式以外的其余模式)。利用TE_{01}模没有纵向电流这一特点,将圆波导制成"叠片式"(由相互绝缘的环形薄铜片叠合而成)结构,或用细漆包线密绕而成"螺旋波导",即可达到抑制具有轴向电流分量的其他模式而不影响TE_{01}模传输的目的。

由式(4.117)可知,TE_{01}模圆波导的(导体)衰减常数为

$$(\alpha_c)_{TE_{01}} = \frac{R_s}{R\eta\sqrt{1-(\lambda/\lambda_c)^2}}\left(\frac{\lambda}{\lambda_c}\right)^2 \qquad (Np/m)$$

当传输导波的频率远离截止时,此时 $f \gg f_c$,$\lambda/\lambda_c \ll 1$,$\sqrt{1-(\lambda/\lambda_c)^2} \approx 1$,以及 $R_s = \sqrt{\pi f\mu/\sigma}$,故有

$$(\alpha_c)_{TE_{01}} = \sqrt{\frac{\pi\mu}{\sigma}}\,\frac{f_c^2}{\eta R}\,\frac{1}{\sqrt{f^3}} \tag{4.123}$$

这表明对于半径 R 确定的圆波导,TE_{01}模的导体衰减随频率的升高按 $f^{-3/2}$ 规律单调下降,这是工作于TE_{01}模的圆波导的一个重要特点,因此可将工作于TE_{01}模的圆波导用于毫米波的远距离传输或制作高 Q 值的谐振腔。

还应指出,由于TE_{01}模和其简并模TM_{11}模具有相同的传输条件,两者间相互转换极为容易,因此应特别注意对TM_{11}模的抑制。采用"介质膜波导"(在圆波导内壁表面上涂一层介质膜(又称单介质膜波导)或涂一层低损耗介质后再涂一层损耗较大的介质(又称双介质膜波导))可抑制TM_{11}模。介质膜波导的优点是加工方便,但抑制杂波的能力不及螺旋波导,因此实用中常采用螺旋波导与介质膜波导共同组成远距离传输系统。

6. 圆波导中高次模式的场结构

与矩形波导中高次模式场结构图的作图方法不同,圆波导中高次模式场结构图不能简单地将TM_{01},TE_{11},TE_{01}及TM_{11}模作为单元结构组合而成。但仍可将所有的高次模式分为四类,它们是TE_{0n},TM_{0n},TE_{mn}以及TM_{mn}模。下面简单地介绍这些模式在横截面上场结构的作图方法。

对TE_{0n}模,在圆波导的横截面内沿径向放置 n 个TE_{01}模式的场结构即可构成。换言之,在圆波导的横截面内放上 n 族同心的电力线圆即构成其电力线分布图,再根据电、磁力线的正交性和能流的方向性,最后可得TE_{0n}模的场结构图。图 4.25(a)示出TE_{02}模在圆波导横截面上的场结构图。

对TM_{0n}模，在圆波导的横截面内沿径向放置n个TM_{01}模式的场结构即可构成。换言之，在圆波导的横截面内放上n族同心的磁力线圆即构成其磁力线分布图，再根据电磁力线的正交性和能流的方向性，最后可得TM_{0n}模的场结构图。图4.25(b)示出TM_{02}模在横截面上的场结构图。

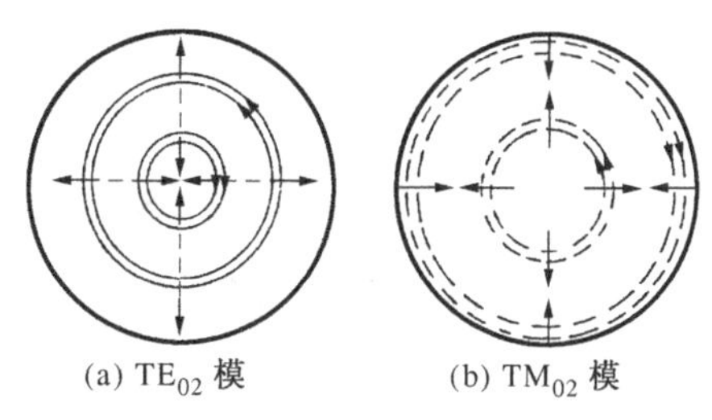

图4.25 TE_{02}模和TM_{02}模在横截面上的场结构图

对TE_{mn}模，可分为不同情况作图：对TE_{1n}模，其电力线分布图由成单对的电力线圆族构成，如图4.26(a)所示；对TE_{2n}模，其电力线分布图由成双对对称的电力线圆族构成，如图4.26(b)所示；对TE_{3n}模，其电力线分布图由成三对对称的电力线圆族构成，依此类推，最后可得TE_{mn}模的场结构图。图4.27(a)示出TE_{21}模在横截面上的场结构图。

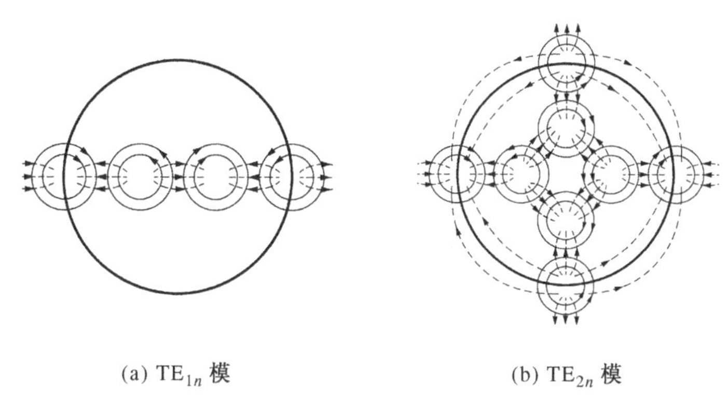

图4.26 TE_{1n}模和TE_{2n}模的电力线圆族

（图中粗线圆内分别是TE_{12}模和TE_{22}模的场分布）

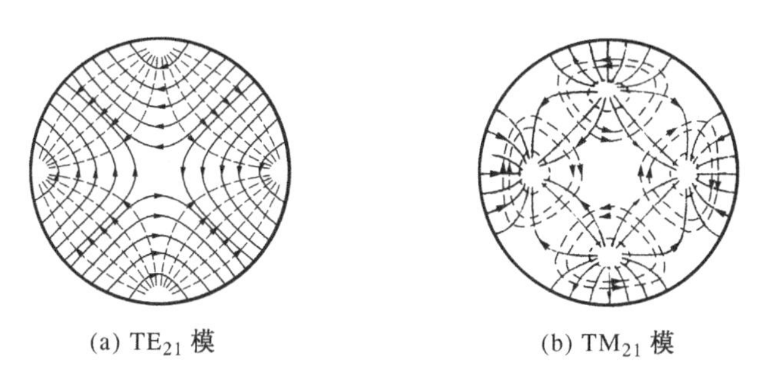

图4.27 TE_{21}模和TM_{21}模在横截面上的场结构图

对TM_{mn}模，也可分为不同情况作图：对TM_{1n}模，其磁力线分布图由成单对的磁力线圆族构成，如图4.28(a)所示；对TM_{2n}模，其磁力线分布图由成双对对称的磁力线圆族构成，如图4.28(b)所示；对TM_{3n}模，其磁力线分布图由成三对对称的磁力线圆族构成，依此类推，最后可得TM_{mn}模的场结构图。图4.27(b)示出TM_{21}模在横截面上的场结构图。

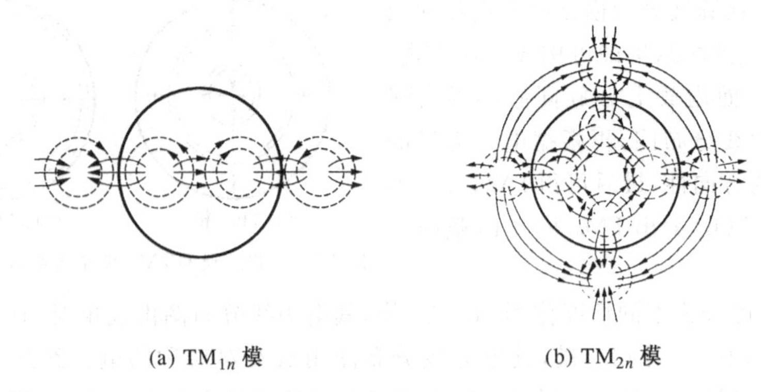

(a) TM_{1n} 模　　(b) TM_{2n} 模

图 4.28　TM_{1n}模和TM_{2n}模的磁力线圆族

(图中粗线圆内分别是TM_{11}模和TM_{21}模的场分布)

例 4.4　有一半径 $R=0.5$ cm，内壁表面镀金的圆波导，其中填充相对介电常数 $\varepsilon_r=2.25$，损耗角正切 $\tan\delta=0.0005$ 的聚四氟乙烯。① 求该波导中前五个低次模式的截止频率；② 已知该波导的工作频率 $f=14$ GHz，波导的长度 $l=30$ cm 以及金的电导率 $\sigma=4.1\times10^7$ S/m，求波导中传输模式的衰减值 L(dB)。

解：

① 因为圆波导中前五个低次模式依次为TE_{11}，TM_{01}，TE_{21}，TM_{11} 和 TE_{01}，于是由式(4.103)和式(4.104)可得其截止频率分别为

$$(f_c)_{TE_{11}}=\frac{v}{(\lambda_c)_{TE_{11}}}=\frac{c\mu_{11}}{2\pi R\sqrt{\varepsilon_r}}=\frac{3\times10^8\times1.841}{2\pi\times0.005\times\sqrt{2.25}}=11.720\qquad(\text{GHz})$$

$$(f_c)_{TM_{01}}=\frac{c\nu_{01}}{2\pi R\sqrt{\varepsilon_r}}=\frac{3\times10^8\times2.405}{2\pi\times0.005\times\sqrt{2.25}}=15.311\qquad(\text{GHz})$$

$$(f_c)_{TE_{21}}=\frac{c\mu_{21}}{2\pi R\sqrt{\varepsilon_r}}=\frac{3\times10^8\times3.054}{2\pi\times0.005\times\sqrt{2.25}}=19.442\qquad(\text{GHz})$$

$$(f_c)_{TM_{11}}=(f_c)_{TE_{01}}=\frac{c\nu_{11}}{2\pi R\sqrt{\varepsilon_r}}=\frac{3\times10^8\times3.832}{2\pi\times0.005\times\sqrt{2.25}}=24.395\qquad(\text{GHz})$$

② 因为工作频率满足关系：$(f_c)_{TE_{11}}<f<(f_c)_{TM_{01}}$，故圆波导中只传输$TE_{11}$模。由于$TE_{11}$模的相移常数 β_{11} 为

$$\beta_{11}=\sqrt{\left(\frac{2\pi}{\lambda}\right)^2-\left[\frac{2\pi}{(\lambda_c)_{TE_{11}}}\right]^2}=\sqrt{\left(\frac{2\pi f\sqrt{\varepsilon_r}}{c}\right)^2-\left(\frac{\mu_{11}}{R}\right)^2}=240.57\qquad(\text{rad/m})$$

以及波导内壁的表面电阻 $R_s=\sqrt{\omega\mu_0/(2\sigma)}=0.03672\ \Omega$。于是，由式(4.117)可求得$TE_{11}$模的导体衰减$(\alpha_c)_{TE_{11}}$为

$$(\alpha_c)_{TE_{11}}=\frac{R_s}{R\eta\sqrt{1-\left[\frac{\lambda}{(\lambda_c)_{TE_{11}}}\right]^2}}\left\{\left[\frac{\lambda}{(\lambda_c)_{TE_{11}}}\right]^2+\frac{1}{\mu_{11}^2-1}\right\}=\frac{R_s}{R\eta k\beta_{11}}\left\{\left[\frac{2\pi}{(\lambda_c)_{TE_{11}}}\right]^2+\frac{k^2}{\mu_{11}^2-1}\right\}$$

$$=0.05977\ \text{Np/m}=0.5192\qquad(\text{dB/m})$$

同时，由填充介质引起的介质衰减 α_d 为

$$\alpha_d = \frac{k^2 \tan\delta}{2\beta_{11}} = 0.2010\ \text{Np/m} = 1.7461 \qquad (\text{dB/m})$$

所以，波导中TE_{11}模的总衰减为

$$L = [(\alpha_c)_{TE_{11}} + \alpha_d]l = (0.5192 + 1.7461)\times 0.3 = 0.680 \qquad (\text{dB})$$

4.1.4　同轴线

同轴线是一种双导体传输系统，由同轴的两根圆柱导体构成，如图 4.29 所示。其中 a 代表内导体的半径，b 代表外导体的内半径。同轴线是射频/微波技术中最常用的 TEM 模传输线，分为硬、软两种结构型式。硬同轴线的内导体是圆柱形铜棒（或铜线），外导体是同心的铜管，内、外导体间一般用介质块支撑，这种同轴线又称为同轴波导。软同轴线的内导体一般是一根铜线或多股铜丝，外导体是细铜丝编织成的圆筒形网，在外导体网的外面有一层橡皮保护层，以免铜网损坏，这种同轴线又称为同轴电缆。同轴线常用于射频/微波波段的低频端作为传输线或用来制作宽频带的射频/微波元器件。

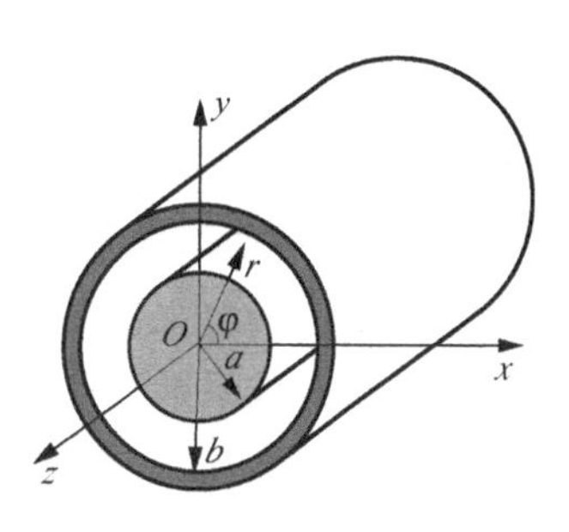

图 4.29　同轴线及圆柱坐标系

同轴线中的主模是 TEM 模，但当设计不当时也会产生 TE 和 TM 模。下面分别讨论同轴线的传输模式、传输功率、损耗及尺寸选择。

1. 同轴线中的主模——TEM 模

假设同轴线由理想导体制成，内、外导体间填充无耗介质。因同轴线的结构具有轴对称性，故采用圆柱坐标系分析较为方便，如图 4.29 所示。

当同轴线中传输 TEM 模时，类似于平行板波导中电磁场的求解，也可利用静态场法先求同轴线中的电位，然后再由电位求出 TEM 模的电磁场。若设同轴线外导体的电位为零，内导体电位为 V_0，则导体间的电位函数为 $\phi(r,\varphi)$ 应满足二维拉普拉斯方程(2.99)，即

$$\frac{1}{r}\frac{\partial}{\partial r}\left(r\frac{\partial\phi}{\partial r}\right) + \frac{1}{r^2}\frac{\partial^2\phi}{\partial\varphi^2} = 0 \tag{4.124}$$

对沿周向均匀分布的场，$\dfrac{\partial}{\partial\varphi}=0$，则上式变为

$$\frac{1}{r}\frac{\mathrm{d}}{\mathrm{d}r}\left(r\frac{\mathrm{d}\phi}{\mathrm{d}r}\right) = 0 \tag{4.125}$$

将上式积分两次，可得

$$\phi = C_1 \ln r + C_2$$

利用边界条件：$\phi|_{r=a}=V_0$，$\phi|_{r=b}=0$，可得

$$\phi(r,\varphi)=V_0\frac{\ln(r/b)}{\ln(a/b)} \tag{4.126}$$

于是，根据式(2.102)和式(2.103)，可得同轴线中 TEM 模电磁场的表达式为

$$\boldsymbol{E}=-\nabla_t\phi\mathrm{e}^{-\mathrm{j}kz}=-\frac{\mathrm{d}\phi}{\mathrm{d}r}\mathrm{e}^{-\mathrm{j}kz}\boldsymbol{a}_r=\frac{V_0}{r\ln(b/a)}\mathrm{e}^{-\mathrm{j}kz}\boldsymbol{a}_r \tag{4.127}$$

$$\boldsymbol{H}=\frac{1}{Z_{\mathrm{TEM}}}\mathbf{a}_z\times\boldsymbol{E}=\frac{V_0}{r\ln(b/a)Z_{\mathrm{TEM}}}\mathrm{e}^{-\mathrm{j}kz}\boldsymbol{a}_\varphi \tag{4.128}$$

同轴线传输 TEM 模时的电磁场分布如图 4.30 所示。由图可见，越靠近内导体表面电磁场越强，这表明内导体表面的电流密度比外导体内表面的电流密度强得多，因此同轴线的导体损耗主要发生在截面尺寸较小的内导体表面上。根据 TEM 模的磁场分布，不难判断 TEM 模的壁面电流沿同轴线的轴向。工程上利用 TEM 模壁面电流的这一特点，在同轴线外导体上开纵向槽缝来制作与矩形波导驻波测量线相似的同轴驻波测量线，用以测量同轴线中传输波的驻波系数。此外，用于地铁或其他隧道内进行移动通信信号覆盖的泄露电缆，则切断同轴线外导体表面上的电流线而形成电磁波的辐射或接收。

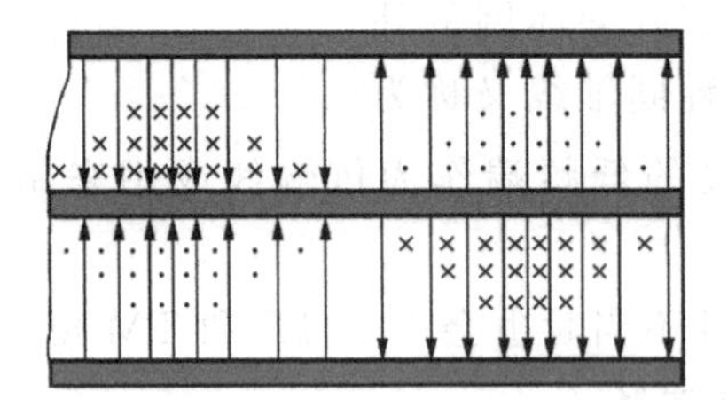
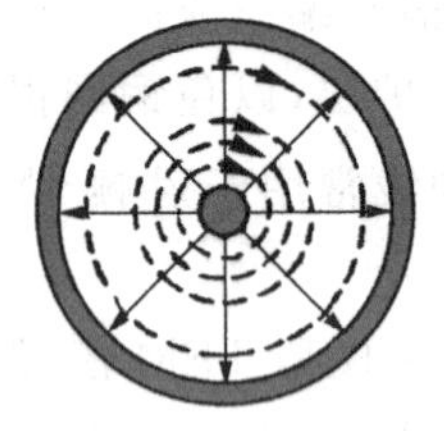

图 4.30　同轴线中 TEM 模的场分布图

由式(4.127)可知，同轴线中的行波电压可表示为

$$U=V_0\mathrm{e}^{-\mathrm{j}kz} \tag{4.129}$$

内导体上的面电流密度为

$$\boldsymbol{J}_s=(\boldsymbol{a}_r\times\boldsymbol{H})|_{r=a}=\frac{V_0}{a\ln(b/a)Z_{\mathrm{TEM}}}\mathrm{e}^{-\mathrm{j}kz}\mathbf{a}_z$$

总电流为

$$I_0=\frac{V_0}{a\ln(b/a)Z_{\mathrm{TEM}}}\int_0^{2\pi}a\mathrm{d}\varphi=\frac{2\pi V_0}{\ln(b/a)Z_{\mathrm{TEM}}}$$

于是，内导体上的行波电流为

$$I=I_0\mathrm{e}^{-\mathrm{j}kz}=\frac{2\pi V_0}{\ln(b/a)Z_{\mathrm{TEM}}}\mathrm{e}^{-\mathrm{j}kz} \tag{4.130}$$

因假设同轴线内、外导体间填充非磁性媒质，故由(4.129)和(4.130)两式可得同轴线的特性阻抗为

$$Z_c = \frac{U}{I} = \frac{Z_{\text{TEM}}}{2\pi}\ln\left(\frac{b}{a}\right) = \frac{60}{\sqrt{\varepsilon_r}}\ln\left(\frac{b}{a}\right) = \frac{138}{\sqrt{\varepsilon_r}}\lg\left(\frac{b}{a}\right) \quad (\Omega) \tag{4.131}$$

常用同轴线的特性阻抗为 50 Ω 和 75 Ω。

2. 同轴线中的高次模式

如前所述，同轴线中的主模是 TEM 模，但当同轴线的横截面尺寸与工作波长相比拟或更小时也会产生高次模式 TM 和 TE 模。同轴线中 TM 模和 TE 模的分析同圆波导相似，但因同轴线在其中心轴线上出现内导体，故在求解圆柱坐标系中 E_z 和 H_z 的标量亥姆霍兹方程时，其通解中应保留第二类贝塞尔函数(因此时 $r\neq0$，故 $\mathrm{N}_m(k_c r)$不会出现无穷大)。这样，将求得的 E_z 和 H_z 的表达式代入横向场分量和纵向场分量间的关系式，即可得到同轴线中 TM 模和 TE 模的横向场分量表达式。但由于一般不用同轴线的高次模式传输功率，因此这里不打算推导高次模式的场分量表达式，而只简单讨论这些模式的截止波长的确定。这是因为，只有知道高次模式的截止波长与同轴线横截面尺寸间的关系，通过合理地选择其截面尺寸才能达到抑制高次模式的目的。下面分别讨论 TM 模和 TE 模。

1) TM 模

对沿 $+z$ 方向传播的 TM 模，由(4.93)和(4.95)两式可知，E_z 的通解具有以下形式：

$$E_z = [A_1\mathrm{J}_m(k_c r) + A_2\mathrm{N}_m(k_c r)]C\begin{Bmatrix}\cos m\varphi\\ \sin m\varphi\end{Bmatrix}\mathrm{e}^{-\mathrm{j}\beta z} \tag{4.132}$$

将上式代入边界条件：$E_z|_{r=a,b}=0$，可得

$$A_1\mathrm{J}_m(k_c a) + A_2\mathrm{N}_m(k_c a) = 0, \qquad A_1\mathrm{J}_m(k_c b) + A_2\mathrm{N}_m(k_c b) = 0$$

再将以上两式移项并相除，可得

$$\frac{\mathrm{J}_m(k_c a)}{\mathrm{N}_m(k_c a)} = \frac{\mathrm{J}_m(k_c b)}{\mathrm{N}_m(k_c b)} \tag{4.133}$$

这就是同轴线中 TM 模的特征方程，它是一个超越方程。此方程的解有无穷多个，每个解的根决定一个 k_c 值以及 λ_c 值，即对应一种模式。因此，同轴线中的 TM 模也有无穷多个，也记为TM_{mn}模。由于这个方程没有解析解，因此严格求解很困难，通常可用图解法或数值法求解。事实上，当 $k_c a$ 和 $k_c b$ 很大时，可用近似方法求解，此时可利用以下贝塞尔函数的大宗量渐近式：

$$\mathrm{J}_m(k_c x) \approx \sqrt{\frac{2}{\pi k_c x}}\cos\left(k_c x - \frac{2m+1}{4}\pi\right), \qquad \mathrm{N}_m(k_c x) \approx \sqrt{\frac{2}{\pi k_c x}}\sin\left(k_c x - \frac{2m+1}{4}\pi\right) \tag{4.134}$$

式中，$x=a,b$。将上式代入式(4.133)，并利用三角函数的和差公式，可得

$$\sin k_c(b-a) \approx 0$$

由此解得

$$k_c \approx \frac{n\pi}{(b-a)}, \qquad n = 1,2,\cdots$$

或
$$\lambda_c = \frac{2\pi}{k_c} \approx \frac{2}{n}(b-a) \tag{4.135}$$

显然,TM_{01} 模的截止波长近似为 $2(b-a)$,TM_{02} 模的截止波长近似为 $(b-a)$…。当 $b/a<3$ 时,上式与精确值之间的误差仅为百分之几,且随着 n 增大,其误差则更小。此外,从上式还可看出,TM_{mn} 模的 λ_c 的值与 m 无关。因此,若有 TM_{01} 模存在,则可同时有 TM_{11},TM_{21},… 简并模式存在,故要保证同轴线中只传输 TEM 模应避免 TM_{mn} 模存在。

2) TE 模

对沿 $+z$ 方向传播的 TE 模,由(4.94)和(4.96)两式可知,H_z 的通解具有以下形式:

$$H_z = [A_3 J_m(k_c r) + A_4 N_m(k_c r)] D \begin{Bmatrix} \cos m\varphi \\ \sin m\varphi \end{Bmatrix} e^{-j\beta z} \tag{4.136}$$

根据边界条件可知,在 $r=a$ 和 $r=b$ 处 $H_z \neq 0$,而利用纵向场分量和横向场分量间的关系式(2.75)可知,在 $r=a$ 和 $r=b$ 处 $E_\varphi=0$ 的边界条件对应于 $\frac{\partial H_z}{\partial r}=0$,因此有

$$A_3 J_m'(k_c a) + A_4 N_m'(k_c a) = 0, \qquad A_3 J_m'(k_c b) + A_4 N_m'(k_c b) = 0$$

将以上两式移项并相除,得到

$$\frac{J_m'(k_c a)}{N_m'(k_c a)} = \frac{J_m'(k_c b)}{N_m'(k_c b)} \tag{4.137}$$

这也是一个超越方程,其解也有无穷多个,每个解的根对应一个 TE 模式。同轴线中的 TE 模也有无穷多个,记为 TE_{mn} 模。

同样,用类似于处理 TM_{mn} 模的近似方法可得到 TE_{mn} 模的截止波长为

$$\lambda_c \approx \begin{cases} \dfrac{\pi(b+a)}{m}, & m = 1,2,\cdots (TE_{m1} \text{ 模}) \\ \dfrac{2(b-a)}{n}, & n = 1,2,\cdots (TE_{0n} \text{ 模}) \end{cases} \tag{4.138}$$

由此可见,同轴线中的最低次 TE_{mn} 模为 TE_{11} 模,它也是同轴线的最低次的高次模式,其截止波长为

$$(\lambda_c)_{TE_{11}} = \pi(b+a) \tag{4.139}$$

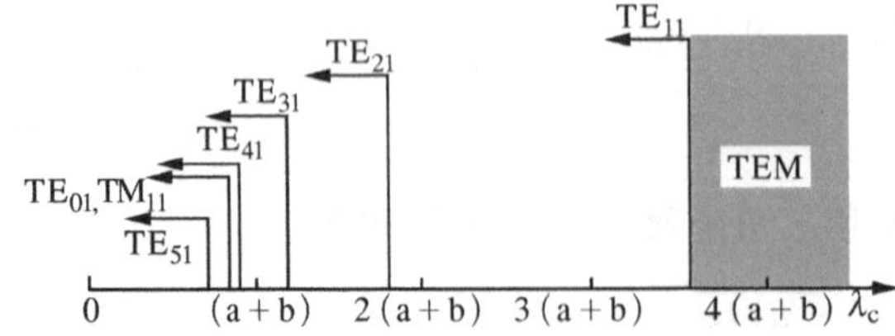

图 4.31　同轴线中 TM_{mn} 模和 TE_{mn} 模的截止波长分布图

图 4.31 示出了同轴线中 TM_{mn} 模和 TE_{mn} 模的截止波长分布图。由图可见,要保证同轴线只传输 TEM 模,而将 TM_{mn} 模和 TE_{mn} 模作为高次模式抑制掉,则只需使 TE_{11} 模处于截止状态即可,此时工作波长满足以下关系:

$$\lambda > (\lambda_c)_{TE_{11}} = \pi(b+a)$$

或选择同轴线的尺寸 a,b,使其满足

$$(a+b)<\frac{\lambda}{\pi} \tag{4.140}$$

上式是选择同轴线尺寸时必须考虑的一个因素。

仿照圆波导中几个低次模式场结构的作图方法,不难画出同轴线中前几个低次的高次模式的场结构图。图 4.32 示出了同轴线中三个较低次高次模式的场分布图。从图中TE_{11}模的场分布不难看出,在 AA′平面上电场切向分量为零,因而在该处插入理想导体薄板并不影响TE_{11}模的场分布。这样,传输TE_{11}模的同轴线可认为是两个传输TE_{10}模的矩形波导的横截面畸变成半圆环后拼接而成,故TE_{11}模的截止波长可近似于以半圆环的平均周长$\pi(a+b)/2$为宽边的矩形波导中TE_{10}模的截止波长,即$(\lambda_c)_{TE_{11}}\approx\pi(b+a)$,这同前面导出的结果完全一致。

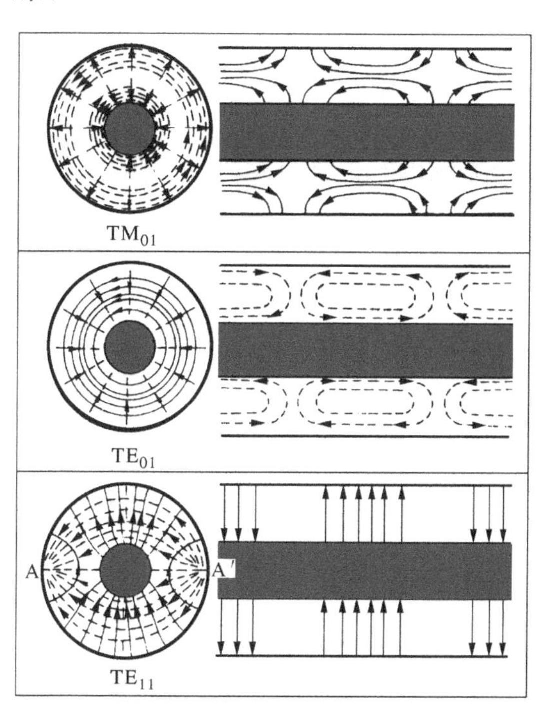

图 4.32　同轴线中三个较低次的高次模式的场结构图

3. 同轴线的传输功率和衰减

1) 传输功率

在行波状态下,同轴线传输 TEM 模时的(平均)传输功率可由式(4.127)或(4.128)代入式(2.134)得到,即

$$\begin{aligned}P &= \frac{1}{2}\mathrm{Re}\left[\int_S(\boldsymbol{E}\times\boldsymbol{H}^*)\cdot\mathrm{d}\boldsymbol{S}\right]=\frac{1}{2Z_{\mathrm{TEM}}}\int_S|\boldsymbol{E}_t|^2\mathrm{d}S=\frac{1}{2}\int_0^{2\pi}\int_a^b\frac{V_0^2}{Z_{\mathrm{TEM}}[\ln(b/a)]^2r^2}r\mathrm{d}r\mathrm{d}\varphi\\ &=\frac{\pi V_0^2}{Z_{\mathrm{TEM}}\ln(b/a)}=\frac{1}{2}V_0I_0=\frac{1}{2}\mathrm{Re}[UI^*]=\frac{V_0^2}{2Z_c}\end{aligned} \tag{4.141}$$

从式(4.127)可看出,同轴线中 TEM 模的最大电场强度的幅值应在内导体表面处出现,即

$$|\boldsymbol{E}|_{\max}=\frac{V_0}{a\ln(b/a)}$$

于是,当最大场强达到击穿程度(即$|\boldsymbol{E}|_{\max}=E_{\mathrm{br}}$)时,同轴线内、外导体间的电压和传输功率即为同轴线的击穿电压(或耐压)和击穿功率(或功率容量),于是有

$$U_{\mathrm{br}}=aE_{\mathrm{br}}\ln\left(\frac{b}{a}\right) \tag{4.142}$$

$$P_{\mathrm{br}}=\frac{\pi a^2E_{\mathrm{br}}^2}{Z_{\mathrm{TEM}}}\ln\left(\frac{b}{a}\right)=\frac{\sqrt{\varepsilon_r}}{120}a^2\ln\left(\frac{b}{a}\right)E_{\mathrm{br}}^2 \tag{4.143}$$

由此可见,同轴线的耐压和功率容量不仅与比值 b/a 有关,而且与 a 和 b 的值有关。具体地,当 b/a 一定时,a 或 b 的值越大,U_{br} 和 P_{br} 就越高;当 a 一定时,U_{br} 和 P_{br} 与 b/a 的变化会有最大值出现。可以证明:当 $b/a \approx 2.71$ 时,U_{br} 的值达到最大,可通过令 b 一定,由 $\frac{\partial U_{br}}{\partial a}=0$ 导出。此时,同轴线的特性阻抗 $Z_c=60/\sqrt{\varepsilon_r}\,\Omega$;当 $b/a \approx 1.65$ 时,P_{br} 的值达到最大,可通过令 b 一定,由 $\frac{\partial P_{br}}{\partial a}=0$ 导出。此时,同轴线的特性阻抗 $Z_c=30/\sqrt{\varepsilon_r}\,\Omega$。

2) 衰减

当同轴线传输 TEM 模时,由同轴线的内、外导体引起的导体衰减可用式(2.145)计算,即

$$\alpha_c=\frac{R_s\oint_l |\boldsymbol{H}_\tau|^2 \mathrm{d}l}{2Z_{TEM}\int_S |\boldsymbol{H}_t|^2 \mathrm{d}S}=\frac{\frac{R_s V_0^2}{[Z_{TEM}\ln(b/a)]^2}\int_0^{2\pi}\left(\frac{1}{a}+\frac{1}{b}\right)\mathrm{d}\varphi}{\frac{4\pi V_0^2}{Z_{TEM}\ln(b/a)}}$$
$$=\frac{R_s}{2Z_{TEM}\ln(b/a)}\left(\frac{b+a}{ab}\right)=\frac{R}{2Z_c}\qquad (\mathrm{Np/m}) \tag{4.144}$$

式中 R 为同轴线单位长度的电阻,R 和表面电阻 R_s 间的关系为

$$R=R_s\left(\frac{1}{2\pi a}+\frac{1}{2\pi b}\right) \tag{4.145}$$

可以证明,当 $b/a \approx 3.59$ 时,α_c 的值达到最小,可通过令 b 一定,由 $\frac{\partial \alpha_c}{\partial a}=0$ 导出。此时,同轴线的特性阻抗 $Z_c=76.69/\sqrt{\varepsilon_r}\,\Omega$。此外,若要兼顾导体衰减小和功率容量大,则选取 $b/a \approx 2.303$。此时,对应于以空气为填充介质的同轴线的特性阻抗为 50 Ω。

一般情况下,硬同轴线以空气为填充介质,其介质损耗很小,可以不予考虑。对于同轴电缆,由介质损耗引起的衰减常数应按式(2.149a)计算,即

$$\alpha_d=\frac{\pi}{\lambda}\tan\delta \qquad (\mathrm{Np/m})$$

于是,同轴线的总衰减常数为

$$\alpha=\alpha_c+\alpha_d=\frac{R_s\left(\frac{a+b}{ab}\right)}{2\eta\ln(b/a)}+\frac{\pi}{\lambda}\tan\delta \qquad (\mathrm{Np/m}) \tag{4.146}$$

3) 尺寸选择

选择同轴线尺寸的原则是:保证在给定工作频带内只传输 TEM 模,传输功率尽可能高,导体衰减尽可能小。

如前所述,为保证只传输 TEM 模,最短的工作波长与同轴线的尺寸之间必须满足:$\lambda_{min} \geqslant \pi(a+b)$;为了传输功率高,应选取 $b/a \approx 1.65$;为了使导体衰减尽可能小,应选取 $b/a \approx 3.59$。一般地,若要求兼顾衰减小和功率容量大,则应选取 $b/a \approx 2.303$。同轴线已有

标准化尺寸，详见附录B。

*4.1.5 脊形波导

在雷达及卫星通信设备中，特别在电子对抗等系统中，往往需要宽频带的微波传输系统。矩形波导的变形——脊形波导就具有工作频带宽这一特点。

脊形波导具有两种基本结构型式：单脊形波导和双脊形波导，图4.33(a)示出了它们的结构尺寸。在微波能应用方面，同样采用双重双脊形波导。单、双脊形波导可看成是用一条或两条宽为 a_2 的纵向金属条放在矩形波导宽边中心所构成，其中也存在与矩形波导中的TM模和TE模相似的模式，TE_{10} 模也是其最低次模式。图4.33(b)是单、双脊形波导中 TE_{10} 模的电场分布图。与矩形波导相比，脊形波导具有以下三个主要优点：① 由于脊棱边缘电容的作用，使主模 TE_{10} 模的截止波长比矩形波导的 TE_{10} 模的截止波长要长，且原则上可增加脊的高度来获得更长的截止波长。因此，若工作波长相同，则脊形波导的尺寸更小；② 脊形波导的 TE_{10} 模的截止频率与第一个高次模式 TE_{20} 模的截止频率间的差值更大，可达几个倍频程；③ 脊形波导的 TE_{10} 模的等效阻抗低，且尺寸 b_2 越小，等效阻抗就越低。因此脊形波导可用作高阻抗的矩形波导到低阻抗的同轴线或微带线等间的过渡段。当然，与矩形波导相比，脊形波导也存在缺点：① 由于脊形波导窄边尺寸减小，因此使功率容量降低，损耗增加；② 加工不方便。

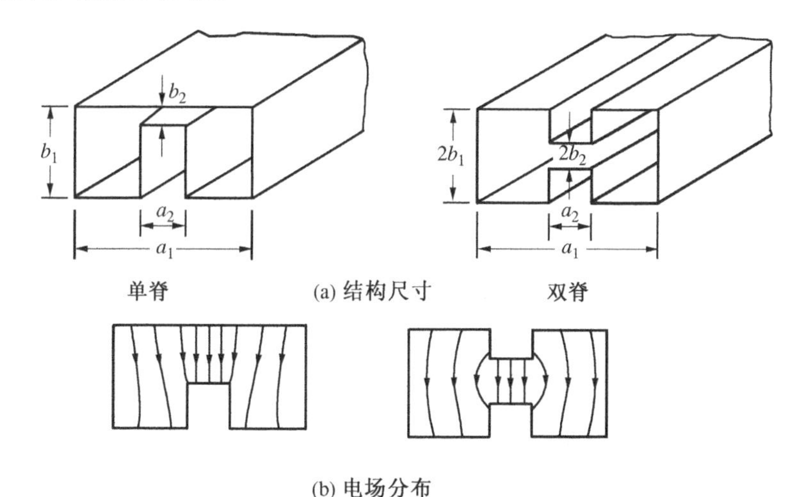

图4.33 单、双脊形波导的结构尺寸及 TE_{10} 模的电场分布图

由于脊形波导的边界条件较为复杂，直接采用电磁场方程结合边界条件求解非常复杂，因此通常采用横向谐振法进行近似分析。

1. 截止波长

对传输 TE_{10} 模的矩形波导，正如本章第4.1.2节所述，其临界状态相当于电磁波沿波导的横向在两个短路面间来回反射而产生横向自由振荡，电磁波并不沿纵向传播。横向振荡的电磁波可认为是TEM模，此时波导就相当于一个传播方向为 x 的两端短路的平行双导线，即相当于一段谐振传输线，其谐振波长等于波导中传输的 TE_{10} 模的截止波长，对应的状态即为横向谐振状态。由传输线理论可知,这种横向谐振传输线上任何一点的输入导纳必为零。因此,对一般的 TE_{m0} 模而言,可在矩形波导宽边上任取一点 x_0,利用输入导纳为零的条件容易导出:$k_x=m\pi/a=2\pi/\lambda_c$,即 $\lambda_c=2a/m$。这同本章第4.1.2节导出的 TE_{m0} 模矩形波导的 λ_c 的表达式完全相同。

对于如图4.33(a)所示的单脊形波导,不妨选取参考面T在脊棱处,并设其边缘电容引起的电纳为 B,脊形波导可视为两端等效(特性)阻抗分别为 Z_c 和 Z_c' 的复合的横向平行双导线,其波导的宽边中心则视 TE_{m0} 模是奇模(m 为奇数)还是偶模(m 为偶数)而分别为开路和短路。图4.34示出了 TE_{10} 模、TE_{20} 模和 TE_{30} 模在单脊形波导横截面上的电场振幅分布以及奇模和偶模的等效电路。于是,对奇模(TE_{10},TE_{30},…),沿参考面T向左视入的输入导纳为

$$Y_{in1}=jY_c'\tan\left(k_x'\frac{a_2}{2}\right) \tag{4.147}$$

沿参考面T向右视入的输入导纳为

$$Y_{in2}=-jY_c\cot\left[k_x'\frac{(a_1-a_2)}{2}\right] \tag{4.148}$$

由横向谐振条件,有

$$\sum Y_{in}=Y_{in1}+Y_{in2}+jB=0 \tag{4.149}$$

将式(4.147)和式(4.148)代入式(4.149),可得

$$B+Y_c'\tan\left(k_x'\frac{a_2}{2}\right)-Y_c\cot\left[k_x'\frac{(a_1-a_2)}{2}\right]=0$$

或

$$\frac{Y_c'}{Y_c}\tan\left(\frac{\pi a_2}{\lambda_c'}\right)+\frac{B}{Y_c}-\cot\left[\frac{\pi(a_1-a_2)}{\lambda_c'}\right]=0 \tag{4.150}$$

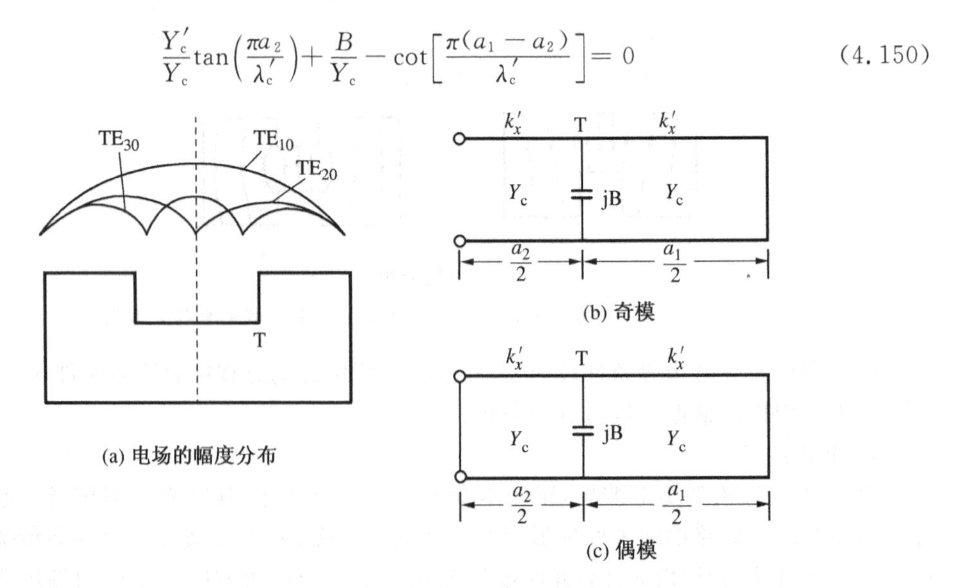

图4.34　三种模式的电场的幅度分布及奇、偶模的等效电路

对偶模(TE_{20}，TE_{40}，…)，同理可得

$$\frac{Y_c'}{Y_c}\cot\left(\frac{\pi a_2}{\lambda_c'}\right)-\frac{B}{Y_c}+\cot\left[\frac{\pi(a_1-a_2)}{\lambda_c'}\right]=0 \tag{4.151}$$

式中，两段横向传输线的特性导纳可按宽度 l 足够大(即波导长度 l 足够长)的平行导体板的特性导纳进行定义，即 $Y_c=l/(\eta b_1)=k_x'l/(\omega\mu_0 b_1)$ 以及 $Y_c'=l/(\eta b_2)=k_x'l/(\omega\mu_0 b_2)$，而 $k_x'=2\pi/\lambda_c'$；$B=\omega_c'C_d$，是参考面 T 处不连续性电容 C_d 的电纳；C_d 是单脊形波导的分布电容，它取决于比值 $x=b_2/b_1(=Y_c/Y_c')$，可由保角变换法求得，即

$$C_d=\frac{\varepsilon}{\pi}\left[\frac{x^2+1}{x}\operatorname{arccosh}\left(\frac{1+x^2}{1-x^2}\right)-2\ln\left(\frac{4x}{1-x^2}\right)\right]\quad(\text{pF/m}) \tag{4.152}$$

于是有

$$\frac{B}{Y_c}=\frac{2C_d}{\varepsilon}\frac{\pi b_1}{\lambda_c'} \tag{4.153}$$

这样，方程(4.150)和(4.151)中仅剩下一个未知量 λ_c'，因此这两个方程就是决定 λ_c' 的特征方程。方程(4.150)和(4.151)都是超越方程，一般只能利用图解法或数值解法求解。解的每一个根就对应一个 λ_c' 的值，其根有无穷多个。方程(4.150)的第一个根就是单脊形波导中 TE_{10} 模的截止波长，而方程(4.151)的第一个根则是单脊形波导中 TE_{20} 模的截止波长。图 4.35 示出了单脊形波导单模传输时的工作带宽，这是在 $a_1=22.9$ mm，$b_1=10.2$ mm，$a_2=9.2$ mm 以及 $b_2=3.6$ mm 的情况下得到的。此时可求出矩形波导中 TE_{10} 模和 TE_{20} 模的截止波长分别为 45.8 mm 和 22.9 mm，单模传输的工作频带仅为 6.55 GHz；单脊形波导中 TE_{10} 模和 TE_{20} 模的截止波长则分别为 68.5 mm 和 21.7 mm，单模传输的工作频带为 9.44 GHz。这表明，单脊形波导的工作频带远比矩形波导的宽。

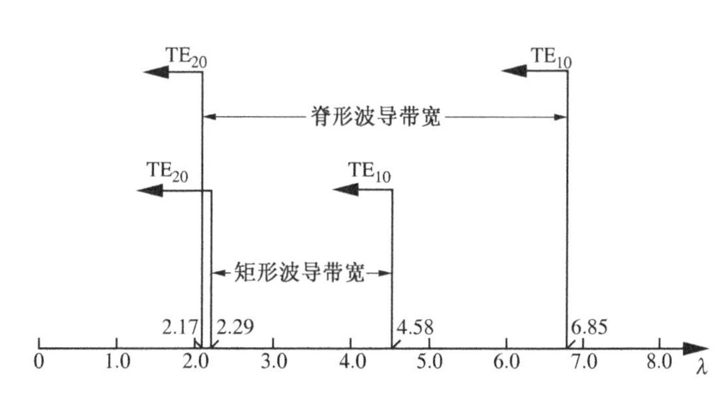

图 4.35　单脊形波导和矩形波导的单模工作带宽

以上讨论的是单脊形波导的情况。对双脊形波导，可以把它沿对称面分成两个相同的单脊形波导。由于 TE_{10} 模的电场垂直于对称面，因此分开后并不影响波导的特性。所以，双脊形波导的截止波长可按分开后的单脊形波导的计算。

求出单、双脊形波导中 TE_{m0} 模的截止波长后，相应模式的传输特性参量即可按式(4.50)～(4.55)进行计算。

2. 等效阻抗

按照 TE_{10} 模矩形波导等效为传输线的方法，对 TE_{10} 模脊形波导，其等效阻抗可用电压与电流定义式(4.62a)求得，即

$$Z_e = \frac{Z_{e\infty}}{\sqrt{1-(\lambda/\lambda_c')^2}} \tag{4.154}$$

式中,$Z_{e\infty}$为频率趋于无穷时的等效阻抗。对单脊形波导,$Z_{e\infty}$为

$$Z_{e\infty} = \frac{120\pi}{\frac{2C_d}{\varepsilon}\cos\left(\frac{\pi a_2}{\lambda_c'}\right)+\frac{\lambda_c'}{\pi b_2}\left\{\sin\left(\frac{\pi a_2}{\lambda_c'}\right)+\frac{b_2}{b_1}\cos\left(\frac{\pi a_2}{\lambda_c'}\right)\tan\left[\frac{\pi(a_1-a_2)}{2\lambda_c'}\right]\right\}} \tag{4.155}$$

对以空气为填充介质以及脊的高度较小的情况,则上式可近似为

$$Z_{e\infty} \approx \frac{120\pi}{\frac{2C_d}{\varepsilon_0}+\frac{a_2}{b_2}+\frac{a_1}{2b_1}\left(1-\frac{a_2}{a_1}\right)} \tag{4.156}$$

对双脊形波导,其 $Z_{e\infty}$ 按上述公式计算再乘以 2 即得。

*4.1.6 径向波导简介

径向波导又称为径向传输线(简称径向线),是一种不太常用的射频/微波传输系统。径向波导是由两块相互平行的圆形导体板形成,其中填充简单媒质。径向波导的结构及其圆柱坐标系如图 4.36 所示,其中的导波沿径向传输。

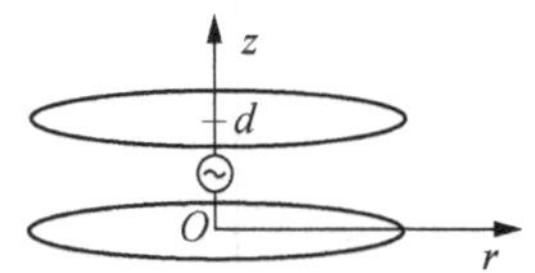

图 4.36 径向波导及其坐标

径向波导可传输主模(柱面 TEM 模)和高次模式,取决于两块平行圆形导体板的间距与导波波长间的关系。当两块圆形导体板间的间距 $d\leqslant\lambda/2$ 时,径向波导传输主模;反之,当两块圆形导体板间的间距 $d>\lambda/2$ 时,径向波导中即出现高次模式。

在圆柱坐标系中,径向波导的横向坐标为(z,φ),而纵向(径向)坐标为 r。为了导出径向波导中横向场分量满足的关系以及径向场分量与横向场分量间的关系,将径向单位矢量 $\boldsymbol{a}_r$ 与两个复数形式的麦克斯韦旋度方程(两端)作标积和矢积运算,然后从展开的表达式中消去 E_r 和 H_r,即得以下横向场分量满足的关系:

$$\left.\begin{aligned} \frac{\partial E_z}{\partial r} &= -\mathrm{j}k\eta\left[-H_\varphi+\frac{1}{k^2}\left(\frac{1}{r}\frac{\partial^2 H_z}{\partial\varphi\partial z}-\frac{\partial^2 H_\varphi}{\partial z^2}\right)\right] \\ \frac{1}{r}\frac{\partial}{\partial r}(rE_\varphi) &= -\mathrm{j}k\eta\left[H_z+\frac{1}{k^2}\left(\frac{1}{r^2}\frac{\partial^2 H_z}{\partial\varphi^2}-\frac{1}{r}\frac{\partial^2 H_\varphi}{\partial\varphi\partial z}\right)\right] \end{aligned}\right\} \tag{4.157}$$

以及

$$\left.\begin{aligned} \frac{\partial H_z}{\partial r} &= -\mathrm{j}\frac{k}{\eta}\left[E_\varphi+\frac{1}{k^2}\left(\frac{\partial^2 E_\varphi}{\partial z^2}-\frac{1}{r}\frac{\partial^2 E_z}{\partial\varphi\partial z}\right)\right] \\ \frac{1}{r}\frac{\partial}{\partial r}(rH_\varphi) &= -\mathrm{j}\frac{k}{\eta}\left[-E_z+\frac{1}{k^2}\left(\frac{1}{r}\frac{\partial^2 E_\varphi}{\partial\varphi\partial z}-\frac{1}{r^2}\frac{\partial^2 E_z}{\partial\varphi^2}\right)\right] \end{aligned}\right\} \tag{4.158}$$

同时,可得以下径向场分量与横向场分量间的关系:

$$\left.\begin{aligned} E_r &= -\mathrm{j}\,\frac{\eta}{k}\left(\frac{1}{r}\frac{\partial H_z}{\partial\varphi}-\frac{\partial H_\varphi}{\partial z}\right)\\ H_r &= \mathrm{j}\,\frac{1}{k\eta}\left(\frac{1}{r}\frac{\partial E_z}{\partial\varphi}-\frac{\partial E_\varphi}{\partial z}\right)\end{aligned}\right\} \tag{4.159}$$

将式(4.157)和式(4.158)与第 2 章第 2.2.1 节的内容进行比较可看出，与规则的柱形传输系统不同，对非规则的径向波导而言，无法将横向场写成矢量形式。

工作于主模的径向波导，一般称为径向传输线，此时波导中所能传输的导波是沿其周向或轴向（z 向）没有变化的电磁场的波。于是，这种导波在径向上没有场分量（$E_r=0$ 和 $H_r=0$），仅有场分量 E_z 和 H_φ。沿 z 向无变化的场分量 E_z 对应于两导体板间的电压 $E_z d$，而场分量 H_φ 则对应于径向电流 $2\pi r H_\varphi$。导体圆板上的径向电流在一块导体圆板上电流线呈辐射状，而在另一块导体圆板上电流线则呈汇聚状。径向传输线中的导波类似于平行双导线中的导波，因此得名径向线。尽管可基于传输线方程对其传输主模进行分析，但径向传输线沿径向的单位长度分布电感 L 和分布电容 C 则随坐标 r 变化，其中的导波与平行双导线中的导波具有不同的传输特性。

由于径向传输线中导波的电磁场量沿圆柱坐标系的周向 φ 以及 z 向均无变化，因此 $E_z(T)(=E_z(r,\varphi))$ 满足的亥姆霍兹方程(4.87)中的截止波数 k_c 简化为波数 $k(=\omega\sqrt{\mu\varepsilon})$，而经分离变量后，考虑到 $E_z(r)$ 沿周向 φ 无变化（即二阶线性齐次常微分方程(4.89)中的 $m=0$），于是 $E_z(r)$ 满足的方程(4.89)的通解为

$$E_z = A\mathrm{H}_0^{(1)}(kr)+B\mathrm{H}_0^{(2)}(kr) \tag{4.160}$$

式中，$\mathrm{H}_0^{(1)}(kr)(=\mathrm{J}_0(kr)+\mathrm{j}\mathrm{N}_0(kr))$，$\mathrm{H}_0^{(2)}(kr)(=\mathrm{J}_0(kr)-\mathrm{j}\mathrm{N}_0(kr))$，分别称为第一类和第二类零阶汉格尔(Hankel)函数。其中 $\mathrm{H}_0^{(1)}(kr)$ 代表沿径向（r 向）的外向波，而 $\mathrm{H}_0^{(2)}(kr)$ 代表沿负径向（$-r$ 向）的内向波。这样，根据式(4.157)中的上式即得场分量 H_φ 为

$$H_\varphi = \frac{1}{\mathrm{j}\omega\mu}\frac{\partial E_z}{\partial r} = \frac{\mathrm{j}}{\eta}\left[A\mathrm{H}_1^{(1)}(kr)+B\mathrm{H}_1^{(2)}(kr)\right] \tag{4.161}$$

事实上，基于汉格尔函数的大宗量渐近式可知，$E_z\big|_{kr\to\infty}$ 具有以下近似表达式：

$$E_z\big|_{kr\to\infty} \approx \sqrt{\frac{2}{\pi kr}}\left[A\mathrm{e}^{\mathrm{j}(kr-\pi/4)}+B\mathrm{e}^{-\mathrm{j}(kr-\pi/4)}\right]$$

而 H_φ 具有类似的近似公式。显然，式(4.161)中的两项明显地代表沿径向（r 向）的内向波和外向波。

令式(4.160)和式(4.161)中的 $A=0$，并取比值 E_z/H_φ 可得外向波的波阻抗为

$$Z_r^+ = \frac{E_z}{H_\varphi} = -\frac{\eta}{\mathrm{j}}\frac{\mathrm{H}_0^{(2)}(kr)}{\mathrm{H}_1^{(2)}(kr)} \tag{4.162a}$$

这表明，Z_r^+ 仅是 r 的函数。类似地，对内向波，则有

$$Z_r^- = \frac{\eta}{\mathrm{j}}\frac{\mathrm{H}_0^{(1)}(kr)}{\mathrm{H}_1^{(1)}(kr)} \tag{4.162b}$$

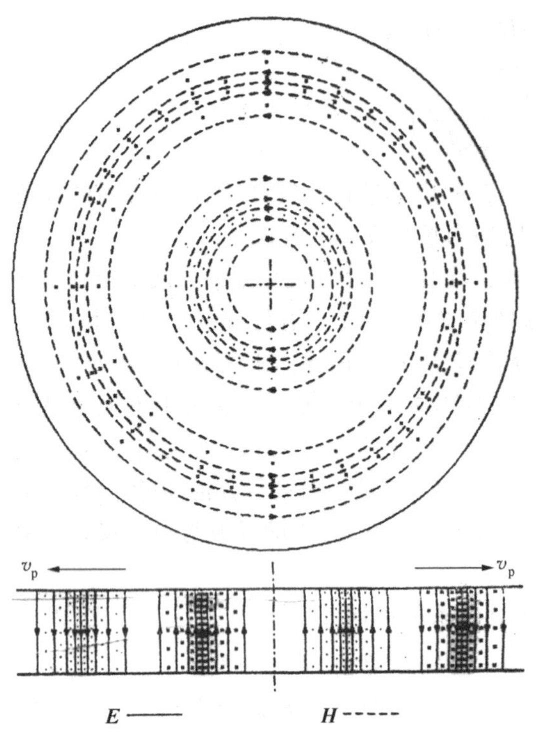

图 4.37 径向波导中主模的电磁场分布图

式中,$Z_r^{\pm}$ 表达式中的符号与常规导波的波阻抗的符号意义相同。这样,利用这两种波阻抗的定义,即可针对几种(类似于边界条件)不同情况确定通解中的 A 和 B,从而获得径向传输线中传输主模的电磁场的表达式。图 4.37 示出了径向波导中主模的电磁场分布。

当径向波导的两块圆形导体板间的间距 $d>\lambda/2$ 时,径向波导中即出现高次模式。对径向波导,若用 $h_1=1,h_2=r$ 分别表示横向坐标(z,φ)的度量因子,而用 $h_3=1$ 来表示径向坐标 r 的度量因子,则$(h_1/h_2)=r$ 而使E_r 和 H_r 不满足标量亥姆霍兹方程,因此不能根据 $E_r=0$ 或$H_r=0$ 来确定径向波导中的波型(模式)(事实上,径向波导中一般并不存在 $E_r=0$ 或 $H_r=0$ 的波型,即 r 向传播的导波是混合模)。但是,我们仍可像圆波导那样,根据 $E_z=0$ 或 $H_z=0$ 来划分径向波导中的波型(模式),它们分别被记为 TE_z 波(TE_z 模,轴向磁波)或TM_z 波(TM_z 模,轴向电波)。因此,通常将高次模式分为TM_z 模和TE_z 模。通过分析可知,径向波导的传输主模是TM_{00},该模式在较小半径的径向波导中即可有效地传输,这就是前述的径向传输线的工作模式—柱面 TEM 模。

因径向波导中各类传输模式电磁场量的确定较为复杂,故这里不再讨论径向波导中高次模式电磁场的求解问题。

4.1.7 金属波导的激励与耦合

前面讨论金属波导的传输特性时,并未涉及波导中的微波能量是如何产生的,而是假设波导中已建立起某个频率和某种工作模式的稳态电磁场。下面简单地介绍金属波导的激励与耦合问题。有关金属波导的激励与耦合的详细分析,详见第 7 章第 7.3 节内容。

在波导中建立起所需的某种工作模式的电磁场问题,称为波导的激励问题,所采用的装置称为激励装置或激励元件。通过这种装置从激励源向波导馈入微波能量,以建立起所需工作模式的场结构。反之,从波导中取出某种工作模式的场的能量的问题,称为波导的耦合问题。根据互易定理可知,只要在激励装置中不存在非互易媒质(如磁化铁氧体等),则这种激励装置也可用作为从波导中取出能量的耦合装置。因此只需对激励装置进行讨论。

对激励装置的基本要求是:能优先激励起所需工作模式的场,并尽可能抑制一些非工作模式;能较好地与波导相匹配,使输入的电磁能量全部进入被激励的波导而没有反射;有时还要求能够调节进入波导的电磁能量。波导激励的本质是电磁波的辐射,是微波源向波导中所限定的区域内辐射电磁能量。由于在激励装置附近的边界条件较为复杂，严格的数学分析往往是困难的，因此通常采用以所需模式的场结构为基础进行定性分析，并经过反复实验确定激励装置。一般说来，只要波导与波导之间不是全部被导体所隔离，而是有互相连通的区域，则两者之间就有电磁能量的耦合，就可用作激励装置。但通常为了满足上述对激励的基本要求，使激励更有效，往往采用以下几种激励方法。

(1) 探针激励

如图 4.38 所示，它是将同轴线的内导体延长一段伸入波导中而形成的。通常将探针置于波导中电场的最强处，且与被激励模式的电场方向平行。这种激励主要是电激励。

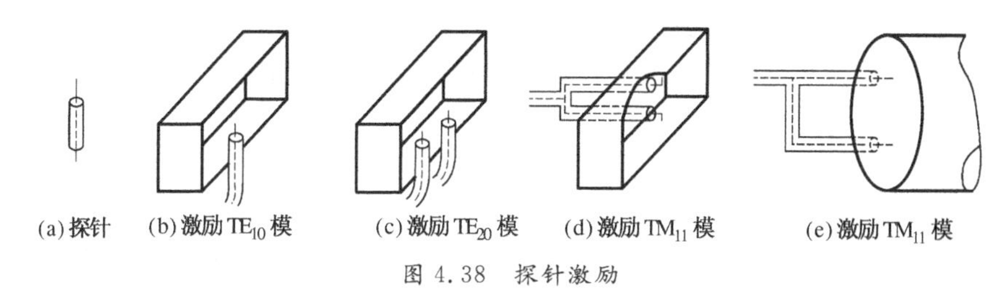

图 4.38 探针激励

(2) 磁环激励

如图 4.39 所示，它是将同轴线的内导体延伸后弯成环形，并将其端部焊接在外导体上形成的。通常将磁环置于波导中磁场的最强处，且环平面的法线方向与该处磁力线相平行。这种激励主要是磁激励。

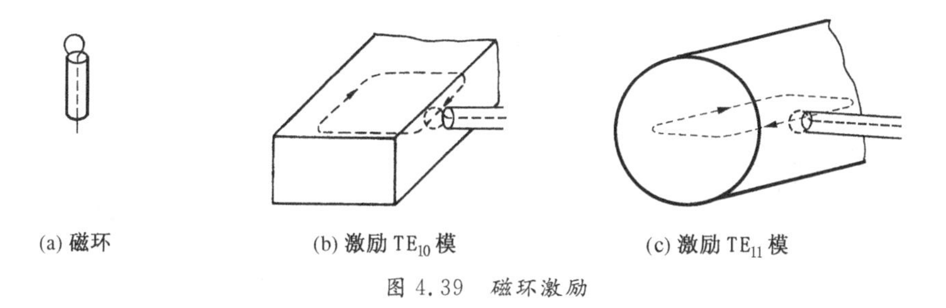

图 4.39 磁环激励

(3) 孔(或缝)激励

如图 4.40 所示，它是在两个矩形波导的公共壁上开一个或多个具有辐射能力的小孔(或窄缝)而形成的。这种激励是电激励还是磁激励以及电磁混合激励取决于孔(或缝)的位置。

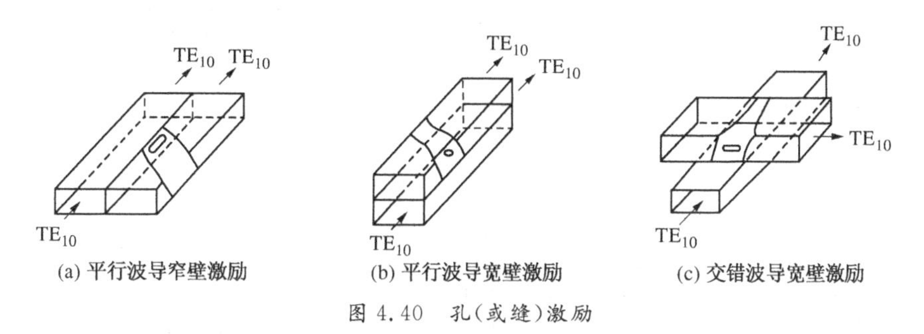

图 4.40 孔(或缝)激励

除上述几种激励方法外，也可以直接把两种金属波导连接起来，以产生所需模式的场

(如方一圆变换器等,详见第7章第7.3.2节)。

4.2　集成传输系统

为了适应微波集成电路发展的需要,人们一直在研究体积小、重量轻、便于批量生产、性能优良以及价格合理的微波新型导波系统。我们把这些导波系统称为集成传输系统,大致可分为四种类型:(a) TEM模和准TEM模传输线,它包括微带传输线和共面波导;(b) 非TEM模传输线,它包括槽线和鳍线;(c) 开放式介质波导,它包括介质棒、镜像介质波导等;(d) 半开放式介质波导,它包括H波导、G波导等。如图4.41所示。鉴于这类传输系统种类繁多,不能一一作详细讨论。这里只对少数传输系统的传输特性以及计算、设计方法作较详细的讨论,对其余的传输系统只作简单的介绍。

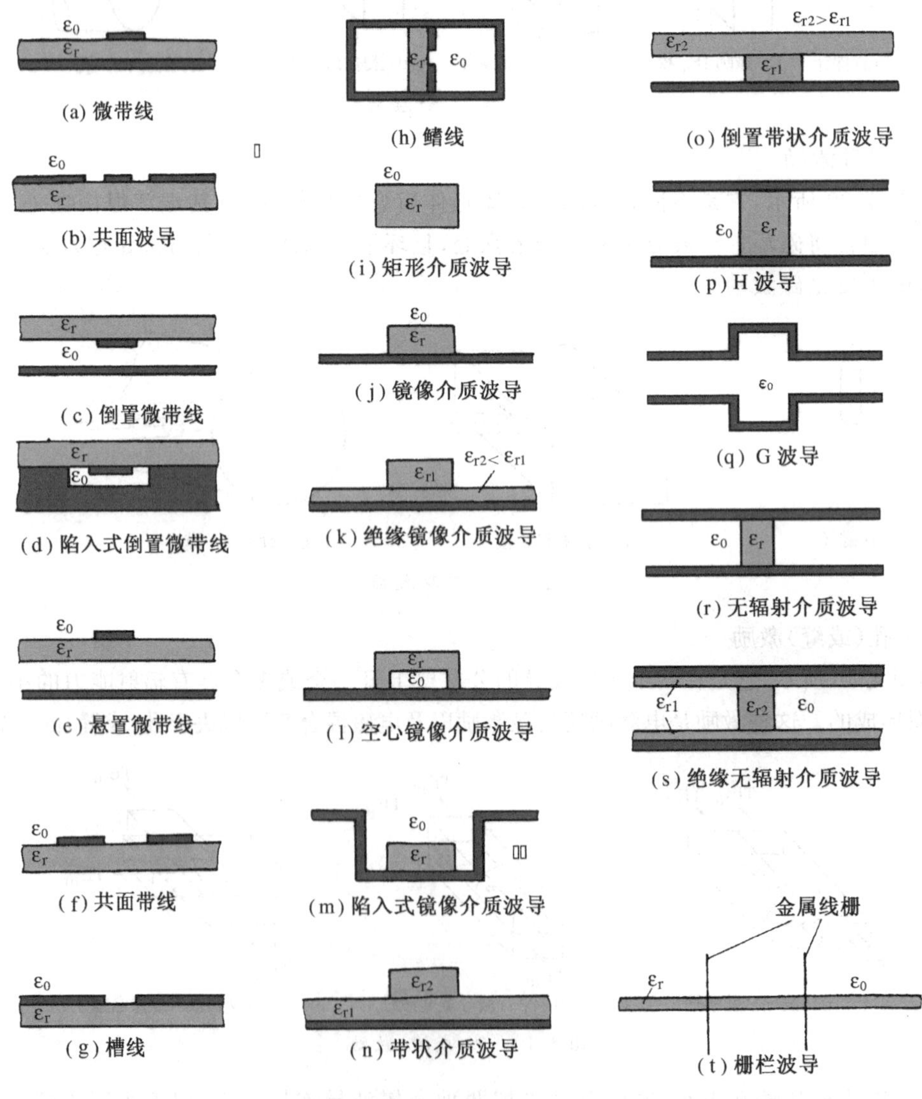

图4.41　各种集成传输系统

4.2.1 TEM 模和准 TEM 模传输线

1. 微带传输线

微带传输线的基本结构型式有两种，即带状线和微带线。带状线又称为对称微带，是一种双接地板空气或介质传输线。它可看成由同轴线演变而来，即将同轴线的外导体对半分开后把两半外导体分别向上、下方向展开，并把内导体做成扁平带线（也可仍为圆形）而成，如图 4.42 所示。微带线又称为非对称微带或标准微带，是一种单接地板介质传输线。它可看成由双导体传输线演变而来，即将无限薄的理想导体板垂直插入双导体中间（这并不扰动原来的场分布，因导体板与所有的电力线相垂直），将其中一侧的导体圆柱移去，再把留下的导体变为带状，并在它与导体板之间加入介质材料（称为介质基片）构成，如图 4.42(b) 所示。由图 4.42 可见，微带线的电力线分布是左右对称，上下不对称，而带状线则是左右、上下均对称，因此微带线也称为非对称带状线。

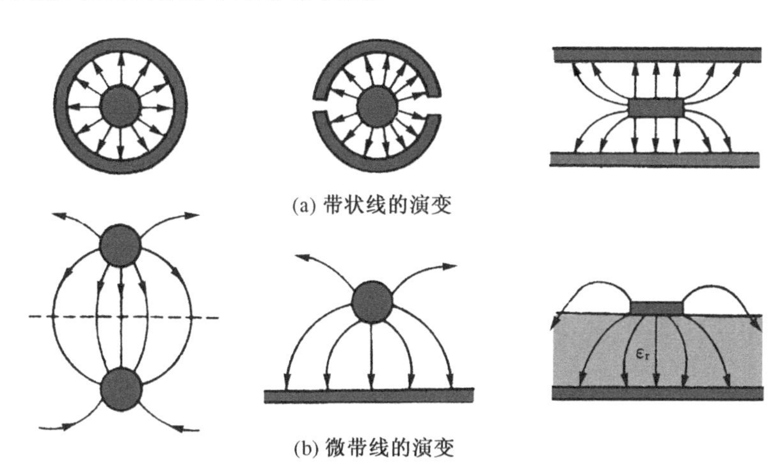

图 4.42　带状线和微带线的演变

下面分别讨论带状线及耦合带状线和微带线及耦合微带线的主要特性。

1) 带状线

带状线的结构如图 4.43(a) 所示。它是由上、下两块接地板和位于两接地板中心对称面上的中心导（体）带构成的，导带和接地板之间可以是空气或填充其他介质。图中 W，t 分别表示导带的宽度和厚度，b 表示两接地板间的距离。带状线是双导体传输线，其传输主模是 TEM 模。图 4.43(b) 示出了带状线横截面上的电磁场分布。

带状线的主要特性与同轴线相似，它的传输特性可以直接用静态法进行分析。表征带状线传输特性的参量主要有：特性阻抗 Z_c、衰减常数 α、相速 v_p 以及波导波长 λ_g 等，这里将对这些参量作简单讨论。

(1) 特性阻抗

由于带状线中的传输主模是 TEM 模，若假设导体为理想导体，填充的介质均匀、无耗且各向同性，带状线的结构沿纵向均匀，且横截面的尺寸与工作波长相比较小。这样，由静

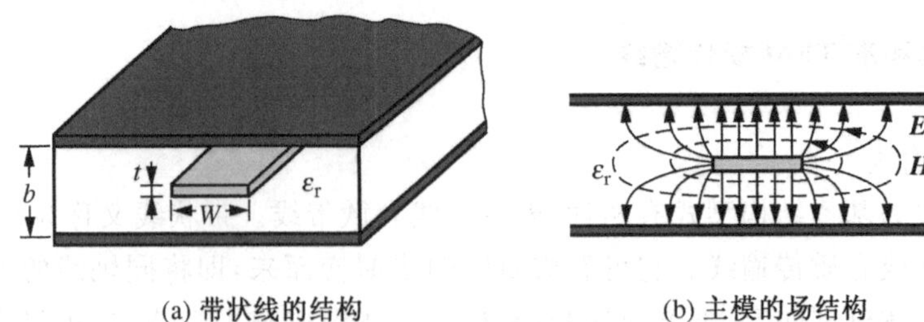

(a) 带状线的结构　　(b) 主模的场结构

图 4.43　带状线的结构及其主模的场结构

态场分析方法可知,带状线的特性阻抗 Z_c 为

$$Z_c = \sqrt{\frac{L}{C}} = \frac{1}{v_p C} \tag{4.163}$$

式中,相速 $v_p = 1/\sqrt{LC} = c/\sqrt{\varepsilon_r}$,而 L,C 分别为带状线单位长度的分布电感和分布电容,c 为自由空间中的光速。

由式(4.163)可知,只要求出带状线的分布电容 C,则可求出其特性阻抗 Z_c。求解带状线分布电容的方法很多,但较为常用的是采用复变函数理论中的保角变换法和采用部分电容概念的方法。在此我们不打算详细地讨论这两种方法的具体推导过程,而只是提供最后的结果和根据这些结果绘制出的曲线。

① 导带为零厚度时的特性阻抗

当带状线的导带厚度 $t \to 0$ 时,利用保角变换法(多角形变换法,即许瓦兹-克利斯多菲(Schwarz-Christoffel)变换)可求得特性阻抗 Z_c 的精确表达式为

$$Z_c = \frac{30\pi}{\sqrt{\varepsilon_r}} \frac{\mathrm{K}(k)}{\mathrm{K}(k')} \tag{4.164}$$

式中

$$\mathrm{K}(k) = \int_0^{\pi/2} \frac{\mathrm{d}\varphi}{\sqrt{1 - k^2 \sin^2 \varphi}} \tag{4.165}$$

为第一类完全椭圆积分,$k = \mathrm{sech}[\pi W/(2b)]$ 为模数;$\mathrm{K}(k') = \mathrm{K}'(k)$ 为第一类不完全椭圆积分,$k' = \sqrt{1-k^2}$ 为余模数。

应用式(4.164)计算带状线的特性阻抗不太方便,它涉及椭圆函数的计算,因此一般不用作工程计算。实际应用中,可采用以下近似公式计算 $\mathrm{K}(k)/\mathrm{K}(k')$ 的值:

$$\frac{\mathrm{K}(k)}{\mathrm{K}(k')} = \begin{cases} \dfrac{1}{\pi \ln\left(\dfrac{2(1+\sqrt{k'})}{1-\sqrt{k'}}\right)}, & 0 \leqslant k \leqslant \dfrac{1}{\sqrt{2}} \\[2ex] \dfrac{1}{\pi}\ln\left[2\left(\dfrac{1+\sqrt{k}}{1-\sqrt{k}}\right)\right], & \dfrac{1}{\sqrt{2}} \leqslant k \leqslant 1 \end{cases} \tag{4.166}$$

其误差小于 3×10^{-6}。

在实际应用中，也可利用以下近似公式计算导带为零厚度时的特性阻抗：

$$Z_c = \frac{30\pi}{\sqrt{\varepsilon_r}} \frac{b}{W_e + 0.441b} \tag{4.167}$$

式中，W_e是带状线导带的有效宽度，其表达式为

$$\frac{W_e}{b} = \frac{W}{b} - \begin{cases} 0, & \dfrac{W}{b} > 0.35 \\ \left(0.35 - \dfrac{W}{b}\right)^2, & \dfrac{W}{b} \leqslant 0.35 \end{cases} \tag{4.168}$$

其误差小于 1%。

② 导带厚度不为零时的特性阻抗

精确计算导带厚度不为零时带状线的特性阻抗十分困难，目前大都采用柯恩(Cohn)利用部分电容概念导出的公式进行计算。其表达式又分为宽导带和窄导带两种情况。

a) 宽导带情况$[W/(b-t)>0.35]$

如图 4.44 所示，在宽导带情况下，导带两端的边缘场之间的相互作用可以不考虑。此时可应用部分电容的概念，将带状线的分布电容分解为平板电容 C_p 和边缘电容 C_f'两部分。因带状线是对称的，故单位长度的分布电容为

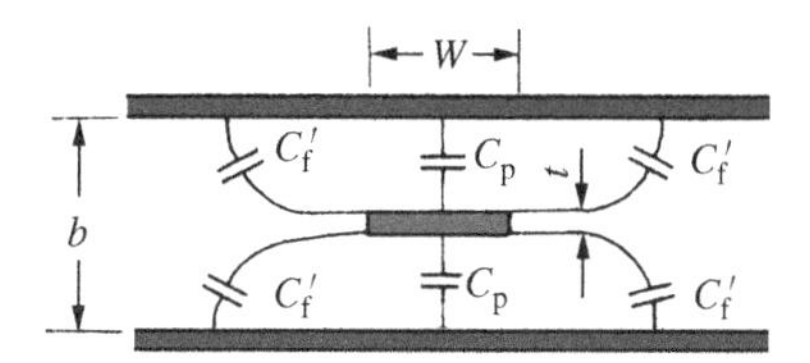

图 4.44　宽导带带状线的分布电容

$$C = 2C_p + 4C_f' \tag{4.169}$$

平板电容可用下式求解：

$$C_p = \frac{\varepsilon W}{(b-t)/2} = \frac{8.854\varepsilon_r W}{(b-t)/2} \quad (\text{pF/m}) \tag{4.170}$$

而采用保角变换法可求得边缘电容的计算公式为

$$C_f' = \frac{8.854\varepsilon_r}{\pi}\left(\frac{2}{1-(t/b)}\ln\left[\frac{1}{1-(t/b)}+1\right] - \left[\frac{1}{1-(t/b)}-1\right]\ln\left\{\frac{1}{[1-(t/b)]^2}-1\right\}\right) \quad (\text{pF/m}) \tag{4.171}$$

于是，宽导带带状线的特性阻抗 Z_c的计算公式为

$$Z_c = \frac{1}{v_p C} = \frac{94.15}{\sqrt{\varepsilon_r}\left[\left(\dfrac{W}{b}\right)\dfrac{1}{1-(t/b)} + \dfrac{C_f'}{8.854\varepsilon_r}\right]} \quad (\Omega) \tag{4.172}$$

b) 窄导带情况$[W/(b-t)<0.35]$

当带状线的中心导带较窄，以致其两端边缘场的影响不能忽略时，带状线的特性阻抗不能再用式(4.172)计算。此时可将条带形的中心导体截面等效为圆杆形中心导体的截面，这样就可用与之等效的圆杆形中心导体带状线的特性阻抗公式计算特性阻抗。当 $t/W \leqslant 0.11$ 时，图 4.45(a)所示的条带形中心导体和圆杆形中心导体尺寸间的近似等效关系为

$$d=\frac{W}{2}\left\{1+\frac{t}{W}\left[1+\ln\frac{4\pi W}{t}+0.51\pi\left(\frac{t}{W}\right)^2\right]\right\} \tag{4.173}$$

由此式绘出的 d/W 与 t/W 间的关系曲线如图 4.45(b)所示。

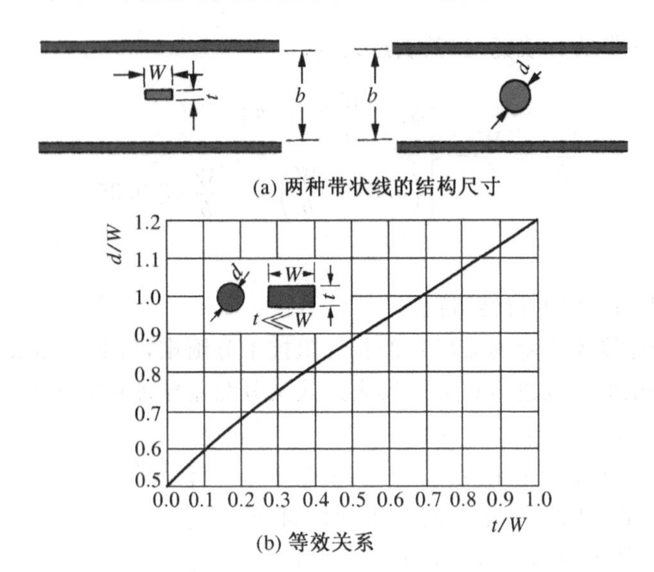

图 4.45　条带形中心导体和圆杆形中心导体的等效

可以证明,圆杆形中心导体带状线的特性阻抗为

$$Z_c=\frac{60}{\sqrt{\varepsilon_r}}\ln\left(\frac{4b}{\pi d}\right)\qquad(\Omega) \tag{4.174}$$

于是,根据窄导带带状线的尺寸比 t/W,即可由式(4.173)求出或由图 4.45(b)查出等效的圆杆形中心导体的直径 d,将 d 代入式(4.174) 便可得到窄导带带状线的特性阻抗。

实际上,无论宽导带还是窄导带,人们都已将这些带状线的特性阻抗与尺寸的关系绘制成曲线或列成表格,在工程设计时,只要查阅曲线或表格即可。

(2) 相速和波导波长

由于带状线传输的主模为 TEM 模,所以导波的相速为

$$v_p=\frac{c}{\sqrt{\varepsilon_r}} \tag{4.175}$$

波导波长为

$$\lambda_g=\frac{\lambda_0}{\sqrt{\varepsilon_r}} \tag{4.176}$$

式中,λ_0为自由空间中电磁波的波长。

(3) 带状线的损耗和衰减

带状线的损耗包括中心导带与接地板的导体损耗、两接地板间填充介质的介质损耗以及辐射损耗。由于通常带状线的接地板比中心导带宽度大得多,而上、下接地板的间距比工

作波长小得多,因此带状线的辐射损耗可忽略不计。所以,带状线的衰减主要由导体损耗和介质损耗引起,即

$$\alpha = \alpha_c + \alpha_d \qquad (\mathrm{Np/m}) \tag{4.177}$$

式中,α 为带状线的总衰减常数,α_c和 α_d分别为带状线的导体衰减常数和介质衰减常数。

① 介质衰减

对只传输 TEM 模的带状线而言,其介质衰减常数应按式(2.149a)计算,即

$$\alpha_d = \frac{\pi \tan\delta}{\lambda}(\mathrm{Np/m}) = \frac{27.288\sqrt{\varepsilon_r}\tan\delta}{\lambda_0} \qquad (\mathrm{dB/m}) \tag{4.178}$$

② 导体衰减

根据传输线理论可知,带状线的导体衰减可由下式求得,即

$$\alpha_c = \frac{R}{2Z_c} \qquad (\mathrm{Np/m}) \tag{4.179}$$

式中,R 为带状线单位长度的电阻。

由式(4.179)可见,只要求得带状线的分布电阻,便可确定其导体衰减。然而,由于带状线的中心导带与接地板上的电流分布不均匀(中心导带的四个棱角处因曲率半径很小,这些棱角处的表面电阻远小于平面处的表面电阻,从而使电流密度很大;在接地板上,面对中心导带处电流密度较大而边缘部分的电流很小。),以致无法写出电流分布以及相应的导体表面附近磁场的解析式,即求分布电阻很复杂,因此无法精确计算其导体衰减。实际应用中,通常采用“增量电感法”近似计算带状线的导体衰减,这里略去复杂的推导过程,只提供计算α_c的近似公式:

$$\alpha_c = \begin{cases} \dfrac{2.7\times 10^{-3} R_s Z_c \varepsilon_r}{30\pi(b-t)} A, & \sqrt{\varepsilon_r} Z_c \leqslant 120 \\[2ex] \dfrac{0.16 R_s}{Z_c b} B, & \sqrt{\varepsilon_r} Z_c \geqslant 120 \end{cases} \qquad (\mathrm{dB/m}) \tag{4.180}$$

式中

$$A = 1 + \frac{2W}{b-t} + \frac{1}{\pi}\frac{b+t}{b-t}\ln\left(\frac{2b-t}{t}\right) \tag{4.181}$$

$$B = 1 + \frac{b}{(0.5W + 0.7t)}\left[0.5 + \frac{0.414t}{W} + \frac{1}{2\pi}\ln\left(\frac{4\pi W}{t}\right)\right] \tag{4.182}$$

计算表明,带状线的导体衰减远大于介质衰减,因此一般情况下可将介质衰减忽略不计。

(4) 带状线的尺寸选择

带状线的传输主模是 TEM 模,但当尺寸选择不当或因制作不精细和其他原因造成结构上的不均匀时,都可能会出现高次模式 TE 模和 TM 模。为了抑制高次模式,必须合理地选择带状线的尺寸。

对 TE 模,最低次模式是 TE_{10} 模,其截止波长为

$$(\lambda_c)_{TE_{10}} \approx 2W\sqrt{\varepsilon_r} \tag{4.183}$$

对 TM 模,最低次模式是 TM_{01},其截止波长为

$$(\lambda_c)_{TM_{10}} \approx 2b\sqrt{\varepsilon_r} \tag{4.184}$$

综上所述,为了抑制 TE_{10} 模和 TM_{01} 模,带状线的最短工作波长应满足

$$(\lambda_0)_{min} > (\lambda_c)_{TE_{10}} = 2W\sqrt{\varepsilon_r} \tag{4.185}$$

$$(\lambda_0)_{min} > (\lambda_c)_{TM_{01}} = 2b\sqrt{\varepsilon_r} \tag{4.186}$$

即带状线的尺寸应满足以下关系:

$$W < \frac{(\lambda_0)_{min}}{2\sqrt{\varepsilon_r}} \tag{4.187}$$

$$b < \frac{(\lambda_0)_{min}}{2\sqrt{\varepsilon_r}} \tag{4.188}$$

(5) 耦合带状线

两条或多条传输线的导带彼此靠得很近,相互之间因有电磁能量的耦合而形成耦合传输线,如耦合带状线以及耦合微带线等。耦合带状线以及耦合微带线等在微波集成电路中得到广泛应用,常被用来制作定向耦合器、滤波器等。这里先简单介绍耦合带状线,后面再讨论耦合微带线。

耦合带状线的结构型式很多,根据耦合带状线的导带和导带之间的位置可分为共面耦合(侧耦合)和宽面耦合(包括错位耦合)。图 4.46 示出了四种常见的结构型式。其中最常用的是图 4.46(a)所示的侧耦合结构,这种结构的耦合较弱,而图 4.46(b)所示的结构则可获得强耦合。下面简单讨论薄导带($t\to 0$)侧耦合带状线的分析。

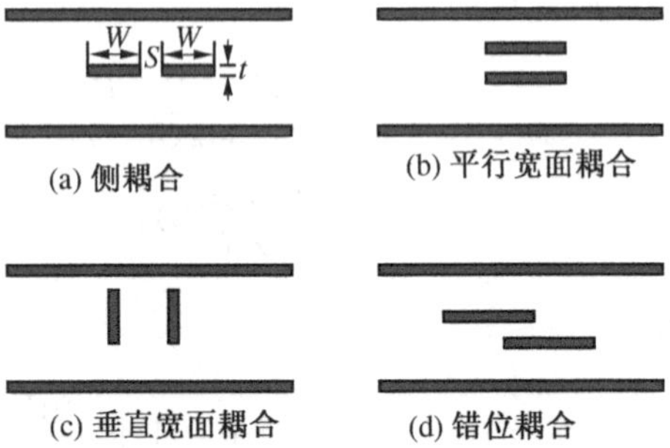

(a) 侧耦合　(b) 平行宽面耦合　(c) 垂直宽面耦合　(d) 错位耦合

图 4.46　四种常见的耦合带状线结构型式

同带状线一样,耦合带状线填充的是均匀介质,因此其中传播的导波也是 TEM 模。分析耦合带状线的常用方法是准静态的奇、偶模分析法。所谓奇、偶模,就是在耦合带状线的两根导带和接地板之间分别输入两个等幅反相电压 U_o 与($-U_o$)和两个等幅同相电压 U_e,其电力线关于中心对称面所构成的一种相互吸引的奇对称分布(即奇模)和相互排斥的偶对称分布(即偶模)。图 4.47 示出了奇、偶模激励时的电场分布情况,其中奇模的电力线与中心对称面垂直,此壁面称为电壁;偶模的电力线与中心对称面相平行(即其磁力线与中心对称面相垂直),此壁面称为磁壁。

根据耦合带状线的奇、偶模电场分布的特点,图 4.47 中同样示出了奇、偶模情况下耦合带

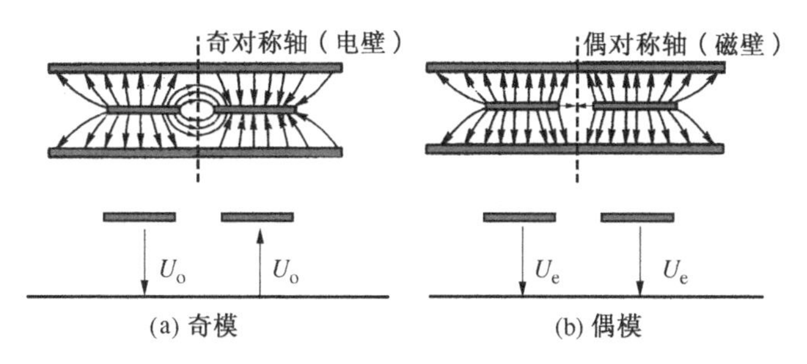

图 4.47　耦合带状线的奇、偶模电力线分布及其激励电压

状线的两根导带与接地板之间的激励电压。显然，若两根带状线上输入任意的电压 U_1 和 U_2，则总可分解成一对奇、偶模电压分量，使得 U_1 等于两分量之和，U_2 等于两电压分量之差，即

$$U_1 = U_e + U_o \tag{4.189}$$

$$U_2 = U_e - U_o \tag{4.190}$$

当然，也可根据两根带状线上的电压 U_1 和 U_2 确定奇、偶模电压 U_o 和 U_e，即

$$U_o = \frac{1}{2}(U_1 - U_2) \tag{4.191}$$

$$U_e = \frac{1}{2}(U_1 + U_2) \tag{4.192}$$

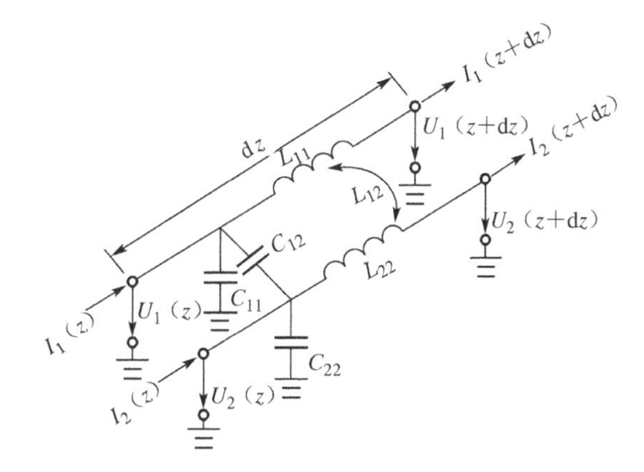

图 4.48　TEM 模(或准 TEM 模)耦合传输线的等效传输线电路

对像耦合带状线这样的无耗传输的 TEM 模(或准 TEM 模)耦合传输线，其任一长度微元 dz 上的等效传输线电路如图 4.48 所示。其中，单根带状线的分布电感为 L_{11}，分布电容为 C_{11}，两根带状线间耦合的分布电感为 L_{12}，分布电容为 C_{12}。于是，根据基尔霍夫电压、电流定律可得线上复电压、复电流满足的关系式为

$$\left.\begin{aligned} -\frac{dU_1}{dz} &= j\omega L_{11} I_1 + j\omega L_{12} I_2, \quad -\frac{dI_1}{dz} = j\omega C_1 U_1 - j\omega C_{12} U_2 \\ -\frac{dU_2}{dz} &= j\omega L_{12} I_1 + j\omega L_{11} I_2, \quad -\frac{dI_2}{dz} = j\omega C_1 U_2 - j\omega C_{12} U_1 \end{aligned}\right\} \tag{4.193}$$

式中，$C_1 = C_{11} + C_{12}$，且 $L_{11} = L_{12}$，$C_{11} = C_{22}$。

对偶模激励情况，令 $U_1 = U_2 = U_e$，$I_1 = I_2 = I_e$，则上式变为

$$\left.\begin{aligned} -\frac{dU_e}{dz} &= j\omega(L_{11} + L_{12}) I_e \\ -\frac{dI_e}{dz} &= j\omega(C_1 - C_{12}) U_e \end{aligned}\right\} \tag{4.194}$$

由上式可得偶模传输线方程为

$$\left.\begin{aligned}\frac{\mathrm{d}^2U_\mathrm{e}}{\mathrm{d}z^2}+\omega^2L_{11}C_1\left(1+\frac{L_{12}}{L_{11}}\right)\left(1-\frac{C_{12}}{C_1}\right)U_\mathrm{e}=0\\\frac{\mathrm{d}^2I_\mathrm{e}}{\mathrm{d}z^2}+\omega^2L_{11}C_1\left(1+\frac{L_{12}}{L_{11}}\right)\left(1-\frac{C_{12}}{C_1}\right)I_\mathrm{e}=0\end{aligned}\right\}\tag{4.195}$$

令 $L_{12}/L_{11}=k_L$ 为电感耦合系数，$C_{12}/C_1=k_C$ 为电容耦合系数。于是，偶模的相移常数 β_e，相速 v_pe 以及特性阻抗 Z_ce 分别为

$$\left.\begin{aligned}\beta_\mathrm{e}&=\omega\sqrt{L_{11}C_1(1+k_L)(1-k_C)}\\v_\mathrm{pe}&=\frac{\omega}{\beta_\mathrm{e}}=\frac{1}{\sqrt{L_{11}C_1(1+k_L)(1-k_C)}}\\Z_\mathrm{ce}&=\frac{1}{v_\mathrm{pe}C_\mathrm{e}}=\sqrt{\frac{L_{11}(1+k_L)}{C_1(1-k_C)}}\end{aligned}\right\}\tag{4.196}$$

式中，$C_\mathrm{e}=C_1(1-k_C)=C_{11}$，为偶模电容。

对奇模激励情况，令 $U_1=-U_2=U_\mathrm{o}$，$I_1=-I_2=I_\mathrm{o}$，由式(4.193)得

$$\left.\begin{aligned}-\frac{\mathrm{d}U_\mathrm{o}}{\mathrm{d}z}&=\mathrm{j}\omega L_{11}(1-k_L)I_\mathrm{o}\\-\frac{\mathrm{d}I_\mathrm{o}}{\mathrm{d}z}&=\mathrm{j}\omega C_1(1+k_C)U_\mathrm{o}\end{aligned}\right\}\tag{4.197}$$

于是，奇模的相移常数 β_o，相速 v_po 以及特性阻抗 Z_co 分别为

$$\left.\begin{aligned}\beta_\mathrm{o}&=\omega\sqrt{L_{11}C_1(1-k_L)(1+k_C)}\\v_\mathrm{po}&=\frac{\omega}{\beta_\mathrm{o}}=\frac{1}{\sqrt{L_{11}C_1(1-k_L)(1+k_C)}}\\Z_\mathrm{co}&=\frac{1}{v_\mathrm{po}C_\mathrm{o}}=\sqrt{\frac{L_{11}(1-k_L)}{C_1(1+k_C)}}\end{aligned}\right\}\tag{4.198}$$

式中，$C_\mathrm{o}=C_1(1+k_C)=C_{11}+2C_{12}$，为奇模电容。

由此可见，耦合带状线的奇模和偶模的电磁场分布不同，因而其分布电容、分布电感和特性阻抗也不同。所谓奇、偶模特性阻抗是在奇、偶模场分布时单根导带对接地板的特性阻抗，分别用 Z_co 和 Z_ce 表示，它们同奇、偶模分布电容 C_o，C_e 和奇、偶模相速 v_po，v_pe 之间的关系为

$$Z_\mathrm{co}=\frac{1}{v_\mathrm{po}C_\mathrm{o}}=\frac{1}{v_\mathrm{p}C_\mathrm{o}}\tag{4.199}$$

$$Z_\mathrm{ce}=\frac{1}{v_\mathrm{pe}C_\mathrm{e}}=\frac{1}{v_\mathrm{p}C_\mathrm{e}}\tag{4.200}$$

式中，v_p 等于介质中的光速 v(因耦合带状线均匀填充介质)，而奇、偶模分布电容 C_o，C_e 分别是在奇、偶模场分布时单根导带对接地板的(单位长度)分布电容。这样，对耦合带状线进行

奇、偶模分解后，就可针对奇、偶模两种情况分别求出奇、偶模电容，进而求出奇、偶模特性阻抗。

类似于带状线，假设耦合带状线的导带厚度为零，两接地板间填充介质的相对介电常数为 ε_r，采用多角形变换法即可求得奇、偶模分布电容 C_o，C_e。于是，耦合带状线的奇、偶模特性阻抗的表达式分别为

$$Z_{co}=\frac{30\pi}{\sqrt{\varepsilon_r}}\frac{K(k_o')}{K(k_o)} \tag{4.201}$$

$$Z_{ce}=\frac{30\pi}{\sqrt{\varepsilon_r}}\frac{K(k_e')}{K(k_e)} \tag{4.202}$$

式中 $k_o=\tanh\left(\frac{\pi W}{2b}\right)\coth\left[\frac{\pi}{2}\left(\frac{W+S}{2b}\right)\right]$，$k_e=\tanh\left(\frac{\pi W}{2b}\right)\tanh\left[\frac{\pi}{2}\left(\frac{W+S}{2b}\right)\right]$；而 $k_i'=\sqrt{1-k_i^2}$，$i=o,e$。图 4.49 示出了空气耦合带状线的 Z_{co} 和 Z_{ce} 随尺寸比 W/b（S/b 为参数）的变化曲线。

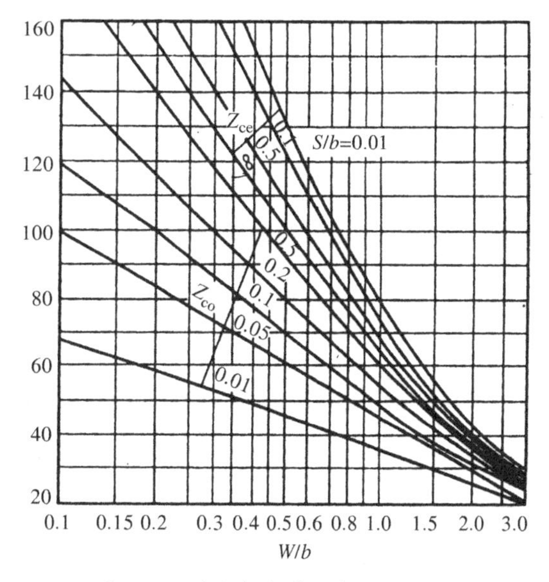

图 4.49　空气耦合带状线的 Z_{co} 和 Z_{ce} 随 W/b 的变化曲线（S/b 为参数）

2）微带线

微带线是微波集成电路（MIC）中使用最多的一种传输线。其结构不仅便于同有源器件连接，构成有源固态电路，而且可在一块介质基片上制作完整的微波电路布局，有利于提高微波组件和系统的集成化、固态化和小型化的程度。因此近些年来以微带线等为基础的微波集成技术已发展成为射频/微波技术的一个重要分支。

（1）微带线中的传输主模——准 TEM 模

同分析其他微波传输系统一样，分析微带线的严格方法也要求根据给定的边界条件求解亥姆霍兹方程，但由于微带线是混合介质系统，其边界十分复杂，是属于求解全波复杂边界的电磁场问题，因此较为繁复。这里不打算讨论微带线的严格分析方法，只采用近似分析方法对其作定性的讨论。

由于微带线是一种双导体导波系统，根据电磁场理论可知，若其导带与接地板之间不存在介质基片（即介质是空气）或整个微带线均被一种均匀的介质全部包围时，则此时导波系统的传输主模应为 TEM 模。但实际微带线只是在导带和接地板之间填充相对介电常数为 ε_r（>1）的介质基片，而其余部分是空气，即存在着介质与空气的交界面，属于混合介质系统。这表明微带线的结构与平行双导线、同轴线等完全不同。后者都处在均匀介质的空间中，除了有导体边界外再也没有其他的边界条件，这是 TEM 模存在的充要条件。因此，纯

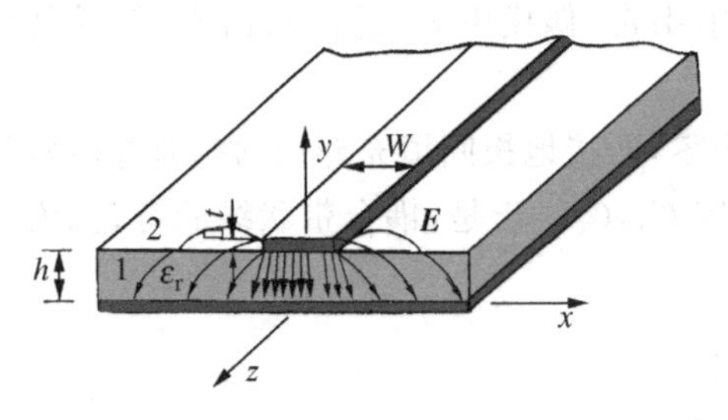

图 4.50　微带线的结构尺寸

TEM模的场不可能满足微带线的空气与介质交界面上的边界条件,即微带线中不可能存在纯TEM模,它所能传播的模式应由TE模和TM模组合而成的混合模式。为了说明这一点,我们根据麦克斯韦方程和边界条件来加以证明。

如图4.50所示,边界条件要求在介质分界面($y=h$)处,电场强度和磁场强度的切向分量连续,即

$$E_{x1}=E_{x2},\quad E_{z1}=E_{z2} \tag{4.203}$$

$$H_{x1}=H_{x2},\quad H_{z1}=H_{z2} \tag{4.204}$$

式中,"1","2"分别代表介质基片区域和空气区域。而电通量密度和磁通量密度的法向分量在介质分界面($y=h$)处也应连续,即

$$E_{y2}=\varepsilon_r E_{y1},\quad H_{y1}=H_{y2} \tag{4.205}$$

在介质分界面两侧的场都应满足麦克斯韦第二旋度方程,即

$$\nabla\times\boldsymbol{H}_1=\mathrm{j}\omega\varepsilon_0\varepsilon_r\boldsymbol{E}_1 \tag{4.206}$$

$$\nabla\times\boldsymbol{H}_2=\mathrm{j}\omega\varepsilon_0\boldsymbol{E}_2 \tag{4.207}$$

将以上两式展开,并取电场在x方向分量的表达式,有

$$\frac{\partial H_{z1}}{\partial y}-\frac{\partial H_{y1}}{\partial z}=\mathrm{j}\omega\varepsilon_0\varepsilon_r E_{x1} \tag{4.208}$$

$$\frac{\partial H_{z2}}{\partial y}-\frac{\partial H_{y2}}{\partial z}=\mathrm{j}\omega\varepsilon_0 E_{x2} \tag{4.209}$$

根据边界条件,得

$$\frac{\partial H_{z1}}{\partial y}-\frac{\partial H_{y1}}{\partial z}=\varepsilon_r\left(\frac{\partial H_{z2}}{\partial y}-\frac{\partial H_{y2}}{\partial z}\right) \tag{4.210}$$

设微带线中的导波沿z向传输,又考虑到介质边界两侧导波的相移常数均应为β,于是有

$$\frac{\partial H_{y2}}{\partial z}=-\mathrm{j}\beta H_{y2} \tag{4.211}$$

$$\frac{\partial H_{y1}}{\partial z}=-\mathrm{j}\beta H_{y1} \tag{4.212}$$

将以上两式代入式(4.210),得

$$\frac{\partial H_{z1}}{\partial y}-\varepsilon_r\frac{\partial H_{z2}}{\partial y}=\mathrm{j}\beta(\varepsilon_r-1)\,H_{y2} \tag{4.213}$$

因为 $\varepsilon_r \neq 1$，$H_{y2} \neq 0$，所以等式右端不为零，因而左端也不为零，即磁场的纵向分量不为零。

再利用麦克斯韦第一旋度方程：

$$\nabla \times \boldsymbol{E}_1 = -\mathrm{j}\omega\mu_0 \boldsymbol{H}_1 \tag{4.214}$$

$$\nabla \times \boldsymbol{E}_2 = -\mathrm{j}\omega\mu_0 \boldsymbol{H}_2 \tag{4.215}$$

经过同样的分析，可得

$$\frac{\partial E_{z1}}{\partial y} - \frac{\partial E_{z2}}{\partial y} = \mathrm{j}\beta\left(1 - \frac{1}{\varepsilon_r}\right)E_{y2} \tag{4.216}$$

当 $\varepsilon_r \neq 1$ 和 $E_{y2} \neq 0$ 时，则电场的纵向分量也不为零。

至此，我们根据麦克斯韦方程一般地证明了微带线中的导波必定有纵向场分量，即不存在纯 TEM 模。不过，在频率较低时，微带线的基片厚度 h 远小于微带波长，此时导带与接地板之间的纵向场分量比较弱，其场分布与 TEM 模很相似，一般称它为准 TEM 模。因此，可认为在低频弱色散情况下，微带线的工作模式是准 TEM 模，并可按 TEM 模处理。但应注意，严格说来准 TEM 模具有色散特性，这一点同 TEM 模不同，且随频率升高，这两种模式之间的差别也越大，即准 TEM 模的纵向场分量所占的比例也就越大，此时微带线传输的导波实际上是混合模。

(2) 微带线的主要特性

① 特性阻抗和相速

实际的微带线大都工作在低频弱色散区，此时可按 TEM 模来近似分析，这种分析方法称为“准静态分析法”。

同平行双导线、同轴线等 TEM 模传输线一样，描述微带线的特性也是用相速和特性阻抗这两个主要特性参量。对无耗的 TEM 模传输线而言，其特性阻抗和相速分别为

$$Z_c = \sqrt{\frac{L}{C}} = \frac{1}{v_p C} \tag{4.217}$$

$$v_p = \frac{1}{\sqrt{LC}} \tag{4.218}$$

式中，L，C 分别为 TEM 模传输线单位长度的分布电感和分布电容。

然而，由于微带线的导带周围填充的并不是单一介质，因此其特性阻抗和相速不能简单地通过(4.217)和(4.218)两式计算。实际上，当微带线的基片被去除时，此时空气微带线上传播的 TEM 模应以光速 c 传播；而当微带线的导带上方也全部填充和基片材料相同的介质时，此时介质微带中传播的 TEM 模则以相速 $v_p(=c/\sqrt{\varepsilon_r})$ 传播。但实际微带是以部分介质和部分空气填充的，所以空气和介质对其中 TEM 模传播的相速都有影响。从上述两种极端情况的分析不难知道，在部分填充的实际微带线中导波的相速应介于 c 和 $c/\sqrt{\varepsilon_r}$ 之间。此外，若令空气填充微带线的分布电容为 C_0，则介质填充微带线的分布电容就为 $\varepsilon_r C_0$，而实际微带线的分布电容 C_1 也必介于 C_0 和 $\varepsilon_r C_0$ 之间。根据上述分析，我们可以定义一种用等效的相对介电常数填充的微带线，以此来等效实际的微带线，而等效的相对介电常数用 ε_{re}

表示,并简称为等效介电常数。这样,等效微带线的分布电容应为 $\varepsilon_{re}C_0$,它应与实际微带线的分布电容 C_1 相等,即 $\varepsilon_{re}C_0=C_1$。于是

$$\varepsilon_{re}=\frac{C_1}{C_0} \tag{4.219}$$

此式表明,等效介电常数 ε_{re} 等于实际微带线的分布电容 C_1 与空气微带线的分布电容 C_0 之比。

用 ε_{re} 代替式(4.217)和(4.218)中出现的 ε_r,可得到实际微带线传播 TEM 模时的特性阻抗和相速分别为

$$Z_c=\frac{Z_c^0}{\sqrt{\varepsilon_{re}}}=\frac{1}{v_p C_1} \tag{4.220}$$

$$v_p=\frac{c}{\sqrt{\varepsilon_{re}}} \tag{4.221}$$

式中 $Z_c^0=1/(cC_0)$,为空气微带线的特性阻抗。

a) 导带厚度为零时的特性阻抗

综上所述,用准静态法求微带线的特性阻抗和相速的问题,可归结为求空气微带线的特性阻抗 Z_c^0(或分布电容 C_0)和等效介电常数 ε_{re}(或实际微带线的分布电容 C_1)的问题。求解 C_0 和 C_1 的方法很多,其中较为常用的是保角变换法,但这种求解方法较为复杂。这里仅提供求解 Z_c 和 ε_{re} 的近似公式。

对窄导带情况,$W/h<1$,Z_c 可近似为

$$Z_c=\frac{60}{\sqrt{\varepsilon_{re}}}\ln\left(\frac{8h}{W}+\frac{W}{4h}\right) \tag{4.222}$$

式中

$$\varepsilon_{re}=\frac{\varepsilon_r+1}{2}+\frac{\varepsilon_r-1}{2}\left[\left(1+12\frac{h}{W}\right)^{-1/2}+0.041\left(1-\frac{W}{h}\right)^2\right] \tag{4.223}$$

对宽导带情况,$W/h>1$,Z_c 可近似为

$$Z_c=\frac{120\pi}{\sqrt{\varepsilon_{re}}\left[1.393+W/h+0.667\ln(W/h+1.444)\right]} \tag{4.224}$$

式中

$$\varepsilon_{re}=\frac{\varepsilon_r+1}{2}+\frac{\varepsilon_r-1}{2}\left(1+12\frac{h}{W}\right)^{-1/2} \tag{4.225}$$

应当指出,当 $W/h=1$ 时,按式(4.222)和式(4.224)计算所得到的 Z_c 值不相等,但仅出现 0.5%的误差。此外,上述公式对 $t/h<0.25$ 情况均适用。图 4.51 示出了导带厚度为零情况下特性阻抗 Z_c 以介质基片的相对介电常数 ε_r 为参数随宽高比 W/h 的变化曲线。

从式(4.225)可见，当 W/h 很大时，$\varepsilon_{re} \to \varepsilon_r$。这是因为当导带很宽时，几乎所有的电场都被限制在介质基片中，这种结构即接近于填充相对介电常数为 ε_r 介质的平板电容器，因此 $\varepsilon_{re} \approx \varepsilon_r$；当 W/h 很小时，$\varepsilon_{re} \to (\varepsilon_r+1)/2$。这是因为当导带很窄时，电场几乎均等地平分在空气和介质之中，因此 $\varepsilon_{re} \approx (\varepsilon_r+1)/2$。所以，$\varepsilon_{re}$ 的范围应为

$$\frac{1}{2}(\varepsilon_r + 1) \leqslant \varepsilon_{re} \leqslant \varepsilon_r \tag{4.226}$$

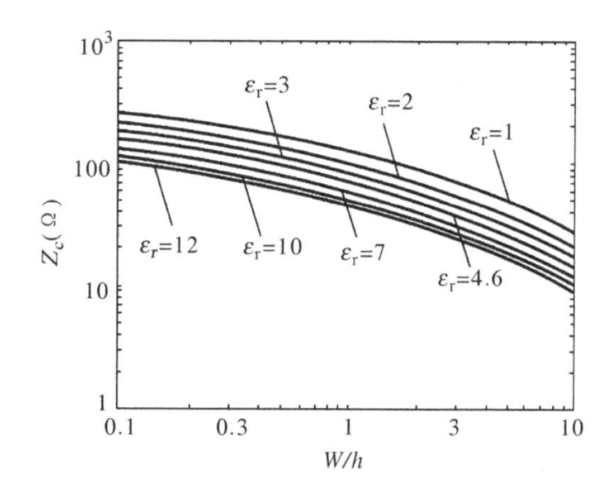

图 4.51　导带厚度 $t=0$ 情况下 Z_c 以 ε_r 为参数随 W/h 的变化曲线

另外，有时还可用填充因子 q 来定义等效介电常数，即

$$\varepsilon_{re} = 1 + q(\varepsilon_r - 1) \tag{4.227}$$

式中，对一般的 $W/h>1$ 情况，上式中 q 与 h/W 的关系为

$$q = \frac{1}{2}\left[1 + \left(1 + \frac{12h}{W}\right)^{-1/2}\right] \tag{4.228}$$

q 代表了介质填充的程度。

在实际应用中，利用上述公式求 Z_c 较为繁琐，并且经常遇到的是给定 Z_c 和 ε_r，需要求出微带线的 W/h，这样，若利用上述公式计算则更为不便。因此，在工程应用中，常借助用上述公式作出的曲线或表格来设计微带线。此外，也可根据以下的经验公式由已知的 Z_c 和 ε_r 求出 W/h。对 $A>1.52$，有

$$\frac{W}{h} = \frac{8e^A}{e^{2A} - 2} \tag{6.229}$$

式中，因子 A 可表示为

$$A = \frac{Z_c}{60}\sqrt{\frac{\varepsilon_r + 1}{2}} + \frac{\varepsilon_r - 1}{\varepsilon_r + 1}\left(0.23 + \frac{0.11}{\varepsilon_r}\right) \tag{6.230}$$

对 $A \leqslant 1.52$，有

$$\frac{W}{h} = \frac{2}{\pi}\left\{B - 1 - \ln(2B-1) + \frac{\varepsilon_r - 1}{2\varepsilon_r}\left[\ln(B-1) + 0.39 - \frac{0.61}{\varepsilon_r}\right]\right\} \tag{6.231}$$

式中，因子 B 可表示为

$$B = \frac{60\pi^2}{Z_c\sqrt{\varepsilon_r}} \tag{6.232}$$

b) 导带厚度不为零时的特性阻抗

实际微带线的导带厚度不可能为零，即 t 应具有一定的数值。在这种情况下，当利用上

述公式求微带线的特性阻抗时,应将原来公式中的导带宽度 W 用等效宽度 W_e 来代替,且 $W_e>W$。这是因为当 $t\neq0$ 时,导带的边缘电容增大,相当于导带的等效宽度增加。若设导带宽度的增量为 ΔW,则

$$W_e=W+\Delta W=W+\begin{cases}\dfrac{1.25t}{\pi}\left[1+\ln\left(\dfrac{4\pi W}{t}\right)\right], & \dfrac{W}{h}\leqslant\dfrac{1}{2\pi}\\ \dfrac{1.25t}{\pi}\left[1+\ln\left(\dfrac{2h}{t}\right)\right], & \dfrac{W}{h}\geqslant\dfrac{1}{2\pi}\end{cases}\tag{4.233}$$

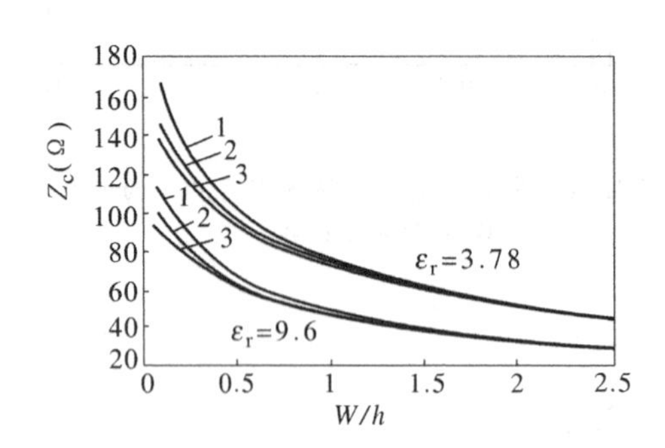

图 4.52　不同导带厚度情况下 Z_c 以 ε_r 为参数随 W/h 的变化曲线

图 4.52 示出了不同导带厚度情况下特性阻抗 Z_c 随宽高比 W/h 的变化曲线(其中,1:$t/h=0.02$;2:$t/h=0.05$;3:$t/h=0.1$)。由图可见,导带厚度对窄导带情况的影响更为明显,而当 $t>h$ 时,其影响可忽略不计。

② 波导波长

微带线的波导波长(或称带内波长)为

$$\lambda_g=\frac{\lambda_0}{\sqrt{\varepsilon_{re}}}\tag{4.234}$$

应指出,由于 ε_{re} 和 W/h 有关,所以 λ_g 也是 W/h 的函数,即 λ_g 是 Z_c 的函数。因此,对同一工作频率而言,不同特性阻抗的微带线的波导波长是不同的。

③ 微带线的损耗和衰减

在前面讨论微带线的特性阻抗和传播常数时,我们并未考虑微带线的损耗,实际上微带线总存在着一定的损耗。损耗也是衡量微带线性能优劣的一个重要参量,它决定微带线及微带线所构成的电路元器件的品质因数。

微带线的损耗由导体损耗、介质损耗和辐射损耗三部分组成,由此引起的衰减常数可表示为

$$\alpha=\alpha_c+\alpha_d+\alpha_r\tag{4.235}$$

式中,α_c,α_d 和 α_r 分别代表微带线的导体衰减、介质衰减和辐射衰减。下面分别对它们进行讨论。

a) 导体衰减

由于微带线的导带和接地板上的面电流分布不均匀,无法确定导体表面附近的切向磁场分量,因此无法用常规的方法推导微带线的导体衰减公式。然而,基于"增量电感法"则可近似导出微带线的导体衰减公式,即

$$\alpha_c=\begin{cases}1.38A\dfrac{R_s}{hZ_c}\dfrac{32-(W_e/h)^2}{32+(W_e/h)^2}, & \dfrac{W}{h}\leqslant1\\ 6.1\times10^{-5}A\dfrac{R_sZ_c\varepsilon_{re}}{h}\left[\dfrac{W_e}{h}+\dfrac{0.667(W_e/h)}{1.444+(W_e/h)}\right], & \dfrac{W}{h}\geqslant1\end{cases}\quad(\text{dB/m})\tag{4.236}$$

式中

$$A = 1 + \frac{h}{W_e}\left[1 + \frac{1}{\pi}\ln\left(\frac{2B}{t}\right)\right]$$

$$B = \begin{cases} 2\pi W, & \dfrac{W}{h} \leqslant \dfrac{1}{2\pi} \\ h, & \dfrac{W}{h} \geqslant \dfrac{1}{2\pi} \end{cases}$$

而 R_s为导体的表面电阻，W_e为 $t \neq 0$ 时导带的等效宽度。

特别地，当 $t=0$ 时，对 W/h 远大于 1 的微带线，α_c也可按式(4.179)作近似计算，即

$$\alpha_c = \frac{R}{2Z_c} \approx \frac{R_s}{WZ_c} \quad (\text{Np/m}) \tag{4.237}$$

式中，$R(\approx 2R_s/W)$为微带线单位长度的电阻。

应指出，由于微波波段导体的趋肤深度在微米量级甚至更小。因此，为使微带线的导体衰减尽可能小些，导带的表面粗糙度要尽可能小(应在微米量级以下)。

b) 介质衰减

微带线的介质衰减可用下式求得，即

$$\alpha_d = \frac{k_0 \varepsilon_r (\varepsilon_{re} - 1)\tan\delta}{2\sqrt{\varepsilon_{re}}(\varepsilon_r - 1)} (\text{Np/m}) = 27.288 \frac{\varepsilon_r}{\sqrt{\varepsilon_{re}}} \frac{\varepsilon_{re} - 1}{\varepsilon_r - 1} \frac{\tan\delta}{\lambda_0} \quad (\text{dB/m}) \tag{4.238}$$

对于氧化铝作为基片的微带线，其中 $\varepsilon_{re} \approx \varepsilon_r$，介质衰减 $\alpha_d = 27.288\sqrt{\varepsilon_r}\tan\delta/\lambda_0$。在大多数情况下，$\tan\delta \approx 10^{-3}$(或更小)，$\alpha_d \approx 27.288\sqrt{\varepsilon_r}$ dB/λ_0。

通过计算表明，微带线的导体衰减远大于介质衰减，因此一般情况下可将微带线的介质衰减忽略不计。但硅和砷化镓(GaAs)等半导体材料作为介质基片时，微带线的介质衰减则相对较大，不可忽略不计。

c) 辐射衰减

微带线是一种半开放性的传输线结构，若应用于未屏蔽和屏蔽很差的电路中，则会向周围空间辐射部分电磁波。但由于其横截面尺寸很小，辐射损耗并不严重，因此一般可忽略不计。

(3) 微带线的色散特性及其尺寸选择

① 色散特性

以上分析是假设微带线工作于准 TEM 模的情况下，并按 TEM 模处理所得到的结论和公式，这意味着微带线的相速和等效介电常数均与频率无关，不存在色散效应。事实上，微带线中实际存在的是由 TE 模和 TM 模所组成的混合模式，因此当工作频率较高时，色散的影响不能忽略不计。对于一般的截面尺寸，W 和 h 都在 1 mm 左右，实验结果表明，当工作频率接近于 5 GHz 时，相速 v_p、等效介电常数 ε_{re}和特性阻抗 Z_c的实验值与理论值开始出现较大的偏差，此时必须考虑色散效应。当 $2 \leqslant \varepsilon_r \leqslant 16$，$0.06 \leqslant W/h \leqslant 16$ 以及 $f \leqslant 100$ GHz 时，$Z_c(f)$可用以下公式计算：

$$Z_c(f) = Z_c \frac{\varepsilon_{re}(f) - 1}{\varepsilon_{re} - 1}\sqrt{\frac{\varepsilon_{re}}{\varepsilon_{re}(f)}} \tag{4.239}$$

式中

$$\varepsilon_{re}(f) = \left(\frac{\sqrt{\varepsilon_r} - \sqrt{\varepsilon_{re}}}{1 + 4F^{-1.5}} + \sqrt{\varepsilon_{re}}\right)^2 \tag{4.240}$$

而

$$F = \frac{4h\sqrt{\varepsilon_r - 1}}{\lambda_0}\left\{0.5 + \left[1 + 2\lg\left(1 + \frac{W}{h}\right)\right]^2\right\} \tag{4.241}$$

分析表明,当工作频率低于以下频率 f 时可忽略色散影响:

$$f = \frac{0.95}{\sqrt[4]{\varepsilon_r - 1}}\sqrt{\frac{Z_c}{h}} \quad (\text{GHz}) \tag{4.242}$$

式中,h 的单位为mm。

② 微带线中的高次模式

当频率升高时,微带线中会出现高次模式。这些高次模式的场与准 TEM 模的场有显著的不同,它们的存在不仅使辐射损耗增加,而且引起电路各部分之间的相互耦合,使其工作状态变差。

微带线的高次模式主要有两种:波导模式和表面波模式。波导模式存在于导带与接地板之间,表面波模式则只要在接地板上有介质基片即可存在。

a) 波导模式

微带线中的波导模式指的是具有纵向场分量的 TE 和 TM 模。对如图 4.50 所示的微带线,若将它看成是宽为 W 高为 h 的平行板波导,则最易产生的最低次模式是 TE_{10} 模和 TM_{01} 模。TE_{10} 模的电磁场分布如图 4.53 所示。电场只有横向分量,磁场存在纵向分量,电磁场沿横截面高度 h(y 轴)方向均匀分布,而沿导带宽度 W(x 轴)方向有半个驻波变化。因平行板波导两侧无短路板,故两侧电场应出现驻波腹点,中心处出现电场的驻波节点。TE_{10} 模的截止波长恰好等于横(x 轴)方向的半个驻波的波长,可用横向谐振条件求出,即

$$(\lambda_c)_{TE_{10}} = 2W\sqrt{\varepsilon_r} \tag{4.243}$$

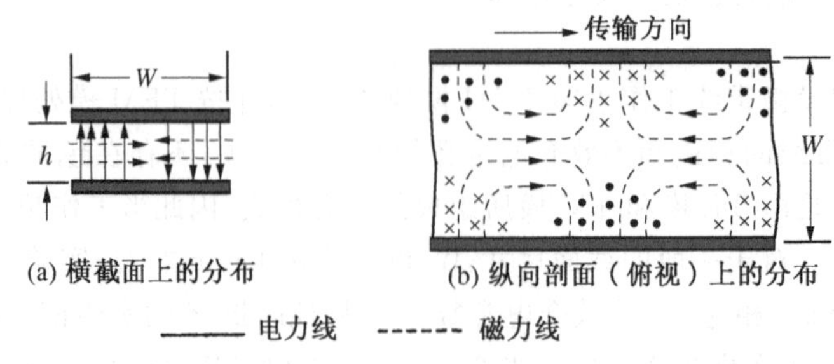

图 4.53 微带线 TE_{10} 模的电磁场分布

当微带线的导带厚度不为零时，由于导带两边边缘效应的影响，相当于导带宽度增加了 $\Delta W(\approx 0.4h)$，故 TE_{10} 模的截止波长可修正为

$$(\lambda_c)_{TE_{10}} = 2\sqrt{\varepsilon_r}(W + 0.4h) \tag{4.244}$$

图 4.54 示出了 TM_{01} 模的电磁场分布，磁场只有横向分量，电场存在纵向分量，电磁场沿宽度（x 轴）方向均匀分布，沿高度（y 轴）方向有半个驻波变化。电场的横向分量在高度的两端呈现驻波腹点，中心处出现驻波节点，而电场的纵向分量 E_z 在 $y=0, h$ 处出现驻波节点，在 $y=h/2$ 处出现驻波腹点。TM_{01} 模的截止波长也可用横向谐振条件求出，即

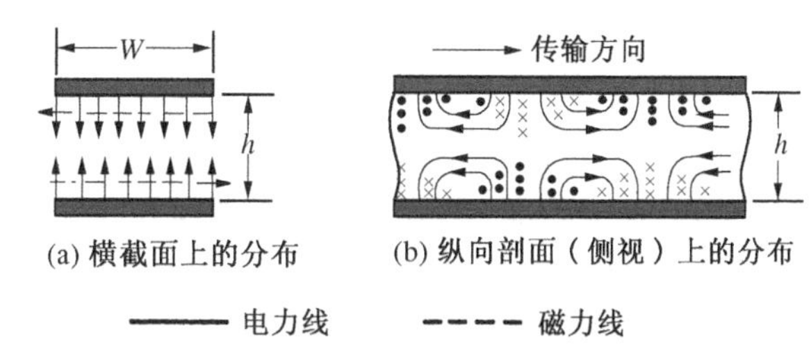

图 4.54　微带线 TM_{01} 模的电磁场分布

$$(\lambda_c)_{TM_{01}} = 2h\sqrt{\varepsilon_r} \tag{4.245}$$

b) 表面波模式

表面波模式是由导体表面上的介质基片将电磁波束缚在导体表面附近而不向外扩散并使其沿导体表面传输引起的。微带线中最易产生的最低次表面波模式是 TM_0 模，其次是 TE_1 模。最低次模式 TM_0 模的截止波长为 $(\lambda_c)_{TM_0}=\infty$，即对任何频率，$TM_0$ 模都可以存在。而次低次模式 TE_1 模的截止波长为

$$(\lambda_c)_{TE_1} = 4h\sqrt{\varepsilon_r - 1} \tag{4.246}$$

由于表面波模式的相速和微带线中准 TEM 模的相速都在光速 c 和 $c/\sqrt{\varepsilon_r}$ 之间，所以当两者相速相同时，会发生强耦合（能量交换）。根据分析，TM 和 TE 表面波模式与微带线中准 TEM 模发生强耦合时的频率分别为

$$(f)_{TM_0} \approx \frac{\sqrt{2}c}{4h\sqrt{\varepsilon_r - 1}} \tag{4.247}$$

$$(f)_{TE_1} \approx \frac{3\sqrt{2}c}{8h\sqrt{\varepsilon_r - 1}} \tag{4.248}$$

因此，当工作频率一定时，为避免准 TEM 模与表面波模式发生强耦合，应选择适当的 h 和 ε_r。

③ 微带线尺寸的选择

综上所述，为了抑制波导模式中的 TE 模，由式(4.244)可知，必须使最短工作波长满足下式：

$$W < \frac{(\lambda_0)_{min}}{2\sqrt{\varepsilon_r}} - 0.4h \tag{4.249}$$

为抑制波导模式中的 TM 模，由式(4.245) 知，必须使$(\lambda_0)_{min}$满足下式：

$$h < \frac{(\lambda_0)_{min}}{2\sqrt{\varepsilon_r}} \tag{4.250}$$

为抑制表面波模式 TE 模，由式(4.246)可知，必须使$(\lambda_0)_{min}$满足下式：

$$h < \frac{(\lambda_0)_{min}}{4\sqrt{\varepsilon_r - 1}} \tag{4.251}$$

除此之外，还应避免准 TEM 模与表面波模式间发生强耦合。在满足上述条件的情况下，即可认为微带线传输的是准 TEM 模。

例 4.5　已知一微带线基片的相对介电常数 $\varepsilon_r = 3.78$，厚度 $h = 0.635$ mm，特性阻抗 $Z_c = 50\ \Omega$，工作频率 $f = 10$ GHz。求该微带线的波导波长。

解：由式(4.230)，可知

$$A = \frac{Z_c}{60}\sqrt{\frac{\varepsilon_r + 1}{2}} + \frac{\varepsilon_r - 1}{\varepsilon_r + 1}\left(0.23 + \frac{0.11}{\varepsilon_r}\right) = 1.439$$

显然，$A < 1.52$。

为此，利用式(4.231)和式(4.232)求解 W/h。因

$$B = \frac{60\pi^2}{Z_c\sqrt{\varepsilon_r}} = \frac{60\pi^2}{50\sqrt{3.78}} = 6.092$$

故

$$\frac{W}{h} = \frac{2}{\pi}\left\{B - 1 - \ln(2B - 1) + \frac{\varepsilon_r - 1}{2\varepsilon_r}\left[\ln(B - 1) + 0.39 - \frac{0.61}{\varepsilon_r}\right]\right\} = 2.139$$

于是，根据式(4.225)可得

$$\varepsilon_{re} = \frac{\varepsilon_r + 1}{2} + \frac{\varepsilon_r - 1}{2}\left(1 + \frac{12h}{W}\right)^{-1/2} = 2.931$$

又因 $f = 10$ GHz，故需按式(4.240)进行修正 ε_{re}。由于

$$\varepsilon_{re}(f) = \left(\frac{\sqrt{\varepsilon_r} - \sqrt{\varepsilon_{re}}}{1 + 4F^{-1.5}} + \sqrt{\varepsilon_{re}}\right)^2 = 3.02$$

式中

$$F = \frac{4h\sqrt{\varepsilon_r - 1}}{\lambda_0}\left\{0.5 + \left[1 + 2\lg\left(1 + \frac{W}{h}\right)\right]^2\right\} = 0.632$$

所以，该微带线的波导波长为

$$\lambda_g = \frac{\lambda_0}{\sqrt{\varepsilon_{re}(f)}} = \frac{3 \times 10^{-2}}{\sqrt{3.02}} = 1.73 \quad (\text{cm})$$

(4) 耦合微带线

耦合微带线是由两根平行放置、彼此靠得很近的微带线所构成。若耦合微带线的两根导带的尺寸完全相同,则称为对称耦合微带线;两根导带尺寸不相同,则称为非对称耦合微带线,这里只讨论如图 4.55 所示的对称耦合微带线。

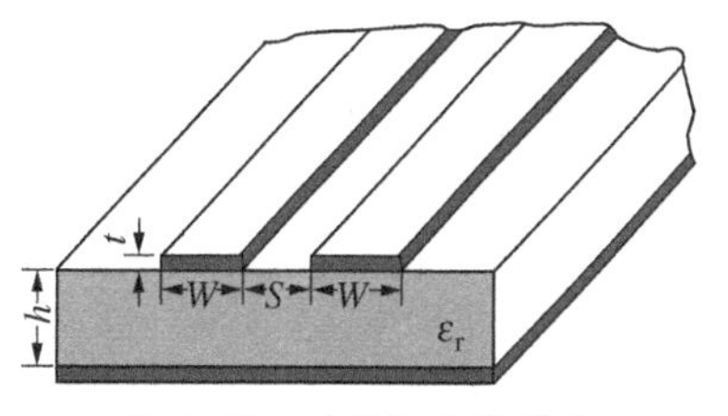

图 4.55 对称耦合微带线

① 奇、偶模特性阻抗

耦合微带线是由部分介质填充构成的不均匀结构。它同微带线一样,严格地说,其上传播的导波不是 TEM 模,而是具有色散特性的混合模式,因此分析也较为复杂。耦合微带线的常用分析方法是准静态法和全波分析法,但前者更为常用。准静态法是将耦合微带线上的导波看成是 TEM 模,并像耦合带状线那样采用奇、偶模进行分析。耦合微带线奇、偶模的电磁场结构如图 4.56 所示,其中奇模的中心对称面为电壁,而偶模的中心对称面为磁壁。这样,前面对耦合带状线(见图 4.48)的分析,同样适用于耦合微带线的情况。

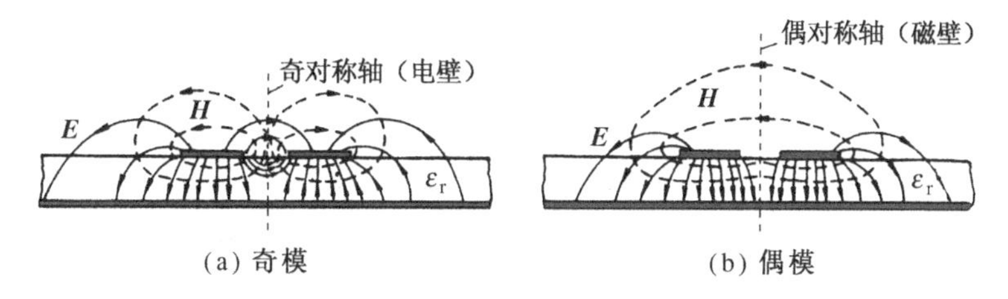

图 4.56 对称耦合微带线的奇、偶模电磁场结构图

若设单根空气微带线的奇、偶模电容分别为 $C_o(1)$ 和 $C_e(1)$,而单根实际微带线的奇、偶模的电容分别为 $C_o(\varepsilon_r)$ 和 $C_e(\varepsilon_r)$,则单根微带线的奇、偶模等效介电常数分别为

$$\varepsilon_{eo} = \frac{C_o(\varepsilon_r)}{C_o(1)} = 1 + q_o(\varepsilon_r - 1) \tag{4.252}$$

$$\varepsilon_{ee} = \frac{C_e(\varepsilon_r)}{C_e(1)} = 1 + q_e(\varepsilon_r - 1) \tag{4.253}$$

式中,q_o,q_e 分别为奇、偶模的填充因子。

奇、偶模相速分别为

$$v_{po} = \frac{c}{\sqrt{\varepsilon_{eo}}} \tag{4.254}$$

$$v_{pe} = \frac{c}{\sqrt{\varepsilon_{ee}}} \tag{4.255}$$

于是,奇、偶模的特性阻抗分别为

$$Z_{co} = \frac{1}{v_{po}C_o(\varepsilon_r)} = \frac{Z_{co}(1)}{\sqrt{\varepsilon_{eo}}} \tag{4.256}$$

$$Z_{ce} = \frac{1}{v_{pe}C_e(\varepsilon_r)} = \frac{Z_{ce}(1)}{\sqrt{\varepsilon_{ee}}} \tag{4.257}$$

式中,$Z_{co}(1)$和 $Z_{ce}(1)$分别为空气耦合微带线的奇、偶特性阻抗,此时 $\varepsilon_{eo}=\varepsilon_{ee}=1$,电感和电容耦合系数相等。利用多角形变换可导出 $Z_{co}(1)$和 $Z_{ce}(1)$的表达式为

$$Z_{co}(1) = 120\pi \frac{K(k_o')}{K(k_o)} \tag{4.258}$$

$$Z_{ce}(1) = 120\pi \frac{K(k_e')}{K(k_e)} \tag{4.259}$$

式中,$k_o'=\sqrt{1-k_o^2}$,$k_e'=\sqrt{1-k_e^2}$,称为余模数,k_o,k_e,k_o'以及 k_e'由耦合微带线的结构尺寸决定。

根据上述公式可求得耦合微带线的奇、偶模特性阻抗,但由于公式中出现了椭圆函数,使得计算变得复杂,因此通常采用查曲线和数据表格的方法或按综合公式进行计算的方法设计耦合微带线。图 4.57 示出了 $\varepsilon_r=9.0$ 的耦合微带线的 Z_{co}和 Z_{ce}与 W/h 的关系曲线,其中 S/h 为参量。

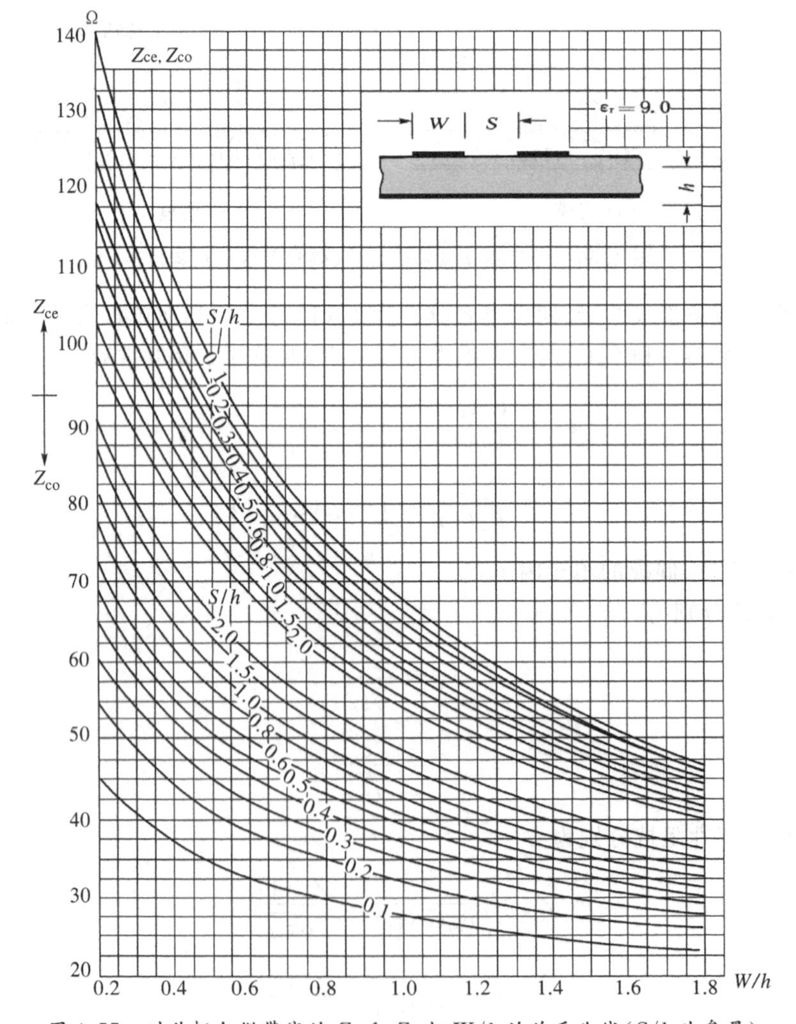

图 4.57 对称耦合微带线的 Z_{co}和 Z_{ce}与 W/h 的关系曲线(S/h 为参量)

需要指出，由于耦合微带线是混合介质系统，奇、偶模的等效介电常数 ε_{eo} 和 ε_{ee} 不同，所以奇、偶模导行波的相速也不同。实际上，由于奇模电场在空气中的分布比偶模多，因此偶模电容 $C_e(\varepsilon_r)$ 与 $C_e(1)$ 的比值比奇模电容 $C_o(\varepsilon_r)$ 与 $C_o(1)$ 的比值要大，也即 ε_{eo} 要小于 ε_{ee}，所以 v_{pe} 小于 v_{po}。此外，耦合微带线本身也存在色散特性，这样将导致用耦合微带线制作的电路性能变坏，工作频带变窄。为了改善其电路性能，可采取奇、偶模相速补偿措施，以减小奇模相速使之与偶模相速趋于相等。详见第 7 章第 7.7.3 节。

② 波导波长

由于耦合微带线的 ε_{eo} 和 ε_{ee} 不相等，因此奇、偶模的波导波长也不相等，它们分别为

$$\lambda_{go} = \frac{\lambda_0}{\sqrt{\varepsilon_{eo}}} \tag{4.260}$$

$$\lambda_{ge} = \frac{\lambda_0}{\sqrt{\varepsilon_{ee}}} \tag{4.261}$$

从上面分析可知，耦合微带线的奇、偶模相速不相等，因而两者的波导波长也不相等，这将给耦合微带元件的设计带来一定的困难。在通常弱耦合情况下，可采用取平均值的办法进行处理，即将平均值 $\bar{\varepsilon}_e$ 和 $\bar{\lambda}_g$ 分别取为

$$\bar{\varepsilon}_e = \frac{1}{2}(\varepsilon_{eo} + \varepsilon_{ee}) \tag{4.262}$$

$$\bar{\lambda}_g = \frac{1}{2}(\lambda_{go} + \lambda_{ge}) \tag{4.263}$$

利用平均波导波长 $\bar{\lambda}_g$ 即可计算耦合元件的长度。

3）共面波导

尽管基于微带（或称微带基）的混合集成电路或采用集中平面电路单元的单片集成电路已得到广泛应用，但微带基的集成电路主要工作于射频/微波波段的低端，对更高的微波或毫米波波段，微带基的集成电路受到寄生参数的影响严重以及不适合于普通固态电路等原因，而使其应用受到限制。因此，在现代微波集成电路的设计中，共面波导是取代微带传输线的一种十分重要的传输线，有望在以砷化镓（GaAs）或硅为基片的单片或混合微波和毫米波集成电路中得到广泛应用。

共面波导的基本结构尺寸如图 4.58 所示，它是在介质基片的一面制作三条金属带，中间是一条导带，导带两侧很宽的两条是接地平面，而介质基片的另一面没有金属化层。由于共面波导具有三个导体，因此共面波导可以支持零截止频率的两种基本模式—偶模和奇模，它们的电磁场分布如图 4.59 所示。其中，偶模是准 TEM 模，其电场关于对称面呈偶对称分布，这种模式的色散很小；奇模是混合模，其电场关于对称面呈奇对称分布，这种模式的色散则较大。在实际应用中，共面波导一般均采用偶模工作，它是共面波导的主模，其工作频带很宽。共面波导的基片通常采用高介电常数的介质，以保证波导波长小于自由空间中电磁波的波长，从而使导行波集中于介质内以及介质与空气的交界面附近传输。与微带线相比，共面波导具有以下优点：共面波导的特性阻抗的取值范围（30～140 Ω）远大于微带线的

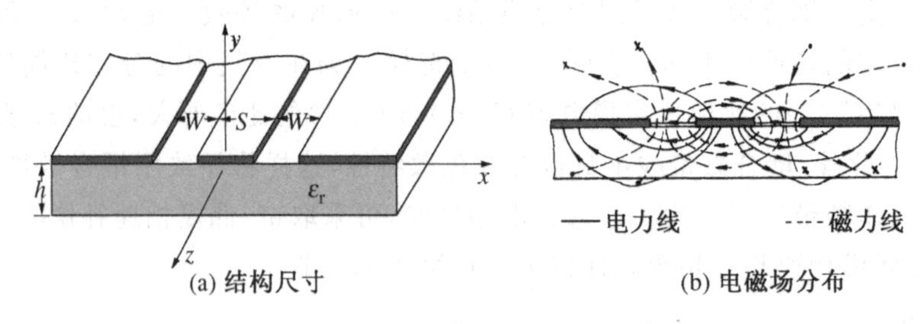

图 4.58　共面波导的结构尺寸示意图

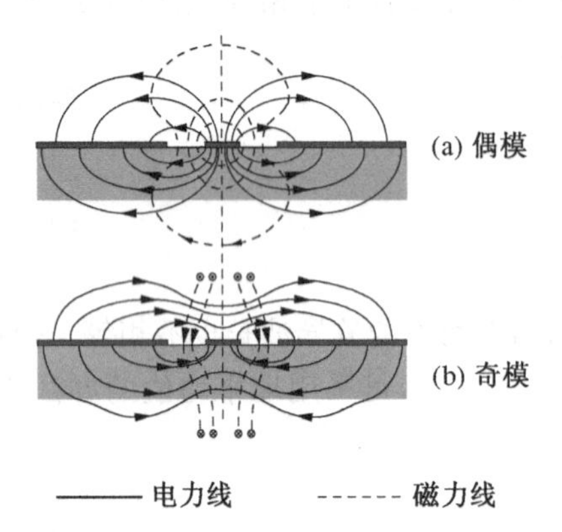

图 4.59　共面波导的两基本模式的电磁场分布

特性阻抗的取值范围(25～95 Ω);共面波导基的集成电路无需通孔,可以直接将串、并联的有、无源的集中或分布参数元器件连接在电路中;共面波导基的集成电路中的集中电路元件如螺旋电感和交指电容的尺寸更小,从而使集中电路元件的工作频率可高达毫米波波段(即(40～60 GHz))。除此之外,共面波导还具有制作容易,安装有源、无源元器件方便、电路密度高以及便于采用片上测量等优点。当然,与微带线相比,共面波导也存在某些缺点,如损耗相对较大,基片的半导体材料的价格较高以及为保证两接地平面的相同电位(零电位),需采用不同的空气桥(即跳线)技术来有效地抑制另一基本模式—奇模,而这对设计高质量的集成电路是困难的,因为在接地平面上焊接空气桥的精度和重复性难以做到。这也是目前共面波导基的集成电路远没有微带基的集成电路应用广泛的原因之一。

同微带线一样,共面波导的主要特性参量也可用准静态法分析得到,即将共面波导中传播的准 TEM 模作为 TEM 模处理,用 TEM 模的有关公式导出其特性参量。为简单起见,假设共面波导的金属化层厚度为零和接地板宽度无穷大,利用多角形变换可导出其特性阻抗的准 TEM 模近似表达式为

$$Z_c = \frac{30\pi}{\sqrt{\varepsilon_{re}}} \frac{K(k')}{K(k)} \tag{4.264}$$

式中

$$\varepsilon_{re} = 1 + \frac{\varepsilon_r - 1}{2} \frac{K(k')}{K(k)} \frac{K(k_1)}{K(k_1')} \tag{4.265}$$

以及 $k=\dfrac{S}{S+2W}$,$k_1=\dfrac{\sinh[\pi S/(4h)]}{\sinh[\pi(S+2W)/(4h)]}$。

实际应用中,人们还提出了许多变型结构的共面波导,其中背敷金属化层的共面波导就是较为常用的一种,其结构的特点就是在介质基片的另一面也存在接地导体。相应的分析详见有关文献。

4.2.2　非 TEM 模传输线

1. 槽线

槽线常被用于微波单片和混合集成电路中，目前在设计微波元件例如具有集成巴伦的宽带印刷振子天线、可调和开关带通滤波器、共面槽线交叉、六端口网络以及周期加载槽线等应用中，呈现出对槽线的应用有日益增长的兴趣。槽线及槽线基的结构已被采用多种全波方法和商用计算机仿真软件进行分析和设计，但槽线及其电路同样可采用更简单的封闭表达式进行分析和设计，并可采用简单的等效电路进行模拟，以指导分析和设计。槽线的参数可使用全波方法如谱域分析和模式匹配法来获得。当然，这些方法对微带和共面波导基的电路的分析同样适用。但这些全波分析方法直接用于体积较大的二维(2-D)和三维(3-D)的电路，其计算效率很低。目前，槽线基的集成电路多采用计算机仿真软件进行设计。

槽线的结构尺寸如图 4.60 所示。它是在介质基片一面的金属化层上刻一窄槽构成的，而介质基片的另一面上没有金属化层。槽线是一种宽频带传输线，它是目前广泛使用的微带传输线所不具备的。由于槽线是平面结构，因此也特别适用于微波集成电路。

槽线中传播的导波是非 TEM 模，导波沿槽传播。介质基片的相对介电常数较大，因而导波将集中在槽口区传播。其电场横跨槽上，磁场垂直于槽，不存在低频截止，槽线的电磁场分布如图 4.61 所示。由图 4.61 可见，因槽的两侧有电位差存在，故可方便地将有源、无源元器件直接并接在槽上以实现集成电路。另外，沿槽向每隔半个槽波波长(λ_s)就形成一闭合磁力线回路，显然槽线中的导波存在椭圆极化区，利用这个特性可以制作铁氧器件。

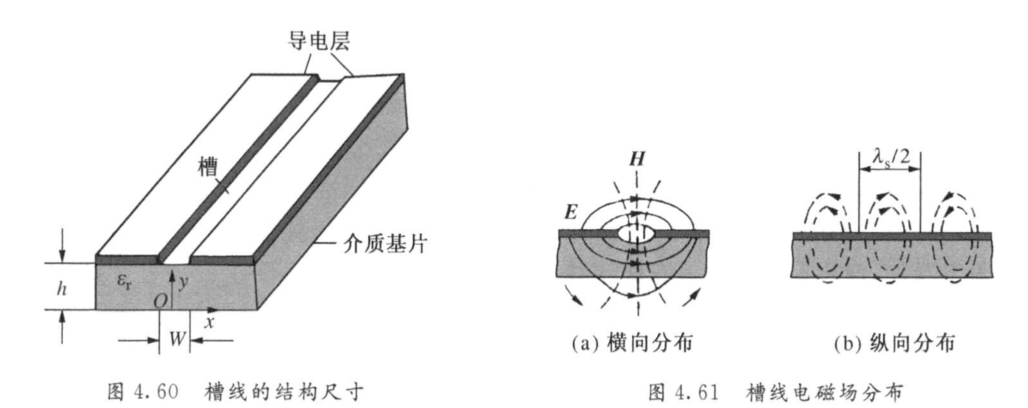

图 4.60　槽线的结构尺寸　　图 4.61　槽线电磁场分布

由于槽线工作于非 TEM 模，因此求解槽线的特性参量十分复杂。槽线的分析方法有横向谐振法、椭圆波导模型法以及谱域中的伽略金法等，这些方法推导繁冗，计算复杂，故工程上常采用近似方法。

槽线的槽波波长为

$$\lambda_s = \frac{\lambda_0}{\sqrt{\varepsilon_{re}}} \tag{4.266}$$

式中，ε_{re}是槽线的等效介电常数，$\varepsilon_{re} \approx (\varepsilon_r + 1)/2$。

假设槽线的金属化层厚度为零和宽度为无穷大,且满足:$9.7\leqslant\varepsilon_r\leqslant 20$,$0.01\leqslant h/\lambda_0\leqslant 0.25/\sqrt{\varepsilon_r-1}$,则其特性阻抗的近似式如下:

当 $0.02\leqslant W/h\leqslant 0.2$ 时,有

$$Z_c=72.62-15.283\ln\varepsilon_r+50\left(1-0.02\frac{h}{W}\right)\left(\frac{W}{h}-0.1\right)+(19.23-3.693\ln\varepsilon_r)\ln\left(\frac{100W}{h}\right)$$
$$-\left(11.4-2.636\ln\varepsilon_r-\frac{100h}{\lambda_0}\right)^2\left[0.139\ln\varepsilon_r-0.11+\frac{W}{h}(0.465\ln\varepsilon_r+1.44)\right] \quad (4.267)$$

当 $0.2\leqslant W/h\leqslant 1.0$ 时,有

$$Z_c=113.19-23.257\ln\varepsilon_r+1.25\frac{W}{h}(114.59-22.531\ln\varepsilon_r)+20\left(1-\frac{W}{h}\right)\left(\frac{W}{h}-0.2\right)$$
$$-\left[0.15+0.1\ln\varepsilon_r+\frac{W}{h}(0.899\ln\varepsilon_r-0.79)\right]\left[(10.25-2.171\ln\varepsilon_r+\right.$$
$$\left.\frac{W}{h}(2.1-0.617\ln\varepsilon_r)-\frac{100h}{\lambda_0}\right]^2 \quad (4.268)$$

人们已将上述封闭表达式与全波方法以及计算机仿真软件所获得的结果进行了比较,其精度高达2%。

此外,有关槽线的导体衰减与介质衰减的封闭表达式,详见有关参考文献。

2. 鳍线

鳍线是适用于毫米波波段的一种特殊的印刷传输线,它是立体传输系统与平面电路的巧妙结合体。自从梅尔(Meier)于20世纪70年代将鳍线用于毫米波电路以来,鳍线技术发展十分迅速,目前,用鳍线制作的大多数有源、无源元器件其工作频率可高达100 GHz。鳍线具有体积小、重量轻、功耗小、频带宽、可靠性高、可批量生产、成本低以及不用调整等优点,因此在频率高于30 GHz以上的微波元器件中,大都可用鳍线取代微带线和槽线。

图4.62示出了鳍线的四种主要结构型式,它们是在标准矩形波导中央的E面上插入一块印刷金属鳍的介质基片而构成的。其中单侧鳍线的损耗最小,且结构对称,便于安装固态器件,应用最为广泛。双侧鳍线便于分析,但损耗大,且要求介质基片两面上金属鳍的形状有严格的一致性和对称性,因此不太实用。绝缘鳍线的波导上、下宽壁的厚度是$\lambda/4$,使介质基片在波导内壁上相当于短路。实际上,为在鳍线的金属鳍上安装串、并联的固态器件,对直流而言,金属鳍必须与鳍线外壳(矩形波导)绝缘,以便给固态器件馈电。此外,当用鳍线制作无源元件时,通常还将金属鳍接地,这种结构就是接地鳍线(图中未画出)。从图4.62中可见,单侧鳍线可视为屏蔽的槽线,而当去除介质基片时,则变成脊很窄的脊形波导。由于鳍线的外壳就是标准的矩形波导,因此鳍线与矩形波导间的过渡较为方便。

鳍线属于分区填充介质的导波系统,工作于非TEM模。分析鳍线常用的方法有传输矩阵法、有限元法、模式匹配法以及谱域中的伽略金法等,这些分析方法较为复杂,且计算工作量很大。工程上也常采用近似分析方法,这种方法是将鳍线视为一等效的脊形波导,脊形波导内填充等效介电常数为ε_{re}的介质。此时,鳍线的波导波长和等效特性阻

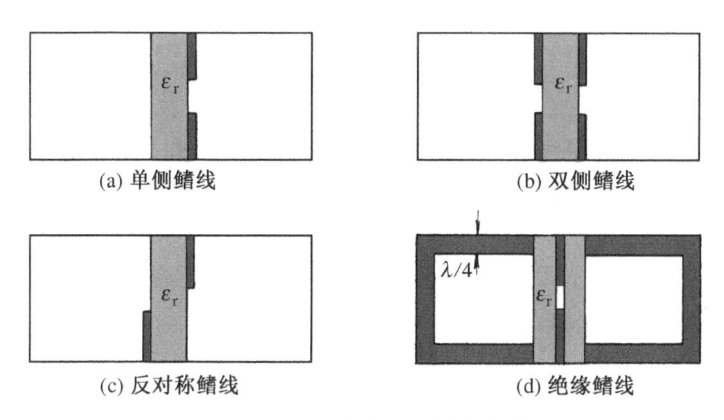

图 4.62　四种常见的鳍线结构

抗可分别表示为

$$\lambda_g = \frac{\lambda_0}{\sqrt{\varepsilon_{re} - (\lambda_0/\lambda_{cr})^2}} \tag{4.269}$$

$$Z_e = \frac{Z_{c\infty}}{\sqrt{\varepsilon_{re} - (\lambda_0/\lambda_{cr})^2}} \tag{4.270}$$

式中，λ_{cr}和 $Z_{c\infty}$ 分别是具有相同尺寸的完全以空气填充的脊形波导的截止波长和频率趋于无穷时的等效阻抗。应指出，只有当鳍线基片的相对介电常数较小($\varepsilon_r < 2.5$)以及基片仅占波导的很小一部分空间时，利用上述公式才能得到令人满意的结果，否则必须考虑 ε_{re}的频率依赖关系。有关鳍线的详细分析，读者可参阅有关文献。

3. 基片集成波导简介

矩形(金属)波导作为一种经典的传输系统在微波和毫米波波段应用广泛，它的特点在于损耗小，功率容量高等，但其缺点是体积大，很难与平面电路集成，并且加工精度要求较高等。微带线虽具有体积小，质量轻，便于集成，易于加工等诸多优点，但它却同样具有承受功率低，工作频带窄以及损耗较大等缺点。因此，最近几年人们将矩形波导和微带线的特点进行有机结合，提出了一种新型的平面导波系统—基片集成波导(SIW)，如图 4.63(a)所示。基片集成波导具有平面电路易加工，体积小，质量轻，集成度高，并具有与矩形波导相近的特性等优点。目前，基片集成波导已被广泛应用于微波和毫米波集成电路中。尽管基片集成波导具有诸多独有的特点，但其宽度太宽，因此人们根据折叠型矩形波导的结构又提出了如图 4.63(b)所示的折叠式基片集成波导(FSIW)，折叠后的基片集成波导在水平方向仅是原波导的一半左右，具有更紧凑的结构。有关基片集成波导以及折叠式基片集成波导中导波的传输特性的分析及其应用，详见有关文献。

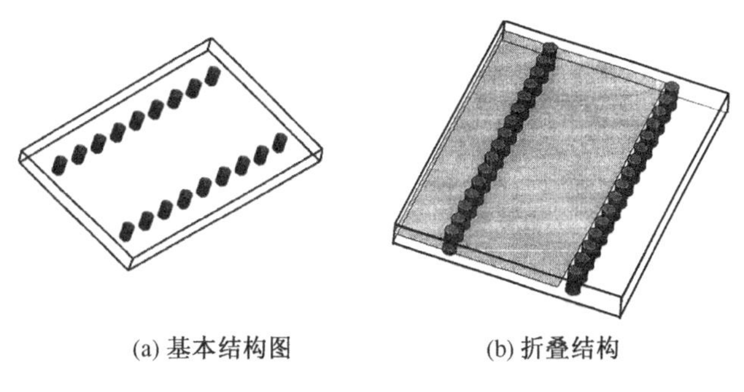

图 4.63　基片集成波导

*4.2.3　开放式介质波导

微带线、共面波导以及鳍线等传输线在射频、厘米波波段和毫米波波段低端的集成电路中确实起到了重要的作用,然而,在毫米波波段的高端,用上述传输线制作集成电路却遇到一些棘手的问题。如:结构变得很小导致加工困难,金属的导体衰减增加,表面光洁度达不到更高的要求,电路中高次模式的色散问题严重等。事实上,上述部分问题可用开放式介质波导和半开放式介质波导来加以解决。

下面先讨论矩形介质波导和圆形介质波导的传输特性,然后简单介绍其他开放式和半开放式介质波导。

1. 矩形介质波导

如图 4.64(a)所示的矩形介质波导牵涉到复杂的二维边值问题,不能采用电磁理论方法进行严格的解析分析,通常只能进行近似分析。人们已经采用许多不同的近似分析方法或数值分析方法对矩形介质波导进行了研究,其中以马卡蒂利(Marcatili)建立的分区近似法和诺克斯(Knox)等提出的有效介电常数法最具代表性,而数值分析方法中以戈尔(Goell)提出的点匹配法最有代表性。这里仅简单介绍马卡蒂利建立的近似法的分析思路。

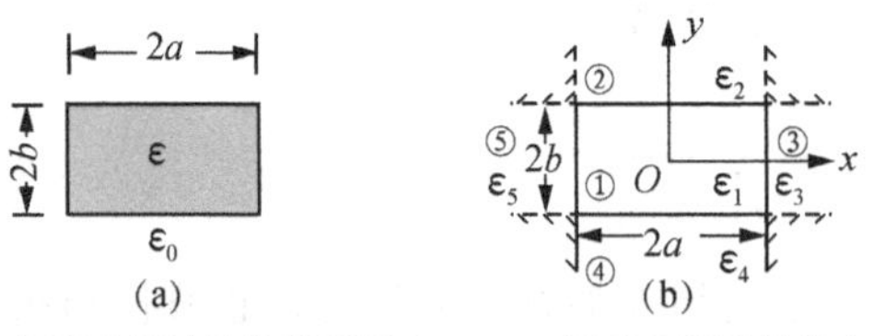

(a) 矩形介质波导的截面尺寸　(b) 矩形介质波导的分区

图 4.64　矩形介质波导

马卡蒂利首先用分区近似法对如图 4.64(b)所示的结构进行了分析,并作了如下近似:导波的绝大部分能量主要集中于矩形介质波导的芯内区域传输,泄漏到芯外的能量很少,而泄漏到四个阴影区域的能量更少从而可忽略不计。因此可只考虑矩形介质波导芯内和与其相邻的四个区域,每个区域中的电磁场量只用一个函数表示。具体地,在波导芯内区域,电磁场沿 x 和 y 方向形成驻波分布,相应的本征函数应取为三角函数;在区域 2 和 4 中,沿 x 方向场量的变化应同芯内区域的函数相同,而沿 y 方向应为指数衰减函数。于是,各区域中的横向波数应满足以下关系:

$$k_{x1} = k_{x2} = k_{x4} = k_x,\quad k_{y1} = k_{y3} = k_{y5} = k_y$$

而各个区域中的波数与其各分波数间应满足关系:

$$k_{xi}^2 + k_{yi}^2 + k_{zi}^2 = k_i^2 = k_0^2\varepsilon_{ri},\quad i = 1,2,3,4,5 \tag{4.271}$$

此外,对传输模式,$k_{z1}=k_{z2}=k_{z3}=k_{z4}=k_{z5}=\beta$。

若假设图 4.64(b) 中的四个芯外区域填充介质的相对介电常数 ε_{r2},ε_{r3},ε_{r4} 和 ε_{r5} 均略小于波导芯内区域填充介质的相对介电常数 ε_{r1},则矩形介质波导中存在两种基本模式。一种是沿轴向传输的纵截面磁模(即 LSM 模),其电磁场仅有 E_y 和 H_x 两个主分量,并且 H_y 的幅度很小,可令 $H_y=0$,此时电场的极化方向主要沿 y 轴,通常将这一类模式记为 E_{mn}^y;另一种是沿轴向传输的纵截面电模(即 LSE 模),其电磁场仅有 E_x 和 H_y 两个主分量,并且 E_y 的幅度很小,可令 $E_y=0$,此时电场的极化方向主要沿 x 轴,通常将这一类模式记为 E_{mn}^x。其中下标"m","n"则分别代表电磁场量沿 x,y 方向出现极大值的个数。这两类模式均可近似看成是 TEM 模。

为了求出矩形介质波导中两类模式的传输特性,可根据无源区域中的麦克斯韦两个旋度方程,导出矩形介质波导中两类模式的各场分量之间的关系,然后利用边界条件即可导出相应模式的特征方程。为此先导出 E_{mn}^y 模式和 E_{mn}^x 模式的电磁场量间满足的关系。

将复数形式的麦克斯韦第一和第二旋度方程在直角坐标系中展开,并分别令 $H_y=0$ 和 $E_y=0$,整理即可得到 E_{mn}^y 模式在各区域中的电磁场量与 $H_{xi}(i=1,2,3,4,5)$ 间满足的关系:

$$\left.\begin{aligned} E_{xi} &= -\frac{1}{\omega\varepsilon_i\beta}\frac{\partial^2 H_{xi}}{\partial x\partial y}, \quad E_{yi} = -\frac{k_0^2\varepsilon_{ri}-k_y^2}{\omega\varepsilon_i\beta}H_{xi} \\ E_{zi} &= -\frac{\mathrm{j}}{\omega\varepsilon_i}\frac{\partial H_{xi}}{\partial y}, \quad H_{zi} = -\frac{\mathrm{j}}{\beta}\frac{\partial H_{xi}}{\partial x} \end{aligned}\right\} \tag{4.272}$$

以及 E_{mn}^x 模式在各区域中的电磁场量与 E_{xi} 间满足的关系:

$$\left.\begin{aligned} H_x &= -\frac{1}{\omega\mu\beta}\frac{\partial^2 E_x}{\partial x\partial y}, \quad H_y = -\frac{k_0^2\varepsilon_{ri}-k_y^2}{\omega\mu\beta}E_x \\ H_z &= -\frac{\mathrm{j}}{\omega\mu}\frac{\partial E_x}{\partial y}, \quad E_z = -\frac{\mathrm{j}}{\beta}\frac{\partial E_x}{\partial y} \end{aligned}\right\} \tag{4.273}$$

为书写简便,式(4.273)中略去了各场量的第二个下标"i",余同。显然,对 E_{mn}^y 和 E_{mn}^x 两类模式,只要能分别求出 H_x 和 E_x,则可由以上两式导出 E_{mn}^y 和 E_{mn}^x 模的其他电磁场量。

令 $H_x(x,y,z)=H_x(x,y)\mathrm{e}^{-\mathrm{j}\beta z}=H_x(T)\mathrm{e}^{-\mathrm{j}\beta z}$ 以及 $E_x(x,y,z)=E_x(x,y)\mathrm{e}^{-\mathrm{j}\beta z}=E_x(T)\mathrm{e}^{-\mathrm{j}\beta z}$,则 H_x 和 E_x 的横向分布函数 $H_x(T)$ 和 $E_x(T)$ 分别满足以下相同形式的标量亥姆霍兹方程:

$$\frac{\partial^2}{\partial x^2}\begin{Bmatrix} H_x(T) \\ E_x(T) \end{Bmatrix} + \frac{\partial^2}{\partial y^2}\begin{Bmatrix} H_x(T) \\ E_x(T) \end{Bmatrix} + (k_0^2\varepsilon_{ri}-\beta^2)\begin{Bmatrix} H_x(T) \\ E_x(T) \end{Bmatrix} = 0 \tag{4.274}$$

这样,利用分离变量法以及边界条件即可求得 $H_x(T)$ 和 $E_x(T)$,继而可导出两类模式的其他电磁场量。下面主要以 E_{mn}^y 模式的 $H_x(T)$ 的求解为例加以说明。

1) E_{mn}^y 模式

对 E_{mn}^y 模式,令 $H_x(T)=\phi_y(x)\psi_y(y)$,将 $H_x(T)$ 代入式(4.274)进行变量分离,即得

$$\frac{\mathrm{d}^2\phi_y(x)}{\mathrm{d}x^2} + k_{xi}^2\phi_y(x) = 0, \quad i=1,3,5 \tag{4.275}$$

$$\frac{\mathrm{d}^2\psi_y(y)}{\mathrm{d}y^2} + k_{yi}^2\psi_y(y) = 0, \quad i=1,2,4 \tag{4.276}$$

式中,对区域 1,$k_{x1}^2=k_x^2$,$k_x^2>0$,$k_{y1}^2=k_y^2$,$k_y^2>0$;在 $x\geqslant a$(区域 3)和 $x\leqslant -a$(区域 5)以及 $y\geqslant b$(区域 2)和 $y\leqslant -b$(区域 4)四个区域中,场量应呈指数衰减分布,因而要求 $k_{x3}^2<0$,$k_{x5}^2<0$,$k_{y2}^2<0$,$k_{y4}^2<0$。为此令

$$\alpha_{x3}^2 = -k_{x3}^2, \quad \alpha_{x5}^2 = -k_{x5}^2, \quad \alpha_{y2}^2 = -k_{y2}^2, \quad \alpha_{y4}^2 = -k_{y4}^2 \tag{4.277}$$

其中,$\alpha_{x3}^2>0$,$\alpha_{x5}^2>0$,$\alpha_{y2}^2>0$,$\alpha_{y4}^2>0$。

于是,$\phi_y(x)$在不同区域中的通解可写为

$$\phi_y(x) = \begin{cases} A_3 e^{-\alpha_{x3}(x-a)}, & a \leqslant x < \infty \\ A\cos(k_x x - \xi), & |x| \leqslant a \\ A_5 e^{\alpha_{x5}(x+a)}, & -\infty < x \leqslant -a \end{cases} \tag{4.278}$$

式中,A,A_3,A_5,ξ为待定常数,而A_3,A_5和A之间的关系可利用边界条件确定。具体地,利用$x=a$处E_y和H_z连续(或等价于$\phi_y(x)$和$\dfrac{d\phi_y(x)}{dx}$连续)的边界条件,由式(4.278)中的第一和第二式,有

$$A_3 = A\cos(k_x a - \xi), \quad A_3 \alpha_{x3} = Ak_x \sin(k_x a - \xi) \tag{4.279}$$

将以上两式对应相除,可得

$$\tan(k_x a - \xi) = \frac{\alpha_{x3}}{k_x}$$

即

$$k_x a - \xi = m_1 \pi + \arctan\left(\frac{\alpha_{x3}}{k_x}\right), \quad m_1 = 0,1,2,\cdots \tag{4.280}$$

式中,m_1为场量沿x轴出现的节点数。

再利用$x=-a$处E_y和H_z连续的边界条件,由式(4.278)中的第二和第三式,有

$$A_5 = A\cos(k_x a + \xi), \quad A_5 \alpha_{x5} = Ak_x \sin(k_x a + \xi) \tag{4.281}$$

将以上两式对应相除,可得

$$\tan(k_x a + \xi) = \frac{\alpha_{x5}}{k_x}$$

即

$$k_x a + \xi = m_2 \pi + \arctan\left(\frac{\alpha_{x5}}{k_x}\right), \quad m_2 = 0,1,2,\cdots \tag{4.282}$$

这样,将式(4.280)和式(4.282)相加,并利用三角恒等式,即得x方向的特征方程为

$$2k_x a = m\pi - \arctan\left(\frac{k_x}{\alpha_{x3}}\right) - \arctan\left(\frac{k_x}{\alpha_{x5}}\right), \quad m = 1,2,3,\cdots \tag{4.283}$$

式中,m为x方向的模序数。最后,将式(4.279)和式(4.281)中的A_3和A_5的表达式代入式(4.278),可得

$$\phi_y(x) = \begin{cases} A\cos(k_x a - \xi) e^{-\alpha_{x3}(x-a)}, & a \leqslant x < \infty \\ A\cos(k_x x - \xi), & |x| \leqslant a \\ A\cos(k_x a + \xi) e^{\alpha_{x5}(x+a)}, & -\infty < x \leqslant -a \end{cases} \tag{4.284}$$

类似地，$\psi_y(y)$在不同区域中的通解可写为

$$\psi_y(y)=\begin{cases}B_2\mathrm{e}^{-\alpha_{y2}(y-b)}, & b\leqslant y<\infty\\ B\cos(k_y y-\eta), & |y|\leqslant b\\ B_4\mathrm{e}^{\alpha_{y4}(y+b)}, & -\infty<y\leqslant -b\end{cases}\tag{4.285}$$

式中 B,B_2,B_4,η 也为待定常数，而 B_2,B_4 和 B 之间的关系同样可由边界条件确定。于是，利用 $y=\pm b$ 处 H_x 和 E_z 连续的边界条件，可得

$$B_2=B\cos(k_y b-\eta),\quad B_4=B\cos(k_y b+\eta)\tag{4.286}$$

以及 y 方向的特征方程为

$$2k_y b=n\pi-\arctan\left(\frac{\varepsilon_{r2}k_y}{\varepsilon_{r1}\alpha_{y2}}\right)-\arctan\left(\frac{\varepsilon_{r4}k_y}{\varepsilon_{r1}\alpha_{y4}}\right),\quad n=1,2,3,\cdots\tag{4.287}$$

而 n 为 y 方向的模序数。一般地，将(4.283)和(4.287)两式称为矩形介质波导 E_{mn}^{y} 模式的特征方程。

利用特征方程(4.283)和(4.287)可分别求出 k_x 和 k_y，再由式(4.271) 就可确定 E_{mn}^{y} 模式的相移常数，即

$$\beta=\sqrt{k_0^2\varepsilon_{r1}-k_x^2-k_y^2}\tag{4.288}$$

最后，根据式(4.284)和式(4.285)即可得到 $H_x(x,y)$ 和 $H_x(x,y,z)$ 的表达式，然后将 $H_x(x,y,z)$ 代入式(4.272)即可得到 E_{mn}^{y} 模式在各区域中的电磁场量的表达式。这样，根据电磁场量的表达式，就可画出(低次)E_{mn}^{y} 模式的场分布图。

2) E_{mn}^{x} 模式

对 E_{mn}^{x} 模式，令 $E_x(T)=\phi_x(x)\psi_x(y)$，通过类似分析可得对应区域中的 $\phi_x(x)$ 和 $\psi_x(y)$ 分别为

$$\phi_x(x)=\begin{cases}A\left(\dfrac{\varepsilon_{r1}}{\varepsilon_{r3}}\right)\cos(k_x a-\xi)\mathrm{e}^{-\alpha_{x3}(x-a)}, & a\leqslant x<\infty\\ A\cos(k_x x-\xi), & |x|\leqslant a\\ A\left(\dfrac{\varepsilon_{r1}}{\varepsilon_{r5}}\right)\cos(k_x a+\xi)\mathrm{e}^{\alpha_{x5}(x+a)}, & -\infty<x\leqslant -a\end{cases}\tag{4.289}$$

$$\psi_x(y)=\begin{cases}B\cos(k_y b-\eta)\mathrm{e}^{-\alpha_{y2}(y-b)}, & b\leqslant y<\infty\\ B\cos(k_y y-\eta), & |y|\leqslant b\\ B\cos(k_y b+\eta)\mathrm{e}^{\alpha_{y4}(y+b)}, & -\infty<y\leqslant -b\end{cases}\tag{4.290}$$

而 x 方向和 y 方向的特征方程分别为

$$2k_x a=m\pi-\arctan\left(\frac{\varepsilon_{r3}k_x}{\varepsilon_{r1}\alpha_{x3}}\right)-\arctan\left(\frac{\varepsilon_{r5}k_x}{\varepsilon_{r1}\alpha_{x5}}\right),\quad m=1,2,3,\cdots\tag{4.291}$$

$$2k_y b=n\pi-\arctan\left(\frac{k_y}{\alpha_{y2}}\right)-\arctan\left(\frac{k_y}{\alpha_{y4}}\right),\quad n=1,2,3,\cdots\tag{4.292}$$

利用式(4.291)和(4.292) 同样可确定 E^x_{mn} 模式的相移常数 β。

最后,根据式(4.289)和式(4.290)即可得到 $E_x(x,y)$ 和 $E_x(x,y,z)$ 的表达式,然后将 $E_x(x,y,z)$ 代入式(4.273),即可得到 E^x_{mn} 模式在各区域中的电磁场量的表达式以及电磁场分布图。

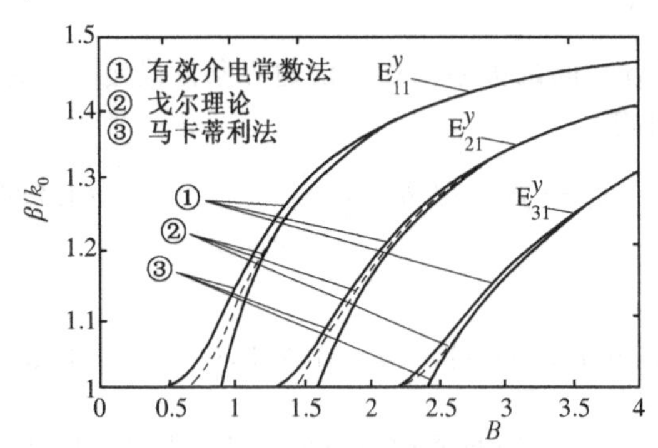

图 4.65 矩形介质波导几种不同模式的波导波长随归一化高度的变化曲线

(其中,$\varepsilon_{r1}=2.25$,$\varepsilon_{r2}=\varepsilon_{r3}=\varepsilon_{r4}=\varepsilon_{r5}=1$,$a/b=1$)

应指出,式(4.283)和(4.287) 以及(4.291)和(4.292)分别是一对超越方程,一般需进行数值计算。但对远离截止的传输模式,α_{x3},α_{x5},α_{y2} 以及 α_{y4} 的值很大,此时可以作近似处理。图 4.65 示出了用马卡蒂利近似法得到的几个低次 E^y_{mn} 模式的色散曲线,其中假设芯内区域的相对介电常数为 ε_r,芯外区域为空气,且设 $B=4b\sqrt{\varepsilon_r-1}/\lambda_0$,为归一化波导高度。为了比较,图中还提供了戈尔用点匹配法得到的和诺克斯用有效介电常数法得到的曲线。由图可见,在远离截止时,这些曲线趋于一致;但在接近于截止时,用马卡蒂利近似法得到曲线偏离点匹配法的曲线,这表明此时马卡蒂利近似法误差较大,且预示 E^y_{11} 模存在低频截止,这同实际情况不符,这种误差是由忽略四个阴影区域的场而引起的。尽管这样,马卡蒂利近似法仍是分析远离截止的矩形介质波导中导波传输特性的一种既简单又较为精确的分析方法,同时又是有效介电常数法的分析基础。

2. 圆形介质波导

图 4.66 是圆形介质波导的结构示意图。其中介质波导内介质的介电常数为 $\varepsilon_1(=\varepsilon_0\varepsilon_{r1})$,介质波导周围介质的介电常数为 $\varepsilon_2(=\varepsilon_0\varepsilon_{r2})$,而磁导率均为 μ_0,圆形介质波导的半径为 R,并选取圆柱坐标系。

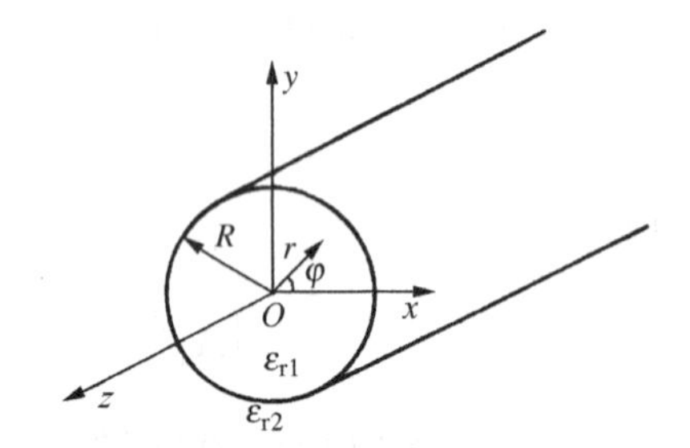

图 4.66 圆形介质波导的结构示意图

1) 圆形介质波导的场方程及其解

利用常规求解电磁场边值问题的方法可对这种介质波导进行严格的模式分析。即,首先写出亥姆霍兹方程的边值问题以及电磁场纵向分量 E_z 和 H_z 解的具体形式,并利用纵向场分量和横向场分量间的关系导出其他横向场分量 E_φ,E_r,H_φ 和 H_r;然后由圆柱介质分界面上切向场分量 E_φ 和 H_φ 的连续条件求得模式的特征方程;最后根据导出的特征方程对各种模式的截止条件进行研究和对模式进行分类。

圆形介质波导中传输的混合模的纵向场分量的横向分布函数 $E_z(T)$ 和 $H_z(T)$ 应满足以下标量亥姆霍兹方程:

$$\nabla^2\begin{Bmatrix}E_z(T)\\H_z(T)\end{Bmatrix}+k_i^2\begin{Bmatrix}E_z(T)\\H_z(T)\end{Bmatrix}=0,\quad i=1,2 \tag{4.293a}$$

即
$$\nabla_{\mathrm{t}}^{2}\begin{Bmatrix}E_z(T)\\H_z(T)\end{Bmatrix}+k_{\mathrm{c}}^{2}\begin{Bmatrix}E_z(T)\\H_z(T)\end{Bmatrix}=0 \tag{4.293b}$$

式中，$k_{\mathrm{c}}^2=k_0^2\varepsilon_{ri}-\beta^2=k_0^2n_i^2-\beta^2$，$k_0^2=\omega^2\mu_0\varepsilon_0$，而 $n_i=\sqrt{\varepsilon_{ri}}$ 为介质波导内、外介质的折射率；“1”和“2”分别代表介质波导的内部和外部。将上面方程在圆柱坐标系下展开，得

$$\frac{\partial^2}{\partial r^2}\begin{Bmatrix}E_z(T)\\H_z(T)\end{Bmatrix}+\frac{1}{r}\frac{\partial}{\partial r}\begin{Bmatrix}E_z(T)\\H_z(T)\end{Bmatrix}+\frac{1}{r^2}\frac{\partial^2}{\partial\varphi^2}\begin{Bmatrix}E_z(T)\\H_z(T)\end{Bmatrix}+k_{\mathrm{c}}^2\begin{Bmatrix}E_z(T)\\H_z(T)\end{Bmatrix}=0 \tag{4.294}$$

为了应用分离变量法求解方程(4.294)，设

$$\begin{Bmatrix}E_z(T)\\H_z(T)\end{Bmatrix}=\begin{Bmatrix}A\\B\end{Bmatrix}R(r)\Phi(\varphi) \tag{4.295}$$

将上式代入式(4.294)可得两个二阶线性齐次的常微分方程为

$$\frac{\mathrm{d}^2\Phi}{\mathrm{d}\varphi^2}+m^2\Phi=0 \tag{4.296}$$

$$r^2\frac{\mathrm{d}^2R}{\mathrm{d}r^2}+r\frac{\mathrm{d}R}{\mathrm{d}r}+[(k_{\mathrm{c}}r)^2-m^2]R=0 \tag{4.297}$$

方程(4.296)的解为

$$\Phi=C\mathrm{e}^{\mathrm{j}m\varphi}\ \text{或}\ \Phi=C\begin{Bmatrix}\sin m\varphi\\\cos m\varphi\end{Bmatrix} \tag{4.298}$$

对方程(4.297)的求解要分成两种情况进行讨论。在介质波导内部，导行波的场沿径向(r 向)应呈驻波分布，此时 $k_{\mathrm{c}}^2=k_0^2\varepsilon_{\mathrm{r1}}-\beta^2>0$，方程(4.297)为带参量的贝塞尔方程，其解的形式为第一类和第二类贝塞尔函数。因第二类贝塞尔函数在 $r=0$ 处出现无穷大，故只能选取第一类贝塞尔函数；在介质波导外部，导行波沿 r 向应呈衰减分布，此时 $k_{\mathrm{c}}^2=k_0^2\varepsilon_{\mathrm{r2}}-\beta^2<0$，方程(4.297)的解应为修正贝塞尔函数。因第一类修正贝塞尔函数在 $r\to\infty$ 时趋于无穷大，故只能选取第二类修正贝塞尔函数。于是，$R(r)$ 的解为

$$\left.\begin{aligned}R_1(r)&=D_1\mathrm{J}_m\left(\frac{u}{R}r\right),\quad r\leqslant R\\R_2(r)&=D_2\mathrm{K}_m\left(\frac{w}{R}r\right),\quad r>R\end{aligned}\right\} \tag{4.299}$$

式中，$u=\sqrt{k_0^2\varepsilon_{\mathrm{r1}}-\beta^2}R$，为介质波导 r 向的归一化相位常数；$w=\sqrt{\beta^2-k_0^2\varepsilon_{\mathrm{r2}}}R$，为介质波导外 r 向的归一化衰减常数。并定义

$$u^2+w^2=v^2 \tag{4.300}$$

式中，v 为归一化频率。

将式(4.298)和式(4.299)代入式(4.295)，并考虑 $r=R$ 处 $E_{z1}=E_{z2}$ 和 $H_{z1}=H_{z2}$ 的连续条件，可得 E_z 和 H_z 的解为

$$E_z = \begin{cases} \dfrac{A}{J_m(u)} J_m\left(\dfrac{u}{R}r\right) e^{jm\varphi}, & r \leqslant R \\ \dfrac{A}{K_m(w)} K_m\left(\dfrac{w}{R}r\right) e^{jm\varphi}, & r > R \end{cases} \tag{4.301a}$$

$$H_z = \begin{cases} \dfrac{B}{J_m(u)} J_m\left(\dfrac{u}{R}r\right) e^{jm\varphi}, & r \leqslant R \\ \dfrac{B}{K_m(w)} K_m\left(\dfrac{w}{R}r\right) e^{jm\varphi}, & r > R \end{cases} \tag{4.301b}$$

式中,略去了行波因子 $e^{-j\beta z}$。将式(4.301)代入式(2.75)可得以下的横向场分量表达式:

$$E_r = \begin{cases} \dfrac{R^2}{u^2}\left[\dfrac{m\omega\mu_0 B}{rJ_m(u)} J_m\left(\dfrac{u}{R}r\right) - \dfrac{j\beta Au}{RJ_m(u)} J'_m\left(\dfrac{u}{R}r\right)\right] e^{jm\varphi}, & r \leqslant R \\ -\dfrac{R^2}{w^2}\left[\dfrac{m\omega\mu_0 B}{rK_m(w)} K_m\left(\dfrac{w}{R}r\right) - \dfrac{j\beta Aw}{RK_m(w)} K'_m\left(\dfrac{w}{R}r\right)\right] e^{jm\varphi}, & r > R \end{cases} \tag{4.302a}$$

$$E_\varphi = \begin{cases} \dfrac{R^2}{u^2}\left[\dfrac{j\omega\mu_0 Bu}{RJ_m(u)} J'_m\left(\dfrac{u}{R}r\right) + \dfrac{\beta mA}{rJ_m(u)} J_m\left(\dfrac{u}{R}r\right)\right] e^{jm\varphi}, & r \leqslant R \\ -\dfrac{R^2}{w^2}\left[\dfrac{j\omega\mu_0 Bu}{RK_m(w)} K'_m\left(\dfrac{w}{R}r\right) + \dfrac{\beta mA}{rK_m(w)} K_m\left(\dfrac{w}{R}r\right)\right] e^{jm\varphi}, & r > R \end{cases} \tag{4.302b}$$

$$H_r = \begin{cases} -\dfrac{R^2}{u^2}\left[\dfrac{m\varepsilon_0\varepsilon_{r1}\omega A}{rJ_m(u)} J_m\left(\dfrac{u}{R}r\right) + \dfrac{j\beta Bu}{RJ_m(u)} J'_m\left(\dfrac{u}{R}r\right)\right] e^{jm\varphi}, & r \leqslant R \\ \dfrac{R^2}{w^2}\left[\dfrac{m\varepsilon_0\varepsilon_{r2}\omega A}{rK_m(w)} K_m\left(\dfrac{w}{R}r\right) + \dfrac{j\beta Bw}{RK_m(w)} K'_m\left(\dfrac{w}{R}r\right)\right] e^{jm\varphi}, & r > R \end{cases} \tag{4.302c}$$

$$H_\varphi = \begin{cases} -\dfrac{R^2}{u^2}\left[\dfrac{j\omega\varepsilon_0\varepsilon_{r1} Au}{RJ_m(u)} J'_m\left(\dfrac{u}{R}r\right) - \dfrac{m\beta B}{rJ_m(u)} J_m\left(\dfrac{u}{R}r\right)\right] e^{jm\varphi}, & r \leqslant R \\ \dfrac{R^2}{w^2}\left[\dfrac{j\omega\varepsilon_0\varepsilon_{r2} Aw}{RK_m(w)} K'_m\left(\dfrac{w}{R}r\right) - \dfrac{m\beta B}{rK_m(w)} K_m\left(\dfrac{w}{R}r\right)\right] e^{jm\varphi}, & r > R \end{cases} \tag{4.302d}$$

式中,A,B 需由激励条件确定。

由上述求解过程可知,对导行波而言,以上各式中的 u,w 必须取正实数,即

$$u^2 = (k_0^2\varepsilon_{r1} - \beta^2)R^2 = (k_0^2 n_1^2 - \beta^2)R^2 > 0 \tag{4.303}$$

$$w^2 = (\beta^2 - k_0^2\varepsilon_{r2})R^2 = (\beta^2 - k_0^2 n_2^2)R^2 > 0 \tag{4.304}$$

此时

$$k_0\sqrt{\varepsilon_{r2}} < \beta < k_0\sqrt{\varepsilon_{r1}} \quad 或 \quad k_0 n_2 < \beta < k_0 n_1 \tag{4.305}$$

这表明,导行波沿 z 向的相移常数介于两种介质中传输的平面波的波数之间。因为 $\beta > k_0 n_2$,所以导波的传播相速 v_p 小于介质 2 中的光速,故沿介质波导传输的表面波是一种慢波。此时介质波导外部的电磁场随径向(r 向)按指数规律衰减,电磁能量沿芯线传输,此即为导行波(即导行模)。当 $\beta < k_0 n_2$ 时,w 为虚数,此时波导外部的电磁波沿 r 向呈现振荡解,这种情况称为辐射模;当 β 接近于 $k_0 n_2$ 时,由于介质波导外部的辐射损耗不大,还存在着

可以传输较长距离的模，称为漏模；当 $\beta=k_0 n_2$ 时，$w=0$，电磁能量开始外溢。此时的归一化频率 v 称为归一化截止频率，记为 v_c。

2）导行模的特征方程

将式(4.302b)和(4.302d)代入 $r=R$ 处的边界条件：$E_{\varphi1}=E_{\varphi2}$，$H_{\varphi1}=H_{\varphi2}$，得

$$A\beta m\left(\frac{1}{u^2}+\frac{1}{w^2}\right)+\mathrm{j}\omega B\mu_0\left[\frac{\mathrm{J}'_m(u)}{u\mathrm{J}_m(u)}+\frac{\mathrm{K}'_m(w)}{w\mathrm{K}_m(w)}\right]=0 \tag{4.306a}$$

$$-\mathrm{j}A\omega\varepsilon_0\left[\frac{\varepsilon_{r1}}{u}\frac{\mathrm{J}'_m(u)}{\mathrm{J}_m(u)}+\frac{\varepsilon_{r2}}{w}\frac{\mathrm{K}'_m(w)}{\mathrm{K}_m(w)}\right]+\beta mB\left(\frac{1}{u^2}+\frac{1}{w^2}\right)=0 \tag{4.306b}$$

方程组(4.306)中 A,B 有非零解的条件是，由它们的系数所构成的行列式必须为零。由此可得模式的特征方程为

$$\left[\frac{\mathrm{J}'_m(u)}{u\mathrm{J}_m(u)}+\frac{\mathrm{K}'_m(w)}{w\mathrm{K}_m(w)}\right]\left[k_0^2\varepsilon_{r1}\frac{\mathrm{J}'_m(u)}{u\mathrm{J}_m(u)}+k_0^2\varepsilon_{r2}\frac{\mathrm{K}'_m(w)}{w\mathrm{K}_m(w)}\right]=m^2\beta^2\left(\frac{1}{u^2}+\frac{1}{w^2}\right)^2 \tag{4.307}$$

消去式(4.307)中的 β，可得

$$\left[\frac{\mathrm{J}'_m(u)}{u\mathrm{J}_m(u)}\right]^2+\left(1+\frac{\varepsilon_{r2}}{\varepsilon_{r1}}\right)\frac{\mathrm{J}'_m(u)}{u\mathrm{J}_m(u)}\frac{\mathrm{K}'_m(w)}{w\mathrm{K}_m(w)}+\frac{\varepsilon_{r2}}{\varepsilon_{r1}}\left[\frac{\mathrm{K}'_m(w)}{w\mathrm{K}_m(w)}\right]^2-m^2\left(\frac{1}{u^2}+\frac{1}{w^2}\right)\left(\frac{1}{u^2}+\frac{\varepsilon_{r2}}{\varepsilon_{r1}}\frac{1}{w^2}\right)=0 \tag{4.308}$$

这是一个关于 $\dfrac{\mathrm{J}'_m(u)}{u\mathrm{J}_m(u)}$ 的一元二次方程，其解为

$$\frac{\mathrm{J}'_m(u)}{u\mathrm{J}_m(u)}=-\frac{1}{2}\frac{\mathrm{K}'_m(w)}{w\mathrm{K}_m(w)}\left(1+\frac{\varepsilon_{r2}}{\varepsilon_{r1}}\right)\pm\frac{1}{2}\left\{\left(1+\frac{\varepsilon_{r2}}{\varepsilon_{r1}}\right)^2\left[\frac{\mathrm{K}'_m(w)}{w\mathrm{K}_m(w)}\right]^2-4\left[\frac{\varepsilon_{r2}}{\varepsilon_{r1}}\left(\frac{\mathrm{K}'_m(w)}{w\mathrm{K}_m(w)}\right)^2-m^2\left(\frac{1}{u^2}+\frac{1}{w^2}\right)\left(\frac{1}{u^2}+\frac{\varepsilon_{r2}}{\varepsilon_{r1}}\frac{1}{w^2}\right)\right]\right\}^{1/2} \tag{4.309}$$

上式是包含 u,w 的特征方程。由此方程可分析圆形介质波导中存在的模式。

3）介质波导的模式分类和截止条件

特征方程(4.307)中的 m 取不同值时，对应着不同的模式，可分为 $m=0$ 和 $m\neq0$ 两种情况进行讨论。

(1) $m=0$ 的情况

当 $m=0$ 时，式(4.307) 简化为

$$\left[\frac{\mathrm{J}'_0(u)}{u\mathrm{J}_0(u)}+\frac{\mathrm{K}'_0(w)}{w\mathrm{K}_0(w)}\right]\left[k_0^2\varepsilon_{r1}\frac{\mathrm{J}'_0(u)}{u\mathrm{J}_0(u)}+k_0^2\varepsilon_{r2}\frac{\mathrm{K}'_0(w)}{w\mathrm{K}_0(w)}\right]=0 \tag{4.310}$$

因而，必有

$$\frac{\mathrm{J}_1(u)}{u\mathrm{J}_0(u)}+\frac{\mathrm{K}_1(w)}{w\mathrm{K}_0(w)}=0 \tag{4.311}$$

以及

$$\frac{\varepsilon_{r1}}{\varepsilon_{r2}}\frac{\mathrm{J}_1(u)}{u\mathrm{J}_0(u)}+\frac{\mathrm{K}_1(w)}{w\mathrm{K}_0(w)}=0 \tag{4.312}$$

若令式(4.306)中的 $m=0$,并将式(4.311)代入可知必有 $A=0$,即电场的纵向分量为零,因此可知式(4.311)是 TE_{0n} 模的特征方程。同样,当式(4.312) 满足时,必有 $B=0$,可知式(4.312)是 TM_{0n} 模的特征方程。

同圆形(金属)波导一样,圆形介质波导中的 TE_{0n} 和 TM_{0n} 模式也有截止现象。正如所知,圆波导中模式的传输与截止是以传播常数 $\gamma=0$ 分界的,但在圆形介质波导中模式的截止则以归一化衰减常数 $w=0$ 来分界。因为对于导行波,其归一化衰减常数 w 必须大于零;当 w 小于零时,在介质波导的芯外将得到振荡解,波沿 r 向出现辐射,尽管波沿 z 向仍有传输,但这种模式被称为辐射模。辐射模的出现即标志着模式的截止,因此将 $w=0$ 作为模式传输与截止的分界。

将 $w=0$ 代入(4.311)和(4.312)两式可知,只有当 $J_0(u)=J_0(u_c)=0$ 时才使这个关系式成立。根据 $u^2+w^2=v^2$ 可知,模式截止时归一化频率 v_c 与 r 向归一化相位常数 u_c 相等,即

$$J_0(u_c)=J_0(v_c)=J_0(\nu_{0n})=0 \tag{4.313}$$

这就是 TE_{0n} 和 TM_{0n} 模式的截止条件,其中 ν_{0n} 是第一类零阶贝塞尔函数的第 n 个根,即 $\nu_{0n}=2.405, 5.520, 8.654, \cdots$。显然,当 $v>v_c$ 时为传输状态;当 $v<v_c$ 时为截止状态。又由式(4.313)可知,在截止时,TE_{0n} 和 TM_{0n} 模式是简并的,而当截止消除时,因这两种模式的特征方程不同,故两者的 ν_{0n} 也不同,从而使简并消除。

(2) $m\neq 0$ 的情况

当 $m\neq 0$ 时,由(4.309)和(4.302)两式可知,此时电场和磁场的纵向分量同时存在,故为混合模式。通常将式(4.309) 右端第二项取正号所对应的 β 值的模式称为 EH_{mn} 模,而取负号所对应的 β 值的模式称为 HE_{mn} 模。

HE_{mn} 和 EH_{mn} 模的截止条件同样可由(4.307) 式得到。对 $m=1$,HE_{mn} 模的截止条件为

$$J_1(u_c)=J_1(v_c)=J_1(\nu_{1n})=0 \tag{4.314}$$

式中,$\nu_{1n}=0, 3.832, 7.016, \cdots$,而 $v_c=\nu_{11}=0$ 对应于 HE_{11} 模;$v_c=\nu_{12}=3.832$ 对应于 HE_{12} 模;……。

对 $m\geqslant 2$,HE_{mn} 模的截止条件为

$$J_{m-1}(u_c)=\frac{u_c\varepsilon_{r2}}{(m-1)\ (\varepsilon_{r1}+\varepsilon_{r2})}J_m(u_c) \tag{4.315}$$

对 $m\geqslant 1$,EH_{mn} 模的截止条件为

$$J_m(u_c)=0 \tag{4.316}$$

在应用式(4.316) 时,应注意,当 $m=1$ 时,可证明 $u_c=\nu_{1n}$ 不可取为零,应取 $\nu_{1n}=3.832$,余类推。

综上所述,圆形介质波导的主模是 HE_{11} 模,截止频率为零,而第一个高次模式应为 TE_{01} 和 TM_{01} 模,其截止频率为

$$f_c=\frac{2.405c}{2\pi R\ \sqrt{\varepsilon_{r1}-\varepsilon_{r2}}} \tag{4.317}$$

于是,实现 HE_{11} 单模传输的频率范围为

$$0 < f < \frac{2.405c}{2\pi R\sqrt{\varepsilon_{r1}-\varepsilon_{r2}}} \tag{4.318}$$

图 4.67 是圆形介质波导的几个低次模式的归一化相移常数随归一化频率的变化曲线。

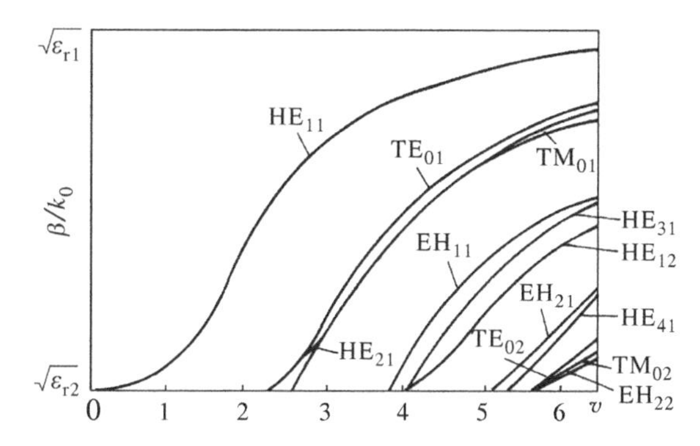

图 4.67　圆形介质波导中低次模式的归一化相移常数随归一化频率的变化曲线

4）场结构

根据圆形介质波导中各模式的场分量表达式即可作出其场结构图,图 4.68 示出了三个低次模式在圆形介质波导内部的场分布图。

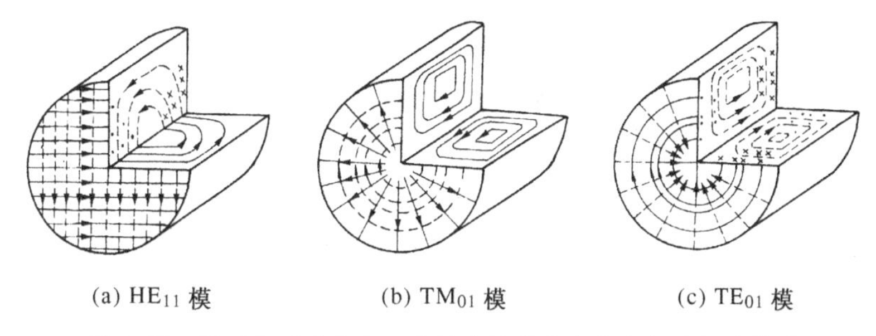

(a) HE_{11} 模　(b) TM_{01} 模　(c) TE_{01} 模

图 4.68　圆形介质波导中三个低次模式在波导内部的场结构图

5）光纤简介

尽管光纤的工作频率范围已超出微波波段,但它是在圆形介质波导的基础上发展起来的导光传输系统,具有与圆形介质波导相似的传输特性。光纤目前已被广泛应用于不同的光通信网络中,其工作波长通常处于红外波段(0.8～1.6 μm)中,而光载波所调制的信息或数据可高达几十GHz 或几 Gbits/s。由于光纤的传输特性同样可由圆形介质波导的分析结果导出,因此这里仅对其作简单介绍。

光纤的基本结构如图 4.69 (a)所示,而图 4.69 (b)则为目前在(远距离)光通信中广泛使用的光缆的结构示意图。其中纤芯的折射率为 n_1,而包层的折射率为 n_2($n_2 < n_1$)。光纤按构成的材料不同,可分为石英光纤、玻璃光纤、塑料包层光纤以及全塑料光纤等;按传输模式可分为多模光纤和单模光纤。多模光纤按纤芯折射率分布的不同通常又分为两种类型:突变折射率型(阶梯型)光纤和渐变折射率型光纤,光波在两种型式的光纤中的传播路径不同,前者中光波沿折线传播而后者中光波沿曲线传播。多模突变折射率型光纤的纤芯直径

通常为 25～60 μm,包层直径为 50～150 μm;渐变折射率型光纤的纤芯直径通常为 10～35 μm,包层直径为 50～80 μm。单模光纤的纤芯直径通常为 1～16 μm,包层直径为 50～100 μm。其中石英玻璃光纤的损耗最小,最适合于远距离、大容量通信。

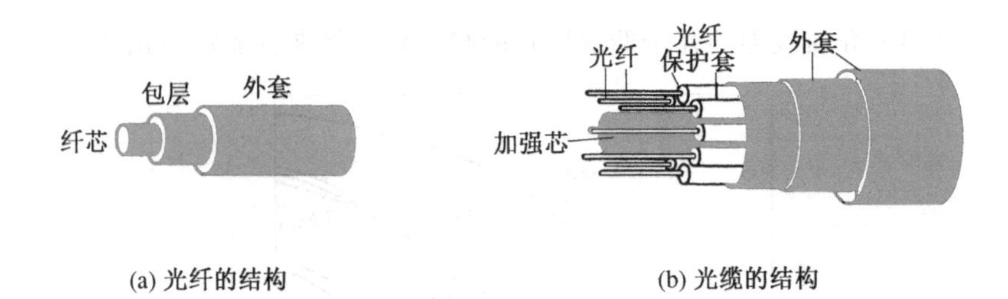

(a) 光纤的结构　　(b) 光缆的结构

图 4.69　光纤和光缆的结构示意图

单模光纤由于只传输一个模式 HE_{11} 模,避免了模式分散,因此传输频带很宽,容量很大。单模光纤的纤芯直径可根据式(4.317)得到,即

$$2R=\frac{2.405\lambda_0}{\pi\sqrt{n_1^2-n_2^2}}=\frac{2.405\lambda_0}{\pi\sqrt{\varepsilon_{r1}-\varepsilon_{r2}}}\tag{4.319}$$

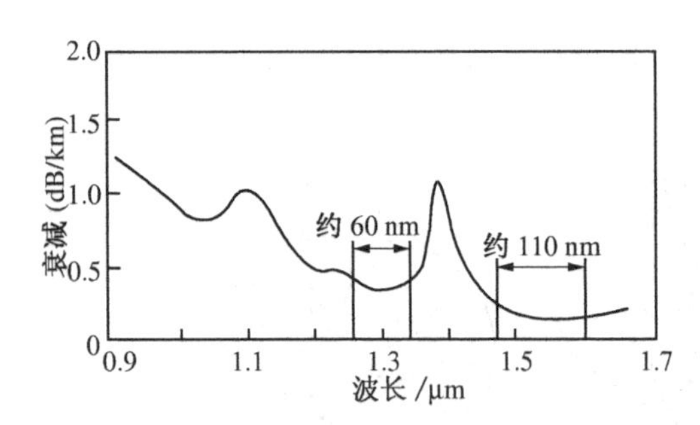

图 4.70　单模光纤的衰减常数随波长的变化曲线

显然,其直径与工作波长具有同一数量级(即 1～10 μm)。图 4.70 示出了单模光纤的衰减常数随波长的变化曲线,显然单模光纤的衰减在波长为 1.3 μm 和 1.55 μm 附近较小,且工作频带较宽,因此目前的单模光纤多工作在上述两个波长附近的范围内。由式(4.319)可知,单模光纤的纤芯直径与工作波长具有相同的量级,因此单模光纤的纤芯很细,从而引起制造工艺上的困难,这也是目前较少采用单模光纤而较多采用多模光纤的原因之一。多模光纤的纤芯直径不受式(4.319)的条件限制,可达几十微米量级,制造工艺相对简单,对光源的要求也相对较低。但由于多模光纤中有大量的模式传输,从而因信号失真而使传输特性变差,通信容量变小。事实上,目前光纤通信中信号的接收只需要光功率和群速等传输参量,导波的相移以及极化方式对这些传输参量影响不大,因此多模光纤的相对传输性能仍然较好。当然,也可采用渐变型多模光纤来改善信号失真问题。

3. 其他开放式介质波导简介

如前所述,矩形介质波导的最低次模式是 E_{11}^y,且一般情况下,E_{11}^x 和 E_{11}^y 两模式几乎是简并的,当矩形介质波导出现不均匀性时就会使 E_{11}^x 和 E_{11}^y 模式之间发生耦合。为了消除这种简并现象,可在矩形介质波导的中心对称面(图 4.64 中 $y=0$ 的平面)上放置接地导体板,使 E_{11}^x 模式被短路掉。这种介质波导被称为镜像介质波导,如图 4.41(j)所示。镜像介质波导适用于无源和有源的微波和毫米波集成电路,其接地板的引入不仅可以起到支撑介质带条的作用,而且利于散热和给有源器件提供偏置。

如图 4.41(k)所示的绝缘镜像介质波导(又称绝缘波导)，是在镜像介质波导的介质带条和接地板之间加入一层很薄的低介电常数的介质片而构成的。当 $\varepsilon_{r2}<\varepsilon_{r1}$ 时，这种波导中的电磁能量主要集中在高介电常数的介质层中传播，从而使导体损耗减小。绝缘镜像介质波导的导体衰减约为相同尺寸的镜像介质波导的一半。

带状介质波导(图 4.41(n))和倒置带状介质波导(图 4.41(q))具有相同的工作原理。在这两种结构中，电磁能量均集中在高介电常数的介质层中传播。由于波导的导波层并不直接同接地板接触，因此两者的损耗均较小。但因倒置带状介质波导的介质层少于带状介质波导，故倒置带状介质波导的损耗更小，更实用。

空心镜像介质波导(图 4.41(l))是镜像介质波导的一般结构形式，它可看成是由两根常规的镜像介质波导通过介质薄片相连接而构成的。当高于一定频率时，这种介质波导中将会出现奇对称分布和偶对称分布的两种工作模式，利用此特点可以设计介质波导定向耦合器。

*4.2.4　半开放式介质波导

1. H 波导

与传统的金属波导相比，图 4.71(a)所示的 H 波导制作工艺简单，它仅由两块平行的导体板中间插入一块介质带条而构成。H 波导传输混合模式，可分为 LSM 模和 LSE 模两大类，并有奇、偶模之分。LSE 模的电力线位于与空气—介质交界面相平行的平面内，故为纵截面电模；LSM 模的磁力线位于与空气—介质交界面相平行的平面内，故为纵截面磁模。一般说来，H 波导中的传输模式与介质带条的宽度和两平行导体板的间距有关，若合理地选择尺寸，使 H 波导工作于 LSM 模，则两平行导体板上没有纵向电流，此时 H 波导具有类似于 TE_{0n} 模圆形(金属)波导的特性。此时可在与导波传播方向相正交的方向上开窄槽来抑制其他模式，则不会对这种模式有任何影响。当选择两平行接地板的间距小于 $\lambda/2$ 时，此时的 H 波导即变成了无辐射介质波导。此外，在 H 波导中还有一种场结构完全类似于矩形(金属)波导中的 TE_{10} 模的模式，这就是 H 波导中的主模 LSE_{10e}(或 TE_{10e})模，它的截止频率为零，通过正确选择两平行导体板的间距可使其边缘场减到很小，从而消除因辐射而引起的衰减。

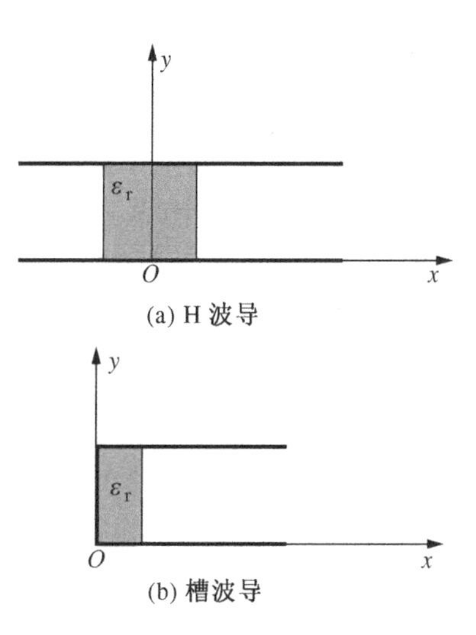

图 4.71　H 波导和槽波导

值得指出，当在 H 波导的 $x=0$ 处放置一理想导体板时，则可得到如图 4.71(b)所示的槽波导。这种波导的偶模被抑制，而奇模则不受影响。与 H 波导相比，它除了具有较少的模式数外，还具有结构简单、屏蔽性好等优点。

2. G 波导

G 波导是在有一定厚度的两块平行导体板上开纵向凹槽形成的，如图 4.72 所示。其中

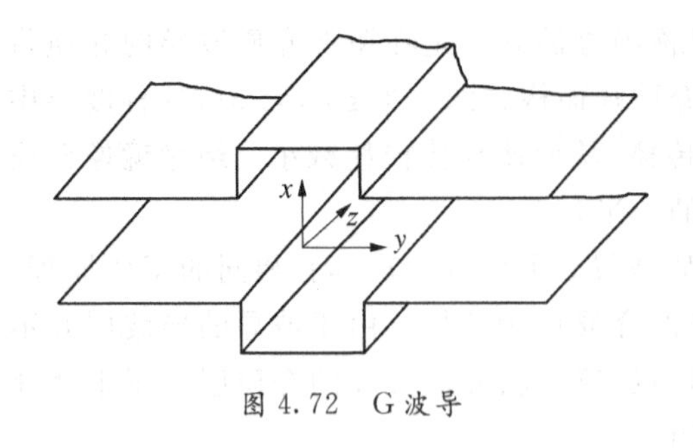

图 4.72 G 波导

纵向凹槽具有与 H 波导的介质带条相同的作用,它使波导中的电磁场沿横向作指数衰减分布。由于 G 波导无需介质带条,故消除了介质损耗,从而使总的衰减下降。研究表明,这种波导并不适用于 100 GHz 以下的频段,原因是尺寸太大。当工作频率高于 100 GHz 时,通过适当地选取尺寸,可使 G 波导在很宽的频带内实现单模传输。G 波导的传输模式可分为几大类,即 TE_o^s,TE_e^s,TM_e^s,TE_o^f,TE_e^f,TM_o^f以及 TM_e^f,其中下标“o”,“e”分别代表奇、偶模,而上标“s”,“f”则分别代表沿纵向对称面上有效短路($E_x=0$)和有效开路($E_x\neq0$)的模式。

与金属波导相比,H 波导和 G 波导的损耗低一个数量级,功率容量大一个数量级,且易于加工,激励方便。但在波导的不均匀和不连续处有辐射波出现。

3. 无辐射介质波导

当图 4.71(a)所示的两接地板的间距小于 $\lambda/2$ 时即形成无辐射介质波导(NRD),但由于两导体板的间距小于半个波长,故其工作原理与 H 波导截然不同。无辐射介质波导中传输的模式本质上也是混合模,其工作主模是 LSM 模中的最低次模式 LSM_{11o}。这种模式的电场平行于导体板,导波只在介质带内传输,而在介质带外迅速衰减,因而它具有抑制波导不均匀处和不连续处引起辐射的能力。但若使用高介电常数的介质材料作为介质带时,其结构不合理。此外,其工作频带也较窄。在实际应用中,由于无辐射介质波导在不均匀处和不连续处不会产生辐射,故不会引起交叉干扰,因此可利用小半径弯曲和在小体积上做成许多有用的无源和有源元器件。

绝缘无辐射介质波导(图 4.41(s))是在无辐射介质波导的两平行导体板的内壁上涂敷一层低介电常数的介质涂料构成的。这种结构既具有无辐射介质波导的优点,又具有其独特的特点。与无辐射介质波导相比,绝缘无辐射介质波导具有单模工作频带宽、结构合理、易于制作、导体损耗小等优点。

4. 栅栏波导

栅栏波导(图 4.41(t))是 H 波导的另一种变形,其针状的导体栅取代 H 波导的两平行导体板。当电磁波的电场平行于针状栅栏在其中传播时,针状栅栏就起到与导体板相同的作用。这种波导结构简单,易于制作,但它比前述的几种波导泄漏要大,不实用。

习　题

4-1 设在相距为 b 的两块无限大平行导体板间传播的电磁波的纵向场分量为

$$E_z(x,y,z)=0;H_z(x,y,z)=H_0\cos\frac{\pi}{b}y\mathrm{e}^{-\mathrm{j}\beta z}$$

① 求其余各场分量,说明这是什么传输模式,最低次模式是什么? ② 导出 λ_c,λ_g,v_p,

v_g的表达式；③ 画出最低次模式的电磁力线分布图和导体板上面电流的分布图。

4-2　证明如图 4.2 所示的平行板波导中 TM 模和 TE 模的导体衰减的表达式(4.26)和(4.27)。

4-3　空气矩形波导的尺寸 $a\times b=(22.86\times 10.16)\text{mm}^2$，当信号源的波长分别为 10 cm，8 cm 和 4.2 cm 时，问：哪些波长的波可以通过此波导，波导内可传输那些模式？若信号源的波长仍如上所述，而波导的尺寸为 $a\times b=(72.14\times 30.4)\ \text{mm}^2$，此时情况又如何？

4-4　矩形波导中填充 $\varepsilon_r=9$ 的理想介质，波导尺寸 $a\times b=(23\times 10)\text{mm}^2$，① 求$TE_{10}$，$TE_{20}$，$TM_{11}$和$TE_{11}$模的截止波长 λ_c；② 若要求只传输TE_{10}模，工作波长 λ_0 的范围应为多少？

4-5　一尺寸为 $a\times b$，填充空气的矩形波导传输TE_{10}模，当工作频率 $f_0=9.375$ GHz 时，波导波长 $\lambda_g=4.5$ cm。求工作频率 $f_0=9.8$ GHz 时的波导波长。

4-6　矩形波导(BJ-100)的尺寸为 $a\times b=(22.86\times 10.16)\ \text{mm}^2$，传输频率为 10 GHz 的导波。求截止波长 λ_c、波导波长 λ_g、相速 v_p和波阻抗 Z。当频率 f 稍上升时，上述各参量如何变化？当宽边 a 稍增大时，上述各参量如何变化？当窄边 b 稍增大时，它们又怎样变化？

4-7　证明：矩形波导中TE_{10}模的电流(包括面电流和位移电流)满足全电流定律。

4-8　一工作频率为 10 GHz 的TE_{11}模在空气填充的矩形波导内传输，其纵向场分量 $H_z=10^{-8}\cos(\pi x/3)\ \cos(\pi y/3)\ e^{-j\beta z}$ A/m，其中矩形波导的尺寸 a，b 的单位为 cm。① 求 λ_c，λ_g，v_p，v_g；② 写出其他场分量的表达式。

4-9　矩形波导的尺寸为 $a\times b=(2.3\times 1.0)\text{cm}^2$，波导管用铜($\sigma=5.8\times 10^7$ S/m)制作，长为 100 m，内充空气。一工作频率 $f=\sqrt{2}(f_c)_{TE_{10}}$ 的导波以主模在波导内传播。试求主模通过此波导管引起的总衰减。

4-10　已知一空气矩形波导的横截面尺寸为 $a\times b=(23\times 10)\text{mm}^2$，其中传输 TM_{11}模的两个磁场分量为

$$H_x=\frac{j\omega\varepsilon}{k_c^2}\ \frac{\pi}{b}E_0\sin\ \frac{\pi x}{a}\cos\ \frac{\pi y}{b}e^{-j\beta z}$$

$$H_y=-\frac{j\omega\varepsilon}{k_c^2}\ \frac{\pi}{a}E_0\cos\ \frac{\pi x}{a}\sin\ \frac{\pi y}{b}e^{-j\beta z}$$

① 求 TM_{11}模的截止频率 f_c；② 当信号源频率 f_0 为截止频率 f_c的 2 倍时，求此模式的传播常数 γ、波导波长 λ_g及波阻抗 Z_{TM}；③ 设信号源频率 $f_0'=f_c/2$，再求此模式的传播常数 γ 及波阻抗 Z_{TM}；④ 导出波导内壁上面电流密度的表达式。

4-11　已知矩形波导的横截面尺寸为 $a\times b$，若 $z\geqslant 0$ 区域填充相对介电常数为 ε_r的理想电介质，$z<0$ 区域填充空气。当TE_{10}模从空气填充区域向介质填充区域传输时，求介质分界面处的反射波和透射波的场量表达式。

4-12　一空气矩形波导的尺寸为 $a\times b=(2.0\times 1.0)\text{cm}^2$，频率为 10 GHz 的导波以 TE_{10}模传播，已知波导窄壁上面电流密度的幅值为 0.5 A/m。求：① 波导中平均功率密度

的最大值;② 波导中单位长度总的平均电磁场能量。

4-13 以矩形波导中的 TE_{10} 模为例,证明式(4.72)。

4-14 一矩形波导管的内部一部分填充空气(区域Ⅰ),另一部分填充无耗介质(区域Ⅱ),其横截面如图 4.73 所示。根据麦克斯韦方程可导出波导管内传输 TE_{10} 模时各区域中的电磁场分量分别为

区域Ⅰ$(0\leqslant x\leqslant d)$:

$$\left.\begin{aligned}E_x&=0\\E_y&=\mathrm{j}\omega\mu_0 A\gamma_1\sin(k_{x1}x)\mathrm{e}^{-\gamma_1 z}\\E_z&=0\\H_x&=A\gamma_1^2\sin(k_{x1}x)\mathrm{e}^{-\gamma_1 z}\\H_y&=0\\H_z&=-A\gamma_1 k_{x1}\cos(k_{x1}x)\mathrm{e}^{-\gamma_1 z}\end{aligned}\right\}(1)$$

区域Ⅱ$(d\leqslant x\leqslant a)$:

$$\left.\begin{aligned}E_x&=0\\E_y&=\mathrm{j}\omega\mu_0 B\gamma_2\sin[k_{x2}(a-x)]\mathrm{e}^{-\gamma_2 z}\\E_z&=0\\H_x&=B\gamma_2^2\sin[k_{x2}(a-x)]\mathrm{e}^{-\gamma_2 z}\\H_y&=0\\H_z&=-B\gamma_2 k_{x2}\cos[k_{x2}(a-x)]\mathrm{e}^{-\gamma_2 z}\end{aligned}\right\}(2)$$

式中 A,B 分别为常数,决定于激励条件;k_{x1},k_{x2} 分别为区域Ⅰ、区域Ⅱ中 x 方向的分波数。① 若波导管中存在这种 TE_{10} 模,传播常数 γ_1,γ_2 的关系如何? ② 求证:$k_{x1}\tan(k_{x2}l)=-k_{x2}\tan(k_{x1}d)$;③ 求证:$k_{x2}^2=k_{x1}^2+(\varepsilon_r-1)k^2$,其中 $k=\omega/c$,c 为真空中的光速;④ 列出求 TE_{10} 模的传播常数的方程。

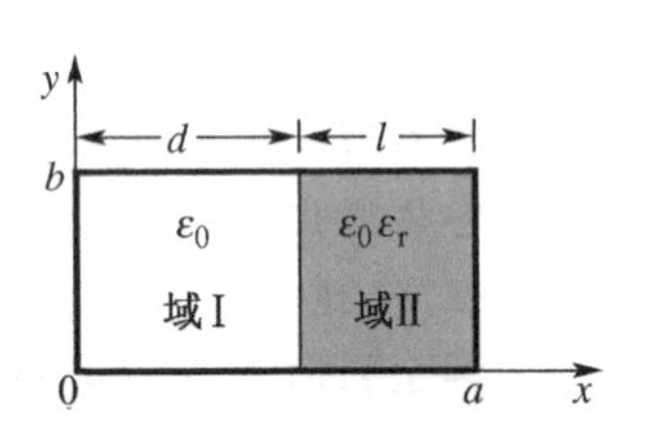

图 4.73 题 4-24 附图

4-15 一驻波测量线的矩形波导尺寸为 $a\times b=(2.54\times 1.13)\ \mathrm{cm}^2$,当用此测量线测量一信号源的频率时,测得驻波测量线中两波节点间的距离为 3 cm。求所测信号源的工作频率。

4-16 圆波导直径为 5 cm,内充空气。① 求 TE_{11},TM_{01},TE_{01} 和 TM_{11} 模的截止波长;② 当工作波长为 7 cm,6 cm,3 cm 时分别出现上述哪些模式;③ 当工作波长为 7 cm 时,求最低次模式的波导波长 λ_g。

4-17 用直径 $D=51.6$ mm 的紫铜制圆波导传输 $f=4$ GHz 的电磁波,当需要圆波导传输 100 m 远的距离,而总衰减小于 10 dB 时,通过计算说明应选择何种工作模式。

4-18 一工作波长为 8 mm 的导波在尺寸为 $a\times b=(7.112\times 3.556)\mathrm{mm}^2$ 的矩形波导中传输,现转换到用圆波导中的 TE_{01} 模传输,要求圆波导与矩形波导相速相同,试求圆波导的直径。

4-19 阐述矩形波导和圆波导中模式简并的异同处。

4-20 一工作波长为 8 mm 的导波,用空气填充的紫铜制圆波导传输,要求工作模式为 TE_{11} 模。试问:① 圆波导的半径应取何值? ② 该圆波导传输 TE_{11},TM_{01} 模时的衰减常数分别为多少?

4-21 试绘出矩形波导中 TE_{04},TM_{32},TE_{32} 模的电磁场分布图。

4-22 画出圆波导中 TM_{31} 和 TE_{31} 模在波导横截面上的场分布图。

4-23 导出圆波导中 TM_{01} 模的等效阻抗。

4-24 试详细导出空气圆波导中 TE_{11} 模的平均传输功率的表达式,并给出其功率容量的

表达式。

4-25 已知半径为 1 cm 的空气圆波导中传输频率 $f=10.5$ GHz 的导波，平均传输功率为 100W，求该模式的磁场强度的激励模值 $|H_0|$。

4-26 一空气填充的同轴线，其内导体的半径 $a=5$ mm，外导体的内半径 $b=5.6a$。求只传输 TEM 模时，最短的工作波长为多少？

4-27 证明：空气同轴线单位长度的平均电场储能等于平均磁场储能。

4-28 在充有 $\varepsilon_r=2.25$ 介质的 5 m 长的同轴线中传播 20 MHz 的导波，当终端短路时，测得输入阻抗为 4.61 Ω；当终端开路时，测得输入阻抗为 1 390 Ω。试计算此同轴线的特性阻抗、衰减常数和导波的传播速度。

4-29 如图 4.74 所示，同轴线Ⅰ、Ⅲ两段以空气为填充介质，特性阻抗为 100 Ω，Ⅱ段填充 $\varepsilon_r=4$ 的介质，终端负载阻抗 $Z_l=(200+j50)$ Ω，且 $l_1=l_2=1.5$ cm，工作波长为 10 cm。求各段同轴线中的驻波系数及端面 AA′处的输入阻抗。

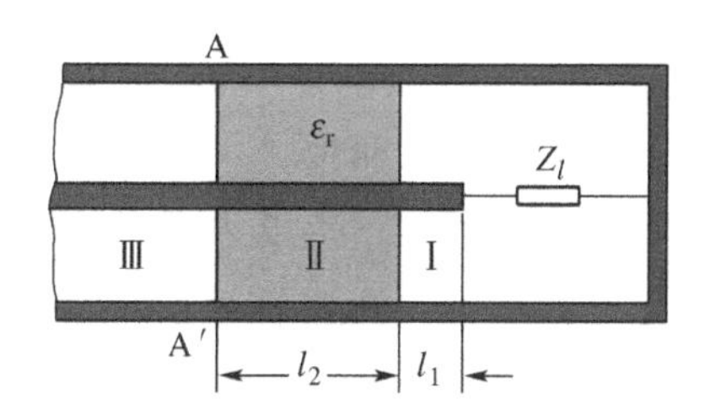

图 4.74 题 4-29 附图

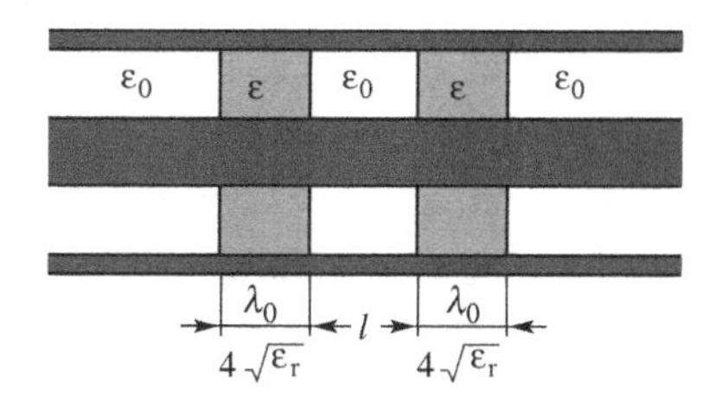

图 4.75 题 4-30 附图

4-30 如图 4.75 所示为一同轴线双介质阻抗变换器，它的结构是在同轴线内、外导体间充填长为 $\lambda_0/(4\sqrt{\varepsilon_r})$ 的两块介质。若同轴线原是匹配的，试证明两块介质间的距离由零变到 $\lambda_0/4$ 时输入端驻波系数从 1 变到 ε_r^2。

4-31 试分别导出同轴线中 TM_{mn} 模和 TE_{mn} 模的场量表达式。

4-32 一根以聚四氟乙烯（$\varepsilon_r=2.1$）为填充介质的带状线，已知 $b=5$ mm，$t=0.25$ mm，$W=2$ mm。求此带状线的特性阻抗以及不出现高次模式的最高工作频率。

4-33 如图 4.76 所示的两根宽导带的带状线，其 b,t 相同。问：① 若 $W_1=W_2$，$\varepsilon_{r1}>\varepsilon_{r2}$，$Z_{c1}$ 和 Z_{c2} 哪一个大？② 若 $W_1<W_2$，$\varepsilon_{r1}=\varepsilon_{r2}$，$Z_{c1}$ 和 Z_{c2} 哪一个大？

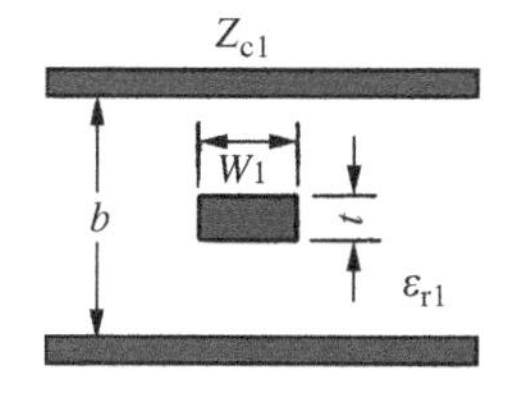

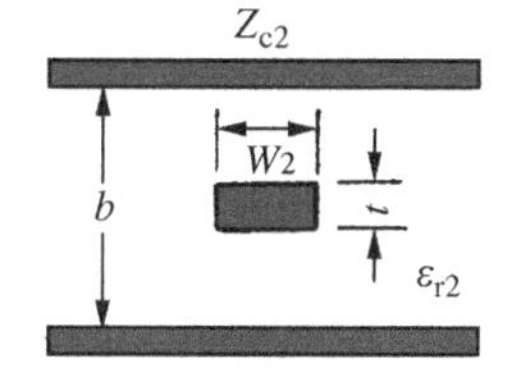

图 4.76 题 4-33 附图

4-34 欲在 $\varepsilon_r=9$ 的介质基片上制作一特性阻抗为 50 Ω 的微带线，试确定 W/h 的值。

4-35 要求微带线的特性阻抗为 75 Ω，介质基片的相对介电常数为 9，基片厚度为 0.88 mm。求微带线的导带宽度 W 及传输准 TEM 模的最短工作波长。

4-36 已知微带线的特性阻抗为50 Ω,介质基片的相对介电常数是9.6及损耗角正切 $\tan\delta=2.5\times10^{-4}$,基片厚度为0.8 mm,导体材料是金以及导带厚度 $t=0.008$ mm,且导波的工作频率为10 GHz。求该微带线的导体衰减 α_c 和介质衰减 α_d。

4-37 试采用MATLAB编程,计算微带线的特性阻抗 Z_c 以 t/h(=0.02,0.04,0.08,0.10)以及 ε_r(=2.56,3.78,9.6)为参量随 W/h(=0.25,0.5,1.0,1.5,2.0)的变化曲线。

4-38 已知一微带线基片的相对介电常数 $\varepsilon_r=2.20$,厚度 $h=0.127$ mm,特性阻抗 $Z_c=50\ \Omega$。① 求微带线的导带宽度;② 当导波的工作频率 $f=2.5$ GHz时,产生90°导波相移所需的微带线的长度。

4-39 已知一微带线基片的相对介电常数 $\varepsilon_r=9.6$,厚度 $h=1$ mm,导带宽度 $W=1$ mm。求该微带线的准TEM模的最高工作频率。

4-40 试根据耦合带状线的长度微元 dz 的等效电路,应用基尔霍夫电压与电流定律导出瞬时电压与电流满足的关系,继而证明式(4.193)。

4-41 试从物理概念出发,说明空气耦合微带线的 $Z_{co}(1)$ 和 $Z_{ce}(1)$ 随 W/h 和 S/h 的变化关系同图4.57所示的 Z_{co},Z_{ce} 随 W/h 和 S/h 的变化关系相似。

4-42 一耦合微带线的 $Z_{co}=35.7\ \Omega$,$Z_{ce}=70\ \Omega$,介质基片的 $\varepsilon_r=9$,基片厚度 $h=1$ mm。求微带的导带宽度 W 和耦合间距 S。

4-43 证明圆形介质波导中 TM_{0n} 和 TE_{0n} 模式的截止频率可表示为

$$f_c=\frac{\nu_{0n}c}{2\pi R\sqrt{\varepsilon_{r1}-\varepsilon_{r2}}}$$

4-44 证明圆形介质波导中 EH_{1n} 和 HE_{1n} 模式的截止频率可统一表示为

$$f_c=\frac{\nu_{1n'}c}{2\pi R\sqrt{\varepsilon_{r1}-\varepsilon_{r2}}}$$

其中 $\nu_{1n'}$ 是 $J_1(\nu)=0$ 的第 n' 个根,对 EH_{1n} 模,$n'=n$,($n=1,2,\cdots$);对 HE_{1n} 模,$n'=n-1$(注意:对 $n'=0$,对应 HE_{11} 模)。

第5章 微波谐振腔

众所周知，一般的低频传输线不能满足在微波波段传输电磁能量的要求，因而发展出了像金属波导那样的一系列微波传输系统。与此类似，射频/微波波段的谐振器也不能用集中参数的LC回路来实现，而是采用具有分布参数的谐振腔（或谐振器），但两者的基本功能——储能和选频特性却是相同的。尽管近年来随着微波集成技术特别是微波单片集成技术的迅猛发展，已能制作工作于20 GHz以下频段的集中参数元件和谐振回路，但应用中仍受到一定限制，因此微波谐振腔仍得到广泛应用。微波谐振腔是微波振荡源、放大器、滤波器等的重要组成部分，还可用作波长计、雷达信号回波箱等，所以微波谐振腔像微波传输系统一样重要。

微波谐振腔的种类很多，按其结构型式可分为两大类：(a) 传输型谐振腔，如矩形谐振腔、圆柱形谐振腔、同轴形谐振腔、微带谐振腔以及介质谐振腔等，如图5.1(a)所示；(b) 非传输型谐振腔，如电容加载同轴谐振腔、环形谐振腔和球形谐振腔等，如图5.1(b)所示。本章仅介绍传输型谐振腔和非传输型中的电容加载谐振腔。

首先简单介绍传输线谐振器和谐振腔的基本特性和参量；然后讨论金属谐振腔的基本特性、分析方法以及谐振腔的微扰分析；最后简单介绍集成谐振腔以及谐振腔的激励与耦合。

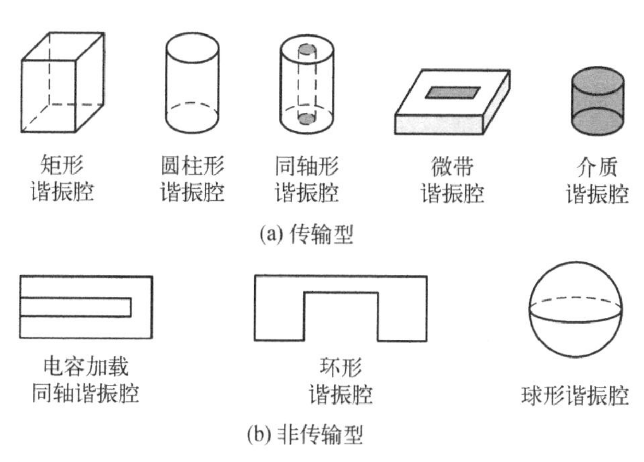

图 5.1 几种不同结构形式的微波谐振腔

5.1 传输线谐振器和金属谐振腔的基本特性

5.1.1 传输线谐振器的基本特性与等效电路参数

在射频/微波技术中,当谐振器的工作频率较高时大都采用各种谐振腔,而当谐振器的工作频率不太高时则应采用传输线谐振器。同时,实际应用中也可将谐振腔等效为传输线谐振器,从而采用等效传输线谐振器分析谐振腔的谐振特性。因此,有必要对传输线谐振器的特性进行分析。

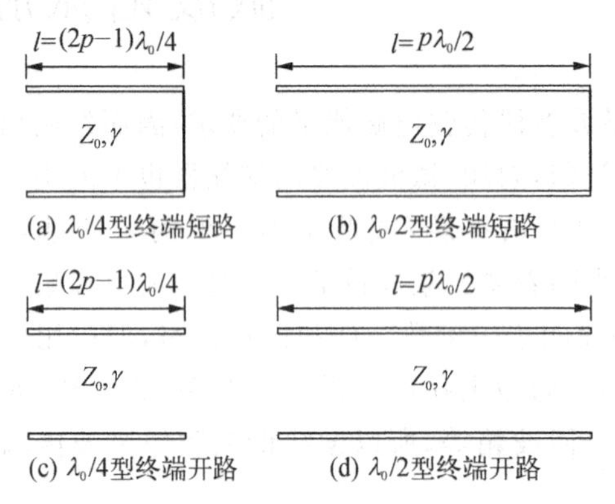

图 5.2 传输线谐振器的四种基本型式($p=1,2,\cdots$)

传输线谐振器有终端短路和终端开路谐振器之分,并且根据传输线谐振器长度的不同又可细分为四种基本型式,如图 5.2 所示。其中,图 5.2(a)和图 5.2(d) 具有并联谐振电路的特性,而图(b)和图(c)则具有串联谐振电路的特性。它们分别是具有长度为 $\lambda_0/4$ 型($\lambda_0/4$ 的奇数倍)和 $\lambda_0/2$ 型($\lambda_0/2$ 的整数倍)的终端短路和开路传输线节。下面分别讨论终端短路和终端开路传输线谐振器。

1. 终端短路谐振器

根据第 3 章 3.3 节内容可知,特性阻抗为 Z_0、长为 l 的有耗传输线的输入阻抗为

$$Z_{\text{in}} = Z_0 \tanh(\gamma l) = Z_0 \tanh[(\alpha + \text{j}\beta) l] = Z_0 \frac{\tanh \alpha l + \text{j}\tan \beta l}{1 + \text{j}\tanh \alpha l \tan \beta l} \tag{5.1}$$

考虑到传输线仅传输主模 TEM 模,$\beta l = \omega l / v_{\text{p}}$。于是,令 $f = f_0 + \Delta f$(即 $\omega = \omega_0 + \Delta\omega$),则在谐振频率 f_0(谐振角频率 ω_0)附近 βl 可表示为

$$\beta l = \frac{2\pi(f_0 + \Delta f) l}{v_{\text{p}}} = \frac{\omega_0 l}{v_{\text{p}}} + \frac{\Delta\omega l}{v_{\text{p}}} = \beta_0 l + \frac{\Delta\omega l}{v_{\text{p}}} \tag{5.2}$$

式中,β_0 为与谐振频率 f_0 对应的相位常数。

如图 5.2(b)所示,若终端短路传输线谐振器的长度 l 等于 $\lambda_0/2$ 的整数倍($l = p\lambda_0/2$,λ_0 为谐振波长),则 $\beta_0 l = p\pi$。同时,假设传输线的损耗足够小,$\alpha l \ll 1$,$\tanh(\alpha l) \approx \alpha l$,则有

$$\tan \beta l = \tan\left(p\pi + \frac{\Delta\omega l}{v_{\text{p}}}\right) = \tan\left(\frac{p\pi\,\Delta\omega}{\omega_0}\right) \approx \frac{p\pi\,\Delta\omega}{\omega_0} \tag{5.3}$$

从而,由式(5.1)可得

$$Z_{\text{in}} \approx Z_0 \frac{\alpha l + \text{j}(p\pi\,\Delta\omega/\omega_0)}{1 + \text{j}(\alpha l)(p\pi\,\Delta\omega/\omega_0)} \approx Z_0 \left(\alpha l + \text{j}\,\frac{p\pi\,\Delta\omega}{\omega_0}\right) \tag{5.4}$$

式中，同样假设 $\pi\alpha l\Delta\omega/\omega_0\ll 1$。

由于如图 5.3(a)所示的串联谐振电路的输入阻抗为

$$Z_{\text{in}}=R+\mathrm{j}\left(\omega L-\frac{1}{\omega C}\right)=R+\mathrm{j}\omega L\left(\frac{\omega^2-\omega_0^2}{\omega^2}\right)\approx R+\mathrm{j}2L(\omega-\omega_0)=R+\mathrm{j}2L\Delta\omega \tag{5.5}$$

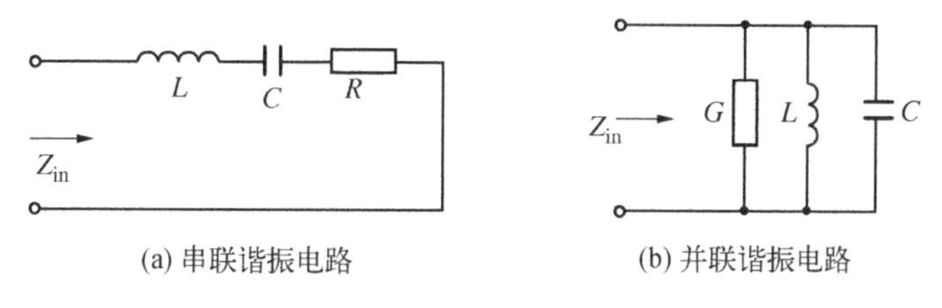

图 5.3　串联和并联谐振电路

因此，长度 $l=p\lambda_0/2$ 的终端短路传输线可等效为串联谐振电路。又由于传输线上的损耗足够小，其特性阻抗可视为正实数，$Z_0\approx Z_c$。于是，等效电路参数为

$$R_s\approx Z_c\alpha l\approx\frac{1}{2}pZ_c\alpha\lambda_0 \tag{5.6}$$

$$L_s\approx\frac{p\pi Z_c}{2\omega_0} \tag{5.7}$$

$$C_s\approx\frac{2}{p\pi\omega_0 Z_c} \tag{5.8}$$

以及品质因数 Q 为

$$Q=\frac{\omega_0 L_s}{R}\approx\frac{p\pi}{2\alpha l}=\frac{\beta_0}{2\alpha} \tag{5.9}$$

应指出，在实际应用中，通常用 3 dB 带宽 $BW_{3\text{dB}}$表示谐振器(电路)的品质因数。此时，$Q=\omega_0 L_s/(2\Delta\omega_{3\text{dB}})=f_0/BW_{3\text{dB}}$，这种表示对串联、并联谐振均适用。其中，$\Delta\omega_{3\text{dB}}$为对应于 $BW_{3\text{dB}}$的 $\Delta\omega$。

类似地，对如图 5.2(a)所示长度 $l=(2p-1)\lambda_0/4$ 的终端短路传输线，则 $\beta_0 l=(2p-1)\pi/2$。于是

$$\tan\beta l=\tan\left[(2p-1)\frac{\pi}{2}+\frac{\Delta\omega l}{v_p}\right]=-\cot\left[(2p-1)\left(\frac{\pi\Delta\omega}{2\omega_0}\right)\right]\approx-\frac{2\omega_0}{(2p-1)\pi\Delta\omega} \tag{5.10}$$

以及

$$Z_{\text{in}}\approx Z_0\frac{-\mathrm{j}\left[\dfrac{2\omega_0}{(2p-1)\pi\Delta\omega}\right]}{1-\mathrm{j}\alpha l\left[\dfrac{2\omega_0}{(2p-1)\pi\Delta\omega}\right]}=\frac{Z_0/(\alpha l)}{1+\mathrm{j}\left[\dfrac{(2p-1)\pi}{\alpha l}\dfrac{\Delta\omega}{2\omega_0}\right]} \tag{5.11}$$

由于图 5.3(b)所示的并联谐振电路的输入阻抗为

$$Z_{in} = \left(\frac{1}{R} + \frac{1}{j\omega L} + j\omega C\right)^{-1} \approx \frac{1}{G + j2\Delta\omega C} \tag{5.12}$$

因此,长度 $l=(2p-1)\ \lambda_0/4$ 的终端短路传输线可等效为并联谐振电路。因 $Z_0 \approx Z_c$,则其等效电路参数为

$$R_p \approx \frac{Z_c}{\alpha l} = \frac{4Z_c}{(2p-1)\ \alpha\lambda_0} \tag{5.13}$$

$$L_p \approx \frac{4Z_c}{(2p-1)\ \pi\omega_0} \tag{5.14}$$

$$C_p \approx \frac{(2p-1)\ \pi}{4\omega_0 Z_c} \tag{5.15}$$

以及品质因数为

$$Q = \omega_0 R_p C_p = \frac{(2p-1)\ \pi}{4\alpha l} = \frac{\beta_0}{2\alpha} \tag{5.16}$$

2. 终端开路谐振器

对如图 5.2(c)、(d)所示的终端开路谐振器,可采用类似于分析终端短路谐振器的思路进行分析。具体地,对如图 5.2(d)所示的长度 $l=p\lambda_0/2$ 的终端开路谐振器,其输入阻抗为

$$Z_{in} = \frac{Z_0}{\tanh\gamma l} \tag{5.17}$$

因 $\alpha l \ll 1$,故输入阻抗可近似为

$$Z_{in} \approx Z_0 \frac{1 + j(\alpha l)(p\pi\Delta\omega/\omega_0)}{\alpha l + j(p\pi\Delta\omega/\omega_0)} \approx \frac{Z_0}{\alpha l + j(p\pi\Delta\omega/\omega_0)} \tag{5.18}$$

因此,长度 $l=p\lambda_0/2$ 的终端开路传输线可等效为并联谐振电路。若 $Z_0 \approx Z_c$,则其等效电路参数为

$$R_p \approx \frac{Z_c}{\alpha l} \approx \frac{2Z_c}{\alpha p\lambda_0} \tag{5.19}$$

$$L_p \approx \frac{2Z_c}{p\pi\omega_0} \tag{5.20}$$

$$C_p \approx \frac{p\pi}{2\omega_0 Z_c} \tag{5.21}$$

以及

$$Q \approx \frac{p\pi}{2\alpha l} = \frac{\beta_0}{2\alpha} \tag{5.22}$$

同理,对如图 5.2(c)所示的长度 $l=(2p-1)\ \lambda_0/4$ 的终端开路传输线,有

$$Z_{\text{in}} \approx Z_0 \frac{1 - \text{j}\alpha l\left[\dfrac{2\omega_0}{(2p-1)\ \pi\Delta\omega}\right]}{\alpha l - \text{j}\left[\dfrac{2\omega_0}{(2p-1)\ \pi\Delta\omega}\right]} \approx Z_0\left[\alpha l + \text{j}\ \frac{(2p-1)\ \pi\Delta\omega}{2\omega_0}\right] \tag{5.23}$$

因此，长度 $l=(2p-1)\ \lambda_0/4$ 的终端开路传输线可等效为串联谐振电路。若 $Z_0 \approx Z_c$，则其等效电路参数为

$$R_s \approx Z_c\alpha l = \frac{(2p-1)}{4} Z_c\alpha\lambda_0 \tag{5.24}$$

$$L_s \approx \frac{(2p-1)\ \pi Z_c}{4\omega_0} \tag{5.25}$$

$$C_s \approx \frac{4}{(2p-1)\ \pi\omega_0 Z_c} \tag{5.26}$$

以及

$$Q \approx \frac{(2p-1)\ \pi}{4\alpha l} = \frac{\beta_0}{2\alpha} = \frac{\omega_0}{2\Delta\omega} \tag{5.27}$$

应指出，上述结果是在假设传输线传输 TEM 模情况下导出的，但这些结果同样可推广到由规则的单模传输系统等效为等效传输线的情况，此时只要将特性阻抗 Z_c用等效阻抗 Z_e 代替以及波长 λ_0 用对应的波导波长 λ_{g0} 代替即可。

5.1.2　金属谐振腔的基本特性及其基本参量

1. 基本特性

微波波段的谐振器之所以采用具有分布参数的谐振腔，而不用集中参数的 LC 谐振回路，其原因主要在于：(a) 随着频率的升高，分布参数的影响逐渐显著，到了微波波段，由于 LC 谐振回路的尺寸同电磁波的工作波长可相比拟，辐射损耗很大；(b) 由趋肤效应引起的导体损耗和由介质极化引起的介质损耗大大增加，使得 LC 谐振回路的品质因数降低到难以容许的程度；(c) LC 谐振回路的电感和电容的尺寸都相当小，使加工十分困难且机械强度和电强度均不能达到要求；(d) 由于电感和电容很小，为避免击穿不得不降低工作电压，从而降低谐振回路的振荡功率等。为了克服 LC 谐振回路由于频率升高而产生的种种缺陷，人们把 LC 谐振回路逐渐发展到用于微波波段的空腔谐振器(即金属谐振腔)，如图 5.4 所示。由图不难发现 LC 谐振回路的演变过程：为提高频率必须减小电感和电容，减少电容可增大电容器极板间的间距(面积一定)；要减小电感则须减少线圈的匝数，直到减少为一根导线；为进一步提高频率，则可在两极板周围并联多根直导线，直到把电容器的极板封闭起来。这样，不仅电感量大大减小，而且由于频率升高而引起的 LC 谐振回路的辐射损耗、导体损耗等也都相应地被消除或减小。因此，这种封闭的金属空腔具有结构坚固、加工方便和品质因数高等优点。

微波谐振腔中的电磁振荡可用空腔中电磁驻波的现象来描述。在各种微波传输系统

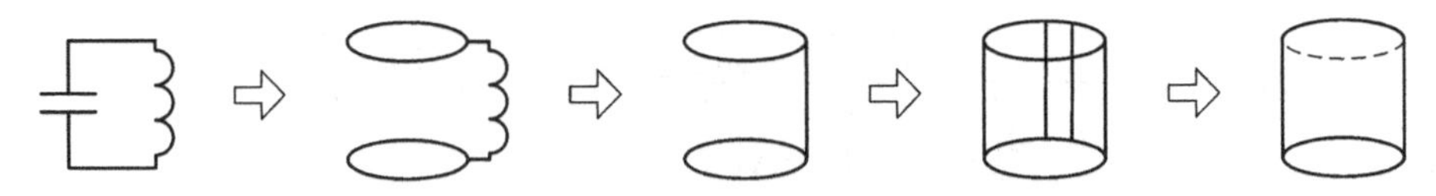

图 5.4 LC谐振回路到微波谐振腔的演变过程

中,其电磁场沿横截面呈驻波分布,当沿纵向的一端被短路时,则传输的电磁波形成纯驻波分布,在距离短路端为某频率的 $\lambda_g/2$ 整数倍处,出现横向电场的波节点,若此处再被短路,则对原来的驻波并不产生影响,这样就构成了谐振腔。这种谐振腔中的电磁振荡过程同LC谐振回路的情况相同,当外加信号的频率和谐振腔的谐振频率相同时,谐振腔就产生持续的振荡。不失一般性,我们以如图5.5所示的矩形谐振腔的形成为例进行讨论。设频率为 f_1 的导波在无限长的矩形波导中沿正 z 方向传播,在 $z=0$ 处的横截面上放一块理想导体板使波导短路,则在 $z=-p\lambda_{g1}/2(p=1,2,\cdots)$ 处为横向电场的波节点,此时在 $z=-p\lambda_{g1}/2=-l$ 处放一块无限薄的理想导体板,则并不破坏驻波分布,这样就构成了一个振荡频率为 f_1 的矩形谐振腔。若将 $z=-l$ 处的导体板取走,并逐渐升高导波的频率,则矩形波导中横向电场驻波节点的位置逐渐向正 z 方向移动,当频率升至 f_2 时,在原来波节点 $z=-l$ 处又出现横向电场驻波节点,此时在该处再放上一块无限薄的理想导体板,则又构成同原来形状尺寸完全相同的矩形谐振腔,但此时矩形谐振腔的谐振频率不是 f_1 而是 f_2。由此可见,谐振腔存在着一系列谐振频率 $f_1,f_2,\cdots$。这种现象称为谐振腔的多谐性。

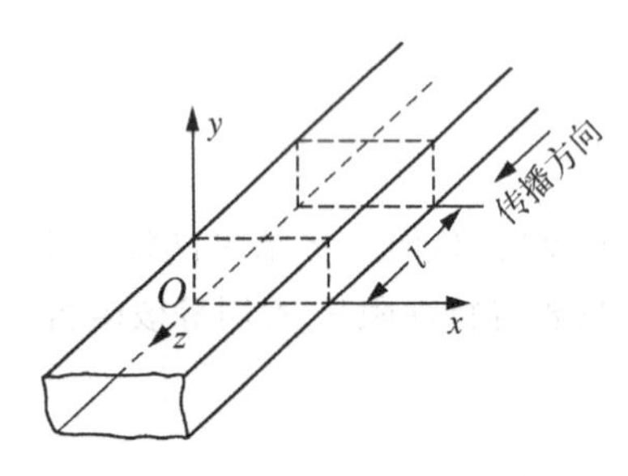

图 5.5 矩形谐振腔的形成

2. 基本参量

集中参数谐振回路的基本参数是电感 L、电容 C 和电阻 R,这三个参数不仅容易测量,而且完全能够反映出谐振回路的特性,由此可导出谐振频率、品质因数以及谐振阻抗或导纳。然而,在微波谐振腔中,由于是分布参数电路,因此集中参数 L,C 和 R 已失去它们的具体意义。所以,通常将谐振波长 λ_0(或谐振频率 f_0)、品质因数 Q_0 和等效电导 G_0 作为微波谐振腔的三个基本参量。

1) 谐振频率(或谐振波长)

确定谐振腔的谐振频率(谐振波长)是属于求解电磁场边值问题的特征值的问题。在分析谐振腔时,可暂不考虑腔中场的激励和耦合,而将其看成一个封闭的腔体。在此腔体内的电磁场 $\boldsymbol{E}$ 和 $\boldsymbol{H}$ 应满足齐次矢量亥姆霍兹方程,即

$$\left.\begin{aligned}\nabla^2\boldsymbol{E}+k^2\boldsymbol{E}=0\\ \nabla^2\boldsymbol{H}+k^2\boldsymbol{H}=0\end{aligned}\right\}\tag{5.28}$$

若将谐振腔的内壁视为理想导体,则腔中电磁场在其内壁上应满足以下的边界条件:

$$\left.\begin{aligned}\boldsymbol{a}_n\times\boldsymbol{E}=0\\ \boldsymbol{a}_n\cdot\boldsymbol{H}=0\end{aligned}\right\}\tag{5.29}$$

式中，$\boldsymbol{a}_n$ 是腔体内壁表面法线方向的单位矢量。

求解由(5.28)和(5.29)两式所构成的边值问题，可得到一系列确定的 k 值：k_1，k_2，…，这些 k 值称为谐振腔的特征值。所有 k 值组成一个"离散"的频谱，用 k_n($n=1,2,\cdots$)表示。求出 k_n 值后，谐振腔的谐振角频率 ω_0 和谐振频率 f_0 可由以下两式求得：

$$\omega_0 = \frac{k_n}{\sqrt{\mu\varepsilon}} \tag{5.30a}$$

$$f_0 = \frac{k_n v}{2\pi} \tag{5.30b}$$

式中，μ，ε 分别为腔内填充媒质的磁导率和介电常数，v 是电磁波在与腔中媒质相同的无界媒质中的传播速度。一般说来，k_n 不同，对应的振荡模式就不同，即对应不同的场结构。

对于金属波导型谐振腔，可不必直接求解上述边值问题来确定 k_n，而是利用有关规则金属波导的已有公式，即利用以下表达式：

$$k^2 = \beta^2 + k_c^2 \tag{5.31a}$$

或

$$\omega^2\mu\varepsilon = \left(\frac{2\pi}{\lambda_g}\right)^2 + \left(\frac{2\pi}{\lambda_c}\right)^2 \tag{5.31b}$$

因为考虑的是金属波导型谐振腔，因此腔中的场不仅在横向上呈驻波分布，而且在纵向(z向)也呈驻波分布。所以，为了满足金属波导两端短路的边界条件，腔长 l 和波导波长 λ_g 之间应满足

$$l = p\frac{\lambda_g}{2} \quad 或 \quad \lambda_g = \frac{2l}{p} \tag{5.32}$$

式中，对 TE 模，$p=1,2,3,\cdots$；对 TM 模，$p=0,1,2,\cdots$。若将 l 与 λ_g 的关系式代入式(5.31b)，即可求出金属波导型谐振腔谐振时的角频率 ω_0 和谐振频率 f_0，即

$$\omega_0 = v\left[\left(\frac{p\pi}{l}\right)^2 + \left(\frac{2\pi}{\lambda_c}\right)^2\right]^{1/2} \tag{5.33a}$$

$$f_0 = \frac{v}{2\pi}\left[\left(\frac{p\pi}{l}\right)^2 + \left(\frac{2\pi}{\lambda_c}\right)^2\right]^{1/2} \tag{5.33b}$$

若用谐振波长 λ_0 表示，则为

$$\lambda_0 = \frac{2\pi v}{\omega_0} = \frac{2}{\sqrt{(2/\lambda_c)^2 + (p/l)^2}} \tag{5.34}$$

由此可见，谐振波长与空腔的形状、尺寸以及工作模式有关。因此，在谐振腔尺寸一定的情况下，与振荡模式相对应的谐振波长有无穷多个。

2) 品质因数

用来衡量谐振腔频率选择性的重要参量是品质因数 Q_0，其定义式可根据 LC 谐振回路

的 Q_0 的定义式写出,即

$$Q_0 = \frac{2\pi(\text{谐振腔的平均储能})}{(\text{一周期内谐振腔的平均耗能})} = 2\pi\frac{W_{av}}{(W_T)_{av}} = 2\pi\frac{W_{av}}{P_l T} = \omega_0\frac{W_{av}}{P_l} \tag{5.35}$$

式中,W_{av} 为谐振腔的(平均)储能;$(W_T)_{av}$ 为一周期内谐振腔的(平均)损耗能量;P_l 为谐振腔的(平均)损耗功率;Q_0 称为谐振腔的无载品质因数(或固有品质因数),一般简称为品质因数。

对金属波导型谐振腔而言,腔体总的储能可用电场或磁场储能来表示,即

$$W_{av} = (W_e)_{av} + (W_m)_{av} = \frac{1}{2}\int_V \mu\,|\boldsymbol{H}|^2 \mathrm{d}V = \frac{1}{2}\int_V \varepsilon\,|\boldsymbol{E}|^2 \mathrm{d}V \tag{5.36}$$

一般说来,谐振腔的损耗应包括导体损耗、介质损耗和辐射损耗,但对金属波导型谐振腔,因腔体是封闭的,故辐射损耗不存在。与导体损耗相比,介质损耗也相对较小,因此金属波导型谐振腔的损耗主要是导体损耗。若假定介质无耗,则金属波导型谐振腔的损耗只是腔体内壁的导体损耗,此时可按计算金属波导的导体衰减公式计算腔体的损耗功率,即

$$P_l = \frac{1}{2}R_s\oint_S |\boldsymbol{J}_s|^2 \mathrm{d}S = \frac{1}{2}R_s\oint_S |\boldsymbol{H}_\tau|^2 \mathrm{d}S \tag{5.37}$$

式中,R_s 为腔体内壁表面的表面电阻,$\boldsymbol{H}_\tau$ 为内壁表面附近的切向磁场,而 $\boldsymbol{J}_s = \boldsymbol{a}_n \times \boldsymbol{H}_\tau$。

将(5.36)和(5.37)两式代入式(5.35),得

$$Q_0 = \frac{\omega_0 \mu}{R_s}\frac{\int_V |\boldsymbol{H}|^2 \mathrm{d}V}{\oint_S |\boldsymbol{H}_\tau|^2 \mathrm{d}S} = \frac{2}{\delta}\frac{\int_V |\boldsymbol{H}|^2 \mathrm{d}V}{\oint_S |\boldsymbol{H}_\tau|^2 \mathrm{d}S} \tag{5.38}$$

式中,$\delta = \sqrt{2/(\omega_0\mu\sigma)} = 1/\sqrt{\pi f_0 \mu\sigma}$,是腔体内壁表面的趋肤深度;$R_s = \sqrt{\pi f_0 \mu/\sigma} = 1/(\sigma\delta)$。式(5.38)是谐振腔的无载品质因数的一般计算公式,原则上只要知道腔体中的电磁场分布,即可求得其无载品质因数。

为粗略地估计腔体的 Q_0 值,可近似认为 $|\boldsymbol{H}| = |\boldsymbol{H}_\tau|$,这样式(5.38)近似表示为

$$Q_0 \approx \frac{2}{\delta}\frac{V}{S} \tag{5.39}$$

此近似式表明,谐振腔的品质因数 Q_0 正比于腔体的体积 V,反比于腔体内壁的穿透深度 δ 和腔体内壁的表面积 S,即 V/S 越大,Q_0 值越高。因此,为获得高 Q_0 值的谐振腔,应选用体积大而表面积小的腔体。显然球形腔最为理想,但球形腔不易制造,往往则采用圆柱腔。此外,为获得较高的 Q_0 值,应采用高电导率的材料来制作谐振腔。一般情况下,谐振腔的线尺寸与工作波长 λ_0 成正比,因此可认为 $V \propto \lambda_0^3$ 和 $S \propto \lambda_0^2$,由式(5.39),有

$$Q_0 \propto \frac{\lambda_0}{\delta} \tag{5.40}$$

在厘米波段,由于腔壁的趋肤深度 δ 仅为几微米,因此 Q_0 值约为 $10^4 \sim 10^5$ 数量级。可见谐振腔的 Q_0 值远大于集中参数谐振器的 Q_0 值。

应指出，前面推导 Q_0 的计算公式时并未考虑谐振腔的介质损耗。实际上，介质总存在损耗。若谐振腔填充介质的等效电导率为 $\sigma_d(=\omega\varepsilon_d'')$，介电常数为 ε，则由介质引起的损耗功率为

$$P_d = \frac{1}{2}\sigma_d\int_V |\boldsymbol{E}|^2 dV \tag{5.41}$$

而腔体内的储能仍采用电场储能表示，即

$$W_{av} = \frac{1}{2}\varepsilon\int_V |\boldsymbol{E}|^2 dV \tag{5.42}$$

根据式(5.35)，可求得仅考虑介质损耗时谐振腔无载品质因数 Q_d 的表示式为

$$Q_d = \frac{\omega_0 \varepsilon}{\sigma_d} = \frac{1}{\tan\delta} \tag{5.43}$$

式中，$\tan\delta$ 为介质的损耗角正切。

综上所述，若既考虑谐振腔的导体损耗又考虑介质损耗，则谐振腔的无载品质因数 Q_{0t} 的表达式为

$$Q_{0t} = \frac{\omega_0 W_{av}}{P_l} = \frac{\omega_0 W_{av}}{P_c + P_d} = \frac{1}{\dfrac{1}{Q_c} + \dfrac{1}{Q_d}} = \frac{Q_c}{1 + Q_c\tan\delta} \tag{5.44}$$

式中，Q_c 和 Q_d 分别为只考虑导体损耗和介质损耗时谐振腔的无载品质因数。

3) 等效电导

等效电导 G_0 是表征谐振腔功率损耗特性的一个参量，定义为 G_0，可借助如图 5.6 所示的谐振腔的等效电路。设谐振腔本身的损耗功率为 P_l，则

$$P_l = \frac{1}{2}G_0 U^2 \tag{5.45}$$

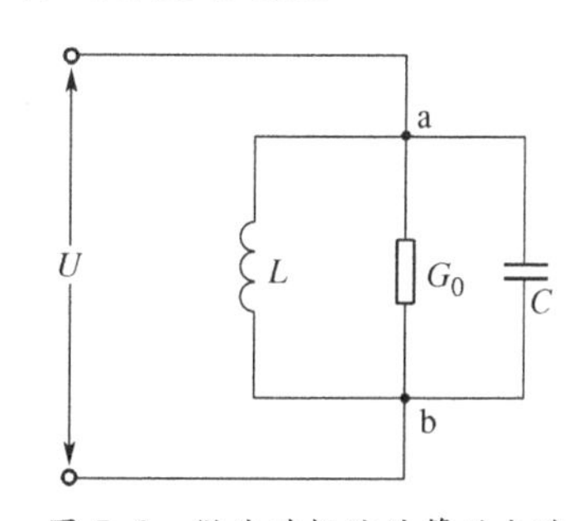

图 5.6　微波谐振腔的等效电路

式中，U 为等效电路两端电压的振幅，也即腔内某参考面处的等效电压的振幅值。于是

$$G_0 = \frac{2P_l}{U^2} \tag{5.46}$$

在谐振腔中，P_l 可按式(5.37)计算，因此只要能确定 U，则 G_0 即可求出。但由于谐振腔内无论哪个参考面都不是似稳场，若按不同路径作电场积分求两点间的电压，则电压值必与所选的积分路径有关。换言之，谐振腔的电压具有多值性。不过，若能选定要计算参考面上两点间的积分路径，则可将沿此路径的电场的积分看做是谐振腔的等效电压。假设两个计算点为 a，b，则有

$$U = \left|\int_a^b \boldsymbol{E}\cdot d\boldsymbol{l}\right| \tag{5.47}$$

将(5.37)和(5.47)两式代入式(5.46)，得

$$G_0 = \sqrt{\frac{\omega_0 \mu}{2\sigma}} \frac{\oint_S |\boldsymbol{H}_\tau|^2 \mathrm{d}S}{\left|\int_a^b \boldsymbol{E} \cdot \mathrm{d}\boldsymbol{l}\right|^2} = R_s \frac{\oint_S |\boldsymbol{H}_\tau|^2 \mathrm{d}S}{\left|\int_a^b \boldsymbol{E} \cdot \mathrm{d}\boldsymbol{l}\right|^2} \tag{5.48}$$

可见,只要知道谐振腔中的场分布,原则上就可通过上式计算等效电导 G_0。

值得指出,以上导出的三个基本参量 λ_0(或 f_0)、Q_0 和 G_0 的计算公式,都是对一定的振荡模式而言的,振荡模式不同所得的参量值也不同。同时,对形状不规则的腔体,这三个参量也难以利用上述公式计算。即使是形状简单的规则谐振腔,在计算 Q_0 和 G_0 时,由于影响它们的因素很多,计算误差仍相当大。因此,工程上通常采用等效电路的概念,通过测量的方法确定 λ_0(或 f_0),Q_0 和 G_0。

5.2 金属谐振腔

在微波特别是厘米波和毫米波波段,各种金属谐振腔得到广泛应用。金属谐振腔的种类较多,这里先主要讨论三种常用的金属谐振腔——矩形、圆形和同轴形谐振腔,然后简单介绍金属谐振腔的微扰。

5.2.1 矩形谐振腔

矩形谐振腔是由将两端短路的一段矩形波导所构成,如图 5.7 所示。电磁波一旦在矩形谐振腔中被激励,就将在两端面之间形成驻波,调节两端面间的距离使之满足某频率的 $\lambda_g/2$ 整数倍条件,即可产生驻波振荡。求解矩形谐振腔中的场结构,原则上可在给定边界条件下,求解电磁场量的亥姆霍兹方程而得到。但对矩形谐振腔,则可借助于矩形波导的分析结果,采用驻波分析法求解谐振腔内的场分布,即将谐振腔内的电磁场看成是矩形波导中的入射波和反射波在两短路面间来回反射叠加而成。下面采用驻波法分析矩形谐振腔。

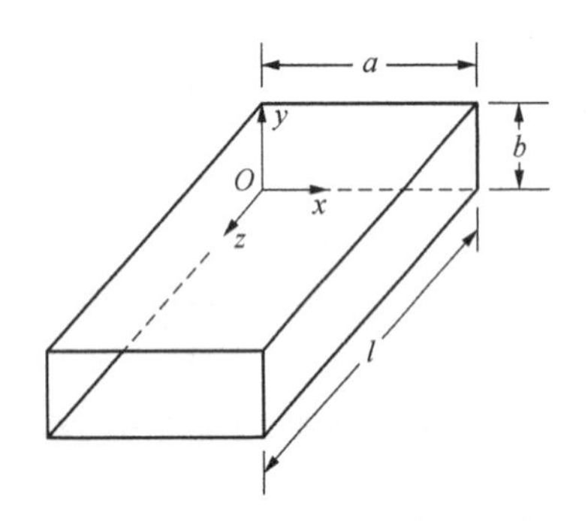

图 5.7 矩形谐振腔及其坐标系

1. 振荡模式及其场分布

与矩形波导相似,矩形谐振腔中也存在两类振荡模式,即 TE 和 TM 振荡模式。

1) TE 振荡模式

选取矩形谐振腔的尺寸和坐标如图 5.7 所示。由矩形波导的分析已知,矩形波导中沿正、负 z 方向传播的 TE 模的纵向磁场分量 H_z 为

$$H_z^{\pm} = H_0^{\pm} \cos \frac{m\pi}{a} x \cos \frac{n\pi}{b} y \, \mathrm{e}^{\mp \mathrm{j}\beta z}$$

式中,"±"分别代表正、负 z 方向。于是,矩形谐振腔中合成电磁场的纵向磁场分量应为

$$H_z = H_z^+ + H_z^- = H_0^+ \cos \frac{m\pi}{a} x \cos \frac{n\pi}{b} y \, \mathrm{e}^{-\mathrm{j}\beta z} + H_0^- \cos \frac{m\pi}{a} x \cos \frac{n\pi}{b} y \, \mathrm{e}^{\mathrm{j}\beta z} \tag{5.49}$$

在矩形谐振腔的两块短路板处,电磁场量应满足以下边界条件:

$$\left.\begin{aligned} \boldsymbol{a}_n \times \boldsymbol{E}_{\mathrm{t}}\big|_{z=0,l} &= 0 \\ \boldsymbol{a}_n \cdot \boldsymbol{H}\big|_{z=0,l} &= 0 \end{aligned}\right\} \quad 或 \quad \left.\begin{aligned} E_{\mathrm{t}}\big|_{z=0,l} &= 0 \\ H_z\big|_{z=0,l} &= 0 \end{aligned}\right\}$$

将式(5.49)代入上式中的下式,得

$$H_0^- = -H_0^+ = -H_0$$

$$\mathrm{e}^{-\mathrm{j}\beta l} - \mathrm{e}^{\mathrm{j}\beta l} = -\mathrm{j}2\sin\beta l = 0 \quad 或 \quad \beta = \frac{p\pi}{l}, p = 1,2,\cdots$$

因而式(5.49)变为

$$H_z = -\mathrm{j}2H_0\cos\frac{m\pi}{a}x\cos\frac{n\pi}{b}y\sin\frac{p\pi}{l}z \tag{5.50}$$

根据式(2.75),用$\frac{\partial}{\partial z}$取代$-\gamma(=-\mathrm{j}\beta)$,并注意到$E_z=0$,则可得 TE 振荡模式的其他(横向)场分量与$H_z$间的关系分别为

$$\left.\begin{aligned} H_x &= \frac{1}{k_{\mathrm{c}}^2}\frac{\partial^2 H_z}{\partial x\partial z}, \quad E_x = -\frac{\mathrm{j}\omega\mu}{k_{\mathrm{c}}^2}\frac{\partial H_z}{\partial y} \\ H_y &= \frac{1}{k_{\mathrm{c}}^2}\frac{\partial^2 H_z}{\partial y\partial z}, \quad E_y = \frac{\mathrm{j}\omega\mu}{k_{\mathrm{c}}^2}\frac{\partial H_z}{\partial x} \end{aligned}\right\} \tag{5.51}$$

式中,$k_{\mathrm{c}}^2=k_x^2+k_y^2=(m\pi/a)^2+(n\pi/b)^2$。于是,可得矩形谐振腔中 TE 振荡模式的场分量表达式为

$$\left.\begin{aligned} E_x &= \frac{2\omega\mu}{k_{\mathrm{c}}^2}\frac{n\pi}{b}H_0\cos\frac{m\pi}{a}x\sin\frac{n\pi}{b}y\sin\frac{p\pi}{l}z \\ E_y &= -\frac{2\omega\mu}{k_{\mathrm{c}}^2}\frac{m\pi}{a}H_0\sin\frac{m\pi}{a}x\cos\frac{n\pi}{b}y\sin\frac{p\pi}{l}z \\ E_z &= 0 \\ H_x &= \mathrm{j}\frac{2}{k_{\mathrm{c}}^2}\frac{m\pi}{a}\frac{p\pi}{l}H_0\sin\frac{m\pi}{a}x\cos\frac{n\pi}{b}y\cos\frac{p\pi}{l}z \\ H_y &= \mathrm{j}\frac{2}{k_{\mathrm{c}}^2}\frac{n\pi}{b}\frac{p\pi}{l}H_0\cos\frac{m\pi}{a}x\sin\frac{n\pi}{b}y\cos\frac{p\pi}{l}z \\ H_z &= -\mathrm{j}2H_0\cos\frac{m\pi}{a}x\cos\frac{n\pi}{b}y\sin\frac{p\pi}{l}z \end{aligned}\right\} \tag{5.52}$$

此式对应的振荡模式为TE_{mnp}。显然,矩形谐振腔中 TE 振荡模式有无穷多个。

2) TM 振荡模式

将矩形波导中沿正、负 z 方向传播的 TM 模式的纵向电场分量进行叠加,可得

$$E_z = E_z^+ + E_z^- = (E_0^+\mathrm{e}^{-\mathrm{j}\beta z} + E_0^-\mathrm{e}^{\mathrm{j}\beta z})\sin\frac{m\pi}{a}x\sin\frac{n\pi}{b}y \tag{5.53}$$

由边界条件可知,在矩形谐振腔的短路板处$E_z\neq0$,而$E_x=0$和$E_y=0$。因此必须利用纵向

场分量与横向场分量间的关系式求出 E_x(或 E_y)分量的表达式,再由边界条件确定 E_z^+ 和 E_z^- 间的关系以及相移常数 β。为此,将式(5.53) 以及 $H_z=0$ 代入式(2.75),得

$$E_x=\frac{-\mathrm{j}\beta}{k_c^2}\left(\frac{\partial E_z^+}{\partial x}-\frac{\partial E_z^-}{\partial x}\right)=\frac{-\mathrm{j}\beta}{k_c^2}\frac{m\pi}{a}(E_0^+\mathrm{e}^{-\mathrm{j}\beta z}-E_0^-\mathrm{e}^{\mathrm{j}\beta z})\cos\frac{m\pi}{a}x\sin\frac{n\pi}{b}y \tag{5.54}$$

将上式代入边界条件:$E_x|_{z=0,l}=0$,有

$$E_0^-=E_0^+=E_0,\quad \beta=\frac{p\pi}{l},p=0,1,2,\cdots$$

于是

$$E_z=2E_0\sin\frac{m\pi}{a}x\sin\frac{n\pi}{b}y\cos\frac{p\pi}{l}z \tag{5.55}$$

利用推导式(5.52)的同样方法,可得TM_{mnp}振荡模式的各个场分量表达式为

$$\left.\begin{aligned}
E_x&=-\frac{2}{k_c^2}\frac{m\pi}{a}\frac{p\pi}{l}E_0\cos\frac{m\pi}{a}x\sin\frac{n\pi}{b}y\sin\frac{p\pi}{l}z\\
E_y&=-\frac{2}{k_c^2}\frac{n\pi}{b}\frac{p\pi}{l}E_0\sin\frac{m\pi}{a}x\cos\frac{n\pi}{b}y\sin\frac{p\pi}{l}z\\
E_z&=2E_0\sin\frac{m\pi}{a}x\sin\frac{n\pi}{b}y\cos\frac{p\pi}{l}z\\
H_x&=\mathrm{j}\frac{2\omega\varepsilon}{k_c^2}\frac{n\pi}{b}E_0\sin\frac{m\pi}{a}x\cos\frac{n\pi}{b}y\cos\frac{p\pi}{l}z\\
H_y&=-\mathrm{j}\frac{2\omega\varepsilon}{k_c^2}\frac{m\pi}{a}E_0\cos\frac{m\pi}{a}x\sin\frac{n\pi}{b}y\cos\frac{p\pi}{l}z\\
H_z&=0
\end{aligned}\right\} \tag{5.56}$$

(5.52)和(5.56)两式中的下标 m,n 和 p 分别表示TE_{mnp}和TM_{mnp}模的场量沿 x,y 和 z 向变化的半波数,对应不同的 m,n 和 p 便决定谐振腔中不同的振荡模式。从两类振荡模式的场分量表达式可见,当 $p=0$ 时,谐振腔中TE_{mn0}模的各个场分量均为零,故TE_{mn0}模式不存在;当 $p=0$ 时,谐振腔中TM_{mn0}模的场分量不全为零,故TM_{mn0}模存在。这一点可从物理概念上来加以解释:当 $p=0$ 时,$\lambda_0=\lambda_c$,而 $\lambda_g\to\infty$,这表明谐振腔中沿 z 轴方向的场无变化。由于谐振腔在 $z=0$ 和 $z=l$ 处有两个导体端面存在,对TE_{mnp}模而言,无纵向电场分量存在,此外,要满足两导体端面处的边界条件,两横向电场分量 E_x 和 E_y 也必为零,故TE_{mn0}模不存在。但对TM_{mnp}模而言,尽管电场的两个横向分量为零,但不随 z 轴变化的纵向电场分量却可存在,故TM_{mn0}模可以存在。从(5.52)和(5.56)两式还可发现,E_x 与 H_y 以及 E_y 与 H_x 在空间与时间上均存在90°的相位差,因此由坡印亭矢量可知,在谐振腔中沿 z 向也只发生电磁能量交换,无能量传输。由此也证实了谐振腔中的场只可能存在驻波分布而不可能存在行波的结论。

2. 谐振波长

矩形谐振腔的谐振波长可由式(5.34)得到,即

$$\lambda_0=\frac{1}{\sqrt{(1/\lambda_c)^2+(1/\lambda_g)^2}}=\frac{2}{\sqrt{(m/a)^2+(n/b)^2+(p/l)^2}} \tag{5.57}$$

对应的谐振频率为

$$f_0=\frac{v}{\lambda_0}=\frac{1}{2\sqrt{\mu\varepsilon}}\sqrt{\left(\frac{m}{a}\right)^2+\left(\frac{n}{b}\right)^2+\left(\frac{p}{l}\right)^2} \tag{5.58}$$

可见，矩形谐振腔的谐振波长与腔体的尺寸以及振荡模式有关，不同的 m，n 和 p 就对应不同的谐振波长。对于 m，n 和 p 相同的TE_{mnp}和TM_{mnp}振荡模式，虽振荡模式不同，但其谐振波长相同，这种现象称为(振荡)模式的简并，对应的振荡模式为简并模式。在实际应用中，一般要设法消除谐振腔中的简并模式。

3. 品质因数

将矩形谐振腔中相应振荡模式的场分量表达式代入式(5.38)，即可导出其 Q_0 的计算公式。下面简单引出两类振荡模式的品质因数 Q_0 表达式的推导过程。

1) TE_{mnp} 模式

对TE_{mnp}模式，将式(5.52)中三个磁场分量代入式(5.38)分子中的积分，有

$$\begin{aligned}\int_V|\boldsymbol{H}|^2\mathrm{d}V&=\int_0^l\int_0^b\int_0^a(|H_x|^2+|H_y|^2+|H_z|^2)\mathrm{d}x\mathrm{d}y\mathrm{d}z\\&=\frac{4}{k_c^4}\left(\frac{abl}{8}\right)H_0^2\left\{\left(\frac{p\pi}{l}\right)^2\left[\left(\frac{m\pi}{a}\right)^2+\left(\frac{n\pi}{b}\right)^2\right]+k_c^4\right\}\end{aligned} \tag{5.59}$$

而式(5.38)分母中的积分为

$$\begin{aligned}\oint_S|\boldsymbol{H}_\tau|^2\mathrm{d}S&=2\int_0^b\int_0^a(|H_x|^2+|H_y|^2)\mathrm{d}x\mathrm{d}y+2\int_0^l\int_0^b(|H_y|^2+|H_z|^2)\mathrm{d}y\mathrm{d}z\\&\quad+2\int_0^l\int_0^a(|H_x|^2+|H_z|^2)\mathrm{d}x\mathrm{d}z=I_{s1}+I_{s2}+I_{s3}\end{aligned} \tag{5.60}$$

式中

$$\left.\begin{aligned}I_{s1}&=2\int_0^b\int_0^a(|H_x|^2+|H_y|^2)\mathrm{d}x\mathrm{d}y=2\left[\frac{4}{k_c^4}\left(\frac{m\pi}{a}\right)^2\left(\frac{p\pi}{l}\right)^2H_0^2\left(\frac{ab}{4}\right)+\frac{4}{k_c^4}\left(\frac{n\pi}{b}\right)^2\left(\frac{p\pi}{l}\right)^2H_0^2\left(\frac{ab}{4}\right)\right]\\I_{s2}&=2\int_0^l\int_0^b(|H_y|^2+|H_z|^2)\mathrm{d}y\mathrm{d}z=2\left[\frac{4}{k_c^4}\left(\frac{n\pi}{b}\right)^2\left(\frac{p\pi}{l}\right)^2H_0^2\left(\frac{bl}{4}\right)+4H_0^2\left(\frac{bl}{4}\right)\right]\\I_{s3}&=2\int_0^l\int_0^a|H_z|^2\mathrm{d}x\mathrm{d}z=2\left[\frac{4}{k_c^4}\left(\frac{m\pi}{a}\right)^2\left(\frac{p\pi}{l}\right)^2H_0^2\left(\frac{al}{4}\right)+4H_0^2\left(\frac{al}{4}\right)\right]\end{aligned}\right\} \tag{5.61}$$

然后，将式(5.59)、式(5.60)以及式(5.61)代入式(5.38)，可得

$$(Q_0)_{\mathrm{TE}_{mnp}}=\frac{abl\lambda_0}{2\delta}\frac{\left[\left(\frac{m}{a}\right)^2+\left(\frac{n}{b}\right)^2\right]\left[\left(\frac{m}{a}\right)^2+\left(\frac{n}{b}\right)^2+\left(\frac{p}{l}\right)^2\right]^{3/2}}{al\left[\frac{m^2}{a^2}\frac{p^2}{l^2}+\left(\frac{m^2}{a^2}+\frac{n^2}{b^2}\right)^2\right]+bl\left[\frac{n^2}{b^2}\frac{p^2}{l^2}+\left(\frac{m^2}{a^2}+\frac{n^2}{b^2}\right)^2\right]+ab\frac{p^2}{l^2}\left(\frac{m^2}{a^2}+\frac{n^2}{b^2}\right)} \tag{5.62}$$

特殊地，对TE_{m0p}模式，考虑到 $k_c^2=(m\pi/a)^2$，$\lambda_0=2/\sqrt{(m\pi/a)^2+(p\pi/l)^2}$，推导可得

$$(Q_0)_{\mathrm{TE}_{m0p}}=\frac{\lambda_0}{\delta}\frac{abl}{2}\frac{[(m/a)^2+(p/l)^2]^{3/2}}{(m/a)^2l(a+2b)+(p/l)^2a(l+2b)} \tag{5.63}$$

而对TE_{0np}模式,则有

$$(Q_0)_{\mathrm{TE}_{0np}}=\frac{\lambda_0}{\delta}\frac{abl}{2}\frac{[(n/b)^2+(p/l)^2]^{3/2}}{(n/b)^2l(2a+b)+(p/l)^2b(l+2a)} \tag{5.64}$$

2) TM_{mnp}模式

对TM_{mnp}模式($p\neq0$),将式(5.56)中两个磁场强度分量代入式(5.38)的分子,有

$$\begin{aligned}\int_V|\boldsymbol{H}|^2\mathrm{d}V&=\int_0^l\int_0^b\int_0^a(|H_x|^2+|H_y|^2)\mathrm{d}x\mathrm{d}y\mathrm{d}z\\&=\frac{4\omega^2\varepsilon^2}{k_c^4}E_0^2\left(\frac{abl}{4}\right)\left[\left(\frac{m\pi}{a}\right)^2+\left(\frac{n\pi}{b}\right)^2\right]\end{aligned} \tag{5.65}$$

而式(5.38)的分母则为

$$\begin{aligned}\oint_S|\boldsymbol{H}_\tau|^2\mathrm{d}S&=2\int_0^b\int_0^a(|H_x|^2+|H_y|^2)\mathrm{d}x\mathrm{d}y+2\int_0^l\int_0^b|H_y|^2\mathrm{d}y\mathrm{d}z\\&\quad+2\int_0^l\int_0^a|H_x|^2\mathrm{d}x\mathrm{d}z=I'_{s1}+I'_{s2}+I'_{s3}\end{aligned} \tag{5.66}$$

式中

$$\left.\begin{aligned}I'_{s1}&=2\int_0^b\int_0^a(|H_x|^2+|H_y|^2)\mathrm{d}x\mathrm{d}y=2\left\{\frac{4\omega^2\varepsilon^2}{k_c^4}E_0^2\left(\frac{ab}{4}\right)\left[\left(\frac{m\pi}{a}\right)^2+\left(\frac{n\pi}{b}\right)^2\right]\right\}\\I'_{s2}&=2\int_0^l\int_0^b|H_y|^2\mathrm{d}y\mathrm{d}z=2\left[\frac{4\omega^2\varepsilon^2}{k_c^4}E_0^2\left(\frac{bl}{4}\right)\left(\frac{m\pi}{a}\right)^2\right]\\I'_{s3}&=2\int_0^l\int_0^a|H_x|^2\mathrm{d}x\mathrm{d}z=2\left[\frac{4\omega^2\varepsilon^2}{k_c^4}E_0^2\left(\frac{al}{4}\right)\left(\frac{n\pi}{b}\right)^2\right]\end{aligned}\right\} \tag{5.67}$$

然后,将式(5.65)、式(5.66)和式(5.67)代入式(5.38),可得

$$(Q_0)_{\mathrm{TM}_{mnp}}=\frac{\lambda_0}{\delta}\frac{abl}{2}\frac{\left(\dfrac{m^2}{a^2}+\dfrac{n^2}{b^2}\right)\left(\dfrac{m^2}{a^2}+\dfrac{n^2}{b^2}+\dfrac{p^2}{l^2}\right)^{1/2}}{\dfrac{m^2}{a^2}b(a+2l)+\dfrac{n^2}{b^2}a(b+2l)} \tag{5.68}$$

特殊地,对TM_{mnp}($p=0$)模式,则有

$$(Q_0)_{\mathrm{TM}_{mnp}}=\frac{\lambda_0}{\delta}\frac{abl}{2}\frac{[(m/a)^2+(n/b)^2]^{3/2}}{(m/a)^2b(a+2l)+(n/b)^2a(b+2l)} \tag{5.69}$$

4. 矩形谐振腔的模式图

根据矩形谐振腔中两类振荡模式谐振频率的表达式,在选取 b/a 为适当值的情况下,便可绘制$(f_0a)^2$ 与$(a/l)^2$ 的关系曲线(直线),这种关系曲线称为矩形谐振腔的模式图。如令 $b=a/2$,并假设矩形谐振腔填充空气,由式(5.58)可导出以下关系:

$$(f_0a)^2 = 225\left[m^2 + (2n)^2 + p^2\left(\frac{a}{l}\right)^2\right] \tag{5.70}$$

式中，f_0 的单位为GHz，长度单位为cm。这样，将$(a/l)^2$ 作为自变量而$(f_0a)^2$ 为因变量即可绘出矩形谐振腔的模式图，如图5.8所示。

由图可见，图中的每一条直线都对应一种或两种振荡模式（简并模式）。一般地，不同的振荡模式具有不同的谐振频率，且随模序数 m、n 和 p 的增加，不同振荡模式的谐振频率间的差值越来越小。显然，矩形谐振腔的工作模式（即振荡模式）与图中的谐振直线一一对应。通常将某一工作模式谐振直线的两条水平线$(a/l_2)^2$ 和$(a/l_1)^2$ $(l_1<l_2)$与两条对应垂直线所围成的矩形（虚线框），称作矩形谐振腔中工作模式的工作方块，如图5.8所示。若工作模式的工作方块中只存在工作模式线（矩形的对角线），即只有一个模式，则称此时的腔体为“单模腔”。若工作模式存在简并模式，由于简并模式不能靠选择腔体的尺寸来消除，

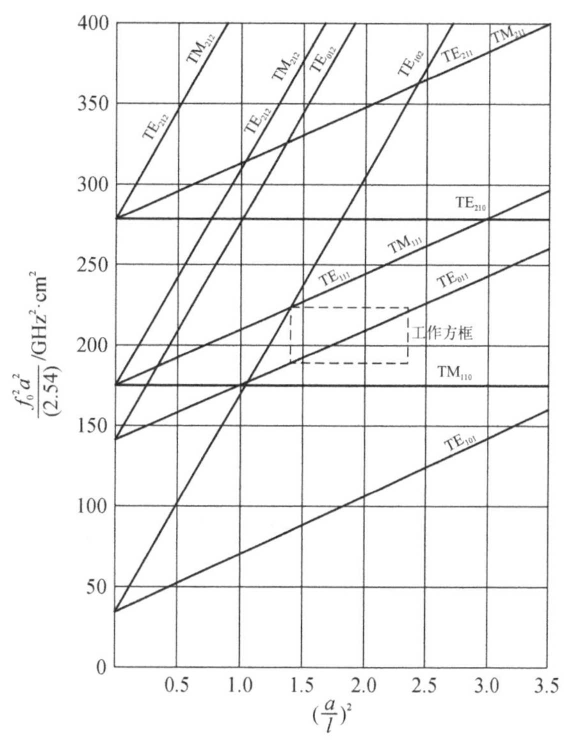

图 5.8　矩形谐振腔的模式图$(b=a/2)$

因此只能靠其他的措施加以抑制。若工作方块内同时存在几根模式线，则称此时的腔体为“多模腔”。事实上，除了个别场合以外，一般情况下都要求腔体工作于单模。除工作模式以外，在谐振腔的工作方块中出现的其他模式线，均对应谐振腔的干扰模式。通常都采用适当的激励（或耦合）装置来避免激发出干扰模式，或采取适当的措施来消除干扰模式。谐振腔中的干扰模式可分为一般干扰型模式、交叉干扰型模式、自干扰型模式以及简并干扰型模式四种。其中，自干扰型模式与工作模式具有相同的横向场分布，其干扰模式（直）线在模式图中与工作模式（直）线相交，这种干扰模式在交叉点附近与工作模式谐振于同一频率；交叉干扰型模式是在工作方块中与工作模式线相交的直线所代表的模式，这种干扰模式在交叉点附近也与工作模式谐振于同一频率。因此在确定工作方块时，对难以抑制的自干扰型模式以及交叉干扰型模式必须处于工作方块之外，否则无法消除。这表明，在借助于矩形谐振腔的模式图设计所需的矩形谐振腔时，需选取合适的工作模式的“工作方块”，以有效避免该矩形谐振腔中出现的干扰模式。

考虑到实际应用中较常用圆柱形谐振腔而很少采用矩形谐振腔，因此，有关谐振腔的“工作方块”的选取以及四种“干扰模式”的抑制，详见本章第 5.5.2 节有关圆柱形谐振腔的模式图一节内容。

5. 矩形谐振腔中的TE_{101}模

1) 场分量表达式和场结构

由于矩形波导中的主模是TE_{10}模，因此当满足 $b<\min(a,l)$时，矩形谐振腔中的TE_{101}

模也是最低次振荡模式,即主模。这种振荡模式的谐振波长最长,一般矩形谐振腔的工作模式都是TE_{101}模。

将 $m=1,n=0$ 及 $p=1$ 代入式(5.52),即可得到TE_{101}模的场分量表达式为

$$\left.\begin{aligned} E_y &= -2\frac{\eta}{l}\sqrt{a^2+l^2}H_0\sin\frac{\pi}{a}x\sin\frac{\pi}{l}z \\ H_x &= 2\mathrm{j}\left(\frac{a}{l}\right)H_0\sin\frac{\pi}{a}x\cos\frac{\pi}{l}z \\ H_z &= -2\mathrm{j}H_0\cos\frac{\pi}{a}x\sin\frac{\pi}{l}z \\ H_y &= E_x = E_z = 0 \end{aligned}\right\} \tag{5.71}$$

由此可见,各场分量沿 y 方向均无变化;电场只有 E_y 分量,它沿 x 和 z 方向按正弦分布;磁场只有 H_x 和 H_z 两个分量,H_x 沿 x 方向按正弦分布,沿 z 方向则按余弦分布;H_z 沿 x 方向按余弦分布,沿 z 方向则按正弦分布。图 5.9 示出了TE_{101}模的场结构图。

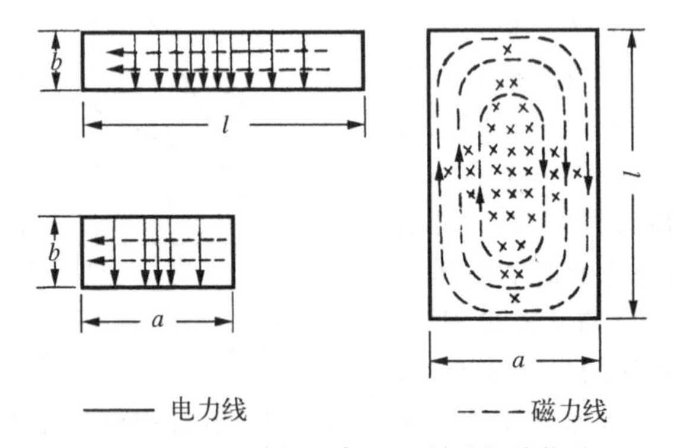

图 5.9 矩形谐振腔中TE_{101}模的场结构图

2) 谐振波长

TE_{101}模的谐振波长可由式(5.57)得到,即

$$\lambda_0 = \frac{2al}{\sqrt{a^2+l^2}} \tag{5.72}$$

当 $a=b=l$ 时,立方体谐振腔的谐振波长为

$$\lambda_0 = \sqrt{2}a \tag{5.73}$$

此时TE_{101},TE_{011}和TM_{110}振荡模式具有相同的谐振波长,三者成为简并模式。因此,为消除简并模式,应选取腔体的尺寸满足 $b<\min(a,l)$。

3) 品质因数

对TE_{101}模,由于

$$\int_V |\boldsymbol{H}|^2 \mathrm{d}V = \int_0^l\int_0^b\int_0^a (|H_x|^2 + |H_z|^2)\mathrm{d}x\mathrm{d}y\mathrm{d}z = H_0^2(a^2+l^2)\frac{ab}{l} \tag{5.74}$$

以及

$$\oint_S |\boldsymbol{H}_\tau|^2 \mathrm{d}S = 2\int_0^b\int_0^a |H_x|^2_{z=0,z=l}\mathrm{d}x\mathrm{d}y + 2\int_0^l\int_0^b |H_z|^2_{x=0,x=a}\mathrm{d}y\mathrm{d}z$$
$$+2\int_0^l\int_0^a (|H_x|^2+|H_z|^2)|_{y=0,y=b}\mathrm{d}x\mathrm{d}z = \frac{2H_0^2}{l^2}[2b(a^3+l^3)+al(a^2+l^2)] \tag{5.75}$$

因此，将(5.74)和(5.75)两式代入式(5.38)，即得矩形谐振腔中TE_{101}模的品质因数 Q_0 为

$$Q_0 = \frac{1}{\delta}\frac{abl(a^2+l^2)}{[2b(a^3+l^3)+al(a^2+l^2)]} = \frac{\pi\eta}{2R_s}\frac{b(a^2+l^2)^{3/2}}{2b(a^3+l^3)+al(a^2+l^2)} \tag{5.76}$$

当然，上式也可在式(5.63)中令 $m=1$ 以及 $p=1$ 直接得到。

对立方体谐振腔，因 $a=b=l$，故

$$Q_0 = \frac{1}{\delta}\frac{a}{3} \tag{5.77}$$

4）等效电导

对矩形谐振腔中的TE_{101}模而言，不妨选取空腔的顶壁和底壁的中心作为等效电压的两个计算点，且线积分路径与壁面垂直，则等效电压(振幅)的平方为

$$U^2 = \left|\int_a^b \boldsymbol{E}\cdot\mathrm{d}\boldsymbol{l}\right|^2 = \left(\int_0^b E_y|_{x=a/2,z=l/2}\mathrm{d}y\right)^2 = \left[\int_0^b\left(\frac{2\omega_0\mu a}{\pi}H_0\sin\frac{\pi}{a}x\sin\frac{\pi}{l}z\right)\Big|_{x=a/2,z=l/2}\mathrm{d}y\right]^2$$
$$= \frac{4b^2(a^2+l^2)}{l^2}\eta^2 H_0^2 \tag{5.78}$$

而腔壁的损耗功率为

$$P_l = \frac{R_s}{2}\oint_l |\boldsymbol{H}_\tau|^2\mathrm{d}l = \frac{R_s H_0^2}{l^2}[2b(a^3+l^3)+al(a^2+l^2)] \tag{5.79}$$

将式(5.78)和式(5.79)代入式(5.48)，可得

$$G_0 = \frac{1}{\sigma\delta\eta^2}\frac{(a^3+l^3)+al(a^2+l^2)/(2b)}{b(a^2+l^2)} = \frac{al}{2b\sigma\delta^2\eta^2 Q_0} \tag{5.80}$$

5.2.2　圆柱形谐振腔

圆柱形谐振腔和矩形谐振腔一样，可看成是一段圆波导的两端用理想导体板短路而构成，如图 5.10 所示。圆柱形谐振腔结构简单，制造方便，Q_0 值高，在微波技术中应用广泛。与矩形谐振腔的分析方法相同，下面也采用驻波法分析圆柱形谐振腔。

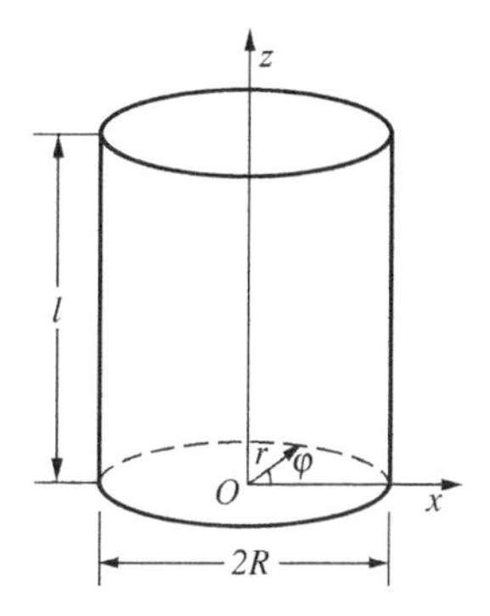

图 5.10　圆柱形谐振腔及其坐标系

1. 振荡模式及其场分布

圆柱形谐振腔中也存在两类振荡模式，即 TE 和 TM 振荡模式。

1) TE 振荡模式

根据圆波导中TE_{mn}模的场分量表达式(4.100),可写出圆柱形谐振腔中沿正 z 方向传输的正向波和沿负 z 方向传输的反向波合成的驻波场量表达式为

$$\left.\begin{aligned}
H_z &= J_m(k_c r)\begin{Bmatrix}\cos m\varphi \\ \sin m\varphi\end{Bmatrix}(H_0^+ e^{-j\beta z} + H_0^- e^{j\beta z}) \\
H_r &= -\frac{j\beta}{k_c}J'_m(k_c r)\begin{Bmatrix}\cos m\varphi \\ \sin m\varphi\end{Bmatrix}(H_0^+ e^{-j\beta z} - H_0^- e^{j\beta z}) \\
H_\varphi &= -\frac{j\beta m}{k_c^2 r}J_m(k_c r)\begin{Bmatrix}-\sin m\varphi \\ \cos m\varphi\end{Bmatrix}(H_0^+ e^{-j\beta z} - H_0^- e^{j\beta z}) \\
E_r &= -\frac{j\omega\mu m}{k_c^2 r}J_m(k_c r)\begin{Bmatrix}-\sin m\varphi \\ \cos m\varphi\end{Bmatrix}(H_0^+ e^{-j\beta z} + H_0^- e^{j\beta z}) \\
E_\varphi &= \frac{j\omega\mu}{k_c}J'_m(k_c r)\begin{Bmatrix}\cos m\varphi \\ \sin m\varphi\end{Bmatrix}(H_0^+ e^{-j\beta z} + H_0^- e^{j\beta z}) \\
E_z &= 0
\end{aligned}\right\} \tag{5.81}$$

式中,H_0^- 前面的负号是考虑腔体两端面处的边界条件引入的。

由腔体在 $z=0$ 和 $z=l$ 两端面处的边界条件:$E_r|_{z=0,l}=E_\varphi|_{z=0,l}=H_z|_{z=0,l}=0$,可知必有

$$\left.\begin{aligned}
H_0^- &= -H_0^+ = -H_0 \\
\beta &= \frac{p\pi}{l}, \qquad p=1,2,\cdots
\end{aligned}\right\} \tag{5.82}$$

将上式代入式(5.81),即得圆柱形谐振腔中TE_{mnp}振荡模式的场分量表达式为

$$\left.\begin{aligned}
H_z &= -2jH_0 J_m(k_c r)\begin{Bmatrix}\cos m\varphi \\ \sin m\varphi\end{Bmatrix}\sin\frac{p\pi}{l}z \\
H_r &= -j\frac{2}{k_c}\left(\frac{p\pi}{l}\right)H_0 J'_m(k_c r)\begin{Bmatrix}\cos m\varphi \\ \sin m\varphi\end{Bmatrix}\cos\frac{p\pi}{l}z \\
H_\varphi &= -j\frac{2m}{k_c^2 r}\left(\frac{p\pi}{l}\right)H_0 J_m(k_c r)\begin{Bmatrix}-\sin m\varphi \\ \cos m\varphi\end{Bmatrix}\cos\frac{p\pi}{l}z \\
E_r &= -\frac{2\omega\mu m}{k_c^2 r}H_0 J_m(k_c r)\begin{Bmatrix}-\sin m\varphi \\ \cos m\varphi\end{Bmatrix}\sin\frac{p\pi}{l}z \\
E_\varphi &= \frac{2\omega\mu}{k_c}H_0 J'_m(k_c r)\begin{Bmatrix}\cos m\varphi \\ \sin m\varphi\end{Bmatrix}\sin\frac{p\pi}{l}z \\
E_z &= 0
\end{aligned}\right\} \tag{5.83}$$

式中,$k_c=\mu_{mn}/R$,而 μ_{mn} 是第一类 m 阶贝塞尔函数导数的第 n 个根。

2) TM 振荡模式

通过类似的分析,可导出圆柱形谐振腔内TM_{mnp}振荡模式的场分量表达式为

$$\left.\begin{aligned}
E_r &= -\frac{2}{k_c}\left(\frac{p\pi}{l}\right)E_0 J'_m(k_c r)\begin{Bmatrix}\cos m\varphi\\ \sin m\varphi\end{Bmatrix}\sin\frac{p\pi}{l}z\\
E_\varphi &= -\frac{2m}{k_c^2 r}\left(\frac{p\pi}{l}\right)E_0 J_m(k_c r)\begin{Bmatrix}-\sin m\varphi\\ \cos m\varphi\end{Bmatrix}\sin\frac{p\pi}{l}z\\
E_z &= 2E_0 J_m(k_c r)\begin{Bmatrix}\cos m\varphi\\ \sin m\varphi\end{Bmatrix}\cos\frac{p\pi}{l}z\\
H_r &= \mathrm{j}\frac{2m\omega\varepsilon}{k_c^2 r}E_0 J_m(k_c r)\begin{Bmatrix}-\sin m\varphi\\ \cos m\varphi\end{Bmatrix}\cos\frac{p\pi}{l}z\\
H_\varphi &= -\mathrm{j}\frac{2\omega\varepsilon}{k_c}E_0 J'_m(k_c r)\begin{Bmatrix}\cos m\varphi\\ \sin m\varphi\end{Bmatrix}\cos\frac{p\pi}{l}z\\
H_z &= 0
\end{aligned}\right\}\tag{5.84}$$

式中，$k_c=\nu_{mn}/R$，而 ν_{mn} 是第一类 m 阶贝塞尔函数的第 n 个根。

由(5.83)和(5.84)两式可见，对应不同的 m，n 和 p 的值，就对应不同的振荡模式。TM_{mnp} 和 TE_{mnp} 的下标 m 代表腔体内电磁场分量在半圆周上出现极大值的个数；n 代表场量在径向上出现极大值的个数；p 代表场量在腔体长度上出现极大值的个数。与矩形谐振腔相似，圆柱形谐振腔中 TE_{mn0} 模同样不存在，但 TM_{mn0} 模存在。

2. 谐振波长和品质因数

1）谐振波长

将圆波导中 TM 模和 TE 模的截止波长表达式(4.103)及(4.104)分别代入式(5.34)，即可得到圆柱形谐振腔中 TM_{mnp} 和 TE_{mnp} 振荡模式的谐振波长分别为

$$(\lambda_0)_{\mathrm{TM}_{mnp}} = \frac{2}{\sqrt{\left(\frac{\nu_{mn}}{\pi R}\right)^2+\left(\frac{p}{l}\right)^2}}\tag{5.85}$$

$$(\lambda_0)_{\mathrm{TE}_{mnp}} = \frac{2}{\sqrt{\left(\frac{\mu_{mn}}{\pi R}\right)^2+\left(\frac{p}{l}\right)^2}}\tag{5.86}$$

它们对应的谐振频率分别为

$$(f_0)_{\mathrm{TM}_{mnp}} = \frac{1}{2\sqrt{\mu\varepsilon}}\sqrt{\left(\frac{\nu_{mn}}{\pi R}\right)^2+\left(\frac{p}{l}\right)^2}\tag{5.87}$$

$$(f_0)_{\mathrm{TE}_{mnp}} = \frac{1}{2\sqrt{\mu\varepsilon}}\sqrt{\left(\frac{\mu_{mn}}{\pi R}\right)^2+\left(\frac{p}{l}\right)^2}\tag{5.88}$$

2）品质因数

圆柱形谐振腔的品质因数 Q_0 的推导方法同矩形谐振腔的一样，不过推导过程更复杂。下面仅提供推导思路和主要结果，完整的证明则作为习题留给读者自行完成。

(1) TE_{mnp} 振荡模式

对 TE_{mnp} 模式，考虑到 $\int_0^{2\pi}\cos^2 m\varphi\mathrm{d}\varphi=\int_0^{2\pi}\sin^2 m\varphi\mathrm{d}\varphi=\pi$，将式(5.83)中的三个磁场分量

代入圆柱腔的体积分表达式,有

$$\int_V |\boldsymbol{H}|^2 \mathrm{d}V = \int_0^l \int_0^{2\pi} \int_0^R (|H_r|^2 + |H_\varphi|^2 + |H_z|^2) r \mathrm{d}r \mathrm{d}\varphi \mathrm{d}z$$

$$= \int_0^l \int_0^{2\pi} \int_0^R \left[\left(\frac{2\beta H_0}{k_c}\right)^2 \mathrm{J}'^2_m(k_c r) \cos^2 m\varphi \cos^2 \beta z + \left(\frac{2m\beta H_0}{k_c r}\right)^2 \mathrm{J}^2_m(k_c r) \sin^2 m\varphi \cos^2 \beta z \right.$$

$$\left. + (2H_0)^2 \mathrm{J}^2_m(k_c r) \cos^2 m\varphi \sin^2 \beta z \right] r \mathrm{d}r \mathrm{d}\varphi \mathrm{d}z = I_v \tag{5.89}$$

利用贝塞尔函数的递推公式、洛梅尔积分公式以及一般的积分运算,并考虑到对 TE_{mnp} 模式,$\mathrm{J}'_m(k_c R) = \mathrm{J}'_m(\mu_{mn}) = 0$,可得

$$I_v = \pi l H_0^2 \left(\frac{D}{2}\right)^2 \frac{1}{\mu_{mn}^2} \left[\left(\frac{p\pi}{2}\right)^2 \left(\frac{D}{l}\right)^2 + \mu_{mn}^2 \right] \left(1 - \frac{m^2}{\mu_{mn}^2}\right) \mathrm{J}^2_m(k_c R) \tag{5.90}$$

其中,$D=2R$,$\beta^2/k_c^2 = (p\pi/2)^2\ (D/l)^2 (1/\mu_{mn}^2)$。

将式(5.83)中的对应磁场分量代入圆柱腔的面积分表达式,则有

$$\oint_S |\boldsymbol{H}_\tau|^2 \mathrm{d}S = \int_0^l \int_0^{2\pi} (|H_\varphi|^2 + |H_z|^2) R \mathrm{d}\varphi \mathrm{d}z + 2\int_0^R \int_0^{2\pi} (|H_r|^2 + |H_\varphi|^2) r \mathrm{d}\varphi \mathrm{d}r$$

$$= I_{s1} + I_{s2} \tag{5.91}$$

式中

$$I_{s1} = \int_0^l \int_0^{2\pi} (|H_\varphi|^2 + |H_z|^2) R \mathrm{d}\varphi \mathrm{d}z$$

$$= \int_0^l \int_0^{2\pi} \left[\left(\frac{2m\beta H_0}{k_c^2 R}\right)^2 \mathrm{J}^2_m(k_c R) \sin^2 m\varphi \sin^2 \beta z + (2H_0)^2 \mathrm{J}^2_m(k_c R) \cos^2 m\varphi \sin^2 \beta z \right] R \mathrm{d}\varphi \mathrm{d}z$$

$$= 2\pi R l H_0^2 \mathrm{J}^2_m(k_c R) \left[1 + \left(\frac{p\pi}{2}\right)^2 \left(\frac{D}{l}\right)^2 \frac{m^2}{\mu_{mn}^4} \right] \tag{5.92}$$

$$I_{s2} = 2\int_0^R \int_0^{2\pi} (|H_r|^2 + |H_\varphi|^2) r \mathrm{d}\varphi \mathrm{d}r$$

$$= 2\int_0^R \int_0^{2\pi} \left[\left(\frac{2\beta}{k_c} H_0\right)^2 \mathrm{J}'^2_m(k_c r) \cos^2 m\varphi + \left(\frac{2m\beta H_0}{k_c^2 r}\right)^2 \mathrm{J}^2_m(k_c r) \sin^2 m\varphi \right] r \mathrm{d}r \mathrm{d}\varphi$$

$$= \pi D^2 H_0^2 \left(\frac{p\pi}{2}\right)^2 \left(\frac{D}{l}\right)^2 \frac{1}{\mu_{mn}^2} \left(1 - \frac{m^2}{\mu_{mn}^2}\right) \mathrm{J}^2_m(k_c R) \tag{5.93}$$

将式(5.92)和式(5.93)代入式(5.91),可得

$$\oint_S |\boldsymbol{H}_\tau|^2 \mathrm{d}S = \pi D l H_0^2 \mathrm{J}^2_m(k_c R) \left[1 + \frac{m^2}{\mu_{mn}^4} \left(\frac{p\pi}{2}\right)^2 \left(\frac{D}{l}\right)^2 \right]$$

$$+ \pi D^2 H_0^2 \left(\frac{p\pi}{2}\right)^2 \left(\frac{D}{l}\right)^2 \frac{1}{\mu_{mn}^2} \left(1 - \frac{m^2}{\mu_{mn}^2}\right) \mathrm{J}^2_m(k_c R) \tag{5.94}$$

这样,将式(5.90)和式(5.94)代入式(5.38),可得

$$(Q_0)_{\mathrm{TE}_{mnp}} = \frac{\lambda_0 (\mu_{mn}^2 - m^2) \left[\mu_{mn}^2 + (p\pi R/l)^2\right]^{3/2}}{2\pi\delta\left[\mu_{mn}^4 + 2p^2\pi^2\mu_{mn}^2 (R/l)^3 + (pm\pi R/l)^2 (1 - 2R/l)\right]} \tag{5.95}$$

(2) TM_{mnp} 振荡模式

对TM_{mnp}模式,类似于TE_{mnp}模式的分析,圆柱腔的体积分为

$$I'_v=\int_V |\boldsymbol{H}|^2 dV=\int_0^R\int_0^{2\pi}\int_0^l (|H_r|^2+|H_\varphi|^2) r dr d\varphi dz$$
$$=\int_0^R\int_0^{2\pi}\int_0^l \left[\left(\frac{2m\omega\varepsilon E_0}{k_c^2 r}\right)^2 J_m^2(k_c r)\sin^2 m\varphi\cos^2\beta z+\left(\frac{2\omega\varepsilon E_0}{k_c}\right)^2 J'^2_m(k_c r)\cos^2 m\varphi\cos^2\beta z\right] r dr d\varphi dz$$
$$=\left(\frac{2\omega\varepsilon E_0}{k_c}\right)^2\left(\frac{\pi l}{2}\right)\frac{R^2}{2}\left[J'^2_m(k_c R)+\frac{2}{k_c R}J'_m(k_c R)J_m(k_c R)+\left(1-\frac{m^2}{k_c^2R^2}\right)J_m^2(k_c R)\right] \tag{5.96}$$

由于对TM_{mnp}模式,$J_m(k_c R)=J_m(\nu_{mn})=0$,因此

$$I'_v=\left(\frac{2\omega\varepsilon E_0}{k_c}\right)^2\left(\frac{\pi l}{2}\right)\frac{R^2}{2}J'^2_m(k_c R) \tag{5.97}$$

对圆柱腔的面积分则为

$$I'_s=\int_0^l\int_0^{2\pi}|H_\varphi|^2 R d\varphi dz+2\int_0^R\int_0^{2\pi}(|H_r|^2+|H_\varphi|^2) r d\varphi dr$$
$$=\int_0^l\int_0^{2\pi}\left[\left(\frac{2\omega\varepsilon E_0}{k_c}\right)^2 J'^2_m(k_c r)\cos^2 m\varphi\cos^2\beta z\right] R d\varphi dz$$
$$+2\int_0^R\int_0^{2\pi}\left[\left(\frac{2\omega\varepsilon m E_0}{k_c^2 r}\right)^2 J_m^2(k_c r)\sin^2 m\varphi+\left(\frac{2\omega\varepsilon E_0}{k_c}\right)^2 J'^2_m(k_c r)\cos^2 m\varphi\right] r d\varphi dr$$
$$=\left(\frac{2\omega\varepsilon E_0}{k_c}\right)^2 J'^2_m(k_c R)\left(\frac{\pi R l}{2}+\pi R^2\right) \tag{5.98}$$

这样,将式(5.97)和式(5.98)代入式(5.38),可得

$$(Q_0)_{TM_{mnp}}=\frac{1}{\delta}\frac{Rl}{l+2R} \tag{5.99a}$$

一般地,有

$$(Q_0)_{TM_{mnp}}=\frac{\lambda_0\left[\nu_{mn}^2+(p\pi R/l)^2\right]^{1/2}}{2\pi\delta(1+\delta_p R/l)}=\frac{R}{\delta}\left(1+\frac{\delta_p R}{l}\right)^{-1} \tag{5.99b}$$

式中,$\delta_p=\begin{cases}1, p=0\\ 2, p\neq 0\end{cases}$。

从(5.95)和(5.99)两式可见,圆柱形谐振腔的品质因数 Q_0 与腔体的尺寸、振荡模式、腔壁的材料以及谐振波长有关,不便作普遍性的讨论。因此,在设计圆柱形谐振腔时还时常引入一个新的物理量——波形因数 $P(=Q_0\delta/\lambda_0)$来表征圆柱形谐振腔的性质。显然,P 只与腔体的尺寸和振荡模式有关,根据(5.95)和(5.99)两式很容易导出圆柱形谐振腔中两类振荡模式的波形因数。图 5.11 示出了铜制圆柱形谐振腔中若干振荡模式的 P 随 $2R/l$ 的变化曲线。由图可见,当 $2R/l\approx 1$ 时,TE_{01p}模的 P 出现最大值,且模序数 p 越大,P 也越大,即其 Q_0 值愈高,而其他模式一般无最大值出现。因此,TE_{01p}模常被用作为高 Q_0 值圆柱形谐振腔的工作模式。

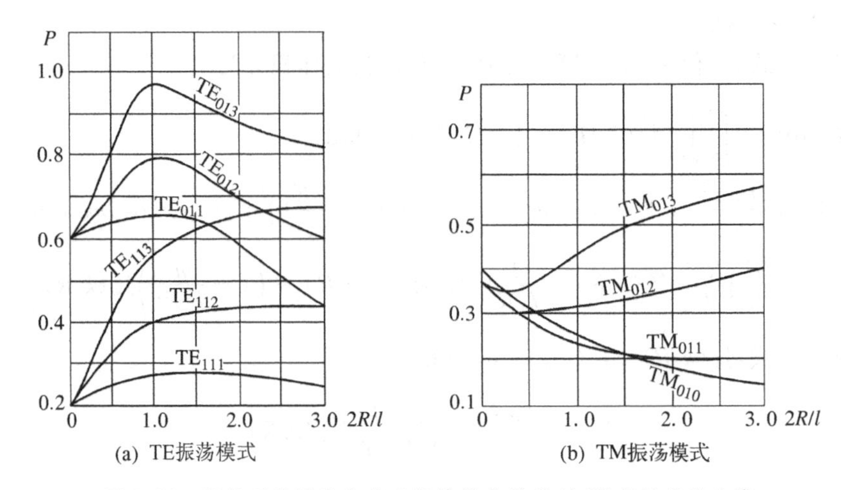

图 5.11　圆柱形谐振腔中若干振荡模式的 P 随 $2R/l$ 的变化曲线

3. 三种常用的振荡模式

在圆柱形谐振腔的振荡模式中，常用的是 TM_{010}，TE_{011} 及 TE_{111} 三种振荡模式。下面分别加以讨论。

1) TM_{010} 振荡模式

将 $m=0$，$n=1$，$p=0$ 代入 TM 振荡模式的场分量表达式(5.84)，可得 TM_{010} 振荡模式的场分量表达式为

$$\left.\begin{aligned} E_z &= 2E_0 J_0\left(\frac{\nu_{01}}{R}r\right) \\ H_\varphi &= j2\,\frac{k_0 R}{\nu_{01}\eta}E_0 J_1\left(\frac{\nu_{01}}{R}r\right) \\ E_r &= E_\varphi = H_r = H_z = 0 \end{aligned}\right\} \tag{5.100}$$

TM_{010} 模式的场结构如图 5.12(a)所示。由图和上式可见，腔中的电场只有 E_z 分量，磁场只有 H_φ 分量，它们沿 z 方向和 φ 方向均无变化，且在 $r=0$(轴心)处电场最强，磁场最强处由第一类一阶贝塞尔函数的第一个极大值确定。在腔体的上、下底面上面电流(电流线)沿径向，在其侧壁上则沿 z 方向，如图 5.12(b)所示。

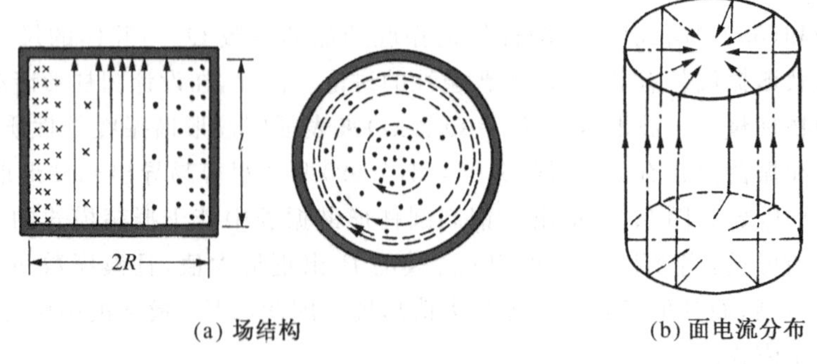

图 5.12　圆柱形谐振腔中 TM_{010} 模式的场结构和面电流的分布图

TM_{010}模式的谐振波长为

$$(\lambda_0)_{TM_{010}} = \frac{2\pi R}{\nu_{01}} = 2.61R \tag{5.101}$$

由上式可见，圆柱形谐振腔中TM_{010}模的谐振波长与圆波导中TM_{01}模的截止波长相同，与腔长无关，因此这种模式可视为工作在$\lambda_0 = \lambda_c = 2.61R$状态下的截止圆波导。当圆柱形谐振腔的形状为扁盒形，即满足$(\lambda_0)_{TE_{111}} = \left[\left(\frac{1}{3.41R}\right)^2 + \left(\frac{1}{2l}\right)^2\right]^{-1/2} < (\lambda_0)_{TM_{010}} = 2.61R$或$l < 2.05R$时，$TM_{010}$模具有比$TE_{111}$模更长的谐振波长，此时$TM_{010}$模是圆柱形谐振腔中的最低次振荡模式。因此，圆柱形谐振腔工作于TM_{010}模时产生杂波的可能性较小，工作较为稳定。但因TM_{010}模的谐振波长与腔体长度无关，所以要改变TM_{010}模谐振腔的谐振波长，就要改变腔体的半径，这很不方便。因此，TM_{010}模谐振腔的调谐方法通常是：沿腔体的中心轴向插入圆柱形调谐杆，调节调谐杆插入腔体的深度即可使谐振频率发生变化。调谐杆的插入，使腔体的振荡频率降低(因腔体中的电力线向外扩张，故相当于腔体半径增加)。

TM_{010}模谐振腔的品质因数Q_0为

$$(Q_0)_{TM_{010}} = \frac{2.405\lambda_0}{2\pi\delta(1 + R/l)} \tag{5.102}$$

因$\lambda_0 = 2\pi R/2.405$，故上式可写成为

$$(Q_0)_{TM_{010}} = \frac{2\pi R^2 l}{\delta(2\pi Rl + 2\pi R^2)} = \frac{2}{\delta}\,\frac{V}{S} \tag{5.103}$$

式中，V和S分别为谐振腔的体积和腔体内壁的表面积。由以上两式可知，V/S的值越大，则Q_0值越高，也即R/l的值越小，Q_0值就越高。由于TM_{010}模式的谐振波长与腔体半径有关，所以当λ_0选定时，R也被确定。显然，要减小R/l的值，就要增加腔体的长度，但应使腔体尺寸满足$l < 2.05R$。

2) TE_{011}振荡模式

将$m=0$，$n=1$，$p=1$代入式(5.83)，可导出圆柱形谐振腔中TE_{011}模的场分量表达式为

$$\left.\begin{aligned}
E_\varphi &= \frac{2\omega\mu}{k_c} H_0 J_0'\left(\frac{\mu_{01}}{R}r\right)\sin\frac{\pi}{l}z \\
H_r &= -j\frac{2}{k_c}\frac{\pi}{l} H_0 J_0'\left(\frac{\mu_{01}}{R}r\right)\cos\frac{\pi}{l}z \\
H_z &= -j2H_0 J_0\left(\frac{\mu_{01}}{R}r\right)\sin\frac{\pi}{l}z \\
E_r &= E_z = H_\varphi = 0
\end{aligned}\right\} \tag{5.104}$$

TE_{011}模的场结构如图 5.13(a)所示。由图 5.13(a)和式(5.104)可见，电场只有φ向分量，且在横截面内形成同心圆，磁场在两端面附近只有r分量，无φ向分量，在侧壁附近只有z向分量。因此，在腔体两端的内壁上没有r向电流，而在侧壁上则没有z向的电流。所有腔壁电流都沿φ向流动并构成闭合圈，没有电流流过端壁和侧壁间的交界处，如图 5.13(b)

所示。基于TE_{011}模的面电流分布特点,可将腔体的一个端壁做成非接触式活塞进行调谐,这样可有效地抑制不需要的干扰模式(见图 5.16)。

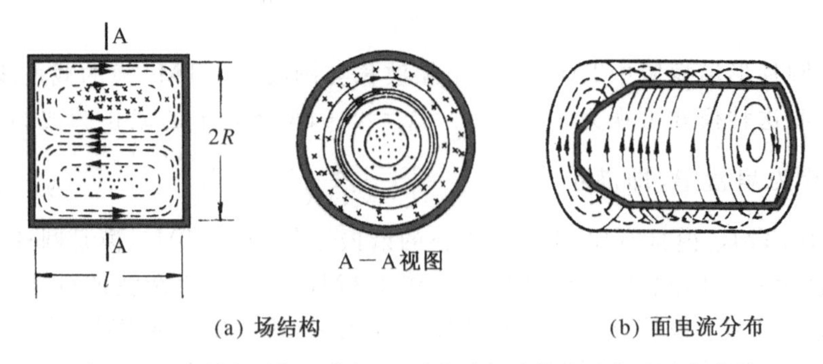

图 5.13　圆柱形谐振腔中TE_{011}模式的场结构和面电流的分布图

TE_{011}模不是圆柱形谐振腔中的最低次振荡模式,其谐振波长为

$$(\lambda_0)_{TE_{011}} = \frac{1}{\sqrt{\left(\frac{1}{1.64R}\right)^2 + \left(\frac{1}{2l}\right)^2}} \tag{5.105}$$

由于TE_{011}模无 z 向电流,导体损耗小,且导体损耗随频率升高而降低,故 Q_0 值特别高,可达数万至数十万。此外,由于TE_{011}模的场分布沿 φ 向无变化,故不存在极化简并模式,即使腔体有些变形也不会对谐振频率产生大的影响。所以,TE_{011}模圆柱形谐振腔广泛用作为高精度的波长计、雷达信号回波箱等。但由于TE_{011}模不是最低次振荡模式,因此TE_{011}模圆柱形谐振腔的体积较大,并且在设计时需设法抑制其他干扰模式。

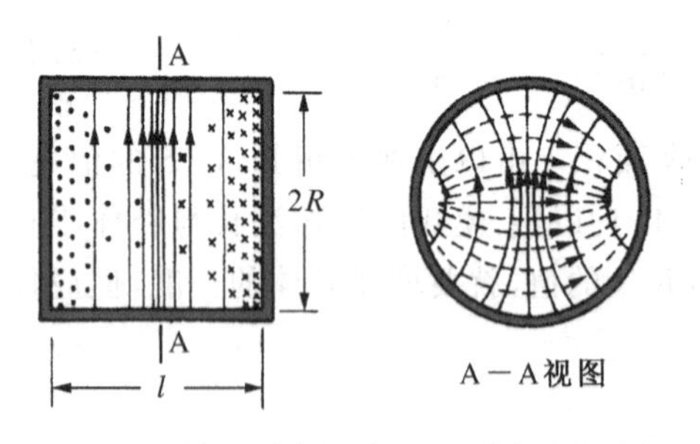

图 5.14　圆柱形谐振腔中TE_{111}模式的场结构图

3) TE_{111}振荡模式

将 $m=1, n=1, p=1$ 代入式(5.83)即可得到TE_{111}模的场分量表达式,由此可画出其场结构如图 5.14 所示。

TE_{111}模的谐振波长 λ_0 为

$$(\lambda_0)_{TE_{111}} = \frac{1}{\sqrt{\left(\frac{1}{3.41R}\right)^2 + \left(\frac{1}{2l}\right)^2}} \tag{5.106}$$

与TM_{010}模的谐振波长比较可知,当满足 $l>2.05R$ 时,TE_{111}模是圆柱形谐振腔中的最低次振荡模式。由于TE_{111}模是TE_{mnp}振荡模式中的最低次模式,故TE_{111}模圆柱形谐振腔的体积较小。由圆柱形谐振腔的波形因数曲线(图 5.11)可看出,在相同的谐振频率下,TE_{111}模圆柱形谐振腔的 Q_0 值只有TE_{011}模圆柱形谐振腔的 Q_0 值的一半左右。因此,TE_{111}模圆柱形谐振腔作为波长计使用时,只能达到中等精度。此外,由于TE_{111}模存在极化简并模式,因此当圆柱形谐振腔因加工原因等稍引起椭圆度时,空腔中的振荡模式便分解为极化方向分别与椭圆长、短轴相一致的两组TE_{111}模。鉴于上述原因,TE_{111}模圆柱形谐振腔的应用场合受到一定限制。

4. 圆柱形谐振腔的模式图

为了便于实际的工程设计，人们可借助模式图方便地设计圆柱形谐振腔。事实上，由圆柱形谐振腔的谐振频率的表达式(5.87)和(5.88)两式，对以空气作为填充媒质的圆柱形谐振腔，整理可得

$$\mathrm{TE}_{mnp}:(f_0D)^2=\left(\frac{p\mathrm{c}}{2}\right)^2\left(\frac{D}{l}\right)^2+\left(\frac{\mu_{mn}\mathrm{c}}{\pi}\right)^2\quad(p\neq 0)\tag{5.107a}$$

$$\mathrm{TM}_{mnp}:(f_0D)^2=\left(\frac{p\mathrm{c}}{2}\right)^2\left(\frac{D}{l}\right)^2+\left(\frac{\nu_{mn}\mathrm{c}}{\pi}\right)^2\quad(p\neq 0)\tag{5.107b}$$

式中，c 为真空中的光速；$D=2R$，为圆柱形谐振腔的直径。于是，上式可进一步写为

$$\mathrm{TE}_{mnp}:(f_0D)^2=9\times10^{20}\left[\left(\frac{p}{2}\right)^2\left(\frac{D}{l}\right)^2+\left(\frac{\mu_{mn}}{\pi}\right)^2\right]\quad(p\neq 0)\tag{5.108a}$$

$$\mathrm{TM}_{mnp}:(f_0D)^2=9\times10^{20}\left[\left(\frac{p}{2}\right)^2\left(\frac{D}{l}\right)^2+\left(\frac{\nu_{mn}}{\pi}\right)^2\right]\quad(p\neq 0)\tag{5.108b}$$

式中，D 的单位为cm。显然，若将$(D/l)^2$ 作为自变量而$(f_0D)^2$ 为因变量，则上式即是以$(p/2)^2$ 为斜率的直线方程，而直线同纵坐标的交点(即直线的截距)视振荡模式为TE_{mnp}还是 TM_{mnp}的不同而不同。具体地，对TE_{mnp} 模式，直线的截距为$(\mu_{mn}/\pi)^2$；对TM_{mnp} 模式，直线的截距为$(\nu_{mn}/\pi)^2$，这样一簇直线图即为圆柱形谐振腔的模式图，如图 5.15 所示。模式图中的每一条直线就代表一种(或几种)振荡模式的谐振频率 f_0 与腔体长度 l 和直径 D 的关系。由图可见，若给定圆柱形谐振腔的几何尺寸 D 和 l，则由模式图可直接根据$(D/l)^2$ 的值确定各振荡模式的$(f_0D)^2$，从而求得各模式的谐振频率 f_0；若给定圆柱形谐振腔的直径和工作频带的上限、下限频率 f_2 和 $f_1(<f_2)$，则根据振荡模式(或称工作模式)和与横坐标相平行的两条水平线$(f_2D)^2$ 和$(f_1D)^2$ 交点的横坐标$(D/l_2)^2$ 和$(D/l_1)^2$，可确定腔体的谐振长度(l_1-l_2)。与矩形谐振腔相似，通常将两条水平线$(f_2D)^2$ 和$(f_1D)^2$ 与两条垂直线$(D/l_2)^2$ 和$(D/l_1)^2$ 所围成的矩形称作圆柱形谐振腔中工作模式的工作方块。

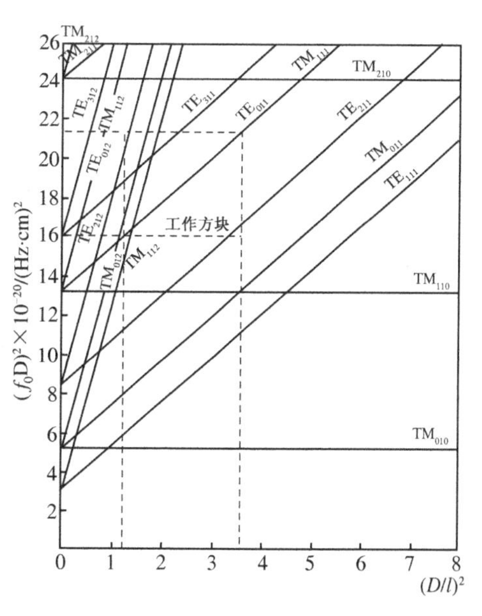

图 5.15　圆柱形谐振腔的模式图

这里以圆柱形谐振腔中的TE_{011} 模式为例，讨论TE_{011} 模式的工作方块的确定和其干扰模式的分类。通常在设计谐振腔时，总希望在中心频率上谐振腔的 Q_0 值尽可能高一些。显然，选取 $D/l\approx1$ 最佳，但为使腔体单模工作或便于消除干扰模式，通常将 D/l 选取在(2～3) 范围内。这样，根据选定的 D/l 的值，在模式图上可查出(f_0D)的值，而中心频率 f_0

通常是已知的,因此可确定腔体的直径 D;然后,由给定的腔体工作频带的上、下限频率 f_2 和 f_1,在模式图上可查出相应的腔体长度 l_2 和 l_1;再由$(D/l_2)^2$ 和$(D/l_1)^2$ 的值确定TE_{011}模的工作方块,如图 5.15 中的虚线框所示。由图可见,这样决定的工作方块中可能存在许多种模式TE_{211},TM_{012},TE_{112},TE_{311},TM_{111},TE_{211}等对应的模式线,这些模式线错综交叉,它们的出现对TE_{011}模圆柱形谐振腔的正常工作十分不利。因为对于同一腔体直径,在同一频率上可以在不同的腔体长度上发生谐振;反之,在同一腔体长度上,也可能有很多种模式发生谐振,且谐振在不同频率上,这会给实际测量带来困难。此外,由于干扰模式的 Q_0 值较低,损耗较大,从而降低腔体的 Q_0 值。因此,为使TE_{011}模圆柱形谐振腔正常工作,必须选择合适的工作方块。为使工作方块内的干扰模式减少,可将工作方块适当地移动或缩小其面积。缩小工作方块的面积可减少干扰模式,但腔体的工作频带(即调谐范围)变窄,而移动工作方块又将导致其 Q_0 值下降。所以,在设计圆柱形谐振腔时,应能在消除工作方块内干扰模式的前提下,兼顾腔体的品质因数 Q_0 和频率的覆盖范围 $\Delta f(=f_2-f_1)$。

由图 5.15 中的工作方块可见,TE_{011}模圆柱形谐振腔的干扰模式有以下四种:

① 一般干扰型模式:在工作方块中与工作模式线不相交的直线所代表的模式。图中的TE_{211},TE_{311},TM_{012},TE_{212}就属于这种干扰模式。它们的影响是使腔体在同一频率上具有不同的谐振腔长度,或使尺寸一定的腔体在一个以上的频率上产生谐振。

② 交叉干扰型模式:在工作方块中与工作模式线相交的直线所代表的模式。图中的TE_{212}就属于这种干扰模式。这种干扰模式在交叉点以外的区域中所产生的影响和一般干扰型模式的干扰相同,但在交叉点附近,它同工作模式谐振于同一频率上,干扰很强,将严重影响腔体的 Q_0 值,从而影响腔体的测量精度。因此在确定工作方块时,对难以抑制的交叉干扰型模式应设法避免交叉点落入工作方块内。

③ 自干扰型模式:这是指横向场分布与工作模式相同(m,n 相同),仅 p 值不同的干扰模式,如TE_{012}模。这种干扰模式同工作模式的场分布相同,一旦落入工作方块内,会严重影响腔体测量的正确性。由于不可能在不影响工作模式的情况下对这种干扰模式进行抑制,因此在确定工作方块时也必须防止它落入工作方块中。

④ 简并干扰型模式:在工作方块中与工作模式线相重叠的直线所代表的干扰模式,即谐振频率同工作模式完全相同的干扰模式,图中的TM_{111}就属于这种干扰模式。这种干扰模式的存在主要使腔体的 Q_0 值降低,从而影响测量精度。

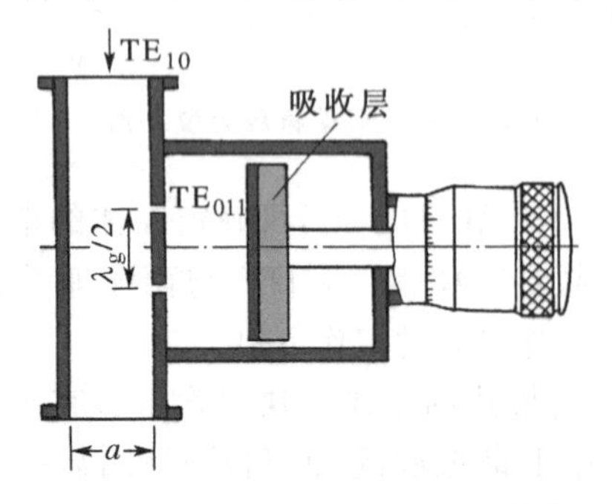

图 5.16 对称小孔激励的TE_{011}模谐振腔式波长计的结构示意图

综上所述,除了交叉干扰型模式和自干扰型模式必须在确定工作方块时加以避免外,其他两种干扰型模式一般可通过适当的激励、耦合方式来加以抑制。例如采用如图 5.16 所示的对称小孔激励的TE_{011}模谐振腔式波长计的装置,既能有效地激励TE_{011}模又能起到抑制TE_{112},TE_{311},TM_{111},TM_{012}模的作用。读者可自行分析该装置能够抑制上述几种模式的原因。

例 5.1 一空气填充的紫铜制TE_{011}模圆柱形谐振腔谐振于 5 GHz,已知该腔体的直径等于腔体的长度,求该腔体的半径和品质因数。

解:① 由式(5.88)可知,空气填充的TE_{011}模圆柱形谐振腔的谐振频率为

$$(f_0)_{\mathrm{TE}_{011}} = \frac{\mathrm{c}}{2}\sqrt{\left(\frac{\mu_{01}}{\pi R}\right)^2 + \left(\frac{1}{l}\right)^2}$$

由此可得空气填充的TE_{011}模圆柱形谐振腔的半径为

$$R = \sqrt{\frac{\mathrm{c}^2[(\mu_{01}/\pi)^2 + (1/2)^2]}{4f_0^2}} = \sqrt{\frac{\mu_{01}^2 + (\pi/2)^2}{(100\pi/3)^2}} = 0.039\,6 \quad (\mathrm{m})$$

② 因为腔体内壁表面的趋肤深度为

$$\delta = \sqrt{\frac{2}{\omega\mu_0\sigma}} = \sqrt{\frac{2}{2\pi \times 5 \times 10^9 \times 4\pi \times 10^{-7} \times 5.8 \times 10^7}} = 9.345\,9 \times 10^{-7} \quad (\mathrm{m})$$

于是,由式(5.95)可得该空气填充的紫铜制TE_{011}模圆柱形谐振腔的品质因数Q_0为

$$(Q_0)_{\mathrm{TE}_{011}} = \frac{\lambda_0\mu_{01}^2[\mu_{01}^2 + (\pi R/l)^2]^{3/2}}{2\pi\delta[\mu_{01}^4 + 2\pi^2\mu_{01}^2 R^3/l^3]} = \frac{\mathrm{c}}{2\pi\delta f_0}\sqrt{\mu_{01}^2 + (\pi R/l)^2}$$

$$= \frac{3 \times 10^8}{2\pi \times 9.345\,9 \times 10^{-7} \times 5 \times 10^9}\sqrt{3.832^2 + (\pi/2)^2} = 42\,315.89$$

5.2.3 同轴形谐振腔

利用两端短路或一端短路另一端开路的一段同轴线中的驻波振荡构成的谐振腔称为同轴形谐振腔,简称为同轴(谐振)腔。因同轴线的工作模式是TEM模,故用同轴线构成的谐振腔具有场结构稳定、工作可靠、频带宽等优点,在低于厘米波波段工作的振荡器、倍频器、波长计中获得广泛应用。同轴谐振腔有$\lambda_0/2$型、$\lambda_0/4$型和电容加载型三种型式。下面分别加以讨论。

1. $\lambda_0/2$型同轴谐振腔

$\lambda_0/2$型同轴谐振腔是由两端皆短路的同轴线构成,如图5.17(a)所示。当同轴线中激励起TEM模时,因这种谐振腔的两端皆短路,故电磁波在腔中来回反射形成驻波,因而可根据同轴线中沿正z方向传输的正向波和沿负z方向传输的反向波叠加得到其场分布。由式(4.127)和(4.128),有

$$\boldsymbol{E} = \boldsymbol{E}^+ + \boldsymbol{E}^- = \frac{1}{r}(E_0^+ \mathrm{e}^{-\mathrm{j}kz} + E_0^- \mathrm{e}^{\mathrm{j}kz})\boldsymbol{a}_r = E_r\boldsymbol{a}_r \tag{5.109}$$

$$\boldsymbol{H} = \boldsymbol{H}^+ + \boldsymbol{H}^- = \frac{1}{Z_{\mathrm{TEM}}r}(E_0^+ \mathrm{e}^{-\mathrm{j}kz} - E_0^- \mathrm{e}^{\mathrm{j}kz})\boldsymbol{a}_\varphi = H_\varphi\boldsymbol{a}_\varphi \tag{5.110}$$

式中,$E_0^+ = V_0/\ln(b/a)$,上标“+”、“-”分别代表正、反向。

将式(5.109)代入腔体两短路端面处的边界条件:$E_r|_{z=0,l} = 0$,可得

$$E_0^- = -E_0^+ = -E_0$$

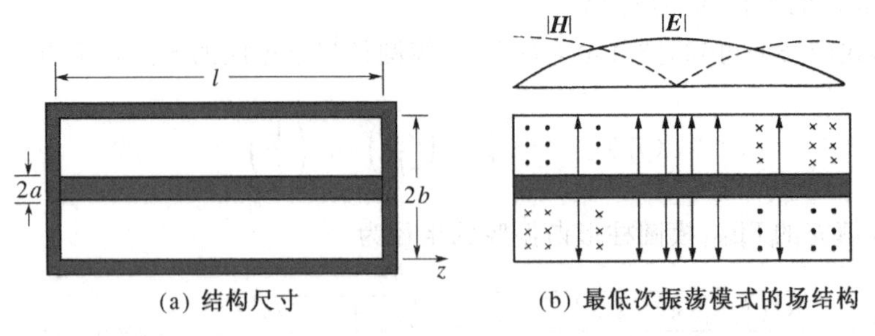

图 5.17　$\lambda_0/2$ 型同轴谐振腔的结构尺寸和最低次振荡模式的场结构图

$$\sin kl = 0 \quad 或 \quad k = \frac{p\pi}{l} \quad (p = 1,2,\cdots) \tag{5.111}$$

于是，$\lambda_0/2$ 型同轴谐振腔中电磁场的表达式为

$$\left.\begin{aligned} \boldsymbol{E} &= E_r\boldsymbol{a}_r = -2\mathrm{j}\,\frac{E_0}{r}\sin\,\frac{p\pi}{l}z\boldsymbol{a}_r \\ \boldsymbol{H} &= H_\varphi\boldsymbol{a}_\varphi = \frac{2E_0}{Z_{\mathrm{TEM}}r}\cos\,\frac{p\pi}{l}z\boldsymbol{a}_\varphi \end{aligned}\right\} \tag{5.112}$$

可见，$\lambda_0/2$ 型同轴谐振腔的场分布为纯驻波，根据式(5.112)不难作出各振荡模式的场结构图。图 5.17(b)是 $\lambda_0/2$ 型同轴谐振腔中最低次振荡模式的场结构图。

$\lambda_0/2$ 型同轴谐振腔的谐振波长由 l 决定，可表示为

$$\lambda_0 = \frac{2l}{p} \quad (p = 1,2,\cdots) \tag{5.113}$$

由上式可知，当腔长一定时，对应有无穷多个谐振波长，即有无穷多个振荡模式存在。反之，当谐振波长一定时，有无穷多个谐振长度与之对应。

$\lambda_0/2$ 型同轴谐振腔的品质因数 Q_0 可由定义式(5.38)导出，即

$$\begin{aligned} Q_0 &= \frac{2}{\delta}\,\frac{\int_0^{2\pi}\int_a^b\int_0^l |H_\varphi|^2 r\mathrm{d}r\mathrm{d}\varphi\mathrm{d}z}{\left[\int_0^{2\pi}\int_0^l |H_\varphi|_{r=a}^2 a\,\mathrm{d}\varphi\mathrm{d}z + \int_0^{2\pi}\int_0^l |H_\varphi|_{r=b}^2 b\,\mathrm{d}\varphi\mathrm{d}z + 2\int_0^{2\pi}\int_a^b |H_\varphi|_{z=0}^2 r\mathrm{d}r\mathrm{d}\varphi\right]} \\ &= \frac{2}{\delta}\,\frac{\ln\left(\dfrac{b}{a}\right)}{\dfrac{1}{a}+\dfrac{1}{b}+\dfrac{4}{l}\ln\left(\dfrac{b}{a}\right)} \end{aligned} \tag{5.114}$$

此式表明，$\lambda_0/2$ 型同轴谐振腔的 Q_0 值与腔体尺寸和导体趋肤深度有关。当同轴线外导体的内半径 b 一定，选取 $b/a=3.59$ 时，同轴线的导体衰减最小，此时同轴谐振腔的 Q_0 值达最大。此外，因导体趋肤深度反比于频率的平方根，故 Q_0 值正比于频率的平方根，即

$$Q_0 \propto \sqrt{f_0}$$

显然同轴腔的 Q_0 值一般可达数千，比集中参数 LC 谐振回路的 Q_0 值大两个数量级左右。

2. $\lambda_0/4$ 型同轴谐振腔

$\lambda_0/4$ 型同轴谐振腔是由一段一端短路另一端开路的同轴线构成，如图 5.18(a)所示。$\lambda_0/4$ 型同轴谐振腔的场分布与 $\lambda_0/2$ 型同轴谐振腔相同，但其边界条件不同，即 $z=0$ 处为短路，$z=l$ 处为开路，故在 $z=l$ 处 $H_\varphi=0$。将式(5.110)代入，并考虑到 $E_0^-=-E_0^+$，有

$$\cos kl = 0 \quad 或 \quad k = \frac{(2p-1)\pi}{2l} \quad (p=1,2,\cdots)$$

于是，$\lambda_0/4$ 型谐振腔的谐振长度为

$$l = \frac{(2p-1)\lambda_0}{4} \tag{5.115}$$

或谐振波长为

$$\lambda_0 = \frac{4l}{2p-1} \tag{5.116}$$

显然，当 $p=1$ 时，$\lambda_0=4l$ 为最低次振荡模式的谐振波长。

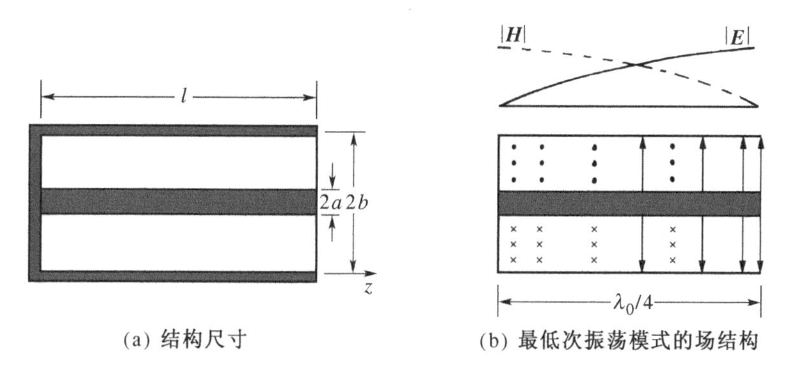

(a) 结构尺寸　　(b) 最低次振荡模式的场结构

图 5.18 $\lambda_0/4$ 型同轴谐振腔的结构尺寸和最低次振荡模式的场结构图

$\lambda_0/4$ 型同轴谐振腔中最低次振荡模式的场结构如图 5.18(b)所示。由图可见，此场结构恰好是 $\lambda_0/2$ 型同轴谐振腔中最低次振荡模式的场结构的一半。

$\lambda_0/4$ 型同轴谐振腔 Q_0 值的计算方法与 $\lambda_0/2$ 型同轴谐振腔的相同，由于 $\lambda_0/4$ 型同轴谐振腔只有一个短路端面，因此短路端面的损耗功率应比 $\lambda_0/2$ 型同轴谐振腔小 1 倍，由式(5.114)可得 $\lambda_0/4$ 型同轴谐振腔的 Q_0 的表示式为

$$Q_0 = \frac{2}{\delta}\frac{\ln\left(\frac{b}{a}\right)}{\frac{1}{a}+\frac{1}{b}+\frac{2}{l}\ln\left(\frac{b}{a}\right)} \tag{5.117}$$

因 $\lambda_0/4$ 型同轴谐振腔的开路端会有电磁波逸出，不能付诸实用，故通常将同轴谐振腔的外导体延长一段而形成一段截止圆波导，以减少辐射损耗。为保证这种腔一端开路，同轴谐振腔的最短谐振波长应大于圆波导中TE_{11}模的截止波长，即

$$(\lambda_0)_{\min} > 3.41b = (\lambda_c)_{TE_{11}} \tag{5.118}$$

此外，在同轴谐振腔中，要求只存在 TEM 模，其他高次模式应截止，这就要求最短谐振波长满足下式：

$$(\lambda_0)_{\min} > \pi(a+b) \tag{5.119}$$

应指出，对如图(5.17)和图(5.18) 所示的两种类型的同轴谐振腔，总可将其等效为如图 5.2 所示的平行双导线谐振器。假设同轴腔无耗，则与其等效的平行双导线谐振器上任一参考面 T 处向两侧视入的输入导纳分别为 $\mathrm{j}B_\mathrm{L}$ 和 $\mathrm{j}B_\mathrm{R}$。当平行双导线谐振器满足谐振条件：

$$\mathrm{j}(B_\mathrm{L}+B_\mathrm{R})=0 \tag{5.120}$$

时，谐振器的长度即为谐振长度，对应的波长即为谐振波长。谐振器的谐振条件可用导纳圆图来表示，此时与 $\mathrm{j}B_\mathrm{L}$ 和 $\mathrm{j}B_\mathrm{R}$ 对应的归一化导纳 $\mathrm{j}b_\mathrm{L}$ 和 $\mathrm{j}b_\mathrm{R}$ 一定处于导纳圆图的单位圆上，且对称分布于其实轴的两侧，据此可确定各种同轴腔的谐振长度和谐振波长间的关系。

例如，若同轴腔的两端短路，则在导纳圆图上的短路点向波源(顺时针方向)旋转电长度 l_L/λ_0 即得 $\mathrm{j}b_\mathrm{L}$，而从导纳圆图上的短路点顺时针方向旋转电长度 l_R/λ_0 即得 $\mathrm{j}b_\mathrm{R}$。由于 $\mathrm{j}b_\mathrm{L}$ 和 $\mathrm{j}b_\mathrm{R}$ 对称分布于导纳圆图实轴两侧的单位圆上，因此

$$\frac{l_\mathrm{L}}{\lambda_0}+\frac{l_\mathrm{R}}{\lambda_0}=\frac{1}{2}$$

从而有

$$\lambda_0=2(l_\mathrm{L}+l_\mathrm{R})=2l \quad 或 \quad l=\frac{\lambda_0}{2} \tag{5.121}$$

这正是 $\lambda_0/2$ 型谐振腔的情况。

3. 电容加载同轴谐振腔

一端短路另一端的内导体末端与端面之间形成电容间隙的一段同轴线，即构成电容加载同轴谐振腔，如图 5.19(a)所示。这种腔体的内导体长度 $l<(2p-1)\lambda_0/4$，这是因为当内导体的末端远离短路端面时，端电容 $C=0$，此时的谐振腔就是 $\lambda_0/4$ 型同轴谐振腔。因此，从端面 T 向左侧看去的电纳 $B_L<0$，向右侧看去的电纳 $B_C>0$。其等效传输线电路如图 5.19(b)所示。

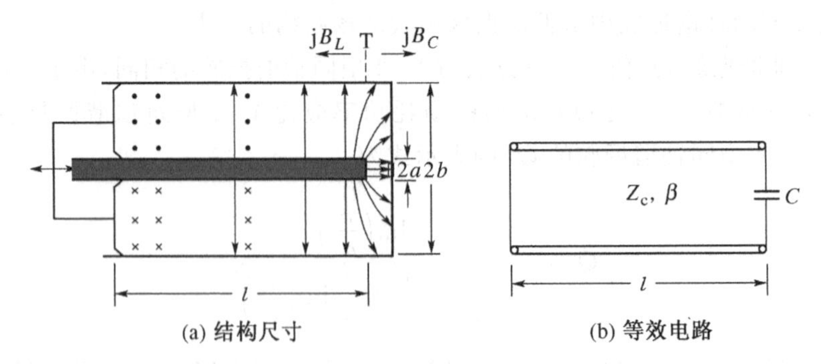

图 5.19 电容加载同轴谐振腔及其等效电路

若同轴线内导体的长度为 l，特性阻抗为 Z_c，则从参考面 T 向左看去的输入导纳为

$$Y_\mathrm{in}=\mathrm{j}B_L=-\mathrm{j}\,\frac{1}{Z_\mathrm{c}}\cot\beta l$$

而电容 C 的导纳为

$$Y_c = jB_C = j\omega C$$

谐振时，T 面上的并联导纳为零。由此可得谐振条件为

$$B_C + B_L = 0$$

或

$$\omega_0 C = \frac{1}{Z_c}\cot\left(\frac{\omega_0 l}{v}\right) \tag{5.122}$$

式中，$v=1/\sqrt{\mu\varepsilon}$，而 C 为平板电容 C_p 和边缘电容 C_f 之和，即

$$C = C_p + C_f = \frac{\varepsilon\pi a^2}{d} + 4\varepsilon a \ln\frac{b-a}{d} \tag{5.123}$$

式(5.122)是一超越方程，利用图解法可求得此方程的一系列谐振角频率 ω_{01}，ω_{02}…，它们是直线 $B_C=\omega C$ 和余切曲线 $B_L'=-B_L=\cot(\omega l/v)/Z_c$ 的各个交点，如图 5.20(a)所示。由图可见，当端电容 C 减小时，直线斜率减小，谐振频率 ω_{01}，ω_{02}…升高，直至端电容 C 为零时，成为 $\lambda_0/4$ 型同轴谐振腔。而当电容 C 增加时，直线斜率增大，频率降低。由于谐振频率有无穷多个，因此对应的振荡模式也有无穷多个。

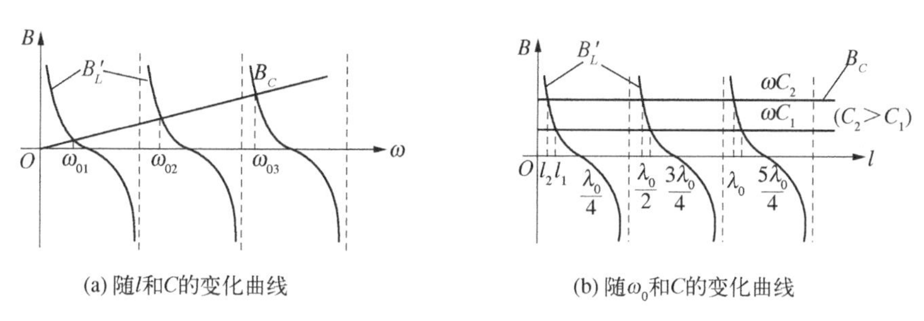

图 5.20　B_L' 和 B_C 随 l 和 C 或 ω_0 和 C 的变化曲线

图 5.20(b)示出了当谐振频率一定时，腔长 l 随电容 C 的变化情况。由图可见，随着电容 C 的增加，腔长 l 快速缩短，因此这种谐振腔又称为缩短电容谐振腔。当 $C=0$ 时，谐振腔的长度为 $\lambda_0/4$，$3\lambda_0/4$，…，这就是 $\lambda_0/4$ 型同轴谐振腔的情况。

由于电容加载同轴谐振腔中电场主要集中在端电容附近，使流过腔壁的电流增加，因而损耗增加，故这种腔体的 Q_0 值低于 $\lambda_0/4$ 型同轴谐振腔的 Q_0 值。但这种谐振腔的工作频带比 $\lambda_0/4$ 型同轴谐振腔频带要宽，因此适合于用来制作宽带波长计。

5.2.4　应用实例——波长计

圆柱型波长计和同轴型波长计，实际上是谐振波长已经定标的可调圆柱形谐振腔和同轴谐振腔。波长计是微波测量中常用的一种测量工具，用它们可以测量微波信号源的波长或频率。波长计按其耦合方式可分为两种：通过式和吸收式。

1. 通过式波长计

这种波长计在测量系统中的接法如图 5.21(a)所示。波长计通过两个耦合结构(输入端和输出端)串接在测量系统中。测量时,只要调节波长计调谐杆或活塞,使谐振腔的谐振频率 f_0 等于待测信号的频率 f,此时腔体产生谐振,使腔中的电磁场最强,这样通过输出耦合结构耦合输出的功率最大,从而通过检波器输出的检波电流(幅值)I_0 也最大。当调节波长计的调谐杆或活塞使腔体失谐时,此时腔中的电磁场很弱,因而 I_0 也相应较小甚至为零。检波电流 I_0 与频率 f 的关系如图 5.21(a)所示。

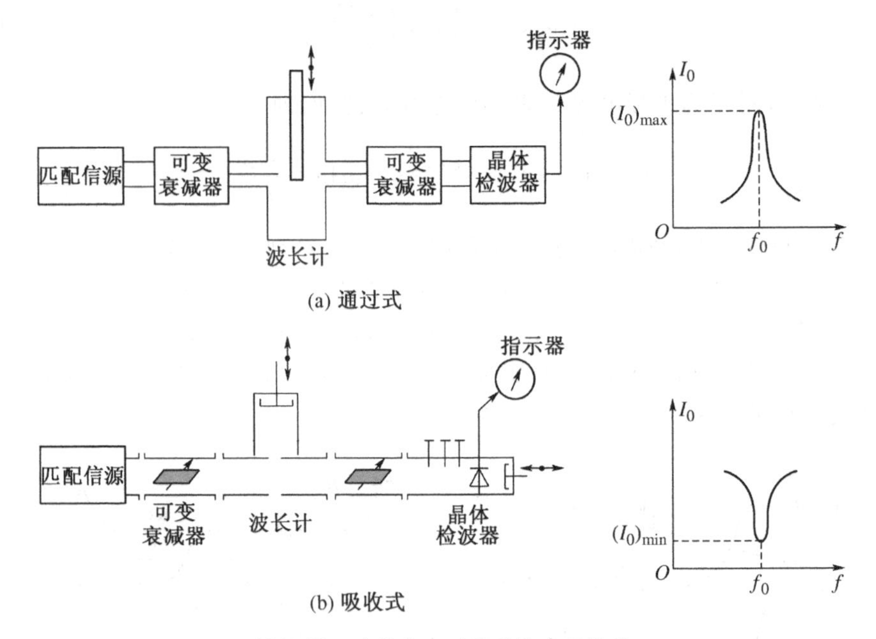

图 5.21 波长计在测量系统中的接法

2. 吸收式波长计

吸收式波长计在测量系统中的接法如图 5.21(b)所示,波长计的腔体只有一个耦合结构。当调节波长计的调谐活塞使腔体的谐振频率 f_0 等于待测信号的频率 f 时,腔体产生谐振,此时系统中有部分能量进入腔体,使检波器输出的检波电流 I_0 减至最小。当腔体失谐时,腔中的电磁场很弱,几乎不吸收系统中的能量,指示器具有正常的输出。检波电流 I_0 与频率 f 的关系如图 5.21(b)所示。

*5.2.5 金属谐振腔的微扰

实际使用的谐振腔常出现微小的变形或其他微小的变化,这就是谐振腔的微扰。谐振腔的微扰常有三种方式:① 腔体内填充的媒质发生微小变化;② 腔体的尺寸、形状出现微小的变化;③ 腔体材料发生微小变化。一般情况下,这些微扰对腔体性能的影响要进行准确计算较为困难,通常只能求其近似解。下面仅简单介绍腔体壁面形状的微扰和腔体填充材料的微扰。

1. 壁面形状的微扰

如图 5.22 所示，为一壁面内向微扰（即腔壁凹入）的金属谐振腔，设微扰前，腔体的体积为 V_0，内壁的表面积为 S_0，腔内填充媒质的电参数为 ε,μ，腔内的电磁场和谐振（角）频率分别为 $\boldsymbol{E}_0,\boldsymbol{H}_0$ 和 ω_0，如图 5.22(a) 所示；微扰后，腔体内的微扰体积为 ΔV，填充媒质的电参数仍为 ε,μ，腔内的电磁场和谐振（角）频率分别为 $\boldsymbol{E},\boldsymbol{H}$ 和 ω，如图 5.22(b) 所示。于是，微扰前、后腔体内的电磁场满足以下的麦克斯韦方程：

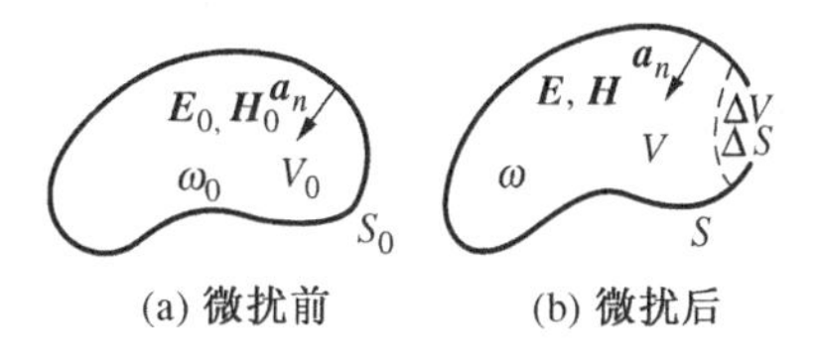

图 5.22　腔体壁面微扰前、后的结构示意图

$$\nabla\times\boldsymbol{E}_0=-\mathrm{j}\omega_0\mu\boldsymbol{H}_0 \tag{5.124a}$$

$$\nabla\times\boldsymbol{H}_0=\mathrm{j}\omega_0\varepsilon\boldsymbol{E}_0 \tag{5.124b}$$

$$\nabla\times\boldsymbol{E}=-\mathrm{j}\omega\mu\boldsymbol{H} \tag{5.124c}$$

$$\nabla\times\boldsymbol{H}=\mathrm{j}\omega\varepsilon\boldsymbol{E} \tag{5.124d}$$

用 $\boldsymbol{H}$ 点乘式(5.124a)的共轭式，以及用 $\boldsymbol{E}_0^*$ 点乘式(5.124d)，并将两者对应相减，得

$$\nabla\cdot(\boldsymbol{E}_0^*\times\boldsymbol{H})=\mathrm{j}\omega_0\mu\boldsymbol{H}\cdot\boldsymbol{H}_0^*-\mathrm{j}\omega\varepsilon\boldsymbol{E}_0^*\cdot\boldsymbol{E} \tag{5.125}$$

用 $\boldsymbol{H}_0^*$ 点乘式(5.124c)，以及用 $\boldsymbol{E}$ 点乘式(5.124b)的共轭式，再将两者对应相减，得

$$\nabla\cdot(\boldsymbol{E}\times\boldsymbol{H}_0^*)=\mathrm{j}\omega_0\varepsilon\boldsymbol{E}_0^*\cdot\boldsymbol{E}-\mathrm{j}\omega\mu\boldsymbol{H}\cdot\boldsymbol{H}_0^* \tag{5.126}$$

将以上两式相加，再对体积 $V(=V_0-\Delta V)$ 进行体积分并利用散度定理，可得

$$\oint_S[(\boldsymbol{H}\times\boldsymbol{E}_0^*)+(\boldsymbol{H}_0^*\times\boldsymbol{E})]\cdot\boldsymbol{a}_n\mathrm{d}S=\mathrm{j}(\omega-\omega_0)\int_V(\mu\boldsymbol{H}\cdot\boldsymbol{H}_0^*+\varepsilon\boldsymbol{E}_0^*\cdot\boldsymbol{E})\mathrm{d}V$$

式中，$\boldsymbol{a}_n$ 为腔体内壁表面上的单位法向矢量。由于微扰后腔体内的电场 $\boldsymbol{E}$ 满足内壁表面 S 上的边界条件：$\boldsymbol{a}_n\times\boldsymbol{E}=0$，故上式左端的第二项为零。于是，有

$$\oint_S(\boldsymbol{H}\times\boldsymbol{E}_0^*)\cdot\boldsymbol{a}_n\mathrm{d}S=\mathrm{j}(\omega-\omega_0)\int_V(\mu\boldsymbol{H}\cdot\boldsymbol{H}_0^*+\varepsilon\boldsymbol{E}_0^*\cdot\boldsymbol{E})\mathrm{d}V \tag{5.127}$$

又因为 $S=S_0-\Delta S$，因此上式左端变为

$$\oint_S(\boldsymbol{H}\times\boldsymbol{E}_0^*)\cdot\boldsymbol{a}_n\mathrm{d}S=\oint_{S_0}(\boldsymbol{H}\times\boldsymbol{E}_0^*)\cdot\boldsymbol{a}_n\mathrm{d}S-\oint_{\Delta S}(\boldsymbol{H}\times\boldsymbol{E}_0^*)\cdot\boldsymbol{a}_n\mathrm{d}S$$

又由于腔体微扰前腔内电场 $\boldsymbol{E}_0$ 在内壁表面 S_0 上满足边界条件：$\boldsymbol{a}_n\times\boldsymbol{E}_0=0$，故上式右端第一项为零。于是，式(5.127)变为

$$-\oint_{\Delta S}(\boldsymbol{H}\times\boldsymbol{E}_0^*)\cdot\boldsymbol{a}_n\mathrm{d}S=\mathrm{j}(\omega-\omega_0)\int_V(\mu\boldsymbol{H}\cdot\boldsymbol{H}_0^*+\varepsilon\boldsymbol{E}_0^*\cdot\boldsymbol{E})\mathrm{d}V$$

或

$$\Delta\omega = \omega - \omega_0 = \frac{\mathrm{j}\oint_{\Delta S}(\boldsymbol{H}\times\boldsymbol{E}_0^*)\cdot\boldsymbol{a}_n\mathrm{d}S}{\int_V(\mu\boldsymbol{H}\cdot\boldsymbol{H}_0^*+\varepsilon\boldsymbol{E}_0^*\cdot\boldsymbol{E})\mathrm{d}V} \tag{5.128}$$

这是腔壁内向微扰引起谐振频率变化的精确表达式。由于上式中包括微扰后的场 $\boldsymbol{E}$ 和 $\boldsymbol{H}$,故不便应用。事实上,式(5.128)中的 $\boldsymbol{E},\boldsymbol{H}$ 可用 $\boldsymbol{E}_0,\boldsymbol{H}_0$ 代替,因为微扰所引起的局部微小变化对整个腔体体积的积分影响较小,即

$$\int_V(\mu\boldsymbol{H}\cdot\boldsymbol{H}_0^*+\varepsilon\boldsymbol{E}_0^*\cdot\boldsymbol{E})\mathrm{d}V \approx \int_{V_0}(\mu H_0^2+\varepsilon E_0^2)\mathrm{d}V = 4(W_0)_{\mathrm{av}} \tag{5.129}$$

此外,在壁面形状微扰的条件下,可认为在微扰表面处磁场切向分量在微扰前、后的值变化不大,因为微扰的导体表面处切向电场和法向磁场为零,而其表面处的法向电场及切向磁场则只有微小变化。因此,式(5.128)分子中的 $\boldsymbol{H}$ 也可用 $\boldsymbol{H}_0$ 代替,同时应用能量守恒定律(复坡印亭定理),并注意到损耗功率 $P_l=0$ 以及 $\omega=\omega_0$,得

$$\begin{aligned}\oint_{\Delta S}(\boldsymbol{H}\times\boldsymbol{E}_0^*)\cdot\boldsymbol{a}_n\mathrm{d}S &\approx \oint_{\Delta S}(\boldsymbol{H}_0\times\boldsymbol{E}_0^*)\cdot\boldsymbol{a}_n\mathrm{d}S \\ &= -\mathrm{j}4\omega_0\int_{\Delta V}(\mu H_0^2-\varepsilon E_0^2)\mathrm{d}V = \mathrm{j}4\omega_0[\Delta(W_{\mathrm{m}})_{\mathrm{av}}-(\Delta W_{\mathrm{e}})_{\mathrm{av}}]\end{aligned}$$

式中,$\Delta(W_{\mathrm{m}})_{\mathrm{av}},\Delta(W_{\mathrm{e}})_{\mathrm{av}}$ 分别是按未微扰的场 $\boldsymbol{H}_0,\boldsymbol{E}_0$ 估算的体积 ΔV 内的平均磁场储能和电场储能。于是,将以上两式代入式(5.128)即可得到微扰后腔体谐振频率的偏移公式为

$$\frac{\omega-\omega_0}{\omega_0} = \frac{\Delta f}{f_0} = \frac{\Delta(W_{\mathrm{m}})_{\mathrm{av}}-\Delta(W_{\mathrm{e}})_{\mathrm{av}}}{(W_0)_{\mathrm{av}}} = \frac{\int_{\Delta V}(\mu H_0^2-\varepsilon E_0^2)\mathrm{d}V}{\int_{V_0}(\mu H_0^2+\varepsilon E_0^2)\mathrm{d}V} \tag{5.130}$$

同理,对腔壁外向微扰(即腔壁凸出),则有

$$\frac{\omega-\omega_0}{\omega_0} = \frac{\Delta(W_{\mathrm{e}})_{\mathrm{av}}-\Delta(W_{\mathrm{m}})_{\mathrm{av}}}{(W_0)_{\mathrm{av}}} \tag{5.131}$$

上述结果表明:① 当腔壁凹入时,若微扰处的磁场较强,则腔体的谐振频率升高;若微扰处的电场较强,则腔体的谐振频率降低;② 当腔壁凸出时,若微扰处的磁场较强,则腔体的谐振频率降低;若微扰处的电场较强,则腔体的谐振频率升高。显然,若微扰发生在电场(或磁场)最强而磁场(或电场)为零处,则谐振频率变化达到最大。

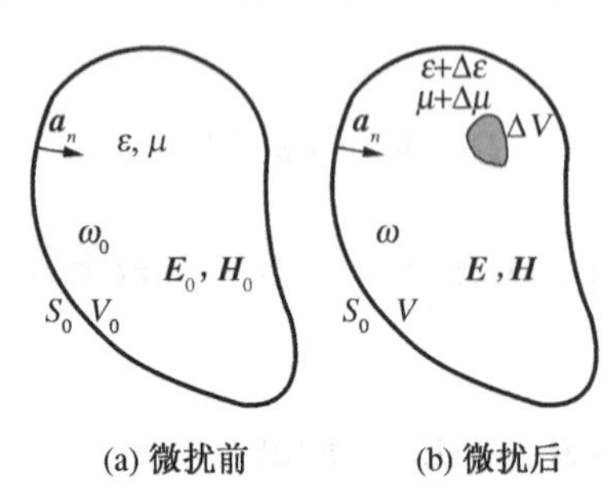

图 5.23 填充材料微扰前、后的腔体结构

2. 填充材料的微扰

图 5.23 示出了填充材料的电参数 ε,μ 出现微扰前、后的金属谐振腔。微扰前,腔体内填充材料的电参数为 ε,μ,如图 5.23(a)所示;微扰后,腔体内的微扰体积为 ΔV,ΔV 内填充媒质的电参数为 $\varepsilon+\Delta\varepsilon,\mu+\Delta\mu$,如图 5.23(b)所示,而微扰前、后腔体内的电磁场量和其他参数仍同腔体壁面形状微扰的情况所设。于是,微

扰前、后腔体体积 V 和 ΔV 内的电磁场分别满足以下的麦克斯韦方程：

$$\nabla \times \boldsymbol{E}_0 = -\mathrm{j}\omega_0 \mu \boldsymbol{H}_0 \tag{5.132a}$$

$$\nabla \times \boldsymbol{H}_0 = \mathrm{j}\omega_0 \varepsilon \boldsymbol{E}_0 \tag{5.132b}$$

$$\nabla \times \boldsymbol{E} = -\mathrm{j}\omega(\mu + \Delta\mu)\boldsymbol{H} \tag{5.132c}$$

$$\nabla \times \boldsymbol{H} = \mathrm{j}\omega(\varepsilon + \Delta\varepsilon)\boldsymbol{E} \tag{5.132d}$$

类似于腔体壁面形状微扰的分析思路，根据上式中的四个方程，利用矢量恒等式和散度定理，并考虑在腔体内壁表面 S_0 上应满足边界条件：$\boldsymbol{a}_n \times \boldsymbol{E} = 0$ 以及 $\boldsymbol{a}_n \times \boldsymbol{E}_0 = 0$，推导可得

$$\oint_S [(\boldsymbol{E}_0^* \times \boldsymbol{H} + \boldsymbol{E} \times \boldsymbol{H}_0^*)] \cdot \boldsymbol{a}_n \mathrm{d}S = 0 = \mathrm{j}(\omega - \omega_0)\int_{V_0} (\varepsilon \boldsymbol{E} \cdot \boldsymbol{E}_0^* + \mu \boldsymbol{H} \cdot \boldsymbol{H}_0^*)\mathrm{d}V + \mathrm{j}\omega \int_{\Delta V} (\Delta\varepsilon \boldsymbol{E} \cdot \boldsymbol{E}_0^* + \Delta\mu \boldsymbol{H} \cdot \boldsymbol{H}_0^*)\mathrm{d}V \tag{5.133}$$

于是，有

$$\frac{\omega - \omega_0}{\omega} = \frac{\Delta f}{f} = -\frac{\int_{\Delta V} (\Delta\varepsilon \boldsymbol{E} \cdot \boldsymbol{E}_0^* + \Delta\mu \boldsymbol{H} \cdot \boldsymbol{H}_0^*)\mathrm{d}V}{\int_{V_0} (\varepsilon \boldsymbol{E} \cdot \boldsymbol{E}_0^* + \mu \boldsymbol{H} \cdot \boldsymbol{H}_0^*)\mathrm{d}V} \tag{5.134}$$

这表明，金属谐振腔内填充材料的电参数 ε，μ 值的增加都将使腔体的谐振频率降低。同时，式中 ε，μ，$\Delta\varepsilon$ 以及 $\Delta\mu$ 也可以不为常数，且 ΔV 可扩大到整个腔体体积 V_0。

应指出，式(5.134)是腔体内材料微扰引起的谐振频率变化的精确表达式，但材料微扰后的精确场 $\boldsymbol{E}$ 和 $\boldsymbol{H}$ 未知，不便直接用来求解。事实上，实际应用中一般均利用材料的电参数变化较小的情况，此时 $\boldsymbol{E}$，$\boldsymbol{H}$ 可用微扰前的场 $\boldsymbol{E}_0$，$\boldsymbol{H}_0$ 代替，再将式(5.134)的分母中的 ω 用 ω_0（f 用 f_0）代替，则可得到谐振频率的近似偏移公式为

$$\frac{\omega - \omega_0}{\omega_0} = \frac{\Delta f}{f_0} \approx \frac{-\int_{\Delta V} (\Delta\varepsilon E_0^2 + \Delta\mu H_0^2)\mathrm{d}V}{\int_{V_0} (\varepsilon E_0^2 + \mu H_0^2)\mathrm{d}V} \tag{5.135}$$

例 5.2　有一半径为 4 cm，长度为 6 cm 的圆柱形谐振腔，在其端面中心旋入一金属螺杆，金属螺杆的体积 ΔV 为原腔体体积的 1%。求微扰后圆柱形谐振腔的最低次模式的谐振频率。

解：因腔体的尺寸满足 $l < 2.05R$，故腔体的工作模式为TM_{010}。于是，在微扰前，有

$$\lambda_0 = 2.61R = 10.44 \text{ cm}, \quad f_0 = \frac{c}{\lambda_0} = 2.863 \text{ GHz}$$

又因TM_{010}模的场量表达式为

$$\left.\begin{aligned} E_z &= 2E'_0 \mathrm{J}_0\left(\frac{\nu_{01}}{R}r\right) \\ H_\varphi &= \mathrm{j}2\frac{k_0 R}{\nu_{01}\eta}E'_0 \mathrm{J}_1\left(\frac{\nu_{01}}{R}r\right) \end{aligned}\right\}$$

在螺杆旋入处($r=0$),可近似认为场均匀分布,即 $E_z=2E_0'J_0(0)=2E_0'$,$H_\varphi=0$。于是

$$\Delta W_{av}=\frac{1}{4}\int_{\Delta V}(\mu_0 H_0^2-\varepsilon_0 E_0^2)\mathrm{d}V\approx-\varepsilon_0 E_0'^2\Delta V \tag{5.136}$$

而腔体中总的电磁场储能为

$$\begin{aligned}(W_0)_{av}&=\frac{1}{4}\int_V(\mu_0 \mathrm{H}_0^2+\varepsilon_0 E_0^2)\mathrm{d}V=\frac{1}{2}\int_V(\varepsilon_0 E_0^2)\mathrm{d}V=\frac{\varepsilon_0}{2}\int_0^{2\pi}\int_0^R\int_0^l 4E_0'^2 \mathrm{J}_0^2(k_c r)r\mathrm{d}r\mathrm{d}\varphi\mathrm{d}z\\&=2\varepsilon_0 E_0'^2 \mathrm{J}_1^2(2.405)\pi R^2 l=2\varepsilon_0 E_0'^2 \mathrm{J}_1^2(2.405)V\end{aligned} \tag{5.137}$$

式中,$V=\pi R^2 l$,为腔体的体积,并利用了贝塞尔函数的积分公式。

这样,将式(5.136)和(5.137)代入式(5.130),得

$$\frac{\omega-\omega_0}{\omega_0}=\frac{\Delta f}{f_0}=\frac{\Delta W_{av}}{(W_0)_{av}}=-\frac{1}{2\mathrm{J}_1^2(2.405)}\frac{\Delta V}{V}=-\frac{1}{2(0.5191)^2}\times 0.01=-0.0186$$

因此,微扰后的谐振频率为

$$f=\left(1+\frac{\Delta f}{f_0}\right)f_0=2.81\qquad(\mathrm{GHz})$$

*5.3 集成谐振腔

尽管矩形和圆柱形金属谐振腔的 Q_0 值很高,但它们却不能应用于小型化的集成电路中,同时金属谐振腔的谐振频率随温度变化较大,因此金属谐振腔的实际应用同样受到限制。采用集成谐振腔可克服金属谐振腔的部分缺点。集成谐振腔在射频/微波和毫米波甚至亚毫米波集成电路中起到重要作用。这里仅简单介绍微带谐振腔和介质谐振腔。

5.3.1 微带谐振腔

微带谐振腔的结构型式很多,常见的有两端开路、两端短路或一端开路另一端短路的微带线节谐振腔、环形谐振腔以及圆形谐振腔,如图5.24所示。它们在有源、无源微波集成电路中应用广泛,可用来制作滤波器、振荡器等,还可用作微带贴片天线阵的天线单元。

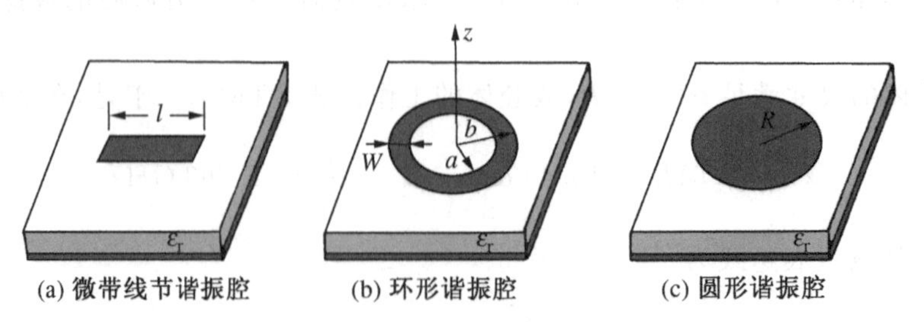

图5.24 三种常见的微带谐振腔

1. 微带线节谐振腔

同微带线类似,当如图5.24(a)所示的微带线节谐振腔工作于准TEM振荡模式时,可

作为传输线节谐振器进行分析。一段长为 l 的微带线终端开路时，其输入端的阻抗为

$$Z_{in}=-\mathrm{j}Z_c\cot\beta l \tag{5.138}$$

式中，$\beta=2\pi/\lambda_g$，λ_g为微带线的波导波长(或带内波长)。于是，根据并联谐振条件 $Y_{in}=0$，由式(5.138)得

$$l=\frac{p\lambda_{g0}}{2}\quad 或 \quad \lambda_{g0}=\frac{2l}{p}\quad (p=1,2,\cdots) \tag{5.139}$$

此外，根据串联谐振条件 $Z_{in}=0$，由式(5.138)得

$$l=\frac{(2p-1)\lambda_{g0}}{4}\quad 或 \quad \lambda_{g0}=\frac{4l}{2p-1}\quad (p=1,2,\cdots) \tag{5.140}$$

式中，λ_{g0}为带内谐振波长。

由此可见，微带线节谐振腔与同轴谐振腔相似，长为 $\lambda_{g0}/2$ 整数倍两端开路的微带线节构成 $\lambda_{g0}/2$ 型微带谐振腔；长为 $\lambda_{g0}/4$ 奇数倍的一端开路另一端短路的微带线节构成 $\lambda_{g0}/4$ 型微带谐振腔。但由于微带线存在介质基片，工艺上实现短路比实现开路困难，因此微带线节谐振腔常采用开路状态。此外，由于微带线的导带断开处并不是理想的开路，而是存在边缘效应，即引入一个不连续电容，该电容的作用是使微带线的长度增加，因而微带线节谐振腔的实际长度比计算得到的谐振长度要短。由式(5.139)可知，两端开路的 $\lambda_{g0}/2$ 型微带线节谐振腔的谐振条件应为

$$l_1+2\Delta l=p\frac{\lambda_{g0}}{2} \tag{5.141}$$

式中，l_1 为实际导带的长度，Δl 为缩短长度，通常按下式计算：

$$\Delta l=0.412h\frac{(\varepsilon_{re}+0.3)(W/h+0.264)}{(\varepsilon_{re}-0.258)(W/h+0.8)} \tag{5.142}$$

式中，W 为导带宽度，h 为介质基片的厚度，而 ε_{re}为等效介电常数。

微带线节谐振腔在开路端存在着辐射损耗，它会导致谐振腔的品质因数下降以及相邻电路间的耦合，此时 Q_{0t}可表示为

$$Q_{0t}=\left(\frac{1}{Q_c}+\frac{1}{Q_d}+\frac{1}{Q_r}\right)^{-1} \tag{5.143}$$

式中，Q_c，Q_d和 Q_r分别是由导体损耗、介质损耗和辐射损耗引起的品质因数，Q_c和 Q_d可按以下两式计算：

$$Q_c=\frac{27.288}{\alpha_c\lambda_g} \tag{5.144}$$

$$Q_d=\frac{\varepsilon_{re}}{\varepsilon_r}\frac{1}{q\tan\delta} \tag{5.145}$$

而 α_c为微带线的导体衰减常数，单位是 dB/m，ε_{re}，q 分别是微带线的等效介电常数和填充因

子。当介质基片很薄，即厚度 h 满足

$$h \leqslant \frac{6.79\arctan \varepsilon_r}{f\sqrt{\varepsilon_r - 1}} \quad (\text{cm}) \tag{5.146}$$

时，辐射损耗很小，可以忽略不计。其中 f 的单位是GHz。通常 $Q_r \gg Q_d \gg Q_c$，即腔体的 Q_{0t} 值主要决定于导体损耗。

2. 微带环形和圆形谐振腔

微带环形谐振腔的结构如图 5.24(b)所示。分析表明，这种谐振腔的振荡模式为 TM_{mn0}，主模为 TM_{110}。为避免出现高次振荡模式，环的尺寸应选为

$$\frac{W}{R} \leqslant 0.1 \tag{5.147}$$

式中，R 为环的平均半径，即 $R=(a+b)/2$。

TM_{m10} 模式的谐振波长可按下式计算：

$$\lambda_0 = \frac{2\pi R}{m} \tag{5.148}$$

图 5.25(a)示出了微带环形谐振腔中两种振荡模式的场分布图。由图可见，这些模式只存在 E_z，H_r 和 H_φ 分量；主模 TM_{110} 的场在接地板和环形导带之间基本上呈闭合状，辐射损耗很小，故 TM_{110} 模微带环形谐振腔的 Q_{0t} 值近似等于微带线本身的 Q_0 值。

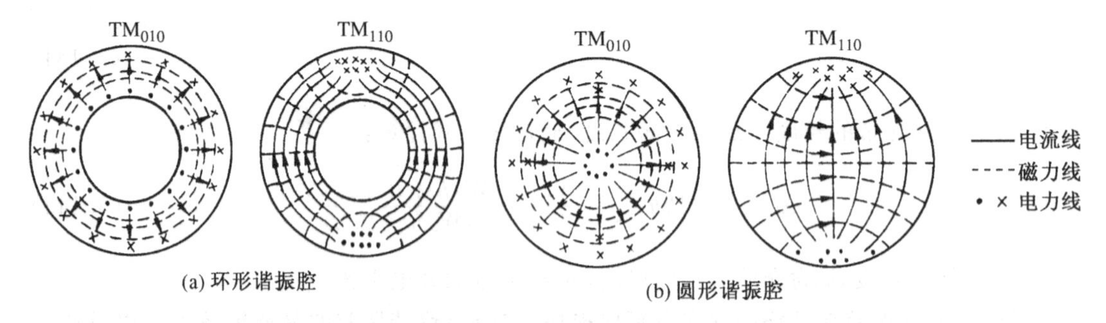

图 5.25　微带环形谐振腔和圆形谐振腔中两种振荡模式的场分布图

微带圆形谐振腔的结构如图 5.24(c)所示。它实际上是微带环形谐振腔在 $W/R \to 1$ 时的极限情况，其振荡模式也是 TM_{mn0}，主模为 TM_{110} 模。图 5.25(b)则示出了微带圆形谐振腔的两种振荡模式的场分布图。

5.3.2　介质谐振腔简介

介质谐振腔是实现集成化、取代昂贵而又笨重的高 Q_0 值金属谐振腔的一种新型的固态谐振腔，它是利用电介质体内电磁谐振现象形成的谐振腔。介质谐振腔具有体积小、Q_0 值高、频率稳定性高、结构简单和成本低廉等优点。介质谐振腔常用的材料是二氧化铝钛单晶(相对介电常数在 89～100 范围内)、高纯二氧化钛瓷(相对介电常数在 100 左右)以及四

钛酸钡瓷(相对介电常数在 38 左右),其体积只有相同频率的金属谐振腔的几十到几百分之一,但两者的 Q_0 值(近似为 $1/\tan\delta$)却相差不大,且具有很好的温度稳定性。实际应用中,除了图 5.1 中示出的圆形介质谐振腔以外,常用的还有矩形介质谐振腔和环形介质谐振腔等。

介质谐振腔谐振频率的分析方法很多,有完全磁壁法、混合磁壁法、开波导法以及变分法等。这些分析方法的主要差异在于如何确定数学模型,即如何描绘介质谐振腔的场分布。其中较为精确的分析方法是变分法和开波导法,误差可小于 1%。下面略去分析,仅对孤立和屏蔽的矩形介质谐振腔和圆形介质谐振腔作扼要介绍。

1. 矩形介质谐振腔

图 5.26(a)所示的孤立矩形介质谐振腔可看成是一段长为 l,横向尺寸为 $2a\times2b$ 的矩形介质波导置于自由空间中构成的。分析矩形介质谐振腔的开波导法与马卡蒂利的介质波导的近似分析方法相似,但对矩形介质谐振腔而言,此时不仅要作横向分区而且要作纵向分区,即将矩形介质谐振腔所在的空间分成五个区域,如图 5.26(b)和(c)所示。分析时,忽略不计区域⑤内的场。实际上,区域⑤内的场是双重衰减场。其中各边界视为磁壁,区域①、②和③构成一段矩形介质波导,而将区域④看成为半无限长的截止波导。在开波导模型中,假设矩形介质谐振腔中可单独存在 TE 模和 TM 模。

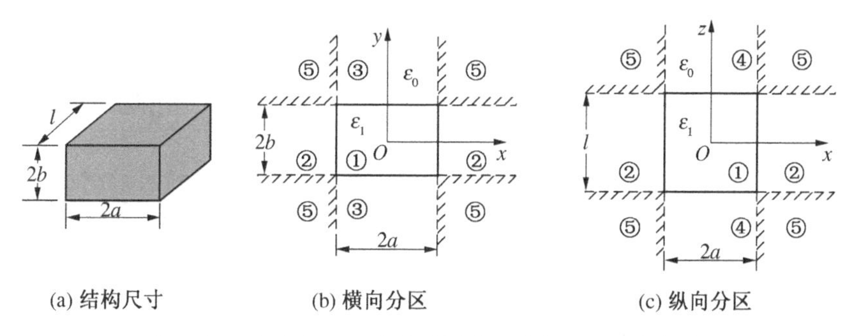

图 5.26　孤立的矩形介质谐振腔及其横向和纵向分区

对应用于微波与毫米波集成电路中的介质谐振腔,几乎毫无例外地都置于微带基片上,且其上面带有屏蔽的金属平板,如图 5.27(a)所示,其中假设介质谐振腔、介质基片以及介质腔上方空间的相对介电常数分别为 ε_{r1},ε_r 和 1。图 5.27(b)中示出了这种结构的开波导法的分析模型。其中除①、②、③(在图 5.27(b)中未示出,见图 5.26(b)所示)、④和⑤五个区域有电磁场外,其余区域的场均可忽略不计。这样,区域①、②、③构成一段矩形介质波导;区域④和⑤分别构成一段终端短路的截止波导。

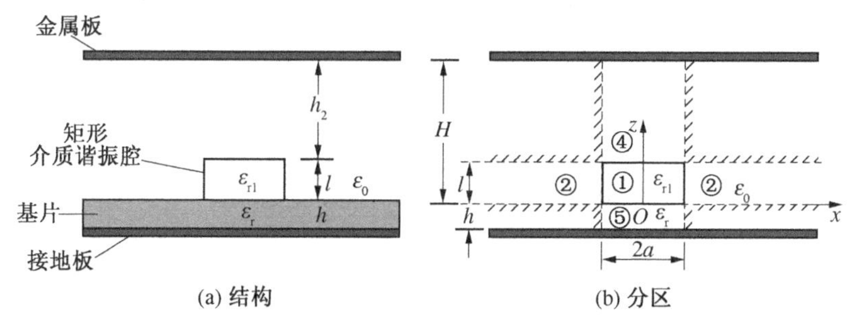

图 5.27　屏蔽的矩形介质谐振腔的开波导法模型

2. 圆形介质谐振腔

如图5.28(a)所示的孤立圆形介质谐振腔可看成是一段长为 l,半径为 R 的圆形介质波导置于自由空间中构成的。孤立和屏蔽的圆形介质谐振腔同样可采用开波导法进行分析。选取圆柱坐标系,假设圆形介质谐振腔中介质的相对介电常数为 ε_r,介质腔外为自由空间,如图5.28(b)所示。分析时,可将圆形介质谐振腔所在的空间分成四个区域,将边界视为磁壁,忽略不计区域④内的场,场主要集中于区域①中,区域②为圆形介质波导的外部区域,场沿圆形介质波导的径向呈衰减分布,而区域③则构成一段分别沿 $\pm z$ 向延伸的半无限长截止的圆形介质波导。在开波导模型中,同样假设圆形介质谐振腔中的电磁场可单独存在TE模和TM模。

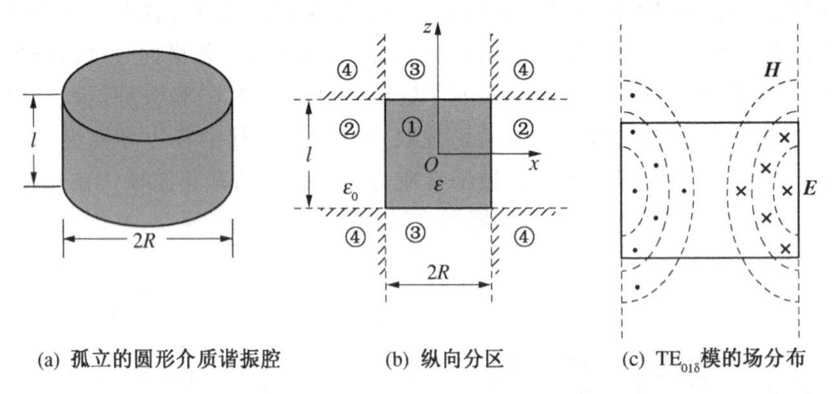

图5.28　圆形介质谐振腔

分析表明,当 $2>R/l>0.5$ 和 $50>\varepsilon_r>30$ 时,圆形介质谐振腔中 $TE_{01\delta}$ $(0<\delta<1)$ 模的谐振频率可由下式求得:

$$f_0=\frac{34}{R\varepsilon_r}\left(3.45+\frac{R}{l}\right)\qquad(\mathrm{GHz})\tag{5.149}$$

式中,R 和 l 的单位均为mm,上式的精度在 $\pm2\%$ 内。同时可证明,当 $l/R>1.4$ 时,$TE_{01\delta}$ 模是圆形介质谐振腔中的最低次模式,$TE_{01\delta}$ 模的场分布如图5.28(c)所示。

实际应用中,$TE_{01\delta}$ 模圆形介质谐振腔在微波和毫米波集成电路最为常用,且几乎无例外地用于如图5.29所示的屏蔽的微带电路中。通过分析同样可证明屏蔽的 $TE_{01\delta}$ 模圆形介质谐振腔的半径应按以下尺寸范围选取:

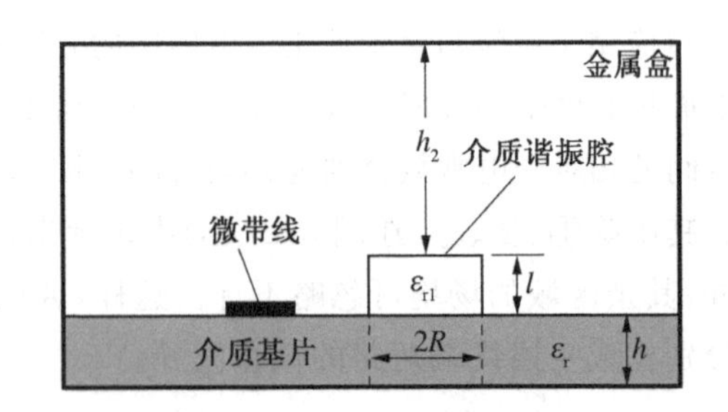

图5.29　屏蔽的 $TE_{01\delta}$ 模圆形介质谐振腔的结构尺寸

$$\frac{1.2892\times10^8}{f_0\sqrt{\varepsilon_r}}>R>\frac{1.2892\times10^8}{f_0\sqrt{\varepsilon_{r1}}}\tag{5.150}$$

其精度不大于2%,其中谐振频率 f_0 的单位为Hz。而腔体的长度 l 则可按下式计算:

$$l = \frac{1}{\beta}\left\{\arctan\left[\frac{\alpha_1}{\beta\tanh(\alpha_1 h)}\right] + \arctan\left[\frac{\alpha_2}{\beta\tanh(\alpha_2 h_2)}\right]\right\} \tag{5.151}$$

式中

$$\left.\begin{aligned} &\alpha_1 = \sqrt{k'^2 - \varepsilon_r k_0^2},\quad \alpha_2 = \sqrt{k'^2 - k_0^2},\quad \beta = \sqrt{\varepsilon_{r1} k_0^2 - k'^2} \\ &k' = \frac{2.405}{R} + \frac{A}{2.405R[1 + (2.43/A) + 0.291A]} \\ &A = \sqrt{(k_0 R)^2(\varepsilon_{r1} - 1) - 5.784} \end{aligned}\right\} \tag{5.152}$$

从而可按上述公式设计屏蔽的$TE_{01\delta}$模圆形介质谐振腔。

*5.4　谐振腔的等效电路、耦合与激励

5.4.1　孤立谐振腔的等效电路

谐振腔中电磁振荡过程以及谐振特性都与集中参数的 LC 谐振回路相似,因此可用 LC 谐振回路作为谐振腔的等效电路。但由于谐振腔具有多谐性,故一般情况下不能只由一个 LC 谐振回路来等效。不过,当谐振腔只谐振于某一振荡模式时,在其谐振频率附近,只要离其他模式的谐振频率足够远,谐振腔便可等效为集中参数的 LC 谐振回路。谐振腔的等效电路可分为两种情况,即孤立谐振腔的等效电路和耦合谐振腔的等效电路电路。这里先介绍孤立谐振腔的等效电路。

当如图 5.30(a)所示的孤立谐振腔谐振于某频率时,它既可等效为集中参数的并联谐振回路也可等效为串联谐振回路,而集中参数谐振回路呈现串联谐振还是并联谐振,则可根据微波传输系统的等效性质加以判别。由本章第 5.1 节内容可知,终端短路的传输线在距离终端为 $p\lambda_0/2(p=1,2,\cdots)$处或终端开路的传输线在距离终端为$(2p-1)\ \lambda_0/4$ 处其等效电路为串联谐振形式,而终端短路的传输线在距离终端为$(2p-1)\ \lambda_0/4$ 处或终端开路的传输线在距离终端为 $p\lambda_0/2$ 处其等效电路为并联谐振形式。这表明,谐振腔的驻波电流最大(或磁场最强)处可等效为串联谐振回路,驻波电压最高(或电场最强)处可等效为并联谐振回路。集中参数的串、并联谐振回路只有一个振荡模式和一个谐振频率,而谐振腔中却有无穷多个振荡模式和谐振频率,因此理论上谐振腔应有无穷多个等效的谐振回路。但事实上,实用中的谐振腔一般只是单模工作,在单模(工作的)谐振腔的谐振频率附近,其他模式均严重失谐,此时可忽略其影响。这样,单模谐振腔即可等效为集中参数的串、并联谐振回路。将上述概念应用于谐振腔即可得到以下结论:单模谐振腔谐振时,其等效电路的性质取决于所

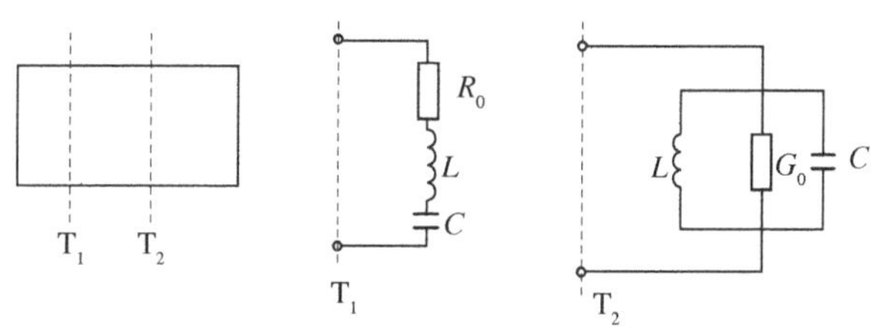

(a) 参考面的选取　(b) 串联谐振回路　(c) 并联谐振回路

图 5.30　孤立谐振腔与谐振时的等效电路

选取的参考面 T,当参考面选取在振荡模式的磁场最强的 T_1 处时,其等效电路应为串联谐振回路;当参考面选取在振荡模式的电场最强的 T_2 处时,其等效电路应为并联谐振回路,如图 5.30(b)和(c)所示。显然,谐振腔的等效电路的形式取决于所选取的参考面的位置。

图 5.30(b)和(c)所示的等效电路中的参数 R_0, G_0, L, C 可有多种方法求得。对传输型谐振腔,可从参考面处的输入阻抗或输入导纳公式导出与电路参数间的等效关系。

对如图 5.30(b)所示的串联谐振回路,其输入阻抗为

$$Z_{in} = R_0 + j\left(\omega L - \frac{1}{\omega C}\right) = R_0 + j\omega_0 L\left(\frac{\omega}{\omega_0} - \frac{\omega_0}{\omega}\right) = R_0 + jX \tag{5.153}$$

在谐振频率附近,输入阻抗可改写为

$$Z_{in} \approx R_0 + j2L(\omega - \omega_0) = R_0 + jX\big|_{\omega\approx\omega_0} \tag{5.154}$$

将 X 关于 ω 求导即得谐振频率附近的电抗斜率为

$$\left.\frac{dX}{d\omega}\right|_{\omega\approx\omega_0} = 2L$$

于是,可得等效电路的电抗斜率参量 x 为

$$x = \frac{\omega_0}{2}\left.\frac{dX}{d\omega}\right|_{\omega\approx\omega_0} = \omega_0 L \tag{5.155}$$

设谐振腔参考面 T_1 处的输入阻抗为 $Z_{in}=R_{in}+jX_{in}$,则输入电抗斜率参量 x 为

$$x = \frac{\omega_0}{2}\left(\frac{dX_{in}}{d\omega}\right)\bigg|_{\omega\approx\omega_0} = \frac{\omega_0}{2}\left(\frac{dX_{in}}{df}\right)\bigg|_{f\approx f_0} \tag{5.156}$$

根据等效关系,显然有

$$\left.\begin{aligned} R_{in} &= R_0 \\ \omega_0 L &= \frac{1}{\omega_0 C} = \frac{\omega_0}{2}\left(\frac{dX_{in}}{df}\right)\bigg|_{f\approx f_0} \end{aligned}\right\} \tag{5.157}$$

类似地,如图 5.30(c)所示的并联谐振回路的输入导纳为

$$Y_{in} = G_0 + j\left(\omega C - \frac{1}{\omega L}\right) = G_0 + jB \tag{5.158}$$

而将谐振频率附近的电纳 B 关于 ω 求导即得电纳斜率为

$$\left.\frac{dB}{d\omega}\right|_{\omega\approx\omega_0} = 2C$$

于是,可得等效电路的电纳斜率参量 Λ 为

$$\Lambda = \frac{\omega_0}{2}\left(\frac{dB}{d\omega}\right)\bigg|_{\omega\approx\omega_0} = \frac{\omega_0}{2}\left(\frac{dB}{df}\right)\bigg|_{f\approx f_0} = \omega_0 C \tag{5.159}$$

设谐振腔参考面 T_2 处的输入导纳为 $Y_{in}=G_{in}+jB_{in}$,则通过类似分析可得以下等效关系:

$$\left.\begin{aligned} G_{in} &= G_0 \\ \Lambda = \omega_0 C &= \frac{1}{\omega_0 L} = \frac{\omega_0}{2}\left(\frac{dB_{in}}{df}\right)\bigg|_{f\approx f_0} \end{aligned}\right\} \tag{5.160}$$

由上述分析可看出，孤立谐振腔的等效LC电路在谐振频率附近具有以下特点：

① 电导 G_0（或电阻 R_0）随频率变化为一常数，即在谐振频率附近，电导 G_0（或电阻 R_0）恒定不变；

② 电纳 B（或电抗 X）与频率呈线性关系，且 $\frac{dB}{d\omega}\left(或\frac{dX}{d\omega}\right)>0$；

③ 在谐振角频率 ω_0 附近，电纳 B（或电抗 X）等于零，即在谐振频率附近的较窄频带内，电纳 B（或电抗 X）通过零点过渡。

这样，利用上述等效关系(5.157)和(5.160)，即可得到工作于某频率处孤立谐振腔的等效谐振回路参数。

由于谐振回路的平均储能 $W_{av}=CU^2/2$，损耗功率 $P_l=G_0U^2/2$，并利用式(5.159)，可得谐振回路的品质因数为

$$Q_0 = \omega_0\frac{W_{av}}{P_l} = \frac{\omega_0 C}{G_0} = \frac{\omega_0}{2G_0}\left(\frac{dB}{df}\right)\bigg|_{f\approx f_0} \tag{5.161}$$

因此，孤立谐振腔等效回路的品质因数 Q_0 可通过测量谐振频率附近的 $\frac{dB}{df}$ 来得到，而等效电导 G_0 则可在选定参考面时测得。

5.4.2 谐振腔的激励与耦合

前面讨论的谐振腔是孤立的情况，没有考虑谐振腔与外界的联系。然而，实际的谐振腔总是与外部（源或负载）发生能量耦合，这属于谐振腔的激励和耦合的问题。将电磁能量耦合到谐振腔或将电磁能量从谐振腔耦合出来的装置，称为谐振腔的耦合装置。但当腔内没有非互易媒质存在时，谐振腔的激励和耦合是互易的。实际应用中，谐振腔与外电路的耦合有两种形式：单端口耦合和双端口耦合。

1. 耦合谐振腔的等效电路

图5.31示出了探针和磁环耦合的单端口耦合谐振腔，其中波源为匹配源，而与谐振腔相耦合的（均匀）传输系统的（等效）特性导纳为 Y_c。由图可知，耦合谐振腔由传输系统、耦合装置以及谐振腔三部分组成。若将谐振腔视为与其相连的传输系统的终端负载，则耦合谐振腔的等效电路及其等效参数就由所选的参考面决定。考虑到当谐振腔严重失谐时，腔中的场很弱而使能量损耗很小，传输系统近似处于纯驻波工作状态，此时传输系统上具有一系列等效短路面（称为失谐短路面，记为 T_0）以及一系列等效开路面（称为失谐开路面，记为 T_∞）。考虑到谐振回路严重失谐时，串联谐振回路呈现开路特性而并联谐振回路则呈现短路特性。因此，若选定串联联谐振回路为耦合谐振腔的等效电路，则应将传输系统上的参考面选在失谐短路面 T_∞ 处；若选定并联谐振回路为耦合谐振腔的等效电路，则应将传输系统上的参考面选在失谐开路面 T_0 处。单端口耦合谐振腔的等效电路如图5.32所示。其中，

选取腔体的参考面 T,使单模腔等效为一个并联谐振回路(如图 5.32(d)),并选取最靠近腔体的失谐短路面 T_0 为传输系统上的参考面,即可得到单端口耦合谐振腔的等效电路,如图 5.32(b)所示。其中,利用了理想变压器的变比关系,将单模谐振腔参考面 T 上的等效导纳 Y 变换到腔外失谐短路面 T_0 上的导纳 $Y'=N^2Y$,即 $G_0'=N^2G_0$,$C'=N^2C$,$L'=L/N^2$。类似地,若选取腔体的参考面 T 使单模谐振腔等效为一个串联谐振回路,并选取最靠近腔体的失谐开路面 T_∞ 为传输系统上的参考面,仿照上述分析思路同样可得单端口耦合谐振腔的另一种等效电路的形式。如图 5.32(c)所示。

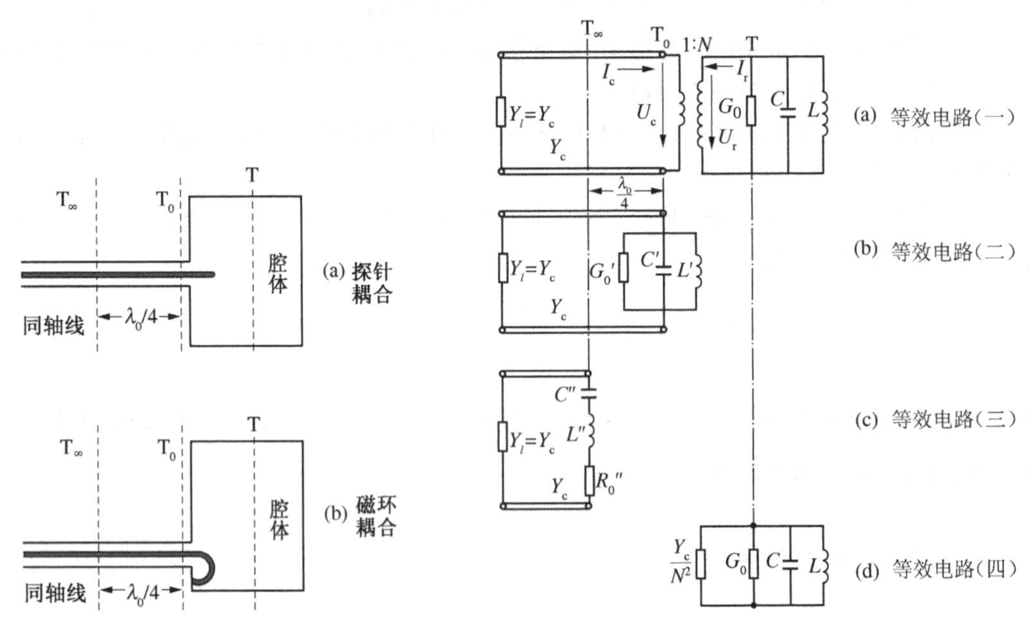

图 5.31 探针和磁环耦合的单端口耦合谐振腔　　图 5.32 探针和磁环耦合的单端口耦合谐振腔的等效电路

当谐振腔与外界单端口耦合时,电磁能量不仅在谐振腔本身被损耗,而且在腔外负载上被部分吸收,此时谐振腔的品质因数应为有载品质因数 Q_l。根据品质因数的定义,有

$$Q_l=\frac{\omega_0 W_{av}}{P_l'}=\frac{\omega_0 W_{av}}{P_l+P_e} \tag{5.162}$$

式中,$P_l'=P_e+P_l$,是腔体总的损耗功率,而 P_e 是外部电路的损耗功率,可利用图 5.32(d)中的等效电路求得,即

$$P_e=\frac{1}{2}\frac{Y_cU_r^2}{N^2} \tag{5.163}$$

于是,Q_l 的倒数为

$$\frac{1}{Q_l}=\frac{P_l}{\omega_0 W_{av}}+\frac{P_e}{\omega_0 W_{av}}=\frac{1}{Q_0}+\frac{1}{Q_e} \tag{5.164}$$

式中,$Q_e=\omega_0 W_{av}/P_e=N^2\omega_0 C/Y_c$,为外载品质因数。由上式可见,$Q_l$ 与 Q_0 不相等,只有当 P_e 很小时,Q_l 才接近于 Q_0。为了说明外电路与谐振腔相互影响的大小,即耦合的强弱,通

常引入耦合系数 β，它定义为

$$\beta = \frac{P_e}{P_l} = \frac{Q_0}{Q_e} = \frac{Y_c}{N^2 G_0} = \frac{Y_c}{G_0'} \tag{5.165}$$

因此，单端口耦合谐振腔的 Q_l 和 Q_0 间的关系为

$$Q_l = \frac{Q_0}{1+\beta} \tag{5.166}$$

显然，β 值越大，耦合越紧；β 值越小，耦合越松。通常规定 $\beta>1$ 为紧耦合；$\beta=1$ 为临界耦合；$\beta<1$ 为欠耦合。β 值的大小可通过测量来确定。为了实现谐振腔与外电路之间的最大功率传输，必须使谐振腔处于临界耦合状态，此时谐振腔必与外电路匹配。

对如图 5.33(a)所示的双端口小孔耦合的外接匹配波源和匹配负载的谐振腔，在某一频率附近单模谐振腔的并联谐振回路的等效电路如图 5.33(b)所示。其中，同样选取最靠近腔体的失谐短路面 T_{01} 和 T_{02} 为输入、输出传输系统上的参考面，而与输入和输出传输系统相连的耦合装置同样等效为匝比分别为 N_1 和 N_2 的理想变压器。

类似于单端口耦合谐振腔的情况，双端口耦合谐振腔的外载品质因数可分别表示为

$$Q_{e1} = \frac{\omega_0 C}{Y_{c1}/N_1^2} = \frac{Q_0}{\beta_1} \tag{5.167}$$

$$Q_{e2} = \frac{\omega_0 C}{Y_{c2}/N_2^2} = \frac{Q_0}{\beta_2} \tag{5.168}$$

于是，谐振腔的有载品质因数 Q_l 可表示为

$$Q_l = \frac{1}{\dfrac{1}{Q_0} + \dfrac{1}{Q_{e1}} + \dfrac{1}{Q_{e2}}} = \frac{Q_0}{1+\beta_1+\beta_2} \tag{5.169}$$

此式可视为单端口耦合谐振腔的有载品质因数 Q_l 表达式(5.166)的推广。

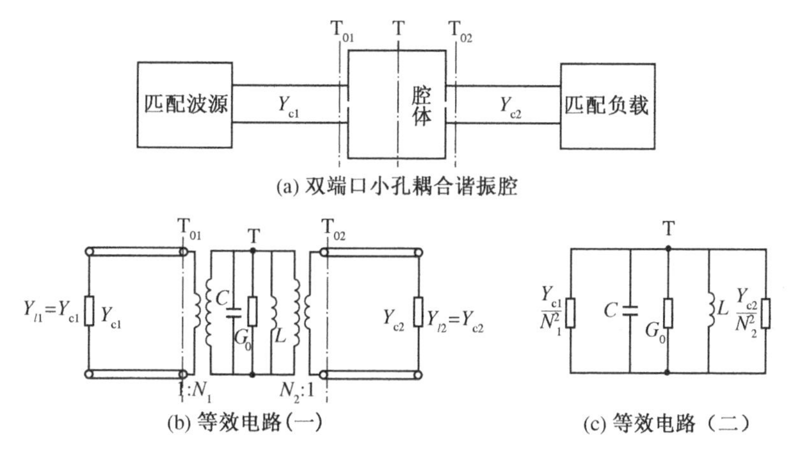

图 5.33　双端口小孔耦合谐振腔及其等效电路

2. 谐振腔的耦合装置

同金属波导与外界的耦合情况相似,在谐振腔的耦合装置中常用的耦合结构有四种,即直接耦合、磁环耦合、探针耦合和孔(或缝)耦合。其中直接耦合常见于微带线、介质波导等与微带谐振腔、介质谐振腔等之间的耦合。后三种耦合主要用于同轴线与同轴谐振腔、金属谐振腔以及金属波导与金属谐振腔之间的能量耦合,其耦合原则和要求与金属波导的激励或耦合情况完全相同。

图 5.34 示出了几种常见谐振腔的耦合。其中,图 5.34(a) 是矩形波导通过小孔激励矩形谐振腔的TE_{101}模;图 5.34(b) 是矩形波导通过宽壁上靠近窄壁处的纵向窄缝激励圆柱形谐振腔的TE_{111}模;图 5.34(c)、(d)是矩形波导分别通过小孔激励圆柱形谐振腔的TE_{011}模和TM_{010}模;图 5.34(e)是同轴谐振腔以探针作电激励;图 5.34(f)是同轴谐振腔以磁环作磁激励;图 5.34(g)、(h)分别是微带线与微带谐振腔、圆形介质谐振腔之间的直接耦合。

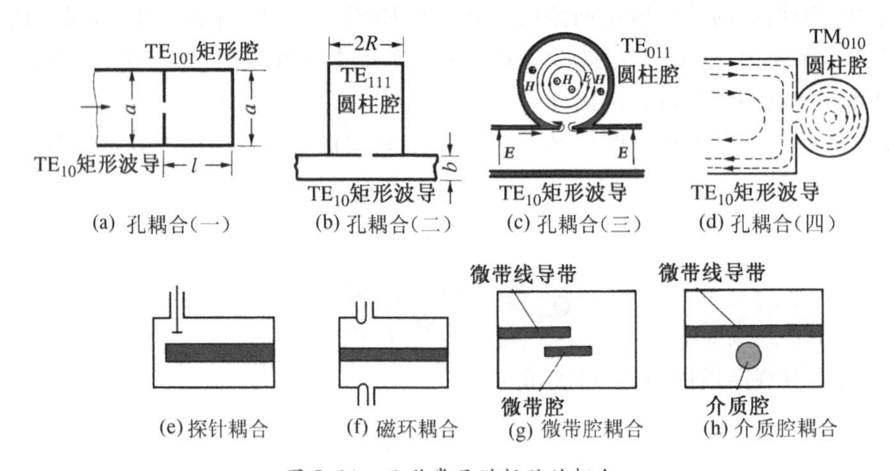

图 5.34　几种常见谐振腔的耦合

习　　题

5-1　一长度为 $\lambda_0/4$ 的均匀无耗传输线与一串联谐振回路相连,如图 5.35 所示。导出传输线输入阻抗的表达式,并证明此传输线电路的输入阻抗在谐振频率附近与并联谐振回路具有相同的特性。

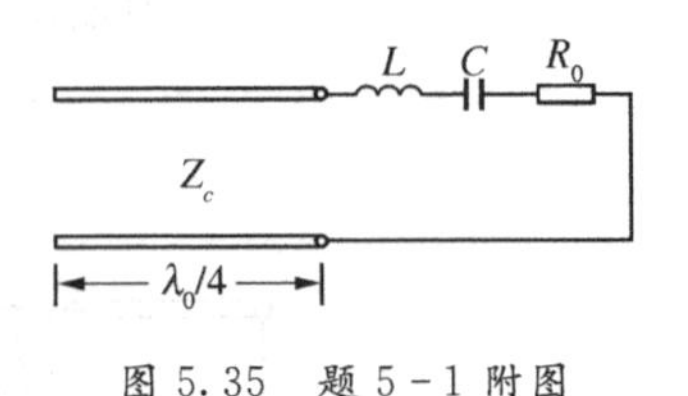

图 5.35　题 5-1 附图

5-2　导出长度 $l=\lambda_0$ 的终端短路传输线节构成的传输线谐振器的品质因数的表达式。

5-3　在长度 $l=\lambda_0/2$ 的两端短路的均匀无耗传输线构成的 $\lambda_0/2$ 型谐振器上任取一点 $z(0<z<\lambda_0/2)$,导出从 z 点分别向两短路传输线视入的输入阻抗 $(Z_{in})_L$ 和 $(Z_{in})_R$,并证明:$(Z_{in})_L=(Z_{in}^*)_R$。

5-4　导出矩形谐振腔中 TE_{101} 模的单模谐振条件。

5-5　有两个矩形谐振腔,工作模式都是TE_{101}模,谐振波长分别为 $\lambda_0=3$ cm 和 $\lambda_0=10$ cm,

试问哪一个空腔尺寸大？为什么？

5-6　如图5.36所示为一传输TE_{10}模的矩形波导，波导尺寸$a\times b=(22.86\times 10.16)\ mm^2$，工作频率$f_0=10\ GHz$。先在波导横截面上放一无限薄理想导体板1，问：① 无限薄的理想导体板2放在何处才能构成TE_{101}模矩形谐振腔？② 如果其他条件不变（包括l不变），只改变工作频率，仿照上述方法构成的谐振腔可能有哪些振荡模式？③ 如果其他条件不变（包括λ_0不变），只将理想导体板2和板1间的距离l增加1倍，此时谐振腔中的振荡模式是什么？

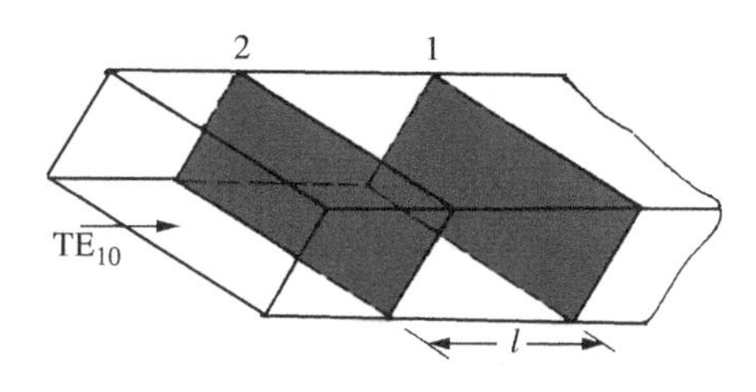

图5.36　题5-6附图

5-7　试根据式(4.56)，采用驻波分析法详细导出矩形谐振腔中TE_{10p}模式的场分量表达式。

5-8　证明：TE_{011}模矩形谐振腔的腔壁内表面上的面电流与腔体中的位移电流连续。

5-9　一矩形谐振腔，当$\lambda_0=10\ cm$时谐振于TE_{101}模，$\lambda_0=7\ cm$时谐振于TE_{102}模。求此谐振腔的尺寸。

5-10　设计一谐振频率$f_0=3\ GHz$的矩形谐振腔，要求工作于TE_{101}，TE_{011}和TM_{110}三重简并模式。求：① 腔体尺寸；② 若上述腔体长度l增加20%，求此时腔中上述三种模式的谐振频率；③ 写出边长为a，b和l的TM_{110}模谐振腔的场量表达式。

5-11　证明TE_{0np}模矩形谐振腔品质因数的表达式(5.64)。

5-12　一直径$D=3\ cm$，长度$l=3\ cm$的圆柱形谐振腔，求其最低次振荡模式的谐振频率。

5-13　一圆柱形谐振腔的直径为D，长度为$l=2D$，可工作于TE_{011}，TE_{111}和TM_{010}模式，问：① 工作在什么模式时谐振波长最长？② 工作在什么模式时品质因数Q_0的值最高？

5-14　已知一圆柱形谐振腔的直径$D=3\ cm$，对同一谐振频率，振荡模式为TM_{012}的腔长比TM_{011}的腔长长1.32 cm，求此谐振腔的谐振频率。

5-15　为使圆柱形谐振腔的最低次模式与第一个高次模式的谐振频率之比为1∶1.5，求谐振腔的长度l与半径R的比值。

5-16　有一采用直径$D=2.5\ cm$的TE_{011}模圆柱形谐振腔制作的波长计，已知谐振腔的长度l与半径R之比的变化范围为1.5～3，求此波长计的调谐范围。

5-17　如图5.37所示，一尺寸为$a\times b=(2.3\times 1.0)\ cm^2$的矩形波导中传输$TE_{10}$模，波导波长$\lambda_g=5\ cm$。若在相距终端为$l_1$和$l_2$处分别插入短路膜片构成矩形谐振腔，且使其谐振于最低次振荡模式。求：① 该谐振腔中各振荡模式的谐振频率；② 若将短路膜片改为感性膜片构成耦合谐振腔，两膜片的归一化电纳$b=-1.5$，又知该谐振腔谐振时输入端的驻波比为1，求该谐振腔的谐振频率（注：借助圆图求解）。

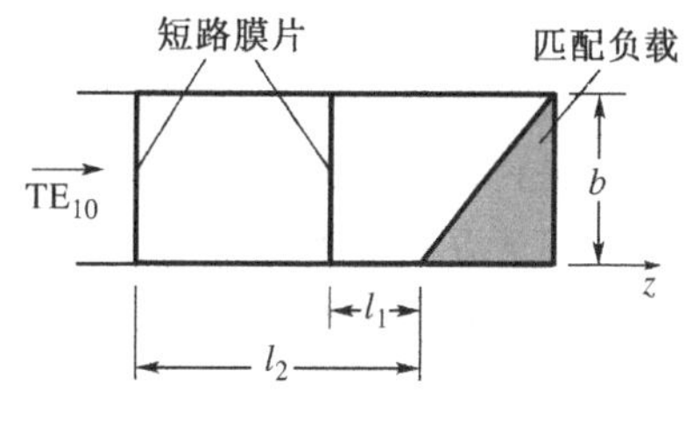

图5.37　题5-17附图

5-18 试问:采用间距为$(\lambda_g)_{TE_{10}}/2$的对称小孔激励TE_{01p}模圆柱形谐振腔(见图5.16)可抑制那些模式?为什么?

5-19 分别画出矩形腔中TM_{212},TE_{112}模式的场结构图。

5-20 分别画出圆柱腔中TM_{012},TM_{112}模式的场结构图。

5-21 分别画出用探针激励矩形腔中TM_{212}模式及圆柱腔中TM_{112}模式的最佳激励简图。

5-22 试导出边长为a的立方腔体中TE_{mnp}模和TM_{mnp}模式的品质因数Q_0的表达式。

5-23 一黄铜制空气矩形谐振腔的尺寸为$a\times b\times l=(5\times 3\times 6)\text{cm}^3$,谐振于主模。① 求该腔体的谐振频率和品质因数;② 设最大电场强度值为500 V/m,求该腔体储存的总电磁场能量。

5-24 设计一工作于TE_{011}模的铜制圆柱形谐振腔,谐振波长$\lambda_0=8$ cm,要使该腔体的品质因数Q_0值尽可能高,并求其Q_0值。

5-25 一黄铜制TE_{011}模空气矩形谐振腔的尺寸为$a\times b\times l=(5\times 2.5\times 5)\text{cm}^3$,① 求此谐振腔的谐振频率和品质因数;② 若该腔体填充$\varepsilon=\varepsilon_0(2.56-\text{j}5\times 10^{-4})$的有耗介质,再求其谐振频率和品质因数。

5-26 根据已提供的证明思路和基本公式,详细推导TE_{mnp}模圆柱形谐振腔的品质因数的表达式(5.95)。

5-27 一半径$R=2.5$ cm,长$l=5$ cm的铜制圆柱形谐振腔,其中填充$\varepsilon=\varepsilon_0(2.1-\text{j}1.5\times 10^{-4})$的有耗介质,求工作于最低次模式时的谐振频率和品质因数。

5-28 证明:在填充理想电介质(介电常数为ε)的$\lambda_0/2$型同轴谐振腔中,平均电场储能等于平均磁场储能。

5-29 有一空气填充的同轴线,特性阻抗为100 Ω,用其制作$\lambda_0/4$型同轴谐振腔,其一端带有电容$C=10^{-12}/(2\pi)$ F,腔体的另一端用短路活塞调谐。若调节腔体内导体长度至$l=0.22\lambda_0$时谐振,求此时的谐振频率f_0。

5-30 采用一$\lambda_0/2$型同轴式波长计测量一信号源的工作波长。已知同轴谐振腔的调谐活塞分别在刻度$l_1=2$ cm和$l_2=7.0$ cm处发生谐振,求信号源的工作波长。

5-31 设计一$3\lambda_0/4$型同轴谐振腔,$\lambda_0=5$ cm。① 若要求单模振荡,确定腔体内、外导体的直径和腔长;② 为了减小腔长采用电容加载,若内导体长度缩短了0.8 cm,求加载电容的大小。

5-32 一只中心工作波长为10 cm吸收式波长计由工作于TEM模的$\lambda_0/4$型同轴谐振腔制成,频率覆盖范围为(2.5~3.75) GHz。同轴谐振腔的外导体直径$D=2.4$ cm,内导体直径$d=0.8$ cm,采用短路活塞调节内导体的长度。问:① 整个频率覆盖范围内活塞移动的距离是多少?② 若同轴线开路端的外导体延长形成圆波导,则此圆波导段的开口处是否会泄漏电磁波?为什么?

5-33 已知一电容加载同轴谐振腔的电容$C=1$ pF,同轴线的特性阻抗为50 Ω,求谐振波长$\lambda_0=10$ cm时腔体内导体的最短长度。若延长同轴线的长度使腔体重新谐振,问最少延长多少厘米?

5-34 一段特性阻抗为Z_c,长为$2l$,工作于TEM模的空气同轴线两端被短路以构成同轴谐振腔,并将其中一半用相对介电常数$\varepsilon_r=4$的无耗介质填充,如图5.38所示。

① 导出此同轴腔中振荡模式谐振频率的表达式；② 导出此同轴腔中振荡模式电压分布的一般表达式，并画出前两个低次振荡模式电压振幅随 z 的变化曲线。

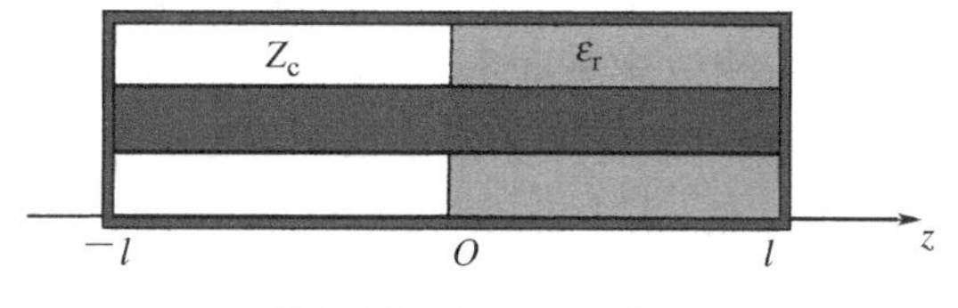

图 5.38　题 5 - 34 附图

5 - 35　在如图 5.39 所示的同轴腔中沿径向插入一调谐螺钉，求此腔体频率的调谐范围。已知螺钉的等效电纳的变化范围为 0 到 0.4，腔长 $l=16$ cm，同轴线的特性阻抗为 75 Ω。(按最低次模式计算)

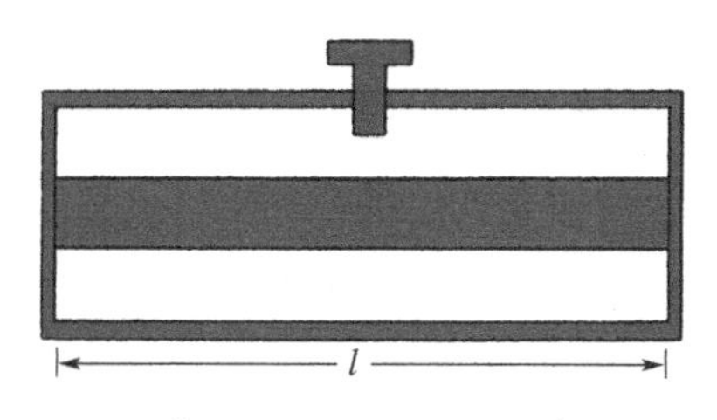

图 5.39　题 5 - 35 附图

5 - 36　图 5.40 所示为一长为 $l/2$ 的 $\lambda_0/4$ 型空气折叠同轴谐振腔，其中内同轴线的内、外半径分别 a 和 b，而外同轴线的内、外半径分别 b 和 d。假设内同轴线的外导体(也即外同轴线的内导体)的厚度趋于零，且腔体的横向尺寸满足 $b=\sqrt{ad}$。① 证明该折叠同轴谐振腔的内、外同轴线的特性阻抗相等，并求当 $2d=5$ cm，$2a=2$ cm 时 $2b$ 的值；② 当该折叠同轴腔的谐振频率为 300 MHz 时，求 $l/2$ 的值；③ 若忽略腔体折叠处对 TEM 模的场的影响，导出该折叠同轴腔为铜制腔体时的无载品质因数 Q_0 的表达式。

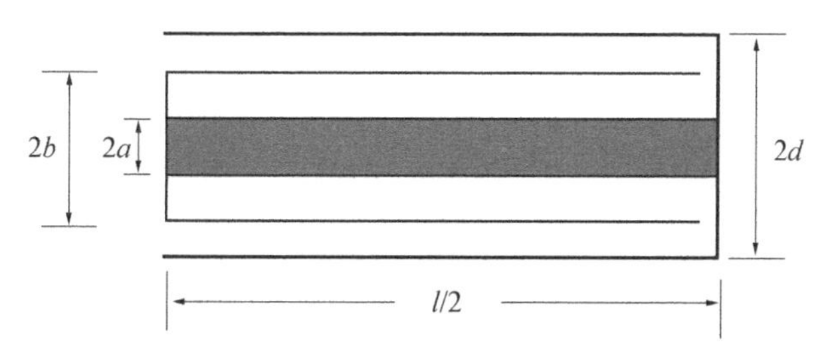

图 5.40　题 5 - 36 附图

5 - 37　图 5.41 所示为一非传输型的谐振腔——环形谐振腔的轴向剖面图，假设腔体中的电场只存在于腔体中心缩短部分的圆柱形空间(即忽略边缘效应)，磁场由腔体中轴向电流产生。试采用求腔体分布电容和分布电感的方法，导出环形谐振腔谐振波长的(近似)计算公式(设 $l>(b-a)$)。

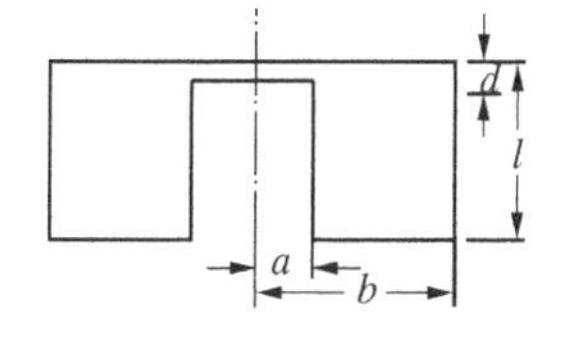

图 5.41　题 5 - 37 附图

5 - 38　一半径为 r 的细金属圆杆,沿 TE_{101} 模空气矩形谐振腔顶部壁面的中心垂直插入腔体,插入深度为 h。试导出该腔体谐振频率的偏移公式。

5 - 39　设在半径为 R,长度为 l 的 TM_{010} 模圆柱形谐振腔的轴线上插入一半径为 $a(a<R)$,介电常数为 ε 的电介质圆杆,试导出 TM_{010} 模的谐振频率偏移公式。

5 - 40　如图 5.42 所示,一磁性的介质薄片紧贴在矩形谐振腔 $z=0$ 的内壁表面处。已知该矩形谐振腔工作在 TE_{101} 模,试导出该磁性介质薄片使腔体谐振频率发生偏移的微扰表达式。

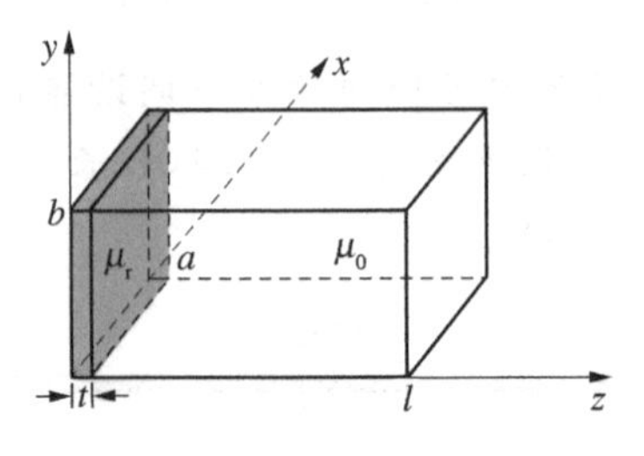

图 5.42　题 5 - 40 附图

5 - 41　一两端皆短路的微带谐振腔的特性阻抗为 50 Ω,基片的相对介电常数为 2.1,损耗角正切为 4×10^{-4} 以及基片厚度为 0.159 cm,且导体材料为铜。求该微带谐振腔谐振于 2 GHz 时的长度和腔体的品质因数。

5 - 42　设计一工作于 35 GHz 的屏蔽 $TE_{01\delta}$ 模圆形介质谐振腔,如图 5.29 所示。其中基片厚度为 0.25 mm 以及其相对介电常数为 9.9,介质谐振腔的相对介电常数为 36,且介质谐振腔的上表面与屏蔽导体板之间的距离为 1 mm。

第6章 微波网络基础

在实际的雷达、微波通信等无线电系统或微波测量系统中，除了规则传输系统以外，还包含着具有独立功能的各式各样的微波(无源)元件、有源器件、组件或模块。例如滤波器、耦合器以及放大器等，而前一章中讨论的微波谐振腔就是一种能产生微波振荡的谐振元件。

任何微波元件(电路)都可看成是与元件各端口相连的、满足一定边界条件的不均匀性区域，因此研究微波元件的方法有两种：一种是"场"的分析方法，即由麦克斯韦方程组结合边界条件求解微波元件内部各点处电磁场的表达式，然后用等效参量表示元件各端口间的传输特性；另一种则是"路"的分析方法，它是把微波元件用一个网络来等效，然后采用低频网络理论求得元件各端口间信号的相互关系。"场"的分析方法在理论上是严格的，对任何元件都适用，但实际的微波元件的边界条件一般都比较复杂，单纯依靠电磁场理论分析它们的特性是困难的。同时，在实际的分析中，往往不需要了解元件内部的场结构，而只关心微波元件中的不均匀性区域对与其相连接的规则传输系统工作状态的影响，此时可将微波元件视为具有一个端口或多个端口的"黑盒"来进行处理。"路"的分析方法不但对分析不均匀性区域是重要的，而且对研究复杂的微波元件及其组件也是十分有用的。利用这种方法可以把单模工作的规则传输系统(如金属波导)等效为均匀传输线，而把微波元件中的不均匀性区域根据连接的规则传输系统的个数等效为多端口的集中参数网络，如图6.1所示。其中 T_i 为第 i 个端口的参考面。

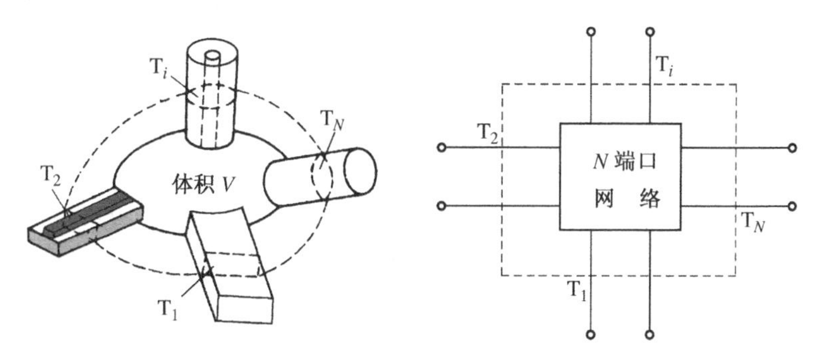

图6.1 N 端口微波元件及其等效网络

尽管用“路”的分析方法可以获得元件的外部特性，但它却是以“场”的分析方法作为基础的，元件的外部特性及其等效网络只能由“场”的分析方法或测量方法得到。因此，微波网络的分析方法实际上是“场”、“路”的分析方法和测量方法相结合的综合研究方法。

本章将首先介绍等效原理；然后讨论微波网络的各种矩阵参量、特性及其相互关系；最后简单阐述二端口网络的工作特性参量、多端口网络的基本特性以及广义散射参量。本章重点是微波网络的散射矩阵及其特性。

6.1 等效原理

从前面的讨论可知，要将一个微波元件等效为微波网络，除了把不均匀性区域等效为网络外，还要把与不均匀性区域相连接的单模和/或多模规则色散传输系统等效为均匀传输线。下面介绍等效原理。

6.1.1 规则色散传输系统等效为均匀传输线

在低频电路中，电压和电流是可以直接测量的两个基本参量，它们具有明确的物理意义。对均匀传输线，线上的电压和电流分别单值地对应于TEM模的横向电场和横向磁场，它们都有确定的含义和确定的值，且沿线的电压、电流分布可用反射系数、驻波系数等参量反映出来。然而，对像金属波导那样的规则色散传输系统，因为只能传输色散波，传输系统中不存在测量电压和电流的对应端点，因此电压和电流的概念完全失去意义。由此可见，要使传输线理论适合于一切传输系统，必须引进等效参量来代替传输线理论中的电压和电流。换言之，与色散传输系统中传输模式相联系的电压和电流的概念，只能建立在等效的基础上，正像第4章第4.2节中引出TE_{10}模矩形波导的等效电压、等效电流以及等效阻抗那样。因此，为使规则色散传输系统等效为均匀传输线，首先需要建立一般的等效电压、等效电流和等效阻抗的概念。类似于TE_{10}模矩形波导的等效电压和等效电流的定义，这里以单模和多模金属波导为例进行讨论。

1. 单模金属波导的等效

设有一个任意截面、无耗传输的单模金属波导，令其横向电磁场为$\boldsymbol{E}_t(u,v,z)$和$\boldsymbol{H}_t(u,v,z)$。为定义单模金属波导某参考面上的等效电压和等效电流，可利用金属波导中(正规)传输模式的以下几个主要特性：

(a) 电压和电流分别与E_t和H_t成正比；

(b) (平均)传输功率等于电压和电流共轭乘积的实部的一半，且在传输若干个波导模式的无耗传输系统中，传输的总功率一定等于各个传输模式的传输功率之和；

(c) 行波电压与电流之比等于(选定的等效)特性阻抗(简称等效阻抗)。

根据正规模式的对称性，可写出沿$\pm z$方向传输的任意波导模式(包括混合模)的电磁场的一般表示式为

$$\left.\begin{aligned}\boldsymbol{E}^+(u,v,z) &= A^+\boldsymbol{e}(u,v)\mathrm{e}^{-\mathrm{j}\beta z}+A^+\boldsymbol{e}_z(u,v)\mathrm{e}^{-\mathrm{j}\beta z}\\ \boldsymbol{H}^+(u,v,z) &= A^+\boldsymbol{h}(u,v)\mathrm{e}^{-\mathrm{j}\beta z}+A^+\boldsymbol{h}_z(u,v)\mathrm{e}^{-\mathrm{j}\beta z}\end{aligned}\right\} \tag{6.1a}$$

$$\left.\begin{aligned} \boldsymbol{E}^{-}(u,v,z) &= A^{-}\boldsymbol{e}(u,v)\mathrm{e}^{\mathrm{j}\beta z} - A^{-}\boldsymbol{e}_z(u,v)\mathrm{e}^{\mathrm{j}\beta z} \\ \boldsymbol{H}^{-}(u,v,z) &= -A^{-}\boldsymbol{h}(u,v)\mathrm{e}^{\mathrm{j}\beta z} + A^{-}\boldsymbol{h}_z(u,v)\mathrm{e}^{\mathrm{j}\beta z} \end{aligned}\right\} \tag{6.1b}$$

式中，A^{+}，A^{-} 是波导模式的电磁场的振幅；$\boldsymbol{e}(u,v)$，$\boldsymbol{h}(u,v)$ 和 $\boldsymbol{e}_z(u,v)$，$\boldsymbol{h}_z(u,v)$ 都是二维矢量实函数，代表了横向场和纵向场的横向分布，它们都不是唯一的。因它们与色散传输系统中的传输模式有关，故称为矢量模式函数。但对规则单模金属波导而言，波导中的传输模式则是 TM 或 TE 模式，此时 $\boldsymbol{e}_z$ 和 $\boldsymbol{h}_z$ 对应为零。这样，根据特性(a)则可将规则单模波导中的横向电磁场表示为以下形式：

$$\boldsymbol{E}_{\mathrm{t}}(u,v,z) = \boldsymbol{e}(u,v)(A^{+}\mathrm{e}^{-\mathrm{j}\beta z} + A^{-}\mathrm{e}^{\mathrm{j}\beta z}) = \frac{\boldsymbol{e}(u,v)}{C_1}(U^{+}\mathrm{e}^{-\mathrm{j}\beta z} + U^{-}\mathrm{e}^{\mathrm{j}\beta z}) \tag{6.2a}$$

$$\boldsymbol{H}_{\mathrm{t}}(u,v,z) = \boldsymbol{h}(u,v)(A^{+}\mathrm{e}^{-\mathrm{j}\beta z} - A^{-}\mathrm{e}^{\mathrm{j}\beta z}) = \frac{\boldsymbol{h}(u,v)}{C_2}(I^{+}\mathrm{e}^{-\mathrm{j}\beta z} - I^{-}\mathrm{e}^{\mathrm{j}\beta z}) \tag{6.2b}$$

式中，$C_1 = U^{+}/A^{+} = U^{-}/A^{-}$，$C_2 = I^{+}/A^{+} = I^{-}/A^{-}$，为比例常数(实数)。由于横向电场 $\boldsymbol{E}_{\mathrm{t}}$ 和横向磁场 $\boldsymbol{H}_{\mathrm{t}}$ 与模式的波阻抗 Z_{w}(即 Z_{TM} 或 Z_{TE})相联系，因此对沿 $+z$ 方向传输的单向导波，$\boldsymbol{e}(u,v)$ 和 $\boldsymbol{h}(u,v)$ 可按以下关系选取：

$$\boldsymbol{h}(u,v) = \frac{\mathbf{a}_z \times \boldsymbol{e}(u,v)}{Z_{\mathrm{w}}} \tag{6.3}$$

当然，由于 $\boldsymbol{e}(u,v)$ 和 $\boldsymbol{h}(u,v)$ 不是唯一的，因此上式中的 Z_{w} 一般应选定为等效(特性)阻抗 Z_{e}，正像式(4.67) 那样。

根据式(6.2)，即可定义一维标量复函数 $U(z)$ 和 $I(z)$ 分别为

$$U(z) = U^{+}\mathrm{e}^{-\mathrm{j}\beta z} + U^{-}\mathrm{e}^{\mathrm{j}\beta z} \tag{6.4a}$$

$$I(z) = I^{+}\mathrm{e}^{-\mathrm{j}\beta z} - I^{-}\mathrm{e}^{\mathrm{j}\beta z} \tag{6.4b}$$

$U(z)$，$I(z)$ 反映了横向电磁场的导波沿传播方向的变化规律，又因为它们也与传输模式有关，因此称为金属波导中传输模式的等效电压和等效电流(简称为模式电压、模式电流或等效电压、等效电流，或更简称为电压、电流)。$U(z)$，$I(z)$ 同样不唯一。U^{+} 和 U^{-} 分别是等效的入射波电压和反射波电压的复振幅。特别地，对沿 $+z$ 方向传输的单向行波，则在式(6.4)中，$U^{-}=0$，$I^{-}=0$。

根据特性(b)，沿 $+z$ 方向传输的单向导行波，其传输功率为

$$P^{+} = \frac{1}{2}|A^{+}|^2\mathrm{Re}\left[\int_S (\boldsymbol{e}\times\boldsymbol{h}^{*})\cdot\mathbf{a}_z\mathrm{d}S\right] = \frac{1}{C_1C_2}\mathrm{Re}\left[\frac{1}{2}U^{+}I^{+*}\right]\int_S(\boldsymbol{e}\times\boldsymbol{h})\cdot\mathbf{a}_z\mathrm{d}S \tag{6.5}$$

式中，积分域为整个传输系统的横截面。由于 $P^{+}=\mathrm{Re}[(U^{+}I^{+*})/2]$，故有

$$C_1C_2 = \int_S(\boldsymbol{e}\times\boldsymbol{h})\cdot\mathbf{a}_z\mathrm{d}S \tag{6.6}$$

特别地，为简单起见，可选取 $\boldsymbol{e}(u,v)$ 和 $\boldsymbol{h}(u,v)$ 满足功率归一化条件，$C_1=C_2=1$，即

$$\int_S(\boldsymbol{e}\times\boldsymbol{h})\cdot\mathbf{a}_z\mathrm{d}S = 1 \tag{6.7}$$

式中,$\boldsymbol{e}(u,v)$和 $\boldsymbol{h}(u,v)$称为归一化矢量模式函数,一般仍简称矢量模式函数。

根据特性(c),假设所选定的等效阻抗为 Z_e,有

$$Z_e = \frac{U^+}{I^+} = \frac{U^-}{I^-} = \frac{C_1}{C_2} \tag{6.8}$$

如前所述,若选取等效阻抗等于对应传输模式的波阻抗,即 $Z_e = Z_w(Z_w = Z_{TM}$或 $Z_{TE})$,则

$$\frac{C_1}{C_2} = Z_w \tag{6.9}$$

同时,若要求等效阻抗具有归一化形式(记为 z_e),即 $z_e = 1$,则 $C_1/C_2 = 1$。所以,任何波导模式均可利用式(6.6)和式(6.8) 或式(6.9) 确定 C_1,C_2,以便进一步定义等效电压和等效电流。

由此可见,只要用单模金属波导的等效电压和等效电流代替均匀传输线上的电压和电流,则可将单模金属波导等效为均匀传输线,而第 3 章中的均匀传输线的性质及其分析方法都可应用于单模金属波导等效的均匀传输线。

由于满足功率特性的 $U(z)$和 $I(z)$的值不唯一,因此单模波导等效为均匀传输线的等效阻抗 Z_e也是不确定的。单模波导的等效阻抗 Z_e的选择比较灵活,一般以实用、方便为原则。根据具体问题的需要,通常将等效阻抗 Z_e选为波导中传输模式的波阻抗 Z_w,而第 4 章第 4.1.2 节中介绍的TE_{10}模矩形波导的等效阻抗 Z_e的推导方法,同样适用于其他模式或其他截面形状的金属波导中的传输模式。

2. 多模传输系统的等效

当金属波导或其他色散传输系统存在多模传输时,由于每个模式的传输功率不受其他模式的影响(即各模式间没有能量耦合),而各模式的传播常数等参量均不相同,因此每个模式均可用一条独立的等效传输线表示。这样,可将传输 N 个模式的金属波导或其他色散传输系统等效为 N 条独立的传输线。此时,按单模波导的等效方式来等效多模波导的等效问题,则无耗传输的多模波导中的横向电磁场可分别表示为

$$\boldsymbol{E}_t(u,v,z) = \sum_{i=1}^{N} \boldsymbol{e}_i(u,v)U_i(z) = \sum_{i=1}^{N} \boldsymbol{e}_i(u,v)\left(\frac{U_i^+}{C_{1i}}e^{-j\beta_i z} + \frac{U_i^-}{C_{1i}}e^{j\beta_i z}\right) \tag{6.10a}$$

$$\boldsymbol{H}_t(u,v,z) = \sum_{i=1}^{N} \boldsymbol{h}_i(u,v)I_i(z) = \sum_{i=1}^{N} \boldsymbol{h}_i(u,v)\left(\frac{I_i^+}{C_{2i}}e^{-j\beta_i z} - \frac{I_i^-}{C_{2i}}e^{j\beta_i z}\right) \tag{6.10b}$$

式中,C_{1i},C_{2i}是各个模式的比例常数;$U_i(z)$和 $I_i(z)$是多模波导中第 i 个模式的等效电压和等效电流,而第 i 个模式的矢量模式函数满足的功率条件以及等效阻抗分别为

$$C_{1i}C_{2i} = \int_S (\boldsymbol{e}_i \times \boldsymbol{h}_i) \cdot \mathbf{a}_z \mathrm{d}S \tag{6.11a}$$

$$Z_{ei} = \frac{U_i^+}{I_i^+} = \frac{U_i^-}{I_i^-} = \frac{C_{1i}}{C_{2i}} \tag{6.11b}$$

这表明,对多模波导而言,可对各个模式进行等效,然后再进行合并。

例 6.1　求矩形波导中沿 $+z$ 方向单模传输的 TE_{10} 模的矢量模式函数以及等效电压和等效电流的表达式。

解:① 由于矩形波导中沿 $+z$ 方向传输的 TE_{10} 模的横向电磁场分量分别为

$$\left.\begin{aligned} E_y &= E_{10}\sin\frac{\pi x}{a}\mathrm{e}^{-\mathrm{j}\beta z} \\ H_x &= -\frac{E_{10}}{Z_{\mathrm{TE}_{10}}}\sin\frac{\pi x}{a}\mathrm{e}^{-\mathrm{j}\beta z} \end{aligned}\right\}$$

式中,$E_{10}=-\mathrm{j}\omega\mu a H_0/\pi$;$Z_{\mathrm{TE}_{10}}=\eta/\sqrt{1-(\lambda/2a)^2}$,为 TE_{10} 模的波阻抗。于是,由式(6.2)可得

$$\left.\begin{aligned} \boldsymbol{E}_{\mathrm{t}} &= A^{+}\sin\frac{\pi x}{a}\mathrm{e}^{-\mathrm{j}\beta z}\mathbf{a}_y \\ \boldsymbol{H}_{\mathrm{t}} &= -A^{+}\frac{1}{Z_{\mathrm{TE}_{10}}}\sin\frac{\pi x}{a}\mathrm{e}^{-\mathrm{j}\beta z}\mathbf{a}_x \end{aligned}\right\}$$

因此,TE_{10} 模的矢量模式函数可分别选取为

$$\left.\begin{aligned} \boldsymbol{e}(x,y) &= \sin\frac{\pi x}{a}\mathbf{a}_y \\ \boldsymbol{h}(x,y) &= -\frac{1}{Z_{\mathrm{TE}_{10}}}\sin\frac{\pi x}{a}\mathbf{a}_x \end{aligned}\right\}$$

② 将上式代入式(6.6)可得

$$C_1C_2 = \frac{ab}{2Z_{\mathrm{TE}_{10}}} \tag{6.12}$$

若选取 $Z_{\mathrm{e}}=Z_{\mathrm{TE}_{10}}$,而又知 $Z_{\mathrm{e}}=U^{+}/I^{+}=C_1/C_2$,将它们代入式(6.12),即得

$$C_1 = \sqrt{\frac{ab}{2}},\ C_2 = \frac{1}{Z_{\mathrm{TE}_{10}}}\sqrt{\frac{ab}{2}}$$

于是,再由(6.2)和(6.4)两式,可得沿 $+z$ 方向单模传输的 TE_{10} 模的等效电压与等效电流分别为

$$\left.\begin{aligned} U(z) &= C_1A^{+}\mathrm{e}^{-\mathrm{j}\beta z} = \sqrt{\frac{ab}{2}}E_{10}\mathrm{e}^{-\mathrm{j}\beta z} \\ I(z) &= C_2A^{+}\mathrm{e}^{-\mathrm{j}\beta z} = \sqrt{\frac{ab}{2}}\frac{E_{10}}{Z_{\mathrm{TE}_{10}}}\mathrm{e}^{-\mathrm{j}\beta z} \end{aligned}\right\}$$

类似地,若选取式(4.67)定义的 TE_{10} 模的等效阻抗 Z_{e},则 $+z$ 向单模传输的 TE_{10} 模的等效电压与等效电流分别为

$$\left.\begin{aligned} U(z) &= \frac{b}{\sqrt{2}}E_{10}\mathrm{e}^{-\mathrm{j}\beta z} \\ I(z) &= \frac{a}{\sqrt{2}}\frac{E_{10}}{Z_{\mathrm{TE}_{10}}}\mathrm{e}^{-\mathrm{j}\beta z} \end{aligned}\right\}$$

6.1.2　阻抗、电压和电流的归一化

在微波网络的分析中,常需将等效传输线上的等效电压(简称电压)、等效电流(简称电流)和等效阻抗(简称阻抗)分别对某个参数值进行归一化。采用归一化值可使问题的分析和计算得以简化。

根据式(3.58)可知,均匀传输线的归一化阻抗和反射系数间的关系为

$$z = \frac{Z}{Z_e} = \frac{1+\Gamma}{1-\Gamma} \tag{6.13}$$

因反射系数可通过测量唯一确定,故归一化阻抗也被唯一确定。在传输线理论中,归一化阻抗是以均匀传输线的特性阻抗 Z_c 作为参考阻抗的,对规则色散传输系统则以等效阻抗 Z_e 作为参考阻抗。

根据归一化阻抗的概念,与规则色散传输系统等效的均匀传输线上的归一化电压和归一化电流应满足以下关系:

$$z = \frac{Z}{Z_e} = \frac{U/\sqrt{Z_e}}{I\sqrt{Z_e}} = \frac{u}{i} \tag{6.14}$$

$$P = \frac{1}{2}\mathrm{Re}[UI^*] = \frac{1}{2}\mathrm{Re}[ui^*] \tag{6.15}$$

于是,定义归一化电压和归一化电流分别为

$$u = \frac{U}{\sqrt{Z_e}} \tag{6.16}$$

$$i = I\sqrt{Z_e} \tag{6.17}$$

电压、电流和阻抗归一化后,等效传输线上的入射波(反射波)电压和入射波(反射波)电流则满足以下关系:

$$z_e = \frac{u^+}{i^+} = -\frac{u^-}{i^-} = 1 \tag{6.18}$$

于是,$u^+ = i^+$,$u^- = -i^-$。因此,入射波功率为

$$P^+ = \frac{1}{2}\mathrm{Re}[u^+ i^{+*}] = \frac{1}{2}|u^+|^2 \tag{6.19}$$

由此可见,归一化入射波电压和归一化入射波电流相等,而入射波功率也只与归一化入射波电压的模的平方有关。因此,在归一化网络中只需引入一个量,即归一化入射波电压,这样可使网络的分析大为简化。

6.1.3　不均匀性区域等效为网络

任何一个微波元件都是由不均匀性区域和与其相连接的规则传输系统所构成。前面我

们已经讨论了色散传输系统等效为均匀传输线的等效方法，这里则简单地介绍如何将不均匀性区域等效为网络。

在不均匀性区域内部和边界上的电场和磁场必须满足麦克斯韦方程组，等效的依据就是这些方程组的解的唯一性定理。所谓唯一性定理，就是在封闭曲面所包围区域的边界上，若给定边界面上各点处的切向电场或切向磁场，或给定一部分边界面上各点处的切向电场和其余边界面上各点处的切向磁场，则封闭区域内任一点处的电磁场被唯一地确定。由于不均性区域的边界是由理想导体和与其相连接的分支规则传输系统的端口参考面所组成，而理想导体面上的切向电场为零，因此只需考虑不均匀性区域的各端口参考面上的切向场，这种切向场就是与不均匀性区域相连接的分支规则传输系统端口参考面上的横向场。对一个具有 N 端口的不均匀性区域而言，则有 $2N$ 个端口的横向场变量。根据唯一性定理可知，若给定各个端口参考面上的横向电场，则各个端口参考面上的横向磁场以及不均匀性区域内部的场分布也被唯一地确定；反之，当给定各端口参考面上的横向磁场时，各参考面上的横向电场和内部的场分布也被唯一地确定。由于网络各端口参考面上的(等效)电压和(等效)电流正比于各端口参考面上的横向电场或横向磁场，这样，端口参考面上的场变量就可用电压或电流来代替，从而将原来对不均匀性区域端口参考面上的特性的研究变成确定网络端口参考面上的电压与电流之间的关系。

考虑如图 6.1 所示的 N 端口微波元件。假设与该元件的不均匀性区域相连接的各个分支传输系统均工作于主模，并选取各参考面 T_i 与波的传播方向相垂直，且选取参考面距离不均匀性区域的足够远处(一般选为一个波导波长以上)，认为在该参考面处由不均匀性区域激起的高次模式的场的振幅可忽略不计，而不均匀性区域对主模的影响完全反映在与其等效的 N 端口网络中。值得指出的是，参考面的选取是任意的，但参考面被选定后则不能随意改变。这是因为规则传输系统实际上是微波网络的一部分，选择不同的参考面，将得到不同的等效网络结构。换言之，微波网络的结构形式与参考面的选择密切相关。

假设包围不均匀性区域的封闭面内无源，则封闭面内的电磁场满足以下复坡印亭定理：

$$
\begin{aligned}
-\int_V \nabla\cdot\left(\frac{1}{2}\boldsymbol{E}\times\boldsymbol{H}^*\right)\mathrm{d}V &= \mathrm{j}\,\frac{\omega}{2}\int_V(\mu\boldsymbol{H}\cdot\boldsymbol{H}^*-\varepsilon\boldsymbol{E}\cdot\boldsymbol{E}^*)\mathrm{d}V+\frac{1}{2}\int_V\sigma\boldsymbol{E}\cdot\boldsymbol{E}^*\,\mathrm{d}V \\
&= \mathrm{j}2\omega[(W_{\mathrm{m}})_{\mathrm{av}}-(W_{\mathrm{e}})_{\mathrm{av}}]+P_l
\end{aligned}
\tag{6.20}
$$

式中，$(W_{\mathrm{e}})_{\mathrm{av}}$，$(W_{\mathrm{m}})_{\mathrm{av}}$和 P_l 分别为体积 V 内储存的(平均)电场能量、磁场能量和损耗功率。对式(6.20)左端的体积应用散度定理，有

$$
\frac{1}{2}\int_V\nabla\cdot(\boldsymbol{E}\times\boldsymbol{H}^*)\mathrm{d}V=\frac{1}{2}\oint_S(\boldsymbol{E}\times\boldsymbol{H}^*)\cdot\boldsymbol{a}_n\mathrm{d}S=\frac{1}{2}\int_{S'+\sum_{i=1}^{N}S_i}(\boldsymbol{E}\times\boldsymbol{H}^*)\cdot\boldsymbol{a}_n\mathrm{d}S \tag{6.21}
$$

式中，$\boldsymbol{a}_n$ 为封闭面 S 的外法向单位矢量，S'为除各端口参考面 S_i 以外的曲面(即 $S=S'+\sum_{i=1}^{N}S_i$)。在理想导体的曲面 S'上，有 $\boldsymbol{a}_n\times\boldsymbol{E}=0$，因此上式沿网络的曲面 S'的面积分为零，只剩下对 N 个端口参考面 T_i 的面积分，即

$$
\frac{1}{2}\int_V\nabla\cdot(\boldsymbol{E}\times\boldsymbol{H}^*)\mathrm{d}V=\frac{1}{2}\sum_{i=1}^{N}\int_{S_i}(\boldsymbol{E}_{\mathrm{t}i}\times\boldsymbol{H}_{\mathrm{t}i}^*)\cdot\boldsymbol{a}_n\mathrm{d}S \tag{6.22}
$$

假设矢量模式函数 $\boldsymbol{e}(u,v)$ 和 $\boldsymbol{h}(u,v)$ 满足功率归一化条件(式(6.7)),则根据式(6.2),可将参考面 T_i 的横向电磁场表示为

$$\left.\begin{aligned}\boldsymbol{E}_{ti}(u_i,v_i,z_i) &= \boldsymbol{e}_i(u_i,v_i)U_i(z_i)\\ \boldsymbol{H}_{ti}(u_i,v_i,z_i) &= \boldsymbol{h}_i(u_i,v_i)I_i(z_i)\end{aligned}\right\} \tag{6.23}$$

将上式代入式(6.22),并利用功率归一化条件,可得

$$-\frac{1}{2}\int_V \nabla\cdot(\boldsymbol{E}\times\boldsymbol{H}^*)\mathrm{d}V = \frac{1}{2}\sum_{i=1}^{N}U_iI_i^* \tag{6.24}$$

式中的负号是由于规定电流指向网络而引起的。

比较(6.22)和(6.24)两式,可得

$$\frac{1}{2}\sum_{i=1}^{N}U_iI_i^* = \mathrm{j}2\omega[(W_\mathrm{m})_\mathrm{av}-(W_\mathrm{e})_\mathrm{av}]+P_l \tag{6.25}$$

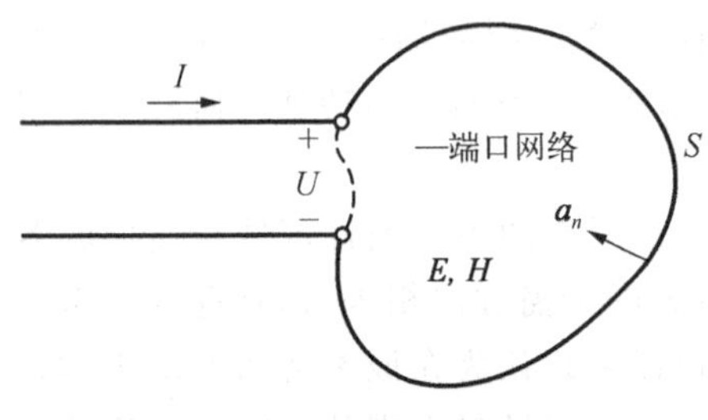

图 6.2 任意一端口网络

此式实际上是用复功率表示的能量守恒定律,它表明流入 N 端口网络的复功率应等于网络的消耗功率(有功功率)与网络中电磁场储能的时间变化率(无功功率)之和。

特别地,对如图 6.2 所示的任意一端口网络(或元件),由式(6.20)可得进入网络的复功率 P 为

$$P = \frac{1}{2}\oint_S(\boldsymbol{E}\times\boldsymbol{H}^*)\cdot\boldsymbol{a}_n\mathrm{d}S = \mathrm{j}2\omega[(W_\mathrm{m})_\mathrm{av}-(W_\mathrm{e})_\mathrm{av}]+P_l \tag{6.26}$$

式中,$\boldsymbol{a}_n$ 的方向指向网络内部。参考面处的电压和电流可根据式(6.23) 定义,则式(6.25)简化为

$$\frac{1}{2}UI^* = \mathrm{j}2\omega[(W_\mathrm{m})_\mathrm{av}-(W_\mathrm{e})_\mathrm{av}]+P_l \tag{6.27}$$

根据电路理论,若 Z 和 Y 分别代表从单端口网络参考面向网络视入的输入阻抗和输入导纳,有

$$\frac{1}{2}UI^* = \frac{1}{2}ZII^* = \frac{1}{2}Z\mid I\mid^2 \tag{6.28a}$$

$$\frac{1}{2}UI^* = \frac{1}{2}Y^*UU^* = \frac{1}{2}Y^*\mid U\mid^2 \tag{6.28b}$$

于是,将式(6.28)代入式(6.27)可得

$$Z = \frac{U}{I} = \frac{P_l}{\mid I\mid^2/2}+\mathrm{j}\left[\frac{2\omega\,(W_\mathrm{m})_\mathrm{av}}{\mid I\mid^2/2}-\frac{2\omega\,(W_\mathrm{e})_\mathrm{av}}{\mid I\mid^2/2}\right] = R+\mathrm{j}(X_L-X_C) = R+\mathrm{j}X \tag{6.29a}$$

$$Y = \frac{I}{U} = \frac{P_l}{\mid U\mid^2/2}+\mathrm{j}\left[\frac{2\omega\,(W_\mathrm{e})_\mathrm{av}}{\mid U\mid^2/2}-\frac{2\omega\,(W_\mathrm{m})_\mathrm{av}}{\mid U\mid^2/2}\right] = G+\mathrm{j}(G_C-G_L) = G+\mathrm{j}B \tag{6.29b}$$

式中，$R=2P_l/|I|^2$，$X_L=\omega L=4\omega(W_m)_{av}/|I|^2$，$X_C=1/(\omega C)=4\omega(W_e)_{av}/|I|^2$ 以及 $G=2P_l/|U|^2$，$G_C=\omega C=4\omega(W_e)_{av}/|U|^2$，$G_L=1/(\omega L)=4\omega(W_m)_{av}/|U|^2$。

显然，若单端口网络内部的电磁场能量满足$(W_m)_{av}=(W_e)_{av}$，则 Z 为纯实数，是纯电阻 R。若单端口网络无耗，$P_l=0$，$R=0$，$G=0$，则当$(W_m)_{av}>(W_e)_{av}$时，$X>0$，单端口网络呈现感性；当$(W_m)_{av}<(W_e)_{av}$时，$X<0$，单端口网络呈现容性。于是，由式(6.29a)可知，单端口网络可用电阻、电感和电容的串联进行等效。类似地，由式(6.29b)可知，单端口网络也可用电阻、电感和电容的并联进行等效。因此，只要单端口网络内部的电磁场确定，就可容易得到该单端口网络的等效电路。

若不均匀性区域内填充线性媒质，则麦克斯韦方程组为线性方程组，各场量间的关系是线性的，与其相对应的各端口参考面上的电压和电流间的关系也是线性的。对于这种线性网络，各端口参考面上的电压和电流关系可用一组具有常系数的方程组来表示，而这种方程组的常系数即为网络参量。由此可见，N 端口网络的网络参量可用一个 N 阶方阵来表示。

从下一节开始，我们将讨论各种网络矩阵参量的定义、性质以及它们之间的相互关系。在讨论过程中，除特殊说明以外，将假设网络线性、无源。

6.2 阻抗、导纳和转移矩阵

6.2.1 阻抗和导纳矩阵

对一个等效的 N 端口微波网络，若已知各端口参考面上的电流，要求各端口参考面上的电压时，用阻抗矩阵描述最为方便。利用线性叠加原理，可写出用各端口参考面上电流表示各端口参考面上电压的线性方程组，即

$$\left.\begin{aligned} U_1 &= Z_{11}I_1+Z_{12}I_2+\cdots+Z_{1N}I_N \\ U_2 &= Z_{21}I_1+Z_{22}I_2+\cdots+Z_{2N}I_N \\ &\vdots \\ U_N &= Z_{N1}I_1+Z_{N2}I_2+\cdots+Z_{NN}I_N \end{aligned}\right\} \tag{6.30}$$

用矩阵形式表示则为

$$[U]=[Z][I] \tag{6.31}$$

式中，$[U]=\begin{bmatrix} U_1 \\ U_2 \\ \vdots \\ U_N \end{bmatrix}$，$[I]=\begin{bmatrix} I_1 \\ I_2 \\ \vdots \\ I_N \end{bmatrix}$，为列矩阵；$[Z]=\begin{bmatrix} Z_{11} & Z_{12} & \cdots & Z_{1N} \\ Z_{21} & Z_{22} & \cdots & Z_{2N} \\ \vdots & \vdots & \cdots & \vdots \\ Z_{N1} & Z_{N2} & \cdots & Z_{NN} \end{bmatrix}$，为网络的阻抗矩阵，是 N 阶方阵，而 Z_{ij} 则为阻抗矩阵参量。

同理，可写出用电压表示电流的 N 端口网络的矩阵方程为

$$[I]=[Y][U] \tag{6.32}$$

式中,$[Y]=\begin{bmatrix} Y_{11} & Y_{12} & \cdots & Y_{1N} \\ Y_{21} & Y_{22} & \cdots & Y_{2N} \\ \vdots & \vdots & \cdots & \vdots \\ Y_{N1} & Y_{N2} & \cdots & Y_{NN} \end{bmatrix}$,为网络的导纳矩阵。

阻抗和导纳矩阵具有以下三个基本性质。

性质1:若网络内部不包含各向异性媒质(ε,μ,σ 均为标量),即网络呈可逆(互易)状态,则网络参量满足以下关系式:

$$Z_{ji}=Z_{ij},\quad Y_{ji}=Y_{ij}\quad (i,j=1,2,\cdots,N,i\neq j) \tag{6.33}$$

这种网络称为可逆(互易)网络,反之则称为不可逆(非互易)网络。

证明:对具有 N 端口的互易微波网络(网络中无有源器件、铁氧体或等离子体材料),假设除了端口①和端口②的参考面以外,其他各端口参考面上均被理想短路。现令该网络从内向外有场 $\boldsymbol{E}_a,\boldsymbol{H}_a$ 和 $\boldsymbol{E}_b,\boldsymbol{H}_b$ 存在,它们分别由网络中的两个独立的同频率的源产生,则由互易定理可知

$$\oint_S(\boldsymbol{E}_a\times\boldsymbol{H}_b)\cdot d\boldsymbol{S}=\oint_S(\boldsymbol{E}_b\times\boldsymbol{H}_a)\cdot d\boldsymbol{S} \tag{6.34}$$

式中,S 为沿 N 端口网络的边界并包括所有端口参考面的封闭曲面。若除了 N 端口网络的端口①和端口②的参考面以外,网络的边界壁面为理想导体,则上式中对闭曲面积分的贡献仅来自于端口①和端口②的参考面的横截面。

又根据网络等效原理的规定 a 可知,两个独立的同频率的源 a 和 b 在端口①和端口②的参考面上产生的横向场可分别表示为

$$\left.\begin{aligned} \boldsymbol{E}_{t1a}=\boldsymbol{e}_1U_{1a},\boldsymbol{H}_{t1a}=\boldsymbol{h}_1I_{1a};\quad \boldsymbol{E}_{t1b}=\boldsymbol{e}_1U_{1b},\boldsymbol{H}_{t1b}=\boldsymbol{h}_1I_{1b} \\ \boldsymbol{E}_{t2a}=\boldsymbol{e}_2U_{2a},\boldsymbol{H}_{t2a}=\boldsymbol{h}_2I_{2a};\quad \boldsymbol{E}_{t2b}=\boldsymbol{e}_2U_{2b},\boldsymbol{H}_{t2b}=\boldsymbol{h}_2I_{2b} \end{aligned}\right\} \tag{6.35}$$

式中,$\boldsymbol{e}_1,\boldsymbol{h}_1$ 和 $\boldsymbol{e}_2,\boldsymbol{h}_2$ 分别是端口①和端口②参考面上的矢量模式函数,而 U_i 和 $I_i(i=1,2)$ 则分别是参考面上的等效电压和等效电流。将式(6.35)代入式(6.34),可得

$$(U_{1a}I_{1b}-U_{1b}I_{1a})\int_{S_1}(\boldsymbol{e}_1\times\boldsymbol{h}_1)\cdot d\boldsymbol{S}+(U_{2a}I_{2b}-U_{2b}I_{2a})\int_{S_2}(\boldsymbol{e}_2\times\boldsymbol{h}_2)\cdot d\boldsymbol{S}=0 \tag{6.36}$$

式中,S_1 和 S_2 分别为端口①和端口②参考面的截面积。

再根据等效原理的功率归一化条件可知,式(6.36)中关于 S_1 和 S_2 的面积分均等于1,即

$$\int_{S_1}(\boldsymbol{e}_1\times\boldsymbol{h}_1)\cdot d\boldsymbol{S}=\int_{S_2}(\boldsymbol{e}_2\times\boldsymbol{h}_2)\cdot d\boldsymbol{S}=1 \tag{6.37}$$

于是,式(6.36) 简化为

$$U_{1a}I_{1b}-U_{1b}I_{1a}+U_{2a}I_{2b}-U_{2b}I_{2a}=0 \tag{6.38}$$

又因为二端口网络的导纳矩阵方程为

$$\left.\begin{aligned} I_1 &= Y_{11}U_1 + Y_{12}U_2 \\ I_2 &= Y_{21}U_1 + Y_{22}U_2 \end{aligned}\right\} \tag{6.39}$$

将上式代入式(6.38)并消去电流 I_1,I_2,即得

$$(U_{1a}U_{2b} - U_{1b}U_{2a})(Y_{12} - Y_{21}) = 0 \tag{6.40}$$

因为源 a 和 b 是相互独立的,从而 U_{1a},U_{1b},U_{2a}和 U_{2b}可取任意值。因此,为了使式(6.40)对任意选择的源均成立,则必有 $Y_{12}=Y_{21}$。又考虑到端口①和端口②是任意选取的,所以有

$$Y_{ij} = Y_{ji} \tag{6.41}$$

类似地,对互易网络,其阻抗矩阵参量同样满足关系:

$$Z_{ij} = Z_{ji} \tag{6.42}$$

性质 2:若网络既互易又无耗,则网络的所有阻抗和导纳参量均为纯虚数,即

$$Z_{ij} = \mathrm{j}X_{ij}\,,\ Y_{ij} = \mathrm{j}B_{ij} \quad (i,j = 1,2,\cdots,N) \tag{6.43}$$

证明:若网络无耗,则输入 N 端口网络的平均功率一定等于零,$\mathrm{Re}[P]=0$,而对互易网络,有

$$\begin{aligned} P &= \frac{1}{2}\sum_{i=1}^{N}U_iI_i^* = \frac{1}{2}[U]^{\mathrm{T}}[I]^* = \frac{1}{2}([Z][I])^{\mathrm{T}}[I]^* = \frac{1}{2}[I]^{\mathrm{T}}[Z][I]^* \\ &= \frac{1}{2}(I_1Z_{11}I_1^* + I_1Z_{12}I_2^* + I_2Z_{21}I_1^* + \cdots) = \frac{1}{2}\sum_{j=1}^{N}\sum_{i=1}^{N}I_iZ_{ij}I_j^* \end{aligned} \tag{6.44}$$

式中,利用了矩阵转置的运算规则:$([A][B])^{\mathrm{T}}=[B]^{\mathrm{T}}[A]^{\mathrm{T}}$,且$[Z]^{\mathrm{T}}=[Z]$。因为各端口(参考面)的电流 $I_j(j=1,2,\cdots,N)$独立,因此除第 j 个端口的电流 I_j 以外,令其他各端口电流均等于零。于是,由上式可知

$$\mathrm{Re}[I_jZ_{jj}I_j^*] = |I_j|^2\mathrm{Re}[Z_{jj}] = 0 \tag{6.45}$$

即

$$\mathrm{Re}[Z_{jj}] = 0 \quad 或 \quad Z_{jj} = \mathrm{j}X_{jj} \tag{6.46}$$

此外,假设除第 i 个和第 j 个端口的电流不为零以外,其他各端口电流均等于零。于是,由式(6.44)可知

$$\mathrm{Re}[(I_iI_j^* + I_jI_i^*)Z_{ij}] = 0 \tag{6.47}$$

因为$(I_iI_j^* + I_jI_i^*)$是纯实量,且一般不为零,从而有

$$\mathrm{Re}[Z_{ij}] = 0 \quad 或 \quad Z_{ij} = \mathrm{j}X_{ij} \tag{6.48}$$

所以,对所有的 i 和 j,必有 $\mathrm{Re}[Z_{ij}]=0$。同样可证明 $\mathrm{Re}[Y_{ij}]=0$。由此得证。

性质 3:若 N 端口网络在结构上具有对称性,如第 i 个端口和第 j 个端口具有对称性,则网络的阻抗和导纳参量满足以下关系:

$$Z_{ii}=Z_{jj},\quad Y_{ii}=Y_{jj}\quad (i\neq j) \tag{6.49}$$

阻抗和导纳矩阵的以上三个性质是推导其他网络矩阵(参量)性质的基础。

在微波网络中,常遇到网络的各端口接不同(等效)特性阻抗的传输线的情况,在此情况下,为计算方便,需将各端口参考面上的电压、电流以及阻抗或导纳进行归一化,使网络参量与端接传输线的等效阻抗无关。

为此,将式(6.16) 与(6.17)中未归一化电压和未归一化电流与等效阻抗 Z_e间的关系推广到 N 端口网络,有

$$[U]=[\sqrt{Z_c}][u] \tag{6.50}$$

$$[I]=[\sqrt{Z_c}]^{-1}[i] \tag{6.51}$$

式中$[\sqrt{Z_c}]$为 N 阶对角方阵,即$[\sqrt{Z_c}]=\mathrm{diag}(\sqrt{Z_{c1}},\sqrt{Z_{c2}},\cdots,\sqrt{Z_{cN}})$。同时,为了与特性阻抗使用的符号统一起见,这里将 Z_e改记为 Z_c,余同。

于是,将式(6.50)和式(6.51)代入式(6.31),可得

$$[u]=[\sqrt{Z_c}]^{-1}[Z][\sqrt{Z_c}]^{-1}[i]=[z][i] \tag{6.52a}$$

或

$$\begin{bmatrix} u_1\\ u_2\\ \vdots\\ u_N \end{bmatrix}=\begin{bmatrix} z_{11} & z_{12} & \cdots & z_{1N}\\ z_{21} & z_{22} & \cdots & z_{2N}\\ \vdots & \vdots & \cdots & \vdots\\ z_{N1} & z_{N2} & \cdots & z_{NN} \end{bmatrix}\begin{bmatrix} i_1\\ i_2\\ \vdots\\ i_N \end{bmatrix} \tag{6.52b}$$

式中,归一化阻抗矩阵与未归一化阻抗矩阵间的关系为

$$[z]=[\sqrt{Z_c}]^{-1}[Z][\sqrt{Z_c}]^{-1} \tag{6.53}$$

而归一化阻抗参量与未归一化阻抗参量间的关系为

$$z_{ii}=\frac{Z_{ii}}{Z_{ci}},\quad z_{ij}=\frac{Z_{ij}}{\sqrt{Z_{ci}Z_{cj}}} \tag{6.54}$$

类似地,将式(6.50)和式(6.51)代入式(6.32),可得

$$[i]=[\sqrt{Y_c}]^{-1}[Y][\sqrt{Y_c}]^{-1}[u]=[y][u] \tag{6.55a}$$

或

$$\begin{bmatrix} i_1\\ i_2\\ \vdots\\ i_N \end{bmatrix}=\begin{bmatrix} y_{11} & y_{12} & \cdots & y_{1N}\\ y_{21} & y_{22} & \cdots & y_{2N}\\ \vdots & \vdots & \cdots & \vdots\\ y_{N1} & y_{N2} & \cdots & y_{NN} \end{bmatrix}\begin{bmatrix} u_1\\ u_2\\ \vdots\\ u_N \end{bmatrix} \tag{6.55b}$$

式中,归一化导纳矩阵与未归一化导纳矩阵间的关系为

$$[y]=[\sqrt{Y_c}]^{-1}[Y][\sqrt{Y_c}]^{-1} \tag{6.56}$$

而$[\sqrt{Y_c}]$也为 N 阶对角方阵，即$[\sqrt{Y_c}]=\mathrm{diag}(\sqrt{Y_{c1}},\sqrt{Y_{c2}},\cdots,\sqrt{Y_{cN}})$，归一化导纳参量与未归一化导纳参量间的关系为

$$y_{ii}=\frac{Y_{ii}}{Y_{ci}},\quad y_{ij}=\frac{Y_{ij}}{\sqrt{Y_{ci}Y_{cj}}} \tag{6.57}$$

由(6.52b)和(6.55b)两式不难导出

$$[y]=[z]^{-1}\quad 或\quad [z]=[y]^{-1} \tag{6.58}$$

归一化阻抗和导纳参量仍具有以下性质：

(a) 互易性：$z_{ij}=z_{ji}$，$y_{ij}=y_{ji}$；

(b) 无耗、互易性：$z_{ij}=\mathrm{j}x_{ji}$，$y_{ij}=\mathrm{j}b_{ji}$；

(c) 对称性：$z_{ii}=z_{jj}$，$y_{ii}=y_{jj}$。

N 个端口的网络一般有 N^2 个独立参量，若网络可逆(互易)，因 $Z_{ji}=Z_{ij}$，$Y_{ji}=Y_{ij}$(或 $z_{ji}=z_{ij}$，$y_{ji}=y_{ij}$)，故独立参量减少到 $N(N+1)/2$ 个。若网络又具有 k 个对称关系，则独立参量减少到$[N(N+1)/2-k]$个。如二端口互易网络有三个独立参量，而对称二端口网络则只有两个独立参量。

对多个网络的串联，采用阻抗矩阵分析网络较为方便。图 6.3 示出了两个二端口网络串联构成的总的二端口网络，其中 U_1'，I_1'，U_2'和 I_2'为分网络 N_1 的端口①和端口②参考面处的电压和电流，U_1''，I_1''，U_2''和 I_2''为分网络 N_2 的端口①和端口②参考面处的电压和电流，而 U_1，I_1，U_2 和 I_2 为总的二端口网络的端口①和端口②参考面处的电压和电流。显然，总的二端口网络的端口①和端口②参考面处的电压和电流与两个分网络的端口①和端口②参考面处的电压和电流之间满足关系：$U_1=U_1'+U_1''$，$U_2=U_2'+U_2''$以及 $I_1=I_1'=I_1''$，$I_2=I_2'=I_2''$(或$[U]=[U']+[U'']$以及$[I]=[I']=[I'']$)。于是，将上述端口参考面处电压和电流的关系代入阻抗矩阵方程，并设各个分网络的阻抗矩阵分别为$[Z']$和$[Z'']$，则总的二端口网络的电压和电流之间满足以下关系：

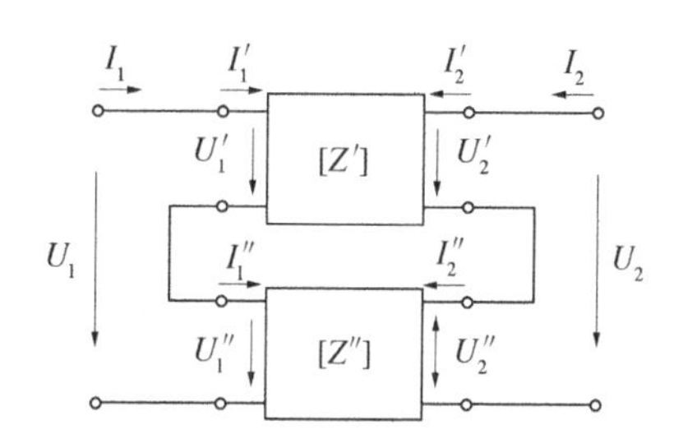

图 6.3　两端口网络的串联连接

$$[U]=[U']+[U'']=[Z'][I']+[Z''][I'']=([Z']+[Z''])[I]=[Z][I]$$

即总的二端口网络的阻抗矩阵$[Z]$为

$$[Z]=[Z']+[Z'']=\begin{bmatrix} Z_{11}'+Z_{11}'' & Z_{12}'+Z_{12}'' \\ Z_{21}'+Z_{21}'' & Z_{22}'+Z_{22}'' \end{bmatrix} \tag{6.59}$$

这表明，总的二端口网络的阻抗参量等于各个二端口分网络的阻抗参量之和。

一般地，对 N 个多端口网络串联，设各个分网络的阻抗矩阵分别为$[Z_1]$，$[Z_2]$，…，

$[Z_N]$,则总的 N 个多端口网络串联网络的阻抗矩阵$[Z]$为

$$[Z]=[Z_1]+[Z_2]+\cdots+[Z_N] \tag{6.60}$$

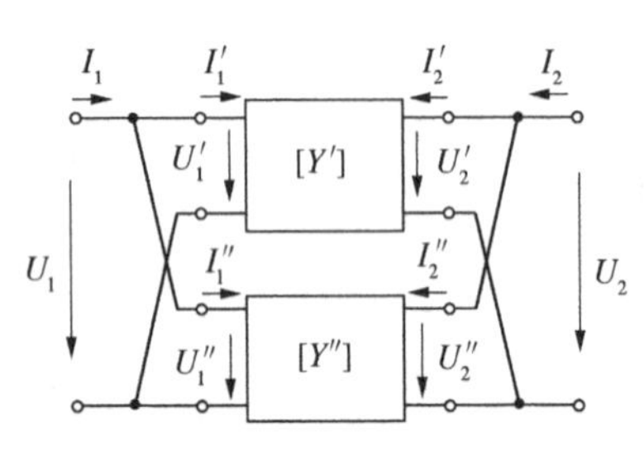

图 6.4　两端口网络的并联连接

类似地,对多个网络的并联,利用导纳矩阵分析网络则较为方便。图 6.4 示出了两个二端口网络并联构成的总的二端口网络,其中总的二端口网络的端口①和端口②参考面处的电压和电流和两个分网络的端口①和端口②参考面处的电压和电流之间满足关系:$I_1=I_1'+I_1''$,$I_2=I_2'+I_2''$ 以及 $U_1=U_1'=U_1''$,$U_2=U_2'=U_2''$(或 $[I]=[I']+[I'']$ 以及 $[U]=[U']=[U'']$)。于是,将上述端口参考面处电压和电流的关系代入导纳矩阵方程,并设各个分网络的导纳矩阵分别为$[Y']$和$[Y'']$,则总的二端口网络的电流和电压之间满足以下关系:

$$[I]=[I']+[I'']=[Y'][U']+[Y''][U'']=([Y']+[Y''])[U]=[Y][U]$$

即总的二端口网络的导纳矩阵$[Y]$为

$$[Y]=[Y']+[Y'']=\begin{bmatrix} Y_{11}'+Y_{11}'' & Y_{12}'+Y_{12}'' \\ Y_{21}'+Y_{21}'' & Y_{22}'+Y_{22}'' \end{bmatrix} \tag{6.61}$$

这表明,总的二端口网络的导纳参量等于各个二端口分网络的导纳参量之和。

一般地,对 N 个多端口网络并联,设各个分网络的导纳矩阵分别为$[Y_1]$,$[Y_2]$,…,$[Y_N]$,则总的 N 个多端口并联网络的导纳矩阵$[Y]$为

$$[Y]=[Y_1]+[Y_2]+\cdots+[Y_N] \tag{6.62}$$

例 6.2　求如图 6.5 所示二端口网络的导纳矩阵,其中 $Y_1=0.1\text{S}$,$Y_2=0.2\text{S}$,$Y_3=0.025\text{S}$,$Y_4=0.05\text{S}$。

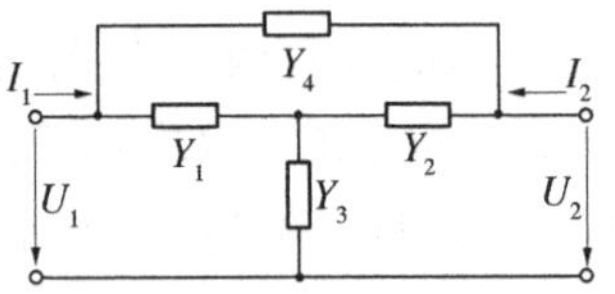

解:方法Ⅰ(直接利用电路理论的公式推导):

假设波源与端口①相连而端口②短路,有

$$I_1=\left[Y_4+\frac{Y_1(Y_2+Y_3)}{Y_1+Y_2+Y_3}\right]U_1=0.119\,2U_1\quad\text{(A)}$$

图 6.5　二端口网络

设通过 Y_4 的电流为 I_{14},有

$$I_{14}=\frac{Y_4}{Y_4+[Y_1(Y_2+Y_3)/(Y_1+Y_2+Y_3)]}I_1=0.05U_1\quad\text{(A)}$$

于是,通过 Y_1 的电流为 $I_1-I_{14}=0.069\,2U_1$。设通过 Y_2 的电流为 I_{22},利用分流公式可得电流 I_{22} 为

$$I_{22}=\frac{Y_2}{Y_2+Y_3}(I_1-I_{14})=0.061\,5U_1\quad\text{(A)}$$

从而 $I_2=-(I_{14}+I_{22})=-0.111\,5U_1$ A。因此,有

$$Y_{11}=\frac{I_1}{U_1}\bigg|_{U_2=0}=0.1192\quad(\text{S})$$

以及

$$Y_{21}=\frac{I_2}{U_1}\bigg|_{U_2=0}=-0.1115\quad(\text{S})$$

类似地，假设波源与端口②相连而端口①短路，有

$$I_2=\left[Y_4+\frac{Y_2(Y_1+Y_3)}{Y_1+Y_2+Y_3}\right]U_2=0.1269U_2\quad(\text{A})$$

设通过 Y_4 的电流为 I_{24}，有

$$I_{24}=\frac{Y_4}{Y_4+[Y_2(Y_1+Y_3)/(Y_1+Y_2+Y_3)]}I_2=0.05U_2\quad(\text{A})$$

于是，通过 Y_2 的电流为 $I_2-I_{24}=0.0769U_2$。设通过 Y_1 的电流为 I_{11}，利用分流公式可得电流 I_{11} 为

$$I_{11}=\frac{Y_1}{Y_1+Y_3}(I_2-I_{24})=0.0615U_2\quad(\text{A})$$

从而 $I_1=-(I_{24}+I_{11})=-0.1115U_2$ A。因此，有

$$Y_{12}=\frac{I_1}{U_2}\bigg|_{U_1=0}=-0.1115\quad(\text{S})$$

以及

$$Y_{21}=\frac{I_2}{U_2}\bigg|_{U_1=0}=0.1269\quad(\text{S})$$

所以，该二端口网络的导纳矩阵为

$$[Y]=\begin{bmatrix}Y_{11} & Y_{12}\\ Y_{21} & Y_{22}\end{bmatrix}=\begin{bmatrix}0.1192 & -0.1115\\ -0.1115 & 0.1269\end{bmatrix}$$

方法Ⅱ（利用网络并联导纳矩阵推导）：

由于总的二端口网络可视为两个分网络并联而成，如图 6.6 所示。对仅由 Y_4 串联构成的分网络，仿照方法Ⅰ中的推导思路，容易导出其导纳矩阵 $[Y']$ 为

$$[Y']=\begin{bmatrix}0.05 & -0.05\\ -0.05 & 0.05\end{bmatrix}$$

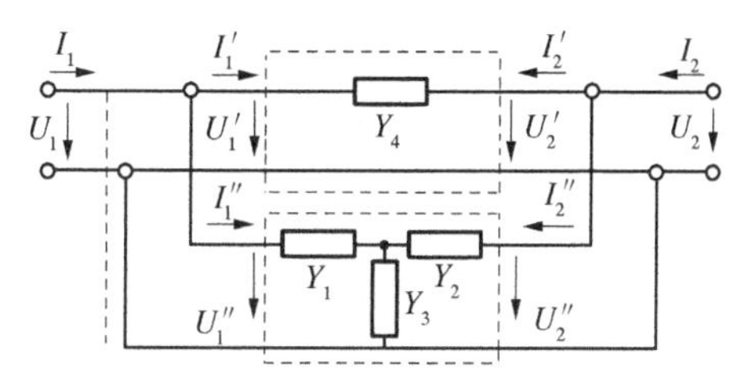

图 6.6　二端口网络的分解

而对由 Y_1，Y_2 以及 Y_3 构成的 T 型分网络，可导出其导纳矩阵 $[Y'']$ 为

$$[Y'']=\begin{bmatrix}0.0692 & -0.0615\\ -0.0615 & 0.0769\end{bmatrix}$$

因此,总的二端口网络的导纳矩阵[Y]为两分网络的导纳矩阵之和,即

$$[Y]=[Y']+[Y'']=\begin{bmatrix}0.05 & -0.05\\ -0.05 & 0.05\end{bmatrix}+\begin{bmatrix}0.069\,2 & -0.061\,5\\ -0.061\,5 & 0.076\,9\end{bmatrix}$$

$$=\begin{bmatrix}0.119\,2 & -0.111\,5\\ -0.111\,5 & 0.126\,9\end{bmatrix}$$

这同方法Ⅰ导出的结果完全相同。

6.2.2　转移矩阵

只有两个端口并在分支传输线系统中只有一个传输模式的微波元件可等效为如图 6.7 所示的二端口网络。其中,U_1,I_1 代表端口参考面 T_1 处的电压和电流;U_2,I_2 代表 T_2 处的电压和电流;Z_{c1},Z_{c2}分别为输入、输出(等效)均匀传输线的(等效)特性阻抗。

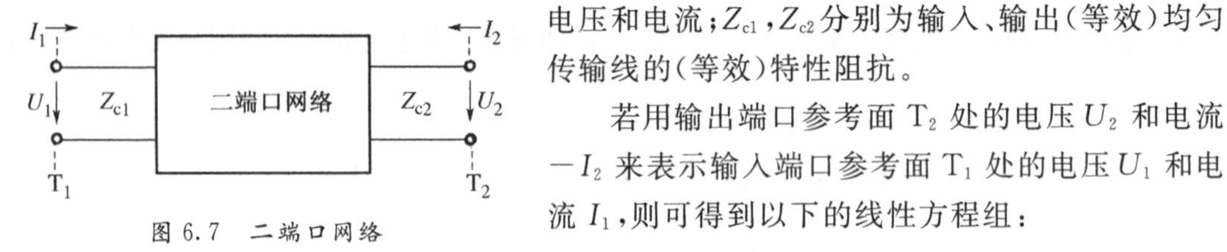

图 6.7　二端口网络

若用输出端口参考面 T_2 处的电压 U_2 和电流 $-I_2$ 来表示输入端口参考面 T_1 处的电压 U_1 和电流 I_1,则可得到以下的线性方程组:

$$\left.\begin{aligned}U_1&=AU_2-BI_2\\ I_1&=CU_2-DI_2\end{aligned}\right\}\tag{6.63}$$

式中的负号是由于对 I_2 正方向的规定而引出的,网络转移矩阵是规定网络输出端口参考面处的电流指向网络外部,这样规定的电流方向在实用中更为方便。式(6.63)可用矩阵形式表示为

$$\begin{bmatrix}U_1\\ I_1\end{bmatrix}=\begin{bmatrix}A & B\\ C & D\end{bmatrix}\begin{bmatrix}U_2\\ -I_2\end{bmatrix}=[A]\begin{bmatrix}U_2\\ -I_2\end{bmatrix}\tag{6.64}$$

式中,$[A]=\begin{bmatrix}A & B\\ C & D\end{bmatrix}$,称为二端口网络的转移矩阵。$A$,$B$,$C$,$D$ 为网络的转移参量,由输出端口参考面 T_2 处开路或短路条件定义如下:

$A=\dfrac{U_1}{U_2}\Big|_{I_2=0}$,表示输出端口参考面 T_2 开路时电压传输系数的倒数;

$B=\dfrac{U_1}{-I_2}\Big|_{U_2=0}$,表示输出端口参考面 T_2 短路时的转移阻抗;

$C=\dfrac{I_1}{U_2}\Big|_{I_2=0}$,表示输出端口参考面 T_2 开路时的转移导纳;

$D=\dfrac{I_1}{-I_2}\Big|_{U_2=0}$,表示输出端口参考面 T_2 短路时的电流转移系数。

将式(6.64)中的电压、电流分别关于 Z_{c1},Z_{c2} 归一化,可得

$$\begin{bmatrix} u_1 \\ i_1 \end{bmatrix} = \begin{bmatrix} a & b \\ c & d \end{bmatrix} \begin{bmatrix} u_2 \\ -i_2 \end{bmatrix} = [a] \begin{bmatrix} u_2 \\ -i_2 \end{bmatrix} \tag{6.65}$$

式中，$[a] = \begin{bmatrix} a & b \\ c & d \end{bmatrix}$，为归一化的转移矩阵，而 $a = A\sqrt{Z_{c2}/Z_{c1}}$，$b = B/\sqrt{Z_{c1}Z_{c2}}$，$c = C\sqrt{Z_{c1}Z_{c2}}$，$d = D\sqrt{Z_{c1}/Z_{c2}}$。

由二端口网络的归一化阻抗矩阵方程：

$$\begin{bmatrix} u_1 \\ u_2 \end{bmatrix} = \begin{bmatrix} z_{11} & z_{12} \\ z_{21} & z_{22} \end{bmatrix} \begin{bmatrix} i_1 \\ i_2 \end{bmatrix}$$

可解出用 u_2，$-i_2$ 表示 u_1，i_1 的矩阵方程，再同归一化的转移矩阵方程式(6.65) 相比较，得

$$a = \frac{z_{11}}{z_{21}},\quad b = \frac{z_{11}z_{22} - z_{12}z_{21}}{z_{21}},\quad c = \frac{1}{z_{21}},\quad d = \frac{z_{22}}{z_{21}} \tag{6.66}$$

由此可从归一化阻抗参量的性质导出归一化转移参量的以下性质：

① 网络互易：$ad - bc = 1$；

② 网络对称：$a = d$；

③ 网络无耗、互易：a，d 为实数；b，c 为虚数。

由于转移矩阵方程是用网络输出端口参考面上电压和电流来表示输入端口参考面上电压、电流之间关系的，因此在分析级联二端口网络时十分有用。对于如图 6.8 所示的转移矩阵分别为$[a_1]$，$[a_2]$，…，$[a_N]$的 N 个二端口级联网络，其中 T_1 和 T_2，T_2 和 T_3，…，T_N 和 T_{N+1}分别为第 1 个，第 2 个，…，第 N 个分网络的两个参考面，各个分网络的归一化转移矩阵方程分别为

$$\begin{bmatrix} u_1 \\ i_1 \end{bmatrix} = \begin{bmatrix} a_1 & b_1 \\ c_1 & d_1 \end{bmatrix} \begin{bmatrix} u_2 \\ i_2 \end{bmatrix} = [a_1] \begin{bmatrix} u_2 \\ i_2 \end{bmatrix}$$

$$\begin{bmatrix} u_2 \\ i_2 \end{bmatrix} = \begin{bmatrix} a_2 & b_2 \\ c_2 & d_2 \end{bmatrix} \begin{bmatrix} u_3 \\ i_3 \end{bmatrix} = [a_2] \begin{bmatrix} u_3 \\ i_3 \end{bmatrix}$$

$$\vdots$$

$$\begin{bmatrix} u_N \\ i_N \end{bmatrix} = \begin{bmatrix} a_N & b_N \\ c_N & d_N \end{bmatrix} \begin{bmatrix} u_{N+1} \\ i_{N+1} \end{bmatrix} = [a_N] \begin{bmatrix} u_{N+1} \\ i_{N+1} \end{bmatrix} \tag{6.67}$$

而总网络的归一化转移矩阵方程为

$$\begin{bmatrix} u_1 \\ i_1 \end{bmatrix} = \begin{bmatrix} a & b \\ c & d \end{bmatrix} \begin{bmatrix} u_{N+1} \\ i_{N+1} \end{bmatrix} = [a] \begin{bmatrix} u_{N+1} \\ i_{N+1} \end{bmatrix} \tag{6.68}$$

于是，由(6.67)和(6.68)两式，有

$$\begin{bmatrix} a & b \\ c & d \end{bmatrix} = \begin{bmatrix} a_1 & b_1 \\ c_1 & d_1 \end{bmatrix} \begin{bmatrix} a_2 & b_2 \\ c_2 & d_2 \end{bmatrix} \cdots \begin{bmatrix} a_N & b_N \\ c_N & d_N \end{bmatrix}$$

或
$$[a]=[a_1][a_2]\cdots[a_N] \tag{6.69}$$

由此可见,级联二端口网络总的归一化转移矩阵等于各个分网络的归一化转移矩阵之积。

同理,对参考阻抗均相等的 N 个分网络的级联,总网络的未归一化转移矩阵同样等于各个分网络的未归一化转移矩阵的乘积,即

$$[A]=[A_1][A_2]\cdots[A_N] \tag{6.70}$$

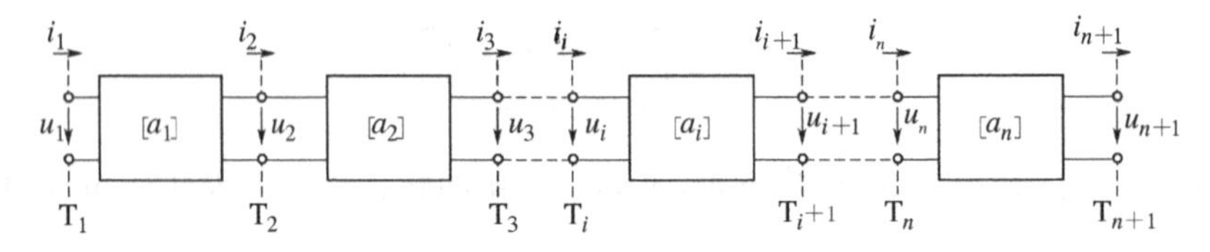

图 6.8　二端口网络的级联

利用转移参量求解输出端口参考面处接任意负载的二端口网络输入端口参考面处的输入阻抗和反射系数较为方便,如图 6.9 所示。

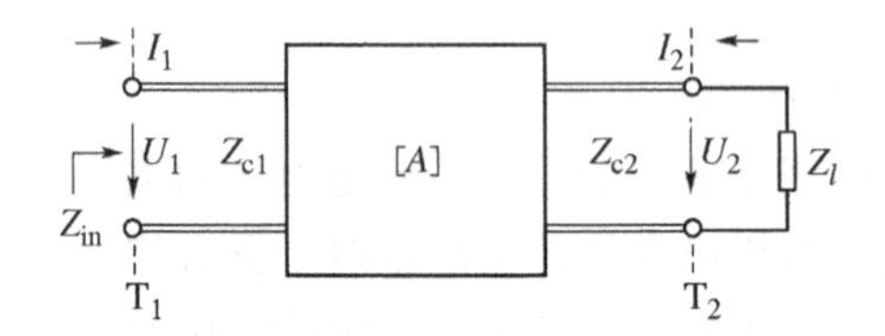

图 6.9　接有任意负载的二端口网络

由式(6.64),并考虑到网络输出端口参考面 T_2 处的电压 U_2 和电流 $-I_2$ 间的关系为 $U_2/(-I_2)=Z_l$。于是,参考面 T_1 处的输入阻抗为

$$Z_{in}=\frac{U_1}{I_1}=\frac{AU_2-BI_2}{CU_2-DI_2}=\frac{AZ_l+B}{CZ_l+D} \tag{6.71}$$

将上式中的电压和电流分别对 Z_{c1} 和 Z_{c2} 进行归一化,可得

$$z_{in}=\frac{u_1}{i_1}=\frac{az_l+b}{cz_l+d} \tag{6.72}$$

式中,$z_{in}=Z_{in}/Z_{c1}$,$z_l=Z_l/Z_{c2}$。由上式即得参考面 T_1 处的输入端反射系数为

$$\Gamma_{in}=\frac{z_{in}-1}{z_{in}+1}=\frac{(a-c)z_l+(b-d)}{(a+c)z_l+(b+d)} \tag{6.73}$$

前述的三种网络矩阵各有用处,但在微波网络的分析和计算中,使用更多的则是转移矩阵。由于归一化阻抗、归一化导纳和归一化转移矩阵均是描述网络各端口参考面上的归一化电压和归一化电流之间关系的,因此它们之间必然存在着转换关系,其归一化参量之间的转换关系列于表 6.1 中。

表 6.1　二端口网络的常用矩阵参量之间的转换关系

网络参量	以[z]参量表示	以[y]参量表示	以[a]参量表示	以[S]参量表示
z_{11}	z_{11}	$\frac{y_{22}}{\|y\|}$	$\frac{a}{c}$	$\frac{1+S_{11}-S_{22}-\|S\|}{1-S_{11}-S_{22}+\|S\|}$
z_{12}	z_{12}	$-\frac{y_{12}}{\|y\|}$	$\frac{\|a\|}{c}$	$\frac{2S_{12}}{1-S_{11}-S_{22}+\|S\|}$
z_{21}	z_{21}	$-\frac{y_{21}}{\|y\|}$	$\frac{1}{c}$	$\frac{2S_{21}}{1-S_{11}-S_{22}+\|S\|}$
z_{22}	z_{22}	$\frac{y_{11}}{\|y\|}$	$\frac{d}{c}$	$\frac{1-S_{11}+S_{22}-\|S\|}{1-S_{11}-S_{22}+\|S\|}$
y_{11}	$\frac{z_{22}}{\|z\|}$	y_{11}	$\frac{d}{b}$	$\frac{1-S_{11}+S_{22}-\|S\|}{1+S_{11}+S_{22}+\|S\|}$
y_{12}	$-\frac{z_{12}}{\|z\|}$	y_{12}	$-\frac{\|a\|}{b}$	$\frac{-2S_{12}}{1+S_{11}+S_{22}+\|S\|}$
y_{21}	$-\frac{z_{21}}{\|z\|}$	y_{21}	$-\frac{1}{b}$	$\frac{-2S_{21}}{1+S_{11}+S_{22}+\|S\|}$
y_{22}	$\frac{z_{11}}{\|z\|}$	y_{22}	$\frac{a}{b}$	$\frac{1+S_{11}-S_{22}-\|S\|}{1+S_{11}+S_{22}+\|S\|}$
a	$\frac{z_{11}}{z_{21}}$	$-\frac{y_{22}}{y_{21}}$	a	$\frac{1+S_{11}-S_{22}-\|S\|}{2S_{21}}$
b	$\frac{\|z\|}{z_{21}}$	$-\frac{1}{y_{21}}$	b	$\frac{1+S_{11}+S_{22}+\|S\|}{2S_{21}}$
c	$\frac{1}{z_{21}}$	$-\frac{\|y\|}{y_{21}}$	c	$\frac{1-S_{11}-S_{22}+\|S\|}{2S_{21}}$
d	$\frac{z_{22}}{z_{21}}$	$-\frac{y_{11}}{y_{21}}$	d	$\frac{1-S_{11}+S_{22}-\|S\|}{2S_{21}}$
S_{11}	$\frac{\|z\|-1+z_{11}-z_{22}}{\|z\|+1+z_{11}+z_{22}}$	$\frac{1-\|y\|-y_{11}+y_{22}}{1+\|y\|+y_{11}+y_{22}}$	$\frac{a+b-c-d}{a+b+c+d}$	S_{11}
S_{12}	$\frac{2z_{12}}{\|z\|+1+z_{11}+z_{22}}$	$\frac{-2y_{12}}{1+\|y\|+y_{11}+y_{22}}$	$\frac{2\|a\|}{a+b+c+d}$	S_{12}
S_{21}	$\frac{2z_{21}}{\|z\|+1+z_{11}+z_{22}}$	$\frac{-2y_{21}}{1+\|y\|+y_{11}+y_{22}}$	$\frac{2}{a+b+c+d}$	S_{21}
S_{22}	$\frac{\|z\|-1-z_{11}+z_{22}}{\|z\|+1+z_{11}+z_{22}}$	$\frac{1-\|y\|+y_{11}-y_{22}}{1+\|y\|+y_{11}+y_{22}}$	$\frac{b+d-a-c}{a+b+c+d}$	S_{22}

注：表中，$|z|=z_{11}z_{22}-z_{12}z_{21}$，$|y|=y_{11}y_{22}-y_{12}y_{21}$，$|a|=ad-bc$，$|S|=S_{11}S_{22}-S_{12}S_{21}$，分别为各二阶矩阵的行列式。

例 6.3　如图 6.10 所示，参考面 T_1，T_2 之间为一二端口级联网络，求该二端口网络的 $[a]$。其中 Y 为并联导纳。

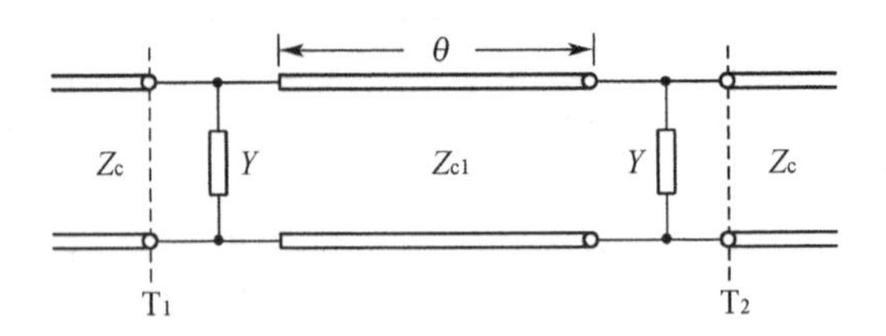

图 6.10　两并联导纳与传输线构成的二端口网络

解：

法Ⅰ(采用未归一化的转移矩阵求解)

因为参考面 T_1，T_2 间的二端口级联网络可分解为三个分网络，因此总的二端口网络的未归一化的转移矩阵 $[A]$ 为

$$[A]=\begin{bmatrix}1 & 0\\ Y & 1\end{bmatrix}\begin{bmatrix}\cos\theta & \mathrm{j}Z_{c1}\sin\theta\\ \mathrm{j}\dfrac{1}{Z_{c1}}\sin\theta & \cos\theta\end{bmatrix}\begin{bmatrix}1 & 0\\ Y & 1\end{bmatrix}$$

$$=\begin{bmatrix}\cos\theta+\mathrm{j}YZ_{c1}\sin\theta & \mathrm{j}Z_{c1}\sin\theta\\ \mathrm{j}Y^2Z_{c1}\sin\theta+2Y\cos\theta+\mathrm{j}\dfrac{\sin\theta}{Z_{c1}} & \mathrm{j}YZ_{c1}\sin\theta+\cos\theta\end{bmatrix}$$

于是，根据未归一化转移矩阵 $[A]$ 与归一化转移矩阵 $[a]$ 的矩阵参量间的转换关系，可得 $a=A$，$b=B/Z_c$，$c=CZ_c$，$d=D$。于是，总的二端口网络归一化转移矩阵 $[a]$ 为

$$[a]=\begin{bmatrix}\cos\theta+\mathrm{j}y\dfrac{Z_{c1}}{Z_c}\sin\theta & \mathrm{j}\dfrac{Z_{c1}}{Z_c}\sin\theta\\ 2y\cos\theta+\mathrm{j}\dfrac{Z_c}{Z_{c1}}\sin\theta+\mathrm{j}y^2\dfrac{Z_{c1}}{Z_c}\sin\theta & \mathrm{j}y\dfrac{Z_{c1}}{Z_c}\sin\theta+\cos\theta\end{bmatrix}$$

其中，$y=Y/Y_c=YZ_c$。

法Ⅱ(采用长度为零的虚拟线法进行求解)

如图 6.10 所示，将并联导纳与均匀无耗传输线间接入长度为零，特性阻抗为 Z_c 的虚拟传输线。因虚拟传输线的归一化的转移矩阵 $[a]_v=\begin{bmatrix}1 & 0\\ 0 & 1\end{bmatrix}$，故总的二端口网络的归一化转移矩阵 $[a]$ 为

$$[a]=\begin{bmatrix}1 & 0\\ y & 1\end{bmatrix}\begin{bmatrix}1 & 0\\ 0 & 1\end{bmatrix}\begin{bmatrix}\cos\theta & \mathrm{j}\dfrac{Z_{c1}}{Z_c}\sin\theta\\ \mathrm{j}\dfrac{Z_c}{Z_{c1}}\sin\theta & \cos\theta\end{bmatrix}\begin{bmatrix}1 & 0\\ 0 & 1\end{bmatrix}\begin{bmatrix}1 & 0\\ y & 1\end{bmatrix}$$

$$=\begin{bmatrix}\cos\theta & \mathrm{j}\dfrac{Z_{c1}}{Z_c}\sin\theta\\ y\cos\theta+\mathrm{j}\dfrac{Z_c}{Z_{c1}}\sin\theta & \mathrm{j}y\dfrac{Z_{c1}}{Z_c}\sin\theta+\cos\theta\end{bmatrix}\begin{bmatrix}1 & 0\\ y & 1\end{bmatrix}$$

$$=\begin{bmatrix} \cos\theta+\mathrm{j}y\dfrac{Z_{c1}}{Z_c}\sin\theta & \mathrm{j}\dfrac{Z_{c1}}{Z_c}\sin\theta \\ 2y\cos\theta+\mathrm{j}\dfrac{Z_c}{Z_{c1}}\sin\theta+\mathrm{j}y^2\dfrac{Z_{c1}}{Z_c}\sin\theta & \mathrm{j}y\dfrac{Z_{c1}}{Z_c}\sin\theta+\cos\theta \end{bmatrix}$$

显然两种方法得到的结果完全相同。

6.3 散射矩阵

前面引出的表征微波网络的三种电路矩阵，在工程应用中用来描述微波网络不太方便。这是因为在微波电路中，电压和电流的概念已失去了明确的物理意义，且在微波频率上难以实现上述三种矩阵参量所要求的各参考面上开路的要求。而在微波频率上能直接测量的是驻波系数、反射系数以及功率等，即在网络相连接的各分支传输系统端口参考面处的入射波和反射波的相对大小和相位（相对入射波而言）是可以测量的。散射矩阵就是用网络各端口参考面处的入射波和反射波来描述微波网络的，它是在微波网络的分析和综合中用得最多的一种既便于测量又概念清晰的网络矩阵。

6.3.1 散射参量的定义

由传输线理论可知，均匀无耗传输线上任一点 z 处的电压和电流可表示为

$$\left.\begin{aligned} U(z) &= U^+\mathrm{e}^{-\mathrm{j}\beta z}+U^-\mathrm{e}^{\mathrm{j}\beta z}=U^+(z)+U^-(z) \\ I(z) &= \frac{1}{Z_c}(U^+\mathrm{e}^{-\mathrm{j}\beta z}-U^-\mathrm{e}^{\mathrm{j}\beta z})=I^+(z)+I^-(z) \end{aligned}\right\} \tag{6.74}$$

将上式进一步整理，并将电压和电流对 Z_c 归一化，可得

$$\left.\begin{aligned} \frac{U^+(z)\mathrm{e}^{-\mathrm{j}\beta z}}{\sqrt{Z_c}} &= \frac{1}{2}\left[\frac{U(z)}{\sqrt{Z_c}}+\sqrt{Z_c}\,I(z)\right] \\ \frac{U^-(z)\mathrm{e}^{+\mathrm{j}\beta z}}{\sqrt{Z_c}} &= \frac{1}{2}\left[\frac{U(z)}{\sqrt{Z_c}}-\sqrt{Z_c}\,I(z)\right] \end{aligned}\right\} \tag{6.75}$$

令

$$u^+=\frac{U^+(z)}{\sqrt{Z_c}},\quad u^-=\frac{U^-(z)}{\sqrt{Z_c}} \tag{6.76}$$

式中，u^+ 和 u^- 分别为归一化入射波和归一化反射波（或归一化出射波），显然有

$$\frac{u^-}{u^+}=\frac{U^-\mathrm{e}^{\mathrm{j}\beta z}}{U^+\mathrm{e}^{-\mathrm{j}\beta z}}=\frac{U^-}{U^+}\mathrm{e}^{\mathrm{j}2\beta z}=\Gamma(z) \tag{6.77}$$

求解式(6.75)，可得

$$\left.\begin{aligned} U(z) &= \sqrt{Z_c}(u^+ + u^-) \\ I(z) &= \frac{1}{\sqrt{Z_c}}(u^+ - u^-) \end{aligned}\right\} \tag{6.78}$$

或写成归一化形式为

$$\left.\begin{aligned} u &= u^+ + u^- \\ i &= u^+ - u^- \end{aligned}\right\} \tag{6.79}$$

于是,传输线上任一点的传输功率为

$$\begin{aligned} P &= \frac{1}{2}\mathrm{Re}[U(z)I^*(z)] = \frac{1}{2}\mathrm{Re}[(u^+ u^{+*} - u^- u^{-*}) + (u^- u^{+*} - u^+ u^{-*})] \\ &= \frac{1}{2}(u^+ u^{+*} - u^- u^{-*}) = \frac{1}{2}(|u^+|^2 - |u^-|^2) \end{aligned} \tag{6.80}$$

式中,u^+ 和 u^- 的单位为 $\sqrt{\mathrm{W}}$(或 $\mathrm{V}/\sqrt{\Omega}$,$\mathrm{A}\cdot\sqrt{\Omega}$)。这表明传输线上任一点处的传输功率为入射波功率与反射波功率之差,而线上的归一化电压和归一化电流也可用归一化入射波和归一化反射波表示,从而把无法用电压和电流来表征的微波网络参量问题,归结到用入射波和反射波的概念来描述。同样,由式(6.79)可导出用归一化电压和归一化电流表示归一化入射波和归一化反射波的表达式,即

$$u^+ = \frac{1}{2}(u+i), \quad u^- = \frac{1}{2}(u-i) \tag{6.81}$$

若将上述讨论的传输线视为与微波网络相连的第 i 根分支传输系统,那么在此传输系统中就有入射波和反射波存在,如图 6.11 所示。归一化入射波和归一化反射波间的关系即可表示为 $u_i^- = \Gamma_i u_i^+ = S_{ii} u_i^+$。类似地,再考虑如图 6.12 所示的二端口网络,若以各端口参考面上的归一化入射波来表示归一化反射波,则可写为

$$\left.\begin{aligned} u_1^- &= S_{11}u_1^+ + S_{12}u_2^+ \\ u_2^- &= S_{21}u_1^+ + S_{22}u_2^+ \end{aligned}\right\} \tag{6.82}$$

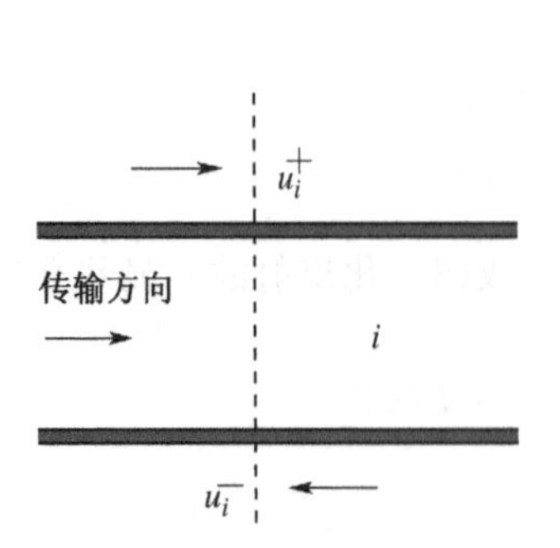

图 6.11 第 i 根分支传输系统上的归一化入射波和反射波

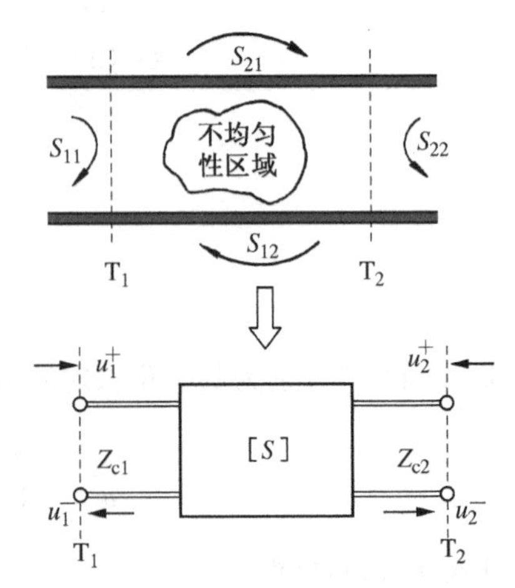

图 6.12 二端口网络的散射矩阵描述

用矩阵形式表示则为

$$\begin{bmatrix} u_1^- \\ u_2^- \end{bmatrix} = \begin{bmatrix} S_{11} & S_{12} \\ S_{21} & S_{22} \end{bmatrix} \begin{bmatrix} u_1^+ \\ u_2^+ \end{bmatrix} \tag{6.83}$$

或简写为

$$[u^-] = [S][u^+] \tag{6.84}$$

式中，$[u^-]$，$[u^+]$分别为归一化反射波和归一化入射波的列矩阵，$[S]=\begin{bmatrix} S_{11} & S_{12} \\ S_{21} & S_{22} \end{bmatrix}$为散射矩阵，而 S_{11}，S_{12}，S_{21} 及 S_{22} 为散射参量。

式(6.82)中，各散射参量定义如下：

$S_{11}=\dfrac{u_1^-}{u_1^+}\Big|_{u_2^+=0}=\Gamma_1$，表示二端口网络 T_2 处接匹配负载时，T_1 处的反射系数；

$S_{12}=\dfrac{u_1^-}{u_2^+}\Big|_{u_1^+=0}=T_{12}$，表示二端口网络 T_1 处接匹配负载时，端口②到端口①的电压传输系数；

$S_{21}=\dfrac{u_2^-}{u_1^+}\Big|_{u_2^+=0}=T_{21}$，表示二端口网络 T_2 处接匹配负载时，端口①到端口②的电压传输系数；

$S_{22}=\dfrac{u_2^-}{u_2^+}\Big|_{u_1^+=0}=\Gamma_2$，表示二端口网络 T_1 处接匹配负载时，T_2 处的反射系数。

由此可见，散射参量代表反射系数和传输系数，一般情况下均为复数。采用散射参量来描述网络的优点是显而易见的，因为利用网络输入和输出端口参考面处接匹配负载即可测定各个散射参量。例如，为使 $u_2^+=0$，只要在网络的输出端口参考面处接负载 $Z_l=Z_{c2}$；为使 $u_1^+=0$，则只要在网络输入端口参考面处接负载 $Z_l=Z_{c1}$。实际上，各端口所接的分支传输系统的(等效)特性阻抗(称参考阻抗)往往相同(即 $Z_{c1}=Z_{c2}=Z_c$)。

以上分析二端口网络的结果可推广到 N 端口网络的情况。如果在第 N 端口的参考面处有归一化入射波 u_N^+ 单独进入网络，那么将在各端口参考面处有归一化出射波 $u_1^-=S_{1N}u_N^+$，$u_2^-=S_{2N}u_N^+$，…，$u_N^-=S_{NN}u_N^+$ 存在。若网络的各端口参考面处同时有 u_1^+，u_2^+，…，u_N^+ 进入网络，则由叠加原理可知，网络各端口参考面处的归一化出(反)射波为

$$\left.\begin{aligned} u_1^- &= S_{11}u_1^+ + S_{12}u_2^+ + \cdots + S_{1N}u_N^+ \\ u_2^- &= S_{21}u_1^+ + S_{22}u_2^+ + \cdots + S_{2N}u_N^+ \\ &\vdots \\ u_N^- &= S_{N1}u_1^+ + S_{N2}u_2^+ + \cdots + S_{NN}u_N^+ \end{aligned}\right\} \tag{6.85a}$$

用矩阵形式表示则为

$$\begin{bmatrix} u_1^- \\ u_2^- \\ \vdots \\ u_N^- \end{bmatrix} = \begin{bmatrix} S_{11} & S_{12} & \cdots & S_{1N} \\ S_{21} & S_{22} & \cdots & S_{2N} \\ \vdots & \vdots & \cdots & \vdots \\ S_{N1} & S_{N2} & \cdots & S_{NN} \end{bmatrix} \begin{bmatrix} u_1^+ \\ u_2^+ \\ \vdots \\ u_N^+ \end{bmatrix} \tag{6.85b}$$

或简写为

$$[u^-] = [S][u^+] \tag{6.85c}$$

式中,各散射参量定义为

$$S_{ij} = \frac{u_i^-}{u_j^+}\bigg|_{u_1^+=u_2^+=\cdots=u_k^+=\cdots=0} \quad (i,j=1,2,\cdots,N,k\neq j) \tag{6.86}$$

它表示当 $i\neq j$,除第 j 个端口外其余各端口参考面均接匹配负载时,第 j 个端口到第 i 个端口的电压传输系数。

$$S_{ii} = \frac{u_i^-}{u_i^+}\bigg|_{u_1^+=u_2^+=\cdots=u_k^+=\cdots=0} = \Gamma_i \quad (i=1,2,\cdots,N,k\neq i) \tag{6.87}$$

它表示除第 i 个端口外,其余各端口参考面均接匹配负载时,第 i 个端口参考面上的反射系数。应指出,一般地,从端口 i 参考面视入的反射系数 Γ_i 并不等于 S_{ii},只有当其余各端口均接匹配负载时才有 $\Gamma_i=S_{ii}$。类似地,除非所有的其他端口均接匹配负载,否则从端口 j 参考面到端口 i 参考面的传输系数 T_{ij} 并不等于 S_{ij}。换言之,网络的散射参量只是网络本身的特性,它是在所有端口均接匹配负载的条件下定义的,改变网络各端口参考面处的端接条件,就会改变从已知端口视入的反射系数或两个端口之间的传输系数。

上述散射参量是在假设网络各端口端接传输线的特性阻抗各不相等的情况下,根据网络各端口参考面上的归一化入射波与归一化反射波定义的。特别地,若网络的各端口参考面端接的等效传输线的等效特性阻抗(参考阻抗)均相同,$Z_{ci}=Z_c(i=1,2,\cdots,N)$,此时 $[u^-]=[S][u^+]$ 以及 $[U^-]=[S][U^+]$ 同时成立。这样,可直接利用网络端口参考面处的未归一化入射波电压和未归一化反射波电压导出网络的散射参量,如

$$S_{ij} = \frac{U_i^-}{U_j^+}\bigg|_{U_1^+=U_2^+=\cdots=U_k^+=\cdots=0} \quad (i,j=1,2,\cdots,N,k\neq j) \tag{6.88}$$

显然,当网络各端口参考面处端接传输线的特性阻抗均相同时,将使网络散射参量的求解变得简单。

应指出,一般的散射参量是假设射频/微波网络(元件)各端口参考面处端接匹配负载的情况下由归一化入射波和归一化反射波进行定义的,但实际测量中与网络各端口的等效互连传输线端接的负载却均是阻值为 50 Ω 的标准负载,此时就要利用散射参量间的转换关系,以确定实际网络的散射参量。此外,对适用于一般的集中参数电路(网络)的广义散射参量,详见本章第 6.8 节。

6.3.2　[S]同[z],[y] 及[a](或[Z],[Y] 及[A])间的转换关系

在分析和计算微波网络时,常需将[S]转换成[z],[y]及[a](或[Z],[Y] 及[A]),或将[z],[y]及[a](或[Z],[Y] 及[A])转换成[S]。因为散射矩阵是描述网络端口参考面处归一化(或未归一化)入射波和归一化(或未归一化)反射波间的关系的,其余三种矩阵则描述网络端口参考面处的归一化(或未归一化)电压和归一化(或未归一化)电流间的关系的,既然它们可描述同一网络,因此它们之间必然存在着一定的转换关系。

1. [S]与[z]和[y](或[Z]和[Y])间的转换关系

对一 N 端口网络,第 i 个端口参考面处的归一化入射波和归一化反射波可用该端口参考面处的归一化电压和归一化电流表示为

$$u_i^+ = \frac{1}{2}(u_i + i_i),\quad u_i^- = \frac{1}{2}(u_i - i_i) \tag{6.89}$$

若用矩阵表示,则为

$$[u^+] = \frac{1}{2}([u]+[i]) = \frac{1}{2}([z]+[I])[i]$$

$$[u^-] = \frac{1}{2}([u]-[i]) = \frac{1}{2}([z]-[I])[i]$$

式中,$[I]$为单位矩阵。整理以上两式,并注意到式(6.85c),于是有

$$[S] = ([z]-[I])([z]+[I])^{-1} \tag{6.90}$$

显然,对单端口网络,式(6.90)可简化为

$$[S] = S_{11} = \Gamma_1 = (z-1)(z+1)^{-1} = \frac{z-1}{z+1}$$

类似地,可证明[S]与未归一化阻抗矩阵[Z]之间的关系为

$$[S] = [\sqrt{Y_c}]([Z]-[Z_c])([Z]+[Z_c])^{-1}[\sqrt{Z_c}] \tag{6.91}$$

式中,$[Z_c]$,$[\sqrt{Z_c}]$以及$[\sqrt{Y_c}]$分别为 N 阶对角矩阵,即

$$[Z_c] = \begin{bmatrix} Z_{c1} & 0 & 0 & \cdots & 0 \\ 0 & Z_{c2} & 0 & \cdots & 0 \\ 0 & 0 & Z_{c3} & \cdots & 0 \\ \vdots & \vdots & \vdots & \cdots & \vdots \\ 0 & 0 & \cdots & \cdots & Z_{cN} \end{bmatrix} = \mathrm{diag}(Z_{c1}, Z_{c2}, \cdots, Z_{cN}),$$

$$[\sqrt{Z_c}] = \mathrm{diag}(\sqrt{Z_{c1}}, \sqrt{Z_{c2}}, \cdots, \sqrt{Z_{cN}}),$$

$$[\sqrt{Y_c}] = \mathrm{diag}(\sqrt{Y_{c1}}, \sqrt{Y_{c2}}, \cdots, \sqrt{Y_{cN}})。$$

同理可得

$$[z]=([I]+[S])([I]-[S])^{-1} \tag{6.92}$$

以及$[Z]$与$[S]$间的关系

$$[Z]=[\sqrt{Z_c}]([I]+[S])([I]-[S])^{-1}[\sqrt{Z_c}] \tag{6.93}$$

仿照上述分析思路,也可导出$[S]$与$[y]$间的关系为

$$[S]=([I]-[y])([I]+[y])^{-1} \tag{6.94}$$

和

$$[y]=([I]-[S])([I]+[S])^{-1} \tag{6.95}$$

以及$[S]$与$[Y]$间的关系为

$$[S]=[\sqrt{Z_c}]([Y_c]-[Y])([Y_c]+[Y])^{-1}[\sqrt{Y_c}] \tag{6.96}$$

和

$$[Y]=[\sqrt{Y_c}]([I]-[S])([I]+[S])^{-1}[\sqrt{Y_c}] \tag{6.97}$$

2. $[S]$与$[a]$(或$[A]$)间的转换关系

在二端口网络特别是级联二端口网络中,一般是先求出级联网络的$[a]$,然后通过$[S]$与$[a]$间的转换关系求出网络的$[S]$。因此,$[S]$与$[a]$间的转换关系非常重要。

为了导出$[S]$与$[a]$间的关系式,将$u_1=u_1^+ + u_1^-$,$i_1=u_1^+ - u_1^-$,$u_2=u_2^+ + u_2^-$及$i_2=u_2^+ - u_2^-$代入二端口网络的归一化转移矩阵方程(6.65),并展开可得

$$\left.\begin{aligned} u_1^- -(a+b)u_2^- &= -u_1^+ +(a-b)u_2^+ \\ -u_1^- -(c+d)u_2^- &= -u_1^+ +(c-d)u_2^+ \end{aligned}\right\}$$

将上式用矩阵形式表示,并整理可得

$$\begin{bmatrix} u_1^- \\ u_2^- \end{bmatrix}=\begin{bmatrix} 1 & -a-b \\ -1 & -c-d \end{bmatrix}^{-1}\begin{bmatrix} -1 & a-b \\ -1 & c-d \end{bmatrix}\begin{bmatrix} u_1^+ \\ u_2^+ \end{bmatrix}$$

$$=\frac{1}{a+b+c+d}\begin{bmatrix} a+b-c-d & 2(ad-bc) \\ 2 & b+d-a-c \end{bmatrix}\begin{bmatrix} u_1^+ \\ u_2^+ \end{bmatrix}$$

于是有

$$[S]=\frac{1}{a+b+c+d}\begin{bmatrix} a+b-c-d & 2(ad-bc) \\ 2 & b+d-a-c \end{bmatrix} \tag{6.98}$$

对互易网络,因$ad-bc=1$,所以

$$[S]=\frac{1}{a+b+c+d}\begin{bmatrix} a+b-c-d & 2 \\ 2 & b+d-a-c \end{bmatrix} \tag{6.99}$$

实际上,以上关系也可利用$[z]$与$[a]$间的转换关系以及$[S]$与$[z]$间的转换关系得到。

类似地,若二端口网络的输入端口和输出端口的参考阻抗均为Z_c,则$[S]$与未归一化转

移矩阵[A]间的转换关系为

$$[S]=\frac{1}{A+B/Z_c+CZ_c+D}\begin{bmatrix}A+B/Z_c-CZ_c-D & 2(AD-BC)\\ 2 & -A+B/Z_c-CZ_c+D\end{bmatrix} \tag{6.100}$$

对互易网络，则 $AD-BC=1$。

表 6.1 列出了二端口网络的散射矩阵参量与其他归一化矩阵参量之间的转换关系，表 6.2 则列出了二端口网络的散射矩阵参量与其他未归一化矩阵参量之间的转换关系，其中二端口网络的输入端口和输出端口的参考阻抗均为 Z_c。

表 6.2　二端口网络的散射矩阵参量与其他未归一化矩阵参量之间的转换关系

网络参量	以[Z]参量表示	以[Y]参量表示	以[A]参量表示	以[S]参量表示
Z_{11}	Z_{11}	$\frac{Y_{22}}{\lvert Y\rvert}$	$\frac{A}{C}$	$Z_c\frac{(1+S_{11})(1-S_{22})+S_{12}S_{21}}{(1-S_{11})(1-S_{22})-S_{12}S_{21}}$
Z_{12}	Z_{12}	$-\frac{Y_{12}}{\lvert Y\rvert}$	$\frac{\lvert A\rvert}{C}$	$Z_c\frac{2S_{12}}{(1-S_{11})(1-S_{22})-S_{12}S_{21}}$
Z_{21}	Z_{21}	$-\frac{Y_{21}}{\lvert Y\rvert}$	$\frac{1}{C}$	$Z_c\frac{2S_{21}}{(1-S_{11})(1-S_{22})-S_{12}S_{21}}$
Z_{22}	Z_{22}	$\frac{Y_{11}}{\lvert Y\rvert}$	$\frac{D}{C}$	$Z_c\frac{(1-S_{11})(1+S_{22})+S_{12}S_{21}}{(1-S_{11})(1-S_{22})-S_{12}S_{21}}$
Y_{11}	$\frac{Z_{22}}{\lvert Z\rvert}$	Y_{11}	$\frac{D}{B}$	$Y_c\frac{(1-S_{11})(1+S_{22})+S_{12}S_{21}}{(1+S_{11})(1+S_{22})-S_{12}S_{21}}$
Y_{12}	$-\frac{Z_{12}}{\lvert Z\rvert}$	Y_{12}	$-\frac{\lvert A\rvert}{B}$	$-Y_c\frac{S_{12}}{(1+S_{11})(1+S_{22})-S_{12}S_{21}}$
Y_{21}	$-\frac{Z_{21}}{\lvert Z\rvert}$	Y_{21}	$-\frac{1}{B}$	$-Y_c\frac{2S_{21}}{(1+S_{11})(1+S_{22})-S_{12}S_{21}}$
Y_{22}	$\frac{Z_{11}}{\lvert Z\rvert}$	Y_{22}	$\frac{A}{B}$	$Y_c\frac{(1+S_{11})(1-S_{22})+S_{12}S_{21}}{(1+S_{11})(1+S_{22})-S_{12}S_{21}}$
A	$\frac{Z_{11}}{Z_{21}}$	$-\frac{Y_{22}}{Y_{21}}$	A	$\frac{(1+S_{11})(1-S_{22})+S_{12}S_{21}}{2S_{21}}$
B	$\frac{\lvert Z\rvert}{Z_{21}}$	$-\frac{1}{Y_{21}}$	B	$Z_c\frac{(1+S_{11})(1+S_{22})-S_{12}S_{21}}{2S_{21}}$
C	$\frac{1}{Z_{21}}$	$-\frac{\lvert Y\rvert}{Y_{21}}$	C	$\frac{1}{Z_c}\frac{(1-S_{11})(1-S_{22})-S_{12}S_{21}}{2S_{21}}$
D	$\frac{Z_{22}}{Z_{21}}$	$-\frac{Y_{11}}{Y_{21}}$	D	$\frac{(1-S_{11})(1+S_{22})-S_{12}S_{21}}{2S_{21}}$

(续表)

网络参量	以[Z]参量表示	以[Y]参量表示	以[A]参量表示	以[S]参量表示
S_{11}	$\dfrac{(Z_{11}-Z_c)(Z_{22}+Z_c)-Z_{12}Z_{21}}{\Delta Z}$	$\dfrac{(Y_c-Y_{11})(Y_c+Y_{22})+Y_{12}Y_{21}}{\Delta Y}$	$\dfrac{A+\frac{B}{Z_c}-CZ_c-D}{A+\frac{B}{Z_c}+CZ_c+D}$	S_{11}
S_{12}	$\dfrac{2Z_{12}Z_c}{\Delta Z}$	$-\dfrac{2Y_{12}Y_c}{\Delta Y}$	$\dfrac{2\|A\|}{A+\frac{B}{Z_c}+CZ_c+D}$	S_{12}
S_{21}	$\dfrac{2Z_{21}Z_c}{\Delta Z}$	$-\dfrac{2Y_{21}Y_c}{\Delta Y}$	$\dfrac{2}{A+\frac{B}{Z_c}+CZ_c+D}$	S_{21}
S_{22}	$\dfrac{(Z_{11}+Z_c)(Z_{22}-Z_c)-Z_{12}Z_{21}}{\Delta Z}$	$\dfrac{(Y_c+Y_{11})(Y_c-Y_{22})+Y_{12}Y_{21}}{\Delta Y}$	$\dfrac{-A+\frac{B}{Z_c}-CZ_c+D}{A+\frac{B}{Z_c}+CZ_c+D}$	S_{22}

注：表中，$|Z|=Z_{11}Z_{22}-Z_{12}Z_{21}$；$|Y|=Y_{11}Y_{22}-Y_{12}Y_{21}$；$|A|=AD-BC$；$\Delta Z=(Z_{11}+Z_c)(Z_{22}+Z_c)-Z_{12}Z_{21}$；$\Delta Y=(Y_{11}+Y_c)(Y_{22}+Y_c)-Y_{12}Y_{21}$。

6.3.3 散射矩阵的性质

散射矩阵具有以下三个基本性质。

性质1：若网络互易，则

$$[S]^{\mathrm{T}}=[S] \tag{6.101}$$

即
$$S_{ij}=S_{ji}\quad(i,j=1,2,\cdots,N,i\neq j)$$

式中，$[S]^{\mathrm{T}}$ 为$[S]$的转置矩阵。具有这种特性的散射矩阵为对称矩阵。

证明从略。

性质2：若网络无耗，则

$$[S^*]^{\mathrm{T}}[S]=[I] \tag{6.102a}$$

若网络又互易，则

$$[S^*][S]=[I] \tag{6.102b}$$

式中，$[S^*]^{\mathrm{T}}$ 是$[S]$的共轭转置矩阵。上式又称为无耗网络的一元性(或幺正性)。

证：该性质与电磁场能量有关，故可用能量守恒定律加以证明。

对 N 端口网络，由式(6.25)，有

$$\sum_{i=1}^{N}\frac{1}{2}u_i i_i^*=2\mathrm{j}\omega[(W_{\mathrm{m}})_{\mathrm{av}}-(W_{\mathrm{e}})_{\mathrm{av}}]+P_l \tag{6.103}$$

将 $u_i=u_i^+ + u_i^-$，$i_i=u_i^+ - u_i^-$ 代入上式，并将实、虚部分开，得

$$\frac{1}{2}\text{Re}\left[\sum_{i=1}^{N} u_i i_i^*\right] = \frac{1}{2}\sum_{i=1}^{N}(u_i^{+*}u_i^+ - u_i^- u_i^{-*}) = P_l$$

$$\frac{1}{2}\text{Im}\left[\sum_{i=1}^{N} u_i i_i^*\right] = \frac{1}{2}\sum_{i=1}^{N}(u_i^{+*}u_i^- + u_i^+ u_i^{-*}) = 2\omega[(W_m)_{av} - (W_e)_{av}]$$

由于网络无耗，$P_l=0$，故有

$$\frac{1}{2}\sum_{i=1}^{N}(u_i^{+*}u_i^+ - u_i^- u_i^{-*}) = 0 \tag{6.104}$$

上式可表为

$$\frac{1}{2}\sum_{i=1}^{N} u_i^{+*}u_i^+ = \frac{1}{2}\sum_{i=1}^{N} u_i^- u_i^{-*}$$

或

$$\sum_{i=1}^{N} P_i^+ = \frac{1}{2}\sum_{i=1}^{N} |u_i^+|^2 = \sum_{i=1}^{N} P_i^- = \frac{1}{2}\sum_{i=1}^{N} |u_i^-|^2 \tag{6.105}$$

上式显然成立。这是因为网络无耗，因此进入 N 端口网络各端口参考面处的入射波功率之和应等于从网络各端口参考面处输出的出射波功率之和。

根据矩阵乘法的运算规则，式(6.105)两端可分别用一个列矩阵和一个行矩阵的乘积来表示，即

$$\frac{1}{2}\sum_{i=1}^{N} |u_i^+|^2 = \frac{1}{2}\sum_{i=1}^{N} u_i^+ u_i^{+*} = \frac{1}{2}[u_1^{+*} \quad u_2^{+*} \quad \cdots \quad u_N^{+*}]\begin{bmatrix} u_1^+ \\ u_2^+ \\ \vdots \\ u_N^+ \end{bmatrix} = \frac{1}{2}[u^{+*}]^{\mathrm{T}}[u^+] \tag{6.106a}$$

$$\frac{1}{2}\sum_{i=1}^{N} |u_i^-|^2 = \frac{1}{2}\sum_{i=1}^{N} u_i^- u_i^{-*} = \frac{1}{2}[u_1^{-*} \quad u_2^{-*} \quad \cdots \quad u_N^{-*}]\begin{bmatrix} u_1^- \\ u_2^- \\ \vdots \\ u_N^- \end{bmatrix} = \frac{1}{2}[u^{-*}]^{\mathrm{T}}[u^-] \tag{6.106b}$$

又因 $[u^{-*}]=[S^*][u^{+*}]$，故由矩阵乘法性质，有

$$[u^{-*}]^{\mathrm{T}} = [u^{+*}]^{\mathrm{T}}[S^*]^{\mathrm{T}} \tag{6.107}$$

令(6.106a)和(6.106b)两式相等，并将式(6.107)代入，可得

$$[u^{+*}]^{\mathrm{T}}[u^+] = [u^{+*}]^{\mathrm{T}}[S^*]^{\mathrm{T}}[S][u^+]$$

欲使上式成立,必有

$$[S^*]^T[S]=[I] \tag{6.108}$$

若网络又互易,因$[S^*]^T=[S^*]$,故上式变为

$$[S^*][S]=[I] \tag{6.109}$$

由此证得式(6.102)。

根据此性质,不难导出无耗、互易二端口网络各散射参量的模和幅角间的关系。由式(6.109),有

$$\begin{bmatrix} S_{11}^* & S_{12}^* \\ S_{12}^* & S_{22}^* \end{bmatrix}\begin{bmatrix} S_{11} & S_{12} \\ S_{12} & S_{22} \end{bmatrix}=\begin{bmatrix} 1 & 0 \\ 0 & 1 \end{bmatrix}$$

将以上矩阵方程展开,可得

$$|S_{11}|^2+|S_{12}|^2=1 \tag{6.110a}$$

$$S_{11}^*S_{12}+S_{12}^*S_{22}=0 \tag{6.110b}$$

$$S_{12}^*S_{11}+S_{22}^*S_{21}=0 \tag{6.110c}$$

$$|S_{12}|^2+|S_{22}|^2=1 \tag{6.110d}$$

因散射参量均为复数,令

$$S_{11}=|S_{11}|e^{j\varphi_{11}},\quad S_{12}=|S_{12}|e^{j\varphi_{12}},\quad S_{22}=|S_{22}|e^{j\varphi_{22}}$$

由(6.110a)和(6.110d)两式,可知

$$|S_{11}|=|S_{22}|,\quad |S_{12}|=\sqrt{1-|S_{11}|^2} \tag{6.111}$$

又由式(6.110c),可得

$$|S_{11}||S_{12}|e^{j(\varphi_{11}-\varphi_{12})}+|S_{12}||S_{22}|e^{j(\varphi_{12}-\varphi_{22})}=0$$

故有

$$\varphi_{11}-\varphi_{12}=\pm\pi+\varphi_{12}-\varphi_{22}\quad 或\quad 2\varphi_{12}=\varphi_{11}+\varphi_{22}\pm\pi \tag{6.112}$$

(6.111)和(6.112)两式表明,若$|S_{11}|$,φ_{11}及φ_{22}已知,则线性、无耗、互易二端口网络的散射参量即可全部确定。

性质 3:若网络的端口 i 和 j 具有面对称性,且网络互易,则

$$S_{ji}=S_{ij},\quad S_{ii}=S_{jj} \tag{6.113}$$

该性质不难证明。因为具有面对称的两个端口互换标号,其网络矩阵应不变,此时除反射系数相等外,传输系数也必然相等,故式(6.113)必成立。

例 6.4　一二端口网络的散射矩阵为

$$[S]=\begin{bmatrix} 0.15e^{j0^\circ} & 0.8e^{-j90^\circ} \\ 0.8e^{j90^\circ} & 0.2e^{j0^\circ} \end{bmatrix}$$

① 判断该网络的特性;② 若端口②的参考面处接匹配负载,求端口①的回波损耗;③ 若端口②的参考面处短路,再求端口①的回波损耗。

解:① 因网络的 $S_{21}\neq S_{12}$,$S_{11}\neq S_{22}$,以及 $|S_{11}|^2+|S_{12}|^2=0.6625\neq 1$,故此网络是非对称、非互易以及非无耗的网络。

② 由于当端口②的参考面处接匹配负载时,从端口①视入的反射系数 $\Gamma_{1m}=S_{11}$,因此端口①的回波损耗为

$$RL=-20\lg|\Gamma_{1m}|=-20\lg(0.15)=16.478\quad(\text{dB})$$

③ 由于当端口②的参考面处短路时,$\Gamma_l=-1$,即 $u_2^+=-u_2^-$。于是,由二端口网络的散射矩阵方程,有

$$u_1^-=S_{11}u_1^+-S_{12}u_2^-$$

$$u_2^-=S_{21}u_1^+-S_{22}u_2^-$$

联立求解,可得从端口①视入的反射系数 Γ_{1s} 为

$$\Gamma_{1s}=\frac{u_1^-}{u_1^+}=S_{11}-S_{12}\frac{u_2^-}{u_1^+}=S_{11}-\frac{S_{12}S_{21}}{1+S_{22}}=-0.3833$$

所以,端口①的回波损耗为

$$RL=-20\lg|\Gamma_{1s}|=-20\lg(0.3833)=8.329\quad(\text{dB})$$

6.3.4 参考面移动对网络散射参量的影响

对如图6.13所示的 N 端口网络,若将第 i 个端口的参考面 T_i 外移 l_i 长度后得到新的网络参考面 T_i',并设原参考面 T_i 和新参考面 T_i'处的归一化入射波和归一化反射波分别为 u_i^+,$u_i^{+\prime}$及 u_i^-,$u_i^{-\prime}$,则有

$$u_i^+=\mathrm{e}^{-\mathrm{j}\beta_i l_i}u_i^{+\prime}=D_i u_i^{+\prime},\quad u_i^{-\prime}=\mathrm{e}^{-\mathrm{j}\beta_i l_i}u_i^-=D_i u_i^-\tag{6.114}$$

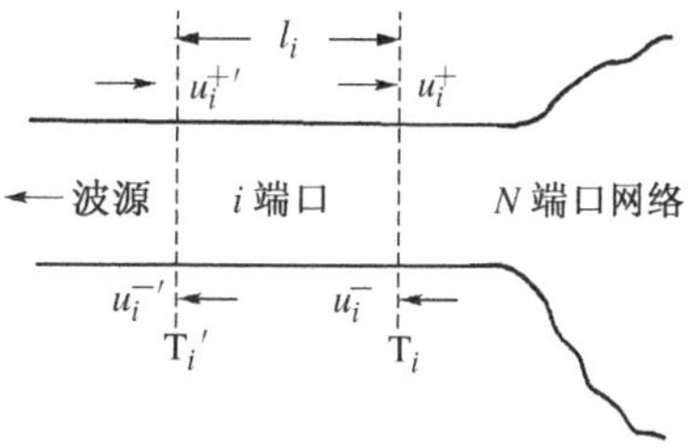

图6.13 参考面移动对网络散射参量的影响

式中,假设各端口等效分支传输系统无耗,$D_i=\mathrm{e}^{-\mathrm{j}\beta_i l_i}=\mathrm{e}^{-\mathrm{j}\theta_i}$,$i=1,2,\cdots,N$。上式可用矩阵形式表示为

$$[u^+]=[D][u^{+\prime}],\quad [u^{-\prime}]=[D][u^-]\tag{6.115}$$

式中,$[D]$为一对角矩阵,即$[D]=\mathrm{diag}(D_1,D_2,\cdots,D_N)$。

设参考面为 T_i 和 T_i'时,网络的散射参量分别为$[S]$和$[S']$,于是由式(6.115),有

$$[S'][u^{+\prime}]=[D][u^-]=[D][S][u^+]=[D][S][D][u^{+\prime}]$$

由此可知

$$[S'][u^{+'}]-[D][S][D][u^{+'}]=0$$

从而可得$[S]$和$[S']$间的关系为

$$[S']=[D][S][D] \tag{6.116a}$$

根据矩阵乘法的运算法则,可得$[S']$和$[S]$各参量间的关系为

$$S'_{ij}=S_{ij}\,\mathrm{e}^{-\mathrm{j}(\beta_i l_i+\beta_j l_j)}=S_{ij}\,\mathrm{e}^{-\mathrm{j}(\theta_i+\theta_j)} \tag{6.116b}$$

显然,当网络的参考面移动时,散射参量的模值不变,只是幅角发生变化。应指出,式(6.116b)是在参考面外移情况下导出的,若参考面内移时,相应的θ_i或θ_j应取负值。

6.3.5 散射参量的测量

采用散射矩阵描述网络的优点之一,就是可以直接用实验方法来测定网络的散射参量,并能结合圆图进行计算。测量二端口网络散射参量最简单的一种方法是三点法。

对于如图6.14所示的互易二端口测量系统,其被测网络的散射方程为

$$\left.\begin{aligned} u_1^- &= S_{11}u_1^+ + S_{12}u_2^+ \\ u_2^- &= S_{12}u_1^+ + S_{22}u_2^+ \end{aligned}\right\} \tag{6.117}$$

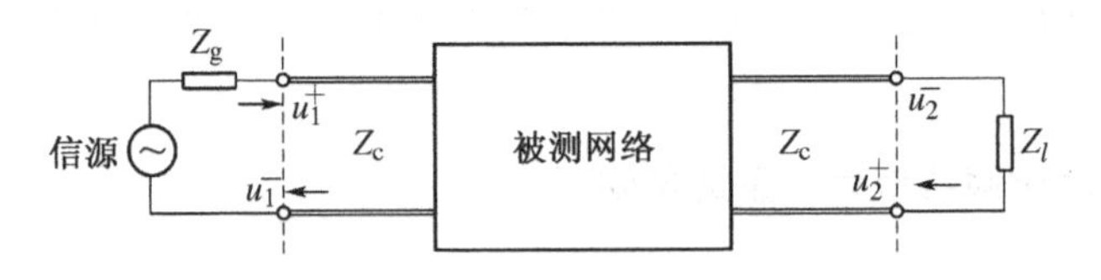

图6.14 互易二端口网络$[S]$的测量系统

从图中可见,对负载Z_l而言,归一化入射波应为u_2^-,而归一化反射波应为u_2^+,故$u_2^+=\Gamma_l u_2^-$(Γ_l为负载的反射系数)。于是,式(6.117)变为

$$\left.\begin{aligned} u_1^- &= S_{11}u_1^+ + S_{12}(\Gamma_l u_2^-) \\ u_2^- &= S_{12}u_1^+ + S_{22}(\Gamma_l u_2^-) \end{aligned}\right\} \tag{6.118}$$

联立求解以上两方程,可得到输入端参考面上的反射系数为

$$\Gamma_{\mathrm{in}}=\frac{u_1^-}{u_1^+}=S_{11}+\frac{S_{12}^2\Gamma_l}{1-S_{22}\Gamma_l} \tag{6.119}$$

由此可知,若能测出三组Γ_l所对应的Γ_{in}值,代入式(6.119)即可求得S_{11},S_{12}和S_{22}三个参量。通常令输出端短路($\Gamma_l=-1$)、开路($\Gamma_l=1$)及接匹配负载($\Gamma_l=0$),同时测出相应的输入端参考面处的Γ_{in}值,代入式(6.119)得到三个方程,求解这三个方程即可得到网络的散射参量。

令负载为短路、开路和接匹配负载时,网络输入端参考面处的反射系数分别为Γ_{s},Γ_{o}和Γ_{m},代入式(6.119),并求解得

$$\left.\begin{aligned} S_{11} &= \Gamma_{\mathrm{m}}, \quad S_{22} = \frac{\Gamma_{\mathrm{o}} - 2\Gamma_{\mathrm{m}} + \Gamma_{\mathrm{s}}}{\Gamma_{\mathrm{o}} - \Gamma_{\mathrm{s}}} \\ S_{12}^2 &= \frac{2(\Gamma_{\mathrm{m}} - \Gamma_{\mathrm{s}})(\Gamma_{\mathrm{o}} - \Gamma_{\mathrm{m}})}{\Gamma_{\mathrm{o}} - \Gamma_{\mathrm{s}}} \end{aligned}\right\} \tag{6.120}$$

特别地，对于对称、互易二端口网络，则只需作两次独立测量(终端负载为短路和开路)，有

$$\left.\begin{aligned} S_{11} = S_{22} &= \frac{\Gamma_{\mathrm{o}} + \Gamma_{\mathrm{s}}}{2 - \Gamma_{\mathrm{s}} + \Gamma_{\mathrm{o}}} \\ S_{12}^2 &= \frac{2(\Gamma_{\mathrm{o}} - \Gamma_{\mathrm{s}})(1 - \Gamma_{\mathrm{s}})(1 + \Gamma_{\mathrm{o}})}{(2 - \Gamma_{\mathrm{s}} + \Gamma_{\mathrm{o}})^2} \end{aligned}\right\} \tag{6.121}$$

从上述公式可见，S_{12}取正、负号都能满足测出的 Γ_{in}，因此仅靠三点法(或二点法)还不能最后确定 S_{12} 值。要确定出 S_{12}的实际符号，需要对网络输入和输出端口的相对相位进行测量或采用理论分析的方法获得。

事实上，网络的散射参量目前大都采用微波网络分析仪进行自动测量，用网络分析仪测量网络的散射参量既快又准确。网络分析仪分为两类：一类是标量网络分析仪，另一类是矢量网络分析仪。标量网络分析仪主要用于测量网络散射参量的幅值，其缺点是不能测得散射参量的相位。矢量网络分析仪既可测量散射参量的幅值又可测量其相位，在实际中应用更为广泛。图 6.15 示出矢量网络分析仪的结构方框图以及测量同轴被测件(DUT)散射参量的示意图。其中，若被测件为无源元件，则测量时无需为被测件提供直流偏压。

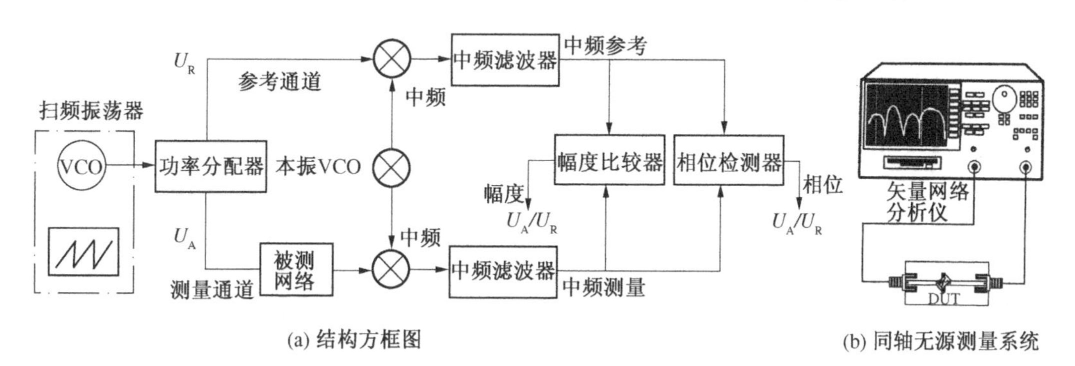

图 6.15　矢量网络分析仪的结构方框图和同轴无源测量系统

上述的测量方法同样可用于 N 端口网络，此时只需将 N 端口网络中的两个端口作为输入和输出端口，而其他各端口均接匹配负载。

*6.4　传输矩阵

如前所述，散射矩阵在微波网络的分析中起到十分重要的作用，但它却不便于分析级联网络。事实上，除转移矩阵以外，基于归一化入射波和归一化反射波的传输矩阵同样便于分析多个二端口网络的级联。

传输矩阵是用二端口网络输出端口参考面处的归一化入射波和归一化反射波来表示输入端口参考面处的归一化入射波和归一化反射波的。传输矩阵方程可写为

$$\left.\begin{aligned} u_1^+ &= T_{11}u_2^- + T_{12}u_2^+ \\ u_1^- &= T_{21}u_2^- + T_{22}u_2^+ \end{aligned}\right\} \tag{6.122a}$$

用矩阵形式表示则为

$$\begin{bmatrix} u_1^+ \\ u_1^- \end{bmatrix} = \begin{bmatrix} T_{11} & T_{12} \\ T_{21} & T_{22} \end{bmatrix} \begin{bmatrix} u_2^- \\ u_2^+ \end{bmatrix} \tag{6.122b}$$

式中,T_{11},T_{12},T_{21}和 T_{22}称为传输参量,而

$$T_{11} = \left.\frac{u_1^+}{u_2^-}\right|_{u_2^+=0} = \frac{1}{S_{21}} \tag{6.123}$$

它表示网络输出端口参考面接匹配负载时,输入端口到输出端口电压传输系数的倒数。除 T_{11}外,其他三个参量均没有明确的物理意义。

将式(6.122a)中的两个方程进行整理,并与散射矩阵方程比较,则可得到[T]与[S]间的转换关系为

$$[T] = \begin{bmatrix} \dfrac{1}{S_{21}} & -\dfrac{S_{22}}{S_{21}} \\ \dfrac{S_{11}}{S_{21}} & S_{12} - \dfrac{S_{11}S_{22}}{S_{21}} \end{bmatrix} \quad 及 \quad [S] = \begin{bmatrix} \dfrac{T_{21}}{T_{11}} & T_{22} - \dfrac{T_{12}T_{21}}{T_{11}} \\ \dfrac{1}{T_{11}} & -\dfrac{T_{12}}{T_{11}} \end{bmatrix} \tag{6.124}$$

于是,根据[S]的性质,可导出[T]的如下性质:

① 网络互易:$|T| = T_{11}T_{22} - T_{12}T_{21} = 1$;

② 网络无耗、互易:$T_{11} = T_{22}^*$,$T_{12} = T_{21}^*$;

③ 网络对称:$T_{12} = -T_{21}$。

对如图 6.8 所示的二端口级联网络,因前一分网络的输出就是后一分网络的输入,于是

$$\begin{bmatrix} u_1^+ \\ u_1^- \end{bmatrix} = [T_1][T_2]\cdots[T_N] \begin{bmatrix} u_{N+1}^- \\ u_{N+1}^+ \end{bmatrix} = [T] \begin{bmatrix} u_{N+1}^- \\ u_{N+1}^+ \end{bmatrix} \tag{6.125}$$

式中,$[T] = [T_1][T_2]\cdots[T_N]$。

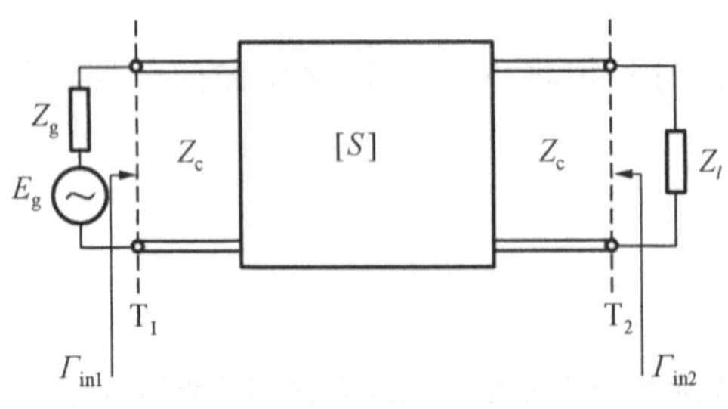

图 6.16　端接源和负载 Z_l 的无耗、互易的二端口网络

例 6.5　如图 6.16 所示,一匹配的信号源和反射系数为 $\Gamma_l(\neq 0)$的负载 Z_l 之间接入一无耗、互易的二端口网络以完成匹配,从而使从网络输入端视入的反射系数 $\Gamma_{\text{in1}} = 0$。证明:网络输出端也存在共轭匹配关系:$\Gamma_l = \Gamma_{\text{in2}}^*$。

证明:当 $\Gamma_l \neq 0$ 时,因为网络输入端的反射系数为

$$\Gamma_{\text{in1}} = S_{11} + \frac{S_{12}^2\Gamma_l}{1 - S_{22}\Gamma_l}$$

由已知条件：$\Gamma_{\text{in1}}=0$，可得

$$S_{11}=-\frac{S_{12}^2\Gamma_l}{1-S_{22}\Gamma_l} \tag{6.126}$$

又因为波源为匹配源，故 $\Gamma_g=0$。于是，从网络输出端向波源视入的网络输出端的反射系数为

$$\Gamma_{\text{in2}}=S_{22}+\frac{S_{12}^2\Gamma_g}{1-S_{11}\Gamma_g}=S_{22}$$

从而可得

$$\Gamma_{\text{in2}}^*=S_{22}^* \tag{6.127}$$

又根据无耗、互易二端口网络的一元性公式，可知：$S_{11}S_{12}^*+S_{12}S_{22}^*=0$。于是，式(6.127)变为

$$\Gamma_{\text{in2}}^*=-\frac{S_{12}^*}{S_{12}}S_{11}$$

再由式(6.126)，可得

$$\Gamma_l=\frac{S_{11}}{S_{11}S_{12}-S_{12}^2}=\frac{S_{11}S_{12}^*}{S_{11}S_{12}S_{12}^*-S_{12}^2S_{12}^*}=-\frac{S_{11}S_{12}^*}{S_{12}(|S_{11}|^2+|S_{12}|^2)}=-\frac{S_{11}S_{12}^*}{S_{12}}=-\Gamma_{\text{in2}}^*$$

从而得证。

6.5 基本电路单元的网络参量

在微波网络的分析及计算中，常遇到一些结构较为复杂的网络，而这些网络则是由串联阻抗、并联导纳、一段均匀无耗传输线、不同阻抗传输系统的连接处(即接头)以及理想变压器等基本电路单元组合而成。一旦知道各电路单元的网络参量，则复杂网络的网络参量即可通过矩阵运算的方法得到。因此，有必要从网络参量的定义或从特性出发导出电路单元的各种网络参量。下面仅给出三个较为典型的例子，以说明电路单元网络参量的求解方法。

1. 一段均匀无耗传输线的阻抗矩阵

图 6.17(a)示出了一段均匀无耗传输线，其特性阻抗为 Z_c，两端口参考面上的电流正方向指向网络。根据传输线理论可知

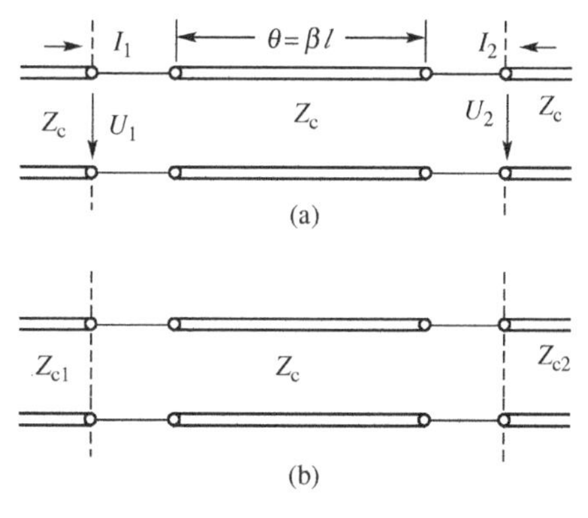

图 6.17　一段均匀无耗传输线

$$\left.\begin{aligned} U_1 &= \cos\theta U_2+\mathrm{j}Z_c\sin\theta(-I_2) \\ I_1 &= \mathrm{j}\frac{U_2}{Z_c}\sin\theta+\cos\theta(-I_2) \end{aligned}\right\} \tag{6.128}$$

由阻抗参量的定义，有

$$\left.\begin{aligned} Z_{11} &= \frac{U_1}{I_1}\bigg|_{I_2=0} = \frac{Z_c\cos\theta}{\mathrm{j}\sin\theta} = -\mathrm{j}Z_c\cot\theta \\ Z_{12} &= \frac{U_1}{I_2}\bigg|_{I_1=0} = -\mathrm{j}\frac{Z_c}{\sin\theta} \end{aligned}\right\}$$

又由对称性知：$Z_{21}=Z_{12}$，$Z_{22}=Z_{11}$，于是阻抗矩阵为

$$[Z] = -\mathrm{j}Z_c\begin{bmatrix}\cot\theta & \csc\theta \\ \csc\theta & \cot\theta\end{bmatrix} \tag{6.129}$$

上式与式(3.159) 完全相同。

当这段均匀无耗传输线的特性阻抗与它相接的传输线的特性阻抗不相等(图 6.17(b))时，将式(6.128)中的电压和电流进行归一化，可得

$$\left.\begin{aligned} u_1 &= \cos\theta\sqrt{\frac{Z_{c2}}{Z_{c1}}}u_2 - \mathrm{j}\frac{Z_c\sin\theta}{\sqrt{Z_{c1}Z_{c2}}}i_2 \\ i_1 &= \mathrm{j}\frac{\sqrt{Z_{c1}Z_{c2}}\sin\theta}{Z_c}u_2 - \cos\theta\sqrt{\frac{Z_{c1}}{Z_{c2}}}i_2 \end{aligned}\right\} \tag{6.130}$$

于是，由归一化阻抗参量的定义，有

$$\left.\begin{aligned} z_{11} &= \frac{u_1}{i_1}\bigg|_{i_2=0} = -\mathrm{j}\frac{Z_c}{Z_{c1}}\cot\theta \\ z_{12} &= \frac{u_1}{i_2}\bigg|_{i_1=0} = -\mathrm{j}\frac{Z_c}{\sqrt{Z_{c1}Z_{c2}}\sin\theta} \\ z_{22} &= \frac{u_2}{i_2}\bigg|_{i_1=0} = -\mathrm{j}\frac{Z_c}{Z_{c2}}\cot\theta \end{aligned}\right\}$$

因网络互易，故 $z_{21}=z_{12}$。所以，归一化阻抗矩阵为

$$[z] = -\mathrm{j}Z_c\begin{bmatrix}\cot\theta/Z_{c1} & \csc\theta/\sqrt{Z_{c1}Z_{c2}} \\ \csc\theta/\sqrt{Z_{c1}Z_{c2}} & \cot\theta/Z_{c2}\end{bmatrix} \tag{6.131}$$

2. 串联阻抗的转移矩阵

对如图 6.18(a)所示的串联阻抗，用转移参量的定义，容易求得转移矩阵的参量分别为

$$\left.\begin{aligned} A &= \frac{U_1}{U_2}\bigg|_{I_2=0} = 1, \quad B = \frac{U_1}{-I_2}\bigg|_{U_2=0} = Z \\ C &= \frac{I_1}{U_2}\bigg|_{I_2=0} = 0, \quad D = \frac{I_1}{-I_2}\bigg|_{U_2=0} = 1 \end{aligned}\right\} \tag{6.132}$$

即串联阻抗的未归一化转移矩阵为

$$[A] = \begin{bmatrix}1 & Z \\ 0 & 1\end{bmatrix} \tag{6.133}$$

当串联阻抗两端端接传输线的特性阻抗不相等时，如图 6.18(b)所示。由图不难写出其电路方程为

$$\left.\begin{aligned} U_1 &= ZI_1 + U_2 \\ I_1 &= -I_2 \end{aligned}\right\} \tag{6.134}$$

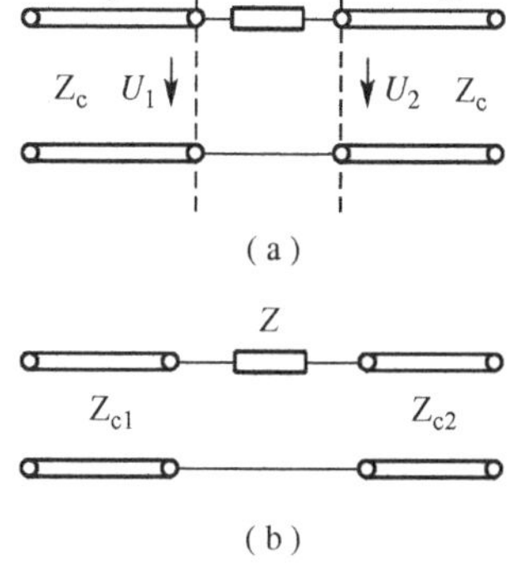

图 6.18　串联阻抗

对上式中的电压和电流进行归一化，得

$$\left.\begin{aligned} u_1 &= \sqrt{Z_{c2}/Z_{c1}}\,u_2 + (Z/\sqrt{Z_{c1}Z_{c2}})(-i_2) \\ i_1 &= -\sqrt{Z_{c1}/Z_{c2}}\,i_2 \end{aligned}\right\} \tag{6.135}$$

即

$$\begin{bmatrix} u_1 \\ i_1 \end{bmatrix} = \begin{bmatrix} \sqrt{Z_{c2}/Z_{c1}} & Z/\sqrt{Z_{c1}Z_{c2}} \\ 0 & \sqrt{Z_{c1}/Z_{c2}} \end{bmatrix} \begin{bmatrix} u_2 \\ -i_2 \end{bmatrix}$$

所以，此时串联阻抗的归一化转移矩阵为

$$[a] = \begin{bmatrix} \sqrt{Z_{c2}/Z_{c1}} & Z/\sqrt{Z_{c1}Z_{c2}} \\ 0 & \sqrt{Z_{c1}/Z_{c2}} \end{bmatrix} \tag{6.136}$$

3. 串联阻抗的散射矩阵

对如图 6.19(a)所示的归一化串联阻抗，其左、右两端传输线的归一化特性阻抗为 1。根据散射参量的定义，有

$$S_{11} = \frac{u_1^-}{u_1^+}\bigg|_{u_2^+=0} = \Gamma_1$$

式中，$u_2^+=0$ 意味着电路的输出端参考面处接匹配负载(其归一化值为 1)，如图 6.19(c)所示，故有

$$S_{11} = \Gamma_1 = \frac{z_l - 1}{z_l + 1} = \frac{z}{z+2} \tag{6.137}$$

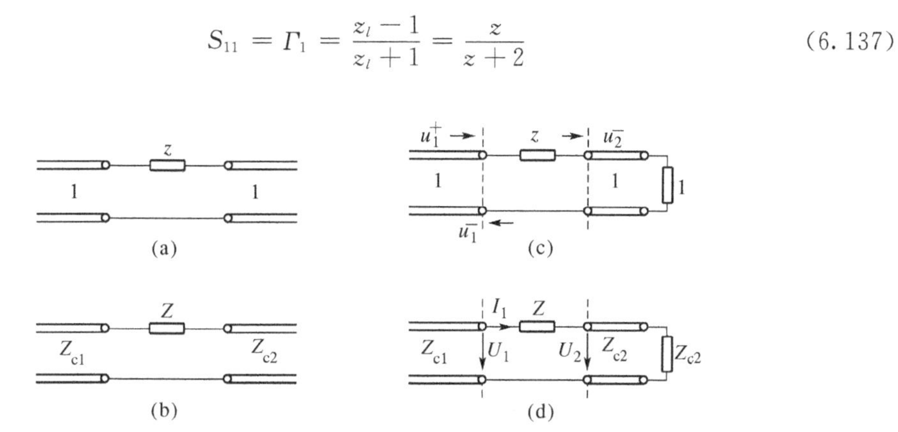

图 6.19　串联阻抗

式中，$z_l = z+1$。因电路对称，故

$$S_{22} = S_{11} = \frac{z}{z+2} \tag{6.138}$$

对 S_{21}，由定义

$$S_{21} = \frac{u_2^-}{u_1^+}\Big|_{u_2^+=0}$$

当 $u_2^+=0$ 时，$u_2 = u_2^+ + u_2^- = u_2^-$，而 $u_1 = u_1^+ + u_1^- = u_1^+(1+S_{11})$，由分压公式，有

$$u_2 = u_2^- = \frac{1}{z+1}u_1 = \frac{u_1^+}{z+1}(1+S_{11})$$

于是

$$S_{21} = \frac{2}{z+2} \tag{6.139}$$

又由互易性知

$$S_{12} = S_{21} \tag{6.140}$$

所以，归一化串联阻抗的散射矩阵为

$$[S] = \frac{1}{z+2}\begin{bmatrix} z & 2 \\ 2 & z \end{bmatrix} \tag{6.141}$$

当串联阻抗 Z 两端端接传输线的特性阻抗不相等时，如图 6.19(b)所示。根据 S_{11} 和 S_{21} 的定义，要求 $u_2^+=0$，即电路的输出端参考面上接匹配负载(其值应为 Z_{c2})，此时电路可等效为如图 6.19(d)所示的电路。根据图 6.19(d)，有

$$U_1 = I_1(Z+Z_{c2}) \tag{6.142}$$

$$U_1 = I_1 Z + U_2 \tag{6.143}$$

为求 S_{11}，对式(6.142)进行归一化可得

$$u_1\sqrt{Z_{c1}} = \frac{i_1}{\sqrt{Z_{c1}}}(Z+Z_{c2})$$

即$(u_1^+ + u_1^-)\sqrt{Z_{c1}} = (u_1^+ - u_1^-)(Z+Z_{c2})/\sqrt{Z_{c1}}$，整理可得 S_{11} 为

$$S_{11} = \frac{u_1^-}{u_1^+}\Big|_{u_2^+=0} = \frac{Z+Z_{c2}-Z_{c1}}{Z+Z_{c1}+Z_{c2}} \tag{6.144}$$

为求 S_{21}，对式(6.143)进行归一化，可得

$$u_1\sqrt{Z_{c1}} = \frac{Z}{\sqrt{Z_{c1}}}i_1 + u_2\sqrt{Z_{c2}}$$

即

$$u_1^+ + u_1^- = \frac{Z}{Z_{c1}}(u_1^+ - u_1^-) + u_2^- \frac{\sqrt{Z_{c2}}}{\sqrt{Z_{c1}}}$$

于是，可得

$$S_{21} = \frac{u_2^-}{u_1^+}\Big|_{u_2^+=0} = \frac{2\sqrt{Z_{c1}Z_{c2}}}{Z+Z_{c1}+Z_{c2}} \tag{6.145}$$

由互易性知

$$S_{12} = S_{21} = \frac{2\sqrt{Z_{c1}Z_{c2}}}{Z+Z_{c1}+Z_{c2}} \tag{6.146}$$

当求 S_{22} 时，要求 $u_1^+=0$，仿照上述求解步骤，有

$$S_{22} = \frac{Z+Z_{c1}-Z_{c2}}{Z+Z_{c1}+Z_{c2}} \tag{6.147}$$

所以，串联阻抗两端所接传输线的特性阻抗不相等时的散射矩阵为

$$[S] = \frac{1}{Z+Z_{c1}+Z_{c2}}\begin{bmatrix} Z+Z_{c2}-Z_{c1} & 2\sqrt{Z_{c1}Z_{c2}} \\ 2\sqrt{Z_{c1}Z_{c2}} & Z+Z_{c1}-Z_{c2} \end{bmatrix} \tag{6.148}$$

按照类似的方法，对于其他电路单元的网络参量，同样可从电路单元端口变量的电路方程出发，通过对电路方程进行处理，然后就可根据网络参量的定义式直接导出各种网络参量。附录 D 列出了各种电路单元的网络参量。

6.6　二端口网络的工作特性参量

网络的工作特性都是与网络的参量密切相关的，因此，只要知道网络的结构(即网络参量)，就可确定网络的工作特性参量。由于 N 端口网络可简化成二端口网络来进行研究，因此这里只讨论二端口网络的几个常用的工作特性参量。

6.6.1　电压传输系数

网络的电压传输系数定义为，网络输出端口参考面接匹配负载时，网络输出端口参考面处的归一化出射波与输入端口参考面处的归一化入射波之比，即

$$T = \frac{u_2^-}{u_1^+}\Big|_{u_2^+=0} = S_{21} \tag{6.149}$$

对互易网络，$S_{12}=S_{21}$，故有

$$T = S_{12} \tag{6.150}$$

若用转移参量和传输参量表示,则有

$$T = \frac{2}{a+b+c+d} = \frac{1}{T_{11}} \tag{6.151}$$

6.6.2 相移

我们知道,任何二端口网络接入微波系统都会引起相移。若二端口网络接入 $\Gamma_g \neq 0$ 的波源和负载之间(如图 6.20(a)所示),则波源的归一化出射波和网络输出端口参考面处的归一化出射波之间的相位差,定义为二端口网络的相移,即

$$\theta = \arg\left(\frac{u_2^-}{u_g^-}\right) \tag{6.152}$$

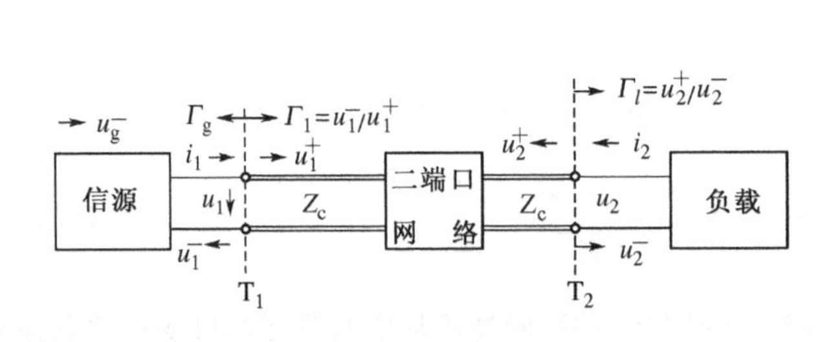

(a) 二端口网络与波源和负载的连接

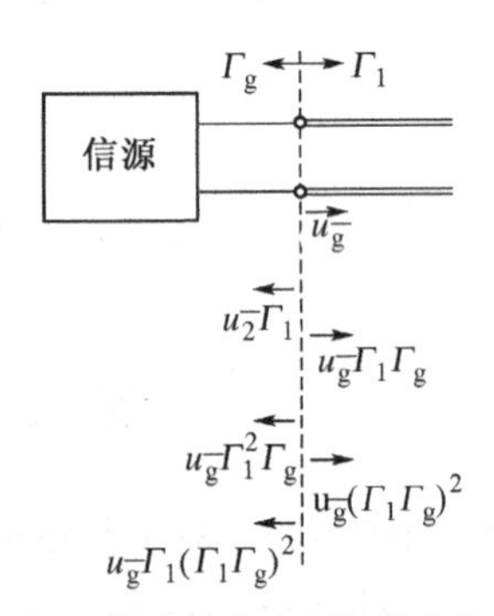

(b) 波源输出端参考面处的多重反射

图 6.20 二端口网络接入 $\Gamma_g \neq 0$ 的微波系统的一般示意图

由于 $\Gamma_g \neq 0$,因此在参考面 T_1 处的归一化入射波 u_1^+(见图 6.20(b))为

$$u_1^+ = u_g^- + u_g^- \Gamma_1 \Gamma_g + u_g^- (\Gamma_1 \Gamma_g)^2 + \cdots = \frac{u_g^-}{1 - \Gamma_1 \Gamma_g} \tag{6.153}$$

根据网络的散射方程及终端条件,有

$$u_1^- = S_{11} u_1^+ + S_{12} \Gamma_l u_2^- \tag{6.154}$$

$$u_2^- = S_{21} u_1^+ + S_{22} \Gamma_l u_2^- = \frac{S_{21}}{1 - S_{22} \Gamma_l} u_1^+ \tag{6.155}$$

于是可得

$$\Gamma_1 = \frac{u_1^-}{u_1^+} = S_{11} + \frac{S_{12} S_{21} \Gamma_l}{1 - S_{22} \Gamma_l} \tag{6.156}$$

这是式(6.119)的一般形式。这样,将式(6.156)代入式(6.153),可得

$$u_1^+ = \frac{u_g^-}{1 - S_{11}\Gamma_g - \dfrac{S_{12} S_{21} \Gamma_l \Gamma_g}{1 - S_{22} \Gamma_l}} \tag{6.157}$$

再将式(6.157)代入式(6.155),即得

$$u_2^- = \frac{S_{21}u_g^-}{(1-S_{22}\Gamma_l)(1-S_{11}\Gamma_g)-S_{12}S_{21}\Gamma_l\Gamma_g} \tag{6.158}$$

所以,二端口网络的相移为

$$\theta = \arg\left[\frac{S_{21}}{(1-S_{22}\Gamma_l)(1-S_{11}\Gamma_g)-S_{12}S_{21}\Gamma_l\Gamma_g}\right] \tag{6.159}$$

显然,相移 θ 是一个与 Γ_l,Γ_g 和[S]均有关的特性参量。

特别地,当 $\Gamma_g=0$ 时,$u_g^-=u_1^+$,式(6.159) 简化为

$$\theta = \arg\left(\frac{S_{21}}{1-S_{22}\Gamma_l}\right) \tag{6.160}$$

而当负载又同时无反射($u_2^+=0$)时,式(6.159)变为

$$\theta = \arg S_{21} = \arg T = \varphi_{21} \tag{6.161}$$

式中,φ_{21} 为 S_{21} 的幅角。显然,此时的 θ 就是电压传输系数的幅角。

6.6.3 插入衰减和功率(工作)衰减

1. 插入衰减

插入衰减定义为,网络插入前、后负载吸收功率 P_{l0} 和 P_l 之比的分贝数,即

$$L_i = 10\lg\frac{P_{l0}}{P_l} \quad (\text{dB}) \tag{6.162}$$

为导出二端口网络的插入衰减与网络参量之间的关系,考虑如图 6.21 所示的二端口微波系统。由图可知,当网络未插入时,参考面 T_1 和 T_2 重合,于是

$$P_{l0} = \frac{1}{2}(|u_1^+|^2-|u_1^-|^2) = \frac{1}{2}|u_1^+|^2(1-|\Gamma_l|^2) \tag{6.163}$$

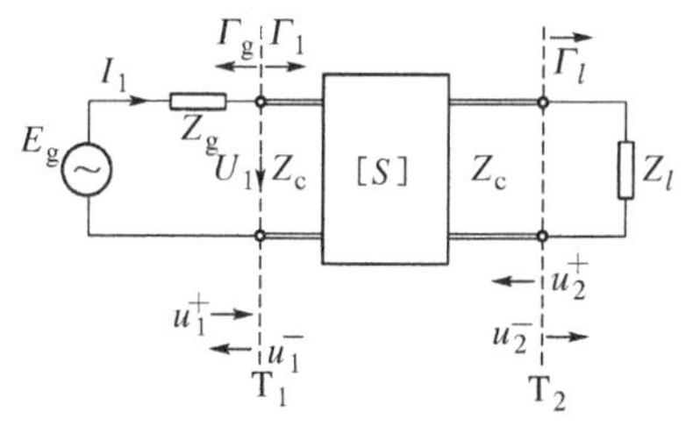

图 6.21　二端口微波系统

而参考面 T_1 处电压和电流的关系为

$$U_1 = E_g - I_1Z_g \tag{6.164}$$

将上式进行归一化,可得

$$\sqrt{Z_c}\,u_1 = E_g - \frac{i_1}{\sqrt{Z_c}}Z_g$$

即

$$\sqrt{Z_c}(u_1^+ + u_1^-) = E_g - \frac{1}{\sqrt{Z_c}}(u_1^+ - u_1^-)Z_g \tag{6.165}$$

令

$$\Gamma_g = \frac{Z_g - Z_c}{Z_g + Z_c} \quad 或 \quad \frac{Z_g}{Z_c} = \frac{1+\Gamma_g}{1-\Gamma_g} \tag{6.166}$$

再将上式代入式(6.165),并注意到 $u_1^-/u_1^+ = u_2^+/u_2^- = \Gamma_l$,于是

$$u_1^+ = \frac{E_g}{2\sqrt{Z_c}} \frac{1-\Gamma_g}{1+\Gamma_g\Gamma_l} = \frac{u_g^-}{1-\Gamma_g\Gamma_l} \tag{6.167}$$

式中,$u_g^- = u_1^+ |_{\Gamma_l=0} = u_g(1-\Gamma_g)/2$。

这样,将式(6.167)代入式(6.163),可得

$$P_{l0} = \frac{|u_g^-|^2}{2|1-\Gamma_g\Gamma_l|^2}(1-|\Gamma_l|^2) \tag{6.168}$$

插入网络后,有

$$P_l = \frac{1}{2}(|u_2^-|^2 - |u_2^+|^2) = \frac{1}{2}|u_2^-|^2(1-|\Gamma_l|^2) \tag{6.169}$$

将式(6.158)代入式(6.169),可得

$$P_l = \frac{1}{2}\frac{|S_{21}|^2(1-|\Gamma_l|^2)|u_g^-|^2}{|(1-S_{11}\Gamma_g)(1-S_{22}\Gamma_l) - S_{12}S_{21}\Gamma_l\Gamma_g|^2} \tag{6.170}$$

最后,将(6.168)和(6.170)两式代入式(6.162),即得插入衰减为

$$L_i = 20\lg\frac{|(1-S_{11}\Gamma_g)(1-S_{22}\Gamma_l) - S_{12}S_{21}\Gamma_l\Gamma_g|}{|S_{21}||1-\Gamma_g\Gamma_l|} \tag{6.171}$$

特别地,当 $\Gamma_g=0$ 时,有

$$L_i|_{\Gamma_g=0} = 20\lg\frac{|1-S_{22}\Gamma_l|}{|S_{21}|} = 20\lg\frac{1}{|S_{21}|} + 20\lg|1-S_{22}\Gamma_l| \tag{6.172}$$

2. 功率(工作)衰减

网络的功率衰减定义为,网络输出端口参考面接匹配负载时,网络输入端口参考面处的输入功率 P_i 与负载吸收功率 P_l 之比的分贝数,即

$$L = 10\lg\frac{P_i}{P_l}\Big|_{u_2^+=0} = 10\lg\frac{P_1^+}{P_2^-}\Big|_{u_2^+=0} = 20\lg\frac{1}{|S_{21}|} = 10\lg A \quad (\text{dB}) \tag{6.173}$$

式中,$A=1/|S_{21}|^2$,称为工作衰减。将式(6.173)和式(6.172) 比较可见,功率衰减就是网络两端口参考面处均接匹配负载($\Gamma_g=\Gamma_l=0$)时的插入衰减。

对互易网络,有

$$A = \frac{1}{|S_{12}|^2} \tag{6.174}$$

于是,工作衰减和电压传输系数间的关系为

$$A=\frac{1}{|T|^2} \tag{6.175}$$

式(6.174)可改写为

$$A=\left(\frac{1-|S_{11}|^2}{|S_{12}|^2}\right)\left(\frac{1}{1-|S_{11}|^2}\right) \tag{6.176}$$

由此可见,在上式右端的第一个因子中将分子和分母同乘以$|u_1^+|^2$,则变为$(|u_1^+|^2-|u_1^-|^2)/|u_2^-|^2$,它是实际进入网络的功率与匹配负载所吸收的功率之比。当网络无耗时,$|u_1^+|^2-|u_1^-|^2=|u_2^-|^2$,故此值为1。因此,它表征由网络内部消耗所引起的衰减,称为吸收衰减。在第二个因子中,分子和分母同乘以$|u_1^+|^2$,则变为$|u_1^+|^2/(|u_1^+|^2-|u_1^-|^2)$,它是入射波功率与实际进入网络的功率之比。当网络输入端无反射时,$u_1^-=0$,这个值也为1,它表征由于反射引起的衰减,称为反射衰减。

若将式(6.174)用归一化转移参量表示,则有

$$A=\frac{|a+b+c+d|^2}{4} \tag{6.177}$$

6.6.4　输入驻波系数

网络的输入驻波系数定义为,网络输出端口参考面接匹配负载时,网络输入端的驻波系数。若相应的电压反射系数为Γ_{in},则有

$$\rho=\frac{1+|\Gamma_{\text{in}}|}{1-|\Gamma_{\text{in}}|}\quad\text{或}\quad|\Gamma_{\text{in}}|=\frac{\rho-1}{\rho+1}$$

根据定义可知,$\Gamma_{\text{in}}=S_{11}$,于是

$$\rho=\frac{1+|S_{11}|}{1-|S_{11}|}\quad\text{或}\quad|S_{11}|=\frac{\rho-1}{\rho+1} \tag{6.178}$$

对无耗、互易二端口网络,由[S]的一元性,可得到输入驻波系数与工作衰减间的关系为

$$A=\frac{1}{|S_{12}|^2}=\frac{1}{1-|S_{11}|^2}=\frac{(\rho+1)^2}{4\rho} \tag{6.179}$$

因此,无耗网络的输入驻波比和工作衰减并不是两个彼此独立的特性参量,若给定一个,则另一个也就确定。

* 6.6.5　功率增益

在射频/微波电路特别是有源电路的分析与设计中,通常要求解二端口网络的功率增益,常用的功率增益有三种:工作功率增益G_{P}、资用功率增益G_{A}以及转移功率增益G_{T}。下面在分别给出其定义的基础上,导出它们的表达式。

工作功率增益 G_P 定义为,输出端口参考面端接负载的(平均)吸收功率与输入端口参考面处的(平均)输入功率之比,即

$$G=\frac{P_l}{P_{in}} \tag{6.180}$$

根据图 6.21 以及式(6.167)的推导思路,可得

$$U_1^+=\frac{E_g}{2}\frac{1-\Gamma_g}{1-\Gamma_g\Gamma_{in}} \quad 或 \quad u_1^+=\frac{E_g}{2\sqrt{Z_c}}\frac{1-\Gamma_g}{1-\Gamma_g\Gamma_{in}}=\frac{u_g^-}{1-\Gamma_g\Gamma_{in}}$$

式中,$u_g^-=u_1^+|_{\Gamma_{in}=0}=E_g(1-\Gamma_g)/(2\sqrt{Z_c})$。于是,由波源传送到二端口网络输入端口参考面处的输入功率 P_{in} 为

$$P_{in}=\frac{1}{2}|u_1^+|^2(1-|\Gamma_{in}|^2)=\frac{|E_g|^2}{8Z_c}\frac{|1-\Gamma_g|^2}{|1-\Gamma_g\Gamma_{in}|^2}(1-|\Gamma_{in}|^2) \tag{6.181}$$

又由于负载的吸收功率 P_l 为

$$P_l=\frac{|u_2^-|^2}{2}(1-|\Gamma_l|^2) \tag{6.182}$$

再利用式(6.155),可得

$$P_l=\frac{|u_1^+|^2}{2}\frac{|S_{21}|^2(1-|\Gamma_l|^2)}{|1-S_{22}\Gamma_l|^2}=\frac{|S_{21}|^2|1-\Gamma_g|^2(1-|\Gamma_l|^2)|E_g^-|^2}{8|1-S_{22}\Gamma_l|^2|1-\Gamma_g\Gamma_{in}|^2Z_c} \tag{6.183}$$

显然,上式与式(6.170)完全相同。因此,工作功率增益为

$$G_P=\frac{P_l}{P_{in}}=\frac{|S_{21}|^2(1-|\Gamma_l|^2)}{|1-S_{22}\Gamma_l|^2(1-|\Gamma_{in}|^2)} \tag{6.184}$$

网络的资用增益 G_A 定义为,网络的资用功率 P_{avn} 与波源的资用功率 P_{avs} 之比,即

$$G_A=\frac{P_{avn}}{P_{avs}} \tag{6.185}$$

为导出资用功率增益,将输入到网络输入端口参考面处的最大输入功率定义为信号源的资用功率 P_{avs},此时波源阻抗等于网络输入阻抗的复共轭,即 $\Gamma_g=\Gamma_{in}^*$。于是

$$P_{avs}=P_{in}|_{\Gamma_{in}=\Gamma_g^*}=\frac{|E_g|^2}{8Z_c}\frac{|1-\Gamma_g|^2}{1-|\Gamma_g|^2} \tag{6.186}$$

类似地,将输入到负载的最大功率定义为网络的资用功率 P_{avn},此时网络输出端口参考面处的阻抗等于负载阻抗的复共轭,即 $\Gamma_l=\Gamma_{out}^*$。于是

$$\begin{aligned}P_{avn}=P_l|_{\Gamma_l=\Gamma_{out}^*}&=\frac{|E_g|^2}{8Z_c}\left[\frac{|S_{21}|^2(1-|\Gamma_{out}|^2)|1-\Gamma_g|^2}{|1-S_{22}\Gamma_{out}^*|^2|1-\Gamma_g\Gamma_{in}|^2}\right]\Bigg|_{\Gamma_l=\Gamma_{out}^*}\\&=\frac{|E_g|^2}{8Z_c}\frac{|S_{21}|^2|1-\Gamma_g|^2}{|1-S_{11}\Gamma_g|^2(1-|\Gamma_{out}|^2)}\end{aligned} \tag{6.187}$$

式中

$$\Gamma_{\text{out}} = S_{22} + \frac{S_{12}S_{21}\Gamma_{\text{g}}}{1 - S_{11}\Gamma_{\text{g}}} \tag{6.188}$$

为二端口网络输出端口参考面处的反射系数。因此，资用功率增益为

$$G_{\text{A}} = \frac{P_{\text{avn}}}{P_{\text{avs}}} = \frac{|S_{21}|^2(1 - |\Gamma_{\text{g}}|^2)}{|1 - S_{11}\Gamma_{\text{g}}|^2(1 - |\Gamma_{\text{out}}|^2)} \tag{6.189}$$

网络转移功率增益 G_{T} 定义为，二端口网络的负载的吸收功率 P_l 与信号源的资用功率 P_{avs} 之比，即

$$G_{\text{T}} = \frac{P_l}{P_{\text{avs}}} = \frac{|S_{21}|^2(1 - |\Gamma_{\text{g}}|^2)(1 - |\Gamma_l|^2)}{|1 - S_{22}\Gamma_l|^2\ |1 - \Gamma_{\text{g}}\Gamma_{\text{in}}|^2} = \frac{|S_{21}|^2(1 - |\Gamma_{\text{g}}|^2)(1 - |\Gamma_l|^2)}{|1 - S_{11}\Gamma_{\text{g}}|^2\ |1 - \Gamma_{\text{out}}\Gamma_l|^2} \tag{6.190}$$

此外，当 $S_{12}=0$ 时，其转移功率增益称为单向功率增益，记为 G_{Tu}。此时，$\Gamma_{\text{in}}=S_{11}$，从而有

$$G_{\text{Tu}} = \frac{|S_{21}|^2(1 - |\Gamma_{\text{g}}|^2)(1 - |\Gamma_l|^2)}{|1 - S_{11}\Gamma_{\text{g}}|^2\ |1 - S_{22}\Gamma_l|^2} \tag{6.191}$$

*6.7　多端口网络的基本特性

实际应用中，端口数 $N\leqslant 4$ 的多端口网络最为常用。对于端口数 $N>4$ 的网络，则可先根据 N 端口网络的端接以及与其他网络的互联情况，采用简化分析思路将网络的端口数进行适当的缩减，然后再进一步分析其特性。因此，下面仅讨论端口数 $N\leqslant 4$ 的多端口网络的基本特性。

6.7.1　二端口网络

1. 无耗二端口网络的基本性质

性质 1：若无耗、互易的二端口网络的一端口匹配，则另一端口自动匹配。

性质 2：若无耗、互易的二端口网络完全匹配，则两端口间可实现双向的全传输。

性质 3：若无耗、非互易的二端口网络完全匹配，则两端口间仅可实现单向传输。

上述性质 1 和性质 2 可由一元性公式导出的公式(6.110)简单证明，而性质 3 涉及的二端口元件称为射频/微波隔离器(或单向器)。理想微波隔离器的散射矩阵[S]可表示为

$$[S] = \begin{bmatrix} 0 & 1 \\ 0 & 0 \end{bmatrix}, \quad 或 \quad [S] = \begin{bmatrix} 0 & 0 \\ 1 & 0 \end{bmatrix} \tag{6.192}$$

有关射频/微波隔离器的详细讨论，详见第 7 章中第 7.8 节。

2. 对称二端口网络

在射频、微波技术中,有许多元件和电路都具有对称性。对称元件和电路具有面对称性(平面映射)和轴对称性(旋转对称)两种形式,这些元件和电路均可采用对称网络的方法进行分析。对称网络可采用矩阵本征值法和奇偶模分析法进行分析,这里仅介绍后一种分析方法,且限于对称二端口和四端口网络的情况。

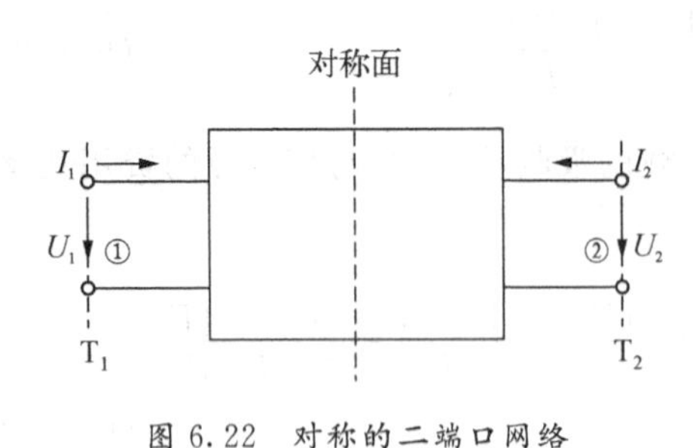

图 6.22 对称的二端口网络

1) 阻抗和导纳矩阵

这里先以阻抗矩阵参量的推导为例进行讨论。对称的二端口网络(即电路中的四端网络)如图 6.22 所示,其中 U_1, U_2, I_1, I_2 分别为输入、输出端口(参考面)T_1, T_2 处的(复)电压和电流。此时,输入和输出端口不必加以区分,网络的独立阻抗参量减少为两个,即 $Z_{11}(=Z_{22})$ 和 $Z_{12}(=Z_{21})$。为导出对称二端口网络的阻抗参量,巴特勒(A. C. Bartlett)早于1930年就提出了二分性定理。

定理 6.1:若等幅同相电压被施加到对称二端口网络的端口①和端口②(的参考面)上,则没有电流通过二端口网络的对称面,此时输入阻抗简化为$(Z_{11}+Z_{12})$,这可被称为半网络的开路阻抗,记为$(Z_{in})_{oc}$,即$(Z_{in})_{oc}=Z_{11}+Z_{12}$;若等幅反相电压被施加到对称二端口网络的端口①和端口②(的参考面)上,则二端口网络的对称面上电压等于零,则输入阻抗简化为$(Z_{11}-Z_{12})$,这可被称为半网络的短路阻抗,记为$(Z_{in})_{sc}$,即$(Z_{in})_{sc}=Z_{11}-Z_{12}$。

上述定理是对称二端口网络的奇偶模分析法的原型。

这样,基于二分性定理,对对称的二端口网络,此时可将该网络关于中心对称面在输入和输出端口参考面处采用等幅同相电压(U_e, U_e)(或归一化等幅同相电压(u_e, u_e))和等幅反相电压$(U_o, -U_o)$(或归一化等幅反相电压$(u_o, -u_o)$)进行激励。它们分别对应奇模和偶模激励,其中心对称面分别等效为磁壁(电路为开路)和电壁(电路为短路),如图 6.23 所示。其中 U_o, U_e(或 u_o, u_e)分别为两对称端口处的奇模和偶模电压(或归一化的奇模和偶模电压)。在奇、偶模激励情况下,可分别求得端口参考面处奇模和偶模的输入阻抗$(Z_{in})_o$以及$(Z_{in})_e$,则原对称二端口网络的阻抗矩阵参量 Z_{11} 以及 Z_{21} 分别为

$$Z_{11}=\frac{1}{2}[(Z_{in})_o+(Z_{in})_e] \tag{6.193}$$

$$Z_{21}=\frac{1}{2}[(Z_{in})_e-(Z_{in})_o] \tag{6.194}$$

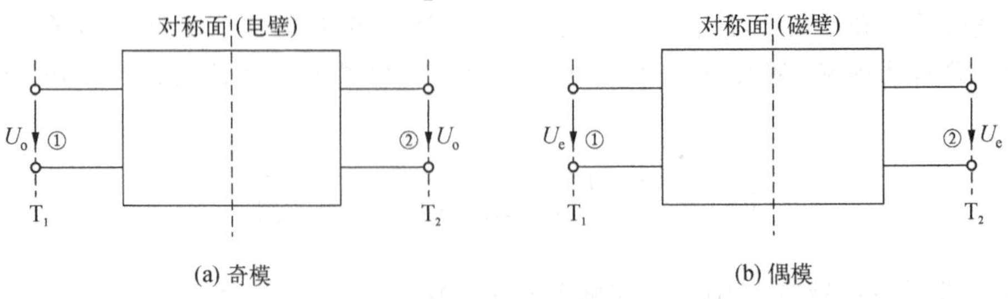

图 6.23 对称二端口网络的奇、偶模分解

类似地，对称二端口网络的导纳矩阵参量同样可仿照上式导出。

例如，对如图 6.17(a)所示的特性阻抗为 Z_c，电长度为 θ 的一段均匀无耗传输线，采用奇模和偶模分析的等效电路如图 6.24 所示。于是

$$(Z_{in})_o = jZ_c\tan\left(\frac{\theta}{2}\right) \tag{6.195}$$

$$(Z_{in})_e = -jZ_c\cot\left(\frac{\theta}{2}\right) \tag{6.196}$$

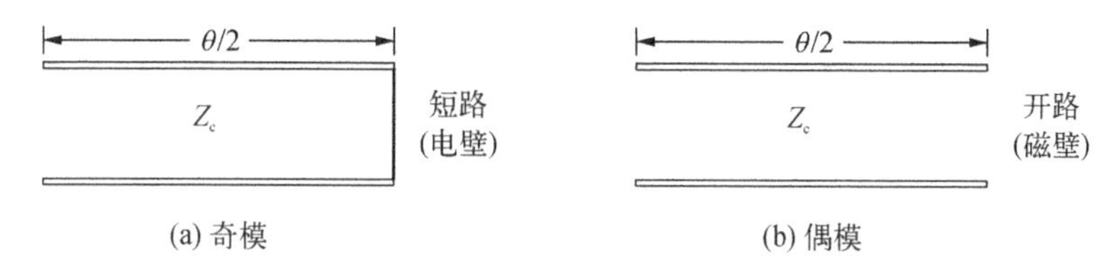

图 6.24　一段均匀无耗传输线的奇模和偶模等效电路

这样，将式(6.195)和式(6.196)代入式(6.193)和式(6.194)，可得

$$Z_{11} = \frac{1}{2}\left\{-jZ_c\left[\cot\left(\frac{\theta}{2}\right)-\tan\left(\frac{\theta}{2}\right)\right]\right\} = -jZ_c\cot\theta \tag{6.197}$$

$$Z_{21} = \frac{1}{2}\left\{-jZ_c\left[\cot\left(\frac{\theta}{2}\right)+\tan\left(\frac{\theta}{2}\right)\right]\right\} = -jZ_c\csc\theta \tag{6.198}$$

显然，以上两式与第 3 章中一段均匀无耗传输线 Z_{11} 和 Z_{21} 的表达式(3.157)和(3.158)完全相同。

2）散射矩阵

对如图 6.25 所示的对称二端口网络，其中 u_o^+，u_o^- 和 u_e^+，u_e^- 则分别为两对称端口处的奇模和偶模的归一化入射波和归一化反射波。

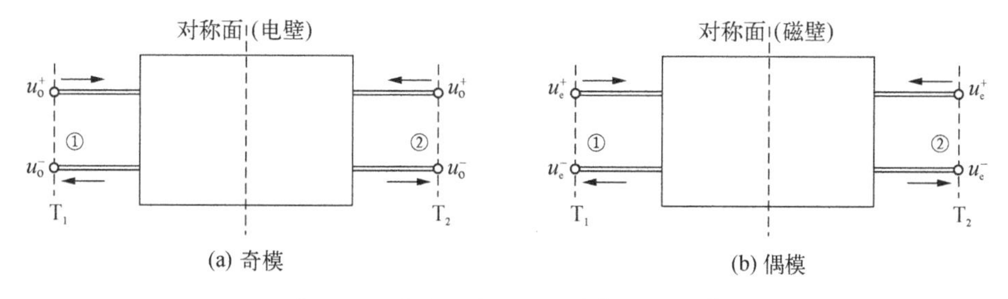

图 6.25　对称二端口网络的奇、偶模分解

对端口①，奇模和偶模的散射参量 S_{11o}，S_{11e} 可分别定义为

$$S_{11o} = \left.\frac{u_{1o}^-}{u_{1o}^+}\right|_{u_{2o}^+=0},\quad S_{11e} = \left.\frac{u_{1e}^-}{u_{1e}^+}\right|_{u_{2e}^+=0} \tag{6.199}$$

端口参考面 T_1 处的归一化入射波 u_1^+ 和归一化反射波 u_1^- 可用奇模和偶模的归一化入射波 u_o^+，u_e^+ 和归一化反射波 u_o^-，u_e^- 分别表示为

$$u_1^+ = u_e^+ + u_o^+, \quad u_2^+ = u_e^+ - u_o^+$$
$$u_1^- = u_e^- + u_o^-, \quad u_2^- = u_e^- - u_o^- \tag{6.200}$$

令 $u_2^+ = u_{2e}^+ + u_{2o}^+ = 0$,则由式(6.199)和式(6.200),可得

$$u_1^+ = 2u_e^+ = 2u_o^+ \tag{6.201}$$

$$u_1^- = S_{11e}u_e^+ + S_{11o}u_o^+ \tag{6.202}$$

$$u_2^- = S_{11e}u_e^+ - S_{11o}u_o^+ \tag{6.203}$$

将上述关系代入散射参量的定义,可得对称二端口网络的散射参量为

$$\left.\begin{aligned} S_{11} &= \left.\frac{u_1^-}{u_1^+}\right|_{u_2^+=0} = \frac{1}{2}(S_{11e} + S_{11o}) \\ S_{21} &= \left.\frac{u_2^-}{u_1^+}\right|_{u_2^+=0} = \frac{1}{2}(S_{11e} - S_{11o}) \\ S_{22} &= S_{11}, \quad S_{12} = S_{21} \end{aligned}\right\} \tag{6.204}$$

此外,令 $(Z_{in})_o$,$(Z_{in})_e$ 分别代表端口①的参考面处奇、偶模的输入阻抗,按照散射参量 $S_{ii}(i=1,2)$ 与端口反射系数 Γ_i 间的关系,有

$$S_{11e} = \Gamma_{1e} = \frac{(Z_{in})_e - Z_{c1}}{(Z_{in})_e + Z_{c1}}, \quad S_{11o} = \Gamma_{1o} = \frac{(Z_{in})_o - Z_{c1}}{(Z_{in})_o + Z_{c1}} \tag{6.205}$$

将式(6.205)代入式(6.204),即得

$$\begin{aligned} S_{11} = S_{22} &= \frac{(Z_{in})_e(Z_{in})_o - Z_{c1}^2}{[(Z_{in})_e + Z_{c1}][(Z_{in})_o + Z_{c1}]} = \frac{Y_{c1}^2 - (Y_{in})_e(Y_{in})_o}{[(Y_{in})_e + Y_{c1}][(Y_{in})_o + Y_{c1}]} \\ S_{21} = S_{12} &= \frac{(Z_{in})_e Z_{c1} - (Z_{in})_o Z_{c1}}{[(Z_{in})_e + Z_{c1}][(Z_{in})_o + Z_{c1}]} = \frac{(Y_{in})_o Y_{c1} - (Y_{in})_e Y_{c1}}{[(Y_{in})_e + Y_{c1}][(Y_{in})_o + Y_{c1}]} \end{aligned} \tag{6.206}$$

若将输入阻抗和输入导纳进行归一化,即 $z=Z/Z_{c1}$,$y=Y/Y_{c1}$,则式(6.206) 简化为

$$\begin{aligned} S_{11} = S_{22} &= \frac{(z_{in})_e(z_{in})_o - 1}{[(z_{in})_e + 1][(z_{in})_o + 1]} = \frac{1 - (y_{in})_e(y_{in})_o}{[(y_{in})_e + 1][(y_{in})_o + 1]} \\ S_{21} = S_{12} &= \frac{(z_{in})_e - (z_{in})_o}{[(z_{in})_e + 1][(z_{in})_o + 1]} = \frac{(y_{in})_o - (y_{in})_e}{[(y_{in})_e + 1][(y_{in})_o + 1]} \end{aligned} \tag{6.207}$$

6.7.2 三端口网络

1. 无耗三端口网络的基本性质

性质 1:无耗、互易三端口网络不能获得完全匹配。

性质 2:若在无耗、互易三端口网络的任意端口中接入短路器(如短路活塞,见第 7 章第 7.1.1 节),则总可找到短路器的一个位置,使其他二端口间无能量传输。

性质 3:若无耗、互易三端口网络关于接短路器的端口是对称的,则总可找到短路器的

一个位置，使电磁能量在其他二端口间无反射地传输。

性质 4：无耗、非互易三端口网络可获得完全匹配，且适当选取参考面，可使该网络构成一个理想的环行器。对理想环行器，其散射矩阵有以下两种表达形式：

$$[S]=\begin{bmatrix}0&1&0\\0&0&1\\1&0&0\end{bmatrix}\quad 或 \quad [S]=\begin{bmatrix}0&0&1\\1&0&0\\0&1&0\end{bmatrix} \tag{6.208}$$

即进入环行器的波只能单方向环行，前者的环行方向是端口①→端口③→端口②→端口①；后者的环行方向是端口①→端口②→端口③→端口①。有关环行器，请见第 7 章第 7.8 节。

下面仅证明性质 1，其他性质的证明则留给读者自行完成。有关对称、无耗、互易三端口网络的基本特性，详见习题 6－17。

证明(性质 1)：此性质可采用反证法加以证明。假设无耗、互易三端口网络完全匹配，即 $S_{11}=S_{22}=S_{33}=0$，然后根据无耗、互易三端口网络的一元性公式，展开可得

$$|S_{12}|=|S_{13}|=|S_{23}|=\frac{1}{\sqrt{2}} \tag{6.209}$$

以及

$$S_{13}S_{23}^{*}=0 \tag{6.210}$$

显然，以上两式相矛盾，表明上述假设不成立，即无耗、互易三端口网络不可能存在完全匹配状态。

2. 平衡—不平衡变换器的平衡条件

在射频/微波功率放大器以及天线工程等中，往往要用到平衡—不平衡变换器(频率较低时，称为传输线变压器；频率较高时，称为微波巴伦(Balun)，详见第 8 章第 8.1 节)。平衡—不平衡变换器可视为是一个无耗、互易三端口网络，其中一个端口为不平衡输入(或输出)，另两个端口为平衡输出(或输入)，此时三端口网络的电压和电流关系可用导纳矩阵参量表示为

$$\begin{bmatrix}I_1\\I_2\\I_3\end{bmatrix}=\begin{bmatrix}Y_{11}&Y_{12}&Y_{13}\\Y_{21}&Y_{22}&Y_{23}\\Y_{31}&Y_{32}&Y_{33}\end{bmatrix}\begin{bmatrix}U_1\\U_2\\U_3\end{bmatrix} \tag{6.211}$$

由于平衡—不平衡变换器为互易网络，故

$$Y_{21}=Y_{12},\quad Y_{31}=Y_{13},\quad Y_{32}=Y_{23} \tag{6.212}$$

因此，为使此互易三端口网络用作为平衡—不平衡变换器，若假设端口②和端口③是平衡端口，则必有

$$U_2=-U_3,\quad I_2=-I_3 \tag{6.213}$$

将式(6.213)代入式(6.211)并考虑式(6.212)，可得

$$Y_{12} = -Y_{13}, \quad Y_{22} = Y_{33} \tag{6.214}$$

上式即为无耗、互易三端口网络用作平衡—不平衡变换器使用的平衡条件。

6.7.3 四端口网络

1. 无耗、互易四端口网络的基本性质

无耗、互易四端口网络具有以下基本性质。

性质1:无耗、互易四端口网络可以获得完全匹配,且该网络一定是一个定向耦合器。

性质2:有两个端口匹配且相互隔离的无耗、互易四端口网络一定是完全匹配的,该网络也必定是一个定向耦合器。有关定向耦合器,请见第7章第7.7节。

性质3:具有理想定向性的无耗、互易四端口网络不一定完全匹配,即四个端口匹配是定向耦合器的充分条件,而不是必要条件。

对性质1,可假设无耗、互易四端口网络中有三个端口匹配,然后由无耗网络的一元性公式即可证明。

下面证明性质2,作为习题,读者自行证明性质3。

证明(性质2):假设四端口中有三个端口匹配,即 $S_{11}=S_{22}=S_{33}=0$,则根据无耗、互易四端口网络的一元性公式:$[S^*][S]=[I]$,展开可得

$$|S_{12}|^2 + |S_{13}|^2 + |S_{14}|^2 = 1 \tag{6.215a}$$

$$|S_{12}|^2 + |S_{23}|^2 + |S_{24}|^2 = 1 \tag{6.215b}$$

$$|S_{13}|^2 + |S_{23}|^2 + |S_{34}|^2 = 1 \tag{6.215c}$$

$$|S_{14}|^2 + |S_{24}|^2 + |S_{34}|^2 + |S_{44}|^2 = 1 \tag{6.215d}$$

$$S_{13}^* S_{23} + S_{14}^* S_{24} = 0 \tag{6.215e}$$

由式(6.215e)可知

$$|S_{13}|\,|S_{23}| = |S_{14}|\,|S_{24}| \tag{6.216}$$

于是,将式(6.215b)减去式(6.215a),并将式(6.216)代入可得

$$|S_{23}|^2 + |S_{24}|^2 - (|S_{13}|^2 + |S_{14}|^2) = (|S_{23}|^2 + |S_{24}|^2)\left(1 - \frac{|S_{14}|^2}{|S_{23}|^2}\right) = 0 \tag{6.217}$$

可见,若满足下式:

$$|S_{14}| = |S_{23}| \tag{6.218}$$

则式(6.217) 成立,此时由式(6.216)可得

$$|S_{13}| = |S_{24}| \tag{6.219}$$

再将式(6.218)代入式(6.215a)并与式(6.215c)比较,可得

$$|S_{34}| = |S_{12}| \tag{6.220}$$

这样，将式(6.218)、(6.219)代入式(6.215d)并考虑式(6.215c)，可得

$$|S_{44}|^2 = 1-(|S_{14}|^2+|S_{24}|^2+|S_{34}|^2) = 1-(|S_{13}|^2+|S_{23}|^2+|S_{34}|^2) = 0 \tag{6.221}$$

因此

$$S_{11} = S_{22} = S_{33} = S_{44} = 0 \tag{6.222}$$

即无耗、互易四端口网络可以获得完全匹配，从而无耗、互易四端口网络的散射矩阵[S]为

$$[S] = \begin{bmatrix} 0 & S_{12} & S_{13} & S_{14} \\ S_{12} & 0 & S_{23} & S_{24} \\ S_{13} & S_{23} & 0 & S_{34} \\ S_{14} & S_{24} & S_{34} & 0 \end{bmatrix} \tag{6.223}$$

为了证明完全匹配的四端口网络是一个定向耦合器，将式(6.223)代入一元性公式，展开可得

$$|S_{12}|^2+|S_{13}|^2+|S_{14}|^2 = 1 \tag{6.224a}$$

$$S_{13}S_{14}^* + S_{13}^*S_{14} = 0 \tag{6.224b}$$

$$S_{12}S_{14}^* + S_{12}^*S_{14} = 0 \tag{6.224c}$$

$$S_{12}S_{13}^* + S_{13}S_{12}^* = 0 \tag{6.224d}$$

显然，若无耗、互易四端口网络完全匹配，则 S_{12}，S_{13} 和 S_{14} 中必须有一个为零。换言之，这种完全匹配的四端口网络一定是一个具有方向性的耦合器(即定向耦合器)。事实上，将式(6.224c)乘以 S_{13} 以及式(6.224d)乘以 S_{14} 并相减，可得

$$S_{12}(S_{14}^*S_{13} - S_{13}^*S_{14}) = 0 \tag{6.225}$$

因此，有

$$S_{12} = 0 \tag{6.226}$$

此时，该定向耦合器的[S]为

$$[S] = \begin{bmatrix} 0 & 0 & S_{13} & S_{14} \\ 0 & 0 & S_{23} & S_{24} \\ S_{13} & S_{23} & 0 & 0 \\ S_{14} & S_{24} & 0 & 0 \end{bmatrix} \tag{6.227}$$

类似地，若 $S_{13}=0$，则该定向耦合器的[S]为

$$[S] = \begin{bmatrix} 0 & S_{12} & 0 & S_{14} \\ S_{12} & 0 & S_{23} & 0 \\ 0 & S_{23} & 0 & S_{34} \\ S_{14} & 0 & S_{34} & 0 \end{bmatrix} \tag{6.228}$$

若 $S_{14}=0$,则该定向耦合器的[S]为

$$[S]=\begin{bmatrix}0 & S_{12} & S_{13} & 0\\ S_{12} & 0 & 0 & S_{24}\\ S_{13} & 0 & 0 & S_{34}\\ 0 & S_{24} & S_{34} & 0\end{bmatrix} \tag{6.229}$$

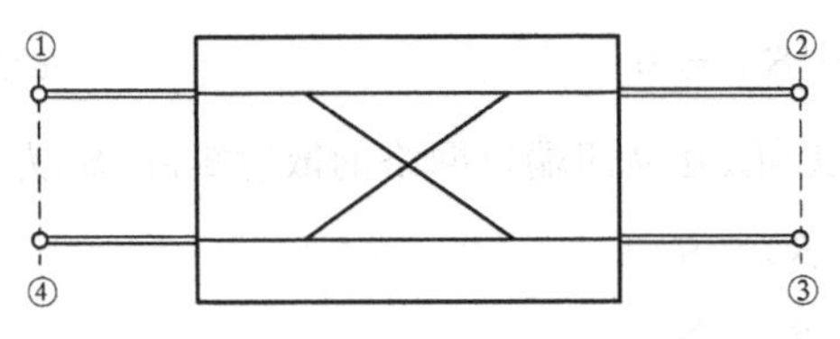

图 6.26 四端口网络形成的定向耦合器

对如图 6.26 所示的定向耦合器,式(6.228)代表的就是反向定向耦合器,而式(6.229)代表的就是正向定向耦合器。

为了进一步简化式(6.229),可选取四端口网络中三个端口参考面处的相位,使 $S_{12}=S_{34}=\beta$, $S_{13}=k\mathrm{e}^{\mathrm{j}\varphi_{13}}$, $S_{24}=k\mathrm{e}^{\mathrm{j}\varphi_{24}}$,其中 k,β 为正实数,φ_{13},φ_{24} 为待定的相角,则由一元性公式的以下展开式:

$$S_{12}^{*}S_{13}+S_{24}^{*}S_{34}=0 \tag{6.230}$$

可得

$$\varphi_{13}+\varphi_{24}=\pi\pm 2n\pi,\quad n=0,1,2,\cdots \tag{6.231}$$

若取 $n=0$,则有以下两种类型的实用定向耦合器。

(1) 对称定向耦合器

对对称定向耦合器,$\varphi_{13}=\varphi_{24}=\pi/2$,即 S_{13} 和 S_{24} 的相位相等。此时,其[S]为

$$[S]=\begin{bmatrix}0 & \beta & \mathrm{j}k & 0\\ \beta & 0 & 0 & \mathrm{j}k\\ \mathrm{j}k & 0 & 0 & \beta\\ 0 & \mathrm{j}k & \beta & 0\end{bmatrix} \tag{6.232}$$

(2) 非对称定向耦合器

对非对称定向耦合器,$\varphi_{13}=0$,$\varphi_{24}=\pi$,即 S_{13} 和 S_{24} 的相位相差180°。此时,其[S]为

$$[S]=\begin{bmatrix}0 & \beta & k & 0\\ \beta & 0 & 0 & -k\\ k & 0 & 0 & \beta\\ 0 & -k & \beta & 0\end{bmatrix} \tag{6.233}$$

应指出,上述两种定向耦合器仅在于参考面的选取不同,它们与耦合有关的参数 k 和 β 并不独立,两者间的关系为

$$k^2+\beta^2=1 \tag{6.234}$$

对前述的正向定向耦合器,k 代表(电压)耦合系数。

2. 双对称四端口网络

对如图 6.27 所示的双对称(具有正交对称面)的四端口网络,可按奇偶模分析法进行类

似分析。

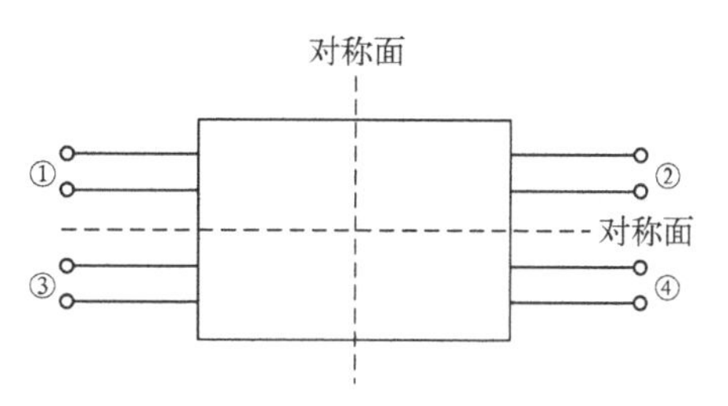

图 6.27 双对称的四端口网络

具体地，当端口①的参考面处施加归一化入射波 u_1^+ 而其他各端口参考面均接匹配负载时，将端口①上施加的 u_1^+ 视为在端口①和端口②同时作偶模施加($u_1^+/2, u_1^+/2$)和奇模施加($u_1^+/2, -u_1^+/2$)的情况，此时，与奇、偶模对应的端口①参考面处的电压反射系数分别为 $S_{11o}/2$ 和 $S_{11e}/2$，而与奇、偶模对应的端口①到端口④的电压传输系数分别为 $S_{41o}/2$ 和 $S_{41e}/2$。于是

$$\left.\begin{aligned} S_{11} &= \frac{1}{2}(S_{11e}+S_{11o}), \quad S_{21} = \frac{1}{2}(S_{11e}-S_{11o}) \\ S_{31} &= \frac{1}{2}(S_{41e}-S_{41o}), \quad S_{41} = \frac{1}{2}(S_{41e}+S_{41o}) \end{aligned}\right\} \tag{6.235}$$

类似地，当端口④的参考面处施加归一化入射波 u_4^+ 而其他各端口参考面均接匹配负载时，与奇、偶模对应的端口④处的电压反射系数分别为 $S_{44o}/2$ 和 $S_{44e}/2$，而与奇、偶模对应的端口④到端口①的电压传输系数分别为 $S_{14o}/2$ 和 $S_{14e}/2$。于是

$$\left.\begin{aligned} S_{44} &= \frac{1}{2}(S_{44e}+S_{44o}), \quad S_{14} = \frac{1}{2}(S_{14e}+S_{14o}) \\ S_{21} &= \frac{1}{2}(S_{14e}-S_{14o}), \quad S_{34} = \frac{1}{2}(S_{44e}-S_{44o}) \end{aligned}\right\} \tag{6.236}$$

然后，利用互易四端口网络的基本特性，即可得到对称四端口网络的全部散射参量。

*6.8 广义散射参量

正如所知，散射参量的概念源自于网络中的入射波和反射波，在微波电路(网络)中确实存在入射波和反射波(或归一化入射波和反射波)。但一般的集中参数电路(网络)的各端口直接端接负载，不存在入射波和反射波，从而不能再利用常规意义下的一般散射参量对集中参数电路(网络)进行分析。因此，有必要将散射参量及其有关波的概念进行推广，需要在一定的条件下人为定义更一般的散射参量—广义散射参量。广义散射参量由功率波的概念定义。

下面在引出功率波概念的基础上，仅以二端口电路(网络)为例，简单引出广义散射矩阵及其与一般散射矩阵间的转换关系。

6.8.1 广义散射参量的定义

正如传输线理论所知，对如图 6.28(a)所示的一段均匀无耗传输线构成的一端口网络，当该传输线终端和源端均匹配(即 $Z_l=Z_g=Z_c$)时，一端口网络呈现完全匹配状态。此时，一端口网络的端电压和电流分别为入射(复)电压 U^+ 与入射(复)电流 I^+，即

$$U^{+}=\frac{U_{g}}{2},\quad I^{+}=\frac{U_{g}}{2Z_{c}}$$

而当 $Z_l \neq Z_c$ 时,负载处的端电压 U 和电流 I 可用该处的入射电压与反射电压分别表示为

$$U=U^{+}+U^{-},\quad I=I^{+}+I^{-}=\frac{U^{+}}{Z_{c}}-\frac{U^{-}}{Z_{c}}$$

这样,即可用端电压 U 和电流 I 来表示 U^+ 和 U^-,即

$$U^{+}=\frac{U+Z_{c}I}{2},\quad U^{-}=\frac{U-Z_{c}I}{2} \tag{6.237}$$

从而可得归一化入射波(电压)和归一化反射波(电压)分别为

$$u^{+}=\frac{U+Z_{c}I}{2\sqrt{Z_{c}}},\quad u^{-}=\frac{U-Z_{c}I}{2\sqrt{Z_{c}}} \tag{6.238}$$

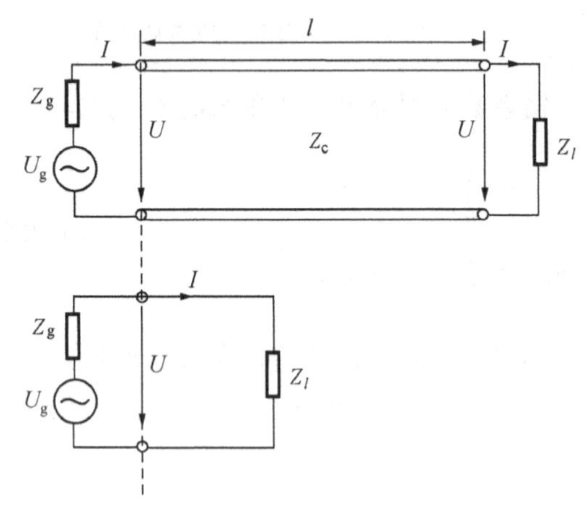

(a) 均匀无耗传输线系统　　(b) 波源与负载 Z_l 相连

图 6.28　一端口网络

一般地,若如图 6.28(a)所示的一端口网络中的波源同负载阻抗 Z_l 直接相连,如图 6.28(b)所示,则端电压 U 和电流 I 分别为

$$U=\frac{U_{g}Z_{l}}{Z_{g}+Z_{l}},\quad I=\frac{U_{g}}{Z_{g}+Z_{l}}$$

仿照式(6.237)和(6.238),可定义入射电压和反射电压以及归一化入射电压和归一化反射电压分别为

$$V^{+}=\frac{U+Z_{g}I}{2},\quad V^{-}=\frac{U-Z_{g}^{*}I}{2} \tag{6.239}$$

$$v^{+}=\frac{U+Z_{g}I}{2\sqrt{\mathrm{Re}[Z_{g}]}},\quad v^{-}=\frac{U-Z_{g}^{*}I}{2\sqrt{\mathrm{Re}[Z_{g}]}} \tag{6.240}$$

式中,v^+ 和 v^- 均关于 $\mathrm{Re}[Z_g]$($\mathrm{Re}[Z_g]=R_g>0$)归一化。显然,当 v^+,v^- 已知时,则有

$$U=\frac{1}{\sqrt{\mathrm{Re}[Z_{g}]}}(Z_{g}^{*}v^{+}+Z_{g}v^{-}),\quad I=\frac{1}{\sqrt{\mathrm{Re}[Z_{g}]}}(v^{+}-v^{-}) \tag{6.241}$$

更一般地,若 $\mathrm{Re}[Z_g]=R_g<0$,则将以上两式等号右端改变符号即可。

当内阻抗 Z_g 与负载阻抗 Z_l 直接实现共轭匹配(即 $Z_l=Z_g^*$)时,$v^+=U_g/2$,$v^-=0$,这同前面(即 $Z_l=Z_c=Z_g$ 情况)所得的结果完全相同,也正是所期望的结果。此时,负载的吸收功率达到最大值,即

$$P_{l}=\frac{1}{2}\left|\frac{U_{g}}{Z_{g}+Z_{g}^{*}}\right|^{2}\mathrm{Re}[Z_{l}]=\frac{|U_{g}|^{2}}{8R_{g}}=\frac{|V^{+}|^{2}}{2R_{g}} \tag{6.242}$$

式中，$Z_g=R_g+jX_g$，而波源的资用功率则为

$$P_{avs}=\frac{|V^+|^2}{2R_g}=\frac{1}{2}|v^+|^2 \tag{6.243}$$

与电压反射系数 Γ_U 的定义相类似，当负载阻抗 Z_l 并非同波源阻抗 Z_g 实现共轭匹配时，若将归一化反射电压与归一化入射电压之比定义为广义反射系数，仍记为 Γ_v，则有

$$\Gamma_v=\frac{v^-}{v^+}=\frac{U-Z_g^*I}{U+Z_gI}=\frac{Z_l-Z_g^*}{Z_l+Z_g} \tag{6.244}$$

式中，$U/I=Z_l$。显然，当 Z_g 为实数值时，上式即是通常（均匀无耗传输线）的负载反射系数的计算公式；当 $Z_l=Z_g^*$ 时，$\Gamma_v=0$。因此，对负载阻抗 Z_l 与波源阻抗 Z_g 未实现共轭匹配的情况，传输到负载的功率为

$$P_l=\frac{1}{2}\mathrm{Re}[VI^*]=\frac{|U_g|^2}{8R_g}\frac{4R_gR_l}{|Z_l+Z_g|^2}=\frac{|V^+|^2}{2R_g}M=\frac{|v^+|^2}{2}M=MP_{in}^+ \tag{6.245}$$

式中，$M=4R_gR_l/|Z_l+Z_g|^2$，为阻抗失配因子；$P_{in}^+=|V^+|^2/(2R_g)$，为波源发出的功率波的入射功率。

这表明，只要引入新的入射电压 V^+ 和反射电压 V^- 以及归一化入射电压 v^+ 和归一化反射电压 v^-，在共轭匹配条件下同样可获得 $\Gamma_v=0$，这同一般传输线系统的共轭匹配条件下仍存在反射的结果不同。由于 v^+，v^- 与电路（网络）中的转换功率密切相关，因此通常又将它们称为功率波。采用功率波描述的散射网络参量即为广义散射（矩阵）参量。

对于如图 6.29 所示的二端口网络，在其输入和输出端分别引入归一化入射电压与归一化反射电压，而归一化入射电压与归一化反射电压则分别按下式线性地与输入端和输出端的端电压和电流相联系，即

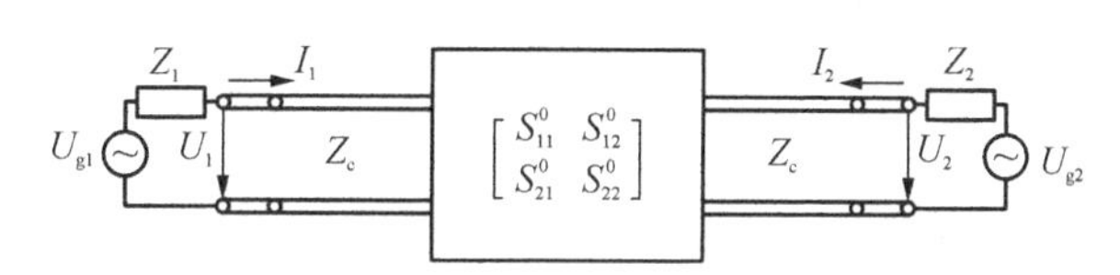

图 6.29　二端口网络

$$\left.\begin{aligned}v_1^+&=\frac{U_{g1}+Z_1I_1}{2\sqrt{\mathrm{Re}[Z_1]}},\quad v_1^-=\frac{U_{g1}-Z_1^*I_1}{2\sqrt{\mathrm{Re}[Z_1]}}\\ v_2^+&=\frac{U_{g2}+Z_2I_2}{2\sqrt{\mathrm{Re}[Z_2]}},\quad v_2^-=\frac{U_{g2}-Z_2^*I_2}{2\sqrt{\mathrm{Re}[Z_2]}}\end{aligned}\right\} \tag{6.246}$$

式中，Z_1，Z_2 分别为端口①和端口②端接的阻抗，且 $\mathrm{Re}[Z_1]>0$，$\mathrm{Re}[Z_2]>0$。

若选取两端口处的归一化入射电压 v_1^+，v_2^+ 表示归一化反射电压 v_1^-，v_2^-，则有如下的广义散射矩阵方程：

$$\left.\begin{aligned}v_1^-&=S_{11}^0v_1^++S_{12}^0v_2^+\\ v_2^-&=S_{21}^0v_1^++S_{22}^0v_2^+\end{aligned}\right\} \tag{6.247}$$

这同一般的散射参量满足的矩阵方程具有完全相同的形式，而各广义散射参量 S_{11}^0，S_{12}^0，S_{21}^0 和 S_{22}^0 的定义也与一般的散射参量的定义形式相同。

6.8.2 广义散射矩阵与一般散射矩阵间的关系

广义散射参量 S_{ij}^0 不可能直接测量得到,但可通过测得的二端口网络的一般散射参量 S_{ij} 导出。实际上,我们可将采用功率波表示的二端口网络的输入端和输出端均接入长度可忽略、(等效)特性阻抗为 Z_c 的传输线(即虚拟传输线),并测量二端口网络的一般散射参量 S_{ij};然后,根据 u_1^+,u_2^+,u_1^- 及 u_2^-(或 U_1^+,U_2^+,U_1^- 及 U_2^-)与 v_1^+,v_2^+,v_1^- 及 v_2^-(或 V_1^+,V_2^+,V_1^- 及 V_2^-)之间的线性关系,用 v_1^+,v_2^+ 表示 v_1^-,v_2^-,即可得到二端口网络的广义散射参量 S_{ij}^0。可证明,二端口电路(网络)的广义散射矩阵 $[S^0]$ 与其对应的二端口网络的一般散射矩阵 $[S]$ 之间满足的关系为

$$[S^0]=[D^*]^{-1}([S]-[\Gamma^*])([I]-[\Gamma^*][S])^{-1}[D] \tag{6.248}$$

式中,$[D]$ 是对角阵,其元素为 $D_{ii}=|1-\Gamma_i^*|^{-1}(1-\Gamma_i)\sqrt{1-|\Gamma_i|^2}$,$i=1,2$;$\Gamma_i=(Z_i-Z_c)/(Z_i+Z_c)$;$[\Gamma]$ 是对角阵,其元素为 $\Gamma_{ii}=\Gamma_i$,而 $[I]$ 为单位矩阵。

下面利用广义散射参量 S_{ij}^0 考察如图6.30所示的二端口电路(网络)的转移增益 G_T,该二端口电路(网络)可根据一般散射参量 S_{ij} 或广义散射参量 S_{ij}^0 进行描述。在如图6.30所示的网络中,其输出端无源,端接负载为 Z_l。于是,对该二端口电路(网络),式(6.246)中的参数变为 $U_{g1}=U_g,U_{g2}=0,Z_1=Z_g,Z_2=Z_l$。同时,为了利用广义散射参量 S_{ij}^0 描述网络,我们将该二端口电路(网络)想象为通过一段线长可忽略的(等效)均匀无耗传输线与波源和负载相连,如图6.30所示。由于 $U_{g2}=0$,因此输出端电流 $I_2=-U_2/Z_l$,从而有

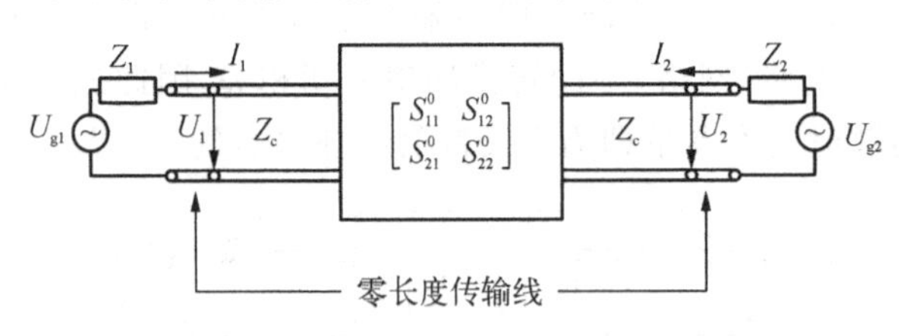

图6.30 终端接任意负载的二端口网络

$$v_2^+=\frac{U_2+Z_2I_2}{2\sqrt{R_l}}=0$$

所以,没有功率从负载端被反射,而传输到负载的功率为

$$P_l=\frac{1}{2}|v_2^-|^2=\frac{1}{2}|S_{21}^0||v_1^+|^2 \tag{6.249}$$

根据式(6.248),可得该二端口网络的广义散射参量 $S_{ij}^0(i,\ j=1,2)$ 为

$$\left.\begin{aligned}
S_{11}^0&=\frac{1}{W}\frac{1-\Gamma_g}{1-\Gamma_g^*}[(S_{11}-\Gamma_g^*)(1-S_{22}\Gamma_l)+S_{12}S_{21}\Gamma_l]\\
S_{12}^0&=\frac{1}{W}\frac{(1-\Gamma_g)(1-\Gamma_l)}{|1-\Gamma_g||1-\Gamma_l|}S_{12}[(1-|\Gamma_g|^2)(1-|\Gamma_l|^2)]^{1/2}\\
S_{21}^0&=\frac{S_{21}}{S_{12}}S_{12}^0\\
S_{22}^0&=\frac{1}{W}\frac{1-\Gamma_l}{1-\Gamma_l^*}[(S_{22}-\Gamma_l^*)(1-S_{11}\Gamma_g)+S_{12}S_{21}\Gamma_g]
\end{aligned}\right\} \tag{6.250}$$

式中，$W=(1-S_{11}\Gamma_g)(1-S_{22}\Gamma_l)-S_{12}S_{21}\Gamma_g\Gamma_l$。应注意，对互易的二端口网络，因 $S_{21}=S_{12}$，故 $S_{21}^0=S_{12}^0$。

这样，根据二端口网络转移增益 G_T 的定义式，将资用功率 $P_{avs}=|v_1^+|^2/2$ 以及式(6.249)和式(6.250)代入，可得

$$G_T=\frac{P_l}{P_{avs}}=|S_{21}^0|^2=\frac{|S_{21}|^2(1-|\Gamma_g|^2)(1-|\Gamma_l|^2)}{|(1-\Gamma_g S_{11})(1-S_{22}\Gamma_l)-S_{12}S_{21}\Gamma_g\Gamma_l|^2} \tag{6.251}$$

这与式(6.190)完全相同。类似地，可采用二端口网络的广义散射参量 S_{ij}^0 表示工作功率增益 G_P 以及资用功率增益 G_A。读者可自行推导。

习　　题

6-1　求单模传输 TM_{01} 模圆波导的等效电压和等效电流。

6-2　求如图 6.31 所示 T 型二端口网络的阻抗矩阵，其中，$Z_1=12\ \Omega$，$Z_2=3\ \Omega$ 以及 $Z_3=6\ \Omega$。

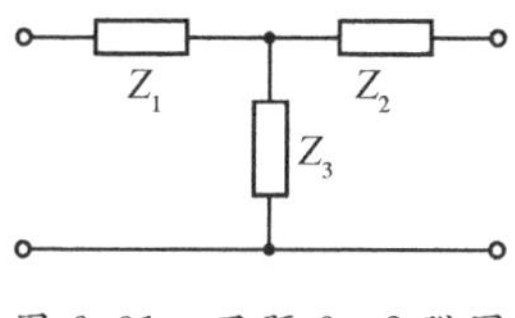

图 6.31　习题 6-2 附图

6-3　求如图 6.32 所示参考面 T_1，T_2 间确定网络的矩阵参量(图(a)求[z]，图(b)求[y]，图(c)求[a])。

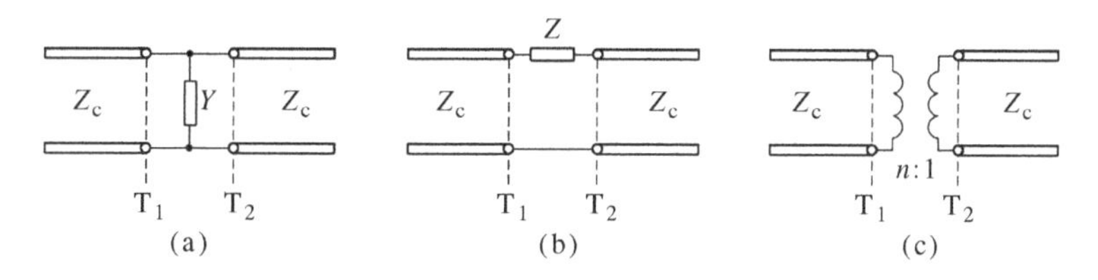

图 6.32　习题 6-3 附图

6-4　证明：互易、无耗的 N 端口网络的所有导纳矩阵参量均为纯虚数。

6-5　求如图 6.33 所示参考面 T_1，T_2 间确定网络的归一化转移矩阵和归一化阻抗矩阵。

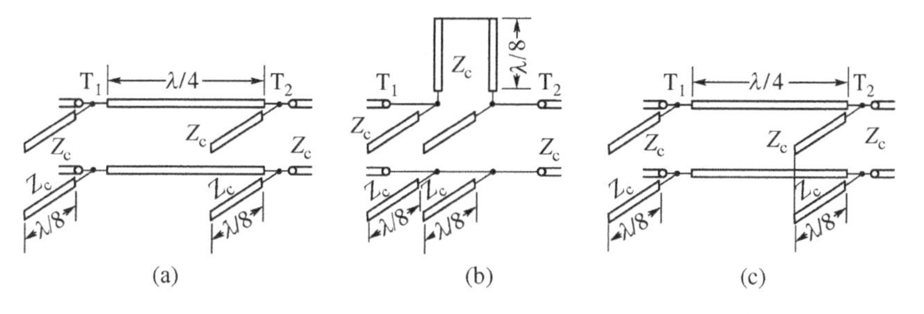

图 6.33　题 6-5 附图

6-6 从转移矩阵的定义出发,分别导出如图 6.17(a),(b)所示一段均匀无耗传输线的归一化转移矩阵。

6-7 求如图 6.34 所示网络输出端口参考面上所接负载 Z_l 上的电压、电流以及平均吸收功率,其中 $E_g=10e^{j0^\circ}$ V,$Z_l=50\ \Omega$,而均匀无耗传输线的特性阻抗 $Z_c=75\ \Omega$ 以及线长 $l=\lambda/4$。

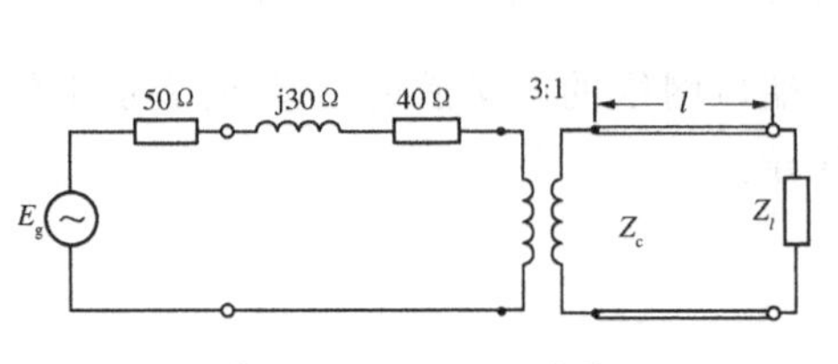

图 6.34 题 6-7 附图

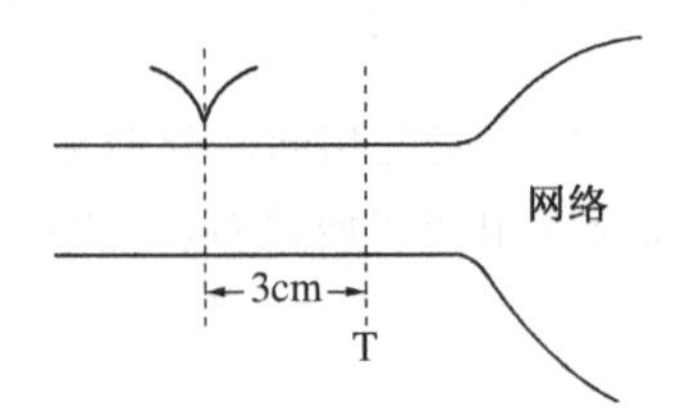

图 6.35 题 6-8 附图

6-8 如图 6.35 所示,已知进入一微波无耗网络端口上的功率为 28 mW,其电压驻波系数为 2.2,该端口的参考面到电压波节点间的距离为 3 cm,波导波长是 4.2 cm。试求此网络在参考面 T 处的归一化入射波和归一化反射波(设电压波节点处入射波的相位为零)。

6-9 证明:N 端口网络的散射矩阵[S]与未归一化阻抗矩阵[Z]之间的关系为式(6.91)和式(6.93),即

$$[S]=[\sqrt{Y_c}]([Z]-[Z_c])([Z]+[Z_c])^{-1}[\sqrt{Z_c}]$$

以及
$$[Z]=[\sqrt{Z_c}]([I]+[S])([I]-[S])^{-1}[\sqrt{Z_c}]。$$

6-10 从定义出发,证明如图 6.36(a)所示的理想变压器的 $[S]=\dfrac{1}{1+n^2}\begin{bmatrix}1-n^2 & 2n\\ 2n & 1-n^2\end{bmatrix}$,并利用传输线理论和[$S$]的定义,说明它与如图 6.36(b)所示的特性导纳分别为 Y_{c1} 和 Y_{c2},且 $\sqrt{Y_{c2}/Y_{c1}}=n$ 的两根均匀无耗传输线的连接面等效。

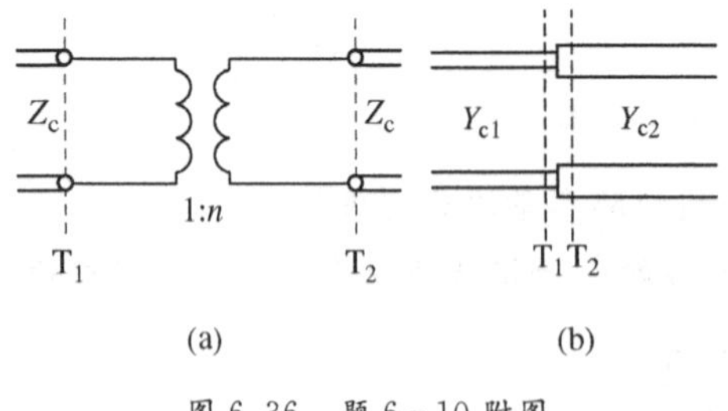

图 6.36 题 6-10 附图

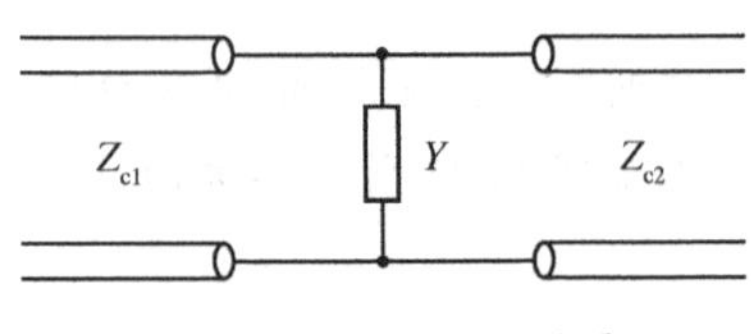

图 6.37 题 6-11 附图

6-11 求如图 6.37 所示的并联导纳的散射矩阵[S]和传输矩阵[T],并判断该网络的有、无耗性。

6-12 一输入和输出均接特性阻抗为 Z_c 的等效无耗传输线的二端口网络的参考面分别为 T_1 和 T_2,其散射参量为 S_{11},S_{12},S_{21} 和 S_{22}。现将该二端口网络的输入和输出参考面处再连接特性阻抗为 Z_c' 的等效无耗传输线,试在新端接条件下,导出新的二端口

网络的散射参量 S'_{11}，S'_{12}，S'_{21} 和 S'_{22} 的表达式。

6-13　如图 6.38 所示，一对称、无耗、互易二端口网络的参考面 T_2 处接匹配负载，测得距参考面 T_1 的距离为 $0.125\lambda_g$ 处是电压波节点，驻波系数为 1.5。求该二端口网络的散射矩阵。

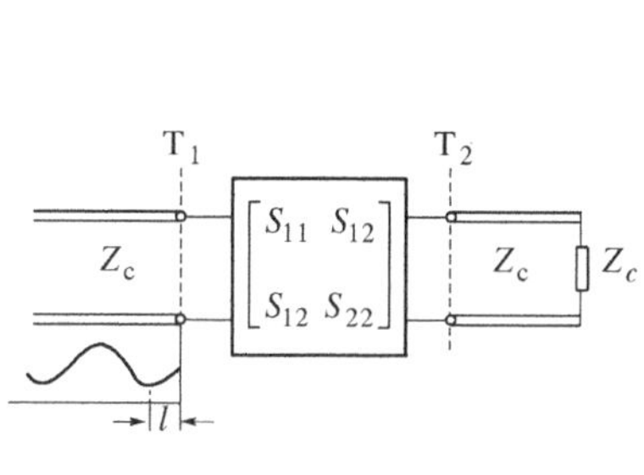

图 6.38　题 6-13 附图

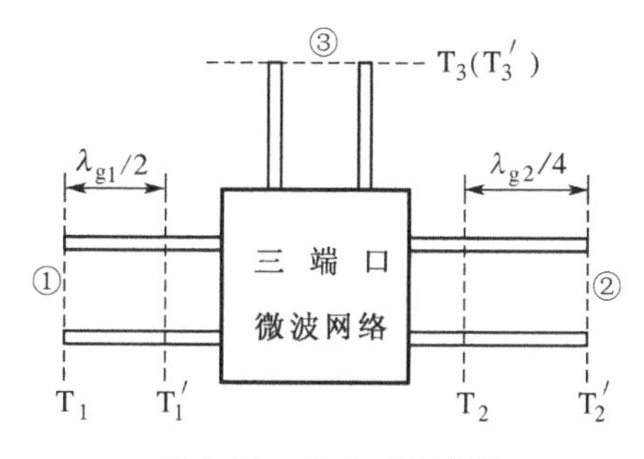

图 6.39　题 6-14 附图

6-14　如图 6.39 所示，已知参考面 T_1，T_2 和 T_3 所确定的三端口网络的散射矩阵为 $[S]=\begin{bmatrix} S_{11} & S_{12} & S_{13} \\ S_{21} & S_{22} & S_{23} \\ S_{31} & S_{32} & S_{33} \end{bmatrix}$，若参考面 T_1 内移 $\lambda_{g1}/2$ 的长度至 T_1'，参考面 T_2 外移 $\lambda_{g2}/4$ 的长度至 T_2'，参考面 T_3 的位置不变（即 T_3 与 T_3' 重合）。求参考面 T_1'，T_2' 及 T_3' 所确定网络的散射矩阵 $[S']$。

6-15　求如图 6.40 所示参考面间所确定网络的散射矩阵。

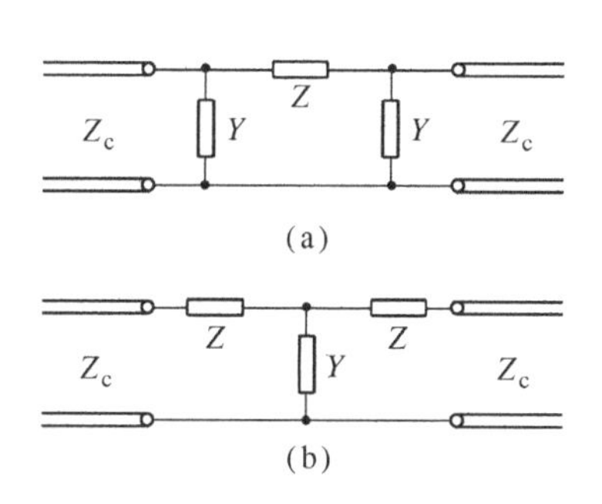

图 6.40　题 6-15 附图

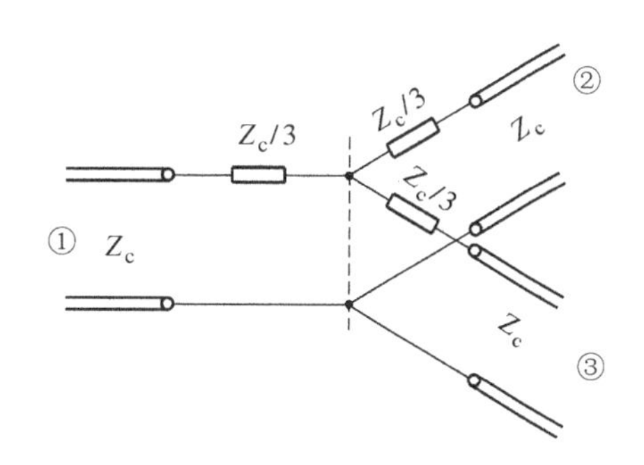

图 6.41　题 6-16 附图

6-16　从定义出发，导出如图 6.41 所示三端口电阻功率分配器等效网络的散射矩阵。

6-17　证明对称、无耗、互易的 Y 形接头的最小失配为 $|S_{11}|=|S_{22}|=|S_{33}|=1/3$，且当 $\arg S_{12}=0°$ 时，$[S]=\dfrac{1}{3}\begin{bmatrix} -1 & 2 & 2 \\ 2 & -1 & 2 \\ 2 & 2 & -1 \end{bmatrix}$。

6-18　已知一三端口网络无耗、互易，且散射参量间满足关系：$S_{11}=S_{22}$，$S_{13}=S_{23}$。证明：若该网络的端口②接一匹配负载，则端口③接一适当的电抗性负载总可使端口①获得匹配。

6-19　已知二端口网络的散射矩阵为$[S]=\begin{bmatrix}0.2e^{j3\pi/2} & 0.98e^{j\pi}\\ 0.98e^{j\pi} & 0.2e^{j3\pi/2}\end{bmatrix}$，求二端口网络在输入、输出端口参考面接匹配波源和匹配负载情况下的相移θ、插入衰减L_i、电压传输系数T及输入驻波系数ρ。

6-20　如图 6.42 所示，为一无限长的波导中插入两块相距为l的膜片及等效电路。试求：① 该网络的插入衰减；② 当$l=\lambda_g/4$时网络输入端的反射系数；③ 膜片插入波导不会引起附加反射的条件(其中b为归一化电纳)。

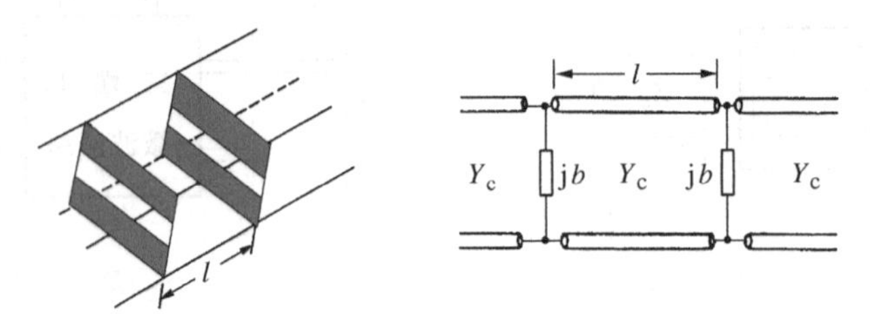

图 6.42　题 6-20 附图

6-21　试求如图 6.43 所示参考面T_1，T_2所限定网络的工作衰减(其中$l=\lambda/4$)。

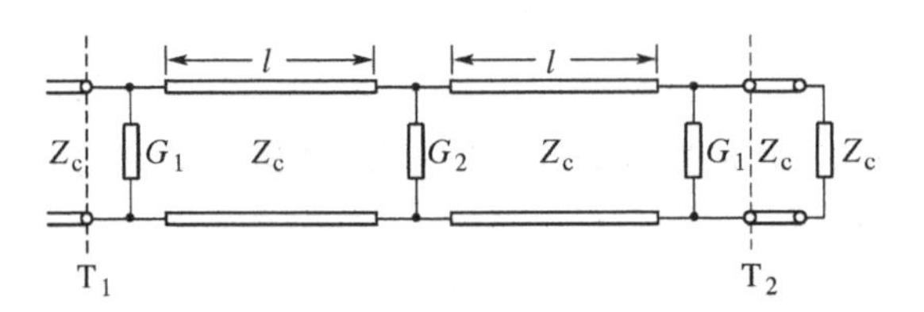

图 6.43　题 6-21 附图

6-22　有一无耗、互易的四端口网络，其散射矩阵$[S]=\dfrac{1}{\sqrt{2}}\begin{bmatrix}0 & 1 & 0 & j\\ 1 & 0 & j & 0\\ 0 & j & 0 & 1\\ j & 0 & 1 & 0\end{bmatrix}$，当微波功率从端口①输入而其余各端口参考面均接匹配负载时，求：① 端口②、③、④的输出功率和反射回端口①的功率；② 以端口①参考面输出波为基准，各端口参考面输出波的相位。

6-23　一四端口网络的散射矩阵为

$$[S]=\begin{bmatrix}0.2e^{j90^\circ} & 0.7e^{-j45^\circ} & 0.4e^{-j45^\circ} & 0\\ 0.7e^{-j45^\circ} & 0 & 0 & 0.3e^{j45^\circ}\\ 0.4e^{-j45^\circ} & 0 & 0 & 0.5e^{-j45^\circ}\\ 0 & 0.3e^{j45^\circ} & 0.5e^{-j45^\circ} & 0\end{bmatrix}$$

① 该网络有何特性？② 当波源与端口①参考面相连而其余各端口参考面均接匹配负载时，求端口①参考面处的回波损耗；③ 当端口②参考面接匹配波源而其他各端口参考面均接匹配负载时，求端口②参考面和端口④参考面之间的插入衰减和相

移；④ 当端口③在参考面短路而其他各端口参考面均接匹配负载时，求端口①参考面处的反射系数。

6－24　图 6.44 所示的 E 面阶梯及其等效电路，测得 $S_{11}=(1-\mathrm{j})/(3+\mathrm{j})$，$S_{22}=(-1-\mathrm{j})/(3+\mathrm{j})$。求其等效电路中的归一化电纳及匝比。

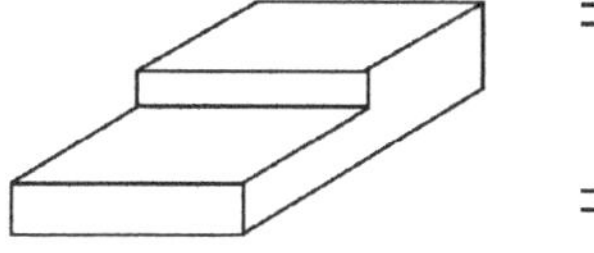
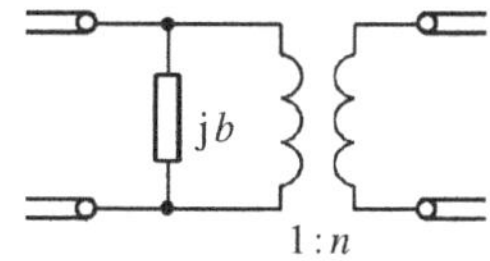

图 6.44　题 6－24 附图

6－25　有一个二端口网络的散射矩阵为 $[S]=\begin{bmatrix}0.3 & -0.9\\ -0.9 & 0.3\end{bmatrix}$，① 说明该网络代表的二端口元件的特点；② 当端口②参考面分别接匹配负载和短路器时，分别求端口①的输入驻波系数和电压驻波系数；③ 已知端口②参考面接匹配负载，端口①参考面的输入功率为 100 mW，求负载吸收的功率。

6－26　如图 6.45 所示，为一旋转对称的无耗三端口网络，其中 b 为归一化电纳。① 求该网络的散射矩阵；② 讨论 b 为何值时，该网络可获得最佳匹配。

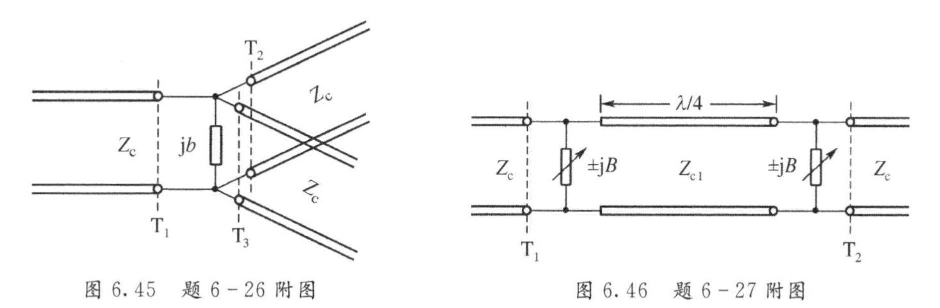

图 6.45　题 6－26 附图　　　图 6.46　题 6－27 附图

6－27　对如图 6.46 所示网络构成的移相器，① 当电纳 B 确定后，Z_{c1} 如何选择，可使此移相器不论处于何种状态（$\mathrm{j}B$ 或 $-\mathrm{j}B$）下，移相器对网络输入、输出端所接的特性阻抗为 Z_c 的传输线均实现匹配？② 对两种移相器的状态，求此网络的总相移量。

6－28　如图 6.47 所示，为一无耗微波网络，各段均匀无耗传输线的特性阻抗均为 Z_c。已知电长度 $\theta_1=\pi/2$，$\theta_2=\pi/4$，求网络输入端的电压反射系数的模值。

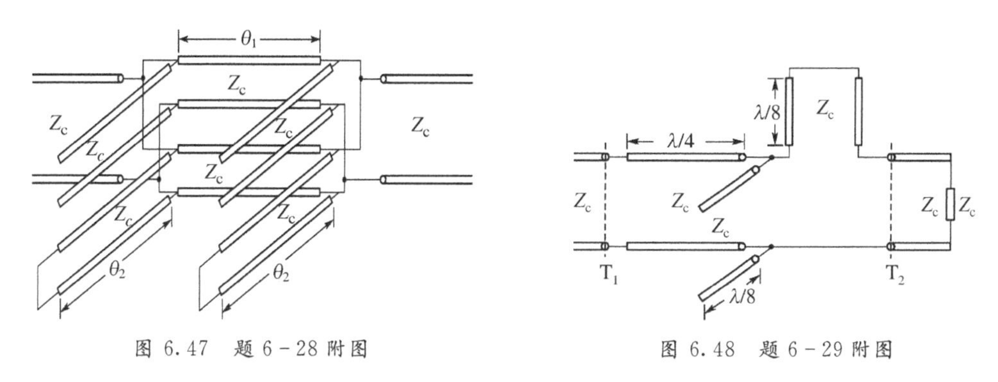

图 6.47　题 6－28 附图　　　图 6.48　题 6－29 附图

6－29　求如图 6.48 所示的参考面 T_1，T_2 间网络的插入衰减。其中，假设该网络系统满足波源匹配条件。

6-30 对如图 6.49 所示的网络,求参考面 T_1 处的反射系数及网络插入衰减。已知 $Z_c=50\ \Omega$, $Z_{c1}=50\ \Omega$, $Z_{c2}=100\ \Omega$, $n_1=n_2=10$。

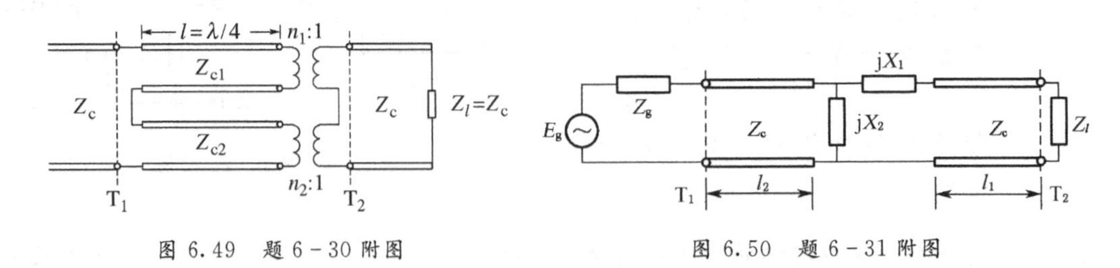

图 6.49 题 6-30 附图　　　图 6.50 题 6-31 附图

6-31 如图 6.50 所示为两段均匀无耗传输线和电路元件构成的系统,已知 $E_g=200e^{j0^\circ}$ V, $Z_c=100\ \Omega$, $Z_g=Z_c$, $X_1=X_2=Z_c$, $l_1=l_2=\lambda/4$ 以及 T_1, T_2 是参考面。① 采用网络分析方法,求当 $Z_l=2Z_c$ 时,输入参考面 T_1 处的反射系数和负载上的吸收功率; ② 当 $Z_l=Z_c$ 时,求参考面 T_1, T_2 间网络的插入衰减。

6-32 已知工作频率 $f=800$ MHz 时,一射频放大器的散射参量分别为: $S_{11}=0.45e^{j150^\circ}$, $S_{12}=0.01e^{-j10^\circ}$, $S_{21}=2.05e^{j10^\circ}$, $S_{22}=0.4e^{-j150^\circ}$,且放大器的输入和输出端口的特性阻抗(即放大器的参考阻抗)均为 50 Ω,波源和负载阻抗分别为 $Z_g=20\ \Omega$ 以及 $Z_l=30\ \Omega$。求其工作功率增益、资用功率增益以及转移功率增益。

6-33 对如图 6.51 所示的 X 形网络,① 当阻抗 $Z_{s1}=Z_{s2}$, $Z_{c1}\neq Z_{c2}$ 时,求该单对称网络的阻抗矩阵;② 当阻抗 $Z_{s1}=Z_{s2}=Z_s$, $Z_{c1}=Z_{c2}=Z_c$ 时,求该双对称网络的阻抗矩阵。

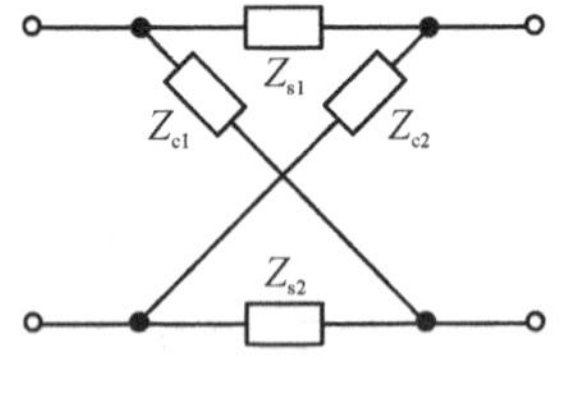

图 6.51 题 6-33 附图

6-34 证明无耗、互易四端口网络的性质 3。

6-35 一四端口网络的散射矩阵为

$$[S]=\begin{bmatrix} 0.3e^{-j60^\circ} & 0 & 0 & 0.8e^{j0^\circ} \\ 0 & 0.7e^{-j60^\circ} & 0.7e^{-j45^\circ} & 0 \\ 0 & 0.7e^{-j45^\circ} & 0.7e^{-j60^\circ} & 0 \\ 0.8e^{j0^\circ} & 0 & 0 & 0.3e^{-j60^\circ} \end{bmatrix}$$

其中,端口③和端口④的参考面之间连接电长度为60°的均匀无耗传输线,且传输线以及各端口的参考阻抗均为 Z_c。当波源与端口①参考面相连而端口②参考面接匹配负载时,求端口①和端口②之间的插入损耗和相移。

6-36 证明:二端口电路的广义散射矩阵 $[S^0]$ 与其对应的二端口网络的一般散射矩阵 $[S]$ 之间满足的关系式(6.248)。

第7章 微波无源元件

任何一个微波系统都是由许多起不同作用的微波元器件组成，如图 7.1 所示的雷达高频系统就是其中一例。雷达高频系统要完成发射、接收、传输和检测含有雷达信号的导波，除了有规则的传输系统外，还要有各种所需的微波元器件及其他装置。所以，熟悉常用的微波元器件的结构、原理和作用是非常有必要的。

微波元器件的种类有很多，按有源和无源可分为有源器件和无源元件；按线性和非线性可分为线性元件和非线性器件；按互易（可逆）和非互易（不可逆）可分为互易（可逆）元件和非互易（不可逆）器件；按传输系统可分为（金属）波导型、同轴型、微带型等；按作用可分为终端元件、连接元件、匹配元件、衰减元件以及相移元件等；按元件的端口数可分为一端口元件、二端口元件、三端口元件、四端口元件等。本章只讨论四端口以下的线性无源元件。

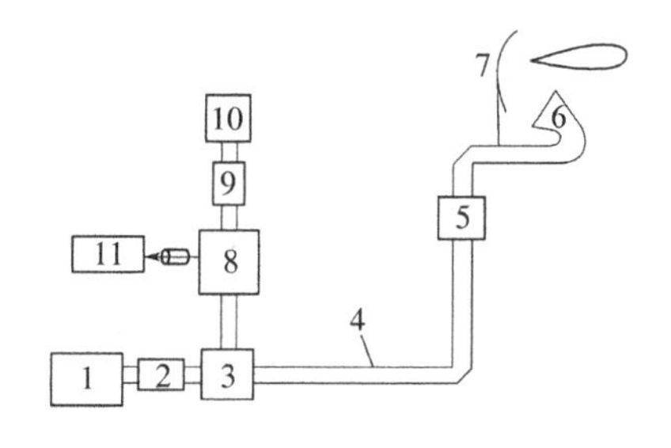

1—发射机；2—隔离器；3—天线收发开关；4—馈电传输系统；5—旋转关节；6—照射器；7—反射器；8—混频器；9—可变衰减器；10—本地振荡器；11—前置中频放大器

图 7.1 雷达高频系统

下面首先按端口数的多少依次介绍终端和连接元件、相移和衰减元件、模式变换元件、阻抗匹配和变换元件以及滤波元件；然后阐述主要分路元件和耦合元件的工作原理以及简单的分析；最后介绍非互易元件——铁氧体器件。其中主要涉及金属波导型元件，也简单介绍部分同轴型、微带型、共面波导型以及槽线型等元件。

7.1 终端和连接元件

7.1.1 终端元件

常见的终端元件有匹配元件和短路元件两种。

1. 匹配元件（匹配负载）

匹配负载是一种几乎能无反射地全部吸收传输功率的一端口元件。图 7.2(a)是一种常见的小功率波导型匹配负载,它是由一段终端短路的矩形波导在其中沿电场方向放置一块或几块劈形吸收片所构成。吸收片通常由介质片(如陶瓷、玻璃、胶木等)表面涂上金属碎末或炭末制成。当吸收片平行地放置于波导中电场最强处时,在电场作用下能强烈地吸收微波功率。吸收片的尖端越长匹配性能越好,这是因为斜面引起的反射可以相互抵消。尖劈长度取为 $\lambda_g/2$ 的整数倍,一般为$(1\sim2)\lambda_g$。小功率波导型匹配负载通常在 10%～15%频带内驻波系数可达到 1.01～1.05。

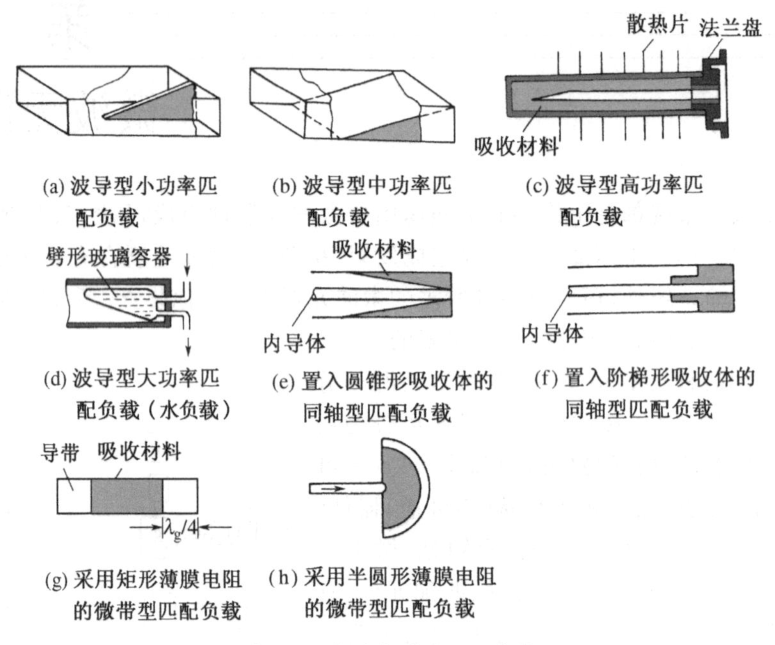

图 7.2　各种类型的匹配负载

由吸收片所构成的匹配负载能承受的功率很小,大功率的匹配负载(大于 1 W)通常用石墨或碳化硅等做成楔形吸收体,有时在负载的外面还装上许多散热片以利于散热。当要求功率很大时,则利用水作为吸收物质,由水的流动带出热量,即水负载。这些匹配负载分别如图 7.2(b)、(c)、(d)所示。

同轴型匹配负载是在内、外导体间置入圆锥形或阶梯形吸收体而构成,如图 7.2(e)、(f)所示。

微带型匹配负载常采用矩形带状薄膜电阻,并采用 $\lambda_g/4$ 的开路微带线来使此匹配电阻高频接地,如图 7.2(g)所示。这种匹配负载的缺点是频带窄。目前多采用半圆形电阻形成的匹配负载,在电阻外圆边缘通过半圆弧金属化槽直接接地,如图 7.2(h)所示。这种匹配负载不仅频带宽、功率容量也较大。

2. 短路元件(短路活塞)

在阻抗匹配调节、谐振腔频率调节以及一些微波测量系统中常要求可移动的短路面,以使入射的电磁功率全部被反射回来。波导或同轴型短路活塞就是由一只可在波导或同轴线中自由移动的金属块(活塞)构成。为保证短路活塞的反射系数的模尽量接近于 1,无论是波导型还是同轴型短路活塞在结构上都有两种结构型式,即接触式或抗流式。

1）接触式短路活塞

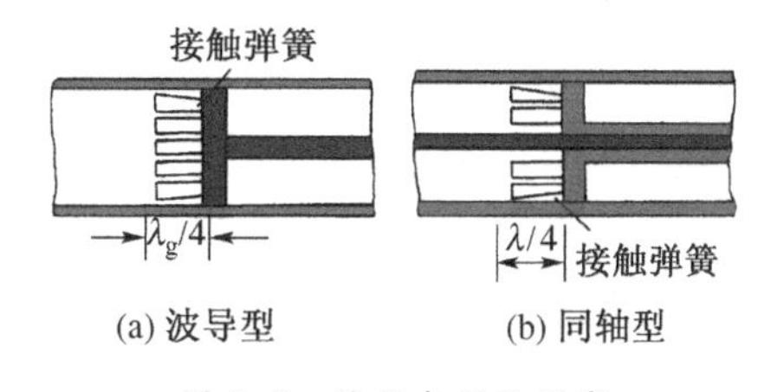

图 7.3　接触式短路活塞

图 7.3 示出了波导型和同轴型接触式短路活塞的结构，为使活塞与传输系统内壁保持良好的接触又能平滑地移动，一般在活塞近波源的面上固定具有弹性的细弹簧片，做成梳状的接触片，弹簧片的长度大约为 $\lambda_g/4$。由于短路面上是电压波节和电流波腹，短路面附近有很大的高频电流存在，这样因实际的机械接触点与短路面错开了 $\lambda_g/4$ 的长度，故在接触点处为电流波节，从而使接触损耗减小，且不易发生打火现象。

接触式短路活塞的优点是结构简单，但由于活塞和传输系统内壁存在着机械接触，容易磨损，使这种活塞在移动时接触不稳定，并且当大功率时容易发生打火现象，从而限制了其应用场合和使用寿命。这种短路活塞一般可获得大于 50 的驻波系数。

2）抗流式短路活塞

如图 7.4(a)和(b)所示为波导型和同轴型抗流式短路活塞，它们的有效短路面不是在活塞与传输系统内壁直接接触处，而是向波源方向移动了 $\lambda_g/2(\lambda/2)$的距离。这种结构利用两段不同等效(特性)阻抗的 $\lambda_g/4$ 变换段构成，其工作原理可利用图 7.4(c)所示的等效电路来进行分析。这是关于活塞与波导或同轴线内壁间隙以及活塞内部中空部分的等效电路，其中 c，d 段相当于 $\lambda_g/4$ 终端短路的传输线，b，c 段相当于 $\lambda_g/4$ 终端开路的传输线，两段传输线之间串有电阻 R_k，它代表可能从 c 处隙缝漏出的功率所对应的等效辐射电阻。由等效电路不难证明，在 a，b 面上的输入阻抗为

$$Z_{ab} = 0 \tag{7.1}$$

由此可知，a，b 面是等效短路的。

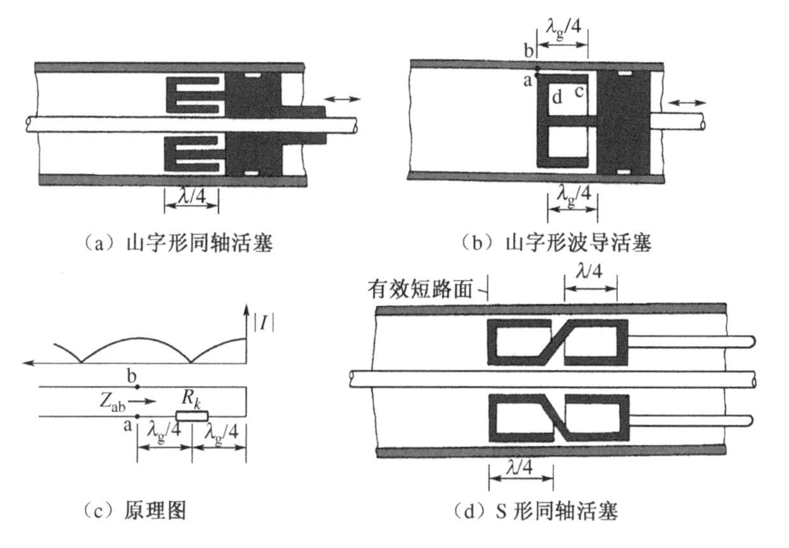

图 7.4　抗流式短路活塞

在同轴元件中,广泛采用如图7.4(d)所示的S形抗流活塞。这种短路活塞具有工作频带宽以及活塞与同轴线完全分开等优点,因此特别适用于需施加直流偏置的同轴有源器件。

若制作工艺良好,抗流式活塞的驻波系数可达到100以上。

7.1.2　连接元件

将各种微波元器件的输入、输出端连接起来构成所需系统或设备的装置就是连接元件。根据连接元件的作用,一般都要求接触损耗小、驻波系数小、工作容量大和工作频带宽等。

1. 波导接头

波导接头有平法兰接头和抗流法兰接头两种形式,它们是借助于焊接在连接波导端口上的法兰盘来实现的。

图7.5所示为矩形波导的平法兰接头。这种接头的特点是结构简单、工作频带宽以及使用方便。但对接触表面机械加工的光洁度要求较高,并对连接孔的定位和法兰盘与波导盘的垂直度要求较严。平法兰接头的驻波系数可做到小于1.002。

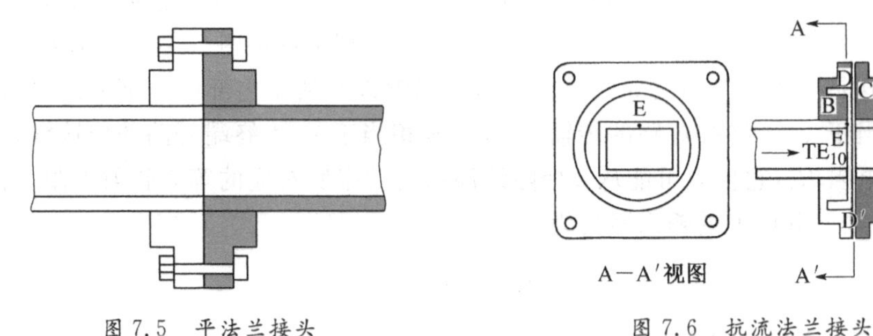

图7.5　平法兰接头　　　　图7.6　抗流法兰接头

图7.6为矩形波导的抗流法兰接头,它是由刻有抗流槽的法兰和一个平法兰对接而成。这种接头的特点是在没有机械接触的地方实现良好的电接触,此特点是靠接头中的抗流装置来实现的。由图可见,法兰盘上有圆形的抗流槽,而矩形波导的端面缩进法兰盘表面一段很短的长度,故两段波导并不接触。法兰盘上的BC段将构成一段低阻抗的同轴线,而DD′段的辐射形间隙则构成一段径向传输线。BC段的长度约为$\lambda_0/4$(λ_0为工作波长),而圆槽的平均半径与波导窄边的一半之差DE的长度也约为$\lambda_0/4$,因此在工作频率上,由C点向B点视入的输入阻抗为无穷大,即机械接触点正好处于高频电流的波节点上。所以,即使接触处接触电阻较大(接触不良)也不会产生较大的功耗。而由E点向D点视入的输入阻抗为零,即E点处于电流的波腹处,这样虽然在E点没有机械接触,却实现了电气上的理想短接。

抗流接头具有耐高功率,易于密封等优点,但其工作频带窄,一般在10%～12%频带范围内,$\rho\approx1.1$。因此,只有在高功率、窄频带、密封系统中才采用这种接头,而在低功率、宽频带场合,则采用平法兰接头。

圆波导接头的结构决定于波导内传输的模式。当传输TE_{01}模时,波导内壁只有沿周向的电流,此时可用平法兰接头。除此之外,为了改善电接触,也可采用抗流接头。

同轴接头通常采用 50 Ω 和 75 Ω 两种规格，一般的接头均有阴接头和阳接头之分，且成对应用。同轴接头的结构型式很多，图 7.7 中示出常用的同轴接头。其中 APC-7 型接头是一种高精度接头，主要用于要求高精度和高重复使用的测试设备中。N 型接头是发明最早的一种接头，这种接头的尺寸一般较大，坚固、耐用，但不便用于小型化电路或集成电路。SMA 型接头是射频/微波集成电路中主要使用的接头，其尺寸相对较小，可用于射频乃至毫米波波段。此外，BNC 型接头则主要用于工作频率低于 1 GHz 以下频段的场合。

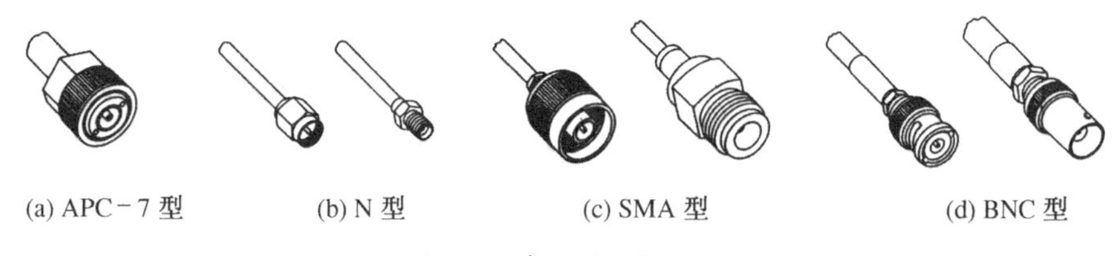

图 7.7　常用的同轴接头

2. 旋转关节

在雷达设备中，馈线系统的任务是将天线和收发设备连接在一起组成一个整体。为了满足雷达搜索和跟踪目标的要求，天线总要在水平和俯仰角范围内同时连续扫描，因此必须在固定收发设备的情况下能使天线自由旋转，同时又不影响信号正常传输，起到这种作用的元件称为旋转元件，通常又称为旋转关节。

图 7.8 为一种圆波导旋转关节的结构示意图。它由两段矩形波导—圆波导的变换段和一段圆波导抗流接头构成，其中匹配块是为减小变换段的失配而设置的。旋转关节的工作模式选为 TM_{01} 模。因为 TM_{01} 模是圆波导中的第一个高次模式，这样可避免其他高次模式的出现，且其电磁场分布具有对称性，面电流只有纵向分量，当两段圆波导相对旋转时，不需要考虑场的极化方向，也不会产生场型畸变。此外，由于这种模式的衰减较小，因此旋转关节的损耗也较小。由图可见，矩形波导中的 TE_{10} 模在旋转关节中不仅激励出 TM_{01} 模，其磁场分量也可激励出圆波导中的最低次模式 TE_{11} 模，但只要正确选择匹配块的位置和尺寸以及圆波导段的长度，就可在很大程度上抑制 TE_{11} 模的产生，并完成矩形波导—圆波导段的匹配。对于这种旋转关节的设计，目前尚无完整的设计公式，最佳尺寸要靠反复实验确定。

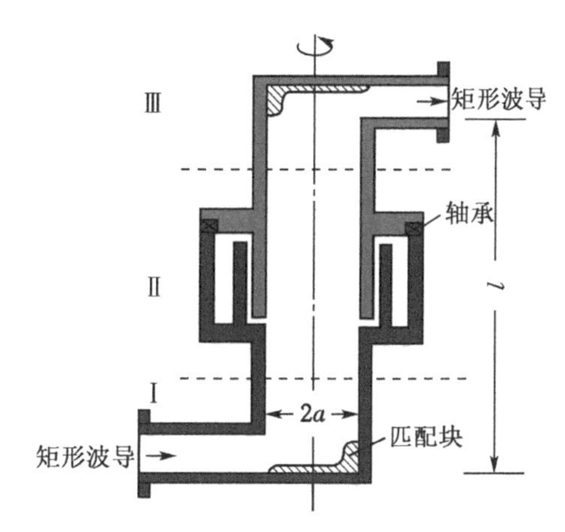

图 7.8　圆波导旋转关节结构示意图

上面介绍的旋转关节仅能满足一路信号的传输，在现代雷达系统中，往往要传输两路或两路以上的雷达信号，此时要用到多路旋转关节。对于多路旋转关节，可参阅有关文献。

7.2　衰减和相移元件

7.2.1　衰减元件(衰减器)

衰减器是用来控制传输系统中电磁场强幅度的,它可以把微波功率衰减到所需的电平。从网络的观点,衰减器是一个有耗的二端口互易网络,对匹配的衰减器而言,其$[S]=\begin{bmatrix}0 & e^{-\alpha l}\\ e^{-\alpha l} & 0\end{bmatrix}$。衰减器的种类很多,按其工作原理可分为吸收式、截止式、极化吸收式、电调式、谐振吸收式和场移式等。这里仅介绍前三种衰减器。

1. 吸收式衰减器

这种衰减器是微波系统中用得最多,也是最简单的一种。它是在一段矩形波导中平行于电场方向放置具有一定衰减量的一片(或多片)吸收片而构成的,且有固定式和可变式两种,如图 7.9 所示。吸收片可由陶瓷片表面涂以金属粉末、石墨粉或蒸发一层很薄的镍铬合金等电阻性材料构成,为消除反射,吸收片的两端一般制成尖劈形。因为TE_{10}模的电场分布是在波导宽边中心最强而靠近两窄壁处为零,对可变式衰减器而言,当吸收片横向移动时即可改变其衰减量。

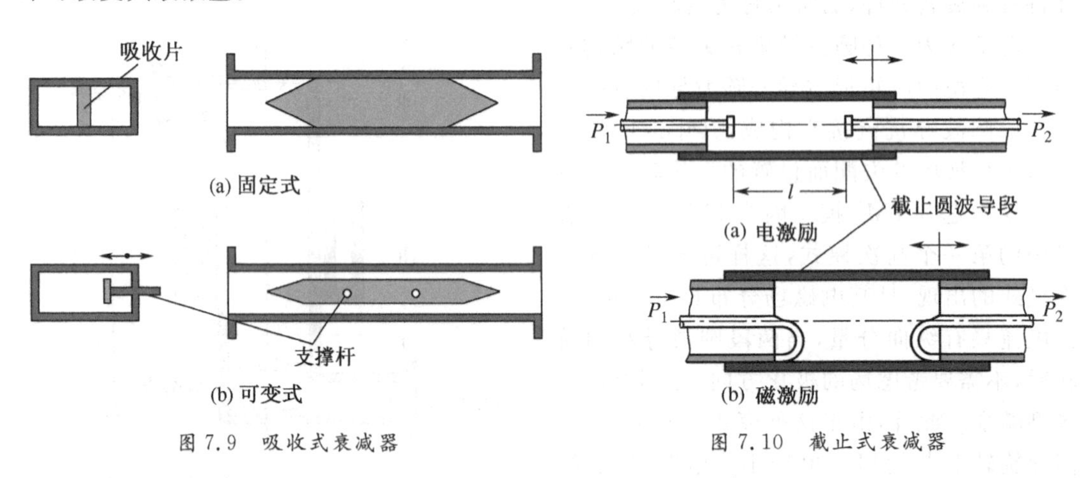

图 7.9　吸收式衰减器　　　　图 7.10　截止式衰减器

2. 截止式衰减器

截止式衰减器是由两段传输系统之间接入一段长度可调、工作频率低于截止频率的波导构成的。同吸收式衰减器不同,它不是靠吸收入射功率工作的,而是靠改变截止波导段的长度来调节衰减。截止波导常采用圆波导,因为它可以用比较简单的机械结构来调节衰减器内两个耦合元件之间的距离 l,以改变其衰减量。如图 7.10 所示的两种同轴型截止式衰减器都是用圆波导作为截止波导的。其中,图 7.10(a)通过耦合盘进行电激励,激发的模式是TM_{01}模;图 7.10(b)是通过耦合环进行磁激励,激发的是TE_{11}模。

截止式衰减器的最大缺点是,传输功率的衰减靠入射波的反射作用来实现,因此它与传输系统之间的匹配较为困难,所以在实际应用中都需采取匹配措施(通常与固定吸收式衰减器联用)。

3. 旋转极化式衰减器

旋转极化式衰减器是由两段矩形波导—圆波导变换段和一段圆波导构成,其中变换段和圆波导段中均置有吸收片。在两变换段中吸收片①和③平行于矩形波导的宽壁,而圆波导中的吸收片②可随圆波导一起绕波导轴线旋转。图 7.11 示出了旋转极化式衰减器的结构示意图。当旋转圆波导使吸收片平面与电场极化方向平行时,衰减器的衰减量最大。反之,当旋转圆波导使吸收片平面与电场极化方向垂直时,衰减器的衰减量最小。因此,用旋转圆波导段来改变吸收片的法线方向与电场极化方向之间形成的夹角 θ,即可改变旋转极化式衰减器的衰减量。

为了导出旋转极化式衰减器衰减量的表达式,假设旋转极化式衰减器输入段的矩形波导中传输电场幅度为 E_0 的TE_{10}模,TE_{10}模经输入的模式变换段后转换为圆波导中的TE_{11}模。由于输入段中TE_{10}模的电场与吸收片①垂直,因此TE_{10}模无衰减地通过衰减器输入的模式变换段,并将TE_{10}模转换为圆波导中的TE_{11}模,其电场幅度 $E_1(=E_0)$。当TE_{11}模传输到圆波导中的吸收片②时,平行于吸收片②的电场(切向分量 $E_0\sin\theta$)被吸收,而与吸收片②垂直的电场(法向分量 $E_0\cos\theta$)则无衰减地通过圆波导段,其电场幅度 $E_2(=E_0|\cos\theta|)$。又因为衰减器输出的模式变换段中吸收片③平行于矩形波导的宽壁,圆波导段输出电场的极化方向与吸收片③的法线方向又交成夹角 θ,因此经过吸收片③后只有合成的电场(法向分量 $E_0\cos^2\theta$)从衰减器的输出段以TE_{10}模输出,其输出电场幅度 $E_3=E_0\cos^2\theta$,如图 7.11 所示。于是,旋转极化式衰减器的衰减量为

$$L=20\lg\left|\frac{E_0}{E_0\cos^2\theta}\right|=-40\lg|\cos\theta|\quad(\mathrm{dB})\tag{7.2}$$

由此可见,旋转极化式衰减器的衰减量 L 随角度 θ 而变化,且与导波的频率无关。这种衰减器的主要优点是工作频带宽、测量精度高以及可通过读取刻度(角度 θ)直接换算衰减量 L。

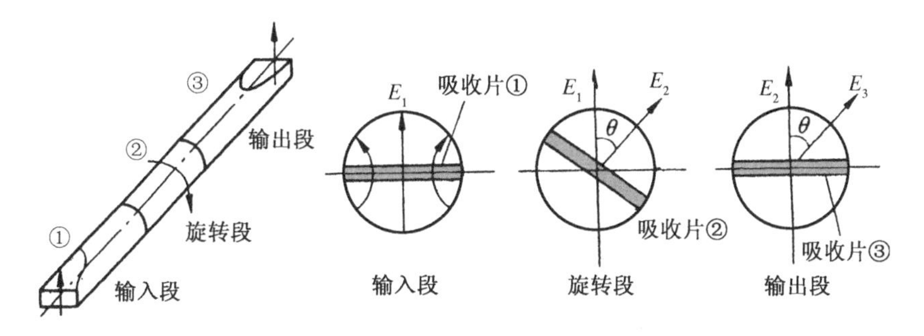

图 7.11　旋转极化式衰减器的结构及原理图

7.2.2　相移元件(移相器)

移相器和衰减器是微波工程中最常用的两种元件,从前面的分析可知,要改变传输系统中导波场强的幅度需要衰减器,而当要改变传输系统中导波场强的相位时则要用到移相器。

对匹配的移相器而言,其$[S]=\begin{bmatrix}0 & e^{-j\varphi} \\ e^{-j\varphi} & 0\end{bmatrix}$。

由传输线理论可知,导波通过一段长度为 l 的传输系统后相位变化为

$$\varphi=\beta l=\frac{2\pi}{\lambda_g}l \tag{7.3}$$

由此可见,要改变传输系统的相移有两种方法:(a) 改变传输系统的机械长度;(b) 改变传输系统的相移常数 β。通常则采用后一种方法来实现相移。因 $\beta=2\pi/\lambda_g$,对矩形波导中的TE_{10}模而言,由 $\lambda_g=\lambda/\sqrt{1-(\lambda/2a)^2}$ 可知,改变波导宽边尺寸 a 可以改变波导波长,以使相移 φ 发生变化;此外,当波导中填充相对介电常数为 ε_r 的介质时,其 λ_g 也发生变化,因此在波导中放置介质片也能改变相移 φ。下面介绍两种不同形式的波导移相器。

1. 横向移动的介质移相器

在实际应用中,为达到相移可变的目的,往往不是用介质块填充整个波导,而是用一块横向位置可以移动的介质片来构成移相器,其结构形式如图 7.12 所示。当无耗介质片处于波导中的不同位置时对电场的影响不同,从而引起的相移也不同。这样可通过对介质片位置的调节来改变相移。介质片在波导边上相移量最小,在波导中央时相移量最大。

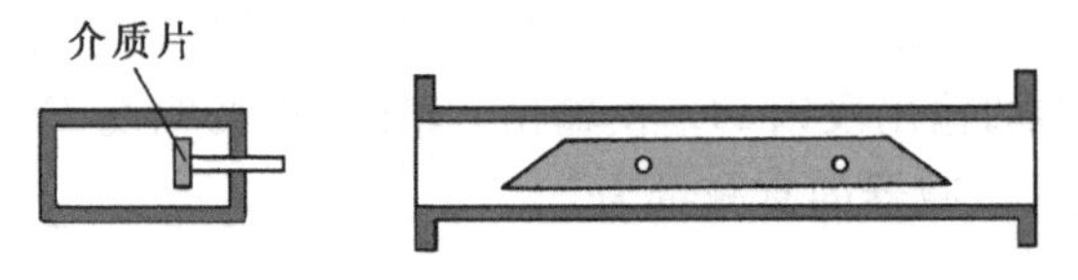

图 7.12 横向移动的介质片移相器

2. 压缩波导移相器

如图 7.13 所示,在矩形波导上、下宽壁中心开纵向细长槽缝,并在窄壁施加机械压力使宽壁尺寸 a 变化,从而改变波导波长。所以,这种被压缩的波导也可作为移相器使用。

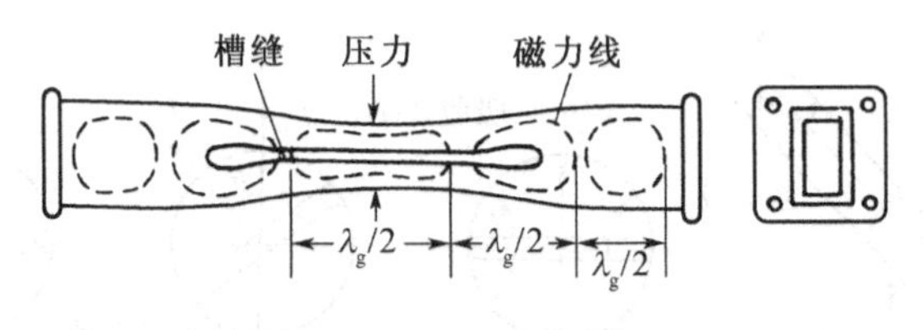

图 7.13 压缩波导移相器

7.3 模式变换元件(模式转换(接头))

在一个完整的微波系统中,除所需不同功能的元器件外,通常还需要使用几种不同类型的传输系统。为了从一种传输系统(或元器件)转换到另一种传输系统(或元器件),则必须采用模式变换器(模式转换(接头))。尽管第 4 章第 4.1.7 节已扼要介绍了金属波导中的模式转换(即金属波导的激励和耦合),但并未对金属波导的激励和耦合问题作必要的理论分析。

下面首先阐述金属波导中电流源、磁流源和小孔激励的基本理论，然后再介绍几种典型的转换接头。

*7.3.1　模式激励的基本理论

1. 任意电流源或磁流源的模式激励

如图 7.14 所示，在无限长金属波导中 z_1 和 z_2 处的两个横截面之间存在（体）电流源 $\boldsymbol{J}$。假设波导中由电流源 $\boldsymbol{J}$ 产生沿 $\pm z$ 方向传输的导波的场分别为 $\boldsymbol{E}^+$，$\boldsymbol{H}^+$ 和 $\boldsymbol{E}^-$，$\boldsymbol{H}^-$，则根据正规模式的完备性和式(6.1)，可将 $\boldsymbol{E}^+$，$\boldsymbol{H}^+$ 和 $\boldsymbol{E}^-$，$\boldsymbol{H}^-$ 分别表示为

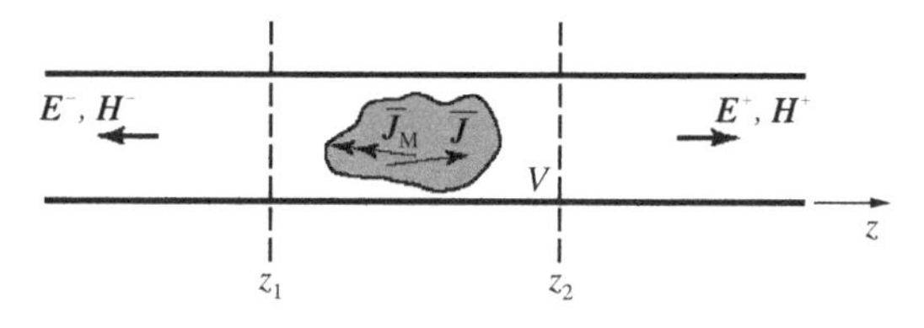

图 7.14　任意电流源或磁流源的模式激励

$$\boldsymbol{E}^+=\sum_{i=1}^{N}C_i^+\boldsymbol{E}_i^+=\sum_{i=1}^{N}C_i^+[\boldsymbol{E}_{ti}^+(u,v)+\boldsymbol{E}_{zi}^+(u,v)]\mathrm{e}^{-\mathrm{j}\beta_i z}=\sum_{i=1}^{N}A_i^+(\boldsymbol{e}_i+\boldsymbol{e}_{zi})\mathrm{e}^{-\mathrm{j}\beta_i z},z>z_2 \tag{7.4a}$$

$$\boldsymbol{H}^+=\sum_{i=1}^{N}C_i^+\boldsymbol{H}_i^+=\sum_{i=1}^{N}C_i^+[\boldsymbol{H}_{ti}^+(u,v)+\boldsymbol{H}_{zi}^+(u,v)]\mathrm{e}^{-\mathrm{j}\beta_i z}=\sum_{i=1}^{N}A_i^+(\boldsymbol{h}_i+\boldsymbol{h}_{zi})\mathrm{e}^{-\mathrm{j}\beta_i z},z>z_2 \tag{7.4b}$$

$$\boldsymbol{E}^-=\sum_{i=1}^{N}C_i^-\boldsymbol{E}_i^-=\sum_{i=1}^{N}C_i^-[\boldsymbol{E}_{ti}^-(u,v)-\boldsymbol{E}_{zi}^-(u,v)]\mathrm{e}^{\mathrm{j}\beta_i z}=\sum_{i=1}^{N}A_i^-(\boldsymbol{e}_i-\boldsymbol{e}_{zi})\mathrm{e}^{\mathrm{j}\beta_i z},z<z_1 \tag{7.4c}$$

$$\boldsymbol{H}^-=\sum_{i=1}^{N}C_i^-\boldsymbol{H}_i^-=\sum_{i=1}^{N}C_i^-[-\boldsymbol{H}_{ti}^-(u,v)+\boldsymbol{H}_{zi}^-(u,v)]\mathrm{e}^{\mathrm{j}\beta_i z}=\sum_{i=1}^{N}A_i^-(-\boldsymbol{h}_i+\boldsymbol{h}_{zi})\mathrm{e}^{\mathrm{j}\beta_i z},z<z_1 \tag{7.4d}$$

式中，i 为波导中可能传输的 TM 模和 TE 模的模式序号；$\boldsymbol{e}_i$，$\boldsymbol{h}_i$ 和 $\boldsymbol{e}_{zi}$，$\boldsymbol{h}_{zi}$ 分别为矢量模式函数，而 $\boldsymbol{e}_{zi}=e_{zi}\mathbf{a}_z$，$\boldsymbol{h}_{zi}=h_{zi}\mathbf{a}_z$；$C_i^+$，$C_i^-$ 以及 A_i^+，A_i^- 为待定的振幅系数，可由互易定理确定。C_i^+，C_i^- 以及 A_i^+，A_i^- 的推导思路相同，其表达形式也相同。下面仅推导 A_i^+，A_i^- 的表达式。

由互易定理(2.46)可知，对已知的电流源 $\boldsymbol{J}$，若一体积为 V 的区域中（体）磁流密度 $\boldsymbol{J}_{M1}=\boldsymbol{J}_{M2}=0$，则有

$$\oint_S[(\boldsymbol{E}_1\times\boldsymbol{H}_2)-(\boldsymbol{E}_2\times\boldsymbol{H}_1)]\cdot\mathrm{d}\boldsymbol{S}=\int_V(\boldsymbol{E}_2\cdot\boldsymbol{J}_1-\boldsymbol{E}_1\cdot\boldsymbol{J}_2)\mathrm{d}V \tag{7.5}$$

式中，S 为包围体积 V 的封闭面，而 $\boldsymbol{E}_1$，$\boldsymbol{E}_2$ 为电流源 $\boldsymbol{J}_1$，$\boldsymbol{J}_2$ 产生的场。于是，取体积 V 为波导内壁和两个横截面 z_1 及 z_2 所围成的区域，且令 $z\geqslant z_2$ 或 $z\leqslant z_1$ 区域中的 $\boldsymbol{E}_1=\boldsymbol{E}^\pm$，$\boldsymbol{H}_1=\boldsymbol{H}^\pm$，并设 $\boldsymbol{E}_2$，$\boldsymbol{H}_2$ 是沿 $-z$ 向传输的第 i 个波导模式的场，即

$$\boldsymbol{E}_2=\boldsymbol{E}_i^-=(\boldsymbol{e}_i-\boldsymbol{e}_{zi})\mathrm{e}^{\mathrm{j}\beta_i z},\qquad \boldsymbol{H}_2=\boldsymbol{H}_i^-=(-\boldsymbol{h}_i+\boldsymbol{h}_{zi})\mathrm{e}^{\mathrm{j}\beta_i z}$$

将它们代入互易定理(7.5),并令$\boldsymbol{J}_1=\boldsymbol{J}$,$\boldsymbol{J}_2=0$,可得

$$\oint_S(\boldsymbol{E}^{\pm}\times\boldsymbol{H}_i^- - \boldsymbol{E}_i^-\times\boldsymbol{H}^{\pm})\cdot\boldsymbol{a}_n\mathrm{d}S=\int_V\boldsymbol{E}_i^-\cdot\boldsymbol{J}\mathrm{d}V \tag{7.6}$$

式中,$\boldsymbol{a}_n$ 为体积 V 的外法向单位矢量。由于波导内壁表面上切向电场为零,即$(\boldsymbol{E}\times\boldsymbol{H})\cdot\mathbf{a}_z=\boldsymbol{H}\cdot(\mathbf{a}_z\times\boldsymbol{E})=0$,因此关于波导内壁表面的面积分等于零,从而式(7.6)左端的面积分简化为 z_1 及 z_2 处的两个横截面 S_t 上的面积分。又考虑到在波导横截面上波导模式相互正交,即

$$\begin{aligned}\int_{S_t}(\boldsymbol{E}_j^{\pm}\times\boldsymbol{H}_i^{\pm})\cdot\mathbf{a}_n\mathrm{d}S&=\int_{S_t}[(\boldsymbol{e}_j\pm\boldsymbol{e}_{zj})\times(\pm\boldsymbol{h}_i+\boldsymbol{h}_{zi})]\cdot\mathbf{a}_z\mathrm{d}S\\&=\pm\int_{S_t}(\boldsymbol{e}_j\times\boldsymbol{h}_i)\cdot\mathrm{a}_z\mathrm{d}S=0,\quad j\neq i\end{aligned} \tag{7.7}$$

利用式(7.4)和式(7.7),可将式(7.6)简化为

$$A_i^+\int_{S_{t2}}(\boldsymbol{E}_i^+\times\boldsymbol{H}_i^- - \boldsymbol{E}_i^-\times\boldsymbol{H}_i^+)\cdot\mathrm{d}\boldsymbol{S}+A_i^-\int_{S_{t1}}(\boldsymbol{E}_i^-\times\boldsymbol{H}_i^- - \boldsymbol{E}_i^-\times\boldsymbol{H}_i^-)\cdot\mathrm{d}\boldsymbol{S}=\int_V\boldsymbol{E}_i^-\cdot\boldsymbol{J}\mathrm{d}V$$

式中,S_{t1},S_{t2}分别为 z_1 和 z_2 处两个横截面的面积。注意到上式左端第二项的积分为零(被积函数相互抵消),从而有

$$\begin{aligned}&A_i^+\int_{S_{t2}}[(\boldsymbol{e}_i+\boldsymbol{e}_{zi})\times(-\boldsymbol{h}_i+\boldsymbol{h}_{zi})-(\boldsymbol{e}_i-\boldsymbol{e}_{zi})\times(\boldsymbol{h}_i+\boldsymbol{h}_{zi})]\cdot\mathbf{a}_z\mathrm{d}S\\&=-2A_i^+\int_{S_{t2}}(\boldsymbol{e}_i\times\boldsymbol{h}_i)\cdot\mathbf{a}_z\mathrm{d}S=\int_V\boldsymbol{E}_i^-\cdot\boldsymbol{J}\mathrm{d}V\end{aligned}$$

于是,正向传输波的振幅系数 A_i^+ 为

$$A_i^+=-\frac{1}{P_i}\int_V\boldsymbol{E}_i^-\cdot\boldsymbol{J}\mathrm{d}V=-\frac{1}{P_i}\int_V(\boldsymbol{e}_i-\boldsymbol{e}_{zi})\cdot\boldsymbol{J}\mathrm{e}^{\mathrm{j}\beta_i z}\mathrm{d}V \tag{7.8}$$

式中

$$P_i=2\int_{S_t}(\boldsymbol{e}_i\times\boldsymbol{h}_i)\cdot\mathbf{a}_z\mathrm{d}S \tag{7.9}$$

为第 i 个模式归一化的传输功率(注意:并非满足功率归一化条件)。

事实上,若波导中导波的电磁场量与归一化矢量模式函数之间满足以下关系:

$$\boldsymbol{E}_{ti}^{\pm}=\sqrt{Z_{wi}}\,\boldsymbol{e}_i^0,\qquad \boldsymbol{H}_{ti}^{\pm}=\pm\frac{1}{\sqrt{Z_{wi}}}\boldsymbol{h}_i^0;\qquad E_{zi}^{\pm}=\pm\frac{1}{\sqrt{Z_{wi}}}\mathrm{e}_{zi}^0,\qquad H_{zi}^{\pm}=\sqrt{Z_{wi}}h_{zi}^0 \tag{7.10}$$

则 $P_i=2$。此时,第 i 个模式的传输功率只取决于 A_i^+ 和 A_i^-,从而使问题的分析变得简单。式(7.10)中,$\boldsymbol{e}_i^0$,$\boldsymbol{h}_i^0$ 以及$\boldsymbol{e}_{zi}^0$,$\boldsymbol{h}_{zi}^0$分别为满足功率归一化条件(即 $\int_{S_t}(\boldsymbol{e}_i\times\boldsymbol{h}_i)\cdot\mathbf{a}_z\mathrm{d}S=1$)的归一化矢量模式函数(简称矢量模式函数,并将$\boldsymbol{e}_i^0$,$\boldsymbol{h}_i^0$ 以及$\boldsymbol{e}_{zi}^0$,$\boldsymbol{h}_{zi}^0$ 仍分别简记为$\boldsymbol{e}_i$,$\boldsymbol{h}_i$ 和$\boldsymbol{e}_{zi}$,$\boldsymbol{h}_{zi}$)。

同理,令$\boldsymbol{E}_2=\boldsymbol{E}_i^+$,$\boldsymbol{H}_2=\boldsymbol{H}_i^+$,重复上述过程,可得反向传输波的振幅系数 A_i^- 为

$$A_i^- = -\frac{1}{P_i}\int_V \boldsymbol{E}_i^+ \cdot \boldsymbol{J}\mathrm{d}V = -\frac{1}{P_i}\int_V (\boldsymbol{e}_i + \boldsymbol{e}_{zi}) \cdot \boldsymbol{J}\mathrm{e}^{-\mathrm{j}\beta_i z}\mathrm{d}V \tag{7.11}$$

上述表达式是一般性公式，适用于任何金属波导型的柱形传输系统。

若金属波导中存在（体）密度为$\boldsymbol{J}_\mathrm{M}$ 的磁流源，由于磁流源同样可在波导中产生正向和反向传输的导波，因此也可采用同上述完全类似的思路导出其对应的正、反向传输波的振幅系数 $A_i^\pm$。为此，令式(2.46)中的$\boldsymbol{J}_1 = \boldsymbol{J}_2 = 0$，则互易定理可表示为

$$\oint_S [(\boldsymbol{E}_1 \times \boldsymbol{H}_2) - (\boldsymbol{E}_2 \times \boldsymbol{H}_1)] \cdot \mathrm{d}\boldsymbol{S} = \int_V (\boldsymbol{H}_1 \cdot \boldsymbol{J}_{\mathrm{M2}} - \boldsymbol{H}_2 \cdot \boldsymbol{J}_{\mathrm{M1}})\mathrm{d}V$$

由此可导出第 i 个波导模式正、反向传输波的振幅系数分别为

$$A_i^+ = \frac{1}{P_i}\int_V \boldsymbol{H}_i^- \cdot \boldsymbol{J}_\mathrm{M}\mathrm{d}V = \frac{1}{P_i}\int_V (-\boldsymbol{h}_i + \boldsymbol{h}_{zi}) \cdot \boldsymbol{J}_\mathrm{M}\mathrm{e}^{\mathrm{j}\beta_i z}\mathrm{d}V \tag{7.12a}$$

$$A_i^- = \frac{1}{P_i}\int_V \boldsymbol{H}_i^+ \cdot \boldsymbol{J}_\mathrm{M}\mathrm{d}V = \frac{1}{P_i}\int_V (\boldsymbol{h}_i + \boldsymbol{h}_{zi}) \cdot \boldsymbol{J}_\mathrm{M}\mathrm{e}^{-\mathrm{j}\beta_i z}\mathrm{d}V \tag{7.12b}$$

上述公式既适用于金属波导中的线电流（探针）激励、电流环（磁环）激励，也适用于金属（薄）壁上的孔缝（小孔）激励。

例 7.1　图 7.15 示出了探针激励的矩形波导。其中，波导的尺寸为 $a\times b$，探针位于波导宽面的 $x=a/2$，$z=0$ 处，且满足 $0\leqslant y\leqslant b$。假设波导中仅传输主模TE_{10}模，已知探针的直径趋于零以及沿探针的电流均匀分布（电流振幅为 I_0）。导出波导中正向和反向传输主模TE_{10}的振幅系数以及从探针视入的输入电阻。

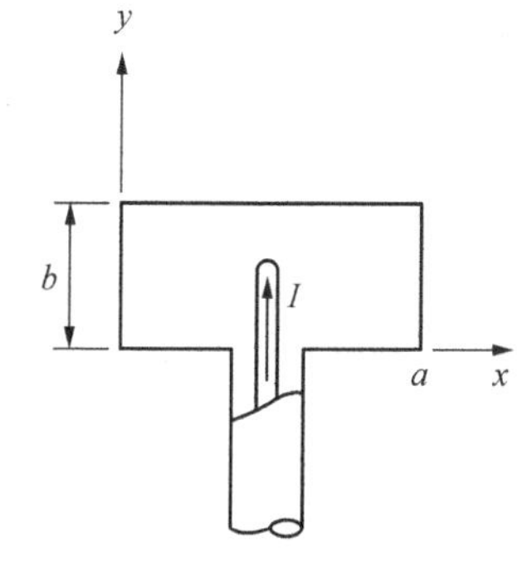

图 7.15　探针激励的矩形波导

解：

法Ⅰ：因为探针上电流均匀分布，因此电流源的体电流密度$\boldsymbol{J}(\boldsymbol{r}-\boldsymbol{r}')$可用空间 δ 函数（即 $\delta(\boldsymbol{r}-\boldsymbol{r}')$）表示为

$$\boldsymbol{J}(\boldsymbol{r}-\boldsymbol{r}') = I_0\delta\left(x-\frac{a}{2}\right)\delta(z)\,\mathbf{a}_y, 0\leqslant y\leqslant b$$

又因为TE_{10}模的矢量模式函数可选取为

$$\left.\begin{aligned} \boldsymbol{e}_{\mathrm{TE}_{10}} &= e_y\,\mathbf{a}_y = \sin\frac{\pi x}{a}\,\mathbf{a}_y \\ \boldsymbol{h}_{\mathrm{TE}_{10}} &= h_x\,\mathbf{a}_x = -Y_{\mathrm{TE}10}\sin\frac{\pi x}{a}\,\mathbf{a}_x \end{aligned}\right\}$$

式中，$Y_{\mathrm{TE}_{10}} = 1/Z_{\mathrm{TE}_{10}} = \beta_1/(k\eta_0)$为$\mathrm{TE}_{10}$模的波导纳，而 β_1 为TE_{10}模的相移常数。同时，由式(7.9)可得归一化的传输功率 P_1 为

$$P_1 = 2\int_0^a\int_0^b Y_{\mathrm{TE}_{10}}\ \sin^2\frac{\pi x}{a}\mathrm{d}x\mathrm{d}y = abY_{\mathrm{TE}_{10}}$$

于是，由式(7.8)可得正向的振幅系数为

$$A_1^+ = -\frac{1}{P_1}\int_V \sin\frac{\pi}{a}x\,e^{j\beta_1 z} I_0\delta\left(x-\frac{a}{2}\right)\delta(z)\,dV = -\frac{I_0 b}{P_1} = -\frac{I_0 Z_{TE_{10}}}{a}$$

类似地,有

$$A_1^- = -\frac{I_0 Z_{TE_{10}}}{a}$$

因TE_{10}模是波导中的唯一模式,故该模式的传输功率等于波导中传输的全部功率。又因为TE_{10}模的波阻抗为正实数,因此TE_{10}模的传输功率 $P_{TE_{10}}$ 为

$$P_{TE_{10}} = \frac{1}{2}\int_{S_t}(\boldsymbol{E}^+\times\boldsymbol{H}^{+*})\cdot\boldsymbol{a}_n dS + \frac{1}{2}\int_{S_t}(\boldsymbol{E}^-\times\boldsymbol{H}^{-*})\cdot\boldsymbol{a}_n dS = \int_{S_t}(\boldsymbol{E}^+\times\boldsymbol{H}^{+*})\cdot\boldsymbol{a}_n dS$$
$$= \int_0^a\int_0^b \frac{|A_1^+|^2}{Z_{TE_{10}}}\sin^2\frac{\pi}{a}x\,dy\,dx = \frac{ab|A_1^+|^2}{2Z_{TE_{10}}}$$

假设从探针视入的输入电阻为 R_{in},且端电流为 I_0,则 $P_{TE_{10}} = R_{in}I_0^2/2$。所以,输入电阻 R_{in} 为

$$R_{in} = \frac{2P_{TE_{10}}}{I_0^2} = \frac{ab|A_1^+|^2}{I_0^2 Z_{TE_{10}}} = \frac{bZ_{TE_{10}}}{a}$$

法Ⅱ:根据TE_{10}模横向电磁场量的表达式,由式(7.9)和式(7.10)可知,应选取归一化矢量模式函数为

$$\left.\begin{aligned}\boldsymbol{e}_{TE_{10}} &= e_y\,\mathbf{a}_y = \sqrt{\frac{2}{ab}}\sin\frac{\pi x}{a}\mathbf{a}_y\\ \boldsymbol{h}_{TE_{10}} &= h_x\,\mathbf{a}_x = -\sqrt{\frac{2}{ab}}Y_{TE_{10}}\sin\frac{\pi x}{a}\mathbf{a}_x\end{aligned}\right\}$$

于是

$$E_y^\pm = \sqrt{\frac{2Z_{TE_{10}}}{ab}}\sin\frac{\pi x}{a}e^{\mp j\beta z}$$

又因为探针上电流均匀分布,因此电流源的体电流密度$\mathbf{J}(\boldsymbol{r}-\boldsymbol{r}')$可用空间 δ 函数表示。于是,由式(7.8)可得正向波的振幅系数为

$$A_1^+ = -\frac{1}{2}\int_V\sqrt{\frac{2Z_{TE_{10}}}{ab}}\sin\frac{\pi}{a}x\,e^{j\beta_1 z}I_0\delta\left(x-\frac{a}{2}\right)\delta(z)\,dV = -\frac{1}{2}I_0 b\sqrt{\frac{2Z_{TE_{10}}}{ab}}$$

又由于$|A_1^+| = |A_1^-|$,因此由探针上电流向$+z$和$-z$向辐射波的传输功率等于

$$P_{TE_{10}} = (|A_1^+|^2 + |A_1^-|^2) = 2|A_1^+|^2 = \frac{I_0^2 bZ_{TE_{10}}}{2a}$$

又因为 $P_{TE_{10}} = R_{in}I_0^2/2$,所以输入电阻 R_{in} 为

$$R_{in} = \frac{2P_{TE_{10}}}{I_0^2} = \frac{bZ_{TE_{10}}}{a}$$

显然,采用两种不同的求解思路可得到相同的结果,但第二种方法要简便得多。

2. 三种常见的激励

1）线电流元的激励

图 7.16(a)和(b)示出了波导中的线电流源。对横向电流源，由式(7.8)和式(7.11)可得

$$A_i^+ = A_i^- = -\frac{1}{P_i}\int_l \boldsymbol{e}\cdot\boldsymbol{J}_l\,\mathrm{d}l \tag{7.13}$$

式中，$\boldsymbol{J}_l=\boldsymbol{a}_l J_l$，其中 J_l 为线电流密度，而$\boldsymbol{a}_l$ 为沿线电流方向上的单位矢量。

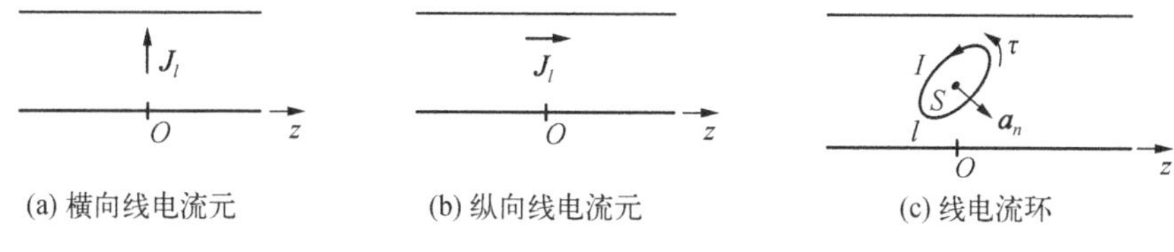

(a) 横向线电流元　(b) 纵向线电流元　(c) 线电流环

图 7.16　波导中线电流元

对位于 $z=0$ 处的轴向电流源，则有

$$A_i^{\pm} = \frac{1}{P_i}\int_l \boldsymbol{J}_l\cdot\boldsymbol{e}_{zi}\,\mathrm{e}^{\pm\mathrm{j}\beta_i z}\,\mathrm{d}l \tag{7.14}$$

如果电流可表示为 $-l<z<l$ 范围内关于 z 的对称函数，那么，由于$\boldsymbol{e}_{zi}$ 并不是 z 的函数，因此有

$$A_i^+ = -A_i^- = \frac{1}{P_i}\int_{-l}^{l} \boldsymbol{J}_l\cdot\boldsymbol{e}_{zi}\cos\beta_i z\,\mathrm{d}z \tag{7.15}$$

同时，根据麦克斯韦方程(2.12a)可知，波导中的电流源$\boldsymbol{J}$(或$\boldsymbol{J}_l$)可等效为一个电偶极子，其电偶极矩可表示为

$$\boldsymbol{p}_\mathrm{e} = \frac{\boldsymbol{J}}{\mathrm{j}\omega} \tag{7.16}$$

2）电流环的激励

图 7.16(c)则示出了波导中的线电流环，由式(7.8)可得第 i 个激励模式的正向振幅系数为

$$A_i^+ = -\frac{1}{P_i}\oint_l \boldsymbol{E}_i^-\cdot\boldsymbol{a}_\tau I\,\mathrm{d}l \tag{7.17}$$

式中，$\boldsymbol{a}_\tau I$ 为沿周界 l 的矢量电流，而$\boldsymbol{a}_\tau$ 为沿周界 l 的(切向)单位矢量。根据电磁场理论中的斯托克斯定理，有

$$A_i^+ = -\frac{I}{P_i}\oint_l \boldsymbol{E}_i^-\cdot\mathrm{d}\boldsymbol{l} = -\frac{I}{P_i}\int_S(\nabla\times\boldsymbol{E}_i^-)\cdot\boldsymbol{a}_n\,\mathrm{d}S$$

又因为$\nabla\times\boldsymbol{E}_i^- = -\mathrm{j}\omega\boldsymbol{B}_i^-$，因此有

$$A_i^+ = \frac{\mathrm{j}\omega I}{P_i}\int_S \boldsymbol{B}_i^-\cdot\boldsymbol{a}_n\,\mathrm{d}S \tag{7.18a}$$

类似地，第 i 个激励模式的反向振幅系数为

$$A_i^- = \frac{\mathrm{j}\omega I}{P_i}\int_S \boldsymbol{B}_i^+ \cdot \boldsymbol{a}_n \mathrm{d}S \tag{7.18b}$$

由此可见，第 i 个模式的激励幅度正比于此模式穿过该环路的总磁通量。

若电流环很小，则第 i 个模式的磁场 $\boldsymbol{B}_i$ 在环的面积 S 上可视为常数，从而得

$$A_i^+ = \frac{\mathrm{j}\omega I}{P_i}\boldsymbol{B}_i^- \cdot \int_S \boldsymbol{a}_n \mathrm{d}S = \frac{\mathrm{j}\omega I}{P_i}\boldsymbol{B}_i^- \cdot \boldsymbol{S}$$

式中，$I\boldsymbol{S}$ 为电流环的磁偶极矩 $\boldsymbol{p}_{\mathrm{M}}$，而 $\boldsymbol{S}$ 为环的面积矢量。因此

$$A_i^+ = \frac{\mathrm{j}\omega}{P_i}\boldsymbol{B}_i^- \cdot \boldsymbol{p}_{\mathrm{M}} \tag{7.19a}$$

类似地，有

$$A_i^- = \frac{\mathrm{j}\omega}{P_i}\boldsymbol{B}_i^+ \cdot \boldsymbol{p}_{\mathrm{M}} \tag{7.19b}$$

3) 导电壁上的小孔激励

除了线电流(探针)和电流环(磁环)可激励金属波导以外，金属表面的小孔激励(耦合)也较为常见。这种小孔激励主要应用于定向耦合器、滤波器和功率分配器等。实际应用中，根据需要可在同种或非同种传输系统间的导电(薄)壁上采用小孔激励，如矩形波导与矩形波导、微带线与微带线以及矩形波导与带状线等均可通过导电壁(或接地板)上的小孔实现相互激励(耦合)。本节主要讨论矩形波导内部以及矩形波导与矩形波导之间的小孔激励(耦合)问题。

下面首先引出一种直观的小孔激励的物理解释，即用一个无限小的电和/或磁偶极子来表示小孔；然后，在介绍小孔的面电流和面磁流等效原理的基础上，导出小孔耦合波的耦合系数表达式。

正如所知，金属波导与金属波导、金属波导与金属谐振腔以及金属谐振腔与金属谐振腔之间通常采用小孔进行激励或耦合。要严格地求解小孔耦合产生的绕射场往往十分困难，因此人们通常采用近似的方法进行分析、研究，即将线尺寸远小于导波波长的小孔等效为电偶极子或磁偶极子及其组合，而小孔的电偶极矩和磁偶极矩的幅值分别正比于入射导波(正规模式)的法向电场和切向磁场。小孔耦合的等效原理如图 7.17 所示。其中，图7.17(a)示出了无小孔存在的(无限大)无限薄理想导电壁面附近的电力线分布，在导电平面处电场仅有法向分量(切向电场为零)；当导电壁面上开一小孔时，电力线就会穿过小孔终止于小孔邻近的另一侧导电壁上，如图 7.17(b)所示。由于图 7.17(b)所示的电力线分布与图 7.17(c)所示的两无限小的垂直于无孔导电壁的电偶极子(电偶极矩为 $\boldsymbol{p}_{\mathrm{e}}$)的电力线分布相似。因此，由法向电场激励的小孔可用两个方向相反且垂直于导电壁的等效电偶极子来等效，该电偶极子的电偶极矩 $\boldsymbol{p}_{\mathrm{e}}$ 的幅值正比于法向电场 E_n，而 $\boldsymbol{p}_{\mathrm{e}}$ 可用三维空间 δ 函数表示为

$$\boldsymbol{p}_{\mathrm{e}} = \varepsilon_0 \chi_{\mathrm{e}} E_n \delta(\boldsymbol{r} - \boldsymbol{r}')\,\boldsymbol{a}_n \tag{7.20}$$

式中，χ_{e} 为小孔的极化率，而 $\boldsymbol{r}'$ 为场源的矢径(即 $\boldsymbol{p}_{\mathrm{e}}$ 起点(也即孔中心)坐标对应的矢径)。

类似地，图 7.17(d)示出了无孔存在的(无限大)无限薄理想导电壁附近的磁力线分布，

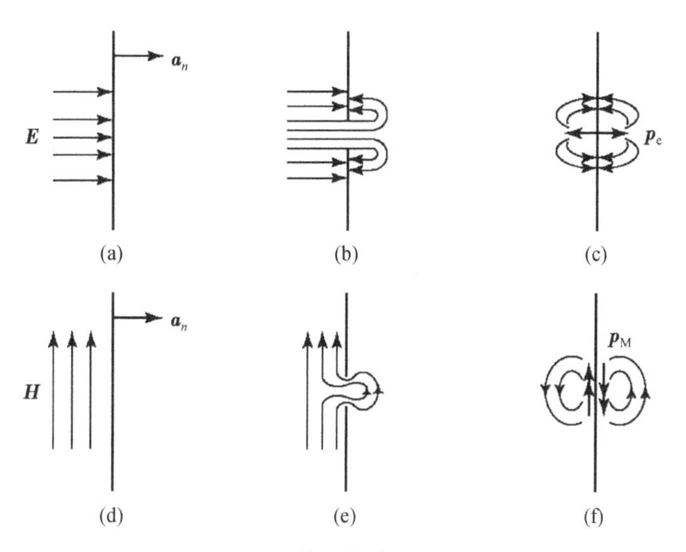

图 7.17　无限薄理想导电壁上的小孔

在导电平面处磁场仅有切向分量(法向磁场为零)；当导电壁面上开一小孔时，小孔处的切向磁力线延伸至小孔另一侧而形成闭合磁力线，如图 7.17(e)所示。因为小孔处磁力线的分布，与如图 7.17(f)所示的两个平行于导电壁处的磁偶极子(磁偶极矩为$\boldsymbol{p}_{\mathrm{M}}$)产生的磁场相似。因此，小孔的磁场耦合可用位于小孔两侧、方向相反的磁偶极子来等效，而磁偶极矩$\boldsymbol{p}_{\mathrm{M}}$可用三维空间 δ 函数表示为

$$\boldsymbol{p}_{\mathrm{M}} = \chi_{\mathrm{M}} \boldsymbol{H}_{\mathrm{t}} \delta(\boldsymbol{r} - \boldsymbol{r}') \tag{7.21}$$

式中，χ_{M}为小孔的磁化率。

应指出，严格说来，式(7.20)和式(7.21)仅适用于理想情况，但实际应用中也可近似用于表示金属波导内导电膜片或波导(薄)壁上小孔处的电偶极矩$\boldsymbol{p}_{\mathrm{e}}$和磁偶极矩$\boldsymbol{p}_{\mathrm{M}}$。有关金属波导与金属波导公共壁上小孔电磁耦合的电偶极矩和磁偶极矩的表达式，将在后面的内容中引出。

下面介绍由贝斯(H. A. Bethe)最先于 1944 年提出并由其他学者曾深入研究过的小孔耦合(波)理论，在分析小孔耦合的两种等效及其所产生的电磁场基础上，导出小孔耦合所产生的散射场的耦合系数公式。

(1) 电流和磁流的等效原理

图 7.18 示出了 $z=0$ 处横截面上放置导电膜片的矩形波导。其中，导电膜片上开一面积 S_{a}很小的孔，小孔的法向单位矢量为$\boldsymbol{a}_n$，而小孔左、右两侧的波导分别为①和②。假设波源处于膜片的左侧(波导①)，$\boldsymbol{E}_0$，$\boldsymbol{H}_0$ 为膜片未开孔(小孔由理想导体(即电壁)封闭)时波导①中的激励场，而波导②为被激励的区域。利用以下的电流等效原理可确定小孔左、右两侧波导中的电磁场。

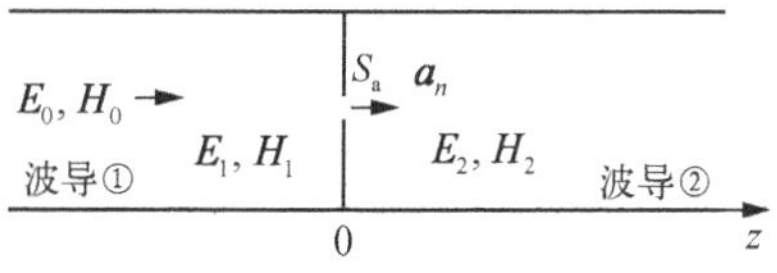

图 7.18　波导内膜片上的小孔耦合

在导电膜片未开孔之前，波导①中的场为$\boldsymbol{E}_0$，$\boldsymbol{H}_0$，此时导电膜片上的面电流密度为$-\boldsymbol{J}_{\mathrm{s}}(=-\boldsymbol{a}_n\times$

$\boldsymbol{H}_0$)；导电膜片上的小孔打开后，波导①中的场源在波导②中激励的场为$\boldsymbol{E}_2$，$\boldsymbol{H}_2$。它等于导电膜片上小孔处的面电流$\boldsymbol{J}_s$在波导②中产生的场，而此面电流$\boldsymbol{J}_s$在波导①中产生的场则为$\boldsymbol{E}_1$，$\boldsymbol{H}_1$。因此，考虑导电膜片上的面电流$\boldsymbol{J}_s$在波导①中产生的场，波导①中的总场为($\boldsymbol{E}_0+\boldsymbol{E}_1$)，($\boldsymbol{H}_0+\boldsymbol{H}_1$)。事实上，利用波导①和波导②之间导电膜片处电场和磁场切向分量连续的边界条件，容易证明上述结论的正确性。

类似地，仍考虑图 7.18 所示横截面上放置导电膜片的矩形波导。设磁流源同样处于膜片的左侧(波导①)，$\boldsymbol{E}_0$，$\boldsymbol{H}_0$ 为膜片未开孔(小孔由理想导磁体(即磁壁)封闭)时波导①中的激励场。所谓磁壁，是指每一点处磁场的切向分量均为零(只有法向分量)的壁面。利用以下的磁流等效原理则可确定小孔左、右两侧波导中的电磁场。

在导电膜片未开孔之前，波导①中的场为$\boldsymbol{E}_0$，$\boldsymbol{H}_0$，此时小孔处磁壁上的面磁流密度为$-\boldsymbol{J}_{Ms}(=-\boldsymbol{E}_0\times\boldsymbol{a}_n)$；在导电膜片上的小孔打开后，波导②中的散射场$\boldsymbol{E}_{s2}$，$\boldsymbol{H}_{s2}$等于磁壁上的面磁流$\boldsymbol{J}_{Ms}$产生的场，而面磁流$\boldsymbol{J}_{Ms}$在波导①中产生的散射场则为$\boldsymbol{E}_{s1}$，$\boldsymbol{H}_{s1}$。因此，波导①中的总场为($\boldsymbol{E}_0+\boldsymbol{E}_{s1}$)，($\boldsymbol{H}_0+\boldsymbol{H}_{s1}$)。

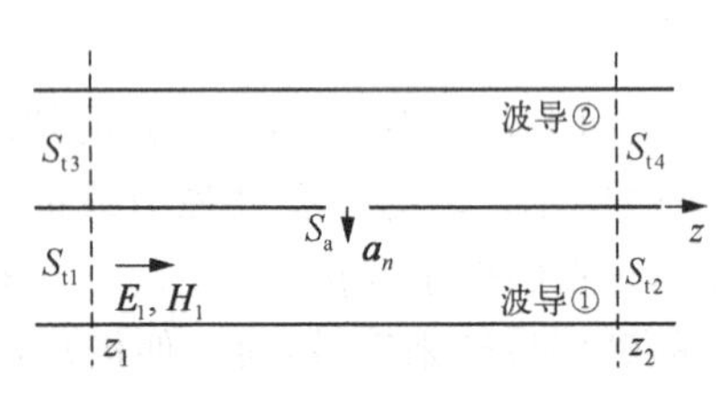

图 7.19　小孔耦合波导

(2) 耦合系数的表达式

为导出小孔耦合波的耦合系数表达式，考虑如图 7.19 所示公共壁(导电膜片)上小孔耦合的两个波导构成的耦合波系统。假设面积为 S_a的小孔被磁壁封闭时，一正规模式的场由波导①左边输入，当该模式的场$\boldsymbol{E}_1$，$\boldsymbol{H}_1$ 传输到小孔所在的不均匀性区域时，将在波导①中产生散射场$\boldsymbol{E}_s$，$\boldsymbol{H}_s$。于是，它们的矢量和在小孔的 S_a上应满足边界条件：$\boldsymbol{a}_n\cdot(\boldsymbol{E}_1+\boldsymbol{E}_s)=0$ 以及$\boldsymbol{a}_n\times(\boldsymbol{H}_1+\boldsymbol{H}_s)=0$，但小孔 S_a上电场的切向分量和磁场的法向分量不为零。因此，在小孔的 S_a上有面磁荷以及面磁流分布，即

$$\left.\begin{aligned}\rho_{Ms}&=\mu_0\,\boldsymbol{a}_n\cdot(\boldsymbol{H}_1+\boldsymbol{H}_s)=\mu_0\,\boldsymbol{a}_n\cdot\boldsymbol{H}_s\\ \boldsymbol{J}_{Ms}&=-\boldsymbol{a}_n\times(\boldsymbol{E}_1+\boldsymbol{E}_s)=-\boldsymbol{a}_n\times\boldsymbol{E}_s\end{aligned}\right\}\tag{7.22}$$

式中利用了正规模式的基本特性，即在小孔处，$\boldsymbol{a}_n\times\boldsymbol{E}_1=0$ 以及$\boldsymbol{a}_n\cdot\boldsymbol{H}_1=0$。散射场$\boldsymbol{E}_s$，$\boldsymbol{H}_s$可用正规模式展开为

$$\left.\begin{aligned}\boldsymbol{E}_s^+&=\sum_{i=1}^{N}A_i^+\boldsymbol{E}_i^+,\qquad \boldsymbol{H}_s^+=\sum_{i=1}^{N}A_i^+\boldsymbol{H}_i^+\qquad (z>0)\\ \boldsymbol{E}_s^-&=\sum_{i=1}^{N}A_i^-\boldsymbol{E}_i^-,\qquad \boldsymbol{H}_s^-=\sum_{i=1}^{N}A_i^-\boldsymbol{H}_i^-\qquad (z<0)\end{aligned}\right\}\tag{7.23}$$

根据等效的面磁流$\boldsymbol{J}_{Ms}$，并考虑小孔的面积 S_a很小，忽略小孔处的面磁荷 ρ_{Ms}，由式(7.12)可得面磁流$\boldsymbol{J}_{Ms}$在波导①中截面分别为 S_{t1}和 S_{t2}处正规模式的场的耦合系数分别为

$$\left.\begin{aligned}A_i^+&=\frac{1}{P_i}\int_S\boldsymbol{H}_i^-\cdot\boldsymbol{J}_{Ms}\mathrm{d}S\\ A_i^-&=\frac{1}{P_i}\int_S\boldsymbol{H}_i^+\cdot\boldsymbol{J}_{Ms}\mathrm{d}S\end{aligned}\right\}\tag{7.24}$$

式中，P_i 已在式(7.9)中定义。

这表明，波导①中的散射场$\boldsymbol{E}_s$，$\boldsymbol{H}_s$是由面磁流$\boldsymbol{J}_{Ms}$产生的。这样，当正规模式的场$\boldsymbol{E}_1$，$\boldsymbol{H}_1$由波导①左边输入，而小孔用磁壁封闭时，波导①中的合成场$\boldsymbol{E}_0=(\boldsymbol{E}_1+\boldsymbol{E}_s)$，$\boldsymbol{H}_0=(\boldsymbol{H}_1+\boldsymbol{H}_s)$；当小孔打开后，用面磁流$-\boldsymbol{J}_{Ms}$代替，则在波导①中产生散射场为$\boldsymbol{E}_{s1}$，$\boldsymbol{H}_{s1}$，而在波导②中则产生散射场$\boldsymbol{E}_{s2}$，$\boldsymbol{H}_{s2}$。因此，波导①中的总场为$(\boldsymbol{E}_1+\boldsymbol{E}_s+\boldsymbol{E}_{s1})$，$(\boldsymbol{H}_1+\boldsymbol{H}_s+\boldsymbol{H}_{s1})$，而在波导②中的散射场为$\boldsymbol{E}_{s2}$，$\boldsymbol{H}_{s2}$。

由式(7.24)可见，要利用该式求得正规模式的场的耦合系数A_i^+，A_i^-，就需要求出小孔处的磁场。如前所述，假设小孔的线尺寸远小于导波的波长，选取小孔的坐标如图 7.20 所示。其中小孔的面积 S_a的周界(围线)为 l，$\boldsymbol{a}_n$ 为面积 S_a上任一点由波导②指向波导①的法向单位矢量；$\boldsymbol{a}_\tau$ 和$\boldsymbol{a}_{n1}$分别表示与小孔围线 l 相切和正交的单位矢量，$\boldsymbol{a}_n=\boldsymbol{a}_{n1}\times\boldsymbol{a}_\tau$；$\boldsymbol{a}_n'=-\boldsymbol{a}_n$ 为由波导②指向波导①的法向单位矢量。由图 7.20 可见，散射场$\boldsymbol{E}_s$沿$\boldsymbol{a}_\tau$ 方向的分量为零，即在围线 l 上$\boldsymbol{J}_{Ms}$的法向分量等于零。同时，由于在小孔的面积 S_a上，因为总磁荷为

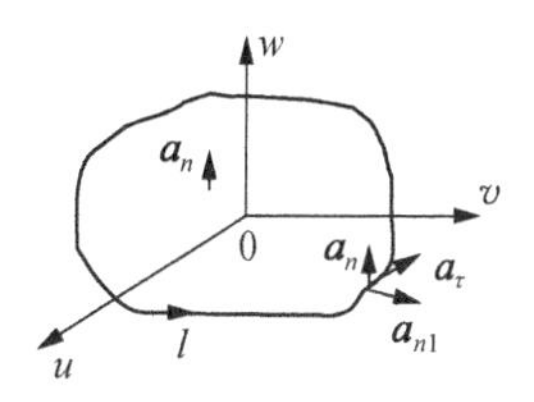

图 7.20　小孔的坐标

$$\int_{S_a}\rho_{Ms}\mathrm{d}S=\mu_0\int_{S_a}\boldsymbol{H}_s\cdot\boldsymbol{a}_n\mathrm{d}S=\frac{1}{\mathrm{j}\omega}\int_{S_a}(\nabla\times\boldsymbol{E}_s)\cdot\boldsymbol{a}_n\mathrm{d}S=\frac{1}{\mathrm{j}\omega}\oint_l\boldsymbol{E}_s\cdot\boldsymbol{a}_\tau\mathrm{d}l=0$$

式中，利用了复数形式的麦克斯韦第一旋度方程。上式表明，当小孔很小时，可忽略磁荷的影响。

由于小孔的线尺寸很小，因此小孔处的磁场可展开并近似为

$$\boldsymbol{H}_i(u,v)=\boldsymbol{H}_i(0)+u\left.\frac{\partial\boldsymbol{H}_i(u,v)}{\partial u}\right|_0+v\left.\frac{\partial\boldsymbol{H}_i(u,v)}{\partial v}\right|_0+\cdots\approx\boldsymbol{H}_i(0)+\boldsymbol{r}\cdot(\nabla\boldsymbol{H}_i)_0 \tag{7.25}$$

式中，$\boldsymbol{r}=u\boldsymbol{a}_u+v\boldsymbol{a}_v$，而$\boldsymbol{a}_u$，$\boldsymbol{a}_v$ 分别为沿广义坐标 u，v 方向上的单位矢量；$\nabla\boldsymbol{H}_i$ 是一并矢，而$(\nabla\boldsymbol{H}_i)_0$ 则是取并矢$\nabla\boldsymbol{H}_i$ 在小孔中心(坐标原点)处的值，即

$$(\nabla\boldsymbol{H}_i)_0=\boldsymbol{a}_u\left.\frac{\partial\boldsymbol{H}_i(u,v)}{\partial u}\right|_0+\boldsymbol{a}_v\left.\frac{\partial\boldsymbol{H}_i(u,v)}{\partial v}\right|_0$$

以及$\boldsymbol{r}\cdot(\nabla\boldsymbol{H}_i)_0$ 则表示矢量与并矢取标积，其结果是一个矢量。

将式(7.25)代入式(7.24)，可得

$$A_i^-P_i=\int_{S_a}\boldsymbol{H}_i^+\cdot\boldsymbol{J}_{Ms}\mathrm{d}S=\boldsymbol{H}_i^+(0)\cdot\int_{S_a}\boldsymbol{J}_{Ms}\mathrm{d}S+\int_{S_a}[\boldsymbol{r}\cdot(\nabla\boldsymbol{H}_i^+)_0]\cdot\boldsymbol{J}_{Ms}\mathrm{d}S \tag{7.26}$$

对上式第二个等号右端第一项的积分，由于在周界 l 上，$\boldsymbol{a}_n\cdot\boldsymbol{J}_{Ms}=0$，并令$\boldsymbol{a}_u$，$\boldsymbol{a}_v$ 为单位常矢量，因此利用矢量恒等式可得

$$\int_{S_a}\boldsymbol{J}_{Ms}\mathrm{d}S=-\int_{S_a}\boldsymbol{r}\,\nabla\cdot\boldsymbol{J}_{Ms}\mathrm{d}S=-\mathrm{j}\omega\int_{S_a}\boldsymbol{r}\rho_{Ms}\mathrm{d}S=\mathrm{j}\omega\mu_0\,\boldsymbol{m}$$

式中，$\boldsymbol{m}$称为等效磁偶极子的磁矩(磁偶极矩)，即

$$\boldsymbol{m} = \frac{1}{\mu_0}\int_{S_a} \boldsymbol{r}\rho_{\text{Ms}} \mathrm{d}S \tag{7.27}$$

这表明,式(7.26)第二个等号右端第一项代表由磁偶极子所激励的场。

对上式第二个等号右端第二项的积分,将被积函数展开并进行较复杂的并矢及其数学运算,可得

$$\int_{S_a} [\boldsymbol{r} \cdot (\nabla \boldsymbol{H}_i^+)_0] \cdot \boldsymbol{J}_{\text{Ms}} \mathrm{d}S = -\mathrm{j}\omega \boldsymbol{E}_i^+ \cdot \boldsymbol{p} + \frac{1}{2}\mathrm{j}\omega\mu_0 (\nabla \boldsymbol{H}_i^+)_0 : \vec{\boldsymbol{Q}}$$

式中,$\boldsymbol{p}$为电偶极子的电矩(电偶极矩),其表达式为

$$\boldsymbol{p} = \varepsilon_0 \int_{S_a} \frac{-\boldsymbol{r} \times \boldsymbol{J}_{\text{Ms}}}{2} \mathrm{d}S \tag{7.28}$$

$\vec{\boldsymbol{Q}}$为磁双偶极子(即磁四偶极子)的磁矩,为一并矢,而符号":"表示并矢$(\nabla \boldsymbol{H}_i^+)_0$与并矢$\vec{\boldsymbol{Q}}$的双标积,其结果为一标量。

这样,将式(7.27)和式(7.28)代入式(7.26),可得

$$A_i^- = \frac{\mathrm{j}\omega}{P_i}\left[\mu_0 \boldsymbol{H}_i^+(0) \cdot \boldsymbol{m} - \boldsymbol{E}_i^+ \cdot \boldsymbol{p} + \frac{\mu_0}{2}(\nabla \boldsymbol{H}_i^+)_0 : \vec{\boldsymbol{Q}}\right] \tag{7.29a}$$

同理可得

$$A_i^+ = \frac{\mathrm{j}\omega}{P_i}\left[\mu_0 \boldsymbol{H}_i^-(0) \cdot \boldsymbol{m} - \boldsymbol{E}_i^- \cdot \boldsymbol{p} + \frac{\mu_0}{2}(\nabla \boldsymbol{H}_i^-)_0 : \vec{\boldsymbol{Q}}\right] \tag{7.29b}$$

这表明,小孔耦合的电磁场可等效为一个电偶极子、一个磁偶极子和一个磁四偶极子所产生的辐射。应指出,在实际应用中,式(7.29)中等式右端最后一项一般可被略去,因为它是和小孔线尺寸平方成比例的一高阶小量。因此,由式(7.29)可得波导①中散射场的耦合系数近似式的统一表达式为

$$A_i^{\pm} = \frac{\mathrm{j}\omega}{P_i}[\mu_0 \boldsymbol{H}_i^{\mp}(0) \cdot \boldsymbol{m} - \boldsymbol{E}_i^{\mp} \cdot \boldsymbol{p}] \tag{7.30a}$$

显然,若按式(7.10)选取电磁场量与矢量模式函数间的关系,则上式简化为

$$A_i^{\pm} = \frac{\mathrm{j}\omega}{2}[\mu_0 \boldsymbol{H}_i^{\mp}(0) \cdot \boldsymbol{m} - \boldsymbol{E}_i^{\mp} \cdot \boldsymbol{p}] \tag{7.30b}$$

根据上述分析可知,将式(7.30)代入式(7.23)得到的场,是当小孔为理想磁壁封闭时小孔处的面磁流$\boldsymbol{J}_{\text{Ms}}$在波导①中所辐射的场。当小孔打开后,波导②中的散射场将由小孔处的面磁流$-\boldsymbol{J}_{\text{Ms}}$产生,该散射场可表示为以下的级数表达式:

$$\left.\begin{aligned} \boldsymbol{E}_{s2}^+ &= \sum_{i=1}^N A_{i2}^+ \boldsymbol{E}_{i2}^+, \quad & \boldsymbol{H}_{s2}^+ &= \sum_{i=1}^N A_{i2}^+ \boldsymbol{H}_{i2}^+ \quad (z > 0) \\ \boldsymbol{E}_{s2}^- &= \sum_{i=1}^N A_{i2}^- \boldsymbol{E}_{i2}^-, \quad & \boldsymbol{H}_{s2}^- &= \sum_{i=1}^N A_{i2}^- \boldsymbol{H}_{i2}^- \quad (z < 0) \end{aligned}\right\} \tag{7.31}$$

显然，如果波导①和波导②为相同的波导，那么磁流源$-\boldsymbol{J}_{\mathrm{Ms}}$在两个波导中产生的散射场也将相同。为了确定波导②中散射场的耦合系数$A_{i2}^{\pm}$，可采用确定波导①中散射场耦合系数$A_{i}^{\pm}$完全相同的分析思路，但不同的是小孔呈现开放状态时，小孔处的等效“场源”(面磁流)在其中一个波导中所发生的不连续性变化仅为小孔封闭时在波导①中产生的散射场$\boldsymbol{E}_{\mathrm{s}}$，$\boldsymbol{H}_{\mathrm{s}}$的一半。因此，为了计算小孔处面磁流$-\boldsymbol{J}_{\mathrm{Ms}}$和面磁荷$-\rho_{\mathrm{Ms}}$在波导①和波导②中产生的散射场，式(7.30)中的等效磁偶极矩$\boldsymbol{m}$和电偶极矩$\boldsymbol{p}$应分别用$-\boldsymbol{m}/2$和$-\boldsymbol{p}/2$代替(即对应散射场的一半是$\boldsymbol{E}_{\mathrm{s2}}$，$\boldsymbol{H}_{\mathrm{s2}}$，另一半是$\boldsymbol{E}_{\mathrm{s1}}$，$\boldsymbol{H}_{\mathrm{s1}}$)。换言之，当小孔打开时，可设想小孔处的面磁流$-\boldsymbol{J}_{\mathrm{Ms}}$所辐射的场一半进入波导①，而另一半则进入波导②。这样，波导②中的散射场可设想为面磁流$-\boldsymbol{J}_{\mathrm{Ms}}/2$所产生的场，而波导①中的散射场则可设想为正规模式的场$\boldsymbol{E}_1$，$\boldsymbol{H}_1$与面磁流$+\boldsymbol{J}_{\mathrm{Ms}}/2$所产生的场的矢量和。综上所述，波导②中散射场的耦合系数为

$$A_{i2}^{\pm} = \frac{\mathrm{j}\omega}{P_i}[-\mu_0 \boldsymbol{H}_i^{\mp}(0) \cdot \boldsymbol{m} + \boldsymbol{E}_i^{\mp} \cdot \boldsymbol{p}] \tag{7.32a}$$

同理，若按式(7.10)选取电磁场量与矢量模式函数间的关系，则上式简化为

$$A_{i2}^{\pm} = \frac{\mathrm{j}\omega}{2}[-\mu_0 \boldsymbol{H}_i^{\mp}(0) \cdot \boldsymbol{m} + \boldsymbol{E}_i^{\mp} \cdot \boldsymbol{p}] \tag{7.32b}$$

类似地，当利用式(7.30)来计算波导①中的散射场$\boldsymbol{E}_{\mathrm{s1}}$，$\boldsymbol{H}_{\mathrm{s1}}$时，相当于不考虑波导②时仅由磁偶极矩$-\boldsymbol{m}/2$和电偶极矩$-\boldsymbol{p}/2$所激励的。所以，波导①中的两部分散射场的矢量和$\boldsymbol{E}_{\mathrm{s}}+\boldsymbol{E}_{\mathrm{s1}}$，$\boldsymbol{H}_{\mathrm{s}}+\boldsymbol{H}_{\mathrm{s1}}$，将等于不考虑波导②情况下由磁偶极矩$+\boldsymbol{m}/2$和电偶极矩$+\boldsymbol{p}/2$所激励的。因而，波导①中的总场就等于不考虑波导②情况下根据磁偶极矩$+\boldsymbol{m}/2$和电偶极矩$+\boldsymbol{p}/2$计算的散射场与正规模式的场$\boldsymbol{E}_1$，$\boldsymbol{H}_1$的矢量和。

为了利用式(7.30)和式(7.32)求得小孔耦合波的耦合系数，还需知道小孔的等效磁偶极矩$\boldsymbol{m}$和电偶极矩$\boldsymbol{p}$，即需知道小孔处的面磁流密度和面磁荷密度。在一般情况下，严格地求解小孔处的面磁流密度和面磁荷密度十分困难。但对实际应用而言，可将小孔邻近的场视为“准静态场”，从而可根据静态场的基本关系获得小孔的等效电偶极矩$\boldsymbol{p}$和磁偶极矩$\boldsymbol{m}$。

根据电磁场理论可知，小孔处的电偶极矩$\boldsymbol{p}$可表示为

$$\boldsymbol{p} = \varepsilon_0 \chi_{ew} E_{w0} \boldsymbol{a}_w = -\varepsilon_0 \chi_{en} E_{n0} \boldsymbol{a}_n \tag{7.33}$$

式中，χ_{ew}为小孔的极化率，而E_{w0}，E_{n0}为小孔处的法向电场分量。小孔处的磁偶极矩$\boldsymbol{m}$则可表示为

$$\boldsymbol{m} = \chi_{\mathrm{M}u} H_{u0} \boldsymbol{a}_u + \chi_{\mathrm{M}v} H_{v0} \boldsymbol{a}_v \tag{7.34}$$

式中，$\chi_{\mathrm{M}u}$，$\chi_{\mathrm{M}v}$分别为小孔的磁化率，而H_{u0}，H_{v0}为小孔处的切向磁场分量。极化率χ_{ew}和磁化率$\chi_{\mathrm{M}u}$，$\chi_{\mathrm{M}v}$均仅与小孔的形状、尺寸有关，与激励场无关。表 7.1 给出了三种常用小孔的极化率和磁化率公式。应指出，这里提供的极化率χ_{e}和磁化率χ_{M}的计算式仅是近似结果，因为推导时已引入各种假设。但对实际工程设计中常用的小孔，表中的χ_{e}和χ_{M}的计算式仍具有足够的精度。

这样，将用式(7.33)和(7.34)表示的$\pm\boldsymbol{p}/2$和$\pm\boldsymbol{m}/2$代入式(7.30b)和式(7.32b)，即得

$$A_i^{\pm}=\pm\frac{\mathrm{j}\omega}{2}(\mu_0\chi_{\mathrm{M}u}H_{u0}H_{iu}^0+\mu_0\chi_{\mathrm{M}v}H_{v0}H_{iv}^0+\varepsilon_0\chi_{en}E_{n0}E_{in}^0) \tag{7.35}$$

式中,等号右边的“±”中的上符号“+”和下符号“－”分别代表激励波导①和被激励波导②中的散射场。由上式可见,对正规模式 i 而言,小孔的“耦合系数” $A_i^{\pm}$ 正比于入射波在小孔处的切向磁场 H_{u0}, H_{v0} 和法向电场 E_{n0} 以及该模式在小孔处的切向磁场 H_{iu}^0, H_{iv}^0 和法向电场 E_{in}^0。利用上式,即可对波导定向耦合器的耦合特性进行分析,详见本章第7.7节。

还应指出,上述贝斯小孔耦合理论中假设激励电、磁偶极子的场是波导①中未受小孔扰动影响的正规模式的场,严格说来,使用正规模式的入射场和被小孔激励的散射场之和作为等效电偶极子、磁偶极子的激励场会更为准确,但这样将使分析变得更为复杂。事实上,由于被激励的场的幅值很小,对于与小孔等效的电偶极矩和磁偶极矩的校正同样很小,因此贝斯小孔耦合理论获得的小孔耦合波的耦合系数公式对实际工程设计仍具有足够精度。此外,上述的贝斯小孔耦合理论仅适用于金属波导间很薄的公共壁上小孔的耦合情况,而实际应用中往往是公共波导壁较厚以及壁上的孔不是很小的情况,对这种一般情况的分析同样较为复杂,在此不再详细讨论。

表 7.1　小孔的极化率和磁化率

孔名	孔形	χ_{ew}	$\chi_{\mathrm{M}u}$	$\chi_{\mathrm{M}v}$
圆孔	u, r, v	$\frac{2}{3}r^3$	$\frac{4}{3}r^3$	$\frac{4}{3}r^3$
窄长椭圆孔	u, v, 2b, 2a	$\frac{\pi}{3}ab^2$	$\frac{\pi}{3}\frac{a^3}{\ln(4a/b)-1}$	$\frac{\pi}{3}ab^2$
矩形孔	u, v, 2d, 2l	$\frac{\pi}{2}l\mathrm{d}^2$	≈ 0	$\frac{\pi}{2}l\mathrm{d}^2$

7.3.2　模式转换接头

1. 同轴—矩形波导转换接头

工作于TEM模的同轴线与工作于 TE_{10} 模的矩形波导之间的转换装置有多种结构形式,第4章以及前述的实例中已作了初步介绍,下面以实际的激励结构为例作进一步的定性分析。

如图7.21(a)所示的转换装置是将同轴线内导体从矩形波导宽壁中央插入,外导体与矩形波导的金属壁相连接而成。同轴线内导体(探针)伸入波导部分形成了一个小天线,它把微波能量辐射到波导的有限空间中,探针的两边都被激励起电磁波。同时,为了在波导中建立起单方向传输的电磁波,则在波导的一端用短路活塞把这一方向的波反射到所需要的方向上,而调节短路活塞的位置可使同轴线与波导之间获得良好匹配。若波导满足单模传输 TE_{10} 模的条件,则可在其中激励起 TE_{10} 模的传输波。但由于激励源的不均匀性,探针除

激起 TE_{10} 模外，还会在探针附近激起许多其他高次模式。对于单模波导，除 TE_{10} 模外所有高次模式都是截止的，在距离探针较远的波导中，高次模的截止场都被衰减而消失，只剩下传输模式 TE_{10} 模的场。在探针附近高次模式的场都具有储能特性，它们与 TE_{10} 模进行能量耦合，这相当于在探针位置处给矩形波导引入了一个电抗(或电纳)分量，从而导致同轴线中 TEM 模的场的反射，使电磁能量不能全部进入矩形波导。为使电磁能量能全部进入波导，可通过适当调节探针的插入深度及改变短路活塞的位置以消除反射波来实现。探针激励起的高次模式并非是所有 TM_{mn} 和 TE_{mn} 模，当探针从波导宽边中心插入时，其电场分布是对称的，这种对称电场分布的激励只能激起相对于波导宽边中心分布的模序数 m 为奇数的模式，而不能激起模序数 m 为偶数的模式。这就是所谓的"奇偶模禁戒规则"——偶激励(对称激励)不可能激励奇激励(反对称激励)；奇激励(反对称激励)不可能激励偶激励(对称激励)。实际上，为获得探针激励装置的宽带匹配，探针应在偏离波导宽边中心的地方插入，此时不再是对称激励，在探针附近将激励起所有的模式。显然，这种探针激励装置就是将同轴线中的 TEM 模转换为矩形波导中 TE_{10} 模的模式转换器。图 7.21(b)示出了同轴—矩形波导转换接头中的电力线分布。

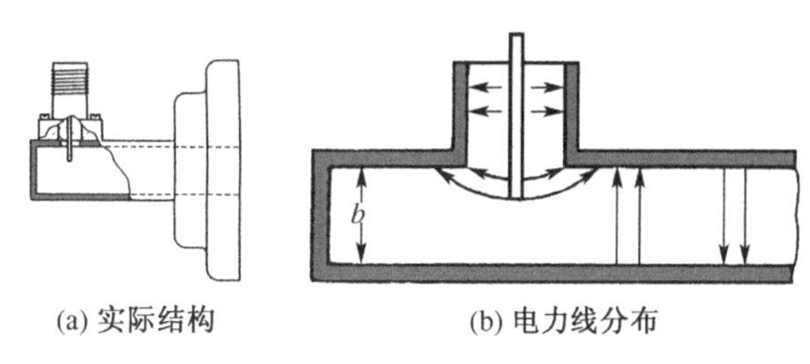

图 7.21　同轴—矩形波导转换接头

事实上，同样可采用前述的分析方法对如图 7.21 所示的转换接头的特性进行分析，读者可自行分析。

2. 矩形波导—圆波导转换接头

1) TE_{10} 模—TE_{11} 模转换接头(方—圆变换器)

由第 4 章的有关内容可知，矩形波导中 TE_{10} 模的场结构与圆波导中 TE_{11} 模的场结构十分相似，因此原则上，只要将矩形波导和圆波导在同一轴线上对接起来便能实现这两种模式的转换。但为了避免接头处不连续性引起反射，实际的结构是在矩形波导和圆波导之间串接一段方—圆渐变段，如图 7.22 所示。渐变段的长度一般为一个或几个波导波长。

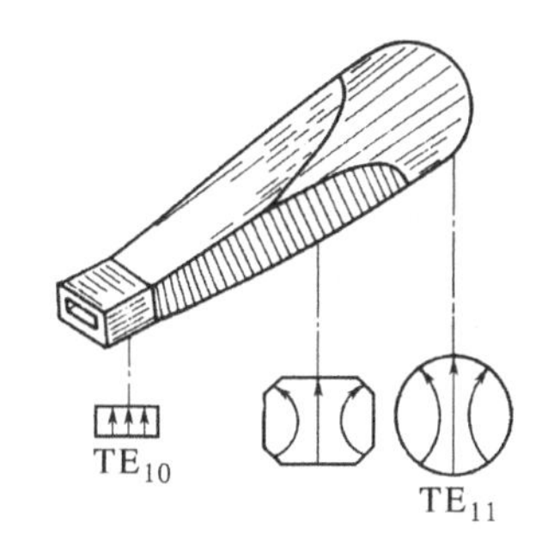

图 7.22　TE_{10} 模—TE_{11} 模转换

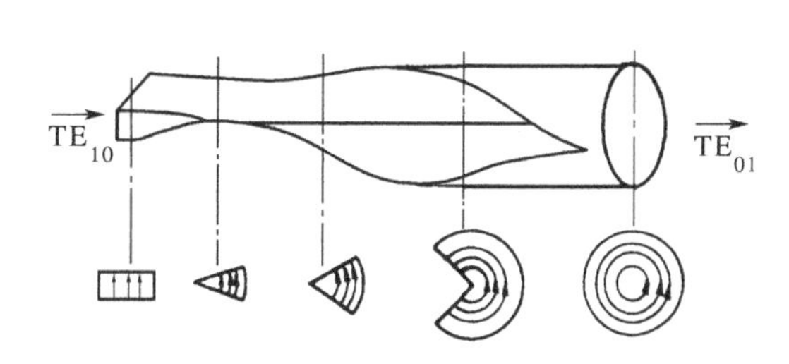

图 7.23　TE_{10} 模—TE_{01} 模转换

2) TE_{10} 模—TE_{01} 模转换接头(扇形变换器)

图 7.23 示出了 TE_{10} 模—TE_{01} 模转换接头。它首先将矩形波导的窄边过渡到夹角很小的扇形，然后把扇形截面的夹角逐渐增加直到变成圆形，从而将波导中的对称电场分布转换

成圆波导中圆周方向的电场分布。

3. 同轴—微带、槽线和共面波导转换

实际应用中,经常要用到同轴—微带的转换。图7.24(a)中示出了一种同轴—微带转换的平面结构示意图,它是将同轴线内导体延长与微带的导带相连,同轴线的外导体与微带接地板相连接而构成的。通过适当地调整同轴线内导体的长度可减少连接处不均匀性引起的反射。

由于槽线的接地平面和导带处于介质基片的同一平面,因此普通的同轴—槽线转换较易实现。此时,只要将同轴线的内导体适当延长并焊接到槽线的导带上,而将同轴线的外导体直接焊接到槽线的接地平面上即可。图7.24(b)示出了一种简单的同轴—槽线转换的结构示意图。

图7.24(c)示出了同轴—共面波导转换的平面结构示意图,其中同轴线内、外导体适当延长且使外导体的延长段适当变形形成四齿卡槽,再将同轴线内导体与共面波导的导带相连而将四齿卡槽的对应两齿与导带两侧的接地板相连即可。

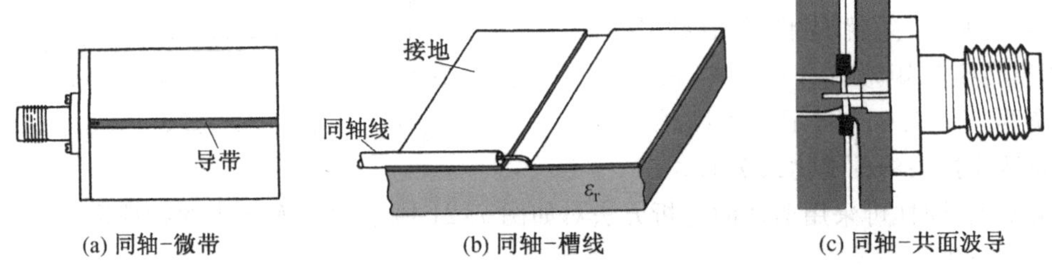

(a) 同轴-微带　(b) 同轴-槽线　(c) 同轴-共面波导

图7.24　同轴—微带、槽线和共面波导转换

4. 矩形波导—微带和鳍线转换

图7.25(a)示出了一种矩形波导—微带转换的结构示意图,它采用矩形波导—脊形波导—微带的过渡结构,以利于匹配。此外,为了改善其反射特性,还采用四节阶梯阻抗变换器进行阻抗变换。

由于鳍线是矩形波导和槽线的有机结合体,因此矩形波导—鳍线转换接头很容易实现。此时,只要将鳍线适当延长,并将鳍线介质基片上金属化表面的槽缝进行渐变或阶梯形变化,以减小转换段的反射即可。图7.25(b)示出了矩形波导—单侧鳍线的转换。

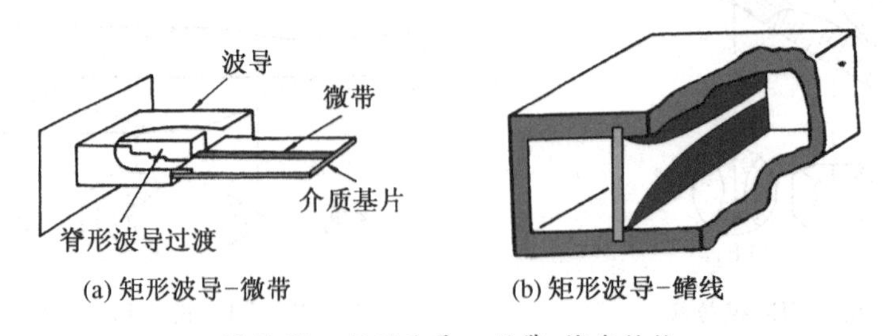

(a) 矩形波导-微带　(b) 矩形波导-鳍线

图7.25　矩形波导—微带、鳍线转换

5. 微带—槽线和共面波导转换

在射频/微波集成电路中,槽线通常同微带线组合使用,此时微带—槽线转换是必不可

少的。图 7.26(a)示出了一种便于小型化的微带—槽线转换的平面结构示意图,它在微带线的接地板上利用光刻的方法形成槽线的结构,微带线的导带与槽线的槽缝相垂直,且将微带线的导带和槽线的槽缝从其交叉点分别延长 1/4 槽波长(即 $\lambda_s/4$)和 1/4 波导波长(即 $\lambda_g/4$),以减少反射。图 7.26(b)则示出了微带—共面波导转换的结构示意图。

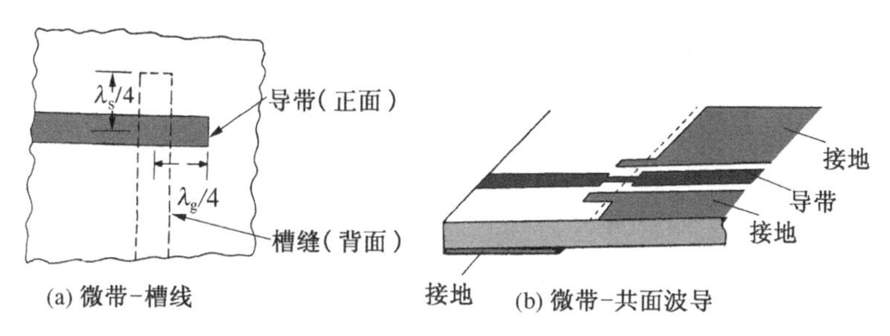

图 7.26　微带—槽线、共面波导转换

7.4　阻抗匹配和变换元件

7.4.1　用不均匀性实现的元件

在实际应用中,常常人为地在传输系统中引入各种不均匀性,以实现一些有用的元件。用各种传输系统的不均匀性所实现的元件种类很多,这里仅介绍用矩形波导和微带线的不均匀性实现的元件。

1. 用矩形波导的不均匀性实现的元件

1) 膜片

垂直于矩形波导轴线放置的导体薄片称为膜片,膜片的厚度 $t \ll \lambda_g$,但 $t \ll \delta$(δ 为导体的趋肤深度),膜片按其形状和放置位置的不同又可分为两类:电容膜片和电感膜片。

(1) 电容膜片

这种膜片使矩形波导的窄边 b 减小而宽边 a 不变。对 TE_{10} 模而言,由于窗孔上、下之间距离的缩短引起了窗孔之间电场的集中,从而相当于在波导截面上并联了一个电容,习惯上称为电容膜片。膜片的上、下位置可以对称,也可以非对称,如图 6.27 所示。膜片位置的对称与否只影响并联电容的大小,而不会影响其电抗性质。

电容膜片的归一化电纳 b_C 近似为($t=0$)

对图 7.27(a):

$$b_C = \frac{2\beta b}{\pi}\left[\ln\csc\left(\frac{\pi d}{2b}\right) + \left(\frac{2\pi}{b\gamma_1} - 1\right)\cos^4\left(\frac{\pi d}{2b}\right)\right] \tag{7.36}$$

式中,$\gamma_1 = \sqrt{(2\pi/b)^2 - \beta^2}$,$\beta = \sqrt{k_0{}^2 - (\pi/a)^2}$。

对图 7.27(b):

$$b_C = \frac{4\beta b}{\pi}\left[\ln\csc\left(\frac{\pi d}{2b}\right)+\left(\frac{\pi}{b\gamma_2}-1\right)\cos^4\left(\frac{\pi d}{2b}\right)\right] \tag{7.37}$$

式中，$\gamma_2=\sqrt{(\pi/b)^2-\beta^2}$ 。

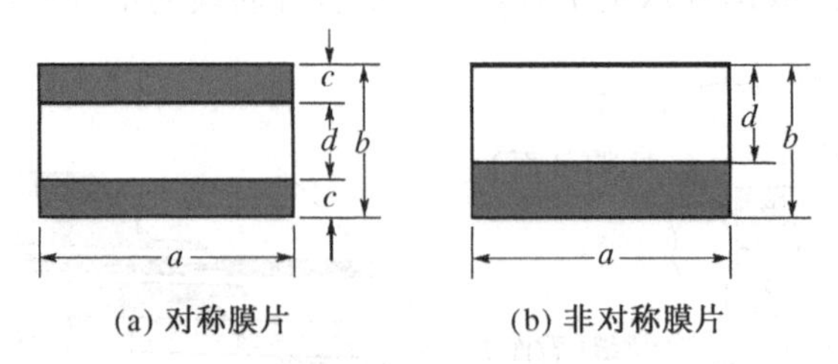

(a) 对称膜片　(b) 非对称膜片

图 7.27　电容膜片

(2) 电感膜片

在矩形波导的截面上沿窄边对称或不对称放置膜片时，就可构成电感膜片，如图7.28所示。

电感膜片的归一化电纳 b_L 的近似式为($t=0$)

对图 7.28(a)：

$$b_L = \frac{2\pi}{\beta a}\cot^2\left(\frac{\pi d}{2a}\right)\left[1+\frac{a\gamma_3-3\pi}{4\pi}\sin^2\left(\frac{\pi d}{a}\right)\right] \tag{7.38}$$

式中，$\gamma_3=\sqrt{(3\pi/a)^2-k_0{}^2}$。

对图 7.28(b)：

$$b_L = \frac{2\pi}{\beta a}\cot^2\left(\frac{\pi d}{2a}\right)\left[1+\csc^2\left(\frac{\pi d}{2a}\right)\right] \tag{7.39}$$

2) 谐振窗

当矩形波导横截面上的膜片尺寸使波导宽边和窄边尺寸同时减小时，这种膜片必然兼有容性膜片和感性膜片的性质。适当选择窗孔的尺寸，在某频率上它可等效为传输线上的并联谐振回路，这种膜片称为谐振窗。在谐振频率上，此窗孔对波导不起分路作用，TE_{10} 模可以畅通无阻地通过谐振窗而不引起反射。谐振窗除了矩形外，还有圆形、椭圆形和哑铃形等。

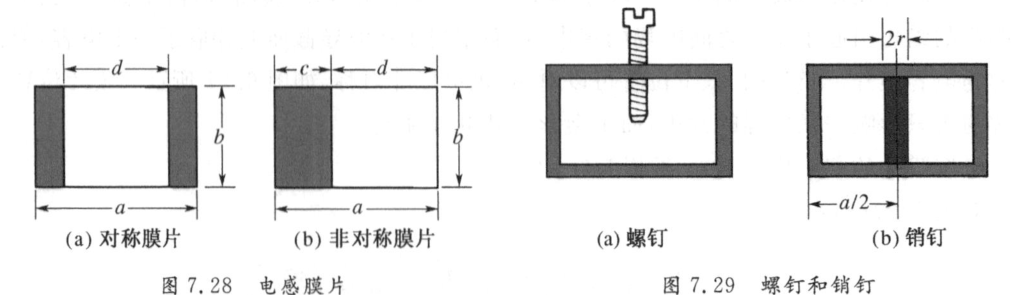

(a) 对称膜片　(b) 非对称膜片　(a) 螺钉　(b) 销钉

图 7.28　电感膜片　图 7.29　螺钉和销钉

3) 螺钉和销钉

(1) 螺钉

螺钉的结构如图 7.29(a)所示。当矩形波导的宽边中心插入金属圆杆(螺钉)时，由于电场集中于圆杆的顶端而形成附加的电场，而在圆杆的表面感应出的电流则形成附加的磁场，这种附加的电磁场与波导主模间的能量耦合等效为一个并联的电抗元件，但随着螺钉的插入深度不同其电抗性质也不同。当螺钉插入深度较小时，一方面由于圆杆顶端的电场集中，有电容量；另一方面，由于波导宽边的轴向电流要流向螺钉而产生磁场，有电感量。但因螺钉插入波导较浅，电感量较小，电容性占优势，所以并联电纳呈容性。而当逐渐增加螺钉的插入深度时，电感量和电容量都在不断增加，当螺钉插入波导深度约为 $\lambda_0/4$ 时，容抗和感抗相等，电纳趋于无穷大，即呈现出串联谐振特性。螺钉插入深度再增加，电纳则呈感性。在实际应用中，通常将螺钉作为可变电容使用。由于它调整方便，因此在小功率的微波设备和测试系统中应用广泛。

(2) 销钉

销钉是垂直对穿矩形波导宽边中心的金属圆杆，如图 7.29(b)所示，它在波导中起电感作用。销钉的感性电纳与圆杆的半径 r 有关，半径越大，电感量越小。销钉的归一化电纳 b_{p} 的近似式为

$$b_{\mathrm{p}} = \frac{4\pi}{\beta a} \frac{1}{\ln[2a/(\pi r \mathrm{e}^2)]} \tag{7.40}$$

式中，$\mathrm{e} \approx 2.7183$。

2. 微波集成电路中的集中电路元件和用不均匀性实现的元件

微波集成电路分为两种形式，即微波混合集成电路(MICs)和微波单片集成电路(MMICs)。其中，前者应用最为广泛，它是将无源电路制作在介质基片上，而将有源器件另外焊接在介质基片上的集成电路中；后者则是将有源器件和无源元件同时集成在半导体基片上，在工艺上有一定难度。目前，除了微带基的混合或单片集成电路在射频和微波波段广泛应用以外，共面波导基的混合或单片集成电路在射频、微波和毫米波波段也得到越来越广泛的应用，这些集成电路中要用到集中参数元件和用不均匀性实现的元件。下面主要介绍微带基的集中参数元件和用不均匀性实现的元件，并简单介绍用共面波导的不均匀性实现的元件。

1) 微带基的微波集成电路中的集中元件

微带基的微波集成电路中的集中元件是电阻、电容和电感。

(1) 电阻

用于微波集成电路中的电阻主要是薄膜电阻和体电阻两类。薄膜电阻的材料一般为 Ti，NiCr，Ta_2N 以及 AaAs 等，其中 Ta_2N(氮化钽)薄膜是在氮气中溅射金属钽形成的，其电阻率适中，温度系数为负；另一类常用的结构是 CrSiO(铬一氧化硅)薄膜，用蒸发法或高频溅射法制作，它是金属陶瓷结构，调整材料的配比即可使电阻率在很大范围内改变，以适应不同电阻率的要求。

体电阻是 AaAs N 型层的本征电阻，它是在 AaAs 基片上局部掺杂，再加上欧姆接触构成的电阻。在载流子浓度为$10^{17}\,\mathrm{cm}^{-3}$时，方电阻为 300 Ω，电阻率适中。体电阻的缺点是电阻的温度系数为正，且工作电流较大时，电子速度饱和呈现非线性特性，不利于一般的模拟电路，但可用于某些数字电路。

(2) 电容

在微波集成电路中常用的集中电容有层叠电容(MIM 电容)和交指电容。

层叠电容是由两层金属导体板之间加入的介质层构成的平板电容,如图 7.30(a)所示,其中电容的输入和输出带线同为微带线的导带,而电容的上、下两块金属层(导体带条)通常称为空气桥。由于构成层叠电容所夹的介质层可以做得很薄,因此可获得较高的电容值,其电容一般在 1～100 pF 范围内。

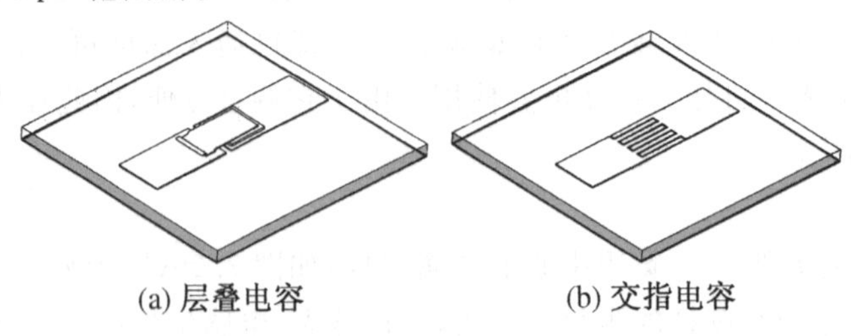

图 7.30　集中电容的结构示意图

顾名思义,交指电容是利用微带导带上制作的交指带条之间耦合电场的作用构成的电容,如图 7.30(b)所示。交指电容的电容值较小,一般比相同极板面积的层叠电容要小一个数量级。但即使这样,交指电容在无法采用层叠电容的某些混合集成电路以及 MMIC 设计中却非常有用。

(3) 电感

集中电感可分为折线电感、单环电感以及螺旋电感,图 7.31(a)、(b)、(c)中示出了三种电感的导带结构示意图。其中最常用的是螺旋电感。螺旋电感通常又有圆形、方形或多角形等之分。图 7.32 中示出了方形螺旋电感,其优点是便于设计和加工,且其品质因数也较高。为了减小螺旋电感所占基片的面积,螺旋电感的导带宽度要窄,因此其引线电阻不容忽略;螺旋电感的相邻导带之间以及导带与基片另一面上的接地板之间均也存在分布电容,因此螺旋电感的分布电容也不容忽略。此外,多圈螺旋电感的内圈的端点引出线要采用介质桥或空气桥跨接,制作工艺也较为复杂。应指出,上述集中电感的导带长度均应远小于导波的波长,这样才具有集中电感的特性。

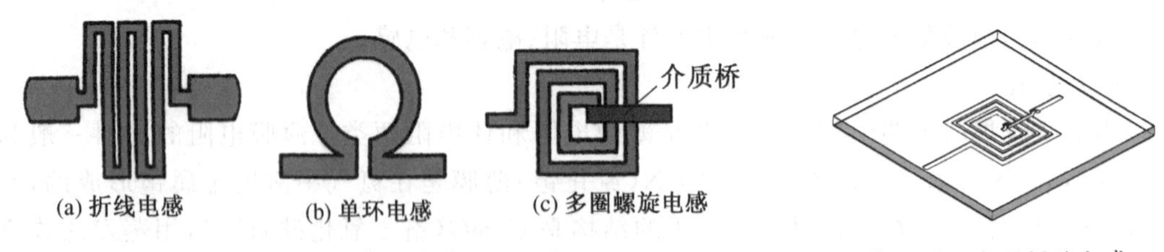

图 7.31　三种电感的导带结构示意图　　图 7.32　方形螺旋电感

2) 用微带线和共面波导的不均匀性实现的元件

常见的微带不均匀性(不连续性)有开路、间隙、阶梯、横向窄缝、直角弯折以及 T 型接头等,它们在微带电路中通常用作调配、调谐以及耦合等元件。图 7.33 示出了五种典型的微带不均匀性及其等效电路示意图,类似的几何结构同样存在于带状线和其他平面传输线(如共面波导、槽线以及鳍线等)中。附录 C 中则列出了常见微带不均匀性的等效电路、等效参量的经验公式及应用范围。应注意,该附录中的等效电路是在假设不均匀性尺寸比微带的波导波长小得多的情况下,通过准静态分析得出的。由于它们并未计及色散以及辐射的影响,因此只适用于较低的频段。

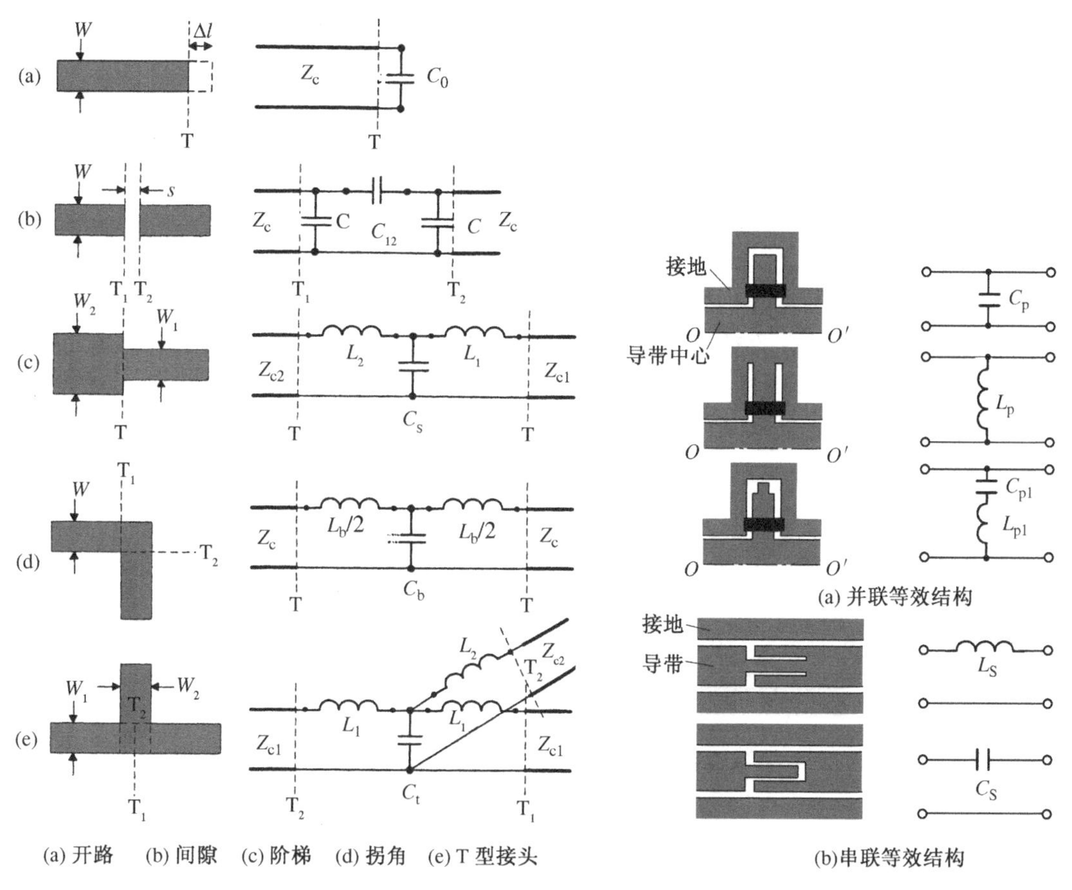

图 7.33　五种典型的微带不均匀性及其等效电路　　图 7.34　常见共面波导的不均匀性及其等效电路

图 7.34 示出了常见共面波导的不均匀性及其等效电路,这些不均匀性实现的元件在各种混合和单片集成的滤波器的设计中应用广泛。

* 7.4.2　阻抗调配元件

阻抗匹配和变换元件(或称为阻抗变换器)有多种类型,按传输系统可分为同轴型、波导型和微带型等;按工作频带可分为窄带匹配器和宽带匹配器;按匹配器和变换器的型式可分为支节调配式、螺钉调配式、阻抗变换式等。下面分别介绍螺钉调配器和 $\lambda_g/4$ 阶梯阻抗变换器。

1. 螺钉调配器

为了消除或减小矩形波导中不连续性或不均匀性所引起的反射,可在矩形波导的宽边中心插入螺钉来作为调配元件。螺钉一般都调成容性,以避免高功率工作时被击穿。单螺和双螺调配器均可像单支节和双支节调配器那样进行严格分析,这里仅利用圆图简单介绍它们的工作原理。

1) 单螺调配器

单螺钉调配器的调配原理同单支节调配器原理相同,不同的是单螺调配器的螺钉只能呈现容性电纳。单螺调配器的实际结构如图 7.35(a)所示。它是插入矩形波导中的一个可调节的螺钉。螺钉沿着波导宽壁中心的无辐射缝作纵向移动,即可改变并联电纳到负载的距离 l。同时,螺钉的插入深度可借助于一个微测计进行调节,以改变并联电纳的大小。

我们可借助图 7.35(b)所示的导纳圆图来说明其调配原理。设波导终端待匹配的归一化负载导纳 y_l 在导纳圆图上的对应点为 A,为达到匹配,必须设法通过调配器使其输入导纳位于 $y=1$ 的匹配点 C。为此可分为以下两个步骤进行:① 先改变距离 l,使得从 T_1 面右边向负载看去的输入导纳 y_1 的对应点 B 位于 $g=1$ 的下半等归一化电导圆上,其归一化导纳为 $y_1=1-jb$;② 在波导的对应位置加上螺钉,并调节螺钉的归一化容性电纳 b_C 值,使得 b_C 与 b 大小相等。这样,从参考面 T_1 左边向负载看去的总归一化输入导纳为 $y=y_1+jb_C=1$,对应于图中的匹配点 C,从而达到匹配目的。

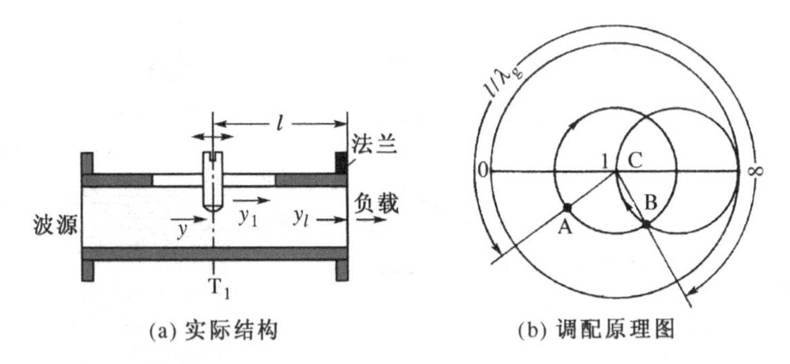

(a) 实际结构　　(b) 调配原理图

图 7.35　单螺调配器的调配原理

2) 双螺调配器

同双支节调配器一样,若在矩形波导中插入相距为 $\lambda_g/8$、$\lambda_g/4$ 或 $3\lambda_g/8$ 等的两个螺钉就构成了双螺调配器,如图 7.36(a)所示。

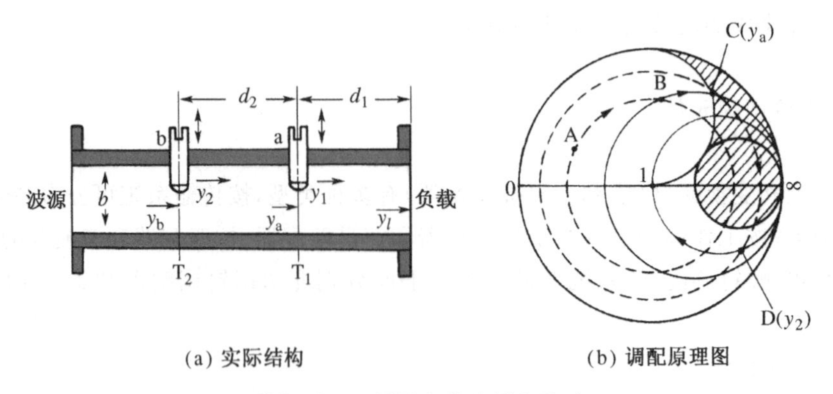

(a) 实际结构　　(b) 调配原理图

图 7.36　双螺调配器的调配原理

双螺调配器的调配原理同双支节调配器的调配原理基本相同，不同处是螺钉只能调成容性，因此要考虑其特殊性。这里我们以图7.36(a)所示的间距为 $d_2=\lambda_g/8$ 的双螺调配器为例讨论其调配过程。设波导终端的归一化导纳 y_l 对应于导纳圆图中的A点，以O为圆心，$\overline{OA}$为半径顺时针旋转 d_1/λ_g 电长度至B点，B点对应于从第一个螺钉(T_1 面)右边向负载视入的归一化导纳 y_1，其归一化电导为 g_1，归一化电纳为 b_1，调节第一个螺钉的容性电纳即可得到 y_a，它对应圆图上的C点(即从B点出发沿 g_1 的圆向 b_1 增加方向旋转至与右半辅助圆相交)。然后以$\overline{OC}$为半径，O为圆心，顺时针旋转90°交于 $g=1$ 下半圆上的D点，它对应于从第二个螺钉右边向负载看去的归一化导纳 y_2，该点对应的电纳分量呈现感性，即 $y_2=1-\mathrm{j}b_2$。最后调节第二个螺钉的容性电纳，使其抵消 y_2 中的感性电纳分量，从而得到从第二个螺钉(T_2 面)左边向负载看去的归一化导纳 $y_b=1$，即获得匹配。

图7.36(b)所示的阴影区域是双螺调配器的匹配盲区。当负载的归一化导纳反映到 T_1 右边的归一化导纳 y_1 落在此阴影区域内时，调节第一个螺钉的容性电纳，并不能把 y_1 移到右半辅助圆上，这样 y_2 就不可能落在 $g=1$ 的下半圆上，从而达不到匹配。显然，双螺调配器的匹配盲区比双支节调配器的匹配盲区要大些。

匹配盲区的存在限制了双螺调配器的应用范围，为了克服这一缺点，可以在双螺调配器上再增加一个螺钉构成三螺钉调配器，其调配原理类似于三支节调配器，读者可自行分析。

2. 阻抗变换元件

阻抗变换元件又常称为阶梯阻抗变换器。当负载阻抗与传输系统的等效(特性)阻抗不相等或两段等效(特性)阻抗不同的传输系统直接连接时，由于阻抗不匹配，在连接处必将产生反射。为了消除反射达到匹配，可在连接处插入一个阻抗变换器，通过适当的阻抗变换来达到匹配。常用的阻抗变换器有两种：一种是单节或多节 $\lambda_g/4$(或 $\lambda/4$)传输系统(或传输线)组成的阶梯阻抗变换器；另一种是由渐变式传输系统构成的渐变式阻抗变换器。下面分别对它们进行分析。

1) 单节阶梯阻抗变换器

图7.37(a)、(b)分别为同轴型和波导型单节 $\lambda_g/4$(对同轴型，$\lambda_g=\lambda$)阶梯阻抗变换器的结构示意图，它们是由一段等效(特性)阻抗与主传输系统不同的 $\lambda_g/4$ 传输系统段构成的。图7.37(c)为单节 $\lambda_g/4$ 阻抗变换器的等效电路。

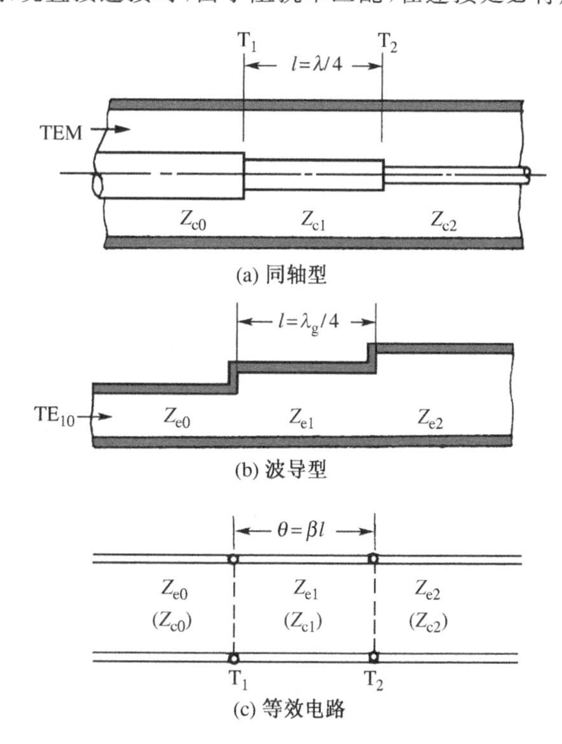

图7.37　单节 $\lambda_g/4$ 阶梯阻抗变换器及其等效电路

单节 $\lambda_g/4$ 阶梯阻抗变换器的工作原理可用终端接负载为 Z_l(设 Z_l 为实数)的二端口网络来分析。对图7.37(c)所

示的二端口网络,其输入端参考面 T_1 处的反射系数为

$$\Gamma_{in} = S_{11} + \frac{S_{12}S_{21}\Gamma_l}{1 - S_{22}\Gamma_l} \tag{7.41}$$

式中,对同轴型,$\Gamma_l=(Z_l-Z_{c1})/(Z_l+Z_{c1})$;对波导型,$\Gamma_l=(Z_l-Z_{e1})/(Z_l+Z_{e1})$。

若负载的反射系数的模$|\Gamma_l|$较小,由式(7.41),有

$$\Gamma_{in} = S_{11} + S_{12}S_{21}\Gamma_l \tag{7.42}$$

考虑到$|\Gamma_l|$很小,故 $S_{11}\approx 0$。于是,对无耗传输系统,有

$$S_{12} = S_{21} = e^{-j\theta} \tag{7.43}$$

将上式代入式(7.42),可得

$$\Gamma_{in} = \Gamma_l e^{-j2\theta} \tag{7.44}$$

因此,网络输入端参考面 T_1 处的输入阻抗为

$$Z_{in} = Z_{e1}\frac{1+\Gamma_{in}}{1-\Gamma_{in}} = Z_{e1}\frac{Z_l + jZ_{e1}\tan\theta}{Z_{e1}+jZ_l\tan\theta} \quad (\text{同轴型}, Z_{e1} = Z_{c1}) \tag{7.45}$$

若令第二段传输系统的终端匹配,即其终端负载 $Z_l=Z_{e2}$,而为了在参考面 T_1 处获得匹配,当 $l=\lambda_g/4$ 时,必有 $Z_{in}=Z_{e0}$。这样,由式(7.45)即得单节 $\lambda_g/4$ 阶梯阻抗变换器的匹配条件分别为

$$Z_{e0}Z_{e2} = Z_{e1}^2(\text{波导型}, l = \lambda_g/4) \tag{7.46a}$$

$$Z_{c0}Z_{c2} = Z_{c1}^2(\text{同轴型}, l = \lambda/4) \tag{7.46b}$$

显然,上式同式(3.126)完全相同。应指出,为叙述方便,以后内容中均将上式中特性阻抗记号的第一下标略去。

由上面的讨论可知,$\lambda_g/4$ 阶梯阻抗变换器的长度是按某一中心频率 f_0 选取的,当工作频率 $f=f_0$ 时,可达到理想的匹配。但当工作频率偏离 f_0 时,匹配将被破坏。这表明单节 $\lambda_g/4$ 阶梯阻抗变换器只能用于窄带匹配。第3章第3.8节中有关单节 $\lambda/4$ 阻抗变换器在 $f\neq f_0$ 情况的讨论,对单节 $\lambda_g/4$ 阶梯阻抗变换器同样适用,仅存在波导波长 λ_g 和波长 λ 的差异。

若要求变换器的反射系数在宽频带内接近于零,则必须采用多节 $\lambda_g/4$ 阶梯阻抗变换器。多节 $\lambda_g/4$ 阶梯阻抗变换器的反射系数 Γ 直接决定于节与节之间的局部反射系数,改变这些局部反射系数可得到不同的 Γ 和 θ 间的函数关系,从而改变 Γ 的频率特性。为了叙述方便,这里仍讨论多节 $\lambda/4$ 阶梯阻抗变换器。

2) 多节 $\lambda/4$ 阶梯阻抗变换器

(1) 小反射理论

考虑一 N 节阶梯阻抗变换器接入(等效)特性阻抗为 Z_0 的(等效)传输线和负载电阻 R_l 之间,各节长度 l(一般为 $\lambda/4$,为使导出的结果具有一般性,仍记为 l)相同,而特性阻抗各不相同,分别简记为 $Z_1,Z_2,\cdots,Z_N$,如图7.38所示。于是,第 N 节的输入阻抗为

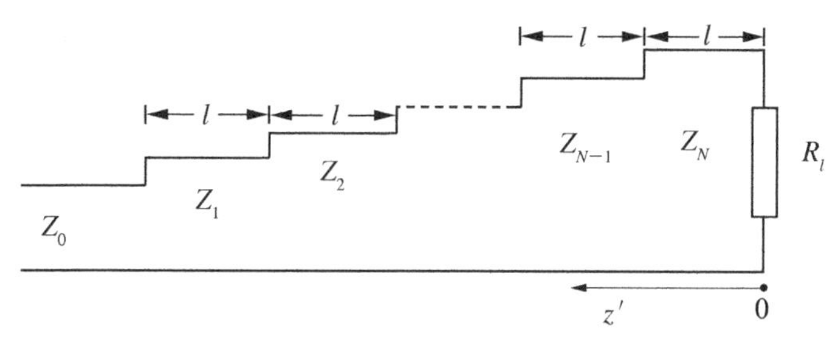

图 7.38　N 节阶梯阻抗变换器

$$(Z_{\text{in}})_N = Z_N \frac{e^{j\beta l} + \Gamma_N e^{-j\beta l}}{e^{j\beta l} - \Gamma_N e^{-j\beta l}} \tag{7.47}$$

式中，$\Gamma_N = (R_l - Z_N)/(R_l + Z_N)$。而第$(N-1)$节的总反射系数为

$$\Gamma'_{N-1} = \frac{(Z_{\text{in}})_N - Z_{N-1}}{(Z_{\text{in}})_N + Z_{N-1}} = \frac{Z_N(e^{j\beta l} + \Gamma_N e^{-j\beta l}) - Z_{N-1}(e^{j\beta l} - \Gamma_N e^{-j\beta l})}{Z_N(e^{j\beta l} + \Gamma_N e^{-j\beta l}) + Z_{N-1}(e^{j\beta l} - \Gamma_N e^{-j\beta l})}$$
$$= \frac{(Z_N - Z_{N-1})e^{j\beta l} + \Gamma_N(Z_N + Z_{N-1})e^{-j\beta l}}{(Z_N + Z_{N-1})e^{j\beta l} + \Gamma_N(Z_N - Z_{N-1})e^{-j\beta l}}$$

上式可进一步简写为

$$\Gamma'_{N-1} = \frac{\Gamma_{N-1} + \Gamma_N e^{-j2\beta l}}{1 + \Gamma_{N-1}\Gamma_N e^{-j2\beta l}} \tag{7.48}$$

式中，$\Gamma_{N-1} = (Z_N - Z_{N-1})/(Z_N + Z_{N-1})$，为第$(N-1)$节和第 N 节连接处的局部反射系数。当$|\Gamma_{N-1}| \ll 1$，$|\Gamma_N| \ll 1$时，即小反射条件下，可以略去上式中反射系数的乘积项，从而得到以下近似式：

$$\Gamma'_{N-1} \approx \Gamma_{N-1} + \Gamma_N e^{-j2\beta l} \tag{7.49}$$

类似地，有

$$\Gamma'_{N-2} \approx \Gamma_{N-2} + \Gamma'_{N-1} e^{-j2\beta l} = \Gamma_{N-2} + \Gamma_{N-1} e^{-j2\beta l} + \Gamma_N e^{-j4\beta l} \tag{7.50}$$

于是，若每两节连接处的局部反射均满足小反射条件，则多节阻抗变换器输入端的总反射系数可表示为

$$\Gamma = \Gamma(\theta) \approx \Gamma_0 + \Gamma_1 e^{-j2\beta l} + \Gamma_2 e^{-j4\beta l} + \cdots + \Gamma_{N-1} e^{-j2(N-1)\beta l} + \Gamma_N e^{-j2N\beta l}$$
$$= \sum_{n=0}^{N} \Gamma_n e^{-j2n\theta} = \sum_{n=0}^{N} \Gamma_n w^n \tag{7.51}$$

式中，$w = e^{j2\theta'} = e^{-j2\theta}$，而 $\theta = \beta l$，为阶梯阻抗变换器每节的电长度；$\Gamma_n = (Z_{n+1} - Z_n)/(Z_{n+1} + Z_n)(n \neq 0)$，为第 n 节和第$(n+1)$节连接处的局部反射系数，而 $\Gamma_0 = (Z_1 - Z_0)/(Z_1 + Z_0)$。显然，对 $\theta = 0$（即 $\lambda \to \infty$），阻抗变换器的每节的电长度均为零，等价于主传输线直接与负载相接。此时，由于 $w = 1$，于是式(7.51)变为

$$\Gamma(0) = \sum_{n=0}^{N} \Gamma_n = \frac{R_l - Z_0}{R_l + Z_0} \tag{7.52}$$

特别地,若阶梯阻抗变换器是对称的,即若 $\Gamma_0=\Gamma_N, \Gamma_1=\Gamma_{N-1}, \cdots$,则式(7.51)变为

$$\Gamma=2\mathrm{e}^{-\mathrm{j}N\theta}[\Gamma_0\cos N\theta+\Gamma_1\cos(N-2)\theta+\Gamma_2\cos(N-4)\theta+\cdots+\Gamma_{(N-1)/2}\cos\theta],N \text{ 为奇数} \tag{7.53a}$$

$$\Gamma=2\mathrm{e}^{-\mathrm{j}N\theta}[\Gamma_0\cos N\theta+\Gamma_1\cos(N-2)\theta+\Gamma_2\cos(N-4)\theta+\cdots+\frac{1}{2}\Gamma_{N/2}],N \text{ 为偶数} \tag{7.53b}$$

这样,只要适当选取阶梯阻抗变换器的局部反射系数 Γ_n,使总反射系数 Γ 在指定的工作频带上达到最小即可。为此,可令式(7.51)满足以下关系:

$$\Gamma=\sum_{n=0}^{N}\Gamma_n w^n=\Gamma_N\prod_{n=1}^{N}(w-w_n) \tag{7.54}$$

式中,w_n 为复 w 平面上的待定常数。

一般地,各节连接处的局部反射系数可任意选取,但最为常见的是各节局部反射系数均匀分布、总反射系数逼近二项式以及切比雪夫多项式三种情况,相应的阶梯阻抗变换器就是均匀分布式、最平坦式和切比雪夫式变换器。

(2) 均匀分布式变换器

若阶梯阻抗变换器的各节局部反射系数均相等,则式(7.54)可简化为

$$\frac{\Gamma}{\Gamma_N}=\prod_{n=1}^{N}(w-w_n)=\frac{w^{N+1}-1}{w-1}=\mathrm{e}^{\mathrm{j}N\theta'/2}\frac{\sin[(N+1)\theta'/2]}{\sin(\theta'/2)} \tag{7.55}$$

于是

$$|\Gamma|=|\Gamma_N|\left|\frac{\sin[(N+1)\theta'/2]}{\sin(\theta'/2)}\right|=(N+1)|\Gamma_N|\left|\frac{\sin[(N+1)\theta'/2]}{(N+1)\sin(\theta'/2)}\right| \tag{7.56}$$

又由式(7.52)和式(7.56),可知

$$\sum_{n=0}^{N}\Gamma_n=(N+1)|\Gamma_N|=\frac{R_l-Z_0}{R_l+Z_0} \tag{7.57}$$

因此,式(7.56)可进一步写为

$$|\Gamma(\theta)|=\left|\frac{R_l-Z_0}{R_l+Z_0}\right|\left|\frac{\sin[(N+1)\theta/2]}{(N+1)\sin(\theta/2)}\right| \tag{7.58}$$

这表明,阶梯阻抗变换器的总反射系数的模值 $|\Gamma(\theta)|$ 的极大值(峰值)随 θ 周期出现,图7.39(a)和(b)分别示出了负载阻抗 $R_l=100\ \Omega$ 和特性阻抗 $Z_c=50\ \Omega$ 的三节和六节 $\lambda/4$ 阻抗变换器的 $|\Gamma(\theta)|$ 随 θ 的变化曲线。由图可见,对三节阻抗变换器,$|\Gamma(\theta)|$ 的峰值以 π 为间隔周期出现,在两个峰值之间有两个小波纹存在,$|\Gamma(\theta)|$ 的三个零点分别出现在 $\theta=\pi/4,\pi/2$ 以及 $3\pi/4$ 处;对六节阻抗变换器,$|\Gamma(\theta)|$ 的峰值同样以 π 为间隔周期出现,在两个峰值之间有五个小波纹存在,$|\Gamma(\theta)|$ 的六个零点则分别出现在 $\theta=n\pi/7(n=1,2,\cdots,6)$ 处。因此,可归纳出 N 节均匀分布式阻抗变换器的 $|\Gamma(\theta)|$ 的特性:① $|\Gamma(\theta)|$ 的峰值以 π 为间隔周期出现;② 在两个峰值之间有 $(N-1)$ 个小波纹和 N 个零点出现。当 N 是奇数时,其中一个零点出现在 $\theta=\pi/2$ 处;③ 若在已知频带内 $|\Gamma(\theta)|$ 的上界(即最大值)$|\Gamma|_m$ 给定,则图中点 p_1 和 p_2 对应 θ 的取值范围可求,且 θ 的取值范围随 N 的增加而变大。

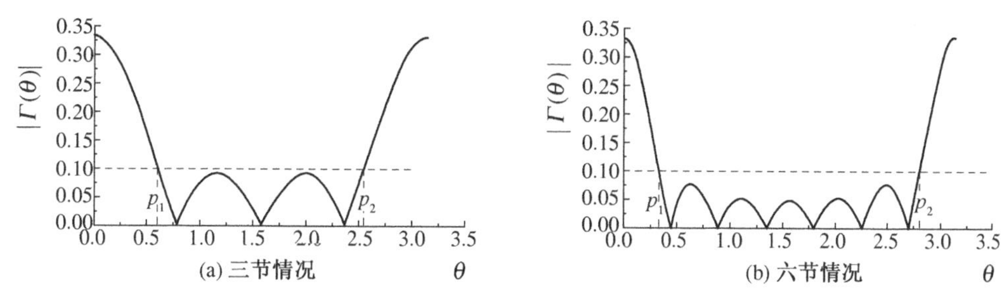

图 7.39　均匀分布式变换器的 $|\Gamma(\theta)|$ 随 θ 的变化曲线

(3) 二项式阻抗变换器

如前所述，均匀分布式变换器的通带内有波纹和零点出现，为了避免这种现象出现，可令式(7.54) 中的 $w_n=-1$。从而，由式(7.54) 可得

$$\frac{\Gamma}{\Gamma_N}=\prod_{n=1}^{N}(w+1)=(w+1)^N=\sum_{m=0}^{N}\frac{N!}{m!\ (N-m)!}w^m \tag{7.59}$$

式中，利用了二项式的展开式。于是，将式(7.59) 与式(7.54) 比较，可知

$$\frac{\Gamma_n}{\Gamma_N}=\frac{N!}{m!\ (N-m)!} \tag{7.60}$$

这表明，此时归一化于 Γ_N 的各节局部反射系数按二项式分布。这样，由式(7.59) 可得

$$\Gamma(\theta)=\Gamma_N\ (\mathrm{e}^{-\mathrm{j}2\theta}+1)^N=\Gamma_N 2^N \mathrm{e}^{-\mathrm{j}N\theta}\cos^N\theta \tag{7.61a}$$

或

$$|\ \Gamma(\theta)\ |=|\ \Gamma_N\ |\ 2^N\ |\ \cos\theta\ |^N \tag{7.61b}$$

同样，对 $\theta=0$，即主传输线直接与负载相接，有

$$|\Gamma(0)|=|\Gamma_N|2^N=\left|\frac{R_l-Z_0}{R_l+Z_0}\right| \tag{7.62}$$

以及

$$|\Gamma(\theta)|=\left|\frac{R_l-Z_0}{R_l+Z_0}\right||\cos\theta|^N \tag{7.63}$$

图 7.40 示出了多节二项式阶梯阻抗变换器的归一化总反射系数的模 $|\Gamma(\theta)/\Gamma_l|$ 随电长度 θ 的变化曲线，其中 Γ_l 为负载的反射系数。与均匀分布式阶梯阻抗变换器相比，二项式阶梯阻抗变换器的工作通带内不会出现波纹，呈现平滑特性。因此，二项式阶梯阻抗变换器又称为最平坦式阶梯阻抗变换器。

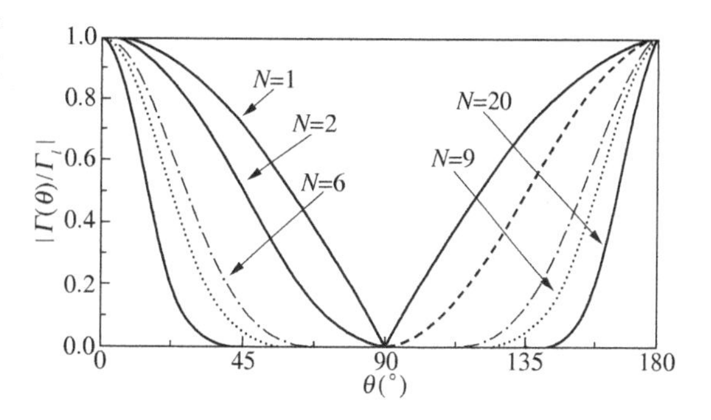

图 7.40　多节二项式阶梯阻抗变换器的 $|\Gamma(\theta)/\Gamma_l|$ 随 θ 的变化曲线

与第 3 章中有关单节 $\lambda/4$ 阻抗变换器相对带宽的推导思路相同，同样令最平坦

式阶梯阻抗变换器通带内的最大反射系数幅值为$|\Gamma|_m$,则由式(7.61b),有

$$|\Gamma|_m = 2^N |\Gamma_N| |\cos\theta_{m1}|^N$$

或

$$\theta_{m1} = \arccos\left[\frac{1}{2}\left(\frac{|\Gamma|_m}{|\Gamma_N|}\right)^{1/N}\right] \tag{7.64a}$$

式中,θ_{m1} 同样对应其工作频带的下边频 f_1。于是,最平坦式阶梯阻抗变换器的相对带宽为

$$\frac{\Delta f}{f_0} = \frac{2(f_0 - f_1)}{f_0} = 2 - \frac{4\theta_{m1}}{\pi} = 2 - \frac{4}{\pi}\arccos\left[\frac{1}{2}\left(\frac{|\Gamma|_m}{|\Gamma_N|}\right)^{1/N}\right] \tag{7.64b}$$

例 7.2 设计一四节二项式 $\lambda/4$ 阶梯阻抗变换器,在 900 MHz 频率上用来实现 $R_l = 100\ \Omega$ 的负载与特性阻抗 $Z_0 = 50\ \Omega$ 的空气同轴线之间的匹配。此外,确定该阶梯阻抗变换器的反射系数的模低于 0.1 的工作频率范围。

解:① 确定各节特性阻抗

在式(7.60)中,令 $N = 4$ 以及 $n = 0$,1 和 2,可得 $\Gamma_0 = \Gamma_4$,$\Gamma_1 = \Gamma_3 = 4\Gamma_4$ 以及 $\Gamma_2 = 6\Gamma_4$。于是,由式(7.62)可得

$$|\Gamma_4| = = \frac{1}{2^4}\left|\frac{R_l - Z_0}{R_l + Z_0}\right| = \frac{1}{2^4}\left|\frac{100-50}{100+50}\right| = \frac{1}{48} = 0.020\,8$$

又因为各节的局部反射系数 $\Gamma_n = (Z_{n+1} - Z_n)/(Z_{n+1} + Z_n)$,故有

$$Z_n = Z_{n+1}\frac{1-|\Gamma_n|}{1+|\Gamma_n|}, \qquad Z_{n+1} = Z_n\frac{1+|\Gamma_n|}{1-|\Gamma_n|} \tag{7.65}$$

所以,该阻抗变换器的各节特性阻抗分别为

$$Z_4 = 100\times\frac{1-1/48}{1+1/48} = 95.918\,4 \quad (\Omega), \qquad Z_3 = 95.918\,4\times\frac{1-4/48}{1+4/48} = 81.161\,7 \quad (\Omega)$$

$$Z_2 = 81.161\,7\times\frac{1-6/48}{1+6/48} = 63.125\,8 \quad (\Omega), \qquad Z_1 = 63.125\,8\times\frac{1-4/48}{1+4/48} = 53.414\,1 \quad (\Omega)$$

应指出,若按上述思路继续进行计算,可发现空气同轴线的特性阻抗 $Z_0 = 51.233\,9\ \Omega$,并不等于原来的 50 Ω,这是由于在计算过程中引入累积误差而引起的。事实上,在计算过程中,若沿阶梯阻抗变换器的一个方向(如第 4 节至第 1 节)依次求解各特性阻抗,则会引入误差的累积。为了消除这种误差,可沿两个不同方向分别计算一半节数的特性阻抗值,即先按式(7.65)的后一式确定 Z_4,Z_3 后,再按式(7.65)的前一式确定 Z_1,Z_2,此时 Z_1,Z_2 分别变为

$$Z_1 = 50\times\frac{1+1/48}{1-1/48} = 52.127\,7 \quad (\Omega), \qquad Z_2 = 52.127\,7\times\frac{1+4/48}{1-4/48} = 61.605\,5 \quad (\Omega)$$

② 求工作频率范围

该阶梯阻抗变换器的反射系数的模低于 0.1 的工作频率范围,可按式(7.64a)进行计算,当然也可直接由式(7.64b)得到。因为

$$0.1=\frac{1}{3}|\cos\theta_{m1}|^4$$

从而得 $\theta_{m1}=0.7376\ \text{rad}$，于是 $\theta_{m1}\leqslant\theta\leqslant\pi-\theta_{m1}$，从而可得 $0.7376\leqslant\theta\leqslant 2.4040$。因此，工作频率范围为

$$422.61\ \text{MHz}\leqslant f\leqslant 1.3774\ \text{GHz}$$

应指出，通过计算表明，四节二项式 $\lambda/4$ 阶梯阻抗变换器的工作频带比单节 $\lambda/4$ 阻抗变换器的频带要宽，但却比四节均匀分布式 $\lambda/4$ 阶梯阻抗变换器的工作频带要窄些。

(4) 切比雪夫式阻抗变换器

① 切比雪夫多项式

二阶线性变系数常微分方程：

$$(1-x^2)\frac{d^2y}{dx^2}-x\frac{dy}{dx}+n^2y=0 \tag{7.66}$$

的两个线性无关的解分别称为第一类和第二类 n 阶切比雪夫函数，分别记作 $T_n(x)$ 和 $U_n(x)$。在实际应用中，第一类 n 阶切比雪夫函数 $T_n(x)$ 用得最多，$T_n(x)$ 的表达式为

$$T_n(x)=\cos(n\arccos x)=\frac{1}{2}[(x+j\sqrt{1-x^2})^n+(x-j\sqrt{1-x^2})^n],|x|\leqslant 1 \tag{7.67a}$$

$$T_n(x)=\cosh(n\,\text{arcosh}x)=\frac{1}{2}[(x+\sqrt{1-x^2})^n+(x-\sqrt{1-x^2})^n],\ |x|>1 \tag{7.67b}$$

若在上两式中，分别令 $\arccos x=u$，$|x|\leqslant 1$；$\text{arcosh}x=u$，$|x|>1$，则有

$$T_n(x)=T_n(\cos u)=\cos(nu),|x|\leqslant 1 \tag{7.68a}$$

$$T_n(x)=T_n(\cosh u)=\cosh(nu),|x|>1 \tag{7.68b}$$

再将 $\cos(nu)$ 和 $\cosh(nu)$ 展开为多项式：

$$\cos(nu)=\cos^n u+\frac{n(n-1)}{2!}\cos^{n-2}u(\cos^2u-1)+\frac{n(n-1)(n-2)(n-3)}{4!}\cos^{n-4}u(\cos^2u-1)^2+\cdots \tag{7.69a}$$

$$\cosh(nu)=\cosh^n u+\frac{n(n-1)}{2!}\cosh^{n-2}u(\cosh^2u-1)+\frac{n(n-1)(n-2)(n-3)}{4!}\cosh^{n-4}u(\cosh^2u-1)^2+\cdots \tag{7.69b}$$

于是，第一类 n 阶切比雪夫函数 $T_n(x)$ 可展开为以下的多项式：

$$\begin{aligned}T_n(x)&=(-1)^n\frac{\sqrt{1-x^2}}{1\cdot 3\cdot 5\cdots(2n-1)}\frac{d^n}{dx^n}(1-x^2)^{n-1/2}\\&=x^n+\frac{n(n-1)}{2!}x^{n-2}(x^2-1)+\frac{n(n-1)(n-2)(n-3)}{4!}x^{n-4}(x^2-1)^2+\cdots\end{aligned} \tag{7.70}$$

因此,通常又将 $T_n(x)$称为切比雪夫多项式。这样,利用上式可得以下 $T_n(x)$的表达式:

$T_0(x)=1, T_1(x)=x, T_2(x)=2x^2-1, T_3(x)=4x^3-3x, T_4(x)=8x^4-8x^2+1, \cdots$

而更高阶的切比雪夫多项式可用以下递推公式得到:

$$T_n(x)=2xT_{n-1}(x)-T_{n-2}(x) \tag{7.71}$$

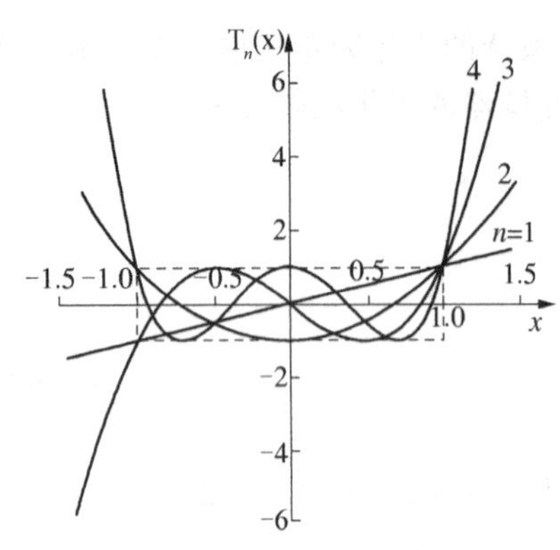

图 7.41 几个低阶 $T_n(x)$的变化曲线

图 7.41 示出了几个低阶 $T_n(x)$的变化曲线。由式(7.71)和图 7.41 可知,$T_n(x)$具有以下性质:① 当 n 为奇数时,$T_n(x)$为奇函数;当 n 为偶数时,$T_n(x)$为偶函数;② 当$|x|\leqslant 1$ 时,$T_n(x)$在+1 和−1 之间呈现等幅振荡分布,其零点的个数为 n,且零点的分布也呈对称分布;③ 当$|x|>1$ 时,$|T_n(x)|$单调而陡峭地上升,n 越大上升越快。因此,$T_n(x)$的上述特性可用来设计等波纹阶梯阻抗变换器。

② 切比雪夫式阻抗变换器的设计

如前所述,节数相同情况下,均匀分布式阶梯阻抗变换器的工作频带比二项式阶梯阻抗变换器的工作频带要宽,但其特性却不够理想。若利用切比雪夫多项式在$|x|\leqslant 1$ 内的等波纹特性来逼近阶梯阻抗变换器通带内的反射系数的模,则可获得更理想的通带内反射特性。若要求总反射系数的模$|\Gamma(\theta)|$在范围 $\theta_{m1}\leqslant\theta\leqslant\pi-\theta_{m1}$ 内具有如图 7.41 所示的等波纹特性,即 θ_{m1} 与 $x=1$ 对应,而 $\pi-\theta_{m1}$ 与 $x=-1$ 对应。为此,令

$$x=\frac{\cos\theta}{\cos\theta_{m1}} \tag{7.72}$$

将其代入式(7.67a),可得 N 阶切比雪夫多项式为

$$T_N(\cos\theta\sec\theta_{m1})=\cos(Nu) \tag{7.73}$$

于是,再令反射系数为

$$\Gamma(\theta)=AT_N(\cos\theta\sec\theta_{m1})e^{-jN\theta} \tag{7.74}$$

式中,A 为待定常数。设式(7.74)中的 $\theta=0$,可得

$$A=\frac{R_l-Z_0}{R_l+Z_0}\frac{1}{T_N(\sec\theta_{m1})} \tag{7.75}$$

在通带内,$T_N(\cos\theta\sec\theta_{m1})$的最大值为 1,从而通带内反射系数的模的最大值为

$$|\Gamma|_m=\left|\frac{R_l-Z_0}{R_l+Z_0}\right|\frac{1}{T_N(\sec\theta_{m1})}=|A| \tag{7.76}$$

显然,若已知通带下边频对应的电长度 θ_{m1},则可由式(7.76)求出相应的$|\Gamma|_m$;反之,若已知$|\Gamma|_m$,则可求得 θ_{m1}。

若 $\Gamma_0=\Gamma_N, \Gamma_1=\Gamma_{N-1}, \cdots$,并对局部反射系数进行切比雪夫多项式逼近,即令式(7.54)

与式(7.74)相等,得

$$\Gamma(\theta)=2\mathrm{e}^{-\mathrm{j}N\theta}\Big[\Gamma_0\cos N\theta+\Gamma_1\cos(N-2)\theta+\Gamma_2\cos(N-4)\theta+\cdots$$

$$+\Gamma_n\cos(N-2n)\theta+\cdots+\begin{cases}\Gamma_{(N-1)/2}\cos\theta\Big] & (N\text{ 奇数})\\ \dfrac{1}{2}\Gamma_{N/2}\Big] & (N\text{ 偶数})\end{cases}$$

$$=A\mathrm{T}_N(\cos\theta\sec\theta_{\mathrm{m1}})\mathrm{e}^{-\mathrm{j}N\theta} \tag{7.77}$$

式中,阻抗变换器的阶数 N 和最大反射系数的模 $|\Gamma|_{\mathrm{m}}$ 以及 θ_{m1} 之间的关系为

$$N=\frac{\operatorname{arcosh}\left(\left|\dfrac{R_l-Z_0}{R_l+Z_0}\right|\dfrac{1}{|\Gamma|_{\mathrm{m}}}\right)}{\operatorname{arcosh}(\sec\theta_{\mathrm{m1}})}$$

这样,只要已知阻抗变换器的阶数 N、θ_{m1} 和最大反射系数的模 $|\Gamma|_{\mathrm{m}}$ 中的两个,另一个即可确定。事实上,在设计切比雪夫式阶梯阻抗变换器时,通常 R_l,Z_0 和 $|\Gamma|_{\mathrm{m}}$ 为已知,则 θ_{m1} 就可通过式(7.76)求出。于是,只要将 $\mathrm{T}_N(\cos\theta\sec\theta_{\mathrm{m1}})$ 按式(7.71)进行展开,就可求得各节的局部反射系数,继而确定各节的特性阻抗。应指出,由于实际加工难以满足多节阶梯阻抗变换器的精度要求等原因,因此实际应用中很少采用四节以上的切比雪夫式阶梯阻抗变换器。

切比雪夫式阶梯阻抗变换器相对带宽的表达式同最平坦式阶梯阻抗变换器相对带宽的表达式形式相同,只是其中的 θ_{m1} 应通过式(7.75)得到。

(5) 渐变线式阻抗变换器

随着多节 $\lambda/4$ 阶梯阻抗变换器节数的增加,其匹配效果将会变得更好,但无限增加阶梯阻抗变换器的节数并不现实。事实上,若在限定阻抗变换器总(纵向)长度的情况下,可采用渐变线式阻抗变换器来进行阻抗匹配,其阻抗变换器的阻抗值随长度的变化而连续改变。这种阻抗变换器的工作频带比多节 $\lambda/4$ 阶梯阻抗变换器的要宽,且功率容量大。

渐变线式阻抗变换器实际上是多节阶梯阻抗变换器的极限情况,如图7.42(a)所示。当多节阶梯阻抗变换器的节数无限增加时,各节长度变为长度增量 Δz,如图7.42(b)所示。设相邻的两个长度增量间的归一化阻抗增量是 ΔZ,在点 z 处由 ΔZ 引起的反射系数增量为

$$\Delta\Gamma(z)=\frac{(Z+\Delta Z)-Z}{Z+\Delta Z+Z}\approx\frac{\Delta Z}{2Z}$$

对上式取 $\Delta Z\to 0$ 的极限,可得

$$\mathrm{d}\Gamma(z)=\frac{\mathrm{d}Z}{2Z}=\frac{\mathrm{d}}{2\mathrm{d}z}\left[\ln\left(\frac{Z}{Z_0}\right)\right]\mathrm{d}z \tag{7.78}$$

在渐变线式阻抗变换器的输入端,点 z 处的微分阶梯对输入端反射系数的贡献为

$$\mathrm{d}\Gamma_{\mathrm{in}}(z)=\mathrm{e}^{-\mathrm{j}2\beta z}\mathrm{d}\Gamma(z) \tag{7.79}$$

于是,输入反射系数可表示为

$$\Gamma_{\mathrm{in}}(z)=\frac{1}{2}\int_0^L\mathrm{e}^{-\mathrm{j}2\beta z}\,\frac{\mathrm{d}}{\mathrm{d}z}\left[\ln\left(\frac{Z}{Z_0}\right)\right]\mathrm{d}z \tag{7.80}$$

式中,L 为渐变线的总长度;β 为渐变线上导波的相移常数,是 z 的函数。

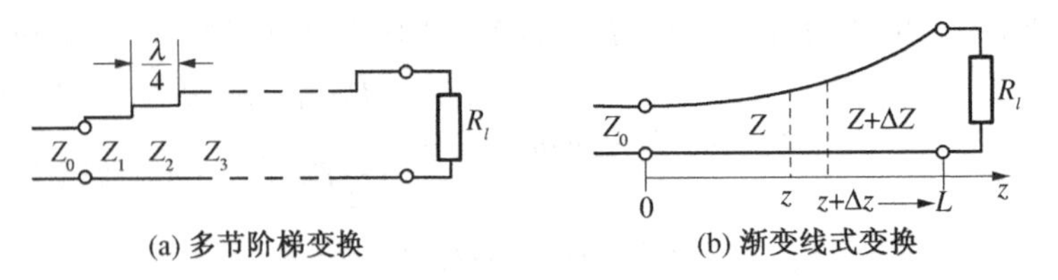

图 7.42　渐变线式阻抗变换器

按$\frac{\mathrm{d}}{\mathrm{d}z}\left[\ln\left(\frac{Z}{Z_0}\right)\right]$选取的不同,可将渐变线式阻抗变换器分为多种型式,如可将$\frac{\mathrm{d}}{\mathrm{d}z}\left[\ln\left(\frac{Z}{Z_0}\right)\right]$分别选取为常数、三角形函数以及高斯分布函数等,其中第一种情况对应的渐变线为指数线,最为常用。因此,这里仅介绍指数渐变线式变换器。

令渐变线的长度 L 上,有

$$\frac{\mathrm{d}}{\mathrm{d}z}\left[\ln\left(\frac{Z}{Z_0}\right)\right]=C_1 \tag{7.81}$$

式中,C_1 为常数。于是,对上式进行积分可得

$$\ln\left(\frac{Z}{Z_0}\right)=C_1 z+C_2 \tag{7.82}$$

式中,C_1 和 C_2 由边界条件:$Z|_{z=0}=Z_0, Z|_{z=L}=R_l$ 确定。因此,可得

$$\ln\left(\frac{Z}{Z_0}\right)=\frac{z}{L}\ln\left(\frac{R_l}{Z_0}\right) \tag{7.83a}$$

或

$$Z=Z_0\mathrm{e}^{\frac{z}{L}\ln\left(\frac{R_l}{Z_0}\right)} \tag{7.83b}$$

这样,若 β 与坐标 z 无关,则指数线输入端的反射系数为

$$\Gamma_{\text{in}}(z)=\frac{1}{2}\mathrm{e}^{-\mathrm{j}\beta L}\ln\left(\frac{R_l}{Z_0}\right)\frac{\sin(\beta L)}{\beta L} \tag{7.84}$$

所以,输入端反射系数的模 $|\Gamma_{\text{in}}|$ 为

$$|\Gamma_{\text{in}}|=\frac{1}{2}\ln\left(\frac{Z}{Z_0}\right)\left|\frac{\sin(\beta L)}{\beta L}\right| \quad 或 \quad \frac{2|\Gamma_{\text{in}}|}{\ln(Z/Z_0)}=\left|\frac{\sin(\beta L)}{\beta L}\right| \tag{7.85}$$

图 7.43 示出了指数渐变线式阻抗变换器输入端反射系数的模的频率特性曲线。由图可见,当渐变线的长度 L 固定时,$|\Gamma_{\text{in}}|$ 随波长(频率)而变化,波长越短,βL 值越大,反射系数的模就越大。这表明,这种变换器的工作频带没有上限,而其工作频带的下限则取决于所允许的最大反射系数的模 $|\Gamma|_{\text{m}}$。

(6) 无耗匹配网络的 Bode - Fano 约束条件

在宽带匹配电路的设计中,需要解决的一个问题是,如何在一定的工作频带内获得最小反射系数的模,此问题由无耗匹配网络的 Bode - Fano 准则决定。该准则给出了一定标准

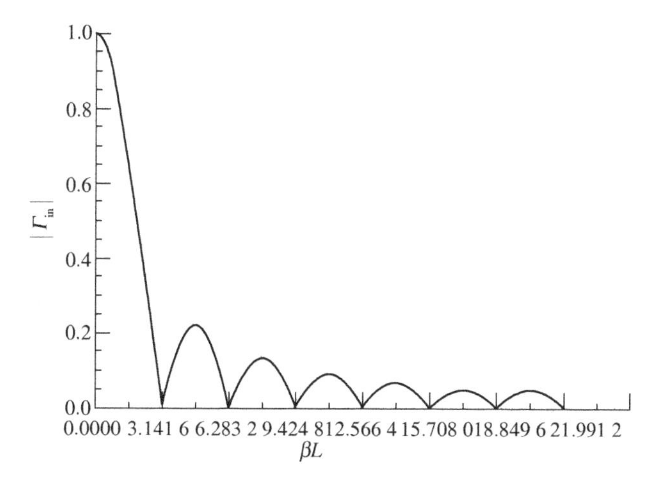

图 7.43　指数渐变式阻抗变换器输入端反射系数的频率特性曲线

负载阻抗类型下，一个任意无耗匹配网络能够得到的最小反射系数的模的理论极限。对如图 7.44(a)所示的具有并联 RC 负载阻抗的无耗网络和图 7.44(d)所示的具有串联 LR 负载阻抗的无耗网络，Bode - Fano 约束条件为

$$\int_0^{\infty} \ln \frac{1}{|\Gamma(\omega)|} d\omega \leqslant \frac{\pi}{\tau} \tag{7.86}$$

式中，$\tau=RC=L/R$；$\Gamma(\omega)$是向任意无耗匹配网络视入的反射系数。对如图 7.44(b)所示的具有串联 RC 负载阻抗的无耗网络和图 7.44(c)所示的具有并联 LR 负载阻抗的无耗网络，Bode - Fano 准则积分为

$$\int_0^{\infty} \omega^{-2} \ln \frac{1}{|\Gamma(\omega)|} d\omega \leqslant \pi\tau \tag{7.87}$$

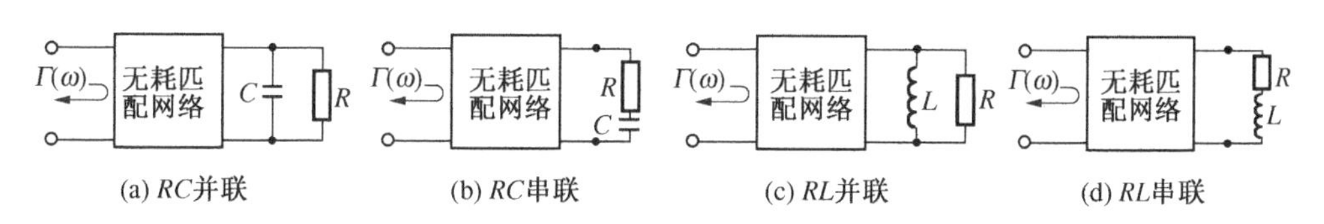

图 7.44　四种负载阻抗端接的无耗匹配网络

根据式(7.86)可知，若要求在工作频带 $\Delta\omega(=\omega_2-\omega_1, \omega_2, \omega_1$ 分别为工作频带的上、下边频对应的角频率)内，无耗匹配网络的反射系数的模$|\Gamma(\omega)|$保持为常数$|\Gamma|$，而在工作频带外$|\Gamma(\omega)|=1$，则

$$\int_0^{\infty} \ln \frac{1}{|\Gamma(\omega)|} d\omega = \int_{\omega_1}^{\omega_2} \ln \frac{1}{|\Gamma(\omega)|} d\omega = \Delta\omega \ln \frac{1}{|\Gamma|} \leqslant \frac{\pi}{\tau} \tag{7.88}$$

这表明，若 R 和 C 已知，匹配网络的工作频带越宽，反射系数的模就越大；在匹配网络的工作频带内$|\Gamma|$不能为零，除非带宽 $\Delta\omega$ 为零(即只有在离散的频率处才可实现完全匹配)。此外，由上式可知

$$|\Gamma|_{\min} = e^{-\frac{\pi}{\Delta\omega\tau}} \tag{7.89}$$

类似地,对具有串联 RC 负载阻抗和并联 LR 负载阻抗的无耗网络,由式(7.87)可得

$$|\Gamma|_{\min} = e^{-\frac{\pi\omega_0^2\tau}{\Delta\omega}} \tag{7.90}$$

式中,$\omega_0=\sqrt{\omega_1\omega_2}$,为工作频带的中心(角)频率。

据此可知,设计无耗匹配网络时,应对工作频带和反射系数的模折中考虑,而理论带宽的极限也仅对具有无限多的匹配网络节数才能实现。事实上,具有有限节数的切比雪夫式阻抗变换器可近似为理想带通网络,切比雪夫响应产生的反射系数的模的波纹就等于$|\Gamma|_{\min}$。

*7.5 滤波元件(滤波器)

在射频/微波技术中,特别是在多频率工作的各种微波系统中,微波滤波器是一种十分重要的微波元件。微波滤波器的种类很多,按衰减特性分,有低通、高通、带通和带阻滤波器;按频率特性响应分,有最平坦式、切比雪夫式、椭圆函数式滤波器;按其所用的传输系统分,有波导型、同轴型、微带型滤波器等。此外,微波滤波器还有宽带、窄带以及大功率、小功率之分等。

本节先介绍不同类型集中参数的低通滤波器的设计思路,然后利用频率变换法导出高通、带通以及带阻集中参数滤波器的设计公式,最后简单介绍微波滤波器的实现。

7.5.1 微波滤波器的基本参数与综合设计程序

1. 基本参数

微波滤波器可看做一个 $Z_g=Z_l=Z_c$ 的二端口网络,如图 7.45 所示。工程上,习惯用二端口网络的插入(功率)衰减来描述其工作特性,即

$$L = 10\lg\frac{P_i}{P_l} = 10\lg\frac{1}{|S_{21}|^2} = 10\lg A = 10\lg\frac{1}{1-|\Gamma(\omega)|^2} \quad (\text{dB}) \tag{7.91}$$

式中,A 为网络的工作衰减。因为对任何一个物理可实现网络而言,$|\Gamma(\omega)|^2$ 必须是一个偶函数。于是,可用 ω^2 的多项式表示$|\Gamma(\omega)|^2$,即

$$|\Gamma(\omega)|^2 = \frac{f_1(\omega^2)}{f_1(\omega^2)+f_2(\omega^2)} \tag{7.92}$$

式中,$f_1(\omega^2)$和 $f_2(\omega^2)$是 ω^2 的实多项式。于是,二端口网络的电压增益幅值可表示为

$$|G(\omega)| = \frac{1}{\sqrt{A}} = \frac{1}{\sqrt{1+[f_1(\omega^2)/f_2(\omega^2)]}} \tag{7.93}$$

式中,$A=1+f_1(\omega^2)/f_2(\omega^2)$。这表明,若 A 为已知,则$|\Gamma(\omega)|$即可确定。这样,利用二端

口网络的功率衰减可设计滤波器。实际应用中，为了避免滤波器结构过分复杂，通常取 $f_1(\omega^2)=1$，故插入衰减的频率特性为

$$L = 10\lg[1+f_2(\omega^2)] \quad (\mathrm{dB}) \tag{7.94}$$

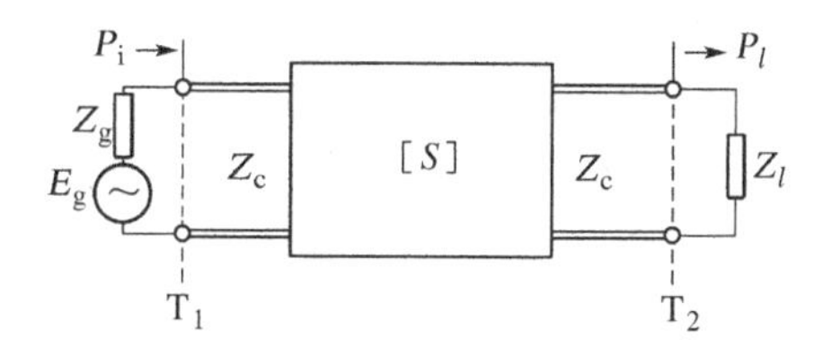

图 7.45　滤波器等效为二端口网络

按照滤波器的衰减随频率变化的不同，通常可将滤波器分为低通、高通、带通和带阻四种基本类型，图 7.46 示出了滤波器的四种基本类型的频率特性曲线。

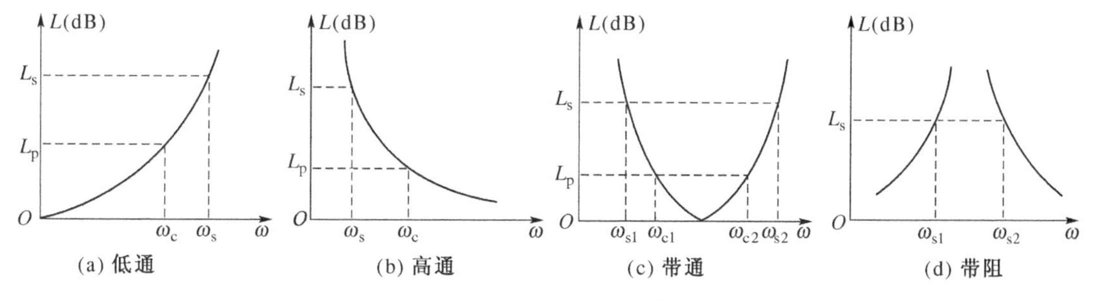

图 7.46　滤波器的衰减频率特性分类

根据图 7.46 以及滤波器特性，可给出微波滤波器的以下几个主要基本参数：

(a) 通带截止频率 ω_c 和通带的最大衰减 L_p。

(b) 阻带边频 ω_s 和阻带内最小衰减 L_s。

(c) 寄生通带(即在阻带内出现不需要的通带)。这是因为微波滤波器采用分布参数元件，所以这些分布参数元件随频率的变化其电抗性质和数值都将发生变化，使得本应是阻带的频段出现了通带。在设计时应使寄生通带的频率尽量远离所需抑制的频率。

(d) 插入相移与时延特性。插入相移是指信号通过滤波器后所引起的相移，它就是微波滤波器网络的散射参量 S_{21} 的幅角 φ_{21}，将 φ_{21} 作为角频率 ω 的函数作出的曲线，就是滤波器的插入相移特性。插入相移与角频率之比称为滤波器的时延，记为 t_p，即

$$t_p = \frac{\varphi_{21}}{\omega} \tag{7.95}$$

将 t_p 作为 ω 的函数作出的曲线，就是滤波器的时延特性。在高质量微波滤波器的设计中，往往需要插入相移特性具有良好的线性关系，从而保证在整个通带内具有恒定不变的时延，以减少信号通过滤波器后引起的时延失真。

2. 微波滤波器的综合设计程序

低频滤波器的综合设计方法已很成熟，针对低通原型滤波器的衰减特性已有一整套的设计程序和图表，所以我们并不需要对如图 7.46 所示四种类型的滤波器都进行自始至终的综合设计。最简单的方法是将实际滤波器的衰减特性通过频率变换，变换成低通原型滤波器的衰减特性，然后查图表找到相应低通原型滤波器的电路结构和各元件的归一化值，再应用频率变换得到实际所需滤波器的梯形电路结构和各元件值。低通滤波器这一综合设计方法在微波滤波器的设计中同样是适用的，问题是有了所要设计的低通滤波器的梯形电路之

后,如何将得到的梯形电路在微波工程中具体实现,这是微波滤波器综合设计的一个关键。在微波工程中,这一过程就是根据微波滤波器工作波段的不同、功率容量的大小等具体要求,选用不同传输系统的分布参数替代上述梯形电路中的集中参数。综上所述,实际微波滤波器可按图7.47所示的程序进行设计。

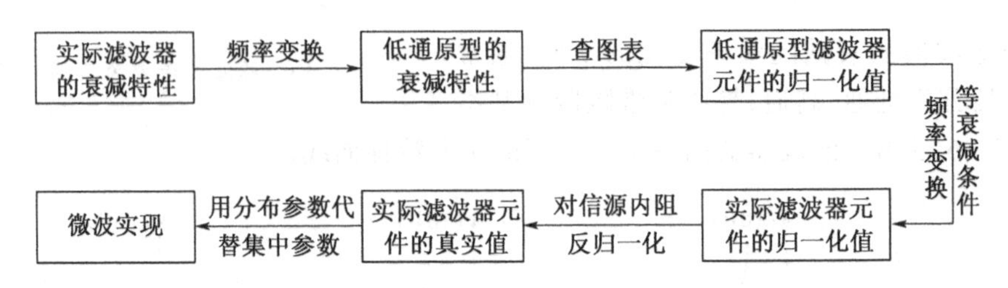

图7.47　实际微波滤波器的综合设计过程

3. 低通滤波器的衰减特性

理想低通滤波器的衰减特性应如图7.48(a)所示。它以截止(角)频率 ω_c 为界,当 $\omega<\omega_c$ 时,$L=0$ dB是通带;当 $\omega>\omega_c$ 时,$L=\infty$dB是阻带。这种理想的衰减特性必须由无限个元件组成的电抗网络才能实现,而实际的滤波器总是由有限个元件组成的电抗网络,因此不能得到理想的衰减特性。在综合设计滤波器时,只能用一些函数去尽量逼近理想的衰减特性,然后根据这些逼近函数综合出具体的结构来。常用的三种逼近函数是巴特沃斯函数、切比雪夫函数和椭圆函数,这三种函数分别形成最平坦式、切比雪夫式和椭圆函数式滤波器。于是,在式(7.94)中分别令 $f_2(\omega^2)=\varepsilon\omega^{2N}$,$\varepsilon \mathrm{T}_N^2(\omega)$ 和 $\varepsilon \mathrm{C}_N^2(\omega)$,即得三种滤波器的衰减特性分别为

$$L = 10\lg(1+\varepsilon\omega^{2N}) \quad (\mathrm{dB}) \tag{7.96a}$$

$$L=10\lg[1+\varepsilon \mathrm{T}_N^2(\omega)] \quad (\mathrm{dB}) \tag{7.96b}$$

$$L = 10\lg[1+\varepsilon \mathrm{C}_N^2(\omega)] \quad (\mathrm{dB}) \tag{7.96c}$$

式中,ε,N 为待定常数,N 代表滤波器的元件数目,又称为滤波器的阶数;$\mathrm{T}_N(\omega)$ 为切比雪夫多项式;$\mathrm{C}_N(\omega)$ 为有理分式。

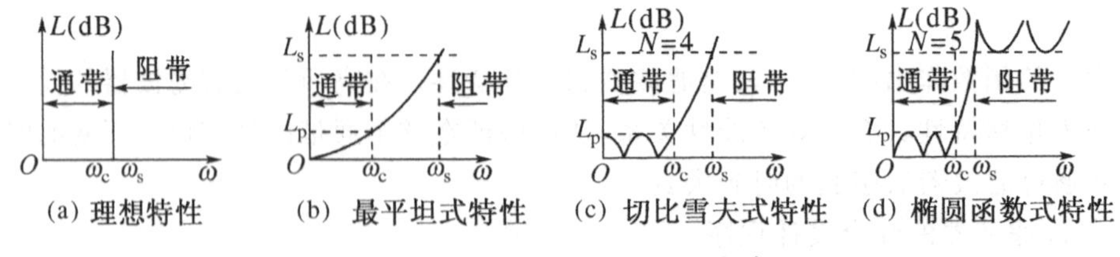

图7.48　低通滤波器的衰减频率特性

图7.48(b)、(c)和(d)分别表示以上三种低通滤波器的衰减特性。这三种衰减特性各有特点,其中最平坦式特性表现为衰减随频率的升高而单调增加。在通带内,衰减随频率的升高而缓慢增大;在通带外,衰减随频率的升高而迅速增大。但这种滤波器在通带内没有充分利用允许的 L_p 值,且由通带到阻带的衰减特性曲线上升段也不够陡峭。切比雪夫式特性表现为,通带内衰减随频率等起伏变化,通带外衰减随频率单调增大。它与最平坦式特性相

比，较充分地利用了通带内允许的 L_p 值，而特性曲线的上升段也比较陡峭。椭圆函数式特性则表现为，无论是在通带内还是在通带外衰减都有起伏变化，它的特性曲线的上升段具有最陡的斜率。但这种滤波器的电路结构复杂，元件数目多，因而不及前两种滤波器应用的普遍。

7.5.2 低通原型滤波器

由式(7.96)可知，若给定 L_p，ω_c，L_s 和 ω_s，则可利用此式分别求出待定常数 ε 和 N，并以此为基础综合出实际滤波器的梯形电路。然而，利用式(7.96)综合出的梯形电路只能适用于一组 ω_c 和 ω_s，一旦 ω_c 和 ω_s 改变，则必须重新进行综合设计。事实上，实际应用的低通滤波器的 ω_c 和 ω_s 是各不相同的，因此，为使综合出的梯形电路适合于任何一组 ω_c 和 ω_s，需采用归一化角频率 ω' 来代替实际角频率 ω 进行综合。归一化角频率 ω' 的定义是

$$\omega' = \frac{\omega}{\omega_c} \tag{7.97}$$

于是，采用归一化角频率的三种低通滤波器的衰减特性分别为

$$L = 10\lg[1 + \varepsilon(\omega')^{2N}] \quad (\text{dB}) \tag{7.98a}$$

$$L = 10\lg[1 + \varepsilon T_N^2(\omega')] \quad (\text{dB}) \tag{7.98b}$$

$$L = 10\lg[1 + \varepsilon C_N^2(\omega')] \quad (\text{dB}) \tag{7.98c}$$

根据(7.98)中的三式分别综合出来的低通滤波器称为低通原型滤波器，简称为低通原型，通常把(7.98)中的三式分别称为最平坦式、切比雪夫式和椭圆函数式低通原型的衰减特性。各种低通、高通、带通和带阻滤波器的衰减特性都可根据低通原型导出。下面以前两种低通原型滤波器为例作简单介绍。

1. 最平坦式低通原型滤波器

最平坦式低通原型滤波器同样称为二项式或巴特沃斯低通原型滤波器。根据式(7.98a)可知

$$\varepsilon(\omega')^{2N} = 10^{L/10} - 1 \tag{7.99}$$

这样，利用上述关系即可由已知条件确定常数 ε 和 N。即，若滤波器的通带边缘($\omega=\omega_c$)处的插入损耗 $L=L_p$ 已知，则由式(7.99)可得

$$\varepsilon = 10^{L_p/10} - 1 \tag{7.100}$$

而滤波器的阶数(即元件个数)同样可通过式(7.98a)由已知阻带(角)频率($\omega=\omega_s$)处的插入衰减($L=L_s$)求得，即

$$N = \frac{10\lg(10^{L_s/10} - 1) - \lg\varepsilon}{\lg\omega'} \tag{7.101}$$

当常数 ε 和 N 确定后即可按照式(7.91)进行网络综合，从而导出最平坦式低通原型的

归一化元件值。网络综合法是集中参数网络理论中较为复杂的问题,这里不作详细介绍,仅以 $\varepsilon=1$ 和 $N=2$ 为例,介绍如何根据网络综合法确定最平坦式低通原型归一化元件值。

由式(7.98a)可知,当 $\varepsilon=1$(即 $L_p=3$ dB)和 $N=2$ 时,与其对应的 $|\Gamma(\omega')|^2$ 应具有以下形式:

$$|\Gamma(\omega')|^2=\Gamma(\omega')\Gamma^*(\omega')=\Gamma(\omega')\Gamma(-\omega')=\frac{(\omega')^4}{1+(\omega')^4} \tag{7.102}$$

令 $s=j\omega'$,并在上式中用 s/j 代替 ω',得

$$|\Gamma(s)|^2=\Gamma(s)\Gamma(-s)=\frac{s^4}{1+s^4} \tag{7.103}$$

由于式(7.103)中的零点为 $s=0$,而极点分别为 $s=e^{j\pi/4},e^{j3\pi/4},e^{j5\pi/4},e^{-j\pi/4}$,于是

$$|\Gamma(s)|^2=\Gamma(s)\Gamma(-s)=\frac{(s-0)^4}{(s-e^{j\pi/4})(s-e^{j3\pi/4})(s-e^{j5\pi/4})(s-e^{-j\pi/4})}$$

据此可得 $|\Gamma(s)|^2$ 在复(频率)平面 s 上的零、极点分布。然而,由网络理论可知,对一个可实现网络,$\Gamma(s)$的零点可位于复平面 s 的虚轴上,$\Gamma(s)$的极点则必须位于复平面 s 的左半平面上。因此,对可实现网络,$\Gamma(s)$的表达式应为

$$\Gamma(s)=\pm\frac{(s-0)^2}{(s-e^{j3\pi/4})(s-e^{j5\pi/4})}=\pm\frac{s^2}{s^2+\sqrt{2}s+1} \tag{7.104}$$

其中"±"号是考虑到 $\Gamma(s)$的符号并不影响 $|\Gamma(s)|^2$ 的值而引入的。

又由于二端口网络的归一化输入阻抗与反射系数的关系为

$$z_{in}=\frac{1+\Gamma}{1-\Gamma}$$

这样,将式(7.104)分别代入上式,即得

$$z_{in}(s)=\frac{2s^2+\sqrt{2}s+1}{\sqrt{2}s+1},\qquad z'_{in}(s)=\frac{\sqrt{2}s+1}{2s^2+\sqrt{2}s+1}$$

显然,这两个归一化输入阻抗互为倒数,为此记 $y_{in}(s)=z'_{in}(s)=1/z_{in}(s)$。

最后,根据上述导出的归一化输入阻抗 $z_{in}(s)$的公式化为连分式形式:

$$z_{in}(s)=\sqrt{2}s+\frac{1}{\sqrt{2}s+(1/1)}=g_1s+\frac{1}{g_2s+(1/g_3)} \tag{7.105a}$$

或

$$z_{in}(\omega')=j\omega'\sqrt{2}+\frac{1}{j\omega'\sqrt{2}+(1/1)}=j\omega'g_1+\frac{1}{j\omega'g_2+(1/g_3)} \tag{7.105b}$$

即得低通原型滤波器的梯形网络结构,如图 7.49(a)所示。其中,$g_1=\sqrt{2}$,为归一化电感;$g_2=\sqrt{2}$,为归一化电容;$g_3=1$,为归一化负载电阻 r_l。与归一化输入阻抗 $z_{in}(s)$对应的网络

为电感输入式滤波器网络。与归一化输入阻抗 $z_{in}(s)$的情况类似，与归一化输入导纳 $y_{in}(s)$对应的网络为电容输入式滤波器网络，如图 7.49(b)所示。其中，$g_1=\sqrt{2}$为归一化电容；$g_2=\sqrt{2}$，为归一化电感；$g_3=1$，为归一化负载电导 g_l。图 7.49(a)和图 7.49(b)示出的网络相对偶，它们的插入衰减特性相同。

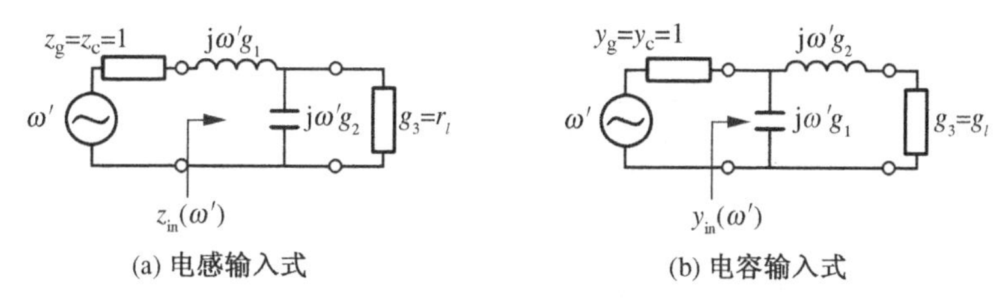

图 7.49　低通原型滤波器网络($\varepsilon=1, N=2$)

基于上述网络综合方法，同样可导出 $\varepsilon=1$ 时 $N>2$ 的任何正整数情况的低通原型滤波器网络。同时，这种方法不仅适用于最平坦式，也同样适用于等波纹式。$\varepsilon=1$ 和 $N>2$ 时最平坦式低通原型归一化元件值分别为

$$\left.\begin{aligned} &g_0=1, \qquad g_{N+1}=1 \\ &g_k=2\sin\left(\frac{2k-1}{2N}\pi\right), \qquad k=1,2,\cdots,N \end{aligned}\right\} \tag{7.106}$$

其中，g_0 为源电阻或电导，g_{N+1}为负载电阻或电导。这样，根据上式即可计算出最平坦式低通原型的归一化元件值。为工程设计方便起见，人们已将这些数据列成表格。表 7.2 给出了 $\varepsilon=1$ 以及 $N=1\sim10$ 的最平坦式低通原型滤波器的归一化元件值。

表 7.2　最平坦式低通原型滤波器的归一化元件值($L_p=3$ dB)

N	g_1	g_2	g_3	g_4	g_5	g_6	g_7	g_8	g_9	g_{10}	g_{11}
1	2.000	1.000									
2	1.414	1.414	1.000								
3	1.000	2.000	1.000	1.000							
4	0.765 4	1.848	1.848	0.765 4	1.000						
5	0.618 0	1.618	2.000	1.618	0.618 0	1.000					
6	0.517 6	1.414	1.932	1.932	1.141	0.517 6	1.000				
7	0.445 0	1.247	1.802	2.000	1.802	1.247	0.445 0	1.000			
8	0.390 2	1.111	1.663	1.962	1.962	1.663	1.111	0.390 2	1.000		
9	0.347 3	1.000	1.532	1.879	2.000	1.879	1.532	1.000	0.347 3	1.000	
10	0.312 9	0.908 0	1.414	1.782	1.975	1.975	1.782	1.414	0.908 0	0.312 9	1.000

同时,为了确定低通原型滤波器的元件数目 N,工程设计中已将式(7.98a)绘成曲线(其中 $L_p=3$ dB),如图 7.50 所示。这样,有了表 7.2 和图 7.50,就使设计最平坦式低通原型滤波器变得简便。

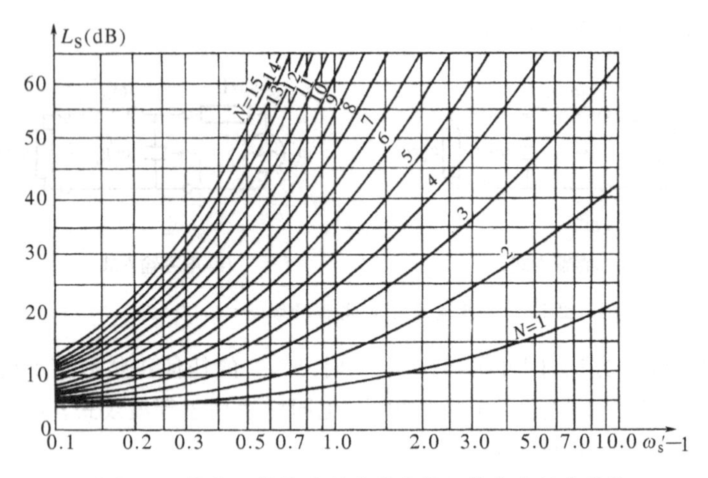

图 7.50　最平坦式低通原型滤波器阻带衰减频率特性

2. 切比雪夫式低通原型滤波器

切比雪夫式低通原型滤波器同样称为等波纹式低通原型滤波器。根据式(7.98b)可知

$$L=\begin{cases}10\lg[1+\varepsilon\cos^2(N\arccos\omega')], & \omega'\leqslant 1\\ 10\lg[1+\varepsilon\cosh^2(N\mathrm{arcosh}\omega')], & \omega'>1\end{cases}\tag{7.107}$$

在截止频率处,$\omega'=1$,有

$$G_r=L_p=10\lg(1+\varepsilon)$$

即

$$\varepsilon=10^{G_r/10}-1\tag{7.108}$$

G_r 为波纹幅度,即通带内最大衰减 L_p,单位为 dB。因此,若阻带的最小衰减 $L=L_s$ 已知,则切比雪夫式低通原型滤波器的阶数可由下式确定:

$$N=\frac{\mathrm{arcosh}\sqrt{(10^{L_s/10}-1)/(10^{G_r/10}-1)}}{\mathrm{arcosh}\omega'}\tag{7.109}$$

式中,L_s 为指定频率处的插入损耗,单位为 dB。

当 $\omega'=1$ 时,同样可导出切比雪夫式低通原型归一化元件值分别为

$$g_0=1,\ g_1=\frac{2a_1}{\chi}\tag{7.110a}$$

$$g_{N+1}=\begin{cases}1, & N\text{ 为奇数}\\ \coth\left(\dfrac{\xi}{4}\right), & N\text{ 为偶数}\end{cases}\tag{7.110b}$$

$$g_p=\frac{4a_{p-1}a_p}{b_{p-1}g_{p-1}},\qquad p=2,3,\cdots,N\tag{7.110c}$$

式中，$\xi=\ln[\coth(G_r/17.37)]$，$\chi=\sinh[\xi/(2N)]$，$a_p=\sin[(2p-1)\pi/(2m)]$，而 $b_p=\chi^2+\sin^2(p\pi/m)$。根据上述公式即可求得切比雪夫式低通原型滤波器的归一化元件值。表 7.3 给出了两种不同波纹幅度情况下切比雪夫式低通原型滤波器的归一化元件值，图 7.51 则给出了两种不同波纹幅度的切比雪夫式低通原型滤波器的衰减特性曲线。

表 7.3　切比雪夫式低通原型滤波器的归一化元件值

N	g_1	g_2	g_3	g_4	g_5	g_6	g_7	g_8	g_9	g_{10}	g_{11}
					$L_p=0.5$ dB						
1	0.689 6	1.000									
2	1.402 9	0.707 1	1.984 1								
3	1.596 3	1.096 7	1.596 3	1.000 0							
4	1.670 3	1.192 6	2.366 1	0.841 9	1.984 1						
5	1.705 8	1.229 6	2.540 8	1.229 6	1.705 8	1.000 0					
6	1.725 4	1.247 9	2.606 4	1.313 7	2.475 8	0.869 6	1.984 1				
7	1.737 2	1.258 3	2.638 1	1.344 4	2.638 1	1.258 3	1.737 2	1.000 0			
8	1.745 1	1.264 7	2.656 4	1.359 0	2.696 4	1.338 9	2.509 3	0.879 6	1.984 1		
9	1.750 4	1.269 0	2.667 8	1.367 3	2.723 9	1.367 3	2.667 8	1.269 0	1.750 4	1.000 0	
10	1.754 3	1.272 1	2.675 4	1.372 5	2.739 2	1.380 6	2.723 1	1.348 5	2.523 9	0.884 2	1.984 1
					$L_p=3$ dB						
1	1.995 3	1.000 0									
2	3.101 3	0.533 9	5.808 5								
3	3.348 7	0.711 7	3.348 7	1.000 0							
4	3.438 9	0.748 3	4.347 1	0.592 0	5.809 5						
5	3.481 7	0.761 8	4.538 1	0.761 8	3.481 7	1.000 0					
6	3.504 5	0.768 5	4.606 1	0.792 9	4.464 1	0.603 3	5.809 5				
7	3.518 2	0.772 3	4.638 6	0.803 9	4.638 6	0.772 3	3.518 2	1.000 0			
8	3.527 7	0.774 5	4.657 5	0.808 9	4.699 0	0.801 8	4.499 0	0.607 3	5.809 5		
9	3.534 0	0.776 0	4.669 2	0.811 8	4.727 2	0.811 8	4.669 2	0.776 0	3.534 0	1.000 0	
10	3.538 4	0.777 1	4.676 8	0.813 6	4.742 5	0.816 4	4.726 0	0.805 1	4.514 2	0.609 1	5.809 5

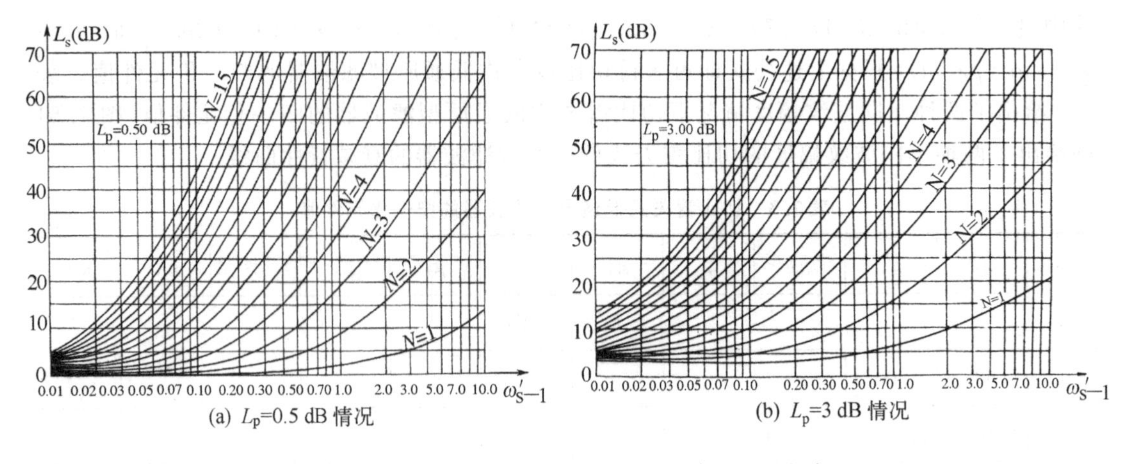

图 7.51　切比雪夫式低通原型滤波器阻带衰减频率特性

例 7.3　试确定最平坦式低通原型滤波器的梯形网络结构和归一化元件值。已知 $f_c=1\ \text{GHz}$,$L_p=3\ \text{dB}$,且要求在 $f_s=1.5\ \text{GHz}$ 处 $L_s\geqslant 30\ \text{dB}$。

解:① 确定归一化元件数目 N

因 $\omega_s'=\omega_s/\omega_c=1.5$,故 $\omega_s'-1=0.5$。查图 7.50,找 $\omega_s'-1=0.5$ 和 $L_s=30\ \text{dB}$ 的对应点,取 $N=9$。

② 确定归一化元件值

由 $N=9$,$L_p=3\ \text{dB}$,查表 7.2,得各元件归一化值为

$$g_1=g_9=0.3473,g_2=g_8=1.000,g_3=g_7=1.532,$$
$$g_4=g_6=1.879,g_5=2.000,g_{10}=1.000$$

③ 梯形网络结构如图 7.52 所示。

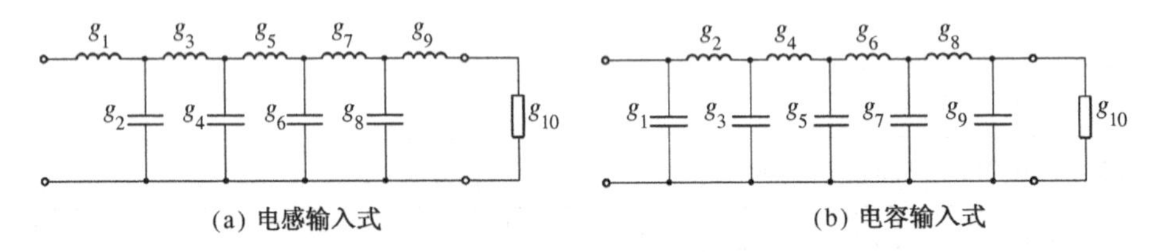

图 7.52　最平坦式低通原型滤波器的梯形网络

实际应用中,切比雪夫式滤波器最为常用,下面若无特殊说明,主要针对切比雪夫式滤波器进行讨论。

7.5.3　频率变换

上述基于低通原型滤波器的综合设计方法得到的表格和曲线是设计实际滤波器的基础,但不能直接套用,这是因为实际滤波器与低通原型滤波器存在两方面的差异:一是衰减特性和频率尺度不同,二是元件的数值和性质的不同。因此,要利用低通原型滤波器的设计表格和曲线来设计实际的滤波器,首先须将实际滤波器的衰减特性通过频率变换,成为低通

原型滤波器的衰减特性；然后查找低通原型滤波器的表格和曲线，求得低通原型滤波器的归一化元件值，再利用等衰减条件和频率变换，求出实际滤波器的归一化元件值；最后进一步求出实际滤波器的真实元件值。

可见，要利用低通原型滤波器的现成设计表格和曲线求实际滤波器的真实元件值，既要用到频率变换又要用到等衰减条件。所谓频率变换，就是将低通原型的衰减特性的(角)频率变量 ω' 变换为实际滤波器的(角)频率变量 ω，而等衰减条件则可借助图 7.53 所示的两个结构相似的梯形网络导出。图中两种结构的信源内阻和负载均为纯电阻，且其值不随频率的变化而变化。在图 7.53(a)中，信源角频率为 ω'，梯形网络各支路的阻抗为 Z_k；在图 7.53(b)中，信源角频率为 ω，各支路阻抗为 Z'_k，如果这两个梯形网络各支路的阻抗一一相等，即

$$Z'_k(\omega) = Z_k(\omega') \tag{7.111}$$

则它们具有相同的衰减，上式就是等衰减条件。

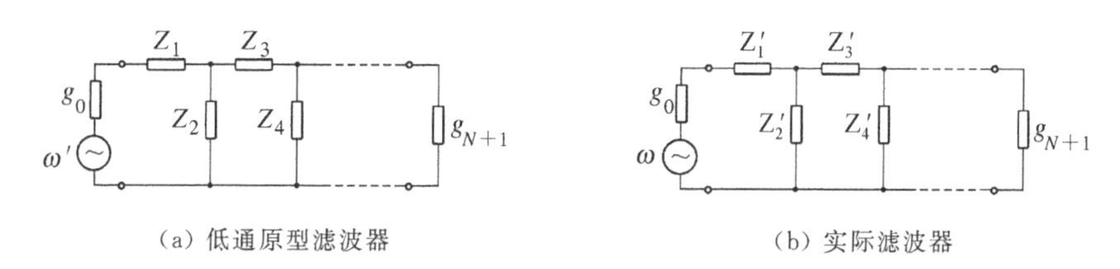

(a) 低通原型滤波器　　　　(b) 实际滤波器

图 7.53　等衰减条件原理图

根据等衰减条件下的频率变换，即可通过低通原型滤波器的归一化元件值分别求得四类滤波器的真实元件值。下面分别介绍。

1. 低通滤波器

实际低通滤波器真实元件值的确定可按以下四个步骤进行。

(a) 频率变换

设实际的和原型的低通滤波器的频率变量分别为 ω 和 ω'，两者的衰减特性如图 7.54 所示。要求在频率为 $\omega=0,\omega_c,\omega_s,\infty$ 的点上分别对应于 $\omega'=0,1,\omega'_s,\infty$，两者的衰减量 L 彼此相等，由此可得到频率变换：$\omega'=\omega/\omega_c$。

(b) 查图表和曲线得到低通原型的归一化元件值。

(c) 求实际低通滤波器的归一化元件值

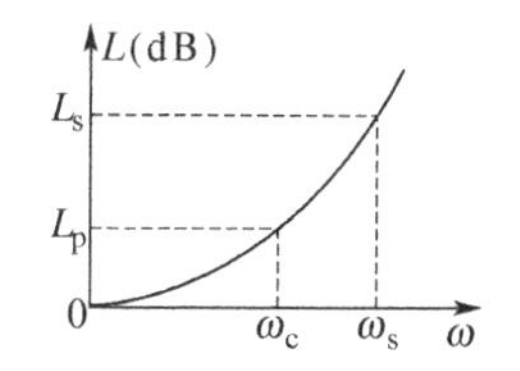

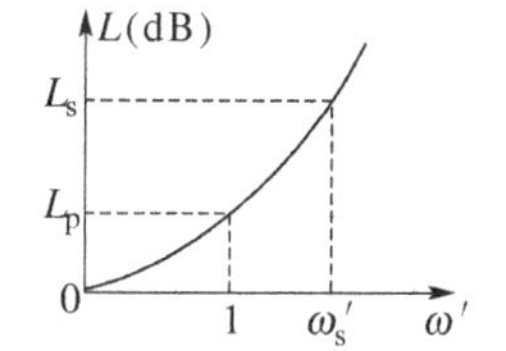

(a) 实际低通滤波器的频率特性　　(b) 低通原型滤波器的频率特性

图 7.54　低通滤波器的频率特性

图 7.55(a)和(b)分别示出了原型的和实际的低通滤波器的电路结构，欲使这两种滤波器有相等的衰减特性，根据式(7.111)，应有

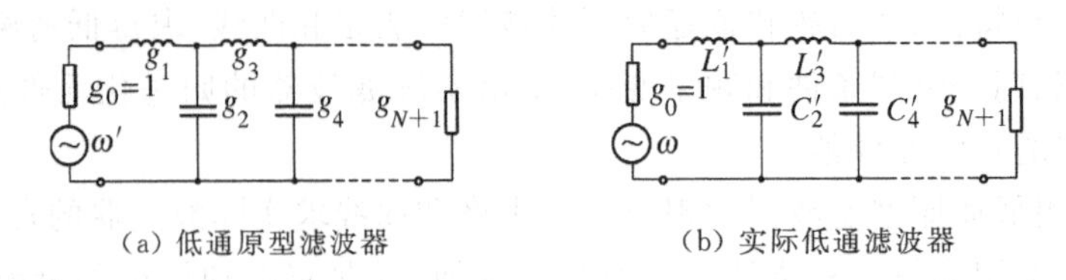

(a) 低通原型滤波器　　(b) 实际低通滤波器

图 7.55　低通原型滤波器与实际低通滤波器的归一化(元件)电路

$$\left.\begin{aligned} \mathrm{j}\omega L_k' &= \mathrm{j}\omega' g_k = \mathrm{j}\frac{\omega}{\omega_c} g_k \\ \frac{1}{\mathrm{j}\omega C_i'} &= \frac{1}{\mathrm{j}\omega' g_i} = \frac{\omega_c}{\mathrm{j}\omega g_i} \end{aligned}\right\} \tag{7.112}$$

式中,下标 k 为串联元件标号,i 为并联元件标号,它们分别取奇数和偶数。由此得到实际低通滤波器的归一化元件值为

$$L_k' = \frac{g_k}{\omega_c}, \qquad C_i' = \frac{g_i}{\omega_c} \tag{7.113}$$

(d) 求实际低通滤波器的真实元件值

求实际低通滤波器的真实元件值,只需对信源内阻 R_g 进行反归一化即可得到 L_k 和 C_i,即

$$\left.\begin{aligned} L_k &= L_k' R_g = \frac{g_k}{\omega_c} R_g \\ C_i &= \frac{C_i'}{R_g} = \frac{g_i}{\omega_c R_g} \end{aligned}\right\} \tag{7.114}$$

而实际负载则由原型电路的负载性质确定。若 g_{N+1} 与 g_N 并联,则

$$R_l = g_{N+1} R_g = R_g \tag{7.115}$$

若 g_{N+1} 与 g_N 串联,则

$$G_l = g_{N+1} G_g = \frac{1}{R_g} \tag{7.116}$$

以上讨论的是电感输入式电路的情况,对电容输入式电路,上述分析同样适用,只是串联元件标号 k 与并联元件标号 i 互换。此外,确定实际低通滤波器真实元件值的步骤同样适用于其他三类滤波器。

2. 高通滤波器

借助于频率变换,可将低通原型滤波器的频率特性转换为高通滤波器的频率特性。此时,可采用以下的频率变换函数:

$$\omega' = -\frac{\omega_c}{\omega} \tag{7.117}$$

式中，ω 为高通滤波器的频率变量，ω' 为低通原型的频率变量，两者的衰减频率特性分别如图 7.56(a)和(b)所示。这样，基于等衰减条件，即可由低通原型滤波器设计表格中查出的归一化元件值 g_k 或 g_i，通过转换得到电感输入式低通原型电路对应的高通滤波器电路的归一化电感 L_{HPi} 和电容 C_{HPk} 值。高通滤波器电路结构中的电感和电容将取代电感输入式低通原型滤波器电路中的并联电容和串联电感的位置，L_{HPi} 和 C_{HPk}（仍记为 L_i' 和 C_k'）的值应按以下公式计算：

$$L_i' = L_{HPi} = \frac{1}{\omega_c g_i} \tag{7.118}$$

$$C_k' = C_{HPk} = \frac{1}{\omega_c g_k} \tag{7.119}$$

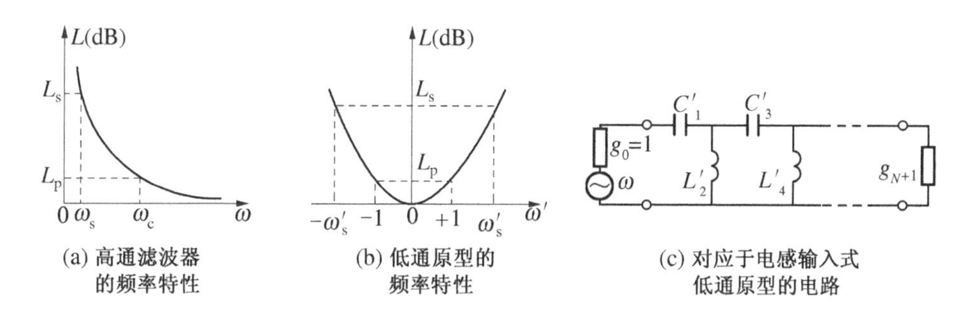

图 7.56　高通滤波器的频率特性与对应电路

式中，g_k 和 g_i 分别为低通原型滤波器电路中的电感和电容对应的 g 值。通过电感输入式低通原型电路转换得到的对应高通滤波器电路如图 7.56(c)所示。

这样，实际的电感输入式高通滤波器的电路结构中的电感和电容的真实元件值分别为

$$L_i = \frac{R_g}{\omega_c g_i} \tag{7.120}$$

$$C_k = \frac{1}{\omega_c R_g g_k} \tag{7.121}$$

而负载电阻 $R_l = g_{N+1} R_g$。

类似地，对电容输入式低通原型转换得到的高通滤波器，其对应电路同样可根据电容输入式低通原型滤波器电路画出，而其归一化电感和归一化电容值以及对应的真实值与低通原型的归一化元件值之间同样满足上述关系，只是需将相关参数的下标 i 和 k 互换。

3. 带通滤波器

借助于频率变换，同样可将低通原型滤波器的频率特性转换为带通滤波器的频率特性，此时可采用以下的频率变换函数：

$$\omega' = -\frac{\omega^2 - \omega_0^2}{\omega(\omega_{c2} - \omega_{c1})} = \frac{1}{W}\left(\frac{\omega}{\omega_0} - \frac{\omega_0}{\omega}\right) \tag{7.122}$$

式中，ω 为带通滤波器的频率变量，ω' 为低通原型的频率变量；$\omega_0 = \sqrt{\omega_{c2}\omega_{c1}}$ 为中心频率，ω_{c2} 和 ω_{c1} 分别为带通滤波器工作频带的高频端和低频端的截止频率，而 $W = (\omega_{c2} - \omega_{c1})/\omega_0$ 为

相对带宽。两者的衰减频率特性分别如图 7.57(a)和(b)所示。

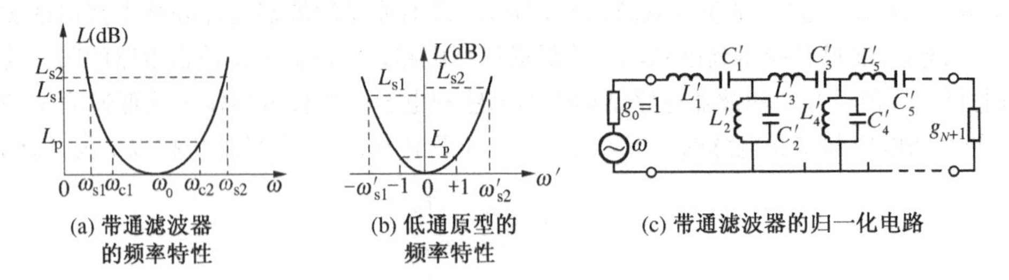

图 7.57　带通滤波器的频率特性与对应的归一化(元件)电路

这样,通过这种变换即可用电感 $L_{BPk}(=L'_k)$ 与电容 $C_{BPk}(=C'_k)$ 串联取代电感输入式低通原型滤波器中的串联电感,它们的归一化元件值可由以下公式确定:

$$\left.\begin{aligned} L'_k = L_{BPk} &= \frac{g_k}{\omega_{c2}-\omega_{c1}} = \frac{g_k}{W\omega_0} \\ C'_k = C_{BPk} &= \frac{\omega_{c2}-\omega_{c1}}{\omega_0^2 g_k} = \frac{W}{\omega_0 g_k} \end{aligned}\right\} \tag{7.123}$$

同样,将电感 $L_{BPi}(=L'_i)$ 与电容 $C_{BPi}(=C'_i)$ 并联取代电感输入式低通原型滤波器中的并联电容,它们的归一化元件值可由以下公式确定:

$$\left.\begin{aligned} L'_i = L_{BPi} &= \frac{\omega_{c2}-\omega_{c1}}{\omega_0^2 g_i} = \frac{W}{\omega_0 g_i} \\ C'_i = C_{BPi} &= \frac{g_i}{\omega_{c2}-\omega_{c1}} = \frac{g_i}{W\omega_0} \end{aligned}\right\} \tag{7.124}$$

对应带通滤波器电路如图 7.57(c)所示。

这样,将上述归一化的元件值关于信源内阻反归一化,即可得到电感输入式低通原型电路转换后的实际带通滤波器电路结构中的电感和电容的真实元件值。具体地,对串联支路,有

$$L_k = \frac{g_k R_g}{\omega_0 W}, \qquad C_k = \frac{W}{\omega_0 g_k R_g} \tag{7.125}$$

对并联支路,有

$$L_i = \frac{W R_g}{\omega_0 g_i}, \qquad C_i = \frac{g_i}{W\omega_0 R_g} \tag{7.126}$$

而负载电阻 $R_l = g_{N+1} R_g$。

类似地,对电容输入式低通原型转换得到的带通滤波器,其对应电路同样可根据电容输入式低通原型滤波器电路画出,而其归一化电感和归一化电容值以及对应的真实值与低通原型的归一化元件值之间也满足上述关系,同样需将相关参数的下标 i 和 k 互换。

4. 带阻滤波器

借助于频率变换,同样可将低通原型滤波器的频率特性变换为带阻滤波器的频率特性,此时采用以下的频率变换函数:

$$\omega' = \frac{\omega(\omega_{c2} - \omega_{c1})}{\omega^2 - \omega_0^2} = \frac{1}{W}\left(\frac{\omega_0}{\omega} - \frac{\omega}{\omega_0}\right) \tag{7.127}$$

式中，ω_0，ω_{c2}，ω_{c1} 以及 W 的意义与带通滤波器的相同，带阻滤波器的频率特性如图 7.58(a) 和(b)所示。

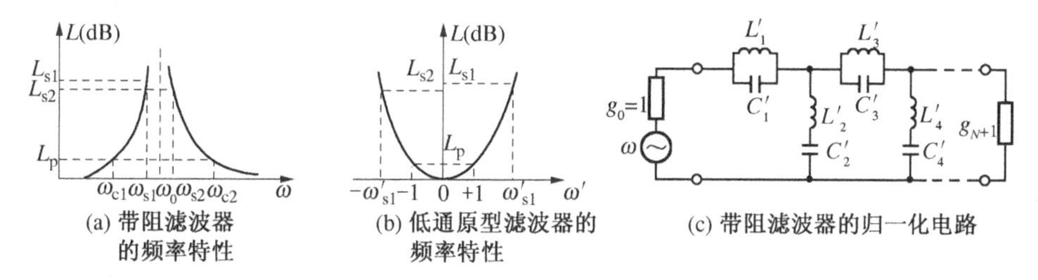

图 7.58　带阻滤波器的频率特性和归一化(元件)电路

与电感输入式低通原型电路对应的带通滤波器的情况相反，这种变换是用电感 L_{BSk} ($=L'_k$)和电容 C_{BSk}($=C'_k$)并联取代电感输入式低通原型电路中的串联电感，其归一化元件值由以下公式确定：

$$\left.\begin{aligned} L'_k = L_{BSk} &= \frac{(\omega_{c2} - \omega_{c1})g_k}{\omega_0^2} = \frac{Wg_k}{\omega_0} \\ C'_k = C_{BSk} &= \frac{1}{(\omega_{c2} - \omega_{c1})g_k} = \frac{1}{W\omega_0 g_k} \end{aligned}\right\} \tag{7.128}$$

同时，将电感 L_{BSi}($=L'_i$)和电容 C_{BSi}($=C'_i$)串联取代电感输入式低通原型电路中的并联电容，其归一化元件值由以下公式确定：

$$\left.\begin{aligned} L'_i = L_{BSi} &= \frac{1}{(\omega_{c2} - \omega_{c1})g_i} = \frac{1}{W\omega_0 g_i} \\ C'_i = C_{BSi} &= \frac{(\omega_{c2} - \omega_{c1})g_i}{\omega_0^2} = \frac{Wg_i}{\omega_0} \end{aligned}\right\} \tag{7.129}$$

对应带阻滤波器电路如图 7.58(c)所示。

于是，将上述归一化的元件值关于信源内阻反归一化，即可得到电感输入式低通原型电路转换后的实际带阻滤波器电路结构中的电感和电容的真实元件值。具体地，对串联支路，有

$$L_k = \frac{Wg_kR_g}{\omega_0}, \qquad C_k = \frac{1}{W\omega_0 g_k R_g} \tag{7.130}$$

对并联支路，有

$$L_i = \frac{R_g}{W\omega_0 g_i}, \qquad C_i = \frac{Wg_i}{\omega_0 R_g} \tag{7.131}$$

而负载电阻 $R_l = g_{N+1}R_g$。

类似地，对电容输入式低通原型转换得到的带阻滤波器，其对应电路同样可根据电容输入式低通原型滤波器电路画出，而其归一化电感和归一化电容值以及对应的真实值与低通

原型的归一化元件值之间也满足上述关系,同样需将相关参数的下标 i 和 k 互换。

7.5.4 阻抗和导纳倒置变换器

带通和带阻滤波器电路中的串联与并联支路均为谐振电路,在微波波段实现较为困难,因此需采用倒置变换器进行实现。

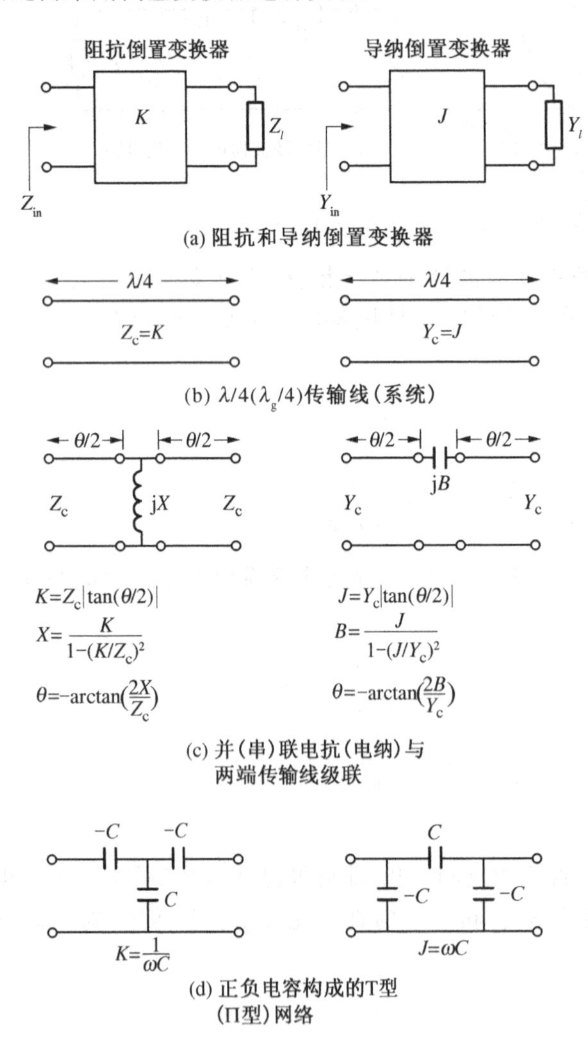

图 7.59　阻抗和导纳倒置变换器及其实现方法

在微波滤波器的设计中,常用的阻抗和导纳倒置变换器的原理如图 7.59(a)所示。其中 K 和 J 为常数,Z_{in} 和 Y_{in} 分别为输入阻抗和输入导纳。若 Z_{in} 和 Y_{in} 分别满足:

$$Z_{in}=\frac{K^2}{Z_l},\qquad Y_{in}=\frac{J^2}{Y_l}\tag{7.132}$$

则这种二端口网络就分别称为阻抗和导纳倒置变换器。K 为变换器的特性阻抗,J 为变换器的特性导纳。这样,若在一个串联电感(或并联电容)的两侧分别接一个倒置变换器时,从变换器视入就等价于在串联电感(或并联电容)的两侧接一个并联电容(或串联电感),从而只利用一种电抗性元件就可实现低通滤波器。类似地,利用阻抗倒置变换器分隔的串联谐振支路或导纳倒置变换器分隔的并联谐振支路即可实现带通滤波器。

阻抗和导纳倒置变换器的实现方法很多,例如,可用一段特性阻抗为 K 的 $\lambda/4(\lambda_g/4)$ 传输线(系统)、一个并联电抗 X 与两端相移为 $\theta/2$ 的传输线级联以及由正、负电容(或电感)构成的 T 型网络等实现阻抗倒置变换器。与阻抗倒置变换器的实现方法类似,用一段特性导纳为 J 的 $\lambda/4(\lambda_g/4)$ 传输线(系统)、一个串联电纳 B 与两端电长度为 $\theta/2$ 的传输线级联以及由正、负电容(或电感)构成的 Π 型网络等实现导纳倒置变换器。图 7.59 中分别示出了三种实现阻抗和导纳倒置变换器的方法。其中,图 7.59(b)中的一段特性阻抗为 K 和特性导纳为 J 的 $\lambda/4(\lambda_g/4)$ 传输线(系统)、相移为 $\pm\pi/2$ 的理想倒置变换器的转移矩阵分别为

$$[A]=\begin{bmatrix}0 & \pm \mathrm{j}K\\ \pm \dfrac{\mathrm{j}}{K} & 0\end{bmatrix} \tag{7.133a}$$

$$[A]=\begin{bmatrix}0 & \pm \dfrac{\mathrm{j}}{J}\\ \pm \mathrm{j}J & 0\end{bmatrix} \tag{7.133b}$$

对图 7.59(c)和(d)所示的阻抗和导纳倒置变换器,其参量可分别根据三单元电路级联而成的二端口网络的转移矩阵与式(7.133a)和式(7.133b)进行比较得到。此外,图中的负 C 是指电抗和电纳分别是负数。

图 7.60(a)示出了应用阻抗倒置变换器变换后的变形原型滤波器,其中信源频率为 ω',内阻为 R_0 以及负载电阻为 R_l。变形原型滤波器的二端口网络中只有串联电感 L_k 而没有并联电容 C_k,但其中加入了特性阻抗分别为 $K_{01},K_{12},\cdots,K_{N,(N+1)}$ 的阻抗倒置变换器。利用变形原型滤波器和原型滤波器的输入端反射系数(即插入衰减)相等,变形原型滤波器的 L_k 值和 $K_{k,(k+1)}$ 值可根据原型滤波器的归一化元件值 g 导出为

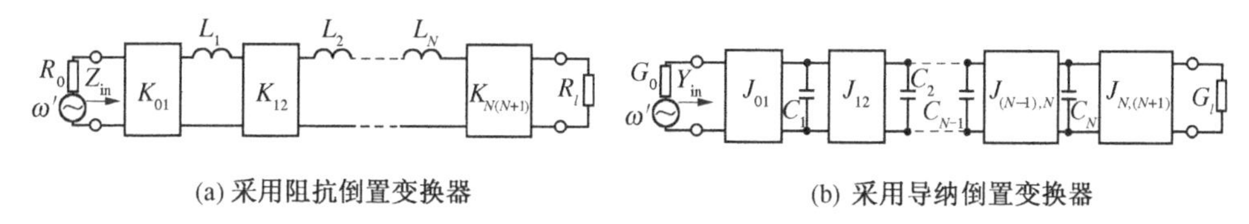

图 7.60　阻抗和导纳倒置变换器变换后的变形原型滤波器

$$K_{01}=\sqrt{\frac{R_0L_1}{g_0g_1}} \tag{7.134}$$

$$K_{k,(k+1)}=\sqrt{\frac{L_kL_{k+1}}{g_kg_{k+1}}}\qquad (k=1,2,\cdots,N-1) \tag{7.135}$$

$$K_{N,(N+1)}=\sqrt{\frac{R_lL_N}{g_Ng_{N+1}}} \tag{7.136}$$

由于式中的 $g_0,g_1,\cdots,g_{N+1}$ 为低通原型的归一化参数,因此,当适当选取 R_0,R_l,L_k 时,阻抗倒置变换器的特性阻抗 $K_{k,(k+1)}$ 即可确定。

图 7.60(b)则示出了应用导纳倒置变换器变换后的变形原型滤波器,其中波源频率也为 ω'。当内电导为 G_0、负载电导为 G_l 以及并联电容 C_k 已知时,导纳倒置变换器的特性导纳 $J_{k,(k+1)}$ 即可按以下公式确定:

$$J_{01}=\sqrt{\frac{G_0C_1}{g_0g_1}} \tag{7.137}$$

$$J_{k,(k+1)}=\sqrt{\frac{C_kC_{k+1}}{g_kg_{k+1}}}\qquad (k=1,2,\cdots,N-1) \tag{7.138}$$

$$J_{N,(N+1)}=\sqrt{\frac{G_lC_N}{g_Ng_{N+1}}} \tag{7.139}$$

类似地,当适当选取 G_0, G_l, C_k 时,导纳倒置变换器的特性导纳 $J_{k,(k+1)}$ 即可确定。

7.5.5 滤波器电路的微波实现

前面讨论的滤波器电路都是由集中参数的电感和电容组成的,但一般说来,在微波波段并不存在这种集中参数的电感和电容,因此必须采用分布参数元件来代替集中参数元件。下面介绍如何用 TEM 模和准 TEM 模传输线来实现滤波器电路中的电感和电容。

1. 用短截线实现的电感和电容

1) 用短路短截线和开路短截线实现的电感和电容

由传输线理论可知:一段长度短于 λ/4 的终端短路线可等效为一个电感;一段长度短于 λ/4 的终端开路线可等效为一个电容。若短路线和开路线的长度为 l,特性阻抗(导纳)为 Z_c (Y_c),则它们的输入阻抗和输入导纳分别为

$$\left.\begin{aligned} Z_{ins} &= jZ_c\tan\frac{2\pi}{\lambda}l = jZ_c\tan\frac{\omega l}{v_p} \\ Y_{ino} &= jY_c\tan\frac{2\pi}{\lambda}l = jY_c\tan\frac{\omega l}{v_p} \end{aligned}\right\} \tag{7.140}$$

若取长度 $l<\lambda/8$,则 $\tan(\omega l/v_p)\approx\omega l/v_p$,上式变为

$$\left.\begin{aligned} Z_{ins} &\approx j\frac{Z_c\omega l}{v_p} = j\omega L \\ Y_{ino} &\approx j\frac{Y_c\omega l}{v_p} = j\omega C \end{aligned}\right\} \tag{7.141}$$

由此可见,用一段长度 $l<\lambda/8$ 的短线路可近似实现一个电感,其电感值为

$$L = \frac{Z_c l}{v_p} \tag{7.142}$$

用一段长度 $l<\lambda/8$ 的开线路可近似实现一个电容 ,其电容值为

$$C = \frac{Y_c l}{v_p} \tag{7.143}$$

2) 用高、低阻抗短截线近似实现串联电感和并联电容

图 7.61 是一段电长度为 θ、特性阻抗为 Z_c 的均匀无耗传输线及其等效 T 型和 Π 型网络,可用网络的方法导出它们的等效关系。

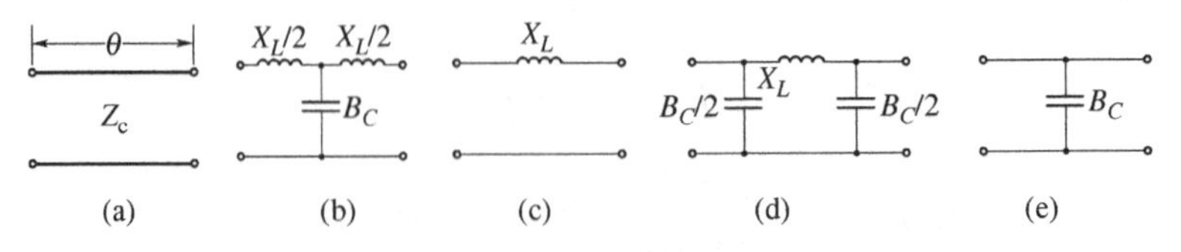

图 7.61 短截线的等效电路

对图 7.61(a),其转移矩阵为

$$[A]=\begin{bmatrix}\cos\theta & \mathrm{j}Z_c\sin\theta\\ \mathrm{j}\dfrac{1}{Z_c}\sin\theta & \cos\theta\end{bmatrix}\tag{7.144}$$

对图 7.61(b)，其转移矩阵为

$$[A]=\begin{bmatrix}1 & \mathrm{j}\dfrac{X_L}{2}\\ 0 & 1\end{bmatrix}\begin{bmatrix}1 & 0\\ \mathrm{j}B_C & 1\end{bmatrix}\begin{bmatrix}1 & \mathrm{j}\dfrac{X_L}{2}\\ 0 & 1\end{bmatrix}=\begin{bmatrix}1-\dfrac{X_L}{2}B_C & \mathrm{j}\dfrac{X_L}{2}\left(2-\dfrac{X_L}{2}B_C\right)\\ \mathrm{j}B_C & 1-\dfrac{X_L}{2}B_C\end{bmatrix}\tag{7.145}$$

比较(7.144)和(7.145)两式，两矩阵相等的充要条件为各对应元素相等，即

$$\left.\begin{aligned}1-\frac{X_L}{2}B_C&=\cos\theta\\ B_C&=\frac{1}{Z_c}\sin\theta\end{aligned}\right\}$$

由此解得

$$\left.\begin{aligned}B_C&=Y_c\sin\theta=Y_c\sin\frac{\omega l}{v_p}\\ \frac{1}{2}X_L&=Z_c\tan\frac{\theta}{2}=Z_c\tan\frac{\omega l}{2v_p}\end{aligned}\right\}$$

当线长 $l<\lambda/8$ 时，上两式近似为

$$B_C\approx\frac{\omega l Y_c}{v_p},\qquad X_L\approx\frac{\omega l Z_c}{v_p}\tag{7.146}$$

由此得到短截线的等效并联电容和串联电感分别为

$$C\approx\frac{Y_c l}{v_p}\tag{7.147}$$

$$L\approx\frac{Z_c l}{v_p}\tag{7.148}$$

由上式可见，若短截线的特性阻抗很大，则 $L\gg C$，即 C 可忽略，于是近似实现了串联电感，如图 7.61(c) 所示。

类似地，令图 7.61(a) 与图 7.61(d) 所示电路的转移矩阵相等，可得其等效串联电感和并联电容分别近似为

$$L\approx\frac{Z_c l}{v_p}\tag{7.149}$$

$$C\approx\frac{Y_c l}{v_p}\tag{7.150}$$

由上式可见，若短截线的特性阻抗很小，则 $C\gg L$，即 L 可忽略，此时近似实现了并联电容，如图 7.61(e)所示。

上述结果对传输准 TEM 模的微带线同样适用,此时只要用微带线的波导(带内)波长 λ_g 代替 λ 即可。

2. 微波低通滤波器的设计

1) 采用高、低阻抗短线设计

微波低通滤波器的结构型式很多,这里仅介绍 TEM 模或准 TEM 模短(截)线实现的微波低通滤波器。

(1) 结构型式

图 7.62(a)示出了一个 $N=5$ 的电感输入式同轴低通滤波器的(平面)结构示意图,这种结构是在保持同轴线外导体的内直径不变的情况下分段改变其内导体直径的方法获得。由于同轴线外导体的内直径不变时其特性阻抗随内导体直径的减小而增大,因而 L_1,L_2 和 L_3 三段短线的特性阻抗很高,可构成串联电感;C_2 与 C_4 两段短线内导体很粗,特性阻抗很低,可构成并联电容。其等效电路如图 7.62(b)所示。

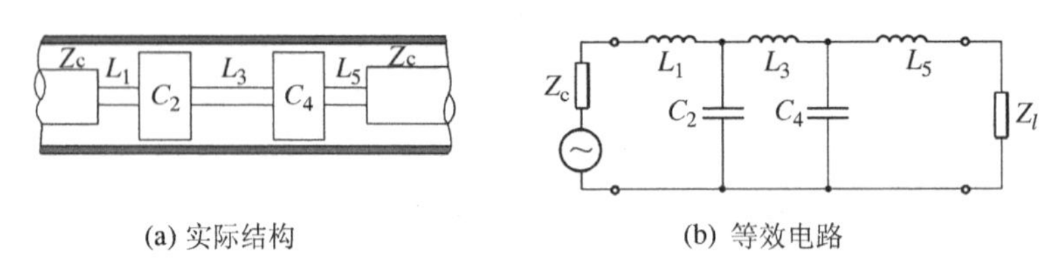

图 7.62　电感输入式同轴低通滤波器及其等效电路

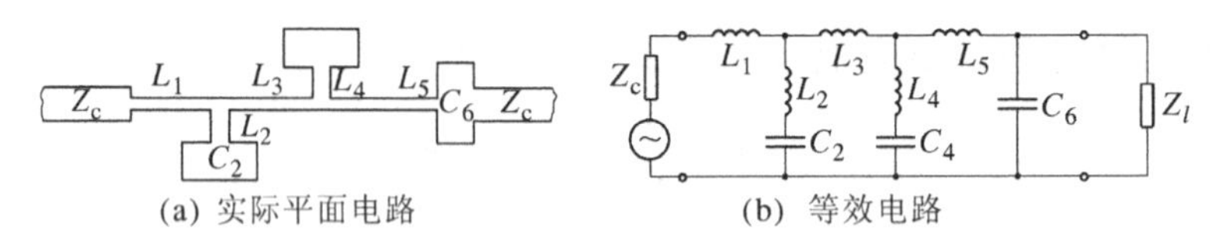

图 7.63　微带低通滤波器及其等效电路

图 7.63(a)示出了一个 $N=6$ 的微带低通滤波器的平面电路。其中,L_1,L_3 和 L_5 三段导带很窄的短微带线,有很高的特性阻抗,构成串联电感;L_2 是一段导带较窄的微带线,构成电感;而 C_2 是一段导带较宽的短微带线,构成电容。两者串联后再并联于主微带线上,构成并联支路中的串联谐振电路;L_4,C_4 也起同样的作用;C_6 是一段宽导带的短微带线,特性阻抗很低,构成电容。其等效电路如图 7.63(b)所示。

(2) 设计举例

微波低通滤波器的设计步骤如下:

(a) 根据给定的通带和阻带的衰减值,选择一个适当的低通原型,并确定低通原型元件数目 N。

(b) 利用表格或曲线查出低通原型的归一化元件值。

(c) 根据给定的截止频率 ω_c 和信源内阻 R_g,选择梯形网络的结构型式,并计算各元件的真实值。

(d) 选择各高、低阻抗短线的特性阻抗,计算各段短线的横向尺寸。

(e) 考虑不连续电容的影响,检验寄生通带。

基于上述设计步骤，下面给出一个设计实例。

例 7.4　设计一微带低通滤波器。已知输入、输出微带线的特性阻抗为 50 Ω，截止频率 $f_c=2$ GHz，带内衰减波纹 $L_p=0.5$ dB，在阻带频率 $f_s=4$ GHz 处要求 $L_s\geqslant 35$ dB。

解：① 确定低通原型的元件数目 N。选择低通原型为切比雪夫式原型。因 $\omega_s'=f_s/f_c=2$，由 $\omega_s'-1=1$ 和 $L_p=0.5$ dB，查图 7.51(a)，得 $N=5$。

② 由表 7.3 的 $L_p=0.5$ dB 一栏，查得切比雪夫式低通原型的归一化元件值为

$$g_1=g_5=1.7058,\ g_2=g_4=1.2296,\ g_3=2.5408,\ g_6=1.0000$$

③ 计算各元件的真实值。选用如图 7.64 所示的电容输入式梯形网络。图中各元件的真实值为

$$C_1=C_5=\frac{g_1}{\omega_c Z_c}=\frac{1.7058}{2\pi\times 2\times 10^9\times 50}\approx 2.7149\qquad(\text{pF})$$

$$C_3=\frac{g_3}{\omega_c Z_c}=\frac{2.5408}{2\pi\times 2\times 10^9\times 50}\approx 4.0438\qquad(\text{pF})$$

$$L_2=L_4=\frac{g_2 Z_c}{\omega_c}=\frac{1.2296\times 50}{2\pi\times 2\times 10^9}\approx 4.8924\qquad(\text{nH})$$

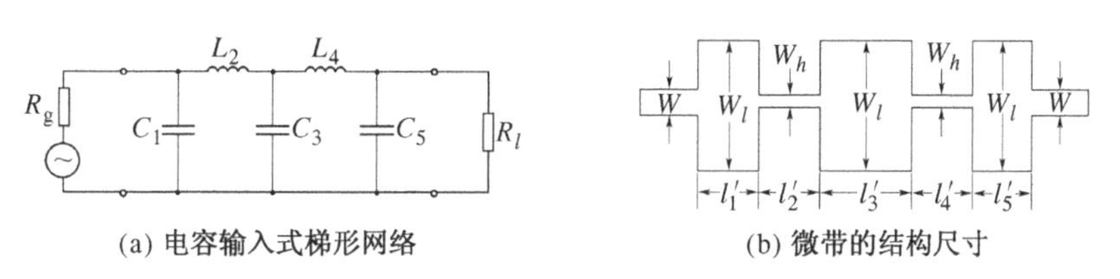

(a) 电容输入式梯形网络　　(b) 微带的结构尺寸

图 7.64　切比雪夫式微带低通滤波器的设计

④ 计算滤波器的结构尺寸

设微带线的基片材料为氧化铝陶瓷，其相对介电常数 $\varepsilon_r=9.6$，基片厚度 $h=1$ mm。选用高、低阻抗(短)线来实现滤波器的串联电感和并联电容。高阻抗线的特性阻抗 Z_{ch} 一般取为 80～100 Ω，选得太低，则微带线过长，且误差较大；选得太高，则导带宽度太窄，不易加工。因此选 $Z_{ch}=100$ Ω，按式(4.225)和式(4.229)～(4.232)，得 $\sqrt{\varepsilon_{reh}}\approx 2.4012$，$W_h/h\approx 0.1424$，即得 $W_h\approx 0.14$ mm。

高阻抗线对应的波导波长 $\lambda_{gh}=\lambda_0/\sqrt{\varepsilon_{reh}}\approx 62.49$ mm，其相速 $v_{ph}=c/\sqrt{\varepsilon_{reh}}\approx 1.2494\times 10^{11}$ mm/s。于是，电感线长度为

$$l_2=l_4=\frac{L_2 v_{ph}}{Z_{ch}}=\frac{4.8924\times 10^{-9}\times 1.2494\times 10^{11}}{100}\approx 6.11\qquad(\text{mm})$$

显然，$l_2(l_4)<\lambda_{gh}/8$，满足近似条件。

低阻抗线的特性阻抗 Z_{cl} 一般选为 10～30 Ω，这里取 $Z_{cl}=15$ Ω。按式(4.225)和式(4.229)～(4.232)，得 $\sqrt{\varepsilon_{rel}}\approx 3.5560$，$W_l/h\approx 6.2345$，故 $W_l\approx 6.23$ mm。

低阻抗线对应的波导波长 $\lambda_{gl}=\lambda_0/\sqrt{\varepsilon_{rel}}=42.18$ mm，其相速 $v_{pl}=c/\sqrt{\varepsilon_{rel}}\approx 0.8436\times 10^{11}$ mm/s。于是，电容线的长度分别为

$$l_1 = l_5 = Z_{cl} v_{pl} C_1 = 15 \times 0.8436 \times 10^{11} \times 2.7149 \times 10^{-12} \approx 3.44 \qquad (\text{mm})$$
$$l_3 = Z_{cl} v_{pl} C_3 = 15 \times 0.8436 \times 10^{11} \times 4.4038 \times 10^{-12} \approx 5.57 \qquad (\text{mm})$$

显然,l_3(或 l_1,l_5)$<\lambda_{gl}/8$,满足近似条件。

输入、输出微带线的导带宽度为

$$W \approx 0.99 \qquad (\text{mm})$$

⑤ 检验寄生通带。第一寄生通带的波长大约在高阻抗线长度的 2 倍处,即

$$f = \frac{c}{2l_2} = \frac{3 \times 10^{11}}{2 \times 6.11} \approx 24.5499 \qquad (\text{GHz})$$

此频率同欲截止的频率 4 GHz 之间有较大间隔,可保证该滤波器有效截止。

⑥ 修正不连续影响

为修正各低阻抗线开路端边缘电容的影响,通常将它缩短 $0.4h$;为修正 T 形接头对高阻抗线的影响,通常将靠近接头的高阻抗线增长一个修正量 $\Delta = 0.2W_l$,这样每条线段的实际长度分别为

$$l'_1 = l'_5 = l_1 - 0.4h \approx 3.04 \qquad (\text{mm})$$
$$l'_3 = l_3 - 2 \times 0.4h \approx 4.77 \qquad (\text{mm})$$
$$l'_2 = l'_4 = l_2 + 2\Delta \approx 8.60 \qquad (\text{mm})$$

所设计的微带低通滤波器的结构尺寸(导带)如图 7.64(b)所示,其中,$W \approx 0.99$,$W_h \approx 0.14$,$W_l \approx 6.23$,$l'_1 = l'_5 \approx 3.04$,$l'_3 \approx 4.77$,$l'_2 = l'_4 \approx 8.60$;单位:mm。

2) 采用理查德变换和科洛达恒等变换设计

如前所述,采用传输线节(短截线)可实现微波滤波器电路中的集中参数元件。理查德(Richard)为这种实现提供了变换关系,而科洛达(Kuroda)恒等变换关系则可被用来转换串联元件得到便于设计的并联元件,从而使微波(微带)滤波器的设计变得更易实现。

根据一段长为 l 的终端短路或开路的均匀无耗传输线的输入阻抗公式,理查德提出以下变换:

$$\Omega = \tan \beta l = \tan\left(\frac{\omega}{v_p} l\right) \tag{7.151}$$

这样,若用 Ω 代替 ω,就可以像集中元件那样综合微波滤波器电路中的终端短路线和终端开路线。若取终端短路或开路传输线的长度短于 $\lambda/4$(一般取 $\lambda/8$),则等效电感的电抗和电容的电纳分别为

$$X_l = \Omega L = L \tan \beta l \tag{7.152a}$$
$$B_C = \Omega C = C \tan \beta l \tag{7.152b}$$

这表明,可以用特性阻抗为 $Z_c = L$ 的终端短路线代替集中电感,而用特性导纳为 $Y_c = C$ 的终端短路线代替集中电容,如图 7.65 所示。

对低通原型滤波器,为了使其截止发生在单位频率处,式(7.151)变为

$$\Omega = 1 = \tan\beta l$$

此时短截线的长度 l 为 $\lambda/8$，其中 λ 是传输线在截止(角)频率为 ω_c 时的波长。显然，在频率 $\omega=2\omega_c$ 时将发生衰减的极值点，而原型滤波器的响应将随频率周期出现，变化周期为 $4\omega_c$。这样，应用理查德变换，可将低通原型滤波器电路中的电感和电容用终端短路和终端开路的短截线来代替。

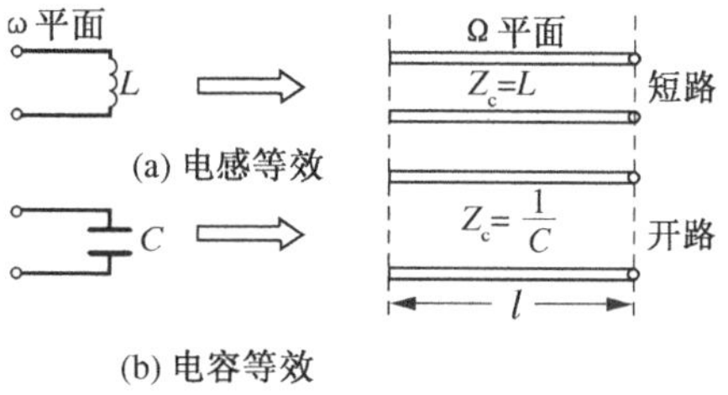

图 7.65　集中参数元件与传输线节之间的单频等效

由于在微带滤波器的设计中，通常需将终端短路的串联微带线转换为终端开路的并联微带线结构，因为终端短路的串联微带线不能直接用微带结构实现。因此，在将终端短路的串联微带线转换为终端开路的并联微带线结构时，需要插入"单位元件"。"单位元件"是一段串联的微带线，其长度 l 取为 $\lambda/8$(也可根据需要选取)，特性阻抗为 Z_u。所以，需要利用单位元件进一步完成串联短截线到并联结构的变换，这种变换就称为科洛达恒等变换。图 7.66 中提供了四种科洛达恒等变换，它们之间的关系已列于图中。事实上，由于特性阻抗为 Z_u、长度为 $l(=\lambda/8)$ 的单位元件的转移矩阵为

$$[A]_u = \begin{bmatrix} \cos\beta l & jZ_u\sin\beta l \\ j\dfrac{\sin\beta l}{Z_u} & \cos\beta l \end{bmatrix} = \frac{1}{\sqrt{1+\Omega^2}}\begin{bmatrix} 1 & j\Omega Z_u \\ j\dfrac{\Omega}{Z_u} & 1 \end{bmatrix}$$

于是，图 7.66(a) 中左边电路的转移矩阵为

$$\begin{bmatrix} A & B \\ C & D \end{bmatrix}_L = \frac{1}{\sqrt{1+\Omega^2}}\begin{bmatrix} 1 & 0 \\ j\dfrac{\Omega}{Z_c} & 1 \end{bmatrix}\begin{bmatrix} 1 & j\Omega Z_u \\ j\dfrac{\Omega}{Z_u} & 1 \end{bmatrix} = \frac{1}{\sqrt{1+\Omega^2}}\begin{bmatrix} 1 & j\Omega Z_u \\ j\Omega\left(\dfrac{1}{Z_u}+\dfrac{1}{Z_c}\right) & 1-\Omega^2\dfrac{Z_u}{Z_c} \end{bmatrix} \tag{7.153}$$

式中，$j\Omega/Z_u(=Y_{ino})$，可视为特性阻抗为 Z_u、长度为 $\lambda/8$ 的终端开路线的输入导纳。而图 7.66(a) 中右边电路的转移矩阵为

$$\begin{bmatrix} A & B \\ C & D \end{bmatrix}_R = \frac{1}{\sqrt{1+\Omega^2}}\begin{bmatrix} 1 & j\dfrac{\Omega Z_c}{N_1} \\ j\dfrac{\Omega N_1}{Z_c} & 1 \end{bmatrix}\begin{bmatrix} 1 & j\dfrac{\Omega Z_u}{N_1} \\ 0 & 1 \end{bmatrix} = \frac{1}{\sqrt{1+\Omega^2}}\begin{bmatrix} 1 & j\dfrac{\Omega}{N_1}(Z_u+Z_c) \\ j\dfrac{\Omega N_1}{Z_c} & 1-\Omega^2\dfrac{Z_u}{Z_c} \end{bmatrix} \tag{7.154}$$

式中，$j\Omega Z_u/N_1(=Z_{ins})$，可视为特性阻抗 Z_u、长度为 $\lambda/8$ 的终端短路线的输入阻抗。显然，上两式相等(即两电路相等价)的条件是

$$N_1 = 1 + \frac{Z_c}{Z_u} \tag{7.155}$$

类似地，图 7.66 中其他三种电路等价关系同样可得到验证。

下面以一个例子来说明采用变换方法设计切比雪夫式微带低通滤波器的步骤。

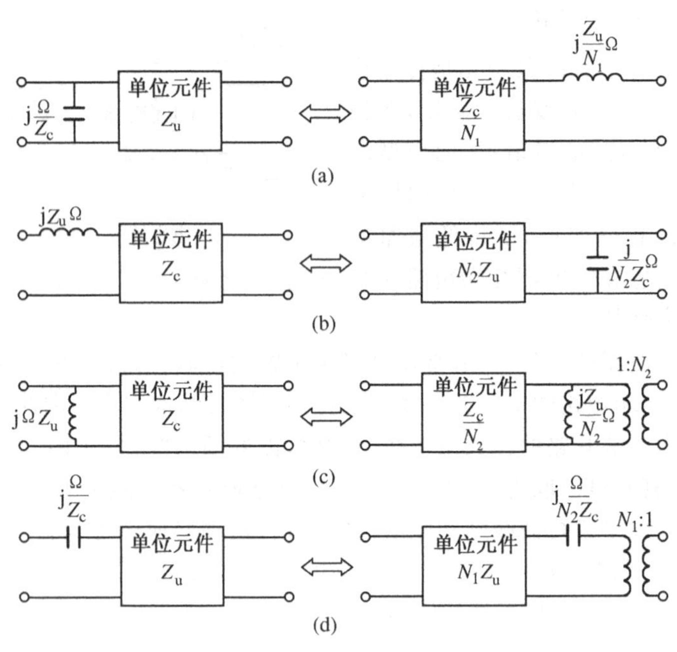

图 7.66 四种科洛达恒等变换($N_1=1+Z_c/Z_u$,$N_2=1+Z_u/Z_c$)

例 7.5 设计一三阶切比雪夫式微带低通滤波器,已知与滤波器输入、输出相连的微带线的特性阻抗为 50 Ω,截止频率为 4 GHz 以及波纹幅度为 3 dB。

解:① 由表 7.3,查得三阶切比雪夫式低通原型滤波器的归一化元件值为

$$g_1=3.3487=L_1,g_2=0.7117=C_2,g_3=3.3487=L_3=L_1,g_4=1.0000=r_l$$

低通原型滤波器的电路如图 7.67(a)所示。其中,$g_0=1$。

② 应用理查德变换,将低通原型滤波器电路中的串联电感转换为串联的短截线,将并联电容转换为并联的短截线,如图 7.67(b)所示。其中,串联短截线的特性阻抗 $Z_{c1}=Z_{c3}=L_1$,并联短截线的特性阻抗 $Z_{c2}=1/C_2$,且各短截线在 $\omega=\omega_c$(即 $\omega'=1$)时的长度均为 $\lambda/8$。

③ 应用科洛达恒等变换将串联短截线均变为并联短截线。具体地,考虑到低通原型滤波器的两端添加单位元件后不会影响滤波器的性能,因此,在图 7.67(b)所示电路的始端和终端均加入单位元件,且单位元件的特性阻抗 $Z_{u1}=Z_{u2}=1$,如图 7.67(c)所示。这样,对图 7.67(c)所示的电路两端应用科洛达恒等变换(图 7.66 中(a)和(b)的变换),则得如图 7.67(d)所示变换后的滤波器电路。其中

$$N_1=N_2=1+\frac{Z_{u1}}{Z_{c1}}=1+\frac{1}{3.3487}=1.2986$$

以及并联开路短截线的特性阻抗为 $Z_{c1}=Z_{c3}=N_1=1.2986$,而单位元件的特性阻抗 $Z_{u1}=Z_{u2}=Z_{c1}N_1=4.3486$。

④ 对滤波器电路中的阻抗以及频率进行定标,即用参考阻抗 50 Ω 乘以各归一化阻抗值,并在截止频率 4 GHz 时选取各短截线的长度为 $\lambda/8$,如图 7.67(e)所示。最后,所设计的

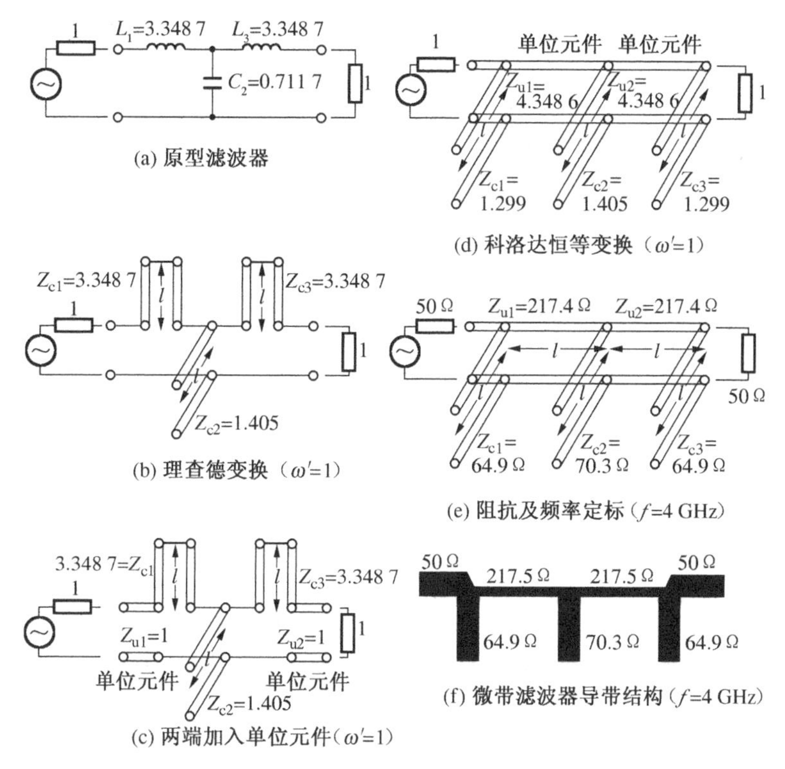

图 7.67　三阶切比雪夫式微带低通滤波器的变换法的设计步骤($l=\lambda/8$)

微带低通滤波器的导带结构如图 7.67(f)所示，其中各微带短截线的长度为 4 GHz 时的 $\lambda_g/8$。

应指出，前述的理查德变换和科洛达恒等变换方法同样可用于带阻滤波器的设计，但科洛达恒等变换不能用于高通和带通滤波器的设计。

3. 微波带通和带阻滤波器

微波带通和带阻滤波器的结构型式很多，有波导型、微带型以及共面波导型等。这里仅以两个波导型滤波器结构为例作简单介绍。

图 7.68(a)给出了波导型多腔带通滤波器的结构示意图。它具有三个由波导电抗元件构成的谐振腔，谐振腔与谐振腔之间用一段长度为 $\lambda_g/4$ 的波导段相连，因此称它为 $\lambda_g/4$ 耦合式带通滤波器。这种结构的特点是不含倒置变换器，但其等效电路同带通滤波器的梯形网络结构形式完全一致，故具有带通滤波器的特性。

图 7.68(b)所示为一波导型带阻滤波器的结构示意图。其中在主波导上等距相隔多个终端短路的 E－T 接头分支(见本章下节内容)，各分支波导长度稍短于 $\lambda_g/2$，呈现容性；主波导与各分支波导间用电感膜片耦合，故每个 E－T 接头分支等效于一并联谐振电路串联于主波导上，各 E－T 接头分支间为 $3\lambda_g/4$ 长的波导段。这种结构中采用阻抗倒置变换器，其等效电路同带阻滤波器梯形网络结构的形式相同，因此它具有带阻滤波器的特性。

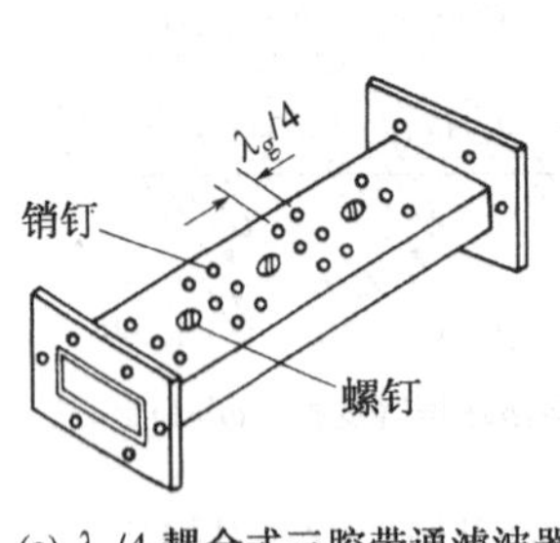

(a) $\lambda_g/4$ 耦合式三腔带通滤波器

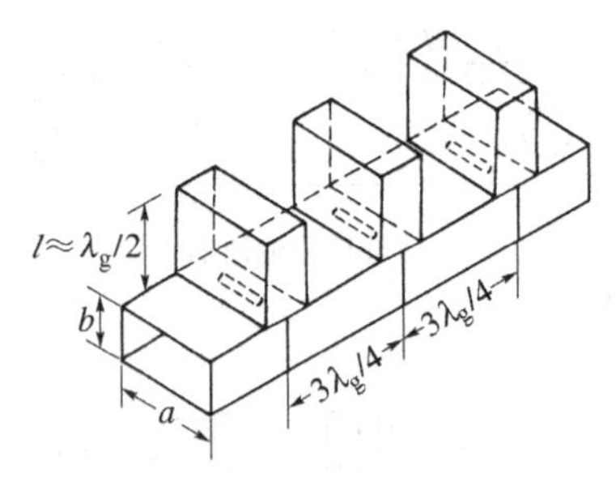

(b) 采用多个分支接头的带阻滤波器

图 7.68　波导型带通滤波器和带阻滤波器的结构示意图

7.6　分路元件(功率分配(合成)器)

在射频/微波系统中,主要用作分路或功率分配(合成)的元件一般是具有三个端口的波导、同轴线或微带线等构成的接头。由于三端口元件是三端口网络,因此可利用第 6 章中有关三端口网络的散射矩阵分析三端口元件。下面先介绍由矩形波导构成的 E－T 接头、H－T 接头的基本特性,然后讨论两路与多路微带功率分配器的结构、原理以及特性。

7.6.1　E－T 接头

E－T 接头的分支波导宽面与矩形波导中主模 TE_{10} 模的电力线所在平面平行,如图 7.69(a) 所示。由于这种接头的形状像“T”形,习惯上称为 E－T 接头。

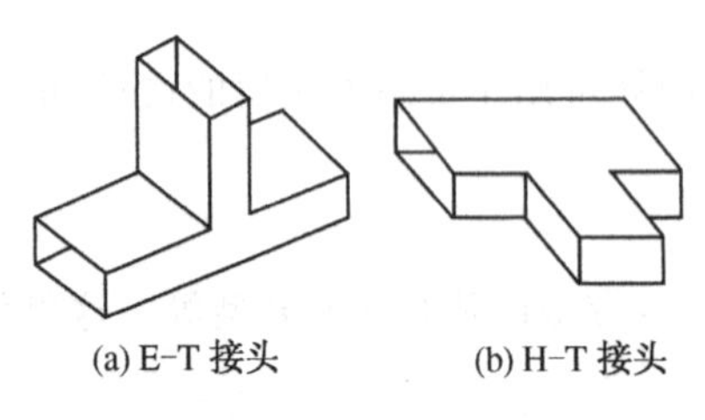

(a) E-T 接头　　(b) H-T 接头

图 7.69　波导 T 形接头

若假设各端口波导中只传输 TE_{10} 模,且当导波从某一端口输入时,其余两端口均接匹配负载,则 E－T 接头具有以下特性:当导波从端口③输入时(若忽略分支区域的高次模式),则主波导①、②两端口有等幅反相输出,其电力线分布如图 7.70(a) 所示。当导波从端口①输入时,②、③两端口均有输出。同样,当导波从端口②输入时,①、③两端口均有输出。其电力线分布分别如图 7.70(b) 和(c)所示;当导波从①、②两端口等幅同相输入时,在端口③的对称面上得到电场驻波的波腹,端口③无输出。而当导波从①、②两端口等幅反相输入时,在端口③的对称面上得到电场驻波的波节,端口③有最大输出。其电力线分布分别如图 7.70(d)和(e)所示。

若从波导宽壁中心附近纵向电流的方向看,E－T 接头的端口③的分支臂与主波导(①、②臂)是串联的关系。因此,可用如图 7.70(f)所示的串联分支传输线来等效。此等效电路并未考虑接头处不连续性的影响。实际上,在三个臂的接头处不仅有 TE_{10} 模存在,而且有高次模式出现,这些高次模式的场的作用相当于在接头处引入了电抗性元件。

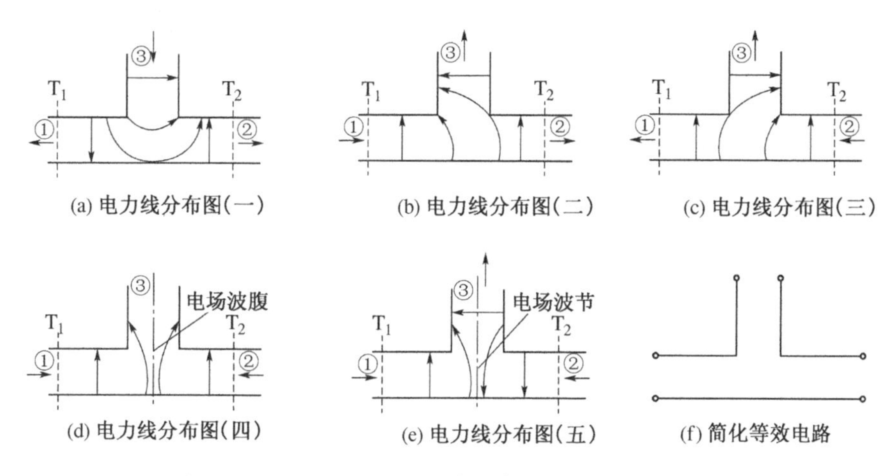

图 7.70 E-T 接头的电力线分布图及其简化等效电路

7.6.2 H-T 接头

H-T 接头是指分支臂在矩形波导窄边上，分支波导宽面与波导中TE_{10}模的磁力线所在平面平行，如图 7.69(b)所示。

若假定各端口波导中只传输TE_{10}模，且导波从某一端口输入时，其余两个端口均接匹配负载，则 H-T 接头具有以下特性：当导波从端口③输入时，端口①、②有等幅同相输出；当导波从端口①、②等幅同相输入时，分支对称面处于电场驻波的波腹，端口③有最大输出；当导波从端口①、②等幅反相输入时，分支对称面处于电场驻波的波节，端口③无输出。其电力线分布如图 7.71 所示，图中黑点代表电力线，其方向出纸面。

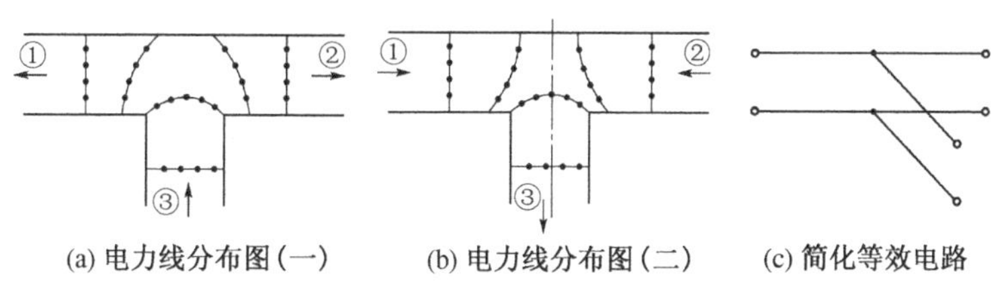

图 7.71 H-T 接头的电力线分布图及其简化等效电路

由于分支波导相当于并联在主波导上，故其简化等效电路如图 7.71(c)所示。

作为 H-T 接头的应用实例，图 7.72 给出了利用 H-T 接头构成的雷达天线收发开关的示意图。其中 T_1 和 T_2 为气体放电管。当雷达处于发射状态时，强大的发射脉冲使 T_1，T_2 击穿而短路，从参考面 AA′右边向接收机视入的输入阻抗 $Z_{AA'}\to\infty$，相当于接收支路不起作用，发射功率全部进入天线被辐射出去。当雷达处于接收状态(即发射脉冲间隙)时，T_1，T_2 不放电，T_2 使发射支路断开，从参

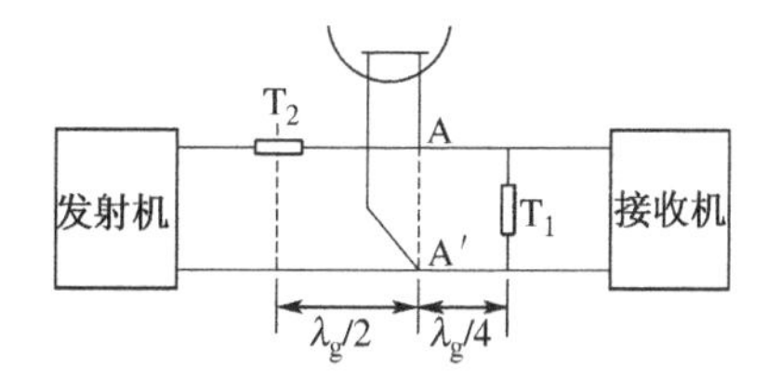

图 7.72 雷达天线收发开关示意图

考面 AA′左边向发射机视入的输入阻抗 $Z_{AA'}\to\infty$,天线接收到的回波信号全部进入接收机。因此,雷达的发射和接收共用一副天线。

7.6.3 微带两路功率分配器

如图 7.73 所示为两路功率分配器的传输线结构和用微带实现的平面结构。这种功率分配器是一个三端口元件,可采用网络的分析方法导出其散射矩阵。下面应用奇偶模的分析方法对传输线结构进行分析。

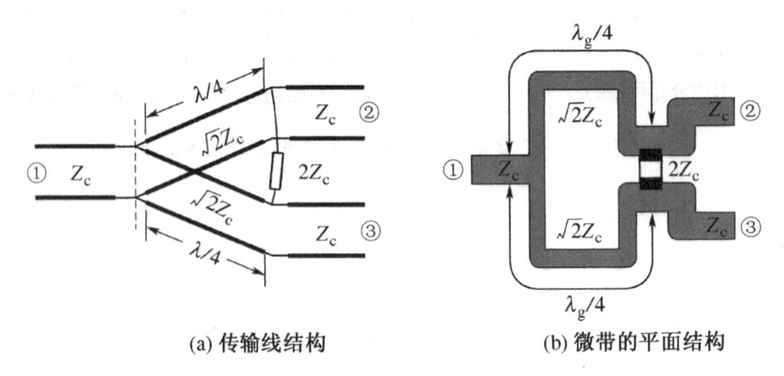

(a) 传输线结构 (b) 微带的平面结构

图 7.73 两路功率分配器的结构

为导出散射参量 S_{21},将端口②用一(复)电压为 U_s 的波源激励,并使其他两个端口均接匹配负载 Z_c。为使结构具有对称性,将端口②的激励源分解成两个等幅、同相的激励波源(电压分别为 $U_s/2$,$U_s/2$)的串联使总的激励电压为 U_s,而将端口③用两个等幅、反相的波源(电压分别为 $U_s/2$,$-U_s/2$)的串联激励使总的激励电压为零。同时,将端口①接的负载阻抗(电阻)Z_c用两个值分别为 $2Z_c$的负载电阻的并联进行等效,并将端口②和端口③之间的电阻 $2Z_c$分成为两个相同电阻的串联。这样,原来电路即可视为偶模激励电路和奇模激励电路的线性叠加。对偶模激励,端口②和端口③激励电压的相位相同,此时 A 和 B 以及 C 和 D 处电位分别相同,于是没有电流流过 AB 以及 CD 支路,即中心对称面 OO'呈现开路,因而可将原电路从中心对称面处分成两个独立的电路进行分析,如图 7.74(a)所示。此时从端口②(A 处)向左端视入的输入阻抗 Z_2 等于以负载阻抗(电阻)为 $2Z_c$,特性阻抗为$\sqrt{2}Z_c$的 $\lambda/4$ 阻抗变换器的输入阻抗($Z_2=(\sqrt{2}Z_c)^2/(2Z_c)=Z_c$)。因此,在偶模激励情况下,端口②被理想匹配,端口②的电压 $U_{2e}=U_s/4$。端口①对应的电压 U_{1e}可根据传输线理论得到,即

$$U_{1e}=U^+(1+\Gamma_{1e})$$

式中,$\Gamma_{1e}=(2Z_c-\sqrt{2}Z_c)/(2Z_c+\sqrt{2}Z_c)$,是端口①处偶模的负载反射系数,而 U^+ 是端口①处的入射波电压。于是,端口①的偶模电压为

$$U_{1e}=U^+(1+\Gamma_{1e})=\mathrm{j}U_{2e}\frac{\Gamma_{1e}+1}{\Gamma_{1e}-1}=-\mathrm{j}\frac{\sqrt{2}}{4}U_s$$

式中,因子 j 由长为 $\lambda/4$ 的传输线上波的相移引起。

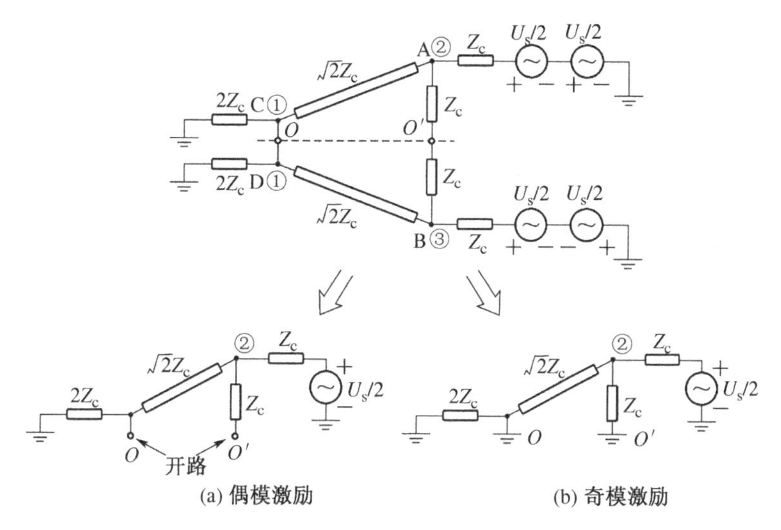

图 7.74　奇模和偶模激励

对奇模激励，由于端口②和端口③激励电压的相位相反，因此 AB 以及 CD 支路的中点具有零电位，即中心对称面 OO' 短路。因此，同样可将原电路从中心对称面处分成如图 7.74(b)所示的两个独立电路进行分析。此时，从端口②向左视入的输入阻抗仍为 Z_c，这是因为端口①短路，从而 $\lambda/4$ 阻抗变换器对端口②的输入阻抗无影响。由图可知，此时 $U_{1o}=0$ 以及 $U_{2o}=U_s/4$。

于是，在端口①和端口②接匹配负载情况下，散射参量 S_{12} 为

$$S_{12}=\frac{u_1^-}{u_2^+}=\frac{U_1}{U_2}=\frac{U_{1e}+U_{1o}}{U_{2e}+U_{2o}}=-\frac{j}{\sqrt{2}} \tag{7.156}$$

由于这种功率分配器是互易元件，因此 $S_{21}=S_{12}$ 以及 $S_{31}=S_{13}$。又因为该结构关于端口②和端口③对称，从而可知 $S_{13}=S_{12}=-j/\sqrt{2}$。此外，由于端口②和端口③在奇、偶模激励情况下，其中心对称面要么开路或短路，这表明端口②和端口③是相互隔离的，即 $S_{32}=S_{23}=0$。

如前所述，在奇、偶模激励情况下，从端口②向左视入的输入阻抗等于其端接阻抗，这意味着 $S_{22}=0$。同理，$S_{33}=0$。对端口①，当该端口被激励时，通过端口②和端口③之间电阻上的电流等于零，从而端口②和端口③之间的电阻($2Z_c$)对电路无影响。于是，从端口①向右视入的输入阻抗 Z_1 等于两个分别以 Z_c 为负载电阻，特性阻抗为$\sqrt{2}Z_c$的 $\lambda/4$ 阻抗变换器的并联的阻抗，即

$$Z_1=\frac{1}{2}\frac{(\sqrt{2}Z_c)^2}{Z_c}=Z_c \tag{7.157}$$

这说明端口①也是匹配的，即 $S_{11}=0$。

于是，两路功率分配器的散射矩阵为

$$[S]=\frac{-1}{\sqrt{2}}\begin{bmatrix}0 & j & j\\ j & 0 & 0\\ j & 0 & 0\end{bmatrix} \tag{7.158}$$

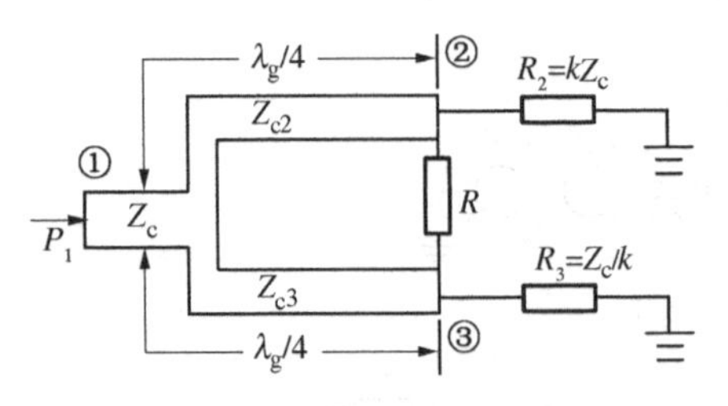

图 7.75　微带不等功率分配器的平面电路结构

显然，端口②和端口③平分端口①的输入功率，端口②和端口③间完全隔离。事实上，这种功率分配器只有在中心频率才具有上述特性，它只是一种窄频带的元件。

上述分析完全适用于微带功率分配器，只要将 $\lambda/4$ 阻抗变换器对应的波长 λ 换为微带线的波导波长 λ_g 即可。

一般地，对如图 7.75 所示的微带不等功率分配器，若端口②和端口③之间的功率比满足关系：$k^2=P_3/P_2$，且端口②和端口③与负载 $R_2(=kZ_c)$ 和 $R_3(=Z_c/k)$ 匹配，则可导出以下设计公式：

$$Z_{c2}=k^2Z_{c3}=Z_c\sqrt{k(1+k^2)} \tag{7.159a}$$

$$Z_{c3}=\frac{Z_c}{k}\sqrt{\frac{1+k^2}{k}} \tag{7.159b}$$

$$R=Z_c\left(k+\frac{1}{k}\right) \tag{7.159c}$$

图 7.76(a)示出了带状线(或微带)结构的并行束状 N 路分配器/合成器的导带(平面)示意图，它可实现 N 路的功率分配/合成。其中，具有特性阻抗为 Z_c 的 N 根传输线的输入阻抗，由 $\lambda/4$(或 $\lambda_g/4$)阻抗变换器(其特性阻抗为 $Z_c/\sqrt{N}$)进行阻抗变换。这种 N 路分配器/合成器的缺点是不能提供输入端口和输出端口之间的隔离，而输入端的阻抗匹配也仅当输入端口处的导波在各个分配器输出端口有相同的相位时才能实现。为了消除 N 路分配器/合成器的上述缺点，可通过加入平衡电阻 $R_0(=Z_c)$ 来加以解决，如图 7.76(b)所示。其中平衡电阻的一端在距离阻抗变换器的 $\lambda/4$(或 $\lambda_g/4$)处与分配器的每一个输出端口相连，而另一端则全部接在一起。

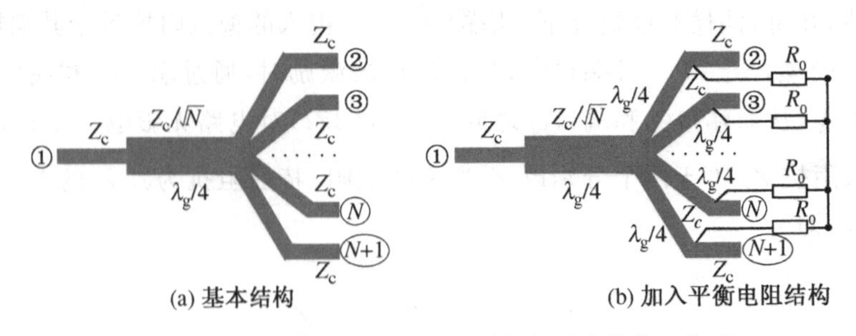

图 7.76　并行束状 N 路分配器/合成器的导带示意图

7.7　耦合元件(定向耦合器)

在射频/微波系统中耦合元件一般是具有四个端口的波导、同轴线或微带线等构成的接头。下面先介绍由矩形波导构成的双 T、魔 T、正交模耦合器以及双工器的结构以及原理;然后阐述各种定向耦合器的结构、原理以及特性。

7.7.1　波导双 T 和魔 T

1. 波导双 T

顾名思义,双 T 接头是将具有共同对称面的 E－T 接头和 H－T 接头组合在一起而构成的,如图 7.77(a)所示。其中①、②端口所在臂为平分臂,③、④端口所在臂为隔离臂,③臂又常称为 E 臂,④臂常称为 H 臂。由 E－T 和 H－T 接头的特性不难推出双 T 的特性:当③臂输入导波时,④臂无输出,①、②臂有等幅反相的导波输出,即 $S_{13}=-S_{23}$;当④臂输入导波时,③臂无输出,①、②两臂有等幅同相导波输出,即 $S_{14}=S_{24}$;若①、②两臂输入的导波场强在对称面上同相叠加而形成波腹,则导波进入④臂而不进入③臂;若对称面上导波场强为反相相消而形成波节,则导波进入③臂而不进入④臂,即 $S_{34}=0$;当导波单独从端口①或端口②输入时,端口③、④均有输出,端口①和端口②之间的隔离度很低。此外,从端口①向接头视入和从端口②向接头视入的情况完全一样,即 $S_{11}=S_{22}$。根据上述特性,可写出波导双 T 的散射矩阵为

$$[S]=\begin{bmatrix} S_{11} & S_{12} & S_{13} & S_{14} \\ S_{12} & S_{11} & -S_{13} & S_{14} \\ S_{13} & -S_{13} & S_{33} & 0 \\ S_{14} & S_{14} & 0 & S_{44} \end{bmatrix} \tag{7.160}$$

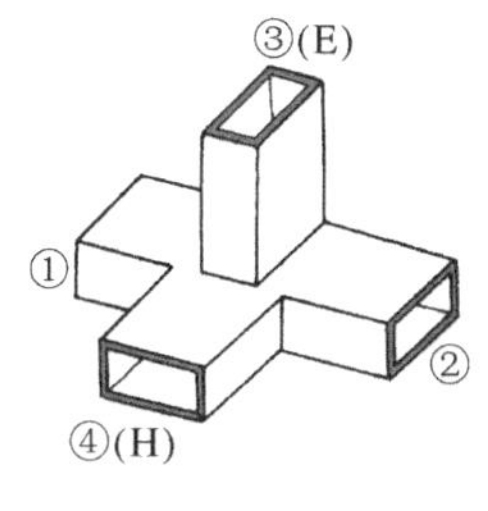

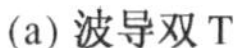
(a) 波导双 T

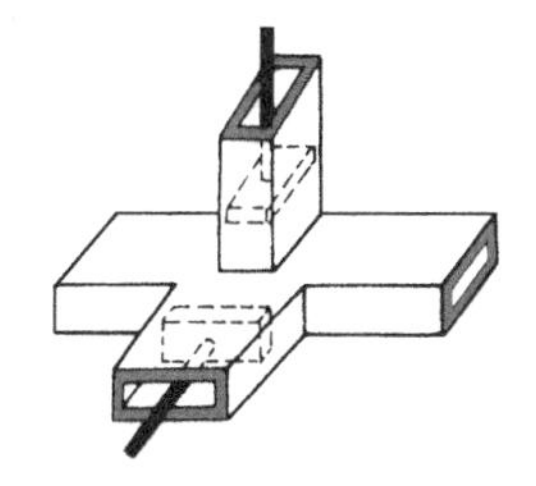

(b) 波导双 T 调配器

图 7.77　波导双 T 及其调配器

双 T 的一个重要作用是作为调配元件。此时在双 T 的③臂和④臂中放置可调短路活塞,调节其位置就可在各臂的交接处产生任意大小的电抗,用以匹配端口②或①上端接的负载,如图 7.77(b)所示。除此之外,波导双 T 还可用作功率分配或合成器。

2. 魔 T

1) 波导魔 T

在波导双 T 接头中,当端口①、端口②和端口③都接匹配负载时,从端口④看去是不匹配的;同样,在端口①、端口②和端口④都接匹配负载时,从端口③看去也是不匹配的。为了从端口③和④看去都是匹配的,就要在双 T 接头的四个臂的交接处放置匹配元件(如螺钉、销钉、膜片等)。带有匹配元件的波导双 T,习惯上称为波导魔 T。图 7.78(a)示出了用金属圆杆和膜片进行匹配的波导魔 T。这些匹配元件的作用是产生附加反射,使其与原来的反射波相抵消,从而达到匹配的目的。

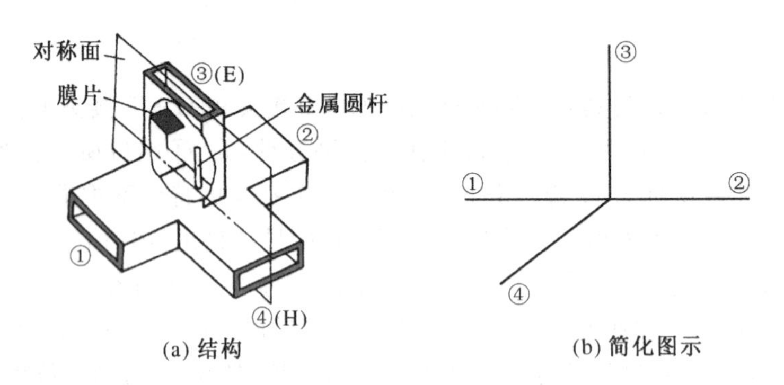

图 7.78　波导魔 T

由于魔 T 是匹配了的双 T(端口③和④都匹配),即 $S_{33}=S_{44}=0$,因此根据[S]的一元性公式,容易导出波导魔 T 的[S]为

$$[S]=\frac{1}{\sqrt{2}}\begin{bmatrix} 0 & 0 & e^{j\varphi_{13}} & e^{j\varphi_{14}} \\ 0 & 0 & -e^{j\varphi_{13}} & e^{j\varphi_{14}} \\ e^{j\varphi_{13}} & -e^{j\varphi_{13}} & 0 & 0 \\ e^{j\varphi_{14}} & e^{j\varphi_{14}} & 0 & 0 \end{bmatrix}$$

式中,φ_{13},φ_{14} 分别是 S_{13},S_{14} 的幅角。若适当地选择端口③和端口④的参考面,使 $\varphi_{13}=\varphi_{14}=0°$,则上式可简化为

$$[S]=\frac{1}{\sqrt{2}}\begin{bmatrix} 0 & 0 & 1 & 1 \\ 0 & 0 & -1 & 1 \\ 1 & -1 & 0 & 0 \\ 1 & 1 & 0 & 0 \end{bmatrix} \tag{7.161}$$

由此可知,魔 T 具有如下特性:(a) 平分性,即相邻两臂间有 3 dB 的耦合(功率平分);(b) 匹配性,即四个端口完全匹配;(c) 隔离性,即相对的两臂间相互隔离。图 7.78(b)示出了波导魔 T 的简化图示。

在微波工程中,为减小元件体积,通常用波导折叠魔 T 来代替波导魔 T。所谓"折叠魔T",实际上是魔 T 在结构上的变形。若将魔 T 的平分臂在 H 臂宽面所在的平面内折叠,则构成 H 面折叠魔 T;若将魔 T 的平分臂在 E 臂宽面所在的平面内折叠,则构成 E 面折叠魔

T。波导折叠魔T的特性与波导魔T的特性基本相同,这里不再赘述。

用魔T可构成许多微波元器件或组件,如雷达天线收发开关、魔T混频器和魔T移相器等。这里简单介绍前两种结构。

图7.79示出了用魔T构成的平衡混频器的示意图。来自天线的信号从魔T的E臂传输到两个二极管处,两路信号在两个二极管中混频后产生两个反相的中频信号。这两个中频信号通过变压器叠加输出到中频放大器的输入端。魔T混频器的优点是,因E臂和H臂之间的隔离度较大,故来自天线的信号不会逸入本振支路,避免了信号的漏损,同时本振信号也不会逸入天线支路而被天线发射出去。另外,因魔T的两平分臂之间的隔离度大,故避免了两个二极管之间的相互影响,即使其中一臂因匹配不好而引起信号反射时,反射波也不会到达另一个二极管,因此对两个二极管的一致性要求降低,而且两个二极管的工作状态可独立进行调整。

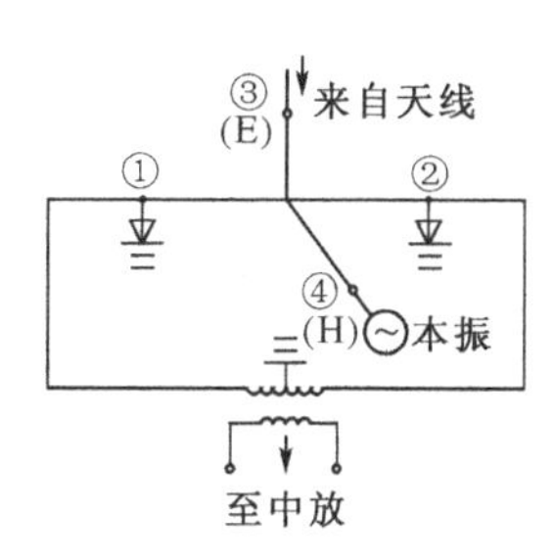

图7.79　魔T平衡混频器示意图

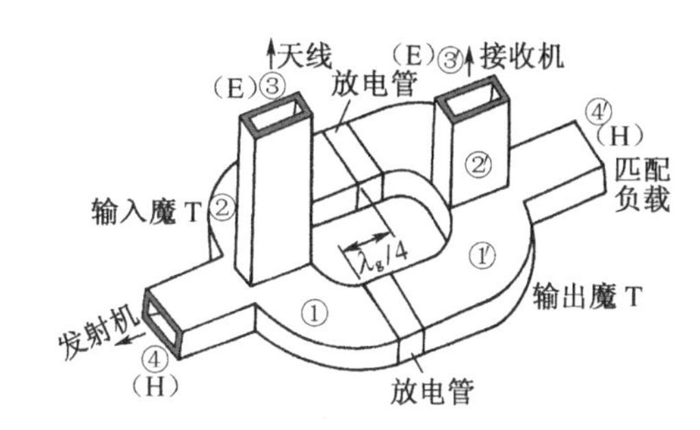

图7.80　雷达天线收发开关结构示意图

图7.80给出了用魔T构成的雷达天线收发开关的示意图。它由两个魔T和两个放电管相互连接而成。输入魔T的①、②两臂分别通过其中放置相对位置相距$\lambda_g/4$的两个放电管的连接波导与输出魔T的①′、②′臂相连接。输入魔T的H臂接发射机,E臂接天线;输出魔T的H臂接匹配负载,E臂接接收机。当发射机工作时,强大的发射脉冲功率使两个放电管放电而形成短路,由输入魔T的H臂送入的发射脉冲从①臂和②臂等幅同相输出后被短路了的放电管发射回来。由于两个放电管的相对位置相差$\lambda_g/4$的距离,因此反射波返回输入魔T时是等幅反相的,由魔T的特性可知,两路反射波应从E臂输出。于是,发射功率全部进入天线被辐射出去而不进入接收机。当发射脉冲过后到下一个发射脉冲到来前的间隙时间里,雷达处于接收状态,此时放电管停止放电而呈开路状态。从输入魔T的E臂输入的回波信号由①、②两臂等幅反相输出,经放电管后从输出魔T的①′、②′臂等幅反相输入,两路信号只能通过E臂全部进入接收机,从而使雷达发射和接收共用一副天线。

还应指出,若发射机发射的脉冲功率有少量经放电管后漏入输出魔T,因这部分导波是等幅同相进入输出魔T,故不会进入接收机,而是进入④′臂,被匹配负载所吸收。

2) 集成魔T

在微波集成电路(MICs)中,集成魔T(或称180°混合电桥)起到十分重要的作用。图7.81中示出了利用微带线、槽线构成的集成魔T,按照与耦合槽线相连的集成传输线形式的不同,它们分别被称为微带型和槽线型。其中,实线代表槽线以及在介质基片表面上的共面波导的金属化层,而虚线则代表在介质基片背面的微带线的导带。端口E和端口H分别代表常规的波导魔 T 两主波导上的隔离端口,但四个端口的位置完全不同于常规波导魔 T 的位置,即对应于波导魔 T 的 E 臂和 H 臂的两个端口处于与其他两个不同端口的同侧。这种魔 T 在实际应用中具有独特的优越性,特别在如平衡混频器以及平衡调制器等实际微波集成电路中应用时,可避免集成电路中的跳线连接。这两种魔 T 的基本特性可通过图 7.81(a)所示的微带型结构加以解释,而另一种结构型式的特性在原理上同微带型结构完全相似。

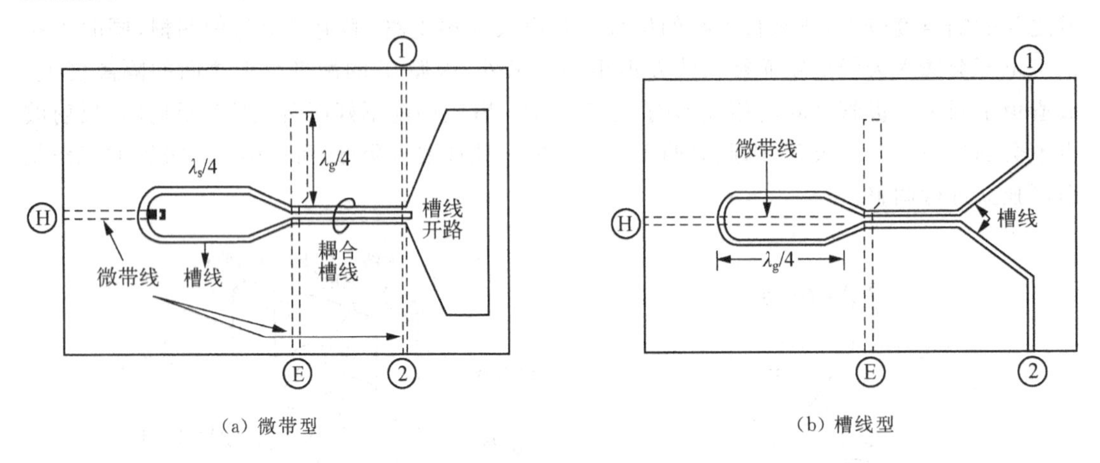

图 7.81　用微带线和槽线构成的集成魔 T 的平面图

图 7.82 则示出了微带型魔 T 在同相耦合和反相耦合时槽线和耦合槽线(类似于耦合微带线)中的电场分布,其中箭头用来代表槽线和耦合槽线中电场的极化方向。此外,两段特性阻抗为 Z_H 的 1/4 带内波长($\lambda_s/4$)的槽线和特性阻抗为 Z_E 的 1/4 波导波长($\lambda_g/4$)的微带线分别呈现 1/4 波长的短路线和开路线的作用。

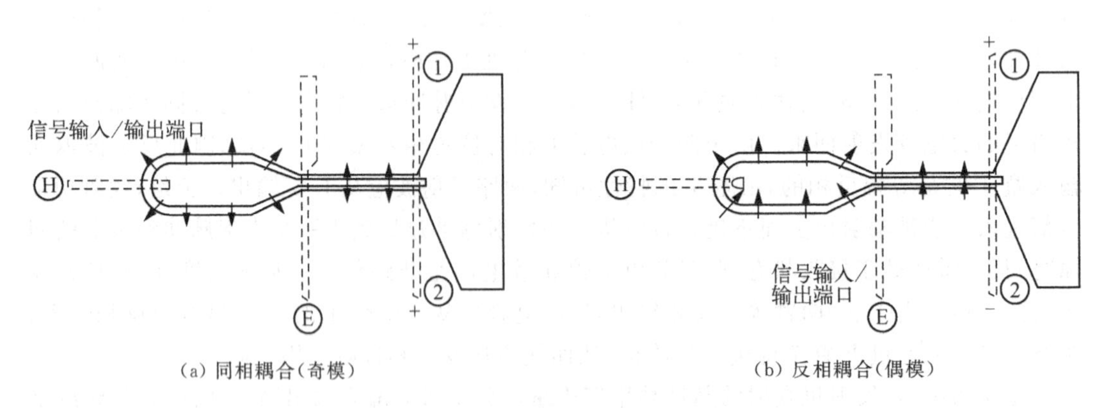

图 7.82　微带型魔 T 的耦合特性

引入不同于通常意义下的奇模和偶模分析,可形象地解释微带型魔 T 的基本特性。具体地,如图 7.82(a)所示,当导波馈给端口Ⓗ时,导波被转换成槽线模式并分成等幅同相的两路在并联的 1/4 带内波长的槽线中传输(类似于波导魔 T 中的 H-T 接头),两槽线中导波电场的极化方向相同,然后两路槽线中的等幅同相导波在槽线和微带线构成的 T 形接头处耦合到微带端口Ⓔ的导波电场相互抵消而使该端口无输出,进入耦合槽线的导波则从两微带端口等幅同相(端口①和②)输出。根据耦合槽线中电场的极化方向,这对应于耦合槽线的奇模。类似地,如图 7.82(b)所示,当导波馈给端口Ⓔ时,导波被转换成槽线模式并分成等幅反相的两路在并联的 1/4 带内波长的槽线中传输(类似于波导魔 T 中的 E-T 接头),两路槽线中导波的电场极化方向相反,然后两路槽线中的等幅反相导波在槽线和微带线构成的 T 形接头处耦合到微带端口Ⓗ的导波电场相互抵消而使该端口无输出,而进入耦合槽线的导波则从两微带端口(端口①和②)等幅反相输出。根据耦合槽线中电场的极化方向,这对应于耦合槽线的偶模。

根据微带型魔 T 的奇、偶模耦合特性的特点,即可绘出微带型魔 T 奇、偶模关于端口Ⓔ和端口Ⓗ对称的等效电路,从而可进一步将原四端口网络简化为二端口网络进行分析,从而可采用级联网络的转移矩阵就容易导出两种不同情况下总网络的散射矩阵,据此可对该魔 T 的特性进行分析研究。理论和实测结果均表明,该魔 T 的反相耦合(即端口Ⓔ-①,②)的带宽很宽,而同相耦合(即端口Ⓗ-①,②)也几乎不随频率变化。同时,在中心频率上,端口Ⓔ和端口Ⓗ之间、端口①和端口②之间的隔离度较高,同相耦合和反相耦合的插入损耗低以及在一个倍频程内端口①和端口②之间耦合度的幅度和幅角波动均较小。由此可见,用微带线和槽线构成的集成魔 T 不仅实现了小型化,而且具有高性能及宽频带等优点。

3) 正交模耦合器与双工器简介

正交模耦合器作为实现双极化天馈系统中的重要无源元件,在当今卫星通讯和军用雷达等方面已得到广泛的应用。在现代卫星通信(包括卫星电视转播)和航天技术中,为了扩大通信容量,现代通信系统广泛采用频率复用技术,而正交模耦合器(OMT)在大容量通信系统中可解决频率复用问题。利用正交模耦合器,可在同一频率上使用极化方式不同且相互隔离的信道,可容纳更大的信道数量;在不同频率上则可增加收发信道的隔离。在雷达系统中,正交模耦合器的应用不但能够增强雷达的灵敏度而且使得雷达能够获得更多的目标结构信息,对提高雷达探测系统的信息智能化处理能力具有重要意义。

在天馈系统中,常见的正交模耦合器是用来提取或组合两个正交线极化波的波导元件。根据使用目的的不同,正交模耦合器的结构型式也各不相同。实际应用中,一般要求正交模耦合器结构紧凑、低插入损耗、高功率容量以及易于制作等。

图 7.83(a)示出了一种方波导结构的正交模耦合器的结构示意图,它是将一种极化(水平极化)波(TE_{10}模)通过连接处置有金属圆杆(图中虚线所示)的主波导(方波导)相耦合后,经两段垂直放置的渐变(矩形)波导段合成后输出;另一种极化(垂直极化)波(TE_{10}模)则继续通过中间置有水平金属隔板的主波导后合成,经阶梯阻抗变换器变换到矩形波导输出。这种结构的特点是工作频带较宽、功率容量高,但结构尺寸较大、插入损耗较高等不足。

图 7.83(b)中的结构又称为十字形旋转式波导接头,它具有直接与天线馈电端口相连的普通端口(TE_{11}模圆波导)以及将两种线极化波相分离的两个极化面相互垂直的端口(TE_{10}模矩形波导)。这种结构的特点是功率容量较高、结构紧凑,但结构较复杂以及插入损耗较高等缺点。

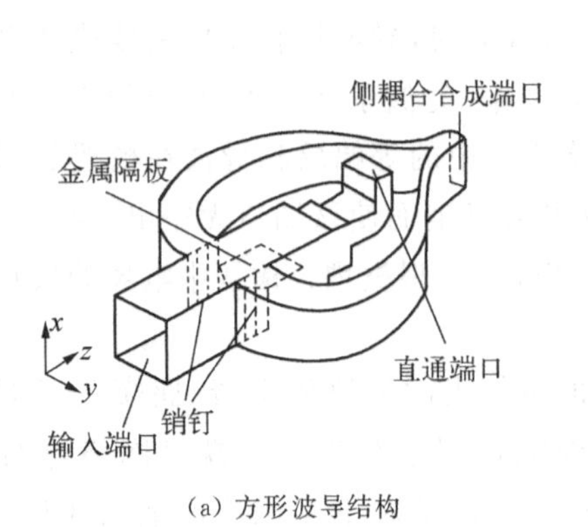

(a) 方形波导结构

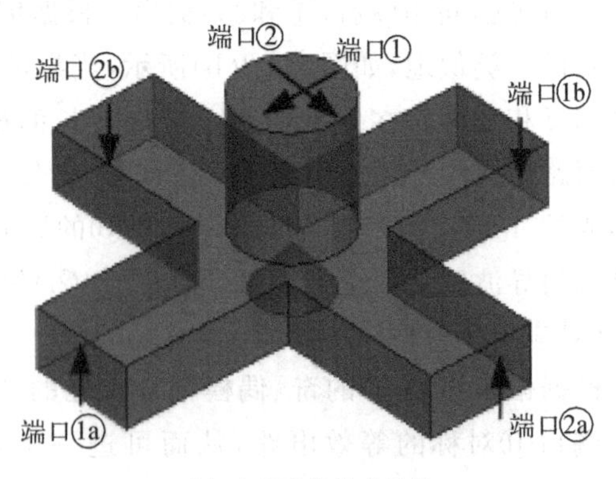

(b) 十字形旋转式结构

图 7.83　两种常见的正交模耦合器

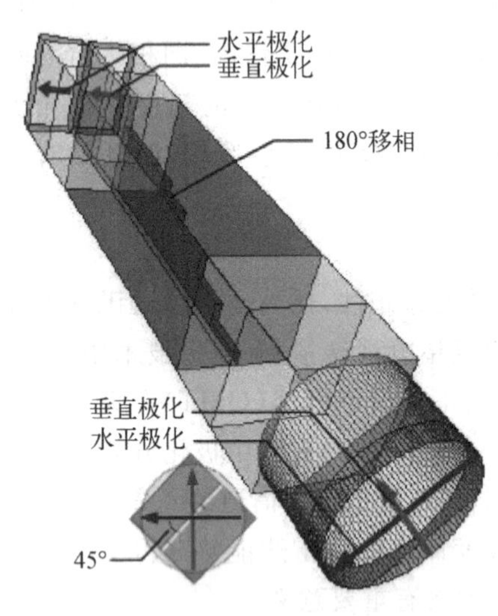

图 7.84　紧凑型正交模耦合器的结构示意图

图 7.84 则示出了一种新型的紧凑型正交模耦合器。其中,在与圆波导相连的方波导段中,插入了可形成一个180°移相器的阶梯状金属(薄)板,该阶梯状金属板处于通过波导轴线与导波(垂直极化波和水平极化波)的电场极化方向交成45°的斜面上。同时,由于阶梯状金属板的存在,使方波导在物理上由二端口网络变成为三端口网络。这样,输入到普通圆波导中的导波功率进入方波导后,方波导中传输的一半功率沿着电场极化方向平行于阶梯状金属板向前传输,而另一半功率则沿着电场极化方向垂直于阶梯状金属板向前传输。当导波的电场极化方向垂直于阶梯状金属板时,导波的传播常数相对于空心波导几乎不变;当导波的电场极化方向平行于阶梯状金属板时,因阶梯状金属板相当于波导中的金属鳍或脊形波导的金属脊,此时导波的传播常数是金属板的阶梯高度和长度的函数,调整阶梯状金属板的尺寸,即可使电场极化方向平行于阶梯状金属板的导波与电场极化方向垂直于阶梯状金属片的导波之间形成180°的相位差。因此,在正交模耦合器的终端处,水平极化波通过具有阶梯状金属板的方波导段后,上方(矩形)波导端口中因电场极化方向相同使导波的场相互叠加而有最大输出,下方波导端口中电场极化方向相反使导波的场相互抵消而没有输出。水平极化波的电场分布如图 7.85(a)所示。反之,垂直极化波通过具有阶梯状膜片的方波导段后,下方(矩形)波导端口中电场极化方向相同使导波的场相互叠加而有最大输出,上方波导端口中电场极化方向相反使导波的场相互抵消而没有输出。垂直极化波的电场分布如图 7.85(b)所示。当然,上、下方(矩形)波导端口中有、无输出,取决于输入圆波导的正交极化波的电场极化方向与阶梯状金属(薄)板之间形成的夹角。仿真结果验证了该正交模耦合器的优良性能。

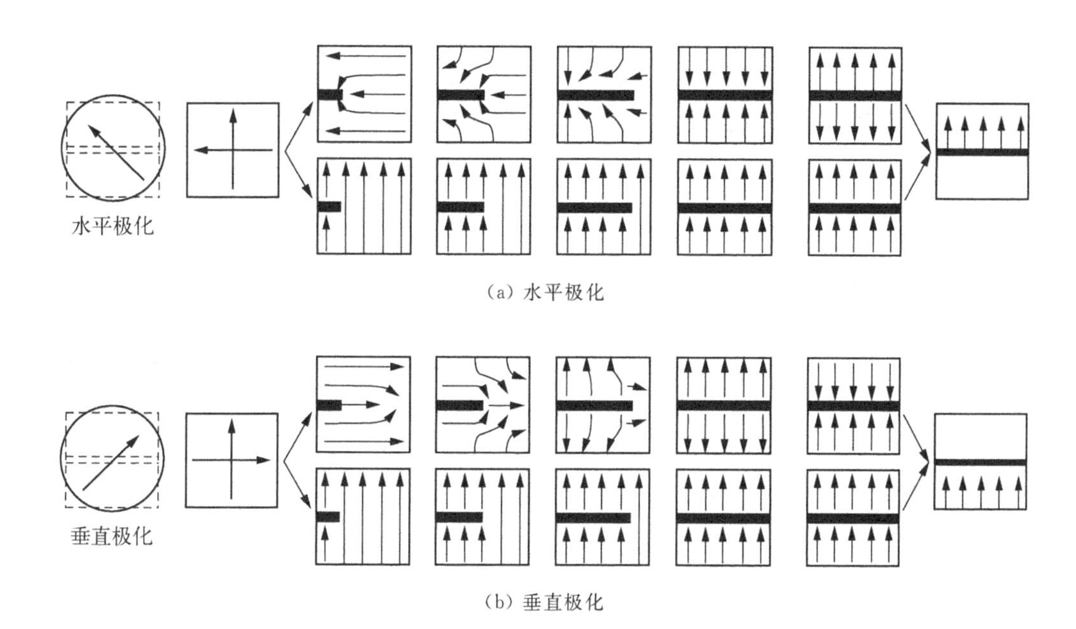

(a) 水平极化

(b) 垂直极化

图 7.85　紧凑型正交模耦合器内部水平和垂直极化的电场分布

常用的圆极化双工器一般由圆极化器与正交模耦合器组合而成,其原理框图如图7.86所示。其中,首先由正交模耦合器实现两个输入端口的极化正交,然后通过圆极化器实现两个旋向相反的圆极化波,最后经圆形喇叭将圆极化波辐射到空间。显然,在电气设计上,由于圆极化器与正交模耦合器需要单独设计而后再组合,若使两者均具有良好的特性,在两者的连接处往往需增加阻抗变换器,从而使设计的复杂度大大增加。同时,在宽带使用的情况下,圆极化器与正交模耦合器的纵向尺寸较长,质量大,不便于星载应用。因此,近些年来人们又相继提出许多紧凑型宽带圆极化双工器的设计方法。详见有关参考文献。

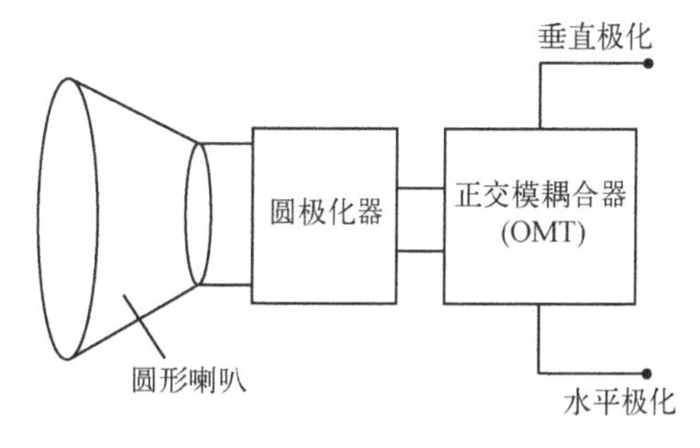

图 7.86　圆极化双工器的原理图

*7.7.2　定向耦合器

定向耦合器在射频/微波工程中有着广泛的应用,如用来监测功率、频率和频谱,测量传输系统和元器件的反射系数、插入损耗,还可以用作衰减器、功率分配器等。

正如所知,定向耦合器是一种具有定向传输特性的四端口元件,它是由耦合装置联系在一起的两对传输系统构成的,如图 7.87 所示。图中①—②和③—④分别是微波传输系统,①—②为一条传输系统,称为主线,③—④为另一条传输系统,称为副线。耦合装置的形式有多种,一般为孔(或缝、槽)、分支线、耦合线等。定向耦合器的种类很多,按传输系统的类型可分为波导型、同轴型、微带型等;按耦合装置可分为孔(或缝、槽)耦合、平行耦合、分支耦合;按耦合波的方向可分为正向耦合和反向耦合。

本节在介绍定向耦合器基本参数的基础上,首先对三种常见(金属)波导定向耦合器进行简单分析;然后讨论平行耦合线定向耦合器的原理及其分析方法,并简单介绍微带分支定向耦合器和微带环形电桥的结构及其特性。

1. 定向耦合器的基本参数

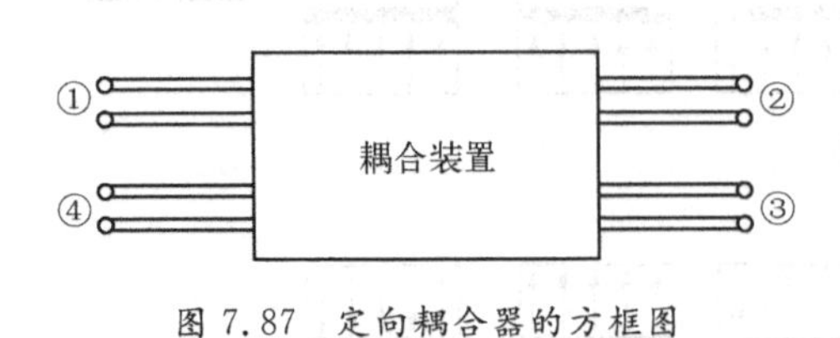

图 7.87　定向耦合器的方框图

为讨论方便,设图 7.87 中的端口①为功率输入端口,端口②为直通输出端口,端口③为耦合输出端口,端口④为隔离端口(即正向耦合情况。反之,若端口③为隔离端口,端口④为耦合端口,则为反向耦合情况),可定义各特性参数如下。

1) 耦合度

耦合度是指主线端口①上输入的入射波功率 P_1^+ 与副线端口③上的出射波功率 P_3^- 之比的分贝数,即

$$C = 10\lg\frac{P_1^+}{P_3^-} = 10\lg\left|\frac{u_1^+}{u_3^-}\right|^2 = 20\lg\frac{1}{|S_{31}|} \quad (\text{dB}) \tag{7.162}$$

因 $P_1^+ \geqslant P_3^-$,故耦合度大于零分贝。分贝值越大,表明耦合度越弱,常称耦合度为 0 dB、3 dB 等的定向耦合器为强耦合定向耦合器;而耦合度为 20 dB、30 dB 等的定向耦合器为弱耦合定向耦合器。

2) 方向性

在理想情况下,定向耦合器的副线中只有一个端口有功率输出,另一个相反端口没有功率输出。但实际上,由于设计公式的近似以及制作上的原因等相反端口总有部分输出。所以,通常将副线中耦合端口③和隔离端口④的出射波功率 P_3^-,P_4^- 之比的分贝数定义为方向性,即

$$D = 10\lg\frac{P_3^-}{P_4^-} = 10\lg\left|\frac{u_3^-}{u_4^-}\right|^2 = 20\lg\left|\frac{S_{31}}{S_{41}}\right| \quad (\text{dB}) \tag{7.163}$$

方向性 D 越大,端口④的出射波功率越小,即方向性越好。在理想情况下,$D\to\infty$。在实际应用中,通常对工作频带内的方向性提出一个最低要求,称为最小方向性,记为 $D_{\min}$。

3) 隔离度

在理想定向耦合器中,当主线上的端口①输入功率时,副线上的端口④没有功率输出,故称端口④为隔离端口。实际上,端口④总有一些功率输出,只是其出射的功率很小。通常将主线上端口①的入射波功率 P_1^+ 与副线上端口④的出射波功率 P_4^- 之比的分贝数定义为隔离度,即

$$I = 10\lg\frac{P_1^+}{P_4^-} = 10\lg\left|\frac{u_1^+}{u_4^-}\right|^2 = 20\lg\left|\frac{1}{S_{41}}\right| \quad (\text{dB}) \tag{7.164}$$

方向性与隔离度都是表征定向耦合器定向能力的技术参数,两者间的关系为

$$D = 10\lg\left|\frac{S_{31}}{S_{41}}\right|^2 = 10\lg|S_{31}|^2 + 10\lg\left|\frac{1}{S_{41}}\right|^2 = I - C \quad (\text{dB})$$

在实际应用中，通常只用方向性，很少采用隔离度。

4）输入驻波系数

定向耦合器各端口上的驻波系数也是衡量其性能的一个重要参数，如端口①的输入驻波系数定义为

$$\rho = \frac{1+|S_{11}|}{1-|S_{11}|} \tag{7.165}$$

式中，S_{11}为主线的输入端口①在其他各端口均接匹配负载情况下的反射系数。在实际应用中，要求各端口的驻波系数尽量接近于1。

5）工作频带

工作频带是指满足上述参数的定向耦合器的工作频率范围，通常要求工作频带越宽越好。

2. 波导定向耦合器

波导定向耦合器（限于主、副线皆为矩形波导的定向耦合器）大都通过主、副波导公共壁上的耦合孔（或缝、槽）进行耦合的，主波导中的场通过耦合孔（或缝、槽）耦合到副波导中，在副波导中激励起主模的场。波导定向耦合器一般可按耦合孔的数目和形状，分为单孔、双孔、多孔定向耦合器、十字孔定向耦合器以及裂缝电桥等。下面仅介绍常见的三种波导定向耦合器的基本分析和工作原理。

1）波导双孔定向耦合器

最简单的波导定向耦合器是波导双孔定向耦合器，这种耦合器通过主、副波导公共窄壁上的两个小孔实现耦合，两孔的间距 $d=(2n+1)\lambda_{g0}/4$，λ_{g0}为中心频率所对应的波导波长，n 是正整数，通常取 $n=0$。耦合孔的形状一般是圆形，也可以是其他形状。波导双孔定向耦合器的结构如图 7.88(a)所示。

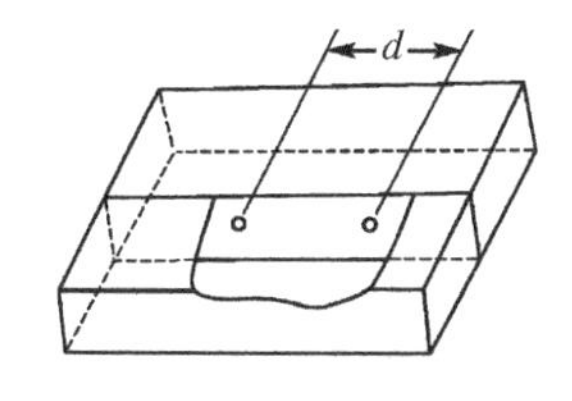

(a) 结构图

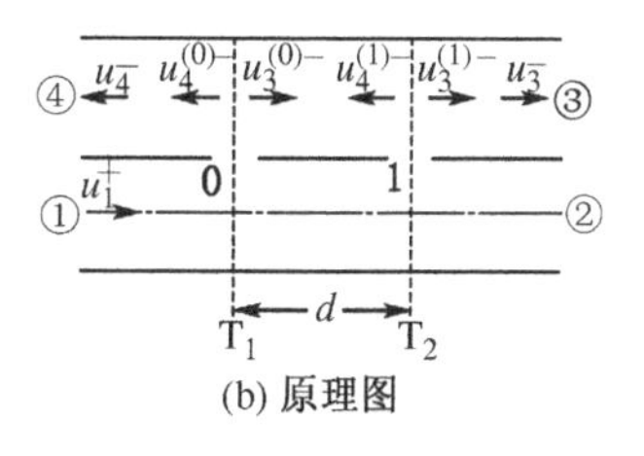

(b) 原理图

图 7.88　波导双孔定向耦合器

这种双孔定向耦合器的耦合机理可用波的叠加原理进行分析，其原理图如图 7.88(b)所示。设TE_{10}模从主波导的端口①输入，且在 T_1 面处的归一化入射波为单位入射波（即 $u_1^+=1$）。当TE_{10}模传输到第一个耦合孔（标号为“0”）和第二个耦合孔（标号为“1”）时，其磁场分量 H_z 将通过小孔在副波导中激发出向端口③和端口④两个方向传输的TE_{10}模，其归一化出射波分别为 u_3^- 和 u_4^-。通过第一个耦合孔耦合到副波导 T_1 面处的归一化出射波分别为 $u_3^{(0)-}$ 和 $u_4^{(0)-}$，而通过第二个耦合孔耦合到副波导 T_2 面处的归一化出射波分别为 $u_3^{(1)-}$ 和 $u_4^{(1)-}$。若耦合孔很小，第一个耦合孔的耦合能量很小，这样可近似认为具有相同大小的电磁能量到达第二个耦合孔，不同的是，单位入射波传输到第二个耦合孔（T_2 面）处时，由于路程差而引起相位差 βd。于是，在副波导 T_2 面处向端口③出射的归一化出射波为

$$u_3^- = S_{31} = (u_3^{(0)-}+u_3^{(1)-})\mathrm{e}^{-\mathrm{j}\beta d} = (S_{31}^{(0)}+S_{31}^{(1)})\mathrm{e}^{-\mathrm{j}\beta d}$$

在副波导 T_1 面处向端口④出射的归一化出射波为

$$u_4^- = S_{41} = u_4^{(0)-} + u_4^{(1)-} e^{-j2\beta d} = S_{41}^{(0)} + S_{41}{}^{(1)} e^{-j2\beta d}$$

若两孔相同,则有

$$u_3^- = S_{31} = 2S_{31}^{(0)} e^{-j\beta d} \tag{7.166}$$

$$u_4^- = S_{41} = S_{41}^{(0)}(1 + e^{-j2\beta d}) = 2S_{41}^{(0)} \cos\beta d\, e^{-j\beta d} \tag{7.167}$$

由此可得双孔定向耦合器的耦合度为

$$C = -20\lg(2\,|S_{31}^{(0)}|) = -(20\lg|S_{31}^{(0)}| + 6) \quad (\text{dB}) \tag{7.168}$$

可见,双孔定向耦合器的耦合量比单孔的耦合量增加了 6 dB。

由于两个耦合孔耦合到端口③的归一化出射波的相位相同,与频率无关,因此耦合度 C 的频率特性主要取决于耦合孔本身的耦合系数 $|S_{31}^{(0)}|$ 的频率特性。根据式(7.35)容易导出,单个小圆孔在副波导(波导②)中激励出的正、反两方向耦合波的耦合系数 A_2^+ 和 A_2^- 相等,即

$$A_2^{\pm} = -j\frac{1}{ab\beta}\left(\frac{\pi}{a}\right)^2 \frac{4}{3}r^3 \tag{7.169a}$$

式中,a,b 分别是矩形波导宽边、窄边的尺寸,而 r 为小孔的半径;β 是TE_{10}模的相移常数,即 $\beta = 2\pi/\lambda_g$,$\lambda_g = \lambda/\sqrt{1-(\lambda/2a)^2}$。因此,散射参量 $S_{31}^{(0)}$,$S_{41}^{(0)}$ 的幅值$|S_{31}^{(0)}|$与 $|S_{41}^{(0)}|$为

$$\left.\begin{array}{c}|S_{31}^{(0)}|\\|S_{41}^{(0)}|\end{array}\right\} = \left.\begin{array}{c}|A_2^+|\\|A_2^-|\end{array}\right\} = \frac{1}{ab\beta}\left(\frac{\pi}{a}\right)^2 \frac{4}{3}r^3 \tag{7.169b}$$

由式(7.169b)可见,小孔耦合系数与 β 成反比,而 β 又与波长(或频率)有关,因此小孔本身的耦合系数是随频率而变的,不过这种变化较为缓慢。所以,双孔定向耦合器的耦合度的频率特性较好。

双孔定向耦合器的方向性为

$$D = 20\lg\left|\frac{2S_{31}^{(0)}}{S_{41}^{(0)}(1+e^{-j2\beta d})}\right| = 20\lg\ |\sec\beta d| \quad (\text{dB}) \tag{7.170}$$

显然,在中心频率上,$d = \lambda_{g0}/4$,$\beta d = \pi/2$,故双孔定向耦合器的方向性为无穷大。但当工作频率偏离中心频率时,$\sec\beta d$ 具有一定的数值,此时 D 不再为无穷大。此外,由于设计、制作等原因,即使在中心频率上其方向性也只能达到 30 dB 左右。双孔定向耦合器的方向性随频率变化既快又大,因此这种定向耦合器是窄带元件。

综上所述,双孔定向耦合器是依靠波的相互干涉而工作的,两个耦合孔耦合到副波导中的波在两个端口上彼此干涉,在一个端口上反相相消。这就是双孔定向耦合器获得定向耦合作用的工作原理。

为了增加定向耦合器的耦合量,展宽定向耦合器的工作频带,可采用多孔定向耦合器。多孔定向耦合器有两种类型:一种是均匀耦合型(孔径相等、孔距相等);另一种是非均匀耦合型(孔径不相等,孔距相等)。有关这两种类型的多孔定向耦合器的分析和设计,读者可参

阅有关文献。

2) 波导单孔定向耦合器

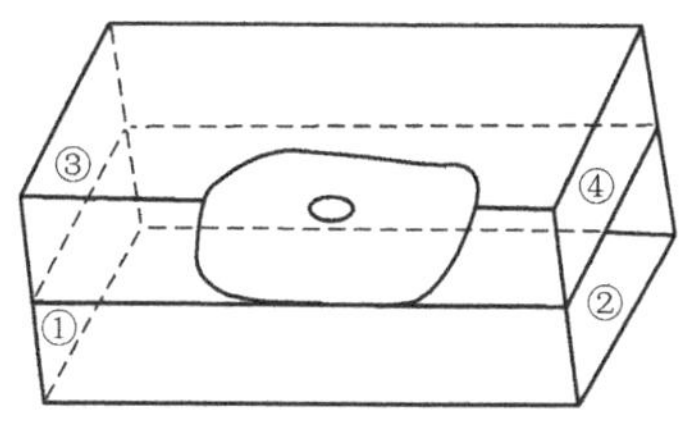

图 7.89　波导单孔定向耦合器

正如所知，波导单孔定向耦合器的结构型式较多，且可以采用小孔耦合理论进行理论分析。这里先对圆孔开在波导公共宽壁中心而构成的单孔定向耦合器(见图7.89)作定性分析，然后在例题 7.6 中简单介绍利用式(7.35)导出其耦合度和方向性的表达式。

当主波导中有TE_{10}模沿正向传输时，在耦合孔附近的电磁场均不为零，电力线和磁力线都可通过小孔延伸到副波导。图 7.90(a)示出了小孔电耦合的情况。当TE_{10}模从主波导的端口①输入而传输到耦合孔时，电场分量 E_y 的电力线就通过小孔延伸到副波导并中止于公共宽壁上副波导的一方，使圆孔在端口③和端口④两个方向上获得大小相等方向相同的电场。由于交变场中电磁场的不可分性，相应于小孔电耦合产生的电场，必同时出现磁场。根据坡印亭矢量关系，即可确定副波导中相应的磁场方向，如图 7.90(b)所示。

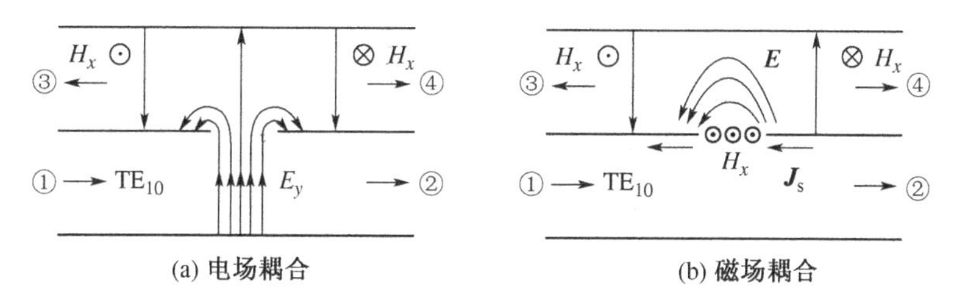

图 7.90　波导单孔定向耦合器电、磁耦合的情况

对小孔磁耦合的情况，因小孔开在宽壁中心，该处的磁场只有 H_x 而无 H_z 分量。由于主波导中TE_{10}模的传输方向是从端口①至端口②，而在小孔处电场分量 E_y 的方向向上，则由坡印亭矢量关系，可定出 H_x 的方向必为垂直穿出纸面，因此由 $\boldsymbol{J}_s=\boldsymbol{a}_n\times\boldsymbol{H}$ 可确定公共宽壁的下表面在小孔处的面电流 $\boldsymbol{J}_s$的方向。此面电流在小孔处发生中断，由全电流定律可知，小孔处中断的面电流必为位移电流所接续，此位移电流的方向如图 7.90(b)所示。位移电流使副波导左方得到方向向下的电场，右方得到方向向上的电场，这两个电场方向相反，大小相等。而与这两个电场相对应的磁场方向如图 7.90(b)所示。

将通过小孔的电、磁耦合在副波导中激发出的电场叠加可知，副波导中端口③得到的电场为两者相加，端口④得到的电场为两者相减(但不全部抵消)。这表明，从端口③输出的导波强，而从端口④输出的导波弱，从而得到定向耦合的作用。

例 7.6　根据贝斯小孔耦合理论，导出如图 7.89 所示波导单孔定向耦合器的耦合度和方向性的表达式。

解：因为小圆孔开在公共宽壁上，因此根据式(7.35)可知副波导中正、反方向耦合波的耦合系数为

$$A_2^{\pm}=-\frac{\mathrm{j}\omega}{2}(\mu_0\chi_M H_x^{0\mp}H_{x0}^{+}+\varepsilon_0\chi_e E_y^{0\mp}E_{y0}^{+})\tag{7.171}$$

为此选取

$$\left.\begin{aligned} E_y^+ &= \sqrt{Z_{\mathrm{TE}_{10}}}\,\boldsymbol{e}_{\mathrm{TE}_{10}}\cdot\mathbf{a}_y = \sqrt{\frac{2Z_{\mathrm{TE}_{10}}}{ab}}\sin\frac{\pi}{a}x \\ H_x^+ &= -\frac{1}{\sqrt{Z_{\mathrm{TE}_{10}}}}\boldsymbol{h}_{\mathrm{TE}_{10}}\cdot\mathbf{a}_x = \sqrt{\frac{2}{abZ_{\mathrm{TE}_{10}}}}\sin\frac{\pi}{a}x \end{aligned}\right\}$$

以及

$$\left.\begin{aligned} E_y^{\mp} &= \sqrt{Z_{\mathrm{TE}_{10}}}\,\boldsymbol{e}_{\mathrm{TE}_{10}}\cdot\mathbf{a}_y = \sqrt{\frac{2Z_{\mathrm{TE}_{10}}}{ab}}\sin\frac{\pi}{a}x \\ H_x^{\mp} &= \mp\frac{1}{\sqrt{Z_{\mathrm{TE}_{10}}}}\boldsymbol{h}_{\mathrm{TE}_{10}}\cdot\mathbf{a}_x = \pm\sqrt{\frac{2}{abZ_{\mathrm{TE}_{10}}}}\sin\frac{\pi}{a}x \end{aligned}\right\}$$

式中,$Z_{\mathrm{TE}_{10}}=\omega\mu_0/\beta_{10}$,而 β_{10}(记为 β)为TE_{10}模的相移常数。在小圆孔处,由于 $x=a/2$,并令 $z=0$,于是式(7.171)中的 E_{y0}^+,H_{x0}^+和 $E_y^{0\mp}$,$H_x^{0\mp}$ 分别为

$$E_{y0}^+ = \sqrt{\frac{2\omega\mu_0}{ab\beta}},\qquad H_{x0}^+ = \sqrt{\frac{2\beta}{ab\omega\mu_0}};\qquad E_y^{0\mp} = \sqrt{\frac{2\omega\mu_0}{ab\beta}},\qquad H_x^{0\mp} = \pm\sqrt{\frac{2\beta}{ab\omega\mu_0}}$$

将上式中 E_{y0}^+,H_{x0}^+和 $E_y^{0\mp}$,$H_x^{0\mp}$ 的表达式代入式(7.171),并考虑小圆孔的 $\chi_M=2\chi_e=4r^3/3$,则得副波导中正、反方向耦合波的耦合系数为

$$\left.\begin{aligned}A_2^+\\A_2^-\end{aligned}\right\}=\left.\begin{aligned}S_{41}\\S_{31}\end{aligned}\right\}=-\frac{\mathrm{j}2\beta\chi_e}{ab}\left(\mp 1+\frac{k^2}{2\beta^2}\right)=\frac{\mathrm{j}8\pi r^3}{3ab\lambda_g}\left(\pm 1-\frac{k^2}{2\beta^2}\right) \tag{7.172}$$

因为$|A_2^-|>|A_2^+|$,表明副波导中反向耦合波的幅值大于正向耦合波的幅值,因此也进一步说明这是一种反向的波导定向耦合器。所以,波导单孔定向耦合器的耦合度和方向性分别为

$$C=20\lg(|A_2^-|)^{-1}=-20\lg\left\{\frac{3ab\lambda_g}{8\pi r^3\left[1+\frac{1}{2}(\lambda_g/\lambda)^2\right]}\right\}\quad(\mathrm{dB}) \tag{7.173a}$$

$$D=20\lg\left(\frac{|A_2^-|}{|A_2^+|}\right)=20\lg\left\{\frac{1+\frac{1}{2}(\lambda_g/\lambda)^2}{1-\frac{1}{2}(\lambda_g/\lambda)^2}\right\}\quad(\mathrm{dB}) \tag{7.173b}$$

可见,波导单孔定向耦合器的耦合度和方向性都随频率而变,但变化较为缓慢,因此这种定向耦合器的耦合度和方向性的频率特性都较好。

通过进一步分析可知,当波导宽边尺寸 a 与波长 λ 间满足 $a=\lambda/\sqrt{2}$ 或当主波导以小孔中心为轴相对旋转一角度 $\theta\left(=\arccos\left(\frac{2a^2}{4a^2-\lambda^2}\right)\right)$时,理论上波导单孔定向耦合器可获得理想方向性,即 $D=\infty$。但由于设计公式的近似及加工等原因,这种定向耦合器的方向性也只能达到数十分贝。

3）波导裂缝电桥(三分贝电桥)

波导裂缝电桥属大孔耦合(连续耦合)的定向耦合器。它有两种结构型式：一种是宽壁耦合，另一种是窄壁耦合，前者工作频带较宽，后者能承受较大的功率。图7.91(a)示出了窄壁耦合裂缝电桥的结构示意图，其中耦合裂缝是在主、副波导的公共窄壁上切去长为 l 的一段而形成的。当TE_{10}模从窄壁耦合裂缝电桥的主波导的端口①输入时，导波将从端口②和端口③输出，端口③的电场相位滞后于端口②的电场相位 $\pi/2$，端口④无输出。若合理选择尺寸 l，则可使端口①输入功率的一半耦合到端口③，即耦合度为3 dB。因此，习惯上又将这种裂缝电桥称为3 dB电桥。下面简单介绍其工作原理。

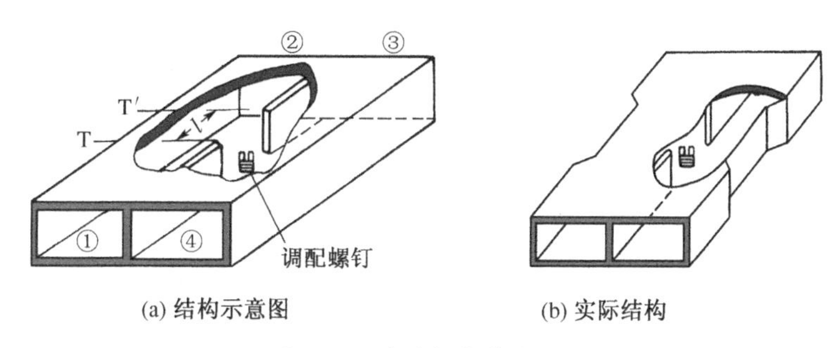

(a) 结构示意图　　(b) 实际结构

图7.91　窄壁耦合裂缝电桥

由于波导裂缝的参考面T，T′之间是一段长为 l，宽为$(2a+t)$以及高为 b 的矩形波导段，其中 t 为波导公共侧壁的厚度，分析时令 $t=0$。通过适当选取如图7.92(a)所示参考面T，T′之间的耦合段波导的宽边尺寸，可使耦合段的波导内能同时传输TE_{10}模和TE_{20}模，但不能传输TE_{30}模及其他高次模式。当电场幅度为 E_0 的TE_{10}模从端口①输入到达裂缝的参考面T时，假定输入的信号功率平均分配于TE_{10}模和TE_{20}模，根据电场的线性叠加原理，可将端口①输入的电场看做是端口①和端口④同时输入的电场幅度为 $E_0/2$ 的偶对称模和奇对称模的叠加，如图7.92(b)所示。若将裂缝电桥的参考面T作为偶对称模和奇对称模的零相位参考点，当它们传输到参考面T′时，在端口②和端口③分别叠加输出，端口②输出的偶对称模和奇对称模叠加得到的电场 E_2 为

$$E_2=\frac{E_0}{2}\mathrm{e}^{-\mathrm{j}\beta_{10}l}+\frac{E_0}{2}\mathrm{e}^{-\mathrm{j}\beta_{20}l}=\frac{E_0}{2}\mathrm{e}^{-\mathrm{j}\beta_{10}l}(1+\mathrm{e}^{\mathrm{j}\theta})\tag{7.174}$$

式中，$\beta_{10}=2\pi/\lambda_{g10}$，$\beta_{20}=2\pi/\lambda_{g20}$，$\lambda_{g10}$ 和 λ_{g20} 分别为TE_{10}模和TE_{20}模的波导波长；$\theta=(\beta_{10}-\beta_{20})/l$，为$TE_{10}$模的电场滞后于$TE_{20}$模的电场的相位。端口③输出电场 E_3 为

$$E_3=\frac{E_0}{2}\mathrm{e}^{-\mathrm{j}\beta_{10}l}+\frac{E_0}{2}\mathrm{e}^{-\mathrm{j}(\beta_{20}l+\pi)}=\frac{E_0}{2}\mathrm{e}^{-\mathrm{j}\beta_{10}l}(1-\mathrm{e}^{\mathrm{j}\theta})\tag{7.175}$$

式中，π 是由于端口③处TE_{10}模的电场与和TE_{20}模的电场反相而引起的相位。由式(7.174)和式(7.175)可得

$$\frac{E_3}{E_2}=\frac{1-\mathrm{e}^{\mathrm{j}\theta}}{1+\mathrm{e}^{\mathrm{j}\theta}}=-\mathrm{j}\tan\left(\frac{\theta}{2}\right)\tag{7.176}$$

此关系可用如图7.93所示的相量图表示，其中图7.93(a)和图(b)分别对应不等功率分配

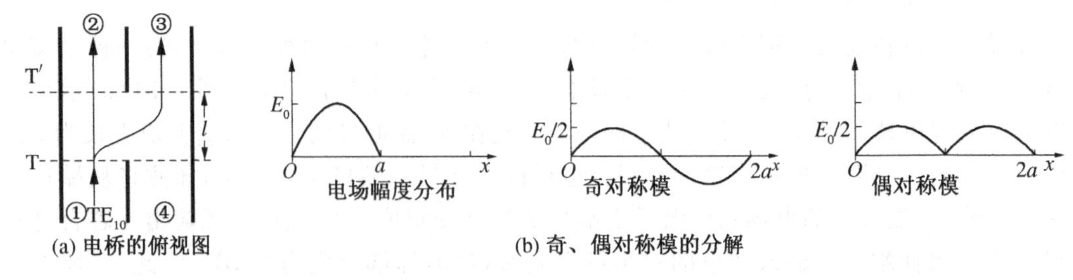

图 7.92 裂缝电桥的俯视图和奇、偶对称模的分解

和等功率分配(3 dB)情况。由式(7.176)和图 7.93 可以看出,在两种情况下,耦合到端口③的电场滞后于端口②的电场的相位均为90°。实际应用中,多采用端口②和端口③的等功率分配情况,即$|E_2|=|E_3|=E_0/\sqrt{2}$,而耦合度为 3 dB。此时,$\theta=(\beta_{10}-\beta_{20})l=\pi/2$,于是,3 dB电桥的耦合区长度 l 为

$$l=\frac{\pi}{2(\beta_{10}-\beta_{20})}=\frac{\lambda}{4}\frac{1}{\sqrt{1-\lambda^2/(4a)^2}-\sqrt{1-\lambda^2/(2a)^2}} \tag{7.177}$$

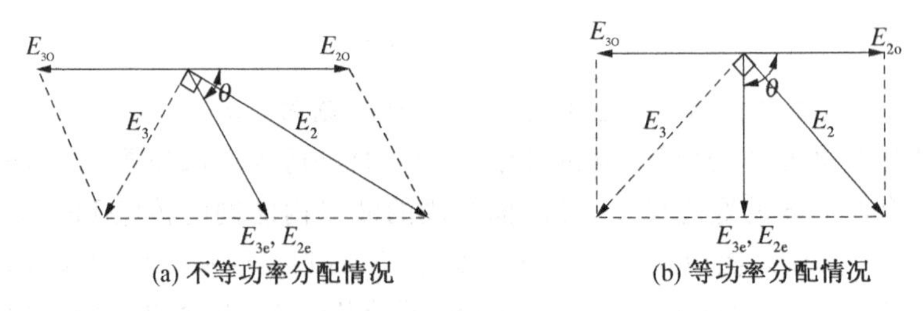

图 7.93 窄壁耦合裂缝电桥的工作原理图

应指出,上述分析并未考虑 3 dB 电桥波导公共侧壁厚度以及结构不连续性而产生的影响。事实上,由于电桥的公共窄壁有一定的厚度,因此使耦合区传输的TE_{10}模要产生反射。为了消除反射,通常在耦合区加一个调谐螺钉来补偿耦合区两端的公共窄壁产生的不连续性。此外,为了保证 3 dB 电桥耦合区不出现高次模式,通常在耦合区的波导窄壁的内侧镶嵌两端倾斜的金属条或直接使 3 dB 电桥的耦合区变窄,如图 7.91(b)所示。

如前所述,若适当选取各端口参考面 T 和 T′,3 dB 电桥的散射矩阵可写为

$$[S]=\frac{1}{\sqrt{2}}\begin{bmatrix}0 & 1 & -\mathrm{j} & 0\\ 1 & 0 & 0 & -\mathrm{j}\\ -\mathrm{j} & 0 & 0 & 1\\ 0 & -\mathrm{j} & 1 & 0\end{bmatrix} \tag{7.178}$$

3. 微带定向耦合器

1) 平行耦合微带定向耦合器

平行耦合微带定向耦合器的实际平面结构如图 7.94(a)所示,其中端口①、②、③和④分别为输入端口、直通端口、耦合端口和隔离端口。为便于分析,这里讨论如图 7.94(b)所示的对称耦合微带线节的情况,其中 OO' 是耦合线节的几何对称面,线长 l 是奇模和偶模波

导波长平均值的 1/4，四个端口均接匹配负载 Z_c。这种定向耦合器常采用奇偶分析方法，此分析方法以微波网络理论为基础。图 7.94(c)、(d)示出了这种分析方法的简图，其中 7.94(c)是偶模激励情况，图 7.94(d)是奇模激励情况。

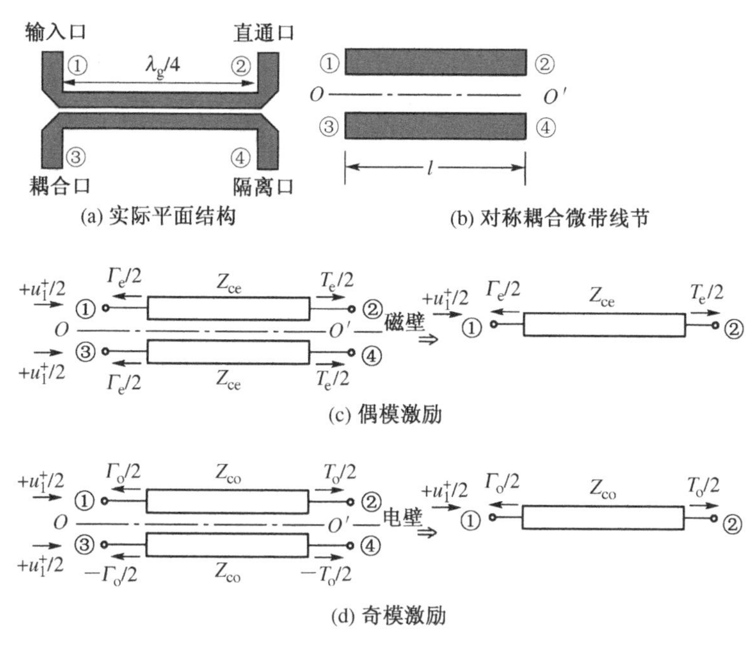

图 7.94　平行耦合微带定向耦合器

当图 7.94(b)中的端口①用归一化入射波 u_1^+ 激励时，其他三个端口均接匹配负载，此时端口②、③、④的归一化入射波 u_2^+，u_3^+，u_4^+ 都为零，而各端口的归一化出射波 u_1^-，u_2^-，u_3^-，u_4^- 均不为零。图 7.94(c)是将端口①输入的归一化入射波 u_1^+ 分解成端口①、③上两个大小相等、相位相同的对称归一化入射波 $u_{1e}^+(=u_1^+/2)$ 和 $u_{3e}^+(=u_1^+/2)$激励的情况，此时对称面 OO' 是磁壁(或记为 H 壁，即 OO' 平面上切向磁场分量为零，磁力线垂直穿过此面)。耦合电容相当于开路，因而可将耦合线节从磁壁的两边分成两根孤立的微带线来分析，每根线的特性阻抗均为 Z_{ce}，其归一化入射波为 $u_1^+/2$，输入端的归一化反射波为 $u_{1e}^-=u_{3e}^-=\Gamma_e(u_1^+/2)$，输出端的归一化出射波为 $u_{2e}^-=u_{4e}^-=T_e(u_1^+/2)$，其中 Γ_e，T_e 分别为偶模微带线的反射系数和传输系数。图 7.94(d)是将端口①输入的归一化入射波 u_1^+ 分解成端口①、③上两个大小相等、相位相反的反对称归一化入射波 $u_{1o}^+(=u_1^+/2)$和 $u_{3o}^+(=-u_1^+/2)$激励的情况。其耦合线节对称面 OO' 是电壁(或记为 E 壁，即 OO' 平面上切向电场分量为零，电力线垂直穿过此面)，此面上电压为零，相当于短路，因而也可将耦合线节从电壁的两边分成两根独立的微带线来分析，每根线的特性阻抗均为 Z_{co}，其归一化入射波分别为 $u_{1o}^+(=u_1^+/2)$和 $u_{3o}^+(=-u_1^+/2)$，输入端的归一化反射波分别为 $u_{1o}^-=\Gamma_o(u_1^+/2)$ 和 $u_{3o}^-=-\Gamma_o(u_1^+/2)$，输出端的归一化出射波分别为 $u_{2o}^-=T_o(u_1^+/2)$ 和 $u_{4o}^-=-T_o(u_1^+/2)$，其中 Γ_o 和 T_o 分别为奇模微带线的反射系数和传输系数。显然，图 7.94(c)和图 7.94(d)两种情况叠加即得图 7.94(b)的情况，它们间的参量关系为

$$\left.\begin{aligned} u_1^- &= \frac{1}{2}(\Gamma_e + \Gamma_o)u_1^+, \quad u_2^- = \frac{1}{2}(T_e + T_o)u_1^+ \\ u_3^- &= \frac{1}{2}(\Gamma_e - \Gamma_o)u_1^+, \quad u_4^- = \frac{1}{2}(T_e - T_o)u_1^+ \end{aligned}\right\} \tag{7.179}$$

图 7.94(c),(d)所示的孤立微带线节可视为电长度 $\theta(=\beta l)$、特性阻抗分别为 Z_{co},Z_{ce}的奇、偶模二端口网络,这两个网络的归一化转移矩阵$[a]_o$,$[a]_e$容易写出。这样,根据$[S]$和$[a]$间的转换关系,即可导出相应的 Γ_o,Γ_e,T_o,T_e的表达式,即

$$\Gamma_o = S_{11o} = \frac{\mathrm{j}\left(\frac{Z_{co}}{Z_c} - \frac{Z_c}{Z_{co}}\right)\sin\theta}{2\cos\theta + \mathrm{j}\left(\frac{Z_{co}}{Z_c} + \frac{Z_c}{Z_{co}}\right)\sin\theta} \tag{7.180a}$$

$$\Gamma_e = S_{11e} = \frac{\mathrm{j}\left(\frac{Z_{ce}}{Z_c} - \frac{Z_c}{Z_{ce}}\right)\sin\theta}{2\cos\theta + \mathrm{j}\left(\frac{Z_{ce}}{Z_c} + \frac{Z_c}{Z_{ce}}\right)\sin\theta} \tag{7.180b}$$

$$T_o = S_{21o} = \frac{2}{2\cos\theta + \mathrm{j}\left(\frac{Z_{co}}{Z_c} + \frac{Z_c}{Z_{co}}\right)\sin\theta} \tag{7.180c}$$

$$T_e = S_{21e} = \frac{2}{2\cos\theta + \mathrm{j}\left(\frac{Z_{ce}}{Z_c} + \frac{Z_e}{Z_{ce}}\right)\sin\theta} \tag{7.180d}$$

将以上各式代入(7.179)中的各式即得 u_1^-,u_2^-,u_3^-,u_4^- 的表达式。

为使这种耦合器实现理想匹配和理想隔离,必须使 $u_1^- = u_4^- = 0$,由此可得

$$Z_c = \sqrt{Z_{co}Z_{ce}} \tag{7.181}$$

这样,由式(7.180c)和(7.180d)可得

$$\frac{u_3^-}{u_1^+} = \frac{\mathrm{j}(Z_{ce} - Z_{co})\sin\theta}{2Z_c\cos\theta + \mathrm{j}(Z_{ce} + Z_{co})\sin\theta} = \frac{\mathrm{j}k\sin\theta}{\sqrt{1-k^2}\cos\theta + \mathrm{j}\sin\theta} \tag{7.182}$$

$$\frac{u_2^-}{u_1^+} = \frac{2Z_c}{2Z_c\cos\theta + \mathrm{j}(Z_{ce} + Z_{co})\sin\theta} = \frac{\sqrt{1-k^2}}{\sqrt{1-k^2}\cos\theta + \mathrm{j}\sin\theta} \tag{7.183}$$

式中

$$k = \frac{Z_{ce} - Z_{co}}{Z_{ce} + Z_{co}} \tag{7.184}$$

为电压耦合系数。于是,得

$$Z_{ce} = Z_c\sqrt{\frac{1+k}{1-k}}, \quad Z_{co} = Z_c\sqrt{\frac{1-k}{1+k}} \tag{7.185}$$

根据式(7.182)可得耦合度 C 为

$$C = 10\lg \frac{1 - k^2 \cos^2\theta}{k^2 \sin^2\theta} \tag{7.186}$$

在中心频率上，有

$$C = 20\lg\left(\frac{1}{k}\right) \tag{7.187}$$

由上述分析可知，若已知中心频率上的耦合度 C 以及定向耦合器各端口引出微带线的特性阻抗 Z_c（即参考阻抗 Z_c），则可按(7.187)和(7.185)两式计算 Z_{ce}，Z_{co}，然后通过耦合微带线的设计曲线或表格确定耦合器的结构尺寸。

实际应用中，往往需要将耦合端口和直通端口安排在同一侧以便与电路连接。此时可采用如图 7.95(a)所示的结构。应指出，这种型式的 3 dB 耦合（即耦合度为 3 dB）的微带定向耦合器若制作在材料为氧化铝的基片上，计算表明其两根平行微带线之间的间距小于 10 μm，从而使制作困难。解决的方法之一是使用两个 8.34 dB 的松耦合平行耦合微带定向耦合器级联而成，如图 7.95(b)所示。此外，还可像构成阶梯阻抗变换器那样，将多节长为 $\lambda_g/4$的平行耦合微带线进行级联来获得紧耦合的定向耦合器，如图 7.95(c)所示。有关多节平行耦合微带定向耦合器的综合设计，读者可参考其他文献。

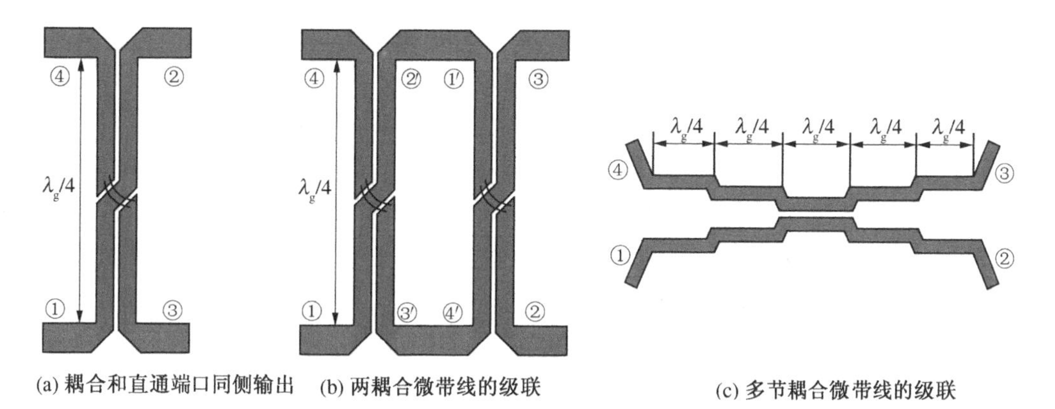

图 7.95　实用的平行耦合微带定向耦合器

还应指出，以上是在均匀介质情况下对平行耦合微带定向耦合器进行分析的。然而，实际耦合微带线的介质是非均匀的，其奇、偶模传输的相速并不相等，导致耦合区对奇、偶模的电长度 θ_o，θ_e也不相等。其结果是引起平行耦合微带定向耦合器的隔离度变差，同时还对主微带线的输入驻波系数和耦合度产生影响。因此，以上分析方法对设计平行耦合微带定向耦合器只是一种近似方法。所以，实际的平行耦合微带定向耦合器通常都无例外地采取一些措施，以改善其性能。图 7.96 示出了平行耦合微带定向耦合器的改进结构。其中，图 7.96(a) 的覆盖介质对奇模影响大，使奇模相速下降，而偶模相速近似不变，从而提高方向性。这种结构要求 $\varepsilon_r' \approx \varepsilon_r$，且 $d < h$；图 7.96(b)的耦合缝采用锯齿结构，使有效的耦合缝长度变长，因此奇模电容增大，但偶模电容基本保持不变，所以奇、偶模相速趋于相等。这种结构不仅可以提高方向性，而且可以增强耦合，展宽频带，但最佳结构尺寸要靠实验来确定；图 7.96(c)的结构是在耦合器的两端并联小电容 C_1（一般采用交指形结构），其作用是使奇模

电容增加,以起到均等奇、偶模相速的作用。在 X 波段,C_1 的值在亚微微法的量级。此外,还可采用交指型耦合结构(又称多导体耦合器(Lange 耦合器),见图 7.103)。

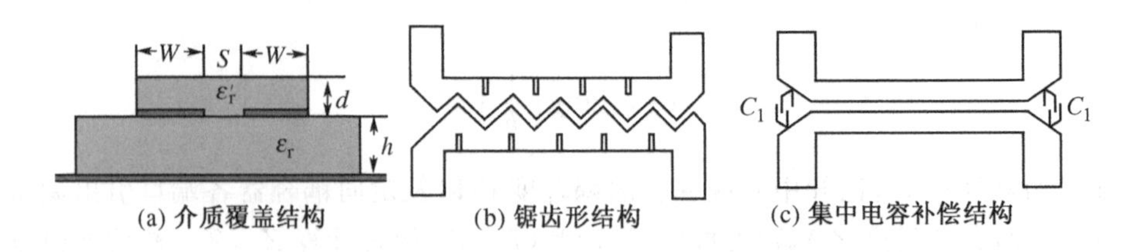

图 7.96　平行耦合微带定向耦合器的几种改进结构

2) 微带分支定向耦合器和微带环形电桥

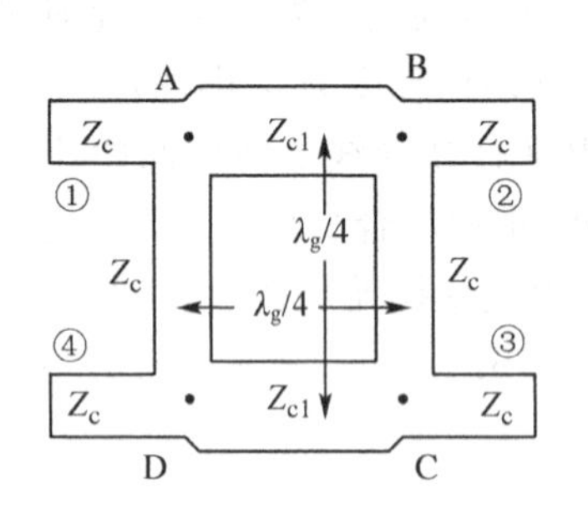

图 7.97　微带分支定向耦合器

微带分支定向耦合器的平面结构如图 7.97 所示。它由主线(①—②)、副线(④—③)和两条分支线(A—D、B—C)组成,其中假设耦合器的四个端口均接匹配负载 Z_c,分支线的长度和它们间的距离均为 $\lambda_{g0}/4$,而 λ_{g0} 为中心频率 f_0 对应的波导波长。

假设电压波从端口①经 A 点输入,则到达 D 点的电压波有两路,一路由 A 点直接到达 D 点;另一路由 A 点经 B,C 再到达 D 点,这两条路径因长度差为 $\lambda_{g0}/2$ 而使两路电压波的相位相差180°。若取 $Z_{c1}=Z_c/\sqrt{2}$,则到达 D 点的两路电压波的振幅相等,这样到达端口④的电压波相互抵消,从而使端口④无输出,即端口④为隔离端口。同理,从端口①的 A 点到端口③的 C 点的电压波也有两路,因两条路径长度相等,故两路电压波相互叠加,从而使端口③有输出(因取 $Z_{c1}=Z_c/\sqrt{2}$,故端口③的输出功率是端口①的入射功率的 1/2,即端口③有 3 dB 的耦合),即端口③为耦合端口。

根据结构对称性,仿照两路微带功率分配器以及平行耦合微带定向耦合器采用的奇偶模分析法,容易导出如图 7.97 所示的 3 dB 微带分支定向耦合器的散射矩阵为

$$[S]=\frac{-1}{\sqrt{2}}\begin{bmatrix}0 & \mathrm{j} & 1 & 0\\ \mathrm{j} & 0 & 0 & 1\\ 1 & 0 & 0 & \mathrm{j}\\ 0 & 1 & \mathrm{j} & 0\end{bmatrix} \tag{7.188}$$

微带环形电桥的平面结构如图 7.98(a)所示,它由全长为 $3\lambda_{g0}/2$ 的圆环状导带以及与之相连的四个分支臂(导带)组成,并假设电桥的四个端口均接匹配负载 Z_c。当端口①输入电压波时,该端口无反射,端口②、③有等幅同相输出,而端口④无输出。这种结构的散射矩阵为

$$[S]=\frac{-\mathrm{j}}{\sqrt{2}}\begin{bmatrix}0 & 1 & 1 & 0\\ 1 & 0 & 0 & 1\\ 1 & 0 & 0 & -1\\ 0 & 1 & -1 & 0\end{bmatrix} \tag{7.189}$$

图 7.98(b)则示出了微带环形电桥的实物图，其中四个端口均接特性阻抗为 50 Ω 的 SMA 型(同轴—微带转换)接头。

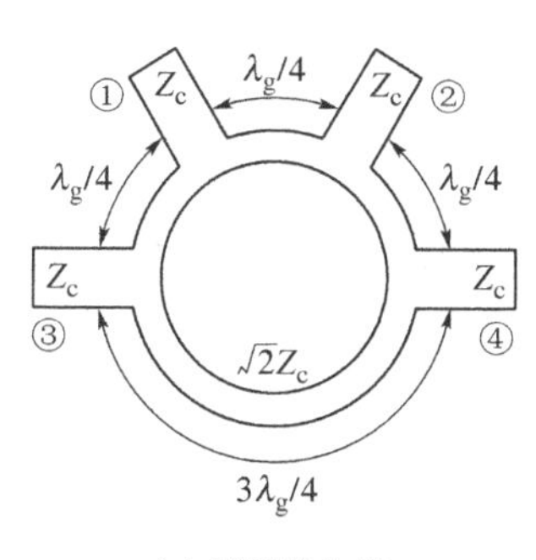

(a) 平面结构图

(b) 实物图

图 7.98　微带环形电桥

例 7.7　如图 7.99 所示，为一微带变阻分支定向耦合器的导带结构示意图。其中 a_1，a_2 及 b 分别为以耦合器输入、输出端外接微带线的特性导纳 Y_{c1}，Y_{c2}(或特性阻抗为 Z_{c1}，Z_{c2})为参考的各分支微带线的归一化导纳，$R(=Z_{c2}/Z_{c1})$为变阻比，各分支微带线长均为 $\lambda_{g0}/4$，且耦合器的耦合度为 C(dB)。① 利用奇偶模分析法，导出当端口①、④完全隔离以及端口①匹配时，该理想分支耦合器的各参数 a_1，a_2，b 及 C(dB)间的关系；② 导出该理想的微带变阻分支耦合器的散射矩阵[S]；③ 导出两只相同的理想非变阻分支耦合器($R=1$)级联后构成的理想分支耦合器的散射矩阵[S']。

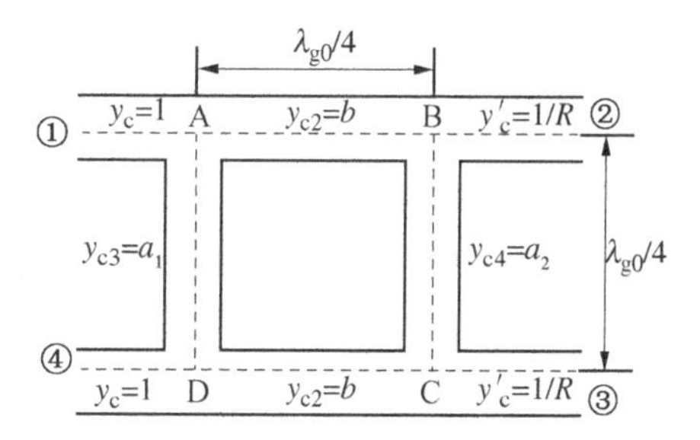

图 7.99　微带变阻分支定向耦合器的导带结构示意图

解：① 根据对称性，将端口①用一归一化电压为 u_s，内阻抗为 Z_c 的波源激励，并使端口④接匹配负载 Z_c(即归一化导纳 $y_{c4}=y_{c1}=y_c=1$)；使端口②、③接匹配负载 Z_{c2}(即归一化导纳 $y_{c2}=y_{c3}=y'_c=1/R$)。于是，对奇模而言，分支线(AB 及 CD)的中心对称面 OO' 分别对应于短路和开路，即电壁和磁壁，如图 7.100(a)所示。因此，可从对称面 OO' 将分支线耦合器一分为二，如图 7.100(b)和 7.100(c)所示。

由于图 7.100(b)和 7.100(c)中端口①处的归一化入射波在端口②引起的归一化出射波可写为

$$u_2^- = (T_e + T_o)\frac{u_s}{2} = S_{21}u_s = (S_{21e} + S_{21o})\frac{u_s}{2} \tag{7.190}$$

类似地，由结构对称性，有

$$u_3^- = (T_e - T_o)\frac{u_s}{2} = S_{31}u_s \tag{7.191}$$

$$u_4^- = (\Gamma_e - \Gamma_o)\frac{u_s}{2} = S_{41}u_s \tag{7.192}$$

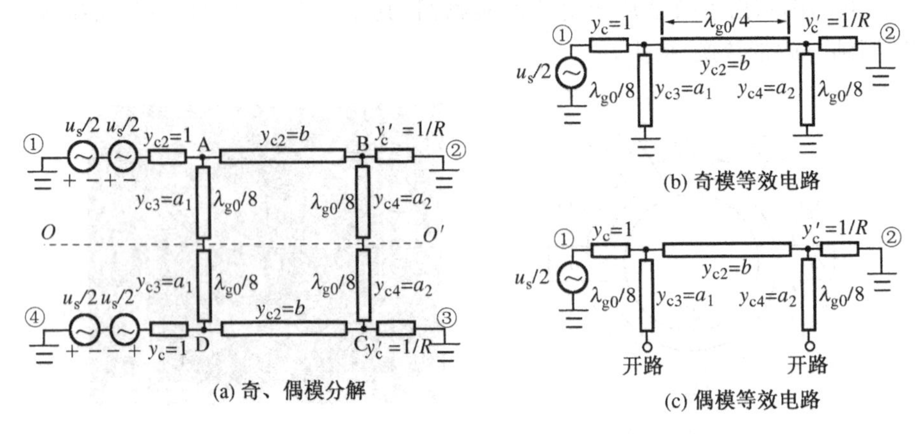

图 7.100　分支定向耦合器的奇、偶模分解及其等效电路

而端口①的归一化反射波为

$$u_1^- = (\Gamma_e + \Gamma_o)\frac{u_s}{2} = S_{11}u_s \tag{7.193}$$

根据图 7.100(b)和 7.100(c)所示的等效电路可导出 T_e, T_o, Γ_e和 Γ_o。事实上,图 7.100(b)和 7.100(c)中端口①和端口②之间的等效电路,可分别看成是并接有长为 $\lambda_{g0}/8$ 的短路线和开路线的三个单元电路构成的二端口网络。对奇、偶模而言,长为 $\lambda_{g0}/8$ 的短截线的输入导纳分别为

$$Y_{ei} = \mathrm{j}a_iY_{ci}, \qquad Y_{oi} = -\mathrm{j}a_iY_{ci} \tag{7.194}$$

式中,$i=1,2$。于是,奇、偶模的等效电路可再次等效为如图 7.101(a)和 7.101(b)所示的二端口网络。这样,端口①和端口②的 T_1, T_2 间的未归一化转移矩阵分别为

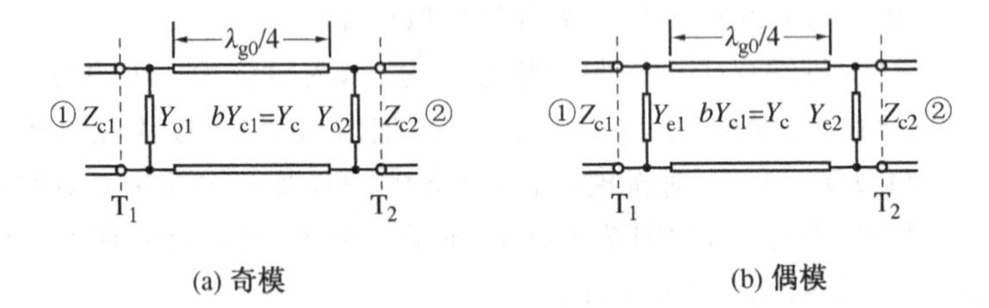

图 7.101　奇、偶模的等效网络

$$[A]_o = \begin{bmatrix} 1 & 0 \\ -\mathrm{j}a_1Y_{c1} & 1 \end{bmatrix}\begin{bmatrix} 0 & \dfrac{\mathrm{j}}{bY_{c1}} \\ \mathrm{j}bY_{c1} & 0 \end{bmatrix}\begin{bmatrix} 1 & 0 \\ -\mathrm{j}a_2Y_{c2} & 1 \end{bmatrix} = \begin{bmatrix} \dfrac{a_2}{b} & \dfrac{\mathrm{j}}{bY_{c1}} \\ \mathrm{j}Y_{c1}\left(b-\dfrac{a_1a_2}{b}\right) & \dfrac{a_1}{b} \end{bmatrix} \tag{7.195}$$

$$[A]_e = \begin{bmatrix} 1 & 0 \\ \mathrm{j}a_1Y_{c1} & 1 \end{bmatrix}\begin{bmatrix} 0 & \dfrac{\mathrm{j}}{bY_{c1}} \\ \mathrm{j}bY_{c1} & 0 \end{bmatrix}\begin{bmatrix} 1 & 0 \\ \mathrm{j}a_2Y_{c2} & 1 \end{bmatrix} = \begin{bmatrix} -\dfrac{a_2}{b} & \dfrac{\mathrm{j}}{bY_{c1}} \\ \mathrm{j}Y_{c1}\left(b-\dfrac{a_1a_2}{b}\right) & -\dfrac{a_1}{b} \end{bmatrix} \tag{7.196}$$

根据归一化转移参量与未归一化转移参量间的关系，可得奇、偶模的归一化转移参量分别为

$$\left.\begin{array}{l} a_e=-\dfrac{a_2}{b}\sqrt{R},\ b_e=-\dfrac{j}{b\sqrt{R}} \\ c_e=-\dfrac{j}{b\sqrt{R}},\ d_e=-\dfrac{a_1}{b\sqrt{R}} \end{array}\right\} \quad 及 \quad \left.\begin{array}{l} a_o=\dfrac{a_2}{b}\sqrt{R},b_o=\dfrac{j}{b\sqrt{R}} \\ c_o=j\sqrt{R}\left(b-\dfrac{a_1a_2}{b}\right),d_o=\dfrac{a_1}{b\sqrt{R}} \end{array}\right\} \tag{7.197}$$

显然，$a_e=-a_o,b_e=b_o,c_e=c_o,d_e=-d_o$。

于是，当端口①完全匹配以及端口①、②完全隔离时，有

$$u_1^-=(\Gamma_e+\Gamma_o)\frac{u_s}{2}=0,\qquad u_4^-=(\Gamma_e-\Gamma_o)\frac{u_s}{2}=0$$

欲使以上两式成立，只有 Γ_e 和 Γ_o 同时为零，即

$$\Gamma_i=S_{11i}=\frac{a_i+b_i-c_i-d_i}{a_i+b_i+c_i+d_i}=0\quad(i=o,e) \tag{7.198}$$

从而得

$$a_i=d_i,\quad b_i=c_i\quad(i=o,e) \tag{7.199}$$

将式(7.197)代入式(7.199)，得

$$a_1=a_2R,\qquad bR^2-1=a_1a_2R \tag{7.200}$$

又因为

$$\left.\begin{array}{l} T_o=S_{21o}=\dfrac{2}{a_o+b_o+c_o+d_o}=\dfrac{b\sqrt{R}}{(Ra_2)^2+1}(Ra_2+j) \\ T_e=S_{21e}=\dfrac{2}{a_e+b_e+c_e+d_e}=\dfrac{-b\sqrt{R}}{(Ra_2)^2+1}(Ra_2-j) \end{array}\right\} \tag{7.201}$$

从而得

$$\left.\begin{array}{l} S_{11}=\dfrac{1}{2}(\Gamma_o+\Gamma_e)=0,\ S_{21}=\dfrac{1}{2}(T_o+T_e)=-\dfrac{b\sqrt{R}}{(Ra_2)^2+1} \\ S_{31}=\dfrac{1}{2}(T_e-T_o)=-\dfrac{(b\sqrt{R})Ra_2}{(Ra_2)^2+1},\ S_{41}=\dfrac{1}{2}(\Gamma_e-\Gamma_o)=0 \end{array}\right\} \tag{7.202}$$

又由结构对称性以及互易性，可知

$$S_{12}=S_{21}=S_{34}=S_{43},\qquad S_{14}=S_{41}=S_{23}=S_{32},\qquad S_{13}=S_{31}=S_{24}=S_{42} \tag{7.203}$$

再由耦合度的定义，知

$$C=10\lg\frac{1}{|S_{31}|^2}=10\lg\left\{\frac{[(Ra_2)^2+1]^2}{b^2R^3a_2^2}\right\}=10\lg\left(\frac{a_1^2+1}{a_1^2}\right)\quad(\mathrm{dB}) \tag{7.204}$$

于是，当耦合度 C dB 已知时，得

$$a_1 = [10^{C(\mathrm{dB})/10} - 1]^{-1/2}, \qquad a_2 = \frac{a_1}{R}, \qquad b = \sqrt{\frac{1+a_1^2}{R}} \tag{7.205}$$

②当 C dB 已知时,由结果①中的散射参量表达式,可得微带变阻分支定向耦合器的散射矩阵为

$$[S] = \begin{bmatrix} 0 & -\mathrm{j}\beta & -k & 0 \\ -\mathrm{j}\beta & 0 & 0 & -k \\ -k & 0 & 0 & -\mathrm{j}\beta \\ 0 & -k & -\mathrm{j}\beta & 0 \end{bmatrix} \tag{7.206}$$

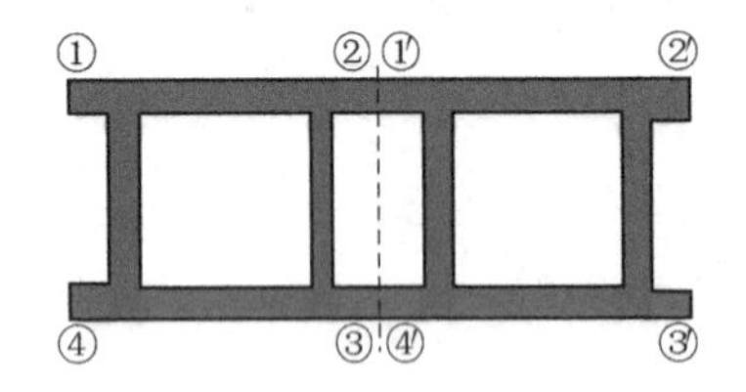

图 7.102　两只相同的理想非变阻分支耦合器级联

式中,$k=|S_{31}|=10^{-C(\mathrm{dB})/10}$,$\beta=\sqrt{1-k^2}$。

③ 若两只相同的理想非变阻微带分支耦合器按如图 7.102 所示级联,因单只理想非变阻微带分支耦合器的散射矩阵仍如式(7.206)所示,其中 $k=10^{-C(\mathrm{dB})/10}$,而 C_1 dB 为单只理想非变阻分支耦合器的耦合度(分贝数)。于是,按图 7.102,有

$$\begin{bmatrix} u_1^- \\ u_2^- \\ u_3^- \\ u_4^- \end{bmatrix} = \begin{bmatrix} 0 & -\mathrm{j}\beta & -k & 0 \\ -\mathrm{j}\beta & 0 & 0 & -k \\ -k & 0 & 0 & -\mathrm{j}\beta \\ 0 & -k & -\mathrm{j}\beta & 0 \end{bmatrix} \begin{bmatrix} u_1^+ \\ u_2^+ \\ u_3^+ \\ u_4^+ \end{bmatrix} \tag{7.207}$$

$$\begin{bmatrix} u_{1'}^- \\ u_{2'}^- \\ u_{3'}^- \\ u_{4'}^- \end{bmatrix} = \begin{bmatrix} 0 & -\mathrm{j}\beta & -k & 0 \\ -\mathrm{j}\beta & 0 & 0 & -k \\ -k & 0 & 0 & -\mathrm{j}\beta \\ 0 & -k & -\mathrm{j}\beta & 0 \end{bmatrix} \begin{bmatrix} u_{1'}^+ \\ u_{2'}^+ \\ u_{3'}^+ \\ u_{4'}^+ \end{bmatrix} \tag{7.208}$$

式中,$u_2^-=u_{1'}^+$,$u_2^+=u_{1'}^-$,$u_3^-=u_{4'}^+$,$u_3^+=u_{4'}^-$。这样,将以上两式展开并用矩阵形式表示,有

$$\begin{bmatrix} u_1^- \\ u_{2'}^- \\ u_{3'}^- \\ u_4^- \end{bmatrix} = \begin{bmatrix} 0 & k^2-\beta^2 & \mathrm{j}2k\beta & 0 \\ k^2-\beta^2 & 0 & 0 & \mathrm{j}2k\beta \\ \mathrm{j}2k\beta & 0 & 0 & k^2-\beta^2 \\ 0 & \mathrm{j}2k\beta & k^2-\beta^2 & 0 \end{bmatrix} \begin{bmatrix} u_1^+ \\ u_{2'}^+ \\ u_{3'}^+ \\ u_4^+ \end{bmatrix}$$

即

$$[S'] = \begin{bmatrix} 0 & k^2-\beta^2 & \mathrm{j}2k\beta & 0 \\ k^2-\beta^2 & 0 & 0 & \mathrm{j}2k\beta \\ \mathrm{j}2k\beta & 0 & 0 & k^2-\beta^2 \\ 0 & \mathrm{j}2k\beta & k^2-\beta^2 & 0 \end{bmatrix} \tag{7.209}$$

3）多导体耦合器

多根平行导线(导带)交叉连接在一起同样可以实现平行耦合线定向耦合的紧耦合，这种耦合器称为多导体耦合器(或 Lange 耦合器)。如图 7.103(a)所示的非展开型多导体耦合器采用的是非等长的平行耦合微带线，原来起到平行耦合微带线的主、副微带线作用的导带和导带之间使用跳线连接。多导体耦合器的结构有助于补偿奇模和偶模相速间的不相等，可以在一个倍频程或更宽的频带内实现紧耦合，其中输入端口的输入功率在直通端口和耦合端口之间平分，且直通端口和耦合端口输出导波的相位相差90°。多导体耦合器的缺点是导带太窄且交叉连接，同时还需要跳线，加工困难。图 7.103(b)所示的展开型多导体耦合器采用的是四根等长的平行耦合微带线，平行耦合微带线的导带之间也使用跳线连接。展开型多导体耦合器的结构对称，便于采用奇、偶模的分析方法进行分析。

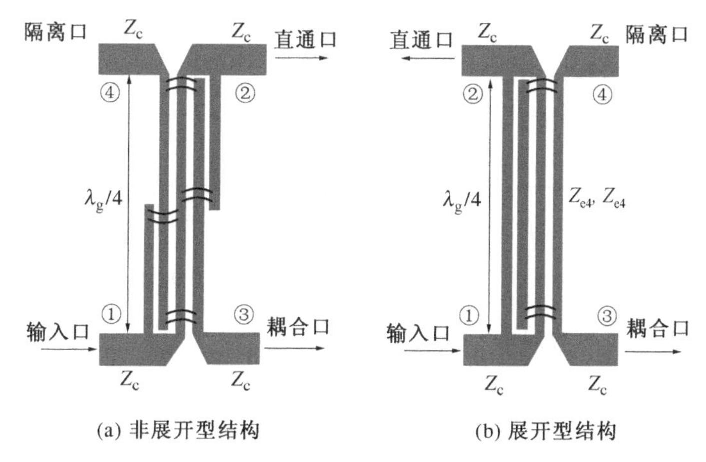

图 7.103　两种多导体耦合器

图 7.104(a)示出了展开型多导体耦合器的四根平行耦合导线的等效电路，其中奇模和偶模的特性阻抗分别为 Z_{o4}，Z_{e4}。若假设每根导线只与紧邻的导线耦合，而忽略远离导线之间的耦合，则四根平行耦合线结构可等效为如图 7.104(b)所示的奇、偶模的特性阻抗分别为 Z_{co}，Z_{ce}的两根平行耦合线的结构。通过画出四根平行耦合导线以及两根平行耦合导线的分布电容，并利用奇模和偶模特性阻抗与分布电容之间的关系，可导出四根平行耦合导线的特性阻抗 Z_{o4}，Z_{e4}(用多导体耦合器中任意一对相邻导线构成的两根平行耦合导线的奇、偶模特性阻抗 Z_{co}，Z_{ce}表示)，从而即可利用前面对平行耦合微带线的分析结果来设计多导体耦合器。这里不加证明引出四根平行耦合导线构成的多导体耦合器的相关结果。

四根平行耦合导线的特性阻抗 Z_{o4}，Z_{e4}和各端口端接线的特性阻抗 Z_c与两根平行耦合导线的奇、偶模特性阻抗 Z_{co}，Z_{ce}之间的关系分别为

$$Z_{o4}=\frac{Z_{co}+Z_{ce}}{3Z_{ce}+Z_{co}}Z_{co} \tag{7.210}$$

$$Z_{e4}=\frac{Z_{co}+Z_{ce}}{3Z_{co}+Z_{ce}}Z_{ce} \tag{7.211}$$

$$Z_c=\sqrt{Z_{o4}Z_{e4}}=(Z_{co}+Z_{ce})\sqrt{\frac{Z_{co}Z_{ce}}{(3Z_{ce}+Z_{co})(3Z_{co}+Z_{ce})}} \tag{7.212}$$

而工作频带的中心频率处耦合系数 k 与 Z_{o4},Z_{e4} 以及 Z_{co},Z_{ce}之间的关系为

$$k=\frac{Z_{e4}-Z_{o4}}{Z_{e4}+Z_{o4}}=\frac{3(Z_{ce}^{2}-Z_{co}^{2})}{3(Z_{ce}^{2}+Z_{co}^{2})+2Z_{co}Z_{ce}} \tag{7.213}$$

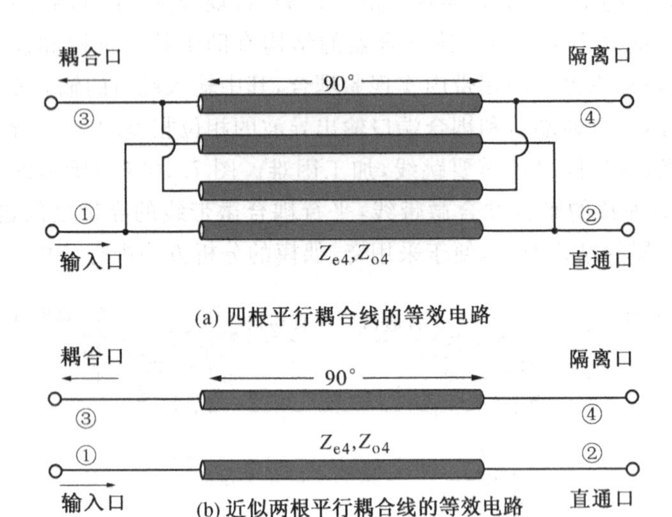

图 7.104　展开型多导体耦合器的等效电路

以及 Z_{co},Z_{ce}与 k 和 Z_c之间的关系为

$$Z_{co}=\frac{4k+3-\sqrt{9-8k^{2}}}{2k\sqrt{(1+k)/(1-k)}}Z_c \tag{7.214}$$

$$Z_{ce}=\frac{4k-3+\sqrt{9-8k^{2}}}{2k\sqrt{(1-k)/(1+k)}}Z_c \tag{7.215}$$

应指出,上述公式是在假设奇模和偶模的相速相等以及忽略远离耦合情况下得到的近似结果,但这些结果同样可用于微带线结构的多导体耦合器的设计,且具有足够的精度。这样,只要已知介质基片的介电常数,即可按照上述公式设计展开型多导带耦合微带定向耦合器。

*7.8　非互易元件(铁氧体器件)

铁氧体又称为铁淦氧磁物,是一种三价铁氧化物和二价金属氧化物混合烧结而成的非金属磁性材料。铁氧体具有很不同寻常的电磁特性,其电阻率很高(一般为$10^{7}\sim10^{11}$ Ω·m),因此损耗很小。铁氧体的相对介电常数在 10～20 之间,而相对磁导率在$(-\infty,\infty)$内随外加恒磁场的变化,可实现电调并呈现出各向异性。人们利用铁氧体的上述特性制作了很多微波铁氧体器件,这些器件已在射频/微波技术中获得了广泛应用。

7.8.1　相对张量磁导率和铁磁谐振

1. 电子进动现象

众所周知，根据物质的基本原子模型，所有材料均由原子组成，每一个原子又由一个带正电的原子核和一些作轨道运动的带负电的电子组成。作轨道运动的电子产生电流而构成微观的磁偶极子。另外，原子中的电子和原子核都绕它们各自的轴作自旋运动，同样具有一定的磁偶极矩。原子核的自旋磁矩与电子轨道运动和电子自旋的磁矩相比可忽略不计，而铁氧体中电子轨道磁矩的作用与电子自旋磁矩相比也可忽略不计，因此只需考虑铁氧体中电子自旋运动的作用。由于自旋电子具有质量和角速度，所以当它绕轴作自旋运动时就在自旋轴的两个方向上产生一个动量矩$\boldsymbol{J}_e$（机械矩）和一个磁矩$\boldsymbol{m}_e$，根据量子力学可知，磁矩$\boldsymbol{m}_e$与动量矩$\boldsymbol{J}_e$之间满足以下关系：

$$\boldsymbol{m}_e = -\gamma \boldsymbol{J}_e \tag{7.216}$$

式中，$\gamma = 2.21\times10^5$ (rad/s)/(A/m)，为电子的旋磁比。

若电子位于一均匀恒磁场$\boldsymbol{H}_0$中，则恒磁场$\boldsymbol{H}_0$就对电子的自旋磁矩$\boldsymbol{m}_e$作用而产生一转矩$\boldsymbol{T}(=\boldsymbol{m}_e\times\boldsymbol{H}_0)$。根据力学原理，作自旋运动的电子在力矩$\boldsymbol{T}$的作用下将发生进动，因此动量矩$\boldsymbol{J}_e$的作用不会使磁矩$\boldsymbol{m}_e$转向$\boldsymbol{H}_0$的方向，而是使磁矩$\boldsymbol{m}_e$围绕$\boldsymbol{H}_0$的方向发生进动。这称为自旋电子的拉莫(Lamor)进动，如图 7.105 所示。

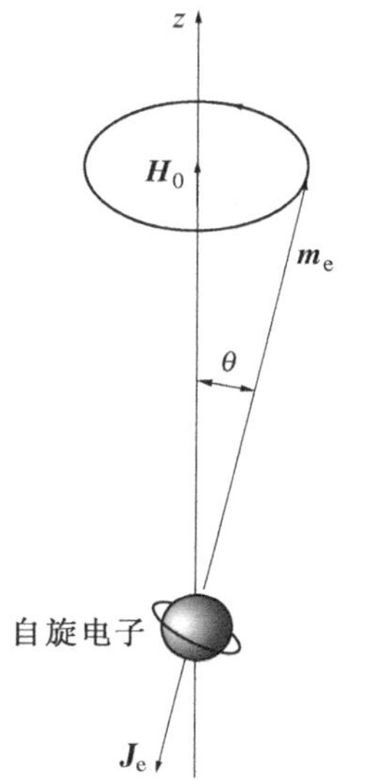

又根据牛顿定律可知，动量矩的时间变化率应等于外加转矩，于是

$$\frac{\mathrm{d}\boldsymbol{J}_e}{\mathrm{d}t} = \boldsymbol{T} = \boldsymbol{m}_e \times \boldsymbol{H}_0 \tag{7.217}$$

将式(7.216)代入式(7.217)，可得

$$\frac{\mathrm{d}\boldsymbol{m}_e}{\mathrm{d}t} = -\gamma(\boldsymbol{m}_e \times \boldsymbol{H}_0) \tag{7.218}$$

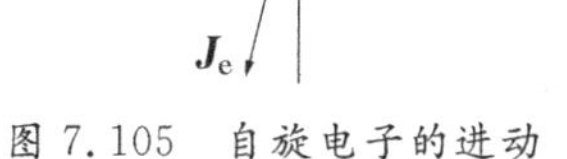

图 7.105　自旋电子的进动

式(7.218)是电子自旋磁矩的一个基本方程，称为朗道一理弗希兹方程。利用上式即可分析电子自旋磁矩的运动规律。

设外加恒磁场沿 z 轴方向，即$\boldsymbol{H}_0 = H_0\,\mathbf{a}_z$。将$\boldsymbol{H}_0$代入式(7.218)并在直角坐标系中展开，可得

$$\frac{\mathrm{d}m_{ex}}{\mathrm{d}t} = -\gamma H_0 m_{ey} = -\omega_0 m_{ey} \tag{7.219a}$$

$$\frac{\mathrm{d}m_{ey}}{\mathrm{d}t} = -\gamma H_0 m_{ex} = \omega_0 m_{ex} \tag{7.219b}$$

$$\frac{\mathrm{d}m_{ez}}{\mathrm{d}t} = 0 \qquad 或 \qquad m_{ez} = 常数 \tag{7.219c}$$

式中 $\omega_0=\gamma H_0$,称为自旋磁矩的自由进动角频率。

这样,将式(7.219a)和式(7.219b)分别关于 t 求导并将另一式代入,即得

$$\frac{\mathrm{d}^2 m_{ex}}{\mathrm{d}t^2}-\omega_0^2 m_{ex}=0 \tag{7.220a}$$

$$\frac{\mathrm{d}^2 m_{ey}}{\mathrm{d}t^2}+\omega_0^2 m_{ey}=0 \tag{7.220b}$$

以上两个二阶线性齐次常微分方程的解可分别表示为

$$m_{ex}=m_e\cos(\omega_0 t+\varphi_0) \tag{7.221a}$$

$$m_{ey}=m_e\sin(\omega_0 t+\varphi_0) \tag{7.221b}$$

这表明自旋电子的磁矩$\boldsymbol{m}_e$在恒磁场$\boldsymbol{H}_0$ 方向的投影不变($m_{ez}=$常数),在与$\boldsymbol{H}_0$ 垂直的平面(xOy 平面)内,m_{ex}和 m_{ey}的大小相等而相位相差90°,因而构成一个圆周。由式(7.221)可知,磁矩$\boldsymbol{m}_e$以$\boldsymbol{H}_0$ 为轴作匀速右旋进动,进动角频率为 ω_0。由此可见,外加恒磁场越强,进动角频率就越高,此频率可高达射频/微波波段。因此,若有一个微波频率的电磁波作用于自旋电子,则在某一合适的恒磁场作用下,使电子的进动频率与电磁波的工作频率相等,则会发生共振现象。微波谐振式铁氧体器件正是利用这一特性。

2. 相对张量磁导率

前面介绍的是一个自旋电子的进动情况,实际上,一块(片)铁氧体(物质)总存在着大量运动的电子,因此必须讨论铁氧体内自旋电子的宏观情况。就宏观的简单铁氧体而言,其中均匀地分布着磁性原子,故常称铁氧体为旋磁介质。铁氧体内有许多自旋电子组成,这些自旋电子在"磁畴"区域内借助自旋电子之间的相互作用,彼此平行一致地排列起来而形成自发磁化,在饱和的外加恒磁场的作用下,铁氧体内部的自旋电子产生"一致进动"。因此,一块饱和磁化的铁氧体总磁矩的进动状态完全可借助单个自旋电子的进动来加以解释。设每单位体积内净自旋电子数为 N,则铁氧体的每单位体积内总磁偶极矩为$\boldsymbol{M}_s=N\boldsymbol{m}_e$,其中$\boldsymbol{M}_s$称为饱和磁化强度,单位为 $\mathrm{Wb/m^2}$。$\boldsymbol{M}_s$的大小与铁氧体的温度有关,当温度升高时,其值随之下降甚至为零,铁氧体的铁磁性完全消失,此时的温度称为居里温度,各种铁氧体材料都有一个居里温度。

将式(7.218)的两端同时乘以 N,则得饱和磁化强度$\boldsymbol{M}_s$满足的方程:

$$\frac{\mathrm{d}\boldsymbol{M}_s}{\mathrm{d}t}=-\gamma(\boldsymbol{M}_s\times\boldsymbol{H}_0) \tag{7.222}$$

式中,对无限大的铁氧体,$\boldsymbol{H}_0$ 即为外加的恒磁场。

若无限大的铁氧体受到恒磁场和微波磁场的共同作用,则式(7.222)中的磁场应为

$$\boldsymbol{H}(t)=\boldsymbol{H}_0+\boldsymbol{h}(t) \tag{7.223}$$

而磁场所产生的磁化强度为

$$\boldsymbol{M}(t)=\boldsymbol{M}_s+\boldsymbol{m}(t) \tag{7.224}$$

在小信号情况下，即当$\boldsymbol{M}$满足$|\boldsymbol{h}| \ll |\boldsymbol{H}_0|$，$|\boldsymbol{m}| \ll |\boldsymbol{M}_s|$时，用式(7.223)和式(7.224)代替式(7.222)中的$\boldsymbol{H}_0$和$\boldsymbol{M}_s$，并略去二阶小项，同时注意到$\boldsymbol{M}_s \times \boldsymbol{H}_0 = 0$，从而可得以下被"线性化"的$\boldsymbol{M}$满足的方程：

$$\frac{\mathrm{d}\boldsymbol{M}}{\mathrm{d}t} = -\gamma(\boldsymbol{M}_s \times \boldsymbol{h} + \boldsymbol{m} \times \boldsymbol{H}_0) \tag{7.225}$$

将上式进一步展开，即得

$$\frac{\mathrm{d}m_x}{\mathrm{d}t} = -\gamma H_0 m_y + \gamma M_e h_y \tag{7.226a}$$

$$\frac{\mathrm{d}m_y}{\mathrm{d}t} = -\gamma H_0 m_x - \gamma M_e h_x \tag{7.226b}$$

$$\frac{\mathrm{d}m_z}{\mathrm{d}t} = 0 \tag{7.226c}$$

将式(7.226a)和式(7.226b)分别关于t求导并将另一方程代入，同时假设微波磁场为时谐场，则可得到复数形式的解为

$$m_x = \frac{\gamma^2 M_s H_0}{\gamma^2 H_0^2 - \omega^2} h_x + \mathrm{j}\frac{\gamma M_s \omega}{\gamma^2 H_0^2 - \omega^2} h_y \tag{7.227a}$$

$$m_y = -\mathrm{j}\frac{\gamma M_s \omega}{\gamma^2 H_0^2 - \omega^2} h_x + \frac{\gamma^2 M_s H_0}{\gamma^2 H_0^2 - \omega^2} h_y \tag{7.227b}$$

或用矩阵表示为

$$\begin{bmatrix} m_x \\ m_y \\ m_z \end{bmatrix} = \begin{bmatrix} \chi_{xx} & \chi_{xy} & 0 \\ \chi_{yx} & \chi_{yy} & 0 \\ 0 & 0 & 0 \end{bmatrix} \begin{bmatrix} h_x \\ h_y \\ 0 \end{bmatrix} = [\vec{\boldsymbol{\chi}}] \begin{bmatrix} h_x \\ h_y \\ 0 \end{bmatrix} \tag{7.228}$$

以及用向量形式表示则为

$$\boldsymbol{m} = \vec{\boldsymbol{\chi}} \cdot \boldsymbol{h} = [\vec{\boldsymbol{\chi}}]\boldsymbol{h} \tag{7.229}$$

式中

$$\chi_{xx} = \chi_{yy} = \frac{M_s}{H_0} \frac{\omega_0^2}{\omega_0^2 - \omega^2} = \chi \tag{7.230a}$$

$$\chi_{xy} = -\chi_{yx} = \mathrm{j}\frac{M_s}{H_0} \frac{\omega_0 \omega}{\omega_0^2 - \omega^2} = \mathrm{j}k \tag{7.230b}$$

其中，$\vec{\boldsymbol{\chi}}$称为张量磁化率，而$[\vec{\boldsymbol{\chi}}]$为$\vec{\boldsymbol{\chi}}$的特征矩阵。

这样，根据磁通量密度$\boldsymbol{b}$和磁场强度$\boldsymbol{h}$以及磁化强度$\boldsymbol{m}$间的关系，有

$$\boldsymbol{b} = \mu_0(\boldsymbol{h} + \boldsymbol{m}) = \mu_0(\vec{\boldsymbol{I}} + \vec{\boldsymbol{\chi}}) \cdot \boldsymbol{h} = \mu_0 \vec{\boldsymbol{\mu}}_r \cdot \boldsymbol{h} = \mu_0 [\vec{\boldsymbol{\mu}}_r] \boldsymbol{h} \tag{7.231}$$

式中，$\vec{\boldsymbol{I}}$为单位张量，$\vec{\boldsymbol{\mu}}_r$称为相对张量磁导率，$[\vec{\boldsymbol{\mu}}_r]$则为$\vec{\boldsymbol{\mu}}_r$的特征矩阵，即

$$[\vec{\boldsymbol{\mu}}_{\mathrm{r}}]=\begin{bmatrix}\mu & \mathrm{j}k & 0\\ -\mathrm{j}k & \mu & 0\\ 0 & 0 & 1\end{bmatrix} \tag{7.232}$$

以及

$$\mu=1+\frac{M_{\mathrm{s}}}{H_0}\frac{\omega_0^2}{\omega_0^2-\omega^2},\qquad k=\frac{M_{\mathrm{s}}}{H_0}\frac{\omega_0\omega}{\omega_0^2-\omega^2} \tag{7.233}$$

于是,将式(7.232)代入式(7.231),并展开得

$$\left.\begin{aligned}b_x&=\mu_0\mu h_x+\mathrm{j}\mu_0 kh_y\\ b_y&=-\mathrm{j}\mu_0 kh_x+\mu_0\mu h_y\\ b_z&=\mu_0 h_z\end{aligned}\right\} \tag{7.234}$$

从上式可见,当恒磁场与交变磁场共同作用于铁氧体时,微波磁场分量 h_x 不仅产生其自身方向的磁通量密度 b_x,同时还产生 y 方向的磁通量密度 b_y。h_y 也同样如此。这就是磁化后的铁氧体所呈现出的旋磁特性,因此相对张量磁导率反映了铁氧体的各向异性。

3. 铁磁谐振

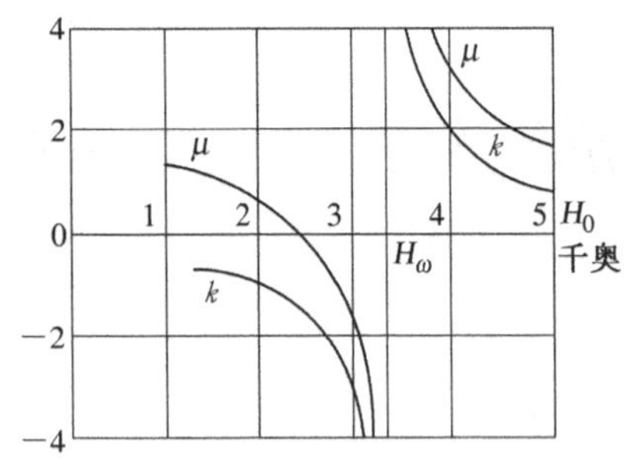

图 7.106 铁氧体无耗时 μ 和 k 随 H_0 的变化曲线

由式(7.233)可见,当交变场的角频率 ω 和铁氧体的电子自由进动角频率 ω_0 相等时,μ 和 k 都趋近于无穷大(对应的磁场为 H_ω)。这一现象是由自旋电子群与外加微波场的谐振引起的。铁氧体的这一现象称为铁磁谐振特性。图 7.106 示出了铁氧体无耗时 μ 和 k 随 H_0 的变化曲线。其中,按习惯,H_0 的单位采用高斯单位制(1 Gauss(高斯)$=10^{-4}$ Wb/m^2,$4\pi\times10^{-3}$ Oersted(奥斯特)$=1$ A/m)。

以上讨论并未考虑铁氧体的损耗,实际上铁氧体总存在损耗,铁氧体有耗时的相对磁导率仍为一张量,不同的是 μ 和 k 均为复数,即

$$\mu=\mu'-\mathrm{j}\mu'',\qquad k=k'-\mathrm{j}k'' \tag{7.235}$$

式中,μ'',k''反映了铁氧体的损耗,当 $\omega=\omega_0'$(ω_0'为计及损耗的铁氧体的铁磁谐振角频率)时,μ''和 k''均达到最大值,表明铁氧体吸收的微波能量达到最大,这就是铁氧体的谐振吸收效应。图 7.107 示出了 μ',μ'',k',k''随 H_0 的变化曲线。

4. 圆极化波作用下的谐振吸收效应

由电磁波理论可知,一个幅度为 h_0 的线极化波可分解为两个幅度为 $h_0/2$、旋转方向相反的圆极化波。在研究铁氧体器件时,通常规定,与 $\boldsymbol{H}_0$ 满足右手螺旋关系的波为右旋圆极化波,用上/下标“+”表示;与 $\boldsymbol{H}_0$ 满足左手螺旋关系的波是左旋圆极化波,用上/下标“−”表示。假设微波磁场 $\boldsymbol{h}$ 是幅度为 h_0,方向沿 x 轴的线极化波,且与恒磁场 $\boldsymbol{H}_0$ 垂直,如图 7.108 所示。将它分解为左、右旋圆极化波,有

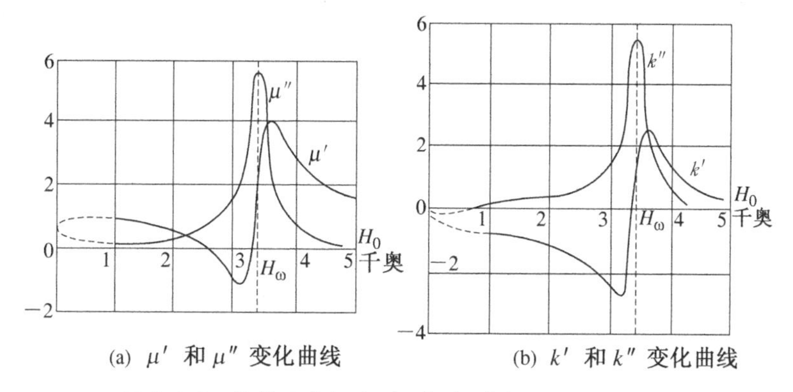

图 7.107　铁氧体有耗时 μ',μ'',k',k''随 H_0 的变化曲线

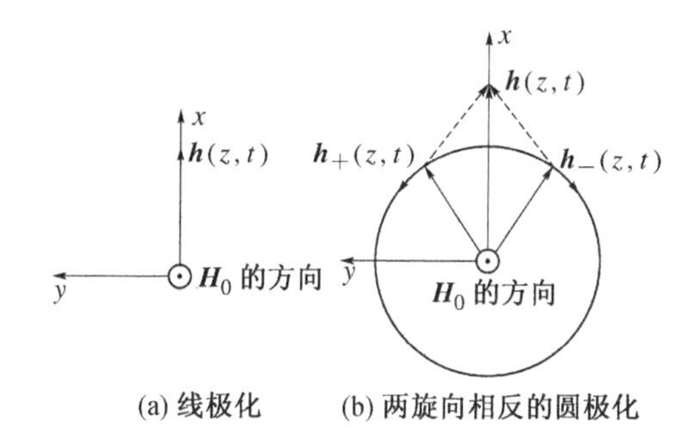

图 7.108　线极化波分解为两个圆极化波

$$\boldsymbol{h}(z,t) = \boldsymbol{h}_+(z,t) + \boldsymbol{h}_-(z,t)$$

由于圆极化波的磁场是旋转磁场,因此在空间固定点处的交变磁场可用复数形式表示。对右旋磁场,有

$$h_y^+ = -\mathrm{j}h_x^+ \tag{7.236}$$

对左旋磁场,有

$$h_y^- = \mathrm{j}h_x^- \tag{7.237}$$

将(7.236)和(7.237)两式分别代入式(7.234)中的上两式,可得

$$b_x^\pm = \mu_0(\mu \pm k)h_x^\pm = \mu_0\mu_{r\pm}h_x^\pm \tag{7.238a}$$

$$b_y^\pm = \mu_0(\mu \pm k)h_y^\pm = \mu_0\mu_{r\pm}h_y^\pm \tag{7.238b}$$

$$b_z = 0 \tag{7.238c}$$

式中,μ_{r-},μ_{r+}分别为左、右旋圆极化波的相对磁导率。显然 μ_{r-},μ_{r+}退化成一标量,且

$$\mu_{r+} = \mu + k,\qquad \mu_{r-} = \mu - k \tag{7.239}$$

由此可见,铁氧体对左、右旋圆极化波的相对磁导率不同,这两种波在铁氧体中传播时所受到的影响将不同,μ_{r+}具有铁磁谐振特性,而 μ_{r-} 却并不存在这种特性。

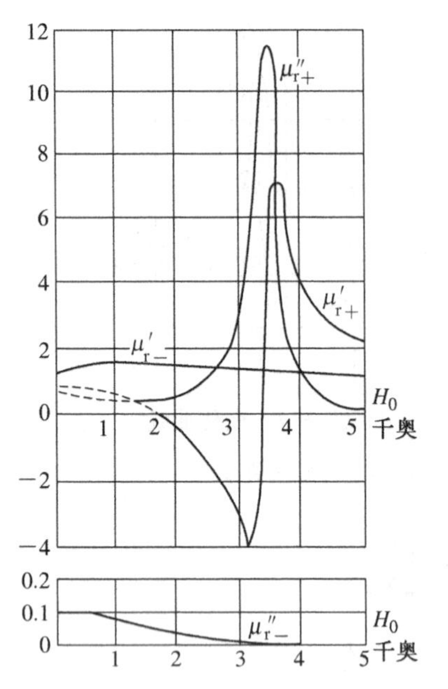

图 7.109　μ'_{r+},μ''_{r+},μ'_{r-},μ''_{r-} 随 H_0 的变化曲线

以上仍是未考虑损耗而得的结果，当计及铁氧体的损耗时，有

$$\mu_{r+} = \mu'_{r+} - j\mu''_{r+}, \qquad \mu_{r-} = \mu'_{r-} - j\mu''_{r-} \tag{7.240}$$

μ'_{r+},μ''_{r+},μ'_{r-},μ''_{r-} 随 H_0 的变化曲线绘在图 7.109 中，由图可见，μ'_{r+},μ''_{r+} 有明显的谐振特性，而 μ'_{r-},μ''_{r-} 没有谐振特性。μ'_{r+} 在谐振(角)频率 ω'_0 附近急速变化并改变符号，在低场区(即 $H_0 < H_\omega'$ 或 $\omega'_0 < \omega$ 区域)，μ'_{r+} 接近于零或小于零，故呈现出抗磁特性。而 μ'_{r-} 在低场区大于零(接近于 1)，故呈现出顺磁特性。后面要介绍的场移式隔离器就利用了这一特点。

7.8.2　法拉第旋转效应

当恒磁场 $\boldsymbol{H}_0$ 与波的传播方向一致时，$\boldsymbol{h}$ 满足的亥姆霍兹方程为

$$\nabla\times\nabla\times\boldsymbol{h} = \omega^2\mu_0\varepsilon\vec{\boldsymbol{\mu}}_r\cdot\boldsymbol{h} \tag{7.241}$$

若假定均匀平面波在无限大的铁氧体中沿 z 向传播，传播常数为 γ，则有

$$\left.\begin{aligned} &\boldsymbol{h} = \boldsymbol{h}(x,y)e^{-\gamma z} = (h_x\mathbf{a}_x + h_y\mathbf{a}_y)e^{-\gamma z} \\ &\frac{\partial\boldsymbol{h}}{\partial x} = \frac{\partial\boldsymbol{h}}{\partial y} = 0, \quad \frac{\partial\boldsymbol{h}}{\partial z} = -\gamma\boldsymbol{h} \end{aligned}\right\} \tag{7.242a}$$

或

$$\nabla\times\nabla\times\boldsymbol{h} = \frac{\partial^2\boldsymbol{h}}{\partial z^2} = \gamma^2\boldsymbol{h} \tag{7.242b}$$

将 $\boldsymbol{h}$ 用向量形式表示，并同上式和式(7.232)一并代入式(7.241)，可得

$$\left.\begin{aligned} &(\gamma^2 - \omega^2\mu_0\varepsilon\mu)h_x - j\omega^2\mu_0\varepsilon k h_y = 0 \\ &j\omega^2\mu_0\varepsilon k h_x + (\gamma^2 - \omega^2\mu_0\varepsilon\mu)h_y = 0 \end{aligned}\right\} \tag{7.243}$$

令上式的系数行列式为零，得

$$\gamma_\pm^2 = \omega^2\mu_0\varepsilon(\mu \pm k) \tag{7.244}$$

与上式相对应的场量间的关系为

$$h_y^\pm = \mp j h_x^\pm \tag{7.245}$$

这表明，此时亥姆霍兹方程的解为两个传播常数分别为 γ_+ 和 γ_-，沿相反方向旋转的平面圆极化波。

为了得到波在这种情况下的传播特性，取这两种圆极化波的线性组合，得

$$\left.\begin{aligned}h_x(z) &= h_x^+(z) + h_x^-(z) = \frac{h_0}{2}(\mathrm{e}^{-\mathrm{j}\beta_+ z} + \mathrm{e}^{-\mathrm{j}\beta_- z})\\ h_y(z) &= h_y^+(z) + h_y^-(z) = \frac{h_0}{2}(-\mathrm{j}\mathrm{e}^{-\mathrm{j}\beta_+ z} + \mathrm{j}\mathrm{e}^{-\mathrm{j}\beta_- z})\end{aligned}\right\} \tag{7.246}$$

在 $z=0$ 处，$h_x(0)=h_0, h_y(0)=0$，其极化方向沿 x 轴，于是在 $z=l$ 处的交变磁场分量为

$$\boldsymbol{h} = h_x\,\mathbf{a}_x + h_y\,\mathbf{a}_y = h_0\mathrm{e}^{-\mathrm{j}\frac{(\beta_- + \beta_+)l}{2}}\left\{\cos\left[\frac{(\beta_+ - \beta_-)l}{2}\right]\mathbf{a}_x - \sin\left[\frac{(\beta_+ - \beta_-)l}{2}\right]\mathbf{a}_y\right\} \tag{7.247}$$

可见，由这两个圆极化波合成的线极化波传播距离 l 后，磁场的极化方向相对于 $\boldsymbol{H}_0$ 的指向旋转了一个角度 θ，即

$$\theta = \frac{1}{2}(\beta_- - \beta_+)l = \frac{\omega l\sqrt{\varepsilon}}{2}(\sqrt{\mu_{r-}} - \sqrt{\mu_{r+}}) \tag{7.248}$$

这种极化面在波的传播途径中以前进方向为轴不断旋转的现象就是著名的法拉第旋转效应。角度 θ 称为法拉第角。在低场区($\omega_0'<\omega$)，因 $\mu_{r-}'>\mu_{r+}'$，故法拉第旋转角 θ 为正，即磁场的极化方向相对于 $\boldsymbol{H}_0$ 的指向顺时针旋转，如图 7.110(a)所示。由于右旋和左旋圆极化波是由外加恒磁场 $\boldsymbol{H}_0$ 的方向所决定的，与波的传播方向无关，因此当波从 $z=0$ 的平面传播到 $z=l$ 的平面后反过来再传播到 $z=0$ 平面时，磁场的极化方向并不回到原来的 x 轴，而是与 x 轴交成 2θ 的角度，如图 7.110(b)所示。这说明法拉第旋转效应具有不可逆性。

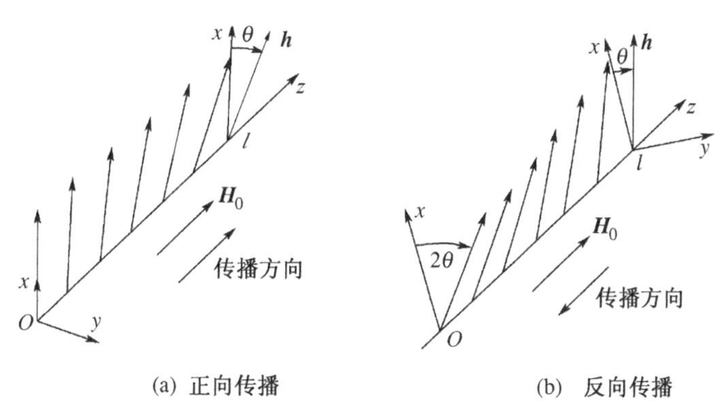

图 7.110　法拉第旋转效应

7.8.3　几种常用的铁氧体器件

利用电磁波在外加恒磁场作用下铁氧体中的传播特性，可制作许多铁氧体器件，这里仅介绍工程上最常用的几种铁氧体器件。

1. 隔离器

隔离器又称为单向器，是一种使导波单向传输的两端口器件。它可以使正向传输的导

波几乎无衰减的通过，让反向传输的导波受到很大的衰减而不能通过。通常对隔离器的要求是：正向损耗小，反向隔离大，以及有较宽的工作频带和较高的功率容量等。

1) 谐振式隔离器

谐振式隔离器是利用横向磁化的铁氧体片在矩形波导中的铁磁谐振现象所制成的单向传输器件，其结构如图 7.111 所示。

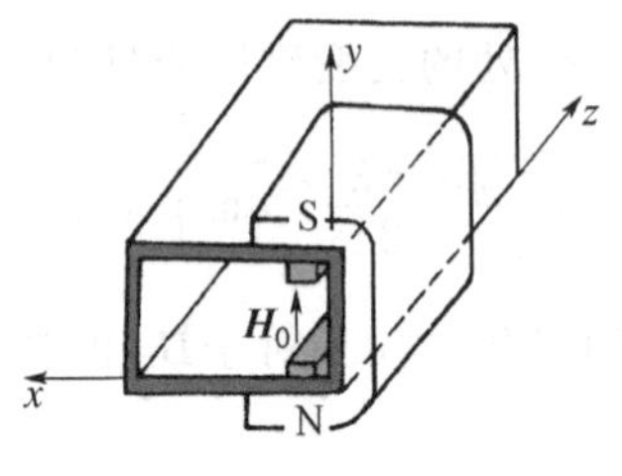

图 7.111　谐振式隔离器

谐振式隔离器中的铁氧体片应置于波导传输模式的磁场出现圆极化处。对矩形波导中的TE_{10}模而言，其磁场分量的表达式为

$$\left.\begin{aligned} H_x &= \mathrm{j}\frac{\beta a}{\pi}H_0\sin\frac{\pi}{a}x\,\mathrm{e}^{-\mathrm{j}\beta z} \\ H_z &= H_0\cos\frac{\pi}{a}x\,\mathrm{e}^{-\mathrm{j}\beta z} \end{aligned}\right\} \tag{7.249}$$

显然，H_x 和 H_y 之间存在$\pi/2$ 的相位差。在矩形波导的宽边中心只有 H_x 分量，故磁场矢量呈线极化分布，且幅度随时间周期变化，但其方向总是 x 向。在其他位置若$|H_z|\neq|H_x|$，则合成的磁场矢量呈椭圆极化，并以宽边中心为对称轴，波导两边为极化性质相反的两个磁场。当$|H_z|=|H_x|$时，磁场矢量呈圆极化分布。不妨令波导左、右两边的圆极化磁场的位置坐标分别为 x_1 和 x_2(见图 7.112)，由式(7.249)可知，$\sin(\pi x_1/a)=\pi\cos(\pi x_1/a)/(\beta a)$，即

$$x_1 = \frac{\pi}{a}\arctan\frac{\lambda_g}{2a} \tag{7.250}$$

以及

$$x_2 = a - x_1 = a - \frac{\pi}{a}\arctan\frac{\lambda_g}{2a} \tag{7.251}$$

当工作频率 $f=\sqrt{2}(f_c)_{TE_{10}}$时，可得到 $x_1=a/4$，$x_2=3a/4$。应指出，在实际的铁氧体器件中，由于波导部分填充铁氧体片，故$(\lambda_c)_{TE_{10}}\neq 2a$，圆极化磁场的位置应有所变化。同时，铁氧体材料、尺寸对圆极化磁场的位置也有影响。

圆极化磁场的位置坐标 x_1，x_2 处是右旋还是左旋磁场可利用图 7.112(a)来加以说明。在图中的 x_1 处，对沿正 z 轴方向传播的TE_{10}模，可知在 $t=0$ 时刻，H_z 为负向最大，经过 $T/4$ 时间，H_x 为正向最大，再经过 $T/4$ 时间，H_z 为正向最大，再经过 $T/4$ 时间，H_x 则为负向最大。按照图中所假设的$\boldsymbol{H}_0$ 方向(出纸面)，从图 7.112(b)的上图可见，x_1 处的磁场是一个旋转磁场，它同$\boldsymbol{H}_0$ 间不满足右手螺旋关系，故此时 x_1 处的圆极化磁场是一个左旋场。反之，当观察负 z 轴方向传播的TE_{10}模时，可判断 x_1 处的磁场是一个右旋场，如图 7.112(b)的下图所示。

同理，可判断出 x_2 处磁场的情况，它同 x_1 处的情况恰好相反。

若将铁氧体片置于图 7.112(a)中的 x_1 处，并假设正 y 轴方向的恒磁场$\boldsymbol{H}_0$ 的大小等于谐振值(即 $\omega=\omega_0=\gamma H_0$)，当$TE_{10}$模沿负 z 轴方向传播时，因 x_1 处为右旋磁场，故此时铁氧体片必对通过它的右旋圆极化磁场产生铁磁谐振，从而使很大部分的交变磁场能量被铁氧体片吸收，传输波被强烈地衰减。而当TE_{10}模沿正 z 轴方向传输时，因 x_1 处是左旋磁场，故

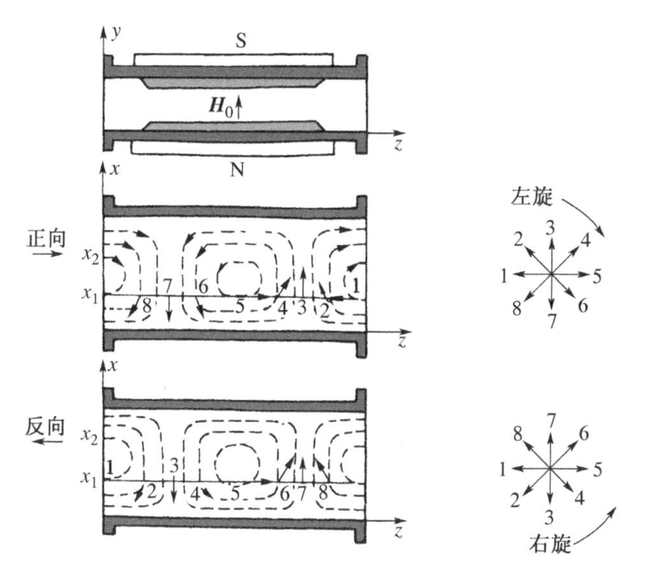

(a) 正、反向磁场分布特点　　(b) 左、右旋圆极化磁场的旋向

图 7.112　矩形波导中TE_{10}模的磁场分布

传输波几乎无衰减地通过。因而获得单向传输特性。

当铁氧体片置于 x_2 处或改变$\boldsymbol{H}_0$ 沿负 y 轴方向时,同样可获得单向传输的作用,只是单向传输的方向改变而已。

2) 场移式隔离器

场移式隔离器的结构型式同谐振式隔离器的结构型式相似,但其工作原理却完全不同。这种隔离器工作于低场区,结构如图 7.113(a)所示。

当TE_{10}模沿负 z 方向在如图 7.113(a)所示的波导中传输时,铁氧体片处TE_{10}模的磁场呈右旋圆极化,因工作于低场区,$\mu'_{r+}<0$,故铁氧体呈现抗磁性,对交变磁场起排斥作用。当TE_{10}模沿正 z 方向传输时,铁氧体片处的磁场呈左旋圆极化,因 μ'_{r-} 近似于1,以及相对介电常数较大,故导波集中于铁氧体内部及其附近传输。因此,对正向(负 z 方向)传输和反向(正 z 方向)传输导波的电场分布引起的变化也显著不同,如图 7.113(b)所示。这种场分布发生畸变的现象就是场移的不可逆性。如果在铁氧体片靠近波导中心一侧的表面上加置能吸收电磁能量的电阻片,对正 z 方向传输的导波,因其能量集中于铁氧体表面附近而受到很大的吸收衰减,使得正 z 方向传输的导波不能传输,而沿负 z 方向传输的导波,由于其电磁场被排斥在铁氧体外,被电阻片吸收的能量很少,因而

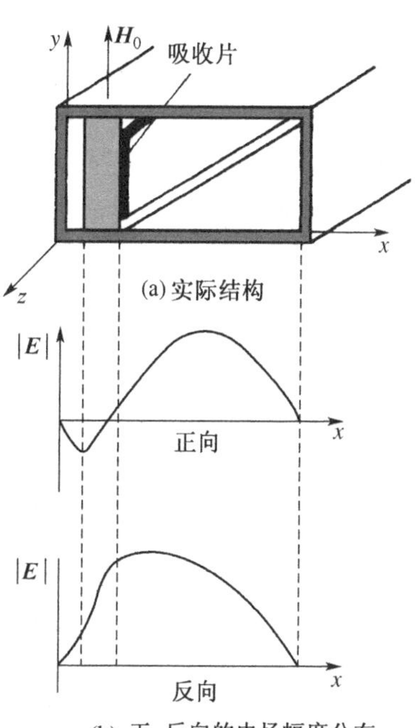

(b) 正、反向的电场幅度分布

图 7.113　场移式隔离器

能使导波几乎无衰减地通过。

综上所述,场移式隔离器具有单向传输的特性,不仅有磁的作用,而且有电的作用,铁氧体的作用只是产生“场移”,而电阻片才对导波有吸收作用。这就是场移式隔离器与谐振式隔离器的工作原理的差异所在。

场移式隔离器的优点是所需的外加恒磁场较小,故体积小,适宜于较高的工作频段和较小的功率场合。

2. 移相器

铁氧体移相器的种类很多,有场移式移相器、法拉第旋转效应式移相器以及相移锁定式移相器等。这里仅简单介绍前两种移相器。

1) 场移式移相器

若将如图7.113所示的场移式隔离器中的电阻片去掉,这样的器件就构成了具有不可逆特性的场移式移相器,适当的选择铁氧体片的厚度、长度、位置以及外加恒磁场等参数,即可调节移相器的相移量。

2) 法拉第旋转效应式移相器

法拉第旋转效应式移相器的结构示意图如图7.114所示。它是由两段矩形波导—圆波导变换段和一段圆波导构成,其中圆波导段的输入和输出端均放置长为$\lambda_g/4$的合适的介质片,其中间沿轴向放置铁氧体棒,而铁氧棒上的轴向偏置磁场$\boldsymbol{H}_0$由绕在圆波导外的线圈中的恒定电流产生。

假设移相器输入端的矩形波导中传输的TE_{10}模经矩形波导—圆波导变换段后转换为圆波导中的TE_{11}模,进入圆波导中的TE_{11}模的电场极化方向与介质片①的法线方向交成45°角,介质片①使TE_{11}模的电场与介质片相平行和垂直的分量之间出现90°相移,从而将原来的线极化波转换为相对于$\boldsymbol{H}_0$方向的右旋圆极化波。若偏置磁场$\boldsymbol{H}_0$选为低场,则μ_{r+}较小,而β_+也较小,则右旋圆极化波通过铁氧体后产生的相移也较小。于是,该右旋圆极化波以较小的相移量,再经过圆波导段中的介质片②和移相器输出段中的圆波导—矩形波导变换段后以TE_{10}模输出。反之,当TE_{10}模从移相器的输出段经矩形波导—圆波导变换段进入圆波导中的铁氧体棒时,原来的线极化波转换为相对于$\boldsymbol{H}_0$方向的左旋圆极化波,此时μ_{r-}较

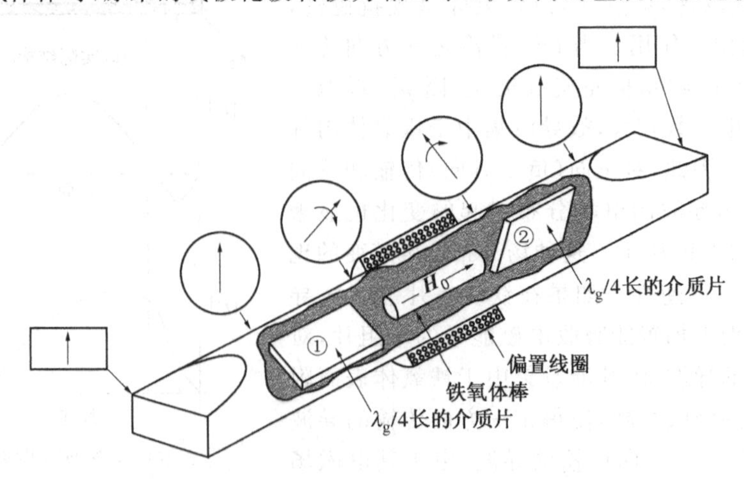

图7.114　拉第旋转效应式移相器的结构示意图

大，而 β_- 也较大，则通过铁氧体后所产生的相移量也较大。于是，该左旋圆极化波以较大的相移量，再经过圆波导段中的介质片①和移相器输入段中的圆波导—矩形波导变换段后以 TE_{10} 模输出。这说明，从两个不同端口输入的导波，法拉第旋转效应式移相器引起的相移量不同。换言之，法拉第旋转效应式移相器的相移具有非互易性。应指出，通过改变线圈中的恒定电流的方向和大小，可改变来自法拉第旋转效应式移相器的两个不同方向的相移量的大小。

3. 环行器

环行器是一种多端口器件，在它当中传输的导波只能单向传输。如在图 7.115 所示理想的 N 端口环行器中，导波只能从端口①→②→…→Ⓝ→①传输，其散射矩阵为

$$[S]=\begin{bmatrix}0 & 0 & \cdots & 0 & 1\\ 1 & 0 & \cdots & 0 & 0\\ \vdots & \vdots & \cdots & \vdots & \vdots\\ 0 & 0 & \cdots & 1 & 0\end{bmatrix} \tag{7.252}$$

通常对环行器的要求是：正向衰减小、隔离度大、输入驻波系数小和工作频带宽等。环行器的结构型式很多，这里仅简单介绍 Y 形结环行器。

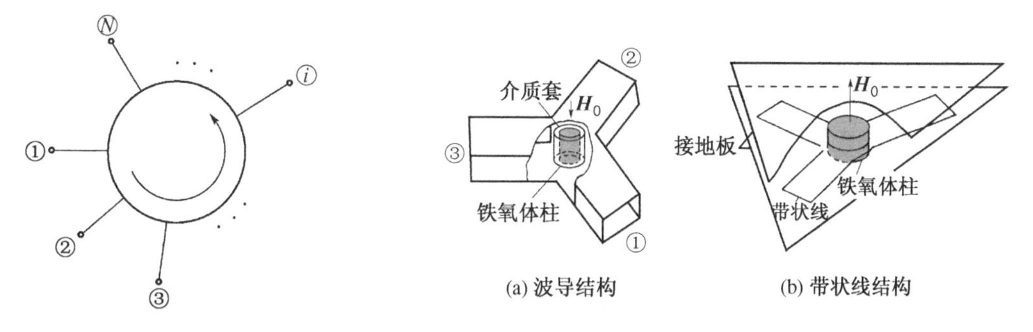

图 7.115　理想的 N 端口环行器

图 7.116　Y 形结环行器

图 7.116(a)示出了一波导 Y 形结环行器，它由矩形波导旋转对称结和放置于结中心用介质套管包封的横向磁化铁氧体柱组成，恒磁场由结外部盘状的磁铁产生。这种结环行器的工作原理可简述如下：当导波从端口①输入并进入铁氧体柱时，在端口①中靠近矩形波导两窄壁附近的两个对称位置正好是两个旋转方向相反的圆极化磁场，对低场而言，由于铁氧体磁导率的实部 $\mu'_{r-}>\mu'_{r+}$，且 $\mu'_{r-}\approx 1$，$\mu'_{r+}<0$，因此在铁氧体柱内传播的两种圆极化波的相速也不同。通过适当选择铁氧体柱的尺寸和参数，使得两个圆极化波传播至端口②上具有相同的相位，而在端口③上相反的相位。这样，从端口①输入的导波只能从端口②输出，端口③无输出。又由于 Y 形结是旋转对称的，这样从端口②输入的导波只能从端口③输出，从端口③输入的导波只能从端口①输出。图中包封铁氧体柱的介质套管可起到改善由于温度和恒磁场变化所引起的不稳定性的作用。

除了波导 Y 形结环行器外，工程中还广泛使用小型化的带状线和微带线 Y 形结环行器，图 7.116(b)为带状线 Y 形结环行器。带状线和微带线 Y 形结环行器的工作原理与波导环行器的工作原理相似，可进行严格的分析。读者可参阅有关文献。

习　题

7-1　如图 7.117 所示,有一矩形波导终端接匹配负载,当在负载处插入一螺钉后测得其电压驻波系数 $\rho=2.5$,离负载最近的电场波节点离负载为 $0.09\lambda_g$ 的位置处。求:① 螺钉处的反射系数;② 螺钉的归一化电纳值。

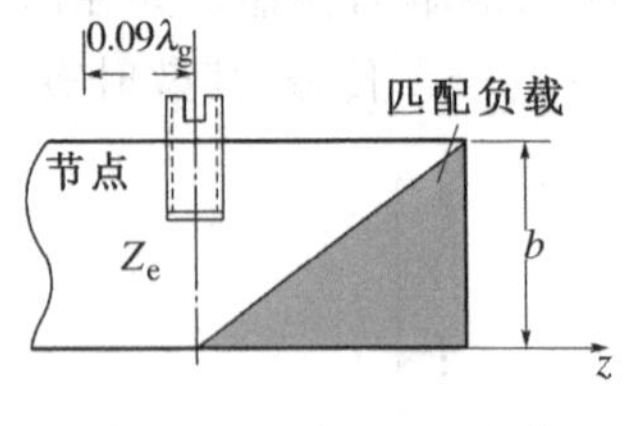

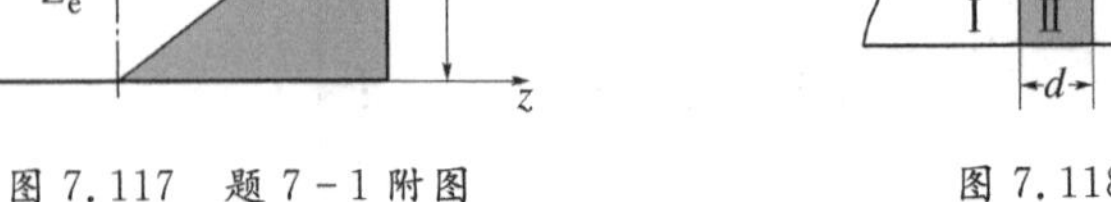

图 7.117　题 7-1 附图　　　　图 7.118　题 7-2 附图

7-2　如图 7.118 所示,矩形波导工作于TE_{10}模,工作频率为 10 GHz,波导的截止频率为 6.6 GHz,波导波长为 4 cm,终端接匹配负载,波导的窄边尺寸为 1 cm,在 BC 段填充 $\varepsilon_r=2.1$ 的介质,厚度 d 为 5 mm。试画出其等效传输线电路并求以下各值:波导的宽边尺寸 a、空气波导段的等效阻抗 Z_e、介质填充波导段的截止频率 f_c'、等效阻抗 Z_e' 及Ⅰ区中的电压驻波系数。

7-3　空心矩形波导中位于 $z=0$ 处的横向导体膜片中心有一半径为 r_0 的小圆孔,已知波导的尺寸为 $a\times b$,且波导中传输的主模TE_{10}从 $z<0$ 波导空间输入。试导出:① 小圆孔的等效电偶极矩和磁偶极矩;② 横向导体膜片两侧($z<0$ 和 $z>0$ 区域)中的电磁场;③ 小圆孔的归一化等效电纳的近似表达式。

7-4　一矩形波导系统的等效电路如图 7.119 所示,① 分别利用传输线理论和网络分析法求该等效电路的归一化负载阻抗 z_l 和电压驻波系数 ρ_1,ρ_2;② 画出该电路的矩形波导的结构示意图。

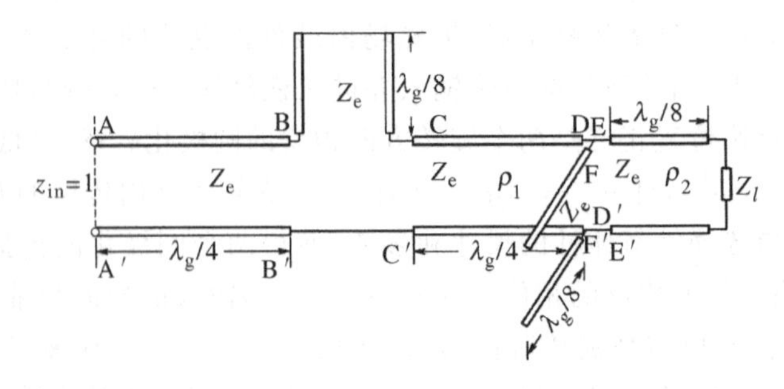

图 7.119　题 7-4 附图

7-5　已知负载的归一化导纳 $y_l=0.9-j0.5$,波导截面尺寸 $a\times b=(58.2\times 29.1)\text{mm}^2$,工作波长 $\lambda_0=7.5$ cm。采用 $d_2=\lambda_g/8$ 的双螺钉调配器进行匹配,已知 $d_1=\lambda_g/4$,求这两个螺钉的归一化电纳 b_1,b_2 各为多少?

7-6　一段填充介质为空气的矩形波导与一段填充相对介电常数为 2.56 介质的矩形波导，借助于一单节 $\lambda_g/4$ 阶梯阻抗变换器进行匹配，如图 7.120 所示。求匹配段介质的相对介电常数 ε_r' 及变换器的长度 l（已知 $a=2.3$ cm，$f=10$ GHz）。

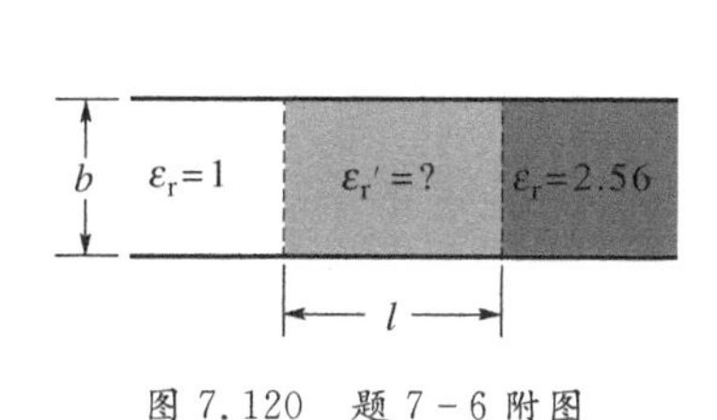

图 7.120　题 7-6 附图

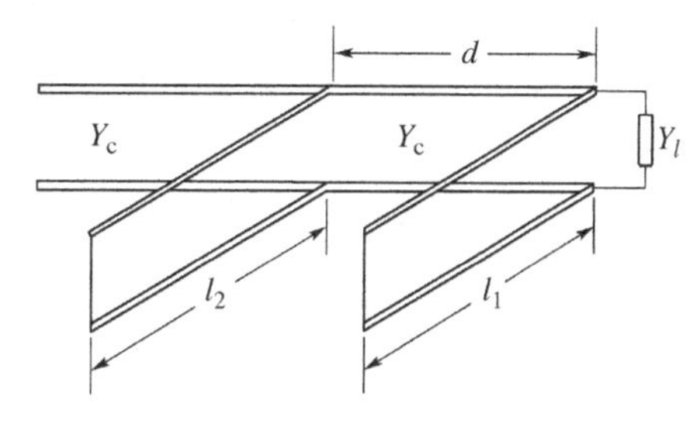

图 7.121　题 7-7 附图

7-7　在如图 7.121 所示的双支节匹配系统中，已知无耗传输线的特性导纳为 Y_c，负载导纳 $Y_l=G_l+jB_l$（归一化导纳为 $y_l=g_l+jb_l$），终端短路的双支节长度分别为 l_1、l_2（电长度为 θ_1、θ_2），双支节间的间距 $d=\lambda_0/8$（电长度为 θ_0，λ_0 为信号中心频率对应的波长）。① 试利用圆图叙述此双支节调配器的匹配原理，并画出圆图中的匹配盲区；② 利用网络的分析方法详细证明①中所画匹配盲区大小的结论，并就 $d=\lambda/8(\lambda\neq\lambda_0)$ 的一般情况进行讨论。

7-8　设计一均匀分布式四阶 $\lambda/4$ 阶梯阻抗变换器，用来在 900 MHz 频率上将 $R_l=100\ \Omega$ 的负载与特性阻抗 $Z_0=50\ \Omega$ 的空气同轴线进行匹配。同时，确定反射系数的模低于 0.1 的工作频率范围，并利用 Matlab 编程画出 $|\Gamma_{in}|$ 随 βl 的变化曲线。

7-9　设计一切比雪夫式二阶 $\lambda/4$ 阶梯阻抗变换器，用来在 900 MHz 频率上将 $R_l=100\ \Omega$ 的负载与特性阻抗 $Z_0=50\ \Omega$ 的空气同轴线进行匹配。同时，画出反射系数的模值 $|\Gamma_{in}|$ 随 βl 的变化曲线。

7-10　现采用指数渐变式阻抗变换器将负载 $R_l=100\ \Omega$ 与特性阻抗 $Z_0=50\ \Omega$ 的传输线进行匹配，已知指数渐变线的长度 $L=3\lambda_1/4$，其中 λ_1 为通带的下限频率 f_1 对应的波长。求该指数渐变式阻抗变换器通带内的最大反射系数幅值 $|\Gamma|_m$。

7-11　已知在渐变线的长度 L 上，$\frac{d}{dz}\left[\ln\left(\frac{Z}{Z_0}\right)\right]$ 满足以下的三角形函数：

$$\frac{d}{dz}\left[\ln\left(\frac{Z}{Z_0}\right)\right]=\begin{cases}\dfrac{4z}{L^2}\ln\left(\dfrac{R_l}{Z_0}\right), & 0\leqslant z\leqslant L/2\\[2ex] 4\left(\dfrac{1}{L}-\dfrac{z}{L^2}\right)\ln\left(\dfrac{R_l}{Z_0}\right), & L/2\leqslant z\leqslant L\end{cases}$$

求输入反射系数 Γ_{in} 的表达式，并利用 Matlab 编程画出 $|\Gamma_{in}|$ 随 βl 的变化曲线。

7-12　一切比雪夫式低通滤波器的指标是：通带最大波纹 $L_p=0.1$ dB，截止频率 $f_c=3$ GHz，在阻带边频 $f_s=4$ GHz 上 $L_s\geqslant 40$ dB。试确定该滤波器的低通原型。

7-13　设计一个切比雪夫式低通滤波器，其截止频率为 2.5 GHz，带内最大插入衰减为 0.5 dB，在 5 GHz 上 $L_s\geqslant 30$ dB（用微带结构实现，并设输入、输出微带线的特性阻抗均为50 Ω)。

7-14 利用理查德变换和科洛达恒等变换方法设计一切比雪夫式五阶微带低通滤波器。已知与滤波器输入、输出相连的微带线的特性阻抗为 50 Ω,截止频率为 2 GHz,波纹幅度为 0.5 dB 以及频率为 4 GHz 处 $L_s \geq 40$ dB。已知微带基片的相对介电常数 $\varepsilon_r = 2.65$,厚度 $h = 0.5$ mm。

7-15 证明:若在无耗、互易三端口网络的任意端口中接入短路活塞,则总可找到活塞的一个位置,使其他二端口间无能量传输。

7-16 如图 7.122 所示,E-T 接头的②臂上接短路活塞,问:短路活塞与对称面间的距离 l 为多少时,③臂无功率输出及输出功率最大?

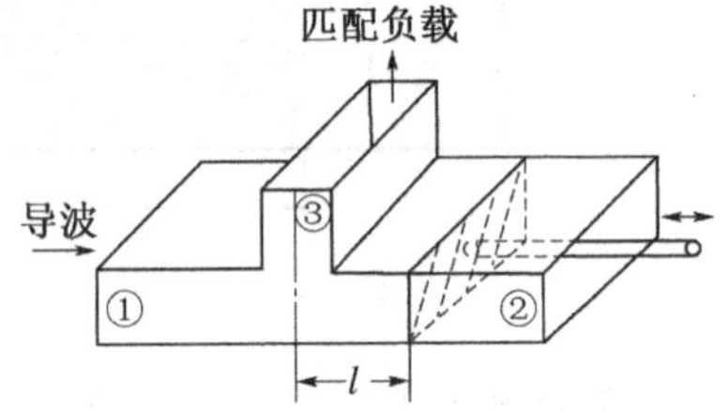

图 7.122 题 7-16 附图

7-17 对如图 7.69 所示的两种波导 T 形接头,设分支臂③匹配,试分别导出它们的散射矩阵。

7-18 有一个三端口元件,测得其$[S]$为

$$[S] = \begin{bmatrix} 0 & 0.995 & 0.1 \\ 0.995 & 0 & 0 \\ 0.1 & 0 & 0 \end{bmatrix}$$

问:此元件有哪些特性?它是一个什么样的微波元件?

7-19 试导出如图 7.75 所示的微带不等功率分配器的设计公式(7.159)。

7-20 如图 7.123 所示为输出端具有两段 λ/4 阻抗变换器的无耗 Y 形功率分配器,其中输入和输出传输线的特性阻抗均为 Z_c,并设与②和③臂输出传输线相连的 λ/4 阻抗变换器的特性阻抗分别为 Z_{c2} 和 Z_{c3},以及①、②和③端口的输入、输出功率分别为 P_{in},P_2 和 P_3。① 证明:端口②和③间功率任意分配且端口①匹配的条件是:$Z_c^2/Z_{c2}^2 + Z_c^2/Z_{c3}^2 = 1$,以及 $Z_{c2} = Z_c\sqrt{P_{in}/P_2}$,$Z_{c3} = Z_c\sqrt{P_{in}/P_3}$;② 已知 $Z_c = 30$ Ω,功率分配比为 $P_2 : P_3 = 3 : 1$,求 λ/4 阻抗变换器的特性阻抗,并导出该无耗 Y 形功率分配器的散射矩阵。

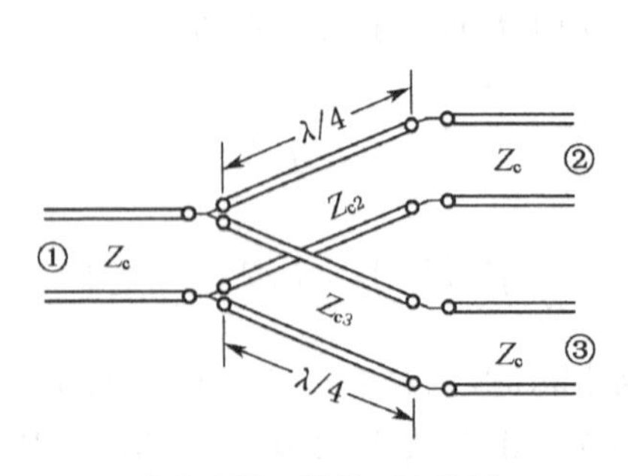

图 7.123 题 7-20 附图

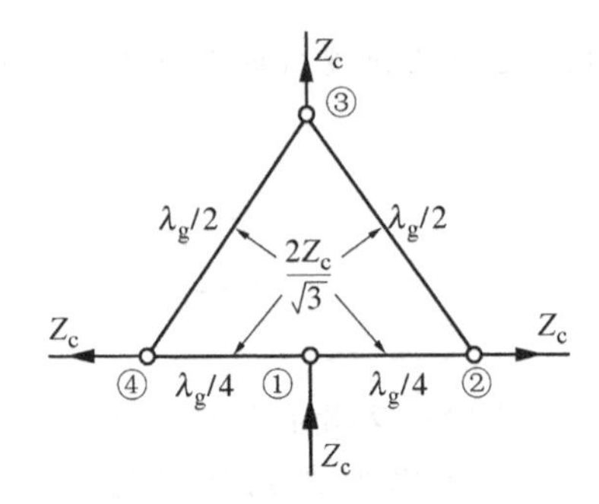

图 7.124 题 7-21 附图

7-21 采用奇、偶模分析方法,导出如图 7.124 所示的四端口功率分配器的散射矩阵。假设该功率分配器的四个端口均接匹配负载 Z_c。

7-22 利用式(7.35),证明式(7.169a)。

7-23　如图 7.125 所示为双 T 接头用作为测量阻抗的电桥。若 $u_4^+=1$，证明：端口③输出的相对功率为 $P_3^-=\frac{1}{4}(1-|S_{33}|^2)(1-|S_{44}|^2)|\Gamma_l/(1-S_{11}\Gamma_l)|^2$。

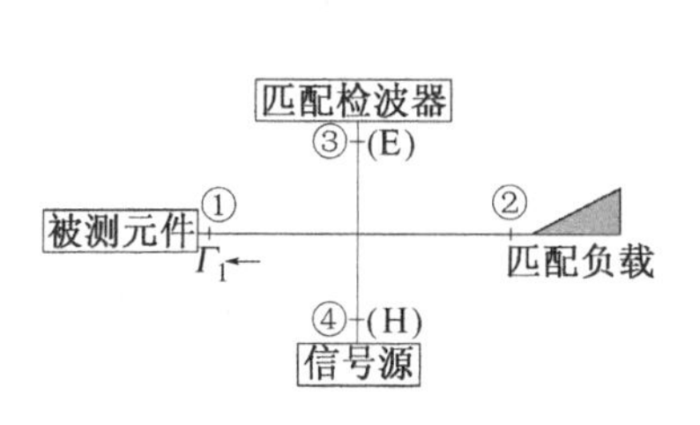

图 7.125　题 7-23 附图

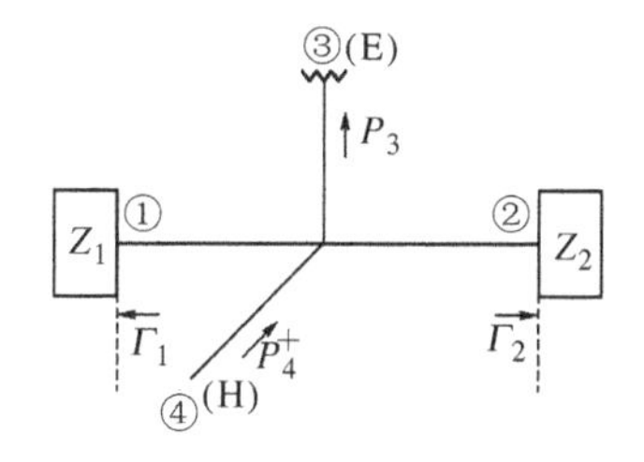

图 7.126　题 7-24 附图

7-24　一魔 T 构成的系统如图 7.126 所示，功率自端口④输入，其值为 P_4^+，端口③接匹配负载，端口①和②所接负载均不匹配，其反射系数分别为 Γ_1 和 Γ_2。试求端口③输出功率 P_3^- 与入射功率 P_4^+ 之比。

7-25　已知一定向耦合器的散射矩阵为

$$[S]=\begin{bmatrix}0.05e^{j30^\circ} & 0.96e^{j0^\circ} & 0.10e^{j90^\circ} & 0.05e^{j90^\circ}\\ 0.96e^{j0^\circ} & 0.05e^{j30^\circ} & 0.05e^{j90^\circ} & 0.10e^{j90^\circ}\\ 0.10e^{j90^\circ} & 0.05e^{j90^\circ} & 0.04e^{j30^\circ} & 0.96e^{j0^\circ}\\ 0.05e^{j90^\circ} & 0.10e^{j90^\circ} & 0.96e^{j0^\circ} & 0.05e^{j30^\circ}\end{bmatrix}$$

① 求该定向耦合器的耦合度、方向性、隔离度；② 当其他端口均接匹配负载时，入射端口①的回波损耗。

7-26　一只对称的定向耦合器，其方向性为无穷大，耦合度为 20 dB，用此定向耦合器监测输送到负载 Z_l 上的功率，如图 7.127 所示。功率计 P_A 的读数为 8 mW，它对臂④产生的电压驻波系数为 2，功率计 P_B 的读数为 2 mW，它与臂③匹配。求：① 在负载 Z_l 上消耗的功率；② 臂②上的电压驻波系数。

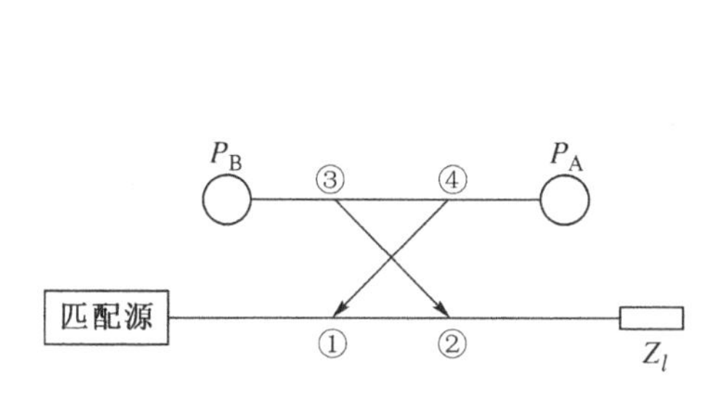

图 7.127　题 7-26 附图

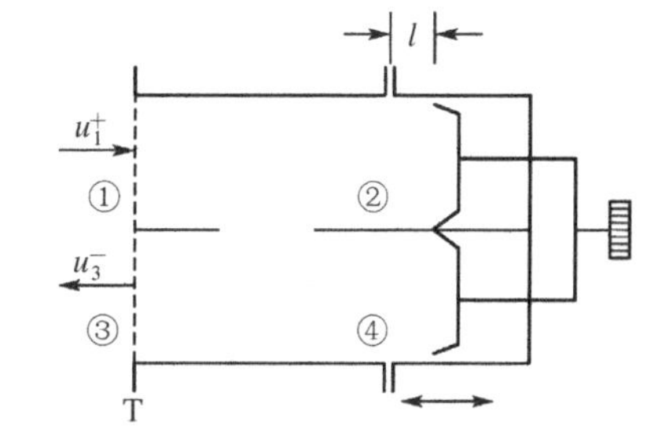

图 7.128　题 7-27 附图

7-27　如图 7.128 所示的窄边耦合的 3 dB 电桥，在端口②、④上接入一对同步可调的短路活塞，这是一个什么元件？试导出端口③参考面上 u_3^- 的表达式（设端口③接匹配负载）。

7-28　已知一平行耦合微带定向耦合器在中心频率上的耦合度为 15 dB，外接微带线的特性阻抗为50 Ω。求耦合微带线的奇、偶模特性阻抗。

7-29　已知平行耦合微带定向耦合器在中心频率上的耦合度为13 dB,试写出此耦合器在中心频率上的[S]。

7-30　两个耦合度为8.34 dB,相移为90°的理想定向耦合器按如图7.129所示进行级联,已知端口①的归一化入射波为1。求端口②和端口③输出的归一化出射波的表达式,并写出总耦合器的散射矩阵。

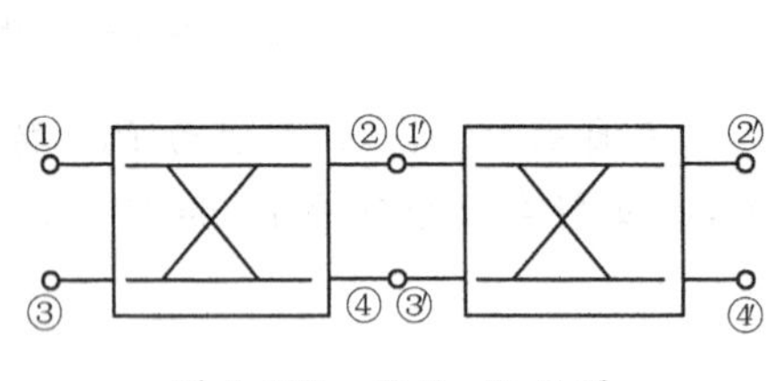

图7.129　题7-30附图

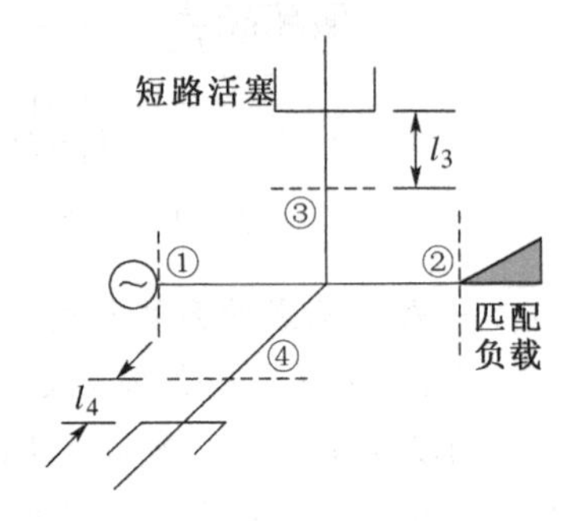

图7.130　题7-31附图

7-31　如图7.130所示为一魔T调配器示意图。其中,端口①接波源,端口③和端口④各接短路活塞,端口②接匹配负载。① 用网络的分析方法,求出使端口②有最大输出时的l_3和l_4的表达式,结果说明了什么? ② 当端口③、④的短路活塞换为反射系数分别为Γ_3和Γ_4的负载,端口②接反射系数分别为Γ_2的负载时,结果又将如何?

7-32　对如图7.130所示的魔T调配器,若端口①、③和④仍接波源及短路活塞,端口②接任意负载(其反射系数为Γ_l)。① 试证明:通过调节短路活塞的位置(即l_3和l_4)总可使接在端口②的任意负载获得匹配;② 若$\Gamma_l=0.5\mathrm{e}^{-\mathrm{j}\pi/2}$,求$l_3$和$l_4$的最小值。

7-33　如图7.131所示为一魔T构成的微波测量电桥,在魔T的端口①和④上分别接反射系数为Γ_1和Γ_4的负载Z_1和Z_4。① 当端口②的输入功率为P_2时,求端口③输出到匹配功率计的功率P_3;② 讨论分别在什么情况下,$P_3=0$和$P_3=P_2$。

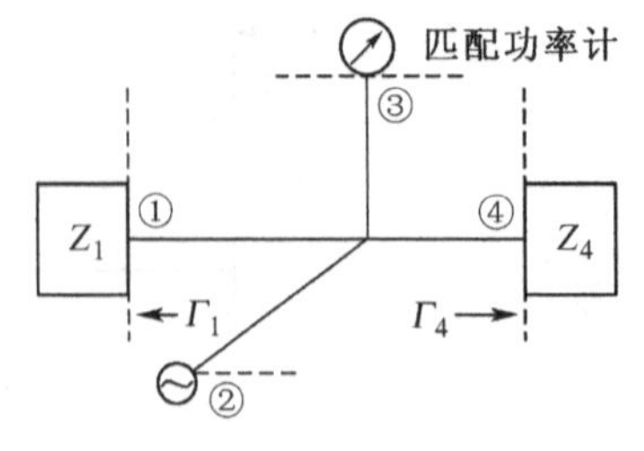

图7.131　题7-33附图

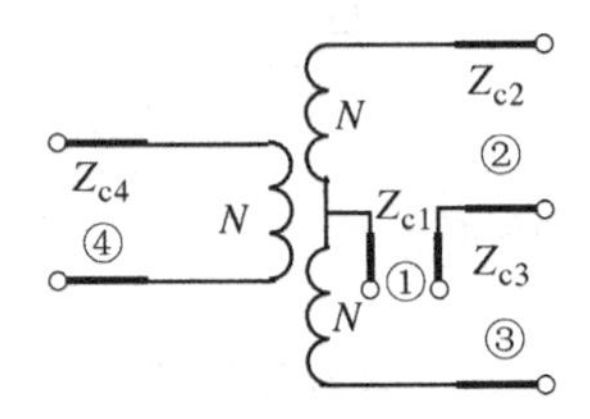

图7.132　题7-34附图

7-34　如图7.132所示为一无耗四端口网络,各端口端接传输线的特性阻抗分别为$Z_{c1}=Z_{c4}=Z_c$,$Z_{c2}=Z_{c3}=2Z_c$。① 导出此网络的散射矩阵;② 说明此网络的特点。

7-35　如图7.133所示,为一理想定向耦合器与功率计构成的功率测量装置。已知定向耦合的耦合度为 20 dB,波源的输入功率为 100 mW。① 若用 10 μW～100 μW 量程的功率探头测量端口③的功率,为保证功率计正常工作,在功率计前所加的可变衰减器的量程至少是多少？② 若波源的输出功率为 50 mW,求端口②接的匹配负载的吸收功率。

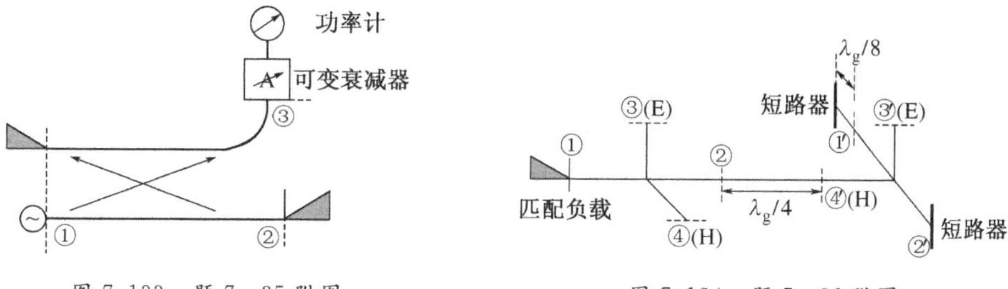

图 7.133　题 7－35 附图　　　　图 7.134　题 7－36 附图

7－36　用一段长为 $\lambda_g/4$ 的矩形波导段连接两个波导魔 T,构成如图 7.134 所示的三端口(即端口③、端口③和端口④)元件。① 试导出该元件对应的三端口网络的散射矩阵;② 当端口④接输出功率为 P_4^+ 的信号源,且端口③和端口③均接匹配负载时,求端口③和端口③参考面上的输出功率及端口④参考面上的反射功率;③ ②中的结果说明了什么？

7－37　如图 7.135 所示为一终端接匹配负载的矩形波导 H 面 U 形拐角(由间距为 l(电长度为 θ)的两只90°的 H 面拐角构成)的等效网络,求此网络输入端参考面 T_1 处的反射系数的模值及插入衰减(其中 z_c,x,b 均为归一化值,并取 $z_c=1$,$x=2$,$b=1$)。

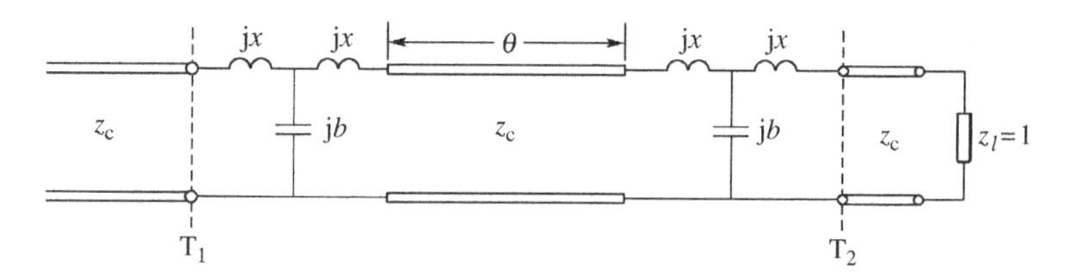

图 7.135　题 7－37 附图

7－38　图 7.136 为一由两个 H－T 接头与矩形波导段构成的雷达收发系统的等效电路图。设天线与 $a\times b=72.14\times 34.04$ mm 的空气矩形波导理想匹配,且 $l_1=l_2=l_3=3\lambda_{g0}/4$,$\lambda_{g0}$ 为 TE_{10} 模的与中心频率对应的波导波长,Z_e 为 TE_{10} 模的等效特性阻抗。该收发系统的中心频率 $f_0=3$ GHz。① 叙述此雷达收发系统的工作原理;② 采用网络分析法导出雷达处于发射状态且工作频率 f 偏离中心频率 f_0 时,系统输入端的输入阻抗随电长度 θ 变化的表达式(其中 l_1,l_2,l_3 的电长度均为 θ);③ 求出此系统处于发射

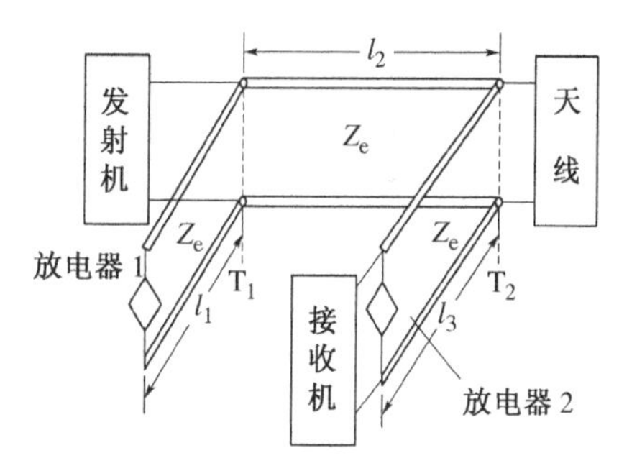

图 7.136　题 7－38 附图

状态且输入驻波系数为 1.25 时,系统的相对工作频带宽度 $\Delta f/f_0$(设频率 f 对应的波导波长 $\lambda_g=\lambda_{g0}+\Delta\lambda_g$,$\Delta\lambda_g\ll\lambda_{g0}$)。

7-39 如图 7.137 所示,为由两个魔 T 和两个放电器及若干波导段构成的雷达天线收发开关。已知矩形波导尺寸为 $a\times b=2.3\times1.0\ \text{cm}^2$,工作于 TE_{10} 模。① 若端口②所接的天线不匹配,且具有 Γ_l 的反射系数,试导出频率 f 等于雷达的中心频率 f_0 时,此收发开关处于雷达发射状态时端口①的反射系数 Γ_1 的表达式;② 若魔 T T_1的端口②所接天线匹配,试求此收发开关处于雷达发射状态的情况下,要求端口①的电压驻波系数 $\rho_1\leqslant1.2$ 时的相对工作频带 $\Delta f/f_0$(其中 $\lambda_g=\lambda_{g0}+\Delta\lambda_g$,且 $\Delta\lambda_g\ll\lambda_{g0}$,$\lambda_{g0}$ 为雷达中心工作频率 $f_0=9.375$ GHz 对应的 TE_{10}模的波导波长)。

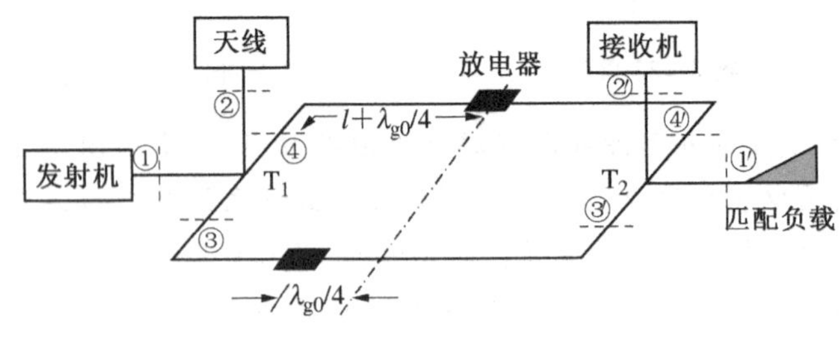

图 7.137 题 7-39 附图

7-40 利用双对称网络的分析思路,画出如图 7.94 所示的平行耦合微带定向耦合器的四种激励对应的等效电路(标出对称面处的电壁和磁壁的位置),并由此导出平行耦合微带定向耦合器的散射参量 S_{31}和 S_{21}的表达式(7.182)和(7.183)。

7-41 采用奇偶模分析方法,导出如图 7.98 所示微带环行电桥的散射矩阵,假设该电桥的四个端口均接匹配负载 Z_c。

7-42 对如图 7.138 所示的铁氧体场移式隔离器,试确定其中TE_{10}模的传输方向是入纸面还是出纸面?

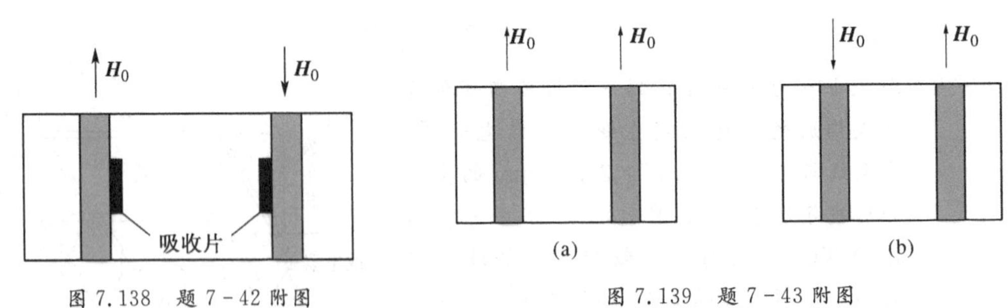

图 7.138 题 7-42 附图

图 7.139 题 7-43 附图

7-43 如图 7.139 所示为两个由矩形波导中对称放置的横向磁化铁氧体片构成的移相器,叙述它们的工作原理,并说明哪一个是互易移相器,哪一个是非互易移相器。

7-44 有一环行器如图 7.140 所示,环行器的散射矩阵为$[S]=\begin{bmatrix}0 & \sigma & \varepsilon\\ \varepsilon & 0 & \sigma\\ \sigma & \varepsilon & 0\end{bmatrix}$。若端口①接

波源，端口②接匹配负载，端口③接短路活塞，图中短路面离端口③参考面的距离为 l，测得 $|u_2^-/u_1^+|$ 随 l 的变化关系如图 7.140 所示，求 σ 和 ε 的值。

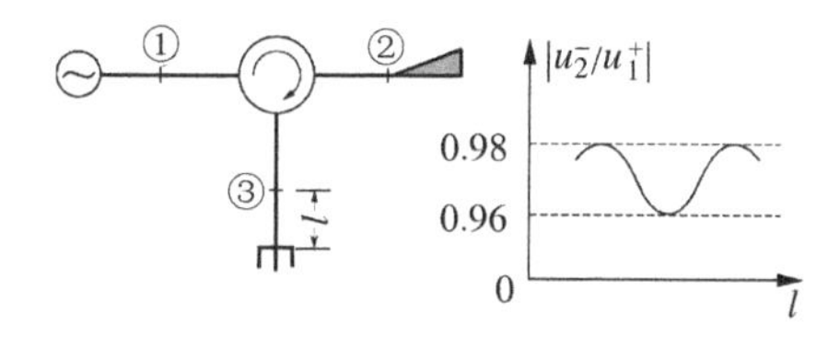

图 7.140　题 7-44

7-45　写出如图 7.141 所示魔 T 和理想环行器组合的[S]。

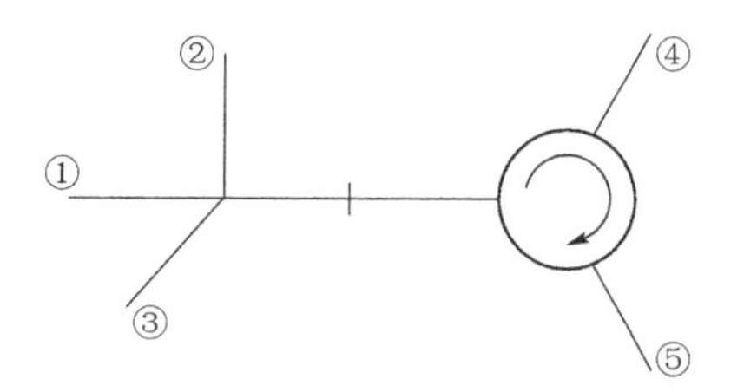

图 7.141　题 7-45 附图

7-46　如图 7.142 所示为一非互易移相式环行器的示意图，它由折叠魔 T、非互易铁氧体移相器和 3 dB 电桥构成。其中非互易移相式环行器沿两方向的相移量分别为 θ_1 $(=\varphi+\pi/2)$ 和 $\theta_2(=\varphi)$，叙述其工作原理。

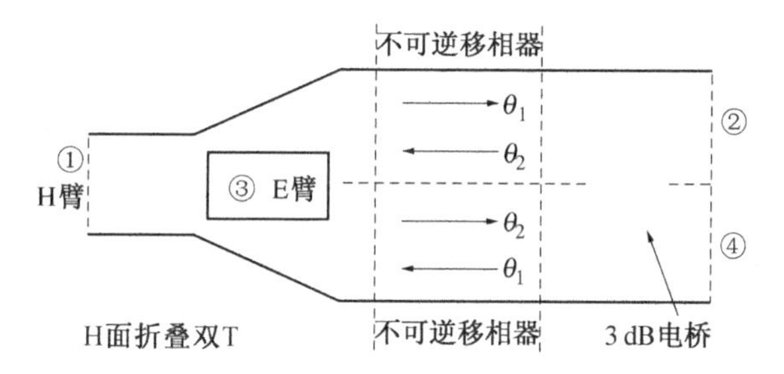

图 7.142　题 7-46 附图

第 8 章 天　线

电磁波能够脱离场源以电磁波的形式在空间传播的现象，称为电磁波的辐射。无线电设备中用来辐射和接收电磁波的装置称为天线。天线是无线电通信、雷达、导航、遥感、遥测、射电天文以及电子对抗等各种民用和国防系统中必不可少的组成部分之一。

本章首先介绍电磁波辐射的基本概念、基本辐射单元的辐射以及天线的基本参数；然后阐述对称振子与天线阵的远区辐射特性以及互易定理和接收天线；最后介绍常见的线天线和面天线的基本分析方法和工作原理。

8.1 电磁波辐射的基本理论

8.1.1 电磁波辐射的基础知识

1. 辐射的基本概念

根据麦克斯韦的两个旋度方程可知，磁场不仅能由传导电流产生，而且能由随时间变化的电场产生；电场不仅能由电荷产生，而且能由随时间变化的磁场产生。由于一般情况下电场随时间的变化率是可变的，因此由电场产生的磁场也是随时间变化的，这个变化的磁场又将激发出新的变化电场。由此可见，随着时间变化的电磁场，其电场和磁场永远是相互联系而不能分割的，从而形成统一的电磁场。所以，假设自由空间中某一给定区域中的电场有变化，变化的电场在邻近区域激起变化的磁场，这个变化的磁场又在较远处的区域激起新的变化电场，而后又在更远的区域激发出变化磁场，依此类推，这种由近及远，交替激起电场和磁场的过程，就是电磁波产生的辐射过程。

怎样才能使一种装置(或电路)用作有效辐射电磁波的天线呢？一方面，某装置的工作频率要尽可能高，这是因为电磁波的辐射依赖于变化的电场(即位移电流)和变化的磁场，因此电磁场变化的快慢决定着所激发场的强弱，也就决定着辐射能量的多少。换言之，在一定场强下，频率越高，位移电流越强，从而辐射的能量也就越多。所以，某装置的波源频率是直接影响其辐射的一个因素。另一方面，装置的场源结构必须是开放系统，从而使波源激发出的电场和磁场分布在同一空间。例如，施加在两块平行导体板间的波源激发的电磁场主要束缚在两导体板之间，大部分电磁场能量在场与源之间来回转换，其辐射能力很弱，但若将两块导体板拉开呈开放结构，则将形成与空间耦合很强的系统，就可获得很强的辐射。

综上所述，一种装置可用作为天线必须具备两个条件：① 波源的频率要高；② 结构应呈开放型。图 8.1 中示出了几种常见的天线。

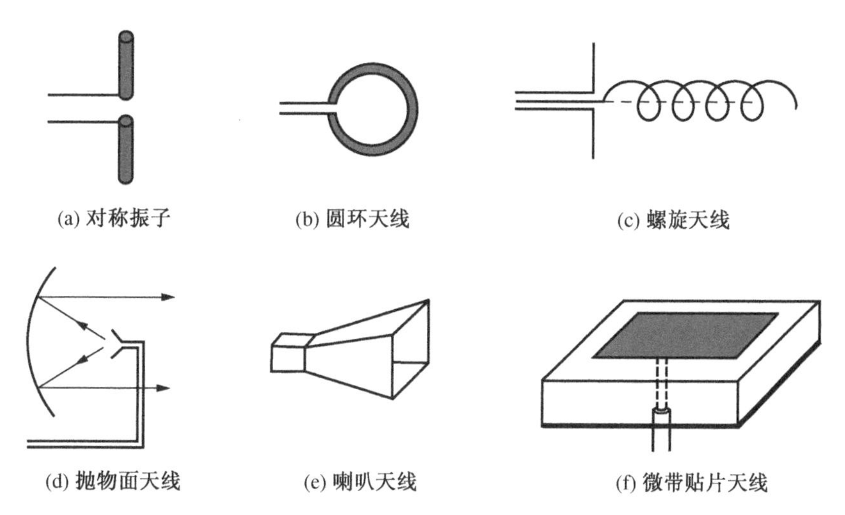

图 8.1 几种常见的天线

2. 滞后位

由于空间电磁波的场源是天线上的时变电流和电荷，因此辐射问题就是求解天线上的场源在其周围空间所产生的电磁场分布。严格地说，空间电磁场的求解就是在天线几何形状确定的边界条件下求解麦克斯韦方程组，在绝大多数情况下这显然是十分困难甚至是不可能的。因此，辐射问题的求解往往采用近似解法，即先近似选取天线上的场源分布，再根据场源分布求天线辐射场。根据天线的场源分布求其辐射空间的电磁场，可采用直接解法和间接解法。直接解法就是根据电磁场的瞬时矢量(或复矢量)$\boldsymbol{E}$ 和 $\boldsymbol{H}$ 满足的非齐次矢量波动方程(或亥姆霍兹方程)，由天线的电流分布直接求解 $\boldsymbol{E}$ 和 $\boldsymbol{H}$，这种解法的积分运算十分复杂；间接解法就是先由天线上的电流分布求解矢量磁位 $\boldsymbol{A}$，再由 $\boldsymbol{E}$ 和 $\boldsymbol{H}$ 与 $\boldsymbol{A}$ 间的微分关系求得 $\boldsymbol{E}$ 和 $\boldsymbol{H}$，这种解法的积分运算通常比直接解法要简单得多。因此，通常多采用间接解法求解天线的辐射问题。

由电磁场理论可知，若自由空间中有限区域内存在时谐的体电流和体电荷分布，则矢量磁位 $\boldsymbol{A}$ 和标量电位 ϕ 分别满足以下的非齐次矢量波动方程：

$$\nabla^2 \boldsymbol{A} - \mu_0 \varepsilon_0 \frac{\partial^2 \boldsymbol{A}}{\partial t^2} = -\mu_0 \boldsymbol{J} \tag{8.1}$$

$$\nabla^2 \phi - \mu_0 \varepsilon_0 \frac{\partial^2 \phi}{\partial t^2} = -\frac{\rho}{\varepsilon_0} \tag{8.2}$$

假设空间中的标量电位 ϕ 是由位于坐标原点处的时变点电荷 $Q(t)$ 产生，于是，在不包含坐标原点的空间中，方程(8.2)变为以下的齐次标量波动方程：

$$\nabla^2 \phi - \mu_0 \varepsilon_0 \frac{\partial^2 \phi}{\partial t^2} = 0 \tag{8.3}$$

由于点电荷周围空间的场具有球对称性,即在圆球坐标系中,标量电位 ϕ 与角度坐标 θ 和 φ 无关。因此,方程(8.3)简化为

$$\frac{1}{R^2}\frac{\partial}{\partial R}\left(R^2 \frac{\partial \phi}{\partial R}\right) - \mu_0 \varepsilon_0 \frac{\partial^2 \phi}{\partial t^2} = 0$$

为便于求解,令 $\Phi = R\phi$,则上述方程进一步简化为

$$\frac{\partial^2 \Phi}{\partial R^2} - \frac{1}{v^2}\frac{\partial^2 \Phi}{\partial t^2} = 0 \tag{8.4}$$

式中 $v = c = 1/\sqrt{\mu_0 \varepsilon_0}$,为时变电磁场在自由空间中的传播速度。显然,方程(8.4)即为工程数学中的达朗贝尔(D'alembert)方程,其通解可表示为

$$\Phi(R,t) = F_1(R - vt) + F_2(R + vt)$$

于是,有

$$\phi(R,t) = \frac{1}{R} f_1\left(t - \frac{R}{v}\right) + \frac{1}{R} f_2\left(t + \frac{R}{v}\right) \tag{8.5}$$

其中,式(8.5)中等式右端的第一项代表沿径向向外($\boldsymbol{a}_R$ 方向)传播的电磁波(即外向波),而等式右端的第二项代表沿径向向内($-\boldsymbol{a}_R$ 方向)传播的电磁波(即内向波)。由于场源位于坐标原点,空间中只能存在沿径向传播的外向波而不可能存在沿径向传播的内向波,因此,式(8.5)中等式右端的第二项应被舍去,即

$$\phi(R,t) = \frac{1}{R} f_1\left(t - \frac{R}{v}\right) \tag{8.6}$$

式中,函数 f_1 的具体形式可根据静电场中静止点电荷所产生的电位导出。事实上,由位于坐标原点处的静止点电荷 Q 在空间中产生的电位为

$$\phi(R) = \frac{Q}{4\pi\varepsilon_0 R} \tag{8.7}$$

因为静态场是时变场的特例,因此比较式(8.6)和式(8.7),可得

$$\phi(R,t) = \frac{1}{4\pi\varepsilon_0 R} Q\left(t - \frac{R}{v}\right) \tag{8.8}$$

一般地,对分布于体积 V' 中体电荷密度为 $\rho(\boldsymbol{r}', t)$ 的电荷,可将点 $p(\boldsymbol{r}')$ 处的电荷元 $\rho(\boldsymbol{r}', t)\mathrm{d}V'$ 视为点电荷,则该点电荷在场点 $p(\boldsymbol{r})$ $(\boldsymbol{r} \neq \boldsymbol{r}')$ 产生的电位微元 $\mathrm{d}\phi(\boldsymbol{r}, t)$ 可按式(8.8)写出,即

$$\mathrm{d}\phi(\boldsymbol{r},t) = \frac{\rho(t - |\boldsymbol{r} - \boldsymbol{r}'|/v)\mathrm{d}V'}{4\pi\varepsilon_0 |\boldsymbol{r} - \boldsymbol{r}'|} = \frac{\rho(t - R_1/v)\mathrm{d}V'}{4\pi\varepsilon_0 R_1}$$

式中,$\boldsymbol{r} = \boldsymbol{R} = R\boldsymbol{a}_R$,而 $R_1 = |\boldsymbol{R}_1| = |\boldsymbol{r} - \boldsymbol{r}'|$,为场点与源点之间的距离。从而可得体积 V' 中

的体电荷在场点 $p(\boldsymbol{r})$ 处产生的电位为

$$\phi(\boldsymbol{r},t)=\frac{1}{4\pi\varepsilon_0}\int_{V'}\frac{\rho(\boldsymbol{r}',t-|\boldsymbol{r}-\boldsymbol{r}'|/v)}{|\boldsymbol{r}-\boldsymbol{r}'|}\mathrm{d}V'=\frac{1}{4\pi\varepsilon_0}\int_{V}\frac{\rho(\boldsymbol{r}',t-R_1/v)}{R_1}\mathrm{d}V \tag{8.9}$$

在直角坐标系中，矢量波动方程(8.1)可分解为三个在形式上同方程(8.2)完全相同的标量波动方程，即

$$\nabla^2 A_i-\mu_0\varepsilon_0\frac{\partial^2 A_i}{\partial t^2}=-\mu_0 J_i \tag{8.10}$$

式中，$i=x,y,z$。显然，方程(8.1)与方程(8.2)之间存在类比关系，此时只要在式(8.9)中作置换：$\phi\Rightarrow A_i$，$\rho\Rightarrow J_i$ 以及 $1/\varepsilon_0\Rightarrow\mu_0$，即可得到矢量磁位 $\boldsymbol{A}(\boldsymbol{r},t)$ 的三个分量 A_x，A_y，A_z 的积分表达式。于是，以体密度 $\boldsymbol{J}(\boldsymbol{r}')$ 分布的体电流在场点 $p(\boldsymbol{r})$ 处产生的矢量磁位为

$$\boldsymbol{A}(\boldsymbol{r},t)=\frac{\mu_0}{4\pi}\int_{V'}\frac{\boldsymbol{J}(\boldsymbol{r}',t-|\boldsymbol{r}-\boldsymbol{r}'|/v)}{|\boldsymbol{r}-\boldsymbol{r}'|}\mathrm{d}V'=\frac{\mu_0}{4\pi}\int_{V}\frac{\boldsymbol{J}(\boldsymbol{r}',t-R_1/v)}{R_1}\mathrm{d}V \tag{8.11}$$

式(8.9)和式(8.11)表明，在某时刻 t 于场点 p 处的标量电位 ϕ 和矢量磁位 $\boldsymbol{A}$ 并不与位于距离 R_1 以外的在该时刻的源 ρ 和 $\boldsymbol{J}$ 的分布相对应，而是与时刻 $(t-R_1/v)$ 的源的分布相对应。换言之，时刻 t 的电荷和电流的分布要经过时间 R_1/v 后才影响到场点 p 处的电位 ϕ 和矢量磁位 $\boldsymbol{A}$，即时变电磁场以电磁波的形式在空间传播时存在滞后现象。因此，相应的位函数 ϕ 和 $\boldsymbol{A}$ 称为滞后位。

对时谐电磁场而言，自由空间中复数形式的标量电位和矢量磁位满足如下的非齐次矢量亥姆霍兹方程：

$$\nabla^2\phi+k^2\phi=-\frac{\rho}{\varepsilon_0} \tag{8.12}$$

$$\nabla^2\boldsymbol{A}+k^2\boldsymbol{A}=-\mu_0\boldsymbol{J} \tag{8.13}$$

式中，$k^2=\omega^2\mu_0\varepsilon_0$。上述两方程的解可分别表示为

$$\phi(\boldsymbol{r})=\frac{1}{4\pi\varepsilon_0}\int_V\rho(\boldsymbol{r}')\frac{\mathrm{e}^{-\mathrm{j}kR_1}}{R_1}\mathrm{d}V \tag{8.14a}$$

$$\boldsymbol{A}(\boldsymbol{r})=\frac{\mu_0}{4\pi}\int_V\frac{\boldsymbol{J}(\boldsymbol{r}')\mathrm{e}^{-\mathrm{j}kR_1}}{R_1}\mathrm{d}V \tag{8.14b}$$

根据电磁对偶性原理，由式(8.14)可得磁流源对应的(复)矢量电位和标量磁位的积分表达式为

$$\boldsymbol{A}_\mathrm{M}(\boldsymbol{r})=\frac{\varepsilon_0}{4\pi}\int_V\frac{\boldsymbol{J}_\mathrm{M}(\boldsymbol{r}')\mathrm{e}^{-\mathrm{j}kR_1}}{R_1}\mathrm{d}V \tag{8.15a}$$

$$\phi_\mathrm{M}(\boldsymbol{r})=\frac{1}{4\pi\mu_0}\int_V\rho_\mathrm{M}(\boldsymbol{r}')\frac{\mathrm{e}^{-\mathrm{j}kR_1}}{R_1}\mathrm{d}V \tag{8.15b}$$

这样，根据时谐电型源和磁型源解得复矢量 $\boldsymbol{A}$ 和 $\boldsymbol{A}_\mathrm{M}$ 后，即可按式(2.28)、(2.29)和式

(2.38)、(2.39)以及式(2.40)确定复矢量 $\boldsymbol{E}$ 和 $\boldsymbol{H}$。

3. 远区辐射的电磁场

如前所述,有限尺寸天线在远离天线的空间辐射的电磁波是球面波,而球面波的电磁场以及对应的矢量磁位和矢量电位等场量均应在球坐标系中表示。如矢量磁位 $\boldsymbol{A}$ 应表示为

$$\boldsymbol{A}=A_R(R,\theta,\varphi)\boldsymbol{a}_R+A_\theta(R,\theta,\varphi)\boldsymbol{a}_\theta+A_\varphi(R,\theta,\varphi)\boldsymbol{a}_\varphi \tag{8.16a}$$

式中,$A_R(R,\theta,\varphi)$(简记为 A_R,余同),A_θ 以及 A_φ 的振幅随径向坐标 R 的变化均具有($1/R^n$,$n=1,2,\cdots$)的形式。一般地,当天线远离观察点(场点)时,可忽略高阶项($1/R^n=0,n=2,3,\cdots$)对辐射场的贡献。因此,式(8.16a)可简化为

$$\boldsymbol{A}=[A'_R(\theta,\varphi)\boldsymbol{a}_R+A'_\theta(\theta,\varphi)\boldsymbol{a}_\theta+A'_\varphi(\theta,\varphi)\boldsymbol{a}_\varphi]\frac{\mathrm{e}^{-\mathrm{j}kR}}{R} \tag{8.16b}$$

式中,径向坐标 R 与极角 θ 和方位角 φ 相互独立。这样,将式(8.16b)代入式(2.29),简化可得

$$\boldsymbol{E}=\frac{1}{R}\left\{-\mathrm{j}\omega\mathrm{e}^{-\mathrm{j}kR}[(0)\boldsymbol{a}_R+A'_\theta(\theta,\varphi)\boldsymbol{a}_\theta+A'_\varphi(\theta,\varphi)\boldsymbol{a}_\varphi]\right\}+\frac{1}{R^2}\{\cdots\}+\cdots \tag{8.17}$$

这表明,天线在远区辐射的电场中不会出现径向电场分量的($1/R$)项,因为式(2.29)中第一项和第二项的相应分量相互抵消。

类似地,根据式(2.28),可得天线在远区辐射的磁场的近似式为

$$\boldsymbol{H}=\frac{1}{R}\left\{\mathrm{j}\frac{\omega}{\eta_0}\mathrm{e}^{-\mathrm{j}kR}[(0)\boldsymbol{a}_R+A'_\theta(\theta,\varphi)\boldsymbol{a}_\theta-A'_\varphi(\theta,\varphi)\boldsymbol{a}_\varphi]\right\}+\frac{1}{R^2}\{\cdots\}+\cdots \tag{8.18}$$

式中,$\eta_0=\sqrt{\mu_0/\varepsilon_0}$,为自由空间中电磁波的本征阻抗。

这样,在忽略高阶项($1/R^n=0,n=2,3,\cdots$)后,电型源激励的天线在远区辐射的电磁场仅有 θ 向和 φ 向的分量,它们可被近似表示为

$$\left.\begin{aligned}&E_R\approx 0\\&E_\theta\approx -\mathrm{j}\omega A_\theta\\&E_\varphi\approx -\mathrm{j}\omega A_\varphi\end{aligned}\right\}\Rightarrow \boldsymbol{E}_A\approx -\mathrm{j}\omega\boldsymbol{A},\qquad \boldsymbol{H}_A\approx\frac{1}{\eta_0}(\boldsymbol{a}_R\times\boldsymbol{E}_A)=-\mathrm{j}\frac{\omega}{\eta_0}(\boldsymbol{a}_R\times\boldsymbol{A}) \tag{8.19a}$$

以及

$$\left.\begin{aligned}&H_R\approx 0\\&H_\theta\approx \mathrm{j}\omega\frac{A_\varphi}{\eta_0}=-\frac{E_\varphi}{\eta_0}\\&H_\varphi\approx -\mathrm{j}\omega\frac{A_\theta}{\eta_0}=\frac{E_\theta}{\eta_0}\end{aligned}\right\}\Rightarrow \boldsymbol{H}_A\approx\frac{1}{\eta_0}(\boldsymbol{a}_R\times\boldsymbol{E}_A)=-\mathrm{j}\frac{\omega}{\eta_0}(\boldsymbol{a}_R\times\boldsymbol{A}) \tag{8.19b}$$

采用类似的方法或根据电磁对偶性原理,容易得到磁型源激励的天线在远区辐射的电磁场近似式为

$$\left.\begin{array}{l} H_R \approx 0 \\ H_\theta \approx -\mathrm{j}\omega A_{\mathrm{M}_\theta} \\ H_\varphi \approx -\mathrm{j}\omega A_{\mathrm{M}\varphi} \end{array}\right\} \Rightarrow \boldsymbol{H}_{A_\mathrm{M}} \approx -\mathrm{j}\omega \boldsymbol{A}_\mathrm{M} \tag{8.20a}$$

以及

$$\left.\begin{array}{l} E_R \approx 0 \\ E_\theta \approx -\mathrm{j}\omega\eta_0 A_{\mathrm{M}\varphi} = \eta_0 H_\varphi \\ E_\varphi \approx \mathrm{j}\omega\eta_0 A_{\mathrm{M}_\theta} = -\eta_0 H_\theta \end{array}\right\} \Rightarrow \boldsymbol{E}_{A_\mathrm{M}} \approx -\eta_0(\boldsymbol{a}_R \times \boldsymbol{H}_{A_\mathrm{M}}) = \mathrm{j}\omega\eta_0(\boldsymbol{a}_R \times \boldsymbol{A}_\mathrm{M}) \tag{8.20b}$$

简单说来，天线在远区辐射的电磁场分量相互垂直，且在空间中形成沿径向传播的TEM波。求解天线在远区辐射的电磁场时，上述表达式十分有用。

8.1.2　基本辐射单元的辐射

基本辐射单元包括基本电振子、基本磁振子、基本缝隙以及基本面元（惠更斯元），它们构成各种实际天线的辐射单元。下面分别介绍这些基本辐射单元所产生的辐射及其辐射场的特点。

1. 基本电振子的辐射

1）基本电振子的辐射场

基本电振子又称为电流元或电偶极子，指的是无限小的线性电流单元，即其长度 l 远小于工作波长 λ（即 $l \ll \lambda$），线上的电流振幅和相位处处相同（均匀分布）。任何实际天线上的电流不可能均匀分布，但赫兹电偶极子是具有与电流元相似结构和特点的实际振子，而且任何实际的线天线都可分解为许多个电流元，所以分析和推导电流元的辐射场具有实际意义。根据前一节介绍的辐射场的间接解法，容易导出电流元在自由空间中产生的电磁场。电流元可以采用单端馈电，也可以采用双端馈电，即中心馈电。采用中心馈电时，电流元的两臂长度各为 $l/2$。

将电流元沿圆球坐标系的 z 轴放置，使它的中心与坐标原点重合，电流沿正 z 轴方向，如图8.2所示。由式(8.14b)，因 $\boldsymbol{J}\mathrm{d}V' = \boldsymbol{J}\mathrm{d}S\mathrm{d}z = I\mathrm{d}z\mathbf{a}_z$，故

$$\mathbf{A} = \frac{\mu_0}{4\pi}\int_{-l/2}^{l/2} \frac{I\mathrm{e}^{-\mathrm{j}kR}}{R}\mathrm{d}z\mathbf{a}_z = \frac{\mu_0 Il}{4\pi R}\mathrm{e}^{-\mathrm{j}kR}\mathbf{a}_z = A_z\mathbf{a}_z \tag{8.21}$$

此式对点电流元是精确的，对 $l \ll \lambda$ 的电流元则是近似精确的。

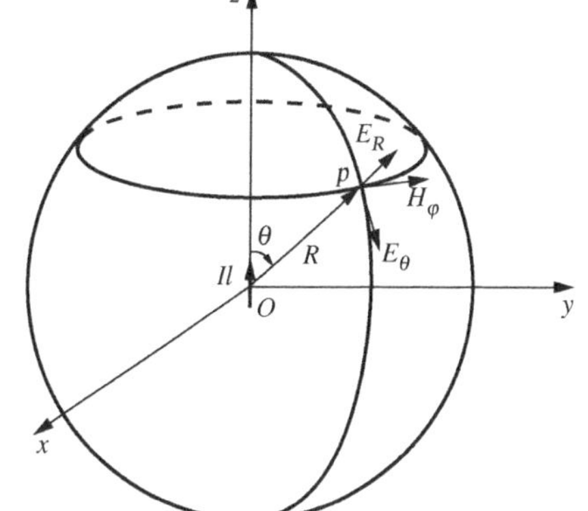

图 8.2　电流元的电磁场

将式(8.21)代入式(2.28)，可得

$$\boldsymbol{H} = \frac{1}{\mu_0}\nabla \times (A_z\mathbf{a}_z) = \frac{1}{\mu_0}(\nabla A_z) \times \mathbf{a}_z + \frac{1}{\mu_0}A_z(\nabla \times \mathbf{a}_z) = \frac{1}{\mu_0}(\nabla A_z) \times \mathbf{a}_z$$

式中,利用了场论恒等式以及($\nabla\times\mathbf{a}_z=0$),将上式在圆球坐标系中展开,可得

$$\boldsymbol{H}=\nabla\left(\frac{Il\,\mathrm{e}^{-\mathrm{j}kR}}{4\pi R}\right)\times\mathbf{a}_z=\frac{Il}{4\pi}\frac{\partial}{\partial R}\left(\frac{\mathrm{e}^{-\mathrm{j}kR}}{R}\right)(\boldsymbol{a}_R\times\mathbf{a}_z)=\frac{Il}{4\pi}\left(\frac{-\mathrm{j}k\mathrm{e}^{-\mathrm{j}kR}}{R}-\frac{\mathrm{e}^{-\mathrm{j}kR}}{R^2}\right)(\boldsymbol{a}_R\times\mathbf{a}_z)$$

因 $\boldsymbol{a}_R\times\mathbf{a}_z=\boldsymbol{a}_R\times(\cos\theta\boldsymbol{a}_R-\sin\theta\boldsymbol{a}_\theta)=-\sin\theta\boldsymbol{a}_\varphi$,故上式变为

$$\boldsymbol{H}=\frac{Il}{4\pi}\sin\theta\left(\frac{\mathrm{j}k}{R}+\frac{1}{R^2}\right)\mathrm{e}^{-\mathrm{j}kR}\boldsymbol{a}_\varphi \tag{8.22}$$

由于自由空间中的场点无源,因此 $\boldsymbol{E}$ 可以不采用式(2.29)求解,而是直接利用复数形式的麦克斯韦方程:$\nabla\times\boldsymbol{H}=\mathrm{j}\omega\varepsilon_0\boldsymbol{E}$ 求出,即

$$\boldsymbol{E}=\frac{1}{\mathrm{j}\omega\varepsilon_0}\nabla\times\boldsymbol{H}=\frac{1}{\mathrm{j}\omega\varepsilon_0}\left[\frac{1}{R\sin\theta}\frac{\partial}{\partial\theta}(H_\varphi\sin\theta)\boldsymbol{a}_R-\frac{1}{R}\frac{\partial}{\partial R}(RH_\varphi)\boldsymbol{a}_\theta\right]=E_R\boldsymbol{a}_R+E_\theta\boldsymbol{a}_\theta$$

式中

$$E_R=\frac{\eta_0 Il}{2\pi R^2}\cos\theta\left(1+\frac{1}{\mathrm{j}kR}\right)\mathrm{e}^{-\mathrm{j}kR} \tag{8.23a}$$

$$E_\theta=\mathrm{j}\frac{\eta_0 kIl}{4\pi R}\sin\theta\left(1+\frac{1}{\mathrm{j}kR}-\frac{1}{k^2R^2}\right)\mathrm{e}^{-\mathrm{j}kR} \tag{8.23b}$$

可见,电流元的磁场只有沿 φ 向的分量 H_φ;电场只有沿 R 向和 θ 向的分量 E_R 和 E_θ,且电场 $\boldsymbol{E}$ 和磁场 $\boldsymbol{H}$ 互相垂直。若用电力线和磁力线形象描绘电流元产生的电场和磁场,则其电力线处于圆球的子午面(包括电流元轴线的平面)内,而其磁力线则与圆球的赤道面($\theta=90°$的平面)平行。图 8.3 中示出了电流元周围电力线和磁力线在子午面上的分布图,其中实线代表电力线,"·"和"+"分别代表穿出和穿入纸面的磁力线。根据电、磁力线在子午面上的分布图形,不难想象出电流元周围空间电磁场的瞬时分布图形。由图可见,距离电流元轴线为 $\lambda/2$ 处(即时间为 $t=T/2$ 时刻),电力线脱离场源而形成闭合的回路,随时间的推移,电流元产生的电磁场从场源向外空间传播,形成电磁波。

利用式(8.22)和式(8.23)可得电流元的复坡印亭矢量为

$$\boldsymbol{S}=\frac{1}{2}(\boldsymbol{E}\times\boldsymbol{H}^*)=\left[\frac{\eta_0}{2}\left(\frac{Il}{4\pi}\right)^2k^4\sin^2\theta\left(\frac{1}{k^2R^2}-\frac{\mathrm{j}}{k^5R^5}\right)\right]\boldsymbol{a}_R$$
$$-\left[\frac{\eta_0}{2}\left(\frac{Il}{4\pi}\right)^2k^4\sin 2\theta\left(-\frac{\mathrm{j}}{k^3R^3}-\frac{\mathrm{j}}{k^5R^5}\right)\right]\boldsymbol{a}_\theta$$

这表明,仅在径向($\boldsymbol{a}_R$ 方向)上有实功率流存在。于是,来自电流元的平均功率流密度为

$$\boldsymbol{S}_{\mathrm{av}}=\mathrm{Re}\left[\frac{1}{2}(\boldsymbol{E}\times\boldsymbol{H}^*)\right]=\left[\frac{\eta_0}{2}\left(\frac{kIl}{4\pi R}\right)^2\sin^2\theta\right]\boldsymbol{a}_R \tag{8.24}$$

此外,从式(8.22)和(8.23)可见,电流元的三个场分量都随距离 R 的增加而减少。因此,通常按距离 R 的大小将电流元的电磁场分成为三个区域:近区、远区和中间区。近区和远区的分界点,按式(8.22)中括号内的两项大小相等得到,即 $kR=1$。

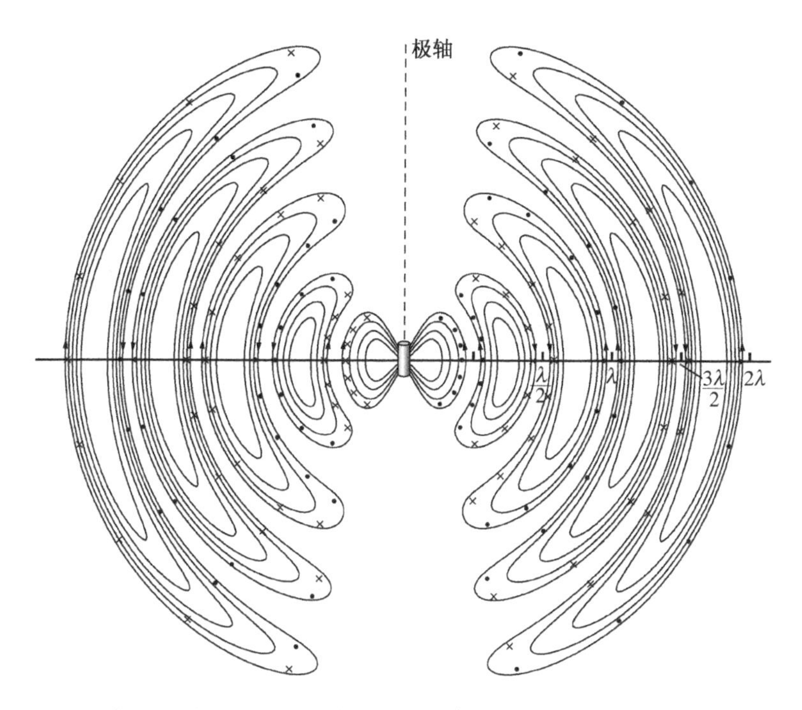

图 8.3 电流元的电力线和磁力线在子午面上的瞬时分布图

(1) 近区场

近区场指的是 $kR \ll 1$，即 $R \ll \lambda/(2\pi)$（但 $R \gg l$）的区域，在此区域中 $1 \ll 1/(kR) \ll 1/(kR)^2$，$e^{-jkR} \approx 1$。于是，式(8.22)和(8.23)可近似为

$$\left.\begin{aligned} H_\varphi &= \frac{Il}{4\pi R^2}\sin\theta \\ E_R &= -\mathrm{j}\,\frac{Il}{2\pi R^3}\,\frac{1}{\omega\varepsilon_0}\cos\theta \\ E_\theta &= -\mathrm{j}\,\frac{Il}{4\pi R^3}\,\frac{1}{\omega\varepsilon_0}\sin\theta \end{aligned}\right\} \tag{8.25}$$

在此区域中由于场的滞后效应不明显，因此其电场的表达式与静电场中电偶极子的电场表达式相同，而磁场的表达式与恒定电流元的磁场的表达式相同，所以此区域中的场称为似稳场或感应场。从电流元的三个场分量的表达式还可看出，电场和磁场之间存在 90°的相位差，根据坡印亭矢量与场量间的关系可知，此时平均功率流密度近似等于零（$\boldsymbol{S}_{av} \approx 0$），即电磁场能量被束缚在电流元附近，电场能量和磁场能量相互转换，不存在能量传输。当然，这只是一种近似，不能简单地得出近区场不存在能量辐射的结论。事实上，上述公式中被略去的较小项在近区仍然存在，这些项正代表了向外传播的实功率对应的场量。

(2) 远区场

远区指的是 $kR \gg 1$，即 $R \gg \lambda/(2\pi)$ 的区域。在此区域中 $1 \gg 1/(kR) \gg 1/(kR)^2$，此时电流元的电磁场主要由具有 $1/R$ 的项决定，而具有 $1/R^2$ 及 $1/R^3$ 的项可忽略不计。这样，在式

(8.22)及(8.23)中仅保留含有 $1/R$ 的项,有

$$\left.\begin{aligned} E_\theta &= \mathrm{j}\,\frac{\eta_0 Il}{2\lambda R}\sin\ \theta \mathrm{e}^{-\mathrm{j}kR} \\ H_\varphi &= \mathrm{j}\,\frac{Il}{2\lambda R}\sin\ \theta \mathrm{e}^{-\mathrm{j}kR} \end{aligned}\right\} \tag{8.26}$$

由此可知,此区域中的场具有以下主要特点:① 电场只有一个分量 E_θ,磁场也只有一个分量 H_φ,它们相互垂直,且垂直于径向($\boldsymbol{a}_R$ 方向),因此其复坡印亭矢量 $\boldsymbol{S}=(\boldsymbol{E}\times\boldsymbol{H}^*)/2=[|E_\theta|^2/(2\eta_0)]\boldsymbol{a}_R=\boldsymbol{S}_{\mathrm{av}}$,且指向 $\boldsymbol{a}_R$ 方向。这说明电流元的远区辐射场是一个沿径向传播的 TEM 波,即电磁场能量沿径向辐射,所以远区场又称为辐射场。② 无论 E_θ 还是 H_φ,其空间相移因子均为 $\mathrm{e}^{-\mathrm{j}kR}$,即远区辐射场的等相位面是球面,其对应的 TEM 波是球面波。显然,当 R 很大时,球面上某一很小区域上的波可近似视为平面波。③ 因 $E_\theta/H_\varphi=\eta_0$,故 E_θ 和 H_φ 同相。④ E_θ 及 H_φ 均与距离 R 成反比,与电流及电流元的电长度 l/λ 成正比。⑤ 场的振幅与极角 θ 有关,即场的振幅正比于 $\sin\theta$,但与方位角 φ 无关。这表明电流元的远区辐射场具有方向性,在相同距离 R 的情况下不同方向(θ 变化)上的各点场强不同。辐射场的方向性是实用天线的一个主要特征。

(3) 中间区场

中间区是介于近区和远区之间的区域,此区域中的场是感应场和辐射场的组合。在此区域中,$kR>1$,电流元的电磁场与 $1/R$,$1/R^2$,$1/R^3$ 的项成正比,各项的大小相差不多,因此电流元的电磁场的表达式中不可忽略任何一项。

事实上,实用的天线一般都工作于远区。

2) 电流元的辐射方向图

任何实用天线的辐射一般都具有方向性,通常将天线远区辐射场的振幅与方向之间的关系用曲线表示出来,这种曲线图被称为天线的辐射方向图,而将离开天线一定距离 R 处的天线远区的辐射电场与角度坐标等参数的关系式(的绝对值)称为天线的方向图函数,记为 $|F(\theta,\varphi)|$。通常将方向图函数 $|F(\theta,\varphi)|$ 关于其最大值 $|F(\theta,\varphi)|_{\max}$ 进行归一化的函数 $|F(\theta,\varphi)|/|F(\theta,\varphi)|_{\max}$ 称为归一化方向图函数,记为 $|F(\theta,\varphi)|$。按归一化方向图函数绘制的方向图称为天线的归一化方向图。实际应用中,通常绘制的天线方向图即为归一化方向图。

从前面的讨论可知,在相同距离 R 的球面上,电流元的远区辐射场在不同方向上其大小不同,它与 $\sin\theta$ 成正比。因此,将电流元远区辐射电场表示为

$$E_\theta=\mathrm{j}\,\frac{60I}{R}\mathrm{e}^{-\mathrm{j}kR}\left(\frac{\pi l}{\lambda}\sin\theta\right)=\frac{E_0}{R}\mathrm{e}^{-\mathrm{j}kR}F(\theta,\varphi) \tag{8.27}$$

式中,$E_0=\mathrm{j}60I$ 代表辐射电场的复振幅;$|F(\theta,\varphi)|=\pi l\sin\theta/\lambda$ 为电流元的未归一化方向图函数。于是,电流元的归一化方向图函数为

$$|f(\theta,\varphi)|=|f(\theta)|=\frac{|F(\theta)|}{|F(\theta)|_{\max}}=\sin\theta \tag{8.28}$$

为了作出电流元的辐射方向图,将电流元中心置于坐标原点,向各个方向作射线,并取其长

度与场强的大小成正比，即得到一个立体图形，也就得到电流元的立体方向图，它的形状像汽车轮胎。如图 8.4(a)所示。

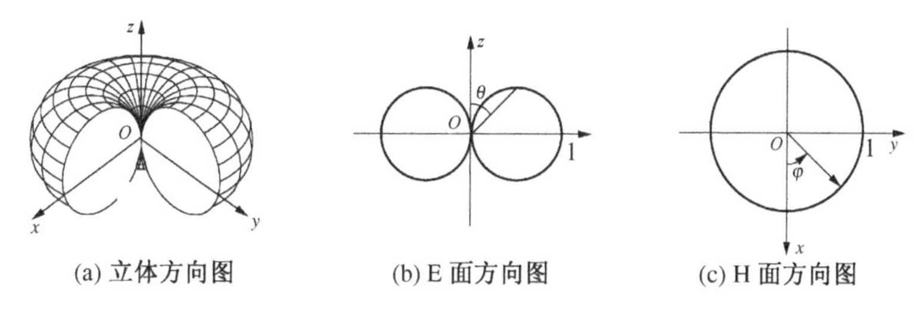

图 8.4　电流元的归一化方向图

天线的立体方向图一般较难画出，通常只作出相互垂直的两个平面内的方向图，即 E 面和 H 面方向图。电流元的 E 面方向图处于子午面内，即电场分量 E_θ 所处的平面内的方向图，故称为 E 面方向图；H 面方向图处于赤道面内，即与磁场分量 H_φ 平行的平面内的方向图，故称为 H 面方向图。二维平面方向图可以在极坐标系中绘制，也可以在直角坐标系中绘制，但在极坐标系中绘制的方向图较为直观，因此较为常用。在极坐标系中绘制的电流元的 E 面和 H 面归一化方向图如图 8.4(b)和(c)所示。由图可见，E 面方向图关于电流元的轴线呈轴对称分布，在 $\theta=90°$方向出现最大值“1”，其他方向上的矢径(大小)按 $\sin\theta$ 作出，而在轴线($\theta=0°$和 $\theta=180°$)上其值为零。在 H 面($\theta=90°$)上，各方向上场强均相同，故其方向图是一个单位圆。这样，将 E 面方向图绕电流元的轴线旋转一周即可得到电流元的立体方向图。

3) 电流元的辐射功率和辐射电阻

天线辐射的(平均)功率可以由(平均)功率流密度矢量 $\boldsymbol{S}_{\mathrm{av}}$ 在包围天线的球面上的面积分得到，即 $P_{\mathrm{r}}=\oint_S \boldsymbol{S}_{\mathrm{av}}\cdot\mathrm{d}\boldsymbol{S}$，而对电流元，其功率流密度矢量为

$$\boldsymbol{S}_{\mathrm{av}}=\mathrm{Re}\left[\frac{1}{2}\boldsymbol{E}\times\boldsymbol{H}^*\right]=\frac{|E_\theta|^2}{2\eta_0}\boldsymbol{a}_R=\frac{\eta_0}{2}\left(\frac{Il}{2\lambda R}\sin\theta\right)^2\boldsymbol{a}_R$$

因此，其辐射功率为

$$P_{\mathrm{r}}=\int_0^{2\pi}\mathrm{d}\varphi\int_0^{\pi}\frac{\eta_0}{2}\left(\frac{Il}{2\lambda R}\sin\theta\right)^2R^2\sin\theta\mathrm{d}\theta=40\pi^2\left(\frac{Il}{\lambda}\right)^2 \tag{8.29}$$

按照电路理论，天线辐射的总功率可以假设被一个等效电阻 R_{r} 所吸收，即当等效电阻 R_{r} 上的电流等于天线上的最大电流时，其损耗功率就等于天线的辐射功率，这个等效电阻就称为辐射电阻。于是，有

$$P_{\mathrm{r}}=\frac{1}{2}I_{\mathrm{m}}^2R_{\mathrm{r}} \tag{8.30}$$

式中，I_{m} 为天线激励电流的振幅。对电流元，将式(8.29)代入上式，并令 $I_{\mathrm{m}}=I$，即得

$$R_{\mathrm{r}}=80\pi^2\left(\frac{l}{\lambda}\right)^2\quad(\Omega) \tag{8.31}$$

天线辐射电阻的大小反映了其辐射能力,一般总希望天线的辐射电阻越大越好。但对电流元,因 $l \ll \lambda$,故其辐射能力很差。例如,取电长度 $l/\lambda = 0.01$,可得 $R_r \approx 0.079\ \Omega$。

4) 任意放置电流元的辐射场

根据球坐标系的单位矢量与直角坐标系的单位矢量间的关系,可导出轴线任意取向的电流元远区辐射电磁场的矢量表达式。事实上,因为球坐标系的单位矢量与直角坐标系的单位矢量间满足以下关系:

$$\boldsymbol{a}_\varphi = \frac{\mathbf{a}_z \times \boldsymbol{a}_R}{|\mathbf{a}_z \times \boldsymbol{a}_R|} = \frac{\mathbf{a}_z \times \boldsymbol{a}_R}{\sin\theta}, \qquad \boldsymbol{a}_\theta = \boldsymbol{a}_\varphi \times \boldsymbol{a}_R = \frac{(\mathbf{a}_z \times \boldsymbol{a}_R) \times \boldsymbol{a}_R}{\sin\theta}$$

于是,将上式代入电流元的远区辐射电磁场的表达式(8.26),可得

$$\boldsymbol{E} = E_\theta \boldsymbol{a}_\theta = \frac{\mathrm{j} I l \eta_0 \mathrm{e}^{-\mathrm{j}kR}}{2\lambda R} (\mathbf{a}_z \times \boldsymbol{a}_R) \times \boldsymbol{a}_R \tag{8.32a}$$

$$\boldsymbol{H} = H_\varphi \boldsymbol{a}_\varphi = \frac{\mathrm{j} I l \mathrm{e}^{-\mathrm{j}kR}}{2\lambda R} (\mathbf{a}_z \times \boldsymbol{a}_R) \tag{8.32b}$$

因此,一般地,对中心位于坐标原点,方向沿矢量 $\boldsymbol{l}$ 的电流元(即 $I\boldsymbol{l} = Il\boldsymbol{a}_l\ (l \ll \lambda \ll r)$),其远区辐射场可分别表示为

$$\boldsymbol{E} = \frac{\mathrm{j} I l \eta_0 \mathrm{e}^{-\mathrm{j}kR}}{2\lambda R} (\boldsymbol{a}_l \times \boldsymbol{a}_R) \times \boldsymbol{a}_R \tag{8.33a}$$

$$\boldsymbol{H} = \frac{\mathrm{j} I l \mathrm{e}^{-\mathrm{j}kR}}{2\lambda R} (\boldsymbol{a}_l \times \boldsymbol{a}_R) \tag{8.33b}$$

更一般地,对中心位于点 $p'(R', \theta', \varphi')$(矢径为 $\boldsymbol{r}'$,$|\boldsymbol{r}'| = r' \ll \lambda \ll R$)的电流元 $I\boldsymbol{l} = Il\boldsymbol{a}_l$ ($l \ll \lambda \ll R$),可证明其远区辐射场则可表示为

$$\left.\begin{aligned} \boldsymbol{E}(\boldsymbol{r}') &= \boldsymbol{E}(0)\mathrm{e}^{\mathrm{j}k\boldsymbol{r}' \cdot \boldsymbol{a}_R} \\ \boldsymbol{H}(\boldsymbol{r}') &= \boldsymbol{H}(0)\mathrm{e}^{\mathrm{j}k\boldsymbol{r}' \cdot \boldsymbol{a}_R} \end{aligned}\right\} \tag{8.34}$$

其中,$\boldsymbol{E}(0)$,$\boldsymbol{H}(0)$则分别代表中心处于坐标原点沿 $\boldsymbol{a}_l$ 方向的电流元产生的辐射场。这表明,当电流元的中心从坐标原点平移至点 p'处,其远区辐射场量仅其幅角增加 $k\boldsymbol{r}' \cdot \boldsymbol{a}_R$。

尽管上面引出了轴线方向和中心位置任意的电流元的远区辐射场,但在以后的内容中除特别说明以外,无例外地假设电流元的轴线沿圆球坐标系的极轴,其中心则位于坐标原点。

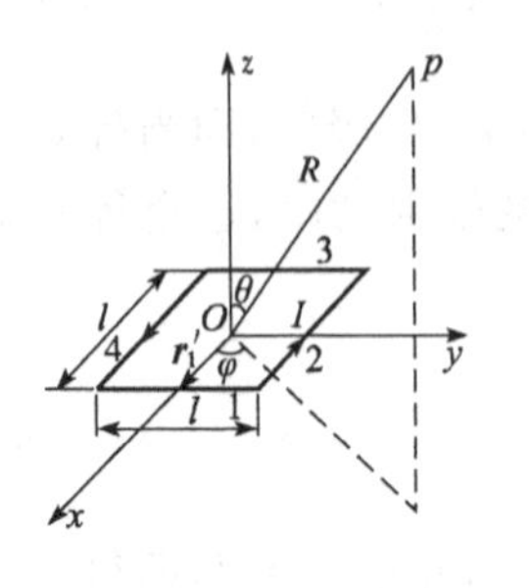

图 8.5 处于 xOy 平面的正方形导电环及其矢径 $\boldsymbol{r}_1'$

例 8.1 一载均匀电流 $I = I_0 \mathrm{e}^{\mathrm{j}0^\circ}$ 的正方形导电环处于 xOy 平面,环心位于坐标原点,各边长为 $l \ll \lambda$。导出该正方形电流环在远区场点 $p(R, \theta, \varphi)$处辐射电场的表达式。

解:图 8.5 示出了处于 xOy 平面的正方形导电环和导线 1 的电流元中心对应的矢径$\boldsymbol{r}_1'$。因为正方形导电环的四根导线($i = 1, 2, 3, 4$)对应电流元的中心分别位于 $\boldsymbol{r}_i'$处,于是,空间中远区场点 p 处的辐射电场为

$$\boldsymbol{E} = \sum_{i=1}^{4} \boldsymbol{E}_i(\boldsymbol{r}') = \sum_{i=1}^{4} \boldsymbol{E}_i(0)\mathrm{e}^{\mathrm{j}k\boldsymbol{r}_i'\cdot \boldsymbol{a}_R} \tag{8.35}$$

因为，$\boldsymbol{r}_1' = (l/2)\mathbf{a}_x, \boldsymbol{r}_2' = (l/2)\mathbf{a}_y, \boldsymbol{r}_3' = -(l/2)\mathbf{a}_x, \boldsymbol{r}_4' = -(l/2)\mathbf{a}_y$，

$$\mathbf{a}_x \cdot \boldsymbol{a}_R = (\sin\theta\cos\varphi\,\boldsymbol{a}_R + \cos\theta\cos\varphi\,\boldsymbol{a}_\theta - \sin\varphi\,\boldsymbol{a}_\varphi)\cdot\boldsymbol{a}_R = \sin\theta\cos\varphi,$$

$$\mathbf{a}_y \cdot \boldsymbol{a}_R = (\sin\theta\sin\varphi\,\boldsymbol{a}_R + \cos\theta\sin\varphi\,\boldsymbol{a}_\theta + \cos\varphi\,\boldsymbol{a}_\varphi)\cdot\boldsymbol{a}_R = \sin\theta\sin\varphi,$$

$$\begin{aligned}(\mathbf{a}_x \times \boldsymbol{a}_R)\times\boldsymbol{a}_R &= [(\sin\theta\cos\varphi\,\boldsymbol{a}_R + \cos\theta\cos\varphi\,\boldsymbol{a}_\theta - \sin\varphi\,\boldsymbol{a}_\varphi)\times\boldsymbol{a}_R]\times\boldsymbol{a}_R \\ &= -\cos\theta\cos\varphi\,\boldsymbol{a}_\theta + \sin\varphi\,\boldsymbol{a}_\varphi,\end{aligned}$$

$$\begin{aligned}(\mathbf{a}_y \times \boldsymbol{a}_R)\times\boldsymbol{a}_R &= [(\sin\theta\sin\varphi\,\boldsymbol{a}_R + \cos\theta\sin\varphi\,\boldsymbol{a}_\theta + \cos\varphi\,\boldsymbol{a}_\varphi)\times\boldsymbol{a}_R]\times\boldsymbol{a}_R \\ &= -\cos\theta\sin\varphi\,\boldsymbol{a}_\theta - \cos\varphi\,\boldsymbol{a}_\varphi\end{aligned}$$

以及

$$\boldsymbol{E}_1(0) = \frac{\mathrm{j}\eta_0 Il\,\mathrm{e}^{-\mathrm{j}kR}}{2\lambda R}(\mathbf{a}_y\times\boldsymbol{a}_R)\times\boldsymbol{a}_R = \frac{\mathrm{j}Il\eta_0\mathrm{e}^{-\mathrm{j}kR}}{2\lambda R}(-\cos\theta\sin\varphi\,\boldsymbol{a}_\theta - \cos\varphi\,\boldsymbol{a}_\varphi),$$

$$\boldsymbol{E}_2(0) = \frac{\mathrm{j}\eta_0 Il\,\mathrm{e}^{-\mathrm{j}kR}}{2\lambda R}(-\mathbf{a}_x\times\boldsymbol{a}_R)\times\boldsymbol{a}_R = \frac{\mathrm{j}Il\eta_0\mathrm{e}^{-\mathrm{j}kR}}{2\lambda R}(\cos\theta\cos\varphi\,\boldsymbol{a}_\theta - \sin\varphi\,\boldsymbol{a}_\varphi),$$

$$\boldsymbol{E}_3(0) = \frac{\mathrm{j}\eta_0 Il\,\mathrm{e}^{-\mathrm{j}kR}}{2\lambda R}(-\mathbf{a}_y\times\boldsymbol{a}_R)\times\boldsymbol{a}_R = \frac{\mathrm{j}Il\eta_0\mathrm{e}^{-\mathrm{j}kR}}{2\lambda R}(\cos\theta\sin\varphi\,\boldsymbol{a}_\theta + \cos\varphi\,\boldsymbol{a}_\varphi),$$

$$\boldsymbol{E}_4(0) = \frac{\mathrm{j}\eta_0 Il\,\mathrm{e}^{-\mathrm{j}kR}}{2\lambda R}(\mathbf{a}_x\times\boldsymbol{a}_R)\times\boldsymbol{a}_R = \frac{\mathrm{j}Il\eta_0\mathrm{e}^{-\mathrm{j}kR}}{2\lambda R}(-\cos\theta\cos\varphi\,\boldsymbol{a}_\theta + \sin\varphi\,\boldsymbol{a}_\varphi)$$

因此，式(8.35)变为

$$\begin{aligned}\boldsymbol{E} &= \sum_{i=1}^{4}\boldsymbol{E}_i(0)\mathrm{e}^{\mathrm{j}k\boldsymbol{r}_i'\cdot\boldsymbol{a}_R} \\ &= \frac{\mathrm{j}Il\eta_0\mathrm{e}^{-\mathrm{j}kR}}{2\lambda R}[(-\cos\theta\sin\varphi\,\boldsymbol{a}_\theta - \cos\varphi\,\boldsymbol{a}_\varphi)\mathrm{e}^{\mathrm{j}(kl/2)\sin\theta\cos\varphi} + (\cos\theta\cos\varphi\,\boldsymbol{a}_\theta - \sin\varphi\,\boldsymbol{a}_\varphi)\mathrm{e}^{\mathrm{j}(kl/2)\sin\theta\sin\varphi} \\ &\quad + (\cos\theta\sin\varphi\,\boldsymbol{a}_\theta + \cos\varphi\,\boldsymbol{a}_\varphi)\mathrm{e}^{-\mathrm{j}(kl/2)\sin\theta\cos\varphi} + (-\cos\theta\cos\varphi\,\boldsymbol{a}_\theta + \sin\varphi\,\boldsymbol{a}_\varphi)\mathrm{e}^{-\mathrm{j}(kl/2)\sin\theta\sin\varphi}] \\ &= \frac{\mathrm{j}Il\eta_0\mathrm{e}^{-\mathrm{j}kR}}{2\lambda R}\left\{-2\mathrm{j}(\cos\theta\sin\varphi\,\boldsymbol{a}_\theta + \cos\varphi\,\boldsymbol{a}_\varphi)\sin\left[\left(\frac{kl}{2}\right)\sin\theta\cos\varphi\right]\right. \\ &\quad \left. + 2\mathrm{j}(\cos\theta\sin\varphi\,\boldsymbol{a}_\theta - \sin\varphi\,\boldsymbol{a}_\varphi)\sin\left[\left(\frac{kl}{2}\right)\sin\theta\sin\varphi\right]\right\}\end{aligned} \tag{8.36}$$

又由于电流元满足 $l \ll \lambda$，即

$$\sin\left[\left(\frac{kl}{2}\right)\sin\theta\cos\varphi\right] \approx \left(\frac{kl}{2}\right)\sin\theta\cos\varphi, \qquad \sin\left[\left(\frac{kl}{2}\right)\sin\theta\sin\varphi\right] \approx \left(\frac{kl}{2}\right)\sin\theta\sin\varphi$$

所以，式(8.36)可进一步近似为

$$\begin{aligned}\boldsymbol{E} &\approx -\frac{Il\eta_0\mathrm{e}^{-\mathrm{j}kR}}{\lambda R}\left[-(\cos\theta\sin\varphi\boldsymbol{a}_\theta + \cos\varphi\boldsymbol{a}_\varphi)\left(\frac{kl}{2}\right)\sin\theta\cos\varphi\right. \\ &\quad \left. + (\cos\theta\cos\varphi\boldsymbol{a}_\theta - \sin\varphi\boldsymbol{a}_\varphi)\left(\frac{kl}{2}\right)\sin\theta\sin\varphi\right] \\ &= \frac{Il\eta_0\mathrm{e}^{-\mathrm{j}kR}}{2\lambda R}(kl)\sin\theta\boldsymbol{a}_\varphi = \frac{Il\eta_0 k^2 S\mathrm{e}^{-\mathrm{j}kR}}{4\pi R}\sin\theta\boldsymbol{a}_\varphi\end{aligned} \tag{8.37}$$

本题同样亦可采用先求矢量磁位 $\boldsymbol{A}$ 再求辐射电场 $\boldsymbol{E}$ 的方法进行求解,所得的结果与上述结果完全相同。详见习题 8-31。

2. 基本磁振子的辐射

1) 基本磁振子的辐射场

基本磁振子又称为磁流元或磁偶极子,它是指一个长度远小于波长($l \ll \lambda$),其上有均匀磁流 I_M 分布的线性振子。尽管自然界中不存在磁荷,当然也不存在磁流,但利用虚拟的磁荷和磁流来分析某些天线的辐射问题会使计算大为简化。实际上,对于周长远小于波长的小电流环或一个无限大又无限薄的理想导体板上开一长度远小于波长的窄缝都近似具有基本磁振子的特性。所以,分析基本磁振子也具有实际意义。

(1) 电流圆环的辐射场

自由空间中,如图 8.6(a)所示半径为 a 和其周长远小于波长的小电流圆环,可等效为如图 8.6(b)所示的磁流元。为导出电流圆环产生的电磁场,选取圆球坐标系,设电流圆环处于 xOy 平面内,圆环的中心与坐标原点重合,圆环上的电流为复电流 I,而图中的 R_1 为电流元 $I\mathrm{d}\boldsymbol{l}(=Ia\mathrm{d}\varphi\boldsymbol{a}_\varphi)$ 到场点 $p(R, \theta, \varphi)$ 之间的距离。则由式(8.14b)可知,电流圆环的矢量磁位为

$$\boldsymbol{A} = \frac{\mu_0 I}{4\pi}\oint_l \frac{\mathrm{e}^{-\mathrm{j}kR_1}}{R_1}\mathrm{d}\boldsymbol{l} \tag{8.38}$$

上式积分较为困难,但考虑到 $R \gg a$,于是,上式被积函数中的因子 $\mathrm{e}^{-\mathrm{j}kR_1}$ 可近似为

$$\mathrm{e}^{-\mathrm{j}kR_1} = \mathrm{e}^{-\mathrm{j}kR}\mathrm{e}^{-\mathrm{j}k(R_1-R)} \approx \mathrm{e}^{-\mathrm{j}kR}[1-\mathrm{j}k(R_1-R)]$$

将上式代入式(8.38),有

$$\begin{aligned}\boldsymbol{A} &= \frac{\mu_0 I}{4\pi}\oint_l \frac{\mathrm{e}^{-\mathrm{j}kR_1}}{R_1}\mathrm{d}\boldsymbol{l} = \frac{\mu_0 I}{4\pi}\oint_l\left[\frac{\mathrm{e}^{-\mathrm{j}kR}}{R_1}(1+\mathrm{j}kR-\mathrm{j}kR_1)\right]\mathrm{d}\boldsymbol{l} \\ &= (1+\mathrm{j}kR)\mathrm{e}^{-\mathrm{j}kR}\left(\frac{\mu_0 I}{4\pi}\oint_l \frac{\mathrm{d}\boldsymbol{l}}{R_1}\right) - \mathrm{j}k\mathrm{e}^{-\mathrm{j}kR}\left(\frac{\mu_0 I}{4\pi}\oint_l \mathrm{d}\boldsymbol{l}\right)\end{aligned}$$

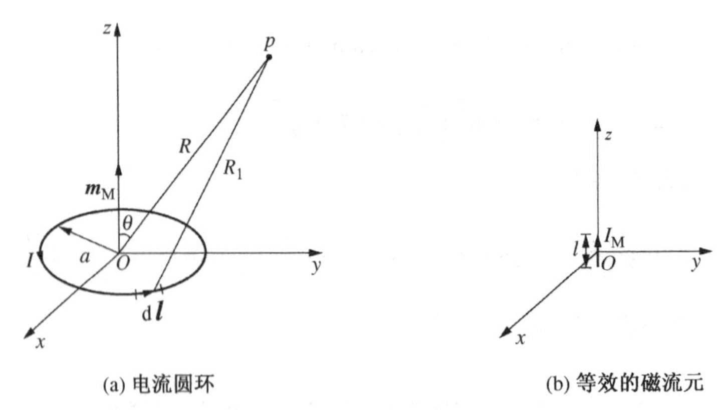

图 8.6 电流圆环及其等效的磁流元

又因上式右端第二等式中第二项的闭曲线积分等于零,因此上式变为

$$\boldsymbol{A} = (1+\mathrm{j}kR)\mathrm{e}^{-\mathrm{j}kR}\left(\frac{\mu_0 I}{4\pi}\oint_l \frac{\mathrm{d}\boldsymbol{l}}{R_1}\right) \tag{8.39}$$

显然，上式括号中的积分同半径为 a 的载直流圆环在远区的矢量磁位的表示式相同，因而其积分结果应同半径为 a 的载直流圆环在远区的矢量磁位的表示式的形式相同，于是

$$\boldsymbol{A}=(1+\mathrm{j}kR)\mathrm{e}^{-\mathrm{j}kR}\frac{\mu_0 I(\pi a^2)}{4\pi R^2}\sin\theta\boldsymbol{a}_\varphi=(1+\mathrm{j}kR)\mathrm{e}^{-\mathrm{j}kR}\frac{\mu_0 IS}{4\pi R^2}\sin\theta\boldsymbol{a}_\varphi \tag{8.40}$$

式中 $S=\pi a^2$，为圆环的面积。

在球坐标系下，由 $\boldsymbol{H}=(\nabla\times\boldsymbol{A})/\mu_0$ 可得电流圆环的磁场分量为

$$\left.\begin{aligned}H_R&=\frac{IS}{2\pi}\cos\theta\left(\frac{\mathrm{j}k}{R^2}+\frac{1}{R^3}\right)\mathrm{e}^{-\mathrm{j}kR}\\H_\theta&=\frac{IS}{4\pi}\sin\theta\left(-\frac{k^2}{R}+\frac{\mathrm{j}k}{R^2}+\frac{1}{R^3}\right)\mathrm{e}^{-\mathrm{j}kR}\end{aligned}\right\} \tag{8.41}$$

然后，再由麦克斯韦第一旋度方程：$\boldsymbol{E}=(\nabla\times\boldsymbol{H})/(\mathrm{j}\omega\varepsilon_0)$，可得电流圆环的电场分量为

$$E_\varphi=\frac{ISk\eta_0}{4\pi}\sin\theta\left(\frac{k}{R}-\frac{\mathrm{j}}{R^2}\right)\mathrm{e}^{-\mathrm{j}kR} \tag{8.42}$$

这样，根据式(8.41)和式(8.42)，即可得到电流圆环的近区和远区电磁场的表达式。

(2) 电流圆环与磁流元的等效

事实上，根据电磁对偶性原理，可直接写出电流圆环的近区和远区电磁场的表达式。下面先引出电流圆环与磁流元之间的等效关系，然后以磁流元的远区场为例，利用电磁对偶性原理直接写出电流圆环的远区电磁场的表达式。

由于电流圆环可以等效为如图 8.6(b)所示的磁流元，而磁流元又与磁偶极子等价，根据电磁对偶性原理可知，磁流元可等效为相距为 l 的等值异号点磁荷 $+q_\mathrm{M}$ 和 $-q_\mathrm{M}$ 构成的磁偶极子，它与相距为 l 的等值异号点电荷 $+q$ 和 $-q$ 构成的电偶极子对偶。于是，磁偶极子的极矩(磁偶极矩)为 $\boldsymbol{m}_\mathrm{M}=q_\mathrm{M}\boldsymbol{l}$，其中 $\boldsymbol{l}$ 和 $\boldsymbol{m}_\mathrm{M}$ 的方向由 $+q_\mathrm{M}$ 指向 $-q_\mathrm{M}$。因此，根据式(8.40)，若定义磁流元的磁偶极矩为 $\boldsymbol{m}_\mathrm{M}=\mu_0 I\boldsymbol{S}$，则有

$$\boldsymbol{m}_\mathrm{M}=q_\mathrm{M}\boldsymbol{l}=\mu_0 I\boldsymbol{S}\qquad\text{或}\qquad q_\mathrm{M}l=\mu_0 IS \tag{8.43}$$

式中，$\boldsymbol{S}$ 和 $\boldsymbol{m}_\mathrm{M}$ 的方向与圆环中电流方向之间满足右手螺旋关系。应指出，当电流圆环内有磁芯时，上式中的 μ_0 应用 μ 代替。

因为磁流元的瞬时磁流 I_M 与瞬时磁荷 q_M 之间的关系为 $I_M=\dfrac{\mathrm{d}q_\mathrm{M}}{\mathrm{d}t}$，而复数形式为 $I_\mathrm{M}=\mathrm{j}\omega q_\mathrm{M}$，因此式(8.43)变为

$$I_\mathrm{M}l=\mathrm{j}\omega\mu_0 IS \tag{8.44}$$

这就是磁流元的 $I_\mathrm{M}l$ 和电流圆环的 IS 之间满足的关系。

根据电磁对偶性原理，由电流元远区辐射场的表达式(8.26)，可直接写出磁流元远区辐射场的表达式：

$$\left.\begin{aligned}H_\theta&=\mathrm{j}\frac{I_\mathrm{M}l}{2\eta_0\lambda R}\sin\theta\mathrm{e}^{-\mathrm{j}kR}\\E_\varphi&=-\mathrm{j}\frac{I_\mathrm{M}l}{2\lambda R}\sin\theta\mathrm{e}^{-\mathrm{j}kR}=-\eta_0 H_\theta\end{aligned}\right\} \tag{8.45}$$

由此可见,磁流元也辐射球面波,且基本特性与电流元相同,只是辐射场的分量是 E_φ 和 H_θ,而不是 E_θ 和 H_φ,最大辐射方向上电场的极化方向与电流元的正好叉开 90°。因此,磁流元的辐射方向图与电流元的辐射方向图的形状相同,但两者的E面和H面的方向图应相互交换。即,磁流元的E面方向图为单位圆,H面方向图为倒"8"字形。

这样,将式(8.44)代入式(8.45),即可得到电流圆环的远区辐射场的表达式:

$$\left.\begin{aligned} H_\theta &= -\frac{\omega k m_{\mathrm{M}}}{4\pi R\eta_0}\sin\theta \mathrm{e}^{-\mathrm{j}kR} = -\frac{I}{2\lambda R}\left(\frac{2\pi S}{\lambda}\right)\sin\theta \mathrm{e}^{-\mathrm{j}kR} \\ E_\varphi &= \frac{\omega k m_{\mathrm{M}}}{4\pi R}\sin\theta \mathrm{e}^{-\mathrm{j}kR} = \frac{I}{2\lambda R}\left(\frac{2\pi S}{\lambda}\right)\eta_0\sin\theta \mathrm{e}^{-\mathrm{j}kR} \end{aligned}\right\} \tag{8.46}$$

式中,$2\pi S/\lambda$ 相当于电流元的长度 l,故称它为电流圆环的有效长度,记为 l_e。

2) *磁流元的辐射电阻*

由于磁流元的远区辐射电场 E_φ 与磁场 H_θ 相互垂直,且垂直于径向($\boldsymbol{a}_R$ 向),因此,磁流元的能流密度矢量为

$$\begin{aligned} \boldsymbol{S}_{\mathrm{av}} &= \mathrm{Re}\left[\frac{1}{2}(\boldsymbol{E}\times\boldsymbol{H}^*)\right] = \mathrm{Re}\left[\frac{1}{2}(E_\varphi\boldsymbol{a}_\varphi\times H_\theta^*\boldsymbol{a}_\theta)\right] \\ &= \frac{|E_\varphi|^2}{2\eta_0}\boldsymbol{a}_R = \frac{\omega^2 m_{\mathrm{M}}^2 k^2}{32\pi\eta_0 R^2}\sin^2\theta\boldsymbol{a}_R = \frac{60\pi^3\ |I|^2 S^2}{\lambda^4 R^2}\sin^2\theta\boldsymbol{a}_R \end{aligned}$$

由上式可得磁流元的辐射功率为

$$P_{\mathrm{r}} = \oint_S \boldsymbol{S}_{\mathrm{av}}\cdot\mathrm{d}\boldsymbol{S} = 2\pi\int_0^\pi \frac{60\pi^3\ |I|^2 S^2}{\lambda^4}\sin^3\theta\mathrm{d}\theta = \frac{160\pi^4\ |I|^2 S^2}{\lambda^4} \tag{8.47}$$

于是,磁流元的辐射电阻为

$$R_{\mathrm{r}} = 320\pi^4\frac{S^2}{\lambda^4} \tag{8.48}$$

这样,电流圆环的辐射电阻为

$$R_{\mathrm{r}} = 80\pi^2\left(\frac{l_e}{\lambda}\right)^2 = \frac{320\pi^4 S^2}{\lambda^4} \tag{8.49}$$

可见,电流圆环的辐射电阻反比于 λ^4,而电流元的辐射电阻则反比于 λ^2。因此,当圆环的尺寸不变而波长增加时,辐射电阻值将急速下降。例如,若电流圆环的半径 $a=1$ cm,圆环上电流的工作频率 $f=300$ MHz,则其辐射电阻 $R_{\mathrm{r}}\approx3.08\times10^{-3}\ \Omega$。此外,若该电流圆环的辐射功率 $P_{\mathrm{r}}=1$ mW,则圆环上的电流模值 $|I|\approx0.8$ A 。这表明,电流圆环的辐射能力比电流元更弱,但电流圆环的辐射能力可以通过增加圆环的匝数来得到增强。

3) *任意放置磁流元的辐射*

与任意放置的电流元相类似,对于中心位于坐标原点,方向沿矢量 $\boldsymbol{l}$ 的磁流元(即磁流元为 $I_{\mathrm{M}}\boldsymbol{l}=I_{\mathrm{M}}l\boldsymbol{a}_l(l\ll\lambda\ll R)$),则远区辐射场可表示为

$$\boldsymbol{E}_{\mathrm{M}} = -\frac{\mathrm{j}I_{\mathrm{M}}l\mathrm{e}^{-\mathrm{j}kR}}{2\lambda R}(\boldsymbol{a}_l\times\boldsymbol{a}_R) \tag{8.50a}$$

$$\boldsymbol{H}_{\mathrm{M}}=\frac{\mathrm{j}I_{\mathrm{M}}l\mathrm{e}^{-\mathrm{j}kR}}{2\lambda\eta_{0}R}[(\boldsymbol{a}_{l}\times\boldsymbol{a}_{R})\times\boldsymbol{a}_{R}]=\frac{1}{\eta_{0}}(\boldsymbol{a}_{R}\times\boldsymbol{E}_{\mathrm{M}})\tag{8.50b}$$

而更一般地，对中心位于点 $p'(R',\theta',\varphi')$（矢径为 $\boldsymbol{r}'$，$|\boldsymbol{r}'|=r'\ll\lambda\ll R$）的磁流元 $I_{\mathrm{M}}\boldsymbol{l}=I_{\mathrm{M}}l\boldsymbol{a}_{l}$（$l\ll\lambda\ll R$），其远区辐射场则可分别表示为

$$\left.\begin{aligned}\boldsymbol{E}_{\mathrm{M}}(\boldsymbol{r}')&=\boldsymbol{E}_{\mathrm{M}}(0)\mathrm{e}^{\mathrm{j}k\boldsymbol{r}'\cdot\boldsymbol{a}_{R}}\\\boldsymbol{H}_{\mathrm{M}}(\boldsymbol{r}')&=\boldsymbol{H}_{\mathrm{M}}(0)\mathrm{e}^{\mathrm{j}k\boldsymbol{r}'\cdot\boldsymbol{a}_{R}}\end{aligned}\right\}\tag{8.51}$$

式中，$\boldsymbol{E}_{\mathrm{M}}(0)$，$\boldsymbol{H}_{\mathrm{M}}(0)$则分别代表中心处于坐标原点，沿 $\boldsymbol{a}_{l}$ 方向的磁流元产生的辐射场。

3. 基本(理想)缝隙的辐射

1) 巴俾涅原理

一般说来，采用严格的方法推导基本缝隙的辐射场较为困难，通常采用巴俾涅(Babinet)原理进行推导。

基本(理想)缝隙是指在无限大又无限薄的理想导体平面上所开的直线型缝隙，且缝隙长为 $l(\ll\lambda)$，缝隙宽为 $d(\ll\lambda)$，缝隙上切向电场 $\boldsymbol{E}_{\mathrm{t}}$ 均匀分布，切向磁场 $\boldsymbol{H}_{\mathrm{t}}=0$，而在缝隙区以外的理想导体平面附近恰好相反，如图 8.7(a)所示。考虑形状和尺寸与基本缝隙完全相同的基本电振子，如图 8.7(b)所示，此时在图 8.7(a)所示的基本缝隙的位置上基本电振子恰好可以填补缝隙区，故称图 8.7(b)所示的基本电振子为图 8.7(a)所示的基本缝隙的互补结构，在基本电振子的表面附近只有磁场切向分量 $\boldsymbol{H}_{\mathrm{t}}$，切向电场 $\boldsymbol{E}_{\mathrm{t}}=0$，而在振子表面以外的 yOz 面上恰好相反。这表明，在 yOz 面上，基本缝隙电场的分布特点和基本电振子的磁场的分布特点相同；基本缝隙磁场的分布特点和基本电振子的电场的分布特点相同。换言之，将两者的电场和磁场互换，场的边界条件不变。对基本缝隙，根据等效原理，$\boldsymbol{J}_{\mathrm{Ms}}=-\boldsymbol{a}_{n}\times\boldsymbol{E}_{\mathrm{t}}=-\boldsymbol{a}_{x}\times\boldsymbol{E}_{\mathrm{t}}$，于是基本缝隙又可等效为基本磁振子，如图 8.7(c)所示。由于互补的基本电振子与尺寸相同的板状基本电振子等效，因此基本缝隙和与它互补的基本电振子是对偶的，所以可利用对偶性原理将基本电振子的有关结果直接推广到基本缝隙。上述结论称为巴俾涅原理。巴俾涅原理表明，满足互补条件的问题是一对偶问题，因此又称为互补原理。对基本缝隙而言，若基本缝隙的形状和尺寸与基本电振子的相同，则基本缝隙的互补问题是互补基本电振子。

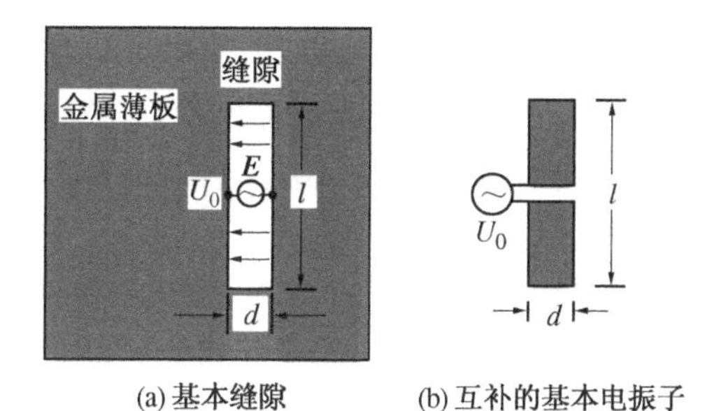

(a) 基本缝隙　(b) 互补的基本电振子　(c) 对偶的基本磁振子

图 8.7　基本缝隙及其互补的基本电振子

2) 基本缝隙的辐射场

由于互补基本电振子为无限薄的片状振子,其截面周长可视为 $2d$,于是基本电振子上的面电流密度以及电流可表示为

$$\boldsymbol{J}_s = \boldsymbol{a}_n \times \boldsymbol{H}_t = \mathbf{a}_x \times \boldsymbol{H}_t \qquad \text{或} \qquad I = 2H_t d \tag{8.52}$$

于是,互补基本电振子的辐射场为

$$\left.\begin{aligned} E_\theta &= \mathrm{j}\eta_0 \frac{H_t dl}{\lambda R}\sin\theta \mathrm{e}^{-\mathrm{j}kR} \\ H_\varphi &= \mathrm{j}\frac{H_t dl}{\lambda R}\sin\theta \mathrm{e}^{-\mathrm{j}kR} \end{aligned}\right\} \tag{8.53}$$

将式(8.52)与式(8.53)利用对偶性原理,即得基本缝隙磁流面密度、磁流以及辐射场分别为

$$\boldsymbol{J}_{Ms} = -\mathbf{a}_x \times \boldsymbol{E}_t \qquad \text{或} \qquad I_M = 2E_t d \tag{8.54}$$

$$\left.\begin{aligned} H_\theta &= \mathrm{j}\frac{E_t dl}{\eta_0 \lambda R}\sin\theta \mathrm{e}^{-\mathrm{j}kR} \\ E_\varphi &= -\mathrm{j}\frac{E_t dl}{\lambda R}\sin\theta \mathrm{e}^{-\mathrm{j}kR} \end{aligned}\right\} \tag{8.55}$$

若缝隙上的外加(复)电压为 U_0,$U_0=E_t d$,则有

$$\left.\begin{aligned} H_\theta &= \mathrm{j}\frac{U_0 l}{\eta_0 \lambda R}\sin\theta \mathrm{e}^{-\mathrm{j}kR} \\ E_\varphi &= -\mathrm{j}\frac{U_0 l}{\lambda R}\sin\theta \mathrm{e}^{-\mathrm{j}kR} \end{aligned}\right\} \tag{8.56}$$

显然,基本缝隙相当于一个基本磁振子,其方向性与基本电振子的方向性相同,只是两者的 E 面和 H 面应相互交换。

4. 辐射场的积分公式与基本面元(惠更斯元)的辐射

1) 辐射场的积分公式

(1) 电流(源)和磁流(源)辐射场的积分公式

根据本章第8.1节内容可知,当空间中有限区域内(包含坐标原点)有电流源 $\boldsymbol{J}$ 存在时,可先按式(8.14b)确定该电流源在空间中产生的矢量磁位 $\mathbf{A}$,然后再根据式(2.28)和式(2.29)求得电磁场 $\boldsymbol{E}_e$ 和 $\boldsymbol{H}_e$;而当空间中有限区域内(包含坐标原点)有磁流源 $\boldsymbol{J}_M$ 存在时,可先按式(8.15a)确定该电流源在空间中产生的矢量电位 $\mathbf{A}_M$,然后再根据式(2.38)和式(2.39)求得电磁场 $\boldsymbol{E}_M$ 和 $\boldsymbol{H}_M$。

一般地,若电流源 $\boldsymbol{J}$ 或 $\boldsymbol{J}_M$ 所存在的区域不包含坐标原点时,假设选取源区的体积元对应的矢径为 $\boldsymbol{r}'$,则自由空间中矢量磁位 $\mathbf{A}$ 和矢量电位 $\mathbf{A}_M$ 的积分式分别为

$$\mathbf{A} = \frac{\mu_0}{4\pi}\int_V \frac{\boldsymbol{J}(\boldsymbol{r}')\mathrm{e}^{-\mathrm{j}k|\boldsymbol{r}-\boldsymbol{r}'|}}{|\boldsymbol{r}-\boldsymbol{r}'|}\mathrm{d}V' = \mu_0\int_V \boldsymbol{J}G(\boldsymbol{r}\mid\boldsymbol{r}')\mathrm{d}V \tag{8.57}$$

$$\mathbf{A}_M = \int_V \frac{\varepsilon_0 \boldsymbol{J}_M \mathrm{e}^{-\mathrm{j}k|\boldsymbol{r}-\boldsymbol{r}'|}}{4\pi|\boldsymbol{r}-\boldsymbol{r}'|}\mathrm{d}V' = \varepsilon_0\int_V \boldsymbol{J}_M G(\boldsymbol{r}\mid\boldsymbol{r}')\mathrm{d}V \tag{8.58}$$

式中略去了 V' 上的一撇，且 $k^2=\omega^2\mu_0\varepsilon_0$；$\boldsymbol{r}$ 为观察点（即场点）的矢径；$G(\boldsymbol{r}|\boldsymbol{r}')=\mathrm{e}^{-\mathrm{j}k|\boldsymbol{r}-\boldsymbol{r}'|}/(4\pi|\boldsymbol{r}-\boldsymbol{r}'|)=\mathrm{e}^{-\mathrm{j}kR_1}/(4\pi R_1)$，为空间格林函数，而 $R_1=|\boldsymbol{r}-\boldsymbol{r}'|$。

这样，将式(8.57)和式(8.58)代入式(2.40)，可得无界空间中由场源 $\boldsymbol{J}$ 和 $\boldsymbol{J}_{\mathrm{M}}$ 在任一点 p 产生的电磁场为

$$\boldsymbol{E}=-\mathrm{j}\omega\mu_0\int_V\boldsymbol{J}G\mathrm{d}V+\frac{1}{\mathrm{j}\omega\varepsilon_0}\nabla\nabla\cdot\int_V\boldsymbol{J}G\mathrm{d}V-\nabla\times\int_V\boldsymbol{J}_{\mathrm{M}}G\mathrm{d}V \tag{8.59}$$

$$\boldsymbol{H}=-\mathrm{j}\omega\varepsilon_0\int_V\boldsymbol{J}_{\mathrm{M}}G\mathrm{d}V+\frac{1}{\mathrm{j}\omega\mu_0}\nabla\nabla\cdot\int_V\boldsymbol{J}_{\mathrm{M}}G\mathrm{d}V+\nabla\times\int_V\boldsymbol{J}G\mathrm{d}V \tag{8.60}$$

式中，积分是对电流源和磁流源所在处的坐标进行的，而算子∇则对场点坐标作用。

由于上两式中的积分和微分运算是对不同变量进行的，因此它们运算的先后次序可以交换。利用场论恒等式：$\nabla(\boldsymbol{A}\cdot\boldsymbol{B})=(\boldsymbol{B}\cdot\nabla)\boldsymbol{A}+\boldsymbol{B}\times(\nabla\times\boldsymbol{A})+(\boldsymbol{A}\cdot\nabla)\boldsymbol{B}+\boldsymbol{A}\times(\nabla\times\boldsymbol{B})$，$\nabla\cdot\boldsymbol{J}=0$，$\nabla\times\boldsymbol{J}=0$ 以及 $\nabla G=-\nabla'G$，$(\boldsymbol{J}\cdot\nabla)\nabla G=(\boldsymbol{J}\cdot\nabla')\nabla'G$ 等，式(8.59)中的第二和第三项可分别简化为

$$\nabla\nabla\cdot\int_V\boldsymbol{J}G\mathrm{d}V=\int_V\nabla\nabla\cdot(\boldsymbol{J}G)\mathrm{d}V=\int_V(\boldsymbol{J}\cdot\nabla)\nabla G\mathrm{d}V=\int_V(\boldsymbol{J}\cdot\nabla')\nabla'G\mathrm{d}V \tag{8.61}$$

$$\nabla\times\int_V\boldsymbol{J}_{\mathrm{M}}G\mathrm{d}V=\int_V\nabla\times(\boldsymbol{J}_{\mathrm{M}}G)\mathrm{d}V=\int_V\boldsymbol{J}_{\mathrm{M}}\times\nabla'G\mathrm{d}V \tag{8.62}$$

将式(8.61)及(8.62)代入式(8.59)，得

$$\boldsymbol{E}=-\frac{\mathrm{j}}{4\pi\omega\varepsilon_0}\int_V[(\boldsymbol{J}\cdot\nabla')\nabla'+k^2\boldsymbol{J}-\mathrm{j}\omega\varepsilon_0\boldsymbol{J}_{\mathrm{M}}\times\nabla']\frac{\mathrm{e}^{-\mathrm{j}kR_1}}{R_1}\mathrm{d}V \tag{8.63}$$

同理可得

$$\boldsymbol{H}=-\frac{\mathrm{j}}{4\pi\omega\mu_0}\int_V[(\boldsymbol{J}_{\mathrm{M}}\cdot\nabla')\nabla'+k^2\boldsymbol{J}_{\mathrm{M}}+\mathrm{j}\omega\mu_0\boldsymbol{J}\times\nabla']\frac{\mathrm{e}^{-\mathrm{j}kR_1}}{R_1}\mathrm{d}V \tag{8.64}$$

上两式是电流分布 $\boldsymbol{J}$ 和磁流分布 $\boldsymbol{J}_{\mathrm{M}}$ 在无界空间中任一点产生的电磁场的表达式。

若电流和磁流分布在一薄层上，则上两式变为

$$\boldsymbol{E}=-\frac{\mathrm{j}}{4\pi\omega\varepsilon_0}\int_S[(\boldsymbol{J}_{\mathrm{S}}\cdot\nabla')\nabla'+k^2\boldsymbol{J}_{\mathrm{S}}-\mathrm{j}\omega\varepsilon_0\boldsymbol{J}_{\mathrm{Ms}}\times\nabla']\frac{\mathrm{e}^{-\mathrm{j}kR_1}}{R_1}\mathrm{d}S \tag{8.65}$$

$$\boldsymbol{H}=-\frac{\mathrm{j}}{4\pi\omega\mu_0}\int_S[(\boldsymbol{J}_{\mathrm{Ms}}\cdot\nabla')\nabla'+k^2\boldsymbol{J}_{\mathrm{Ms}}+\mathrm{j}\omega\mu_0\boldsymbol{J}_{\mathrm{S}}\times\nabla']\frac{\mathrm{e}^{-\mathrm{j}kR_1}}{R_1}\mathrm{d}S \tag{8.66}$$

实用的天线无例外地用于远区辐射（或接收），此时 $R_1\gg\lambda$，且 $R_1\gg\rho$，其中 ρ 为源分布区域的线度。如图8.8所示，若设源分布在有限区域中，$\boldsymbol{a}_{r1}$ 是由坐标原点至远区观察点 p 处的单位矢量，显然当 $R_1\gg r'$ 时，$\boldsymbol{a}_{r1}'$ 与 $\boldsymbol{a}_{r1}$ 相互平行。于是，由图中的几何关系可知

$$R_1=|\boldsymbol{r}-\boldsymbol{r}'|\approx R-\boldsymbol{r}'\cdot\boldsymbol{a}_{r1} \tag{8.67}$$

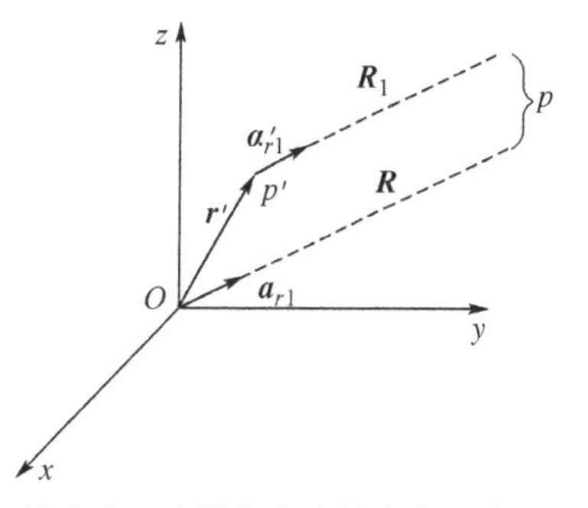

图8.8　观察点在远区的位置关系

由于 $R_1\gg\lambda$，故 $1/R_1\ll k$，以及

$$\nabla' \frac{\mathrm{e}^{-\mathrm{j}kR_1}}{R_1} = \left(\mathrm{j}k + \frac{1}{R_1}\right)\frac{\mathrm{e}^{-\mathrm{j}kR_1}}{R_1}\boldsymbol{a}'_{r1} \approx \mathrm{j}k\,\frac{\mathrm{e}^{-\mathrm{j}kR}\,\mathrm{e}^{\mathrm{j}k\boldsymbol{r}'}\cdot\boldsymbol{a}_{r1}}{R-\boldsymbol{r}'\cdot\boldsymbol{a}_{r1}}\boldsymbol{a}_{r1} \approx \mathrm{j}k\,\frac{\mathrm{e}^{-\mathrm{j}kR}}{R}\mathrm{e}^{\mathrm{j}k\boldsymbol{r}'\cdot\boldsymbol{a}_{r1}}\boldsymbol{a}_{r1}$$

于是,式(8.63)积分中的第一项被积函数可近似为

$$(\boldsymbol{J}\cdot\nabla')\nabla'\frac{\mathrm{e}^{-\mathrm{j}kR_1}}{R_1} \approx -k^2(\boldsymbol{J}\cdot\boldsymbol{a}_{r1})\cdot\boldsymbol{a}_{r1}\frac{\mathrm{e}^{-\mathrm{j}kR}}{R}\mathrm{e}^{\mathrm{j}k\boldsymbol{r}'\cdot\boldsymbol{a}_{r1}} \tag{8.68}$$

将上述近似式代入式(8.63),得

$$\boldsymbol{E} \approx -\frac{\mathrm{j}\omega\mu_0}{4\pi R}\mathrm{e}^{-\mathrm{j}kR}\int_V\left[\boldsymbol{J}-(\boldsymbol{J}\cdot\boldsymbol{a}_{r1})\boldsymbol{a}_{r1}+\sqrt{\frac{\varepsilon_0}{\mu_0}}\boldsymbol{J}_{\mathrm{M}}\times\boldsymbol{a}_{r1}\right]\mathrm{e}^{\mathrm{j}k\boldsymbol{r}'\cdot\boldsymbol{a}_{r1}}\,\mathrm{d}V \tag{8.69}$$

式中,$\sqrt{\varepsilon_0/\mu_0}=1/\eta_0$。

同理,由式(8.64)可近似得到

$$\boldsymbol{H} \approx -\frac{\mathrm{j}\omega\varepsilon_0}{4\pi R}\mathrm{e}^{-\mathrm{j}kR}\int_V[\boldsymbol{J}_{\mathrm{M}}-(\boldsymbol{J}_{\mathrm{M}}\cdot\boldsymbol{a}_{r1})\boldsymbol{a}_{r1}-\eta_0\boldsymbol{J}\times\boldsymbol{a}_{r1}]\mathrm{e}^{\mathrm{j}k\boldsymbol{r}'\cdot\boldsymbol{a}_{r1}}\,\mathrm{d}V \tag{8.70}$$

类似可得薄层上分布的电流和磁流产生的远区辐射场的近似式。

利用式(8.69)的复矢量 $\boldsymbol{E}$ 的表达式可写出其在球坐标系中的分量表达式。因在球坐标系中,$\boldsymbol{a}_{r1}=\boldsymbol{a}_R$,且因$[\boldsymbol{J}-(\boldsymbol{J}\cdot\boldsymbol{a}_{r1})\boldsymbol{a}_{r1}]$和 $\boldsymbol{J}_{\mathrm{M}}\times\boldsymbol{a}_{r1}$ 均垂直于 $\boldsymbol{a}_{r1}$,故 $\boldsymbol{E}=E_\theta\boldsymbol{a}_\theta+E_\varphi\boldsymbol{a}_\varphi$,并注意到$(\boldsymbol{J}_{\mathrm{M}}\times\boldsymbol{a}_{r1})\cdot\boldsymbol{a}_\theta=\boldsymbol{J}_{\mathrm{M}}\cdot(\boldsymbol{a}_{r1}\times\boldsymbol{a}_\theta)=\boldsymbol{J}_{\mathrm{M}}\cdot\boldsymbol{a}_\varphi$,于是可得

$$E_\theta = -\frac{\mathrm{j}\omega\mu_0}{4\pi R}\mathrm{e}^{-\mathrm{j}kR}\int_V\left[\boldsymbol{J}\cdot\boldsymbol{a}_\theta+\frac{1}{\eta_0}\boldsymbol{J}_{\mathrm{M}}\cdot\boldsymbol{a}_\varphi\right]\mathrm{e}^{\mathrm{j}k\boldsymbol{r}'\cdot\boldsymbol{a}_R}\,\mathrm{d}V \tag{8.71a}$$

$$E_\varphi = -\frac{\mathrm{j}\omega\mu_0}{4\pi R}\mathrm{e}^{-\mathrm{j}kR}\int_V\left[\boldsymbol{J}\cdot\boldsymbol{a}_\varphi-\frac{1}{\eta_0}\boldsymbol{J}_{\mathrm{M}}\cdot\boldsymbol{a}_\theta\right]\mathrm{e}^{\mathrm{j}k\boldsymbol{r}'\cdot\boldsymbol{a}_R}\,\mathrm{d}V \tag{8.71b}$$

以上两式可写成为

$$\begin{aligned} E_\theta &= -\frac{\mathrm{j}\omega\mu_0}{4\pi R}\mathrm{e}^{-\mathrm{j}kR}F_1(\theta,\ \varphi) \\ E_\varphi &= -\frac{\mathrm{j}\omega\mu_0}{4\pi R}\mathrm{e}^{-\mathrm{j}kR}F_2(\theta,\ \varphi) \end{aligned} \tag{8.72}$$

式中

$$F_1(\theta,\ \varphi) = \int_V\left(\boldsymbol{J}\cdot\boldsymbol{a}_\theta+\frac{1}{\eta_0}\boldsymbol{J}_{\mathrm{M}}\cdot\boldsymbol{a}_\varphi\right)\mathrm{e}^{\mathrm{j}k\boldsymbol{r}'\cdot\boldsymbol{a}_R}\,\mathrm{d}V \tag{8.73a}$$

$$F_2(\theta,\ \varphi) = \int_V\left(\boldsymbol{J}\cdot\boldsymbol{a}_\varphi-\frac{1}{\eta_0}\boldsymbol{J}_{\mathrm{M}}\cdot\boldsymbol{a}_\theta\right)\mathrm{e}^{\mathrm{j}k\boldsymbol{r}'\cdot\boldsymbol{a}_R}\,\mathrm{d}V \tag{8.73b}$$

均与远区场点 p 处的角度坐标有关的函数,而与 r 无关。

对远区场而言,只要求出电场 $\boldsymbol{E}$,则磁场 $\boldsymbol{H}$ 的表达式可按以下的远区辐射条件得到,即

$$\boldsymbol{a}_R\times\boldsymbol{H}+\frac{1}{\eta_0}\boldsymbol{E}=0 \tag{8.74}$$

将式(8.69)和式(8.70)代入上式即可得证。此外,利用式(8.65)同样可导出形式和式(8.71a)和(8.71b)相似的表达式。

(2) 口径辐射场的积分公式

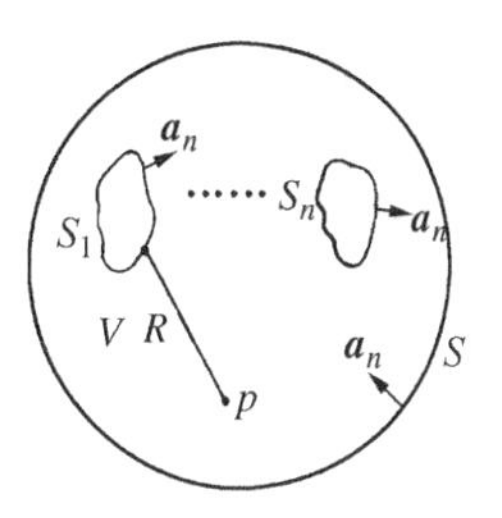

图 8.9　封闭区域内的场源

如前所述，只要空间中场源的电流密度和磁流密度已知，辐射场即可求出。但实际的天线问题往往只知道天线口径面上的电磁场分布，此时就要用到电磁场的积分公式才能求得天线的辐射场。

对如图 8.9 所示的封闭区域内任一点 p 处的电磁场分布，可利用上述推导式(8.63)和式(8.64)的类似思路，通过更复杂的运算得到。即

$$\boldsymbol{E}=-\int_V\left(\mathrm{j}\omega\mu_0 G\boldsymbol{J}+\boldsymbol{J}_{\mathrm{M}}\times\nabla' G-\frac{\rho}{\varepsilon_0}\nabla' G\right)\mathrm{d}V'+\int_S\left[\mathrm{j}\omega\mu_0 G(\boldsymbol{a}_n\times\boldsymbol{H})-(\boldsymbol{a}_n\times\boldsymbol{E})\times\nabla' G-(\boldsymbol{a}_n\cdot\boldsymbol{E})\nabla' G\right]\mathrm{d}S \tag{8.75a}$$

$$\boldsymbol{H}=-\int_V\left(\mathrm{j}\omega\varepsilon_0 G\boldsymbol{J}_{\mathrm{M}}+\boldsymbol{J}\times\nabla' G-\frac{\rho_{\mathrm{M}}}{\mu_0}\nabla' G\right)\mathrm{d}V'-\int_S\left[\mathrm{j}\omega\varepsilon_0 G(\boldsymbol{a}_n\times\boldsymbol{E})+(\boldsymbol{a}_n\times\boldsymbol{H})\times\nabla' G+(\boldsymbol{a}_n\cdot\boldsymbol{H})\nabla' G\right]\mathrm{d}S \tag{8.75b}$$

式中，$S=S_\infty+S_1+S_2+\cdots+S_n$，$\boldsymbol{a}_n$ 为包围体积 V 的封闭面 S 的外法向单位矢量，而 $G=\mathrm{e}^{-\mathrm{j}kR}/(4\pi R)$。以上两式称为斯特拉顿-朱兰成(Stratton-Chu)公式(本书已将原采用的负指数时间因子 $\mathrm{e}^{-\mathrm{j}\omega t}$ 改为正指数时间因子 $\mathrm{e}^{\mathrm{j}\omega t}$，故公式的符号发生变化)。若封闭曲面内的电流、电荷、磁流和磁荷均分布在极薄的薄层上，则式(8.75a)和(8.75b)分别变为

$$\boldsymbol{E}=-\int_{S'}\left(\mathrm{j}\omega\mu_0 G\boldsymbol{J}+\boldsymbol{J}_{\mathrm{Ms}}\times\nabla' G-\frac{\rho_S}{\varepsilon_0}\nabla' G\right)\mathrm{d}S'+\int_S\left[\mathrm{j}\omega\mu_0 G(\boldsymbol{a}_n\times\boldsymbol{H})-(\boldsymbol{a}_n\times\boldsymbol{E})\times\nabla' G-(\boldsymbol{a}_n\cdot\boldsymbol{E})\nabla' G\right]\mathrm{d}S \tag{8.76a}$$

$$\boldsymbol{H}=-\int_{S'}\left(\mathrm{j}\omega\varepsilon_0 G\boldsymbol{J}_{\mathrm{Ms}}+\boldsymbol{J}_S\times\nabla' G-\frac{\rho_{\mathrm{Ms}}}{\mu_0}\nabla' G\right)\mathrm{d}S'-\int_S\left[\mathrm{j}\omega\varepsilon_0 G(\boldsymbol{a}_n\times\boldsymbol{E})+(\boldsymbol{a}_n\times\boldsymbol{H})\times\nabla' G+(\boldsymbol{a}_n\cdot\boldsymbol{H})\nabla' G\right]\mathrm{d}S \tag{8.76b}$$

式中，S' 代表封闭曲面内的面电流、面电荷、面磁流和面磁荷所分布的薄层面积。

对无限大的区域，可以证明上述表达式同式(8.69)和(8.70)的结果完全相同。这说明，就处于无界空间中的源而言，不论用矢量位函数的方法还是用电磁场的积分公式，所得的结果是一致的。但若只知道封闭曲面上的电磁场而不知道封闭曲面外部的源时，则只能将封闭曲面上的电磁场的作用等效为曲面上分布的等效的面电流、面电荷、面磁流和面磁荷，采用后者求封闭区域内的电磁场。

2) 基本面元(惠更斯元)的辐射

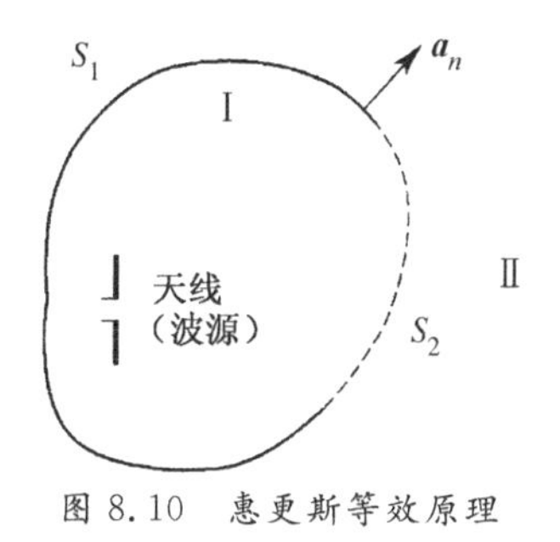

图 8.10　惠更斯等效原理

面天线通常由金属面 S_1 和初级辐射器组成，如图 8.10 所示。假设封闭曲面 S 将空间分成为两个区域，其中区域Ⅰ包含源，区域Ⅱ不包含源。设包围天线的封闭面由金属的外表面 S_1 以及金属面的口径面 S_2 共同组成，由于导体外表面 S_1 上的场为零，于是面天线的辐射问题就转化为口径面 S_2 的辐射。由于口径面上存在着口径场 $\boldsymbol{E}_s$ 和 $\boldsymbol{H}_s$，根据惠更斯-菲涅尔(Huigen-Fresnel)原理，将口径面分割成许许多多面

源,这些面元称为惠更斯元(或二次辐射源)。由这些惠更斯元辐射的场的叠加,即得到整个口径面在空间域(区域Ⅱ)中的辐射场(或称次级辐射场)。

根据等效原理,口径面 S_2 上的口径场 $\boldsymbol{E}_s$ 和 $\boldsymbol{H}_s$ 可等效为口径面上的面磁流 $\boldsymbol{J}_{Ms}$ 和面电流 $\boldsymbol{J}_s$。工程上,一般近似认为等效源仅分布在面天线的电磁波的出口处,即非封闭的口径面上,略去实际存在的围绕口径边缘上的电流和电荷的影响(这对口径尺寸远大于波长的面天线,具有足够的精度)。于是,可认为无源区域中的次级辐射场可看成是由口径面 S_2 上的电流和磁流产生的,因此 S 面(也即 S_2 面)上的等效源为

$$\left.\begin{aligned}\boldsymbol{J}_s &= \boldsymbol{a}_n \times \boldsymbol{H}_s \\ \boldsymbol{J}_{Ms} &= \boldsymbol{E}_s \times \boldsymbol{a}_n = -\boldsymbol{a}_n \times \boldsymbol{E}_s\end{aligned}\right\} \tag{8.77}$$

可见,要计算无源区域Ⅱ中的场,可用 S_2 面上的电流和磁流来代替 S_2 面所包围的实际源的分布。这样,将口径面分割成许许多多个惠更斯元(大小)$\mathrm{d}S$,如同基本电、磁振子是分析线天线辐射的基本辐射单元一样,惠更斯元也是分析面天线辐射的基本辐射单元。

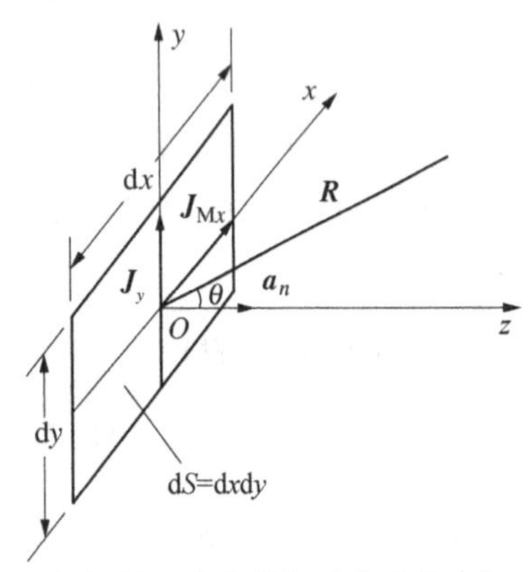

图 8.11　惠更斯辐射元及其坐标

为简化分析,设平面口径面(xOy 面)上的一个惠更斯元 $\mathrm{d}\boldsymbol{S}=\mathrm{d}x\mathrm{d}y\,\mathbf{a}_z$,面元上的切向电场和切向磁场分别为 E_y 和 H_x,则由式(8.77)可知,面元上的磁场可等效为沿 y 轴方向放置,电流的大小为 $H_x\mathrm{d}x$ 的基本电振子;面元上的电场等效为沿 x 轴方向放置,磁流的大小为 $E_y\mathrm{d}y$ 的基本磁振子,如图 8.11 所示。它们的电流矩分别为

$$\left.\begin{aligned}I_y l &= (H_x\mathrm{d}x)\mathrm{d}y = H_x\mathrm{d}S \\ I_{Mx} l &= (E_y\mathrm{d}y)\mathrm{d}x = E_y\mathrm{d}S\end{aligned}\right\} \tag{8.78}$$

因此,惠更斯元的辐射即为相互正交放置的等效基本电、磁振子的远区辐射场的叠加。为简化分析,下面先考虑惠更斯元在两个主平面上的辐射场,即仅考虑球坐标系下 E 面(yOz 面)和 H 面(xOz 面)的辐射。

在 E 面($yOz(\varphi=90°)$面)上,假设从等效基本电振子轴线(即 y 轴)起算的夹角为 θ'_{ey},如图 8.12(a)所示,则等效基本电振子的辐射电场为

$$\mathrm{d}\boldsymbol{E}'_e = \mathrm{j}\,\frac{\eta_0(H_x\mathrm{d}x)\mathrm{d}y}{2\lambda R}\sin\theta'_{ey}\,\mathrm{e}^{-\mathrm{j}kR}\boldsymbol{a}_{\theta'_{ey}} \tag{8.79}$$

再假设从等效基本磁振子轴线(即 x 轴)起算的夹角为 θ'_{Mx},如图 8.12(b)所示。于是,由电磁对偶性原理可知,等效基本磁振子的辐射电场为

$$\mathrm{d}\boldsymbol{E}'_M = -\mathrm{j}\,\frac{(E_y\mathrm{d}y)\mathrm{d}x}{2\lambda R}\mathrm{e}^{-\mathrm{j}kR}\sin\theta'_{Mx}\boldsymbol{a}_{\theta'_{Mx}} \tag{8.80}$$

考虑到 $H_x=-E_y/\eta_0$,$\theta'_{ey}=90-\theta$,$\theta'_{Mx}=90$ 以及 $\boldsymbol{a}_{\theta'_{ey}}=-\boldsymbol{a}_\theta$,$\boldsymbol{a}_{\theta'_{Mx}}=-\boldsymbol{a}_\theta$,并令 $\mathrm{d}S=\mathrm{d}x\mathrm{d}y$,则将(8.79)和(8.80)两式叠加即得惠更斯元在 E 面上的辐射电场为

$$\mathrm{d}\boldsymbol{E}_E = \mathrm{j}\,\frac{1}{2\lambda R}(1+\cos\theta)E_y\mathrm{e}^{-\mathrm{j}kR}\mathrm{d}S\boldsymbol{a}_\theta \tag{8.81}$$

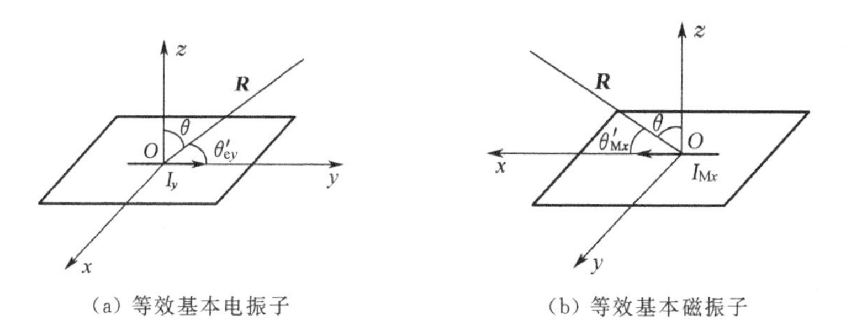

(a) 等效基本电振子 (b) 等效基本磁振子

图 8.12 等效基本电、磁振子在 E 面上的几何关系

在 H 面(xOz($\varphi=0°$)面)上，假设从等效基本电振子轴线(y 轴)起算的夹角为 θ''_{ey}，其几何关系类似于图 8.12(a)，则等效基本电振子的辐射电场为

$$\mathrm{d}\boldsymbol{E}''_{\mathrm{e}}=\mathrm{j}\,\frac{1}{2\lambda R}E_{y}\mathrm{e}^{-\mathrm{j}kR}\sin\theta''_{ey}\,\mathrm{d}S\boldsymbol{a}_{\theta''_{ey}} \tag{8.82}$$

式中，$\theta''_{ey}=90°$，$\boldsymbol{a}_{\theta''_{ey}}=\boldsymbol{a}_{\varphi}$。同样，假设从等效基本磁振子轴线($x$ 轴)起算的夹角为 θ''_{Mx}，其几何关系类似于图 8.12(b)，则由对偶性原理可知，等效基本磁振子的辐射电场为

$$\mathrm{d}\boldsymbol{E}''_{\mathrm{M}}=\mathrm{j}\,\frac{1}{2\lambda R}E_{y}\sin\theta''_{Mx}\,\mathrm{d}S\mathrm{e}^{-\mathrm{j}kR}\boldsymbol{a}_{\theta''_{Mx}} \tag{8.83}$$

式中，$\theta''_{Mx}=90°-\theta$，$\boldsymbol{a}_{\theta''_{Mx}}=\boldsymbol{a}_{\varphi}$。于是，将式(8.82)和(8.83)相加即得惠更斯元在 H 面上的辐射电场为

$$\mathrm{d}\boldsymbol{E}_{\mathrm{H}}=\mathrm{j}\,\frac{1}{2\lambda R}(1+\cos\theta)E_{y}\mathrm{e}^{-\mathrm{j}kR}\,\mathrm{d}S\boldsymbol{a}_{\varphi} \tag{8.84}$$

这样，由式(8.81)、(8.84)可得惠更斯元的 E 面和 H 面的远区辐射电场的模 $\mathrm{d}E_{\mathrm{E}}$ 和 $\mathrm{d}E_{\mathrm{H}}$ 为

$$\mathrm{d}E_{\mathrm{E}}=\mathrm{d}E_{\mathrm{H}}=\mathrm{j}\,\frac{E_{y}\mathrm{d}S}{2\lambda R}\mathrm{e}^{-\mathrm{j}kR}(1+\cos\theta)$$

这表明，$\mathrm{d}E_{\mathrm{E}}$ 和 $\mathrm{d}E_{\mathrm{H}}$ 具有完全相同的形式，故惠更斯元在 E 面($\varphi=90°$)和 H 面($\varphi=0°$)的远区辐射电场可统一写为

$$\mathrm{d}E=\mathrm{j}\,\frac{E_{y}\mathrm{d}S}{2\lambda \mathrm{R}}\mathrm{e}^{-\mathrm{j}kR}(1+\cos\theta) \tag{8.85}$$

因此，其归一化方向图函数为

$$|f(\theta)|=\frac{1}{2}|1+\cos\theta| \tag{8.86}$$

其 E 面和 H 面的归一化方向图如图 8.13 所示。显然，惠更斯元的最大辐射方向出现在 $\theta=0°$ 方向，即最大辐射方向与其本身垂直。

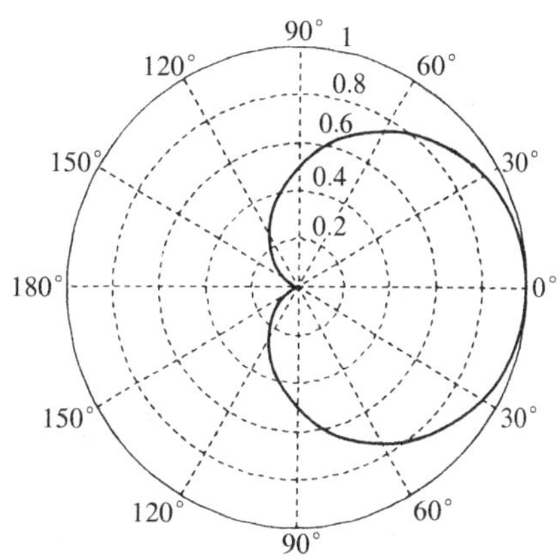

图 8.13 惠更斯元的归一化方向图

事实上，利用沿任意方向 $\boldsymbol{a}_{l}$ 放置的基本电振

子和基本磁振子的远区辐射场公式(8.33)和(8.50),容易导出惠更斯元远区辐射电场在任意点 $p(R,\theta,\varphi)$处的一般表达式。具体地,对沿 y 轴的基本电振子 $I_y l$,其远区辐射电场和磁场的一般表达式分别为

$$\boldsymbol{E}_e = \frac{jI_y l\eta_0 e^{-jkR}}{2\lambda R}(\mathbf{a}_y \times \boldsymbol{a}_R) \times \boldsymbol{a}_R = -\frac{jI_y l\eta_0 e^{-jkR}}{2\lambda R}(\cos\theta\sin\varphi\boldsymbol{a}_\theta + \cos\varphi\boldsymbol{a}_\varphi) \tag{8.87a}$$

$$\boldsymbol{H}_e = \frac{jI_y l e^{-jkR}}{2\lambda R}(\mathbf{a}_y \times \boldsymbol{a}_R) = -\frac{jI_y l e^{-jkR}}{2\lambda R}(\cos\theta\sin\varphi\boldsymbol{a}_\varphi - \cos\varphi\boldsymbol{a}_\theta) \tag{8.87b}$$

式中,$\mathbf{a}_y = \sin\theta\sin\varphi\boldsymbol{a}_R + \cos\theta\sin\varphi\boldsymbol{a}_\theta + \cos\varphi\boldsymbol{a}_\varphi$。

类似地,对沿 x 轴的基本磁振子 $I_{Mx}l$,其远区辐射电场和磁场的一般表达式分别为

$$\boldsymbol{E}_M = -\frac{jI_{Mx} l e^{-jkR}}{2\lambda R}(\mathbf{a}_x \times \boldsymbol{a}_R) \times \boldsymbol{a}_R = \frac{jI_{Mx} l e^{-jkR}}{2\lambda R}(\cos\theta\cos\varphi\boldsymbol{a}_\varphi + \sin\varphi\boldsymbol{a}_\theta) \tag{8.88a}$$

$$\boldsymbol{H}_M = \frac{jI_{Mx} l e^{-jkR}}{2\lambda\eta_0 R}[(\mathbf{a}_x \times \boldsymbol{a}_R) \times \boldsymbol{a}_R] = -\frac{jI_{Mx} l e^{-jkR}}{2\lambda\eta_0 R}(\cos\theta\cos\varphi\boldsymbol{a}_\theta - \sin\varphi\boldsymbol{a}_\varphi) \tag{8.88b}$$

式中,$\mathbf{a}_x = \sin\theta\cos\varphi\boldsymbol{a}_R + \cos\theta\cos\varphi\boldsymbol{a}_\theta - \sin\varphi\boldsymbol{a}_\varphi$。

将上述沿 y 轴的基本电振子和沿 x 轴的基本磁振子的远区辐射电场进行叠加,则得惠更斯元在球坐标系下远区辐射电场的一般表达式为

$$\mathrm{d}\boldsymbol{E} = j\frac{E_y \mathrm{d}S}{2\lambda R}e^{-jkR}[\sin\varphi(1+\cos\theta)\boldsymbol{a}_\theta + \cos\varphi(1+\cos\theta)\boldsymbol{a}_\varphi] \tag{8.89}$$

更一般地,若惠更斯元上电场的极化方向任意,即 $\boldsymbol{E}_s = E_{sx}\mathbf{a}_x + E_{sy}\mathbf{a}_y$,采用与前述分析相同的方法,同样可得惠更斯元在远区辐射的电场分量的一般表达式为

$$\left.\begin{aligned}
\mathrm{d}E_\theta &= \frac{j}{2\lambda R}(1+\cos\theta)\mathrm{d}Se^{-jkR}(E_{sx}\cos\varphi + E_{sy}\sin\varphi)\\
\mathrm{d}E_\varphi &= \frac{j}{2\lambda R}(1+\cos\theta)\mathrm{d}Se^{-jkR}(-E_{sx}\sin\varphi + E_{sy}\cos\varphi)
\end{aligned}\right\} \tag{8.90}$$

这样,将平面口径的辐射视为无穷多个惠更斯元产生辐射的叠加,利用惠更斯元远区辐射场的表达式即可获得平面口径的远区辐射场的表达式。

8.1.3 天线的基本参数

一副天线性能的优劣直接影响到无线电设备的质量,所以设计天线时必须准确地考虑和评价其技术性能。为了定量地衡量一副天线的性能,通常用一些特性参数作为天线的技术指标。天线的主要特性参数为主瓣宽度、副瓣电平、前后比、方向性系数、效率、增益、等效高度、输入阻抗、极化、工作频带、交叉极化、等效噪声温度以及输入驻波系数等。下面先简单介绍较常用的前几种特性参数,与接收天线有关的几种特性参数则在以后的内容中再介绍。

1. 与天线的方向图有关的参数

天线的方向图虽能描述空间不同方向上辐射电磁能量的大小,但具体量的概念不够明

确,因此也采用另外一些特性参数来描述天线的方向性性能。

1) 主瓣宽度

如前所述,天线的辐射方向图可以绘制成立体图形,也可以绘制成直角坐标系以及极坐标系中的平面图形。图 8.14(a)和(b)示出了某天线的在极坐标系以及直角坐标系中的平面方向图,而图 8.14(c)则示出了立体方向图。实用中,极坐标系中的平面方向图较为常用,有时也用到直角坐标系中的平面方向图,本章以后内容中给出的方向图主要在极坐标系中绘制,且为两个主平面(E 面和 H 面)上的方向图。

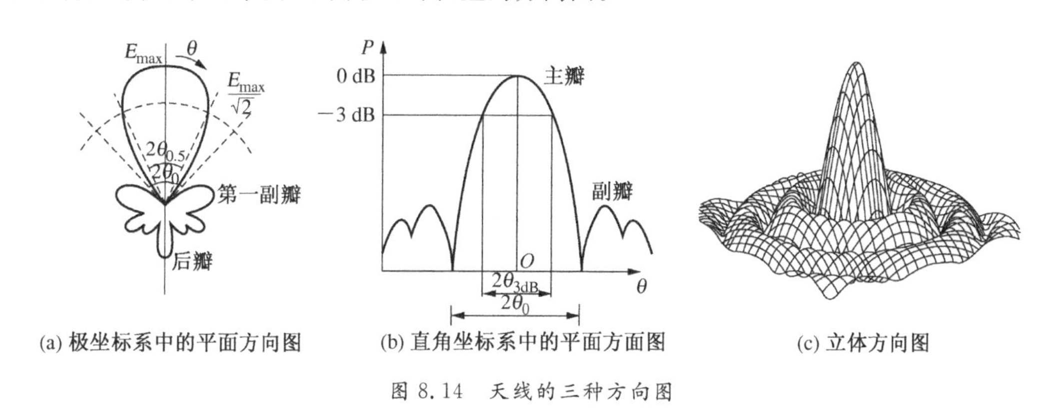

(a) 极坐标系中的平面方向图 (b) 直角坐标系中的平面方面图 (c) 立体方向图

图 8.14 天线的三种方向图

当天线的 E 面和 H 面方向图具有如图 8.14(a)或(b)所示的多瓣形状时,通常将天线最大辐射方向所在的波瓣称为主瓣,其余的波瓣称为副瓣。副瓣则包含所有的旁瓣和后瓣(或称尾瓣)。在主瓣两侧分别取辐射功率(或场强)等于最大值方向的辐射功率的 1/2(场强的 $1/\sqrt{2}$)处的两点,这两点之间的夹角称为主瓣的半功率点张角,记为$(2\theta_{0.5})_{E,H}$或$(2\theta_{-3dB})_{E,H}$,或称半功率波束宽度(或简称为主瓣宽度)。从极坐标的坐标原点向主瓣的两侧引射线,这两根射线之间的夹角称为主瓣零点宽度,记为 $2\theta_0$。在实际应用中,天线方向图的形状以及主瓣宽度等应根据需要加以确定。例如,在点到点的无线通信链路、卫星通信、射电天文等系统中使用的天线,常具有对称的窄主瓣宽度的笔状波束的方向图,而无线电广播、电视以及移动通信系统中采用的天线,则具有水平面为全向的方向图等。

2) 副瓣电平

实际天线的方向图往往不止一个副瓣,而是有若干个副瓣。紧靠主瓣的副瓣称为第一副瓣,依次称为第二,三,…副瓣。为估计天线副瓣的强弱,通常用副瓣电平来表示。副瓣电平定义为,任一副瓣的最大值与主瓣最大值之比,记为 SLL,并以 dB 作为单位。由于最靠近主瓣的第一副瓣其电平最高,因此,通常对天线的第一副瓣电平提出要求。应指出,天线副瓣的辐射,无论对通信还是雷达都是有害的,它直接影响天线性能的优劣程度。

3) 前后比

天线的前后比是指天线最大辐射方向(前向)电平与其相反方向(反向)电平之比,通常也用 dB 作单位。天线的前后比反映了天线的前、后向隔离程度或抗干扰能力。天线的前后比应尽可能高一些。

由于上述与方向图有关的参数只能表示同一天线在空间各个不同方向辐射能量的相对大小,却不能反映天线在全空间中辐射能量的集中程度。为了定量衡量天线的方向性,引入天线方向性系数等参数。

4) 方向性系数

由于上述与方向图有关的参数只能表示同一天线在空间各个不同方向辐射能量的相对大小,却不能反映天线在全空间中辐射能量的集中程度。为了定量衡量天线的方向性,则引入天线方向性系数这一重要参数。

天线的方向性系数定义为,天线在远区最大辐射方向上某点的(平均)辐射功率密度$(S_{av})_{max}$与(平均)辐射功率相同的无方向性天线(各向同性天线)在同一点的(平均)辐射功率密度$(S_0)_{av}$之比,记为D_0。即

$$D_0 = \left.\frac{(S_{av})_{max}}{(S_0)_{av}}\right|_{P_r相同,R相同} = \left.\frac{|E|^2_{max}}{|E_0|^2}\right|_{P_r相同,R相同} \tag{8.91}$$

式中,$(S_{av})_{max}=|E|^2_{max}/(2\eta_0)$,而$(S_0)_{av}=|E_0|^2/(2\eta_0)$。

对无方向性天线,因$(S_0)_{av}=P_r/(4\pi R^2)$,故式(8.91)可变为

$$D_0 = \frac{|E|^2_{max}R^2}{60P_r} \tag{8.92}$$

所以

$$|E|_{max} = \frac{\sqrt{60P_rD_0}}{R} \tag{8.93}$$

由此可见,在辐射功率相同的情况下,有方向性天线在最大辐射方向上的场强是无方向性天线辐射场强的$\sqrt{D_0}$倍,即最大辐射方向上的辐射功率增大到D_0倍。这表明,天线在其他方向辐射的部分功率加强到其最大辐射方向上,且主瓣越窄,加强到最大辐射方向上的功率就越多,则方向性系数也越大。

若已知天线的归一化方向图函数为$|f(\theta,\varphi)|$,则天线在空间任意方向上远区的电场强度的模及辐射功率密度分别为

$$|E(\theta,\varphi)| = |E|_{max}|f(\theta,\varphi)|, \qquad S_{av}(\theta,\varphi) = \frac{|E(\theta,\varphi)|^2}{2\eta_0} = \frac{|E|^2_{max}|f(\theta,\varphi)|^2}{240\pi}$$

从而天线的辐射功率为

$$P_r = \oint_S S_{av}(\theta,\varphi)\mathrm{d}S = \frac{|E|^2_{max}R^2}{240\pi}\int_0^{2\pi}\mathrm{d}\varphi\int_0^{\pi}|f(\theta,\varphi)|^2\sin\theta\mathrm{d}\theta \tag{8.94}$$

于是,由式(8.30)和式(8.94)可得辐射电阻的一般表达式为

$$R_r = \frac{|E|^2_{max}R^2}{120\pi I_m^2}\int_0^{2\pi}\int_0^{\pi}|f(\theta,\varphi)|^2\sin\theta\mathrm{d}\theta\mathrm{d}\varphi$$

将式(8.94)代入式(8.92),即得方向性系数的计算式为

$$D_0 = \frac{4\pi}{\int_0^{2\pi}\int_0^{\pi}|f(\theta,\varphi)|^2\sin\theta\mathrm{d}\theta\mathrm{d}\varphi} \tag{8.95a}$$

特别地，若$|f(\theta,\varphi)|=|f(\theta)|$，即方向图函数与$\varphi$无关，则

$$D_0 = \frac{2}{\int_0^{\pi} |f(\theta)|^2 \sin\theta d\theta} \tag{8.95b}$$

而一般地，对任意(θ,φ)方向的方向性系数$D(=D(\theta,\varphi))$，则可用(天线最大辐射方向的)方向性系数D_0表示为

$$D = D_0 |f(\theta,\varphi)|^2 = \frac{4\pi |f(\theta,\varphi)|^2}{\int_0^{2\pi}\int_0^{\pi} |f(\theta,\varphi)|^2 \sin\theta d\theta d\varphi} = \frac{4\pi |F(\theta,\varphi)|^2}{\int_0^{2\pi}\int_0^{\pi} |F(\theta,\varphi)|^2 \sin\theta d\theta d\varphi} \tag{8.96}$$

同时，对像电流元那样的线形天线(线天线)，其远区辐射电场的幅值和天线方向图函数之间的关系可表示为

$$|E(R,\theta,\varphi)| = \frac{60I_m}{R} |F(\theta,\varphi)| \tag{8.97}$$

式中，I_m为天线上的电流的幅值(又称归算电流)。对电流元，$I_m=I_{in}=I$；对天线上电流呈驻波分布的情况，I_m为电流驻波腹点的振幅。于是，对线天线，由式(8.96)可得任意方向的方向性系数D与辐射电阻R_r、方向图函数$|F(\theta,\varphi)|$之间的关系为

$$D = \frac{120 |F(\theta,\varphi)|^2}{R_r} \tag{8.98a}$$

而方向性系数D_0与辐射电阻R_r和方向图函数$|F(\theta,\varphi)|$之间的关系则为

$$D_0 = \frac{120 |F(\theta,\varphi)|^2_{max}}{R_r} \tag{8.98b}$$

例 8.2 求沿z轴放置的电流元的E面主瓣宽度和方向性系数。

解：因沿z轴放置的电流元的归一化E面方向图函数为

$$|f(\theta)| = \sin\theta$$

于是，由$\sin\theta_{0.5E}=1/\sqrt{2}$，可得电流元的E面主瓣宽度为

$$2\theta_{0.5E}=90°$$

而将沿z轴放置的电流元的方向图函数代入式(8.95b)，可得

$$D_0 = \frac{2}{\int_0^{\pi} \sin^2\theta \sin\theta d\theta} = \frac{2}{\int_0^{\pi} \sin^3\theta d\theta} = \frac{2}{(4/3)} = 1.5$$

当然，也可按式(8.98b)计算上式所得的结果。

若D_0的值用分贝表示，则

$$D_0 = 10\lg 1.5 = 1.76 \quad (\text{dB})$$

2. 效率

由于实际天线中导体和介质都要引入一定的欧姆损耗,因此天线的辐射功率 P_r 一般都小于天线的输入功率 P_{in}。天线的辐射效率定义为,天线的辐射功率 P_r 与输入功率 P_{in}之比,记为 η_A。即

$$\eta_A = \frac{P_r}{P_{in}} = \frac{P_r}{P_r + P_d} \tag{8.99a}$$

式中,$P_d(= R_d I_m^2/2)$ 为天线的损耗功率,而 I_m 为天线输入电流的幅值。于是,式(8.99a)可表示为

$$\eta_A = \frac{R_r}{R_d + R_r} \tag{8.99b}$$

可见,要提高天线的效率,应尽可能地提高天线的辐射电阻,而且尽可能地降低天线的损耗电阻。

事实上,天线除了辐射效率以外,还有其他效率,例如天线输入端的反射效率,记为 η_r。η_r 与反射系数间的关系为

$$\eta_r = 1 - |\Gamma_{in}|^2 \tag{8.100}$$

式中,$\Gamma_{in} = (Z_{in} - Z_0)/(Z_{in} + Z_0)$,为天线输入端的反射系数,而 Z_{in}为输入阻抗,Z_0 为天线馈线的特性阻抗。于是,考虑天线反射效率后的天线总效率 η 为

$$\eta = \eta_A \eta_r = \eta_A (1 - |\Gamma_{in}|^2) \tag{8.101}$$

尽管影响天线效率的因素很多,但工作频率、天线的类型以及结构尺寸的影响最为明显。

当频率较低时,由于天线的长度和波长相比很小,辐射电阻很小,而一般天线的尺寸较大使损耗较大,因此 η_A 较低。在微波波段,由于天线几何尺寸可与波长相比拟或更大,辐射电阻大大提高,而损耗不很高,与辐射电阻相比可忽略不计,因此天线效率可认为接近于 1,即 $\eta_A \approx 1$。

除此以外,各种金属反射面天线还有其他不同形式的天线效率,这将在与面天线有关的内容中再具体讨论。

天线效率是衡量一副天线性能的重要参数(指标),一般要求天线的总效率尽可能高。

例 8.3　一长为 $l=4$ cm,中心馈电的电流元用于辐射频率为 75 MHz 的电磁波。电流元的两臂采用半径 $a=0.4$ mm 的铜线制成。求该电流元的效率。

解:因为电磁波的波长 $\lambda=c/f=4$ m,故电长度 $l/\lambda=0.01$。于是,由式(8.31)可得电流元的辐射电阻为

$$R_r = 80\pi^2 \left(\frac{l}{\lambda}\right)^2 = 80\pi^2 (0.01)^2 = 0.079 \quad (\Omega)$$

又因为铜的电导率 $\sigma=5.8\times10^7$ S/m,$\mu=\mu_0=4\pi\times10^{-7}$ H/m。于是,电流元的损耗电阻为

$$R_d = \frac{l}{2\pi a}\sqrt{\frac{\pi f \mu_0}{\sigma}} = \frac{4\times10^{-2}}{2\pi\times4\times10^{-4}}\left(\frac{\pi\times75\times10^6\times4\pi\times10^{-7}}{5.8\times10^7}\right)^{1/2} = 0.036 \quad (\Omega)$$

所以，由式(8.99b)可得

$$\eta_A = \frac{R_r}{R_d + R_r} = \frac{0.08}{0.08 + 0.036} = 0.69$$

即该电流元的效率为 69%。

3. 增益系数

为了全面衡量天线能量转换和方向性的性能，通常将方向性系数和天线效率两者联系起来，引入一个新的特性参数——增益系数。

天线的增益系数定义为，天线在远区最大辐射方向上某点的功率密度与输入功率相同的无方向性天线在同一点的功率密度之比，记为 G_0，即

$$G_0 = \left.\frac{(S_{av})_{max}}{(S_0)_{av}}\right|_{P_{in}相同, R相同} \tag{8.102a}$$

式中，$(S_0)_{av} = P_r/(4\pi R^2)$。于是，式(8.102a)变为

$$G_0 = \frac{(S_{av})_{max}}{P_{in}/(4\pi R^2)} = \frac{(S_{av})_{max}}{P_r/(4\pi R^2)} \frac{P_r}{P_{in}} = D_0 \eta_A \tag{8.102b}$$

可见，天线的增益系数等于天线的方向性系数与辐射效率的乘积。在微波波段，由于天线的辐射效率很高，故天线的增益与方向性系数相差不大。实际应用中，天线的增益用得较多，并用 dB 表示增益系数，即 $G_0(\text{dB}) = 10\lg G_0$ dB。天线的增益一般越高越好。

此外，天线在任意(θ,φ)方向的增益系数 $G(=G(\theta,\varphi))$则可表示为

$$G = \left.\frac{S_{av}(\theta,\varphi)}{(S_0)_{av}}\right|_{P_{in}相同, R相同} = G_0 \mid f(\theta,\varphi) \mid^2 \tag{8.103}$$

4. 有效长度与有效长度矢量

1) *有效长度*

为了衡量线天线的辐射能力，通常引入天线有效长度这一参数。天线的有效长度(或有效高度)定义为，在保持实际天线最大辐射方向上场强值不变的条件下，假设天线上电流为均匀分布时天线的有效长度。它是将天线在最大辐射方向上的场强与天线上的电流联系起来的一个参数。通常将有效长度归于输入点电流 I_{in} 的记为 l_{ein}，而归于波腹点电流 I_m 的记为 l_{em}，其表达式可分别表示为

$$l_{ein} = \frac{1}{I_{in}} \int_{-h}^{h} I(z)\,dz \tag{8.104a}$$

$$l_{em} = \frac{1}{I_m} \int_{-h}^{h} I(z)\,dz \tag{8.104b}$$

天线的有效长度越长，表明天线的辐射能力越强。

2) *有效长度矢量*

天线的有效长度矢量是用来确定(线)天线开路端感应电压的参数，可采用以下的数学表达式定义为

$$\boldsymbol{l}_e(\theta,\varphi) = l_\theta(\theta,\varphi)\boldsymbol{a}_\theta + l_\varphi(\theta,\varphi)\boldsymbol{a}_\varphi \tag{8.105}$$

显然,这是一个与远区有关的参数,且应与远区辐射电场 $\boldsymbol{E}_a$ 有关。若天线馈电端的电流为 I_{in},则 $\boldsymbol{E}_a$ 可用 $\boldsymbol{l}_e$ 表示为

$$\boldsymbol{E}_a = E_\theta \boldsymbol{a}_\theta + E_\varphi \boldsymbol{a}_\varphi = -\mathrm{j}\frac{kI_{in}}{4\pi R}\mathrm{e}^{-\mathrm{j}kR}\boldsymbol{l}_e \tag{8.106}$$

这样,接收天线馈电端开路电压 U_{oc} 与其有效长度矢量间的关系为

$$U_{oc} = \boldsymbol{E}_i \cdot \boldsymbol{l}_e \tag{8.107}$$

式中,$\boldsymbol{E}_i$ 为入射波的电场。当 $\boldsymbol{E}_i$ 具有线极化(天线为线极化天线)形式时,上式中的 U_{oc} 可被视为长度为 l_{ein} 的线形天线上的感应电压。

5. 输入阻抗

对线天线,其输入阻抗定义为天线输入端的复电压与复电流之比,即

$$Z_{in} = \frac{U_{in}}{I_{in}} = R_{in} + \mathrm{j}X_{in} \quad (\Omega) \tag{8.108}$$

实际应用中,一副线天线总要通过馈线(如同轴线)同发射机(或接收机)相连。因此,为了使线天线和馈线之间获得良好的匹配,就要求线天线的输入阻抗与馈线的特性阻抗相等,从而使馈线中的电压驻波系数达到最小,天线的接收功率达到最大。有关天线通过馈线同发射机(或接收机)相连的匹配以及功率传输问题,请见第 3 章的内容。

还应指出,天线的输入阻抗一般是频率的函数,天线输入阻抗的匹配应在某一工作频带内进行。此外,天线的输入阻抗取决于许多因素诸如天线的几何结构、激励方式以及其周围物体的复杂程度等。由于天线结构的复杂性,因此只有很少的实用天线能采用解析的方法求得其输入阻抗,通常应采用实验的方法予以确定。

6. 天线的极化

与平面波的三种极化方式相对应,天线的极化同样以辐射(或接收)电磁波的极化方式来进行分类,因此同样有线极化、圆极化和椭圆极化天线三种。实际应用中,通常又以地球表面作为参考,将电场矢量垂直于地球表面的线极化称为垂直极化,而将电场矢量平行于地球表面的线极化称为水平极化。对圆极化天线而言,可辐射右旋圆极化波的天线也只能接收右旋圆极化波,而不能接收左旋圆极化波,反之亦然。这就是气象雷达等无线电系统在恶劣天气情况下多采用圆极化天线工作的原因。

实际应用中,通常将椭圆极化情况下的椭圆长轴($2a$)与椭圆短轴($2b$)之比定义为圆极化天线的轴比,记为 AR,即

$$AR = \frac{a}{b} \tag{8.109}$$

轴比通常也用 dB 表示。显然,线极化天线的轴比 $AR=\infty$,圆极化天线的轴比 $AR=1$(0 dB)。在圆极化天线的实际设计中,通常对 $AR=3$ dB 的圆极化天线的工作频带给出要求。

一般地,若接收天线的极化与入射波的极化不同,则被称为极化失配。极化失配发生时,天线从入射信号中并不能获得最大的接收功率,这是由极化损失引起的。

假设入射波为线极化波,其电场 $\boldsymbol{E}_i = E_i \boldsymbol{a}_w$,其中 $\boldsymbol{a}_w$ 为入射波电场方向上的单位矢量。

同时，假设线形接收天线的电场 $\boldsymbol{E}_a = E_a\boldsymbol{a}_a$，其中 $\boldsymbol{a}_a$ 为天线的线极化电场方向上的单位矢量。于是，极化损失可通过以下的极化失配因子（记为 PLF）进行度量，即

$$PLF = |\boldsymbol{a}_w \cdot \boldsymbol{a}_a|^2 = \cos^2\psi_p \tag{8.110}$$

式中，ψ_p 为两单位矢量间的夹角，如图 8.15 所示，其中粗实线代表线极化天线，而虚线则代表与入射波电场相平行的方向。图 8.15(a)表明，当天线的极化方向与入射波电场的极化方向一致时，$PLF=1$，即极化匹配，天线可接收最大的入射波功率；图 8.15(b)表明，当天线的极化方向与入射波电场的极化方向不一致时，$PLF=\cos^2\psi_p$，即极化失配，天线接收的入射波功率仅为最大入射波功率的 $\cos^2\psi_p$ 倍；图 8.15(c)则表明，当天线的极化方向与入射波电场的极化方向垂直时，$PLF=0$，即极化完全失配，天线接收不到入射波功率。实际应用中，PLF 通常可采用分贝数来度量。

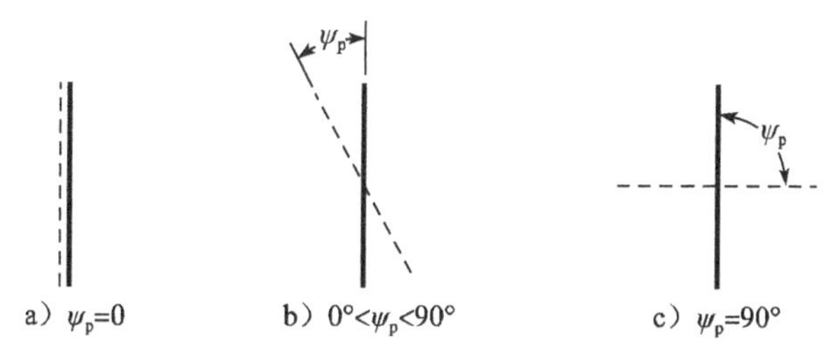

图 8.15　线极化天线与入射波极化方向间的关系

描述天线极化特性也可采用另一参数——极化效率（又称为极化损失因子），记为 p_e。极化损失因子定义为：在接收状态下，天线接收来自任意极化方向的平面波功率与处于最大功率接收极化方式下接收的同样功率密度的平面波功率之比，其数学表达式类似于 PLF 的定义式，即

$$p_e = \frac{|\boldsymbol{l}_e \cdot \boldsymbol{E}_i|^2}{|\boldsymbol{l}_e|^2\,|\boldsymbol{E}_i|^2} \tag{8.111}$$

式中，$\boldsymbol{l}_e$ 为天线的有效长度矢量，$\boldsymbol{E}_i$ 为入射波电场。应指出，上述对极化损失因子的定义同样适用于圆极化波工作的天线，若圆极化波工作的发射天线与旋向相同的圆极化波工作的接收天线相匹配，则 $p_e=1$。反之，若圆极化波工作的发射天线与接收天线的旋向相反，则 $p_e=0$。

综上所述，接收天线具备最佳接收的条件是：(a) 负载与自身的输入阻抗（共轭）匹配；(b) 最大接收方向对准来波方向；(c) 天线的极化与来波（入射波）的极化匹配。

在实际应用中，通常将辐射（或接收）的电场矢量分解为两个相互正交的极化分量。例如，倾斜的线极化可分解为垂直和水平极化分量，而对椭圆极化则可分解为两振幅不等、旋向相反的圆极化。因此，一般将与待辐射（或接收）的电场方向相同的电场分量称为天线的主极化分量，而与主极化分量相正交的分量称为天线的交叉极化（分量）或寄生极化（分量）。因此，在设计天线时应尽可能减小交叉极化分量，以避免不必要的能量损失。特别地，对同频正交复用天线（即同时利用同频的两个相互正交极化波工作的天线），更需减小交叉极化分量，以实现收发系统之间的高度隔离（即减小干扰）。

8.1.4 对称振子天线

前述的电流元和磁流元因其辐射电阻低,一般不能作为实际天线使用。下面将介绍的中心馈电,长度与波长相比拟的对称振子天线(简称对称振子),是最基本也是最常见的一种实用型天线。

1. 对称振子的电流分布与远区辐射场

对称振子是由两根粗细和长度都相同的导线构成,中间为两个馈电端点,如图8.16(a)所示。当在对称振子的中间馈电点接上高频电动势时,在对称振子的两臂上将产生高频电流,该电流将产生辐射场。由于对称振子的长度可与波长相比拟,其上电流的幅度和相位不能视为处处相同,因此对称振子的辐射场不同于电流元的辐射场。但可将对称振子分成无数小段,每一小段都可看成是电流元,则整个对称振子的辐射场就等于电流元的辐射场沿整个导线长度的积分。所以,为了求得对称振子的辐射场,首先应确定对称振子上的电流分布。

对称振子上的电流分布可近似采用传输线理论进行分析,即,将对称振子看成是一段长为 h,终端开路的均匀传输线分别向上、向下展开180°成为一直线而成,如图8.16(b)和(c)所示,对称振子上的电流分布与终端开路传输线上的一致。选取对称振子的轴线与 z 轴重合,对 $a \ll \lambda$ 的振子,若略去因辐射引起的电流分布的改变,则电流近似于正弦分布,即

$$I(z) = I_{\mathrm{m}} \sin[k(h - |z|)] \tag{8.112}$$

式中,I_{m} 为电流驻波的波腹点处的电流幅值。采用上述近似在工程应用中有足够精度。

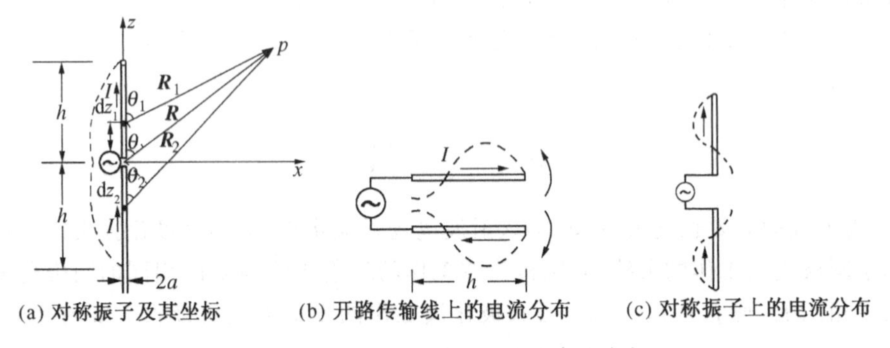

图8.16 对称振子及其开路传输线的演变

对称振子上臂 z 处的电流元 $I_{z_1}\mathrm{d}z_1 = I(z)\mathrm{d}z$ 在远区场点 p 产生的辐射电场为

$$\mathrm{d}\boldsymbol{E}_1 = (\mathrm{d}E_{\theta_1})\boldsymbol{a}_{\theta_1} = \mathrm{j}\,\frac{\eta_0 I(z)\mathrm{d}z}{2\lambda R_1}\sin\theta_1\,\mathrm{e}^{-\mathrm{j}kR_1}\,\boldsymbol{a}_{\theta_1} \tag{8.113}$$

振子下臂关于中点对称的 $-|z|$ 处电流元 $I_{z_2}\mathrm{d}z_2 = I(z)\mathrm{d}z$ 在 p 处产生的辐射电场为

$$\mathrm{d}\boldsymbol{E}_2 = (\mathrm{d}E_{\theta_2})\boldsymbol{a}_{\theta_2} = \mathrm{j}\,\frac{\eta_0 I(z)\mathrm{d}z}{2\lambda R_2}\sin\theta_2\,\mathrm{e}^{-\mathrm{j}kR_2}\,\boldsymbol{a}_{\theta_2} \tag{8.114}$$

对远区场点,各源点至场点的射线可视为平行,即 $\boldsymbol{R}_1 /\!/ \boldsymbol{R} /\!/ \boldsymbol{R}_2$,从而有 $\theta_1 = \theta_2 = \theta$,$\boldsymbol{a}_{\theta_1} \approx \boldsymbol{a}_{\theta_2} \approx$

$\boldsymbol{a}_\theta$，$1/R_1 \approx 1/R_2 \approx 1/R$。在辐射电场的相位因子中，应有 $R_1 \approx R - |z|\cos\theta$，$R_2 \approx R + |z|\cos\theta$。这是因为 $|z|\cos\theta$ 与 R 相比很小，但与波长 λ 可以相比拟，可能会引起较大的相位差。因此，电场 $\mathrm{d}\boldsymbol{E}_1$ 和 $\mathrm{d}\boldsymbol{E}_2$ 方向的单位矢量均为 $\boldsymbol{a}_\theta$，其矢量和变为代数和，于是有

$$\begin{aligned}\mathrm{d}E_\theta &= \mathrm{d}E_{\theta_1} + \mathrm{d}E_{\theta_2} = \mathrm{j}\,\frac{\eta_0 I(z)\mathrm{d}z}{2\lambda R}\sin\theta \mathrm{e}^{-\mathrm{j}kR}\left(\mathrm{e}^{\mathrm{j}k|z|\cos\theta} + \mathrm{e}^{-\mathrm{j}k|z|\cos\theta}\right)\\ &= \mathrm{j}\,\frac{\eta_0 I_\mathrm{m}\sin[k(h-|z|)]\mathrm{d}z}{2\lambda R}\sin\theta \mathrm{e}^{-\mathrm{j}kR}\,2\cos(k|z|\cos\theta)\end{aligned}$$

总辐射电场为

$$E_\theta = \int_0^h \mathrm{d}E_\theta = \mathrm{j}\,\frac{60 I_\mathrm{m}}{R}\mathrm{e}^{-\mathrm{j}kR}\,\frac{\cos(kh\cos\theta) - \cos(kh)}{\sin\theta} \tag{8.115}$$

而辐射磁场为

$$H_\varphi = \frac{E_\theta}{\eta_0} \tag{8.116}$$

由此可见，与电流元相似，对称振子的远区辐射场也只有 E_θ 和 H_φ 两个分量，故辐射的远区场是沿 $\boldsymbol{a}_R$ 方向传播的 TEM 波，且电场分量与磁场分量同相；辐射的电磁波也是球面波，辐射中心就是对称振子的中心；辐射场与 R 成反比，与 I_m 成正比，并与 θ 有关，即辐射场具有方向性。

实际应用中，对称振子常见的臂长是 $h=\lambda/4$，即 $2h=\lambda/2$，这种对称振子称为半波对称振子。半波对称振子的远区辐射电场为

$$E_\theta = \mathrm{j}\,\frac{60 I_\mathrm{m}}{R}\,\frac{\cos[(\pi\cos\theta)/2]}{\sin\theta}\mathrm{e}^{-\mathrm{j}kR} \tag{8.117}$$

与电流元的远区辐射电场的表达式相类似，中心位于坐标原点、沿任意方向 $\boldsymbol{a}_l$ 放置的半波对称振子的远区辐射电场则可表示为

$$\boldsymbol{E} = \frac{\mathrm{j}60 I_\mathrm{m}\mathrm{e}^{-\mathrm{j}kR}}{R}\,\frac{\cos[(\pi\cos\theta_l)/2]}{\sin\theta_l}\,\frac{(\boldsymbol{a}_l\times\boldsymbol{a}_R)\times\boldsymbol{a}_R}{|\boldsymbol{a}_l\times\boldsymbol{a}_R|} = \frac{\mathrm{j}60 I_\mathrm{m}\mathrm{e}^{-\mathrm{j}kR}}{R}\,\frac{\cos[(\pi\cos\theta_l)/2]}{\sin^2\theta_l}(\boldsymbol{a}_l\times\boldsymbol{a}_R)\times\boldsymbol{a}_R \tag{8.118}$$

式中，θ_l 为阵子轴线与远区场点矢径间的夹角，即 $\cos\theta_l = \boldsymbol{a}_l\cdot\boldsymbol{a}_R$。

2. 对称振子的方向图与辐射电阻

根据方向图函数的定义可知，式(8.115)中的电场分量 E_θ 可表示为

$$E_\theta = \mathrm{j}\,\frac{60 I_\mathrm{m}}{R}\mathrm{e}^{-\mathrm{j}kR}F(\theta,\varphi)$$

式中

$$|F(\theta,\varphi)| = |F(\theta)| = \left|\frac{\cos(kh\cos\theta) - \cos(kh)}{\sin\theta}\right| \tag{8.119a}$$

为对称振子未归一化的方向图函数。由于对一般实用的对称振子，$2h/\lambda \leqslant 1$，其最大辐射出

现在 $\theta=\pi/2$ 方向。此时有

$$|F(\theta)|_{\max}=|1-\cos(kh)|$$

因此,归一化方向图函数为

$$|f(\theta)|=\left|\frac{1}{1-\cos(kh)}\frac{\cos(kh\cos\theta)-\cos(kh)}{\sin\theta}\right| \tag{8.119b}$$

特别地,对半波对称振子,有

$$|F(\theta)|=|f(\theta)|=\left|\frac{\cos[(\pi\cos\theta)/2]}{\sin\theta}\right| \tag{8.120}$$

从对称振子的归一化方向图函数可知,它只含有 θ,不含有 φ,这说明对称振子的辐射场与 φ 无关,也就是在垂直于对称振子的 H 面内无方向性,即对称振子的 H 面方向图仍然是单位圆。对称振子的这一特性与电流元的情况完全相同。同时,对称振子的 E 面方向图除了随角度 θ 变化外,还与对称振子的电长度 $2h/\lambda$ 有关。图 8.17 示出了不同 $2h/\lambda$ 值时对称振子的 E 面方向图的变化情况。由图可见,当 $2h/\lambda\leqslant1$ 时,方向图只有两个主波瓣,没有副瓣。在垂直于振子轴线方向上有最大辐射,且振子的臂长越长,方向图越尖锐,即方向性越强;当 $2h/\lambda>1$ 时,方向图出现副瓣,随着振子臂长的增加,中央波瓣将逐渐变小,副瓣将逐渐变大;当 $2h/\lambda=2$ 时,中央波瓣消失,而出现四个波瓣。可以证明,半波对称振子和全波对称振子的 E 面主瓣宽度分别为 78°和 47.8°。

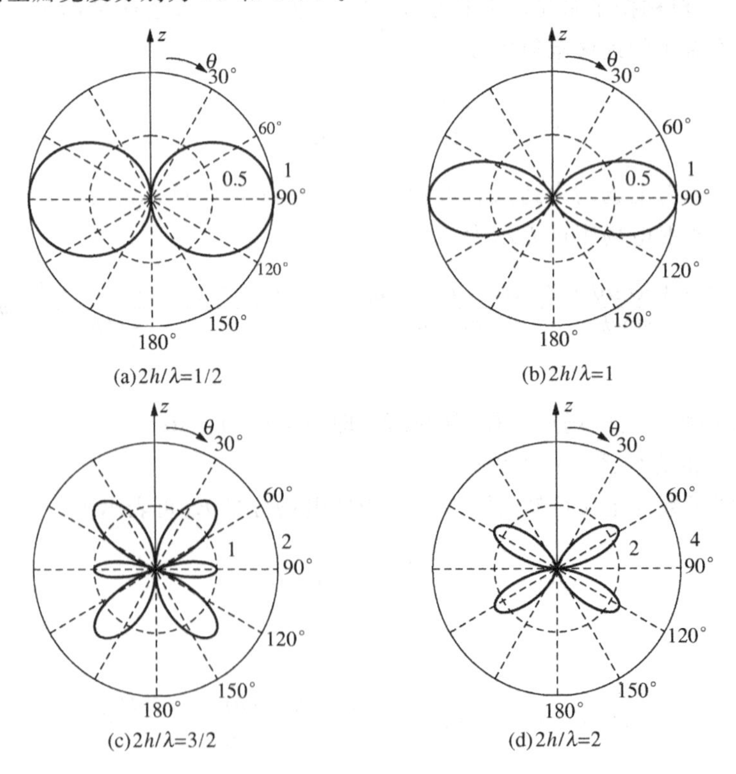

图 8.17　不同电长度的对称振子的归一化 E 面方向图

由于对称振子的功率流密度矢量可根据式(8.115)求得，即

$$\boldsymbol{S}_{\text{av}}=\operatorname{Re}\left[\frac{1}{2}(\boldsymbol{E}\times\boldsymbol{H}^{*})\right]=\frac{|E_\theta|^2}{2\eta_0}\boldsymbol{a}_R=\frac{\eta_0 I_{\text{m}}^2}{8\pi^2R^2}\left[\frac{\cos(kh\cos\theta)-\cos(kh)}{\sin\theta}\right]^2\boldsymbol{a}_R$$

因此，对称振子的辐射功率为

$$\begin{aligned}P_r&=\oint_S\boldsymbol{S}_{\text{av}}\cdot\text{d}\boldsymbol{S}=\int_0^{2\pi}\int_0^{\pi}\frac{|E_\theta|^2}{2\eta_0}R^2\sin\theta\text{d}\theta\text{d}\varphi\\&=30I_{\text{m}}^2\int_0^{\pi}\frac{[\cos(kh\cos\theta)-\cos(kh)]^2}{\sin\theta}\text{d}\theta\end{aligned}\tag{8.121}$$

这样，对称振子的辐射电阻可表示为

$$\begin{aligned}R_{\text{r}}&=\frac{P_{\text{r}}}{I_{\text{m}}^2/2}=60\int_0^{\pi}\frac{[\cos(kh\cos\theta)-\cos(kh)]^2}{\sin\theta}\text{d}\theta\\&=60\{\gamma+\ln(2kh)-\text{Ci}(2kh)+\frac{1}{2}\sin(2kh)[\text{Si}(4kh)-2\text{Si}(2kh)]\\&\quad+\frac{1}{2}\cos(2kh)[\gamma+\ln(kh)+\text{Ci}(4kh)-\text{Ci}(2kh)]\}\end{aligned}\tag{8.122}$$

式中，利用了以下关系：

$$\int_0^x\frac{1-\cos t}{t}\text{d}t=\gamma+\ln x-\text{Ci}(x)\tag{8.123}$$

而 $\gamma=0.5772$，为欧拉常数；$\text{Si}(x)$和 $\text{Ci}(x)$分别为正弦积分和余弦积分，即

$$\text{Si}(x)=\int_0^x\frac{\sin t}{t}\text{d}t,\qquad \text{Ci}(x)=-\int_x^{\infty}\frac{\cos t}{t}\text{d}t$$

上述积分可通过查正弦积分表和余弦积分表或数值积分的方法进行计算。

图 8.18 示出了对称振子的辐射电阻随其单臂电长度 h/λ 的变化曲线。可以证明：对半波对称振子，$R_{\text{r}}=73.1\ \Omega$；对全波对称振子，$R_{\text{r}}=200\ \Omega$；对 $h/\lambda\leqslant 0.1$的对称振子，$R_r\approx 20(kh)^4\ \Omega$。

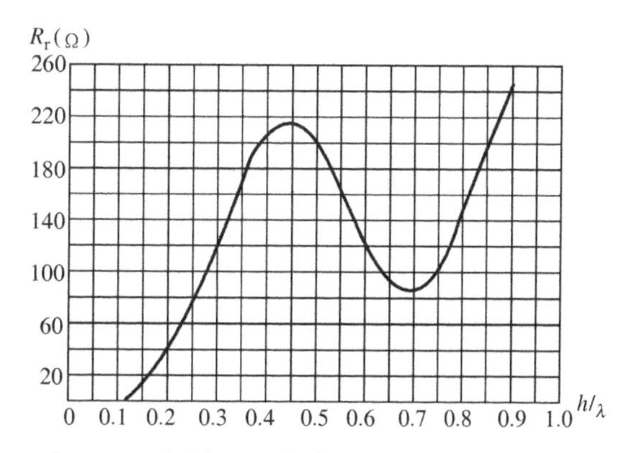

图 8.18　对称振子的辐射电阻随 h/λ 的变化曲线

例 8.4　求半波对称振子的辐射电阻和方向性系数。

解：① 由式(8.121)可得半波对称振子的辐射功率为

$$P_{\text{r}}=30I_{\text{m}}^2\int_0^{\pi}\frac{\cos^2[(\pi\cos\theta)/2]}{\sin\theta}\text{d}\theta=15I_{\text{m}}^2\int_0^{\pi}\frac{1+\cos(\pi\cos\theta)}{\sin\theta}\text{d}\theta\tag{8.124}$$

令 $u=\pi+\pi\cos\theta$，则式(8.124)中的积分变为

$$\int_0^{\pi}\frac{1+\cos(\pi\cos\theta)}{\sin\theta}\mathrm{d}\theta=\pi\int_0^{2\pi}\frac{1-\cos u}{u(2\pi-u)}\mathrm{d}u=\int_0^{2\pi}\frac{1-\cos u}{u}\mathrm{d}u$$

将上式代入式(8.124)，并采用余弦积分的表示方法，可得

$$P_{\mathrm{r}}=15I_{\mathrm{m}}^2\int_0^{2\pi}\frac{1-\cos u}{u}\mathrm{d}u=15I_{\mathrm{m}}^2[\ln(2\pi)+\gamma-\mathrm{Ci}(2\pi)]$$

式中 $\mathrm{Ci}(2\pi)=-0.0226$，为余弦积分值。于是，半波对称振子的辐射电阻为

$$R_{\mathrm{r}}=\frac{2P_{\mathrm{r}}}{I_{\mathrm{m}}^2}=73.1\qquad(\Omega)\tag{8.125}$$

② 半波对称振子的方向性系数可直接利用定义式(8.92)求得。根据式(8.117)，并令 $\theta=\pi/2$，得

$$|E_\theta|_{\max}=\frac{60I_{\mathrm{m}}}{R}|F(\theta)|_{\max}=\frac{60I_{\mathrm{m}}}{R}|F(\theta)|_{\theta=\pi/2}=\frac{60I_{\mathrm{m}}}{R}$$

而又因为 $P_{\mathrm{r}}=R_{\mathrm{r}}I_{\mathrm{m}}^2/2$，因此将它们及式(8.125)代入式(8.92)，即得

$$D_0=\frac{|E|_{\max}^2R^2}{60P_{\mathrm{r}}}=\frac{120}{73.1}=1.64$$

若用分贝表示，则

$$D_0(\mathrm{dB})=10\lg 1.64=2.15\qquad(\mathrm{dB})$$

3. 对称振子的有效长度

对称振子的有效长度可按(线)天线有效长度的定义求得。由式(8.115)可知，对称振子最大辐射方向($\theta=90^\circ$)上的电场振幅为

$$(E_{\mathrm{e}})_{\max}=|E_\theta|_{\max}=\frac{60I_{\mathrm{m}}}{R}[1-\cos(kh)]\tag{8.126}$$

而由式(8.27)可知长度为 l_{e}，电流均匀分布($I=I_{\mathrm{in}}$)的电流元在最大辐射方向($\theta=90^\circ$)上的电场振幅为

$$(E_{\mathrm{e}})_{\max}=\frac{60\pi I_{\mathrm{in}}l_{\mathrm{e}}}{\lambda R}\tag{8.127}$$

于是，根据有效长度的定义，令 $I_{\mathrm{in}}=I_{\mathrm{m}}\sin kh$，并由式(8.126)与式(8.127)相等，即得对称振子的有效长度为

$$l_{\mathrm{e}}=\frac{\lambda}{\pi}\frac{1-\cos kh}{\sin kh}=\frac{\lambda}{\pi}\tan\left(\frac{kh}{2}\right)\tag{8.128}$$

显然，对短振子，$kh\ll1$，$\tan(kh/2)\approx kh/2$，则 $l_{\mathrm{e}}\approx h$；对半波对称振子，$kh=\pi/2$，则 $l_{\mathrm{e}}=\lambda/\pi$。事实上，对称振子的有效长度同样可按式(8.104)进行求解。

引入对称振子的有效长度后，对称振子的远区辐射电场可采用有效长度进一步表示为

$$E_\theta = \mathrm{j}\,\frac{60\pi I_{\mathrm{in}} l_{\mathrm{e}}}{\lambda R} f(\theta,\varphi)\mathrm{e}^{-\mathrm{j}kR} = \mathrm{j}\,\frac{30kI_{\mathrm{in}} l_{\mathrm{e}}}{R} f(\theta)\mathrm{e}^{-\mathrm{j}kR} \tag{8.129}$$

4. 对称振子的输入阻抗

如前所述，将对称振子视为无耗终端开路传输线，则可得到对称振子的电流分布。因此，同样可借助平行双导线的输入阻抗公式来导出对称振子的输入阻抗公式，但必须作两点修正：① 平行双导线是均匀传输线，其特性阻抗沿线不变，而对称振子两臂上对应点间的距离不同，其特性阻抗沿线变化；② 平行双导线几乎没有辐射，而对称振子是一种辐射器，它相当于有耗传输线，所以应采用有耗传输线的输入阻抗公式计算其输入阻抗。于是，由长为h，终端开路的有耗传输线公式，有

$$Z_{\mathrm{in}} = Z_0\coth\gamma h = Z_0\coth[(\alpha+\mathrm{j}\beta)h] = Z_0\,\frac{\sinh(2\alpha h)-\mathrm{j}\sin(2\beta h)}{\cosh(2\alpha h)-\cos(2\beta h)} \tag{8.130a}$$

式中，Z_0 为有耗传输线的特性阻抗。在天线情况下，Z_0 可表示为

$$Z_0 \approx \sqrt{\frac{R+\mathrm{j}\omega L}{G+\mathrm{j}\omega C}} \approx \sqrt{\frac{L}{C}}\left(1-\mathrm{j}\,\frac{R}{2\omega L}\right) = Z_{\mathrm{c}}\left(1-\mathrm{j}\,\frac{\alpha}{\beta}\right)$$

式中，因 G 比 ωC 小得多，故 G 可忽略不计。于是，将 Z_0 的近似式代入式(8.130a)，即得

$$Z_{\mathrm{in}} = Z_{\mathrm{c}}\,\frac{\sinh(2\alpha h)-\dfrac{\alpha}{\beta}\sin(2\beta h)}{\cosh(2\alpha h)-\cos(2\beta h)} - \mathrm{j}Z_{\mathrm{c}}\,\frac{\dfrac{\alpha}{\beta}\sinh(2\alpha h)+\sin(2\beta h)}{\cosh(2\alpha h)-\cos(2\beta h)} \tag{8.130b}$$

式中，Z_{c} 为均匀无耗传输线的特性阻抗。上式是适用于计算有耗传输线输入阻抗的公式，若将此式用于计算对称振子的输入阻抗，则必须先确定对称振子的特性阻抗以取代上式中的 Z_{c}，同时还需求出由辐射引起的等效衰减常数 α 以及相应的相位常数 β。

因平行双导线的特性阻抗为

$$Z_{\mathrm{c}} = 120\ln\frac{D}{a}$$

式中，D 是两导线间的距离；a 是导线的半径。对对称振子，D 应是变数 $2z$，如图8.19所示。取 Z_{c} 沿臂长 h 的平均值作为对称振子的平均特性阻抗，记为$\overline{Z}_{\mathrm{c}}$，即

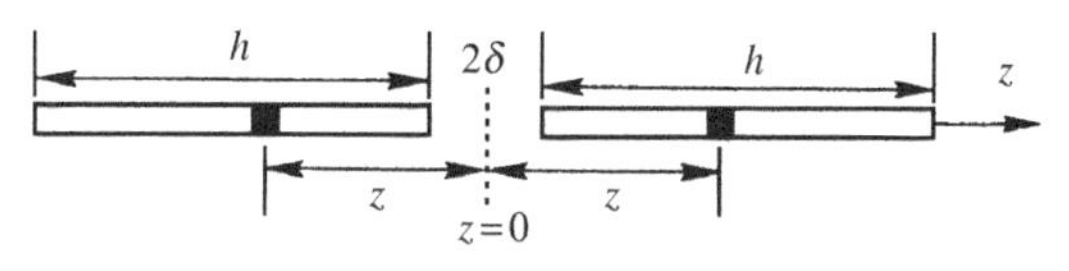

图 8.19　对称振子平均特性阻抗的计算

$$\overline{Z}_{\mathrm{c}} = \frac{1}{h}\int_{\delta}^{h}120\ln\frac{2z}{a}\mathrm{d}z = 120\left(\ln\frac{2h}{a}-1\right) \tag{8.131}$$

式中，δ 为对称振子馈电端间隙的 1/2。

根据传输线理论，衰减常数为

$$\alpha = \frac{R}{2Z_{\mathrm{c}}} \tag{8.132}$$

式中，R 为传输线单位长度的损耗电阻。对对称振子，R 为单位长度的辐射电阻，记为 R_{r1}，

R_{r1}在整个振子长度上都相等。再根据对称振子的电流分布,可得对称振子上的等效损耗功率为

$$P_l=\int_0^h \frac{1}{2}I^2(z)R_{r1}\,dz=\int_0^h \frac{1}{2}I_m^2\sin^2[\beta(h-|z|)]R_{r1}\,dz$$

又因为等效损耗功率就是对称振子的辐射功率,即 $P_l=P_r$,于是有

$$\frac{1}{2}\int_0^h I_m^2 R_{r1}\sin^2[\beta(h-|z|)]dz=\frac{1}{2}I_m^2 R_r$$

即

$$R_{r1}=\frac{R_r}{\int_0^h \sin^2[\beta(h-|z|)]dz}=\frac{2R_r}{h[1-\sin(2\beta h)/(2\beta h)]} \tag{8.133}$$

这样,将上式及式(8.131)代入式(8.132),即得

$$\alpha=\frac{R_r}{120[\ln(2h/a)-1]h[1-\sin(2\beta h)/(2\beta h)]} \tag{8.134}$$

这表明,导线越粗,平均特性阻抗$\overline{Z}_c$越小,衰减常数 α 就越大。

由传输线理论可知,有耗传输线的相位常数为

$$\beta=\frac{2\pi}{\lambda}\sqrt{\frac{1}{2}\left[1+\sqrt{1+4\left(\frac{\alpha\lambda}{2\pi}\right)^2}\right]} \tag{8.135}$$

将式(8.134)求出的 α 代入上式即得 β。由此可见,对称振子上的相位常数 β 大于自由空间中的波数 k,这表明对称振子上的波长比自由空间中的波长要短,这是一种波长缩短现象。

这样,将式(8.130b)中的 Z_c,α 和 β 分别用$\overline{Z}_c$(即式(8.131))、式(8.134)及式(8.135)代入,即得对称振子的输入电阻 R_{in}和输入电抗 X_{in}随 h/λ 的变化曲线,如图 8.20 所示。由图可得以下三点重要结论:① 当 $h/\lambda\approx0.25$ 时,$X_{in}\to0$,R_{in}值也较小,此时 $R_{in}\approx R_r\approx73.1\ \Omega$,且在 $h/\lambda\approx0.25$ 附近,输入阻抗变化较小,故此时天线与馈线易于在较宽的频带内实现匹配;② $h/\lambda\approx0.5$ 时,$X_{in}\to0$,而 R_{in}出现最大值,且此处的输入阻抗曲线变化较陡峭,因此频带较窄;③ 对称振子的平均特性阻抗$\overline{Z}_c$越低,输入阻抗(即 R_{in}和 X_{in})曲线变化越平缓,其频率特性越好。因此,为使对称振子具有较宽的工作频带,应当采用$\overline{Z}_c$小的振子,即振子的直径要粗些。这就是工程上采用半波对称振子,而不采用全波对称振子的主要原因。

对半波对称振子,其输入阻抗可近似表示为

$$Z_{in}=R_{in}+jX_{in}=R_r+jX_{in}\approx73.1+j42.5\quad(\Omega) \tag{8.136}$$

式中,振子本身的欧姆损耗被忽略。事实上,实际的半波对称振子的输入阻抗只是稍微呈现感性。实际应用中,为了使半波对称振子呈现谐振状态,即消除输入阻抗中的感抗部分,通常将其臂长稍微缩短百分之几。谐振时,半波对称振子的输入电抗 $X_{in}=0$,而输入电阻约为 70 Ω。

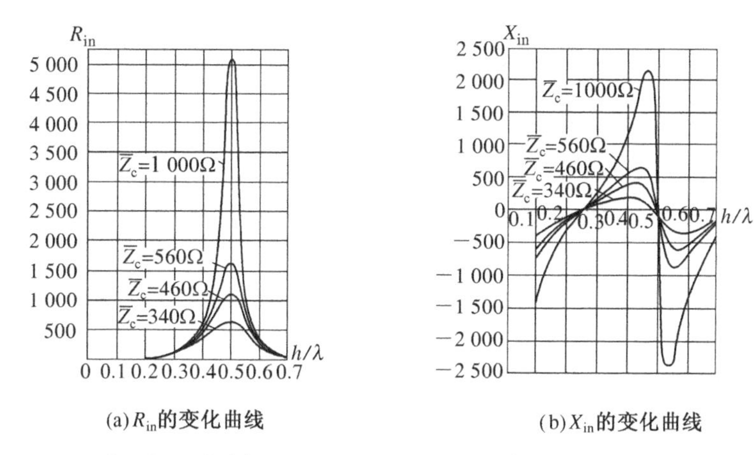

图 8.20 对称振子输入电阻和输入电抗随 h/λ 的变化曲线

5. 折合振子

在实际应用中，往往需要提高天线的输入阻抗和展宽工作频带，此时需采用折合振子。折合振子的上、下两部分振子的粗细可以相同，也可以不同。为分析方便，这里假设上、下两部分振子的粗细相同，其结构如图 8.21 所示。对周长为一个波长 λ 的扁环形折合振子，可将它视为由一段长为$\lambda/2$的终端短路的平行双导线在中点拉开而成，如图 8.22(a)所示。折合振子上的电流分布如图 8.22(b)所示。显然，折合振子上、下两部分振子上的电流分布完全相同。由于折合振子的上、下两部分振子间的距离很小，因此对远区而言，可将折合振子近似看成是重叠在一起的两个相同的半波对称振子，其远区辐射场就等效为激励电流幅度加倍的半波对称振子的作用。于是，折合振子的辐射功率可表示为

$$P_{rf} = \frac{1}{2}(2I_{ms})^2 R_{rs} = 4P_{rs} \tag{8.137}$$

式中，R_{rs}为等效半波对称振子的辐射电阻；I_{ms}为等效半波对称振子波腹点的电流幅值；$P_{rs}=R_{rs}I_{ms}^2/2$，为等效半波对称振子的辐射功率。

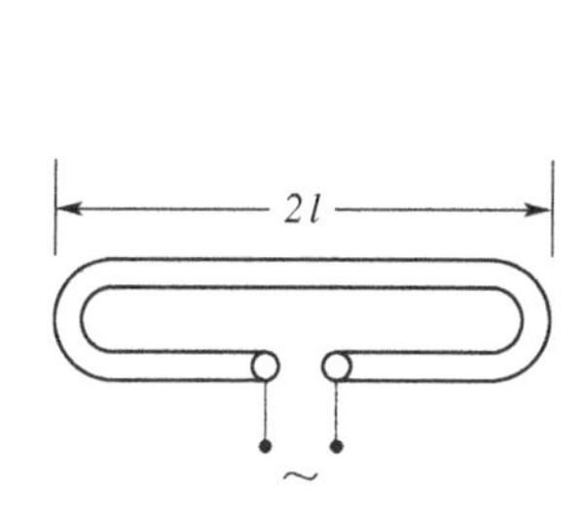

图 8.21 折合振子的结构示意图

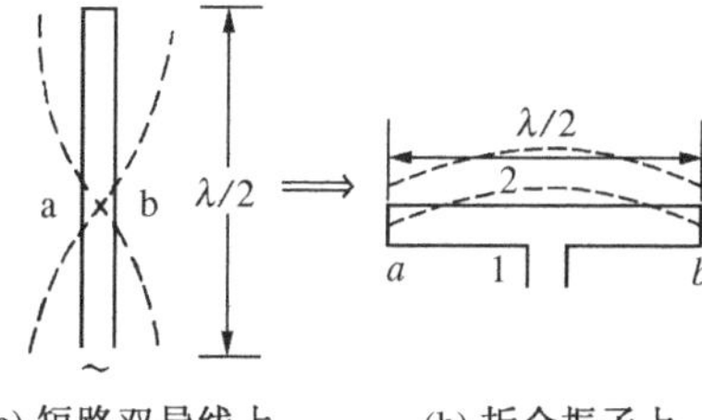

图 8.22 折合振子的演变及其电流分布

若天线无耗，即输入功率 $P_{in}=P_r$，折合振子的输入电流 $I_{inf}=I_{ins}$，则

$$P_{inf} = \frac{1}{2}I_{inf}^2 R_{inf} = \frac{1}{2}I_{ins}^2 R_{inf} = P_{rf} \tag{8.138}$$

又由于等效半波对称振子的输入电阻 $R_{ins} \approx R_{rs}$，于是，由式(8.137)及上式，有

$$R_{inf} = 4R_{ins} \approx 4R_{rs} = 292.4 \quad (\Omega) \tag{8.139}$$

这表明，折合振子的输入电阻近似等于半波对称振子的输入电阻的 4 倍。所以，折合振子可直接用特性阻抗为 300 Ω 的平行双导线进行对称馈电，这就是电视室外接收天线广泛采用折合振子的原因。此外，折合振子的工作频带比半波对称振子的要宽。

在电视室外接收天线中，为了进一步提高天线的输入电阻或使工作频带更宽以及适应特殊的需要，常采用一些变形的折合振子，如三段折合振子、S 形折合振子以及锥形折合振子等。

6. 对称振子的馈电——微波巴伦

不管用作发射还是接收，一副天线均要与馈电网络相连。像对称振子这样的线(状)天线，除了采用平行双导线(对称)馈电以外，一般都要采用同轴线等那样的传输线进行非平衡(不对称)馈电。因此，平衡—不平衡转换器(或称为巴伦(Balun))在线天线(包括对称振子)的馈电网络中起到重要作用。

对称振子的两臂在结构及电气上均是对称的。所谓结构上对称，是指两臂导体的直径相等，长度相等；电气上对称，是指两臂上对应点的电压对地幅度相等极性相反，电流幅度相等流向相反。天线两臂上的电流由馈线提供，对称振子的馈线主要采用对称的平行双导线和不对称的同轴线。前者主要用于米波波段以下的频段，后者多用于分米波波段以上的频段。

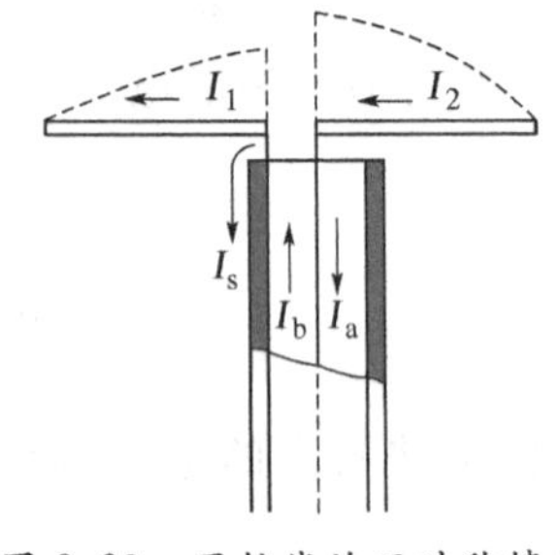

图 8.23 同轴线的不对称馈电

对称振子一般采用中点馈电，由于对称振子的中点处于电流的波腹或靠近电流的波腹点，故其输入阻抗较低，便于同特性阻抗为 50 Ω 或 75 Ω 的同轴线实现匹配。但由于同轴线本身结构不对称，因此，若将同轴线的内、外导体直接同对称振子的中点相接，则同轴线外导体表面上有分流电流 I_s 存在，如图 8.23 所示。此时，各电流幅值间的关系为 $I_{ma} = I_{mb} = I_{m1} + I_{ms} \neq I_{m2}$，从而使对称振子上的电流分布不对称。此外，同轴线外导体外壁上因有电流存在，也使同轴线出现天线效应，使天线性能变坏。尽管对称振子也可采用平行双导线馈电，但由于平行双导线的特性阻抗一般处于 200 Ω～600 Ω 之间，若不采取措施直接将两者连接则会产生很大的反射，从而影响功率传输。这也是实用中对称振子多采用同轴线馈电的原因。

为解决对称振子等线天线的馈电带来的不对称问题，需采用平衡—不平衡转换器(即巴伦)。在射频/微波波段，巴伦的主要技术指标是工作频带、各端口的电压驻波系数以及插入损耗等。下面简单介绍几种常用的(同轴线)平衡—不平衡转换器。

1) λ/4 扼流套与马倩德巴伦

(1) λ/4 扼流套

所谓扼流套，是指安装在硬同轴线外面的长为 λ/4 的短路金属套管，带有短路金属套管的同轴线如图 8.24(a)所示，而带有金属套管的同轴线馈电结构则如图 8.24(b)所示。由于扼流套与同轴线的外导体构成一长为 λ/4 的终端短路的同轴线，扼流套管上端的输入阻抗

很大，抑制了同轴线外导体内壁电流 I_b 的外溢，即使同轴线外导体外表面上的电流 I_s 趋于零，从而使 a，b 处所接的对称振子两臂上的电流呈对称分布。

应指出，由于扼流套管的长度为 $\lambda/4$，因此，这种结构只适用于窄频带工作，且工作频率应较高，否则扼流套管太长。实验表明，当扼流套管的长度为 0.23λ 时扼流的效果最佳，且加粗扼流套管可一定程度上改善工作带宽。

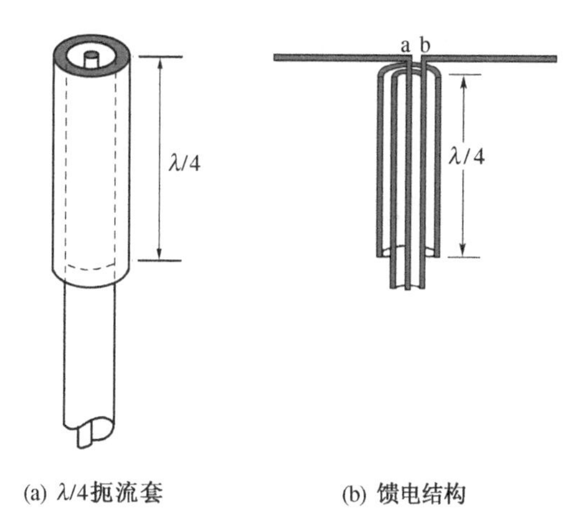

图 8.24　λ/4 扼流套及其馈电结构的示意图

(2) 马情德巴伦及其变形

① 基本的马情德巴伦

如前所述，$\lambda/4$ 扼流套可解决同轴线馈电过程中的平衡—不平衡器变换问题，但当工作频率偏离中心频率时，采用扼流套实现的巴伦仍有分流作用，因此这种巴伦的工作频带很窄。

为了增加简单巴伦的工作频带，一种简单的方法就是采用以马倩德(N. Marchand)名字命名的马倩德巴伦，如图 8.25(a)所示，它与图 8.24 结构的不同就在于输入同轴线的内导体延长，并连接到一根与该同轴线外导体等粗的导体上，而外同轴线(即原扼流套与原同轴线外导体形成的同轴线)也同样进行延长。若延长的同轴线、扼流套与原来的简单结构长度相同，则从图 8.25(a)中的 A，B 处分别向左、右视入的输入阻抗也相等(即 $(Z_{in})_A=(Z_{in})_B$)，即可保持输出的平衡性。图 8.25(b)示出了马倩德巴伦的等效电路，其中 R_l 为平衡端的负载(如对称振子天线等)，它与 $2(Z_{in})_A$ 相并联。

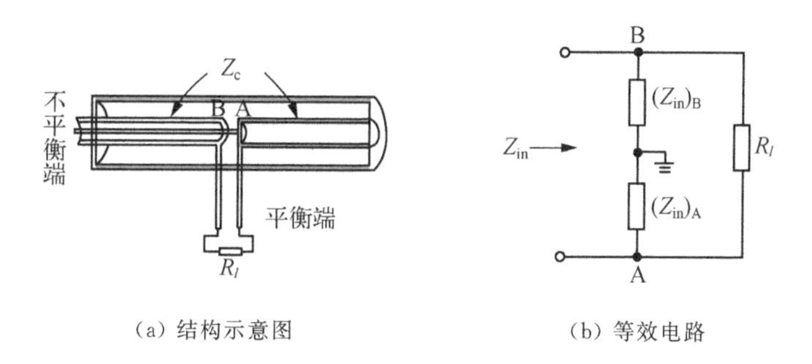

图 8.25　马倩德巴伦及其等效电路

由等效电路可知，马倩德巴伦的总输入阻抗 Z_{in} 为

$$Z_{in}=\frac{2R_l(Z_{in})_B}{R_l+2(Z_{in})_B}=\frac{R_l(2Z_{cB}\tan\theta)^2}{R_l^2+(2Z_{cB}\tan\theta)^2}+\mathrm{j}\frac{R_l^2(2Z_{cB}\tan\theta)}{R_l^2+(2Z_{cB}\tan\theta)^2}=R_{in}+\mathrm{j}X_{in} \tag{8.140}$$

式中，电长度 $\theta=2\pi l/\lambda=\pi f/(2f_0)$，$l=\lambda_0/4$，而 λ_0 为中心频率 f_0 对应的工作波长。进一步地，将 Z_{in} 对 R_l 归一化可得归一化输入阻抗 z_{in} 为

$$z_{in}=r_{in}+\mathrm{j}x_{in}=\frac{z_0^2\tan^2\theta}{1+z_0^2\tan^2\theta}+\mathrm{j}\frac{z_0\tan\theta}{1+z_0^2\tan^2\theta}$$

式中，$z_0=2Z_{cB}/R_l$。于是，平衡端口的反射系数 Γ 为

$$\Gamma=\frac{z_{in}-1}{z_{in}+1}=\frac{r_{in}^2+x_{in}^2-1}{(r_{in}+1)^2+x_{in}^2}+j\frac{2x_{in}}{(r_{in}+1)^2+x_{in}^2} \tag{8.141}$$

这样，对给定工作频带(带宽为 B)内的最大电压驻波系数 ρ_m，则可由以上关系求得所需的 z_0，即

$$z_0=\frac{\sqrt{\rho_m}}{\rho_m-1}\cot\left(\frac{\pi}{B+1}\right) \tag{8.142}$$

利用上述关系即可设计所需的马倩德巴伦。

② 变形式马倩德巴伦

随着马倩德巴伦的广泛应用，根据具体需要特别是小型化的需求，人们在实际应用中不断提出了许多马倩德巴伦的变形结构。

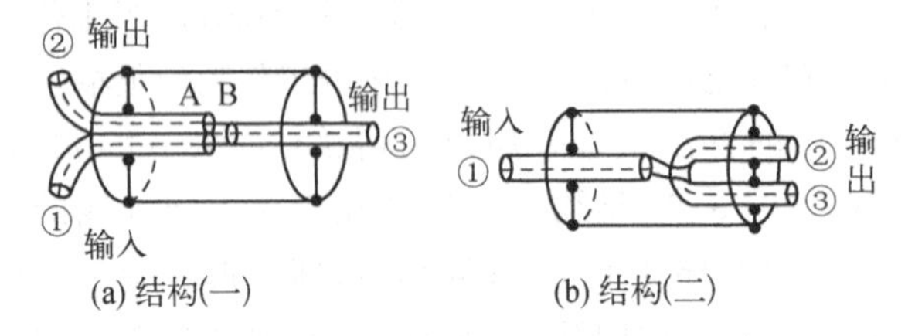

图 8.26　变形式马倩德巴伦

由于马倩德巴伦基本结构的两个等幅反相的输出端与负载是串联连接，因此可将它们称为“串联巴伦”。图 8.26 则示出了两种输出端的负载是并联结构，而这样的结构为“并联巴伦”。这两种结构都是将输入同轴线的内导体与一输出同轴线的外导体以及另一输出同轴线的内导体相连，而输入同轴线的外导体则与前者的外导体相连，并与内导体作相反的连接。以图 8.26(a)为例，其中端口②与端口①同相，而端口③与端口①反相。只要馈电保持对称，则端口②与端口③也必然满足等幅条件。因此，外同轴线的外导体(即圆柱形屏蔽导体)的作用与串联巴伦一样，同样起到扼流套的作用。由于这种结构的两个输出为并联连接，即使外同轴线向左、右两边视入的输入阻抗出现不对称也不会影响其平衡状态，因而使巴伦的平衡与频率无关。若 R_{l2} 和 R_{l3} 为端口②与端口③的端接负载，且 $R_{l2}=R_{l3}$，则对并联巴伦，等效负载 $R_l=R_{l2}\,/\!/\,R_{l3}=R_{l2}/2$。分析表明，与基本的(串联)巴伦结构相比，若两外同轴线的特性阻抗相等，则并联的巴伦结构有 4∶1 阻抗变换的作用，其带宽也近似增加 4 倍。

③ 补偿式马倩德巴伦

补偿结构的马倩德巴伦是在原结构上添加一段开路的串联支节，以补偿由外同轴线形成的并联短路支节的电抗，图 8.27 示出了两种不同结构型式。其中，图 8.27(a)是在图 8.25(a)的基础上添加一段开路同轴线，而图 8.27(b)则是图 8.25(a)结构的直接变形，它与图 8.27(a)结构的不同就在于将终端开路的同轴线取直并添加了圆柱形外屏蔽导体。图 8.27(b)结构的优点是平衡输

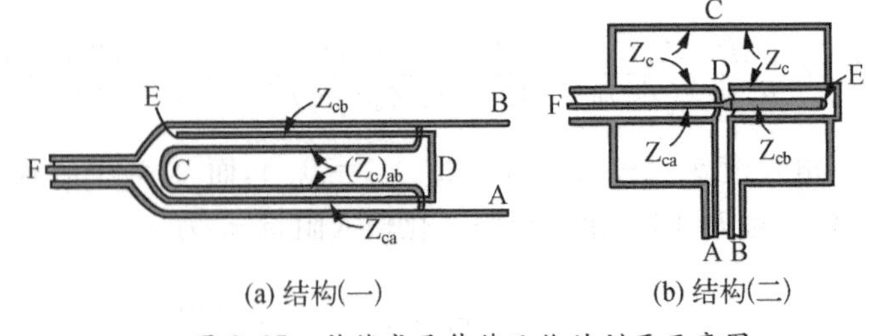

图 8.27　补偿式马倩德巴伦的剖面示意图

出既可用带状线结构也可用双同轴线结构，设计简单、结构紧凑、性能更佳。结果表明，用图 8.27(b)所示结构设计出的马倩德巴伦，其频带可高达 13 倍频程。

图 8.28(a)则示出了另一种补偿式的马倩德巴伦。其中长为 $\lambda/2$ 的圆柱形屏蔽导体(即腔体)包围整个巴伦接头，平衡输出的同轴线 C 和 D 在巴伦中心由带有间隙的单根同轴线形成，而输入同轴线 A 和补偿的同轴短截线 B 同样是带有同样大小间隙的单根同轴线构成，且同轴线 A,B,C,D 的外导体均与腔体左、右两端面相连。此外，同轴线 A,B,C,D 的特性阻抗分别为 Z_{cA}，Z_{cB}，Z_{cC}，Z_{cD}，而长为 $\lambda/2$ 的腔体与同轴线 A,B,C,D 的外导体对应的特性阻抗为 Z_c。

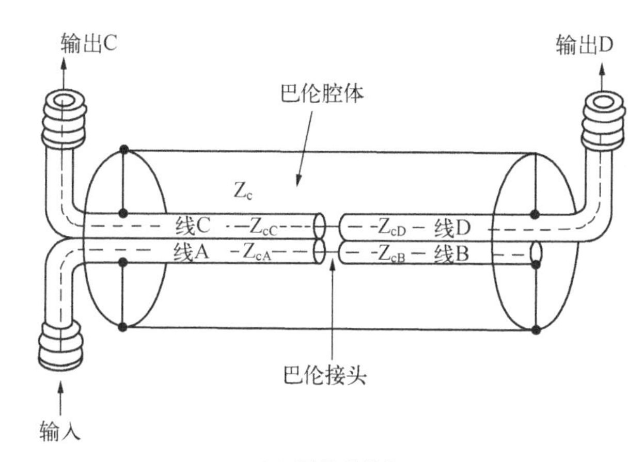

(a) 同轴型结构

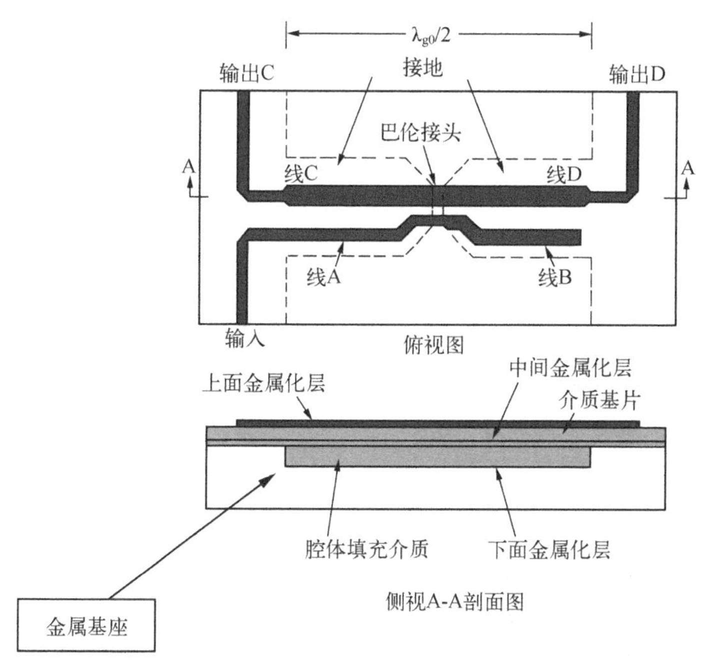

(b) 微带型结构

图 8.28　集成的补偿式马倩德巴伦

这种巴伦的微带实现结构如图8.28(b)所示。其中,介质基片上表面的导带包括巴伦的非平衡输入微带线(线A)的导带、平衡输出微带线的导带(线C和线D)以及补偿短截微带线(线B)的导带,而线A,B与线C,D的导带相互平行,除了在巴伦接头处以外,线A,B与线C,D间不存在耦合。由于通常希望巴伦的平衡输出具有对称性,因此线A,B与线C,D的导带的宽度取为相等,而线C,D则具有$\lambda/4$阻抗变换的作用。在巴伦的接头处,则将输入线与输出线的导带彼此靠近,以使接头更小并避免由于输入线和输出线的线长引起的阻抗变换。同时,介质基片下表面左边的金属化层起到线A与线C接地导体的作用,而下表面右边的金属化层则起到线B与线D接地导体的作用。巴伦的腔体则由整个电路的金属基座中铣出一长为$\lambda/2$的金属空腔形成,金属空腔中则填充与介质基片相同的介质,金属空腔的深度则由与腔体相连的线A,B与线C,D的特性阻抗确定。

近年来,随着射频/微波(包括毫米波)集成传输线/系统的迅速发展以及混合集成电路和单片集成电路工艺的进步,小型化、高性能以及多功能的新型集成巴伦结构不断涌现。但不管传输线/系统的型式以及电路结构如何不同,其基本原理基本相同。读者可参阅有关文献。

2) $\lambda/2$ U形管巴伦

$\lambda/2$ U形管巴伦(平衡器)是一种移相式巴伦,同轴主馈线的内导体在点a与对称振子的左臂相连,然后主馈线的内导体在点a与长为$\lambda/2$的弯折成U形的一段同规格的同轴线(即U形管)的内导体相接,U形管内导体的另一端在点b与对称振子的右臂相连,且同轴主馈线与U形管的外导体相接并接地。$\lambda/2$ U形管巴伦的基本结构如图8.29所示。

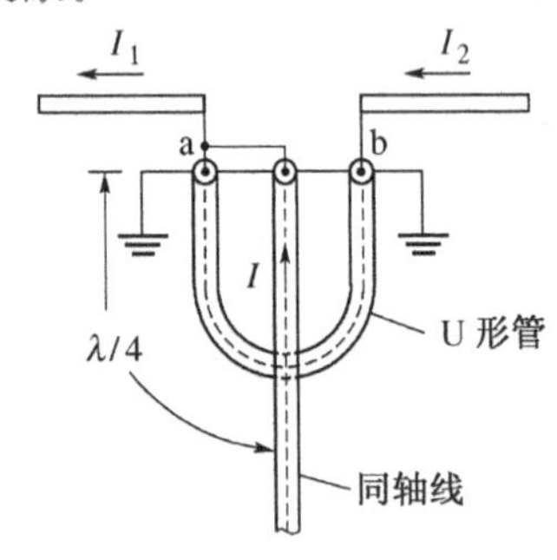

图8.29　$\lambda/2$ U形管的结构

由于同轴线上相距$\lambda/2$的两点间的输入阻抗相等,电压(电流)等幅反相,因此,由点a向U形管视入的输入阻抗$(Z_{in})_a$等于由点b向对称振子的右臂视出的输入阻抗$(Z_{in})_b$,而$(Z_{in})_b$也等于对称振子左臂呈现的负载阻抗,从而主馈线内导体上的电流(幅值)等于对称振子两臂上的电流(幅值)之和,即$I_m=2I_{m1}$。于是,$I_1=I_2$,即实现了对称馈电(两臂上电流等幅同相)。

U形管在起对称变换的同时还有阻抗变换的作用,这是因为若点a对地的电压为U_a,则点b对地的电压为$-U_a$,因此点a,b间的电压为$U_{ab}=U_a-U_b=2U_a$。于是,点a,b间的等效输入阻抗为

$$(Z_{in})_{ab}=\frac{U_{ab}}{I_1}=4\frac{U_a}{I}=4Z_c \tag{8.143}$$

式中,Z_c为同轴主馈线的特性阻抗。实用中,U形管通常采用特性阻抗为75 Ω的同轴线,于是,采用U形管对称变换后,点a,b间的输入阻抗将为300 Ω。这样,若将U形管直接同半波对称振子的中点相连将产生不匹配,此时则应在半波对称振子与U形管之间接入$\lambda/4$阻抗变换器以获得匹配。当然,若将U形管与半波折合振子相连,则可实现良好匹配。早期的引向天线几乎全用$\lambda/2$ U形管巴伦,因为它简单,易于实现,但$\lambda/2$ U形管的长度需用

能测量相位或电长度的仪器进行测量来加以调整。

$\lambda/2$ U形管巴伦也可用高介电常数材料为衬底的微带线实现，微带结构的$\lambda/2$U形平衡器尺寸小，便于安装，成本也低，但不适用于大功率的场合。

3）同轴开槽式和渐变式巴伦

同轴开槽式巴伦的结构如图8.30(a)所示。其中，在同轴线外导体的末端铣出一条约长为$\lambda/4$的槽缝，将对称振子天线的两臂与同轴线的外导体相接，并在开槽的同轴线段内通过短路线将内、外导体短路。由于短路线在开槽同轴线内激励出TE_{11}模，因此开槽同轴线内支持TEM和TE_{11}两种模式的叠加，从而以平衡模式给对称振子的天线臂馈电。这种巴伦因结构对称，尺寸小，适用于较高的工作频段，且缝隙长度与平衡无关，仅由阻抗调配决定。

同轴渐变式巴伦的结构如图8.30(b)所示，它是将同轴线的外导体逐渐锥削变成单导线形状而形成的。显然，同轴线的外导体渐变后，原来的同轴线即转换为平行双导线。为了使这种渐变式巴伦的反射尽可能小，需使渐变段的长度大于$\lambda/2$。因此，为减小渐变段的长度，同轴渐变式巴伦的工作频段应尽量高些。同轴渐变式巴伦特别适用于宽频带、小型化天线的馈电。

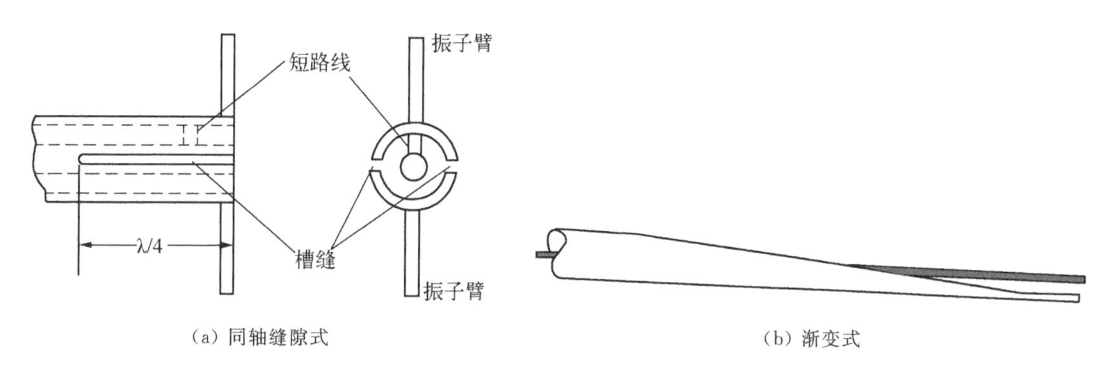

图8.30　同轴缝隙式和渐变式平衡器

8.1.5　天线阵

从前面讨论可知，基本辐射单元以及对称振子之类天线的主瓣宽度较宽，即方向性较弱，因此一般难以单独用作实用的天线。为了提高天线的方向性，通常将若干个单元天线(或称为阵元)按某种方式排列成天线阵。只要天线阵的各个阵元上电流的振幅和相位满足适当的关系，即可获得所需的辐射特性。根据不同的排阵方法，天线阵可分为直线阵、平面阵和立体阵。直线阵特别是均匀直线阵是最常见的天线阵形式，而直线阵中最简单的是二元阵。下面先介绍天线阵远区辐射的基本特性，然后再讨论二元阵、均匀直线阵以及不等幅直线阵。

1. 天线阵辐射的基本特性

1）增强天线方向性的基本原理

一般地，对发射天线的基本要求是，输入功率(或辐射功率)一定条件下，在需要的方向上可获得尽可能大的辐射场强,即得到尽可能大的增益。这意味着,当辐射功率给定时,若要增加某一方向上的辐射场强,则只有减小其他方向的辐射强度,即需要将天线的方向图变窄并使天线定向。下面以两个对称振子构成的天线阵在远区的辐射为例来说明增强天线方向性的基本原理。

对如图 8.31(a)所示的单个对称振子,若输入到对称振子上的功率为 P_{in},且已知振子的输入电阻为 R_{in},则对称振子上输入电流的振幅 I_m 为

$$I_m = \sqrt{\frac{2P_{in}}{R_{in}}} \tag{8.144}$$

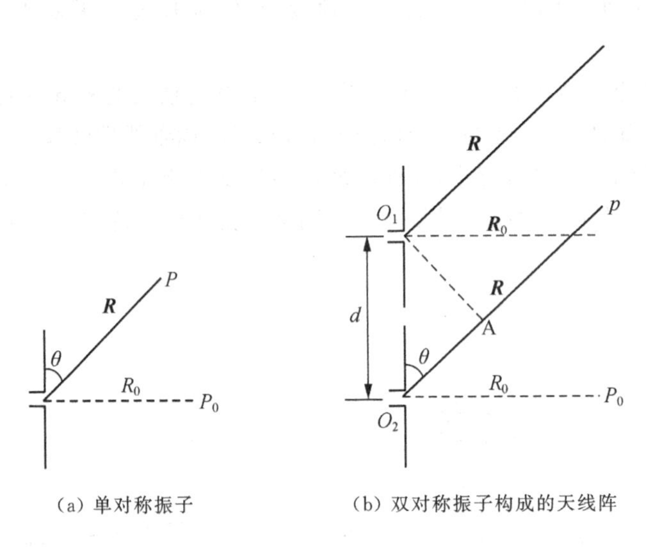

(a) 单对称振子　　(b) 双对称振子构成的天线阵

图 8.31　单对称振子与双对称振子构成的二元阵的辐射

在与对称振子轴垂直的方向上,距离为 R_0 的远区场点 p_0 处,辐射电场的模可表示为

$$E_0 = kI_m = k\sqrt{\frac{2P_{in}}{R_{in}}} \tag{8.145}$$

式中,k 为与振子形式、尺寸以及距离等有关的比例常数。

若将同样大小的输入功率等幅同相平分到形式、尺寸完全相同的两个对称振子上,如图 8.31(b)所示。此时,在与对称振子轴垂直的方向上距离为 R_0 的远区场点 p_0 处,两个对称振子的辐射电场将同相叠加。若假设两对称振子间的距离 d 较大,两者间的互耦影响可忽略不计,则合成场强的模值为

$$E = E_{01} + E_{02} = 2k\sqrt{\frac{(P_{in}/2)}{R_{in}}} = \sqrt{2}k\sqrt{\frac{P_{in}}{R_{in}}} = \sqrt{2}E_0 \tag{8.146}$$

这表明,采用形式、尺寸以及取向完全相同的两个中心分别位于 O_1 和 O_2 的对称振子构成等幅同相二元阵时,该天线阵在最大辐射方向上远区场点 p_0 处的辐射电场将增加到原单个对称振子的$\sqrt{2}$倍。同理可证明,在输入功率不变的情况下,若用形式、尺寸以及取向完全相同的 N 个对称振子构成等幅同相天线阵时,其最大辐射方向上远区场点 p_0 处的辐射电场

将增加到原单个对称振子的$\sqrt{N}$倍。实际应用中，天线阵中 N 个单元的激励电流不一定是等幅同相的，但其最大辐射方向上远区场点 p_0 处的辐射电场仍将增加到原单个对称振子的$\sqrt{N}$倍。

上述讨论是在天线阵最大辐射方向上的情况进行的，当轴向排列的二元阵在任意角度(如角度 θ)方向上远区场点 p 时，如图 8.31(b)所示。此时，中心分别位于 O_1 和 O_2 的对称振子 1 和 2 沿 θ 方向至远区场点 p 的距离不再相等，两者之间因路程差 $O_2\mathrm{A}(=d\cos\theta)$而引起的波程差为 $kd\cos\theta$。例如，若 $d=\lambda,\theta=60°$，则由波程差引起的相位差为 180°。若假设两个对称振子的激励电流仍等幅同相，则远区场点 p 处的合成场为零，但单个对称振子在 $\theta=60°$方向并不是零辐射。

综上所述，将功率分配到两个或多个对称振子构成的天线阵，使得天线阵在空间辐射的方向性得到增强，其根本的原因是各个对称振子产生的场在空间不同方向上相互干涉，使某些方向上的辐射得到增强，而另外一些方向上的辐射得到减弱甚至为零，从而实现了辐射功率的重新分配。一般地，任何形式、尺寸以及取向完全相同的单元天线构成的天线阵均有增强天线方向性的特性，这就是天线的方向性增强原理。

正如所知，天线阵的辐射特性决定于阵列单元数目、分布形式、单元间距以及单元的激励幅度和相位，控制这些参数就可改变天线阵的辐射特性。

2) *方向性函数乘积原理*

如图 8.32 所示，在自由空间中，一天线阵由 N 个单元组成。其中第 i 个单元(相位中心)处于点 $p_i'(R_i',\theta_i',\varphi_i')(=p_i'(x_i',y_i',z_i'))$处，其激励电流为 $I_i(i=0,1,2,\cdots N-1)$，激励电流的相位为 ξ_i，即 $I_i=I_{mi}\mathrm{e}^{\mathrm{j}\xi_i}$，而 I_{mi} 为激励电流的幅值。假设观察点 p 位于远区，从各单元天线至点 p 的射线可近似认为平行。因此，各单元天线在点 p 处辐射的电场的方向都沿同一方向。又由于各单元所辐射的远区电场(幅值)E_i 均与其激励电流成正比，若假设第 i 个单元的方向性函数为 $F_{1i}(\theta,\varphi)$，则第 i 个单元在远区观察点 $p(R,\theta,\varphi)$处辐射的电场(标量)可表示为

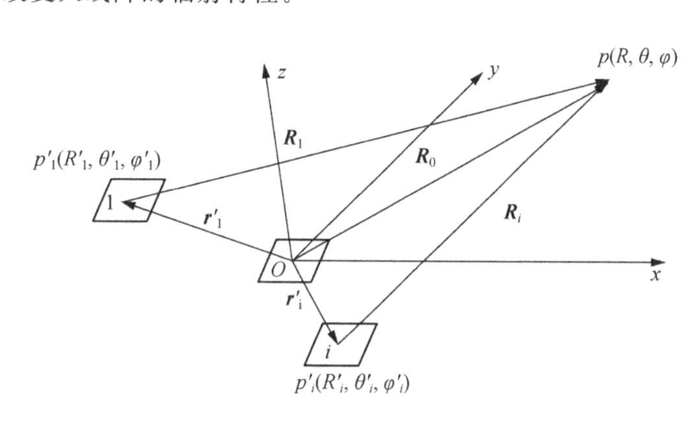

图 8.32　广义阵列结构及其坐标

$$\begin{aligned} E_i &= K_i I_i F_{1i}(\theta,\varphi)\frac{\mathrm{e}^{-\mathrm{j}kR_i}}{4\pi R_i} = K_i I_{mi} F_{1i}(\theta,\varphi)\frac{\mathrm{e}^{-\mathrm{j}(k|\boldsymbol{r}-\boldsymbol{r}_i'|-\xi_i)}}{4\pi\,|\,\boldsymbol{r}-\boldsymbol{r}_i'\,|} \\ &\approx K_i I_{mi} F_{1i}(\theta,\varphi)\frac{\mathrm{e}^{-\mathrm{j}[k(R-\boldsymbol{a}_r\cdot\boldsymbol{r}_i')-\xi_i]}}{4\pi R} \end{aligned} \tag{8.147}$$

式中，K_i 为与第 i 个单元的形式有关的比例常数；分母中，$R_i\approx R$，而在分子的相位因子中，$R_i=|\boldsymbol{R}_i|=|\boldsymbol{r}-\boldsymbol{r}_i'|\approx R-\boldsymbol{a}_R\cdot\boldsymbol{r}_i'=R-(x_i'\sin\theta'\cos\varphi'+y_i'\sin\theta'\sin\varphi'+z_i'\cos\theta')$，其中 $\boldsymbol{r}_i'=x_i'\mathbf{a}_x+y_i'\mathbf{a}_y+z_i'\mathbf{a}_z$，为直角坐标系下点 $p_i'(R_i',\theta_i',\varphi_i')$的矢径；$\boldsymbol{a}_R=\sin\theta'\cos\varphi'\mathbf{a}_x+$

$\sin\theta'\sin\varphi'\mathbf{a}_y+\cos\theta'\mathbf{a}_z$，为球坐标系下的径向单位矢量。于是，第 i 个单元在远区观察点 p 处辐射电场可近似表示为

$$E_i = K_i I_{mi} F_{1i}(\theta,\varphi)\frac{e^{-jkR}}{4\pi R}e^{j[k(x_i'\sin\theta'\cos\varphi'+y_i'\sin\theta'\sin\varphi'+z_i'\cos\theta')+\xi_i]} \tag{8.148}$$

式中，$k(x_i'\sin\theta'\cos\varphi'+y_i'\sin\theta'\sin\varphi'+z_i'\cos\theta')$代表由第 i 个单元的空间位置与远区场点的方向而产生的，相对于坐标原点处放置的第0个单元在空间产生的相对相位。这样，具有 N 个单元的天线阵在远区场点 p 产生的总的辐射电场应为各单元产生的辐射电场的代数和，即

$$E = \sum_{i=0}^{N-1} E_i \tag{8.149}$$

若 N 个单元为相似元且具有均匀激励电流(常数)，即 $F_{1i}(\theta,\varphi)=F_1(\theta,\varphi)$，$K_i=K$，则天线阵在点 p 产生的总辐射电场为

$$\begin{aligned} E &= K\left\{F_1(\theta,\varphi)\sum_{i=0}^{N-1} I_{mi}e^{j[k(x_i'\sin\theta'\cos\varphi'+y_i'\sin\theta'\sin\varphi'+z_i'\cos\theta')+\xi_i]}\right\}\frac{e^{-jkR}}{4\pi R} \\ &= K\{F_1(\theta,\varphi)F_a(\theta,\varphi)\}\frac{e^{-jkR}}{4\pi R} = KF(\theta,\varphi)\frac{e^{-jkR}}{4\pi R} \end{aligned} \tag{8.150}$$

式中，$F(\theta,\varphi)$称为天线阵的方向性函数；$F_1(\theta,\varphi)$称为天线阵各单元天线的方向性函数(又称元因子)，而

$$F_a(\theta,\varphi) = \sum_{i=0}^{N-1} I_{mi}e^{j[k(x_i'\sin\theta'\cos\varphi'+y_i'\sin\theta'\sin\varphi'+z_i'\cos\theta')+\xi_i]} \tag{8.151}$$

称为天线阵的阵方向性函数(又称阵因子)。于是

$$F(\theta,\varphi) = F_1(\theta,\varphi)F_a(\theta,\varphi) \tag{8.152}$$

由此可见，阵列天线的总的方向性函数等于各单元天线的方向性函数(元因子)与天线阵的阵方向性函数(阵因子)的乘积，这就是天线的方向性函数乘积原理。

下面先介绍简单的二元阵，然后再讨论均匀直线阵以及不等幅直线阵。

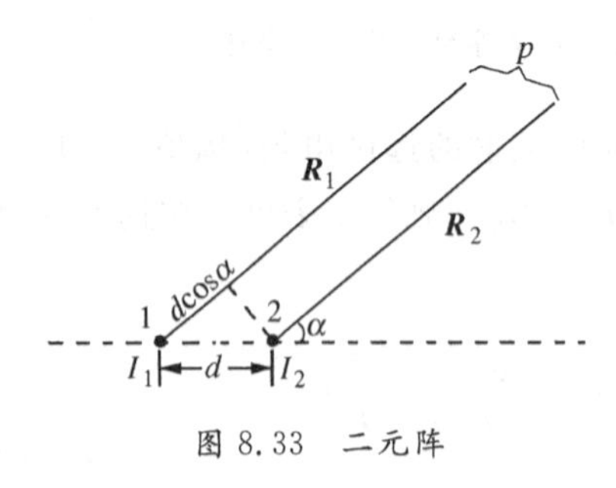

图 8.33 二元阵

2. 二元阵

设有两个形式相同和取向也相同的天线单元(相似元)沿直角坐标系的某一坐标轴排列，如图8.33所示。该两阵元的间距为 d，两阵元上的激励电流分别为 I_1 和 I_2，且 $I_2=mI_1e^{j\xi}$，其中 m 为两阵元电流振幅的比值，且 ξ 为 I_2 超前于 I_1 的相位。于是，二元阵在远区场点 p 处的辐射电场可表示为

$$E = E_1 + E_2 = E_{m1}F_{11}(\theta,\varphi)\frac{e^{-jkR_1}}{R_1} + E_{m2}F_{12}(\theta,\varphi)\frac{e^{-jkR_2}}{R_2} \tag{8.153}$$

因两个单元天线为相似元，故式(8.153)中，$E_{m2}=mE_{m1}e^{j\xi}=mE_me^{j\xi}$，其中 E_m 为与激励电流

有关的复振幅(如单元天线为对称振子,$E_m = j60I_m$);$F_{12}(\theta,\varphi) = F_{11}(\theta,\varphi) = F_1(\theta,\varphi)$,对应于各单元天线本身的方向性函数;而 $1/R_2 \approx 1/R_1$,以及在相位因子中,则有 $R_2 \approx R_1 - d\cos\alpha$。于是,二元阵的辐射电场变为

$$E = E_m F_1(\theta,\varphi)(1 + m e^{j\psi}) \frac{e^{-jkR_1}}{R_1} \tag{8.154}$$

式中,$\psi = \xi + kd\cos\alpha$。所以,二元阵辐射电场的模为

$$|E| = \frac{|E_m|}{R_1} |F_1(\theta,\varphi)| |(1 + m e^{j\psi})| = \frac{|E_m|}{R_1} |F(\theta,\varphi)| \tag{8.155}$$

由此可见,合成辐射电场的方向图函数 $|F(\theta,\varphi)|$ 由两个因子的乘积决定。其中,第一个因子 $F_1(\theta,\varphi)$ 为单元天线本身的方向性函数(即为天线阵方向性函数的元因子(单元天线的方向性函数));第二个因子 $(1 + m e^{j\psi})$ 与阵元间的距离、阵元上电流的振幅比以及相位差 ξ 有关,即为天线阵方向性函数的阵因子(阵方向性函数)$F_a(\theta,\varphi)$。因此,天线阵的方向性函数和方向图函数分别为

$$F(\theta,\varphi) = F_1(\theta,\varphi) F_a(\theta,\varphi), \qquad |F(\theta,\varphi)| = |F_1(\theta,\varphi)| |F_a(\theta,\varphi)| \tag{8.156}$$

而归一化方向图函数为

$$|f(\theta,\varphi)| = \frac{|F(\theta,\varphi)|}{|F(\theta,\varphi)|_{max}} \tag{8.157}$$

一般地,$|F_1(\theta,\varphi)|$ 与 $|F_a(\theta,\varphi)|$ 在同一方向取得最大值,此时有

$$|f(\theta,\varphi)| = |f_1(\theta,\varphi)| |f_a(\theta,\varphi)| \tag{8.158}$$

式中,$|f_1(\theta,\varphi)| = |F_1(\theta,\varphi)| / |F_1(\theta,\varphi)|_{max}$,$|f_a(\theta,\varphi)| = |F_a(\theta,\varphi)| / |F_a(\theta,\varphi)|_{max}$。

由式(8.156)或(8.158)同样可得到如下结论:在各单元天线为相似元的条件下,天线阵的(归一化)方向图函数等于(归一化)单元天线的方向图函数与(归一化)阵方向图函数的乘积。这就是天线阵的方向图乘积原理。尽管方向图乘积原理由二元阵的分析得到,事实上,它对任意个相似元组成的天线阵都适用。

值得指出,在式(8.156)或(8.158)中,方向性函数、元因子及阵因子均采用球坐标系中的坐标角(θ,φ)表示,这是为了统一表达,所得的表达式也是方向性函数的一般式,便于实际应用。当单元天线为电流元或对称振子之类的线天线时,元因子 $F_1(\theta,\varphi) = F_1(\theta)$ 中的角度 θ 是从其轴线起算的,它并不一定是圆球坐标系中的极角 θ。为了避免混淆,通常可将元因子中的角度 θ 按振子轴线的取向不同加以改记,并将改记后角度的表达式归算到球坐标系中。具体地,当坐标系中振子轴线沿 x 轴时,将原公式中的 θ 改记为 θ_x,而

$$\cos\theta_x = \boldsymbol{a}_R \cdot \mathbf{a}_x$$

应用球坐标系与直角坐标系单位矢量间的关系,可得

$$\cos\theta_x = (\sin\theta\cos\varphi\,\mathbf{a}_x + \sin\theta\sin\varphi\,\mathbf{a}_y + \cos\theta\,\mathbf{a}_z) \cdot \mathbf{a}_x = \sin\theta\cos\varphi \tag{8.159}$$

$$\sin\theta_x = \sqrt{1 - \cos^2\theta_x} = \sqrt{1 - \sin^2\theta\cos^2\varphi} \tag{8.160}$$

同理,当振子的轴向沿 y,z 轴时,则有

$$\cos\theta_y = \boldsymbol{a}_R \cdot \mathbf{a}_y = \sin\theta\sin\varphi \tag{8.161}$$

$$\cos\theta_z = \boldsymbol{a}_R \cdot \mathbf{a}_z = \cos\theta \tag{8.162}$$

这样,当振子轴线沿 x,y,z 轴时,在原单元天线的方向图函数中代入上述关系即可得到 $|F_1(\theta,\varphi)|$。例如,当二元阵的阵元为半波对称振子且振子轴线沿 x 轴时,则有

$$|F_1(\theta,\varphi)| = |F_1(\theta_x)| = \left|\frac{\cos[(\pi\cos\theta_x)/2]}{\sin\theta_x}\right| = \frac{|\cos[(\pi\sin\theta\cos\varphi)/2]|}{\sqrt{1-\sin^2\theta\cos^2\varphi}} \tag{8.163}$$

对天线阵的阵因子 $F_a(\theta,\varphi)$,同样需要将角度 α 归算到球坐标系中,即用球坐标系中的角度(θ,φ)表示阵因子。由于 α 表示从坐标原点向场点引出的射线与天线阵列中心连线所在坐标轴的正向之间的夹角,因此,当阵列中心连线沿 x,y,z 轴时,可将角度改记为 α_x,α_y 和 α_z。通过类似分析,可得

$$\left.\begin{aligned}\cos\alpha_x &= \sin\theta\cos\varphi\\ \cos\alpha_y &= \sin\theta\sin\varphi\\ \cos\alpha_z &= \cos\theta\end{aligned}\right\} \tag{8.164}$$

这样,当阵列中心连线沿某一坐标轴时,将阵因子中的 α 用上式中相应的表达式代入即可得到 $|F_a(\theta,\varphi)|$。

对等幅同相激励的二元阵,阵方向图函数为

$$|F_a(\theta,\varphi)| = |1+e^{j\psi}| = \sqrt{2(1+\cos\psi)} = 2\left|\cos\frac{\psi}{2}\right| \tag{8.165}$$

相应的归一化阵方向图函数为

$$|f_a(\theta,\varphi)| = \left|\cos\frac{\psi}{2}\right| = \left|\cos\left[\frac{1}{2}(kd\cos\alpha+\xi)\right]\right| \tag{8.166}$$

显然,对阵元间距 $d=\lambda/2$ 的等幅同相激励的二元阵,若阵列中心连线沿 x 轴,则

$$|F_a(\theta,\varphi)| = |F_a(\alpha_x)| = 2\left|\cos\left(\frac{\pi}{2}\cos\alpha_x\right)\right| = 2\left|\cos\left(\frac{\pi}{2}\sin\theta\cos\varphi\right)\right|$$

对不等幅的二元阵,阵方向图函数则为

$$|F_a(\theta,\varphi)| = |1+me^{j\psi}| = \sqrt{1+m^2+2m\cos\psi} \tag{8.167}$$

而归一化阵方向图函数为

$$|f_a(\theta,\varphi)| = \frac{1}{1+m}\sqrt{1+m^2+2m\cos\psi} \tag{8.168}$$

一般地,多元阵可看成多个二元阵的组合,若二元阵的方向图函数已知,则可根据方向图乘积原理得到多元阵的方向图函数。因此,下面简单归纳等幅(激励)二元阵的归一化阵

方向图函数以及归一化阵方向图。其中假设二元阵的阵列中心连线沿 z 轴。

1）等幅同相二元阵

当等幅二元阵的两单元天线上的激励电流同相时，通常将这种二元阵称为等幅同相二元阵。此时，$m=1$，$\xi=0$。于是，归一化阵方向图函数为

$$|f_a(\theta)| = \left|\cos\left(\frac{\pi d}{\lambda}\cos\theta\right)\right| \tag{8.169}$$

这样，当 $d=\lambda/2$ 时，$|f_a(\theta)|=|\cos[(\pi\cos\theta)/2]|$；当 $d=\lambda$ 时，$|f_a(\theta)|=|\cos(\pi\cos\theta)|$。它们的归一化阵方向图分别如图 8.34(a)和 8.34(b)所示。

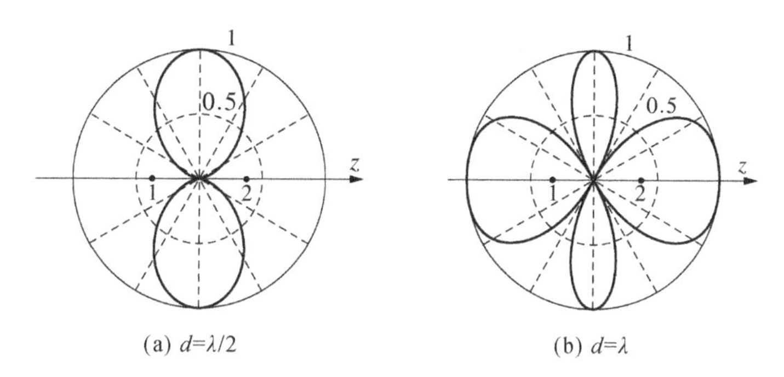

图 8.34　等幅同相二元阵的归一化阵方向图

2）等幅反相二元阵

当等幅二元阵的两单元天线上的激励电流反相时，通常将这种二元阵称为等幅反相二元阵。此时，$m=1$，$\xi=\pm\pi$。于是，归一化阵方向图函数为

$$|f_a(\theta)| = \left|\sin\left(\frac{\pi d}{\lambda}\cos\theta\right)\right| \tag{8.170}$$

这样，当 $d=\lambda/2$ 时，$|f_a(\theta)|=|\sin[(\pi\cos\theta)/2]|$；当 $d=\lambda$ 时，$|f_a(\theta)|=|\sin(\pi\cos\theta)|$。它们的归一化阵方向图分别如图 8.35(a)和 8.35(b)所示。

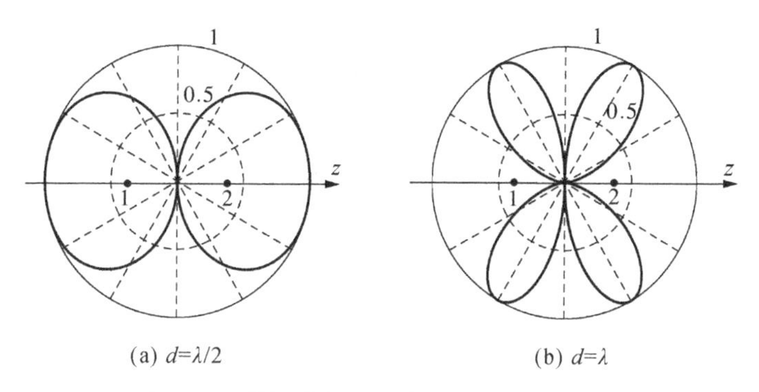

图 8.35　等幅反相二元阵的归一化阵方向图

3）相位差为90°的等幅二元阵

当等幅二元阵的两单元天线上的激励电流相位差为 90°时，此时，$m=1$，$\xi=\pm\pi/2$。于是，归一化阵方向图函数为

$$|f_a(\theta)| = \left|\cos\left(\pm\frac{\pi}{4}+\frac{\pi d}{\lambda}\cos\theta\right)\right| \tag{8.171}$$

这样,当 $d=\lambda/2$ 时,$|f_a(\theta)|=|\cos[\pm\pi/4+(\pi\cos\theta)/2]|$;当 $d=\lambda/4$ 时,$|f_a(\theta)|=|\cos[\pm\pi/4+(\pi\cos\theta)/4]|$。它们的归一化阵方向图分别如图 8.36(a)、8.36(b)、8.36(c)和8.36(d) 所示。由此可见,此时二元阵的大部分辐射都集中于相位滞后 90°的单元天线方向,相位超前的单元天线起到了反射器的作用。不过 $d=\lambda/2$ 时反射并不完全,而当 $d=\lambda/4$ 时反射作用则较为完全,其结果形成了一个单向辐射的心脏形的方向图形。在实际应用中得到广泛应用的引向天线(或称八木-宇田天线)就利用了这种二元阵的这一特点。

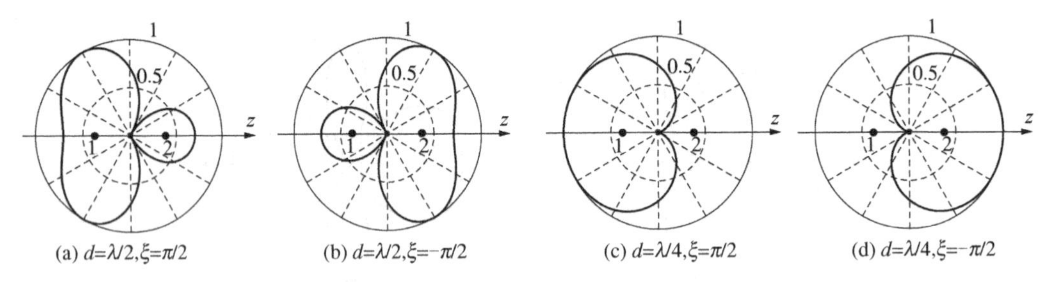

图 8.36 相位差为 90°的等幅二元阵的归一化阵方向图

可以证明,通过天线阵的振子中心连线的任何平面内,天线阵的阵方向图函数的形式完全相同,即方向图相同,正如图 8.34、图 8.35 和图 8.36 所示。换言之,阵方向图是环绕天线阵中心连线的旋转对称图形,这一特点可以用来检验阵方向图的正确与否。

例 8.5 自由空间中,三个沿 y 轴排列,间距为 $\lambda/2$ 的电流元用于远区辐射电磁波,各电流元激励电流的相位相同,振幅比为 1∶2∶1,如图 8.37 所示。求该天线阵的归一化方向图函数,并画出 yOz 面上的归一化方向图。

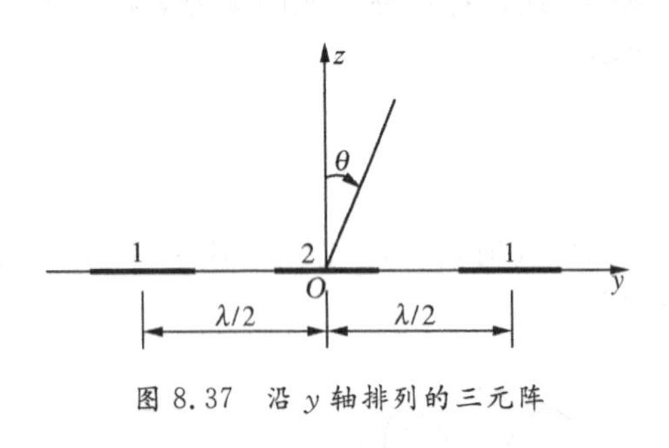

图 8.37 沿 y 轴排列的三元阵

解:方法 Ⅰ

因为该天线阵工作于远区,故总的辐射电场为

$$E = E_1+E_2+E_3 = E_1(1+2e^{j\psi}+e^{j2\psi}) = \frac{E_{m1}}{R}e^{-jkR}\sin\theta_y(1+2e^{jkd\cos\alpha_y}+e^{j2kd\cos\alpha_y})$$

$$= \frac{E_{m1}}{R}e^{-jkR}F_1(\theta,\varphi)F_a(\theta,\varphi)$$

于是,方向图函数为

$$\begin{aligned}|F(\theta,\varphi)| &= |F_1(\theta,\varphi)||F_a(\theta,\varphi)|\\ &= |\sin\theta_y||1+2\cos(kd\cos\alpha_y)+\cos(2kd\cos\alpha_y)+j2\sin(kd\cos\alpha_y)+j\sin(2kd\cos\alpha_y)|\\ &= \sqrt{1-\sin^2\theta\sin^2\varphi}\left[4\cos^2\left(\frac{\pi}{2}\sin\theta\sin\varphi\right)\right]\end{aligned}$$

所以,归一化方向图函数为

$$|f(\theta,\varphi)|=\frac{|F(\theta,\varphi)|}{|F(\theta,\varphi)|_{\max}}=\sqrt{1-\sin^2\theta\sin^2\varphi}\cos^2\left(\frac{\pi}{2}\sin\theta\sin\varphi\right)$$

方法Ⅱ

将三个电流元分成两组，每组均为一个等幅同相二元阵，而两个等幅同相二元阵又可组成一个新的等幅同相二元阵。

因为两个等幅同相二元阵的归一化单元天线的方向图函数为

$$|f_1(\theta,\varphi)|=\sin\theta_y=\sqrt{1-\sin^2\theta\sin^2\varphi}$$

而归一化阵方向图函数均为

$$|f_{a1}(\theta,\varphi)|=\left|\cos\left(\frac{1}{2}kd\cos\alpha_y\right)\right|=\left|\cos\left(\frac{\pi}{2}\sin\theta\sin\varphi\right)\right|$$

因此，每个等幅同相二元阵的归一化方向图函数为

$$|f'(\theta,\varphi)|=|f_1(\theta,\varphi)||f_{a1}(\theta,\varphi)|$$

再将两个等幅同相二元阵组成一个新的等幅同相二元阵，其归一化单元天线的方向图函数为$|f'(\theta,\varphi)|$，而归一化阵方向图函数为

$$|f_{a2}(\theta,\varphi)|=|f_{a1}(\theta,\varphi)|=\left|\cos\left(\frac{\pi}{2}\sin\theta\sin\varphi\right)\right|$$

这样，总的三元阵的归一化方向图函数为

$$\begin{aligned}|f(\theta,\varphi)|&=|f'(\theta,\varphi)||f_{a2}(\theta,\varphi)|=|f_1(\theta,\varphi)||f_{a1}(\theta,\varphi)|^2\\&=\sqrt{1-\sin^2\theta\sin^2\varphi}\cos^2\left(\frac{\pi}{2}\sin\theta\sin\varphi\right)\end{aligned}$$

因在 yOz 平面上，$\varphi=90°$，故有

$$|f(\theta,\varphi)|=|\cos\theta|\cos^2\left(\frac{\pi}{2}\sin\theta\right)$$

其归一化方向图如图 8.38 所示。

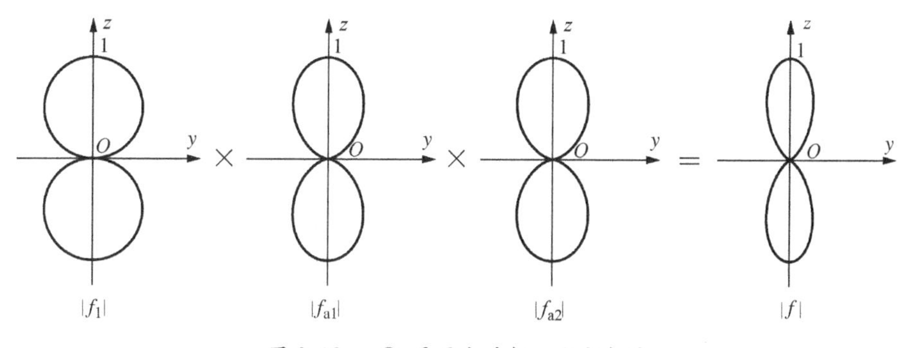

图 8.38　yOz 平面上的归一化方向图

3. 导电体对天线的影响

前面有关单元天线和二元天线阵的分析,均是在假设天线处于自由空间中的前提下进行的,而实际天线均架设在地球表面或靠近接地的金属物体附近。因此,地面或金属物体必然会影响天线的辐射和阻抗特性。下面采用镜像法分析导电体对天线的影响。

我们可以采用静电场中引出的镜像法来分析放置于地球表面或接地金属体附近的天线,将地球表面或金属导体视为接地的理想导体。这样,镜像天线表面上的电荷必然和实际天线上电荷的量值相等,符号相反。尽管实际天线上的电荷和电流是交变的,但我们总可以根据某一瞬间天线上高频电流(即电荷)的分布来判断镜像天线上电荷的量值与符号。

1) 垂直、水平放置的电流元的镜像

电流元垂直放置于无限大接地理想导电平面上方,如图8.39(a)所示。可将电流元看成是带正、负电荷的电偶极子。因这一电偶极子放置于接地理想导电平面上方,为了用镜像电荷代替接地导电平面的影响,则在接地导电平面下方对称位置处应有电偶极子的镜像电偶极子,如图8.39(a)所示。若将镜像电偶极子上的电荷用从正到负的电流线表示,则可看出,镜像电荷的方向与原电流元的方向相同,即镜像为正像。这样,移去接地导电平面后,原电流元和镜像电流元构成一等幅同相二元阵。换言之,分析垂直放置于接地导电平面上方的电流元就等效为分析自由空间中的等幅同相二元阵。

根据同样的原理可知,水平放置于无限大理想接地导电平面上方的电流元的镜像为负像,即镜像电流元的相位与原电流元的相位差为180°。因此,原电流元与镜像电流元构成一等幅反相二元阵,如图8.39(b)所示。

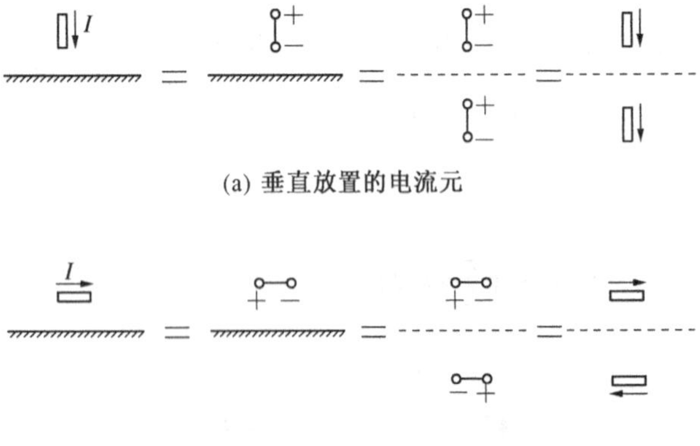

(a) 垂直放置的电流元

(b) 水平放置的电流元

图8.39　垂直、水平放置的电流元的镜像

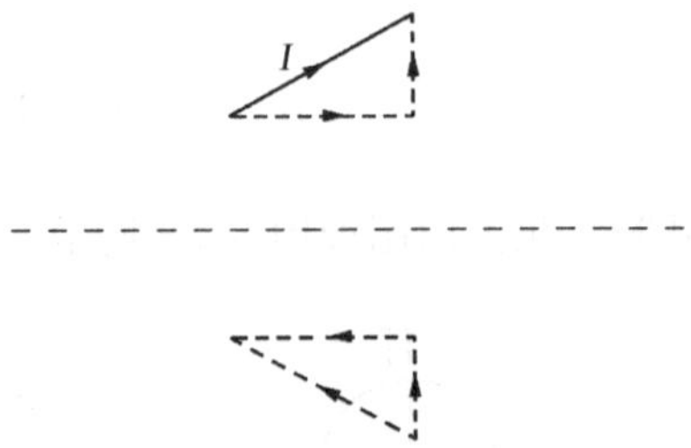

图8.40　倾斜放置的电流元的镜像

2) 倾斜放置的电流元的镜像

对如图8.40所示倾斜放置的电流元,只要将倾斜放置的电流元关于接地导电平面分解成水平放置以及垂直放置的电流元,然后根据水平放置以及垂直放置的电流元的镜像容易得到其镜像电流元,如图8.40所示。

3) 对称振子的镜像

通过类似的原理可知,水平架设于无限大理想接地导电平面上方的对称振子,不管长度如何,其镜像恒为负像;垂直架设于无限大理想接地导电平面上方的对称振子,不管长度如何,其镜像恒为正像,这同电流元的情况相同。

对于由理想接地导电平面构成的角形域,置于角形域内的天线的镜像也可采用类似于静电场的镜像法中寻找多重镜像电荷的方法确定多重镜像天线,而角形域内天线的辐射场即为原天线与多重镜像天线的辐射场的叠加。

4) 单极天线及其输入阻抗

对于处于地面上长为 $\lambda/4$ 的单极天线,如图 8.41(a)所示,根据镜像法,该单极天线可等效为如图 8.41(b)所示的半波对称振子。显然,单极天线在接地平面上方的远区辐射场与半波对称振子的远区辐射场完全相同,但两者之间却存在重要的差异,即单极天线仅有等效半波对称振子的一半功率辐射到上半空间。因此,单极天线的辐射电阻只有等效半波对称振子的一半,即

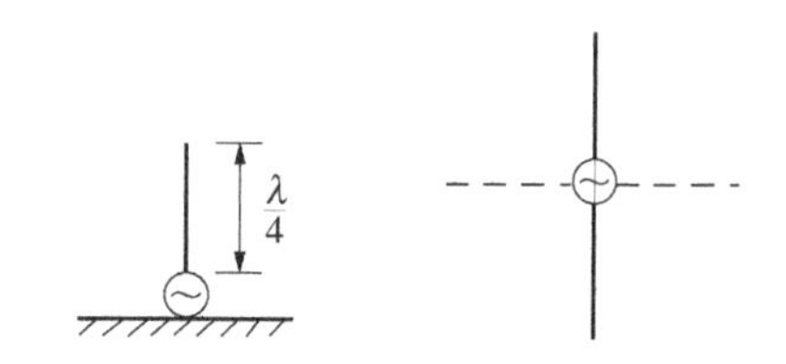

(a) 臂长为 $\lambda/4$ 的单极天线　　(b) 等效的半波对称振子

图 8.41　地面上臂长为 $\lambda/4$ 的单极天线及其等效的半波对称振子

$$R_r = 36.5 \quad (\Omega) \tag{8.172}$$

对如图 8.41(a)所示的无耗单极天线,其输入阻抗可由式(8.136)直接得到,即

$$Z_{in} = R_r + jX \approx (36.5 + j21.25) \quad (\Omega) \tag{8.173}$$

例 8.6　由两个半波对称振子组成二元天线阵,如图 8.42(a)所示。其中间距为 $\lambda/2$,天线离无限大理想接地导电平面的距离为 $\lambda/4$,且等幅同相激励。① 导出该天线阵归一化方向图函数;② 写出该天线阵在 xOz, yOz 和 xOy 面内的归一化方向图函数,并概画 xOz 面内的归一化方向图。

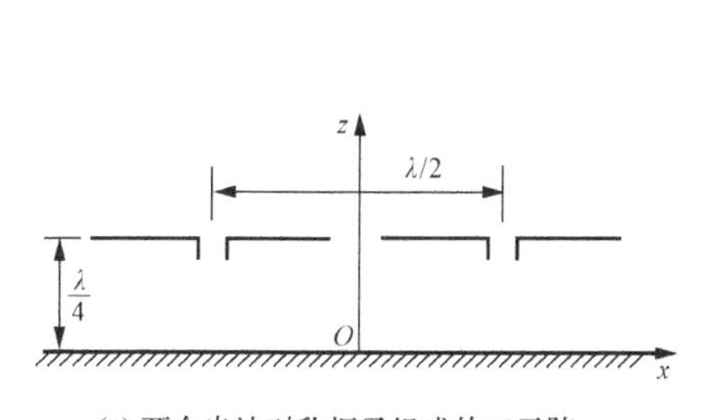

(a) 两个半波对称振子组成的二元阵

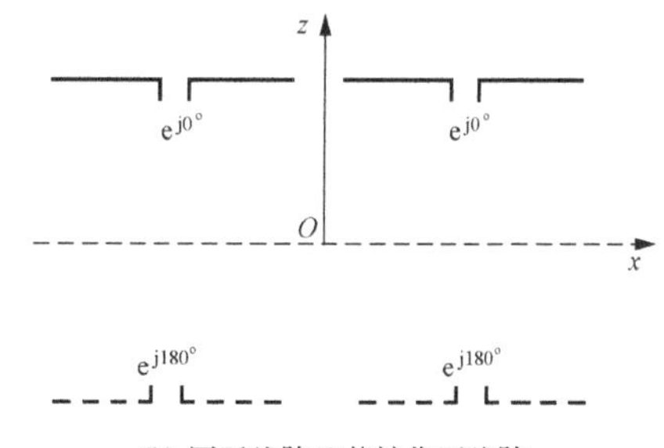

(b) 原天线阵及其镜像天线阵

图 8.42　放置于接地导电平面上方的二元阵

解:① 采用镜像法求解。因水平天线的镜像是等幅反相的,故原二元阵同其镜像天线构成如图 7.42(b)所示的四元天线阵,此四元天线阵的归一化方向图函数可由天线的方向图乘积原理求得。导电平面上方原天线阵及其镜像天线阵各为一个等幅同相天线阵,其阵方向图函数为

$$\begin{aligned}|f_{a1}(\theta,\varphi)| &= 2\left|\cos\frac{\psi_1}{2}\right| = 2\left|\cos\left[\frac{1}{2}(\xi_1 + kd_1\cos\alpha_x)\right]\right| \\ &= 2\left|\cos\left(\frac{\pi}{2}\cos\alpha_x\right)\right| = 2\left|\cos\left(\frac{\pi}{2}\sin\theta\cos\varphi\right)\right|\end{aligned} \tag{8.174}$$

式中，$\psi_1=\xi_1+kd_1\cos\alpha_x$，$\xi_1=0$，$d_1=\lambda/2$。原天线阵和镜像天线阵又构成一个等幅反相二元阵，其阵方向图函数为

$$
\begin{aligned}
|f_{a2}(\theta,\varphi)| &= 2\left|\cos\frac{\psi_2}{2}\right| = 2\left|\cos\left[\frac{1}{2}(\xi_2+kd_2\cos\alpha_z)\right]\right| \\
&= 2\left|\sin\left(\frac{\pi}{2}\cos\theta\right)\right|
\end{aligned}
\tag{8.175}
$$

式中，$\psi_2=\xi_2+kd_2\cos\alpha_z$，$\xi_2=180°$，$d_2=\lambda/2$。

因为半波对称振子的方向图函数(即四元天线阵的方向性函数元因子的模)为

$$
|F_1(\theta,\varphi)| = \left|\frac{\cos[(\pi\cos\theta_x)/2]}{\sin\theta_x}\right| \frac{|\cos[(\pi\sin\theta\cos\varphi)/2]|}{\sqrt{1-\sin^2\theta\cos^2\varphi}} \tag{8.176}
$$

因此，总的方向图函数为

$$
|F(\theta,\varphi)| = |F_1(\theta,\varphi)|\,|F_{a1}(\theta,\varphi)|\,|F_{a2}(\theta,\varphi)|
$$

以及总的归一化方向图函数为

$$
\begin{aligned}
|f(\theta,\varphi)| &= \frac{|F(\theta,\varphi)|}{|F(\theta,\varphi)|_{\max}} = |f_1(\theta,\varphi)|\,|f_{a1}(\theta,\varphi)|\,|f_{a2}(\theta,\varphi)| \\
&= \frac{|\cos[(\pi\sin\theta\cos\varphi)/2]|}{\sqrt{1-\sin^2\theta\cos^2\varphi}}\left|\cos\left(\frac{\pi}{2}\sin\theta\cos\varphi\right)\right|\left|\sin\left(\frac{\pi}{2}\cos\theta\right)\right| \quad (\theta\leqslant 90°)
\end{aligned}
\tag{8.177}
$$

② 在 xOz 面内，由于 $\varphi=0°$，因此归一化方向图函数为

$$
|f(\theta)| = \frac{\cos^2[(\pi\sin\theta)/2]}{\cos\theta}\left|\sin\left(\frac{\pi}{2}\cos\theta\right)\right|
$$

在 yOz 面内，由于 $\varphi=90°$，于是

$$
|f(\theta)| = \left|\sin\left(\frac{\pi}{2}\cos\theta\right)\right|
$$

在 xOy 面内，由于 $\theta=90°$，于是

$$
|f(\theta)|=0
$$

所以，xOz 面内的归一化方向图如图 8.43 所示。

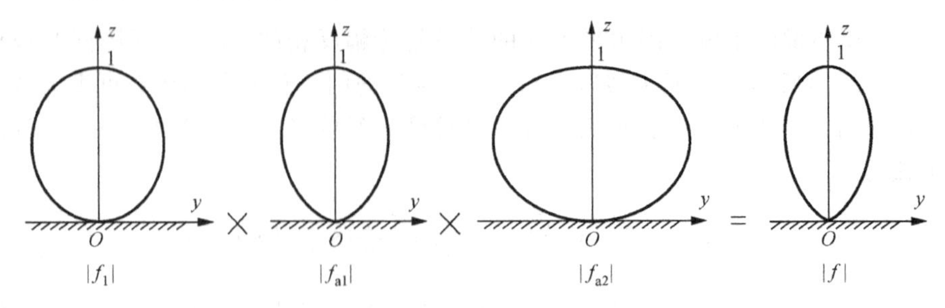

图 8.43 xOz 面内的归一化方向图

4. 均匀直线阵

所谓均匀直线阵,是指天线阵有 N 个相似元,相似元的中心排列在一条直线上,相邻阵元的间距相等,各阵元的电流振幅相等以及电流相位按等差级数递增或递减的直线阵,如图 8.44 所示。

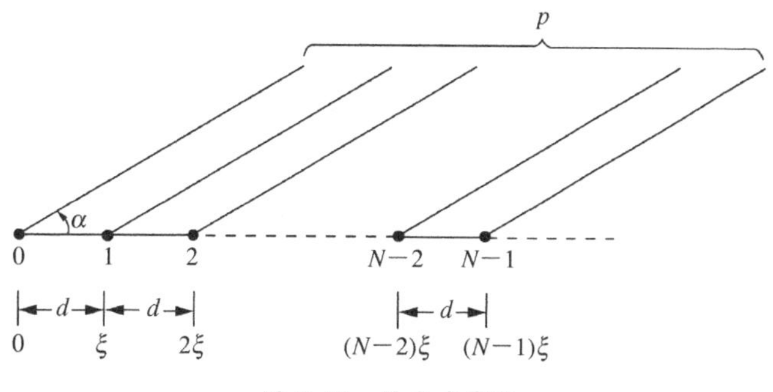

图 8.44　均匀直线阵

同二元阵一样,由于观察点 p 处于远区,各射线均可看作平行,故合成的辐射电场可用各单元天线辐射电场的代数和表示,即

$$E=E_1+E_2+\cdots+E_N \tag{8.178}$$

设各单元天线上电流的相位递增,即

$$I_1=I_m e^{j0^\circ}, I_2=I_m e^{j\xi}, \cdots, I_N=I_m e^{j(N-1)\xi} \tag{8.179}$$

这样,均匀直线阵在远区 p 点辐射的电场变成为

$$E=E_1[1+e^{j\psi}+e^{j2\psi}+\cdots+e^{j(N-1)\psi}] \tag{8.180}$$

式中,$\psi=kd\cos\alpha+\xi$,E_1 视单元天线是无方向性的点源、电流元以及对称振子等取不同的表达式。于是,由式(8.180)可知,均匀直线阵的阵方向图函数为

$$|F_a(\psi)|=|1+e^{j\psi}+e^{j2\psi}+\cdots+e^{j(N-1)\psi}|=\left|\frac{(e^{j\psi})^N-1}{e^{j\psi}-1}\right|=\left|\frac{\sin(N\psi/2)}{\sin(\psi/2)}\right| \tag{8.181}$$

当 $\psi=0$ 时,各阵元在场点 p 产生的辐射场同相叠加,此时阵方向图函数达到最大值,由上式有

$$\lim_{\psi\to 0}|F_a(\psi)|=N$$

因此,均匀直线阵的归一化阵因子为

$$|f_a(\psi)|=\frac{1}{N}\left|\frac{\sin(N\psi/2)}{\sin(\psi/2)}\right| \tag{8.182}$$

式(8.182)是均匀直线阵的归一化阵方向图函数的一般表达式,根据此式可作出归一化阵方向图函数 $|f_a(\psi)|$ 随 ψ 的变化曲线。图 8.45(a)示出了 N 取六种不同值的情况下 $|f_a(\psi)|$ 随 ψ 的变化曲线。图 8.45(b)和 8.45(c)则分别示出了 $N=4$ 和 $N=8$ 时 $|f_a(\psi)|$ 随 ψ 的变化曲线,此时图 8.45(a)中被"折叠"的横坐标已被"展开",且横坐标的刻度值为弧度(rad)。由图显然可见,波瓣的最大值出现在 $\psi=0$ 和 $\pm 2\pi$ 处,且随着天线阵单元数 N 的增加,与 $\psi=0$ 对应的波瓣(主瓣)逐渐变窄;在 $\psi=0$ 和 2π 之间有 $(N-1)$ 个零点出现,相邻零点之间有一个波瓣,靠近主瓣($\psi=0$)的第一副瓣的电平较大。

由式(8.182)还可知,$|f_a(\psi)|$ 是 ψ 的周期函数,周期为 2π,即随 ψ 的变化,$|f_a(\psi)|$ 的变

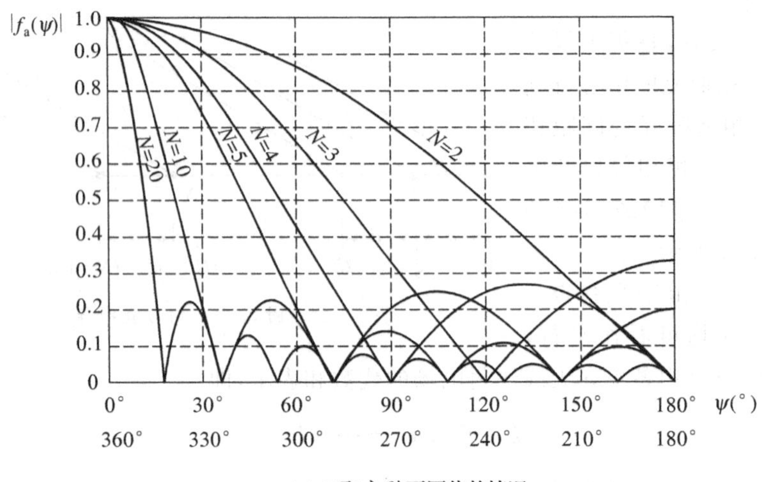

(a) N 取六种不同值的情况

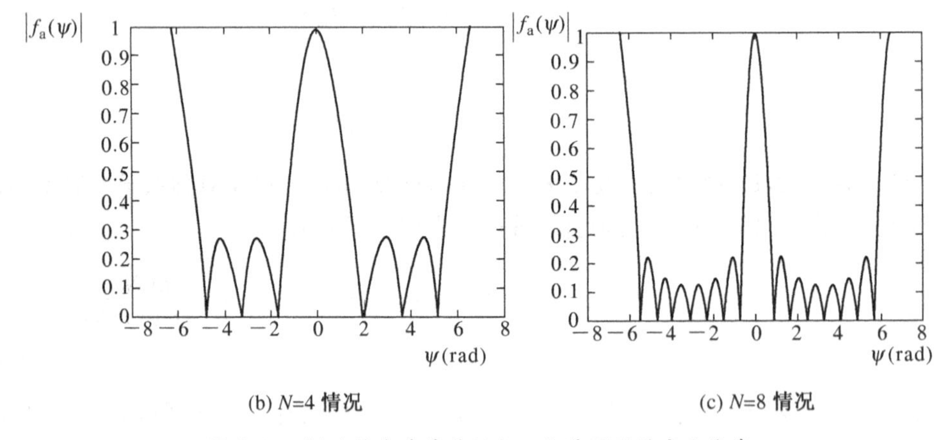

(b) N=4 情况　　(c) N=8 情况

图 8.45　N 元均匀直线阵的归一化阵因子的变化曲线

化曲线周期出现。因此,$|f_a(\psi)|$除在 $\psi=0$ 获得最大值外,在 $\psi=\pm 2m\pi(m=1,2,\cdots)$时也都取得最大值。因此,在图 8.45 中,除与 $\psi=0$ 对应的主瓣以外,还存在在与 $\psi=\pm 2m\pi$ 相对应的波瓣,通常称为栅瓣。为避免栅瓣出现,必须限制阵元间距 d 的大小,以使 ψ 被限定在$(-2\pi,2\pi)$范围(一般取在$[-\pi,\pi]$范围)内。否则,若在 $\alpha=90°$方向上$|f_a(\psi)|$出现最大值(即主瓣)时,在某些方向必会出现与主瓣幅度相等的栅瓣,这是不允许的。分析可知,对最大辐射出现在 $\alpha=0°,180°$方向的端射阵而言,若选取 $d<\lambda/2$,则不会出现栅瓣,实用中则选取 $d=\lambda/4$ 不出现栅瓣;对最大辐射出现在 $\alpha=\pm 90°$方向的侧射阵而言,若选取 $d<\lambda$,则不会出现栅瓣,实用中则选取 $d=\lambda/2$。上述结论可根据 ψ 与 d 之间的关系加以证明。

利用式(8.182)还可确定均匀直线阵的主瓣方向、零辐射方向、第一副瓣电平以及主瓣零点宽度等,下面作简单介绍。

(1) 最大辐射方向(主瓣方向)

由式(8.182)可知,当 $\psi=0°$时,均匀直线阵获得最强辐射,即

$$kd\cos\alpha_{\max}+\xi=0 \tag{8.183}$$

于是，获得最大辐射方向角 $\alpha_{\max}$ 为

$$\alpha_{\max} = \arccos\left(-\frac{\xi}{kd}\right) \quad 或 \quad \cos\alpha_{\max} = -\frac{\xi}{kd} \tag{8.184}$$

显然，若要求 $\alpha_{\max}=0$ 或 π（端射阵），则各单元天线上的电流相位与单元间距必须满足下式：

$$\xi = \mp kd \tag{8.185}$$

式中"－"对应 $\alpha_{\max}=0°$；"＋"对应 $\alpha_{\max}=180°$。若要求 $\alpha_{\max}=\pm\pi/2$（侧射阵），则由式(8.184)可知，此时 $\xi=0$，即各单元天线上的电流不需要相位差。此外，若要求最大辐射方向在任意角度 α，则各单元天线上的电流与单元间距之间的关系由式(8.184)确定。这样，通过改变各单元天线上激励电流相位可在天线不作机械转动的条件下实现天线阵波束在空间自由扫描，这种通过改变天线单元电流相位实现波束扫描的天线阵，称为相控阵天线。

(2) 零辐射方向和第一副瓣电平

由式(8.182)可知，均匀直线阵归一化方向图的零点发生在 $|f_a(\psi)|=0$ 处，即

$$\frac{N\psi}{2} = \pm m\pi \qquad (m=1,2,\cdots) \text{ 或 } \quad \psi = \pm\frac{2m\pi}{N} \tag{8.186}$$

任意两个相邻的零点之间，归一化阵方向图必有一个次极大值即旁瓣存在，它们出现在 $|\sin(N\psi/2)|=1$ 处，即

$$\psi = \pm\frac{(2m+1)\pi}{N} \qquad (m=1,2,\cdots) \tag{8.187}$$

第一副瓣发生在 $m=1$，即 $\psi=\pm 3\pi/N$ 处。当 N 很大时，将上式代入式(8.182)，近似可得第一副瓣的幅值为

$$\frac{1}{N}\left|\frac{1}{\sin[3\pi/(2N)]}\right| \approx \frac{2}{3\pi} \tag{8.188}$$

可见，第一副瓣的幅值与主瓣的幅值之比为 21.22%。换言之，第一副瓣电平 $SLL = 20\lg(0.2122)\approx -13.56$ dB。这表明，对均匀直线阵，当第一幅瓣电平达到 -13.56 dB 时，即使再增加天线阵的单元数目也不可能再降低副瓣电平。然而，在天线阵的设计中，降低天线阵的副瓣电平具有实际意义，因为对发射天线而言，副瓣的出现分散了天线阵的辐射能量；对接收天线而言，副瓣的出现则会引入更多的噪声。

(3) 主瓣零点宽度

当均匀直线阵的阵元数目很大时，天线阵主瓣的两个零点之间的宽度 $2\theta_0$ 可近似确定。若用 ψ_{01} 表示第一个零点，则令式(8.186)中的 $m=1$，可得

$$\psi_{01} = \pm\frac{2\pi}{N} \tag{8.189}$$

对侧射阵($\xi=0$，$\alpha_{\max}=\pi/2$)，设第一个零点发生在 α_{01} 处，则两个零点之间的宽度为

$$2\theta_0 = \pm(\alpha_{01} - \alpha_{\max}) \tag{8.190}$$

于是,$\cos\alpha_{01}=\cos(\alpha_{\max}+\theta_0)=\dfrac{\psi_{01}}{kd}$,即 $\sin\theta_0=2\pi/(Nkd)$。所以

$$2\theta_0 = 2\arcsin\left(\frac{\lambda}{Nd}\right) \tag{8.191}$$

当 $Nd\gg\lambda$ 时,主瓣零点宽度为

$$2\theta_0=\frac{2\lambda}{Nd}$$

对端射阵($\xi=-kd,\alpha_{\max}=0$),设第一个零点发生在 α'_{01} 处,因 $\psi_{01}=kd(\cos\alpha'_{01}-1)$,故考虑式(8.189),有

$$\cos\alpha'_{01}=\cos\theta_0=\frac{\psi_{01}}{kd}+1=1-\frac{\lambda}{Nd}$$

当 θ_0 很小时,$\cos\theta_0\approx1-\theta_0^2/2$,此时的主瓣零点宽度变为

$$2\theta_0\approx2\sqrt{\frac{2\lambda}{Nd}} \tag{8.192}$$

这表明,均匀端射阵的主瓣零点宽度大于同样尺寸的均匀侧射阵的主瓣零点宽度。

5. 不等幅馈电直线阵

如前所述,均匀直线式天线阵的副瓣电平不可能低于 −13.56 dB,因此,需要天线低副瓣或超低副瓣工作的无线电系统(如雷达)就不能采用均匀直线阵,而应采用不等幅馈电的直线阵等来实现低副瓣电平。不等幅馈电的直线阵有多种激励电流的幅度分布型式,常见的有二项式分布、三角形分布以及倒三角形分布等。这里以同相馈电的侧射阵为例进行讨论,并取单元间距 $d=\lambda/2$ 以及单元数 $N=5$。图 8.46 示出了四种五元直线阵的各单元电流激励幅度分布情况,其中假设阵列中心连线沿 z 轴。

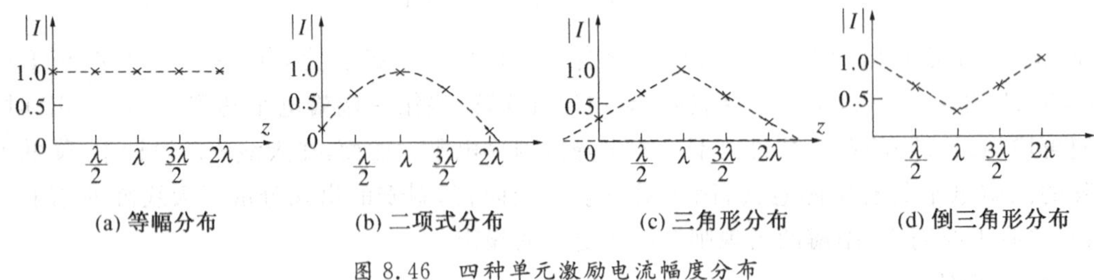

图 8.46　四种单元激励电流幅度分布

1) 二项式分布

对如图 8.46(b)所示的二项式分布,五元天线阵的各单元激励电流的幅度比按二项式的各项系数变化,即按 1∶4∶6∶4∶1 变化。此时,由式(8.182)或方向图乘积原理,可得阵列轴线沿 z 轴的天线阵的归一化阵方向图函数为

$$|f_a(\theta)|=\frac{1}{16}\left|\frac{\sin\psi}{\sin(\psi/2)}\right|^4=\left|\cos\left(\frac{\pi}{2}\cos\theta\right)\right|^4 \tag{8.193}$$

式中，$\psi=kd\cos\theta+\xi=\pi\cos\theta$。据此绘出的归一化阵方向图如图 8.47(b)所示。显然，其归一化阵方向图函数为等幅同相二元阵的归一化阵方向图函数的 4 倍，阵方向图没有副瓣出现。为了比较，通过计算可知，均匀分布五元直线阵的主瓣宽度 $2\theta_{0.5}=20.8°$，第一副瓣电平 $SLL=-12$ dB 以及方向性系数 $D_0=5$；二项式分布五元天线阵的主瓣宽度 $2\theta_{0.5}=30.3°$，方向性系数 $D_0=3.66$。

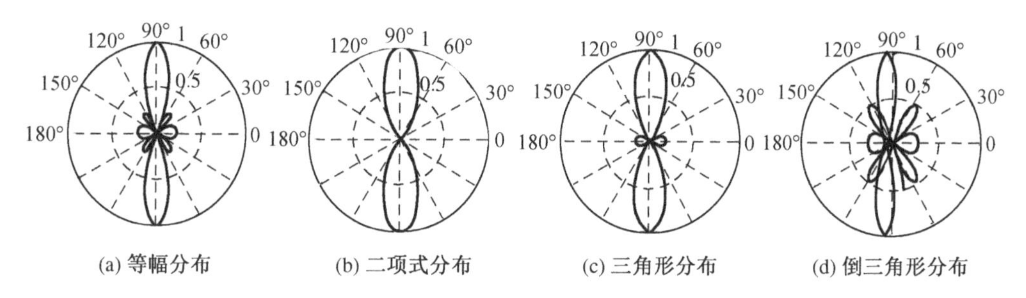

图 8.47 四种侧射式天线阵的归一化阵方向图($d=\lambda/2, N=5$)

2) 三角分布

对如图 8.46(c)所示的三角分布，五元天线阵的各单元激励电流的幅度比按 1∶2∶3∶2∶1 变化。此时，由式(8.182)或方向图乘积原理，可得阵列轴线沿 z 轴的天线的归一化阵方向图函数为

$$|f_a(\theta)|=\frac{1}{9}\left|\frac{\sin(3\pi\cos\theta/2)}{\sin(\pi\cos\theta/2)}\right|^2 \tag{8.194}$$

据此绘出的归一化阵方向图如图 8.47(c)所示。显然，其主瓣变窄的同时出现较小副瓣。计算可知，三角分布五元天线阵的主瓣宽度 $2\theta_{0.5}=26°$，第一副瓣电平 $SLL=-19.1$ dB 以及方向性系数 $D_0=4.26$。

3) 倒三角分布

对如图 8.46(d)所示的倒三角分布，五元天线阵的各单元激励电流的幅度比按 3∶2∶1∶2∶3 变化。此时，由式(8.182)可得阵列轴线沿 z 轴的天线的归一化阵方向图函数为

$$|f_a(\theta)|=\frac{1}{11}|1+4\cos(\pi\cos\theta)+6\cos(2\pi\cos\theta)| \tag{8.195}$$

据此绘出的归一化阵方向图如图 8.47(d)所示。显然，其主瓣进一步变窄的同时而出现较大副瓣。计算可知，倒三角分布五元天线阵的主瓣宽度 $2\theta_{0.5}=18.2°$，第一副瓣电平 $SLL=-6.3$ dB 以及方向性系数 $D_0=4.48$。

将上述三种激励电流不等幅分布的五元直线阵的参数与五元均匀直线阵的参数比较可知，当激励电流的幅度从天线阵的中心单元向两侧单元递减分布时，主瓣变宽，副瓣电平降低。这表明，直线阵的主瓣宽度和副瓣电平是既相互依赖又相互对立的一对矛盾，直线阵的主瓣宽度越小，则副瓣电平越高；反之，主瓣宽度越大，则副瓣电平越低。事实上，有其他天线阵能在主瓣宽度和副瓣电平间实现理想、最优折中，这就是道尔夫－切比雪夫分布、泰勒分布以及贝叶斯(Bayliss)分布的直线阵。这里不再对这些直线阵作进一步讨论。

除此之外,直线阵只能在通过阵列轴线的平面内控制方向图的波瓣形状,则不能控制与阵列轴线垂直的平面内方向图的波瓣形状。将单元天线按一定间距排列在同一平面上构成的平面阵,则能在两个主平面内控制方向图的波瓣形状。同时,平面阵还可以排成立体阵,从而可以更灵活地控制方向图的波瓣形状。这里也不再介绍这些内容,读者可进一步阅读有关文献。

*8.1.6　接收天线的理论基础

前面对各种天线的分析是将天线视为发射天线的情况进行的。事实上,不管发射天线还是接收天线,它们都是电磁能量转换器,只是其能量的转换过程互逆。应用卡森互易定理,可证明一幅天线用作发射和接收时其方向图、增益和输入阻抗都是相同的。但是,由于接收天线从入射波中获取电磁能量的是整个天线结构而不是天线的输入端,且接收天线只能获取发射功率中很小的一部分,因此除了发射天线所具有的基本参数以外,接收天线还有其他的电参数。

1. 天线接收电磁波的基本原理

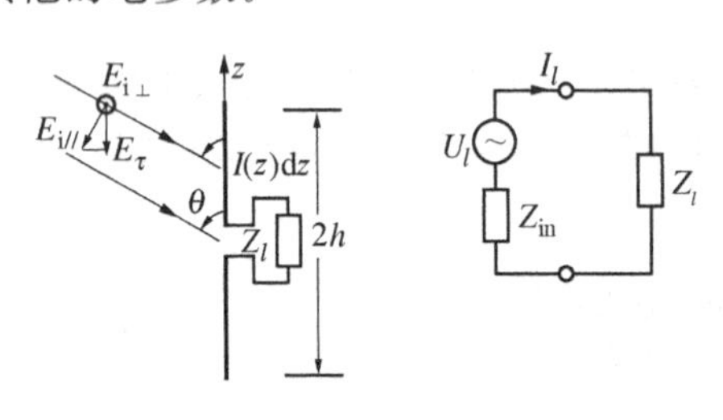

(a) 接收天线原理　　(b) 等效电路

图 8.48　天线接收电磁波的原理示意图及其等效电路

假设空间中有一(来自发射天线辐射的)电磁波入射到一接收天线(如对称振子)上,且接收天线处于发射天线的远区(即入射到接收天线处的电磁波为平面(电磁)波),如图 8.48(a)所示,其中入射波的传播方向与对称振子轴线之间的夹角为 θ。在该入射波的作用下,对称振子上将感应高频电动势以及高频表面电流,该高频电流被对称振子馈电点端接的负载 Z_l 接收(进入接收机)。根据电磁场理论可知,相对于平面波的入射面,总可将入射波的(复)电场 $\boldsymbol{E}_i$ 分解为垂直于入射面的分量 $E_{i\perp}$ 和平行于入射面的分量 $E_{i//}$。因此,只有沿对称振子表面相切的电场分量 $E_\tau(=E_{i//}\sin\theta)$ 才能在天线上感应出表面电流,而与对称振子表面相垂直的电场分量 $E_i//\cos\theta$ 以及 $E_{i\perp}$ 均不能在天线上感应出表面电流。这样,在对称振子上任选一线元 $\mathrm{d}z$,利用理想导体表面处的边界条件可知,对称振子上的感应电动势应由反向电场 $-E_\tau$ 所激励,从而可知线元 $\mathrm{d}z$ 上的复感应电动势(微)元为

$$\mathrm{d}E=-E_\tau\mathrm{d}z \tag{8.196}$$

该电动势元在负载上产生的复电流(微)元为 $\mathrm{d}I_l$。于是,各线元上的感应电动势在负载上产生的总电流即为

$$I_l=\int_{-h}^{h}\mathrm{d}I_l \tag{8.197}$$

上述求解接收天线负载电流的方法称为感应电动势法。该方法同样可用于引向天线等线天线的分析中。应指出,因为一般情况下,到达天线上各点的平面波具有路程差,而路程差又与入射波的方向 θ 有关,因此天线上各点的电场切向分量具有不同的相位。换言之,天

线上每个线元的感应电动势在负载上产生的电流的叠加也与天线的结构密切有关。尽管原则上可利用感应电动势法确定天线导体表面的电流分布以及负载输入端的电流，但这种方法在数学处理上十分困难。所以，通常采用另一种分析方法——互易原理法进行分析。互易原理法是将线性、无源二端口网络中的互易原理推广应用到接收天线的分析中。下面简单介绍互易原理法的分析思路。

2. 接收天线的互易原理法分析

假设空间中有两副任意放置的天线(对称振子)1 和 2，两者间的距离足够远，两天线间没有其他场源，且填充媒质是理想的简单媒质，如图 8.49 所示。此时，天线 1 作为发射天线，在馈电端口施加(复)电动势 E_1 时，在天线 2 的端接负载上将产生(复)电场为 $\boldsymbol{E}_{21}$，而电场 $\boldsymbol{E}_{21}$ 在天线 2 开路端引起感应电压为 U_2；反之，当天线 2 作为发射天线，在馈电端口施加电动势 E_2 时，在天线 1 的端接负载上将产生电场为 $\boldsymbol{E}_{12}$，而电场 $\boldsymbol{E}_{12}$ 在天线 1 开路端引起感应电压为 U_1。设天线 1 和 2 的中心馈电处的间隙长度分别为 L_1 和 L_2，且天线 1 和 2 的负载阻抗 Z_{l1} 和 Z_{l2} 上的感应电流分别为 I_{12} 和 I_{21}，并注意到天线的导体中电场等于零，则卡森互易定理(2.51)两端的体积分可分别表示为

$$\int_{V_1} \boldsymbol{J}_1 \cdot \boldsymbol{E}_2 \mathrm{d}V = I_{12}\int_{L_1} \boldsymbol{E}_{12} \cdot \mathrm{d}\boldsymbol{l}_1 = I_{12}U_1 \tag{8.198a}$$

$$\int_{V_2} \boldsymbol{J}_2 \cdot \boldsymbol{E}_1 \mathrm{d}V = I_{21}\int_{L_2} \boldsymbol{E}_{21} \cdot \mathrm{d}\boldsymbol{l}_2 = I_{21}U_2 \tag{8.198b}$$

于是，式(2.51)可表示为

$$I_{12}U_1 = I_{21}U_2$$

或表示为

$$\frac{U_1}{I_{21}} = \frac{U_2}{I_{12}} \quad 或 \quad Z_{12} = Z_{21} \tag{8.199}$$

这就是电路理论中的互易定理。

如图 8.49 所示，若 Z_{in1} 和 Z_{in2} 分别为天线 1 和天线 2 的输入阻抗，则天线 2 和天线 1 分别作为发射天线时，在天线 1 和天线 2 端接负载 Z_{l1} 和 Z_{l2} 上产生的输入电流 I_{in1} 和 I_{in2} 与感应电压 U_1 和 U_2 间的关系为

$$U_1 = I_{\text{in1}}(Z_{\text{in1}} + Z_{l1}) \tag{8.200}$$

$$U_2 = I_{\text{in2}}(Z_{\text{in2}} + Z_{l2}) \tag{8.201}$$

于是，将式(8.200)和(8.201)代入式(8.199)，即得

$$\frac{I_{\text{in1}}(Z_{\text{in1}} + Z_{l1})}{I_{12}} = \frac{I_{\text{in2}}(Z_{\text{in2}} + Z_{l2})}{I_{21}} \tag{8.202}$$

这样，若天线 1 作为发射天线而天线 2 作为接收天线，当天线 1 的输入电流为 I_{in1} 时，在天线 2 处产生的辐射电场 $\boldsymbol{E}_{21}$ 则为

$$\boldsymbol{E}_{21} = \mathrm{j}\,\frac{60\pi I_{\text{in1}} l_{\text{e1}}}{\lambda R} f_1(\theta,\varphi)\mathrm{e}^{-\mathrm{j}kR}\boldsymbol{a}_{\theta_1} = E_{21}\boldsymbol{a}_{\theta_1} \tag{8.203}$$

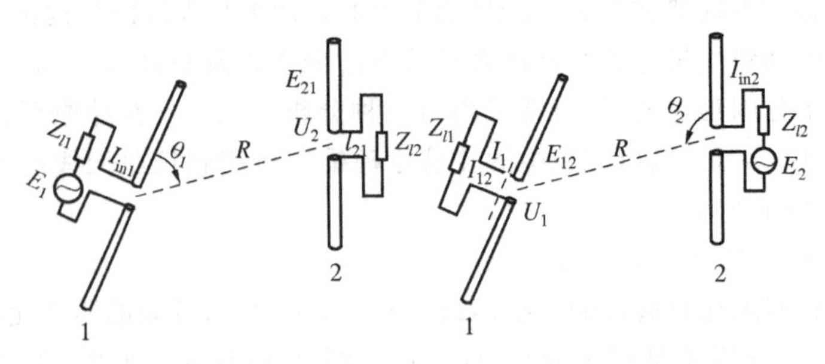

图 8.49 采用互易定理分析接收天线

式中,l_{e1},$f_1(\theta,\varphi)$分别为天线 1 的有效长度和归一化方向性函数,它们均归算于输入电流;$\boldsymbol{a}_{\theta_1}$ 为角度 θ_1 增大方向上的单位矢量,而 θ_1 为矢径与天线 1 的轴线之间的夹角,于是

$$I_{in1}=\frac{\lambda RE_{21}}{j60\pi l_{e1}f_1(\theta,\varphi)}e^{jkR} \tag{8.204}$$

类似地,若天线 2 作为发射天线而天线 1 作为接收天线,则天线 2 输入端的电流 I_{in2} 在天线 1 处产生的辐射电场 $\boldsymbol{E}_{12}$ 为

$$\boldsymbol{E}_{12}=j\frac{60\pi I_{in2}l_{e2}}{\lambda R}f_2(\theta,\varphi)e^{-jkR}\boldsymbol{a}_{\theta_2}=E_{12}\boldsymbol{a}_{\theta_2} \tag{8.205}$$

式中,l_{e2},$f_2(\theta,\varphi)$分别为天线 2 的有效长度和归一化方向性函数,它们均归算于输入电流;$\boldsymbol{a}_{\theta_2}$ 为角度 θ_2 增大方向上的单位矢量,而 θ_2 为矢径与天线 2 的轴线之间的夹角。从而有

$$I_{in2}=\frac{\lambda RE_{12}}{j60\pi l_{e2}f_2(\theta,\varphi)}e^{jkR} \tag{8.206}$$

将式(8.204)和式(8.206)代入式(8.202),整理可得

$$\frac{(Z_{in1}+Z_{l1})}{l_{e1}f_1(\theta,\varphi)}\frac{I_{12}}{E_{12}}=\frac{(Z_{in2}+Z_{l2})}{l_{e2}f_2(\theta,\varphi)}\frac{I_{21}}{E_{21}} \tag{8.207}$$

显然,上式等号左端仅与天线 1 的参量有关,等号右端仅与天线 2 的参量有关,而 I_{12}/E_{12} (I_{21}/E_{21})代表外加单位场强时天线 1(天线 2)上的感应电流,其值只取决于天线本身的特性,与外加场强无关。又由于两天线的形式和取向等方式可任意选取,因此式(8.207)中左、右两端应是与天线形式无关的常数 C,即有

$$\frac{(Z_{in}+Z_l)}{l_e f(\theta,\varphi)}\frac{I_l}{E}=C \tag{8.208}$$

式中,I_l 为接收天线负载上的输出电流,$\boldsymbol{E}$ 为天线处的电场。于是,有

$$I_l=C\frac{l_e f(\theta,\varphi)E}{Z_{in}+Z_l} \tag{8.209}$$

而接收天线负载端的感应电压为

$$U_l = Cl_e f(\theta,\varphi)E \tag{8.210}$$

如前所述，上述的导出公式与天线的形式无关，因此可根据电流元来确定常数 C。如图 8.48(a)所示，此时，在入射电场 $\boldsymbol{E}_i$ 的作用下，由于只有沿天线导体表面的切向电场分量 $E_0\sin\theta$ 才能在接收天线上感应出感应电动势 $E(=-E_0 l\sin\theta)$。因此，电流元上感应出的电压为

$$U=E_0 l\sin\theta \tag{8.211}$$

式中，l 为电流元的长度。由于电流元作为发射天线时，$f(\theta,\varphi)=\sin\theta$，$l_e=l$，$E=E_0$。将式(8.211)与式(8.210)比较，可知 $C=1$。所以，式(8.209)变为

$$I_l = \frac{l_e f(\theta,\varphi)E}{Z_{in}+Z_l} \tag{8.212}$$

$$U_l = l_e f(\theta,\varphi)E \tag{8.213}$$

由此可画出接收天线的等效电路，如图 8.48(b)所示。

事实上，任意类型的线天线(包括口径天线)作为接收天线时，其方向图函数、有效长度以及输入阻抗等均与用作发射天线时的情况相同，这种同一副天线收、发参数相同的特性就称为天线的互易性。同样可证明，接收天线的其他参数如增益、极化、效率等参数都与天线用作发射时的相同。

应指出，一副天线用作发射和接收时的参数值相同，但其工作方式与参数的定义却不同。同时，接收天线一般工作于弱信号的工作状态，因此接收天线具有不同于发射天线的特殊参数如有效(接收)面积以及等效噪声温度等。下面介绍接收天线主要的特殊参数。

3. 等效面积与最大有效面积

1) 等效面积

处于接收状态下的对称振子和口径天线，通常均可将它们同等效接收面积联系起来，图 8.50 示出了接收状态下的对称振子和口径天线及其等效电路。当电磁波入射到天线上时，可用等效面积来描述天线的功率接收特性。这些等效面积之一就是有效面积(口径)。有效面积被定义为：在已知方向上，天线终端接收的资用功率与入射平面波的功率密度之比，记为 A_e。假设平面波的极化方向与天线的极化匹配，且若天线的辐射方向不被指定，则指天线的最大辐射方向。于是，有效面积 A_e 的数学表达式为

$$A_e = \frac{P_T}{(S_i)_{av}} = \frac{R_T\,|\,I_T\,|^2/2}{(S_i)_{av}} \tag{8.214}$$

式中，A_e 的单位为 m^2；P_T 为传输到负载的功率(W)；$(S_i)_{av}$ 为入射波的功率密度(W/m^2)；I_T 为与接收天线相连的负载上的电流，而负载阻抗 $Z_T=R_T+jX_T$。

显然，天线的有效面积(口径)是指传输到负载的功率相对应的面积。利用图 8.50(b)中的等效电路，可将式(8.214)表示为

$$A_e = \frac{|\,U_T\,|^2}{2(S_i)_{av}}\left[\frac{R_T}{(R_r+R_L+R_T)^2+(X_A+X_T)^2}\right] \tag{8.215}$$

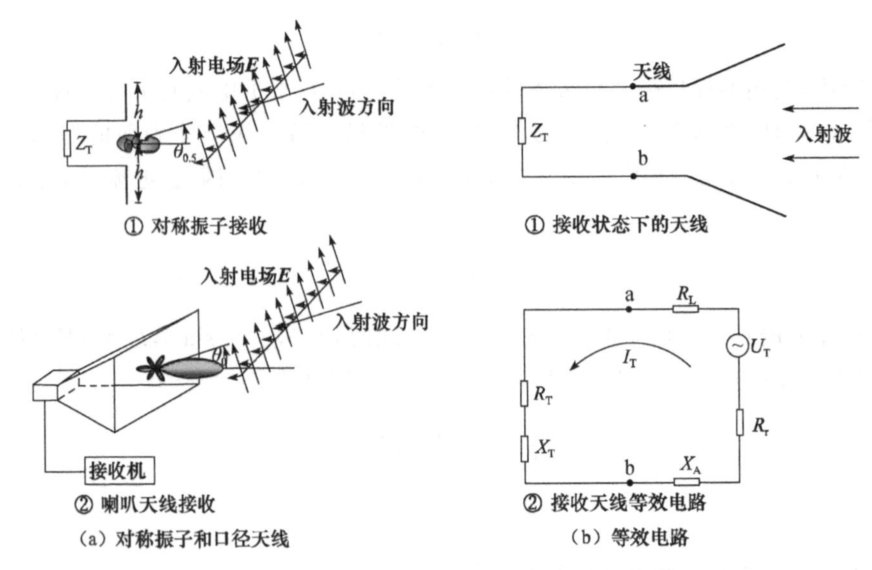

图 8.50　接收状态下的对称振子和口径天线及其等效电路

式中,U_T 为接收天线输入端的感应电压;R_r 为天线的辐射电阻,R_L 为天线的损耗电阻,而 X_A 为天线的电抗。在共轭匹配条件下,$R_r+R_L=R_T$,$X_A=-X_T$,则由式(8.215)可得共轭匹配条件下的有效面积 A_e 为

$$A_e=\frac{|U_T|^2}{8(S_i)_{av}}\left[\frac{R_T}{(R_r+R_L)^2}\right]=\frac{|U_T|^2}{8(S_i)_{av}}\left(\frac{1}{R_r+R_L}\right) \tag{8.216}$$

当上式采用入射波的功率密度相乘时,即得共轭匹配条件下传输到负载的最大功率。显然,天线接收的功率并非全部传输到负载,即使在共轭匹配条件下,也仅有一半的功率传输到负载,其他一半功率被天线散射或被热损耗。因此,为了解释散射和热损耗的功率,还可定义其他等效面积,即散射、热损耗等效面积。

这样,当天线满足最佳接收条件(即天线与负载共轭匹配(或无反射匹配)、天线的最大接收方向与入射波方向一致,且天线的极化与入射波的极化匹配(极化损失因子 $PLF=1$ 和极化失配因子 $p_e=1$))时,天线即可获得最大有效面积。若记最大有效面积为 A_{em},则由有效面积的定义式(8.214),有

$$A_{em}=\frac{(P_T)_{max}}{(S_i)_{av}} \tag{8.217}$$

这表明,只要求得天线在最佳接收条件下的最大接收功率以及天线所处位置来波的功率密度,即可按上式求得天线的最大有效面积。

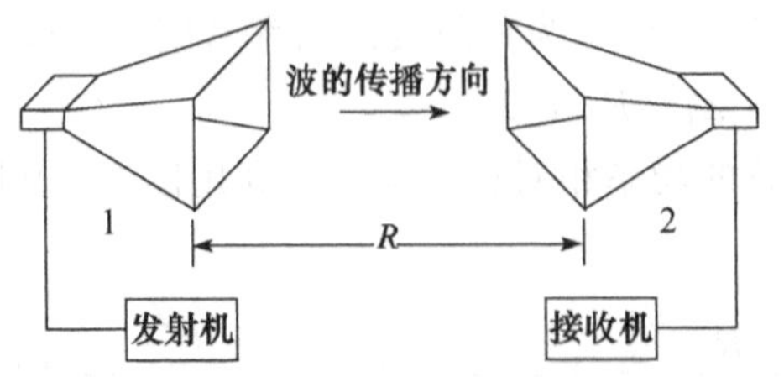

图 8.51　相距为 R 的收发天线示意图

2) 最大有效面积与方向性系数的关系

为了导出天线最大有效面积与方向性系数间的关系,选取如图 8.51 所示相距为 R 的口径天线(喇叭天线)构成的收发天线系统。其中天线 1 作为发射天线,天线 2 作为接收天

线，且每副天线的有效面积和任意方向上的方向性系数分别为 A_{et}，A_{er} 以及 D_t，D_r。正如所知，若天线1是各向同性天线，则在距离 R 处的辐射功率密度 $(S_0)_{av}=P_t/(4\pi R^2)$，其中，$P_t$ 为天线1的总辐射功率。考虑到发射天线1的方向性，其辐射功率密度应为

$$(S_t)_{av}=(S_0)_{av}D_t=\frac{P_tD_t}{4\pi R^2} \tag{8.218}$$

于是，由天线2接收并传输到负载的功率为

$$P_r=(S_t)_{av}A_{er}=\frac{P_tD_tA_{er}}{4\pi R^2}$$

或

$$D_tA_{er}=\frac{P_r}{P_t}(4\pi R^2) \tag{8.219}$$

同理，若天线2被用作发射而天线1用作接收，且周围填充的媒质是简单媒质，则有

$$D_rA_{et}=\frac{P_r}{P_t}(4\pi R^2) \tag{8.220}$$

于是，由式(8.219)和(8.220)可得

$$\frac{D_t}{A_{et}}=\frac{D_r}{A_{er}} \tag{8.221}$$

这表明，天线的方向性使指定方向上的有效面积增加。据此，假设天线满足最佳接收条件，则式(8.221)可被进一步写为

$$\frac{D_{0t}}{A_{tm}}=\frac{D_{0r}}{A_{rm}} \tag{8.222}$$

式中，A_{tm} 和 A_{rm} 分别为天线1和天线2的最大有效面积；D_{0t} 和 D_{0r} 分别为天线1和天线2的最大方向性系数。如果天线1是各向同性天线，$D_{0t}=1$，则式(8.222)变为

$$A_{tm}=\frac{A_{rm}}{D_{0r}} \tag{8.223}$$

式(8.223)表明，各向同性天线的最大有效面积等于任何其他天线的最大有效面积与最大方向性系数之比。

一般地，任何天线的最大有效面积 A_{em} 与其(最大)方向性系数 D_0 的关系是

$$A_{em}=\left(\frac{\lambda^2}{4\pi}\right)D_0 \tag{8.224}$$

这样，当式(8.224)用入射波的功率密度相乘时，即得满足最佳接收条件时传输到负载的最大功率，它是假设天线不存在导体和介质损耗以及满足最佳接收条件的理想情况。一般地，若天线存在损耗，则式(8.224)的最大有效面积必须被修正为

$$A_{em}=\eta_A\left(\frac{\lambda^2}{4\pi}\right)D_0 \tag{8.225}$$

式中,假设天线与负载匹配、天线的最大接收方向与入射波方向一致以及入射波与天线的极化匹配。若反射和极化失配同时存在,则式(8.225)应被进一步修正为

$$A_{em} = \eta_t \left(\frac{\lambda^2}{4\pi}\right) D_0 \mid \boldsymbol{a}_w \cdot \boldsymbol{a}_a \mid = \eta_A (1 - \mid \Gamma \mid^2) \left(\frac{\lambda^2}{4\pi}\right) D_0 \mid \boldsymbol{a}_w \cdot \boldsymbol{a}_a \mid \tag{8.226}$$

式中,$\boldsymbol{a}_w$ 为入射波电场(极化)方向上的单位矢量;$\boldsymbol{a}_a$ 为接收天线极化方向上的单位矢量,而 η_t 为天线的总效率。

例 8.7 根据图 8.48 所示天线接收电磁波的原理图,导出长为 l 的电流元的最大有效面积 A_{em}。

解:设入射波电场的振幅为 E_{i0},于是,电流元的接收功率密度为

$$(S_i)_{av} = \frac{E_{i0}^2}{2\eta_0} \tag{8.227}$$

而当 Z_l 与 Z_{in} 实现共轭匹配时,电流元获得的功率为

$$P_T = \frac{1}{2} \mid I_T \mid^2 R_T = \frac{1}{2} \mid I_l \mid^2 R_l = \frac{1}{2}\left[\frac{E_0 l f(\theta,\varphi)}{Z_l + Z_{in}^*}\right]^2 R_l = \frac{(E_0 l)^2}{8R_r}\sin^2\theta \tag{8.228}$$

式中,$R_{in}=R_r$,$R_r=80(\pi l/\lambda)^2$,为电流元的辐射电阻。

当天线的最大接收方向与入射波方向一致,且天线的极化方向与入射波电场的方向一致,即 $\theta=90°$,$E_0=E_{i0}$ 时,则电流元获得最大接收功率为

$$(P_T)_{max} = \frac{E_{i0}^2 l^2}{8R_r} \tag{8.229}$$

将式(8.227)和式(8.229)代入式(8.217),可得电流元的最大有效面积为

$$A_{em} = \frac{\eta_0 l^2}{4R_r} = \frac{3\lambda^2}{8\pi}$$

事实上,由于电流元的最大方向性系数 $D_0=1.5$,利用式(8.224)即可简单得到上述 A_{em} 的表达式。

4. 弗莱斯传输方程和雷达距离方程

为了分析和设计雷达和通信系统,通常要求使用弗莱斯(Friis)传输方程和雷达距离方程。因此,弗莱斯传输方程和雷达距离方程是两个重要的公式。

1) 弗莱斯传输方程

弗莱斯传输方程是将距离为 R($R>2H^2/\lambda$)的两副天线的接收功率和发射功率联系起来的方程,其中 H 是每副天线的最大线尺寸。如图 8.52 所示,若发射天线是各向同性天线,且发射天线的输入功率为 P_t,则距离发射天线为 R 处的功率密度为

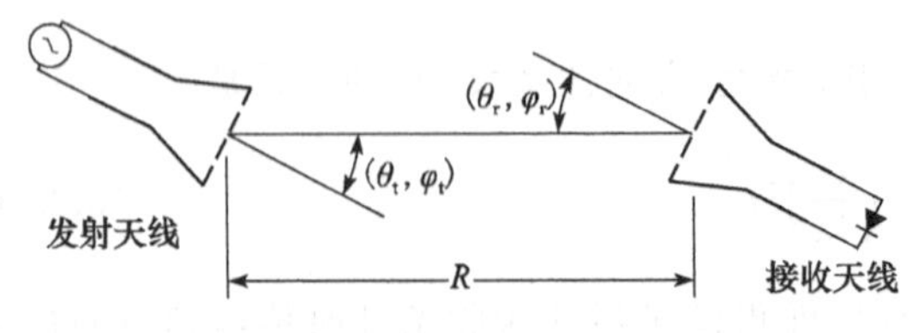

图 8.52 发射和接收天线的几何取向

$$(S_0)_{av} = \eta_{At}\frac{P_t}{4\pi R^2} \tag{8.230}$$

式中，η_{At}为发射天线的辐射效率。对非各向同性天线，在任意(θ_t,φ_t)方向上的功率密度可表示为

$$(S_t)_{av}=\eta_{At}\frac{P_tG_t}{4\pi R^2}=\eta_{At}\frac{P_tD_t}{4\pi R^2} \tag{8.231}$$

式中，G_t 是发射天线在任意(θ_t,φ_t)方向上的增益；D_t 是任意(θ_t,φ_t)方向上发射天线的方向性系数。由于接收天线的有效面积 A_{er}与其效率 η_{Ar} 和任意(θ_r,φ_r)方向上的方向性系数 D_r 相联系，即

$$A_{er}=\eta_{Ar}D_r\left(\frac{\lambda^2}{4\pi}\right) \tag{8.232}$$

由接收天线接收的功率 P_r 可利用式(8.231)和式(8.232)得到以下表达式：

$$P_r=\eta_{Ar}D_r\left(\frac{\lambda^2}{4\pi}\right)(S_t)_{av} \tag{8.233}$$

或接收的功率 P_r 与发射的功率 P_t 之比为

$$\frac{P_r}{P_t}=\eta_{At}\eta_{Ar}\frac{\lambda^2D_tD_r}{(4\pi R)^2} \tag{8.234}$$

式中，发射天线和接收天线均匹配到各自的馈线和负载，且接收天线的极化与入射波满足极化匹配。如果将发射天线和接收天线的反射失配以及与接收天线极化失配有关的两个因子同时包括在式(8.234)中，则有

$$\frac{P_r}{P_t}=\eta_{At}\eta_{Ar}(1-|\Gamma_t|^2)(1-|\Gamma_r|^2)\left(\frac{\lambda}{4\pi R}\right)^2D_tD_r\ |\boldsymbol{a}_w\cdot\boldsymbol{a}_a| \tag{8.235}$$

对调整到最大辐射和最大接收方向以及反射和极化均匹配的天线，式(8.235)简化为

$$\frac{P_r}{P_t}=\left(\frac{\lambda}{4\pi R}\right)^2G_{0t}G_{0r} \tag{8.236}$$

式(8.234)～(8.236)被称为弗莱斯传输方程，它将传输到接收机负载的功率 P_r 与发射天线的输入功率 P_t 联系起来，其中 $\lambda^2/(4\pi R)^2$ 被称为自由空间衰落因子，它代表了天线的能量因球形扩散而引起的衰减。

2) 雷达距离方程

图 8.53 示出了双基地雷达系统模型的示意图，假设发射功率入射到一目标上，则可引入一个称为雷达截面或目标回波面积的物理量，记为σ。此物理量被定义为，各向同性散射的场在面积σ上截获的功率等于在接收机处由实际目标散射产生的功率密度，其数学表达式为

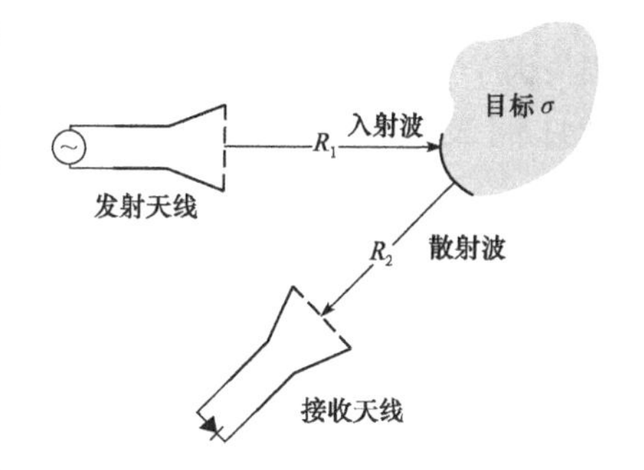

图 8.53　双基地雷达系统模型示意图

$$\lim_{R\to\infty}\left[\frac{\sigma(S_i)_{av}}{4\pi R^2}\right]=(S_s)_{av} \tag{8.237a}$$

或

$$\sigma = \lim_{R\to\infty}\left[4\pi R^2 \frac{(S_s)_{av}}{(S_i)_{av}}\right] = \lim_{R\to\infty}\left[4\pi R^2 \frac{|\boldsymbol{E}_s|^2}{|\boldsymbol{E}_i|^2}\right] = \lim_{R\to\infty}\left[4\pi R^2 \frac{|\boldsymbol{H}_s|^2}{|\boldsymbol{H}_i|^2}\right] \quad (\mathrm{m}^2) \tag{8.237b}$$

式中,$(S_i)_{av}$为入射波的功率密度;$(S_s)_{av}$为目标散射波的功率密度;$\boldsymbol{E}_i$ 和 $\boldsymbol{H}_i$ 分别为入射波的电场和磁场;$\boldsymbol{E}_s$ 和 $\boldsymbol{H}_s$ 分别为散射波的电场和磁场。式(8.237b)中的任一表达式均可用来推导任何天线或目标的雷达截面,但对具体电磁波的极化方式,采用上述其中一种表达式进行推导将会带来一定的简化,尽管各种定义均可得到相同的结果。

利用雷达截面的定义,就接收天线而言,可考虑入射到目标上的发射功率先被截获而后再被各向同性辐射。于是,目标的截获功率 P_c 可用雷达截面 σ 乘以式(8.231)的入射功率密度得到,即

$$P_c = \sigma(S_t)_{av} = \eta_{At}\sigma\frac{P_t D_t}{4\pi R_1^2} \tag{8.238}$$

而被目标截获的功率再被各向同性辐射,此时对应的散射功率密度为

$$(S_s)_{av} = \frac{P_c}{4\pi R_2^2} = \eta_{At}\sigma\frac{P_t D_t}{(4\pi R_1 R_2)^2} \tag{8.239}$$

于是,传输到接收机(负载)的功率为

$$P_r = A_{er}(S_s)_{av} = \eta_{At}\eta_{Ar}\sigma\frac{P_t D_t D_r}{4\pi}\left(\frac{\lambda}{4\pi R_1 R_2}\right)^2 \tag{8.240}$$

式中,A_{er}为式(8.232)定义的接收天线的有效面积。式(8.240)可被写成为接收功率与输入功率之比,即

$$\frac{P_r}{P_t} = \eta_{At}\eta_{Ar}\sigma\frac{D_t D_r}{4\pi}\left(\frac{\lambda}{4\pi R_1 R_2}\right)^2 \tag{8.241}$$

式(8.241)是将接收天线的接收功率和发射天线的输入功率相联系的表达式,该表达式仅考虑接收天线和发射天线的导体和介质损耗,而并未考虑反射损耗(反射效率)和极化损耗(极化损失因子 PLF 和极化失配因子 p_e)。若同时考虑反射损耗和极化损耗的影响,则式(8.241)可表示为

$$\frac{P_r}{P_t} = \eta_{At}\eta_{Ar}\sigma(1-|\Gamma_t|^2)(1-|\Gamma_r|^2)\frac{D_t D_r}{4\pi}\left(\frac{\lambda}{4\pi R_1 R_2}\right)^2 |\boldsymbol{a}_w \cdot \boldsymbol{a}_a| \tag{8.242}$$

对处于最佳接收条件下的天线,式(8.242)简化为

$$\frac{P_r}{P_t} = \sigma\frac{G_{0t}G_{0r}}{4\pi}\left(\frac{\lambda}{4\pi R_1 R_2}\right)^2 \tag{8.243}$$

式(8.241)、(8.242)和式(8.243)称为雷达距离方程的一般形式,它将接收天线的接收功率 P_r 与发射天线的输入功率 P_t 联系起来。

前面引出的雷达距离方程适用于双基地雷达(发射机与接收机分置)的情况,而实际应用中,常用的雷达称为单基地雷达(发射机与接收机共置,收、发共用一副天线),此时,$G_{0t}=$

$G_{0r}=G_0$，$R_1=R_2=R$。于是，由式(8.243)可得常用雷达的接收功率为

$$P_r=\frac{P_tG_0^2\lambda^2\sigma}{(4\pi)^3R^4} \tag{8.244}$$

这就是常用雷达的距离方程。显然，为了检测到远距离的目标，在提高发射机发射功率的同时，还要提高接收机的灵敏度和降低噪声。

由于天线接收和其本身产生的噪声，因此雷达接收机存在能够识别的某个最小可检测功率$(P_r)_{min}$。于是，由式(8.244)可得雷达的最大作用距离R_{max}为

$$R_{max}=\left[\frac{P_tG_0^2\lambda^2\sigma}{(4\pi)^3(P_r)_{min}}\right]^{1/4} \tag{8.245}$$

5. 背景温度和等效噪声温度

对卫星通信、射电天文等系统中的天线，由于接收天线距离发射天线(或辐射源)非常远，天线在接收微弱信号的同时，还会收到其他辐射源或自然界产生的各种噪声。此时仅根据天线的方向性系数或增益等参数已不能完全判断天线性能的优劣，而应用天线向接收机输送噪声功率的参数——等效噪声温度来表征天线的接收质量。等效噪声温度也是接收天线特有的一个重要参数。

1) 背景温度和亮度温度

天线的噪声来自于天线的外部环境(外部噪声)和天线本身(内部噪声)。天线的外部噪声可以包含许多成分，例如其他无线电设备、各种电气设备的工业辐射、来自银河系、太阳、银河外星系以及大气和地面的热辐射等。由于上述噪声的频谱分布和传输途径以及传输特性的不同，通过天线进入接收机的噪声随频段的不同而不同，在微波波段，天线的外部噪声主要来自银河系、太阳、银河外星系以及大气和地面的热辐射。天线的内部噪声主要来自天线本身的各种损耗引起的热噪声。

具有零绝对温度(0 K＝－273 ℃)以上物理温度的任何物体均辐射能量，所辐射的能量通常可用一等效背景温度T_B来表示，即

$$T_B(\theta,\varphi)=\varepsilon(\theta,\varphi)T_m=(1-|\Gamma(\theta,\varphi)|^2)T_m \quad (K) \tag{8.246}$$

式中，等效背景温度T_B又称为亮度温度；ε为发射率(无量纲)；T_m为分子(物理)温度(K)；$\Gamma(\theta,\varphi)$为电磁波在物体表面引起的反射系数。由于发射率的值一般满足$0\leqslant\varepsilon\leqslant1$，因此可实现的亮度温度的最大值等于分子温度。通常发射率是工作频率、被发射能量的波的极化状态以及物体分子结构的函数。

在微波波段，典型的天然发射体的背景温度T_B是：① 地面约为290～300 K；② 指向天空上空约为3～5 K以及指向水平线的天空约为50～100 K。图8.54示出了天空的背景温度以角度θ(θ是从水平面起算的角度)随频率的变化曲线。由图可见，除f＝60 GHz以外，频率一定，天空上空($\theta=90°$)的背景温度最低，而接近水平线时天空的背景温度最高。此外，背景温度在22 GHz和60 GHz的频率上出现尖锐的峰值，前者由水分子的谐振而引起，而后者则由氧气分子谐振而引起，这两个谐振导致大气损耗急剧增加，从而导致背景温度的增加。

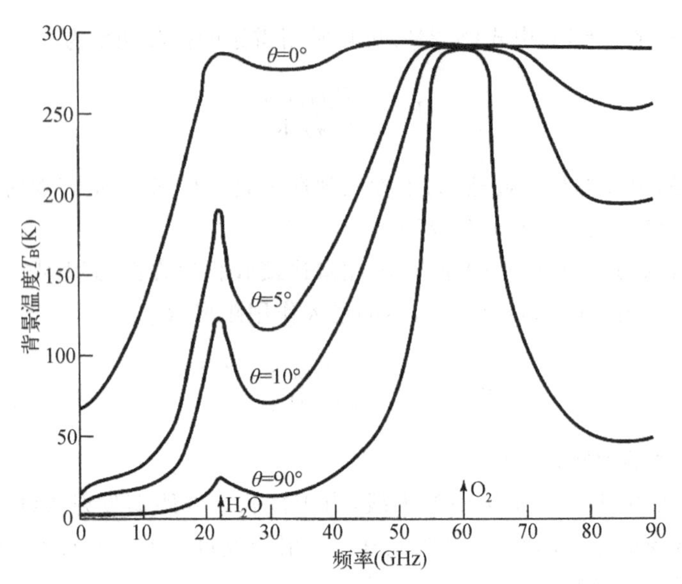

图 8.54　天空的背景温度随频率的变化曲线

当天线的波束足够宽时,天线辐射方向图的不同部分就对应不同的背景噪声,此时可采用天线的方向性 $D(\theta,\varphi)$ 分布求得天线的有效亮度温度 T_b 为

$$T_b = \frac{\int_{0^\circ}^{2\pi}\int_{0^\circ}^{\pi} T_B(\theta,\varphi)D(\theta,\varphi)\sin\theta \mathrm{d}\theta\mathrm{d}\varphi}{\int_{0^\circ}^{2\pi}\int_{0^\circ}^{\pi} D(\theta,\varphi)\sin\theta \mathrm{d}\theta\mathrm{d}\varphi} \tag{8.247}$$

式中,$T_B(\theta,\varphi)$为背景温度分布函数;$D(\theta,\varphi)$为天线的方向性系数(分布)。天线的亮度温度是由天线终端处得到的结果。显然,当 T_B 为常数时,$T_b=T_B$,这对应均匀背景温度的情况。此外,天线的亮度温度的定义中并不包括天线的增益和效率,所以亮度温度不包括天线损耗而引起的热噪声。

2) 等效噪声温度与系统噪声功率

众所周知,电子热运动会在电阻两端产生随机的噪声电压,它输送给匹配电阻的最大噪声功率(额定噪声功率)为

$$P_n = kT\Delta f \quad (\mathrm{W}) \tag{8.248}$$

式中,$k=1.308\,54\times10^{-23}$ J/K,为玻尔兹曼常数;Δf 为系统的工作带宽,单位为 Hz;T 为环境的绝对温度,单位为 K。类似地,接收天线向共轭匹配的负载输送的噪声功率可表示为

$$P_{nr} = kT_A\Delta f \quad (\mathrm{W}) \tag{8.249}$$

式中,T_A 为天线的噪声温度,是表征接收天线向共轭匹配负载输送的噪声功率大小的参数,又称为等效噪声温度,并不是天线本身的物理温度。

如果天线及其馈线保持确定的温度且馈线为有耗传输线,那么必须对式(8.249)加以修正来反映其他因素以及传输线损耗对等效噪声温度的影响。假设天线的自身保持一确定的物理温度 T_p 以及长度为 l、衰减常数为 α 的整个传输线上也保持常数的物理温度 T_0,且天

线与传输线间匹配，如图8.55所示。于是，在接收机输入端的等效天线温度 T_a 可表示为

$$T_a = T_A e^{-2\alpha l} + T_{Ap} e^{-2\alpha l} + T_0(1 - e^{-2\alpha l}) \tag{8.250}$$

式中，$T_{Ap}=[(1/\varepsilon_A)-1]T_p$，为天线终端处由物理温度引起的天线温度，而 ε_A 为天线的(热)效率；T_A 为天线终端的等效天线噪声温度。

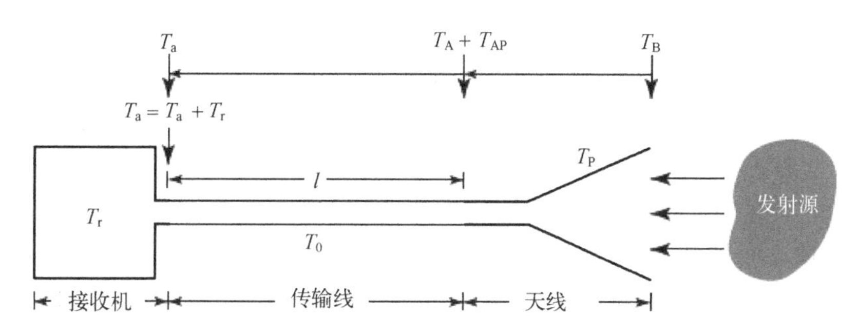

图8.55　与接收机相连的天馈系统的等效噪声

这样，天线的噪声功率可修正为

$$P_{nr} = kT_a \Delta f \quad (\text{W}) \tag{8.251}$$

式中，T_a 为接收机输入端的天线温度。显然，考虑接收机本身所具有的噪声温度 T_r(由接收机内元器件的热噪声引起)，那么在接收机终端呈现的系统总噪声功率为

$$P_s = k(T_a + T_r)\Delta f = kT_s \Delta f \quad (\text{W}) \tag{8.252}$$

式中，$T_s = T_a + T_r$，为系统总噪声温度。

综上所述，天线的等效噪声温度不仅取决于外部噪声源的空间分布，而且取决于天线的方向性、天线的架设及其取向。采用具有定向性的接收天线，设法避开某些噪声源，可达到降低噪声的目的。当将接收天线方向图的零点对准强噪声源时，等效噪声温度就将显著降低；当接收天线主波束(最大辐射)方向出现强噪声源时，等效噪声温度就将显著增加。因此，实际应用中，应保证天线方向图的零点尽可能对准强噪声源，而主波束方向对准来波方向，这样才能获得最大的信噪比，以取得最好的接收效果。

*8.2　线天线

前面一节介绍了天线基本辐射单元、天线(包括接收天线)基本参数、对称振子以及天线阵辐射的有关知识，下面两节将介绍常用线天线和面天线的基本分析方法以及工作原理。线天线的特点是：高频电流沿直线或曲线状的天线体分布，且天线尺寸为几分之一或数个波长。线天线只用于长、中、短波和超短波波段；面天线的特点是：电流沿天线体的金属表面分布，且天线的口面尺寸远大于工作波长，面天线的工作频率较高，主要用于微波和毫米波波段。本节先介绍线天线，下一节再介绍面天线。

通常将截面半径远小于波长的金属导线构成的天线称为线天线，除前一节中介绍的对称振子及其变型的振子以外，线天线的种类还有很多，如直立振子天线、水平振子天线、螺旋

天线、引向天线等。同时,将非频变天线(部分为平面天线)也归类为线天线。下面仅介绍较为常见的线天线。

8.2.1 直立振子天线及其变型结构

1. 直立振子天线

垂直于地面或接地导电平面架设的天线称为直立振子天线(或鞭状天线、单极天线),它被广泛应用于长、中、短波及超短波波段,其长度一般小于半个波长。假设地面可视为理想导体,则地面的影响可用天线的镜像代替,如图 8.56 所示。其中,图 8.56(a)中的直立振子可等效为图 8.56(b)所示的直立对称振子;图 8.56(c)中架高的直立对称振子可等效为图 8.56(d)所示的二元阵。下面仅分析直立振子的电特性。

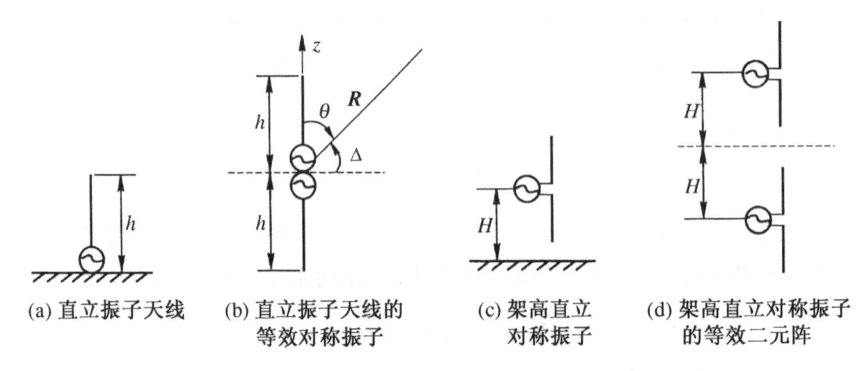

图 8.56 直立振子和架高直立对称振子及其等效天线

直立振子在地面上半空间中的远区辐射场可直接由自由空间中对称振子的远区辐射场得到,即

$$E_\theta = \mathrm{j}\,\frac{60I_\mathrm{m}}{R}\mathrm{e}^{-\mathrm{j}kR}\,\frac{\cos(kh\cos\theta)-\cos(kh)}{\sin\theta}$$

式中,I_m 为波腹点的电流。于是,直立振子的方向图函数可由上式得到

$$|F(\theta)| = \left|\frac{\cos(kh\sin\Delta)-\cos(kh)}{\cos\Delta}\right| \tag{8.253}$$

式中,$\Delta=90^\circ-\theta$。架设于地面上的线天线的两个主平面方向图一般用水平平面(H 面)和垂直平面(E 面)表示,根据式(8.253)容易作出直立振子天线的两个主平面的方向图。

工程上,通常将线天线的输入点电流 I_in 用波腹点电流 I_m 来表示,其关系为 $I_\mathrm{in}=I_\mathrm{m}\sin kh$。于是,直立振子上的电流分布可表示为

$$I(z) = I_\mathrm{m}\sin k(h-z) = \frac{I_\mathrm{in}}{\sin kh}\sin k(h-z) \tag{8.254}$$

根据天线有效高度的定义,可求得归于输入点电流的有效高度为

$$h_\mathrm{ein} = \frac{1}{I_\mathrm{in}}\int_0^h I(z)\,\mathrm{d}z \tag{8.255}$$

将式(8.254)代入上式,即得

$$h_{\mathrm{ein}}=\frac{1-\cos kh}{k\sin kh} \tag{8.256}$$

若 $h\ll\lambda$,则有

$$h_{\mathrm{ein}}=\frac{1}{k}\tan\left(\frac{kh}{2}\right)\approx\frac{h}{2}$$

可见,当直立振子的高度 $h\ll\lambda$ 时,其有效高度仅为实际高度的 1/2。

根据自由空间中对称振子的辐射功率可求得直立振子的辐射电阻,但直立振子的镜像部分并不辐射功率,因此直立振子的辐射电阻只为自由空间中对称振子辐射电阻的 1/2。当天线的高度 $h\ll\lambda$ 时,直立振子的辐射电阻很小,因而其效率很低。

如上所述,为了提高直立振子天线的效率,须提高其辐射电阻。工程上常采用在天线顶端加容性负载或在天线中部或底部加感性负载的方法,这些方法均可提高天线上的电流波腹点的位置,使天线上的电流分布趋于均匀,从而增加天线的有效高度。

如图 8.57 所示,在直立振子天线的顶端加上金属小球、圆片、辐射叶片形(或称星形)或伞形结构等,可增加天线顶端与地面间的分布电容(又称加顶电容),使天线顶端的电流不再为零。此时,天线的加顶电容可等效为天线高度延长一段。设加顶电容为 C_{a},则等效延长线段的高度 h' 可由传输线理论求得,即

$$\overline{Z}_{\mathrm{c}}\cot kh'=\frac{1}{\omega C_{\mathrm{a}}}$$

或

$$h'=\frac{1}{k}\operatorname{arccot}\left(\frac{1}{\overline{Z}_{\mathrm{c}}\omega C_{\mathrm{a}}}\right) \tag{8.257}$$

式中,$\overline{Z}_{\mathrm{c}}$ 为直立振子天线的平均特性阻抗。利用镜像法可求得直立振子天线的平均特性阻抗,其值为等效对称振子天线的平均特性阻抗的 1/2。

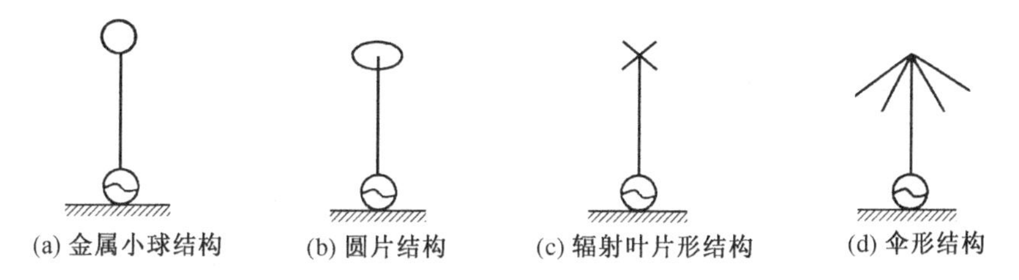

图 8.57 直立振子天线的加顶负载

这样,直立振子天线加顶后的虚高 $h_0=h+h'$,而此时天线上的电流分布为 $I(z)=I_{\mathrm{in}}\sin k(h_0-z)/\sin kh_0$,于是,天线的有效高度为

$$h'_{\mathrm{ein}}=\frac{1}{I_{\mathrm{in}}}\int_0^h I(z)\,\mathrm{d}z=\frac{2\sin k(h_0-h/2)\sin(kh/2)}{k\sin kh_0} \tag{8.258}$$

显然,当 $h \ll \lambda$ 时,加顶的直立振子天线归于输入点电流的有效高度为

$$h'_{ein} \approx h\left(1-\frac{h}{2h_0}\right) > \frac{h}{2} \tag{8.259}$$

这表明,直立振子天线加顶后有效高度提高,从而使其效率增加。

对短直立振子天线,由于天线上任一点所呈现的输入阻抗为容性,因此,若在天线上某点串接一电感即可抵消该点以上线段在此点处所呈现的部分容抗,从而增大电感接入点以下天线上的电流。所以,在直立振子天线上某点接入电感,也可使天线上的电流分布变得较为均匀,同样达到提高天线有效高度的目的。

直立振子天线的增益较低,实际应用中,若要提高直立振子天线的方向性,则可将多个直立振子沿垂直于地面方向排列成不同形式的直立共线阵。

2. 直立对称振子

对如图 8.56(c)所示的架高直立对称振子,考虑地面的影响,可等效为如图 8.56(d)所示的等效二元阵。此二元阵在垂直平面内的归一化方向图函数为

$$|f(\Delta)| = |f_1(\Delta) f_a(\Delta)| \tag{8.260}$$

式中,$|f_1(\Delta)|$ 为自由空间中单个对称振子的归一化方向图函数;$|f_a(\Delta)|$ 为间距为 $2H$ 的等幅同相二元阵的归一化阵因子,即

$$|f_a(\Delta)| = |\cos(kH\sin\Delta)| \tag{8.261}$$

图 8.58 为理想导电平面上直立半波对称振子在四种不同 H/λ 情况下垂直平面内的归一化方向图。由式(8.261)及图 8.58 可见:① 水平面内的归一化方向图为单位圆;② 垂直平面内归一化方向图的波瓣随 H/λ 的不断增大逐渐变尖;当 $H/\lambda=0.5$ 时,出现副瓣,再进一步增大 H/λ,方向图的副瓣则不断增多。

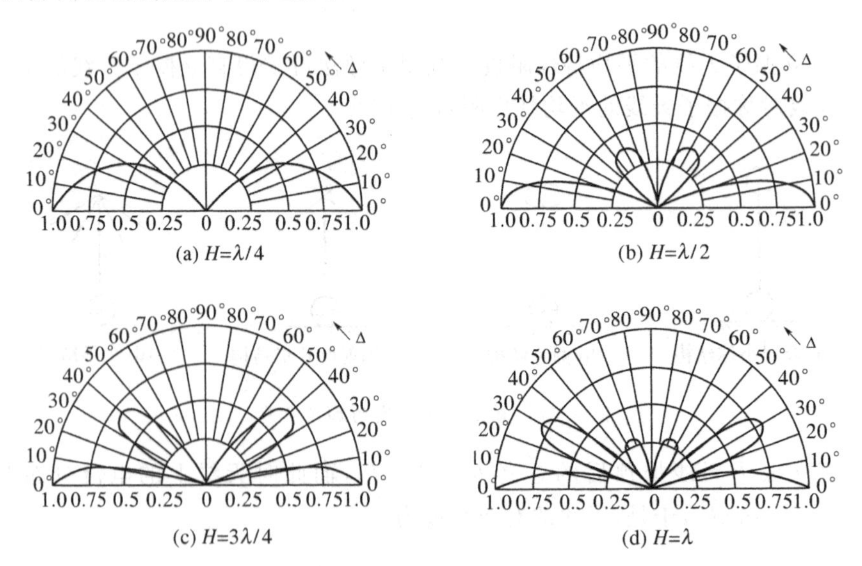

图 8.58 理想导电平面上直立半波对称振子垂直平面内的归一化方向图

3. 套筒天线

1) 套筒单极天线

图 8.59(a)示出了套筒单极天线的基本结构示意图。该天线采用同轴线馈电，套筒外壁起到辐射器的作用，而套筒的高度一般约取为(1/2～1/3)的单极天线高度。套筒单极天线等效的面电流分布如图 8.59(b)所示。由图可见，单极天线周围的套筒将实际天线的馈电点上移，当单极天线的长度分别为 $\lambda/4$ 和 $\lambda/2$ 时，馈电点的电流几乎保持不变。因此，这种天线的输入阻抗在一个倍频程内几乎保持不变，而方向图相对于无套筒的单极天线也几乎没有变化。图 8.59(c)则示出了一种实用的宽带套筒单极天线，其中套筒内部的结构构成一串联匹配支节的阻抗变换器，用于展宽该天线的带宽。研究表明，套筒单极天线的最低次谐振频率出现在单极天线的 $(l+L)\approx\lambda_{\min}/4$ 处，而当 $l/L\approx2.25$ 时，可获得在大于 4∶1 的频带内辐射方向图几乎保持不变的特性。

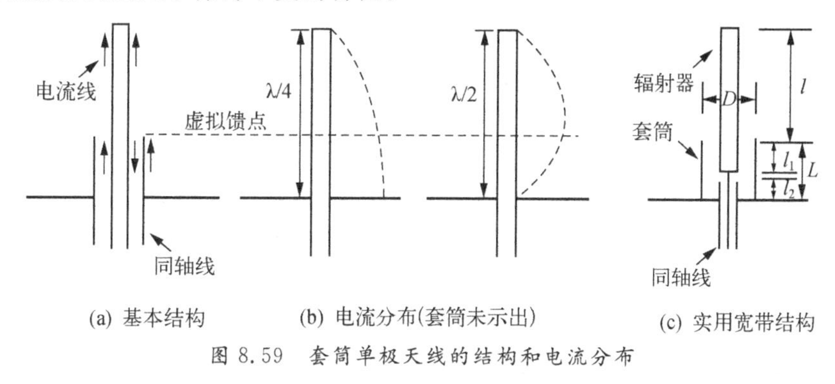

(a) 基本结构　　(b) 电流分布(套筒未示出)　　(c) 实用宽带结构

图 8.59　套筒单极天线的结构和电流分布

2) 套筒振子天线

图 8.60(a)和(b)分别示出了两种不同结构的套筒振子天线。其中，为了使对称振子两臂的电流保持对称分布，对称振子两臂上的套筒长度关于中心对称面应相等，且在套筒内部引入了马倩德巴伦变形结构中的两种折叠式巴伦结构。事实上，在上述两种结构中均可使用金属圆杆取代整个同轴套筒，则可获得开放式的套筒振子天线，这种开放式的天线也需采用折叠式巴伦进行馈电。

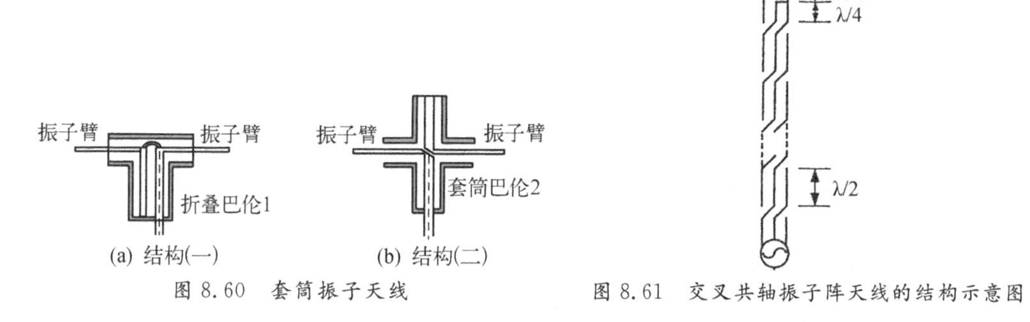

(a) 结构(一)　　(b) 结构(二)

图 8.60　套筒振子天线

图 8.61　交叉共轴振子阵天线的结构示意图

4. 交叉共轴振子阵天线

交叉共轴振子阵天线的结构示意图如图 8.61 所示。其中，相邻同轴电缆段的内、外导体交替相连，而每一段同轴电缆的长度均为 $\lambda/2$(λ 为同轴电缆内的导波波长)。因为多节同轴电缆段外表面上的电流相位相同,因此电气上等效为多个半波对称振子阵列。但与一般的直线阵不同的是,此天线与同轴串馈合二为一而巧妙地进行合成,以利用同轴线外导体表面作为天线振子。由于这种天线的结构简单、成本低、体积小、架设方便(或便携)以及性能稳定等,因此被广泛地应用于 VHF 及 UHF 波段的无线通信以及雷达等领域。

分析和实测表明,(串馈的)交叉共轴振子阵天线的相邻同轴电缆段表面上的电流分布完全类似于全波振子的电流分布,因而其辐射方向图与全波对称振子构成的相同天线阵的基本相同;天线的增益随同轴电缆段节数的增加不是一条平滑增长的曲线,而是一条起伏上升的变化曲线,其起伏度随节数的增加而逐渐变小;天线的增益还与同轴电缆内、外导体间填充的介质有关,在相同的节数下,介质的相对介电常数越小其增益越高。此外,随天线阵节数的增加,工作频带内增益的变化越大(频带越窄)。

5. 盘锥天线

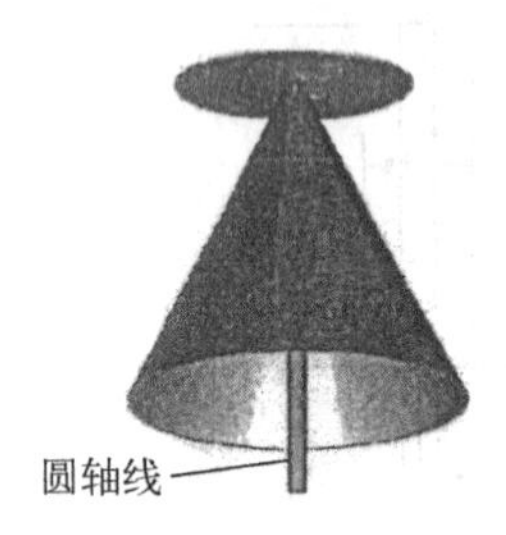

图 8.62　盘锥天线

盘锥天线是对称振子天线的一种变形,它是将对称振子的上臂变为导体圆盘,而下臂变为圆锥形导体构成,如图 8.62 所示。盘锥天线的馈电可通过圆锥中心放置的同轴线来完成,即将同轴线的内导体与导体圆盘相连,而将同轴线的外导体与导体圆锥的顶点相接。该天线具有较宽的阻抗带宽和类似于对称振子的方向图,且随着频率的升高方向图的最大值向锥底方向移动,从而产生下倾的辐射方向图。实践表明,盘锥天线上面圆盘的直径决定其高频段的阻抗匹配,当上面圆盘的直径等于圆锥底面直径的 0.7 倍,而锥顶面与上面圆盘的间距等于圆锥顶面直径的0.3 倍时,该天线的方向图在 4∶1 到 4.5∶1 的频率范围内较为理想,其阻抗带宽更宽。

实际应用中,为了减轻天线的风阻,圆锥和上面的圆盘均可由金属杆构成,一般至少为 8 根金属杆。

8.2.2　水平对称振子天线

架设于地面上方的水平对称振子天线(又称为双极天线)常用于短波通信、电视或其他无线电系统中,其结构如图 8.63(a)所示,对称振子的两臂由单根或多股铜线构成。为避免在拉线上产生较大的感应电流,拉线的电长度应较小,天线臂及支架上常采用多个高频绝缘子隔开,并采用特性阻抗为 600 Ω 的平行双导线作为馈线。

下面分别讨论水平对称振子的方向图。

1. 垂直平面的方向图

假设水平对称振子架设于理想导电地面上方的 H 处,则理想导电地面的影响可用水平对称振子的镜像来代替,镜像振子上的电流与原对称振子的电流等幅反相。因此,原对称振子和其镜像构成等幅反相二元阵,如图 8.63(b)所示。于是,此二元阵的远区辐射电场为

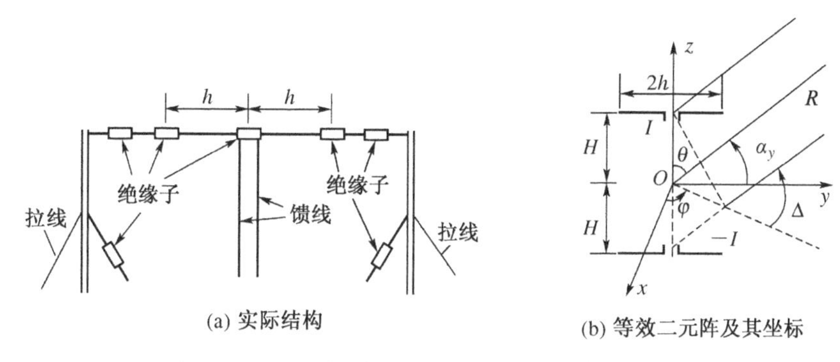

(a) 实际结构

(b) 等效二元阵及其坐标

图 8.63 水平对称振子天线的结构及其等效二元阵

$$E = E_1 + E_2 = \mathrm{j}\,\frac{60 I_{\mathrm{m}}}{R}\,\frac{\cos(kh\cos\alpha_y) - \cos(kh)}{\sin\alpha_y}\left[\frac{\mathrm{e}^{-\mathrm{j}kR_1}}{R_1} + \frac{\mathrm{e}^{-\mathrm{j}(kR_2+\pi)}}{R_2}\right] \tag{8.262}$$

式中，假设原对称振子的激励电流的相位为零；α_y 为射线与振子轴线（y 轴）间的夹角，而 $\cos\alpha_y = \cos\Delta\sin\varphi$。

对如图 8.63(b)所示 $\varphi = 90°$ 的垂直平面，由式(8.262)，得

$$E = \mathrm{j}60 I_{\mathrm{m}}\,\frac{\mathrm{e}^{-\mathrm{j}kR}}{R}\,\frac{\cos(kh\cos\Delta) - \cos(kh)}{\sqrt{1-\cos^2\Delta}}2\mathrm{j}\sin(kH\sin\Delta) \tag{8.263}$$

式中，对远区场，各分母中 $R_1 \approx R_2 \approx R$；各指数因子中，$R_1 \approx R - H\sin\Delta$，$R_2 \approx R + H\sin\Delta$。于是，$\varphi = 90°$ 情况下垂直平面的方向图函数为

$$|F(\Delta)|_{\varphi=90°} = \left|\frac{\cos(kh\cos\Delta) - \cos(kh)}{\sqrt{1-\cos^2\Delta}}\right|\,|2\sin(kH\sin\Delta)| \tag{8.264}$$

对 $\varphi = 0°$ 情况下的垂直平面的方向图函数，则由式(8.262)类似得到，即

$$|F(\Delta)|_{\varphi=0°} = |2\sin(kH\sin\Delta)| \tag{8.265}$$

图 8.64 示出了架设于理想地面上方的水平对称振子在四种不同情况下 $\varphi = 0°$ 垂直平面的归一化方向图。由图可见，$\varphi = 0°$ 的垂直平面方向图取决于架设的电高度 H/λ，但不论 H/λ 为何值，沿地面方向（即 $\Delta = 0°$）始终为零辐射；当 $H/\lambda \leqslant 1/4$ 时，在 $\Delta = 60° \sim 90°$ 范围内场强变化不大，说明这种天线有高仰角的辐射特性，通常被用于通信距离为 300 km 以内的短波通信中；随着 H/λ 增大，波瓣数增加，最靠近地面（第一波瓣）的最大辐射方向的仰角 Δ_{m1} 随 H/λ 的增大而减小，通信距离也随之增加。由式(8.265)可得 Δ_{m1} 为

$$\Delta_{\mathrm{m1}} = \arcsin\left(\frac{\lambda}{4H}\right) \tag{8.266}$$

在架设天线时，令 Δ_{m1} 等于通信仰角 Δ_0，可得天线的架设高度 H，即

$$H = \frac{\lambda}{4\sin\Delta_0} \tag{8.267}$$

式中，Δ_0 根据通信距离与电离层的高度确定。

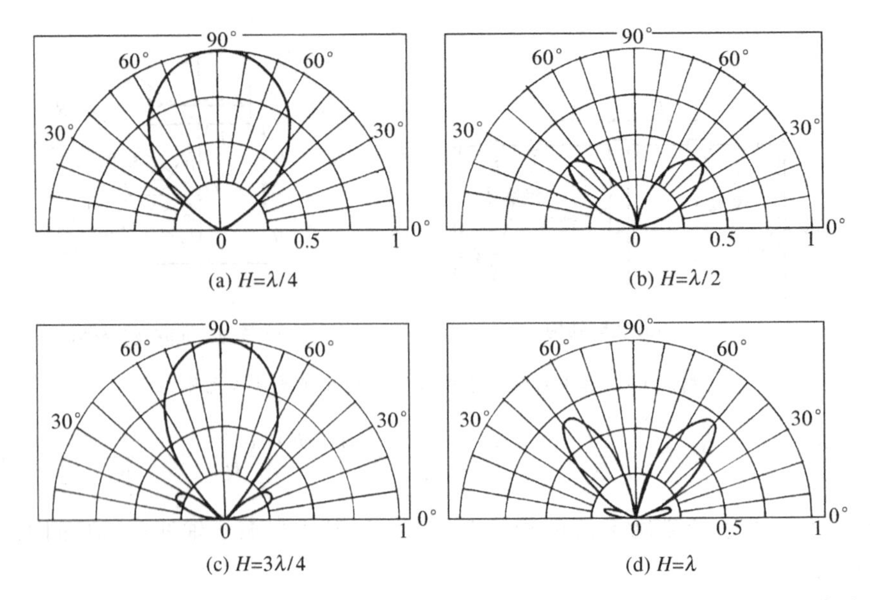

图 8.64　架高的水平对称振子在四种不同情况下 $\varphi=0°$ 的垂直平面的归一化方向图

2. 水平平面方向图

水平方向图函数为

$$|F(\Delta,\varphi)|=|F_1(\Delta,\varphi)||F_a(\Delta)|=\left|\frac{\cos(kh\cos\alpha_y)-\cos(kh)}{\sqrt{1-\cos^2\alpha_y}}\right||\sin(kH\sin\Delta)|$$

$$=\frac{|\cos(kh\cos\Delta\sin\varphi)-\cos(kh)|}{\sqrt{1-\cos^2\Delta\sin^2\varphi}}|\sin(kH\sin\Delta)| \tag{8.268}$$

图 8.65 示出了架设于理想地面上高度 $H=\lambda/4$ 情况下水平半波振子在不同仰角时的水平平面方向图。由图及分析表明，当 $H\geqslant\lambda/2$ 时，水平对称振子在不同仰角时的水平平面方向图与振子架设高度无关，但同仰角 Δ 有关，且仰角越大其方向性越弱；由于高仰角水平平面方向性弱，因此在300 km以内进行短波通信时，常将架高的水平振子天线作为无方向性天线使用。此外，为保证水平振子天线在较宽的频带内最大辐射方向不发生偏移，应选择振子的臂长 $h<0.625\lambda$。但当振子臂长 h 较小时，天线的辐射能力变弱，效率很低，加之天线的

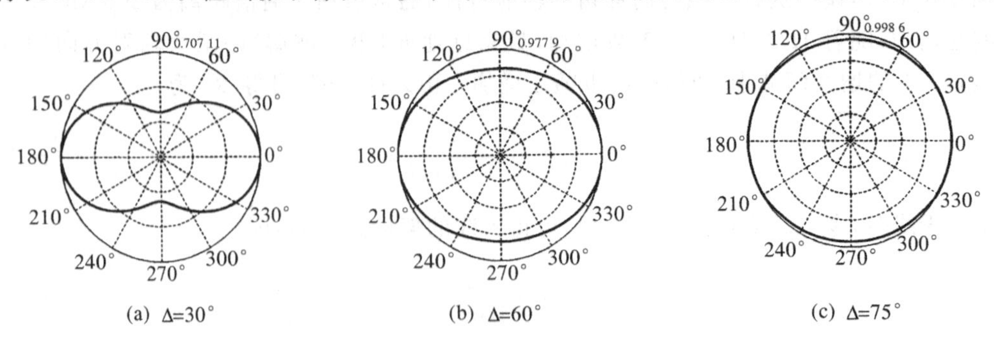

图 8.65　架高的水平半波振子在不同仰角时的水平平面方向图($H=\lambda/4$)

输入电阻太小而容抗太大，难以实现天线与馈线的匹配。因此，振子臂长 h 又不能太短。所以，一般选取振子臂长满足：$0.2\lambda \leqslant h \leqslant 0.625\lambda$。

8.2.3　螺旋天线

螺旋天线是用金属导线绕制而成的螺旋状的天线。螺旋线可以是空心的也可以绕在低损耗的介质棒上，螺旋线圈的直径可以相同也可以随高度逐渐减小，而线圈间的距离可以等距也可以变距。螺旋天线一般采用同轴线馈电，同轴线的内导体与螺旋线相接，外导体则与圆形的金属接地板相连。金属接地板可减弱同轴线外导体表面上的感应电流，改善天线的辐射特性，同时又可减弱后向辐射，圆形接地板的直径约为$(0.8\sim1.5)\lambda$。图 8.66 示出了等距螺旋天线的结构示意图，其中 d 为螺旋线的直径；h 为螺距；c 为螺旋一周的周长；l 为螺旋天线的轴向长度，它们之间的关系为

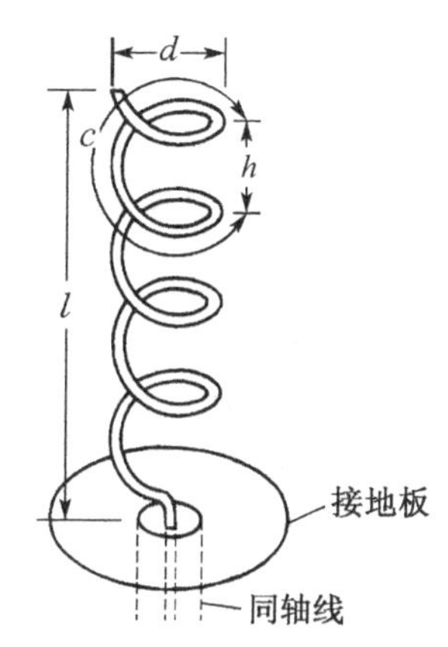

图 8.66　等距螺旋线的结构示意图

$$\left.\begin{aligned} c^2 &= (\pi d)^2 + h^2 \\ \alpha &= \arctan\left(\frac{h}{\pi d}\right) \\ l &= Nh \end{aligned}\right\} \tag{8.269}$$

式中，N 为螺旋线的圈数；α 为螺距角。螺旋天线的特性与螺旋线的直径与波长的比值有关。当 $d/\lambda<0.18$ 时，天线的最大辐射方向在与螺旋线相垂直的平面内，这种辐射模称为法向模式，相应的天线称为法向模螺旋天线(侧射型螺旋天线)，如图 8.67(a)所示；当$d/\lambda=(0.25\sim0.45)$ 时，即螺旋天线一圈的周长约为一个波长，天线的最大辐射方向沿螺旋线的轴线方向，相应的天线称为轴向模螺旋天线(端射型螺旋天线)，如图8.67(b) 所示；当 $d/\lambda>0.5$ 时，天线的最大辐射方向将偏离螺旋轴线，方向图变为圆锥形，相应的天线属圆锥辐射型天线，如图 8.67(c)所示。

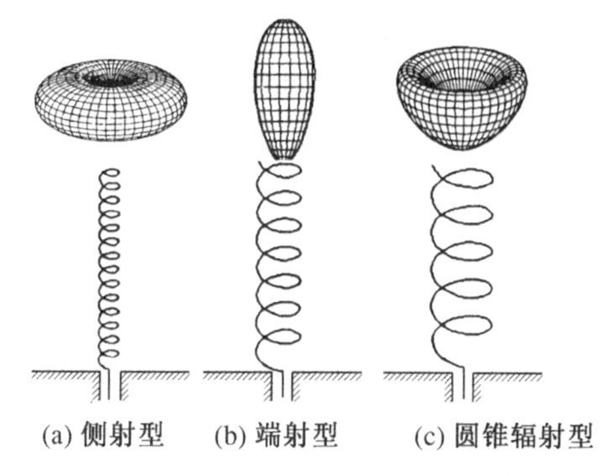

图 8.67　螺旋天线的三种辐射状态

1. 法向模螺旋天线

由于法向模螺旋天线的 d/λ 较小，因此其辐射场可视为直径为 d 的若干个小载流圆环(即基本磁振子)和长度为 h 的若干个基本电振子辐射场的叠加，且它们的电流振幅相等、相位相同，如图 8.68 所示。于是，N 圈螺旋天线的远区辐射电场为

$$\boldsymbol{E} = E_\theta \boldsymbol{a}_\theta + E_\varphi \boldsymbol{a}_\varphi = \frac{N\omega\mu_0 I}{4\pi}\frac{\mathrm{e}^{-\mathrm{j}kR}}{R}\left(\mathrm{j}h\boldsymbol{a}_\theta + \frac{k\pi d^2}{4}\boldsymbol{a}_\varphi\right)\sin\theta \tag{8.270}$$

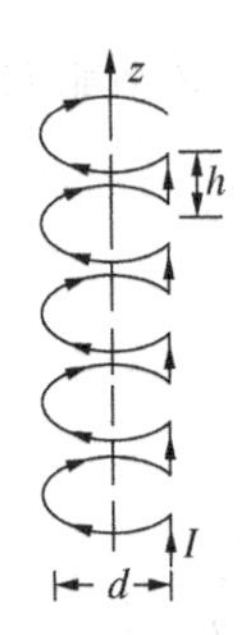

图 8.68　基本电振子与基本磁振子的组合

显然,$\boldsymbol{E}$ 的两个分量间的相位相差 $\pi/2$,而当 $h=k\pi d^2/4$ 时,螺旋天线将辐射圆极化波,且呈侧射型,如图 8.67(b)所示。事实上,一般情况下,$|E_\theta|\neq|E_\varphi|$,故辐射电场是椭圆极化的。此时,轴比 AR 为

$$AR=\frac{|E_\theta|}{|E_\varphi|}=\frac{2h\lambda}{(\pi d)^2} \tag{8.271}$$

法向模螺旋天线多用作垂直极化方式,以取代车载或船载天线。由于电磁波沿螺旋轴线传播的相速比直立振子小,从而可使天线的垂直高度大大降低。实验表明,螺旋天线的增益比等高的直立振子天线高,但其频带却较窄。

2. 轴向模螺旋天线

由于轴向模螺旋天线的螺距角较小,此时可将一圈的螺旋线看做是周长为 λ 的平面圆环,因此轴向模螺旋天线可等效为 N 个平面圆环组成的天线阵。又由于沿螺旋天线的电流不断向空间辐射能量,到达终端的能量很小,因而终端反射也很小,所以可认为沿螺旋天线传输的是行波电流。

设在某一瞬间 t_1 时刻,螺旋线上一圈平面圆环上的电流分布如图 8.69(a)所示,其中左侧图表示将圆环展开成直线时线上的电流分布,箭头表示电流的方向。在圆环上,对称于 x 轴和 y 轴分布的 A,B,C,D 四点处的电流均可分解为 I_x 和 I_y 两个分量,并满足:$I_{xA}=-I_{xB}$,$I_{xC}=-I_{xD}$,此关系是对任何两个对称于 y 轴的点均成立。因此,在 t_1 时刻,对圆环轴线(z 轴)上辐射场有贡献的只是 I_y 分量,从而圆环轴上的辐射场只有 E_y 分量。当电流行波沿圆环传播时,电流的分布曲线也将沿圆环移动。当另一瞬间 $t_2=t_1+T/4$ 时,电流沿圆环的分布如图 8.69(b)所示,对称点 A,B,C,D 处的电流发生了变化,此时电流分量满足:$I_{yA}=-I_{yB}$,$I_{yC}=-I_{yD}$。因此,此瞬间在圆环轴上的辐射场只有 E_x 分量。这说明经过 $T/4$ 的时间间隔后,轴向辐射的电场矢量绕天线轴旋转了 90°,而经过一个周期的时间间隔后,电场矢量将绕天线轴旋转 360°。由于线上电流的幅值不变,故 t_1 时刻的轴向辐射电场分量 E_y 在数值上等于 t_2 时刻的轴向辐射电场分量 E_x。由此可见,周长为一个波长的圆环沿轴线方向辐射是圆极化波。

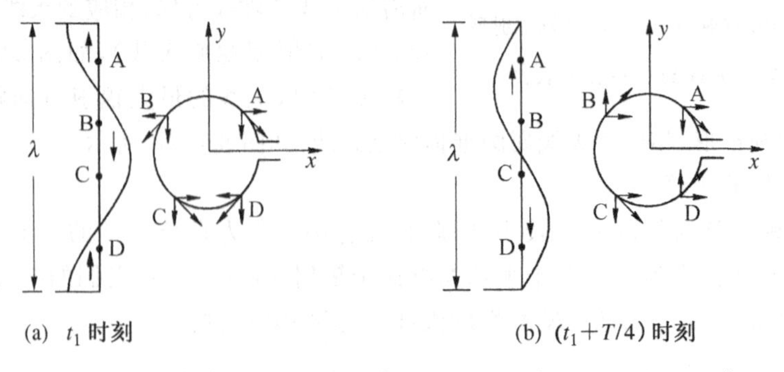

图 8.69　周长为 λ 的平面圆环在 t_1 和 $(t_1+T/4)$ 时刻的电流分布

由于法向模螺旋天线可等效为 N 个平面圆环组成的天线阵，要使整个螺旋天线在轴向获得最大辐射，则必须使相邻两圈对应点电流在轴向产生的场的相位相差 2π，即

$$\beta l-kh=2\pi \tag{8.272}$$

式中，βl 为相邻两圈对应点电流的相位差，kh 为相邻两圈对应点在轴向因波程差引起的相位差。若按式(8.272)选取 l 和 h，可使天线的轴向具有最强的辐射，但其方向性却不是最大。若使螺旋天线在轴向既获得最大辐射又使方向性最大，根据强方向性端射条件，螺旋天线的第一圈和最后一圈沿轴向产生的辐射场的相位差应等于 π，即

$$\beta l-kh=2\pi+\frac{\pi}{N} \tag{8.273}$$

尽管按上式选取 l 和 h 可使螺旋天线在轴向获得最强辐射且方向性系数最大，但却不能获得理想的圆极化。不过，当 N 较大时，其辐射场接近圆极化。

8.2.4 引向天线

引向天线又称为八木天线(或 Yagi 天线)，由日本的八木和宇田首创。引向天线具有结构简单、成本低，频带宽以及可获得高增益等优点，因而广泛应用于分米波和米波波段的雷达、通信、电视和其他无线电设备中。

图 8.70 示出了引向天线的结构示意图，它通常由一个有源振子和若干个无源振子组成，各振子平行共面，且垂直于它们的支撑杆。有源振子用馈线与发射机或接收机相连，一至两个无源振子用作反射器，其余的无源振子均用作引向器。引向天线的支撑杆可用金属或其他材料制作，但一般用金属材料制作。当支撑杆为金属杆时，有源振子必须与其绝缘，但所有的无源振子可直接固定在金属杆上，这是因为各无源振子与金属杆垂直，两者的连接不会影响天线的辐射(或接收)场。

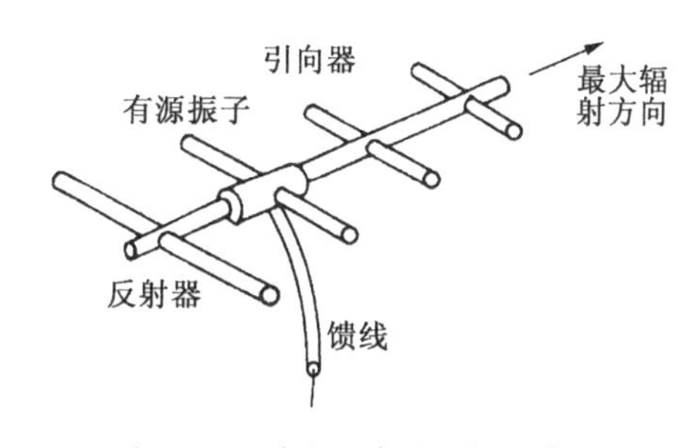

图 8.70 引向天线的结构示意图

1. 引向天线的工作原理

引向天线是一种端射式天线阵，但与一般天线阵的馈电方式不同。为简化天线结构和馈电系统，引向天线只对其中的有源振子馈电，其余振子则是通过与有源振子之间的近场耦合所产生的感应电流来激励，同时各无源振子的感应电流也产生近场而影响其他振子，因此引向天线是一个互耦系统。适当调节各振子之间的距离以及振子的长度可使引向器上电流的相位随远离有源振子而依次滞后；使反射器上电流相位随远离有源振子而依次超前，从而使引向天线的最大辐射方向由反射器指向引向器的方向。所以，要分析引向天线的方向性，必须求出各振子上的电流分布，但对多单元的引向天线，要计算各振子上的电流分布则十分复杂。

根据本章第 8.1 节对二元阵的分析可知，当两个有源对称振子的激励电流幅度相等，相

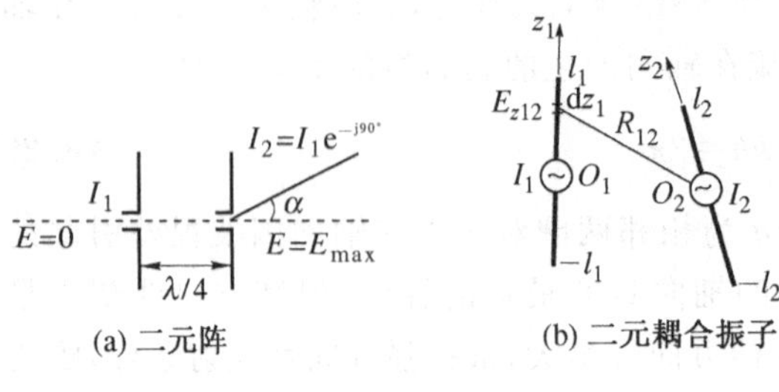

图 8.71　二元阵及其二元耦合振子

位相差 $\pi/2$，间距 $d=\lambda/4$ 时，其辐射方向图为单指向的心脏线，最大辐射方向指向电流滞后的一方。对如图 8.71(a)所示的二元阵，对第“2”个振子而言，第“1”个振子起到反射器的作用；对第“1”个振子而言，第“2”个振子起到引向器的作用。这表明适当选取天线阵各阵元上激励电流的相位和阵元之间的间距，可使二元阵的辐射能量一方增强，一方减弱，甚至抵消。当单元天线间的间距较小时，应采用以下的耦合振子理论进行分析。

2. 二元耦合振子的等效阻抗

如图 8.71(b)所示，假设空间中有两个任意放置的耦合振子，它们的输入端均接入电源，在振子上产生的电流分布分别为 $I_{z1}(z_1)$ 和 $I_{z2}(z_2)$，两振子上的电流所激发的空间电磁场相互作用。由于振子 2 上的电流 $I_{z2}(z_2)$会在振子 1 上 z_1 处线元 dz_1 的表面上产生切向电场分量 E_{z12}，并在 dz_1 上产生感应电动势 $E_{z12}dz_1$，因此振子 1 上的电流 $I_{z1}(z_1)$必须在 dz_1 上产生一反向电动势 $-E_{z12}dz_1$，而反向电动势应由振子 1 的波源供给，波源提供的功率元 dP_{12} 为

$$dP_{12}=-\frac{1}{2}I_{z1}^*(z_1)E_{z12}dz_1$$

式中，$I_{z1}^*(z_1)$是振子 1 的线元 dz_1 上电流 $I_{z1}(z_1)$的共轭。因理想导体既不消耗功率又不储存功率，因此 dP_{12} 即为振子 1 上的线元 dz_1 辐射到空间中的功率元，这也是与线元 dz_1 对应的感应辐射功率。于是，振子 1 在振子 2 的耦合下产生的总感应辐射功率为

$$P_{12}=-\frac{1}{2}\int_{-l_1}^{l_1}I_{z1}^*(z_1)E_{z12}dz_1 \tag{8.274}$$

同理，振子 2 在振子 1 的耦合下产生的总感应辐射功率为

$$P_{21}=-\frac{1}{2}\int_{-l_2}^{l_2}I_{z2}^*(z_2)E_{z21}dz_2 \tag{8.275}$$

这样，对二元耦合振子而言，振子 1 和振子 2 的总辐射功率分别表示为

$$P_{r1}=P_{11}+P_{12}$$
$$P_{r2}=P_{21}+P_{22}$$

式中，P_{ii} 为振子 $i(i=1,2)$单独存在时对应于电流 $I_{zi}(z_i)$的自辐射功率，其表达式为

$$P_{ii}=\int_{-l_i}^{l_i}dP_{ii}=-\frac{1}{2}\int_{-l_i}^{l_i}I_{zi}^*(z_i)E_{zii}dz_i$$

根据网络理论，若归算于两振子波腹电流 I_{m1} 和 I_{m2} 的等效电压分别为 U_1 和 U_2，则振子 $i(=1,2)$的总辐射功率可表示为

$$P_{ri}=\frac{1}{2}U_iI_{mi}^*=\frac{1}{2}Z_{ri}\mid I_{mi}\mid^2 \tag{8.276}$$

式中，

$$Z_{r1}=\frac{2P_{r1}}{|I_{m1}|^2}=\frac{2P_{11}}{|I_{m1}|^2}+\frac{2P_{12}}{|I_{m1}|^2}=Z_{11}+Z'_{12},\qquad Z_{r2}=\frac{2P_{r2}}{|I_{m2}|^2}=\frac{2P_{21}}{|I_{m2}|^2}+\frac{2P_{22}}{|I_{m2}|^2}=Z'_{21}+Z_{22}$$

分别为振子1和振子2的等效辐射阻抗，而 Z_{11}，Z_{22} 分别为归算于波腹电流 I_{m1}，I_{m2} 的自辐射阻抗；而 Z'_{12}，Z'_{21} 分别为归算于波腹电流 I_{m1}，I_{m2} 的感应辐射阻抗。

于是，二元耦合振子的(等效)阻抗矩阵方程可表示为

$$\begin{bmatrix}U_1\\U_2\end{bmatrix}=\begin{bmatrix}Z_{11}&Z_{12}\\Z_{21}&Z_{22}\end{bmatrix}\begin{bmatrix}I_{m1}\\I_{m2}\end{bmatrix} \tag{8.277}$$

式中，$Z_{12}=Z'_{12}I_{m2}/I_{m1}$，为归算于 I_{m1}，I_{m2} 的振子2对振子1的互阻抗；$Z_{21}=Z'_{21}I_{m1}/I_{m2}$，为归算于 I_{m2}，I_{m1} 的振子1对振子2的互阻抗。上式中阻抗矩阵参量的计算公式分别为

$$Z_{ii}=-\frac{1}{|I_{mi}|^2}\int_{-l_i}^{l_i}I_{zi}^*(z_i)E_{zii}\,\mathrm{d}z_i,\qquad i=1,2 \tag{8.278}$$

$$Z_{ij}=-\frac{1}{I_{mi}^*I_{mj}}\int_{-l_i}^{l_i}I_{zi}^*(z_i)E_{zij}\,\mathrm{d}z_i,\qquad i=1,2;j=2,1 \tag{8.279}$$

根据网络的互易性可知，$Z_{21}=Z_{12}$。

由于二元耦合振子的总辐射功率等于两振子的辐射功率之和，故有

$$P_{rt}=P_{r1}+P_{r2}=\frac{1}{2}Z_{r1}|I_{m1}|^2+\frac{1}{2}Z_{r2}|I_{m2}|^2$$

若选定振子1的波腹电流为归算电流，则

$$P_{rt}=\frac{1}{2}Z_{rt}^{(1)}|I_{m1}|^2$$

于是，以振子1的波腹电流为归算电流的二元耦合振子的总辐射阻抗可表示为

$$Z_{rt}^{(1)}=Z_{r1}+\left|\frac{I_{m2}}{I_{m1}}\right|^2Z_{r2} \tag{8.280}$$

若同样以振子1的波腹电流为归算电流来计算二元耦合振子的方向图函数，则根据式(8.98b)，可导出其方向性系数为

$$D_0=\frac{120|F^{(1)}|_{\max}^2}{R_{rt}^{(1)}} \tag{8.281}$$

式中，$|F^{(1)}|_{\max}$ 为振子1最大辐射方向上的方向图函数，$R_{rt}^{(1)}$ 为 $Z_{rt}^{(1)}$ 的实部，即总辐射电阻。

对引向天线，由于振子2为无源振子，其总辐射功率 $P_{r2}=0$，因而有

$$U_2=I_{m1}Z_{21}+I_{m2}Z_{22}=0$$

由此可得

$$\frac{I_{m2}}{I_{m1}}=-\frac{Z_{21}}{Z_{22}}=me^{j\xi} \tag{8.282}$$

式中,m 和 ξ 分别为耦合振子的电流振幅比以及相位差,由两耦合振子的自阻抗和互阻抗确定。由此可见,改变两耦合振子的自阻抗和互阻抗即可改变两振子的激励电流的分配比。因此,只要适当调整振子的长度及其间距,就可得到不同的 m 和 ξ,也就可以得到引向天线的不同方向性。

图 8.72 示出了有源振子 1 的电长度为 $2l_1/\lambda=0.475$ 时,无源振子 2 在不同电长度情况下的 H 面方向图。由图可见,当有源振子与无源振子之间的间距 $d<\lambda/4$ 时,无源振子的长度短于有源振子的长度,此时无源振子上的电流相位滞后于有源振子,因此,二元引向天线的最大辐射方向由有源振子指向无源振子;当无源振子的长度长于有源振子的长度时,无源振子上的电流相位超前于有源振子,故二元引向天线的最大辐射方向由无源振子指向有源振子。所以,在两种情况下,二元引向天线的无源振子也分别具有引导或反射有源振子辐射场的作用。此外,无源振子与有源振子的间距通常取为 $d=(0.15\sim0.23)\lambda$,当无源振子当做引向器使用时,其总臂长取为 $(0.42\sim0.46)\lambda$;当无源振子当做反射器使用时,其总臂长取为 $(0.5\sim0.55)\lambda$。

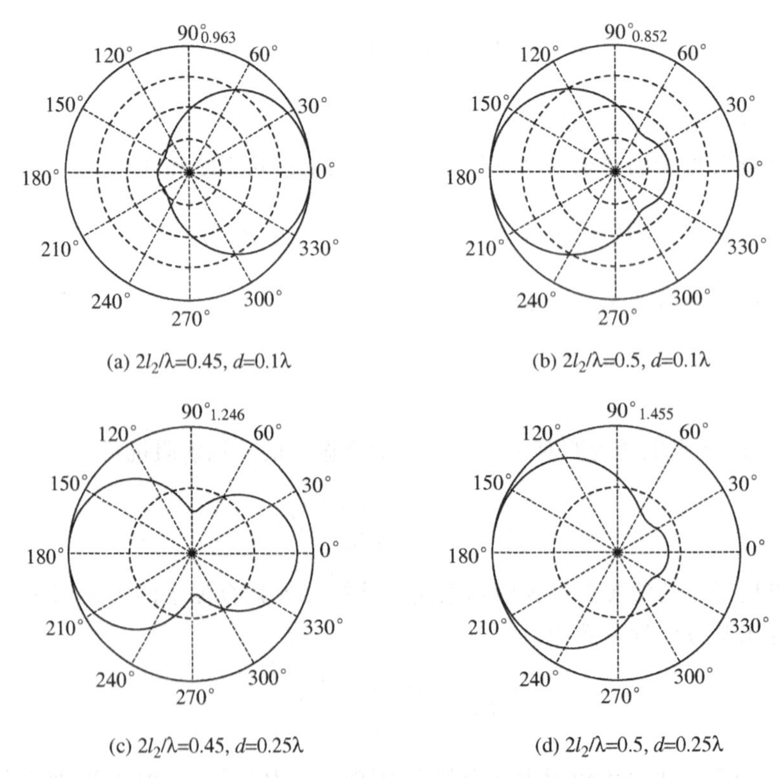

图 8.72　无源振子 2 在不同长度情况下的 H 面方向图($2l_1/\lambda=0.475$)

3. 多元引向天线及其电参数

对总单元数为 N 的多元引向天线,其分析方法与二元引向天线相似。由耦合振子理论,N 元引向天线应满足以下的阻抗矩阵方程:

$$\begin{bmatrix} 0 \\ U_2 \\ 0 \\ \vdots \\ 0 \end{bmatrix} = \begin{bmatrix} Z_{11} & Z_{12} & Z_{13} & \cdots & Z_{1N} \\ Z_{21} & Z_{22} & Z_{23} & \cdots & Z_{2N} \\ Z_{31} & Z_{32} & Z_{33} & \cdots & Z_{3N} \\ \vdots & \vdots & \vdots & \cdots & \vdots \\ Z_{N1} & Z_{N2} & Z_{N3} & \cdots & Z_{NN} \end{bmatrix} \begin{bmatrix} I_{m1} \\ I_{m2} \\ I_{m3} \\ \vdots \\ I_{mN} \end{bmatrix} \tag{8.283}$$

式中，i 为振子的序号，且假设 $i=1$ 对应反射器；$i=2$ 对应有源(对称)振子；$i=3,4,\cdots,N$，为引向器，而 U_2 为归算到有源振子上波腹电流的等效电压；$I_{mi}(i=1,2,\cdots,N)$ 为各振子 i 的波腹电流；$Z_{ij}(i=1,2,\cdots,N;j=1,2,\cdots,N)$ 为任意振子 i 和 j 间的互阻抗(或振子本身的自阻抗)。显然，式(8.283)展开后得到 N 个方程，其中第一个方程对应于反射器，第二个方程对应于有源振子，第三一直到第 N 个方程则分别对应于各个引向器。

若已知有源振子馈电中心处的激励电压 U_2 以及阻抗 Z_{ij}，则由式(8.283)可解得各无源振子的波腹电流 $I_{mi}(i=1,3,4,\cdots,N)$ 与有源振子波腹电流 I_{m2} 的比值分别为

$$\frac{I_{m1}}{I_{m2}}=m_1 e^{j\varphi_1},\frac{I_{m3}}{I_{m2}}=m_3 e^{j\varphi_3},\frac{I_{m4}}{I_{m2}}=m_4 e^{j\varphi_4},\cdots,\frac{I_{mN}}{I_{m2}}=m_N e^{j\varphi_N} \tag{8.284}$$

式中，φ_1 为反射器与有源振子波腹电流之间的相位差，而 $\varphi_3,\varphi_4,\cdots,\varphi_N$，则分别为各引向器与有源振子波腹电流之间的相位差。此外，以有源振子的波腹电流 I_{m2} 为归算电流，则引向天线的总辐射阻抗可表示为

$$Z_{rt}^{(1)}=\left|\frac{I_{m1}}{I_{m2}}\right|^2 Z_{r1}+Z_{r2}+\left|\frac{I_{m3}}{I_{m2}}\right|^2 Z_{r3}+\cdots+\left|\frac{I_{mi}}{I_{m2}}\right|^2 Z_{ri}+\cdots+\left|\frac{I_{mN}}{I_{m2}}\right|^2 Z_{rN} \tag{8.285}$$

这样，根据引向天线有源振子的波腹电流和各无源振子的波腹电流间的关系式(8.284)，即可写出引向天线远区辐射电场的表达式，继而导出其最大辐射方向上的方向性系数。

工程上，N 元引向天线的方向性系数 D_0 可用下式近似计算：

$$D_0=K_1\frac{L_a}{\lambda} \tag{8.286}$$

式中，L_a 为引向天线的总长度(即从反射器到最后一根引向器的距离)；K_1 为比例常数，K_1 的值可通过如图 8.73(a)所示的实验曲线得到。引向天线的效率很高，可达 90%以上，因此其增益可近似等于方向性系数 D_0。

引向天线的主瓣宽度可近似为

$$2\theta_{0.5}=55^{\circ}\sqrt{\frac{\lambda}{L_a}} \tag{8.287}$$

$2\theta_{0.5}$ 随 L_a/λ 的变化曲线如图 8.73(b)所示。

由图可见，当 L_a/λ 增加时，主瓣宽度减小，方向性系数将增加，但 K_1 却下降。这是由于随着引向器与有源振子间距离的增大，引向器的感应电流减小，因而引起引向作用减弱。所以，引向器的数目不应太多。

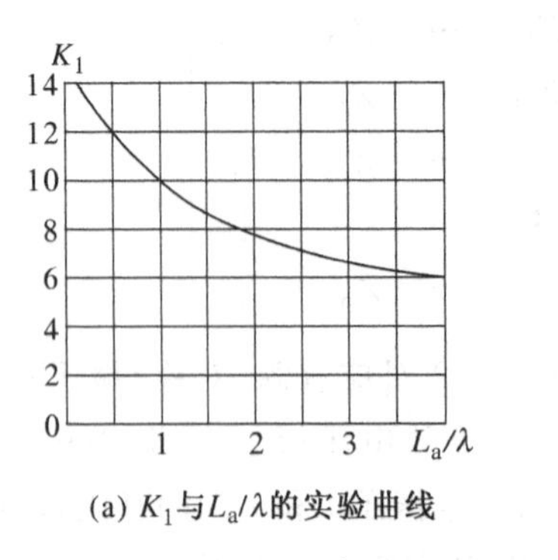

(a) K_1与L_a/λ的实验曲线

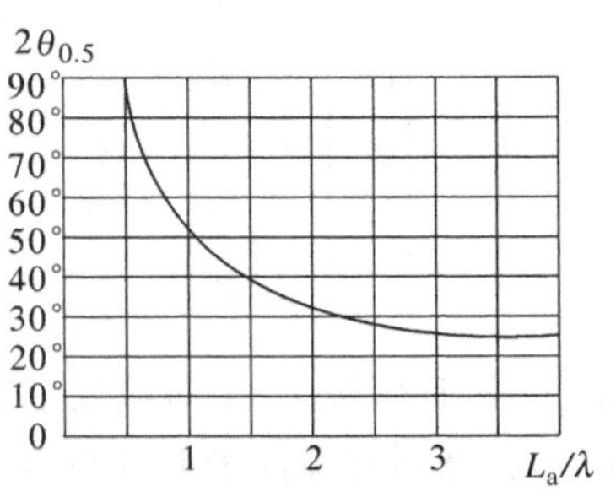

(b) $2\theta_{0.5}$与L_a/λ的关系曲线

图 8.73　比例常数 K_1 及主瓣宽度 $2\theta_{0.5}$ 随 L_a/λ 的变化曲线

应指出,引向天线中作为反射器和引向器的无源振子虽使天线的方向性增强,但实验表明,有一个反射器后,反射器方向的能量已经被大大削弱,再增加反射器的数目对增强天线方向性收效不大,故反射器的数目一般不超过2个,引向器的个数一般也不超过13个,再选用更多的引向器对天线增益的增加无显著作用,反而会使天线的工作频带变窄,输入阻抗减小,不利于与馈线的匹配。此外,为了提高引向天线的输入阻抗和展宽频带,引向天线的有源振子常采用半波折合振子。

表8.1中列出了如图8.74所示的一副典型的六单元引向天线的尺寸选择和方向特性,其中各单元的半径为 $a=0.003\,369\lambda(\ln[\lambda/(2a)]=5)$ 以及各引向器的半臂长和单元间的距离分别记为 $h_i(i=1,2,3,4,5,6)$ 和 $d_{12}, d_{23}, d_{34}, d_{45}, d_{56}$,如图8.74中示出的 h_4 和 d_{45}。

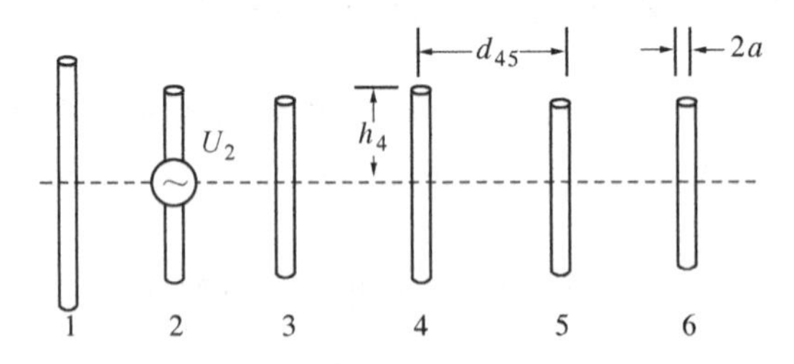

图 8.74　典型的六单元引向天线

实测表明,引向器的长度相等以及间距均匀分布的引向天线并不能获得最佳的性能,若同时调节引向天线的长度和间距,便可使方向性系数达到最大值。表8.1中同时列出了优化后的引向天线尺寸以及方向图的特性。

表 8.1　典型的六单元引向天线的尺寸选择和方向图特性

<table>
<tr><td colspan="5">优化前</td></tr>
<tr><td rowspan="4">天线尺寸</td><td rowspan="2">单元臂长</td><td>$2h_1$</td><td>$2h_2$</td><td>$2h_3=2h_4=2h_5=2h_6$</td></tr>
<tr><td>0.510λ</td><td>0.490λ</td><td>0.430λ</td></tr>
<tr><td rowspan="2">单元间距</td><td colspan="2">d_{12}</td><td>$d_{23}=d_{34}=d_{45}=d_{56}$</td></tr>
<tr><td colspan="2">0.250λ</td><td>0.310λ</td></tr>
</table>

（续表）

优化前

方向特性	方向性（相对于半波振子）	主瓣宽度	第一副瓣电平	前后比
	7.54(8.77 dB)	45°	−7.2(dB)	9.52(dB)

优化后

天线尺寸							
	单元臂长	$2h_1$	$2h_2$	$2h_3$	$2h_4$	$2h_5$	$2h_6$
		0.476λ	0.452λ	0.436λ	0.430λ	0.434λ	0.430λ
	单元间距	d_{12}	d_{23}	d_{34}	d_{45}	d_{56}	
		0.250λ	0.289λ	0.460λ	0.323λ	0.422λ	

方向特性	方向性（相对于半波振子）	主瓣宽度	第一副瓣电平	前后比
	13.36(12.58 dB)	37°	−10.9(dB)	10.04(dB)

8.2.5 非频变天线

实际应用特别在现代的电子对抗等领域中，通常要求天线的性能（方向图、输入阻抗、极化特性以及相位中心等电参数）在很宽的频带内保持不变。若天线的电参数（或部分电参数）在一个倍频程（即 $f_{max}/f_{min}=2$）以上至10倍频程以下的范围内基本保持不变，则可称为宽频带天线；若天线的电参数在10倍频程以上的范围内基本保持不变，则可称为非频变天线。严格地，性能不随频率变化的天线称为非频变天线，但由于实用中的天线其性能均不具有非频变的特性，因此通常将工作频带等于或大于10倍频程（即10∶1带宽）的天线就称为非频变天线。

由于像对称振子那样的常规天线的输入阻抗、方线图等均取决于天线的电尺寸，因此这类天线的工作频带一般较窄。若频率变化时，天线的尺寸与波长的比值并不改变，天线的结构（形状）以任意的比例变换后仍等于原来的结构（形状），这样的天线就称为非频变天线。显然，天线的非频变性可通过增加对天线尺寸的依赖最小化和对角度的依赖最大化来加以实现，如无限长双锥天线（图8.62中盘锥天线的导体圆盘也变为圆锥构成的天线）对输入阻抗和方向图的非频变性依赖于角度不是径向尺寸，而当天线径向尺寸为有限时双锥天线的带宽就变为有限。所以，实用中人们提出一系列基于角度概念的非频变天线，如后面将要介绍的等角螺旋天线、阿基米德螺旋天线、对数周期天线以及正弦天线等。

1. 等角螺旋天线

图8.75(a)示出一平面等角螺旋线，在极坐标系中，等角螺旋线方程为

$$r=r_0 e^{a\varphi} \tag{8.288}$$

式中,r_0 为常数,对应于 $\varphi=0°$ 的矢径 $\boldsymbol{r}_0$ 的模值;a 称为螺旋的增长率。等角螺旋线具有以下两个特点:① 夹角为 φ 的两矢径 $\boldsymbol{r}_1$ 和 $\boldsymbol{r}_2$ 的模值之比为

$$\frac{r_2}{r_1}=\frac{r_0\,\mathrm{e}^{a\varphi_2}}{r_0\,\mathrm{e}^{a\varphi_1}}=\mathrm{e}^{a(\varphi_2-\varphi_1)}=\mathrm{e}^{a\varphi} \tag{8.289}$$

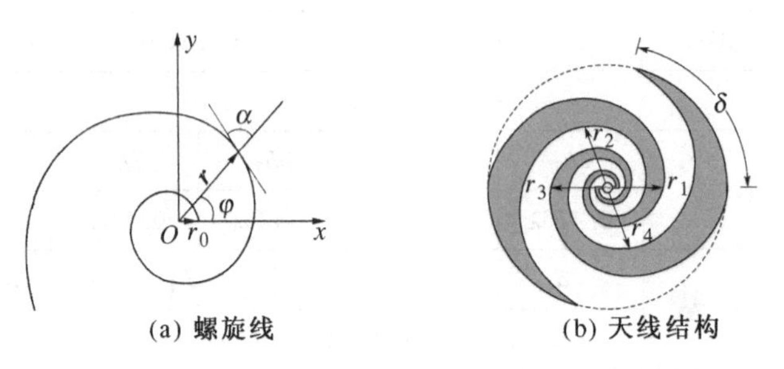

(a) 螺旋线　　(b) 天线结构

图 8.75　平面等角螺旋线和平面等角螺旋天线结构

显然,两者之比仅取决于 $\boldsymbol{r}_2$ 与 $\boldsymbol{r}_1$ 间的夹角 φ 和 a;② 螺旋线上任一点处的切线与相应的矢径 $\boldsymbol{r}$ 间的夹角 α(称为包角)为一常数,它同螺旋增长率 a 间满足关系:$\tan\alpha=1/a$;③ 当角度 φ 从零逆时针增加时,矢径 $\boldsymbol{r}$ 可一直增加到无穷大,即螺旋线向外延伸到无穷远;当角度 φ 顺时针增加(φ 为负值)时,矢径 $\boldsymbol{r}$ 以指数率向坐标原点逼近,因此螺旋线是无头无尾的曲线。于是,当电磁波的波长从 λ_1 变化到 λ_2 时,等角螺旋线相对于 λ_1 的形状尺寸和相对于 λ_2 的形状尺寸完全相同,只是旋转了一个角度 φ,此时有

$$\frac{\lambda_2}{\lambda_1}=\mathrm{e}^{a\varphi} \tag{8.290}$$

所以,等角螺旋天线的工作频带极宽。事实上,实际的天线并非需要无限宽的频带,通常采用 20 : 1 以下的等角螺旋天线,此时天线的尺寸也是有限的。

实际的平面等角螺旋天线的结构如图 8.75(b)所示,它由两个对称臂组成,可看成是一变形的传输线,两个臂的四条螺旋线由下式确定:

$$r_1=r_0\,\mathrm{e}^{a\varphi};r_2=r_0\,\mathrm{e}^{a(\varphi-\delta)};r_3=r_0\,\mathrm{e}^{a(\varphi-\pi)};r_4=r_0\,\mathrm{e}^{a(\varphi-\pi-\delta)} \tag{8.291}$$

其中一个螺旋臂的两条螺旋线中的一条螺旋线旋转 δ 角即形成另一个螺旋臂中的一条螺旋线,而两个螺旋臂间相差角度 $\varphi=180°$。

若平面等角螺旋天线由中心对称馈电,则波源激起的高频电流沿两螺旋臂传输,当高频电流传输到两臂之间近似等于半个波长的区域时,将向空间产生很强的辐射,而在此区域以外,高频电流和辐射场将很快衰减。当工作频率变化时,螺旋天线的有效辐射区随之改变,但有效辐射区的电尺寸不变,使得天线的辐射方向图以及阻抗特性基本保持不变。实验表明,螺旋臂上的高频电流流过一个波长后可衰减到大约 20 dB,因此这种螺旋天线的有效工作区约为一个波长。设计等角螺旋天线时,通常选取螺旋臂的最小长度为 3/2 圈(即 $\varphi=3\pi$),并取螺旋增长率 $a=0.221$,此时等角螺旋天线的工作频带约为 8 : 1。事实上,螺旋增长率 a 取得越小,螺旋的曲率越小,电流沿螺旋臂的衰减越快,工作频带也越宽。此外,天线臂越宽,其工作频带也越宽。平面等角螺旋天线的工作频带可

达到 30∶1 或更大。

如图 8.75(b)所示的平面等角螺旋天线的金属臂与两臂之间的缝隙是同一形状，即两者互补，这种结构称为自补型等角螺旋天线。自补天线的输入阻抗 Z_{in} 具有纯阻性，是与频率无关的常数，其值为

$$Z_{in}=60\pi=188.5\quad(\Omega)\tag{8.292}$$

自补型等角螺旋天线的最大辐射方向在平面两侧的法线方向上，若天线平面的法线与射线之间的夹角为 α，则其方向图可近似表示为 $\cos\alpha$。在 $\alpha\leqslant 70^\circ$ 的锥角范围内场的极化接近于圆极化。当频率由 f_1 变为 f_2 时，方向图几乎不变，只是绕螺旋平面的法线旋转某一角度。

2. 阿基米德螺旋天线

阿基米德螺旋天线具有宽频带、圆极化、小尺寸和效率高等优点，故其应用广泛。

阿基米德螺旋天线的螺旋臂可以是两个也可以是四个，两个螺旋臂的平面阿基米德螺旋天线的结构示意图如图 8.76(a)所示，其螺旋线的极坐标方程为

$$\left.\begin{aligned}r_1&=r_0\varphi\\ r_2&=r_0(\varphi-\pi)\end{aligned}\right\}\tag{8.293}$$

这种天线一般也通过中点馈电，此时 $2r_0$ 即为双臂阿基米德螺旋天线馈电点间的距离。

平面阿基米德螺旋天线的性能基本上与平面等角螺旋天线相似，阿基米德螺旋线也可近似等效为双导线，根据传输线理论，传输线上对应点的电流反相，当两线间的距离很小时，传输线不会向周围空间辐射电磁波。但由于两螺旋臂的长度不同，当两螺旋臂上对应点的电流相位差等于 2π 的整数倍时，两臂的辐射是同相相加而非相消。如图 8.76(b)所示，设 P 和 P′是两螺旋臂上一匝后的对应点，并设 $\overline{\mathrm{OP}}=\overline{\mathrm{OQ}}$，即 P 和 Q 为两臂上的对应点，对应线段上电流的相位差为 π，由 Q 点沿螺旋臂到 P′点的弧长近似等于 $\pi(r-r_0)$，故点 P 和 P′处的电流相位差为 $\pi+(2\pi/\lambda_g)\pi(r-r_0)$。设 $r-r_0=\Delta r_1=\lambda_g/2\pi$，为一匝的径向长度，则点 P 和 P′相位差为 2π，此时满足两臂同相辐射的条件。于是，n 匝后长度差 Δr_n 与 λ_g 间的关系为

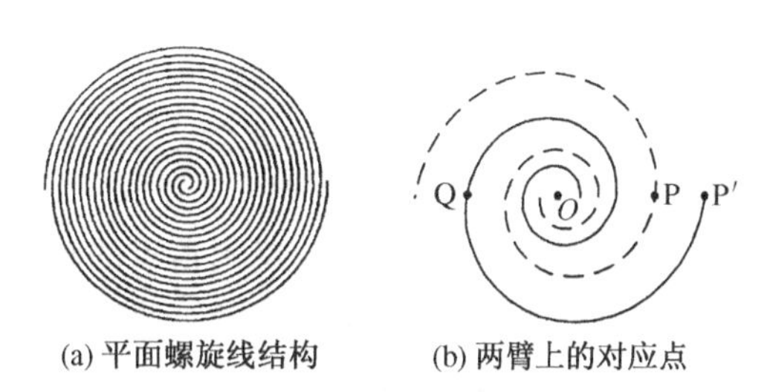

(a) 平面螺旋线结构　　(b) 两臂上的对应点

图 8.76　双臂阿基米德螺旋天线的结构

$$\lambda_g=2\pi\Delta r_n\tag{8.294}$$

式中，$\lambda_g=\lambda_0/\sqrt{\varepsilon_{re}}$，是螺旋臂上的波导波长，而 ε_{re} 是天线介质基片的等效介电常数。设波从螺旋线中心沿径向的传播距离为 l，则阿基米德螺旋天线的工作频率 f 与 l 间的关系为

$$f=\frac{c}{2\pi l\sqrt{\varepsilon_{re}}}\tag{8.295}$$

这样，由于阿基米德螺旋天线的匝数 n(即 l)为有限值，故其低端频率为

$$f_{\min}=\frac{c}{2\pi\Delta r_n\sqrt{\varepsilon_{re}}}\tag{8.296}$$

其高端频率则取决于 r_0 的值。

由此可见,阿基米德螺旋天线具有宽频带特性,但也不是真正意义下的非频变天线。因为天线上的电流在工作区后不明显减少,因而在螺旋线的终端截断处会引起波的反射。同平面等角螺旋天线一样,阿基米德螺旋天线的最大辐射方向在平面两侧的法线方向上,若在这种天线的一侧加一圆柱形反射腔,就可构成背腔式阿基米德螺旋天线,它可嵌装在载体的表面下,同载体共形。

3. 对数周期天线

对数周期天线有许多不同的结构型式,最基本的结构是在金属板上刻成梯形齿状构成的,如图 8.77 所示。它的两臂以中心对称,在中心馈电。臂的中央是张角为 β 的分馈线,长度不同的齿相当于接在分馈线上的振子,齿的张角为 α,这些齿是按对顶点的距离成等比级数关系排列,两臂上的齿和槽恰好互补,即每个齿到顶点的距离满足以下关系:

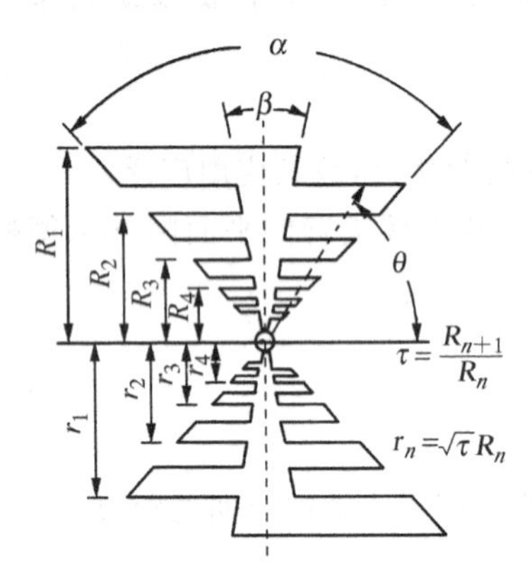

图 8.77　对数周期天线的基本结构

$$\left.\begin{aligned}&\frac{R_{n+1}}{R_n}=\frac{r_{n+1}}{r_n}=\tau\\&R_n=\sqrt{\tau}r_n\end{aligned}\right\}\tag{8.297}$$

式中,$\tau<1$;n 代表最外齿算起的序号,$n=1$ 是最外边的一个齿;R_n 是第 n 个齿的外缘到顶点的距离;r_n 是第 n 个齿的内缘到顶点的距离。

对无限长的结构,当天线的工作频率变化 τ 倍,即频率从 f 变化到 $\tau f,\tau^2 f,\cdots$ 时,天线的电结构完全相同,因此在频率点 $f,\tau f,\tau^2 f,\cdots$ 上天线具有相同的电特性,但在 $f\sim\tau f$,$\tau f\sim\tau^2 f,\cdots$ 等频率间隔内,天线的电性能有变化,只要这种变化不超过一定的指标,就可认为这种天线具有非频变的特性。由于这种天线的性能指标在很宽的工作频带内以 $\ln(1/\tau)$ 为周期重复出现,故称为对数周期天线。

理论上,对数周期天线可做到无限的频带宽度,由于天线不可能向内、外无限延伸,因此,这种天线的工作频带也为有限值,一般可做到 10∶1 或更宽的工作频带。

实用的对数周期天线还有平面圆形齿状结构以及平行振子阵结构,分别如图 8.78(a)与 8.78(b)所示,图 8.78(c)则示出了实际平行振子阵结构的同轴线馈电结构示意图。此外,对数周期天线与平面等角螺旋天线一样,都呈双向辐射。因此,若将天线的两臂折叠成一种楔形结构,则可获得单方向辐射的特性。

4. 正弦天线

平面正弦天线首先由杜亥梅尔(R. H. Duhamel)于 1982 年提出,它与传统的阿基米德螺旋天线或等角螺旋天线等非频变天线相比,同时具有超宽带、全极化以及低剖面等特性。近年来,平面正弦天线以及共形正弦天线已在电子对抗、超宽带通信等领域得到广泛应用。下面仅介绍平面正弦天线(简称正弦天线)。

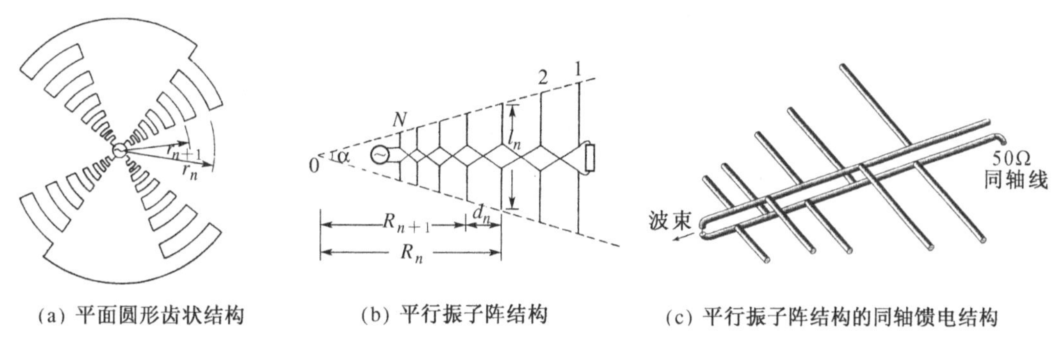

(a) 平面圆形齿状结构　(b) 平行振子阵结构　(c) 平行振子阵结构的同轴馈电结构

图 8.78　平面圆形齿状结构和平行振子阵结构的对数周期天线

正弦天线的导带由图 8.79(a)所示的正弦曲线单元经过适当的旋转而成。在极坐标系中,形成基本正弦曲线的函数表达式为

$$\varphi(r)=-(-1)^n\alpha_n\sin\left[\frac{180^\circ\ln(r/R_n)}{\ln\tau_n}\right] \tag{8.298}$$

对 $n=1$ 到 N,$R_{n+1}\leqslant r\leqslant R_n$,$R_{n+1}=\tau_nR_n$,$0<\tau_n<1$。其中,$R_n$ 是第 n 个正弦曲线单元和第 $n-1$个正弦曲线单元的外半径和内半径,最外侧的曲线单元半径则为 R_1。设计参数 τ_n 和 α_n 可与 n 无关,也可与 n 有关。前者对应的正弦曲线为半径为 r 的对数周期函数,称正弦曲线为对数周期曲线;后者对应的正弦曲线的半径为 r 的非对数周期函数,则称其正弦曲线为准对数周期曲线。实用中,一般采用前者设计正弦曲线,以下仅讨论前一种情况的正弦天线。

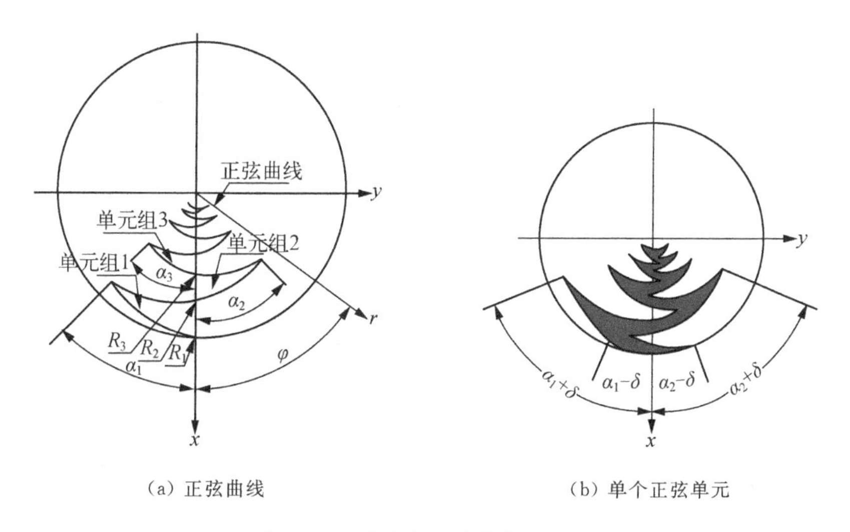

(a) 正弦曲线　(b) 单个正弦单元

图 8.79　正弦曲线及其单个正弦单元

随着径向坐标 r 从最小值 $r=R_n$ 变化到最大值 $r=R_1$,将基本的正弦曲线围绕极坐标系的坐标原点顺时针和逆时针各旋转角度 $\delta(\varphi=\pm\delta)$ 即得到在角度 $\varphi=(\alpha\pm\delta)$之间的两条正弦曲线,此时天线单个正弦单元的函数曲线表达式为

$$\varphi(r)=-(-1)^n\alpha_n\sin\left[\frac{180^\circ\ln(r/R_n)}{\ln\tau_n}\right]\pm\delta \tag{8.299}$$

由这两条曲线围成的区域即构成正弦天线的一个正弦臂,如图 8.79(b)所示。

正弦天线的辐射机理类似于对数周期天线,只有在臂长近似为 $\lambda/2$ 或 $\lambda/2$ 奇数倍的区域为辐射区,而臂长小于 $\lambda/2$ 或 $\lambda/2$ 奇数倍的区域为非辐射区(传输区)。由于构成正弦臂的正弦曲线是以 τ 为比例因子变化的,因此具有非频变的工作特性,其工作频带由半径 R_1,R_n、第一个和最后一个单元组的角度 α 以及旋转角度 δ 决定。为满足自补结构和对数周期结构条件,通常将 α_n,δ 和 τ_n 取为 45°,22.5°和 0.75。

在常用的射频频段,与正弦天线工作频带的下限频率相对应,第一个曲线单元的最大半径 R_1 近似取为

$$R_1=\frac{1}{\alpha_n+\delta}\left(\frac{\lambda_{\min}}{4}\right) \tag{8.300}$$

式中,$\lambda_{\min}$为与下限频率对应的波长,而 α,δ 为弧度。

为保证正弦天线的馈电巴伦的平衡端口到第 n 个曲线单元的平滑过渡,最内侧的曲线单元半径则修正为

$$R_n=\frac{1}{\alpha_n+\delta}\left(\frac{\lambda_{\max}}{8}\right) \tag{8.301}$$

式中,$\lambda_{\max}$为与上限频率对应的波长。

实际应用中,对具有正弦臂的金属导带和非金属部分的面积相等的自补型正弦天线结构,通常将正弦天线的一个正弦臂的导带(版图)关于坐标原点旋转 $360°/N$ 并复制出另外($N-1$)个正弦臂,以产生正弦天线结构正弦臂的数目 N。图 8.80(a)和图 8.80(b)中分别示出了常用的二臂和四臂正弦天线的导带(版图)。显然,两臂正弦天线的两个臂的位置角度在极坐标系中相差 180°,所以当对两个臂进行反相馈电时,电场在垂直于天线导带所在平面的轴向上同相叠加。这种天线的最大辐射方向在天线所在平面的法线方向,且其远区辐射场为天线导带所在面两侧的线极化波。

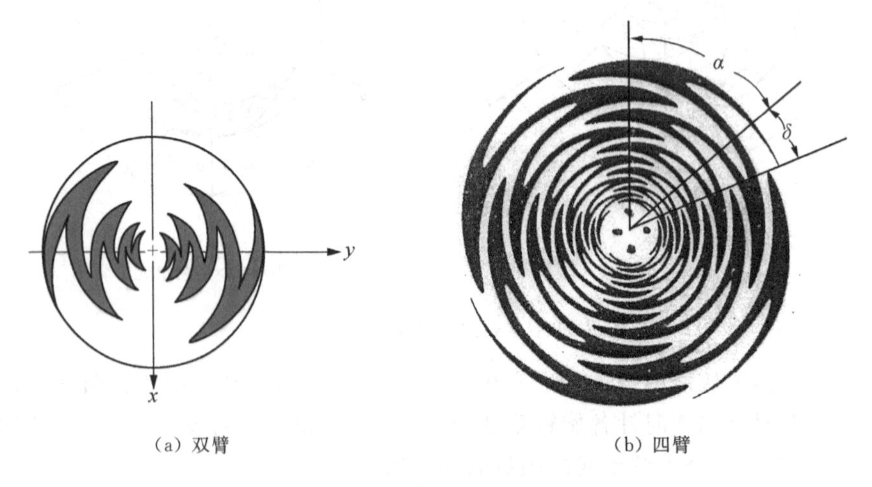

(a) 双臂　　(b) 四臂

图 8.80　双臂和四臂正弦天线

四臂正弦天线应有四个馈电点,图 8.80(b)示出了四臂正弦天线中心馈电点位置的示

意图。四臂正弦天线用作为发射或接收天线时,为了获得两个正交线极化波,需对两组相对的正弦臂分别进行反相馈电,这样每组正弦臂均产生一个旋转对称、双向辐射的线极化的辐射场。实际应用中,正弦天线需要产生单向辐射,此时则要在天线平面的一侧添加带有吸收材料充填的背腔。背腔内的吸收材料被用来吸收由腔体底面引起的反射波,并将腔体中出现的振荡模式的场被大大地吸收。若不采用这种措施,则背腔式正弦天线的辐射方向图和输入阻抗的性能将显著地降低。

应指出,由于正弦天线具有平衡辐射结构和超宽带特性,实际应用中应使用相应的馈电巴伦进行平衡—不平衡转换,但传统的巴伦结构其尺寸较大以及工作频带较窄,因此必须设计出能够超宽带工作且结构紧凑的小型化巴伦与之相配。此外,四臂正弦天线的馈电网络中需两对巴伦以及其他无源电路,它们的一致性对天线性能的影响同样至关重要。

*8.3　面天线

面天线在微波以及毫米波波段的雷达、导航、卫星通信以及射电天文等无线电设备中获得广泛应用,最常用的是喇叭天线、旋转抛物面天线、卡塞格伦天线、隙缝天线以及微带天线等。

下面在介绍平面口径辐射的基础上,阐述喇叭天线、旋转抛物面天线、卡塞格伦天线、隙缝天线以及微带天线等的简单分析和工作原理。

*8.3.1　平面口径的辐射

1. 远区辐射场的一般表达式

由于实用的面天线的口径面一般都是平面,作为面天线的理论基础,下面引出平面口径远区辐射(电)场的一般表达式。

如图 8.81 所示,设一任意形状的平面口径位于 xOy 平面内,口径面积为 S',其上的口径(电)场为 $\boldsymbol{E}_s$。选取球坐标系,坐标原点到观察点 p 的矢径为 $\boldsymbol{R}$,面元 dS' 到观察点 p 的距离矢量为 $\boldsymbol{R}_1(=R_1\boldsymbol{a}_{R_1})$。于是,由式(8.90)可知,任意形状平面口径上面元 dS' 的远区辐射电场分量分别为

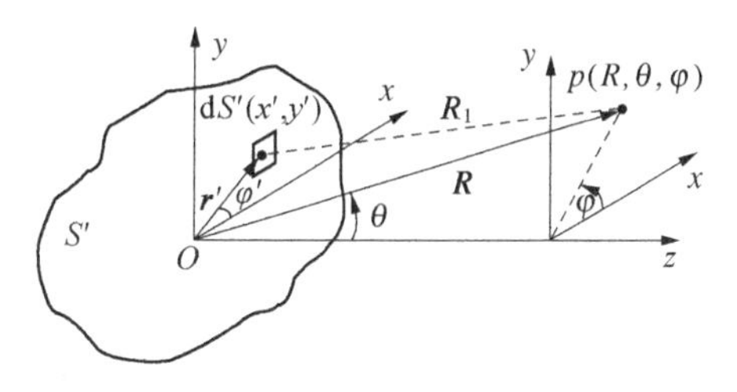

图 8.81　任意形状平面口径的坐标系

$$dE_\theta=\frac{j}{2\lambda R_1}(1+\cos\theta)e^{-jkR_1}(E_{sx}\cos\varphi+E_{sy}\sin\varphi)dS' \tag{8.302a}$$

$$dE_\varphi=\frac{j}{2\lambda R_1}(1+\cos\theta)e^{-jkR_1}(-E_{sx}\sin\varphi+E_{sy}\cos\varphi)dS' \tag{8.302b}$$

式中,E_{sx},E_{sy} 分别是面元 dS' 处电场 $\boldsymbol{E}_s$ 的分量;$R_1=[(x-x')^2+(y-y')^2+(z-z')^2]^{1/2}$,为面元 dS' 至观察点 p 的距离;$\boldsymbol{r}'=x'\mathbf{a}_x+y'\mathbf{a}_y$,为 dS' 与坐标原点间的距离矢量(即矢径)。

由于面元到观察点的距离很远,因此口径上所有面元 dS' 在观察点产生的辐射场的振幅近似相等,即 $1/R_1\approx 1/R$,而 $\boldsymbol{R}_1$ 与 $\boldsymbol{R}$ 近似平行,R_1 可表示为

$$R_1=R-\boldsymbol{r}'\cdot\boldsymbol{a}_R=R-x'\sin\theta\cos\varphi-y'\sin\theta\sin\varphi$$

式中,$\boldsymbol{a}_R$ 为球坐标系下的径向单位矢量。

将惠更斯元在远区的辐射场进行积分,即可得到平面口径远区辐射电场分量的表达式分别为

$$E_\theta=\frac{\mathrm{j}}{2\lambda R}(1+\cos\theta)\mathrm{e}^{-\mathrm{j}kR}(N_x\cos\varphi+N_y\sin\varphi) \tag{8.303a}$$

$$E_\varphi=\frac{\mathrm{j}}{2\lambda R}(1+\cos\theta)\mathrm{e}^{-\mathrm{j}kR}(-N_x\sin\varphi+N_y\cos\varphi) \tag{8.303b}$$

式中

$$N_x=\int_{S'}E_{sx}\mathrm{e}^{\mathrm{j}k(x'\sin\theta\cos\varphi+y'\sin\theta\sin\varphi)}\mathrm{d}S' \tag{8.304a}$$

$$N_y=\int_{S'}E_{sy}\mathrm{e}^{\mathrm{j}k(x'\sin\theta\cos\varphi+y'\sin\theta\sin\varphi)}\mathrm{d}S' \tag{8.304b}$$

称为绕射积分,相当于天线阵的阵因子。这表明,面天线就是由许许多多惠更斯元所构成的连续面(天线)阵。

实际应用中,通常总是将某一坐标轴与口径主极化电场的方向取为一致。例如,若 E_y 为主极化电场,E_x 为交叉极化电场,则主极化场的辐射场为

$$E_\theta=\frac{\mathrm{j}}{2\lambda R}(1+\cos\theta)\sin\varphi\mathrm{e}^{-\mathrm{j}kR}N_y \tag{8.305a}$$

$$E_\varphi=\frac{\mathrm{j}}{2\lambda R}(1+\cos\theta)\cos\varphi\mathrm{e}^{-\mathrm{j}kR}N_y \tag{8.305b}$$

以及交叉极化场的辐射场为

$$E_\theta=\frac{\mathrm{j}}{2\lambda R}(1+\cos\theta)\cos\varphi\mathrm{e}^{-\mathrm{j}kR}N_x \tag{8.306a}$$

$$E_\varphi=-\frac{\mathrm{j}}{2\lambda R}(1+\cos\theta)\sin\varphi\mathrm{e}^{-\mathrm{j}kR}N_x \tag{8.306b}$$

这样,根据已知平面口径上的口径场的分布,即可按上述表达式求得平面口径的辐射(电)场。例如,若已知 $\boldsymbol{E}_s=E_{sy}\mathbf{a}_y=E_y\mathbf{a}_y$,则由式(8.304)可知 $N_x=0$,而

$$N_y=\int_{S'}E_y(x',y')\mathrm{e}^{\mathrm{j}k(x'\sin\theta\cos\varphi+y'\sin\theta\sin\varphi)}\mathrm{d}S'$$

再将上式代入式(8.303),即得平面口径场的远区辐射电场分量的一般表达式分别为

$$E_\theta=\frac{\mathrm{j}}{2\lambda R}(1+\cos\theta)\sin\varphi\mathrm{e}^{-\mathrm{j}kR}\int_{S'}E_y(x',y')\mathrm{e}^{\mathrm{j}k(x'\sin\theta\cos\varphi+y'\sin\theta\sin\varphi)}\mathrm{d}S' \tag{8.307a}$$

$$E_\varphi=\frac{\mathrm{j}}{2\lambda R}(1+\cos\theta)\cos\varphi\mathrm{e}^{-\mathrm{j}kR}\int_{S'}E_y(x',y')\mathrm{e}^{\mathrm{j}k(x'\sin\theta\cos\varphi+y'\sin\theta\sin\varphi)}\mathrm{d}S' \tag{8.307b}$$

于是,对 E 面(yOz 平面),由于 $\varphi=90°$,则由式(8.307a),可得

$$E_{\mathrm{E}}=E_{\theta}=\frac{\mathrm{j}}{2\lambda R}(1+\cos\theta)\mathrm{e}^{-\mathrm{j}kR}\int_{S'}E_y(x',y')\mathrm{e}^{\mathrm{j}ky'\sin\theta}\mathrm{d}S' \tag{8.308a}$$

而对 H 面(xOz 平面),由于 $\varphi=0°$,则由式(8.307b),可得

$$E_{\mathrm{H}}=E_{\varphi}=\frac{\mathrm{j}}{2\lambda R}(1+\cos\theta)\mathrm{e}^{-\mathrm{j}kR}\int_{S'}E_y(x',y')\mathrm{e}^{\mathrm{j}kx'\sin\theta}\mathrm{d}S' \tag{8.308b}$$

同时,对同相平面口径,其最大辐射方向必发生在 $\theta=0°$ 的极轴上,远区最大辐射电场的模为

$$|E|_{\max}=\left|\frac{1}{\lambda R}\int_{S'}E_y(x',y')\mathrm{d}S'\right| \tag{8.309}$$

又因为整个口径面向空间辐射的功率 P_r 为

$$P_r=\frac{1}{240\pi}\int_{S'}|E_y(x',y')|^2\mathrm{d}S' \tag{8.310}$$

将以上两式代入天线的方向性系数的计算公式(8.92),即得

$$D_0=\frac{4\pi}{\lambda^2}\frac{\left|\int_{S'}E_y(x',y')\mathrm{d}S'\right|^2}{\int_{S'}\left|E_y(x',y')\right|^2\mathrm{d}S'} \tag{8.311}$$

若定义口径利用系数 v 为

$$v=\frac{\left|\int_{S'}E_y(x',y')\mathrm{d}S'\right|^2}{S\int_{S'}\left|E_y(x',y')\right|^2\mathrm{d}S'} \tag{8.312}$$

则式(8.311)可表示为

$$D_0=\frac{4\pi}{\lambda^2}Sv \tag{8.313}$$

此式是求得同相平面口径方向性系数的重要公式。可见口径利用系数 v 反映了口径场分布的均匀程度,口径场分布越均匀,v 值越大($v\leqslant 1$),D_0 越大(方向性越强)。

类似地,同样可导出不同平面口径辐射对应的主瓣宽度、第一副瓣电平以及增益等参数,这里不再赘述。

2. 同相平面口径的辐射

1) 矩形口径的辐射

设矩形口径的尺寸为 $D_1\times D_2$,如图 8.82 所示。若已知 $\boldsymbol{E}_s=E_y\mathbf{a}_y$,则利用式(8.308),可得 E 面和 H 面的远区辐射电场分量分别为

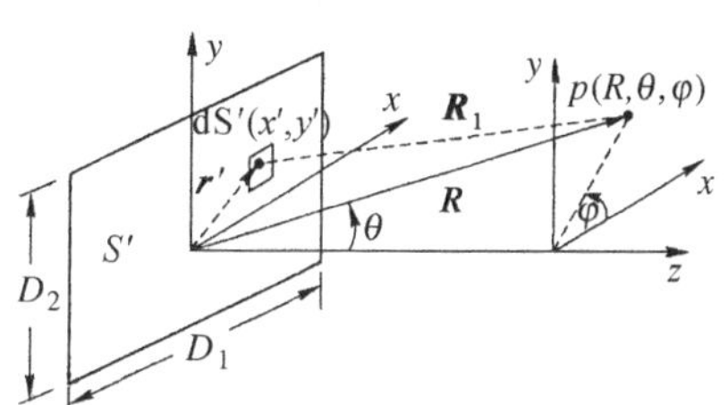

图 8.82 矩形口径的辐射

$$E_{\mathrm{E}} = E_{\theta} = \mathrm{j}\,\frac{1}{2\lambda R}(1+\cos\theta)\mathrm{e}^{-\mathrm{j}kR}\int_{-D_1/2}^{D_1/2}\mathrm{d}x'\int_{-D_2/2}^{D_2/2}E_y(x',y')\mathrm{e}^{\mathrm{j}ky'\sin\theta}\mathrm{d}y' \tag{8.314}$$

$$E_{\mathrm{H}} = E_{\varphi} = \mathrm{j}\,\frac{1}{2\lambda R}(1+\cos\theta)\mathrm{e}^{-\mathrm{j}kR}\int_{-D_2/2}^{D_2/2}\mathrm{d}y'\int_{-D_1/2}^{D_1/2}E_y(x',y')\mathrm{e}^{\mathrm{j}kx'\sin\theta}\mathrm{d}x' \tag{8.315}$$

(1) 口径场均匀分布

若口径场均匀分布，即 $E_y=E_0$，则将式(8.314)和(8.315)进行积分，可得两个主平面的辐射场分别为

$$E_{\mathrm{E}} = \mathrm{j}\,\frac{\mathrm{e}^{-\mathrm{j}kR}}{2\lambda R}(1+\cos\theta)E_0D_1D_2\,\frac{\sin\psi_2}{\psi_2} \tag{8.316}$$

$$E_{\mathrm{H}} = \mathrm{j}\,\frac{\mathrm{e}^{-\mathrm{j}kR}}{2\lambda R}(1+\cos\theta)E_0D_1D_2\,\frac{\sin\psi_1}{\psi_1} \tag{8.317}$$

式中，$\psi_2=(kD_2\sin\theta)/2$，$\psi_1=(kD_1\sin\theta)/2$。于是，对应的 E 面和 H 面的归一化方向图函数分别为

$$|f_{\mathrm{E}}(\theta)| = \left|\frac{\sin\psi_2}{\psi_2}\right|\left|\frac{1+\cos\theta}{2}\right| \tag{8.318}$$

$$|f_{\mathrm{H}}(\theta)| = \left|\frac{\sin\psi_1}{\psi_1}\right|\left|\frac{1+\cos\theta}{2}\right| \tag{8.319}$$

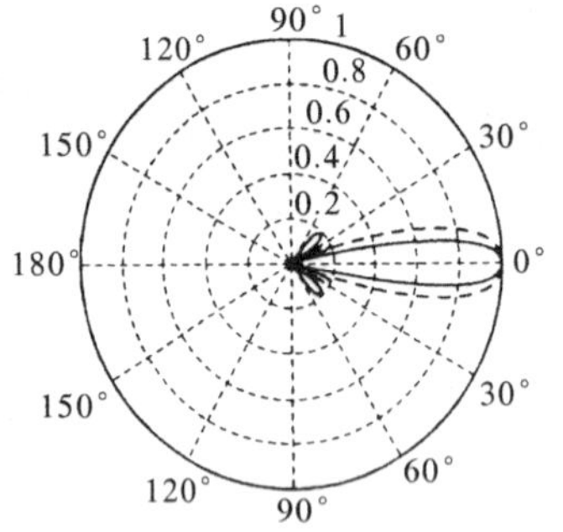

图 8.83　矩形口径场均匀分布的 E 面和 H 面的归一化方向图($D_1=3\lambda$，$D_2=2\lambda$)(E 面：－－－；H 面：——)

图 8.83 示出了矩形口径场均匀分布且 $D_1=3\lambda$，$D_2=2\lambda$ 时的归一化 E 面和 H 面的方向图。由图可见，H 面方向图的主瓣比 E 面方向图的主瓣要窄，这是因为 H 面的尺寸大于 E 面的尺寸。此外，最大辐射方向在 $\theta=0°$ 方向上，且当 D_1/λ 和 D_2/λ 都较大时，辐射场的能量主要集中在 z 轴附近较小的 θ 角范围内，因此在分析主瓣特性时，可认为 $(1+\cos\theta)/2\approx 1$。此时，两个主平面的归一化方向图函数近似为

$$|f_{\mathrm{E}}(\theta)| \approx \left|\frac{\sin\psi_2}{\psi_2}\right| \tag{8.320}$$

$$|f_{\mathrm{H}}(\theta)| \approx \left|\frac{\sin\psi_1}{\psi_1}\right| \tag{8.321}$$

显然，均匀分布口径面的 E 面和 H 面的归一化方向图函数，与均匀直线阵的归一化方向图函数在形式上完全相同。于是，令 $\sin(\psi_i)_{0.5}/(\psi_i)_{0.5}=1/\sqrt{2}\,(i=1,2)$，则可由图 8.84 查得 $(\psi_i)_{0.5}=1.39$(为统一起见，图中 ψ_i 改记为 ψ)。考虑到口径较大时，半功率波束宽度很小，近似可得

$$2\theta_{0.5\mathrm{E}} = 0.89\,\frac{\lambda}{D_2}\quad(\mathrm{rad}),\qquad 2\theta_{0.5\mathrm{H}} = 0.89\,\frac{\lambda}{D_1}\quad(\mathrm{rad}) \tag{8.322}$$

从而有

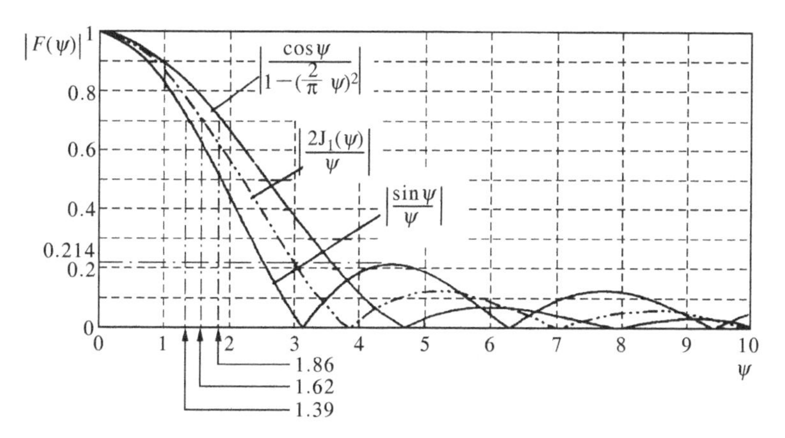

图 8.84　同相平面口径的方向图函数随 ψ 的变化曲线

$$2\theta_{0.5\mathrm{E}}=51^{\circ}\frac{\lambda}{D_2},\qquad 2\theta_{0.5\mathrm{H}}=51^{\circ}\frac{\lambda}{D_1} \tag{8.323}$$

由图 8.84 可知，E 面和 H 面的第一副瓣的极大值为 0.214，故第一副瓣电平为 20lg 0.214＝－13.40 dB。

由式(8.313)可知，口径场均匀分布的矩形口径的方向性系数 $D_0=4\pi S/\lambda^2$，其中 $S=D_1D_2$。

(2) 口径场沿 x 轴余弦分布

若口径场 E_y 沿 x 轴余弦分布，即

$$E_y=E_0\cos\frac{\pi x'}{D_1} \tag{8.324}$$

其中，$|x'|<D_1/2$。注意到 E 面的辐射场与均匀分布情况相同，因此只需导出 H 面的辐射场。为此，将式(8.324)代入式(8.315)，积分可得 H 面的辐射场为

$$E_{\mathrm{H}}=\mathrm{j}\frac{\mathrm{e}^{-\mathrm{j}kR}}{2\lambda R}(1+\cos\theta)E_0D_1D_2\frac{2}{\pi}\frac{\cos\psi_1}{1-(2\psi_1/\pi)^2} \tag{8.325}$$

于是，两主平面上的归一化方向图函数分别为

$$|f_{\mathrm{E}}(\theta)|=\left|\frac{1+\cos\theta}{2}\frac{\sin\psi_2}{\psi_2}\right| \tag{8.326}$$

$$|f_{\mathrm{H}}(\theta)|=\left|\frac{1+\cos\theta}{2}\frac{\cos\psi_1}{1-(2\psi_1/\pi)^2}\right| \tag{8.327}$$

当 D_1/λ 和 D_2/λ 较大时，可得 E 面和 H 面的主瓣宽度分别为

$$2\theta_{0.5\mathrm{E}}=51^{\circ}\frac{\lambda}{D_2},\qquad 2\theta_{0.5\mathrm{H}}=68^{\circ}\frac{\lambda}{D_1} \tag{8.328}$$

E 面和 H 面的第一副瓣电平分别为 20lg 0.214＝－13.40 dB 以及 20lg 0.071＝－23 dB。此外，利用式(8.312)，可得 v＝0.81。显然，当口径场振幅沿 x 轴呈余弦分布时，其 H 面

(xOz 面)的归一化方向图较均匀振幅、同相口径场分布情况要差(即主瓣变宽,口径利用系数及方向性系数均变小),但其副瓣电平却降低。

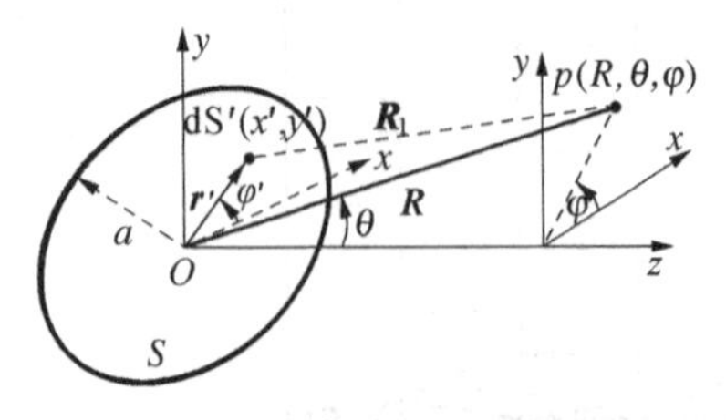

图 8.85　圆形口径的辐射

2) 圆形口径的辐射

如图 8.85 所示的口径为一半径为 a 的圆形口径。若在口径面上建立极坐标(r', φ'),则面元的直角坐标$(x', y')=(r'\cos\varphi', r'\sin\varphi')$,面元 $\mathrm{d}S'=r'\mathrm{d}r'\mathrm{d}\varphi'$,而 $\boldsymbol{r}'=r'\cos\varphi'\mathbf{a}_x+r'\sin\varphi'\mathbf{a}_y$,以及 $R_1=R-\boldsymbol{r}'\cdot\boldsymbol{a}_R=R-r'\sin\theta\cos(\varphi-\varphi')$。仍假设口径的电场方向沿 y 轴,$\boldsymbol{E}_s=E_s\mathbf{a}_y$,则由式(8.304b)可得

$$N_y=\int_0^a\int_0^{2\pi}E_s(r', \varphi')\mathrm{e}^{\mathrm{j}kr'\sin\theta\cos(\varphi-\varphi')}r'\mathrm{d}r'\mathrm{d}\varphi' \tag{8.329}$$

于是,两主平面上的辐射场分别为

$$E_{\mathrm{E}}=\mathrm{j}\frac{\mathrm{e}^{-\mathrm{j}kR}}{\lambda R}\frac{(1+\cos\theta)}{2}\int_0^a\int_0^{2\pi}E_s(r', \varphi')\mathrm{e}^{\mathrm{j}kr'\sin\theta\sin\varphi'}r'\mathrm{d}r'\mathrm{d}\varphi' \tag{8.330}$$

$$E_{\mathrm{H}}=\mathrm{j}\frac{\mathrm{e}^{-\mathrm{j}kR}}{\lambda R}\frac{(1+\cos\theta)}{2}\int_0^a\int_0^{2\pi}E_s(r', \varphi')\mathrm{e}^{\mathrm{j}kr'\sin\theta\cos\varphi'}r'\mathrm{d}r'\mathrm{d}\varphi' \tag{8.331}$$

(1) 口径场振幅呈均匀分布

若口径场沿 y 轴极化且振幅均匀分布,即 $E_s=E_0$,则由式(8.329)可得

$$N_y=2\pi E_0\int_0^a r'\mathrm{J}_0(kr'\sin\theta)\mathrm{d}r'=E_0S\frac{2\mathrm{J}_1(\psi_3)}{\psi_3}$$

式中,$\psi_3=ka\sin\theta$,$S=\pi a^2$,并利用了以下贝塞尔函数的积分表达式:

$$\mathrm{J}_0(kr'\sin\theta)=\frac{1}{2\pi}\int_0^{2\pi}\mathrm{e}^{\mathrm{j}kr'\sin\theta\cos(\varphi-\varphi')}\mathrm{d}\varphi'$$

$$\int_0^a u\mathrm{J}_0(u)\mathrm{d}u=a\mathrm{J}_1(a)$$

其中,J_0 及 J_1 分别为第一类零阶和第一类一阶贝塞尔函数。于是,圆形均匀分布口径两主平面上的辐射场为

$$E_{\mathrm{E}}=E_{\mathrm{H}}=\mathrm{j}\frac{\mathrm{e}^{-\mathrm{j}kR}}{\lambda R}\frac{(1+\cos\theta)}{2}E_0S\frac{2\mathrm{J}_1(\psi_3)}{\psi_3} \tag{8.332}$$

因此,两主平面的归一化方向图函数为

$$|f_{\mathrm{E}}(\theta)|=|f_{\mathrm{H}}(\theta)|=|f(\theta)|=\left|\frac{1+\cos\theta}{2}\right|\left|\frac{\mathrm{J}_1(\psi_3)}{\psi_3}\right| \tag{8.333}$$

若口径直径 $2a\gg\lambda$,$\cos\theta\approx1$,令$|\mathrm{J}_1(\psi_3)/\psi_3|=1/\sqrt{2}$,并由图 8.62 查得 $\psi_3=1.62$,则得其主瓣宽度为

$$2\theta_{0.5\mathrm{E}}=2\theta_{0.5\mathrm{H}}=1.02\frac{\lambda}{2a}(\mathrm{rad})=58.4^\circ\frac{\lambda}{2a} \tag{8.334}$$

同样，其第一副瓣电平为 −17.6 dB，方向性系数 $D_0=4\pi S/\lambda^2$。

(2) 口径场振幅呈锥削分布

若圆形口径场沿 y 轴极化且振幅沿半径方向呈锥削分布，即

$$E_s=E_0\left[1-\left(\frac{r'}{a}\right)^2\right]^m \tag{8.335}$$

式中，指数 m 取任意非负整数，m 反映了口径场振幅分布沿半径衰减的快慢程度，m 值越大衰减越快。

将式(8.335)代入式(8.330)和式(8.331)，同样可得两主平面上的辐射场，从而得到 m 取不同值的情况下两个主平面完全相同的归一化方向图函数。由于推导中需引出不常用的特殊函数，故仅在表 8.2 中列出 m 取不同值情况下圆形口径的辐射特性的相关结果。

表 8.2　圆形口径的辐射特性表

口径形状	口径场分布	$2\theta_{0.5}$(rad)	SLL(dB)	v	方向图函数
矩形	$E_y=E_0$	E 面：$0.89\dfrac{\lambda}{D_2}$	−13.4	1	E 面：$\left\lvert\dfrac{\sin\psi_2}{\psi_2}\right\rvert$
		H 面：$0.89\dfrac{\lambda}{D_1}$			H 面：$\left\lvert\dfrac{\sin\psi_1}{\psi_1}\right\rvert$
	$E_y=E_0\cos\left(\dfrac{\pi x'}{a}\right)$	E 面：$0.89\dfrac{\lambda}{D_2}$	−13.4	0.81	E 面：$\left\lvert\dfrac{\sin\psi_2}{\psi_2}\right\rvert$
		H 面：$1.18\dfrac{\lambda}{D_1}$	−23.0		H 面：$\left\lvert\dfrac{\cos\psi_1}{1-(2\psi_1/\pi)}\right\rvert$
圆形	$E_y=E_0\left[1-\left(\dfrac{r'}{a}\right)^2\right]^m$	$m=0$：$1.02\dfrac{\lambda}{2a}$	−17.6	1	$\left\lvert\dfrac{2J_1(\psi_3)}{\psi_3}\right\rvert$
		$m=1$：$1.27\dfrac{\lambda}{2a}$	−24.6	0.75	$\left\lvert\dfrac{8J_2(\psi_3)}{\psi_3^2}\right\rvert$
		$m=2$：$1.47\dfrac{\lambda}{2a}$	−30.6	0.55	$\left\lvert\dfrac{48J_3(\psi_3)}{\psi_3^3}\right\rvert$

综合以上对不同口径辐射场的分析，可知同相平面口径的辐射具有以下四个主要特点：① 同相平面口径的最大辐射出现在口径面的法线方向；② 当口径的电尺寸一定时，口径场分布越均匀，其口径利用系数越大，方向性系数越大，但副瓣电平越高；③ 在口径场分布规律一定情况下，口径面的电尺寸越大，主瓣越窄，方向性系数越大；④ 口径辐射的副瓣电平以及口径利用系数只取决于口径场的分布，与口径的电尺寸无关。

3. 非同相口径场对辐射的影响

在实际应用中，由于天线制作或安装的技术误差或为了实现电扫描以及得到某些特殊

形状的天线波束,面天线的口径场一般并非同相,口径场的相位分布通常按一定的规律分布,如按直线律、平方律、立方律等分布。这里简单分析非同相口径场对辐射方向图的影响。分析时,为简单起见,假设口径形状为矩形,场强的幅度分布均匀且相位沿 x 轴方向变化,沿 y 轴方向仍同相。此时,相位偏移仅影响 H 面的辐射特性而 E 面仍与等幅同相的相同。

1) 直线律相位偏移

直线律相位偏移可认为是一束均匀平面电磁波以与平面口径轴线间的夹角为 θ_i 斜入射到口径上而引起的,口径上的等相位面偏转了 θ_i 角,矩形口径上沿 x 轴方向有相位偏移,此时口径场可表示为

$$E_s = E_0 e^{-j(2x'/D_1)\beta_m} \tag{8.336}$$

式中,$\beta_m=(kD_1\sin\theta_i)/2$,为口径边缘($x'=\pm D_1/2$)处的相移量,即口径上的最大相位偏移。于是,将上式代入式(8.308b)可得 H 面的辐射场为

$$E_H = j\frac{e^{-jkR}}{2\lambda R}(1+\cos\theta)E_0D_1D_2\frac{\sin(\psi_1-\beta_m)}{\psi_1-\beta_m} \tag{8.337}$$

于是,当 D_1/λ 和 D_2/λ 较大时,H 面的归一化方向图函数为

$$|f_H(\theta)| = \left|\frac{\sin(\psi_1-\beta_m)}{\psi_1-\beta_m}\right| \tag{8.338}$$

显然,当口径场的相位沿 x 轴有直线律偏移时,方向图的形状并不发生变化,其最大辐射方向只是由口径面的法线方向向相位滞后方向偏转了角度 $\theta\left(=\theta_m=\arcsin\left(\frac{\lambda\beta_m}{\pi D_1}\right)\right)$。可见,$\beta_m$ 越大,偏转角 θ 也越大。图 8.86(a)示出了三种不同 β_m 情况下在 $D_1=2\lambda$ 时的方向图。

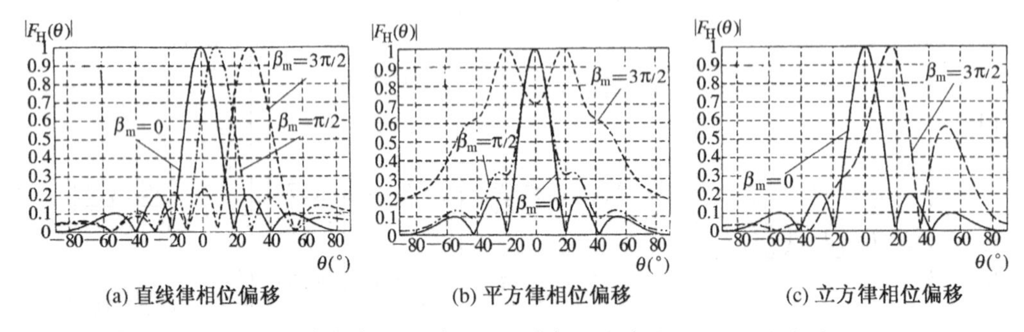

图 8.86 直线律、平方律和立方律相位偏移的矩形口径方向图

2) 平方律相位偏移

平方律相位偏移可认为是一束球面波或柱面波垂直入射到平面口径形成的,此时矩形口径上沿 x 轴方向有平方律相位偏移,且最大相位偏移为 β_m,即

$$E_s = E_0 e^{-j(2x'/D_1)^2\beta_m} \tag{8.339}$$

将上式代入式(8.308b)即可得到矩形口径具有平方律相位偏移时 H 面的辐射场的积分表达式。由于 H 面辐射场的积分表达式较为复杂,不便直接计算,因此通常采用数值计算方

法进行分析。图 8.86(b)示出了三种不同 β_m 取值情况在 $D_1=2\lambda$ 时的方向图。通过此图以及分析可知,平方律相位偏移会使方向图的主瓣展宽、主瓣分裂、零点模糊以及方向性系数下降。因此,在天线设计中应力求避免口径上出现平方律相位偏移。

3) 立方律相位偏移

立方律相位偏移是一种反对称相位偏移,此时口径场可表示为

$$E_s = E_0 e^{-j(2x'/D_1)^3 \beta_m} \tag{8.340}$$

利用式(8.308b)同样可导出其 H 面的辐射场,但计算更为复杂。图 8.86(c)示出了两种不同 β_m 取值情况在 $D_1=2\lambda$ 时的方向图。由图可见,立方律相位偏移不仅会引起最大辐射方向的偏移,而且会导致方向图不对称,在主瓣的一侧会产生较大的副瓣,且 β_m 的值越大,导致副瓣的峰值越大,严重时,主瓣与副瓣可以相比拟。因此,这种相位偏移对雷达等导航设备而言极为有害,必须加以避免。

8.3.2 喇叭天线

喇叭天线是最广泛使用的微波天线之一,它的工作原理类似于声学中使用的传声筒。喇叭天线的优点是结构简单、馈电方便、频带较宽、功率容量大以及高增益等。

按形状,常见的喇叭天线可分为矩形喇叭和圆锥喇叭,它们均由逐渐张开的金属波导构成。普通喇叭天线的结构如图 8.87 所示。逐渐张开的过渡段既可保证波导与空间的良好匹配,又可获得较大的口径,以加强辐射的方向性。当矩形波导的宽边保持平行窄边逐渐张开即得到 E 面扇形喇叭;当矩形波导的窄边保持平行宽边逐渐张开即得到 H 面扇形喇叭;当矩形波导的宽边和窄边都逐渐张开即得到角锥形喇叭,如图 8.87(a)、(b)、(c)所示。将圆波导逐渐张开则形成如图 8.87(d)所示的圆锥喇叭。除此之外,为提高喇叭天线的性能往往还采用喇叭天线的改进型式。

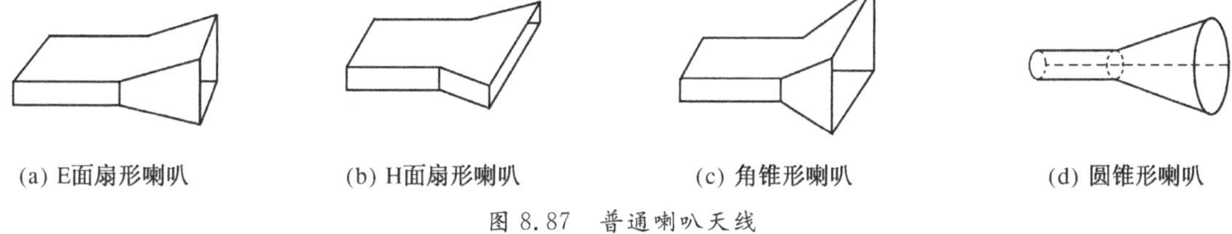

(a) E面扇形喇叭　(b) H面扇形喇叭　(c) 角锥形喇叭　(d) 圆锥形喇叭

图 8.87 普通喇叭天线

1. 矩形喇叭天线

1) 矩形喇叭天线的口径场分布

为了确定喇叭天线的辐射场,应求出喇叭内以及喇叭口面上的场分布。工程上一般采用近似方法计算,即求解喇叭内场时,不考虑外场的影响,并由内场(也即口径场)求解辐射场。扇形喇叭内场的分析方法和矩形波导相似,它是在圆柱坐标系中采用分离变量法求解满足扇形喇叭边界条件的麦克斯韦方程组。分析表明,E 面和 H 面扇形喇叭内导波的模式与同其相连的波导内的导波的模式 TE_{10} 相似,只是相应模式的等相位面为圆柱面,E 面和 H 面扇形喇叭的内场结构如图 8.88(a)和(b)所示。角锥形喇叭至今没有严格的分析方法,

但可近似认为其内场对应模式的等相位面为球面,角锥形喇叭在 E 面上的场分布与 E 面扇形喇叭分布相同;在 H 面上的场分布与 H 面扇形喇叭分布相同。由于扇形喇叭的等相位面为圆柱面,而角锥形喇叭的等相位面为球面,因此喇叭口径上的场强具有相位差,可按如图 8.89 所示的几何关系求得。其中,D_s 为喇叭的口径宽度,R_0 为喇叭的长度,2α 为喇叭的张角。

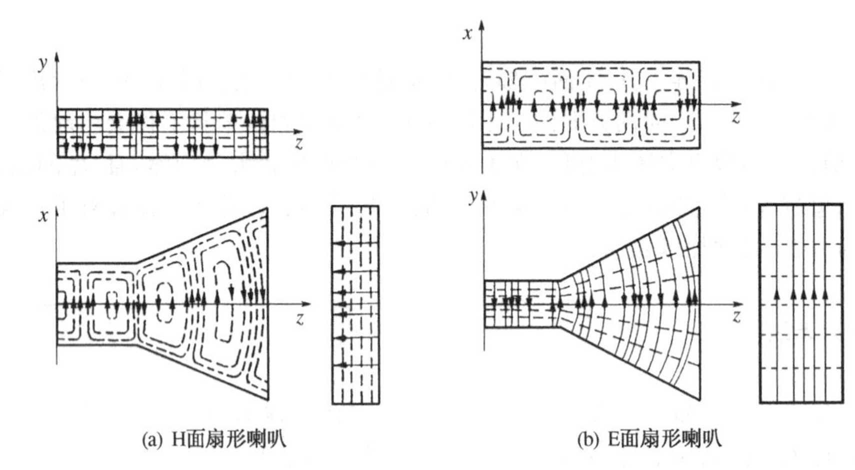

图 8.88 扇形喇叭的内场结构示意图 (电力线:——;磁力线:------)

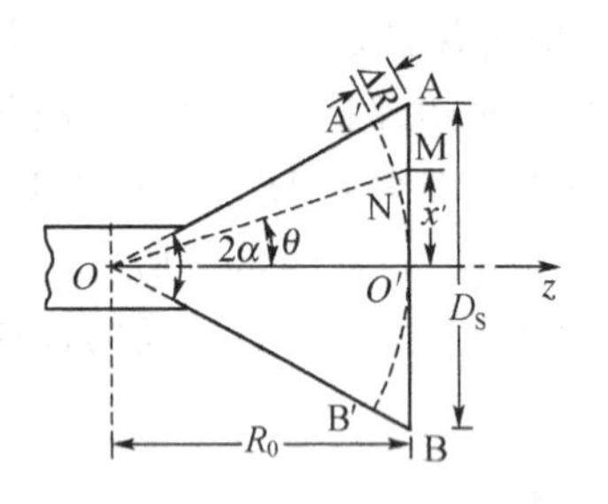

图 8.89 喇叭纵向口面及其坐标

选取坐标如图 8.89 所示,喇叭口面与 z 轴垂直,令喇叭口径中心线上点 O' 处场的相位等于零,则在柱面波的等相位面 $\overset{\frown}{A'O'B'}$ 上场的相位也为零,但在距离口径中心为 x' 的 M 点,场的相位 φ_x 为

$$\varphi_x = \frac{2\pi}{\lambda}\overline{\mathrm{MN}} = \frac{2\pi}{\lambda}\left(\sqrt{R_0^2 + x'^2} - R_0^2\right)$$
$$= \frac{2\pi}{\lambda}\left(\frac{1}{2}\frac{x'^2}{R_0} - \frac{1}{8}\frac{x'^4}{R_0^3} + \cdots\right) \tag{8.341}$$

一般喇叭的口径宽度 D_s 远小于喇叭长度 R_0,即 $x' \ll R_0$,此时 $\tan\theta \approx \theta \approx x'/R_0$,$\sqrt{R_0^2 + x'^2} - R_0^2 \approx x'^2/(2R_0)$,于是

$$\varphi_x \approx \frac{\pi}{\lambda}\frac{x'^2}{R_0} \tag{8.342}$$

显然,最大相位滞后发生在喇叭口径的边缘上,即 $x' = D_s/2$ 处,故有

$$\varphi_{\max} \approx \frac{\pi}{\lambda}\frac{D_s^2}{4R_0} \tag{8.343}$$

可见,柱面或球面波传播至喇叭口径上会形成平方律相位偏移。

当矩形波导中只传输 TE_{10} 模时,分析表明,对 H 面扇形喇叭,其口面场沿 y 轴方向呈均匀振幅、同相分布,沿 x 轴方向呈余弦振幅、平方律相位分布,即

$$E_s = E_y = E_0 \cos\left(\frac{\pi x'}{D_{sH}}\right) e^{-j\frac{\pi x'^2}{\lambda R_H}} \tag{8.344}$$

对 E 面扇形喇叭，其口径场沿 x 轴方向呈余弦振幅、同相分布，沿 y 轴方向呈均匀振幅、平方律相位分布，即

$$E_s = E_y = E_0 \cos\left(\frac{\pi x'}{D_{sE}}\right) e^{-j\frac{\pi y'^2}{\lambda R_E}} \tag{8.345}$$

对角锥形喇叭，结构尺寸如图 8.90 所示，其口径场可近似表示为

$$E_s = E_y = E_0 \cos\left(\frac{\pi x'}{D_{sH}}\right) e^{-j\frac{\pi}{\lambda}\left(\frac{x'^2}{R_H} + \frac{y'^2}{R_E}\right)} \tag{8.346}$$

通常将 $R_E \neq R_H$ 时的角锥形喇叭称为楔形角锥喇叭；$R_E = R_H$ 时的角锥形喇叭为尖顶角锥喇叭。

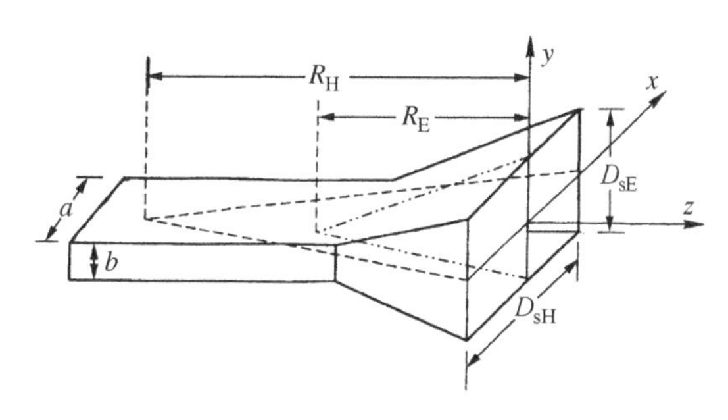

图 8.90　角锥形喇叭的结构尺寸及其坐标

2）矩形喇叭的辐射特性

（1）方向图与方向性系数

利用 E 面和 H 面以及角锥形喇叭口径场的表达式，代入式(8.314)和式(8.315)即可得到其 E 面和 H 面辐射场的表达式。尽管写出 E 面和 H 面辐射场的表达式较为困难，但却可借助计算机或计算机仿真软件求出其数值结果或画出两主平面的方向图。图 8.91(a)和(b)分别示出了 E 面、H 面扇形喇叭以及角锥形喇叭的 E 面和 H 面通用方向图，图中的参数 s,t 反映了喇叭口径的 E 面、H 面相位的偏移程度。由图可见，参数 s,t 越大，相位偏移越严重，方向图的零点消失，主瓣变宽，甚至 $\theta=0°$ 方向不再是最大辐射方向，呈现马鞍形。此外，比较这两组曲线不难看出，在相同的相位偏移条件下，E 面方向图的畸变更大，这是因为 H 面的口径场幅度按余弦分布，在口径边缘的幅度较小故影响也较小。

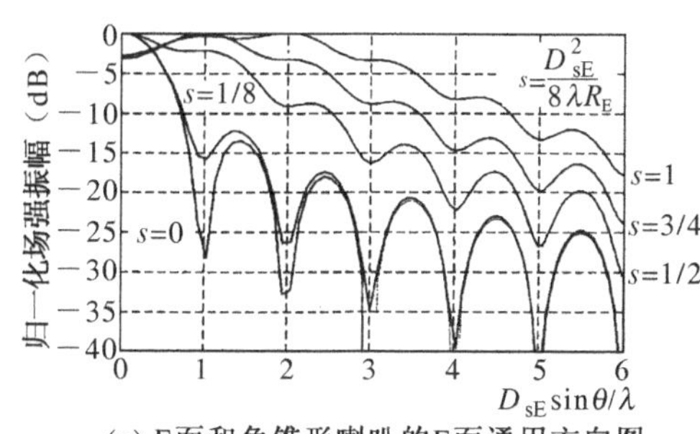

(a) E面和角锥形喇叭的E面通用方向图

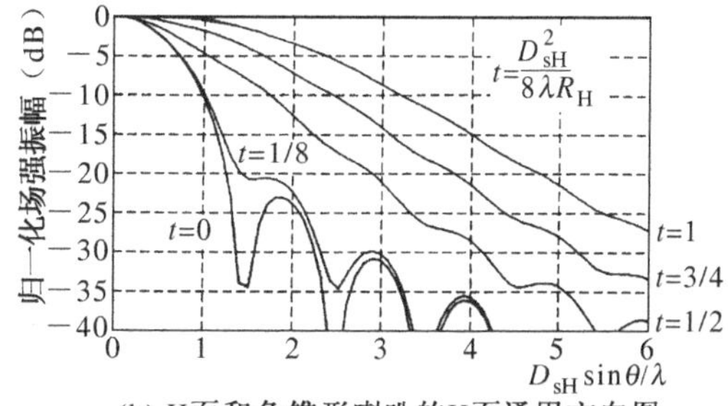

(b) H面和角锥形喇叭的H面通用方向图

图 8.91　E 面、H 面扇形喇叭以及角锥形喇叭的 E 面和 H 面通用方向图

喇叭天线的方向性系数也可根据式(8.311)进行数值计算得到。图 8.92(a)和(b)分别示出了 E 面、H 面扇形喇叭的方向性系数随 D_{sE}/λ，D_{sH}/λ 的变化曲线。由图可见，在一定的 $R_E/\lambda(R_H/\lambda)$ 的情况下，方向性系数开始随喇叭口面电尺寸 $D_{sE}/\lambda(D_{sH}/\lambda)$ 增大而增大，达到最大值后又逐渐减小。这是因为随着喇叭口径尺寸的增加，喇叭口面上的相位差减小，最

后达到同相场分布的极限值,此时最大的方向性系数近似为

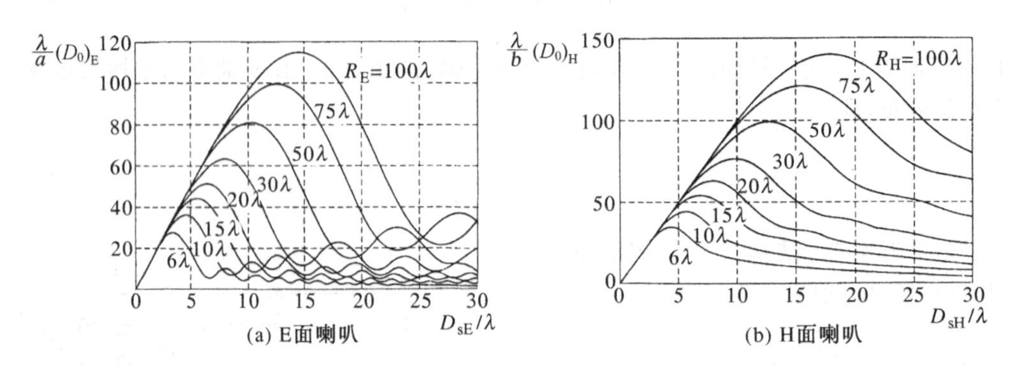

图 8.92　E 面和 H 面扇形喇叭的方向性系数的变化曲线

$$(D_0)_{max} \approx 0.81 \frac{4\pi S}{\lambda^2} \tag{8.347}$$

此表达式也是余弦幅度、同相的矩形口径的方向性系数。此外,在喇叭电长度 R/λ 一定的条件下,当口径尺寸由小到大变化时,方向性系数随着增大,但当口径尺寸增大到超过某一定值后,继续增大口径尺寸,方向性系数反而减小。这是因为随着喇叭口径尺寸的增大,口径上按平方律变化的相移也增大,故出现了一个最大值。这表明扇形喇叭存在最佳喇叭尺寸(R_E,$(D_{sE})_{opt}$),(R_H,$(D_{sH})_{opt}$),对应此尺寸,可得到最大的方向性系数。此时达到的最大方向性系数均为上述$(D_0)_{max}$的 80%,对应的口面相移量为

$$(\beta_{mE})_{max} = \frac{2\pi}{\lambda}\Delta R_H = \frac{\pi}{2}, \qquad (\beta_{mH})_{max} = \frac{2\pi}{\lambda}\Delta R_E = \frac{3\pi}{4} \tag{8.348}$$

(2) 最佳尺寸与电参数

综上所述,为了获得扇形喇叭的较好方向图,工程上通常规定$(\beta_{mE})_{max} \leqslant \pi/2$,$(\beta_{mH})_{max} \leqslant 3\pi/2$,可得以下的最佳尺寸:

$$(D_{sE})_{opt} = \sqrt{2\lambda R_E} \tag{8.349}$$

$$(D_{sH})_{opt} = \sqrt{3\lambda R_H} \tag{8.350}$$

满足最佳尺寸的喇叭称为最佳喇叭,此时最佳 E 面扇形喇叭的 E 面主瓣宽度为

$$2\theta_{0.5E} = 0.94 \frac{\lambda}{D_{sE}} \qquad (\text{rad}) \tag{8.351}$$

而 H 面主瓣宽度仍如表 8.2,即 $1.18(\lambda/D_{sH})$rad。最佳 H 面扇形喇叭的 H 面主瓣宽度为

$$2\theta_{0.5H} = 1.36 \frac{\lambda}{D_{sH}} \qquad (\text{rad}) \tag{8.352}$$

而 E 面主瓣宽度仍如表 8.2,即 $0.89(\lambda/D_{sE})$rad。

最佳扇形喇叭的口径利用系数 $v=0.8\times0.81\approx0.64$,所以其 E 面和 H 面的方向性系数为

$$(D_0)_E = (D_0)_H = 0.64\left(\frac{4\pi S}{\lambda^2}\right) \tag{8.353}$$

角锥形喇叭的最佳尺寸就是其E面扇形和H面扇形均取得最佳尺寸，其口径利用系数$v=0.51$，故方向性系数为

$$(D_0)_E = (D_0)_H = 0.51\left(\frac{4\pi S}{\lambda^2}\right) \tag{8.354}$$

在最佳条件下，角锥形喇叭的主瓣宽度可按下列经验公式计算：

$$2\theta_{0.5E} \approx 0.94\left(\frac{\lambda}{D_{sE}}\right) = 54^\circ\left(\frac{\lambda}{D_{sE}}\right) \tag{8.355}$$

$$2\theta_{0.5H} \approx 1.36\left(\frac{\lambda}{D_{sH}}\right) = 78^\circ\left(\frac{\lambda}{D_{sH}}\right) \tag{8.356}$$

设计角锥喇叭时，还应考虑喇叭与波导的颈部尺寸的配合，即$R'_E = R'_H = R_{opt}$，从而由如图8.93所示的几何关系，有

$$\frac{R_H}{R'_H} = \frac{D_{sH}}{D_{sH}-a}, \qquad \frac{R_E}{R'_E} = \frac{D_{sE}}{D_{sE}-b} \tag{8.357}$$

将以上两式联立求解，并取$D_{sE}=(D_{sE})_{opt}$，$D_{sH}=(D_{sH})_{opt}$，则可得到以下的关系式：

$$\frac{R_H}{R_E} = \frac{1-b/(D_{sE})_{opt}}{1-a/(D_{sH})_{opt}} \tag{8.358}$$

式中，a，b分别为矩形波导宽、窄边的尺寸。这样，根据式(8.354)和最佳尺寸条件(8.349)、(8.350)以及式(8.358)，即可设计最佳角锥喇叭天线的尺寸。

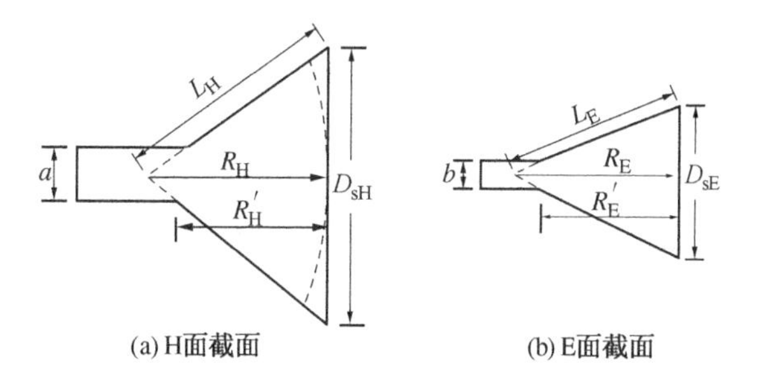

图8.93　角锥喇叭的几何尺寸

3) 脊形喇叭简介

同轴馈电的双脊形波导结构如图8.94(a)所示。其中，同轴线由其中一个脊的中心通过通孔引入，同轴线的外导体与(金属)脊相连，而内导体则穿过两脊间的间隙与另一个脊的中心点相接。同轴馈电的四脊形波导结构如图8.94(b)所示。其中，两根同轴线由其中两个相互正交的脊的中心通过通孔引入，其内导体则分别穿过脊的外形形成的屋状结构，与另两个脊的外形形成的屋状结构间的小间隙相接。

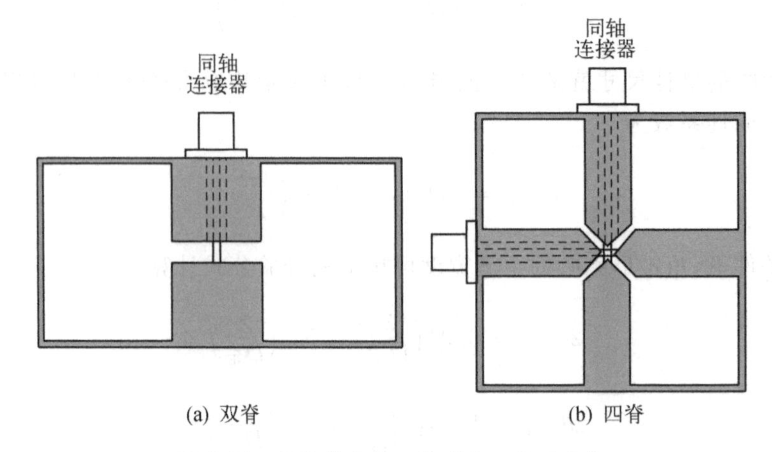

图 8.94　同轴馈电的双脊形和四脊形波导

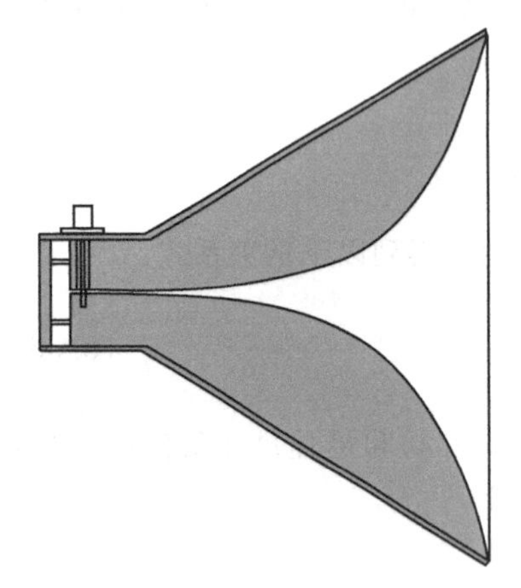

图 8.95　同轴线馈电的双脊形喇叭的截面图

图 8.95 示出了采用同轴线馈电的双脊形喇叭的截面图，馈电处距离脊形波导的短路终端足够近，且两者间留有很小的脊形间隙。其中，为了改善馈电装置的带宽，除了调整脊的间距和脊的变化曲线的形式使脊形喇叭与同轴线相匹配外，还可在馈电处距离脊形波导短路的金属壁形成的脊形间隙中放置短路探针。实际应用中，一般采用指数渐变的脊，即可获得更优良的阻抗匹配。

2. 圆锥喇叭

圆锥喇叭的结构如图 8.96(a)所示，其中喇叭的长度为 L，口径的直径为 D。若圆波导中的导波为 TE_{11} 模，则口径场的振幅分布与圆波导中的 TE_{11} 模相同，但口径场的相位按平方律沿径向变化。与矩形喇叭不同，圆锥喇叭的分析需在球坐标系下进行，且分析过程较为复杂。这里不作介绍。

图 8.96(b)示出了不同轴向长度的圆锥喇叭的方向性系数与口径最佳直径间的关系曲线。显然，圆锥喇叭也存在最佳尺寸。

在小张角的条件下，最佳圆锥喇叭的主瓣宽度与方向性系数可按以下公式近似计算：

$$\left.\begin{aligned} 2\theta_{0.5H} &= 1.22\,\frac{\lambda}{D_{opt}} \\ 2\theta_{0.5E} &= 1.05\,\frac{\lambda}{D_{opt}} \\ D_0 &= 0.5\left(\frac{\pi D_{opt}}{\lambda}\right)^2 \end{aligned}\right\} \tag{8.359}$$

式中，$D_{opt}=\sqrt{3\lambda R}$，为最佳口径直径。

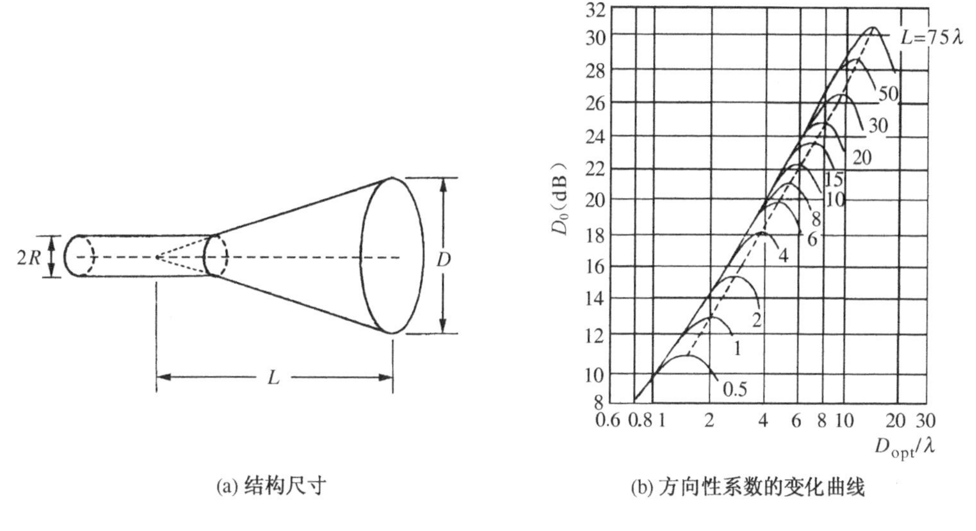

(a) 结构尺寸　　(b) 方向性系数的变化曲线

图 8.96　圆锥形喇叭的结构及其方向性系数的变化曲线

3. 馈源喇叭

喇叭天线在工程上有两种主要用途，一种是用作独立天线，这种喇叭称为独立喇叭；另一种是用作反射面天线的馈源，这种喇叭也称为馈源喇叭。独立喇叭通常是单模喇叭，由于这种喇叭的口径场分布不对称，因此两主平面的方向图也不对称，因而不适宜做旋转对称的辐射方向图(称为"等化"方向图)的反射面天线的馈源。通常要求反射面天线的馈源的辐射方向图具有频带宽、等化好、交叉极化低、副瓣电平低以及驻波系数低等优点，因此需要对普通的喇叭天线进行改进，目前工程上较常见的是如图 8.97(a)所示的变张角多模喇叭和图 8.97(b)所示的波纹喇叭。

变张角多模喇叭是沿着喇叭在一处或几处作张角跳变，使其激励出所需的高次模式，适当控制张角跳变处口径截面的尺寸、张角的大小以及喇叭的长度，能够在喇叭的口径上获得所需的各模式的模比和相位差，使这些模式的合成场具有近似旋转对称的特性。

波纹喇叭通常是在圆锥喇叭的光滑壁上对称地开有一系列深约为 $\lambda/4$ 的沟槽，这些沟槽对纵向流动的面电流呈现很大的阻抗，从而使纵向的面电流密度大大减小。根据全电流连续性原理可知，纵向面电流的减小必然使内壁表面附近的法向位移电流密度减小，从而使喇叭口径上边壁附近的法向电场分量减弱，即使得 E 面的场分布也变为由口径中心向边缘下降，最终使 E 面方向图与 H 面方向图对称。在圆锥形波纹喇叭内 TE_{11} 和 TM_{11} 模以相同的相速传播，当两个模式的相位相等时，就组合成平衡混合模 HE_{11}（当两个模式的相位相差 180°时，就组合成混合模 EH_{11}，实用中多采用 HE_{11} 模）。其基本的工作原理是，利用喇叭内壁上的波纹槽限制喇叭内横向场的切向分量 E_φ 和 H_φ 在边界上同时为零，从而获得完全对称和交叉极化为零的方向图。当波纹槽深度为 1/4 波长时，导波经波纹槽底部短路后经 1/4 波长转变为波纹槽口处的开路，从而截断纵向的面电流。此时在波纹喇叭内壁上所有场量均为零，得到一个对称的口径场分布，因此喇叭的远区场方向图对称。

在实际应用中,圆锥波纹喇叭通常通过 TE_{11} 模光壁圆波导进行馈电,因此要采用模式变换器将 TE_{11} 模变换到圆锥波纹喇叭中的平衡混合模 HE_{11},变换时应使失配和高次模式(尤其是高交叉极化的 EH_{11} 模(表面波)和 EH_{12} 模)的激励尽可能小。此时圆波导过渡到圆锥波纹喇叭通常采用等宽槽,且槽深逐渐减小。在喇叭的输入端,槽深约为 1/2 波长以获得低表面电抗;在喇叭的输出端,槽深约为 1/4 波长以获得高表面电抗。这种圆锥波纹喇叭只适用于 1.5∶1 的工作带宽。为了达到倍频程或以上的带宽,则需采用环形加载槽结构。有关圆锥波纹喇叭的设计,请参考有关文献。

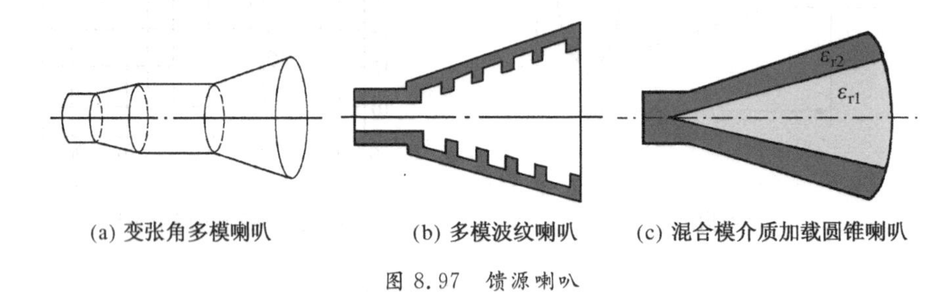

图 8.97 馈源喇叭

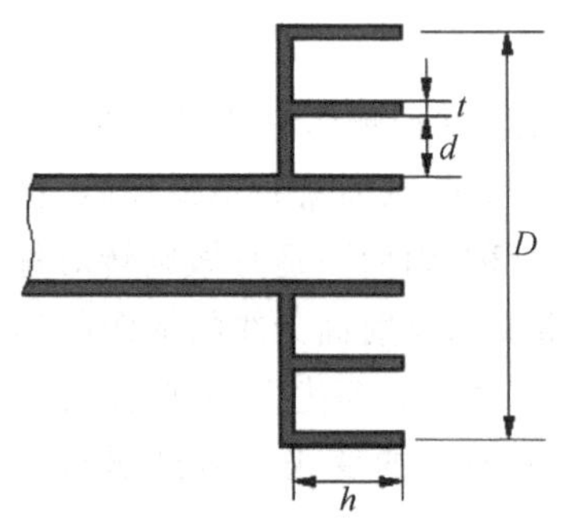

图 8.98 90°张角波纹喇叭

多模喇叭由于其主模和高次模的相速不同,因而工作频带较窄;波纹喇叭尽管具有优良的辐射特性且频带很宽,但加工却比较困难,重量也重。因此,工程上也采用如图 8.97(c)所示的混合模介质加载的圆锥喇叭。它是由填充两种介质的(金属)圆锥喇叭组成,其内层中心填充介质的介电常数高于外层介质套的介电常数,适当控制介质套的厚度和长度可得到所需的模比以及相位,从而在较宽的工作频带内获得旋转对称、低副瓣的辐射特性。

除此之外,还可以采用如图 8.98 所示的 90°张角波纹喇叭。这种型式的波纹喇叭 E 面和 H 面方向图等化程度高,相位中心基本一致,是一种更为紧凑的馈源喇叭,且可以移植到如矩形、方形、椭圆形以及同轴型等结构。

8.3.3 旋转抛物面天线

旋转抛物面天线是应用最广泛的一种面天线,它由馈源(又称初级辐射器或照射器)和反射面(又称次级辐射器)组成。旋转抛物面天线的次级辐射器由形状为旋转抛物面的导体表面或导线栅格网构成,而馈源则是放置在抛物面焦点上的具有弱方向性的振子天线或喇叭天线等。初级辐射器的作用是将高频电流或导波能量变成辐射的电磁能量并投射向旋转抛物面,而旋转抛物面则把照射器投射过来的球面波沿抛物面的轴线方向反射出去,从而获得很强的方向性。

1. 抛物面天线的构成原理

旋转抛物面天线的结构如图 8.99 所示。在直角坐标系中,取抛物面的顶点为坐标原

点，ψ_0 为旋转抛物面的半张角，焦距 OF 与 z 轴重合，则 yOz 面上的抛物线方程为

$$y^2 = 4fz \tag{8.360}$$

式中，$f = OF$ 为焦距。于是，此抛物线绕 z 轴旋转而成的旋转抛物面方程为

$$x^2 + y^2 = 4fz \tag{8.361}$$

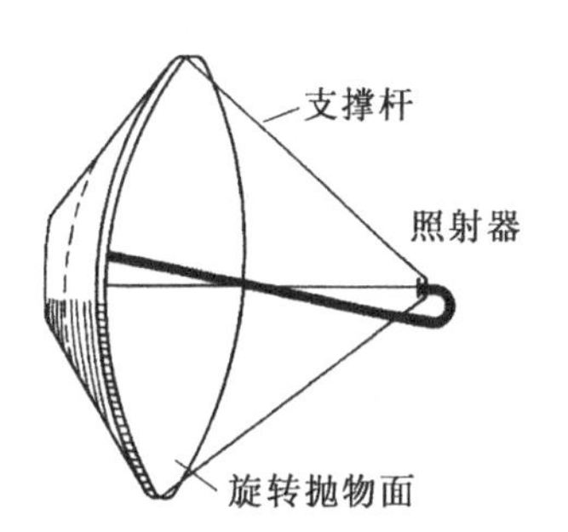

图 8.99　旋转抛物面天线的结构示意图

为分析、设计旋转抛物面天线的方便，抛物线方程也常采用原点位于焦点 F 的极坐标来表示，如图 8.100(a)所示。抛物线上动点 $p(r,\psi)$ 满足的极坐标方程为

$$r = \frac{2f}{1+\cos\psi} = f\sec^2\left(\frac{\psi}{2}\right) \tag{8.362}$$

于是，由式(8.362)及图中的几何关系，可得

$$\frac{f}{D} = 4\cot\left(\frac{\psi_0}{2}\right) \tag{8.363}$$

式中，D 为直径。这表明，抛物面的形状可用焦距与直径比或口径张角的大小来表征。对实用的抛物面天线，$f/D = (0.25 \sim 0.5)$。通常将 $\psi_0 < 90°$，$\psi_0 = 90°$ 和 $\psi_0 > 90°$ 的抛物面分别称为长焦距、中焦距和短焦距抛物面。长焦距抛物面天线的电性能较好，但天线的纵向尺寸较长，使机械机构复杂。因此，实际应用中应根据不同用途的要求选取合适的 f/D 值。

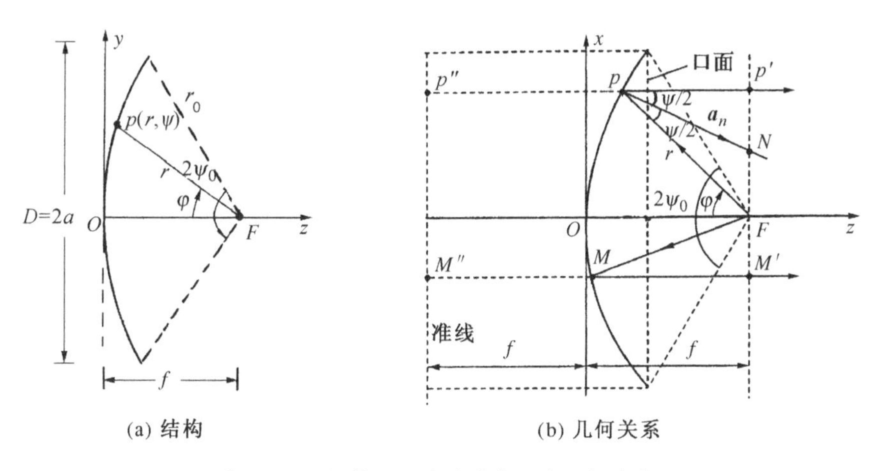

图 8.100　抛物面天线的结构及其几何关系

抛物面天线具有两个基本的特性：① 由焦点发出的电波(射线)经旋转抛物面反射后，其反射波(射线)均与抛物面轴线平行，$\angle FpN = \angle Npp' = \psi/2$，即 $pp' /\!/ OF$，如图 8.100(b)所示；② 由焦点 F 发出的射线经抛物面反射后所有射线的行程相等，即 $Fpp' = FMM'$。这一特性可根据抛物线上任意点到焦点的距离等于该点到准线的距离得到。这表明，从位于焦点处的馈源辐射出的球面波，经抛物面反射后变为平行于 OF(即 z)轴的平面波。

2. 抛物面天线的口径场

分析抛物面天线的辐射场常用口径场法和感应电流法。口径场法首先根据几何光学原理求出口径平面上的场,然后再利用矢量磁位计算远区辐射场;感应电流法先根据几何光学原理求出馈源所辐射的电磁场在反射面上激励的电流分布,然后由面电流分布求出抛物面天线的辐射场。这两种方法对求解近轴区域的辐射场没有明显的差异,但口径场法没有考虑轴向(z向)电流产生的场,因此对计算副瓣不如感应电流法精确。为简单起见,这里采用口径场法分析。

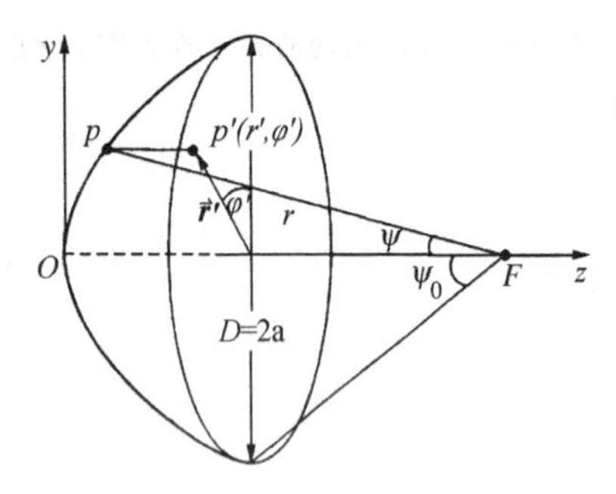

图 8.101　抛物面天线口径场的几何关系

计算口径场分布时需作以下假设:① 馈源的相位中心处于抛物面的焦点,且辐射理想的球面波;② 抛物面的焦距大于一个波长,即反射面处于馈源的远区,且对馈源的影响可忽略;③ 服从几何光学的反射定律(严格地,反射定律仅适用于无限大的理想导电平面)。

由于抛物面是旋转对称的,因此口径场是一同相口径面。设馈源的(平均)辐射功率为P_r,方向性系数为$D_f(\psi,\varphi)$,则如图 8.101 所示的抛物面上点p处的场强幅度为

$$|E_i(\psi,\varphi)|=\frac{\sqrt{60P_rD_f(\psi,\varphi)}}{r} \tag{8.364}$$

因反射波是平面波,故由p点反射至口径上点p'处的场强应相等,即

$$|E_s(r,\varphi)|=|E_i(\psi,\varphi)|=\frac{\sqrt{60P_rD_{f\max}(0,\varphi)}}{r}|f(\psi,\varphi)| \tag{8.365}$$

式中,$D_{f\max}=D_f(0,\varphi)$;$|f(\psi,\varphi)|$是馈源的归一化方向图函数。将式(8.362)代入式(8.365),得

$$|E_s(r,\varphi)|=\frac{\sqrt{60P_rD_{f\max}}}{2f}|(1+\cos\psi)f(\psi,\varphi)| \tag{8.366}$$

上式即为抛物面天线口径上电场分布的表达式。可见,即使馈源是无方向性的(即$f(\psi,\varphi)=1$),口径上的场分布也是方向角ψ的函数,口径场在口径中心最大,朝边缘方向逐渐减小。于是,口径边缘与口径中心处的相对场强(幅值)为

$$\frac{|E_s(a,\psi_0)|}{|E_0|}=\left|f(\psi_0,\varphi)\frac{(1+\cos\psi_0)}{2}\right| \tag{8.367}$$

由于实际馈源的辐射有方向性,且$|f(\psi,\varphi)|$一般随ψ增大而减小,而上式中$\cos^2(\psi_0/2)$也表明由于入射到抛物面边缘的射线长于入射到中心的射线,也会导致边缘场扩散,使得边缘场较中心场幅度下降。因此,口径场的大小是由中心沿径向作递减分布,越靠近口径边缘越弱,但口径面上各点场的相位仍相同。

若馈源辐射电场的极化方向沿y轴,则口径上电场的极化(即电力线)如图 8.102(a)所

示。通常在长焦距情况下，口径场的 E_y 分量远大于 E_x 分量，故 E_y 为主极化分量，而 x 向分量 E_x 称为交叉极化分量。由于对称关系，口径场的主极化分量 E_y 在四个象限内都具有相同的方向，交叉极化分量 E_x 在四个象限的对称位置上大小相等、方向相反，因此在两个主平面上的贡献为零，而在其他平面内交叉极化的影响则必须考虑。对短焦距抛物面天线，口径面上的电场极化如图 8.102(b)所示。此时口径上还会出现反向场区域，它们将在最大辐射方向起抵消主极化场的作用。这些区域为有害区，实用中一般不采用短焦距抛物面天线就是这个原因。

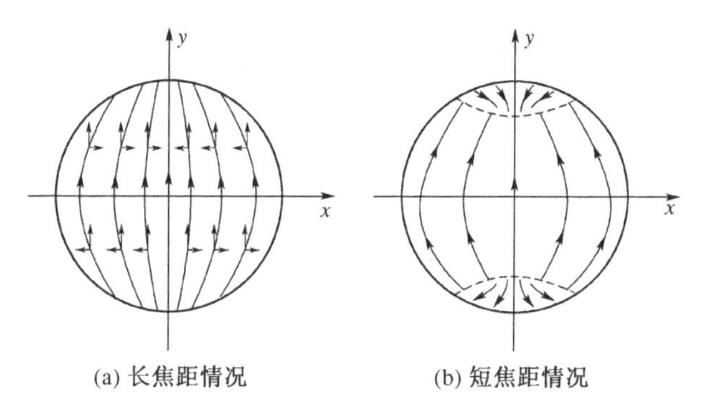

图 8.102　抛物面天线的口径电场分布

3. 抛物面天线的辐射场

将前面导出的抛物面天线的口径场分布代入圆形同相口径辐射场的积分表达式(8.330)和式(8.331)，即可得到抛物面天线在 E 面($\varphi=0°$)和 H 面($\varphi=90°$)的辐射场分别为

$$\begin{aligned}E_{\mathrm{E}}(\theta) &= \mathrm{j}\frac{\mathrm{e}^{-\mathrm{j}kR}}{2\lambda R}(1+\cos\theta)\int_0^a\int_0^{2\pi}\frac{\sqrt{60P_{\mathrm{r}}D_{\mathrm{fmax}}}}{r}f(\psi,\varphi')\mathrm{e}^{\mathrm{j}kr'\sin\theta\cos\varphi'}r'\mathrm{d}r'\mathrm{d}\varphi' \\ &= \mathrm{j}\frac{f\mathrm{e}^{-\mathrm{j}kR}}{\lambda R}(1+\cos\theta)\sqrt{60P_{\mathrm{r}}D_{\mathrm{fmax}}}\int_0^{\psi_0}\int_0^{2\pi}f(\psi,\varphi')\tan\left(\frac{\psi}{2}\right)\mathrm{e}^{\mathrm{j}2kf\tan(\psi/2)\sin\theta\cos\varphi'}\mathrm{d}\psi\mathrm{d}\varphi'\end{aligned} \tag{8.368}$$

$$\begin{aligned}E_{\mathrm{H}}(\theta) &= \mathrm{j}\frac{\mathrm{e}^{-\mathrm{j}kR}}{2\lambda R}(1+\cos\theta)\int_0^a\int_0^{2\pi}\frac{\sqrt{60P_{\mathrm{r}}D_{\mathrm{fmax}}}}{r}f(\psi,\varphi')\mathrm{e}^{\mathrm{j}kr'\sin\theta\sin\varphi'}r'\mathrm{d}r'\mathrm{d}\varphi' \\ &= \mathrm{j}\frac{f\mathrm{e}^{-\mathrm{j}kR}}{\lambda R}(1+\cos\theta)\sqrt{60P_{\mathrm{r}}D_{\mathrm{fmax}}}\int_0^{\psi_0}\int_0^{2\pi}f(\psi,\varphi')\tan\left(\frac{\psi}{2}\right)\mathrm{e}^{\mathrm{j}2kf\tan(\psi/2)\sin\theta\sin\varphi'}\mathrm{d}\psi\mathrm{d}\varphi'\end{aligned} \tag{8.369}$$

式中，$r'=\sqrt{x'^2+y'^2}=r'\sin\psi=2f\tan(\psi/2)$；$\mathrm{d}r'=f\sec^2(\psi/2)\mathrm{d}\psi=r'\mathrm{d}\psi$。于是，E 面和 H 面的方向图函数分别为

$$|F_{\mathrm{E}}(\theta)|=\left|(1+\cos\theta)\int_0^{\psi_0}\int_0^{2\pi}f(\psi,\varphi')\tan\left(\frac{\psi}{2}\right)\mathrm{e}^{\mathrm{j}2kf\tan(\psi/2)\sin\theta\cos\varphi'}\mathrm{d}\psi\mathrm{d}\varphi'\right| \tag{8.370}$$

$$|F_{\mathrm{H}}(\theta)|=\left|(1+\cos\theta)\int_0^{\psi_0}\int_0^{2\pi}f(\psi,\varphi')\tan\left(\frac{\psi}{2}\right)\mathrm{e}^{\mathrm{j}2kf\tan(\psi/2)\sin\theta\sin\varphi'}\mathrm{d}\psi\mathrm{d}\varphi'\right| \tag{8.371}$$

可见,若给定抛物面的张角 ψ_0 及馈源的方向图函数,利用数值积分的方法即可画出抛物面天线的方向图。图 8.103 示出了沿 y 轴放置带圆盘反射器的振子作为馈源的抛物面天线在不同 a/f 情况下 E 面和 H 面的方向图。由图可见,H 面方向图比 E 面方向图尖锐,因为馈源在 E 面上的方向性较强,对抛物面 E 面的照射不如 H 面均匀,故抛物面的 H 面的方向性反而强于 E 面的方向性。此外,不同的 a/f 值引起方向图的不同是由于口径场幅度分布不同所致。显然 a/f 小时,口径场分布均匀,因而主瓣较窄,但副瓣增大。当然,抛物面边缘电流的绕射、馈源的反射、交叉极化等都会影响副瓣电平。

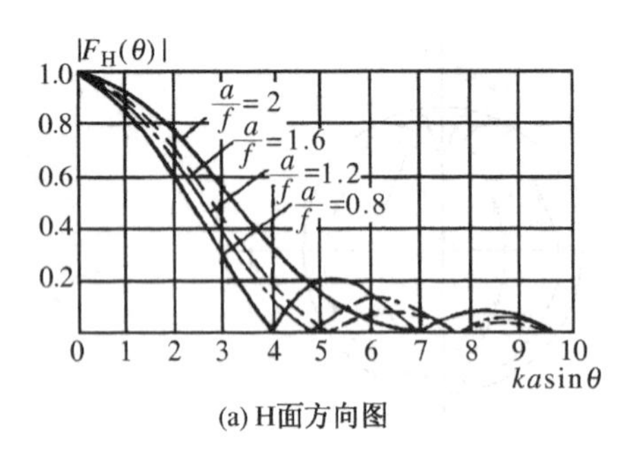

(a) H面方向图

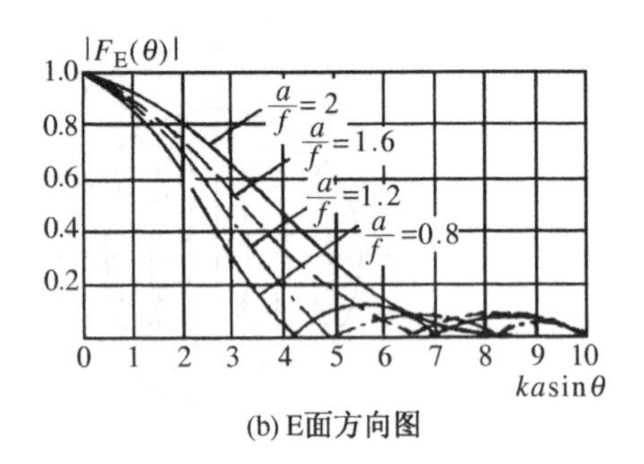

(b) E面方向图

图 8.103 抛物面天线在不同情况下的 E 面和 H 面方向图

4. 抛物面天线的方向性系数和增益

抛物面天线的方向性系数可按定义式(8.313)计算,即

$$D_0=\frac{4\pi}{\lambda^2}Sv \tag{8.372}$$

式中,$S=\pi a^2=4\pi f^2\tan^2(\psi_0/2)$,$v$ 为口径利用系数。若假设馈源的方向图函数是对称的,则由式(8.365)可得口径场(幅值)为

$$|E_s|=\frac{\sqrt{60P_rD_{\mathrm{fmax}}(0,\varphi)}}{r}|f(\psi)|$$

于是,v 为

$$v=2\cot^2\left(\frac{\psi_0}{2}\right)\frac{\left|\int_0^{\psi_0}|f(\psi)|\tan(\psi/2)\mathrm{d}\psi\right|^2}{\int_0^{\psi_0}|f(\psi)|^2\sin\psi\mathrm{d}\psi} \tag{8.373}$$

在抛物面天线中,天线口径截获的辐射功率 P_{rs} 只是馈源辐射功率 P_r 的一部分,其余的辐射功率都漏失到自由空间中。为此,定义口径截获系数为

$$v_1=\frac{P_{rs}}{P_r}=\frac{\int_0^{\psi_0}|f(\psi)|^2\sin\psi\mathrm{d}\psi}{\int_0^{\pi}|f(\psi)|^2\sin\psi\mathrm{d}\psi} \tag{8.374}$$

于是,抛物面天线的方向性系数的表达式可由其定义式导出,即

$$D_0 = \frac{R^2 \mid E \mid^2_{\max}}{60P_{rs}} = \frac{R^2 \mid E \mid^2_{\max}}{60P_r} v_1 = \frac{4\pi S}{\lambda^2} v v_1 = \frac{4\pi S}{\lambda^2} g \tag{8.375}$$

式中，$g = vv_1 \leqslant 1$，称为方向性系数因子。因为在微波波段，抛物面天线几乎不存在损耗，天线效率 $\eta_A \approx 1$，因此天线增益 $G_0 \approx D_0$，所以又称 g 为增益因子，此时

$$G_0 = D_0 \eta_A = \frac{4\pi S}{\lambda^2} g = \frac{4\pi S}{\lambda^2} \cot^2\left(\frac{\psi}{2}\right) \left| \int_0^{\psi_0} \sqrt{D_f(\psi)} \tan\left(\frac{\psi}{2}\right) d\psi \right|^2 \tag{8.376}$$

可见，g 为抛物面天线张角的函数，但由于口径利用系数 v 和口径截获系数 v_1 是两个相互矛盾的因素，因此对一定的馈源方向性图函数，必对应着一个最佳的张角 ψ_{opt}，此时 g 最大，即方向性系数最大。在一般情况下，馈源的方向图函数可表示为

$$\mid f(\psi) \mid = \begin{cases} \mid \cos^{n/2} \psi \mid, & 0 \leqslant \psi \leqslant \pi/2 \\ 0, & \psi > \pi/2 \end{cases} \tag{8.377}$$

图 8.104 示出了 g 与 ψ_0 的关系曲线。由图可见，n 不同，最佳张角也不同，n 越大即照射器的方向图越尖锐，则最佳张角越小，但所能达到的最大的 g 值几乎与 n 无关。这是因为 ψ_0 较小时，照射均匀，使场强分布均匀，但漏失能量却较大；当 ψ_0 较大时，漏失能量虽小，但照射器的不均匀性却较大。所以，有一个最佳张角 ψ_{opt}，对应的 a/f 也有一个最佳值。尽管最佳张角与馈源方向性有关，但同最佳张角对应的口径边缘场的幅度却比中心的低(10～11) dB，此时增益因子近似为 $g \approx 0.83$。实际上，由于制造公差、安装误差、馈源的副瓣以及支架的遮挡等因素，增益因子比理想值要小，通常 $g = (0.5 \sim 0.6)$。

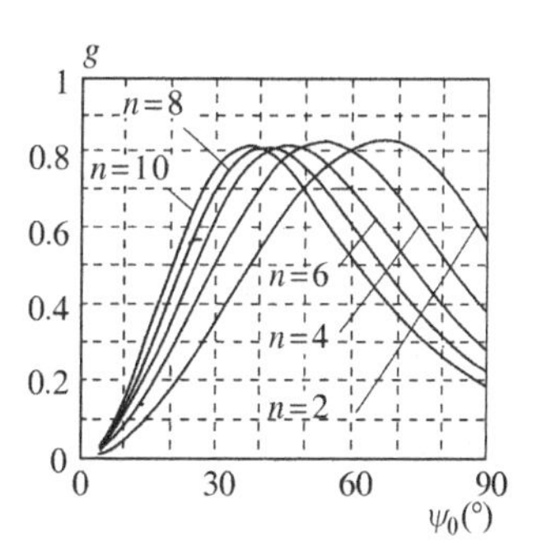

图 8.104 增益因子随口径张角的变化曲线

5. 抛物面天线的馈源(照射器)

馈源是抛物面天线必不可少的组成部分，馈源的电性能和结构对抛物面天线的性能优劣起决定因素。为使抛物面天线具有良好的性能，通常对馈源有以下基本要求：① 馈源应有确定的相位中心且处于抛物面的焦点处，从而使口径上的场具有同相位分布；② 馈源方向图的形状应尽量符合最佳照射，同时副瓣及后瓣应尽量小，以使增益尽可能高，副瓣电平尽可能低；③ 馈源的体积应尽可能小，以减小其对抛物面口径的遮挡；④ 馈源应具有一定的工作带宽以及足够的功率容量。

抛物面天线的照射器的型式很多，所有的弱方向性天线如振子天线、喇叭天线、螺旋天线、对数周期天线和后面将要介绍的隙缝天线以及微带天线等，均可用作抛物面天线的照射器。照射器型式的选取通常取决于天线所采用的波段及其工作特性。在米波以及分米波波段，通常采用由同轴线馈电的照射器，为使方向图具有单向性，往往采用无源振子型或圆盘型反射器。为了保证振子馈电的对称性，必须采用平衡变换器，且馈线与照射器之间采用 $\lambda/4$ 阻抗变换器进行匹配，如图 8.105(a)所示。在厘米波波段，可采用波导馈电的振子照射器，如图 8.105(b)所示。其中振子垂直配置在金属片上，金属片平行于馈电波导的宽边插入 TE_{10} 模波导内，靠近波导口的振子稍短于 $\lambda/4$，与它相距($\lambda/3 \sim \lambda/4$)处的振子稍长于 $\lambda/2$，

以保证单向辐射。波导口制成楔形,以减弱波导口对照射器的影响,调节金属片的插入深度和振子尺寸可调整激励和匹配。

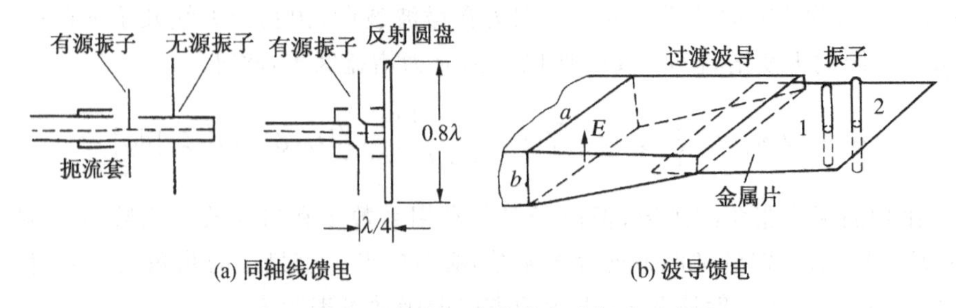

图 8.105　同轴线及波导馈电的振子照射器

在厘米波波段的高端以及毫米波波段,应用较多的则是前已述及的多模喇叭或波纹喇叭等。

6. 馈源偏焦的影响及其应用

在正常情况下,抛物面天线馈源的相位中心应与抛物面的焦点重合。但由于设计以及安装等原因,馈源的相位中心则不与抛物面的焦点重合,这就是抛物面天线的偏焦现象。对普通的抛物面天线,偏焦会使天线的性能下降。若馈源沿垂直于抛物面轴线的方向偏离焦点,即产生横向偏焦;若馈源沿抛物面的轴线方向偏离焦点,即产生纵向偏焦。对横向偏焦,若偏焦不大,可近似认为是线性偏移,则等相位面倾斜,从而使主瓣的最大辐射方向发生倾斜;对纵向偏焦,此时抛物面天线已得不到同相的口径场,而形成近似平方律相位偏移(即口径面上发生旋转对称的相位偏移),从而使方向图的主瓣变宽。

在实用中,偏焦也可以被利用。有时需要天线的波瓣偏离抛物面的轴向作上、下或左、右摆动或使波瓣绕抛物面的轴线做圆锥运动,从而使波瓣在小角度范围内扫描以达到搜索目标的目的。这样,若利用传动装置使馈源沿垂直于抛物面的轴线方向移动,即可实现波瓣的宽角度扫描;若在抛物面天线的焦点附近放置多个馈源,则可形成多波束,用来发现和跟踪多个目标;若馈源以横向偏焦方式绕抛物面的轴线旋转,则天线的最大辐射方向就会在空间产生圆锥式扫描,从而扩大搜索空间。此外,还可利用纵向偏焦使方向图变宽、正焦时方向图变窄的特点,实现一部雷达同时兼作搜索与跟踪两种用途。

8.3.4　双反射面天线

双反射面天线是由主反射面(简称主面或主镜)、副反射面(简称副面或副镜)和馈源组成。在这种天线中,主面是旋转抛物面,副面是双曲面或椭球面,副面为双曲面的天线称为卡塞格伦(Cassegrain)天线(简称卡式天线),副面为椭球面的天线称为格利高利(Gregorian)天线。由于卡式天线轴向尺寸紧凑,易于配置馈源,因此应用广泛。

1. 卡塞格伦天线

图 8.106 示出了标准卡式天线的结构示意图。其中,副面由与其相连的 2～4 根支撑杆固定在主面上;双曲面的一个(凹面所对的)焦点 F_1 与抛物面的焦点相重合;另外一个(凸面所对的)焦点与馈源的相位中心 F_2 相重合;抛物面的焦轴通过 F_2 点和双曲面的顶点,并

与抛物面口径、馈源口径的轴线相重合；主、副面的形状呈轴对称；副面通常位于馈源的远区。卡式天线的工作原理可借助图 8.107(a)扼要地说明：由馈源发出的球面波经副面反射后变成另一球面波（它等效于从抛物面的焦点发出的球面波），此波经抛物面反射后被转变成抛物面口径上的平面波。因此，卡式天线和抛物面天线一样，具有汇聚馈源辐射的波的作用。

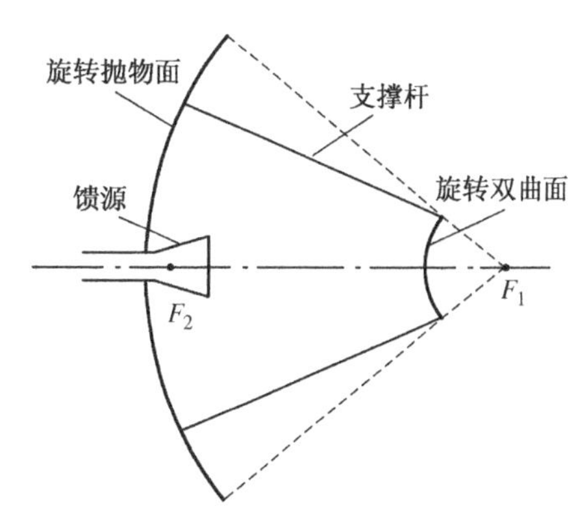

图 8.106　标准卡式天线的结构示意图

在图 8.107(b)所示的卡式天线的几何图形中，抛物面天线有三个参数：D，f 和 ψ_0，而双曲面有四个参数：D_s，f_c，f_s 以及 φ_0。各种参数间满足以下关系：

$$\frac{1}{\tan\psi_0}+\frac{1}{\tan\varphi_0}=\frac{2f_c}{D_s} \tag{8.378}$$

$$\tan\left(\frac{\psi_0}{2}\right)=\frac{D}{4f} \tag{8.379}$$

$$1-\frac{\sin[(\psi_0-\varphi_0)/2]}{\sin[(\psi_0+\varphi_0)/2]}=\frac{2f_s}{f_c} \tag{8.380}$$

根据抛物面天线的电指标和结构要求，选定四个参数，其他三个参数即可根据上式确定。当主、副面的焦距与直径比满足下式：

$$\frac{f}{D}=\frac{f_s}{D_s} \tag{8.381}$$

时，卡式天线的效率最高。

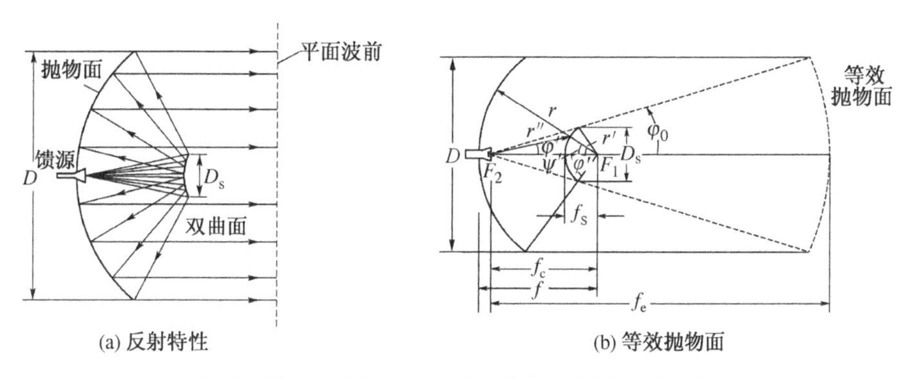

图 8.107　标准卡式天线的反射特性及等效抛物面

尽管卡式天线也可采用口径场法和感应电流法分析，但副面的存在使分析变得更加困难。因此，通常采用等效馈源法或等效抛物面法分析，这两种方法均以几何光学为基础。图 8.107(b)示出了卡式天线的直径为 D、焦距为 f_e 的等效抛物面。卡式天线和等效抛物面天线的几何参数间满足以下关系：

$$\frac{f_e}{f}=\frac{\tan(\psi_0/2)}{\tan(\varphi_0/2)}=\frac{e+1}{e-1}=\frac{f_e}{f_s}-1=m \tag{8.382}$$

式中，$e=\dfrac{\sin[(\psi+\varphi)/2]}{\sin[(\psi-\varphi)/2]}=\dfrac{\sin[(\psi_0+\varphi_0)/2]}{\sin[(\psi_0-\varphi_0)/2]}$，为双曲线的离心率；$m$ 称为卡式天线的放大率。显然，m 取决于双曲面的形状。当离心率接近于 1 时，即双曲面的曲率半径越小，其顶点与两焦距间的距离之差越大，ψ_0 和 φ_0 相差越大，m 就越大。

从图 8.107(b)可看出，在馈源不变的情况下，卡式天线可用一个旋转抛物面天线来等效，焦距为 f_e 的等效抛物面的口径与主面相同，从而由馈源发出的射线经副面、主面反射后的汇聚情况和经等效抛物面反射后的汇聚情况完全相同。这样，卡式天线的电参数的计算问题就简化为一个等效抛物面天线的计算问题。

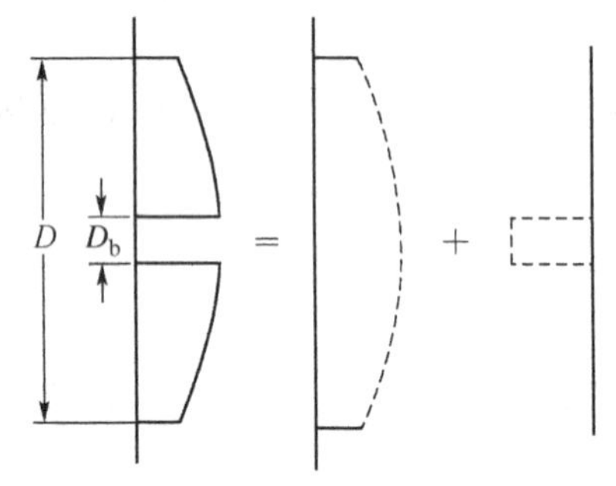

图 8.108　副面引起的有效口径分布

卡式天线的副面、馈源和支杆对卡式天线的口径要产生遮挡，它将引起增益下降，副瓣电平上升。其中增益的损失可近似由口径面积与遮挡面积的比值来确定；对副瓣电平的影响可通过假定主面口径上无遮挡区的场与原场分布相同，有遮挡区的场为原场和遮挡效应引起的幅度相同、相位相反的场的叠加来近似分析，其中假设被遮挡的能量全部由遮挡体所吸收。图 8.108 是仅由口径为 D_b 的遮挡体引起的口径场分布情况。通过适当地调整副面、馈源的尺寸以及它们之间的距离，可将口径遮挡减至最小。为了实现最小遮挡，应使副面直径等于馈源的口径直径，即

$$D_s=(D_b)_{\min}=\sqrt{\frac{2}{\Lambda}f\lambda} \tag{8.383}$$

式中，Λ 是馈源口径的有效直径与其遮挡直径之比，通常 Λ 稍小于 1。

卡式天线的增益仍可近似表示为

$$G_0\approx D_0=\frac{4\pi S}{\lambda^2}g=g\left(\frac{\pi D}{\lambda}\right)^2 \tag{8.384}$$

式中，D 为主面的直径；g 为增益因子(也为卡式天线的总效率 η)，$g=\eta=\eta_a\eta_{ss}\eta_{sm}\eta_b\eta_x\eta_p\eta_{od}\eta_{sd}$。其中，$\eta_a$ 为口径的利用效率，η_{ss} 为主面的漏失效率，η_{sm} 为副面的漏失效率，η_b 为副面和支杆的遮挡效率，η_x 为交叉极化效率，η_p 为相位误差效率，η_{od} 为主面轮廓误差效率以及 η_{sd} 为馈源系统的偏差效率。

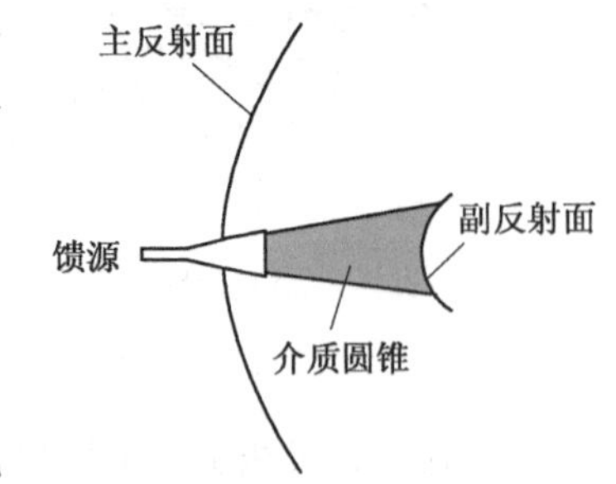

图 8.109　馈源和副面间加置介质圆锥结构的卡式天线

应指出，卡式天线的副面尺寸不仅由产生最小遮挡来确定，而且还须考虑副面的散射效应。当副面直径与波长相比不是很大时，其漏失较大，这将导致增益下降和噪声增加，因此副面的直径也不能太小。事实上，若在馈源和副面之间加

置如图 8.109 所示的圆锥形介质结构可减小这种漏失，其效率可提高 10%左右。

与前馈的抛物面天线相比，卡式天线的主要优点是：有两个反射面，几何参数多，便于按照不同的需要灵活设计；结构紧凑，馈电方便，因照射器被置于抛物面的顶点附近，便于调整其位置，且馈线短，损耗小；作为卫星通信以及电视转播的天线使用时，因从照射器辐射出来，经副面边缘漏出去的电磁波是射向低噪声的天空而不像抛物面天线那样射向地面，因而降低了大地反射噪声；由于照射器对着的是双曲面，双曲面把馈源辐射的能量散开了，这样在双反射面系统中返回馈源的能量比单反射面天线要少，从而减少了馈源的失配；接收机可置于主面的背面，减少了衰减和噪声；交叉极化分量较小和适用于双频段工作以及其效率比相同口径的抛物面天线要高 10%左右。但卡式天线也存在副面引起的口径遮挡大于相同口径的抛物面天线以及对增益小于 40 dB 的场合不大适用等缺点。

2. 偏照式反射面天线

图 8.110 为偏照式抛物面天线和偏照式卡式天线的结构示意图。它们的焦距或位于反射面的边缘或处于其边缘之外，理论和测量结果都已证实这种结构的性能优于非偏照式天线。其主要优点为：① 基本上消除了口径遮挡，既减小了与其他邻近天线间的相互干扰，又可以利用线极化或圆极化天线作为馈源以实现多波束工作；② 减小了支杆遮挡引起的散射，使增益损失较小，并降低了副瓣电平和交叉极化电平，这对要求副瓣电平低和交叉极化间隔离度高的场合较为有利；③ 初级馈源和反射面间的高度隔离，使馈源的驻波系数不再受到反射面影响；④ 对给定的天线结构刚度，可采用较大的焦径比 f/D，这种结构的辐射口径相应较大，在多单元馈源应用中，这将导致各单元馈源间的互耦下降。当然，偏照式反射面天线也有缺点，如用线极化馈源照射反射面时，由于结构的不对称而使交叉极化分量增大等。

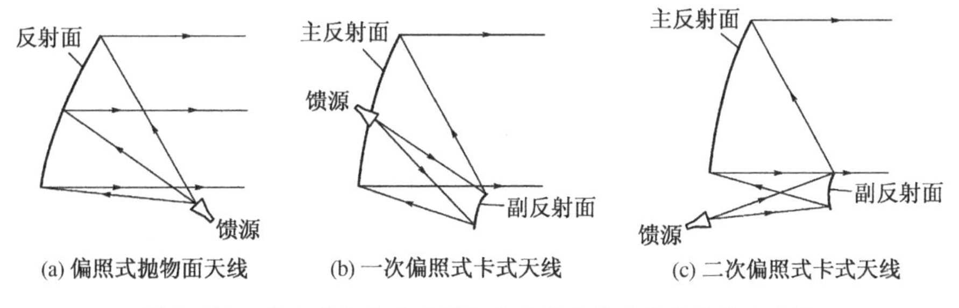

图 8.110　偏照式抛物面天线和偏照式卡式天线的结构示意图

3. 其他类型的反射面天线简介

标准的卡式天线和抛物面天线由于口径场的均匀照射和能量漏失之间存在着矛盾，因此限制了天线的效率的提高。工程中，往往通过改变卡式天线副面的形状来达到控制辐射方向图的幅度分布，这种天线称为成形卡式天线。已经证实，采用成形的反射面系统可以实现任意口径辐射场的幅度和相位分布。通常先将副面在其顶点附近修正为稍微凸起，以获得线性均匀的口径场幅度分布；然后再将主面稍做修正来校正因副面修正引起的相位误差。此外，若配以具有良好轴对称性能的多模喇叭或波纹喇叭，则可使成形卡式天线的口径效率、副瓣电平等得到很大程度的提高。

图 8.111 示出了其他几种反射面天线。其中柱形抛物面天线的柱形抛物面是由抛物线沿着它所在平面的垂线方向移动而形成，而焦点移动则形成天线的焦线，用沿焦线放置的线状馈源进行馈电，可在纵横两个平面上形成宽度相差很大的波束；对环形抛物面天线和球形抛物面天线，在配置旋转馈源的情况下可产生波束扫描，在配置多单元馈源的情况下可产生多波束；喇叭反射面天线则具有噪声低和副瓣低的特点。当然，还有其他更多型式的反射面天线，读者可参阅有关文献。

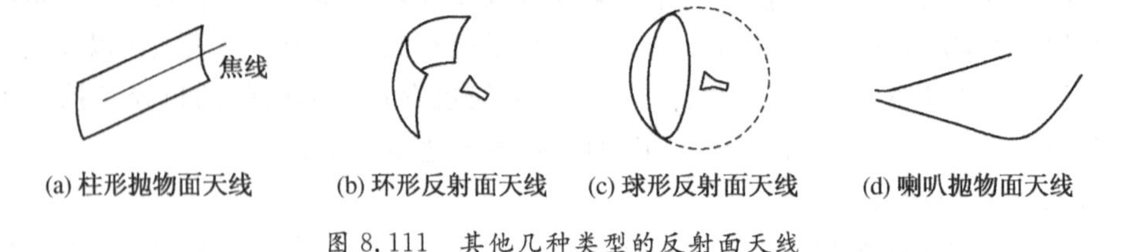

图 8.111　其他几种类型的反射面天线

8.3.5　隙缝天线

最基本的隙缝天线是在金属波导或金属空腔上开有槽缝而构成的天线。最常用的波导隙缝天线是在 TE_{10} 模矩形波导的宽壁或窄壁上开的槽缝所构成的，如图 8.112 所示。其中与波导轴线平行的缝称为纵缝，有宽壁纵缝和窄壁纵缝两种，如图中的 b，d 缝；与波导轴线垂直的缝称为横缝，仅开在宽壁上，如图中的 a 缝。上述隙缝均切断波导内壁表面上的电流线，故称为有辐射缝；在波导宽壁中心处开的纵缝以及窄壁上开的横缝(如图中的 g，f 缝)，因不切断波导内壁表面上的电流线，故称为无辐射缝。对有辐射缝，因槽缝切断了电流线，在隙缝上将激发位移电流(即槽缝口径面上的切向电场)，因而缝就受到激励并向空间辐射电磁能量。隙缝辐射的大小取决于它在波导壁上的位置，若要获得最强辐射，则必须使槽缝横截电流密度最大处，即沿磁场强度最强处的磁场方向开缝。

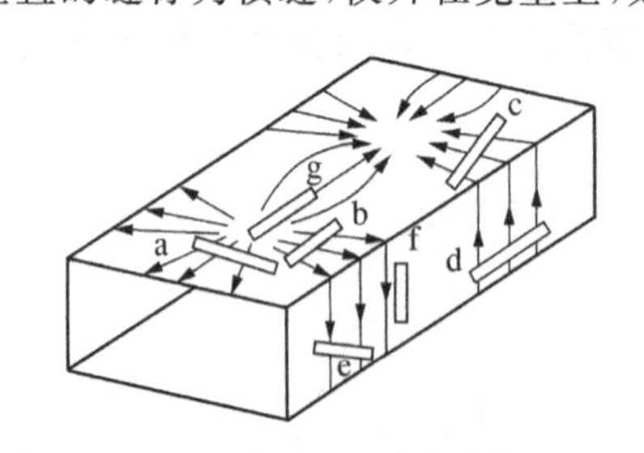

图 8.112　TE_{10} 模矩形波导内壁表面的电流分布及其隙缝位置示意图

应指出，在有限尺寸的导电面上开缝，不能利用理想隙缝的辐射场的表达式，即电磁对偶性原理不再适用，这是因为有限尺寸的导电面引起电波绕射会使隙缝天线的特性发生变化。严格求解隙缝的辐射场需采用几何绕射理论或数值分析方法。

波导壁面上所开的隙缝会对波导内导波的传输带来影响，它不仅会使波导中传输的能量通过隙缝辐射到空间中，还会引起波导内等效负载的变化而引起波导内导波传输特性的变化。由于 TE_{10} 模矩形波导可等效为均匀传输线，因此，根据波导中隙缝处电流和电场的变化，就可将隙缝等效为均匀双导线中的并联导纳或串联阻抗，从而建立起各种波导隙缝的等效电路。

对如图 8.113(a)所示的矩形波导宽壁上的纵缝，由于它切割了横向电流线，因此除一部分以位移电流形式连续外，另一部分电流在纵缝的两端分流，分流电流在纵缝的两端方向相反，从而在纵缝的两端引起横向电流的突变，这相当于在等效均匀双导线上并联一(归一化)等效导纳，等效电路如图 8.114(a)所示。对如图 8.113(b)所示的宽壁上开的横缝，因缝切割了纵向电流，使得缝的两侧因位移电流产生的电场方向相反，因而与波导中 TE_{10} 模的电场分量 E_y 叠加后，使电场强度在缝的两端发生突变，即对应的等效电压发生突变，这相当于在等效双导线上串联一(归一化)等效阻抗，等效电路如图 8.114(b)所示。对其他两种方式开的隙缝，其等效电路如图 8.114(c)，(d)所示。

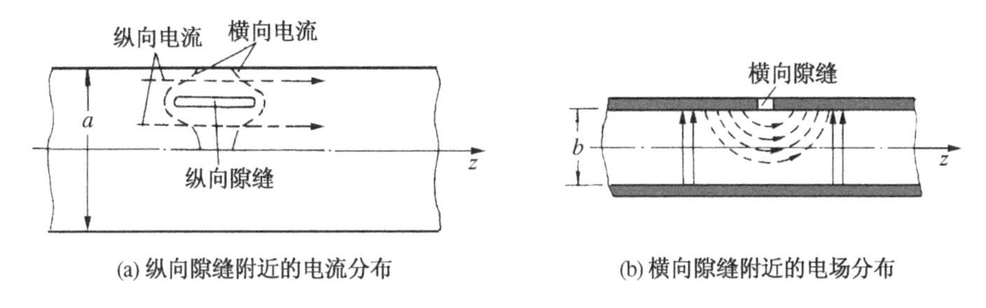

图 8.113　矩形波导宽壁上纵缝附近的电流和横缝附近的电场分布

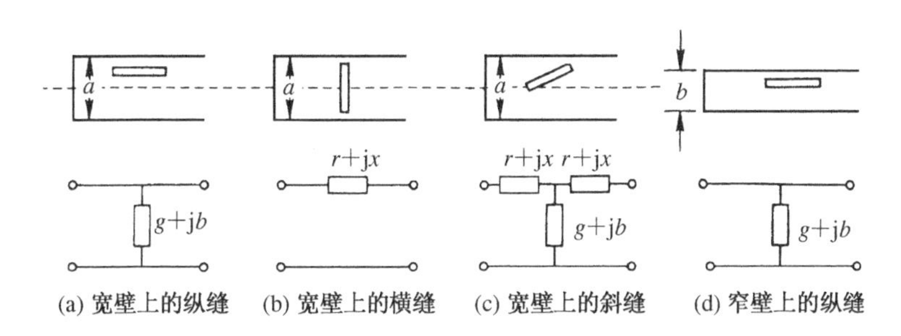

图 8.114　矩形波导壁上四种典型隙缝的等效电路

实验表明，当波导壁上的隙缝长度处于谐振长度(即隙缝长为 $\lambda/2$)时，隙缝的等效阻抗或导纳近似为纯电阻或纯电导。图 8.115 示出了三种典型的谐振隙缝的位置参数，它们的归一化电导或归一化电阻分别为

$$g_{r1} = 2.09\frac{a\lambda_g}{b\lambda}\sin^2\left(\frac{\pi x_1}{a}\right)\cos^2\left(\frac{\pi\lambda}{2\lambda_g}\right) \tag{8.385}$$

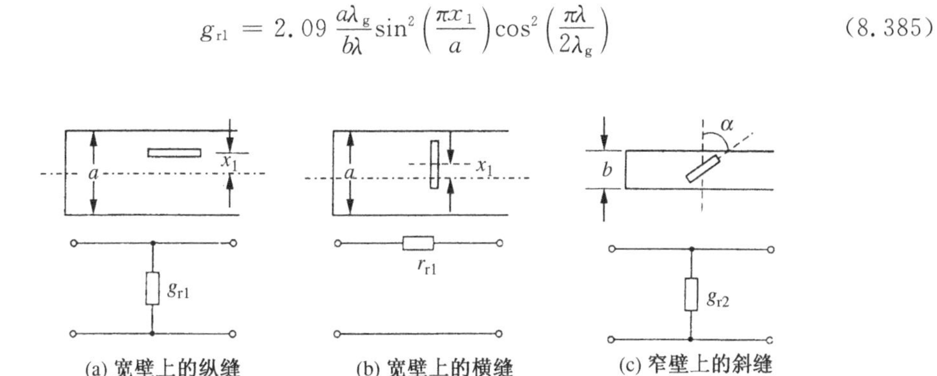

图 8.115　三种谐振隙缝的等效电路

$$r_{r1}=0.523\left(\frac{\lambda_g}{\lambda}\right)^3\frac{\lambda^2}{ab}\cos^2\left(\frac{\pi x_1}{a}\right)\cos^2\left(\frac{\pi\lambda}{4a}\right) \tag{8.386}$$

$$g_{r2}=0.131\frac{\lambda_g\lambda^3}{a^3b}\left\{\frac{\sin\alpha\cos[(\pi\lambda\sin\alpha)/(2\lambda_g)]}{1-(\lambda\sin\alpha/\lambda_g)^2}\right\} \tag{8.387}$$

式中,a,b 分别为矩形波导的宽、窄边尺寸;λ_g 为 TE_{10} 模的波导波长;x_1 为隙缝中心到波导对称轴的垂直距离。

与其他基本天线单元(如对称振子等)一样,单一隙缝的方向性也很弱。为了增强隙缝天线的方向性,可在波导壁上开一系列隙缝,从而构成隙缝天线阵。

隙缝天线阵有谐振式和非谐振式两类。谐振式隙缝天线阵的结构特点是:相邻隙缝间有 $\lambda_g/2$ 的距离,即各隙缝同相激励,隙缝长为 $\lambda/2$,且波导两端用短路活塞短路,采用探针激励。图 8.116(a)示出了横向隙缝的谐振式天线阵,此天线阵的最大辐射方向与天线阵的轴线(即波导轴线)垂直,会出现栅瓣,增益较低,故较少采用。非谐振式隙缝天线阵的结构特点是:波导终端接匹配负载,相邻隙缝间不再是 $\lambda_g/2$ 或 λ_g 的距离,即各隙缝是非同相激励。图 8.116(b)示出了纵向隙缝的非谐振式天线阵,此天线阵的最大辐射方向偏离天线阵轴线方向一个角度,此角度的大小取决于天线的工作频率以及相邻隙缝间的距离。此天线的优点是工作频带较宽,缺点是效率较低。

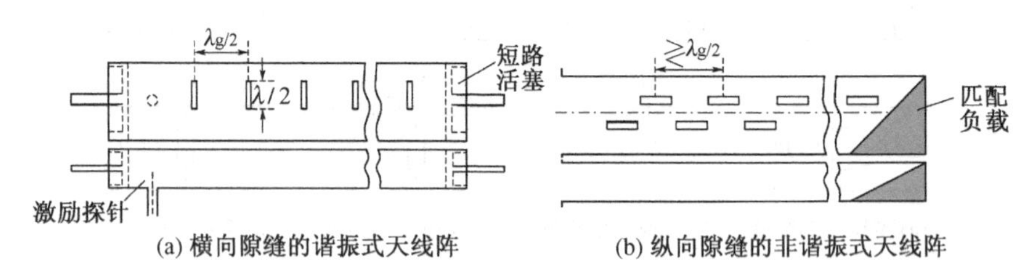

图 8.116　谐振式和非谐振式天线阵

波导隙缝天线具有结构简单、轻巧、方向图易于控制等特点,因此,在船用导航雷达中应用广泛。此外,由于这种天线空气阻力小,因此在机载雷达中也常被采用。

8.3.6　微带天线

微带天线是一类平面印刷电路天线,它包括微带贴片天线、微带隙缝天线以及其他型式的平面天线。微带天线及其阵列在军用和民用方面都有着重要的应用前景,已广泛地应用于 100 MHz～100 GHz 的宽广频段上的卫星通信、雷达、遥感、制导武器、移动通信以及航空航天等系统或设备中。

微带天线具有体积小、重量轻、剖面低、能与飞行器载体共形;制作成本低、易于批量生产;能方便地与馈电网络和有、无源器件集成为组件;能得到单方向的宽瓣方向图以及最大辐射方向处于平面的法线方向;易于实现线极化和圆极化,容易实现双频段、多频段等多功能工作状态等主要优点。当然,微带天线也存在频带较窄、损耗大、功率容量小、增益不高以及受表面波的影响较大等缺点。

微带贴片天线的分析方法大致可分为三类，即最早出现、最简单、较实用的等效传输线模型法；更严格、更实用的空腔模型法（包括其扩展——多端口网络模型法）；精度高、编程计算复杂、使用范围较广的各种数值分析方法（如矩量法、时域有限差分法以及有限元法等）。微带贴片天线的几何形状除了矩形以外，还有圆形、圆环形、椭圆形、三角形以及多边形等。其中，矩形微带贴片天线不仅便于分析而且最为常用。

下面先以矩形微带贴片天线为例，介绍微带贴片天线的等效传输线模型法和空腔模型法；然后，扼要介绍矩形微带贴片天线阵以及渐变槽线天线。

1. 矩形微带贴片天线

矩形微带贴片天线是在背敷金属化层（接地版）的介质基片的上表面，用沉积方法形成矩形导体薄层而构成的辐射单元。矩形微带贴片天线的结构及其所选取的便于分析的坐标系如图 8.117 所示，其中基片的介电常数为 ε，厚度为 h；矩形贴片的宽度为 W，长 $l\approx\lambda_g/2$，而 λ_g 为微带线的波导波长。矩形微带贴片天线通常利用微带线或同轴探针进行馈电，使矩形贴片与接地板之间激起高频电磁场，再通过贴片四周与接地板之间的隙缝向外辐射。矩形微带贴片天线可近似看成是一段长度接近于半个介质内波长的低特性阻抗的微带线，其终端（$x=l$）处呈现开路，形成电压波腹，而另一开路端（$x=0$）处也呈现电压波腹。所以，当天线激励主模时，垂直于微带馈线的两开路端的电场均可分解为相对于接地板的垂直分量和水平分量，如图 8.118(a)所示。其中，两垂直分量方向相反，水平分量方向相同，因而在垂直于接地板方向，两水平电场分量所产生的远区辐射场同相叠加，而两垂直电场分量所产生的远区辐射场反相相消。因此，矩形微带贴片天线相当于相距为 $\lambda_g/2$ 的两个相互平行的隙缝天线所构成的辐射系统，如图 8.118(b)所示。显然，矩形微带贴片天线的辐射可等效为两个隙缝组成的等幅同相二元阵。

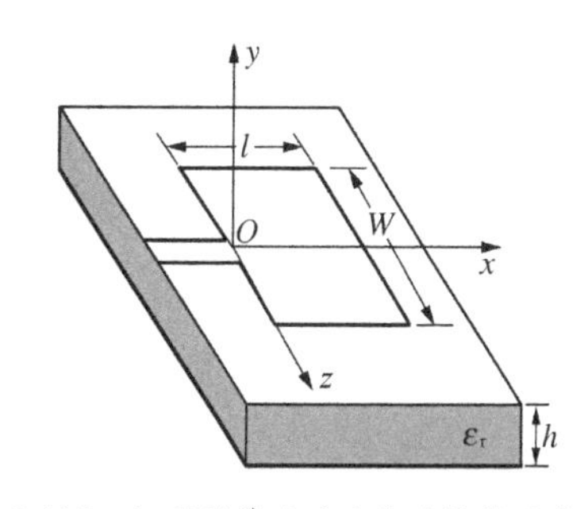

图 8.117 矩形微带贴片天线的结构及其坐标

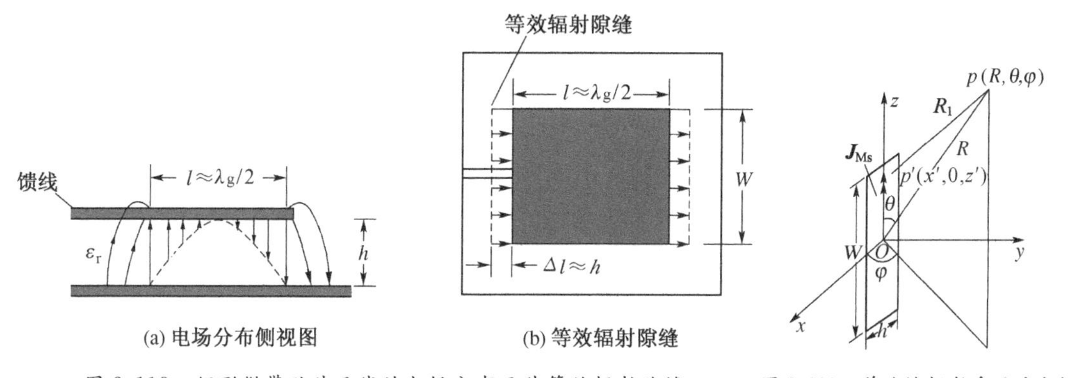

图 8.118 矩形微带贴片天线的电场分布及其等效辐射隙缝

图 8.119 单隙缝辐射采用的坐标

为了使单隙缝辐射场的表达式只出现一个电场分量，选取如图 8.119 所示的坐标系。假设矩形贴片隙缝处电场的水平分量从端部边缘延伸的长度等于介质板厚度 h，并假设宽度为 h 的隙缝上的电场均匀分布，即 $\boldsymbol{E}=E_0\mathbf{a}_x$。根据等效原理，隙缝口径上电场 $\boldsymbol{E}$ 所对应的等效磁流密度为 $\boldsymbol{J}'_{Ms}=\boldsymbol{E}\times\boldsymbol{a}_n=E_0\mathbf{a}_z$；考虑到接地板的影响，由镜像法可知，总的等效磁流密

度应为 $\boldsymbol{J}_{\mathrm{Ms}}=2E_0\mathbf{a}_z$。于是,对辐射场点 $p(r,\theta,\varphi)$,等效磁流产生的矢量电位为

$$\mathbf{A}_{\mathrm{M}}=\frac{\varepsilon_0}{4\pi}\int_{S'}\frac{\boldsymbol{J}_{\mathrm{Ms}}\mathrm{e}^{-\mathrm{j}kR_1}}{R_1}\mathrm{d}S' \tag{8.388}$$

式中,S'为单隙缝的面积。由于 $\boldsymbol{J}_{\mathrm{Ms}}$仅有 z 向分量,故上式变为

$$A_{\mathrm{M}z}=\frac{\varepsilon_0}{4\pi}\int_{S'}\frac{2E_0\mathrm{e}^{-\mathrm{j}kR_1}}{R_1}\mathrm{d}S' \tag{8.389}$$

式中,$R_1=[(x-x')^2+y^2+(z-z')^2]^{1/2}$,并考虑到 $x'\ll R$,$z'\ll R$,利用二项式级数展开式,近似可得

$$R_1\approx R-(x'\sin\theta\cos\varphi+z'\cos\theta) \tag{8.390}$$

若点 p 处于远区,将式(8.390)代入式(8.389),并考虑到 $1/R_1\approx 1/R$,有

$$\mathbf{A}_{\mathrm{M}}=\frac{\varepsilon_0}{4\pi R}\int_{-h/2}^{h/2}\int_{-W/2}^{W/2}2E_0\,\mathrm{e}^{-\mathrm{j}k(R-x'\sin\theta\cos\varphi-z'\cos\theta)}\,\mathrm{d}z'\mathrm{d}x'\mathbf{a}_z$$

积分可得

$$\mathbf{A}_M=-\frac{\varepsilon_0 UW}{2\pi R}\frac{\sin[(kh\sin\theta\cos\varphi)/2]}{(kh\sin\theta\cos\varphi)/2}\frac{\sin[(kW\cos\theta)/2]}{(kW\cos\theta)/2}\mathrm{e}^{-\mathrm{j}kR}\mathbf{a}_z \tag{8.391}$$

式中,利用了关系:$\boldsymbol{E}_0=-(U/h)\mathbf{a}_y$,而 U 为隙缝的外加(复)电压。

于是,将式(8.391)代入式(8.20b)可得远区辐射的电场 $\boldsymbol{E}$ 为

$$\boldsymbol{E}=\mathrm{j}\omega\eta_0(\boldsymbol{a}_R\times A_{\mathrm{M}z}\mathbf{a}_z)=\mathrm{j}\frac{UW}{\lambda R}\frac{\sin[(kh\sin\theta\cos\varphi)/2]}{(kh\sin\theta\cos\varphi)/2}\frac{\sin[(kW\cos\theta)/2]}{(kW\cos\theta)/2}\sin\theta\mathrm{e}^{-\mathrm{j}kR}\boldsymbol{a}_\varphi \tag{8.392}$$

式中,利用了单位矢量间的关系式:$\boldsymbol{a}_R\times\mathbf{a}_z=-\sin\theta\boldsymbol{a}_\varphi$。应指出,这正是选取如图 8.117 所示坐标的原因,这样可使分析变得简单。若选取其他形式的坐标(如图 8.123),则会出现两个电场分量 E_θ 和 E_φ,将使分析变得复杂。详见习题 8-58。

再计入 $y=l$ 处另一隙缝的作用,则有

$$\boldsymbol{E}_{\mathrm{t}}=\mathrm{j}\frac{UW}{\lambda R}F_1(\theta,\varphi)F_2(\theta,\varphi)F_{\mathrm{a}}(\theta,\varphi)\sin\theta\mathrm{e}^{-\mathrm{j}kR}\boldsymbol{a}_\varphi \tag{8.393}$$

式中

$$F_1(\theta,\varphi)=\frac{\sin[(kh\sin\theta\cos\varphi)/2]}{(kh\sin\theta\cos\varphi)/2} \tag{8.394a}$$

$$F_2(\theta,\varphi)=\frac{\sin[(kW\cos\theta)/2]}{(kW\cos\theta)/2} \tag{8.394b}$$

$$F_{\mathrm{a}}(\theta,\varphi)=(1+\mathrm{e}^{-\mathrm{j}kl\sin\theta\cos\varphi}) \tag{8.394c}$$

而$|F_{\mathrm{a}}|=2|\cos[(kl\sin\theta\cos\varphi)/2]|$,为等幅同相二元阵的阵因子。对薄基片,$kh\ll 1$,故$|F_1(\theta,\varphi)|\approx 1$。

由式(8.393),可得矩形微带贴片天线的归一化方向图函数为

$$|f(\theta,\varphi)| = \left|\frac{\sin[(kh\sin\theta\cos\varphi)/2]}{(kh\sin\theta\cos\varphi)/2}\right|\left|\frac{\sin[(kW\cos\theta)/2]}{[(kW\cos\theta)/2]}\right||\cos[(kl\sin\theta\cos\varphi)/2]||\sin\theta| \tag{8.395}$$

对 H 面($\varphi=0°$,xOz 面),有

$$|f_{\mathrm{H}}(\theta)| = \left|\frac{\sin[(kh\sin\theta)/2]}{(kh\sin\theta)/2}\right|\left|\frac{\sin[(kW\cos\theta)/2]}{(kW\cos\theta)/2}\right||\sin\theta| \tag{8.396a}$$

对 E 面($\theta=90°$,xOy 面),有

$$|f_{\mathrm{E}}(\varphi)| = \left|\frac{\sin[(kh\cos\varphi)/2]}{(kh\cos\varphi)/2}\right||\cos[(kl\cos\varphi)/2]| \tag{8.396b}$$

利用上述结果,即可绘出具有无限大接地导电平面的矩形微带贴片天线的归一化 E 面和 H 面方向图($kh=0.1\pi$),如图 8.120 所示。应指出,实际矩形微带贴片天线的归一化 E 面和 H 面方向图的实测结果与图中的结果有差异,但当工作频率不高时,其差异不大。

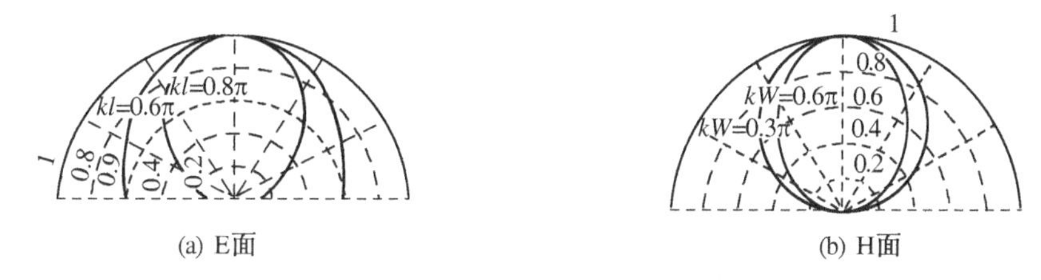

(a) E面　　(b) H面

图 8.120　矩形微带贴片天线单元的归一化 E 面和 H 面方向图

矩形微带贴片天线最大辐射方向上的方向性系数 D_0 可按式(8.95b)进行计算。当 $kh\ll1$ 时,先将 $|F_a|=1$ 代入式(8.395),然后再将式(8.395)代入式(8.95b),即得单个缝隙的方向性系数 D_{01} 为

$$D_{01} = \frac{(kW)^2}{\int_0^{\pi}\left|\frac{\sin[(kW\cos\theta)/2]}{\cos\theta}\sin\theta\right|^2\sin\theta\mathrm{d}\theta} = \left(\frac{2\pi W}{\lambda}\right)^2\frac{1}{I_1} \tag{8.397a}$$

式中

$$I_1 = \int_0^{\pi}\left\{\frac{\sin[(kW\cos\theta)/2]}{\cos\theta}\right\}^2\sin^3\theta\mathrm{d}\theta = \left[-2+\cos X + X\mathrm{Si}(X) + \frac{\sin X}{X}\right]$$

其中,$X=kW$。

式(8.397a)的渐近式可表示为

$$D_{01} = \begin{cases} 3.3, & W\ll\lambda \\ \dfrac{4W}{\lambda}, & W\gg\lambda \end{cases} \tag{8.397b}$$

因此,当 $W/\lambda\ll1$ 时,矩形微带贴片天线的方向性系数 $D_0=2D_{01}\approx6.6\approx10.37$ dB;当

$W/\lambda \gg 1$时，$D_0 \approx 8(W/\lambda)$。

对薄基片隙缝的辐射电导，可按辐射电阻的定义式求出，即

$$G_r = \frac{2P_r}{U^2} = \frac{1}{\pi\eta_0}\int_0^\pi \left[\frac{\sin(\pi W\cos\theta/\lambda)}{\cos\theta}\right]^2 \sin^3\theta \mathrm{d}\theta \tag{8.398}$$

对上式进行数值积分既可求得辐射电导。当 $W/\lambda \ll 1$ 和 $W/\lambda \gg 1$ 时，辐射电导可近似为

$$G_r \approx \begin{cases} \dfrac{1}{90}\left(\dfrac{W}{\lambda}\right)^2, & \dfrac{W}{\lambda} \ll 1 \\ \dfrac{1}{120}\left(\dfrac{W}{\lambda}\right)^2, & \dfrac{W}{\lambda} \gg 1 \end{cases} \tag{8.399}$$

1）等效传输线模型法

矩形微带贴片天线的输入导纳可按如图 8.121 所示的等效传输线模型法得到的等效电路进行计算。其中每一条隙缝等效为并联的导纳($G+\mathrm{j}B$)，它们被长为 l，宽为 W 的低特性阻抗微带线隔开，而缝隙的电纳可由贴片开路端的边缘电容表示。边缘电容 C 为

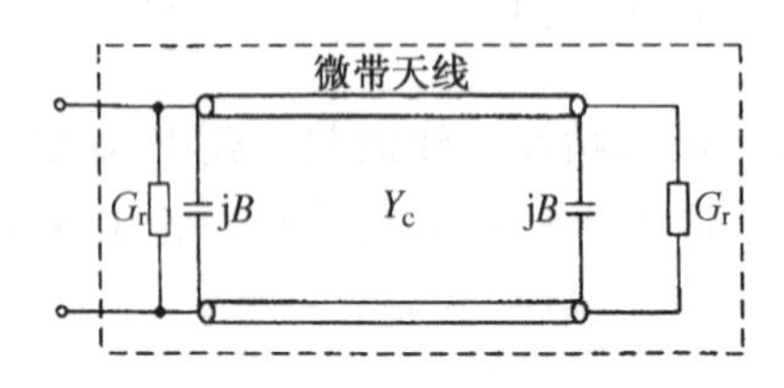

图 8.121　矩形微带贴片天线的等效电路

$$C \approx \frac{\Delta l\ \sqrt{\varepsilon_{re}}}{cZ_c} \tag{8.400}$$

式中，Z_c 为微带贴片的特性阻抗，c 为真空中的光速，而 ε_{re} 为微带贴片的等效介电常数。于是，电纳 B 为

$$B = \omega C = \frac{2\pi\Delta l\ \sqrt{\varepsilon_{re}}}{\lambda_0 Z_c} \tag{8.401}$$

式中，Δl 可按式(5.142)计算。这样，矩形微带贴片天线的输入导纳为

$$Y_{in} = (G_r + \mathrm{j}B) + Y_c \frac{G_r + \mathrm{j}(B + Y_c \tan\beta l)}{Y_c + \mathrm{j}(G_r + \mathrm{j}B)\tan\beta l} \tag{8.402}$$

式中，$\beta = 2\pi/\lambda_g = 2\pi\ \sqrt{\varepsilon_{re}}/\lambda_0$。此外，当用贴片两端的延长微带线代替开路段的电容效应时，则可得到矩形微带贴片天线的输入导纳的更简单表达式：

$$Y_{in} = G_r + Y_c \frac{G_r + \mathrm{j}Y_c \tan[\beta(l + 2\Delta l)]}{Y_c + \mathrm{j}G_r \tan[\beta(l + 2\Delta l)]} \tag{8.403}$$

当辐射隙缝处于谐振状态时，Y_{in}的虚部等于零，则有

$$Y_{in} = 2G_r \tag{8.404}$$

于是，贴片的谐振长度 l 为

$$l = \frac{\lambda_0}{2\sqrt{\varepsilon_{re}}} - 2\Delta l \tag{8.405}$$

式中,考虑了贴片两端的边缘效应。这样,贴片天线的谐振频率 f_0 可表示为

$$f_0 = \frac{c}{2(l + 2\Delta l)\sqrt{\varepsilon_{re}}} \tag{8.406}$$

当 $W \approx \lambda_0/2$ 时,每个辐射隙缝的输入阻抗约为 240 Ω,这样,并联后得到的矩形微带贴片天线的输入阻抗约为 120 Ω。显然,若用通常特性阻抗为 50 Ω 的微带线馈电,则需在微带线与贴片天线的馈电端接入阻抗变换器。

矩形贴片天线多用同轴探针馈电,即将同轴线外导体与接地板相连,而内导体穿过介质基片与微带天线的贴片相接,如图 8.1(f)所示。图 8.122 示出了同轴底馈微带贴片天线的等效传输线电路,其中激励源离始端的距离为 x_1,Y_p 为探针本身引入的导纳,Y_s 为缝隙辐射导纳。

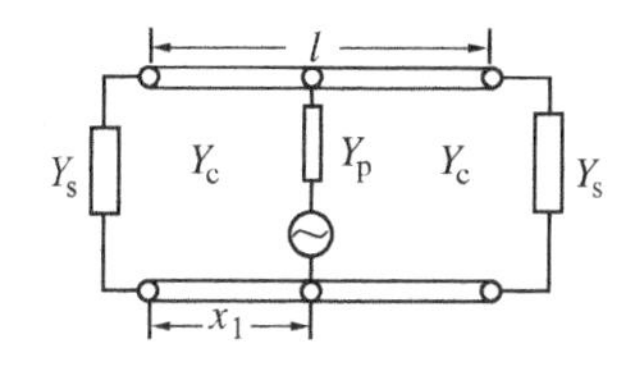

图 8.122 同轴馈电的等效传输线电路

相对于激励源端而言,等效传输线电路是两段以 Y_s 为负载的传输线的并联再与探针电抗的串联。根据传输线理论,可得底馈微带贴片天线的输入阻抗为

$$Z_{in} = \frac{1}{Y_1} + jX_L \tag{8.407}$$

式中,并联导纳 Y_1 为

$$Y_1 = Y_c\left[\frac{G_r + j[B + Y_c\tan(\beta x_1)]}{Y_c + j(G_r + jB)\tan(\beta x_1)} + \frac{G_r + j\{B + Y_c\tan[\beta(l - x_1)]\}}{Y_c + j(G_r + jB)\tan[\beta(l - x_1)]}\right] \tag{8.408}$$

而探针电抗为

$$X_L = \frac{120\pi}{\sqrt{\varepsilon_r}}\tan\left(\frac{2\pi h}{\lambda_0}\right) \tag{8.409}$$

应指出,传输线模型计算较为简单,但并不准确。为了克服传输线模型的局限性,许多研究者已对传输线模型进行了修正,但其应用范围仍受到较大的限制。

2) 空腔模型法

谐振式微带贴片天线的形状与微带谐振腔很相似,所以可借助于谐振腔理论来分析微带贴片天线。美籍华人罗远祉(Y. T. Lo)等提出将薄微带天线的贴片($h \ll \lambda$)与接地板之间的空间处理成上、下为电壁四周为磁壁的谐振腔,天线的辐射场由空腔四周的等效磁流来得到。这里按习惯选取如图 8.123 所示的坐标。

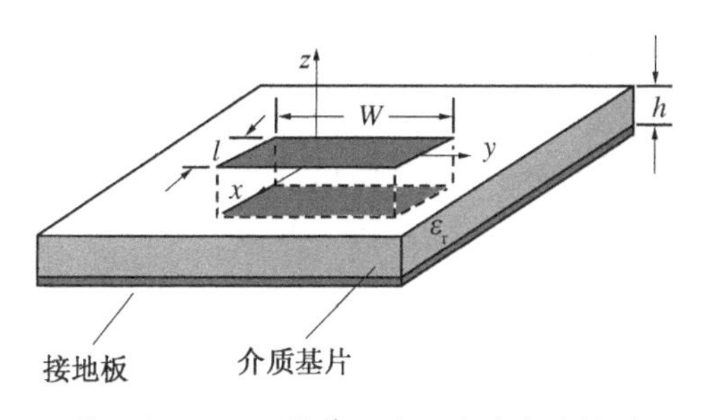

图 8.123 矩形微带贴片天线的空腔模型

当矩形微带贴片天线同波源相连时,电压被施加在矩形贴片和接地板之间,从而某瞬间在贴片的上、下表面和接地板的上表面上会形成如图 8.124 所示的电荷分布。在贴片的下表面上,由于同性电荷之间的排斥力会使这些电荷从下表面通过贴片的边缘扩散到上表面,

这些电荷的流动就形成了下表面上的传导电流 $\boldsymbol{J}_{\mathrm{b}}$,贴片边缘处的传导电流 $\boldsymbol{J}_{\mathrm{s}}$ 和上表面上的传导电流 $\boldsymbol{J}_{\mathrm{t}}$,如图 8.124 所示。

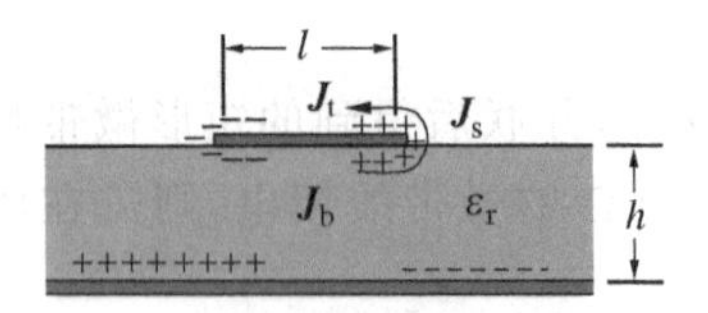

图 8.124　矩形贴片天线上的电荷和电流分布

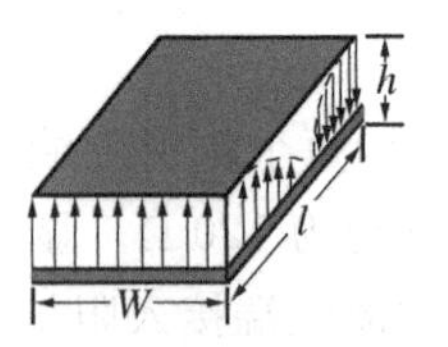

图 8.125　矩形贴片空腔模型中主模 TM_{10} 的电场分布

对薄基片的矩形微带贴片天线(h/W 很小),电磁场主要集中在贴片和接地板之间的空间中,即大部分电荷和电流集中在贴片的下表面上,只有少量的电流会沿着贴片的边缘流向贴片的上表面,由于该电流的存在就产生了和边缘相切的微弱磁场。但对高介电常数的薄基片而言,可假设此切向磁场等于零,即可认为在贴片的四周存在磁壁。同时,由于 h/λ_0 很小,沿着基片厚度方向上的电磁场可视为不变化。这样,矩形贴片就可看成一个空腔模型,即上、下壁面为电壁,贴片四周为磁壁。因此,这种空腔只会产生 TM 模式,其主模为 TM_{100}(通常记为 TM_{10}),电场分布如图 8.125 所示。

在空腔的四壁有四个窄缝,这些窄缝就是产生辐射的源。根据惠更斯等效原理可知,矩形贴片边缘的传导电流的辐射可通过等价的表面电流 $\boldsymbol{J}_{\mathrm{s}}(=\boldsymbol{a}_n\times\boldsymbol{H}_{\mathrm{a}}$,$\boldsymbol{H}_{\mathrm{a}}$ 为贴片边缘的切向磁场)来等效,其四周缝隙的辐射可通过等价的磁流 $\boldsymbol{J}_{\mathrm{Ms}}(=-\boldsymbol{a}_n\times\boldsymbol{E}_{\mathrm{a}}$,$\boldsymbol{E}_{\mathrm{a}}$ 为贴片四周缝隙处的切向电场)来等效,如图 8.126(a)所示。如前所述,因为基片很薄,贴片上表面上的电流 $\boldsymbol{J}_{\mathrm{t}}$ 的大小比下表面上的电流 $\boldsymbol{J}_{\mathrm{b}}$ 的大小要小得多,因此可假设 $\boldsymbol{J}_{\mathrm{t}}\approx 0$,即忽略贴片上表面电流的辐射,如图 8.126(b)所示。这样,将贴片边缘的切向磁场及其对应的传导电流 $\boldsymbol{J}_{\mathrm{s}}$ 也假设为零,则只有贴片四周的等效磁流 $\boldsymbol{J}_{\mathrm{Ms}}$ 不为零。又考虑到接地板的作用而产生的镜像效应,从而使等效的磁流变为原来磁流的 2 倍,如图 8.126(c)所示。因此,贴片的辐射可看成是自由空间中处于贴片四周的四条带状磁流的辐射,磁流密度 $\boldsymbol{J}'_{\mathrm{Ms}}$ 为

$$\boldsymbol{J}'_{\mathrm{Ms}}=-2\boldsymbol{a}_n\times\boldsymbol{E}_{\mathrm{a}} \tag{8.410}$$

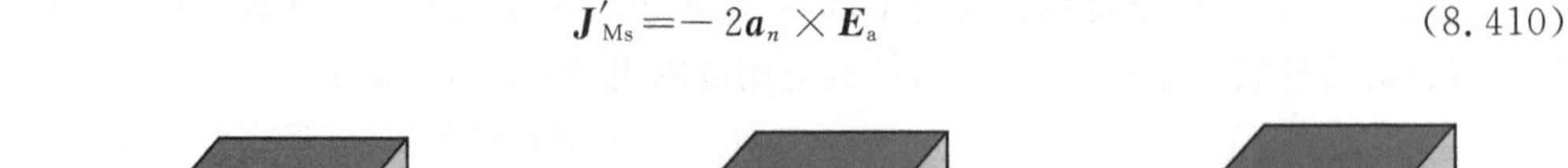

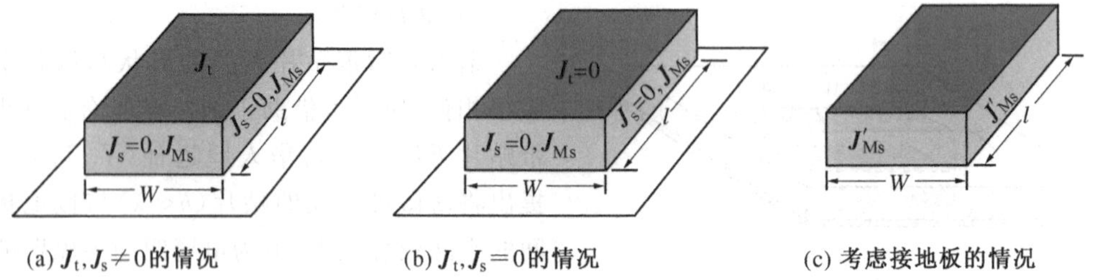

(a) $J_{\mathrm{t}}, J_{\mathrm{s}}\neq 0$ 的情况　(b) $J_{\mathrm{t}}, J_{\mathrm{s}}=0$ 的情况　(c) 考虑接地板的情况

图 8.126　矩形贴片空腔模型中电流和磁流的分布

对主模而言,贴片四周的电场如图 8.127 所示,在两矩形口面(面积为 $W\times h$)上的电场 $\boldsymbol{E}_{\mathrm{a}}$ 为

$$\boldsymbol{E}_{\mathrm{a}}=E_0\mathbf{a}_z \tag{8.411}$$

而在两矩形口面(面积为 $l \times h$)上的电场为

$$\boldsymbol{E}_{\mathrm{a}} = -E_0 \sin\left(\frac{\pi x}{l}\right)\mathbf{a}_z \tag{8.412}$$

此时,等效的磁流分布分别如图 8.127(a)和(b)所示。

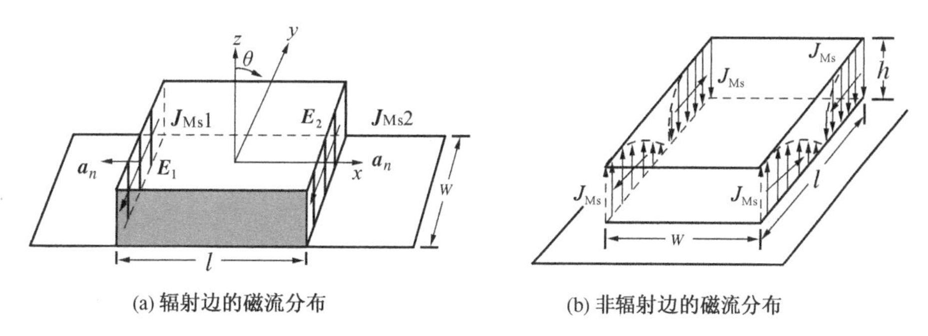

(a) 辐射边的磁流分布　　(b) 非辐射边的磁流分布

图 8.127　贴片四周缝隙的磁流分布

根据等效原理,每个缝隙的辐射等价于磁流大小为 J'_{Ms} 的磁偶极子的辐射。由图 8.127(a)可见,两缝隙上沿 y 方向分布的磁流等幅同相,距离为 l,故组成等幅同相二元阵。由于图 8.127(b)中两缝隙上沿 x 方向分布的磁流等幅反相,故沿 x 方向分布的缝隙的辐射场相互抵消,因此不会出现辐射。

综上所述,矩形贴片天线可看成是上、下为电壁而四周为磁壁的空腔。这样,可根据贴片的边界条件导出空腔内的电磁场,然后根据空腔四壁上的磁流即可导出贴片天线在空间产生的辐射场,而贴片天线的输入阻抗则可根据空腔中的电磁场和馈源的激励条件求得。

由于空腔内无源,电场 $\boldsymbol{E}$ 满足以下齐次矢量亥姆霍兹方程:

$$\nabla^2 \boldsymbol{E} + k^2 \boldsymbol{E} = 0 \tag{8.413}$$

根据假设,令 $\boldsymbol{E} = E_z \mathbf{a}_z$,则上述方程变为齐次标量亥姆霍兹方程。

与矩形金属空腔中 TM_{mnp} 模的纵向电场分量 E_z 的求解思路类似,注意到此时 $p=0$,写出 E_z 的形式解,并利用四个侧壁(磁壁)处的边界条件:

$$\left.\frac{\partial E_z}{\partial y}\right|_{x=0,l} = 0, \qquad \left.\frac{\partial E_z}{\partial x}\right|_{y=0,W} = 0 \tag{8.414}$$

即得 E_z 的解为

$$E_z = E_0 \cos\left(\frac{m\pi}{l}x\right)\cos\left(\frac{n\pi}{W}y\right) \tag{8.415}$$

式中,$E_0 = U/h$,U 为激励的电压。

将式(8.415)代入式(2.75),用 $\dfrac{\partial}{\partial z}=0$ 取代式中的 $-\gamma$,并注意到 $H_z = 0$,则得 TM_{mn0} 模(通常记为 TM_{mn})的其他场分量分别为

$$H_x = -\mathrm{j}\,\frac{n\pi E_0}{\omega\mu_0 W}\cos\left(\frac{m\pi}{l}x\right)\sin\left(\frac{n\pi}{W}y\right) \tag{8.416}$$

$$H_y = \mathrm{j}\,\frac{m\pi E_0}{\omega\mu_0 l}\sin\left(\frac{m\pi}{l}x\right)\sin\left(\frac{n\pi}{W}y\right) \tag{8.417}$$

式中，m，n 为不全为零的整数，且

$$\left(\frac{m\pi}{l}\right)^2 + \left(\frac{n\pi}{W}\right)^2 = k^2 \tag{8.418}$$

由式(8.418)可得空腔模型中 TM_{mn} 模的谐振频率为

$$(f_0)_{mn} = \frac{c}{2\sqrt{\varepsilon_{re}}}\sqrt{\left(\frac{m}{l}\right)^2 + \left(\frac{n}{W}\right)^2} \tag{8.419}$$

矩形贴片天线的工作模式通常是主模 TM_{10}(或 TM_{01})，则

$$(f_0)_{10} = \frac{c}{2l\sqrt{\varepsilon_{re}}} \tag{8.420}$$

可见，传输线模型只是空腔模型中的主模情况。此外，上式中还可考虑贴片天线长度 l 的增长效应。

利用腔体模型中四周缝隙处的场分布，即可导出空腔模型中矩形微带贴片天线的远区辐射场表达式以及输入阻抗等其他参量，这里不再详细介绍。

2. 微带天线阵列

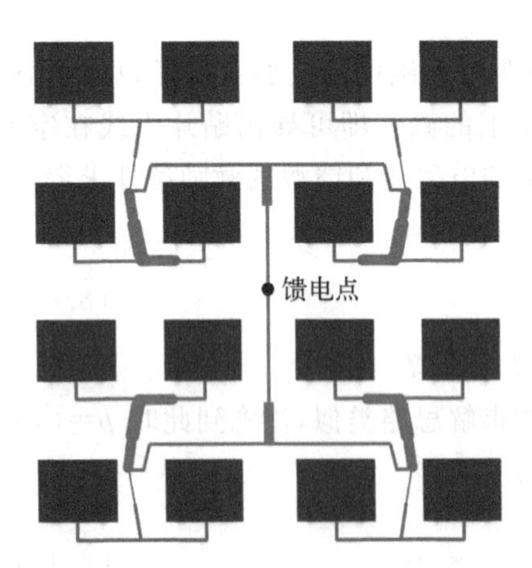

图 8.128　4×4 单元矩形微带贴片天线

微带天线可构成阵列以提高方向性。最为常用的微带阵列是贴片形阵列，它可采用串联或并联的馈电方式。在并联馈电的阵列中，各阵元都独立馈电，大都采用并合式功率分配网络。图 8.128 示出了采用并合式馈电网络的 4×4 单元矩形微带贴片天线阵的结构示意图。其中，该阵列天线介质基片的相对介电常数 $\varepsilon_r = 2.2$，厚度为 0.77 mm，其中心工作频率为 6.14 GHz。经测试，该天线的副瓣电平低于 −25 dB，增益为 17.2 dB 以及效率是 81%。若按比例缩小尺寸，在 0.12 mm 厚的同样材料的介质基片上则可制作 38.4 GHz 的 32×32 单元阵列天线，其增益为 30.4 dB 以及效率是 19%。有关微带天线及其阵列的深入研究，读者可参考有关文献。

8.3.7　渐变槽线天线简介

近年来，随着现代雷达、电子战以及移动通信技术的迅速发展，超宽带天线技术已受到人们的广泛关注。传统的定向超宽带天线有螺旋天线、对数周期天线、加脊喇叭天线以及渐变槽线天线等。其中渐变槽线天线(Tapered Slotline Antenna，简称 TSA)具有超宽带、低剖面、易加工、成本低、高增益以及良好的定向辐射特性等优点，已成为定向超宽带天线的研究热点。尽管 TSA 最早出现在 20 世纪 70 年代，但其后发展较为缓慢，直到 20 世纪 90 年

代后期由于现代战争对雷达的多功能(即集雷达、电子战以及通信等于一身)提出新的要求，大大促进了 TSA 的迅速发展。

目前，TSA 按结构型式的不同大致分为指数型 TSA、线性 TSA、区边 TSA、等宽槽线天线(CWSA)、兔耳形异面指数槽线天线、V 形渐变槽线天线以及正交双极化槽线天线等，其中一种指数型 TSA(又称为常规的韦尔第(Vivaldi)天线)在所有渐变槽线天线的类型中最引起人们的重视。实用中，将渐变槽线天线单元按一定的形式进行排阵即构成渐变槽线天线阵。

常规的韦尔第天线(导带)结构如图 8.129 所示，其中天线的结构刻蚀在介质基片的双面金属化层上，其正面为带指数渐变槽线、等宽槽线和圆形谐振腔的金属化层，如图 8.129 中的实线所示；其背面为微带馈线和扇形微带短截线组成的馈电结构，如图 8.129 中的虚线所示。

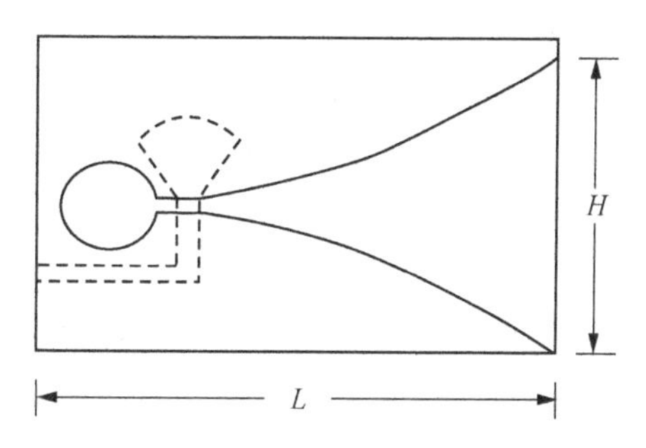

图 8.129　常规的韦尔第天线结构示意图

一般地，在其工作频带已知的情况下，工作频带的低频端对应的介质波长等于 2 倍的槽线宽端的最大宽度 H，而槽线窄端的宽度 W_{SL} 选取为工作频带高频端对应的介质波长等于 0.02 倍。但在实际设计和制作过程中，考虑到介质基片、天线的尺寸大小等因素，通常选取槽线宽端的长度 H 等于低端频率的介质波长的 1/6，而槽线长度 L 取为一个介质波长，即可获得较好的特性。有关渐变槽线天线的深入研究，读者可参考有关文献。

习　题

8-1　设电流元的轴线沿东、西方向放置，在远方有一移动接收台停在正南方向而接收到最大电场幅值。当电台沿以电流元为中心的圆周在地面上移动时，电场的大小逐渐减小。问：当电场幅值减小到最大值的 $1/\sqrt{2}$ 时，电台的位置偏离正南方向多少角度？

8-2　证明紧贴在理想导体表面上的切向电流元无辐射场。

8-3　中心馈电的电流元通过一振幅为 $I_m=10$ A 的时谐电流激励，已知电流元的电长度为 $l/\lambda=1/50$。求距离电流元为 1 km 处的最大平均功率流密度。

8-4　图 8.130(a)是一为长为 $2l(<\lambda)$，宽为 W $(\ll 2l)$ 的理想隙缝天线，图 8.130(b)是与理想隙缝天线互补的板状对称振子。设板状对称振子的远区辐射场与细导线对称振子的远区辐射场相同，试根据板状对称振子的远区辐射场和对偶性原理，导出该理想隙缝天线远区辐射场的表达式。

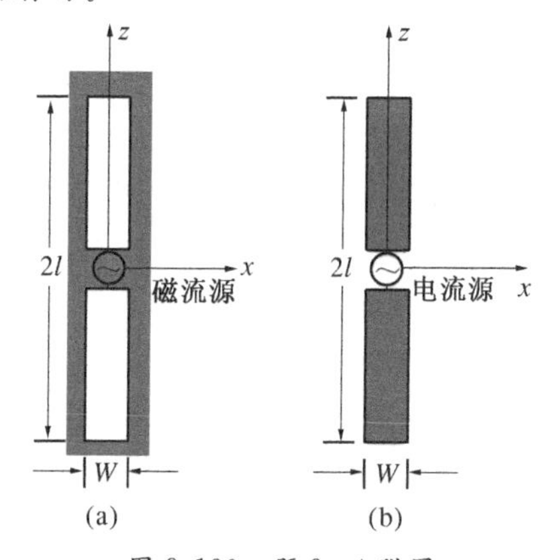

图 8.130　题 8-4 附图

8-5　证明:由任意形状的平面口径 S' 上的面电流密度 $\boldsymbol{J}$ 和面磁流密度 $\boldsymbol{J}_{\mathrm{Ms}}$ 激励的远区场域的矢量磁位和矢量电位可分别表示为

$$\boldsymbol{A}=\frac{\mu_0}{4\pi R}\mathrm{e}^{-\mathrm{j}kR}\boldsymbol{N};\qquad \boldsymbol{A}_{\mathrm{M}}=\frac{\varepsilon_0}{4\pi R}\mathrm{e}^{-\mathrm{j}kR}\boldsymbol{L}$$

其中,R 为圆球坐标系中的径向坐标,而 $\boldsymbol{N}$ 和 $\boldsymbol{L}$ 称为辐射矢量,其表示式分别为 $\boldsymbol{N}=\int_{S'}\boldsymbol{J}_{\mathrm{s}}\mathrm{e}^{\mathrm{j}k\cdot r'}\mathrm{d}S'$;$\boldsymbol{L}=\int_{S'}\boldsymbol{J}_{\mathrm{Ms}}\mathrm{e}^{\mathrm{j}k\cdot r'}\mathrm{d}S'$。并据此导出处于 xOy 平面上的口径在远区辐射电场 $\boldsymbol{E}$ 和磁场 $\boldsymbol{H}$ 的表达式。

8-6　已知两天线的归一化方向图函数分别为:① $|F(\theta)|=|\cos[(\pi\cos\theta)/4-\pi/4]|$;② $|F(\theta)|=|\cos(\theta-\pi/4)|$。求它们的半功率波束宽度。

8-7　已知一无方向性天线的辐射功率为 100 W。① 求距离该天线为 10 km 处远区场点 p 处的电场幅值;② 若将此天线改为方向性系数为 100 的强方向性天线,天线的最大辐射方向对准 p 点,则 p 点的电场幅值为多少?

8-8　试求具有下列归一化方向图函数的天线的方向性系数:① $|F(\theta)|=\begin{cases}\cos^2\theta,\theta\leqslant\pi/2\\0,\theta>\pi/2\end{cases}$;② $|F(\theta)|=\begin{cases}1,0\leqslant\theta\leqslant\pi/4\\0,\theta>\pi/4\end{cases}$;③ $|F(\theta,\varphi)|=\begin{cases}\sin^2\theta\cos^2\varphi,0\leqslant\theta\leqslant\pi,0\leqslant\varphi\leqslant\pi/2\\0,\text{其他}\end{cases}$。

8-9　一个电流元和一个小电流圆环同时放在坐标原点,如图 8.131 所示。若 I_1 和 I_2 间满足 $I_1l=kI_2\pi a^2$,其中 $k=\omega\sqrt{\mu_0\varepsilon_0}$。试证在远区任意点处的电磁场是一右旋圆极化波的场。

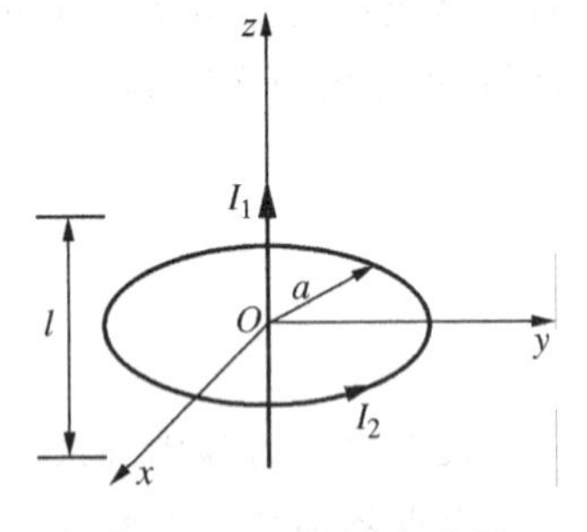

图 8.131　题 8-9 附图

8-10　已知一长为 $l(\ll\lambda)$,中心馈电的电流元的激励电流为

$$I(z)=\begin{cases}I_{\mathrm{m}}(1-2z/l),0\leqslant z\leqslant l/2\\I_{\mathrm{m}}(1+2z/l),-l/2\leqslant z\leqslant 0\end{cases}$$

求:① 此电流元的远区辐射电场的表达式;② 远区辐射场的平均功率流密度矢量;③ 方向性系数;② 辐射电阻。

8-11　自由空间中,一放置于 xOz 平面的电流元 $I(l\boldsymbol{a}_x)$ 和磁流元 $I_{\mathrm{M}}(l\boldsymbol{a}_z)$ 相互垂直,其中心重合并位于坐标原点,且已知 $I=-I_{\mathrm{M}}\eta_0$。① 导出该组合天线的远区辐射电场的表达式;② 写出 yOz 平面上的归一化方向图函数并概画该平面上的归一化方向图。

8-12　自由空间中,一长为 l、沿 z 轴放置的导线构成一行波单线天线。该行波单线天线由波源激励,其终端则接匹配负载。天线上的电流 $I(z)=I_0\mathrm{e}^{-\mathrm{j}\beta z}$,其中,$I_0$ 为导线的始端电流,β 为导线上行波电流的相移常数。① 导出该行波单线天线在远区产生的辐射电场的表达式;② 写出其方向图函数;③ 当 $l=\lambda/2$ 时,画出其方向图。

8-13　已知对称振子的单臂长 h 分别为 $\lambda/4$ 和 $\lambda/3$,其激励电流按正弦分布 $I(z)=I_{\mathrm{m}}\sin[k(h-|z|)]$,试分别以波腹点电流和输入电流为参考,导出其有效长度。

8-14　一长为 1 m 的半波对称振子用于辐射频率为 150 MHz 的电磁波,该半波对称振子采用半径为 1 mm 的铜导线制成。① 求此对称振子的辐射效率和增益；② 当此对称振子的辐射功率为 20 W 时，求对称振子上激励电流的振幅值。

8-15　用一半径 $r_0=5$ cm，$N=10$ 匝的小线圈作为接收天线，此天线被放置于距轴线沿 z 轴的半波对称振子的 10 km 处，并选取其穿过的磁通量达到最大的取向。已知半波对称振子的两臂采用半径为 1.5 mm 的铜线，且输入到半波对称振子上的功率为 5 W，波源的工作频率为 270 MHz。求线圈中的开路电压。

8-16　长度为 $3\lambda/2$ 的对称振子的轴线沿 z 轴，其中心馈电点与坐标原点重合，振子上的电流按 $I=I_0\cos kz$ 分布。① 导出此对称振子的远区辐射电场的表达式；② 求其归一化方向图函数的表达式，并画出两个主平面上的归一化方向图；③ 将此对称振子的归一化方向图同半波对称振子的归一化方向图进行比较，说明为什么较长的对称振子并非在 $\theta=\pi/2$ 方向上产生较大的辐射场强。

8-17　自由空间中，已知对称振子处于 yOz 平面且沿与 y 轴相交成 δ 角的直线上，如图 8.132 所示。导出此对称振子在远区任一点辐射电场的表达式。

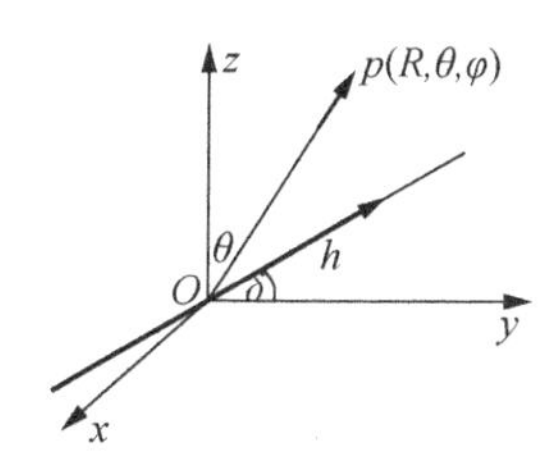

图 8.132　题 8-17 附图

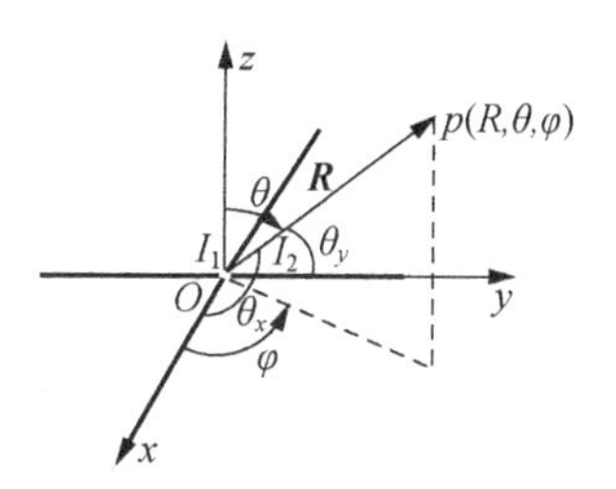

图 8.133　题 8-18 附图

8-18　水平全向天线（或旋转场天线）由两个正交放置的对称振子构成，两对称振子的激励电流幅度相等，相位相差 90°，如图 8.133 所示。其中两正交放置于 xOy 平面的对称振子 1 和 2 分别沿 x 和 y 轴，它们的中心处于坐标原点，且已知 $I_2=\mathrm{j}I_1$。① 导出该天线远区辐射电场的表达式；② 写出该天线的方向图函数；③ 写出该天线在 $\theta=90°$ 的水平面内的远区辐射电场的表达式及方向图函数。

8-19　画出如图 8.26(a)所示的变型式马倩德巴伦的等效电路，并导出其归一化输入阻抗的表达式。

8-20　自由空间中有两个半波对称振子构成的二元阵如图 8.134 所示，其中 $d=\lambda/4$，$I_{m2}=I_{m1}\mathrm{e}^{-\mathrm{j}\pi/2}$。求此二元阵的归一化方向图函数，并概画 xOz 面及 xOy 面的归一化方向图。

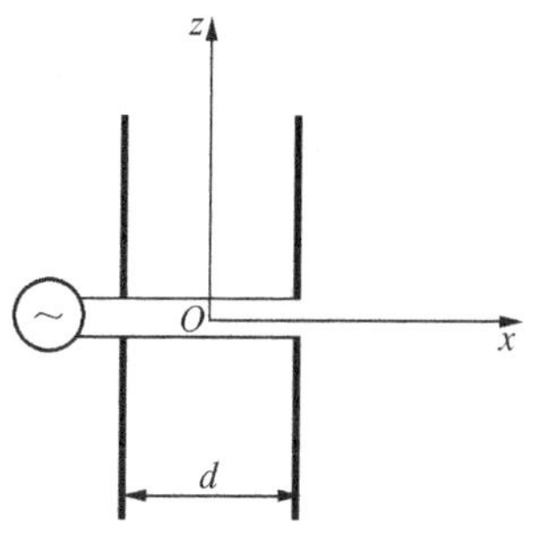

图 8.134　题 8-20 附图

8-21　一均匀直线阵的单元间距 $d=\lambda/2$，若要求它的最大辐射方向在偏离天线阵轴线的 60°方向。求各单元天线上激励电流的相位差为多少？

8-22　一五单元的均匀直线阵的单元间距 $d=0.4\lambda$，为产生与阵列中心连线成 45°夹角的主波束。① 求各阵元上激励电流的相位差；② 概画归一化的阵方向图。

8-23 由中心分别位于 $z=\lambda/8$ 和 $z=-\lambda/8$ 的两个完全相同的半波对称振子构成一个二元直线阵,欲使沿 $\theta=\pi/3$ 和 $\varphi=\pi/2$ 方向有最大辐射。① 确定两阵元的取向以及激励电流间的相位差;② 导出此二元阵的方向图函数;③ 分别画出 xOy 面和 yOz 面的归一化方向图。

8-24 一交角为 90°的两块半无限大接地导电平面构成的反射器的对角线上有一半波对称振子,该半波对称振子的轴线与 z 轴平行、中心处于 x 轴且与交角顶点(坐标原点)的距离 $d=\lambda/2$,如图 8.135 所示。① 导出此反射器天线在远区辐射电场的表达式;② 写出此反射器天线的阵因子;③ 画出 xOy 平面上的方向图。

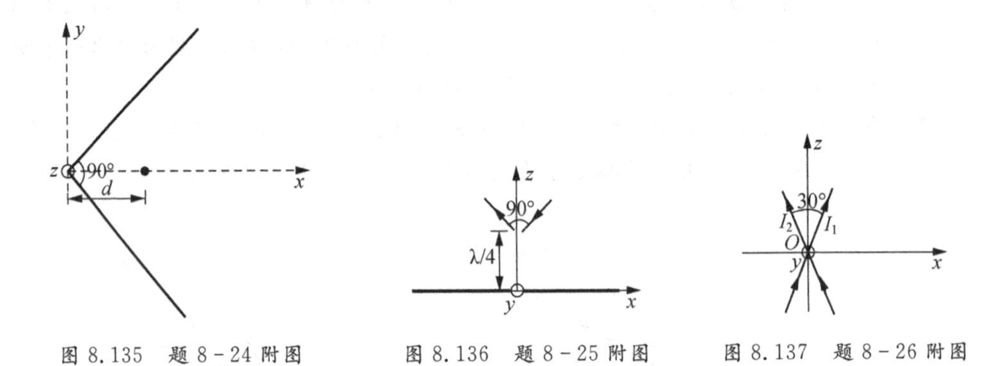

图 8.135 题 8-24 附图　　图 8.136 题 8-25 附图　　图 8.137 题 8-26 附图

8-25 在靠近位于 xOy 平面的无限大理想接地导电平面上方 $\lambda/4$ 处,放置两个臂与导电平面成 45°且夹角为 90°的对称振子构成一副羊角天线,该羊角天线的两个臂长分别为 $\lambda/4$,并对称激励,如图 8.136 所示。① 导出此羊角天线在远区任一点辐射电场的表达式;② 写出 xOz(纸面)和 xOy 面上该天线方向图函数的表达式;③ 画出 xOz 和 xOy 平面内的方向图。

8-26 长度均为 $\lambda/2$ 的四根直导线在 xOz 平面内两两相交成如图 8.137 所示的 30°夹角,其上馈电电流呈正弦分布,且 $I_2=I_1$。① 导出此羊角天线的远区任一点辐射电场的表达式;② 写出该天线的方向图函数的表达式,并画出其 xOy 和 xOz 平面上的方向图。

8-27 自由空间中,一四单元均匀直线阵的单元间距为 $\lambda/2$,各单元上激励电流的振幅比为 1∶3∶3∶1,且各单元同相激励。若该直线阵的中心连线沿 y 轴,求其归一化阵因子,并画出归一化阵方向图。

8-28 两个相互垂直的半波对称振子构成一二元天线阵,其几何中心均位于坐标原点,轴线分别重合于 x 轴和 y 轴,它们由同一波源供电,功率平分,激励电流分别为 I_1 和 I_2(复振幅对应 I_{m1} 与 I_{m2})。通过传输系统中的移相器,使 x 轴上振子的激励电流的相位比 y 轴上振子的激励电流的相位滞后 90°。① 导出 z 轴上远区辐射电场的表达式;② 欲使此天线阵在 z 轴上远区场点形成的总辐射波为左旋圆极化波,试确定 I_{m1} 与 I_{m2} 间的关系。

8-29 在靠近位于 xOz 平面的无限大理想接地导电平面上方 h 处放置一与导电平面成 30°,长为 l 的基本电振子,已知此振子位于 xOy 平面内,如图 8.138 所示。① 导出此天线远区任一点及 xOy 平面上任一点辐射电场的表达式；② 写出 xOy 平面上方向图函数的表达式。

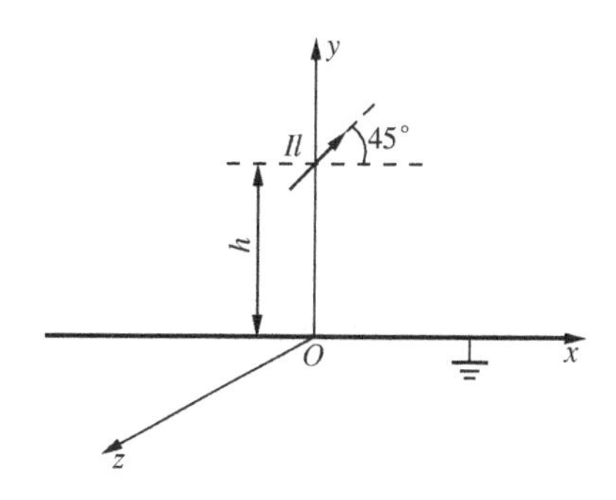

图 8.138 题 8－29 附图

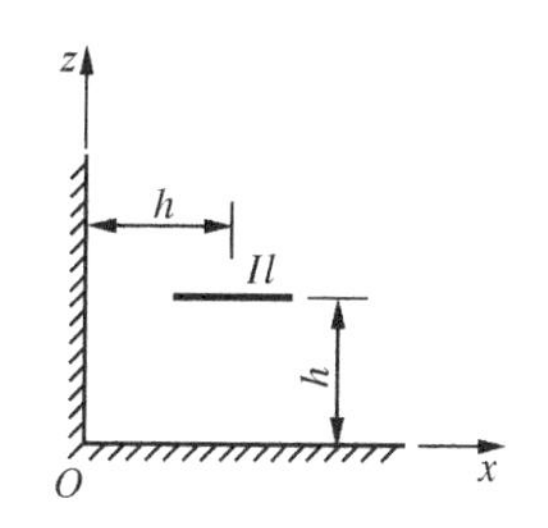

图 8.139 题 8－30 附图

8－30 两块半无限大的理想接地导电平板互相垂直相交，一载有频率为 30 MHz 的电流元 $Il(l\ll\lambda)$ 与两导电平板的距离都是 2.5 m，如图 8.139 所示。① 导出此天线系统的归一化方向图函数；② 写出 xOz 面的归一化方向图函数，并概画其归一化方向图。

8－31 如图 8.5 所示，载均匀电流 $I=I_0 e^{j0^\circ}$ 的正方形导电环处于 xOy 平面，环心位于坐标原点，各边长为 $l\ll\lambda$。① 导出该正方形电流环在远区场点 $p(R,\theta,\varphi)$ 处的矢量磁位及电磁场分量的表达式；② 写出该正方形电流环在远区的平均功率密度的表达式；③ 导出其辐射电阻的表达式。

8－32 四个完全相同的电流元组成一均匀直线式天线阵，如图 8.140 所示。所有电流元的激励电流大小相等，其相位对应于单元 1,2,3,4 依次滞后角度为 ξ。① 写出此天线阵的归一化方向图函数；② 取 $\xi=0^\circ$，$d=\lambda/2$ 以及 $d=3\lambda/4$，分别写出和概画天线阵在 xOy 面与 yOz 面上的归一化方向图函数的表达式和归一化方向图；③ 取 $\xi=90^\circ$，$d=\lambda/2$ 以及 $d=3\lambda/4$，重复②。

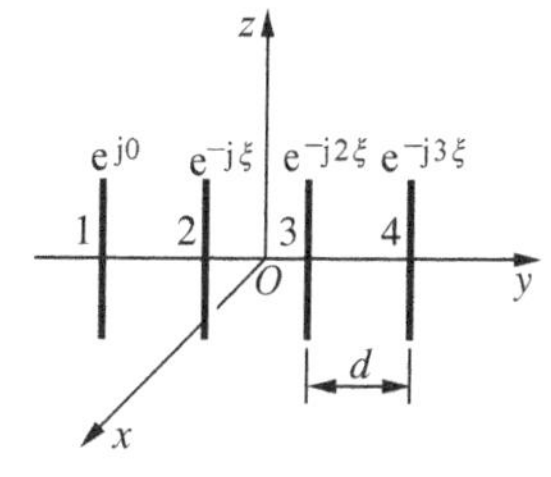

图 8.140 题 8－32 附图

8－33 证明：对单元间距为 d 的均匀直线式端射阵，不出现栅瓣的条件是 $d<\lambda/2$；对单元间距为 d 的均匀直线式侧射阵，不出现栅瓣的条件是 $d<\lambda$。

8－34 设 10 单元均匀直线式天线阵单元天线的中心连线沿 x 轴，单元间距分别为 $d=\lambda/8$ 和 $d=\lambda/4$，各单元天线同相激励。① 写出此均匀直线式天线阵在两种单元间距情况下归一化的阵方向图函数；② 分别绘出两种情况下该天线阵在 xOy 面和 yOz 面上的阵方向图。

8－35 试分别导出基本磁振子和半波对称振子的最大有效面积 A_{em} 的表达式。

8－36 一脉冲雷达的工作频率为 10 GHz，天线的增益为 25 dB，发射机的脉冲功率为 1.5 kW。若希望检测到的目标具有 10 m^2 的截面，最小可检测的信号功率为 －90 dBm，求该雷达的最大作用距离。

8－37 一直立振子天线的高度 $h=10$ m，当工作波长 $\lambda=30$ m 时，求它的有效高度以及归于波腹点电流的辐射电阻。

8-38 有一架设于地面上方的水平振子天线,其工作波长 $\lambda=30$ m。若要求在垂直于天线的平面内获得最大辐射仰角为 30°,则该天线应架设多高?

8-39 已知一水平振子天线的臂长 $h=20$ m,架设高度 $H=8$ m,试计算它的工作频率范围以及最大辐射仰角的范围。

8-40 一匝数为 N,直径为 d 和螺距为 h 的法向模螺旋天线,若 d 和 h 均远小于 λ/N 且该天线辐射圆极化波。求:① 增益和方向性系数;② 辐射电阻。

8-41 对如图 8.141 所示的三元引向天线,假设无源振子 B 和 C 处的感应电场可利用有源振子 A 的远区辐射电场进行计算,试定性分析无源振子 B 及 C 分别作为反射器及引向器时其长度应分别长、短于有源振子 A 的长度。

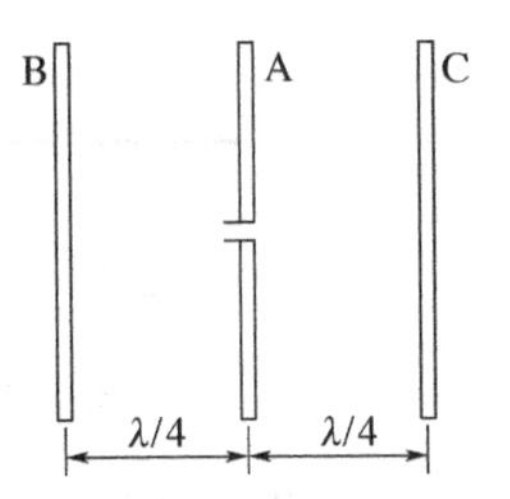

图 8.141 题 8-41 附图

8-42 一七单元引向天线的反射器与有源振子的间距为 0.15λ,各引向器等间距排列,间距为 0.2λ。试估算其方向性系数和主瓣宽度。

8-43 有一位于 xOy 平面尺寸为 $D_1\times D_2$ 的矩形口径,口径内的电场沿 y 轴极化且均匀分布,且已知 $E_{sy}=1$。求:① 两主平面的方向图函数;② 主瓣的半功率波束宽度;③ 第一个零点位置;④ 第一副瓣电平。

8-44 有一位于 xOy 平面尺寸为 $D_1\times D_2$ 的矩形口径,口径内的电场沿 y 轴方向极化,且以相同相位和三角形的振幅分布,即 $E_{sy}=1-2|x'|/D_1$,$|x'|\leqslant D_1/2$。① 导出两主平面上远区辐射电场的表达式;② 写出两主平面的方向图函数;③ 主瓣的半功率波束宽度;④ 第一个零点位置;⑤ 第一副瓣电平。

8-45 有一位于 xOy 平面、边长为 D_1 的正方形口径,工作波长为 3 cm,E 面主瓣宽度 $2\theta_{0.5E}=10°$,口径场分布为 $E_s=E_0(\pi x'/D_1)$,求天线的增益和 H 面的主瓣宽度。

8-46 有一位于 xOy 平面尺寸为 $D_1\times D_2$ 的矩形口径,口径内的电场沿 y 轴方向极化,且以相同相位和余弦的振幅分布,即 $E_{sy}=E_0\cos(\pi x'/D_1)$,$|x'|\leqslant D_1/2$。① 导出两主平面上远区辐射电场的表达式;② 写出两主平面的方向图函数。

8-47 有一位于 xOy 平面半径为 $a(a\gg\lambda)$ 的圆形口径,口径内的电场沿 y 轴方向极化且均匀分布,即 $E_{sy}=E_0$。① 导出该圆形口径在远区辐射的电场的表达式;② 写出两主平面的归一化方向图函数;③ 求主波束的零点宽度。

8-48 试按最佳设计方案设计 E 面和 H 面扇形标准喇叭,已知增益 $G_0=12$ dB,工作波长 $\lambda=3.2$ cm,且采用 BJ-100 型矩形波导。① 确定 D_{sE},D_{sH} 以及喇叭长度;② 求出 $2\theta_{0.5E}$ 和 $2\theta_{0.5H}$。

8-49 已知最佳角锥喇叭的口面尺寸 $D_{sE}=26$ cm,$D_{sH}=18$ cm,中心频率为 10 GHz,试求:① 两主平面内的主瓣宽度;② 两主平面内的喇叭长度;③ 方向性系数。

8-50 试定性解释为什么余弦振幅、平方律相位口径分布的辐射方向性强于均匀振幅、平方律相位口径分布的情况。

8-51 证明:抛物面天线的口径利用系数 $\upsilon\leqslant 1$。

8-52 已知一旋转抛物面天线的口面直径 $D=30$ m,中心频率为 20 GHz,口径利用系数为 0.9,口径截获系数为 0.75,求该天线的增益。

8-53　已知一旋转抛物面天线的口面直径 $D=3$ m，焦径比 $f/D=0.6$，① 求抛物面的半张角 ψ_0；② 若馈源的方向图函数 $|f(\psi)|=\cos^2\psi$，求口径利用系数 v、口径截获系数 v_1 以及增益因子 g。

8-54　设旋转抛物面天线馈源的功率方向图函数为

$$|F_f(\psi)|^2=\begin{cases}F_0\sec^2(\psi/2),0^\circ\leqslant\psi\leqslant 90^\circ\\0,\psi>90^\circ\end{cases}$$

抛物面直径 $D=150$ cm，工作波长 $\lambda=3$ cm。若使抛物面口径上场的振幅按口径边缘为中心处的 $1/\sqrt{2}$ 分布。求：① 焦径比；② 口径利用系数；③ 增益。

8-55　试设计一抛物面天线，要求：增益 $G_0\geqslant 27$ dB，$2\theta_{0.5\mathrm{H}}=3.75^\circ$，$2\theta_{0.5\mathrm{E}}=5^\circ\sim 10^\circ$，第一副瓣电平为 -23 dB，工作波长 $\lambda=3.2$ cm 以及抛物面口径直径 $D\leqslant 600$ mm。

8-56　有一卡塞格伦天线，其主面焦距为 2 m，若选用副面的离心率 $e=2.4$，求等效抛物面的焦距。

8-57　证明式(8.382)中的卡塞格伦天线放大率的表达式，即

$$m=\frac{\tan(\psi/2)}{\tan(\varphi/2)}=\frac{\tan(\psi_0/2)}{\tan(\varphi_0/2)}$$

8-58　将图 8.117 中分析矩形微带贴片天线远区辐射场所选的坐标换为如图 8.123 所示空腔模型中所选的坐标，① 导出矩形贴片远区辐射场的矢量电位分量 $A_{\mathrm{M}y}$ 以及与其对应的电场分量 E_θ 和 E_φ 的表达式；② 分别写出 E 面和 H 面上的归一化方向图函数。

附录 A

标准矩形波导参数和型号对照

波导型号		主模频带(GHz)	截止频率(MHz)	结构尺寸(mm)			衰减(dB/m)	美国相应型号
IECR -	部标 BJ -			标宽 a	标高 b	标厚 t		EIAWR -
3		0.32～0.49	256.58	584.2	292.1		0.000 78	2300
4		0.35～0.53	281.02	533.4	266.7		0.000 90	2100
5		0.41～0.62	327.86	457.2	228.6		0.001 13	1800
6		0.49～0.75	393.43	381.0	190.5		0.001 49	1500
8		0.64～0.98	513.17	292.0	146.0	3	0.002 22	1150
9		0.76～1.15	605.27	247.6	123.8	3	0.002 84	975
12	12	0.96～1.46	766.42	195.6	97.80	3	0.004 05	770
14	14	1.14～1.73	907.91	165.0	82.50	2	0.005 22	650
18	18	1.45～2.20	1 137.1	129.6	64.8	2	0.007 49	510
22	22	1.72～2.61	1 372.4	109.2	54.6	2	0.009 70	430
26	26	2.17～3.30	1 735.7	86.4	43.2	2	0.013 8	340
32	32	2.60～3.95	2 077.9	72.14	34.04	2	0.018 9	284
40	40	3.22～4.90	2 576.9	58.20	29.10	1.5	0.024 9	229
48	48	3.94～5.99	3 152.4	47.55	22.15	1.5	0.035 5	187
58	58	4.64～7.05	3 711.2	40.40	20.20	1.5	0.043 1	159
70	70	5.38～8.17	4 301.2	34.85	15.80	1.5	0.057 6	139
84	84	6.57～9.99	5 259.7	28.50	12.60	1.5	0.079 4	112
100	100	8.20～12.5	6 557.1	22.86	10.16	1	0.110	90
120	120	9.84～15.0	7 868.6	19.05	9.52	1	0.133	75
140	140	11.9～18.0	9 487.7	15.80	7.90	1	0.176	62
180	180	14.5～22.0	11 571	12.96	6.48	1	0.238	51
220	220	17.6～26.7	14 051	10.67	4.32	1	0.370	42
260	260	21.7～33.0	17 357	8.64	4.32	1	0.435	34

（续表）

波导型号		主模频带 (GHz)	截止频率 (MHz)	结构尺寸(mm)			衰减 (dB/m)	美国相应型号 EIAWR -
IECR -	部标 BJ -			标宽 a	标高 b	标厚 t		
320	320	26.4～40.0	21 077	7.112	3.556	1	0.583	28
400	400	32.9～50.1	26 344	5.690	2.845	1	0.815	22
500	500	39.2～59.6	31 392	4.775	2.388	1	1.060	19
620	620	49.8～75.8	39 977	3.759	1.880	1	1.52	15
740	740	60.5～91.9	48 369	3.099	1.549	1	2.03	12
900	900	73.8～112	59 014	2.540	1.270	1	2.74	10
1 200	1 200	92.2～140	73 768	2.032	1.016	1	2.83	8

附录 B 同轴线参数表

B.1 常用硬同轴线参数表

参数 型号	特性阻抗 (Ω)	外导体内直径 (mm)	内导体外直径 (mm)	衰减 α (dB/m $\sqrt{Hz}$)	理论最大允许功率 (kW)	最短安全波长 (cm)
50-7	50	7	3.04	$3.38\times10^{-6}\sqrt{f}$	167	1.73
75-7	75	7	2.00	$3.08\times10^{-6}\sqrt{f}$	94	1.56
50-16	50	16	6.95	$1.48\times10^{-6}\sqrt{f}$	756	3.9
75-16	75	16	4.58	$1.34\times10^{-6}\sqrt{f}$	492	3.6
50-35	50	35	15.2	$0.67\times10^{-6}\sqrt{f}$	3 555	8.6
75-35	75	35	10.00	$0.61\times10^{-6}\sqrt{f}$	2 340	7.8
53-39	53	39	16	$0.6\times10^{-6}\sqrt{f}$	4 270	9.6
50-75	50	75	32.5	$0.31\times10^{-6}\sqrt{f}$	16 300	1.85
50-87	50	87	38	$0.27\times10^{-6}\sqrt{f}$	22 410	21.6
50-110	50	110	48	$0.22\times10^{-6}\sqrt{f}$	35 800	27.3

注:① 本表数据均按 $\varepsilon_r=1$ 以及纯铜计算。
② 最短安全波长取 $\lambda=1.1\pi(a+b)$。

B.2 国产同轴射频电缆参数表

参数 型号	特性阻抗 (Ω)	衰减(45 MHz) (不大于 dB/m)	电晕电压 (kV)	绝缘电阻 (MΩ/km)	相应旧型号
SYV-50-2-1	50	0.26	1	10 000	IEC-50-2-1
SYV-50-2-2	50	0.156	1	10 000	PK-19
SYV-50-5	50	0.082	3	10 000	PK-29
SYV-50-11	50	0.052	5.5	10 000	PK-48
SYV-50-15	50	0.039	8.5	10 000	PK-61
SYV-75-2	75	0.28	6.9	10 000	
SYV-75-5-1	75	0.082	2	10 000	PK-1
SYV-75-7	75	0.061	4.5	10 000	PK-20
SYV-75-18	75	0.026	8.5	10 000	PK-8

(续表)

型号 \ 参数	特性阻抗 (Ω)	衰减(45 MHz) (不大于 dB/m)	电晕电压 (kV)	绝缘电阻 (MΩ/km)	相应旧型号
SYV-100-7	100	0.066	3	10 000	PK-2
SWY-50-2	50	0.160	3.5	10 000	PK-119
SWY-50-7-2	50	0.065	4	10 000	PK-128
SWY-75-1	75	0.082	2	10 000	PK-101
SWY-75-7	75	0.061	3	10 000	PK-120
SWY-100-7	100	0.066	3	10 000	PK-102

注:同轴射频电缆型号组成:

第一个字母“S”表示同轴射频电缆。

第二个字母“Y”表示以聚乙烯作绝缘;“W”表示以稳定聚乙烯作绝缘。

第三个字母“V”表示护层为聚氯乙烯;“Y”表示护层为聚乙烯。

第四位数字表示同轴电缆的特性阻抗。

第五位数字表示芯线绝缘外径。

第六位数字表示结构序号。

附录 D

各种电路单元的网络参量

名称	等效电路	[z]	[y]	[a]	[S]
串联阻抗	T_1 Z T_2 Z_{c1} Z_{c2}		$\frac{1}{Z}\begin{bmatrix} Z_{c1} & -\sqrt{Z_{c1}Z_{c2}} \\ -\sqrt{Z_{c1}Z_{c2}} & Z_{c2} \end{bmatrix}$	$\begin{bmatrix} \sqrt{\frac{Z_{c2}}{Z_{c1}}} & \frac{Z}{\sqrt{Z_{c1}Z_{c2}}} \\ 0 & \sqrt{\frac{Z_{c1}}{Z_{c2}}} \end{bmatrix}$	$\frac{1}{Z_{c2}+Z_{c1}+Z}\cdot\begin{bmatrix} Z_{c2}-Z_{c1}+Z & 2\sqrt{Z_{c1}Z_{c2}} \\ 2\sqrt{Z_{c1}Z_{c2}} & -Z_{c2}+Z_{c1}+Z \end{bmatrix}$
并联导纳	T_1 T_2 Z_{c1} Y Z_{c2}	$\frac{1}{Y}\begin{bmatrix} \frac{1}{Z_{c1}} & \frac{1}{\sqrt{Z_{c1}Z_{c2}}} \\ \frac{1}{\sqrt{Z_{c1}Z_{c2}}} & \frac{1}{Z_{c2}} \end{bmatrix}$		$\begin{bmatrix} \sqrt{\frac{Z_{c2}}{Z_{c1}}} & 0 \\ Y\sqrt{Z_{c2}Z_{c1}} & \sqrt{\frac{Z_{c1}}{Z_{c2}}} \end{bmatrix}$	$\frac{1}{Z_{c2}+Z_{c1}+YZ_{c1}Z_{c2}}\cdot\begin{bmatrix} Z_{c2}-Z_{c1}-YZ_{c1}Z_{c2} & 2\sqrt{Z_{c1}Z_{c2}} \\ 2\sqrt{Z_{c1}Z_{c2}} & Z_{c1}-Z_{c2}-YZ_{c1}Z_{c2} \end{bmatrix}$
一段传输线	T_1 T_2 Z_{c1} Z_c Z_{c2} βl	$-\mathrm{j}Z_c\begin{bmatrix} \frac{\cot\beta l}{Z_{c1}} & \frac{\csc\beta l}{\sqrt{Z_{c1}Z_{c2}}} \\ \frac{\csc\beta l}{\sqrt{Z_{c1}Z_{c2}}} & \frac{\cot\beta l}{Z_{c2}} \end{bmatrix}$	$\frac{\mathrm{j}}{Z_c}\begin{bmatrix} -Z_{c1}\,\mathrm{cst}\,\beta l & \sqrt{Z_{c1}Z_{c2}}\,\mathrm{cscs}\,\beta l \\ \sqrt{Z_{c1}Z_{c2}}\csc\beta l & -Z_{c2}\cot\beta l \end{bmatrix}$	$\begin{bmatrix} \sqrt{\frac{Z_{c2}}{Z_{c1}}}\cos\beta l & \mathrm{j}Z_c\frac{\sin\beta l}{\sqrt{Z_{c1}Z_{c2}}} \\ \mathrm{j}\sqrt{Z_{c1}Z_{c2}}\frac{\sin\beta l}{Z_c} & \sqrt{\frac{Z_{c1}}{Z_{c2}}}\cos\beta l \end{bmatrix}$	$\frac{1}{Z_c(Z_{c1}+Z_{c2})\cos\beta l+\mathrm{j}(Z_c^2+Z_{c1}Z_{c2})\sin\beta l}\cdot\begin{bmatrix} Z_c(Z_{c2}-Z_{c1})\cos\beta l+\mathrm{j}(Z_c^2-Z_{c1}Z_{c2})\sin\beta l & 2Z_c\sqrt{Z_{c1}Z_{c2}} \\ 2Z_c\sqrt{Z_{c1}Z_{c2}} & Z_c(Z_{c1}-Z_{c2})\cos\beta l+\mathrm{j}(Z_c^2-Z_{c1}Z_{c2})\sin\beta l \end{bmatrix}$
理想变压器	T_1 T_2 Z_{c1} Z_{c2} $1:n$			$\begin{bmatrix} \frac{1}{n}\sqrt{\frac{Z_{c2}}{Z_{c1}}} & 0 \\ 0 & n\sqrt{\frac{Z_{c1}}{Z_{c2}}} \end{bmatrix}$	$\frac{1}{Z_{c2}+n^2Z_{c1}}\begin{bmatrix} Z_{c2}-n^2Z_{c1} & 2n\sqrt{Z_{c1}Z_{c2}} \\ 2n\sqrt{Z_{c1}Z_{c2}} & n^2Z_c-Z_{c2} \end{bmatrix}$
传输线连接	T_1 T_2 Z_{c1} Z_{c2}			$\begin{bmatrix} \sqrt{\frac{Z_{c2}}{Z_{c1}}} & 0 \\ 0 & \sqrt{\frac{Z_{c1}}{Z_{c2}}} \end{bmatrix}$	$\frac{1}{Z_{c1}+Z_{c2}}\begin{bmatrix} Z_{c2}-Z_{c1} & 2\sqrt{Z_{c1}Z_{c2}} \\ 2\sqrt{Z_{c1}Z_{c2}} & Z_{c1}-Z_{c2} \end{bmatrix}$

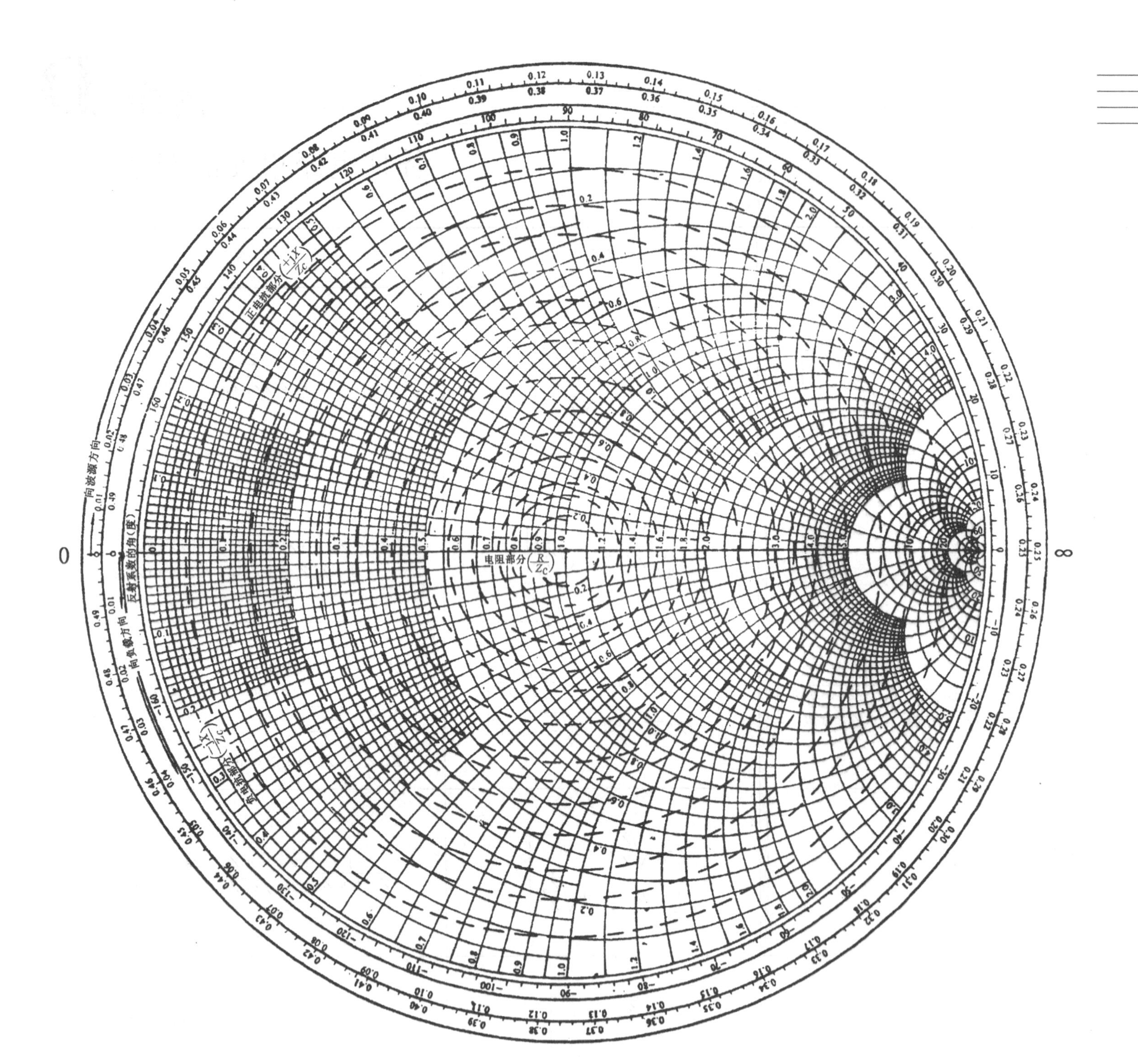

附录 E

阻抗圆图

（续表）

不连续性名称	电路形式	等效电路	等效参量的经验公式	应用范围
槽向窄缝	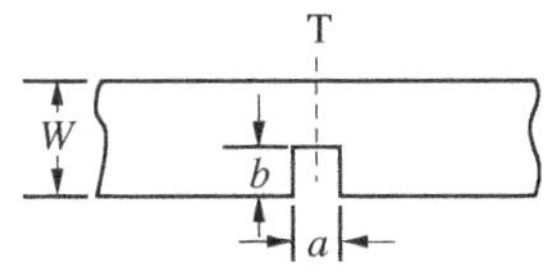	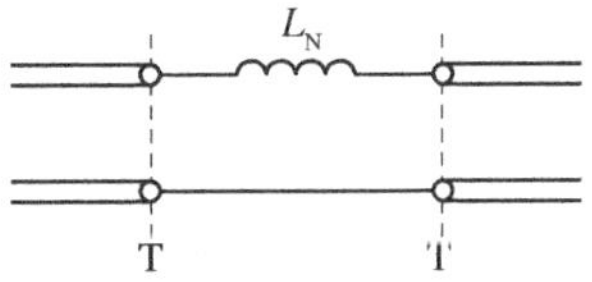	对 $0 \leqslant \frac{h}{W} \leqslant 0.9$ 和 $a \leqslant h$， $\frac{L_N}{h} = 2\left[1 - \frac{Z_c}{Z_c'}\sqrt{\frac{\varepsilon_{re}}{\varepsilon_{re}'}}\right]^2$ 其中 ε_c、ε_{re}' 和 Z_c、Z_c' 分别是宽度为 W 和 $(W-b)$ 的微带线等效介电常数和特性阻抗	定向耦合器等的补偿网络
直角弯折	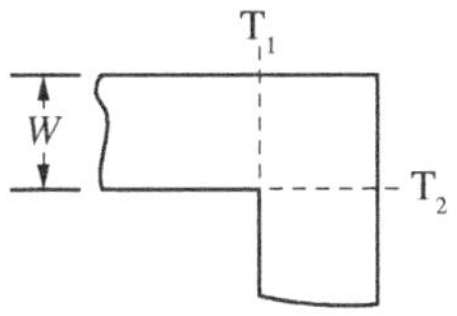	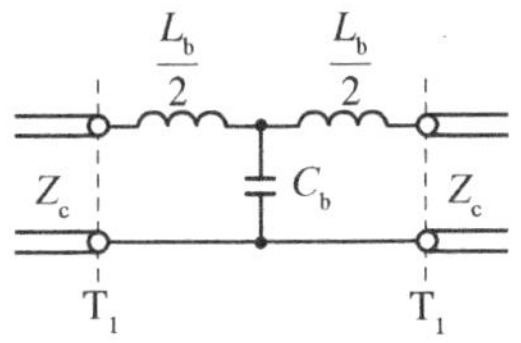	$\frac{C_b}{W} = \begin{cases} \frac{(14\varepsilon_r + 12.5)\frac{W}{h} - (1.83\varepsilon_r - 2.25)}{\sqrt{\frac{W}{h}}} + \frac{0.02\varepsilon_r}{\frac{W}{h}}, & \frac{W}{h} < 1 \quad (\text{pF/m}) \\ (9.5\varepsilon_r + 1.25)\frac{W}{h} + 5.2\varepsilon_r + 7.0, & \frac{W}{h} \geqslant 1 \quad (\text{pF/m}) \end{cases}$ $\frac{L_b}{h} = 100\left[4\sqrt{\frac{W}{h}} - 4.21\right] \quad (\text{nH/m})$	电路布线
T 形接头	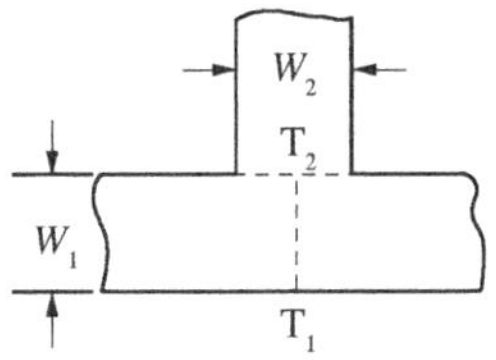	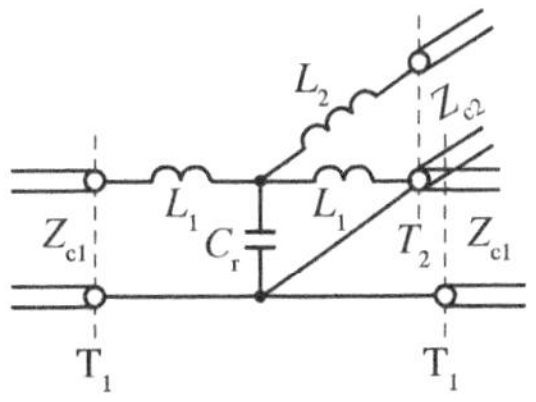	对 $25 \leqslant Z_{c2} \leqslant 100$， $\frac{C_T}{W_1} = \frac{100}{\tan h(0.0072 Z_{c2})} + 0.64 Z_{c2} - 261 \quad (\text{pF/m})$ 对 $0.5 \leqslant \left(\frac{W_1}{h}, \frac{W_2}{h}\right) \leqslant 2.0$， $\frac{L_1}{h} = -\frac{W_2}{h}\left[\frac{W_2}{h}\left(-0.016\frac{W_1}{h} + 0.064\right) + \frac{0.016}{\frac{W_1}{h}}\right] L_{w1} \quad (\text{nH/m})$ 对 $1 \leqslant \frac{W_1}{h} \leqslant 2$，$0.5 \leqslant \frac{W_2}{h} \leqslant 2$， $\frac{L_2}{h} = \left[\left(0.12\frac{W_1}{h} - 0.47\right)\frac{W_2}{h} + 0.195\frac{W_1}{h} - 0.357 + 0.0283\sin\left(\pi\frac{W_1}{h} - 0.75\pi\right)\right] L_{w2} \quad (\text{nH/m})$ $L_{wi} = \frac{Z_{ci}\sqrt{\varepsilon_{rei}}}{c} \quad (\text{H/m})，i = 1，2$	短截线匹配网络、分支线耦合器网络
十字接头	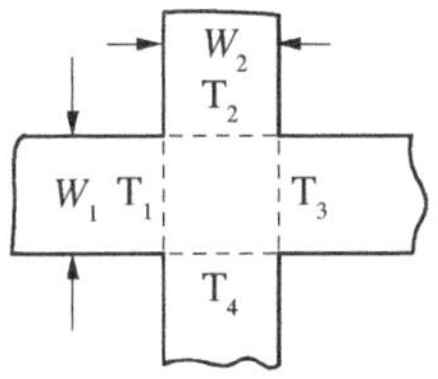	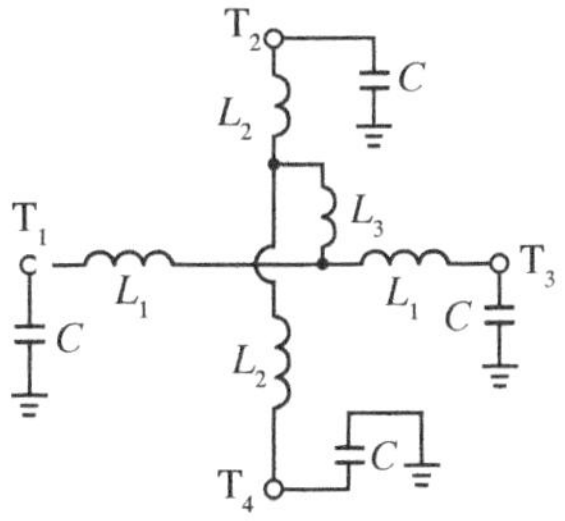	对 $\varepsilon_r = 9.9$，$0.3 \leqslant \frac{W_1}{h} \leqslant 3$ 和 $0.1 \leqslant \frac{W_2}{h} \leqslant 3$， $\frac{C}{W_1} = \frac{1}{4}\left\{\left[37.61\frac{W_2}{h} - 13.42\left(\frac{W_2}{h}\right)^{\frac{1}{2}} + 159.38\right]\ln\frac{W_1}{h} + \left(\frac{W_2}{h}\right)^3 + 74\frac{W_2}{h} + 130\right\}$ $\left(\frac{W_1}{h}\right)^{-\frac{1}{3}} - 60 + \frac{0.5}{\frac{W_2}{h}} - 0.375\frac{W_1}{h}\left(1 - \frac{W_2}{h}\right) \quad (\text{pF/m})$ 对 $0.5 \leqslant \left(\frac{W_1}{h}, \frac{W_2}{H}\right) \leqslant 2.0$， $\frac{L_1}{h} = \left\{\left[165.6\frac{W_2}{h} + 31.2\sqrt{\frac{W_2}{h}} - 11.8\left(\frac{W_2}{h}\right)^2\right]\frac{W_1}{h} - 32\frac{W_2}{h} + 3\right\}\left(\frac{W_1}{h}\right)^{-\frac{3}{2}} \quad (\text{nH/m})$ 对 $0.5 \leqslant \left(\frac{W_1}{h}, \frac{W_2}{h}\right) \leqslant 2.0$， $-\frac{L_3}{h} = 337.5 + \left(1 + \frac{7}{\frac{W_1}{h}}\right)\frac{1}{\frac{W_2}{h}} + 5\frac{W_2}{h}\cos\left[\frac{\pi}{2}\left(1.5 - \frac{W_1}{h}\right)\right] \quad (\text{nH/m})$	低阻抗短截线匹配网络

附录 C

微带线的不连续性、等效电路、等效参量的经验公式及其应用范围

不连续性名称	电路型式	等效电路	等效参量的经验公式	应用范围
开　路			$\frac{C_{oc}}{W}=\frac{\Delta l}{h}\frac{h}{W}\frac{\sqrt{\varepsilon_{re}}}{cZ_c}$ (pF/m) $\frac{\Delta l}{h}=0.412\left(\frac{\varepsilon_{re}+0.3}{\varepsilon_r-0.258}\right)\left(\frac{\frac{W}{h}+0.264}{\frac{W}{h}+0.8}\right)$	短截线、匹配线、耦合线、滤波器、谐振器
间　隙			$C_1=\frac{1}{2}C_e$，$C_{12}=\frac{1}{2}(C_o-C_e)$ $C_e=\left(\frac{\varepsilon}{9.8}\right)^{0.9}\left(\frac{S}{W}\right)^{m_e}\exp(k_e)$ (pF/m) $C_o=\left(\frac{\varepsilon}{9.8}\right)^{0.8}\left(\frac{S}{W}\right)^{m_o}\exp(k_o)$ (pF/m) 对 $0.1\leqslant\frac{S}{W}\leqslant1.0$ $m_o=\frac{W}{h}\left(0.267\ln\frac{W}{h}-0.3853\right)$ $k_o=4.26-0.631\ln\frac{W}{h}$ 对 $0.1\leqslant\frac{S}{W}\leqslant0.3$ $m_e=0.8675$，$k_e=2.043\left(\frac{W}{h}\right)^{0.12}$ 对 $0.3\leqslant\frac{S}{W}\leqslant1.0$ $m_e=\frac{1.565}{\left(\frac{W}{h}\right)^{0.16}}-1$，$k_e=1.97-\frac{0.03}{\frac{W}{h}}$	耦合网络、偏置网络
阶　梯			对 $\varepsilon_r\leqslant10$，$1.5\leqslant\frac{W_2}{W_1}\leqslant3.5$ $\frac{C_S}{\sqrt{W_1W_2}}=(4.386\ln\varepsilon_r+2.33)\frac{W_2}{W_1}-5.472\ln\varepsilon_r-3.17$ (pE/m) $L_1=\frac{L_{W1}}{L_{W1}+L_{W2}}L_S$，$L_2=\frac{L_{W2}}{L_{W1}+L_{W2}}L_S$ $L_{W_i}=\frac{Z_{c_i}\sqrt{\varepsilon_{rei}}}{c}$ (H/m)，$i=1,2$ $\frac{L_S}{h}=40.5\left(\frac{W_2}{W_1}-1.0\right)-32.57\ln\frac{W_2}{W_1}+0.2\left(\frac{W_2}{W_1}-1\right)^2$	阻抗变换器

参考文献

1 黄宏嘉.微波原理(卷Ⅰ,卷Ⅱ).北京:科学出版社,1963
2 李嗣范.微波元件的原理与设计.北京:人民邮电出版社,1982
3 顾瑞龙,沈民谊等.微波技术与天线.北京:国防工业出版社,1980
4 赵姚同,周希朗.微波技术与天线.南京:东南大学出版社,1995
5 廖承恩.微波技术基础.北京:国防工业出版社,1984
6 吴明英,毛秀华.微波技术.西安:西北电讯工程学院出版社,1985
7 顾茂章,张克潜.微波技术.北京:清华大学出版社,1989
8 阎润卿,李英惠.微波技术基础.北京:北京理工大学出版社,1997
9 沈致远.微波技术.北京:国防工业出版社,1980
10 姚德淼,毛均杰.微波技术基础.北京:电子工业出版社,1989
11 陈孟尧.电磁场与微波技术.北京:高等教育出版社,1989
12 贺瑞霞等.微波技术基础.北京:人民邮电出版社,1988
13 水启刚.微波技术.北京:国防工业出版社,1986
14 宁平治,闵德芬.微波信息传输技术.上海:上海科学技术出版社,1985
15 孙道礼.微波技术.哈尔滨:哈尔滨工业大学出版社,1989
16 R. E. Collin 著;吕继尧译.微波工程基础.北京:人民邮电出版社,1981
17 李宗谦,佘宗兆,高葆新.微波工程基础.北京:清华大学出版社,2004
18 吴万春,梁昌洪.微波网络及其应用.北京:国防工业出版社,1980
19 黎滨洪,周希朗.毫米波技术及其应用.上海:上海交通大学出版社,1990
20 R. E. Collin. Foundations for Microwave Engineering (Second Edition). John Wiley & Sons, Inc., 2001
21 D. M. Pozar 著;张肇仪等译.微波工程(第三版).北京:电子工业出版社,2007
22 D. M. Pozar. Microwave Engineering (Third Edition). John Wiley & Sons, Inc., 2005
23 D. K. Misra. Radio-Frequency and Microwave Communication Circuits: Analysis and Design (Second Edition). John Wiley & Sons, Inc., 2004
24 O. Gandhi. Microwave engineering and applications. New York: Pergamon

Press, 1981

25 R. Chatterjee. Elements of microwave engineering. New Delhi: Affiliated East-West Press PVT Ltd., 1986

26 T. C. Edwards. Foundations for microstrip circuit design. New York: John Wiley & Sons, Inc., 1975

27 K. C. Gupta, R. Garg, I. J. Bahl and P. Bhartia. Microstrip lines and slotlines (Second Edition). Boston: Artech House, Inc., 1996

28 Samuel Y. Liao. Microwave devices and circuits. New Jersey: Prentice-Hall, 1980

29 J. Frey. Microwave integrated circuits. Dedham: Artech House, Inc., 1975

30 K. J. Button. Infrared and millimeter waves, Vol. 413. New York: Academic Press, Inc.

31 S. Ramo, John R. Whinnery, Theodore Van Duzer. Fields and waves in communication electronics. New York: John Wiley & Sons, Inc., 1965

32 P. Bhartia and I J. Bahl. Millimeter Wave Engineering and Applications. John Wiley & Sons, Inc., 1984

33 C. A. Balanis. Antenna Theory Analysis and Design (Third Edition). John Wiley & Sons, Inc., 2005

34 R. S. Elliot. Antenna Theory and Design. Prentice-Hill, Inc., 1981

35 W. L. Stutzman, G. A. Thiele 著;朱守正,安同一译. 天线理论与设计 (第二版). 北京:人民邮电出版社, 2006

36 郑钧著;赵姚同,黎滨洪译. 电磁场与波. 上海:上海交通大学出版社,1984

37 J. D. Kraus; 章文勋译. 天线(第三版). 北京:电子工业出版社,2005

38 杨恩耀,杜加聪. 天线. 北京:电子工业出版社,1984

39 刘学观,郭辉萍. 微波技术与天线. 西安:西安电子科技大学出版社,2001

40 刘铮,张建华,黄冶. 天线与电波传播. 西安:西安电子科技大学出版社,2003

41 周希朗. 电磁场理论与微波技术基础丛书(四册). 南京:东南大学出版社,2004—2006

42 周希朗. 电磁场. 北京:电子工业出版社,2008

43 周希朗. 微波技术与天线. 南京:东南大学出版社,2009

44 周希朗. 电磁场理论与微波技术基础(第二版). 南京:东南大学出版社,2010

45 周希朗. 电磁场与波基础教程. 北京:机械工业出版社,2014